Kurzes Handbuch der
Brennstoff- und Feuerungstechnik

Kurzes Handbuch
der
Brennstoff- und Feuerungstechnik

Von

Dr.-Ing. Wilhelm Gumz †

Dritte verbesserte Auflage

Nach dem Tode des Verfassers zu Ende geführt von
Dr. rer. nat. Lothar Hardt

Mit 187 Abbildungen

Springer-Verlag
Berlin / Göttingen / Heidelberg
1962

Vorwort zur dritten Auflage

Am 22. Januar 1961 verstarb nach langer, schwerer Krankheit WILHELM GUMZ. Es war ihm leider nicht mehr vergönnt, die Herausgabe der Neuauflage seines Handbuches zu erleben. Kurz vor seinem Tode äußerte er den Wunsch, daß ich die Neubearbeitung fortsetzen und beenden möge. Ich habe diesem Wunsche gerne entsprochen.

Noch mehr als in den vorherigen Auflagen wurden die chemisch-physikalischen und die strömungstechnischen Grundlagen der Brennstoff- und Feuerungstechnik herausgearbeitet. Wesentliche Teile des Buches wurden vollständig überarbeitet bzw. umgeschrieben; insbesondere die Kapitel über Wirbelschichten, Zusammensetzung und Eigenschaften der Brennstoffe, Verbrennungsrechnung, Taupunkt und Schwefelsäurebildung im Rauchgas, Kohlenstaub- und Schmelzfeuerungen, Heizflächenverschmutzung, Korrosion, Flugasche, Abgas- und Rauchschäden, Ölfeuerungen und Heizölverwendung, Druckvergasung und die Tabellen im Anhang. Neu aufgenommen wurden vor allem die Kapitel über Grundbegriffe der mathematischen Statistik, Transporteigenschaften der Gase, Freistrahl, Modelltechnik, Sonderkokse und -kohlen, Schnell- und Vorentgasung, Klär- und Biogas, Entschwefelung von Rauchgasen, Ölvergasung und die Entwicklung in der Energiewirtschaft.

Auch die Neuauflage hat das Ziel, dem in der Praxis stehenden Ingenieur ein zuverlässiger Ratgeber zu sein.

Essen, im Juni 1962
Steinkohlenbergbauverein, Essen

Lothar Hardt

Vorwort zur ersten Auflage

Eine Darstellung der Brennstoff- und Feuerungstechnik verlangt, daß dem im Laufe der Entwicklung eingetretenen Wandel in der Auffassung der Probleme Rechnung getragen und die physikalische Seite der Vorgänge stärker in den Vordergrund gerückt wird. In diesem Sinne weicht das vorliegende Handbuch von der bisher üblichen Behandlung des Themas ab. Unter stärkerer Berücksichtigung sowohl der physikalischen Eigenschaften der Brennstoffe als auch der physikalischen Vorgänge bei der Verbrennung und der Vergasung wird versucht, das Gebiet unter Ausrichtung nach diesen neuen Gesichtspunkten geschlossen darzustellen. Dabei läßt sich nicht von der Hand weisen, daß heute noch mancherlei Lücken bestehen, die zu füllen späterer Forschungsarbeit überlassen werden muß. Immerhin gewinnt man so einen Überblick über ein heute überaus zeitgemäßes Arbeitsgebiet und erkennt die Möglichkeiten und die Grenzen der Leistung und der Brennstoffausnützung.

Die lebhafte Entwicklung der letzten Jahrzehnte hat das Schrifttum dieses Gebietes immerhin so anschwellen lassen und dabei so viele Grenzgebiete berührt, daß es geboten erschien, durch eine knappe, aber doch möglichst umfassende Darstellung dem Praktiker die vorhandenen Quellen zu erschließen.

Mit Absicht wurde dabei auf eine reine Beschreibung von Feuerungen, Gaserzeugern usw. verzichtet, weil wohl angenommen werden kann, daß diese dem Leser durch das schon vorhandene Schrifttum oder aus eigener Anschauung hinreichend bekannt sind. Meine Monographie „Feuerungstechnisches Rechnen" wurde, völlig neu bearbeitet, als Kapitel in dieses Buch mit aufgenommen.

Essen, im Januar 1942

W. Gumz

Aus dem Vorwort zur zweiten Auflage

Das Ziel des Buches ist unverändert eine Vermittlung der Grundlagen zum Verständnis und zur rechnerischen Erfassung der Vorgänge in Feuerungen und Gaserzeugern, in gebotener Kürze und doch ausreichender Vollständigkeit, ein Werkzeug des planenden, rechnenden und überwachenden Ingenieurs.

Columbus (Ohio), im August 1952

W. Gumz

Inhaltsverzeichnis

Inhaltsverzeichnis   IX

Inhaltsverzeichnis

XI

In der Tasche am Schluß des Buches befinden sich die Zahlentafeln 5-5 und 5-6

Einleitung

Energie in der Form fester, flüssiger und gasförmiger Brennstoffe und des elektrischen Stromes ist der tragende Pfeiler jeder industriellen Betätigung und damit zugleich ein wirtschaftspolitischer Faktor erster Ordnung. Die beherrschende Stellung der Kohle als Energie- und Wärmequelle und ihre Bedeutung als chemischer Rohstoff ist in unserem Lande, wie in den meisten Kohlenländern, unbestreitbar, obwohl das Erdöl in vielen Ländern und auf vielen Gebieten einen erheblichen Anteil übernommen und das Erdgas als bequemste Energiequelle ebenfalls in dem Maße Ausbreitung gefunden hat, wie es verfügbar geworden ist. Aufgabe jeder Energie- und Rohstoffwirtschaft ist es, eine ausreichende Versorgung bei geringstmöglichen Kosten zu sichern. Das zwingt — trotz der oft ungeheuren Schwankungen von Angebot und Nachfrage — auf lange Sicht zu einer möglichst wirtschaftlichen Verwendung, einer weitgehenden Ausnutzung und einem zweckentsprechenden Einsatz der verschiedenen Rohenergien und der verschiedenen Arten und Sorten der festen oder der Auswahl geeigneter flüssiger oder gasförmiger Brennstoffe unter Beachtung ihrer besonderen Eignung für den gedachten Verwendungszweck. Der hohe Anteil der Wärme- und Energiekosten an den Herstellungskosten der meisten industriellen Roh- und Fertigerzeugnisse zeigt, daß — ganz abgesehen von den übergeordneten Gesichtspunkten einer Erhaltung und vernünftigen Nutzung der Bodenschätze, auch privatwirtschaftlich gesehen — Fragen der Brennstoff- und Feuerungstechnik eine große Rolle spielen. Dies rechtfertigt die Forderung, daß die Kenntnis der Brennstoffe und ihrer Eigenschaften und ein Verständnis feuerungstechnischer Vorgänge über den engeren Bereich der Fachleute hinaus zur Allgemeinbildung des Ingenieurs unserer Zeit gehören müssen.

In den Zeiten des Brennstoffmangels nach dem ersten Weltkrieg ist die „Wärmewirtschaft" aus der Taufe gehoben worden, nachdem die teilweise schon hoch entwickelte Brennstofftechnik, die Maschinen- und Apparatebautechnik, besonders der Wärmekraftmaschinenbau, wichtige Grundlagen hierzu gelegt hatten. Die reinen und angewandten Wissenschaften, insbesondere die Chemie mit ihren Zweigen physikalische Chemie und dem Grenzgebiet Chemie-Ingenieur-Technik und die Physik mit der Thermodynamik und Strömungslehre, formen die wichtigsten Grundlagen der Feuerungstechnik, die als „angewandte physikalische Chemie" gekennzeichnet werden könnte. War früher der Feuerungs- und Kesselbau lange Zeit ein Stiefkind der Technik — vom Industrieofen- und Apparatebau ganz zu schweigen —, was sich auch in der Vernachlässigung in Theorie und Lehre äußerte, so brachte die Entwicklung zwischen den Weltkriegen einen Aufschwung, der vorher kaum für technisch möglich gehalten wurde, man denke an die Leistungssteigerung von Feuerungen und Kesseln, die Hochdruckdampftechnik, den Ausbau der thermischen und den Aufbau der chemischen Kohlenveredlung und der großtechnischen Synthesen. Der zweite Weltkrieg hat abermals tief in die volkswirtschaftliche Entwicklung der Brennstoffindustrien eingeschnitten, Kohlenüberschußländer vorübergehend in Mangelländer verwandelt, das Öl zur Auffüllung der Energielücken in starkem Maße herangezogen und so den von Natur aus schwerer beweglichen Kohlenbergbau vieler (darunter aller westeuropäischen) Länder durch manchmal übereilte handelspolitische Maßnahmen in schwierige Lage gebracht. Diese vielfach veränderte Problemstellung macht die Beschäftigung mit brennstofftechnischen Problemen und die Fragen einer sinngemäßen Verwendung von Kohle, Öl und Gas zu einer zwingenden Notwendigkeit.

Die Feuerungstechnik galt schon immer als ein Wissensgebiet, das stark im Fluß ist. Glaubte man früher mit der Analyse der Brennstoffe und Abgase, mit der Stöchiometrie der Verbrennung und der Wärmebilanz alle Möglichkeiten im wesentlichen ausgeschöpft zu haben, so hat man seit langem erkannt, daß diese „Statik der Verbrennung" ja nur die eine Seite des Problems darstellt und nur die Frage nach dem Wirkungsgrad (im Beharrungszustand) beantwortet. Auf der anderen Seite steht die „Dynamik der Verbrennung", die sich mit dem zeitlichen Ablauf der Vorgänge befaßt und die Frage nach der Leistung zu beantworten sucht. Hier spielen die physikalisch-chemischen Vorgänge des Stoff- und Energieaustausches eine große Rolle, und sie werden wesentlich von physikalischen (strömungstechnischen) Faktoren mitbestimmt. Diese neue feuerungstechnische Forschungs- und Entwicklungsrichtung beginnt mit einer schärferen Erfassung der physikalischen Eigenschaften der Brennstoffe und empfängt sinngemäß wertvolle Anregungen aus allen Quellen, die die angewandte physikalische Chemie speisen. Darin liegt die Ursache für den starken Fluß der Entwicklung und die Vielseitigkeit feuerungstechnischer Probleme, zugleich auch der Anreiz, den die Beschäftigung mit diesen Fragen bietet. Man darf sich indessen nicht darüber im unklaren sein, daß diese „physikalische" Auffassung der Probleme eine notwendige Grundhaltung darstellt, daß wir aber von einer vollständigen und systematischen Durchdringung aller hier zur

Erörterung stehenden Aufgaben und Probleme noch weit entfernt sind. Wir stehen am Anfang einer vielversprechenden Entwicklung und können nur einzelne Bausteine zu dem Gebäude beitragen, indem wir die wesentlichsten bisher erarbeiteten Ergebnisse darstellen und das Interesse an einer tieferen Durchdringung des ganzen Arbeitsgebietes zu wecken trachten. Im Rahmen eines mit Absicht kurz gehaltenen Handbuches können viele Dinge nur kurz gestreift oder gar nur angedeutet werden; eingestreute Schrifttumsangaben sollen den Weg zum Studium der Einzelfragen weisen. Vorausgestellt werden einige ausgewählte Kapitel aus den grundlegenden Wissenschaften, die für das Verständnis der Hauptabschnitte und die praktische Durchführung von Berechnungen notwendig sind.

I. Physikalische Grundgesetze

1. Kennzeichnung von Festkörpern, Schüttungen und Stäuben

Die Ausgangs- und Enderzeugnisse in der Brennstofftechnik sind fest, flüssig und gasförmig. Es ist daher notwendig, einige allgemeine Begriffe, physikalische Merkmale und Gesetze voranzustellen.

Der feste Brennstoff ist, abgesehen von seiner chemischen Zusammensetzung, wie jeder Festkörper, gekennzeichnet durch seine Abmessungen und Gestalt (seine ,,Geometrie") und seine Struktur, die in Dichte, Innenstruktur und Oberflächenbeschaffenheit zum Ausdruck kommt.

Immer haben wir es mit unregelmäßig geformten und mit einer Vielzahl von Einzelkörpern von verschiedenen Abmessungen und verschiedenartiger Gestalt zu tun, was ihre exakte und zahlenmäßige Charakterisierung außerordentlich erschwert. Idealisierende Vereinfachungen — wie Kugeln, Würfel oder andere geometrisch einfache Gebilde äquivalenter Abmessungen — sind notwendig, um eine mathematische Erfassung zu ermöglichen, und die Anpassung an die wirkliche Vielfalt der Formen und ihre Oberflächenbeschaffenheit suchen wir, wenn nötig, durch empirisch-statistische Beiwerte zu berücksichtigen.

Korngröße und Korngrößenanalyse

Betrachten wir ein Gemenge von Festkörpern gleicher geometrischer Gestalt und Abmessung (z. B. Kugeln gleichen Durchmessers), so sprechen wir von ,,Gleichkorn"; ein Gemenge von Festkörpern geometrisch ähnlicher Gestalt, aber verschiedener Abmessungen bezeichnen wir (sprachlich etwas ungenau) als ,,Korngemisch" oder einfach als Haufwerk oder Gekörne. Dieser Begriff wird dann auch ausgedehnt auf unregelmäßig geformte Festkörper verschiedenen Durchmessers, wie es bei allen festen Brennstoffen, sowohl im unklassierten wie auch im klassierten Zustand, und bei den Stäuben vorliegt. Hierbei denkt man sich jedes einzelne Korn durch ein geometrisch dem andern ähnliches Teilchen (etwa als Kugel) gleichen Gewichtes und gleicher Dichte ersetzt. Nur wenn geometrisch sehr stark abweichende Teilchen und Formen vorkommen, z. B. sehr flache Stücke (Schiefer im Anthrazit) oder lange Teilchen („Stengel" im Koks oder „Nadeln" in Stäuben), so ist meist eine zusätzliche Beschreibung der Kornformen oder eine Angabe über Mengen- und Gewichtsanteil dieser ausgefallenen Kornformen notwendig.

Ein unmittelbares Ausmessen und Auswiegen aller Einzelindividuen eines solchen Gemenges ist nur in wenigen Fällen bei wissenschaftlichen Untersuchungen möglich, im allgemeinen dient die Siebung und die Angabe einer oberen und unteren Grenzkorngröße zur Kennzeichnung von technischen Korngrößen und Korngemischen. Eine Nußkohle IV z. B. ist ein Gemenge von Kohlen von weniger als 18 mm Korndurchmesser (Durchgang durch ein 18 mm Rundlochsieb) und von mehr als 10 mm Korndurchmesser (Rückstand auf einem 10 mm Rundlochsieb)[1]. Eine solche Korngrößenbezeichnung ist jedoch ziemlich roh, nicht nur können z. B. Teilchen von 10 bis 14 mm $\varnothing$ vorherrschen und solche von 14 bis 18 mm $\varnothing$ anteilmäßig stark zurücktreten oder umgekehrt, durch Unvollkommenheit des Siebvorganges, Anhaften von Feinstkorn an den gröberen Teilchen, durch nachträglichen Kornzerfall und Abriebbildung durch den Transport und die Förderung bis zur Verwendungsstelle kann ein erheblicher Anteil an Unterkorn (< 10 mm) entstanden sein. Eine genauere Kennzeichnung eines solchen Korngemenges ist nur möglich durch eine vollständige Siebanalyse unter Beachtung aller dabei notwendigen und im normierten Verfahrensgang vorgeschriebenen Vorsichtsmaßregeln[2]. Für feinkörnige Stoffe wie Kohlenstaub usw. sind Prüfsiebe genormt worden, die allerdings in den verschiedenen Ländern etwas verschieden sind. Zahlentafel A–18 S. 716 gibt eine vergleichende Übersicht. Dem DIN-Siebsatz sehr ähnlich ist der französische Siebsatz der AFNOR[3], in England ist die ältere IMM-Serie[4] von der BSS-Serie[5] abgelöst, und in USA sind zwei Siebsätze in Gebrauch, die Tyler-Serie[6], deren Sieböffnungen mit $\sqrt{2}$ fortschreiten, und die US-Serie[7].

---

[1] Körnungen von Brennstoffen s. Zahlentafel 5–9 S. 203. Bei der Siebung entsteht jedoch eine gewisse Menge „Unterkorn", zu dessen Begrenzung das kleinere Sieb etwas (10%) unter dem Normal-Lochdurchmesser gehalten wird.

[2] Vgl. DIN 1170 (Rundlochbleche für Prüfsiebe), DIN 1171 (Drahtgewebe für Prüfsiebe) — DIN 23081 Fachnormenausschuß für Bergbau im Deutschen Normenausschuß: Richtlinien für Abnahme und Überwachung von Steinkohlen-Aufbereitungsanlagen (1950).

[3] Association Française de Normalisation, 1938.

[4] Inst. Min. Metall., 1907.

[5] British Standard Specification Nr. 410, 1943.

[6] Aufgestellt von der W. S. Tyler Company, 1910.

[7] Standard specification for sieves for testing purposes (A.S.T.M.E 11–39, A.S.A. Nr. Z 23.1–1939). Siehe auch American Society for Testing Materials (A.S.T.M.): A.S.T.M.-Standards on Coal and Coke (with related information). Philadelphia, Pa. 1948 S. 108—116 (A.S.T.M. E 11–29), — Sampling and fineness test of powdered coal (A.S.T.M. D 197—30) S. 36—39.

Bei sehr kleinen Teilchengrößen (unter $60\,\mu$) versagt die Siebanalyse, und man muß zur Windsichter-Analyse nach GONELL[1], ROLLER[2], ANDREASEN[3], HAULTAIN[4] u. a. oder zur Sedimentationsanalyse greifen. Der Unterschied in den Ergebnissen dieser Methoden liegt in der Natur dieser Meßverfahren begründet. Während beim Sieben die Korngröße und in gewissem Maße auch die Korngestalt maßgebend ist, kommt bei den beiden anderen Methoden die Fallgeschwindigkeit, also auch das spezifische Gewicht (die Rohwichte) der Teilchen zur Auswirkung. Der Anschluß von Siebung und Sichtung ist daher wegen der auftretenden Abweichungen der spez. Gewichte der individuellen Teilchen vom Durchschnittswert aller Teilchen meist schlecht[5]. Auch zwischen Windsichtung und Sedimentation ergeben sich Unterschiede, wenn die eine an die andere angeschlossen wird, was darauf zurückzuführen ist, daß die Rohwichten in verschiedenen Korngrößenbereichen voneinander abweichen[6].

Durch die Umrechnung des Korndurchmessers auf gleiches Volumgewicht erhält man gut anschließende Werte. Eine kritische Untersuchung mehrerer Methoden, wie sie bei großer Körnungsbandbreite notwendig wird, haben BATEL[7] und FRIEDRICH[8] durchgeführt und auf Verbesserungen und notwendige Korrekturen hingewiesen. In allen Fällen, wo es auf die Staubbewegung ankommt (Kohlenstaubfeuerung, Staubabscheider), ist die Kennzeichnung des Staubes durch seine Fallgeschwindigkeit zweckmäßiger und einwandfreier als die Korndurchmesserangabe[9]. Weitere Untersuchungsmöglichkeiten werden gemeinsam

---

[1] GONELL, H. W.: Ein Windsichtverfahren zur Bestimmung der Kornzusammensetzung staubförmiger Stoffe. Z. VDI 72 (1928) Nr. 27 S. 945—950.

[2] ROLLER, P. S.: Separation and size distribution of microscopic particles. U.S. Bur. Min. Techn. Pap. 490, 1931, — A classification of methods of mechanical analysis of particulate material. Proc. A.S.T.M. 37 II (1937) S. 675—683, — Measurement of particle size with an accurate air analyzer: The fineness and particle size distribution of Portland cement. Proc. A.S.T.M. 32 II (1932) S.607 bis 628.

[3] ANDREASEN, A. H. M.: Die Feinheit fester Stoffe und ihre technologische Bedeutung. VDI-Forsch.-Heft 399 (1939).

[4] HAULTAIN, H. E. T.: Splitting the minus-200 with the superpanner and infrasizer. Trans. Canad. Inst. Min. and Metallurg. 40 (1937) S. 229—240.

[5] Vgl. z. B. H. HERWIG: Kritische Betrachtungen zur Frage der Gewährleistung bei Fliehkraftentstaubern. Feuerungstechn. 28 (1940) H. 6 S. 121—126, bes. Abb. 5-16.   [6] WIDELL, TH.: IVA 1939 Nr. 4 S. 163—170.

[7] BATEL, W.: Kritische Betrachtungen zur Teilchengrößenbestimmung durch Siebanalyse, Windsichten, Sedimentation und den Blaine-Test. Chemie-Ing.-Techn. 29 (1957) Nr. 9 S. 581—589.

[8] FRIEDRICH, W.: Der Stand der Untersuchungstechnik bei Korngrößenkennlinien. Staub, 1957. H. 50 S. 385—401.

[9] Fachausschuß für Staubtechnik im VDI: Richtlinien für die Bestimmung der Zusammensetzung von Stäuben nach Korngröße und Fallgeschwindigkeit, Berlin 1936. — FOLEY, R. B.: Terminal velocity as a measure of dust particle characteristics. Trans. Amer. Soc. mech. Engrs. 69 (1947) Nr. 2 S. 101—108.

mit den erwähnten Methoden in einer umfangreichen Arbeit HEYWOODS[1]
erörtert, darunter solche, die auf direkter Ausmessung im Mikroskop[2],
auf einer Licht-Trübungsmessung[3] oder auf der Färbwirkung[4] (anwendbar nur für schwarze Teilchen wie Ruß, Kohle, Koks) beruhen.

Zur Darstellung des Untersuchungsergebnisses der Siebanalyse trägt
man entweder den Gesamtdurchgang (D) über der betreffenden Sieböffnung (nominelle Korngröße) als Abszisse auf und erhält die „Durchgangskennlinie", oder man trägt den Gesamtrückstand (R) auf und er-

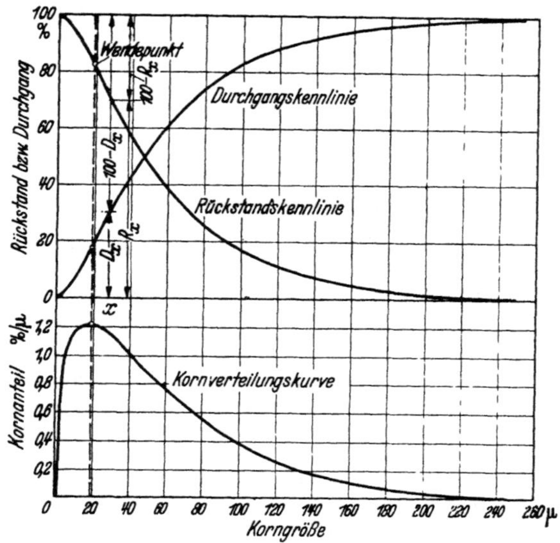

Abb. 1–1.
Durchgangs- und Rückstandskennlinie und Kornverteilungskurve eines Kohlenstaubes

mittelt auf diese Weise die „Rückstandskennlinie", das Spiegelbild der
Durchgangskennlinie (Schnittpunkt bei $D = R = 50\%$), s. Abb. 1–1.
Beide Kurven ergänzen sich zu 100%. Durch Differentiation der Durch-
gangskennlinie erhält man die sehr anschauliche „Kornverteilungskurve"
(Abb. 1–1, unteres Bild), die den Gewichtsanteil der einzelnen Korn-
größen in % angibt. Die Kornverteilungskurven, ihrem Charakter nach

[1] HEYWOOD, H.: Measurement of the fineness of powdered materials. Proc.
Instn. mech. Engrs., Lond. 140 (1938) S. 257—347.
[2] STACH, E.: Optische Hilfsmittel zur Staubanalyse. Z. VDI 79 (1935) Nr. 17
S. 513—516.
[3] ROSE, H. E., u. H. B. LLOYD: On the measurement of the size characteristics of powder by photo-extinction methods. J. Soc. chem. Ind. (Trans.) 65
(1946) Nr. 2 S. 52—58, Nr. 3 S. 65—74.
[4] FRITH, F., u. R. A. MOTT: A rapid method for the determination of the
specific surface and mean particle size of black powders. J. Soc. chem. Ind. (Trans.)
65 (1946) Nr. 3 S. 81—87.

Häufigkeitskurven, können die verschiedenste Gestalt annehmen, schlanker oder breiter, mit zwei Maxima usw.[1]. Die analytische Behandlung der Kornverteilungskurve führt nach Rosin-Rammler[2] zu dem Ausdruck

$$f(x) = 100\, n\, b\, x^{n-1}\, e^{-bx^n}. \tag{1-1}$$

Der Siebrückstand R ist danach

$$R = 100\, e^{-bx^n}. \tag{1-2}$$

oder in der Bennettschen Modifikation[3] des Rosin-Rammlerschen Verteilungsgesetzes

$$R = 100\, e^{-(x/k)^n}. \tag{1-3}$$

Darin bedeutet R den Gesamtrückstand, x die Maschenweite (Korngröße), k eine Konstante und Ausdruck für die absolute Größe, n eine zweite Materialkonstante, den Verteilungsfaktor (Gleichmäßigkeitszahl), der die Breite der Kornverteilung kennzeichnet. Die Auftragung der Funktion $\mathrm{lolog}\,\dfrac{100}{R} = f\,(\log x)$ liefert eine gerade Linie [sofern Gl. (1-2) oder (1-3) Gültigkeit hat], was für zahlreiche Mühlen- und Brechererzeugnisse sowohl für Kohle als auch für andere Stoffe erwiesen ist[4].

Taylor[5] macht dazu die Einschränkung, daß dies bei verhältnismäßig grobem Ausgangsgut nicht zutrifft und daß in diesem Falle, wie

---

[1] Rosin, P. O.: The influence of particle size in processes of fuel technology. J. Inst. Fuel 15 (1937) S. 167—192.

[2] Rosin, Rammler u. Sperling: Korngrößenprobleme des Kohlenstaubes und ihre Bedeutung für die Vermahlung. Bericht C 52 des Reichskohlenrats, Berlin 1933. — Rosin, P., u. E. Rammler: The laws governing the fineness of powdered coal. J. Inst. Fuel 7 (1933) Nr. 31 S. 29—36. — Rammler, E.: Gesetzmäßigkeiten in der Kornverteilung zerkleinerter Stoffe. Z. VDI, Beih. Verfahrenstechn. Folge 1937 H. 5 S. 161—168.

[3] Bennett, J. G.: Broken coal. J. Inst. Fuel 10 (1936) Nr. 49 S. 22—39. — Geer, M. R., u. H. F. Yancey: Expression and interpretation of the size composition of coal. Trans. A. I. M. M. 130 (1938) S. 250—269.

[4] Weitere Darstellungsmöglichkeiten vgl. H. zur Strassen u. W. Strätling: Oberflächenbestimmung pulverförmiger Stoffe aus Kornanalysen. Tonind.-Ztg. 64 (1940) H. 27 S. 181—184, H. 29 S. 199/200, H. 30 S. 207/08. — Bezügl. Methoden gradliniger Darstellung siehe: Austin, J. B.: Methods of representing distribution of particle size. Ind. Eng. Chem. Anal. Edit. 11 (1939) Nr. 6 S. 334 bis 339. — Roller, P. S.: Law of size distribution and statistical description of particulate materials. J. Franklin Inst. 223 (1937) Nr. 5 S. 609—633. — Harris, C. C.: A generalized equation derived from alternation forms of the Gaudin and Rosin-Rammler size distrubution equations. Second Symposium on Coal Preparation, Univ. of Leeds, 21-25. 10. 1957, Paper 8, S. 191—206. Diese Darstellung (allerdings mit zwei weiteren Koeffizienten) geht in Sonderfällen in die Gaudinsche bzw. die RRS-Kurve über.

[5] Taylor, J.: The fine crushing of coal and coke. J. Inst. Fuel 27 (1954) Nr. 160 S. 249—254, — The size distribution of broken solids. Ibid. 26 (1953) Nr. 152 S. 133—138.

auch von BENNETT, BROWN und CRONE[1] beobachtet, zwei Sorten von Produkten anfallen, die verschiedenen Kornverteilungsgesetzen gehorchen. Er unterscheidet einen „Grobanteil", der beim Brechvorgang noch nicht in allen Teilen von den Druckkräften erfaßt worden ist und das einer Verteilung nach GAUDIN[2] gehorcht, und ein „Komplement" oder Feinanteil, der durch eine RRS-Kurve dargestellt werden kann. Erst bei kleinen Ausgangskörnungen entsteht nur das Komplement. ZEHLER[3] hält für viele Zwecke die Kornzahlhäufigkeit nach MARTIN[4], die durch die Formel

$$N = a \cdot e^{-b\,x} \qquad (1\text{-}4)$$

(N = Kennzahl im Bereich x bis $x + x$, a und b Konstanten)

ausgedrückt wird, für brauchbarer, z. B. für eine Darstellung der Zusammenhänge zwischen Mahldauer und erzielter Korngröße. Es zeigt sich, daß die RRS- und die Martinsche Darstellung ineinander umgerechnet werden können, und daß die Geradlinigkeit im log-log-Diagramm nicht ein ausschließliches Kriterium der RRS-Kurve ist.

Für die schnelle Auswertung von Kornverteilungskurven werden zweckmäßig besondere log-lolog-Papiere verwendet[5], auch dann, wenn keine solche nach RRS vorliegen[6]. Der Verteilungsfaktor n ist die Neigung dieser Geraden, k ist gekennzeichnet durch die Maschenweite (Korngröße), auf welcher der Rückstand 36,76% beträgt, denn mit

$$\frac{x}{k} = 1 \quad \text{wird} \quad R = \frac{100}{e} = 36,79\%\,. \qquad (1\text{-}5)$$

FEIFEL[7] schlägt den Abszissenwert x' bei $R = \dfrac{100}{e/2} = 73,58\%$ und das Verhältnis der Abszissenwerte bei 36,79 und 73,58% Rückstand

$$K = x'/x$$

als „Kennbruch" vor.

---

[1] BENNETT, J. G., R. L. BROWN u. H. G. CRONE: J. Inst. Fuel 14 (1941) S. 111.

[2] GAUDIN, A. M.: Trans. Amer. Inst. Min. (metall.) Engrs. 123 (1926) S. 253.

[3] ZEHLER, V.: Zur Korngrößenverteilung in Mahlpulvern. Kolloid-Z. 160 (1958) Nr. 1 S. 16—20.

[4] MARTIN, G., CH. E. BLYTHE u. H. TONGUE: Researches on the theory of fine grinding. Pt. I Trans. ceram. Soc. 23 (1923/24) S. 61—120.

[5] LANDERS, W. S., u. W. T. REID: A graphical form for applying the ROSIN and RAMMLER equation to the size distribution of broken coal. U.S. Bureau Min. Techn. Inform. Circ. 7346 (1946). — PUFFE, E.: Graphische Darstellung und Auswertung von Siebanalysen auf Grund der Rosin-Rammler-Gleichung. Z. Erzbergb. u. Metallhüttenwes. 1 (1948) S. 97—103.

[6] BATEL, W.: Chemie-Ing.-Techn. 26 (1954) Nr. 2 S. 72—74. — FEIFEL, E.: s. Fußn. 7.

[7] FEIFEL, E.: Begriffe der Staubtechnik. Radex-Rdsch., 1952, Nr. 6 S. 235 bis 254; 1953, Nr. 6 S. 8—26; 1954, Nr. 7/8 S. 239—255.

Ein Wendepunkt in der Rückstandskennlinie liegt bei

$$x_w = k \sqrt[n]{\frac{n-1}{n}} \, . \qquad (1\text{-}6)$$

Die Beziehungen nach Gl. (1-2) oder (1-3) gestatten, die Oberfläche der Stäube rechnerisch zu erfassen[1].

Bei noch kleineren Korngrößen ($< 1\,\mu$) muß man zur Sedimentation im Zentrifugalfeld und schließlich zum Elektronenmikroskop greifen.

Gl. (1-3) kennzeichnet ein Korngemisch durch zwei Größen. Kann indessen nicht auch ein einziger „mittlerer Durchmesser" als typisches Charakteristikum des Gemenges angesprochen werden? DALLA VALLE[2] führt folgende Möglichkeiten an: Arithmetisches, geometrisches und harmonisches Mittel, Mitteldurchmesser (50% der Teilchen sind kleiner als dieser Durchmesser), die Durchschnittsmaschenweite, ferner die von PERROT und KINNEY[3] vorgeschlagenen „mittl. (Längen-) Dmr.", „mittl.

Zahlentafel 1-1. *Mittlere Durchmesser eines Korngemisches, durch Auszählung und Ausmessung im Mikroskop festgestellt* (nach DALLA VALLE)
(n = Anzahl, D = Durchmesser in Mikron, Gesamtzahl 245)

Geometrisches Mittel	$\dfrac{\Sigma(n \cdot \log d)}{\Sigma n}$	18,5
Mitteldurchmesser		16,3
Arithmetrischer mittlerer Durchmesser. . .	$\dfrac{\Sigma n \, d}{\Sigma n}$	20,1
Mittlerer (Längen-) Durchmesser	$\dfrac{\Sigma n \, d^2}{\Sigma n}$	22,2
Mittlerer (Volum-) Durchmesser.	$\sqrt[3]{\dfrac{\Sigma n \, d^3}{\Sigma n}}$	23,0
Mittlerer (Oberflächen-) Durchmesser . . .	$\sqrt{\dfrac{\Sigma n \, d^2}{\Sigma n}}$	21,7
Mittlerer (Vol./Oberfl.-) Durchmesser . . .	$\dfrac{\Sigma n \, d^3}{\Sigma n \, d^2}$	26,5
Mittlerer (Gewichts-) Durchmesser	$\dfrac{\Sigma n \, d^4}{\Sigma n \, d^3}$	29,4

[1] Andere Bestimmungsmethoden der spez. Oberfläche (Durchlässigkeitsmessung) vgl. P. C. CARMAN: The determination of the specific surface of powders. J. Soc. chem. Ind. 57 (1938) Nr. 8 S. 225—234; 58 (1939) Nr. 1 S. 1—7. — Über die Grenze der Bestimmbarkeit von Stauboberflächen vgl. E. RAMMLER: Zur Ermittlung der spezifischen Oberfläche des Mahlgutes. Z. VDI, Beih. Verfahrenstechn. Folge 1940 H. 5 S. 150—160. — Der Wert des „Blaine-Tests" zur Oberflächenbestimmung durch eine Durchlässigkeitsmessung wird von W. BATEL bestritten (s. Fußn. 7 S. 6).

[2] DALLA VALLE, J. M.: Micromeritics. The Technology of fine particles, 2. Aufl., New York u. London: Pitman 1948.

[3] PERROT, G. ST. J., u. S. P. KINNEY: The meaning and microscopic measurement of average particle size. J. Amer. ceram. Soc. 6 (1923) S. 417—439.

(Volumen-) Dmr.", „mittl. (Oberflächen-) Dmr.", „mittl. (Vol.-/Oberfl.-) Dmr.", „mittl. (Gewichts-) Dmr.", und gibt für ein ausgezähltes Beispiel (von 245 Partikeln) vorhergehende Werte an.

Nur die vier letzten „mittleren Durchmesser" haben eine physikalische Bedeutung. Am brauchbarsten erweist sich der mit dem Gewicht verbundene mittl. Dmr. (der letzte in Zahlentafel 1–1), der aus derSieb-analyse mit den Gewichtsanteilen $g_1, g_2, \ldots, g_n$ und den Korndurch-messern $d_1, d_2, \ldots, d_n$ aus Gl. (1–7) errechnet werden kann:

$$d_m = \frac{\dfrac{\dfrac{g_1}{d_1^3}}{\Sigma\left(\dfrac{g}{d^3}\right)} d_1^4 + \dfrac{\dfrac{g_2}{d_2^3}}{\Sigma\left(\dfrac{g}{d^3}\right)} d_2^4 + \cdots + \dfrac{\dfrac{g_n}{d_n^3}}{\Sigma\left(\dfrac{g}{d^3}\right)} d_n^4}{\dfrac{\dfrac{g_1}{d_1^3}}{\Sigma\left(\dfrac{g}{d^3}\right)} d_1^3 + \dfrac{\dfrac{g_2}{d_2^3}}{\Sigma\left(\dfrac{g}{d^3}\right)} d_2^3 + \cdots + \dfrac{\dfrac{g_n}{d_n^3}}{\Sigma\left(\dfrac{g}{d^3}\right)} d_n^3} . \tag{1–7}$$

Die Ausdrücke $\dfrac{g_1/d_1^3}{\Sigma(g/d^3)}$ usw. stellen den prozentuellen Anteil der Zahl der Einzelteilchen an der Gesamtzahl der Teilchen dar. Die Anzahl in der feinsten Fraktion ist meist überragend und ausschlaggebend für die Gesamtoberfläche.

FEIFEL[1] hält den Zentralwert (Medianwert), denjenigen Durch-messer (d_z), dem 50% des Rückstandes zugeordnet ist, wegen der Ein-fachheit seiner Festlegung der Kennlinie (RRS-Kurve) für besonders geeignet, allenfalls noch den „dichtesten Wert" (d_d), das Maximum der Summenkurve, der bei

$$d_d = d_z / \sqrt{2\ln 2} = 0{,}849\, d_z \tag{1–8}$$

liegt.

Die Wahl des geeignetsten „mittleren Durchmessers" richtet sich wesentlich nach dem Verwendungszweck.

Liegt eine Abhängigkeit eines Merkmals (z. B. des Wassergehaltes) von der Korngröße vor, so kann man nach RAMMLER[2] analog zur Kenn-zeichnung der Rückstands- und Durchgangskurven das Produkt aus Merkmal und Anteil (Funktion), „Merkmalinhalt" genannt, eine Merk-malinhalt-Verteilungskurve aufstellen. In einigen Fällen genügt es auch, mit einem Merkmaldurchschnittswert und der Merkmalspanne zu arbeiten. Als „Leitkorngröße" ist nach RAMMLER diejenige charakte-ristische Korngröße definiert, bei der der Merkmalwert mit dem Merkmal-durchschnittswert übereinstimmt. Die Leitkorngröße fällt je nach dem betrachteten Merkmal verschieden aus und tritt noch neben die Vielzahl

---

[1] FEIFEL, E.: s. Fußn. 7 S. 9.

[2] RAMMLER, E.: Auswertung und Darstellung korngrößenabhängiger Eigen-schaften von Gekörnen. Freiberger Forschungshefte A 39 (1955) S. 5—41.

der in Zahlentafel 1–1 aufgeführten charakteristischen Korndurchmesser.

Eine zusammenfassende Darstellung der Korngrößenmeßtechnik hat neuerdings BATEL[1] gegeben.

Kornform

Die Kornform fester Brennstoffe ist meist unregelmäßig, aber in vielen Fällen, besonders im Bereich kleiner Teilchen und laminarer Strömung, läßt sich das Teilchen zu einer Kugel idealisieren vom „ideellen Kugeldurchmesser"[2] oder dem „wahren Nominaldurchmesser"[3], der definiert ist als der Durchmesser einer Kugel von gleichem Volumen (und gleicher Rohwichte) wie das betrachtete unregelmäßig geformte Teilchen. WADELL[3,4] schlägt den Sphärizitätsfaktor

$$\Psi = \frac{f}{F} \qquad (1\text{--}9)$$

vor, worin f die Oberfläche der Kugel gleichen Volumens und F die wirkliche Oberfläche des Teilchens bedeutet, der in manchen Fällen durch den leichter zu ermittelnden Kreisförmigkeitsfaktor c^*, die Projektion des Teilchens auf eine Ebene, ersetzt werden kann,

$$c^* = \frac{c}{C}, \qquad (1\text{--}10)$$

$c =$ Umfang des Kreises gleichen Flächeninhaltes, $C =$ Umfang der betrachteten ebenen, unregelmäßigen Figur. Für vollkommene Kugeln und Kreise wird $\Psi = 1$, $c^* = 1$.

Mit dem Kornfaktor kleinster Teilchen befaßt sich ROBINS[5] anknüpfend an die Vorschläge von HEYWOOD[6] und HAWKSLEY[7].

---

[1] BATEL, W.: Einführung in die Korngrößenmeßtechnik. Korngrößenanalyse, Kennzeichnung von Körnungen, Oberflächenbestimmung, Probenahme (Verfahrenstechnik in Einzeldarstellungen, hrsg. von J. SPANGLER u. W. MATZ, Bd. 8), Berlin/Göttingen/Heidelberg: Springer 1960.

[2] SCHULZ, P.: Neue Bestimmungen der Konstanten der Fallgesetze in der nassen Ausbreitung mit Hilfe der Kinematographie und Betrachtungen über das Gleichfälligkeitsgesetz. Diss. Dresden u. Freiberg 1914.

[3] WADELL, H.: Volume, shape, and roundness of rock particles. J. Geol. 40 (1932) Nr. 5 S. 443—451.

[4] WADELL, H.: The coefficient of resistance as a function of REYNOLDS number for solids of various shapes. J. Franklin Inst. 217 (1934) Nr. 4 S. 459—490.

[5] ROBINS, W. H. M.: The significance and application of shape factors in particle size analysis. Brit. J. appl. Phys. 4 (1954) Suppl. Nr. 3 S. 82—85.

[6] HEYWOOD, H.: Symposium on Particle Size Analysis. Suppl. Trans. Instn. Chem. Engrs. 25 (1947) S. 14ff.

[7] HAWKSLEY, P. G. W.: The Physics of Particle Size Measurement, Part I: Fluid Dynamics and the Stokes Diameter. Brit. Coal Utilisation Research Association 15 (1951) Nr. 4 S. 105—146.

Packungsart, Packungsdichte und Lückenvolumen

Ein Korngemisch im ruhenden Zustand, die Brennstoffschüttung auf einem Rost, in einem Gaserzeuger, die Beschickung in einem Schachtofen oder die Packung eines Turmes ist gekennzeichnet durch Art, Größe und Gestalt der festen Körper und die Art der Lagerung oder Packung, die dichter oder lockerer sein kann. Je nach der Herstellungsart spricht man von Lockerschüttung, Schüttvolumen und Schüttgewicht, von Rüttelvolumen und Rüttelgewicht oder von regelmäßiger Packung. Für ein solches Haufwerk oder eine Schüttung bestehen folgende einfache Beziehungen. Das Gesamtvolumen setzt sich zusammen aus dem „Festvolumen", das von dem festen Körper mit dem spez. Gewicht (oder der Rohwichte), γ, eingenommen wird, und aus dem „Lückenvolumen", ε_L, oder dem freien Raum zwischen den Festkörpern

$$\varepsilon_F + \varepsilon_L = 1 \tag{1-11}$$

und

$$\varepsilon_L = (1 - \varepsilon_F). \tag{1-12}$$

Beträgt das Schüttgewicht $\gamma_s\ [\text{kg/m}^3]$, die Rohwichte des Festkörpers $\gamma\ [\text{kg/m}^3]$, so ist das Festvolumen

$$\varepsilon_F = \frac{\gamma_s}{\gamma} \tag{1-13}$$

und das Lückenvolumen

$$\varepsilon_L = \frac{\gamma - \gamma_s}{\gamma}. \tag{1-14}$$

Zum Studium der Eigenschaften von Schüttungen sind zunächst die Packungsarten von Kugeln eingehend theoretisch untersucht worden[1-6]. Zahlentafel 1-2 zeigt, daß Lückenvolumina von rd. 48% bei der lockersten, bis zu rd. 26% bei der dichtesten Packung auftreten, Unterschiede, die sich in der Durchlässigkeit bzw. im Strömungswiderstand außerordentlich stark auswirken.

Bei heterogenen Gemengen, z. B. einem Haufwerk aus Kugeln verschiedenen Durchmessers, verringern sich die Lückenvolumina um so

---

[1] Furnas, C. C.: Flow of gases through beds of broken solids. U. S. Bur. Min. Bull. 307 (1929).

[2] Smith, W. O., P. D. Foote u. P. F. Busang: Packing of homogeneous spheres. Phys. Rev. 34 (1929) Nr. 9 S. 1271—1274.

[3] Meldau, Robert: Physikalische Eigenschaften von Industriestäuben, insbesondere von lagernden Staubschichten. Z. VDI 76 (1932) Nr. 49 S. 1189—1195. — Meldau, R., u. E. Stach: Bericht C 56 des Reichskohlenrates, Berlin 1933.

[4] Graton, L. C., u. H. J. Fraser: Systematic packing of spheres; with particular relation to porosity and permeability. J. Geol. 43 (1935) Nr. 8 (I) S. 785—909.

[5] White, H. E., u. S. F. Walton: Particle packing and particle shape. J. Amer. ceram. Soc. 20 (1937) Nr. 5 S. 155—166.

[6] Dalla Valle, J. M.: s. Fußn. 2 S. 10, dort S. 123—148.

Zahlentafel 1-2

Packungsarten und Lückenvolumen von Kugeln gleichen Durchmessers

Packungsart	Anordnung der Kugelmittelpunkte			Lücken-volumen $\varepsilon_L\%$	Zahl der Kugelberüh-rungspunkte
	Grundriß	Aufriß	Seitenriß		
Kubisch	Rechteck	Rechteck	Rechteck	47,64	6
Rhombisch	Rechteck	Rhombus	Parallelogr.	39,54	8
Doppel-rhomb.	Rhombus	Rhombus	Parallelogr.	30,19	10
Tetraedrisch	Rhombus	Rhombus	Rhombus	25,95	10
Oktaedrisch	Rechteck	Rhombus	Rhombus	25,95	12

mehr, je größer die Zahl der Komponenten und je kleiner der kleinste noch auftretende Teilchendurchmesser ist. Maximale Packungsdichten und geringste Lückenvolumina lassen sich erzielen, wenn die nächst kleinere Korngröße den Lückenraum gerade ausfüllt. Es läßt sich dann eine Gradation theoretisch ermitteln, die maximale Dichten ergibt (FULLER-Kurve)[1-4].

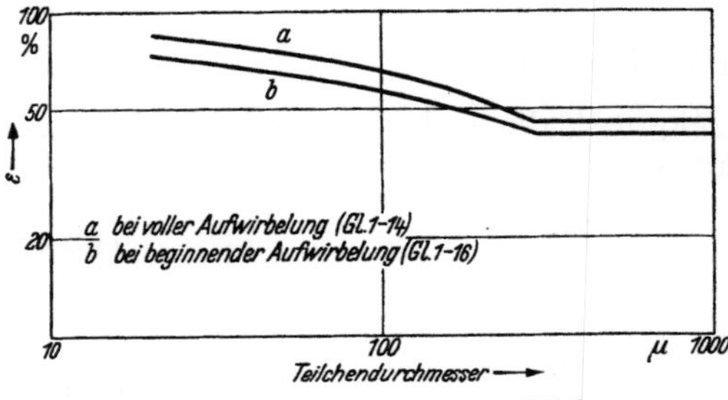

Abb. 1-2. Lückenvolumen von Stäuben

Bei Teilchen von unregelmäßiger Gestalt ergeben sich weitere Variationsmöglichkeiten und im allgemeinen größere Lückenvolumina als bei Kugeln. Bei kleinen Durchmessern (z. B. groben Stäuben, Sand u. dgl.) ist das Lückenvolumen praktisch konstant mit leicht steigender Tendenz bei abnehmendem Teilchendurchmesser. Bei $300\,\mu\;\varnothing$ beginnt eine allmähliche, dann stärkere Steigerung, die sich in logarithmischer Darstellung als eine geradezu sprunghafte Änderung abzeichnet (Abb.1-2). Sie dürfte darauf zurückzuführen sein, daß sich die Abweichung von der Kugelgestalt oder die Rauhigkeit bei sehr kleinen Durchmessern relativ stark auswirkt und durch spitzenweise Berührung der Teilchen große zusätzliche Lückenräume schafft. Das Lückenvolumen läßt sich unterhalb $d = 300\,\mu$ durch die empirische Beziehung

$$\varepsilon_L = 1 - 0{,}08\,d_r + 0{,}431\,(d_r)^{1/2} - 0{,}944\,(d_r)^{1/3} \qquad (1\text{-}15)$$

[1] FURNAS, C. C.: s. Fußn. 1 S. 13.

[2] WHITE, H. E., u. S. F. WALTON: s. Fußn. 5 S. 13.

[3] FULLER, W. B., u. S. E. THOMPSON: Laws of proportioning concrete. Trans. Amer. Soc. civil Engrs. 59 (1907) S. 67ff.

[4] KOEPPEL, C.: Die Packungsdichte als Kenngröße der Feinkohle. Mitt. Forsch.-Anst. GHH-Konzern 5 (1937) H. 3 S. 53—70.

ausdrücken, wobei

$$d_r = \frac{d\,[\mu]}{300} \qquad (1\text{-}16)$$

den reduzierten Teilchendurchmesser bezeichnet.

Ein maximal belüftetes Bett (Beginn der Unstabilität, Teilchen-Umlagerung, -Bewegung und Expansion[1] hat ein Lückenvolumen von

$$\varepsilon'_L = 1 + 0{,}433\,d_r - 1{,}54\,(d_r)^{1/2} + 0{,}566\,(d_r)^{1/3}\,. \qquad (1\text{-}17)$$

Oberhalb dieses Lückenvolumens (bzw. der zugehörigen Luftgeschwindigkeit) beginnt die tanzende oder kochende Bewegung der Teilchen im Gasstrom.

Bewegung fester Teilchen

Die Bewegung fester Teilchen in Schüttungen (ohne Anwendung von Traggas) folgt komplizierten und noch wenig erforschten Gesetzen. Ein wichtiges Kriterium ist der Böschungswinkel, doch bildet eine Schüttung in Gefäßen, z. B. in Bunkern oder Silos, Böschungswinkel, die vom freien Böschungswinkel stark abweichen können. Eine Schüttung oder ein Haufwerk aus unregelmäßigen Teilchen hat die Neigung, sich bei Druckanwendung auszudehnen und sein Lückenvolumen zu vergrößern[2]. Nach BROWN und HAWKSLEY[3] bewegen sich die festen Teilchen in Partikel-Gruppen von unhomogenem Lückenvolumen. Beim Ausfluß aus einem Gefäß (Bunker, Silo) fließt zunächst das Material über der Öffnung aus, wobei im Verlauf der Entleerung die Gruppen A und B (Abb. 1-3) in den Zentralraum C hineingleiten (dabei gleitet A über B und B über E), um dann aus dem flackernden Konus D schnell auszufließen. Der steile Böschungswinkel (bis zur Senkrechten) kann verflacht werden durch Belüften[4]. Darauf beruht das Auflockerungs-

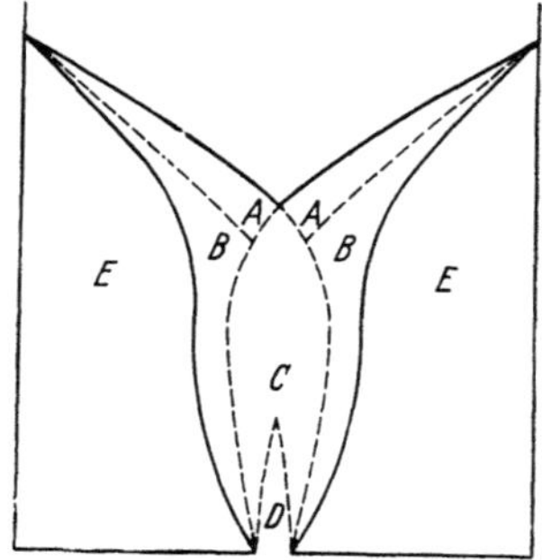

Abb. 1-3. Materialbewegung in Bunkern

---

[1] Vgl. S. 65—70.

[2] REYNOLDS, O. [Papers on mechanical and physical subjects (1901) Bd. 2 S. 203—216 „On the dilatancy of media composed of rigid particles in contact", S. 217—227 „Experiments showing dilatancy, a property of granular material, possibly connected with gravitation"] weist auf das Beispiel des Fußabdruckes auf feuchtem Sand hin. Durch die Ausdehnung unter Druck füllt das Wasser das Lückenvolumen nicht mehr voll aus, die Fußspur erscheint trocken, bis nach einiger Zeit Wasser von der Seite her nachdiffundiert und der alte Zustand wiederhergestellt wird.

[3] BROWN, R. L., u. P. G. W. HAWKSLEY: The internal flow of granular masses. Fuel Sci. 26 (1947) Nr. 6 S. 159—173. — Über theoretische Grundlagen vgl. H. TAUBMANN: Beitrag zur Speicherung von Schüttgütern. Aufbereitungs-Technik 1 (1960) Nr. 1 S. 17—26.

[4] MAYR, O.: Bewegungs- und Mischungsvorgänge bei mehlförmigen Stoffen in Silos. Zement 31 (1942) Nr. 23/24 S. 249—251.

verfahren und die pneumatische Förderrinne von G. POLYSIUS (Einleiten von Preßluft durch eine poröse Platte). Druckerhöhung über der Schüttung kann daher zur Entleerung von Staubbunkern und zur Förderung benutzt werden (Prinzip der „Cera-Pumpe"). Eine Verbindung von Förder- und Preßluft zur Auflockerung und Förderung stellt das Förderprinzip der Staubpumpen dar (Fuller-Pumpe und verwandte Bauarten). Ein neuartiges Verfahren für große Förderleistungen bei langsamer Stoffbewegung ($\sim 3-3{,}6$ m/s) in dichter Phase und hohen Gasdrücken hat BERG[1] angegeben und als „Hyperflow" bezeichnet.

Im Gegensatz dazu dient die Förderluft allein (ohne Druck, abgesehen vom Druckverlust durch Strömung, Förderungs- und Beschleunigungsleistung) als das Fördermittel bei entsprechend großen Luftmengen und Lückenvolumina (vgl. S. 68f.).

Eine andere Förderart ist die durch drehende Rohre entsprechend der Bewegung des Aufgabegutes in Drehöfen und Rohrmühlen. JUNG[2] hat das Hohlrohr als Fördermittel untersucht, es kann jedoch nur für ausreichend fließfähige Schüttgüter (Granulate) verwendet werden, nicht dagegen für Zement, Kohlenstaub, Flugasche.

Die Durchlaufzeit durch einen Drehofen kann nach folgender Näherungsformel berechnet werden (PICKERING, FEAKES und FITZGERALD[3]

$$\Theta = \frac{L \sin \beta}{2 \pi R n \sin \alpha} \quad [\text{min}] \qquad (1\text{--}18)$$

oder nach der Formel des Bureau of Mines[4].

$$\Theta = \frac{1{,}77 \, L \sqrt{\beta}}{Z R \alpha} \quad [\text{min}] \qquad (1\text{--}19)$$

mit L = Ofenlänge [m], R = Ofenradius [m], n = Ofendrehzahl [U/min], β = Schüttwinkel des Gutes, α = Ofenneigung [Grad].

Mischungs- und Entmischungserscheinungen spielen technisch eine sehr bedeutende Rolle, die Gleichmäßigkeit einer Schüttung (z. B. in einem Schachtofen) ist weitgehend von der Art des Beschickens abhängig. Grobe Bestandteile neigen im Schüttkegel zum Abrollen nach außen; dem kann durch Ausbildung und Abmessung der Fülltrichter, durch drehbare Konstruktionen u. ä. entgegengewirkt werden. Kon-

---

[1] BERG, C.: Design of process systems utilizing moving beds. Chem. Eng. Progress 51 (1955) Nr. 7 S. 326—334. — Siehe auch U.S. Pat. 2684868, 2684870 und 2684872.

[2] JUNG, R.: Die Hohlwelle als Schüttgutförderer. Forsch. Ing.-Wes. 25 (1959) Nr. 2 S. 37—43.

[3] PICKERING, W. R., F. FEAKES u. M. L. FITZGERALD: Time for passage of material through rotary kilns. J. Appl. Chem. 1 (1951) Nr. 1 S. 13—19.

[4] SULLIVAN, J., C. G. MAIER u. O. C. RALSTON: Bureau of Mines, Techn. Paper 384, 1927.

zentrisch-zylindrische Einbauten in Bunkern vermeiden das Entmischen beim Füllen und Entleeren. Der Einbau von Rundstäben — etwa an der Grenze des Raumes C in Abb. 1–3 — erleichtert die gleichmäßige Entleerung[1].

Cooper und Garvey[2] haben durch den Vorschlag des Einbaus eines langgestreckten Doppelkonus in die Ausflußöffnung die Ausflußleistungen wesentlich erhöhen können. Wesentlich ist nach Langmaid und Rose[3] das Verhältnis von Austragsöffnung und Teilchendurchmesser (etwa $7\,d$ bei runder Öffnung, nach Hampel[4] $10\,d$ oder 4 bis $5\,d$ Schlitzbreite bei rechteckiger Öffnung, Mindestbunkerdurchmesser $15\,d$, wenn d den mittleren Teilchendurchmesser bedeutet). Die Kornform spielt dabei auch eine erhebliche Rolle, auch können die Gleiteigenschaften durch Beölung z. B. von Kohle verbessert werden[5].

Mit der Theorie der Bunkerentleerung und den Austragsorganen befassen sich neuere Arbeiten von Kvapil[6] und Taubmann[7].

Einfallen aus großer Höhe verdichtet die Lagerung, dabei bewirken andere mechanische Faktoren (wie z. B. der Rückprall am Boden), daß das Maximum des Schüttgewichtes nicht unten, sondern etwas über dem Boden festgestellt werden kann[8,9].

Beim umgekehrten Vorgang des Hereindrückens von Feststoffen in eine Schüttung (z. B. Speisen einer Unterschubfeuerung) kann man nach Versuchen von Hawksley und Wagstaff[10] mit Sand feststellen, daß

---

[1] Flow from bunkers. BCURA Monthly Gazette (1950) Nr. 9 S. 11—15. — da Andrade, E. N. C., u. J. W. Fox: The mechanism of dilatancy. Proc. Phys. Soc. Sect. B, 62 (1949) S. 483—500.

[2] Cooper, F. D., u. J. R. Garvey: Flow of coal in bins. Amer. Soc. mech. Engrs. Paper 57 — FU-2, — Combustion 29 (1957) Nr. 5 S. 45—49. — Vgl. BWK 10 (1958) Nr. 3 S. 122.

[3] Langmaid, R. N., u. H. E. Rose: Arch. formation in a noncohesive granular material. J. Inst. Fuel 30 (1957) Nr. 195 S. 166—172.

[4] Hampel, H. R.: Experimentelle Untersuchung einiger Einflußgrößen beim Ausfließen von Schüttgütern aus Bunkern. Bergb.-Wiss. 5 (1958) Nr. 10 S. 313—327.

[5] Echterhoff, H.: Untersuchungen über den Einfluß von Wassergehalt, Körnung und Ölzugabe auf das Schüttgewicht der Kokskohle. Glückauf 94 (1958) Nr. 3/4 S. 110—121.

[6] Kvapil, R.: Schüttgutbewegungen in Bunkern, Berlin: VEB Verlag Technik 1959.

[7] Taubmann, H.: Beitrag zur Speicherung von Schüttgütern. Aufbereitungs-Techn. 1 (1960) Nr. 1 S. 17—26.

[8] Hock, H., u. M. Paschke: Einfluß der Höhe der Koksofenkammer und des Wassergehaltes auf das Schüttgewicht in der Kammer und auf die Beschaffenheit des Kokses. Arch. Eisenhüttenw. 3 (1929) Nr. 2 S. 33/34.

[9] Eisenberg, G. A.: Die Schüttung der Kohle in der Koksofenkammer und ihr Einfluß bei der Verkokung. Glückauf 68 (1932) Nr. 20 S. 445—451, Nr. 21 S. 465—499.

[10] Hawksley, P. G., u. J. B. Wagstaff: Note on forced flow of granular material. Coal Research, Dez. 1946.

das Fördergut einen in sich unbewegten Pfropfen bildet, der in Richtung einer Normalen zur Materialoberfläche durch das ruhende Material gleitet. Bei schräger Oberfläche z. B. neigt sich der Pfropfen in dem Sinne, daß seine Bewegungsrichtung allmählich in eine Senkrechte zu der (schrägen) Oberfläche übergeht.

Einige Grundbegriffe der mathematischen Statistik

Bei der Betrachtung eines Haufwerks, vor allem bei dem Versuch, seine Eigenschaften durch Untersuchung von Stichproben zu ermitteln oder sie als Funktion einer Veränderlichen darzustellen, begegnet man immer wieder den Methoden der mathematischen Statistik, so daß es zweckmäßig erscheint, einige der wichtigsten Grundbegriffe kurz zu erläutern. Auf ihre Ableitung oder mathematische Begründung muß jedoch verzichtet werden; es sei auf die heute schon sehr umfangreiche Literatur hingewiesen[1]. Die praktische Bedeutung wird durch die Tatsache unterstrichen, daß bei der Untersuchung der Zusammensetzung oder des Heizwertes von Kohle ein Gramm Probesubstanz, wenn auch aus einer größeren Zahl von Stichproben durch wiederholte Probenteilung, Mischung, Zerkleinerung gewonnen, im Laboratorium analysiert wird und zu Aussagen führen soll, die für 100 oder 1000 und mehr Tonnen, also für die 10^8- bis 10^9-fache Menge repräsentativ sein sollen.

Die Probenahme, Probenverarbeitung, Bestimmung der Probenanzahl und der Probemenge ist also ein wichtiges Gebiet, für das die mathematische Statistik mehr und mehr unentbehrlich geworden ist und Aussagen über die Vertrauenswürdigkeit von Meß- und Analysenergebnissen gestattet. Ein anderes Anwendungsfeld ist die Einordnung von Beobachtungswerten bestimmter Funktionen in die Form von Gleichungen, die diesen Werten am besten gerecht werden. Hier verwendet man die „Methode der kleinsten Quadrate", die im neueren Schrifttum auch als *Korrelationsrechnung* bezeichnet wird[2].

Bei einer Vielzahl von Beobachtungswerten liegt ein statistisches *Kollektiv* oder eine *Grundgesamtheit* vor, die Kennzeichnung kann durch

---

[1] Zur Einführung sei empfohlen: LINDNER, A.: Statistische Methoden für Naturwissenschafter, Mediziner und Ingenieure, 3. Aufl., Basel: Birkhäuser 1960. — GEBELEIN, H.: Zahl und Wirklichkeit, 2. Aufl., Heidelberg: Quelle & Meyer 1949. — GEBELEIN, H., u. H.-J. HEITE: Statistische Urteilsbildung, Berlin/Göttingen/Heidelberg: Springer 1951. — GRAF, U., u. H.-J. HENNING: Formeln und Tabellen der mathematischen Statistik, 2. Aufl., Berlin/Göttingen/Heidelberg: Springer 1955. — FISHER, R. A.: Statistical Methods for Research Workers, 12. Aufl., Edinburgh u. London: Oliver & Boyd 1956 (auch in deutscher Übersetzung von D. LUCKA).

[2] Es sei hier auf die Literatur über Wahrscheinlichkeitsrechnung und praktische Mathematik verwiesen, u. a. auf R. ZURMÜHL: Praktische Mathematik für Ingenieure und Physiker, 2. Aufl., Berlin/Göttingen/Heidelberg: Springer 1957. — SANDEN, H. v.: Praktische Mathematik, Stuttgart: Teubner 1956, S. 84—142.

verschiedene Angaben oder Darstellungsweisen erfolgen, etwa durch den *Mittelwert*, das arithmetische Mittel,

$$\bar{x} = \frac{1}{n} \sum_{i=1}^{n} x_i,\qquad(1\text{-}20)$$

wenn n Werte $x_1,\ x_2 \ldots x_2 \ldots x_n$ vorliegen[1].

Der *mittelste Wert* (Medianwert) ist derjenige, bei dem gleich viele Werte rechts und links von ihm liegen, wenn sie der Größe nach geordnet werden. Der *häufigste Wert* ist derjenige, bei dem das Maximum der Häufigkeitskurve liegt (s. Abb. 1-1). Eine andere Form der graphischen Darstellung ist uns in der Summenkurve — z. B. der Rückstandskennlinie in Abb. 1-1 und in der durch Differentation daraus abgeleiteten Kornverteilungskurve — bereits begegnet. Verschiedenartige Darstellungsformen hat WIX[2] beschrieben.

Die Gaußsche Normalverteilungskurve oder Glockenkurve, auch Gaußsche Fehlerkurve genannt, ist durch die Gleichung

$$f(x) = h/\sqrt{\pi} \cdot e^{-h^2 x^2}\qquad(1\text{-}21)$$

gegeben. Die unter ihr liegende Fläche ist gleich 1; ihre Steilheit ist ein Maß für die Genauigkeit der Beobachtung; ihre Voraussetzung ist, daß systematische Abweichungen nicht vorliegen. Da bei statistischen Auswertungen bei großen Schwankungen die am wenigsten häufigen Werte von entsprechend geringerem Interesse sind und man sich ohnehin mit einer begrenzten Zahl von Einzelwerten begnügen möchte — es ist dies ja auch ein Problem der Wirtschaftlichkeit des Untersuchungsverfahrens —, kann man die Extremwerte abschneiden und Merkmalsgrenzen festlegen, in die z. B. 95% oder 99% aller Werte hineinfallen.

Als Streuungsmaße dienen neben der *Variationsbreite*, d. i. die Differenz zwischen dem größten und kleinsten Wert, die *Standardabweichung*, auch *mittlere quadratische Abweichung* genannt, σ bzw. s* und bevorzugt das Quadrat von σ bzw. s, die als *Streuung* oder *Varianz* bezeichnet wird

$$s^2 = \frac{1}{n-1} \sum_{i=1}^{n} (x_i - \bar{x})^2\qquad(1\text{-}22)$$

---

[1] Zur Vermeidung unbequem großer Zahlen kann man bei der Ermittlung von $\bar{x}$ von einem runden Schätzwert A ausgehen und mit den Differenzen $(x-A)$ rechnen statt mit den vollen x-Werten.

[2] WIX, F.: Die Technik des graphischen Auswertens von Häufigkeitsverteilungen. Bergbau-Arch. 18 (1957) Nr. 2 S. 17—40.

* Man benutzt meist das Symbol σ für die Standardabweichung der Grundgesamtheit und s (Schätzwert) für diejenige einer beschränkten Anzahl von Werten oder Stichproben.

oder zur Rechenerleichterung umgeformt[1]

$$s^2 = \frac{1}{n-1}\left(\sum_{i=1}^{n} x_i^2 - \bar{x}\sum_{i=1}^{n} x_i\right) \tag{1-23}$$

oder um noch die Ermittlung von $\bar{x}$ einzusparen

$$s^2 = \frac{1}{n-1}\left(\sum_{i=1}^{n} x_i^2 - \frac{1}{n}\left[\sum_{i=1}^{n} x_i\right]^2\right). \tag{1-24}$$

Innerhalb der Grenzschwellen $x \pm 1{,}96\,\sigma$ liegen bei der Gaußschen Normalverteilung 95% und innerhalb $x \pm 2{,}58\,\sigma$ 99% aller Werte, oder innerhalb $x \pm 2\,\sigma$ 95,44% und innerhalb $x \pm 3\,\sigma$ 99,73%, wie man den Tabellierungen der Funktion Gl. (1–21) entnehmen kann[2].

Werden die Einzelwerte zu einem Mittelwert zusammengefaßt, so ist die Standardabweichung des Mittelwertes

$$s_{\bar{x}} = \frac{s}{\sqrt{n}}. \tag{1-25}$$

Mit dem Sonderproblem der Probenahme von Brennstoffen haben sich zahlreiche Autoren beschäftigt[3-6]; mehr und mehr werden Überlegungen der mathematischen Statistik auch in die Normen eingehen[7].

Bei Anwendung auf die Ableitung von Beziehungen zwischen zwei oder mehreren Veränderlichen auf Grund statistischen Beobachtungsmaterials bedient man sich der Methoden der Wahrscheinlichkeitsrechnung[8].

Liegt eine lineare Abhängigkeit vor, so spricht man von einer *linearen Regression*. Die Gleichung der Regressionsgeraden sei

$$y = a + b(x - \bar{x}) \tag{1-26}$$

---

[1] LINDNER: s. Fußn. 1 S. 18.

[2] GRAF u. HENNING: s. Fußn. 1 S. 18.

[3] STANGE, K.: Stichprobenverfahren bei der Beurteilung von Massengütern, insbesondere von Kohle. Mitt. mathem. Statistik 6 (1954) Nr. 3 S. 204—220, — Probenahme vom Band. — METRIKA: Z. f. theor. u. angew. Statistik 1 (1958) Nr. 3 S. 177—222.

[4] JAHNS, H.: Elementare Erläuterung der zur mathematischen Behandlung von Stichprobenmessungen erforderlichen Gedankengänge und Begriffe. Glückauf 92 (1956) Nr. 3/4 S. 96—108, — s. a. Bergbau-Arch. 18 (1957) Nr. 1 S. 36—51.

[5] PAUL, H.: Zusammenhänge zwischen der Probenahme von Steinkohle und der Genauigkeit des ermittelten Aschegehaltes. Glückauf 94 (1958) Nr. 27/28 S. 907—918.

[6] LANDRY, B. A.: Fundamentals of Coal Sampling. Bull. 454, Bureau of Mines, Washington, D. C. 1944.   [7] Vgl. z. B. DIN.

[8] Neben dem Schrifttum der praktischen Mathematik (Fußn. 2 S. 18) sei noch hingewiesen auf A. LINDNER: Planen und Auswerten von Versuchen, Basel/ Stuttgart: Birkhäuser 1953; als Beispiel für die Methoden der Streuungszerlegung auf M. EZEKIEL: Methods of Correlation Analysis, 2. Aufl., New York/London: J. Wiley & Sons u. Chapman & Hall 1953.

mit $a = \bar{y}$ und dem Regressionskoeffizienten

$$b = \frac{\sum\limits_{i=1}^{n} x_i y_i - \bar{x} \sum\limits_{i=1}^{n} y_i}{\sum\limits_{i=1}^{n} x_i^2 - \bar{x} \sum\limits_{i=1}^{n} x_i} \,. \tag{1-27}$$

Wie gut eine solche Gleichung eine Beobachtungsreihe wiedergibt, zeigt der *Korrelationskoeffient*

$$r = \frac{S_{xy}}{S_x \cdot S_y} \tag{1-28}$$

oder das Bestimmtheitsmaß B, das durch die Beziehung

$$B = r^2 \tag{1-29}$$

definiert ist. Es ist $B = r = 1$, wenn eine mathematisch strenge (in diesem Fall lineare) Abhängigkeit zwischen x und y liegt, und $B = 0$, wenn überhaupt keine gesetzmäßige Abhängigkeit vorhanden ist. In obiger Gl. (1-28) bedeuten

$$S_{xy} = \frac{1}{n-1} \sum_{i=1}^{n} x_i (y_i - \bar{y}) = \frac{1}{n-1} \sum_{i=1}^{n} (x_i - \bar{x}) y_i, \tag{1-30}$$

$$S_x^2 = \frac{1}{n-1} \sum_{i=1}^{n} (x_i - \bar{x})^2, \tag{1-31}$$

$$S_y^2 = \frac{1}{n-1} \sum_{i=1}^{n} (y_i - \bar{y})^2. \tag{1-32}$$

Liegt der Korrelationskoeffizient r unterhalb einer bestimmten, von der Zahl der Wertepaare und der gewünschten statistischen Sicherheit (S in %) abhängigen Grenze[1], so ist die Korrelation unbrauchbar, die angenommene Gesetzmäßigkeit also nicht vorhanden.

2. Mechanik gasförmiger Körper

Zustandsgleichung[2]

Ein Gaszustand wird durch mindestens zwei der drei Zustandsgrößen p [kp/m²], im MKSA-System [N/m² oder bar $= 10^5$ N/m²], Volumen v (spezifisches Volumen) in [m³/kg], die betrachtete Gasmenge ist die Masse 1 kg, und die Temperatur T °K $(= 273{,}15 + t$ °C) gekenn-

---

[1] Zu entnehmen statistischen Tabellenwerken, z. B. GRAF u. HENNING: s. Fußn. 1 S. 18.

[2] Zur Erleichterung des Überganges von dem bisher gebräuchlichen technischen Maßsystem auf das zur allgemeinen Anwendung empfohlene MKSA-System (Giorgi-System) werden beide Systeme nebeneinander verwendet, das MKSA-System jedoch im allgemeinen bevorzugt (vgl. auch Anhang S. 698).

zeichnet. Als physikalischer *Normzustand* ist die Temperatur von $T = 273\,°\mathrm{K}$ (0 °C) und der Druck von 760 mm Quecksilbersäule [oder „Torr", nach dem Erfinder des Barometers, EVANGELISTO TORRICELLI (1608—1647), benannt] oder $p = 10\,323{,}27\ \mathrm{kp/m^2}$, im MKSA-System 1,013250 bar festgelegt. Andere „Normalzustände", wie z. B. $t = 20\,°\mathrm{C}$, $p = 1\ \mathrm{at} = 10\,000\ \mathrm{kp/m^2} = 735{,}559\ \mathrm{Torr} = 0{,}980\,665\ \mathrm{bar}$) werden im folgenden nicht benutzt.

Nach dem BOYLE-MARIOTTEschen Gesetz ist

$$\frac{v_1}{v_2} = \frac{p_2}{p_1} \tag{2-1}$$

oder

$$p_1 v_1 = p_2 v_2 = p\,v = \mathrm{const}. \tag{2-2}$$

Nach GAY-LUSSAC ist

$$v_1 = v_0(1 + \alpha\,t), \tag{2-3}$$

wobei sich v_1 auf einen Zustand 1, v_0 auf den Zustand bei 0 °C bezieht und $\alpha = \dfrac{1}{273}$ den Wärmeausdehnungskoeffizienten des Gases bedeutet. Es ist dann

$$\frac{v_1}{v_2} = \frac{1 + \alpha\,t_1}{1 + \alpha\,t_2} = \frac{273 + t_1}{273 + t_2} = \frac{T_1}{T_2}. \tag{2-4}$$

Denken wir uns eine Zustandsänderung von 1 nach 2 so vorgenommen, daß erst bei konstanter Temperatur der Druck geändert wird (isothermische Zustandsänderung), bis der Druck p_2 (Zustand 2′) erreicht ist, und daß dann bei konstantem Druck (isobare Zustandsänderung) die Temperatur auf T_2 gebracht wird, so ist nach Gl. (2-1) und (2-4)

$$\frac{v_1}{v_2'} = \frac{p_2}{p_1} \quad \text{und} \quad \frac{v_2'}{v_2} = \frac{T_1}{T_2}; \quad \frac{v_1}{v_2'}\frac{v_2'}{v_2} = \frac{p_2}{p_1}\frac{T_1}{T_2} \tag{2-5}$$

oder

$$\frac{p_1 v_1}{T_1} = \frac{p_2 v_2}{T_2} = \frac{p\,v}{T} = \mathrm{const}. \tag{2-6}$$

Die Konstante bezeichnet man als die „Gaskonstante" (R), die Gleichung als die allgemeine Zustandsgleichung

$$p\,v = R\,T \tag{2-7}$$

oder

$$p = \varrho\,R\,T, \tag{2-7a}$$

wenn $\varrho\ [\mathrm{kg/m^3}]$ die Dichte oder Masse der Volumeneinheit bedeutet. Die Wichte (das spezifische Gewicht) ist definiert durch die Beziehung

$$\gamma\quad [\mathrm{kp/m^3}] = \varrho \cdot g. \tag{2-8}$$

Die Schwerebeschleunigung $g\ [\mathrm{m/s^2}]$ wird in technischen Rechnungen meist mit dem abgerundeten Wert 9,81 m/s² eingesetzt, genauer ist die

Normalfallbeschleunigung[1] auf

$$g_n = 9{,}80665 \text{ m/s}^2$$

festgelegt worden.

Die Gaskonstante R kann als *spezifische Gaskonstante* für ein bestimmtes Gas, dabei auf die Masse, das Gewicht oder das Normvolumen der Gasmenge bezogen und entsprechend der Vielzahl der Energieeinheiten in verschiedenen Dimensionen ausgedrückt oder als „*universelle Gaskonstante*" des idealen Gases, bezogen auf ein Kilomol als Mengeneinheit, angegeben werden[2].

Die universelle Gaskonstante beträgt

$$R = 1{,}986 \text{ kcal/}^\circ\text{K} \cdot \text{kmol} = 8315 \text{ J/}^\circ\text{K} \cdot \text{kmol}.$$

Die spezifische Gaskonstante für Luft ergibt sich aus Gl. (2-7a) zu

$$R = p/\varrho T \quad \text{und bei} \quad p = 10332{,}27 \text{ kp/m}^2, \quad T = 273{,}15 \,^\circ\text{K},$$

$$\varrho = 1{,}2928 \text{ kg/m}^3, \quad R = 10332{,}27/273{,}15 \cdot 1{,}2928 = 29{,}259 \text{ [mkp/kg } ^\circ\text{K]}$$

oder in MKSA-Einheiten mit $p = 101325 \text{ N/m}^2$

$$R = 101325/273{,}15 \cdot 1{,}2928 = 286{,}935 \quad \left[\frac{\text{m}^2}{\text{s}^2\,^\circ\text{K}}\right] \quad \text{oder} \quad \left[\frac{\text{J}}{\text{kg}\,^\circ\text{K}}\right].$$

Die universelle Gaskonstante je kmol ideales Gas mit dem Molvolumen 22,416 Nm³ wird

$$R = \frac{10332{,}27 \times 22{,}416}{273{,}15} = 847{,}91 \quad \left[\frac{\text{m kp}}{\text{kmol} \cdot {}^\circ\text{K}}\right]$$

oder in MKSA-Einheiten

$$R = \frac{101325 \times 22{,}416}{273{,}15} = 8315 \quad \left[\frac{\text{J}}{\text{kmol} \cdot {}^\circ\text{K}}\right]$$

oder

$$R = 8315 \times 0{,}238846 \times 10^{-3} = 1{,}986 \text{ kcal/}^\circ\text{K} \cdot \text{kmol*}.$$

Daraus kann die spezifische Gaskonstante für ein beliebiges Gas vom Molekulargewicht[3] M errechnet werden zu

$$R = 847{,}91/M \quad \left[\frac{\text{m kp}}{\text{kg}\,^\circ\text{K}}\right] \quad \text{im techn. Maßsystem},$$

$$R = 1{,}986/M \quad \left[\frac{\text{kcal}}{\text{kg}\,^\circ\text{K}}\right] \quad \text{im techn.-kalorischen Maßsystem},$$

$$R = 8315/M \quad \left[\frac{\text{J}}{\text{kg}\,^\circ\text{K}}\right] \quad \text{im MKSA-System}.$$

---

[1] Die Fallbeschleunigung ist vom Bezugsort abhängig, sie beträgt bei der geographischen Breite B

$$g = 9{,}87030 \,(1 + 0{,}005302 \cdot \sin^2 B - 0{,}000007 \sin^2 2\,B) \text{ m/s}^2.$$

Die Normalfallbeschleunigung gilt etwa für 45° geographische Breite in Meereshöhe.

[2] Vgl. U. STILLE (s. Fußn. 1 S. 701) S. 131—134 u. 354/55.

* Bezüglich der Umrechnungsfaktoren vgl. Anhang S. 699.

[3] Die Bezeichnung „Molekulargewicht" ist nicht korrekt, da es sich nicht um Gewichte handelt, sondern um Massen. W. KISCHIO [Terminologie in der Chemie. Chem.-Ztg. 82 (1958) Nr. 21 S. 761—765] schlägt den Ausdruck „Molekülkonstante" vor.

Gehorchen die Gase der einfachen Gl. (2–7), so bezeichnet man sie als „ideale Gase", weichen sie davon ab, als „reale Gase". Im engeren Bereich (in der Nähe des Atmosphärendruckes) kann man das realeVerhalten der Gase ausdrücken durch Anfügung eines Berichtigungswertes

$$p\,v = R\,T + \varkappa_t\,p.\qquad\qquad(2\text{–}9)$$

Werte für $\varkappa_t$ s. Zahlentafel A–1 S. 686 (Anhang)[1]. Bei den meisten feuerungstechnischen Rechnungen kann das reale Verhalten der Gase außer acht gelassen werden. Zustandsgleichungen empirischen Charakters für reale Gase sind in großer Zahl aufgestellt worden, vorzugsweise zur Interpolation von Meßwerten und zur Aufstellung von Gas- und Dampftafeln. Von den älteren sind zu nennen die Zustandsgleichung von VAN DER WAALS, die von BERTHELOT, DIETERICI, BEATTIE-BRIDGEMAN, WOHL u. v. m. Neuere Vorschläge[2], so der von BENEDICT-WEBB-RUBIN, verwenden z. T. eine sehr große Zahl empirischer Konstanten[3].

Die AVOGADROsche Regel besagt, daß gleiche Volumina eines Gases bei gleichem Druck und gleicher Temperatur die gleiche Anzahl von Gasmolekülen (LOSCHMIDTsche Zahl N_L) enthalten; $N_L = 6{,}0236 \cdot 10^{23}$ je Mol oder $6{,}0236 \cdot 10^{26}$ je kmol.

Die Molekulargewichte (Molekülkonstanten) der Gase verhalten sich demnach zueinander wie ihre Dichten

$$\frac{M_1}{M_2} = \frac{\varrho_1}{\varrho_2}\qquad\qquad(2\text{–}10)$$

oder

$$M_1 v_1 = M_2 v_2 = \mathrm{const}.\qquad\qquad(2\text{–}11)$$

Die Masse von N_L Molekülen bezeichnet man als „Mol", die 1000fache Menge als Kilomol (kmol), Mv ist das Molvolumen, es beträgt bei idealen Gasen

$$M\,v = 22{,}4160\ \mathrm{Nm^3}\qquad\qquad(2\text{–}12)$$

Abweichungen der Molvolumina realer Gase s. Zahlentafel A–1 S. 686.

Die Umrechnung vom Normzustand auf einen beliebigen anderen

---

[1] Zur Ergänzung vgl. auch J. OTTO u. W. THOMAS: Messung der Wärmeausdehnung von Gasen. Zustandsgleichung der Gase. Techn. Messen V-9221-2 (Mai 1959) Lfg. 280 S. 95—98.

[2] KÄMMERER, C.: Über eine besondere Form der Zustandsgleichung. Ann. Phys. 6. Folge 4 (1959) S. 325—330. — HIMPAN, J.: Eine neue thermische Zustandsgleichung. Z. Phys. 131 (1951) S. 17—27, 130—135. — KORDES, E.: Über eine allgemeine Zustandsgleichung der gesättigten Dämpfe. Naturwiss. 40 (1953) Nr. 13 S. 359/360. — DUCLAUX, J.: Eine neue Form der Zustandsgleichung. C. R. Acad. Sci. (Paris) 244 (1957) S. 1427—1430.

[3] OPFEL, J. B., W. G. SCHLINGER u. B. H. SAGE: The Benedict equation of state. Application to methane, ethane, n-Butane und Pentane. Ind. Eng. Chem. 46 (1954) Nr. 6 S. 1286—1291. — BOGGS, H.: Oil Gas Equipment 5 (1959) Nr. 5 S. 16/17.

Zustand und umgekehrt ergibt sich aus Gl. (2–5) bzw. (2–6) wie folgt:

$$v = v_0 \frac{T}{273} \frac{p_0}{p}, \quad (2\text{-}13) \qquad\qquad v_0 = v \frac{273}{T} \cdot \frac{p}{p_0}, \qquad (2\text{-}14)$$

$$\varrho = \varrho_0 \frac{273}{T} \frac{p}{p_0}, \quad (2\text{-}15) \qquad\qquad \varrho_0 = \varrho \frac{T}{273} \cdot \frac{p}{p_0}; \qquad (2\text{-}16)$$

die Reduktion des Gasheizwertes auf den Normzustand und umgekehrt:

$$(H)_{\text{norm}} = H \frac{T}{273} \frac{p_0}{p}, \qquad (2\text{-}17)$$

$$H = (H)_{\text{norm}} \frac{273}{T} \frac{p}{p_0}. \qquad (2\text{-}18)$$

Wird der Druck in Torr (mm Quecksilbersäule) angegeben, so ist $p_0 = 760$ Torr und $p = b + p'$ (Barometerstand + Überdruck in mm QS) oder in Gegenwart von Wasserdampf $b + p' - \varphi p_s$ (p_s = Sättigungsdruck in mm QS, φ = Sättigungsgrad, s. nächster Abschnitt).

Bei Gasmischungen ist nach dem DALTONschen Gesetz der Druck p der Mischung gleich der Summe der Teildrucke $p_1 + p_2 + p_3 + \cdots$, folglich ist

$$(p_1 + p_2 + p_3 + \cdots) V = (m_1 R_1 + m_2 R_2 + m_3 R_3 + \cdots) T \qquad (2\text{-}19)$$

oder nach Einführung der Mengenanteile

$$\mu_1 = m_1 / \textstyle\sum m, \qquad\qquad \mu_2 = m_2 / \textstyle\sum m \quad \text{usw.},$$

$$R_m = \mu_1 R_1 + \mu_2 R_2 + \mu_3 R_3 + \cdots \qquad (2\text{-}20)$$

Auch aus den Volumanteilen der Gasmischung kann man die Gaskonstante R_m ebenfalls errechnen, indem man in der Gleichung

$$P \cdot V_{\text{kmol}} = M R_m T, \qquad (2\text{-}21)$$

$$M = v_1 M_1 + v_2 M_2 + v_3 M_3 + \cdots \qquad (2\text{-}22)$$

einführt. (M_i = Molekulargewichte, v_i = Volumanteile, $i = 1,2,3, \ldots$)

Obwohl das DALTONsche Gesetz nicht streng gilt[1], fehlen doch noch genügend Unterlagen zu einer Berücksichtigung dieser größenordnungsmäßig geringen Abweichungen. Die in feuerungstechnischen Rechnungen übliche Annahme einer allgemeinen Gültigkeit des DALTONschen Gesetzes verursacht keinen nennenswerten Fehler.

Gas-Dampf-Gemische

Einen wichtigen Sonderfall stellen die Gas-Dampf-Mischungen dar (feuchte Luft, feuchtes Gas). Der Anteil des Wasserdampfes kann hierbei

---

[1] JUSTI, E., u. M. KOHLER: Zur Thermodynamik realer Gasgemische. Feuerungstechn. 27 (1939) H. 1 S. 5—10. — BEATTIE, J. A.: The computation of the thermodynamic properties of real gases and mixtures of real gases. Chem. Ind. Rev. 44 (1949) Nr. 1 S. 141—192. — TRAUPEL, W.: Zur Dynamik realer Gase. Forsch. Ing.-Wes. 18 (1952) Nr. 1 S. 3—9.

einen Grenzwert, die Sättigung, nicht überschreiten. Der höchste Wasserdampfteildruck ist durch den Sättigungsdruck des Wasserdampfes gegeben (vgl. Zahlentafel A–5 S. 689). Der Druck in physikalischen Atmosphären (760 Torr $= 10332,3$ kp/m²) gibt zugleich die Volumprozente des Wasserdampfes in der Gas-Dampf-Mischung an, so daß man aus der Druck-Temperatur-Kurve (Abb. 2—1) unmittelbar den Taupunkt als Funktion des Wasserdampfgehaltes gewinnt.

Die Dichte des Dampfes ϱ_s [kg/m³] gibt zugleich die Höchstmenge an Wasserdampf an, welche in 1 kg feuchtem Gas enthalten sein kann, also ausgedrückt in Gramm je Nm_f^3 (vgl. Zahlentafel A–5 S. 689 letzte Spalte)

$$\text{Wasserdampfgehalt (max)} = 1000\,\varrho_s\,\frac{T}{273} \qquad (2\text{-}23)$$

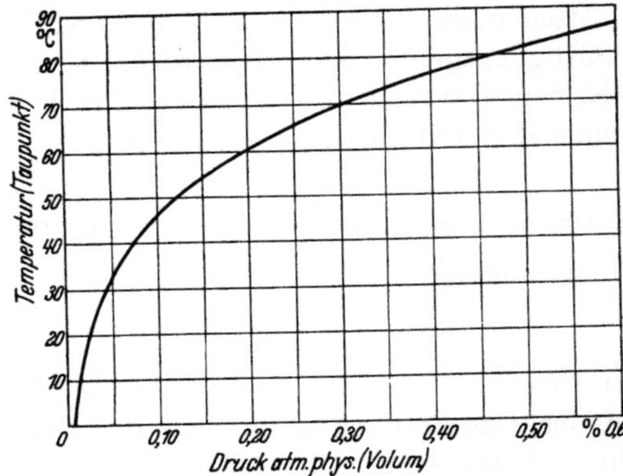

Abb. 2-1. Dampfdruckkurve

Der Wasserdampfteildruck p_d kann und wird jedoch meist kleiner sein als der Sättigungsdruck p_s. Die Verhältniszahl $\varphi = p_d/p_s$ bezeichnet man als „relative Feuchtigkeit". Der „Sättigungsgrad" Ψ ist das Verhältnis der vorhandenen Wasserdampfmenge x_d zur größtmöglichen x in kg je kg trockener Luft, er beläuft sich auf

$$\psi = \frac{x_d}{x} = \varphi\,\frac{p - p_s}{p - p_d} = \sim\varphi \qquad (2\text{-}24)$$

Die im Nm³ trockener Luft vom Gesamtdruck p enthaltene Wasserdampfmenge ergibt sich aus folgender Betrachtung.

Die Teildrücke von Wasserdampf und Luft (Gas) verhalten sich wie $p_s : (p - p_s)$. Das Molverhältnis von Wasserdampf zu Luft (Gas) ist $M_{H_2O} : M_{\text{Luft (Gas)}}$; wenn der Wasserdampf als Menge (kg), die Luft bzw. das Gas als Volumen (Molvolumen in Nm³/kmol) ausgedrückt wird, so ist

$$\frac{M_{H_2O}/[\text{kg}]}{M_{\text{Luft (Gas)}}\,[\text{Nm}^3]} = \frac{18,016}{22,4} = 0,8043 \quad [\text{kg/Nm}^3]$$

für Luft ($v = 22,4$ Nm³/kmol) und annähernd für alle idealen Gase. Die Wasserdampfmenge je Nm³ trocken ist dann in Gramm

$$x' = 804,3\,\frac{p_s}{p - p_s} \quad [\text{g/Nm}^3]$$

und bei einer relativen Feuchtigkeit $\varphi < 1$ ist

$$x' = 804{,}3 \, \frac{\varphi \, p_s}{1 - \varphi \, p_s} \qquad (2\text{-}25)$$

(vgl. Zahlentafel A–5 S. 689 vorletzte Spalte). Bei dieser Zahlentafel ist zu beachten, daß die Drücke in physikalischen Atmosphären angegeben sind, was mit Rücksicht auf den Normzustand bequemer ist.

Die Dichte eines feuchten Gases ergibt sich als Summe der anteiligen Mengen des Wasserdampfes und der trockenen Luft zu

$$\varrho_f = \varphi \, \varrho_s + \varrho \, \frac{p - \varphi \, p_s}{760} \, \frac{273}{T} \, , \qquad (2\text{-}26)$$

wenn p in Torr gemessen wird. Sie ist bei Luft und allen Gasen, deren Dichte im trockenen Zustand größer ist als diejenige des Wasserdampfes, kleiner als die Dichte der trockenen Luft.

Beispiel. Die Dichte trockener Luft beträgt bei 20 °C und 750 Torr

$$\varrho_{tr.} = 1{,}293 \cdot \frac{750}{760} \cdot \frac{273}{293} = 1{,}89 \text{ kg/m}^3.$$

Wie groß ist die Dichte feuchter Luft bei gleichen Bedingungen bei $\varphi = 0{,}80$ Sättigungsgrad? Die Dichte des Wasserdampfes bei 20 °C beträgt (nach Dampftabelle) $\varrho_s = 0{,}01729$ kg/m^3, der Wasserdampfdruck $p_s = 0{,}02306$ Atm $= 17{,}5$ Torr, folglich

$$\varrho_f = 0{,}8 \cdot 0{,}01729 + 1{,}293 \, \frac{750 - 0{,}8 \cdot 17{,}5}{760} \cdot \frac{273}{293} = 1{,}805 \text{ kg/m}^3.$$

Eine in der Praxis häufige Fragestellung ist die: Wieviel Nm^3 feuchte Luft (L_f) enthalten L Nm^3 trockene Luft? Das Verhältnis von Dampfvolumen zu Luftvolumen ist bei Anwesenheit von Wasserdampf nach Gl. (2–1)

$$\frac{v_d}{v_l} = \frac{p_s}{p_l} = \frac{p_s}{p - p_s} \qquad (2\text{-}27)$$

und beim Sättigungsgrad ψ

$$x' = \psi \, x = \psi \, \frac{p_s}{p - p_s} = \varphi \, \frac{p_s}{p - \varphi \, p_s} = \sim \varphi \, \frac{p_s}{p - p_s} \, . \qquad (2\text{-}28)$$

Folglich

$$L_f = \left(1 + \psi \, \frac{p_s}{p - p_s}\right) L = \left(1 + \varphi \, \frac{p_s}{p - \varphi \, p_s}\right) L \, , \qquad (2\text{-}29)$$

$$L_f \sim \left(1 + \varphi \, \frac{p_s}{p - p_s}\right) L \, . \qquad (2\text{-}30)$$

Der Ausdruck $p_s/p - p_s$ kann für $p = 1$ Atm der Zahlentafel A–5 S. 689 entnommen werden.

Statik gasförmiger Körper. Zugerzeugung

Eine ruhende Flüssigkeit oder ein ruhendes Gas übt auf eine Fläche von F m^2 eine Kraft von

$$P = F \, h \, g \, \varrho \ \text{[N]} \quad \text{oder} \quad [\text{m kg/s}^2] \qquad (2\text{-}31)$$

oder einen Druck von

$$P/F = h\,g\,\varrho \quad [\text{N/m}^2] \tag{2-32}$$

aus, unabhängig von der Schnittrichtung und damit von der Form der Wände des umgebenden Gefäßes. Darin ist h die Höhe über dem Druckmittelpunkt in [m], g die örtliche Fallbeschleunigung in [m/s²] und ϱ die Dichte in kg/m³. Im technischem Maßsystem ist

$$P/F = h \cdot \gamma_n \cdot g/g_n \quad [\text{kp/m}^2;\ \sim \text{mm WS}] \tag{2-33}$$

$g_n = $ „Normalbeschleunigung" und falls $g = g_n$ gesetzt wird, vereinfacht sich Gl. (2-33) in

$$P/F = h \cdot \gamma \quad [\text{kp/m}^2]. \tag{2-34}$$

Dichte und Wichte (spez. Gewicht) sind durch die Definitionsgleichung

$$\varrho \cdot g = \gamma \tag{2-35}$$

gekoppelt.

Befindet sich in den beiden Schenkeln eines U-Rohres auf der einen Seite ein Gas von t_G °C, auf der anderen Seite die wesentlich kältere Luft mit t_L °C — einen Schornstein kann man sich als den einen, die danebenstehende Luftsäule als den zweiten Schenkel eines U-Rohres vorstellen —, so ergibt sich ein Druckunterschied von

$$\Delta p = g\,h\,(\varrho_L - \varrho_G) \quad [\text{N/m}^2] = h\,(\gamma_L - \gamma_G) \quad [\text{kp/m}^2,\ \text{mm WS}], \tag{2-36}$$

wenn mit ϱ_L, γ_L Dichte und Wichte der umgebenden Luft, mit ϱ_G, γ_G diejenigen des Gases bei der mittleren Rauchgastemperatur in der Schornsteinsäule bedeuten. Die Bezeichnung „Zug" ist beim Auftrieb der Gase daher nicht ganz angemessen, der Luftdruck drückt vielmehr die Luft in die Feuerung hinein und treibt die leichteren Rauchgase aus.

Der Druckunterschied nach Gl. (2-36) wird zwar nicht voll wirksam (ausgenommen bei der Strömung Null), da ja nun eine Strömung der Gase einsetzt, so daß auch noch die Strömungs- und Reibungsverluste gedeckt werden müssen. Der am Schornsteinfuß meßbare Unterdruck dient zur Überwindung aller Strömungsverluste in der Kessel- oder Ofenanlage von der Feuerung bis zum Schornstein, er wird jedoch noch unterstützt durch den Auftrieb (d. h. die Zugwirkung) aller aufsteigenden Gasströme, dagegen gehemmt durch den zu überwindenden Auftrieb aller absteigenden Gasströme. Die Lage des Drucknullpunktes ist bei dieser Betrachtung unwesentlich, der Druck $\pm\, 0$ ist kein irgendwie ausgezeichneter Punkt, wohl aber spielt er eine Rolle bei undichten oder durchbrochenen Strömungskanälen, da bei Unterdruck Luft eingesaugt wird, bei Überdruck Gas austritt (wichtig bei Ofenanlagen).

Bei großen Fabrikschornsteinen[1] errechnet sich der statische Druck am Schornsteinfuß nach Gl. (2–36) zu

$$\Delta p = h\,g\,273\,\frac{\varrho_L}{T_L} - \frac{\varrho_G}{T_G} \quad [\text{kg/ms}^2;\ \text{N/m}^2]$$

$$= h\,273\,\frac{\gamma_L}{T_L} - \frac{\gamma_G}{T_G} \quad [\text{kp/m}^2;\ \text{mm WS}]. \tag{2–37}$$

Die mittlere Gastemperatur $T_{G_m} = 273 + t_m$ ergibt sich aus dem Wärmeverlust des Schornsteinmantels. Bezeichnet B kg/h die Brennstoffmenge, V Nm³/kg die Gasmenge (bei dem im Schornstein herr-

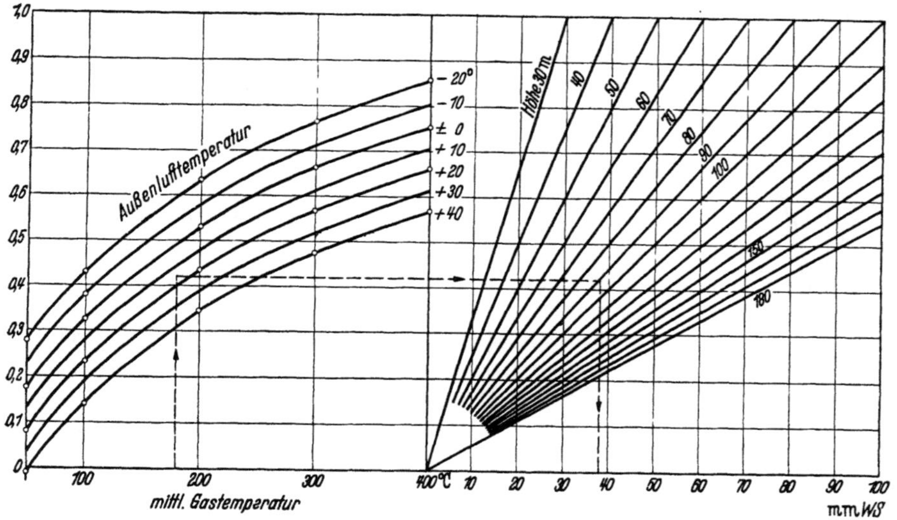

Abb. 2–2. Diagramm zur Ermittlung der Zugstärke

schenden Luftüberschuß), c_{p_m} die spez. Wärme des Gases, O m² die Oberfläche des Schornsteinmantels und k kcal/m² h °C die Wärmedurchgangszahl (von der Größenordnung 1 bis 3 kcal/m² h °C, abhängig von der Wandstärke, der Gasgeschwindigkeit und der Windgeschwindigkeit), so ist

$$B V c_{p_m}(t_{G_1} - t_{G_2}) = O\,k\left(\frac{t_{G_1} + t_{G_2}}{2} - t_L\right), \tag{2–38}$$

$$t_m = \left(\frac{t_{G_1} + t_{G_2}}{2}\right). \tag{2–39}$$

Da t_{G_1} am Schornsteinfuß gegeben ist, läßt sich aus Gl. (2–38) t_{G_2} (am einfachsten graphisch) ermitteln und damit t_m bestimmen. Abb. 2–2 ge-

---

[1] Bei niedrigen Schornsteinen und Hauskaminen gilt zwar im Prinzip dasselbe, doch sind hier die störenden Einflüsse des Windes und der Druckverteilung an größeren Gebäuden stärker bemerkbar, so daß Gl. (2–37) nur mit Vorbehalt anzuwenden ist.

stattet, die statische Zugstärke in Abhängigkeit von der Gas- und Lufttemperatur (linke Seite des Diagramms) und von der Schornsteinhöhe
(rechte Seite des Diagramms) abzulesen. Die Dichte des Gases (beim
Normzustand) ist dabei mit 1,32 eingesetzt. Daß abweichende Werte
das Ergebnis wenig beeinflussen, zeigt Abb. 2-3, sie dient vor allem zur
Korrektur von Druckverlustmessungen, falls die Meßstellen nicht auf
gleicher Höhe liegen. Druckverlustmessungen in aufwärts gerichteten
Gasströmen fallen infolge des Auftriebes um den Betrag $h \cdot g \, (\varrho_L - \varrho_G)$
kleiner aus gegenüber waagerech-
ter Gasführung, im abwärts gerichteten Gasstrom dagegen ist der
Druckverlust um den gleichen Betrag größer, da der Auftrieb zusätzlich überwunden werden muß.
Um den wahren Druckverlust zu
erhalten, muß man im ersten Fall
(aufsteigender Gasstrom) den Be-
trag $h \cdot g \, (\varrho_L -- \varrho_G)$ zuschlagen, im
zweiten Fall (absteigender Gas-
strom) dagegen abziehen.

Die Schornsteinweite ist durch
die zu wählende Gasaustrittsgeschwindigkeit an der Mündung
bestimmt. Man pflegt folgende
Werte zugrunde zu legen:

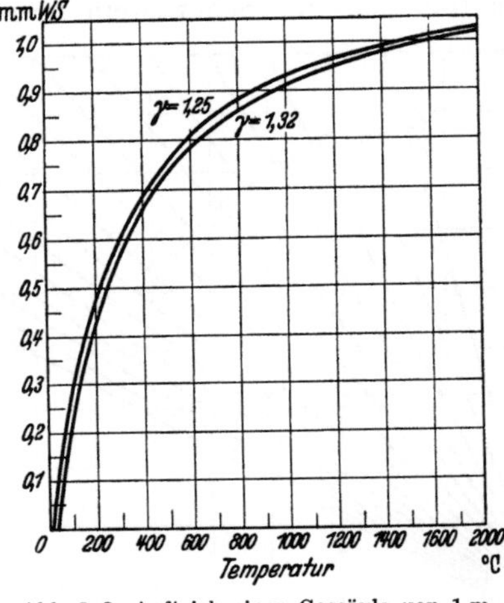

Abb. 2-3. Auftrieb einer Gassäule von 1 m
($t = 20$ °C)

für kleinere Kessel ohne Saugzug	6— 7 m/s
für eine größere Zahl angeschlossener Kessel	7— 9 m/s
für Kessel mit Saugzug	9—12 m/s
für Großkessel	12—18 m/s

Die Bemessung der Geschwindigkeiten — wie vor allem auch die Höhe
der Schornsteine — richtet sich neuerdings stärker nach den Erfordernissen der Gas- (und Staub) Verteilung in der Atmosphäre mit Rücksicht auf die Reinhaltung der Luft (s. S. 603) als nach den Bedürfnissen
der Zugerzeugung. Um ein Herunterziehen des Rauches an der Schornsteinsäule zu vermeiden, soll nach NONHEBEL[1] die Austrittsgeschwindigkeit das mindestens 1,5fache der Windgeschwindigkeit betragen.

Zu große Geschwindigkeiten verursachen zu große Reibungsverluste
— sie sind auch unerwünscht, weil sie durch zu schnelle Mischung mit
der Umgebungsluft den thermischen Auftrieb über die Schornsteinmündung hinaus verringern —, zu kleine Geschwindigkeiten bringen

---

[1] NONHEBEL, G.: Recommendations on heights for new industrial chimneys.
J. Inst. Fuel 33 (1960) Nr. 237 S. 479—513.

die Gefahr einer Zugstörung durch Sekundärströmungen mit sich (Einfallen kalter Luft bei kleiner Belastung) und verursachen unnötig hohe Baukosten. Wenn ein geschlossenes Aggregat vorliegt (z. B. ein Kessel oder ein Ofen mit eigenem Schornstein) und die Belastung bekannt ist, läßt sich ein Bestwert für die zu wählende Geschwindigkeit (bzw. den Mündungsdurchmesser) genau ermitteln. Die Ansicht, daß die Rauchgastemperatur $t_G = 273 + 2\,t_L$ die günstigste Schornsteintemperatur darstelle (PÉCLET), gilt nach LAMORT[1] nur für den (praktisch nicht vorkommenden) Grenzfall, daß der Widerstand des Kessels oder Ofens Null wird, die Ansicht, daß sie dagegen unendlich groß sei (LE CHATELIER), gilt für den Grenzfall, daß die Kaminwiderstände Null seien. Der praktische Wert einer errechneten „günstigsten Kamintemperatur" ist jedoch gering, da die sich in Abhängigkeit von dem geforderten Unterdruck ergebenden Temperaturen (700 bis 1000 °C) höher liegen, als sie jemals aus wirtschaftlichen Gründen zugelassen werden können, eine Folge des niedrigen Wirkungsgrades des Kamins als Fördereinrichtung. Die „günstigste Kamintemperatur" ist also keineswegs der „wirtschaftlichsten Abgastemperatur" gleichzusetzen, vielmehr müssen zur Lösung dieser Frage das Maß der Wärmeausnutzung (bzw. der Wert des Abwärmeverlustes), die Amortisation der Heizflächen und Zugerzeugungseinrichtungen und die jährliche Benutzungsdauer in die Rechnung eingeführt werden. So errechnete wirtschaftlichste Abgastemperaturen werden jedoch in vielen Fällen (von bestimmten Absolutgrößen an) jenseits der technischen Ausführbarkeitsgrenze der Schornsteine liegen (sehr niedrige Temperaturen, sehr hohe Schornsteine), so daß auch die Frage natürlicher oder künstlicher Zug in Erwägung gezogen werden muß[2].

Der Schornstein kann als eine Fördereinrichtung zur Abfuhr der Rauchgase angesehen werden, also als eine thermische Arbeitsmaschine von größter Einfachheit. Ihr Wirkungsgrad ist jedoch außerordentlich niedrig und liegt in der Größenordnung von $^1/_3\%$[3]. Die Wirkungsgrad-Kennlinie in Abhängigkeit von der Belastung ist insofern ungüntig, als der Überschuß an Zugkraft bei verringerter Belastung nicht ausgenutzt werden kann, sondern abgedrosselt werden muß.

Bei kleinen Zugleistungen, z. B. bei Hauskaminen, Abgasleitungen von Gasapparaten u. dgl., spielen die Einflüsse der Atmosphäre, des Windes, der Belastung und des Wärmegleichgewichtes und endlich des Bauzustandes eine erhebliche Rolle. Die genaue Vorausberechnung

---

[1] LAMORT, J.: Feuerungstechn. 21 (1933) H. 11 S. 145—148.

[2] GUMZ, W.: Die Luftvorwärmung im Dampfkesselbetrieb, Berlin 1933, über die wirtschaftliche Abgastemperatur S. 259—262, über Schornstein und Saugzuganlagen S. 117—138.

[3] GUMZ, W.: s. Fußn. 2, dort S. 118.

stößt daher auf große Schwierigkeiten. Wir schreiben daher die Gl. (2–36) ausführlicher[1]:

$$h(\gamma_l - \gamma_m) \pm \Delta p_w - R\,l - \sum \xi \frac{w^2}{2g}\gamma + \frac{w_1^2}{2g}\gamma_1 - \frac{w_2^2}{2g}\gamma_2 = 0 \,. \qquad (2\text{–}40)$$

Unter Δp_w sind die Über- oder Unterdruck erzeugenden Kräfte des Windes zusammengefaßt. Ein Unterdruck entsteht, wenn der Wind waagerecht über ein Rohr (oder einen Schornstein) streicht, und zwar nach MATSER[2] etwa 3 mm WS bei 8 m/s Windgeschwindigkeit und bei der Strömungsgeschwindigkeit 0 im Rohr und etwa 1,2 mm WS bei der Strömungsgeschwindigkeit 2,5 m/s. Zu gleicher Größenordnung gelangt man nach den Messungen von FÖTTINGER[3] nach Abb. 2–4.

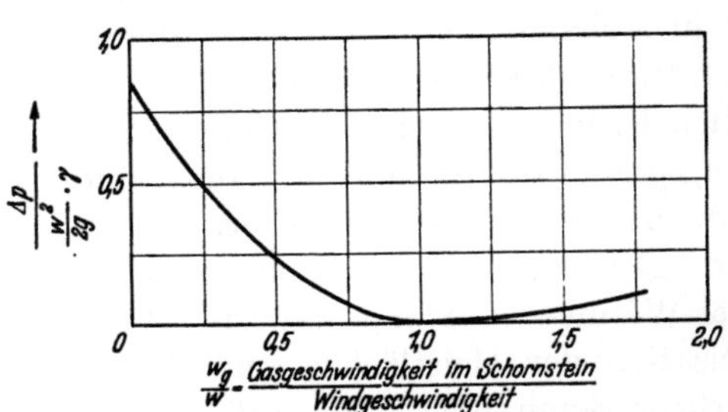

Abb. 2–4. Unterdruckerzeugung durch Windgeschwindigkeit (nach FÖTTINGER)

Beträgt das Verhältnis von Gasgeschwindigkeit im Rohr zur Windgeschwindigkeit $2,5/8 = 0,3125$, so ist der Unterdruck $\Delta p = 0,4\,w^2\gamma_w/2g = 0,4 \cdot 64 \cdot 1,2/19,62 = 1,56$ mm WS. Da schräg einfallender Wind (Fallwind) Überdruck erzeugt, erweist es sich als sehr zweckmäßig, die Schornsteinkanten abzuschrägen („Wasserschräge"), wodurch eine aufsteigende Windrichtung erzielt wird, oder eine flache Scheibe (Meidinger-Scheibe) im Abstand des Schornsteindurchmessers aufzusetzen[4]. Die Druckverhältnisse werden im übrigen stark beeinflußt durch Stau- und Unterdruckerscheinungen an schrägen Dachflächen, zwischen Gebäuden verschiedener Höhe usw., so daß die Bemessung des Schornsteins, der möglichst über den Dachfirst hinausragen soll, von der Dachgestaltung und von seiner weiteren Umgebung abhängig ist.

Unter R sind in Gl. (2–40) die Reibungswiderstände je m zu verstehen, unter dem Beiwert ξ die Einzelwiderstände (Richtungswechsel, Querschnittsänderungen, Stoßverluste beim Zusammenfluß verschiedener Teilströme) und unter den beiden letzten Gliedern die kinetische Energie am Ein- und Austritt. Sie ist positiv zu zählen am Eintritt,

[1] ALBRECHT, A.: Zur Berechnung der Schornsteine für häusliche und kleingewerbliche Feuerstätten. Wärmewirtsch. 13 (1940) H. 1 S. 1—4. — SCHUMACHER, E.: Auftriebsverhältnisse bei Feuerungen unter besonderer Berücksichtigung der Gasfeuerstätten, München u. Berlin 1929.

[2] MATSER, G.: Warmtetechniek 12 (1941) H. 2 S. 14—18.

[3] FÖTTINGER, H.: Mitt. VGB H. 73 (1939) S. 151—169.

[4] ALBRECHT, A.: s. Fußn. 1.

wenn sie durch die Auftriebskräfte des Kessels (oder Ofens) oder durch Ventilatoren aufgebracht worden ist und daher den Schornstein entlastet, negativ dagegen für die an der Mündung austretenden Gase, deren kinetische Energie verlorengeht. Der starke Einfluß der Außentemperatur geht ja schon aus Abb. 2–2 hervor. Die Luftfeuchtigkeit (die ϱ_L verändert) wirkt sich praktisch gar nicht aus. Die Wärmekapazität des Schornsteinmauerwerks macht sich insofern bemerkbar, als Hauskamine selten in vollen Beharrungszustand kommen, so daß die Wärmeverluste nach außen und die Abgabe von Speicherwärme in das Mauerwerk die Gastemperatur stark beeinflussen können, besonders da in den Nachtstunden eine starke Auskühlung erfolgt.

Zugstörungen an Industrieschornsteinen haben im wesentlichen zwei Ursachen: Gesunkene Temperaturen oder gestiegene Reibungsverluste. Abgesehen von falsch ausgelegten Schornsteinen tritt Zugmangel auf bei gröberen Undichtigkeiten im Fuchs, an Einsteige- und Reinigungstüren (Durchrostungen!) und besonders durch die Lufteinsaugung durch mangelhaft abgeschlossene, außer Betrieb stehende Kessel. Eintreten von Grundwasser durch die Sohle des Fuchses kann ebenfalls starke Temperaturerniedrigungen mit sich bringen. Diese Ursachen bedingen zum Teil auch eine Vermehrung der Gasmengen, die durch die Verringerung des spez. Volumens nicht ausgeglichen wird, und damit erhöhte Reibungsverluste. Weitere Strömungsverluste können durch ungünstige Einführung von Nebenfüchsen in den Hauptfuchs, fehlende oder zu niedrige Zungen bei der Einmündung mehrerer Füchse in einen Schornstein und endlich durch Querschnittsverengungen entstehen. Hierzu sind vor allem auch die mitunter beträchtlichen Staubablagerungen in den Füchsen zu rechnen. Der Fuchs bedarf daher, ebenso wie der Kessel, gelegentlich einer gründlichen Reinigung. Auf die Zunahme der zu überwindenden Gesamtwiderstände durch Heizflächenverschmutzung und den Anstieg der Abgastemperaturen (die zwar eine Zugverbesserung, aber zugleich eine beträchtliche Volumvermehrung bedingt) soll hier nicht eingegangen werden, da sie ja nicht die Wirkungsweise des Schornsteins selbst betrifft, sondern nur die Anforderungen an die Zugleistung des Schornsteins erhöht.

Transporteigenschaften der Gase

Unter dem Begriff der „Transporteigenschaften" faßt man alle diejenigen Eigenschaften der Gase zusammen, die von gaskinetischen Bewegungsvorgängen bestimmt werden. Das sind die Diffusion (Selbstdiffusion und Diffusion von Gasen ineinander bei Gemischen), die Zähigkeit (Viskosität) und die Wärmeleitfähigkeit.

Die wichtigste Eigenschaft ist dabei die Zähigkeit, d. i. der Widerstand (innere Reibung W_R) je Flächeneinheit oder die Schubspannung

(τ), die auftritt, wenn man die parallelen Grenzflächen einer Gasschicht von der Dicke $s = 1$ mit der Geschwindigkeit $v = 1$ zueinander gleichförmig verschiebt,

$$\tau = \frac{W_R}{F} = \eta \frac{dv}{ds}. \tag{2-41}$$

Diese Schubspannung hat die Dimension einer Kraft, und wenn W_R in kg, v in m/s, s in m, die Fläche F in m² ausgedrückt wird, so hat die „dynamische Zähigkeit" η im (bisherigen) technischen Maßsystem die Dimension $\left[\frac{\text{kg} \cdot \text{s}}{\text{m}^2}\right]$.

Im CGS-System ist die Dimension von η $\left[\frac{\text{g}}{\text{cm} \cdot \text{s}}\right]$ oder $\left[\frac{\text{dyn} \cdot \text{s}}{\text{cm}^2}\right]$ im Internationalen Einheitensystem $\left[\frac{\text{N} \cdot \text{s}}{\text{m}^2}\right]$ cder $\left[\frac{\text{kg}}{\text{m} \cdot \text{s}}\right]$.

Die Einheit im CGS-System wird als Poise (nach J. L. M. POISEUILLE), im Internationalen System als Dekapoise (daP) bezeichnet. Zur Vermeidung unhandlicher Zahlenwerte wird die Zähigkeit auch in abgeleiteten Einheiten von Poise (P), nämlich Zentipoise (cP) $= 10^{-2}$ P, Millipoise (mP) $= 10^{-3}$ P und Mikropoise (μp) $= 10^{-6}$ P angegeben. Wegen der Umrechnung der Zähigkeitseinheiten vgl. Zahlentafel A–17/ 14 u. 15 im Anhang S. 713/14.

Unter der kinematischen Zähigkeit v versteht man den Quotienten aus dynamischer Zähigkeit η und Dichte ϱ:

$$v = \frac{\eta}{\varrho}. \tag{2-42}$$

Ihre Einheit ist im CGS-System $\left[\frac{\text{cm}^2}{\text{s}}\right]$ und wird als Stokes (St) bezeichnet (nach dem englischen Mathematiker und Physiker Sir GEORGE G. STOKES). 1 Stokes $= 10^2$ Zentistokes (cSt) $= 10^3$ Millistokes (mSt) $= 10^6$ Mikrostokes (μSt). Im technischen und Internationalen System ist die Einheit $\left[\frac{\text{m}^2}{\text{s}}\right]$.

Einige leicht zu merkende Zahlenangaben: Luft von etwa 20 °C hat eine kinematische Zähigkeit von $v = 15$ cSt (0,15 St $= 15 \cdot 10^6$ m²/s); Wasser von etwa 20 °C eine solche von $v = 1$ cSt ($= 0,01$ St $= 1 \cdot 10^{-6}$ m²/s); Schmieröl von 20 °C etwa $v = 400$ cSt ($= 4$ St $= 400 \cdot 10^{-6}$ m²/s).

Die dynamische Zähigkeit ist von der Temperatur abhängig, wobei früher bevorzugt die SUTHERLANDsche Formel

$$\eta_t = \eta_0 (1 + C/273) \cdot \sqrt{T/273}/(1 + C/T) \tag{2-43}$$

zur Darstellung der Temperaturabhängigkeit benutzt wurde. C bedeutet darin die von der Gasart unabhängige SUTHERLANDsche Konstante. KEYES[1] hat die SUTHERLANDsche Beziehung weiterentwickelt.

---

[1] KEYES, F. G.: A summary of viscosity and heat conduction data for He, A, H_2, O_2, N_2, CO, CO_2, H_2O and air. Trans. Amer. Soc. mech. Engrs. 73 (1951) S. 589—596.

In den letzten Jahren sind zahlreiche Vorschläge gemacht worden, die Transporteigenschaften der Gase und Gasgemische allgemeingültiger darzustellen unter Auswertung aller verfügbaren experimentellen Daten. Es sei besonders auf die Arbeiten von ANDRUSSOW[1] hingewiesen, die im folgenden zugrunde gelegt werden sollen.

Zwischen dem Selbstdiffusionskoeffizienten D_{jj} und η besteht die Beziehung

$$\varrho \cdot D_{jj} = \varepsilon \cdot \eta, \qquad (2\text{-}44)$$

wo ϱ die Dichte in g/cm³ und ε ein dimensionsloser Faktor ist, der von der Natur der Molekülart abhängt.

Nach ANDRUSSOW gilt für den Selbstdiffusionskoeffizienten

$$D_{jj} = \frac{4.3 \cdot (1 + \sqrt{2 M_j})}{p \cdot V_j^{2/3} \cdot M_j} \cdot \left(\frac{T}{273,16}\right)^{n+1} \quad \left[\frac{\text{cm}^2}{\text{s}}\right] \qquad (2\text{-}45)$$

und für die Zähigkeit

$$\eta_j = \frac{191,8 \cdot (1 + \sqrt{2 M_j})}{V_j^{2/3}} \cdot \xi \cdot \left(\frac{T}{273,16}\right)^{n} \quad [\mu\text{p}]. \qquad (2\text{-}46)$$

Gleichzeitig läßt sich die Zähigkeit von Gasgemischen durch diese Formel in einfacher Weise erfassen, wobei alle notwendigen Zahlenwerte der Zahlentafel A–2 im Anhang S. 687 entnommen werden können. Für Gasgemische gilt

$$\eta_G = \frac{191,8}{V^{2/3}} \cdot \left(1 + \sqrt{2 \bar{M}}\right) \cdot \xi \cdot \left(\frac{T}{T_0}\right)^{n} \quad [\mu\text{p}]. \qquad (2\text{-}47)$$

In diesen Gleichungen bedeuten

M_j das Molgewicht der Gasart j,

$\bar{M} = c_j \cdot M_j + c_k \cdot M_k + c_l \cdot M_l + \cdots$ mit den Molenbrüchen c_j, $c_k \ldots$ der Komponenten, wobei $\Sigma\, c_j = c_j + c_k + \cdots = 1$,

$V_j^{2/3}$ das Maß für den stoßkinetischen Querschnitt,

$\bar{V}^{2/3}$ den entsprechend gebildeten Mittelwert der vorhandenen Gemischkomponenten,

p den Druck (in atm),

$\xi = \dfrac{1}{\varepsilon}$ die sog. Ausgleichszahl für die Viskosität,

$\bar{\xi}$ den entsprechend gebildeten Mittelwert,

n den mittleren Temperaturexponenten, der als einfache Funktion von der Temperatur dargestellt werden kann,

$\bar{n}$ wiederum den entsprechenden Mittelwert und T die absolute Temperatur.

Für das sehr häufige Gasgemisch Luft gilt die einfache Formel

$$\eta_t = 171,6 \cdot \left(\frac{T}{273.16}\right)^{n} \quad [\mu\text{p}] \qquad (2\text{-}48)$$

---

[1] ANDRUSSOW, L.: Wärmeleitfähigkeit, Zähigkeit und Diffusion in der Gasphase. Z. Elektrochem. 54 (1950) S. 566; 55 (1951) S. 51; 56 (1952) S. 54 u. 624; 57 (1953) S. 124 u. 374; 60 (1956) S. 412, — Z. phys. Chem. 199 (1952) S. 314 u. 333, — J. Chim. physique 49 (1952) S. 599; 52 (1955) S. 295, — Naturwiss. 44 (1957) S. 611, — sowie persönl. Mitt.

Zahlentafel 2–1. *Zähigkeit feuchter Luft*

t °C	\multicolumn{7}{c}{H_2O-Gehalt (Vol.-%)}						
	0	1	1,85*	2	5	10	20
\multicolumn{8}{c}{Dynamische Zähigkeit (μP)}							
0	171,6	170,8	170,2	170,0	167,7	163,7	155,7
100	216,5	215,7	215,1	214,9	212,6	208,7	200,6
200	256,5	255,9	255,3	255,0	253,1	249,5	241,8
300	292,6	292,1	291,6	291,5	289,7	286,6	279,8
400	325,3	324,9	324,6	324,5	323,1	320,8	315,2
500	355,2	355,0	354,7	354,7	353,9	352,3	348,1
\multicolumn{8}{c}{η (10^{-6} kp · s/m²)}							
0	1,750	1,742	1,735	1,734	1,712	1,670	1,588
100	2,208	2,199	2,193	2,192	2,168	2,128	2,045
200	2,616	2,609	2,603	2,601	2,580	2,544	2,465
300	2,984	2,978	2,973	2,972	2,954	2,923	2,853
400	3,317	3,313	3,310	3,309	3,295	3,271	3,214
500	3,622	3,620	3,617	3,617	3,608	3,592	3,550
\multicolumn{8}{c}{Kinematische Zähigkeit (10^{-6} m²/s)}							
0	13,27	13,29	13,31	13,31	13,36	13,44	13,51
100	22,87	22,93	22,98	22,99	23,15	23,40	23,77
200	34,37	34,49	34,59	34,59	34,94	35,46	36,33
300	47,49	47,69	47,86	47,88	48,45	49,35	50,94
400	62,01	62,31	62,57	62,61	63,47	64,86	67,17
500	77,77	78,19	78,53	78,61	79,83	81,82	85,49

* Mittelfeuchte Luft entsprechend den Zahlenbeispielen S. 317 (80% Sättigung bei 20 °C).

mit $n = 0,758 - 1,4 \cdot 10^{-4} \cdot t + 0,45 \cdot 10^{-7} \cdot t^2$ (gültig bis 1600 °C). Vgl. auch Zahlentafel A–3 im Anhang S. 688.

Um sich ein Bild über die Größenordnung der Zähigkeit von Gasgemischen zu machen, die in der Feuerungstechnik eine gewisse Rolle spielen, sind in Zahlentafel 2–1 die dynamische und die kinematische Zähigkeit von feuchter Luft nach Gl. (2–47) errechnet. Die Zahlentafel 2–2 zeigt ein Beispiel von Rauchgasen für einen weiten Temperaturbereich. In den Zahlentafeln A–3 und A–4 im Anhang S. 688, ist für eine Reihe von Gasen die dynamische und die kinematische Zähigkeit für den Temperaturbereich 0 bis 1600 °C zusammengestellt worden.

Andere Darstellungsmöglichkeiten bzw. Näherungsgleichungen sind die Formeln von MANN[1], von BUDDENBERG und WILKE[2] und von HIRSCHFELDER, BIRD und SPOTZ[3].

[1] MANN, V.: Die Zähigkeit der technischen Gase. GWF 73 (1930) Nr. 24 S. 570/571.

[2] BUDDENBERG, J. W., u. C. R. WILKE: Calculation of gas mixture viscosities. Industr. Engng. Chem. 41 (1949) Nr. 7 S. 1345—1347.

[3] HIRSCHFELDER, J. O., R. B. BIRD u. E. L. SPOTZ: Viscosity and other physical properties of gases and gas mixtures. Trans. ASME 71 (1949) Nr. 8 S. 921—937.

Zahlentafel 2-2. *Zähigkeit von Rauchgasen*

Brennstoff	Steinkohle	Braunkohle	Heizöl
Luftüberschußzahl n	1,2	1,2	1,05
$\eta\ (\mu P)$			
$t =\quad 0°$	158,4	148,0	154,5
100	202,8	193,0	198,6
500	345,1	344,9	341,6
1000	473,7	492,2	472,8
1500	580,5	618,0	582,4
$\eta\ (10^{-6}\ kp \cdot s/m^2)$			
$t =\quad 0°$	1,615	1,509	1,575
100	2,068	1,968	2,025
500	3,519	3,516	3,483
1000	4,830	5,019	4,822
1500	5,919	6,302	5,939
$\nu\ (10^{-6}\ m^2/s)$			
$t =\quad 0°$	12,48	12,96	12,52
100	21,84	23,08	21,99
500	77,01	85,45	78,40
1000	174,07	200,83	178,70
1500	297,08	351,20	306,55

Die *Wärmeleitfähigkeit* eines Gases ist nach ANDRUSSOW mit der Selbstdiffusion verknüpft nach der Gleichung

$$\lambda_p = f_\lambda \cdot D_{jj} \cdot \psi \cdot c'_p. \tag{2-49}$$

Dabei ist λ_p der Wärmeleitfähigkeitskoeffizient bei konstantem Druck, D_{jj} der Selbstdiffusionskoeffizient, c'_p die spezifische Wärme bei konstantem Druck (bezogen auf 1 cm³ Gas), ψ die sog. Ausgleichszahl der Wärmeleitfähigkeit und f_λ ein Zahlenfaktor.

f_λ liegt bei 0 °C zwischen etwa 1,0034 (reine zwei- und mehratomige Gase) und 1,0032 (einatomige Gase). Bei hohen Temperaturen kann f_λ praktisch vernachlässigt werden, bei tiefen Temperaturen jedoch nicht. So ist z. B. bei 100 °K f_λ für zwei- und mehratomige Gase etwa 1,01, für einatomige Gase 1,008.

Die Wärmeleitfähigkeitsausgleichzahl ψ steht in einer engen Beziehung zur Viskositätsausgleichszahl ξ. Es gilt

$$\psi = a_\gamma \cdot \xi \cdot \varkappa \tag{2-50}$$

mit $\varkappa = \dfrac{c_p}{c_v} = \dfrac{C_p}{C_v}$. Der Zahlenfaktor a_γ liegt zwischen 0,89 (einatomige Gase) und 1,0 (mehratomige Gase).

Mit der Zähigkeit ist die Wärmeleitfähigkeit ebenfalls verknüpft.

Für reine zwei- und mehratomige Gase (nicht Gemische!) gilt

$$\lambda_p = f_\lambda \cdot \varkappa \cdot \eta \cdot c_p, \qquad (2\text{-}51)$$

wobei c_p die spezifische Wärme bezogen auf 1 Gramm ist.

Für einatomige Gase ist

$$\lambda_p = 1{,}482 \cdot \eta \cdot c_p \qquad (2\text{-}51\,\text{a})$$

(λ_p in 10^{-6} cal $\cdot$ cm^{-1} $\cdot$ s^{-1} $\cdot$ Grad^{-1}, wenn η in μP).

Für die Wärmeleitfähigkeit bei konstantem Volumen gelten entsprechende Gleichungen:

$$\lambda_v = f_\lambda' \cdot \psi \cdot D_{jj} \cdot c_v' \qquad (2\text{-}52)$$

f_λ' liegt bei 0 °C zwischen etwa 1,0016 (zwei- und mehratomige Gase) und 1,0012 (einatomige Gase) und kann bei höheren Temperaturen (ebenso wie f_λ) vernachlässigt werden. Bei 100 °K ist f_λ' bei mehratomigen Gasen 1,005, bei einatomigen Gasen 1,0034.

Ferner gilt für reine zwei- und mehratomige Gase

$$\lambda_v = f_\lambda' \cdot \varkappa \cdot \eta \cdot c_v = f_\lambda' \cdot \eta \cdot c_p \qquad (2\text{-}53)$$

und für einatomige Gase

$$\lambda_v = 1{,}42 \cdot \eta \cdot c_v. \qquad (2\text{-}54)$$

Ähnliche Beziehungen gelten auch für die Temperaturleitfähigkeit, die definiert ist durch den Ausdruck

$$a = \frac{\lambda}{c_p \cdot \varrho} \qquad (2\text{-}55)$$

(ϱ = Dichte). Mit Gl. (2-49) wird

$$a = \frac{f_\lambda \cdot D_{jj} \cdot \psi \cdot c_p'}{c_p \cdot \varrho} = f_\lambda \cdot D_{jj} \cdot \psi \quad [\text{cm}^2/\text{s}]. \qquad (2\text{-}56)$$

Alle bisherigen Angaben beziehen sich auf die Temperatur bei 0 °C und sind streng gültig nur bei reinen Gasen. Bei Gemischen müssen mehr oder weniger komplizierte Korrekturen angebracht werden[1]. Die Temperaturabhängigkeit der Wärmeleitfähigkeit (und Temperaturleitfähigkeit) konnte bisher nur ungenau gemessen werden, im Gegensatz zur Viskosität, bei der zahlreiche genaue Meßergebnisse vorliegen. Aus diesem Grunde sind die angegebenen Gleichungen von hohem praktischen Wert, weil sie die Temperaturabhängigkeit der Wärmeleitfähigkeit abzuleiten gestatten.

Analog zu den Gln. (2-45) und (2-46) kann die Temperaturabhängigkeit der Wärmeleitfähigkeit bzw. der Temperaturleitfähigkeit durch einen mittleren Temperaturexponenten n' bzw. n'' dargestellt werden. In Zahlentafel 2-3 ist n' und n'' für einige wichtige Gase angegeben, gültig für den Temperaturbereich von 0 °C bis 1000 °C.

---

[1] Vgl. ANDRUSSOW: s. Fußn. 1 S. 35.

Zahlentafel 2–3. *Mittlere Temperaturexponenten* der Wärmeleitfähigkeit (n′) und Temperaturleitfähigkeit (n″) für den Bereich 0 °C bis 1000 °C*

Gas	n'	n''
O_2	$0{,}83 - 0{,}8 \cdot 10^{-4} \cdot t$	$1{,}73 - 1{,}3 \cdot 10^{-4} \cdot t$
N_2	$0{,}77 - 0{,}1 \cdot 10^{-4} \cdot t$	$1{,}74 - 0{,}8 \cdot 10^{-4} \cdot t$
CO_2	$1{,}21 - 1{,}9 \cdot 10^{-4} \cdot t$	$1{,}87 - 1{,}4 \cdot 10^{-4} \cdot t$
CO	$0{,}78$	$1{,}74 - 0{,}9 \cdot 10^{-4} \cdot t$
H_2	$0{,}66 + 0{,}3 \cdot 10^{-4} \cdot t$	$1{,}66 - 0{,}3 \cdot 10^{-4} \cdot t$
H_2O	$1{,}10 + 0{,}2 \cdot 10^{-4} \cdot t$	$2{,}03 - 1{,}0 \cdot 10^{-4} \cdot t$
CH_4	$1{,}38 - 0{,}7 \cdot 10^{-4} \cdot t$	$1{,}69 - 1{,}0 \cdot 10^{-4} \cdot t$
SO_2	$1{,}34 - 3{,}2 \cdot 10^{-4} \cdot t$	$2{,}02 - 2{,}4 \cdot 10^{-4} \cdot t$

* Nach L. ANDRUSSOW: Z. Elektrochem. 57 (1953) Nr. 2, S. 124–130.

In Zahlentafel 2–4 ist die Wärmeleitfähigkeit von Gasen bei $t = 0\ °C$ und 760 mm Hg angegeben [$(c_p)_g$ = spez. Wärme bezogen auf 1 Gramm].

Zahlentafel 2–4. *Wärmeleitfähigkeit von Gasen bei $t = 0\ °C$ und 760 mm Hg*

Gasart	$10^6\,\eta$ (g/cm · s)	$\varkappa = c_p/c_v$	$(c_p)_g$	Wärmeleitfähigkeit (cal/cm · s · °C)		
				$10^6\,\lambda\,*$	$10^6\,\lambda\,**$	Lit.-Werte
O_2	191,9	1,401	0,220	59,1	59,4	58,3; 58,9
N_2	166,3	1,404	0,249	58,1	58,1	55,0; 57,0; 58,0
CO_2	138,0	1,301	0,199	35,7	35,2	33,7; 34,3; 36,1
CO	166,0	1,403	0,250	58,2	57,4	53,7; 54,0; 56,3
H_2	84,1	1,410	3,400	403,2	405,5	404,1; 406; 413; 418,2
H_2O	86,6	1,300	0,468	52,7	55,4	(60 bei 100 °C)
CH_4	102,0	1,304	0,517	68,8	72,6	71,4; 72,1; 74,1; 74,6
SO_2	116,3	1,255	0,149	21,7	20,1	20,2

* Errechnet nach Gl. (2–51), ohne Berücksichtigung von f_λ.
** Errechnet von L. ANDRUSSOW: Z. Elektrochem. 56 (1952) Nr. 1 S. 54–58 (dort Tab. 2).

Gasbewegung

Strömungsvorgänge spielen in der Feuerungstechnik eine ganz überragende Rolle, und der Erfolg einer Feuerungskonstruktion, eines Brenners oder einer Kesselanlage hängt in hohem Maße davon ab, ob alle Anlageteile strömungsgerecht ausgelegt und konstruiert sind, und inwieweit bei allen Teilvorgängen auf die Bewegungsgesetze der Luft, der Gase, der Brennstoff- oder Asche- und Schlacketeilchen gebührend Rücksicht genommen worden ist.

Aus der Vielzahl der Strömungsprobleme seien eine Anzahl herausgegriffen, von den einfachsten der Strömung von Luft oder Rauchgasen in Rohren, Kanälen, Rauchgaszügen angefangen, bis zu den Strömungswiderständen von Rohren, Kanälen, Rohrbündeln, Brennstoffschichten, den Wirbelschichten, dem Widerstand umströmter Körper, der Schwebe-

geschwindigkeit von Brennstoff-, Asche- und Schlacketeilchen, der
Staubablagerung und der Staubabscheidung u. v. a. m. Das Schrifttum
über Strömungslehre ist sehr umfangreich[1], wenn auch vielfach auf
andere Zweige der Technik — wie die Flugtechnik — zugeschnitten.
Eine Reihe von Arbeiten behandeln auch rein feuerungstechnische
Probleme[2], und es ist zu erwarten, daß der Strömungstechnik künftig
noch mehr Raum in Lehr- und Handbüchern der Feuerungstechnik
eingeräumt werden wird. Viele Probleme der Strömung, vor allem auch
der Strömung von Staub/Gas-Gemischen, harren noch der Lösung.

Grundgesetze der Strömung

Strömt eine Flüssigkeit durch ein Rohr, so muß bei einem kontinuierlichen Strom an jeder Stelle die Gleichung

$$F_1 w_1 = F_2 w_2 = F_n w_n = \text{const} \tag{2--57}$$

(Kontinuitätsgleichung) erfüllt sein.

Soweit keine Umwandlung in andere Energieformen eintritt (was
der Fall sein könnte bei Zu- oder Abfuhr von Wärme, bei Entbindung

---

[1] PRANDTL, L.: Führer durch die Strömungslehre, 2. Aufl., Braunschweig:
Vieweg 1944. — TIETJENS, O.: Hydro- und Aerodynamik nach Vorlesungen von
L. PRANDTL, 2. Bd., Berlin: Springer 1931. — WIEN, W., u. F. HARMS: Handbuch
der Experimentalphysik, Bd. 4 in vier Teilen: SCHILLER, L.: Hydro- und Aero-
dynamik, Leipzig: Akad. Verlagsges. 1931/32. — KAUFMANN, W.: Technische
Hydro- und Aeromechanik, 2. Aufl., Berlin/Göttingen/Heidelberg: Springer 1958.
— ECK, B.: Technische Strömungslehre, 5. Aufl., Berlin/Göttingen/Heidelberg:
Springer 1958. — SCHLICHTING, H.: Grenzschicht-Theorie, 3. Aufl., Karlsruhe:
Braun 1958.

[2] MICHEL, F.: Strömungstechnische Betrachtungen im Feuerungs- und Dampf-
kesselbau. Feuerungstechn. 18 (1930) H. 23/24 S. 233—238. — BRANDL, A.: Über
die Strömungsvorgänge in Feuerungen und industriellen Öfen. Feuerungstechn.
Berichte H. 11, Berlin 1932. — AREND: Untersuchungen über das aerodynamische
Verhalten von Schüttungen nichtbackender Kohle auf Wanderrosten. Bericht D 53
des Reichskohlenrats, Berlin 1933. — MARCARD, W.: Strömungstechnische Fragen
im Dampfkessel- und Feuerungsbau. Wärme 56 (1933) S. 291—294. — Die Verbrennung als Strömungsvorgang. Wärme 60 (1937) H. 17 S. 257—266. — FRITSCH,
W. H.: Physikalische Theorie der Verbrennung. Wärme 60 (1937) H. 46/47 S. 749
bis 757 u. 768—773. — RUMMEL, K.: Der Einfluß des Mischvorgangs auf die Verbrennung von Gas und Luft in Feuerungen, Düsseldorf 1937. — SCHULTZ-GRUNOW,
F.: Modellversuche über die Heizgasströmung in Brennkammern und Öfen, ausgeführt für eine Großkesselanlage mit Mühlenfeuerung. Forschung 9 (1938) H. 1
S. 41—48. — SCHIEGLER, L.: Der Strömungsvorgang in der Brennkammer von Rost-
feuerungen. Z. VDI 82 (1938) H. 29 S. 849—855 u. 83 (1939) H. 35 S. 995—1001.
— FEHLING, R.: Der Strömungswiderstand ruhender Schüttungen. Feuerungs-
techn. 27 (1939) H. 2 S. 33—44. Vgl. hierzu auch H. BANSEN: Wärmewertigkeit,
Wärme und Gasfluß, Düsseldorf 1930, und die dort angegebene Literatur. —
FÖTTINGER, H.: Strömung in Dampfkesselanlagen. Mitt. VGB (Sonderausgabe)
H. 73 (1939) S. 151—169.

chemischer Energie usw.), muß ferner die Summe der Lageenergie $g \cdot h$, der Druckenergie p/ϱ und der Geschwindigkeitsenergie $w^2/2$ konstant sein. Diese „BERNOULLIsche Gleichung"[1] lautet also

$$g \cdot h_1 + p_1/\varrho_1 + w_1^2/2 = g \cdot h_2 + p_2/\varrho_2 + w_2^2/2 \,. \qquad (2\text{-}58)$$

Daraus ergibt sich bei waagerechter Strömung ($h_1 = h_2$) der Druckunterschied einer Leitung mit veränderlichem Querschnitt zwischen den Punkten 1 und 2 zu

$$\varDelta p = p_1 - p_2 = \frac{w_2^2 - w_1^2}{2} \cdot \varrho \qquad (2\text{-}59)$$

und die Endgeschwindigkeit

$$w_2 = \sqrt{\frac{2\,(p_1 - p_2)}{\varrho} + w_1^2} \,. \qquad (2\text{-}60)$$

Auf dieser Gleichung beruhen alle Mengenmessungen mit Düse oder Blende (Stauscheibe, Staurand)[2]. Ist F_1 der Rohrquerschnitt, F_0 der Blendenquerschnitt und F_2 der durch die Einschnürung verkleinerte Strömungsquerschnitt hinter der Blende, bezeichnet man ferner als Einschnürungszahl

$$\mu = \frac{F_2}{F_0} \qquad (2\text{-}61)$$

und das Öffnungsverhältnis mit

$$m = \frac{F_0}{F_1} \,, \qquad (2\text{-}62)$$

so kann die Geschwindigkeit w_1 im Rohr ausgedrückt werden durch

$$w_1 = w_2 \mu m \,, \qquad (2\text{-}63)$$

womit der Kontinuitätsgleichung Genüge geleistet wird. Nach Gl. (2-59) erhält man dann

$$w_2^2 - w_1^2 = w_2^2 \,(1 - \mu^2 m^2) = \frac{2}{\varrho}\,(p_1 - p_2) \qquad (2\text{-}64)$$

und

$$w_2 = \frac{1}{\sqrt{1 - \mu^2 m^2}} \sqrt{\frac{2}{\varrho}\,(p_1 - p_2)} \,. \qquad (2\text{-}65)$$

---

[1] Dividiert man beide Seiten durch g und setzt man $\varrho \cdot g = \gamma$, so erhält die Gl. (2-58) die gewohnte Form

$$h_1 + p_1/\gamma_1 + \frac{w_1^2}{2g} = h_2 + p_2/\gamma_2 + \frac{w_2^2}{2g} \,.$$

Sie zeigt, daß die Verwendung der Wichten zu einem unlogischen Ergebnis führt, das g verschwindet aus den Gliedern, wo die Fallbeschleunigung eine Rolle spielt, wie bei der Energie der Lage, und taucht in den Gliedern auf, die nichts mit der Fallbeschleunigung zu tun haben, wie die Energie der Geschwindigkeit.

[2] VDI-Regeln für die Durchflußmessung mit genormten Düsen, Blenden und Venturidüsen, 5. Aufl., Berlin: VDI-Verlag 1943.

Hierzu kommt noch ein Berichtigungsbeiwert ξ. Das durch $F_2 = \mu\,F_0$ strömende Volumen ist dann

$$V = \mu\,F_0\,w_2 = \alpha\,F_0\,\sqrt{\frac{2}{\varrho}\,(p_1 - p_2)}\,, \qquad (2\text{-}66)$$

wenn

$$\alpha = \frac{\xi\,\mu}{\sqrt{1 - \mu^2\,m^2}} \qquad (2\text{-}67)$$

gesetzt wird, und der Mengenstrom (Ausflußmenge in der Zeiteinheit)

$$G = V \cdot \varrho = \alpha\,F_0\,\sqrt{2\,\varrho\,(p_1 - p_2)}\,. \qquad (2\text{-}68)$$

Bei allen zusammendrückbaren Flüssigkeiten (Gasen und Dämpfen) kommt ein weiterer Faktor ε hinzu, der sämtliche Einflüsse der Kompressibilität enthält[1].

Bei der Strömung gegen ein festes Hindernis wird die Geschwindigkeit (und damit auch die kinetische Energie) am Staupunkt $= 0$, es ist dann

$$p_2 + \underbrace{\frac{w_2^2}{2}\,\varrho}_{=\,0} = p_1 + \frac{w_1^2}{2}\,\varrho\,, \qquad (2\text{-}69)$$

$$p_2 = p_1 + \frac{w_1^2}{2}\,\varrho\,. \qquad (2\text{-}70)$$

p_1 wird als statischer, $\frac{w_1^2}{2}\,\varrho$ als dynamischer Druck oder Staudruck und p_2 als Gesamtdruck bezeichnet (Messung von p_2 mit Pitot-Rohr, von $(p_2 - p_1) = \frac{w_1^2}{2}\,\varrho$ mit dem PRANDTLschen Staurohr).

Das Produkt Masse mal Geschwindigkeit bezeichnet man als *Impuls* (Bewegungsgröße), die Änderung der Summe der Bewegungsgrößen der Massen in der Zeiteinheit ist gleich der Resultierenden der äußeren Kräfte. Ein unter dem Einfluß eines Druckunterschiedes $(p_1 - p_2)$ ausfließender Strahl hat bei einem freien Querschnitt von $F\,\mathrm{m}^2$ bei der Austrittsgeschwindigkeit w [m/s] das Volumen $F\,w$ und die Masse $F\,w\,\varrho$, wenn die Massendichte mit $\varrho = \frac{\gamma}{g}$ [kg s^2 m^{-1}] bezeichnet wird, und den Impuls

$$I = F\,w^2\,\varrho \quad [\mathrm{m\,kg/s^2}]\,. \qquad (2\text{-}71)$$

---

[1] Über die Mengenmessung s. die VDI-Durchflußmeßregeln DIN 1952 (1948). — ferner: KRETZSCHMER, F.: Taschenbuch der Durchflußmessung mit Blenden, 6. Aufl., Düsseldorf: VDI-Verlag 1958. — HANSEN, M.: Durchflußmessung. Mitt. Nr. 348a der Energie- u. Betriebswirtschaftsstelle (Wärmestelle) des V. D. Eh., Düsseldorf: Verlag Stahleisen 1958. — HERNING, F.: Grundlagen der Praxis der Mengenstrommessung, 2. Aufl., Düsseldorf: VDI-Verlag 1958. — Ausführliche Darstellungen in: PADELT, E., u. R. WITTE: Mengenmessungen im Betrieb. Handbuch der technischen Betriebskontrolle, hrsg. v. J. KRÖNERT, Bd. 2, Leipzig: Geest & Portig 1955. — HENGSTENBERG, J., B. STURM u. O. WINKLER: Messen und Regeln in der Chemischen Technik, Berlin/Göttingen/Heidelberg: Springer 1957.

Da nach Gl. (2–60) bei $w_1 = 0$,

$$w = \sqrt{\frac{2}{\varrho}\,(p_1 - p_2)} \qquad (2\text{–}72)$$

ist, so folgt

$$I = 2\,F\,(p_1 - p_2), \qquad (2\text{–}73)$$

also das Doppelte des Druckes auf einen Kolben gleichen Querschnitts.

Ähnlichkeitsgesetz. Laminare und turbulente Strömung

Die Ähnlichkeitsmechanik[1] bezweckt die Auffindung von Merkmalen oder dimensionslosen Gruppen von Bestimmungsgrößen, die uns von den Versuchsbedingungen und damit von dem engen Bereich der unmittelbaren Erfahrung unabhängig machen. Auf zahlreichen Gebieten der Forschung und der Technik ist die dimensionslose Darstellungsweise und der „Modell"-Versuch ein unentbehrliches Handwerkszeug geworden. Seine Ausbreitung schreitet weiter fort, denn durch die Kombination dimensionsloser Gruppen lassen sich immer weitere bilden und auch neue Anwendungsgebiete erschließen[2].

Ähnlichkeit der Strömung herrscht, wenn in geometrisch ähnlichen Kanälen das Verhältnis der Kräfte gleich ist[3]. Charakteristische Kräfte sind die Trägheitskraft, d. i. der Widerstand der trägen Masse gegen Beschleunigung, und die Reibungs- oder Zähigkeitskraft. Ihr Quotient ist dimensionslos, er wird zu Ehren des Entdeckers dieser Zusammenhänge, OSBORNE REYNOLDS, als die REYNOLDSsche Zahl (Re) bezeichnet und lautet

$$Re = \frac{w\,d\,\gamma}{\eta\,g} = \frac{w\,d}{v}. \qquad (2\text{–}74)$$

Darin bedeutet w [m/s] die Geschwindigkeit, d [m] eine charakteristische Längenabmessung, den Durchmesser und v [m²/s] die kinematische Zähigkeit. Man kann also sagen, Ähnlichkeit der Strömung herrscht, wenn in geometrisch ähnlichen Kanälen die REYNOLDSschen Zahlen gleich sind.

Laminar- oder Schichtströmung herrscht vor, wenn die Zähigkeitskräfte überwiegend wirksam sind; im Gegensatz dazu bezeichnet man als turbulente Strömung eine solche, bei der auch ein Stoffaustausch senkrecht zur Strömungsrichtung stattfindet. Bei Laminarströmung in Rohren und Kanälen ist der Widerstand (Druckverlust $\varDelta p$) proportional

---

[1] Vgl. Modell-Technik S. 85 und Fußn. 2–4 S. 85.

[2] KLINKENBERG, A., u. H. H. MOOY: Dimensionless groups in fluid friction, heat, and material transfer. Chem. Eng. Progr. 44 (1948) Nr. 1 S. 17–36.

[3] PRANDTL, L.: Führer durch die Strömungslehre, 5. Aufl., Braunschweig 1957.

der Geschwindigkeit

$$\Delta p = 32\,\eta\,w\,l/d^2 = 32\,v\,\varrho\,w\,l/d^2 \qquad [\mathrm{kg/m\,s^2}] \tag{2-75}$$

$$= 3{,}263\,v\,\varrho\,w\,l/d^2 \qquad\qquad [\mathrm{kp/m^2;\ mm\,WS}]$$

(POISSEUILLEsches Gesetz).

Das Geschwindigkeitsprofil ist eine Parabel.

Bei turbulenter Strömung ist die Geschwindigkeit an einem Punkt des Raumes nicht konstant, sondern sie schwankt um einen zeitlichen Mittelwert[1-4]. Die quer zur Strömungsrichtung erfolgenden Austauschbewegungen verursachen eine bedeutende Erhöhung des Widerstandes und wirken so, als ob die Zähigkeit auf den 100- bis 1000fachen Wert angestiegen wäre. Der Widerstand ist daher proportional einer Potenz von w, die größer als 1 ist und nahezu 2 erreichen kann. Das Geschwindigkeitsprofil ist flacher.

Der Umschlag von der geordneten Laminarströmung — ein gefärbter Stromfaden bleibt in der Flüssigkeit erhalten — in die ungeordnete turbulente Strömung, wo eine schnelle Auflösung des gefärbten Stromfadens eintritt, da der Farbstoff an dem Mischungsvorgang teilnimmt, tritt bei der „kritischen REYNOLDSschen Zahl"

$$Re_{\mathrm{krit}} = 2320 \tag{2-76}$$

ein. Der Übergang von der laminaren zur turbulenten Strömung geht jedoch nur dann rasch vor sich und führt zu strömungstechnisch eindeutigen Verhältnissen, wenn bestimmte Voraussetzungen erfüllt, so besonders genügend lange Anlaufstrecken vorhanden sind. Andernfalls erhält man ein mehr oder weniger breites Übergangsgebiet, was die rechnerische Erfassung der Strömungs- und Wärmeübergangsverhältnisse in diesem Gebiet erschwert.

Allgemein läßt sich der Druckabfall in Rohren und Kanälen ausdrücken durch

$$\Delta p = \lambda\,\frac{l}{d}\,\frac{w^2}{2g}\,\gamma\,. \tag{2-77}$$

Darin ist λ die Widerstandszahl, im turbulenten Bereich eine kom-

---

[1] SCHLICHTING, H.: Widerstand und Austausch in turbulenter Strömung. Feuerungstechn. 28 (1940) H. 10 S. 225—234, s. Fußn. 1 S. 40.

[2] PRANDTL, L.: Neuere Ergebnisse der Turbulenzforschung. Z. VDI 77 (1933) H. 5 S. 105—114.

[3] GOLDSTEIN, S. (Aeronautical Research Committee): Modern developments in fluid dynamics, Bd. I/II, Oxford 1938, 1943.

[4] REICHARDT, H.: Gesetzmäßigkeiten der freien Turbulenz. VDI-Forsch.-Heft 414, Beilage zu Forsch. Ing.-Wes. Ausg. B 13 (1942).

plizierte Funktion von Re, im laminaren Bereich ist

$$\lambda = \frac{64}{Re}.$$ (2-78)

Damit geht Gl. (2-77) in Gl. (2-75) über[1].

Druckabfall in glatten und rauhen Rohren und Kanälen

Die Widerstandszahl λ in Gl. (2-77) ist im laminaren Bereich in logarithmischer Darstellung eine Gerade (s. Abb. 2-5); im turbulenten

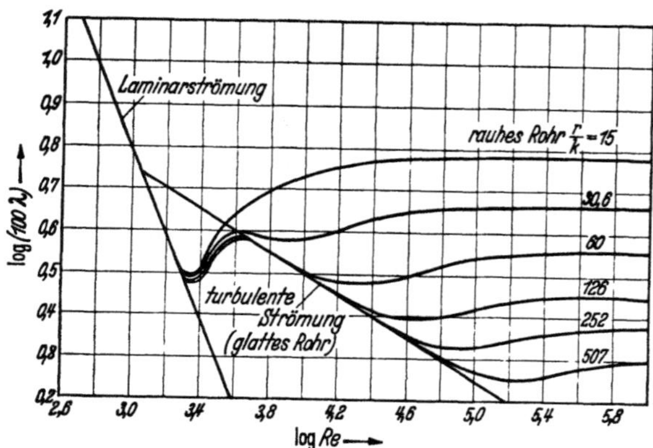

Abb. 2-5. Widerstand glatter und rauher Rohre (nach NIKURADSE)

Gebiet läßt sie sich empirisch durch Gleichungen der Form

$$\lambda = a + b\,(Re)^n$$ (2-79)

darstellen. Die Zahl der vorgeschlagenen Formeln ist außerordentlich groß und das Gebiet der Rohrströmung vielfach bearbeitet worden[2]. Für glatte Rohre empfiehlt RICHTER für

$$2000 < Re < 100\,000$$

die Gleichung von BLASIUS[3]

$$\lambda = 0{,}3164\,(Re)^{-0,25},$$ (2-80)

---

[1] Im englisch-amerikanischen Schrifttum wird Gl. (2-77) als die FANNING-sche Gleichung, und λ mit f (coefficient of friction) bezeichnet. Falls an Stelle des Durchmessers der „hydraulische Radius" $r = d/4$ eingeführt wird, erhält man $\lambda = 4\,f$.

[2] RICHTER, H.: Rohrhydraulik, 2. Aufl., Berlin/Göttingen/Heidelberg: Springer 1954. — HERNING, F.: Stoffströme in Rohrleitungen, 2. Aufl., Düsseldorf: VDI-Verlag 1957. — FINNIECOME, J. R.: The Friction Coefficient for Circular Pipes at Turbulent Flow, Manchester: Emmott & Co. 1954.

[3] BLASIUS, H.: Das Ähnlichkeitsgesetz bei Reibungsvorgängen in Flüssigkeiten. VDI-Forsch.-Heft 281 (1926).

für $Re > 100\,000$ die Gleichung von NIKURADSE[1]

$$\lambda = 0{,}0032 + 0{,}221\,(Re)^{-0{,}237}.\tag{2-81}$$

Der ganze Bereich wird mit guter Übereinstimmung mit den Messungen von BLASIUS, NIKURADSE und KOO von der Gleichung von KOO[2] erfaßt

$$\lambda = 0{,}0056 + 0{,}5\,(Re)^{-0{,}32}.\tag{2-82}$$

„Glatte" Rohre sind gezogene Messing- und Kupferrohre.

In der Praxis herrscht das rauhe Rohr (Stahlrohre handelsüblicher Qualität) vor, die genaue Definition und meßtechnische Erfassung der Rauhigkeit ist ziemlich schwierig. NIKURADSE[3] verwendet als Maß der Rauhigkeit den Ausdruck r/k, das Verhältnis von Rohrradius zur mittleren Rauhigkeitserhebung (versuchstechnisch durch das Aufkleben von Sandkörnern verwirklicht). MOODY[4] und andere[5] definieren als Rauhigkeit das Verhältnis von Rauhigkeitserhebung zu Rohrdurchmesser. Praktisch vorkommende Werte von k (in mm) sind Zahlentafel 2–5 zu entnehmen; durch Division durch den Rohrdurchmesser [mm] erhält man die relative Rauhigkeit k/d und findet die zugehörige Widerstandszahl als Funktion von Re und k/d im Diagramm (Abb. 2–6), das von MOODY[4] in Auswertung aller in Frage kommenden Messungen aufgestellt worden ist, in das sich auch die Messungen von ZIMMERMANN[6] und BAUER und GALAVICS[7] gut einfügen. Genauigkeitsgrenzen $\pm 10\%$.

Zwischen das „glatte" und das „rauhe" Rohr schiebt sich noch ein Übergangsgebiet, für das COLEBROOK[8] und WHITE Formeln aufgestellt haben, die das glatte und rauhe Rohr als Grenzfälle einschließen[9]. Mit

---

[1] NIKURADSE, J.: Gesetzmäßigkeiten der turbulenten Strömung in glatten Rohren. VDI-Forsch.-Heft 345 (1932).

[2] DREW, T. B., E. C. KOO u. W. H. McADAMS: The friction factor for clean round pipes. Trans. Amer. Inst. chem. Engrs. 28 (1932) S. 56/72. — KOO, E. C.: Diss. Mass. Inst. Techn. Cambridge, Mass. 1932. Gl. (2–82) ist von f auf λ umgerechnet, vgl. Fußn. 1 S. 45.

[3] NIKURADSE, J.: Strömungsgesetze in rauhen Rohren. VDI-Forsch.-Heft 361 (1933).

[4] MOODY, L. F.: Friction factors for pipe flow. Trans. Amer. Soc. mech. Engrs. 66 (1944) Nr. 8 S. 671—684.   [5] Siehe Fußn. 2 S. 45.

[6] ZIMMERMANN, E.: Der Druckabfall in geraden Stahlrohrleitungen. Arch. Wärmewirtsch. 26 (1938) H. 9 S. 243—247, — Feuerungstechn. 26 (1938) H. 11 S. 347.

[7] GALAVICS, F.: Die Methode der Rauhigkeitscharakteristik zur Ermittlung der Rohrreibung in geraden Stahlrohr-Fernleitungen. Schweizer Arch. angew. Wiss. Techn. 5 (1939) H. 12 S. 337—354.

[8] COLEBROOK, C. F.: Turbulent flow in pipes, with particular reference to the transition region between the smooth and rough pipe laws. J. Instn. civ. Engrs. London 11 (1938/39) S. 133—156.

[9] Vgl. auch: PRANDTL, L.: s. Fußn. 2 S. 44. — KIRSCHMER, O.: Kritische Betrachtungen zur Frage der Rohrreibung. Z. VDI 94 (1952) Nr. 24 S. 785—791, und RICHTER: s. Fußn. 2 S. 45.

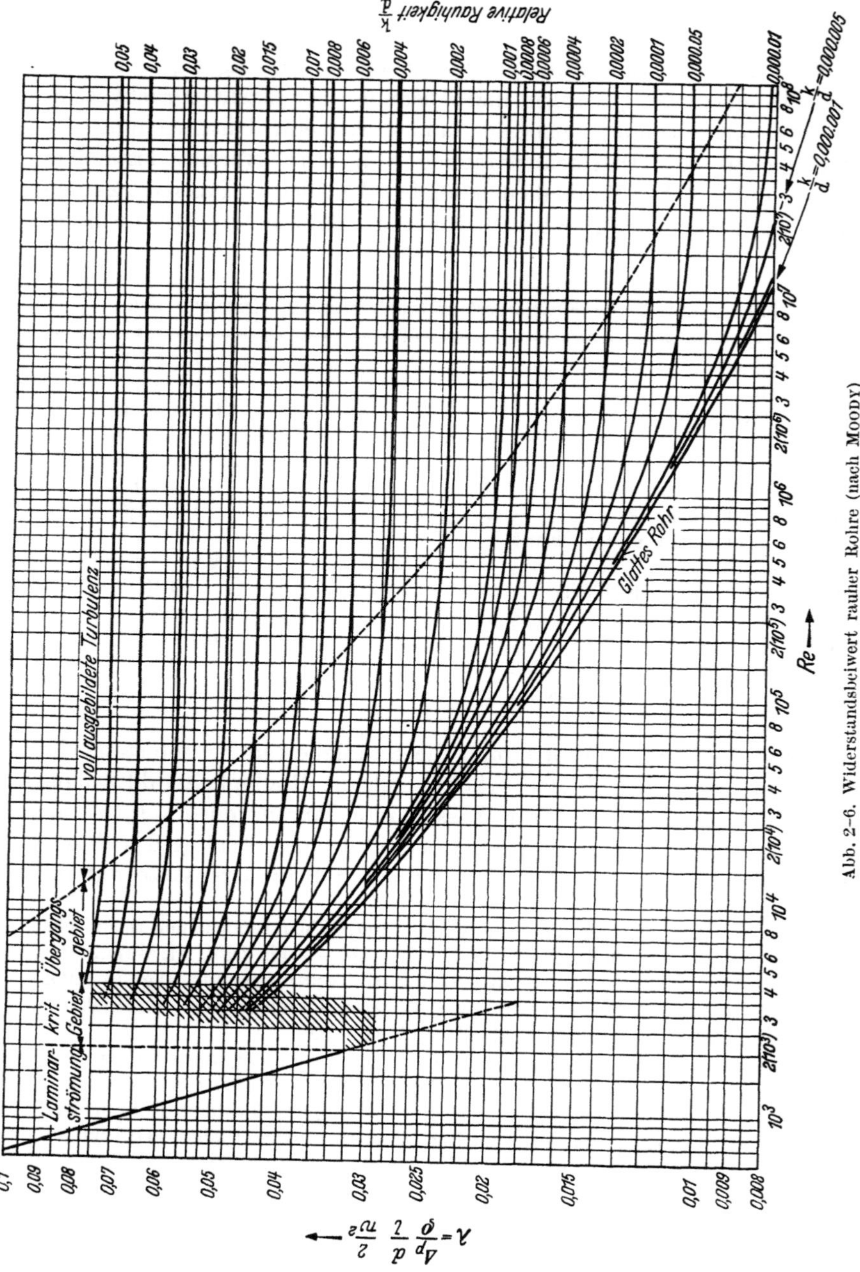

Abb. 2-6. Widerstandsbeiwert rauher Rohre (nach MOODY)

dem gleichen Problem einer möglichst einfachen Erfassung des Rauhigkeitseinflusses im gesamten Bereich (einschl. des Übergangsgebietes) befassen sich die Arbeiten von WIERZ und TONN[1,2].

NUNNER[3] hat grobe Rauhigkeiten in Form von eingelegten Ringen (verschiedener Profile, Größen und Abstände) hergestellt, Druckverlust und Wärmeübertragung gemessen und durch eine Untersuchung der Abhängigkeit der Wärmeübertragung vom Druckverlust feststellen können, daß erhöhte Rauhigkeit besonders bei kleinen PRANDTL-Zahlen (also bei Flüssigkeiten) vorteilhafter ist als erhöhte Geschwindigkeiten.

Zahlentafel 2-5. *Rauhigkeitswerte* k (nach MOODY, HERNING u. a.)

Stahl, genietet	$1 \cdots 10$
Beton, roh	$1 \cdots 3$
Beton, Glattstrich	$0,3 \cdots 0,8$
Holzdauben	$0,18 \cdots 0,91$
Gußeisen, roh	$0,25 \cdots 0,5$
Gußeisen, asphaltiert (neu)	$0,1 \cdots 0,15$
Gußeisen, gebraucht	$1 \cdots 1,5$
Gußeisen, gebraucht und verkrustet	$2 \cdots 4$
Eisen, verzinkt	$0,1 \cdots 0,15$
Stahl, gewalzt, handelsüblich	$0,046$
Stahl, mit Bitumenanstrich	$0,05$
Stahl, gebraucht	$0,1 \cdots 0,15$
Stahl, nach mehrjährigem Betrieb	$0,5$
Stahl, leicht (stark) verkrustet	$1 \cdots 1,5 \ (2 \cdots 4)$

Mit zunehmendem Alter nimmt die Rauhigkeit in Betrieb stehender Rohre zu. Nach A. T. IPPEN[4] erhöhte sich die Rauhigkeitszahl k eines galvanisierten Eisenrohres (für Wasser) in 3 Jahren von $k = 0,137$ mm auf den doppelten Wert. STEFFES[5] berichtet einen Anstieg des Widerstandsbeiwertes einer Gichtgasleitung durch Schmutzansätze auf das

---

[1] TONN, H.: Ermittlung der Rauhigkeiten und Widerstandszahlen technischer Rohre. Gesundh.-Ing. 76 (1955) Nr. 3/4 S. 36—41, — vgl. dazu: M. WIERZ: Gesundh.-Ing. 73 (1952) Nr. 5/6 S. 73—76 und H. TONN: Gesundh.-Ing. 73 (1952) Nr. 19/20 S. 337—339. — WIERZ, M.: Widerstandszahlen und Rauhigkeiten technischer Rohre. Technik 9 (1954) Nr. 5 S. 283—289.

[2] TONN, H.: Das Übergangsgebiet zwischen Glattströmung und Rauhströmung bei technisch rauhen Rohren. Gesundh.-Ing. 78 (1957) Nr. 9/10 S. 134—136.

[3] NUNNER, W.: Druckverlust und Wärmeübertragung in rauhen Rohren. VDI-Forsch.-Heft 455, Beilage zur Forschg. Ing.-Wes. Ausg. B 22 (1956). — GLASER, H.: Neuere Ergebnisse wärmetechnischer Grundlagenforschung. Chemie-Ing. Techn. 29 (1957) Nr. 3 S. 176—186.

[4] Siehe Fußn. 4 S. 46, dort Diskussion S. 674.

[5] STEFFES, M.: Anstieg des Druckverlustes in Hochofengasleitungen infolge Rauhigkeitszunahme während der Betriebszeit. Stahl u. Eisen 63 (1943) Nr. 50 S. 922.

Doppelte nach zweijähriger Betriebszeit[1]. Für Ferngasleitungen fand HERNING[2] als Mittelwert nach mehrjährigem Betrieb $k = 0,5$ bis $1,0$.

Zusätzliche Widerstände sind bedingt durch Krümmungen oder Bogen (Rohrschlangen)[3], allmähliche Querschnittsänderungen (konvergente und divergente Kanäle)[4], Wärmezu- oder -abfuhr (nicht-isothermische Strömung[5]) und andere Einzelwiderstände. Diese Einzelwiderstände können entweder durch gleichwertige Rohrlängen (Längen gleichen Druckverlustes) oder durch Gleichungen der Form

$$Z = \xi \frac{w^2}{2} \tag{2-83}$$

erfaßt werden. Widerstandsbeiwerte s. Zahlentafel 2–6. Die äquivalente Länge ist

$$l_{\text{äqu}} = \frac{d}{\lambda}\,\xi. \tag{2-84}$$

Zahlentafel 2–6. *Einzelwiderstände ξ-Werte*

	90°	45°
Scharfes Kniestück[6]	1,5	0,5
Abgerundetes Kniestück[6]	0,5	0,2
Bogen ($R = 2d$)[6]	0,1	0,05
Plötzliche Querschnittserweiterung (bezogen auf den kleineren Querschnitt)[7]	$(1 - f_1/f_2)^3$	
Allmähliche Querschnittserweiterung (Öffnungswinkel = 8)	$0,15\,(1 - f_1/f_2)^3$	
Gitterwerk, gemauert oder Formsteine[8] (Verhältnis der freien Durchflußfläche zum Gesamtquerschnitt 0,3 ... 0,4)		
bei langen rechteckigen Spalten	1,15 ... 1,25	
bei quadratischen Öffnungen	1,75 ... 1,90	
bei runden Öffnungen	1,90 ... 2,40	

---

[1] TOUSSAINT, W.: Die Ermittlung des wirtschaftlichsten Rohrdurchmessers betriebsrauher Rohre. Stahl u. Eisen 71 (1951) Nr. 12 S. 612—619.

[2] HERNING: s. Fußn. 2 S. 45, — ferner Gas- u. Wasserfach 92 (1951) Nr. 3 S. 25—30, — BWK 4 (1952) Nr. 12 S. 411/12, — Freiberger Forschungshefte A 112 (Gastechn. Kolloquium), Berlin: Akademie-Verlag 1959.

[3] RICHTER, H.: Der Druckabfall in gekrümmten glatten Rohrleitungen. VDI-Forsch.-Heft 338 (1930), s. auch Fußn. 2, S. 45. — DEHNE, W.: Untersuchungen über den Druckverlust bei wirbelnder Strömung in Rohrkrümmern, -wendeln und -schlangen. Bergakademie (Freiberg) 9 (1957) Nr. 5 S. 256—260.

[4] NIKURADSE, J.: Untersuchungen über die Strömungen des Wassers in konvergenten und divergenten Kanälen. VDI-Forsch.-Heft 289 (1929).

[5] McADAMS, W. H.: Heat transmission, 2. Aufl., New York u. London: McGraw-Hill 1942 S. 120/21.

[6] GRÖBER, H.: Rietschels Lehrbuch der Heiz- und Lüftungstechnik, 12. Aufl., Berlin/Göttingen/Heidelberg: Springer 1948. — EULER, H.: Über Stoßverluste und Widerstandsbeiwerte in Rohrleitungen und Kanälen. Arch. Eisenhüttenw. 7 (1933/34) H. 11 S. 606—614.

[7] NUSSELT, W.: Der Stoßverlust an plötzlichen Erweiterungen in Rohren beim Durchfluß von Gasen und Dämpfen. Z. VDI 73 (1929) H. 22 S. 763/64 u. H. 44 S. 1588/89.

[8] BANSEN, H.: Berechnung des Druckabfalls in Gasleitungen und gemauerten Kanälen. Arch. Eisenhüttenw. 1 (1927/28) H. 3 S. 187—192.

Gumz, Handbuch, 3. Aufl.   4

Widerstand und Wärmeübergang bei künstlicher Verwirbelung durch Wirbeleinlagen (Blenden, Ringe, Scheiben, Wendeln, Füllkörper u. dgl.) sind von Koch[1] untersucht worden.

Über weitere Untersuchungen über Einzelwiderstände in Dampfleitungen und Kanälen berichten Zimmermann[2], Euler[3] u. a. m.[4,5,6,7,8].

Bei Abzweigstücken sind spitze Winkel vorzuziehen[9]. Mulsow[10] empfiehlt, ein einmündendes Rohr vorher zu verengen, weil sich dann eine Injektorwirkung ergibt (s. Abb. 2–7).

Bei nicht-kreisförmigen Strömungsquerschnitten ist der gleichwertige Durchmesser (sog. „hydraulischer Radius")

$$d = \frac{4\,F}{U} = \frac{4 \cdot \text{Querschnittsfläche}}{\text{Umfang}}, \qquad (2\text{--}85)$$

also bei rechteckigen Querschnitten mit den Seitenlängen a und b

$$d = \frac{2\,a\,b}{a+b}. \qquad (2\text{--}86)$$

Weitere empirische Gleichungen für gemauerte Kanäle und Mauergitter s. Bansen[11], Schefels[12] und Barth[13].

Die Berechnung ganzer Leitungssysteme mit einer Vielzahl von Einzelwiderständen, Abzweigungen und Drosselorganen ist umständlich und man macht dafür zweckmäßig von der Modelltechnik und von elektrischen Analogieverfahren Gebrauch. Leitungssysteme mit vielen parallelen Strängen, auf die die strömende Menge möglichst gleichmäßig verteilt werden soll, sind, wie sie z. B. die Heizzüge von Koksöfen oder

---

[1] Koch, R.: Druckverlust und Wärmeübergang bei verwirbelter Strömung. VDI-Forsch.-Heft 469, Forsch. Ing.-Wes. Ausg. B 24 (1958).

[2] Zimmermann, E.: Der Druckabfall in 90°-Stahlrohrbogen. Arch. Wärmewirtsch. 19 (1938) H. 10 S. 265—269.

[3] Siehe Fußn. 6 S. 49.

[4] Richter: s. Fußn. 2, S. 45, dort S. 165—190.

[5] Herning: s. Fußn. 2, S. 45, dort S. 37—49.

[6] Erk, S.: Förderung homogener Stoffe. In A. Eucken u. M. Jakob: Chemie-Ingenieur Bd. I, Tl. 1, Leipzig: Akad. Verl. 1933, S. 97—136.

[7] Perry, J. H.: Chemical Engineers Handbook, 3. Aufl., New York u. London: McGraw-Hill 1950, S. 369—455.

[8] Pigott, R. J. S., in Kent's Mechanical Engineers Handbook, Power Vol., 12. Aufl., New York: J. Wiley & Sons 1950, S 6—35/41.

[9] Grass, G., u. E. Lüth: Strömungswiderstand in Abzweigstücken. Allg. Wärmetechn. 8 (1958) Nr. 9 S. 185—189.

[10] Mulsow, R.: Neues zur Widerstandsberechnung von Luftleitungen. Heizung-Lüftung-Haustechn. 10 (1959) Nr. 5 S. 117—122.

[11] Bansen: s. Fußn. 8 S. 49.

[12] Schefels, G.: Reibungsverluste in gemauerten engen Kanälen und ihre Bedeutung für die Zusammenhänge zwischen Wärmeübergang und Druckverlust in Winderhitzern. Arch. Eisenhüttenw. 6 (1932/33) H. 11 S. 477—486.

[13] Barth, W.: Die Berechnung des Druckverlustes in Rohrleitungen und Kanälen. Arch. Eisenhüttenw. 7 (1933/34) H. 11 S. 599—605.

die Spalten eines Taschenluftvorwärmers oder Rohre eines Röhrenwärmeaustauschers darstellen, von REICHARDT und TOLLMIEN[1,2] untersucht worden; es kommt dabei sehr wesentlich auf die Formgebung und Bemessung des Abströmkanals an, in dem jedoch so schwierige Mischungsverhältnisse vorliegen, daß Modelluntersuchungen notwendig sind.

Für ausgedehnte Leitungssysteme sind elektrische Analogieverfahren vorgeschlagen worden, um die schwierigen Verteilungsfragen zu lösen, so bei Fernleitungsnetzen[3] und bei der Bewetterung von Gruben-

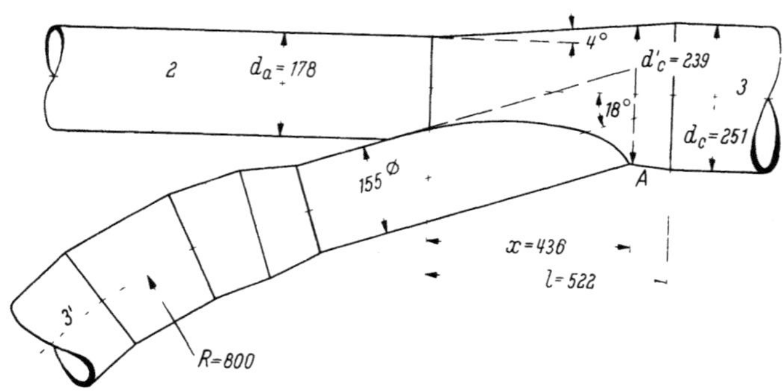

Abb. 2-7. Rohrvereinigung (nach MULSOW)

gebäuden[4]. Darin werden die Strömungsmengen durch Stromstärken, Druckdifferenzen durch die Spannung und Strömungswiderstände durch elektrische Widerstände abgebildet. POHLE[5] hat solche Analogieverfahren auch für die Auslegung des Luftleitungssystems einer größeren Kesselanlage verwendet.

Strömungswiderstand von Schüttungen

Der Widerstand oder Druckabfall von regellosen Schüttungen spielt in der Feuerungstechnik beim Brennstoffbett auf dem Rost, in der

---

[1] REICHARDT, H., u. W. TOLLMIEN: Die Verteilung der Durchflußmenge in einem ebenen Verzweigungssystem. Mitt a. d. Max-Planck-Inst. f. Strömungsforsch. Nr. 7, Göttingen 1952.

[2] REICHARDT, H.: Über Vielfachverzweigungen für bestimmte Verteilungen der Durchflußmenge. Mitt. a. d. Max-Planck-Inst. f. Strömungsforsch. Nr. 17, Göttingen 1957.

[3] LUGT, H.: Die Berechnung von Rohrleitungsnetzen unter besonderer Berücksichtigung von Analysatoren. Gesamm. Ber. a. Betrieb u. Forsch. der Ruhrgas A.-G. H. 6 (1956) S. 48—54.

[4] POHLE, R., u. D. KRAUSE: Bergbautechn. 6 (1956) Nr. 7 S. 371- 383. — SANN, B.: Bergbaurundschau 4 (1952) H. 3 S. 137—143, H. 4 S. 195—199, H. 5 S. 253—256. — HÜBNER, R.: Glückauf 91 (1955) Nr. 25/26 S. 705—714. — HIRAMATSU, Y.: Glückauf 89 (1953) Nr. 15/16 S. 355—359.

[5] POHLE, R.: Ein Beitrag zur Lösung der Frage der Mengenstrom- und Druckverteilung in geregelten Luftleitungssystemen von Dampferzeugern mit Hilfe eines elektrischen Netzmodelles. Freiberger Forschungshefte A 133 (1959).

Beschickungssäule von Gaserzeugern und Schachtöfen usw. eine große Rolle. Die Schüttung wird charakterisiert durch die Korngrößen und die Korngrößenverteilung (Siebanalyse) oder eine „mittlere Korngröße" (vgl. S. 10), die Packungsart und das Lückenvolumen, die Kornoberfläche und Kornform und die Lage des Einzelkorns zur Strömungsrichtung. Die Art der Herstellung der Schüttung selbst beeinflußt das Lückenvolumen und die Gleichförmigkeit der Schüttung (Entmischung). Bei Brennstoffbetten in Betrieb kommen weitere Variationen hinzu, die Korngröße ist zeitlich veränderlich (in beiden Richtungen) durch Abbrand, Zerfall, Backen, Blähen, Verschlacken usw.[1], und bei der weiten Korngrößenspanne, wie sie praktisch bei Brennstoffen vorkommen kann, wird mitunter Feinkorn mitgerissen und ausgetragen. Eine genaue Erfassung eines jeweils vorliegenden Zustandes ist daher äußerst schwierig.

Die Theorie der Strömung durch Schüttstoffe und Filter[1-4] knüpft teils an die Vorstellung an, daß das Lückenvolumen in dem durchströmten Haufwerk durch eine große Zahl von Kanälchen von mehr oder weniger verzwickter Gestalt bzw. von Kapillaren von äquivalentem Durchmesser oder durch ein System gewundener Kapillaren von gleichem Durchmesser ersetzt werden kann[5]. Einen guten Überblick über die Entwicklung der Theorie bietet die CARMANsche Arbeit, empirisches Zahlenmaterial liefern für grobes Schüttgut die Arbeiten von RAMSIN[6], KRÄUTLE[7], DIEPSCHLAG[8], FURNAS[9], WAGNER und HOL-

---

[1] WERKMEISTER, H.: Feuergasbeschaffenheit und Windverteilung bei Wanderrostfeuerungen, 72. VDI-Hauptversammlung Trier 1934, Berlin 1934.

[2] CARMAN, P. C.: Fluid flow through granular beds. Trans. Instn. Chem. Engrs. 15 (1937) S. 150—155.

[3] FEHLING, R.: Der Strömungswiderstand ruhender Schüttungen. Feuerungstechn. 27 (1939) Nr. 2 S. 33—44, — Bericht D 82 des Reichskohlenrats, Berlin 1939.

[4] Zusammenfassend behandelt bei W. SIEGEL: Filtration, in A. EUCKEN u. M. JAKOB: Der Chemie-Ingenieur Bd. I, Tl. 2, S. 191—307, Leipzig 1933. — HEGELMANN, E.: Filtrieren. In E. BERL: Chemische Ingenieur-Technik 3, S. 231 bis 298, Berlin: Springer 1935. — DALLA VALLE, J. M.: Micromeritics. S. 261—280. — CARMAN, P. C.: Flow of Gases through Porous Media, London: Butterworths Scientific Publications 1956. — SCHEIDEGGER, A. E.: The Physics of Flow Through Porous Media, Toronto u. London: University of Toronto Press 1957.

[5] CARMAN, P. C.: Fluid flow through granular beds. Trans. Instn. Chem. Engrs. 15 (1937) S. 150—155.

[6] RAMSIN, L. K.: Der Gaswiderstand verschiedener Schüttstoffe. Wärme 51 (1928) H. 16 S. 301—303.

[7] BANSEN, H.: Wärmewertigkeit, Wärme- und Gasfluß, Düsseldorf: Stahleisen 1930.

[8] DIEPSCHLAG, E.: Strömungswiderstände beim Durchgang von Gasen durch Haufwerke von geschütteten, körnigen Stoffen. Feuerungstechn. 23 (1935) H. 12 S. 133—136.

[9] FURNAS, C. C.: Flow of gases through beds of broken solids. U. S. Bur. min. Bull. 307 (1929) 144 S.

SCHUH[1], für Kohle FEHLING[2], für Kugeln und andere regelmäßigen Körper CHILTON und COLBURN[3], UCHIDA und FUJITA[4], für Gichtstaub BARTH und ESSER[5], für Sand LEVA und Mitarbeiter[6], für Sintermaterialien SPIELHACZEK[7] u. a. m.

Betrachtet man ein Haufwerk aus Kugeln und ersetzt man in der REYNOLDSschen Zahl d durch den Ausdruck

$$\frac{1}{\text{spez. Oberfläche}} = \frac{\text{Volumen}}{\text{Oberfläche}} = \frac{d}{6\,(1-\varepsilon)}\,, \qquad (2\text{-}87)$$

indem man die Oberfläche der die Packung darstellenden Kugeln je gepackte Volumeinheit

$$S = \pi\,d^2\,\frac{6}{\pi\,d^3}\,(1-\varepsilon) = \frac{6\,(1-\varepsilon)}{d} \qquad (2\text{-}88)$$

in den Zähler bringt, so ergibt sich die von BLAKE[8] vorgeschlagene und auch von CARMAN und anderen benutzte dimensionslose Kennzahl

$$Re_B = \frac{w\,d}{v\,6\,(1-\varepsilon)} = \frac{Re}{6\,(1-\varepsilon)}\,, \qquad (2\text{-}89)$$

und für beliebige Körperformen mit dem Formfaktor φ ($= 1$ für Kugeln)

$$Re_B = \frac{w\,d}{v\,\varphi\,6\,(1-\varepsilon)}\,. \qquad (2\text{-}90)$$

Die CARMANsche Gleichung für den Widerstand eines Haufwerks lautet dann für kugeliges Gut (vgl. Abb. 2-8 untere Kurve):

$$\frac{\Delta p\,\varepsilon^3}{L\varrho\,w^2 S_1} = 5\left(\frac{1}{Re_B}\right) + 0{,}4\left(\frac{1}{Re_B}\right)^{0,1}, \qquad (2\text{-}91)$$

worin $S_1 = S + 4/D$ die Oberfläche der Teilchen je Volumeinheit gepackten bzw. geschütteten Raumes nach Gl. (2-88) und $4/D$ die Gefäßdurchmesser-Korrektur, D den Gefäßdurchmesser in [m] bedeutet. Es ist ferner ε das Lückenvolumen [dimensionslos], d der Kugeldurchmesser [m],

[1] WAGNER, A., A. HOLSCHUH u. W. BARTH: Gasdurchlässigkeit von Schüttstoffen, besonders von Hochofenmöllerstoffen. Arch. Eisenhüttenw. 6 (1932/33) H. 4 S. 129—136.

[2] Siehe Fußn. 3 S. 52.

[3] CHILTON, T. H., u. A. P. COLBURN: Pressure drop in packed tubes. Industr. Engng. Chem. 23 (1931) Nr. 8 S. 919.

[4] UCHIDA, S. u. S. FUJITA: Pressure drop through dry packed towers. J. Soc. chem. Ind. Jap. (Suppl.) 37 (1934) Nr. 11 S. 724B—733B.

[5] BARTH, W., u. W. ESSER: Der Druckverlust in geschichteten Stoffen. Forsch. Ing.-Wes. 4 (1933) Nr. 2 S. 82—86.

[6] LEVA, M., M. GRUMMER, M. WEINTRAUB u. M. POLLCHICK: Introduction to fluidization. Chem. Eng. Progr. 44 (1948) Nr. 7 S. 511—520.

[7] SPIELHACZEK, H.: Über die Gasdurchlässigkeit von Feinmaterialien im Saugzug-Sinterverfahren und ihre Ermittlung für den Gebrauch der Praxis. Metall u. Erz 41 (1944) H. 7/8 S. 75—79.

[8] BLAKE, F. C.: The resistance of packing to fluid flow. Trans. Amer. Inst. chem. Engrs. 14 (1922) S. 415—421.

Δp der Druckabfall [kg/ms²], L die Schichthöhe [m], ϱ die Dichte des strömenden Mediums [kg/m³], w die Geschwindigkeit [m/s], bezogen auf den leeren Gefäßquerschnitt, und ν [m²/s] die kinematische Zähigkeit. Strenggenommen gilt diese Gleichung nur für Gleichkorn, sie befriedigt auch für Korngemische von mäßigem Siebsprung, $d_1/d_2 < 4$, wenn nicht weniger als 40% kleine Teilchendurchmesser vorhanden sind ($\pm$ 10 — 20%). Für Kugeln und Berlsättel im turbulenten Gebiet (Reaktionstürme) kann das 2. Glied der rechten Seite der Gl. (2–91) allein verwendet werden; bei RASCHIG-Ringen versagt die Gleichung, und der Beiwert 0,4 muß auf 1 heraufgesetzt werden.

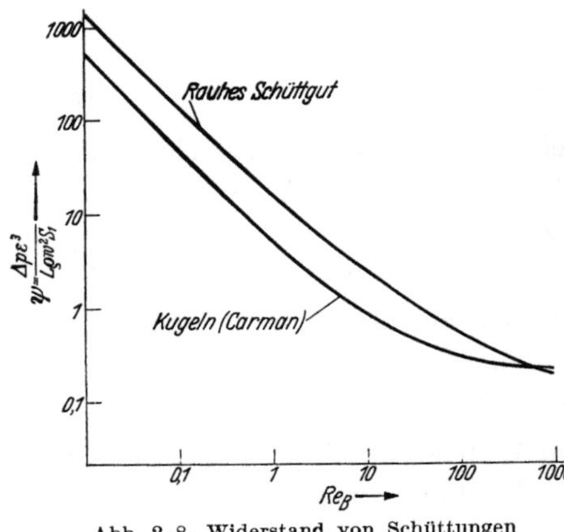

Abb. 2-8. Widerstand von Schüttungen

Eine Reihe empirischer Gleichungen für beschränkte Anwendungsbereiche mit Potenzen des Lückenvolumens von 4 (HANCOCK[1]) bis 1,7 (OMAN und WATSON[2]) suchen ohne theoretische Begründung den Versuchswerten gerecht zu werden. OMAN und WATSON fanden zwischen lockerster und dichtester Schüttung Unterschiede von mehr als 1 : 2.

Die Gl. (2–91) nach CARMAN gründet sich ausschließlich auf Versuche mit glatten, sphärischen Körpern gleichen Durchmessers. Bei rauhen, unregelmäßigen und scharfkantigen Körpern, wie sie in der Praxis vielfach vorkommen, müßte entweder der (allerdings schwer zu ermittelnde) Oberflächenfaktor φ (< 1) oder nach dem Vorschlag von LEVA[3] ein dimensionsloser Formfaktor eingeführt werden:

$$f = 0{,}205 \, \frac{F}{V^{2/3}}. \tag{2–92}$$

F = Oberfläche, V = Volumen des Teilchens. BROWNELL und KATZ[4] schlagen vor, $\dfrac{\Delta p \, 2 \, d \, \varepsilon^n}{L \varrho \, w^2}$ als Funktion von $(Re)' = \dfrac{d \, w}{\nu \, \varepsilon^m}$ darzustellen, wo-

---

[1] HANCOCK, R. T.: Interstitial flow. Min. Mag., Lond. 67 (1942) Nr. 4 S. 179 bis 186.

[2] OMAN, A. O., u. K. M. WATSON: Pressure drops in granular beds. Nat. Petroleum News 36 (1944) Nr. 44 S. R795—R802.

[3] LEVA, M.: Pressure drop through packed tubes. Part 1: A General correlation. Chem. Eng. Progr. 43 (1947) Nr. 10 S. 549—554.

[4] BROWNELL, L. E., u. D. L. KATZ: Flow of fluids through porous media. I. Single homogeneous fluids. Chem. Eng. Progr. 43 (1947) Nr. 10 S. 537—548.

bei m und n Funktionen des Ausdruckes φ/ε = Sphärizität/Porosität sind, die zwischen $m = 3$ bis 17 und $n = 6$ bis 34 liegen.

Eine Gleichung von ähnlichem Aufbau wie CARMANS Formel (2–91) mit zwei Ausdrücken, von denen der eine die Wirkung der Zähigkeitskräfte, der andere die Wirkung der kinetischen Kräfte (Austauschbewegung) darstellt, hat ERGUN[1] abgeleitet, gestützt auf 640 Einzelversuche, eigene sowie die von BURKE und PLUMMER[2], MORCOM[3], MORSE[4], BLAKE[5] u. a.:

$$\frac{\Delta p}{L} = 150 \frac{(1 - \varepsilon)^2}{\varepsilon^3} \cdot \frac{\eta \cdot w_m}{d^2} + 1{,}75 \frac{1 - \varepsilon}{\varepsilon^3} \cdot \frac{G\, w_m}{d}\,. \tag{2–93}$$

Darin ist, im MKSA-System, Δp in [kg/m s^2] einzusetzen und mit 0,1019716 (= $1/g$) zu multiplizieren, wenn Δp in kp/m^2 ($\mathrel{\hat{=}}$ mm WS) herauskommen soll (bisheriges technisches Maßsystem); ferner ist L [m] die Betthöhe, w_m die auf den wirklichen Druck korrigierte mittlere Gasgeschwindigkeit, bezogen auf den leeren Gefäßquerschnitt (die „Anströmgeschwindigkeit"), und $G = \varrho \cdot w_m$ der Massenfluß. Diese Gleichung können wir auch in der Form schreiben

$$\frac{\Delta p\, d\, \varepsilon^3}{L\, \varrho\, w^2 (1 - \varepsilon)} = 150 \frac{(1 - \varepsilon)}{Re} + 1{,}75 \tag{2–93 a}$$

oder, wenn die CARMANsche Ausdrucksweise benutzt werden soll, d. h. Re durch $Re_B\, 6\,(1-\varepsilon)$ und d durch $6\,(1-\varepsilon)/S$ ersetzt wird,

$$\frac{\Delta p\, d\, \varepsilon^3}{L\, \varrho\, w^2\, 6\,(1 - \varepsilon)} = \frac{\Delta p\, \varepsilon^3}{L\, \varrho\, w^2\, S} = \frac{4{,}17}{Re_B} + 0{,}292\,. \tag{2–93 b}$$

Einer etwas anderen Darstellungsform bedient sich ROSE[6], indem er den Reibungskoeffizienten als Funktion der REYNOLDSschen Zahl und der Oberflächencharakteristik nach HEYWOOD[7] darstellt.

---

[1] ERGUN, S., u. A. A. ORNING: Fluid flow through randomly packed columns and fluidized beds. Industr. Engng. Chem. 41 (1949) Nr. 6 S. 1179—1184. — ERGUN, S.: Fluid flow through packed columns. Chem. Eng. Progr. 48 (1952) Nr. 2 S. 89—94.

[2] BURKE, S. P., u. W. B. PLUMMER: Fluid flow through packed columns. Industr. Engng. Chem. 20 (1928) Nr. 11 S. 1197—1200.

[3] MORCOM, A. R.: Fluid flow through granular materials. Trans. Instn. Chem. Engrs., Lond. 24 (1946) S. 30—43.

[4] MORSE, R. D.: Fluidization of granular solids. Fluid mechanics and quality. Industr. Engng. Chem. 41 (1949) Nr. 6 S. 1117—1123.

[5] Siehe Fußn. 8 S. 53.

[6] ROSE, H. E.: An investigation into the laws of flow of fluids through beds of granular materials. Proc. Instn. mech. Engrs., Lond. 153 (1945) S. 141—148, — The isothermal flow of gases through beds of granular materials, S. 148—153, — On the resistance coefficient REYNOLDS-number relationship for fluid flow through a bed of granular materials, S. 154—161, — Communications, S. 162—168.

[7] Siehe Fußn. 1 S. 7.

Burke und Plummer[1], Rosin[2] und Fehling[3] haben auf den ähnlichen Verlauf des Reibungsbeiwertes mit dem Widerstand der Einzelkugel hingewiesen, und Fehling hat auf Grundlage dieser Analogie seine Theorie des Strömungswiderstandes von Schüttungen, insbesondere von Kohleschüttungen, aufgebaut:

$$\Delta p = \psi_K \frac{w^2}{2}\,\varrho\,\frac{L}{d}\,C\left(\frac{V_{\max}}{V}\right)^4 = m\,\psi_K\,\frac{w^2}{2}\,\varrho\,\frac{L}{d\,\varepsilon^4}\,. \tag{2-94}$$

Setzt man $C\,(V_{\max})^4 = m = 2{,}6$ bis $2{,}7$ und $V_{\max} = 0{,}48$ bis $0{,}49$, so erhält man für $m\,\psi_K$ eine Auswertung der Versuchsdaten entsprechend der Abb. 2–9 für den verhältnismäßig engen Klassierungsbereich von $d_{\max}/d_{\min} = 1{,}14$ bis 2. ψ_K ist der Widerstand der Einzelkugel.

Hiles und Mott[4] haben die Untersuchungen auf größere Durchmesser ausgedehnt und geben für Koks und Anthrazit — für den Bereich $d/D = 0{,}05$ bis $0{,}15$ und ein Lückenvolumen von 50% — folgende Werte:

$$\frac{\Delta p}{L} = \frac{6{,}86 \cdot 10^{-4}(196{,}85)^n}{d^{2,3}} \tag{2-95}$$

mit

$$n = 2{,}5276 + \tfrac{1}{2}\cdot\log d, \tag{2-96}$$

für Korndurchmesser bis $1''$ ($25{,}4$ mm)

$$n = 2{,}1288 + \tfrac{1}{4}\cdot\log d, \tag{2-97}$$

für Korndurchmesser $\geqq 1''$ ($25{,}4$ mm), wobei Δp in mm WS, L und d in m, w in m/s, bezogen auf den leeren Gefäßquerschnitt, einzusetzen sind. Bei abweichendem Lückenvolumen

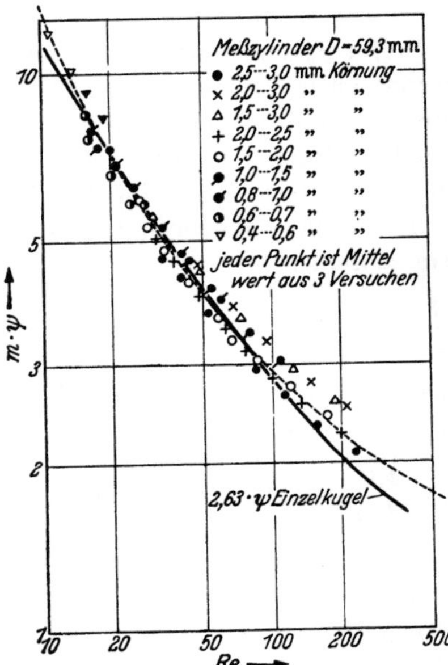

Abb. 2-9. Widerstand von Kohleschüttungen (nach Fehling)

gilt das von Fehling festgestellte 4. Potenzgesetz.

Bei Korngemischen ist die Ermittlung einer geeigneten Durchmessercharakteristik eine besonders schwierige und bisher ungelöste Aufgabe. Carman setzt in Gl. (2–88) bzw. (2–91) nach den Versuchen Coulsons[5]

$$S = 6(1-\varepsilon)\sum{}'\,\frac{g}{d}\,, \tag{2-98}$$

[1] Burke, S. P., u. W. B. Plummer: Gas flow through packed columns. Industr. Engng. Chem. 20 (1928) Nr. 11 S. 1197—1200.

[2] Siehe Fußn. 1 S. 8.　　　　[3] Siehe Fußn. 3 S. 52.

[4] Hiles, J., u. R. A. Mott: The flow of gases through beds of coke and other granular materials. Fuel Sci. 24 (1945) Nr. 5 S. 135—142, Nr. 6 S. 158—171.

[5] Coulson: The streamline flow of liquids through beds of spherical particles. Diss. Univ. of London 1935.

worin $g_1, g_2, g_3, \ldots$ den Gewichtsanteil der Siebfraktion mit den mittleren Durchmessern $d_1, d_2, d_3, \ldots$ bedeuten. Die Gleichung versagt indessen, wenn der Siebsprung den Wert $4:1$, oder wenn der Anteil an Feinkorn 40% überschreitet.

Das praktisch sehr wichtige Gebiet der unklassierten Brennstoffschüttungen wird somit von allen bisher behandelten Formeln nicht erfaßt. Da ein unklassierter Brennstoff, soweit er durch das ROSIN-RAMMLERsche Kornverteilungsgesetz erfaßt werden kann, durch zwei Werte, den Größenfaktor k (bei $R = 36{,}79\%$) und den Verteilungsfaktor n [die Neigung der Kennlinie im Diagramm lolog $100/R = f(\log x)$[1]] gekennzeichnet werden kann, ist es notwendig, den Widerstandsbeiwert nicht nur als Funktion des Korndurchmessers und der Strömungsbedingungen — z. B. Re —, sondern auch als Funktion des Verteilungsfaktors n darzustellen[2].

Die Auswertung von Untersuchungen an Anthrazit- und Koksgrusschichten bei abwärts gerichteter Strömung — wobei Feinstkornaustragung weitgehend vermieden wird — ergab folgende Widerstandsbeiwerte (vgl. Abb. 2–8 obere Kurve):

$$\psi = \frac{\Delta p\,\varepsilon^3}{L\,\varrho\,w^2 S_1} = \left[\frac{4{,}17}{Re_B} + 0{,}292\right] e^{\frac{3{,}117 + 3789\,(Re_B)^{-1{,}78}}{n}} . \qquad (2\text{–}99)$$

Die Dimensionen sind entsprechend der Gl. (2–91) einzusetzen, nur wird an Stelle des mittleren Durchmessers in der REYNOLDSschen Zahl die charakteristische Sieböffnung k ($36{,}79\%\ R$) eingesetzt; n ist die Neigung (dimensionslos) der Kornverteilungslinie im ROSIN-RAMMLER-Diagramm. Der Ausdruck in der eckigen Klammer entspricht der ERGUNschen Gl. (2–93 b), in die Gl. (2–94) übergeht, wenn $n = \infty$ wird (Gleichkorn!), da dann der Exponent Null wird, und $e^0 = 1$. Die Gleichung ist auf verhältnismäßig wenig Meßwerten aufgebaut und bedarf weiterer Untersuchungen, sie soll in erster Linie einen Weg für die Darstellung von Schüttungen mit natürlicher Kornverteilung (d. h. solche, die dem ROSIN-RAMMLERschen Gesetz folgen) aufzeigen. Abb. 2–10 läßt den starken Einfluß der Kornverteilungscharakteristik (n) erkennen und zeigt, welchen nachteiligen Einfluß hoher Feinstkornanteil in einer Brennstoffschicht ausübt.

Die Gl. (2–99) gilt nicht für gesiebte Kohle mit einer oberen und unteren Korngrenze, wo die beiden Enden der Kornverteilungskurve gewissermaßen künstlich abgeschnitten sind. Indessen lassen sich die

---

[1] Vgl. S. 8.

[2] Eine solche Darstellung wurde erstmalig von W. C. KRUMBEIN und G. D. MONK [Permeability as a function of the size parameters of unconsolidated sand. Trans. Amer. Inst. min. metallurg. Engrs. 151 (1943) S. 153—163] auf die Durchlässigkeit von Sandschichten angewandt.

Widerstandsbeiwerte durch einen Faktor, der eine Funktion von $m = d_{max}/d_{min}$ ist, erfassen. Es ist

$$\psi' = \left(0{,}117 + \frac{3{,}332}{m} - \frac{2{,}449}{m^2}\right)\psi. \tag{2-100}$$

Bei $d_{max}/d_{min} = \infty/0 = 1$ wird $\psi' = \psi$.

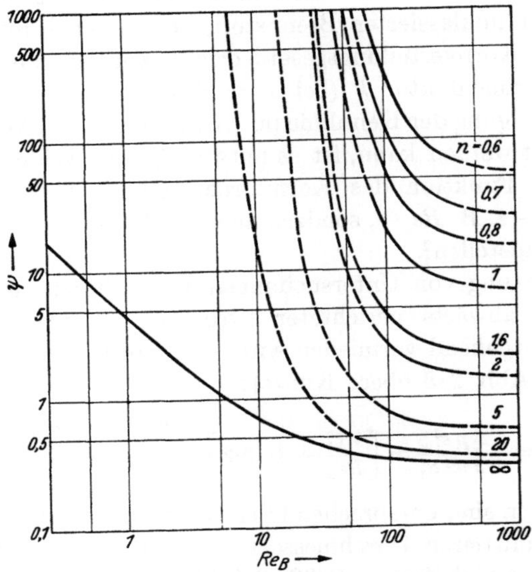

Abb. 2-10. Widerstand unklassierter Brennstoffschüttungen

Widerstand umströmter Körper. Fallgeschwindigkeit

Der Widerstand umströmter Körper ist als Funktion der REYNOLDS-schen Zahl darstellbar. Betrachten wir als einfachsten Fall die Kugel, auf den die meisten praktischen Fälle zurückgeführt werden können (gegebenenfalls durch die Einführung eines gleichwertigen Kugeldurchmessers oder eines Formfaktors), so erhält man als Widerstand

$$W = C\,\frac{d^2\,\pi}{4}\,\frac{w^2}{2}\,\varrho \quad [\text{mkg/s}^2]. \tag{2-101}$$

Betrachten wir eine Kugel unter dem Einfluß der Erdbeschleunigung, so ist die auf sie einwirkende Kraft, nach Abzug des Auftriebes der Kugel,

$$G = \frac{d^3\,\pi}{6}\,(\varrho_K - \varrho)\,g \quad [\text{mkg/s}^2]. \tag{2-102}$$

Sollen beide Kräfte im Gleichgewicht stehen, die Kugel also von dem Traggas in der Schwebe gehalten werden, so ist $W = G$ oder

$$C\,\frac{d^2\,\pi}{4}\,\frac{w^2}{2}\,\varrho = \frac{d^3\,\pi}{6}\,(\varrho_K - \varrho)\,g \tag{2-103}$$

und die Schwebegeschwindigkeit oder konstante Fallgeschwindigkeit

$$w_s = \sqrt{\frac{4}{3}\frac{1}{C}\frac{(\varrho_K-\varrho)}{\varrho}\,d\cdot g}\quad [\text{m/s}].\qquad (2\text{-}104)$$

Bei nicht-sphärischen Teilchen ist nach Pettyjohn und Christiansen[1] im Bereich von $Re = 2000 - 200\,000$

$$C = 5,31 - 4,88\,\psi.\qquad (2\text{-}105)$$

worin ψ den Formfaktor oder die Sphärizität (nach Wadell[2]) bedeutet.

Im Bereich kleiner Reynoldsscher Zahlen (< 1) ist nach G. G. Stokes

$$C = \frac{24}{Re} = \frac{24\,v}{w\,d}.\qquad (2\text{-}106)$$

Setzt man C nach Gl. (2-106) in Gl. (2-103) ein und löst nach w_s auf, so erhält man nach Kürzung

$$w_s = \frac{1}{18}\frac{d^2}{v}\frac{(\varrho_K-\varrho)}{\varrho}g\quad [\text{m/s}].\qquad (2\text{-}107)$$

Bei sehr kleinen Reynoldsschen Zahlen dagegen ($d \leq 5\,\mu$), wenn die Teilchengrößen sich den freien Weglängen der Moleküle nähern, ist eine Korrektur notwendig, die nach Cunningham[3] in einem Faktor

$$\left(1 + \frac{a\,l}{r}\right)\qquad (2\text{-}108)$$

besteht. Darin ist a eine Konstante ($= 1,63$), l die mittlere freie Weglänge, r der Teilchenradius. Eine ähnliche Korrektur hat Millikan[1] angegeben. Bei Teilchen von $1\,\mu$ Radius bedingt diese Korrektur schon 15%, bei $0,1\,\mu$ Radius 147% höhere Werte der Schwebegeschwindigkeit[5]. Wandeinflüsse berücksichtigt der Korrekturfaktor

$$\left(1 + 2,1\,\frac{d_{\text{Kugel}}}{D_{\text{Gefäß}}}\right)\qquad (2\text{-}109)$$

nach Ladenburg[6], Faxén u. a.[7].

[1] Pettyjohn, E. S., u. E. B. Christiansen: Effect of particle shape on free-settling rates of isomeric particles. Chem. Eng. Progr. 44 (1948) Nr. 2 S. 157—172.

[2] Wadell, H.: The coefficient of resistance as a function of Reynolds-number for solids of various shapes. J. Franklin Inst. 217 (1934) Nr. 4 S. 459—490.

[3] Cunningham, E.: On the velocity of steady fall of spherical particles through fluids medium. Proc. roy. Soc., Lond. (A) 83 (1910) S. 357—365.

[4] Millikan, R. A.: The general laws of fall of a small spherical body through a gas. Phys. Rev., Ser. 2 22 (1923) Nr. 1 S. 1—23.

[5] v. Hahn, F. V.: Dispersoidanalyse, Dresden u. Leipzig: Steinkopff 1928, S. 254. — Winkel, A., u. G. Jander: Schwebstoffe in Gasen. Aerosole, Stuttgart: Enke 1934, S. 20/21.

[6] Ladenburg, R.: Über die innere Reibung zäher Flüssigkeiten und ihre Abhängigkeit vom Druck. Ann. Phys. 22 (1907) S. 287—309.

[7] Wien, W., u. F. Harms: Handbuch der Experimentalphysik, Bd. 4, Hydro- und Aerodynamik, Tl. 2, Widerstand und Auftrieb, hrsg. von L. Schiller, Leipzig: Akad. Verl. 1932, S. 340—346.

Nach McNown und Mitarbeitern[1] ist diese Korrektur oberhalb $d/D > 0,1$ zu klein. Auf Grund eines vereinfachenden Verfahrens (Annahme einer konzentrischen kugeligen Umgrenzung an Stelle einer zylindrischen) erhalten sie (nach Lee) den Ausdruck

$$K = \left[1 + \frac{9}{4}\frac{d}{D} + \left(\frac{9}{4}\frac{d}{D}\right)^2\right], \qquad (2\text{-}110)$$

in guter Übereinstimmung mit ihren Messungen bis $d/D \leq 0,25$. Für das Gebiet $d/D > 0,4$ gilt

$$K = a\left(1 - \frac{d}{D}\right)^{-2,5}, \qquad (2\text{-}111)$$

worin der Faktor a nach McNown und En-Yun Hsu 1,7, nach Engez dagegen 0,8 sein soll.

Für das breite und technisch wichtige Gebiet zwischen dem Stokesschen ($Re < 1$) und dem Newtonschen Bereich (mit konstantem Widerstandsbeiwert, $Re \geq 2000$) sind empirische Gleichungen zur Wiedergabe der Widerstandsmessungen angegeben worden, die vorzugsweise die allgemeine Form

$$C = \frac{24}{Re}\left(1 + a(Re)^b\right) \qquad (2\text{-}112)$$

aufweisen (vgl. Zahlentafel 2–7).

Eine geeignete Darstellung mit gutem Anschluß an die Nachbarbereiche erhält man mit einer Zerlegung der Schwebegeschwindigkeit im Zwischengebiet in eine „Stokes-Geschwindigkeit" (w_{St}) und in eine Über-Stokes- oder „Newton-Geschwindigkeit" (w_N) nach dem Vorbild von Frössling[2] bzw. W. Schmidt[3]:

Zahlentafel 2–7. *Die Konstanten a und b in Gl. (2–112)*

Autor	a	b	Schrifttumshinweis
C. W. Oseen	3/16	1	Oseen: Neuere Methoden und Ergebnisse in der Hydrodynamik, Leipzig 1927
L. Schiller und A. Neumann	0,150	0,687	Z. VDI 77 (1933) H. 12 S. 318—320
H. Wadell	0,08	0,69897	Physics 5 (1934) S. 281—291
T. Widell	0,13	0,7	Z. VDI 80 (1936) H. 50 S. 1497/98 u. 81 (1937) H. 10 S. 308
W. Gumz (für $Re \leq 0,75$)	0,139	1	Feuerungstechn. 26 (1938) H. 8 S. 253 bis 255, nach Versuchen von W. Möller: Phys. Z. 49 (1938) H. 2 S. 57—80

---

[1] McNown, J. S., H. M. Lee, M. B. McPherson u. S. M. Engez: Influence of boundary proximity on the drag of spheres. Proc. VII. Internat. Congr. for Applied Mechanics 1948, Bd. 2 Tl. 1 S. 17—29.

[2] Frössling, N.: Über die konstante Fallgeschwindigkeit von Kugeln. Gerlands Beitr. Geophys. 51 (1937) H. 2/3 S. 167—173.

[3] Schmidt, W.: Eine unmittelbare Bestimmung der Fallgeschwindigkeit von Regentropfen. Sitzungsber. Akad. Wiss. Wien 118 (1909) S. 71—84.

$$\frac{1}{w_s} = \frac{1}{w_{St}} + \frac{1}{w_N} . \qquad (2\text{-}113)$$

Für den Gesamtbereich bis $Re = 2500$ läßt sich die Schwebegeschwindigkeit durch die folgenden drei Gleichungen ausdrücken[1], wobei nachstehende Widerstandsbeiwerte in die Berechnung eingeführt worden sind:

Für w_{St} $C = 24/Re$, für w_N $C = 0,08741 \sqrt{Re}$ $(Re < 8)$, $C = 0,3$ $(Re < 300)$ und $C = 0,28$ $(Re < 2500)$.

Für den Bereich $0,6 < Re < 8$

$$\frac{1}{w_s} = 1,8355 \frac{\varrho}{\varrho_K - \varrho} \frac{v}{d^2} + 0,1349 \sqrt[5]{\left(\frac{\varrho}{\varrho_K - \varrho}\right)^2 \frac{1}{v\,d}} , \qquad (2\text{-}114)$$

für den Bereich $8 < Re < 300$

$$\frac{1}{w_s} = 1,8355 \frac{\varrho}{\varrho_K - \varrho} \frac{v}{d^2} + 0,1514 \sqrt{\frac{\varrho}{\varrho_K - \varrho} \frac{1}{d}} \qquad (2\text{-}115)$$

und für den Bereich $300 < Re < 2500$

$$\frac{1}{w_s} = 1,8355 \frac{\varrho}{\varrho_K - \varrho} \frac{v}{d^2} + 0,1463 \sqrt{\frac{\varrho}{\varrho_K - \varrho} \frac{1}{d}} . \qquad (2\text{-}116)$$

Darin ist ϱ [kg/m³] die Dichte des Traggases, ϱ_K diejenige des festen, kugelförmigen Teilchens (seine Rohdichte), d [m] der Kugeldurchmesser und v [m²/s] die kinematische Zähigkeit. Abb. 2–11 gibt die errechnete Schwebegeschwindigkeit von Kugeln der Rohdichte $\varrho_K = 1000$ kg/m³ in Rauchgasen (oder Luft) wieder. Für Stoffe von anderer Rohdichte ist die Schwebegeschwindigkeit in erster Annäherung direkt proportional der Rohdichte. Die Kugelgestalt tritt in der Feuerungstechnik häufig mit großer Annäherung auf, so in den Tropfen zerstäubten Öles, in den „Cenosphären" (Hohlkugeln) von Kohlenstaub mit gewisser Back- und Treibfähigkeit und vielfach in der Flugschlacke der Kohlenstaubfeuerungen.

Wie BASSOW und POPOW[2] festgestellt haben, bleibt der Widerstandskoeffizient brennender Teilchen gegenüber gleich großen nicht brennenden Teilchen unverändert. Die Versuche wurden an Kohlenstoffteilchen von 2,4 bis 4,5 mm Durchmesser bei Oberflächentemperaturen von 900 bis 1250 °C vorgenommen.

Für andere Körperformen geben PETTYJOHN und CHRISTIANSEN[3] folgende Formfaktoren als Funktion der Sphärizität ψ an:

---

[1] GUMZ, W.: Theorie und Berechnung der Kohlenstaubfeuerungen, Berlin: Springer 1939, S. 253—255. — Feuerungstechn. 26 (1938) H. 8.

[2] BASSOW, W. N., u. W. A. POPOW: Über den Widerstandskoeffizienten bei der Bewegung brennender Teilchen (russ.). Nachr. Akad. Wiss. UdSSR, Abt. Techn. Wiss., 1958, Nr. 8 S. 12—14,— s. a. Verfahrenstechn. Ber., 1958, Nr. 1462 S. 2302.   [3] Siehe Fußn. 1 S. 59.

Für den STOKESschen Bereich

$$f_w = 0{,}843 \log \frac{\psi}{0{,}065},\qquad\qquad (2\text{--}117)$$

für den NEWTON-Bereich (bzw. $2000 < Re < 200\,000$)

$$f_C = 12{,}35 - 11{,}35\,\psi,\qquad\qquad (2\text{--}118)$$

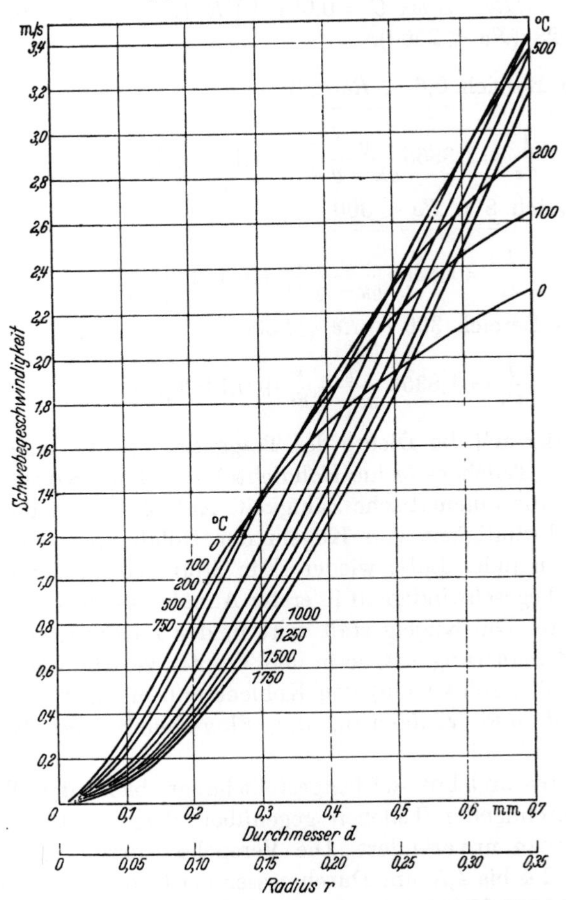

Abb. 2-11. Schwebegeschwindigkeit von Kugeln, $\varrho_K = 1000 \text{ kg/m}^3$, in Rauchgas in Abhängigkeit vom Durchmesser (Radius) und der Temperatur

was sich aus Gl. (2–105) ergibt, wenn $C_{\text{Kugel}} = 0{,}43$ gesetzt wird. Damit ergeben sich für die in Gl. (2–114) bis (2–116) betrachteten Bereiche

$$\text{für } 0{,}6 < Re < 8 \qquad C_N = (1{,}0795 - 0{,}9921\,\psi)\,\sqrt[]{Re} \qquad (2\text{--}119)$$

$$\text{für } 8 \;\; < Re < 300 \qquad C_N = 3{,}70 - 3{,}40\,\psi \qquad\qquad (2\text{--}120)$$

$$\text{für } 300 < Re < 2500 \qquad C_N = 3{,}46 - 3{,}18\,\psi \qquad\qquad (2\text{--}121)$$

und daraus die Schwebegeschwindigkeit nicht-sphärischer Körper im STOKESschen Bereich $(Re < 1)$

$$w_s = 0,459 \log \frac{\psi}{0,065} \frac{\varrho_K - \varrho}{\varrho} \frac{d^2}{v} \quad [\text{m/s}], \tag{2-122}$$

für den Bereich $0,6 < Re < 8$

$$\frac{1}{w_s} = \frac{2,177}{\log \dfrac{\psi}{0,065}} \frac{\varrho}{\varrho_K - \varrho} \frac{v}{d^2} +$$

$$+ \sqrt[5]{(0,08253 - 0,07585\,\psi)^2 \left(\frac{\varrho}{\varrho_K - \varrho}\right)^2 \frac{1}{v\,d}} \quad [\text{m/s}], \tag{2-123}$$

für den Bereich $8 < Re < 300$

$$\frac{1}{w_s} = \frac{2,177}{\log \dfrac{\psi}{0,065}} \frac{\varrho}{\varrho_K - \varrho} \frac{v}{d^2} +$$

$$+ \sqrt{(0,2829 - 0,260\,\psi) \frac{\varrho}{\varrho_K - \varrho} \frac{1}{d}} \quad [\text{m/s}], \tag{2-124}$$

für den Bereich $300 < Re < 2500$

$$\frac{1}{w_s} = \frac{2.177}{\log \dfrac{\psi}{0,065}} \frac{\varrho}{\varrho_K - \varrho} \frac{v}{d^2} +$$

$$+ \sqrt{(0,2645 - 0,2431\,\psi) \frac{\varrho}{\varrho_K - \varrho} \frac{1}{d}} \quad [\text{m s}]. \tag{2-125}$$

Zahlentafel 2-8

Formfaktoren und Widerstandsbeiwerte geometrisch einfacher Körper
(nach PETTYJOHN und CHRISTIANSEN)*

Form	Sphärizität ψ	Widerstandsbeiwert C	
		gemessen	nach Gl. (2-114)
Kugel	1,000	0,43	0,43
Würfel-Oktaeder	0,906	0,87	0,89
Regulärer Oktaeder . . .	0,846	1,18	1,18
Würfel	0,806	1,38	1,38
Tetraeder	0,670	2,05	2,04

* Siehe Fußn. 1 S. 59.

Aus Zahlentafel 2-8 ist die Sphärizität ψ einiger von PETTYJOHN und CHRISTIANSEN zur Untersuchung benutzter Körper sowie ein Vergleich der Widerstandsbeiwerte zu entnehmen.

Mit $\psi = 1$ gehen die Gl. (2-122), (2-123), (2-124), (2-125) in die Gl. (2-107), (2-114), (2-115), (2-116) für die Kugel über.

Neuere Versuchsergebnisse von PETERS und SCHMELING[1] können

---

[1] PETERS, W., u. G. SCHMELING: Fallgeschwindigkeit von unregelmäßig geformten Staubkörnern. Gesamm. Ber. aus Betrieb und Forsch. der Ruhrgas A.-G., H. 6 (1956) S. 55—58.

dazu benutzt werden, rückwärts den Sphärizitätsfaktor unregelmäßiger Teilchen zu bestimmen. Das Ergebnis ist in Zahlentafel 2–9 und in Abb. 2–12 dargestellt. Bei den Versuchen mit Quarzsand ist, wie die Abbildung zeigt, im Bereich der Korndurchmesser von 0,075 bis 0,12 mm mit abnehmender Korngröße eine zunehmende Annäherung an die

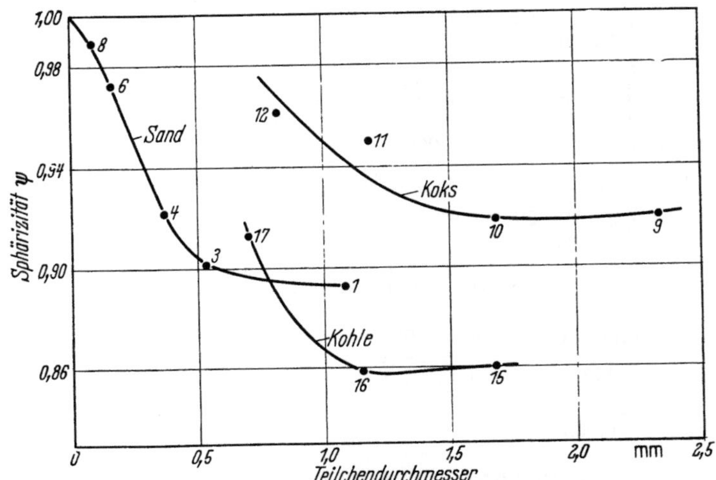

Abb. 2–12. Sphärizitätsfaktoren ψ (vgl. Zahlentafel 2–9)

Kugelgestalt festzustellen. Bei gröberen Teilchen allerdings scheint sich ein konstanter ψ-Wert auszunivellieren, eine Tendenz, die auch bei Koks und Kohle bemerkbar ist. Bei Koks ist die Abhängigkeit der Sphärizität vom Korndurchmesser in dem gemessenen Bereich weniger ausgesprochen. Bei Kohle liegen vielleicht noch zu wenig Versuchswerte

Zahlentafel 2–9. *Auswertung der Sphärizitätsfaktoren (ψ) aus den Versuchen von* PETERS *und* SCHMELING

| | Quarzsand | | | Koks | | | Kohle | |
Nr.	d (mm)	ψ	Nr.	d (mm)	ψ	Nr.	d (mm)	ψ
1	1,070	0,893	9	2,330	0,920	15	1,675	0,860
3	0,528	0,904	10	1,680	0,918	16	1,142	0,858
4	0,367	0,921	11	1,168	0,950	17	0,698	0,913
6	0,152	0,973	12	0,712	0,962			
8	0,081	0,989						

vor, um eine verläßliche Schlußfolgerung zu ziehen. Im Bereich größerer Durchmesser ist die Rundheit beim Koks am größten, bei Kohle erwartungsgemäß am geringsten. Die ermittelten Werte sind in Zahlentafel 2–9 zusammengestellt.

Die Wirbelschicht

Zwischen der ruhenden Schüttung und dem im Schwebezustand befindlichen Einzelteilchen (im unendlichen Medium) bzw. der von einem Trägergas getragenen Staubwolke liegt das technisch so vielseitig angewendete Gebiet der aufgewirbelten Schüttung, der sogenannten „Wirbelschicht"[1].

Anwendungsgebiete der Wirbelschicht- oder Fließbett-Technik in der Brennstofftechnologie und in der chemischen Technik sind die Aktivkohleherstellung, die Schwelung und Verkokung, die Vergasung (WINKLER-Generator[2]), die katalytische Krackung[3], die Kohlenwasserstoffsynthese in fluidisierter Katalysatorschicht (Hydrocol-Verfahren[4]) und viele andere chemische Verfahren, ferner die Trocknung, die Verbrennung (Wirbelschichtfeuerungen[5]), die Pyritröstung[6], die Erzreduktion[7,8] und schließlich der Wärmeaustausch schlechthin. Eine verwandte Technik, das stoßweise Aufwirbeln, wird in den Setzmaschinen der Kohle- und Erzaufbereitung angewandt.

Die Vorteile der Wirbelschichttechnik beruhen auf den besonderen physikalischen Eigenschaften der *Wirbelschicht*[9] und liegen in (1.) der

---

[1] Im anglo-amerikanischen Schrifttum als „fluidized bed" bezeichnet und folgendermaßen definiert: „Eine Masse fester Teilchen, welche eine flüssigkeitsartige Beweglichkeitscharakteristik, einen hydrostatischen Druck und eine beobachtbare freie Oberfläche oder Begrenzung aufweist, in welcher eine deutliche Änderung in der Konzentration der festen Teilchen auftritt." Siehe „Fluidization Nomenclature and Symbols". Industr. Engng. Chem. 41 (1949) H. 6 S. 1249/50; zur deutschen Nomenklatur s. E. WICKE u. W. BRÖTZ: Chemie-Ing.-Techn. 24 (1952) H. 2 S. 58/59.

[2] Vgl. S. 665.   [3] Vgl. S. 276.   [4] Vgl. S. 280.   [5] Vgl. S. 587.

[6] JOHANNSEN, A., u. W. DANZ: Über das Wirbelschichtröstverfahren der BASF. Chemie-Ing.-Techn. 29 (1957) Nr. 9 S. 563—572, — vgl. auch Chemie-Ing.-Techn. 24 (1952) Nr. 2 S. 104—109.

[7] SQUIRES, A. M., u. C. A. JOHNSON: The H-Iron Process. J. Metals, 1957, April S. 586—590.

[8] WILLEMS, J.: Verfahren zur Gewinnung von Eisen außerhalb des Hochofens. Stahl u. Eisen 79 (1959) H. 2 S. 74—80.

[9] Zusammenfassende Darstellungen über die Eigenschaften der Wirbelschicht und ihre Anwendungen: NONNENMACHER, H.: „Staubfließverfahren", in ULLMANNS Encyklopädie der technischen Chemie, 3. Aufl. (Hrsg. WILH. FOERST), 1. Bd. (Mithrsg. E. WICKE u. E. RÖMER), München u. Berlin 1951: Urban & Schwarzenberg, S. 916—933. — ZENZ, F. A.: „Fluidization", in Encyclopedia of Chemical Technology (Hrsg. R. E. KIRK u. D. F. OTHMER), I. Suppl. Vol., New York: Interscience Encyclopedia 1957, S. 365—401. — BRÖTZ, W.: „Wirbelschichtverfahren", in „Fortschritte der Verfahrenstechnik", Bd. 1, 1952/53 S. 67 bis 74; — KRAUS, W.: (Hrsg. H. MIESSEN u. U. GRIGULL), Bd. 2, 1954/55, S. 44 bis 53, Weinheim: Verlag Chemie 1954 u. 1956. — REBOUX P.: Phénomènes de Fluidisation. Documentation Générale. Association Française de Fluidisation, Paris 1954. — OTHMER, D. F.: (Hrsg.) Fluidization, New York u. London: Reinhold Publishing Corp. u. Chapman & Hall 1956.

Möglichkeit, Reaktionswärmen schnell abzuführen und Temperaturen weitgehend auszugleichen und konstant zu halten, (2.) in der Erzielung höherer Wärmeübergangszahlen, (3.) in der großen Wärmekapazität der Wirbelschicht, die hauptsächlich in dem Feststoff steckt, (4.) in der großen Oberfläche des Feststoffes, so daß sich aus dem Zusammenwirken großer Reaktionsoberflächen und durchschnittlich langer Verweilzeiten der Teilchen hohe Reaktionsleistungen ergeben, (5.) in der Einfachheit der Apparaturen und ihrer hohen Einheitsleistung und (6.) in der Möglichkeit, festes Material wie eine Flüssigkeit zu fördern und damit früher nur satzweise mögliche Prozesse kontinuierlich zu gestalten.

Als gewisse verfahrenstechnische Nachteile müssen in Kauf genommen werden (1.) die Unmöglichkeit einer Gegenstromführung, (2.) die uneinheitliche Verweilzeit individueller Teilchen bei kontinuierlicher Zu- und Abfuhr, (3.) die geringere Feststoffkonzentration (verglichen mit dem Festbett), (4.) die Begrenzung der Geschwindigkeiten und Gasdurchsatzmengen nach oben und nach unten, (5.) das Auftreten unvermeidlicher Feinststaubverluste, (6.) ein hoher Druckaufwand und (7.) mögliche Erosionsgefahren.

In der Betrachtung einer Wirbelschicht kann man sich ihrem Strömungszustand von zwei Seiten nähern, vom schwebenden Einzelkorn im unendlichen Medium (d. h. ungestört von Nachbarteilchen oder von der Wand) oder von der ruhenden Schüttung. Im ersten Fall tritt, wenn die Anzahl der Einzelteilchen vermehrt wird, eine zunehmende Gelegenheit zu Zusammenstößen und eine gegenseitige Behinderung auf, die schließlich in eine scheinbar regellose Teilchenbewegung (nach Art der Molekülbewegung) übergeht. Eine gewisse Regelmäßigkeit der Strömung besteht in Wirbelschichten von begrenztem Durchmesser, aber doch insofern, als vorzugsweise in der Mitte eine Aufwärtsbewegung und längs der Wandung eine Abwärtsbewegung stattfindet, wahrscheinlich hervorgerufen durch Gasblasenbildung. Ihrer Erscheinungsweise nach unterscheidet man „homogene Wirbelschichten"[1] und „inhomogene Wirbelschichten"[2], das sind solche, die durch feststoff-freie Gasblasen durchperlt werden, die bei dichter Aufeinanderfolge zu einem Durchbruch (Kanalbildung[3]) führen können.

In engen Gefäßen kann der Fall eintreten, daß eine Gas- (oder Flüssigkeits-)Blase den Querschnitt ganz ausfüllt und Teile des aufgewirbelten Gutes wie einen Pfropfen vor sich hertreibt. Man spricht dann von einer „stoßenden Wirbelschicht"[4]. Diese Inhomogenitäten stören die Aufstellung allgemeiner strömungstechnischer Beziehungen, die meist nur für homogene Wirbelschichten gelten. Sie beeinträchtigen

---

[1] Englisch: Particulate fluidization.
[2] Englisch: Aggregative fluidization.   [3] Englisch: Channeling.   [4] Englisch: Slugging.

selbstverständlich auch die Leistung und werden daher konstruktiv
möglichst bekämpft (so durch die Rostausbildung und andere Maßnahmen zur Strömungsvergleichmäßigung).

Von einem Festbett (einer ruhenden Schüttung) ausgehend, lassen
sich folgende Phasen in der Bildung einer Wirbelschicht beobachten
(s. Abb. 2–13)[1–6]:

Solange die Gasbewegung keine Bewegung fester Teilchen hervorruft, steigt der Strömungswiderstand mit zunehmender Geschwindigkeit
nach einem Exponentialgesetz an (Kurvenast $A–B$ in Abb. 2–13). Bei
dem Grenzwert B beginnt die Schüttung instabil zu werden, das Bett
expandiert und die Teilchen lagern sich derart um, daß der Strömung
ein möglichst geringer Widerstand entgegengesetzt wird. Bei Punkt C
ist die lockerste Schüttung er-
reicht, die Teilchen verlieren jetzt
den unmittelbaren Kontakt miteinander, der sogenannte „Wirbelpunkt" ist erreicht, und bei D
ist die Masse vollständig in Bewegung, also fluidisiert. Der Verlauf $D–E$ entspricht jetzt der
vollkommenen Wirbelschicht, der
Druckabfall bleibt auch bei
weiterer Steigerung der Ge-

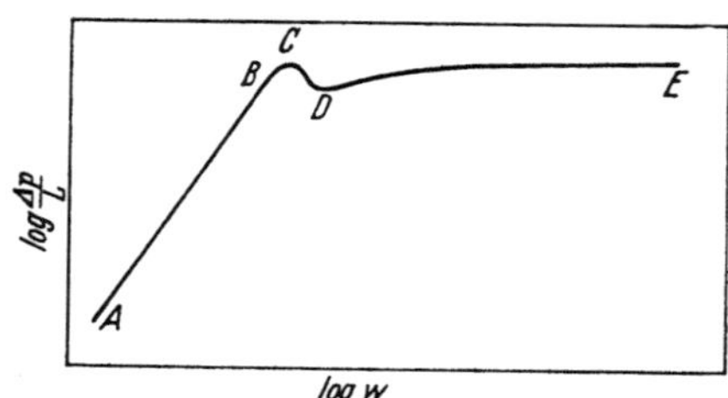

Abb. 2–13. Widerstand eines fluidisierten Brennstoffbettes; $\log \Delta p/L = f(\log w)$

schwindigkeit — von den Wandreibungsverlusten abgesehen — praktisch konstant, das Gas schafft sich die notwendigen Strömungsquer-
schnitte, indem es einfach das Lückenvolumen (ε, dimensionslos)
zwischen den Teilchen vergrößert. Der Widerstand (je Längen- bzw.
Höheneinheit) ist

$$\frac{\Delta p}{L} = (1 - \varepsilon)\,(\varrho_K - \varrho)\,g \quad [\text{kg/m}^2\,\text{s}^2] \tag{2–126}$$

---

[1] Vgl. Fußn. 9 S. 65.

[2] WILHELM, R. H., u. M. KWAUK: Fluidization of solid particles. Chem. Eng.
Progr. 44 (1948) Nr. 3 S. 201—208.

[3] MATHESON, G. L., W. A. HERBST u. P. H. HOLT: Characteristics of fluid-
solid systems. Industr. Engng. Chem. 41 (1949) Nr. 6 S. 1099—1104, sowie weitere
Aufsätze in diesem Symposium „Dynamics of fluid-solid system", S. 1099—1250.

[4] LEVA, M., M. WEINTRAUB, M. GRUMMER, M. POLLCHIK u. H. H. STORCH:
Fluid flow through packed and fluidized systems. Bureau of Mines Bull. 504,
Washington 1951.

[5] BRÖTZ, W.: Grundlagen der Wirbelschichtverfahren. Chemie-Ing.-Techn. 24
1952) Nr. 2 S. 60—81.

[6] WICKE, E., u. K. HEDDEN: Strömungsformen und Wärmeübertragung in
von Luft aufgewirbelten Schüttgutschichten. Chemie-Ing.-Techn. 24 (1952) Nr. 2
S. 82—91, s. auch weitere Aufsätze in diesem Sonderheft „Wirbelschichtverfahren
in der chemischen Technik".

oder im technischen Maßsystem

$$\frac{\Delta p}{L} = (1 - \varepsilon)(\gamma_K - \gamma) \quad [\mathrm{kp/m^3}], \tag{2-126a}$$

also gleich dem Feststoffvolumen $(1 - \varepsilon)$ mal dem Wichteunterschied zwischen Feststoff und Traggas. Durch Druckverlustmessung zwischen zwei Punkten in der Höhe H_1 und H_2 vom Abstand L [m] kann also nach Gl. (2-126) die Bettdichte δ [kg/m³] bzw. das Lückenvolumen bestimmt werden[1].

Bettdichte, Lückenvolumen und Mischungsverhältnis μ [Feststoffmenge $(1 - \varepsilon)\,\varrho_K$ zu Traggasmenge $\varepsilon \cdot \varrho$] sind durch die Beziehung

$$(1 - \varepsilon) = \frac{\delta}{\varrho_K} = \frac{\mu\,\dfrac{\varrho}{\varrho_K}}{1 + \mu\,\dfrac{\varrho}{\varrho_K}} \tag{2-127}$$

miteinander verknüpft.

Eine wichtige Kenngröße ist die Geschwindigkeit am Wirbelpunkt, also die zur Erzielung einer Wirbelschicht notwendige Mindestgeschwindigkeit bzw. Mindestmenge. Eine rohe Abschätzung ermöglicht die empirische Gleichung

$$G_{\min} = 900\,(d\gamma_s)^{1,23} \quad [\mathrm{kg/m^2\,h}] \tag{2-128}$$

nach BAERG, KLASSEN und GISHLER[2]. Darin ist d der Teilchendurchmesser [mm], γ_s das Schüttgewicht im Ruhezustand [kg/ltr]. Durch Division durch die Massendichte mal 3600 erhält man die Geschwindigkeit in m/s.

Nach LEVA und Mitarbeitern[3] ist die Gasgeschwindigkeit, bezogen auf den leeren Strömungsquerschnitt,

$$V_0 = 0.005\,\frac{\varphi^2 d^2}{\mu}\,g\,\gamma\,(\gamma_s - \gamma)\,\frac{\varepsilon^3}{1 - \varepsilon}, \tag{2-129}$$

sie hängt also ab vom Formfaktor φ, dem Teilchendurchmesser d, dem spezifischen Gewicht des Traggases (γ) und des Feststoffes (γ_s) und vom Lückenvolumen ε. Ist das Lückenvolumen am Wirbelpunkt $\varepsilon_{\min}$ bekannt, so kann danach auch die Fluidisierungsgeschwindigkeit berechnet werden[4]. Für Gase als Tragflüssigkeit kann man nach LEVA die Formel vereinfachen in

$$G_{\min} = C \cdot d^2 \cdot g\,\gamma_s\,\frac{\gamma}{\mu} \tag{2-130}$$

---

[1] WILHELM u. KWAUK (s. Fußn. 2 S. 67) bestätigen Gl. (2-126) durch Messung an verschiedenen Körpern vom spezifischen Gewicht 1 bis 10 kg/dm³ in Wasser und Luft als Tragmittel.

[2] BAERG, A., J. KLASSEN u. P. E. GISHLER: Heat transfer in a fluidized solids bed. Can. J. of Research 28 Sect. F Nr. 8 S. 287—307.

[3] Siehe Fußn. 4 S. 67.

[4] Für einen gegebenen Feststoff bestimmt man ε bzw. $\varepsilon_{\min}$ am besten durch einen Versuch aus einer Druckverlustmessung nach Gl. (2-126).

bzw.

$$V_{\min} = C\,d^2 g\,\frac{\gamma_s}{\mu}\,, \qquad (2\text{–}131)$$

wobei C der Abb. 2–14 (79 bei Leva) entnommen wird.

Eine Reihe weiterer Vorschläge findet man im Schrifttum angegeben[1,2,3]. Aus den Arbeiten von Brötz und Lewis leiten Jangg und Häusler[4] eine einfache Beziehung zwischen der Gasgeschwindigkeit w, der Schwebegeschwindigkeit des Einzelteilchens w_s und dem Lückenvolumen ε in einer Wirbelschicht ab. Es ist

$$w/w_s = \varepsilon^z, \qquad (2\text{–}132)$$

wobei z für Teilchen $> 0{,}14$ mm zu 4,3 eingesetzt wird. Das Lückenvolumen ist dann

$$\varepsilon = \sqrt[4,3]{w/w_s}. \qquad (2\text{–}133)$$

Der Strömungswiderstand von Wirbelschichten gehorcht den gleichen Gesetzen wie derjenige ruhender Schichten, wobei jedoch auf die veränderte Größe des Lückenvolumens zu achten ist. Da sich der Widerstand nicht mehr ändert, kann er am Wirbelpunkt bestimmt werden.

Zur überschlägigen Orientierung dient Abb. 2–15. Wenn z. B.

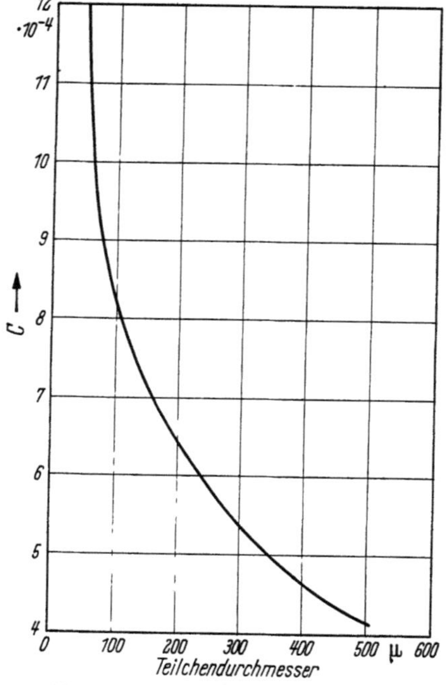

Abb. 2–14. Konstante C der Gl. (2–130) (nach Leva)

eine Braunkohle von mittlerem Korndurchmesser von 2 mm und einem Schüttgewicht (im Ruhezustand) von 630 kg/m³ in einem Winkler-Generator bei einer Schichttemperatur von im Mittel 875 °C vergast werden soll, so ist eine Querschnittsbelastung von 1180 kg/m²h und bei

---

[1] Brötz, W.: Grundlagen der Wirbelschichtverfahren. Chemie-Ing.-Techn. 24 (1952) Nr. 2 S. 60—81.

[2] Lewis, E., u. E. W. Bowerman: Fluidization of solid particles in liquids. Chem. Eng. Progr. 48 (1952) H. 12 S. 603—610.

[3] van Heerden, C., A. P. P. Nobel u. D. W. van Krevelen: Studies on fluidization. I, — The critical mass velocity. Chem. Engng. Sci. 1 (1951) Nr. 1 S. 37—49.

[4] Jangg, G., u. W. Häusler: Die Beziehung zwischen Feststoffdichte und Strömungsgeschwindigkeit in Wirbelschichten. Österr. Chem.-Ztg. 57 (1956) Nr. 15/16 S. 213—216.

$$T = 875 + 273 = 1148\ {}^\circ\mathrm{K}, \quad \gamma_0 = 0{,}9, \quad \gamma_T = 0{,}9 \cdot \frac{1148}{273} = 0{,}214 \quad \text{eine}$$

Geschwindigkeit von mindestens $\dfrac{1180}{0{,}214 \cdot 3600} = 1{,}53$ m/s notwendig, der Mindestdruck ist nach Abb. 2–14 (oben) 560 mm WS/m Schichthöhe (ruhend). Die wirklich angewendete Geschwindigkeit liegt meist bei 2 bis 3,4 m/s (auf den wirklichen Gaszustand bezogen), der Schicht-

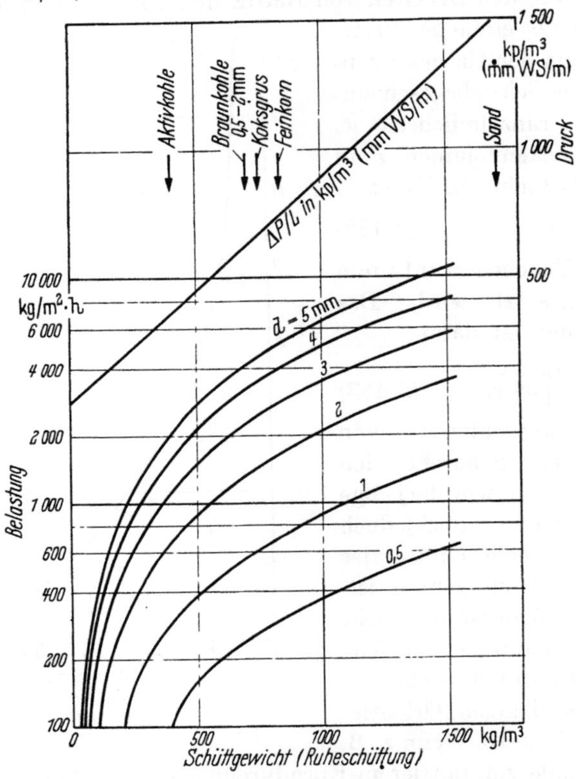

Abb. 2–15. Massenfluß und Druckbedarf in Wirbelschichten

widerstand wächst dadurch nicht, wohl dehnt sich das Bett entsprechend weit aus. Über Wärmeübergangszahlen in Wirbelschichten vgl. S. 122.

Bewegung fester Teilchen in strömenden Flüssigkeiten und Gasen

Technisch wichtige Anwendungen der Schwebe- und Bewegungsvorgänge fester Teilchen in Flüssigkeiten und Gasen sind die Förderung durch Spülen, die pneumatische Förderung und die Vorgänge in Wirbelkammern und Staubabscheidern. Die Bewegung von Sand und Schlamm in Flußbetten ist Gegenstand zahlreicher Untersuchungen gewesen[1];

---

[1] Zusammenstellung z. B. bei DALLA VALLE: s. Fußn. 2 S. 10, dort S. 365 bis 384.

über die Förderung von Sand, Asche, Kohlenschlämme u. dgl. in offenen
Gerinnen oder in Rohrleitungen liegen nur wenige, auf bestimmte
Arbeitsbedingungen zugeschnittene Versuche vor. Nach WILHELM und
Mitarbeitern[1] ist

$$\frac{\Delta p}{L} = k\,\frac{w^{0,2}}{D}, \qquad (2\text{-}134)$$

darin ist k ein von der Charakteristik des Feststoffs und der Konzentration abhängiger Faktor, w die Wassergeschwindigkeit und D der
Rohrdurchmesser.

COLDWELL und BABBIT[2] fassen die Strömung von Suspensionen
unterhalb der kritischen Geschwindigkeit als „plastische Strömung"
auf, wobei

$$\frac{\Delta p}{l} = 32\left(\frac{\tau}{6\,d} + \frac{\eta\,w}{d^2}\right) \qquad (2\text{-}135)$$

wird. Neben der Zähigkeit oder Steifheit der Suspension (η) wird noch
der Begriff der Schubkraft (τ) am „Nachgebepunkt" des plastischen
Stoffes eingeführt. η und τ können durch eine einfache Messung mit
dem — auf dem Prinzip des in einem ringförmigen Behälter rotierenden
Bechers beruhenden — Stormer-Viskosimeter bestimmt werden.

Kohle-Öl-Suspensionen haben GRADISHAR, FAITH und HEDRIK[3]
untersucht.

Die Grundlagen der pneumatischen Förderung[4-11] sind in Theorie

<hr>

[1] WILHELM, R. H., D. W. WRAUGHTON u. W. F. LOEFFEL: Flow of suspensions
through pipes. Industr. Engng. Chem. 31 (1939) Nr. 5 S. 622—629.

[2] COLDWELL, D. J., u. H. E. BABBIT: Flow of muds, sludges, and suspensions
in circular pipes. Industr. Engng. Chem. 33 (1941) Nr. 2 S. 249—256.

[3] GRADISHAR, F. J., W. L. FAITH u. J. E. HEDRICK: Laminar flow of oil-
coal suspensions. Trans. Amer. Inst. Chem. Engrs. 39 (1943) S. 201—222.

[4] GASTERSTÄDT, J.: Die experimentelle Untersuchung des pneumatischen
Fördervorganges. Forsch.-Arb. Ing.-Wes. H. 265, Berlin 1924, — Z. VDI 68 (1924)
H. 24 S. 617—624.

[5] CRAMP, W., u. A. PRIESTLEY: Pneumatic grain elevators. Engineer, Lond. 137
(1924) S. 34—36.

[6] CRAMP, W.: Pneumatic transport plants. Chem. Ind. 44 (1925) S. 207T
bis 213T.

[7] WOOD, S. A., u. A. BAILEY: The horizontal carriage of granular material by
an air injector driven air stream. Proc. Instn. mech. Engrs., Lond. 142 (1939)
S. 149—173.

[8] ERK, S.: Förderung unhomogener Stoffe. In A. EUCKEN u. M. JAKOB:
Chem.-Ingenieur Bd. I Tl. 1, Leipzig: Akad. Verl. 1933, S. 137—146.

[9] BARTH, W.: Strömungsvorgänge beim Transport von Festteilchen und
Flüssigkeitsteilchen in Gasen mit besonderer Berücksichtigung der Vorgänge bei
pneumatischer Förderung. Chemie-Ing.-Techn. 30 (1958) Nr. 3 S. 171—180, —
Chemie-Ing.-Technik 26 (1954) Nr. 1 S. 29—34, — Fortschritte der Verfahrenstechnik 1952/53, Weinheim: Chemie-Verlag 1954, S. 63—66.

[10] HESSE, H.: Strömung in Blasleitungen. Ing.-Arch. 24 (1956) Nr. 5 S. 299
bis 307.

[11] MUSCHELKNAUTZ, E.: Theoretische und experimentelle Untersuchungen über
die Druckverluste pneumatischer Förderleitungen unter besonderer Berücksichtigung des Einflusses von Gutreibung und Gutgewicht. VDI-Forsch.-Heft 476 (1959).

und durch experimentelle Untersuchungen erarbeitet worden, aber noch nicht völlig frei von empirischen Beiwerten. Widerstand (Druckbedarf) und Beladung (Gutmenge zu Fördermenge) hängen von einer Reihe von Faktoren ab, so vor allem von der Schwebegeschwindigkeit des zu fördernden Kornes, der Schwebegeschwindigkeit der Gutwolke, die infolge der gegenseitigen Beeinflussung der Teilchen nicht mit der des Einzelkornes identisch ist, die aber als Schwebegeschwindigkeit eines äquivalenten Kornes dargestellt werden kann, von den zusätzlichen Energieverlusten der Teilchen, die zunächst (meist vom Wert Null) beschleunigt werden müssen, von der Reibung der Teilchen an der Wand und untereinander. Die Förderung des festen Stoffes verursacht ohne die erstmalige Beschleunigung des Fördergutes, $(1 + \mu)\,\dfrac{\gamma_L\,w_L^2}{2g}$, und ohne die Hubarbeit $(1 + \mu)\,\gamma_L\,H$, in senkrechten Leitungen, einen relativen Druckverlust π (Verhältnis des Druckverlustes von reiner Luft zu demjenigen der beladenen Luft)[1] von

$$\pi = 1 + a\,\mu, \tag{2-136}$$

μ ist das Mischungsverhältnis (Gewicht des Fördergutes zu demjenigen des Fördermittels), a ist ein von der Geschwindigkeit der Trägerluft abhängiger Faktor, der nach GASTERSTÄDT bei Getreide 0,32 bis 0,40, im Mittel 0,36 beträgt. Die Theorie wurde von BARTH weiter ausgebaut und mit ausgeführten Förderanlagen verglichen. Das Verhältnis der mittleren Gutgeschwindigkeit zur mittleren Luftgeschwindigkeit sinkt mit fallender Luftgeschwindigkeit und mit zunehmender Beladung. Die Beladung kann daher auch nicht beliebig hoch gesteigert werden, sondern erreicht eine Grenze, die sogenannte „Stopfgrenze". Sie hängt natürlich auch von der Gebläsecharakteristik ab. Bei sehr hoher Beladung und geringer Gutgeschwindigkeit nähert man sich der Pfropfenförderung (vgl. „Hyperflow" S. 16).

Bei senkrechten Leitungen ist die höchste Relativgeschwindigkeit gleich der Fallgeschwindigkeit, jedoch unter Berücksichtigung der Teilchenbehinderung, also der Fallgeschwindigkeit der Gutswolke, und damit konzentrationsabhängig.

In horizontalen Leitungen beträgt die Relativgeschwindigkeit nach den Versuchen GASTERSTÄDTS[2]

$$w_r = w_s(0{,}170 + 0{,}0121\,w_g), \tag{2-137}$$

w_r = Relativgeschwindigkeit zwischen Korn und Traggas, w_s = Schwebegeschwindigkeit, w_g = Traggasgeschwindigkeit.

---

[1] Siehe Fußn. 8 S. 71.
[2] Siehe Fußn. 4 S. 71.

Vogt und White[1] haben eine allgemeingültige Formel

$$\pi - 1 = A \left(\frac{D}{d}\right)^2 \left(\frac{\gamma}{\gamma_K} \frac{\mu}{Re}\right)^k \qquad (2\text{-}138)$$

aufgestellt, worin A und k empirische Funktionen darstellen, doch haben Belden und Kassel[2] in weiten Grenzen (1 : 20) keinen Einfluß von D/d (Rohr-/Teilchendurchmesser) feststellen können. Hariu und Molstad[3] geben einen Rechnungsansatz für senkrechte Leitungen.

Nach Sell[4] ist im Bereich der Gültigkeit des Stokesschen Gesetzes der Weg (s) bis zur Erreichung der Maximalgeschwindigkeit des Kornes (w_K), auch umgekehrt der „Bremsweg"

$$s = \frac{w_s\, w_K}{g} . \qquad (2\text{-}139)$$

Mit der Dynamik des Staubes bei gekrümmten Bahnen befassen sich neben Sell[4] auch die Arbeiten von Albrecht[5], Fahrenbach[6] und Madel[7]. Die Anwendung gekrümmter Bahnen gestattet eine Erhöhung der Relativgeschwindigkeit zwischen Traggas und Festkörper, folglich auch eine Erhöhung des Massenaustausches. Auf diesem Prinzip sind einige Kohlenstaubbrenner-Bauarten und Gaserzeuger aufgebaut[8,9].

Ein besonders wichtiges Anwendungsgebiet, bei dem von der Staubströmung auf gekrümmten Bahnen praktischer Gebrauch gemacht wird, stellt die Staubabscheidung im Zyklon dar. Zahlreiche Arbeiten befassen sich mit den Strömungsverhältnissen, dem Druckabfall, den

---

[1] Vogt, E. G., u. R. R. White: Friction in the flow of suspensions. Industr. Engng. Chem. 40 (1948) Nr. 9 S. 1731—1738.

[2] Belden, D. H., u. L. S. Kassel: Pressure drops. Encountered in conveying particles of large diameters in vertical transfer lines. Industr. Engng. Chem. 41 (1949) Nr. 6 S. 1174—1178.

[3] Hariu, O. H., u. M. C. Molstad: Pressure drop in vertical tubes in transport of solids by gases. Industr. Engng. Chem. 41 (1949) Nr. 6 S. 1148—1160.

[4] Sell, W.: Staubabscheidung an einfachen Körpern. VDI-Forsch.-Heft 347 (1931).

[5] Albrecht, F.: Theoretische Untersuchungen über die Ablagerung von Staub aus strömender Luft und ihre Anwendung auf die Theorie der Staubfilter. Phys. Z. 32 (1931) S. 48—56.

[6] Fahrenbach, W.: Die Dynamik des Staubes und ihr Einfluß auf die Staubgehaltsmessungen. Forsch. Ing.-Wes. 2 (1931) H. 11 S. 395—407.

[7] Madel, H.: Entstaubung mit Hilfe von Massenkräften. In A. Eucken u. M. Jakob: Chem.-Ingenieur Bd. I Tl. 2, Leipzig: Akad.-Verl. 1935, S. 325—366.

[8] Hurley, T. F.: Some factors affecting the design of a small combustion chamber for pulverized fuel. J. Inst. Fuel 4 (1931) S. 243—250.

[9] Vgl. S. 477 u. 587.

Abscheidungsgraden und der Formgebung und Berechnung von Zyklonen[1-11].

Der Zyklon besteht aus einem meist zylindrischen (oder konischen) Abscheideraum mit tangentialer Zuführung und einer Gasabführung durch ein Tauchrohr in der Zyklonachse. Über günstige oder übliche Abmessungen finden sich im Schrifttum zahlreiche, jedoch nicht einheitliche Vorschläge[12].

Der Abscheidegrad eines Zyklons hängt von einer Reihe von Faktoren ab, die man unter folgende vier Gruppen zusammenfassen kann:

1. Schwebecharakteristik des abzuscheidenden Festkörpers (Teilchendurchmesser und Größenverteilung, Rohwichte, Gestaltfaktor und Schwebegeschwindigkeit);

2. Trägercharakteristik des Traggases (spez. Gewicht, Temperatur, Druck);

---

[1] ROSIN, P., E. RAMMLER u. W. INTELMANN: Grundlagen und Grenzen der Zyklonentstaubung. Z. VDI 76 (1932) H. 18 S. 433—437.

[2] FEIFEL, E.: Zyklonentstaubung. Der Zyklon als Wirbelsenke. Forsch. Ing.-Wes. 9 (1938) Nr. 2 S. 68—81, — Zyklonentstaubung, die ideale Wirbelsenke und ihre Näherung. Forsch. Ing.-Wes. 10 (1939) Nr. 5 S. 212—218, — Über Zyklonentstaubung. Arch. Wärmewirtsch. 20 (1939) Nr. 1 S. 15—18.

[3] BELLENBERG, H.: Beitrag zur Berechnung des Entstaubungsgrades von Zyklonen. Gesamm. Ber. a. Betrieb u. Forsch. d. Ruhrgas A.-G. H. 3 (1953) S. 60 bis 63.

[4] BARTH, W. (Hrsg.): Probleme des Zyklonabscheiders. VDI-Tagungsheft 3, Düsseldorf: VDI-Verlag 1954 (mit Beiträgen von A. J. TER LINDEN, W. BARTH, G. WEIDNER, O. SCHIELE, H. V. D. KOLK, R. NAGEL, H. IHLEFELD und G. HAUSBERG).

[5] BARTH, W.: Berechnung und Auslegung von Zyklonabscheidern auf Grund neuerer Untersuchungen. BWK 8 (1956) Nr. 1 S. 1—9.

[6] WALTER, E.: Untersuchungen über den Strömungsverlauf in Zyklonen. Staub, H. 46 (1956) S. 466—480, — Fliehkraftentstauber. Staub, H. 38 (1954) S. 533—554.

[7] WEBER, H. E., u. J. H. KEENAN: Head loss through a cyclone dust separator or vortex chamber. J. appl. Mech. 24 (1957) Nr. 1 S. 16—21.

[8] DOBREFF, J., H. EFFENBERGER u. S. DAUBER: Zyklonentstauber. Energietechnik 4 (1954) Nr. 10 S. 433—437.

[9] RAMMLER, E., u. K. BREITLING: Vergleichende Untersuchungen an Fliehkraftentstaubern. Freiberger Forschungshefte A 56 (1957) S. 1—36.

[10] KALISKI, H.: Vergleich von Fliehkraftentstaubern. Freiberger Forschungshefte A 93 (1958) S. 78—100.

[11] SOLBACH, W.: Untersuchungen über den Abscheidevorgang in einem Axial-Zyklon. Diss. T.H. Aachen 1958, — Leistungsstand und Entwicklungsaussichten der Fliehkraftentstaubung. Wasser, Luft u. Betrieb 3 (1959) Nr. 1 S. 10—14.

[12] PARENT, J. D.: Efficiency of small cyclones (Aerotec) as a function of loading, temperature and pressure drop. Trans. Amer. Inst. chem. Engrs. 42 (1946) S. 986 is 999.

3. bauliche Charakteristik des Zyklons (Bahnkrümmung oder Durchmesser, Abmessung und Lage des Einlaß- und Auslaßquerschnittes, Höhe und andere Baumerkmale, wie Schälkanten, Anordnung usw.);

4. Betriebscharakteristik (Belastung, Eintrittsgeschwindigkeit, Staubkonzentration im Rohgas, Störungsfaktoren, wie Wiederaufwirblung bereits abgeschiedenen Staubes usw.).

Der Abscheidungsgrad ist um so größer, je größer die Schwebegeschwindigkeit, d. h. je größer der Korndurchmesser und die Rohwichte ist[1,2], er sinkt mit steigender Temperatur stärker, mit steigendem Druck schwächer ab. PARENT[3] stellte z. B. an einem 2″-Aerotec-Zyklon fest, daß der Abscheidungsgrad bei Flugasche von 93 bis 95% bei Zimmertemperatur etwa gradlinig auf 85% bei 600 °C abfällt; der Druckabfall betrug dabei 76 mm WS. Die Bahnkrümmung und somit der Gehäusedurchmesser ist das wichtigste bauliche Merkmal, da die Zentrifugalkräfte dem Produkt Geschwindigkeit mal Krümmungsradius proportional sind. Die Entwicklung ist daher zu immer kleineren Zyklondurchmessern fortgeschritten, die in entsprechend großer Zahl parallel geschaltet werden (Mehrfach-Zyklone, „Multiklone"[4], Wirbelsieb[5] u. a. m.). Mit steigender Eintrittsgeschwindigkeit steigen Abscheidungsgrad und Druckverlust[6], die Staubkonzentration[3,7], hat nur einen geringen Einfluß — leichter Anstieg des Abscheidungsgrades mit zunehmender Konzentration im Bereich bis 230 g/m³ —, doch tritt bei sehr hohen Konzentrationen und kleinen Zyklonabmessungen Verstopfungsgefahr auf.

Verbesserungsmöglichkeiten des Zyklons sieht BARTH[8] z. B. in der Verwendung konischer Tauchrohre, eines Teils der Strömungsenergie[9] durch Glättung der Wandungen und durch besondere Formgebung des Abscheideraumes. WALTER[10] plädiert für einen nach unten konisch

---

[1] ROSIN, P., E. RAMMLER u. W. INTELMANN: Grundlagen und Grenzen der Zyklonentstaubung. Z. VDI 76 (1932) H. 18 S. 433—437.

[2] FOLEY, R. B.: Terminal velocity as a measure of dust particle characteristics. Trans. Amer. Soc. mech. Engrs. 69 (1947) Nr. 2 S. 101—108.

[3] PARENT, J. D.: Efficiency of small cyclones (Aerotec) as a function of loading, temperature and pressure drop. Trans. Amer. Inst. chem. Engrs. 42 (1946) S. 986 bis 999.

[4] Name ges. geschützt.

[5] JARMUSKE, M.: Entwicklung und Stand der Feifel-Wirbelsieb-Entstaubungsanlagen. Arch. Wärmewirtsch. 25 (1944) H. 5/6 S. 81—86. — MUSIL, L.: Vereinheitlichung und technische Entwicklung im Bau von Wärmekraftwerken. Arch. Wärmewirtsch. 25 (1944) H. 5/6 S. 81—86.

[6] WHITON jr., L. C.: Performance characteristics of cyclone dust collectors. Chem. metall. Engng. 39 (1932) Nr. 3 S. 150/51.

[7] BRIGGS, L. W.: Effect of dust concentration on cyclone performance. Trans. Amer. Inst. chem. Engrs. 42 (1946) S. 511—525.

[8] Siehe Fußn. 4 S. 74.

[9] SCHIELE, O.: s. Fußn. 4 S. 74.   [10] Siehe Fußn. 6 S. 74.

erweiterten Schleuderraum, dessen Unterteil nicht mehr der Stofftrennung, sondern der Energieumsetzung und Gasumlenkung diene.

Auf die Fragen der sonstigen Entstaubungseinrichtungen[1] soll an dieser Stelle nicht näher eingegangen werden; vgl. dazu auch S. 607.

Für die Entwicklung der Entstaubungstechnik war die Ausbildung des Staubmeßwesens[2] eine wichtige Voraussetzung. Die besonderen Schwierigkeiten liegen in der Probenahme, da in Kesselzügen oder Rauchgaskanälen großer Abmessung sehr ungleiche Staubdichten auftreten (abgesehen von zeitlichen Schwankungen), die durch Strömungsvorgänge, so z. B. auch durch das Absaugen der Probe selbst, erheblich gestört und verändert werden können.

Definitionsgemäß ist der Entstaubungsgrad („Gesamtentstaubungsgrad") das Verhältnis des abgeschiedenen Staubgewichtes zum Staubgewicht im Rohgas. Zur Vereinfachung des Meßverfahrens ist der „Teilentstaubungsgrad" eingeführt worden, d. i. das abgeschiedene Staubgewicht oberhalb eines bestimmten Korndurchmessers zu dem im Rohgas vorhandenen Staubgewicht oberhalb des gleichen Korndurchmessers[3]. Als „Fraktionsentstaubungsgrad" (Stufenentstaubungsgrad) bezeichnet man das abgeschiedene Staubgewicht einer bestimmten, durch eine untere und eine obere Grenze festgelegten Fraktion zum Gewicht der gleichen Fraktion im Rohgas. Aus Fraktionsentstaubungsgrad und Körnungskennlinie des Staubes können Teil- und Gesamtentstaubungsgrad berechnet werden.

---

[1] MELDAU, R.: Handbuch der Staubtechnik, Bd. II Staubtechnologie, 2. Aufl., Düsseldorf: VDI-Verlag 1958, S. 160—236, 244—283.

[2] Fachausschuß für Staubtechnik im VDI, Praktische Ergebnisse auf dem Gebiete der Flugaschebeseitigung und Staubmessung, Berlin 1930, — Richtlinien für Leistungsversuche an Entstaubern, Berlin 1936, — Richtlinien für die Bestimmung der Zusammensetzung von Stauben nach Korngröße und Fallgeschwindigkeit, Berlin 1936. — ZIMMERMANN, E.: Z. VDI 75 (1931) H. 16 S. 481—486, — Feuerungstechn. 25 (1937) H. 4 S. 104—108. — ROSIN u. RAMMLER, Bericht D 69 des Reichskohlenrats, Berlin 1935, — Braunkohle 34 (1935) H. 30—32 S. 505 bis 513, 525—530, 542—546. — RAMMLER, E., u. K. BREITLING: Feuerungstechn. 25 (1937) H. 4 S. 97—104. — GONELL, H. W.: Arch. techn. Messen V 1286-1 (1933); V 1286-3 (1934). — GUTHMANN, K.: Arch. techn. Messen V 1286-6 (1935). — LÜTH, F., u. K. GUTHMANN: Arch. Eisenhüttenw. 7 (1933/34) H. 6 S. 343—351. — ENGEL, J.: Wärme 64 (1941) H. 29 u. 30 S. 277—282 u. 285—290. — GÖSELE, K.: Forsch. Ing.-Wes. 10 (1939) H. 5 S. 235—245. — DALLA VALLE: s. Fußn. 2 S. 10. — Vgl. auch S. 5—12. — RAMMLER, E., u. K. BREITLING: Chem. Techn. 9 (1957) Nr. 11 S. 636—645. — HAWKSLEY, P. G., S. BADZIOCH u. J. H. BLACKETT: J. Inst. Fuel 31 (1958) Nr. 207 S. 147—160. — GUTHMANN, K.: Stahl u. Eisen 79 (1959) Nr. 16 S. 1129—1141. — OLAF, J.: Staub 19 (1959) Nr. 6 S. 221—226. — BREITLING, K.: Staub 19 (1959) Nr. 3 S. 79/80. — WALTER, E.: Staub H. 46 (1956) S. 481—488.

[3] Der Gesamtentstaubungsgrad ist der Teilentstaubungsgrad mit der unteren Korngrenze Null.

Ausströmung aus Düsen

Strömt ein unter hohem Druck (p_1) stehendes, ideales Gas (Temperatur T_1, spez. Volumen v_1) durch eine Düse oder Mündung in einen Raum vom Druck p_2 aus, so ist seine Austrittsgeschwindigkeit

$$w = \sqrt{2\,\frac{\varkappa}{\varkappa-1}\,p_1 v_1\left[1-\left(\frac{p_2}{p_1}\right)^{\frac{\varkappa-1}{\varkappa}}\right]}\,, \qquad (2\text{-}140)$$

was sich aus der Beziehung

$$\frac{w^2}{2} = i_1 - i_2$$

ableiten läßt[1]. Darin bedeutet i die Enthalpie des Gases.

In Gl. (2-140) ist

$$\varkappa = c_p/c_v\,, \qquad (2\text{-}141)$$

jedoch kann der Druck in der Mündung nur bis auf den „kritischen Wert" p_0 absinken, wobei das kritische Druckverhältnis gegeben ist durch die Beziehung

$$\frac{p_s}{p_1} = \left(\frac{2}{\varkappa+1}\right)^{\frac{\varkappa}{\varkappa-1}}\,. \qquad (2\text{-}142)$$

Beim Ausströmen von Dampf auf Atmosphärendruck — Beispiel: Rußbläser — ist das zur Verfügung stehende Druckgefälle stets größer als

Zahlentafel 2-10

	$\varkappa$	p_s/p_1	ψ_{max}
Heißdampf . . .	1,30	0,546	0,472
Sattdampf[2] . . .	1,135	0,578	0,450
Luft (0 °C)[3] .	1,40	0,528	0,484
(500 °C) .	1,353	0,536	0,478
(1000 °C) .	1,319	0,542	0,474
Rauchgas (0 °C).	1,386	0,531	0,483

das kritische; man kann daher die Ausflußmenge nach Gl. (2-140) und (2-142) berechnen und gelangt nach einigen Umformungen zu der Beziehung

$$m = \mu F\,\psi_{max}\sqrt{2\,\frac{p_1}{v_1}}\quad [\text{kg/s}]\,, \qquad (2\text{-}143)$$

---

[1] SCHMIDT, E.: Einführung in die Technische Thermodynamik und in die Grundlagen der chemischen Thermodynamik, 7. Aufl., Berlin/Göttingen/Heidelberg: Springer 1958, S. 268ff.

[2] Nach ZEUNER ist für Naßdampf $\varkappa = 1{,}035 + 0{,}1 \cdot x$ (x = Dampfgehalt des Naßdampfes, Sattdampf mit $x = 1$ hat dann ein $\varkappa = 1{,}135$).

[3] $\varkappa = f(t)$ vgl. F. HABERT: Wärmetechnische Tafel, Düsseldorf u. Berlin 1935.

worin $\mu = 0{,}96$ bis $0{,}98$ (gut gerundeter Einlauf der Düse vorausgesetzt) ist, und

$$\psi_{max} = \left(\frac{1}{\varkappa + 1}\right)^{\frac{1}{\varkappa - 1}} \sqrt{\frac{\varkappa}{\varkappa + 1}}. \qquad (2\text{--}144)$$

Die Werte für ψ_{max} können der Zahlentafel 2–10 entnommen werden[1]. Man erkennt eine gewisse, wenn auch schwache Temperaturabhängigkeit des ψ_{max}-Wertes. Rauchgas (mit 12% CO_2) unterscheidet sich kaum von der Luft.

Der Freistrahl

Aus Betrachtungen über den Freistrahl lassen sich wichtige Erkenntnisse ableiten, die zumindest qualitativ manche Erscheinungen in Brennern und Feuerungen erklären, wenn auch zugegeben ist, daß die

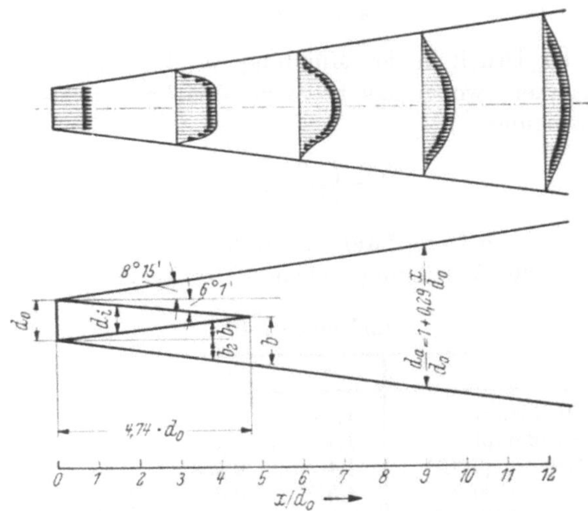

Abb. 2-16. Ausbreitung eines Freistrahles (Bezeichnungen)

Vorgänge in Düsenfeuerungen (Gas-, Öl- und Kohlenstaubfeuerungen) durch die Überlagerung von Strömungs-, Mischungs- und Verbrennungsvorgängen äußerst komplex und darum einer genauen rechnerischen Erfassung sehr schwer zugänglich sind.

Beim Austreten eines freien Strahles in ruhende Luft wird die umgebende Luft in den Strahl eingesogen. Das bedeutet eine Vermehrung der strömenden Masse und die Notwendigkeit einer Beschleunigung der zunächst ruhenden Luft, was sich in einer Verbreiterung des Strahles und einem starken Energieverlust (Absinken der Geschwindigkeit)

---

[1] Vergleiche mit Dampfverbrauchsmessungen an Rußbläsern s. Glückauf 76 (1940) H. 52 S. 721 ff.

bemerkbar macht. Diese Ausbreitungsvorgänge sind von Tollmien[1] und Schlichting[2] theoretisch behandelt worden, wobei gute Übereinstimmung mit den Messungen erzielt wurde[3].

Der Strahlkern vom Düsendurchmesser d_0 besitzt zunächst eine konstante Geschwindigkeit, bis er den Weg von 4 (nach anderen Autoren bis 4,74) Durchmessern zurückgelegt hat, wobei sein Durchmesser nach der empirischen Gleichung

$$d_i/d_0 = 1 - 0{,}211\,(x/d_0) \qquad (2\text{-}145)$$

abnimmt (wegen der Bezeichnungen s. Abb. 2-16).

Für koaxiale Strahlen, bei denen das Verhältnis der Geschwindigkeit des umhüllenden (sekundären) Gasstrahles w_s zu der Austrittsgeschwindigkeit des Primärstrahles w_p mit λ bezeichnet werde, also

$$\lambda = w_s/w_p, \qquad (2\text{-}146)$$

ist nach Forstall und Shapiro[4] die Länge des Kernbereiches mit konstanter Geschwindigkeit

$$x/d = 4 + 12\,\lambda, \qquad (2\text{-}147)$$

bei $w_s = 0$ (ruhende Luft) also $\lambda = 0$; $x/d = 4$.

Der Winkel α beträgt 6° 1'. Darüber hinaus — etwa nach $6\,d$ — nimmt der Strahldurchmesser nach der empirischen Gleichung

$$d_a/d_0 = 1 + 0{,}29\,(x/d_0)$$

oder mit einem Verbreiterungswinkel von 8°15' zu.

Die Zentralgeschwindigkeit w_x (in der x-Achse) eines runden Freistrahles kann in genügender Entfernung von der Düsenmündung durch eine einfache empirische Formel von der Form

$$w_x/w_0 = \frac{K_1}{x/d_0 + K_2} \qquad (2\text{-}148)$$

wiedergegeben werden.

Die Werte für K_1 und K_2 können der Zahlentafel 2-11 entnommen werden. Einige Ergebnisse sind in Abb. 2-17 aufgetragen. Die Kurven

[1] Tollmien, W.: Berechnung turbulenter Ausbreitungsvorgänge. Z. angew. Math. Mech. 6 (1926) H. 6 S. 468—478.

[2] Schlichting, H.: Grenzschicht-Theorie, 3. Aufl., Karlsruhe: Braun 1958.

[3] Schiller, L.: Hydro- und Aerodynamik. In W. Wien u. F. Harms: Handbuch der Experimentalphysik Bd. 4 Tl. I S. 315—325. — Zimm, W.: Über die Strömungsvorgänge im freien Luftstrahl. VDI-Forsch.-Heft 243 (1921). — Reichardt, H.: Gesetzmäßigkeiten der freien Turbulenz. VDI-Forsch.-Heft 414, 2. Aufl. (1951). — Shih-I Pai: Fluid Dynamics of Jets. New York/Toronto/London: D. van Nostrand Co. 1954. — Eck, B.: Strömungslehre, 5. Aufl., Berlin/Göttingen/Heidelberg: Springer 1957.

[4] Forstall jr., W., u. A. H. Shapiro: Momentum and mass transfer in coaxial gas jets. J. appl. Mech. 17 (1950) Nr. 4 S. 399—408, die Arbeit enthält auch eine umfassende Bibliographie über Freistrahlen.

Zahlentafel 2-11. *Die Konstanten K_1 und K_2 in Gl. (2-148)*

Autor	K_1	K_2
RUDEN[1]	6,45	0,66
HINZE und VAN DER HEGGE-ZIJNEN[2] .	6,39	0,6
DAVIS[3]	8,4	2
ULLRICH[4]	6,5	0
ULLRICH[5]	6,45	0
THRING und HUBBARD[6]	6,4	0

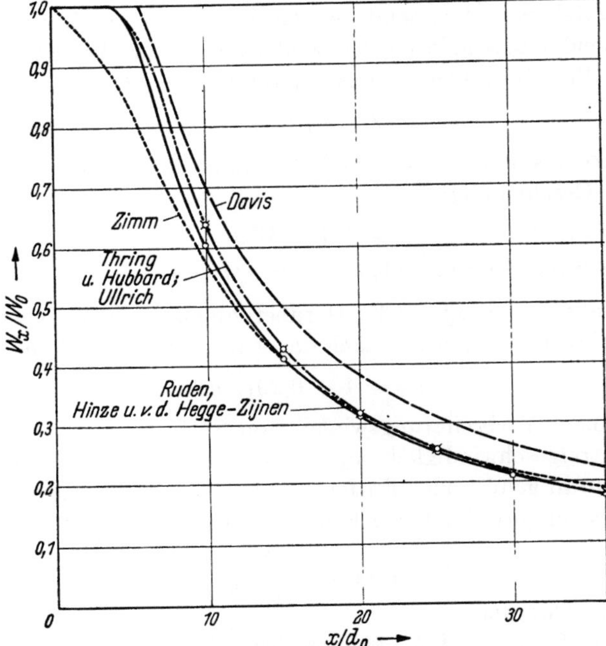

Abb. 2-17. Darstellung der Gl. (2-148) nach verschiedenen Autoren

[1] RUDEN, P.: Turbulente Ausbreitungsvorgänge im Freistrahl. Naturwiss. 21 (1933) Nr. 21/23 S. 375—378.

[2] HINZE, J. O., u. B. G. VAN DER HEGGE-ZIJNEN: Transfer of heat and matter in the turbulent mixing zone of an axially symmetrical jet. Proc. 7th Intern. Congress Appl. Mechanics. London (1948) 2 Part I S. 286—299.

[3] DAVIS, R. F.: The mechanics of flame and air jets. Proc. Instn. mech. Engrs., Lond. 137 (1937) S. 11—72.

[4] ULLRICH, H.: Über Strömungsvorgänge in Dampfkesselfeuerungen. BWK 11 (1959) Nr. 6 S. 280—283, — Formel unter Auswertung des mitgeteilten Ergebnisses.

[5] ULLRICH, H., nach Angabe des Verf.

[6] THRING, M. W., u. E. H. HUBBARD: Characteristics of turbulent jet diffusion flames. Symposium „Flames and Industry", The Institute of Fuel 9. 10. 1957, S. A-1 bis A-9.

von THRING und HUBBARD und von ULLRICH decken sich praktisch, ebenso die von RUDEN und HINZE und VAN DER HEGGE-ZIJNEN, diejenige von DAVIS dürfte wohl etwas zu hoch liegen; die Werte von ZIMM liegen bei hohen x/d-Werten dicht bei den übrigen, der Verlauf in größerer Nähe der Düse dürfte nicht richtig wiedergegeben sein. Es kann daher die einfache Formel

$$w_x/w_0 = \frac{6,4}{(x/d_0) + 0,6}. \qquad (2\text{-}149)$$

bei $x/d_0 \geqq 8$ empfohlen werden. Die Gleichung von THRING und HUBBARD und von ULLRICH ist noch einfacher:

$$w_x/w_0 = 6,5\,(d/x), \qquad (2\text{-}150)$$

im Bereich von $x/d_0 = 3,312$ bis 8 ist näherungsweise

$$w_x/w_0 = 1 + 0,0246\,(x/d_0) - 0,006\,(x/d_0)^2. \qquad (2\text{-}151)$$

FORSTALL und SHAPIRO[1] geben für koaxiale Strahlen eine ähnlich einfach aufgebaute Formel an

$$\frac{w_x - w_s}{w_p - w_s} = \frac{4 + 12\lambda}{x/d_0}. \qquad (2\text{-}152)$$

Die Geschwindigkeitsprofile[2] zeigen in jeder Entfernung x/d ein ähnliches Aussehen (s. Abb. 2-16); die mittlere Geschwindigkeit ist nach DAVIS

$$w_m = a\,w_x, \qquad (2\text{-}153)$$

wobei a bei ruhenden Düsen nach TOLLMIENS Messungen den Wert 0,2 hat.

Der Mengenstrom ist in größerem Abstand ($x/d_0 \leqq 15$) nach REICHARDT[2]

$$Q/Q_0 = 0,288 \left(\frac{x}{d}\right), \qquad (2\text{-}154)$$

nach ULLRICH[3]

$$Q/Q_0 = 0,35 \left(\frac{x}{d}\right). \qquad (2\text{-}155)$$

Abb. 2-18 zeigt den Verlauf der Zentralgeschwindigkeit eines Strahles mit 20 m/s Austrittsgeschwindigkeit aus Düsen von 50, 100 und 250 mm Durchmesser und Abb. 2-19 denjenigen einer 100-mm-Düse bei 80, 40 und 20 m/s Austrittsgeschwindigkeit. Bezeichnet man als „Reichweite" die Länge, nach der die Zentralgeschwindigkeit noch eine angemessene (beliebig festgesetzte) Geschwindigkeit (z. B. 5 m/s) besitzt, so erkennt man, wieviel schneller die Energie eines dünnen Strahles aufgezehrt wird und wie wichtig es ist, mit möglichst dicken Strahlen zu arbeiten, wenn große Reichweiten erzielt werden sollen (Brenner, Zweitluftdüsen, Rußbläser).

---

[1] FORSTALL u. SHAPIRO: s. Fußn. 4 S. 79.
[2] REICHARDT: s. Fußn. 3 S. 79.   [3] ULLRICH: s. Fußn. 4 S. 80.

Wirken auf den Strahl richtungsändernde Kräfte ein, z. B. die Zugwirkung durch das Abströmen der Gase aus dem Feuerraum, so wird der Strahl in der Mitte etwas, zu den Rändern hin dagegen immer stärker abgelenkt, d. h., die Energie, in Richtung der ursprünglichen Strahlachse gesehen, zerfällt noch viel schneller. In Abb. 2–20 ist angenommen, daß ein Strahl von 30 m/s Anfangsgeschwindigkeit durch eine senkrecht zur Strahlachse wirkende Geschwindigkeit von 5 m/s (Austritt des Gases) abgelenkt würde. Es ergibt sich daraus eine Auffächerung wie beim Verwehen des Wasserstrahles eines Springbrunnens in starkem Wind. Der Strahl wird also aus zwei Gründen schnell zerfallen, einmal durch die bei jedem Freistrahl eintretende Energiezerstreuung und zweitens durch die verstärkte Richtungsablenkung der Außenschichten.

Haben Primärstrahl (Temperatur T_0 °K) und umgebendes Gas (T_g °K) verschieden hohe Temperatur, so geht, wie THRING und NEWBY[1] theoretisch und SUNAVALA, HULSE und THRING[2] experimentell festgestellt haben, der Tem-

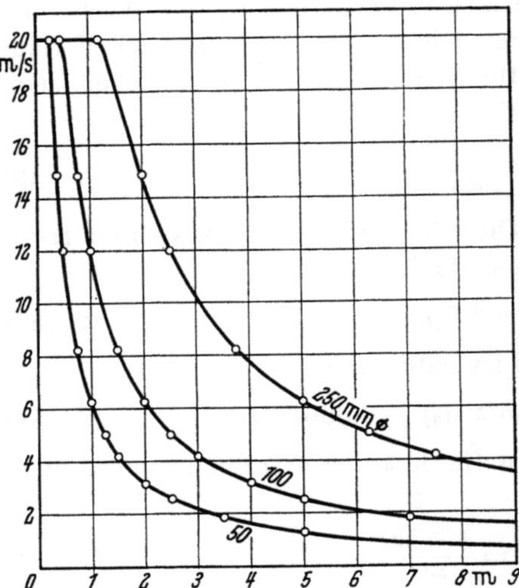

Abb. 2-18. Verlauf der Zentralgeschwindigkeit mit $w_0 = 20$ m/s aus Düsen von 50, 100 und 250 mm Durchmesser

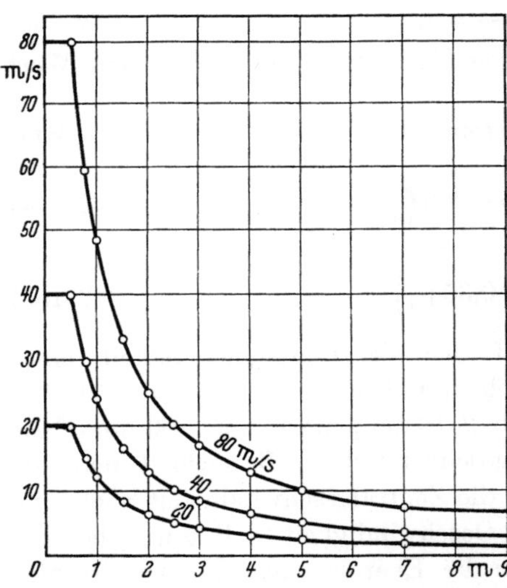

Abb. 2-19. Verlauf der Zentralgeschwindigkeit mit $w_0 = 20$, 40 und 80 m/s aus einer Düse von 100 mm Durchmesser

[1] THRING, M. W., u. M. P. NEWBY: Combustion length of enclosed turbulent jet flames. In: Fourth Symposium on Combustion Baltimore 1953, Williams & Wilkins Co., S. 789—796.

[2] SUNAVALA, P. D., C. HULSE u. M. W. THRING: Mixing and combustion in free and enclosed turbulent jet diffusion flames. Combustion and Flame 1 (1957) Nr. 2 S. 179—193.

peraturabbau noch schneller vor sich als die Energiezerstreuung bei isothermen Strömungsvorgängen und kann durch die Beziehung

$$\Delta T_0/\Delta T_m = 0{,}215 f_p\,(x/d_0)(T_0/T_g)^{1/2} - 1{,}5 \qquad (2\text{-}156)$$

ausgedrückt werden. $\Delta T_0/\Delta T_m$ ist der Temperaturabbau

$$\frac{\Delta T_0}{\Delta T_m} = \frac{T_0 - T_g}{T_m - T_g}\,,$$

f_p ist ein Druckkorrekturfaktor ($= 1$ bis $1{,}4$).

Mit dem Verhalten von Strahlen verschiedener Dichte befassen sich verschiedene Arbeiten von Szablewski[1,2,3] und von Abramowitsch[4,5].

Nach Abramowitsch ist, wenn das Verhältnis der Geschwindigkeiten $m = w_2/w_1$, das Verhältnis der Molekulargewichte $q = \mu_1/\mu_2$ und das Verhältnis der Temperaturen $\theta = T_1/T_2$ ist,

$$\frac{db}{dx} = C\left(\frac{1-m}{1+m} + \frac{\sqrt{q} - \sqrt{\theta}}{\sqrt{q} + \sqrt{\theta}}\right) \qquad (2\text{-}157)$$

oder mit der Dichte $\varrho = \mu/T$

$$\frac{db}{dx} = C\left(\frac{1-m}{1+m} + \frac{\sqrt{\varrho_1}\sqrt{\varrho_2}}{\sqrt{\varrho_1} + \sqrt{\varrho_2}}\right). \qquad (2\text{-}158)$$

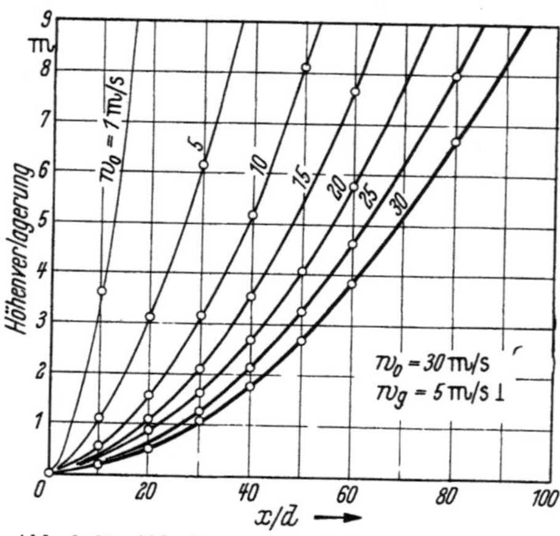

Abb. 2-20. Ablenkung eines Freistrahles durch eine Strömung senkrecht zur Achse

C ist experimentell zu $0{,}22$ gefunden worden.

Die Breite der Mischzone dient als ein Maß für die Mischgeschwindigkeit. So kann man nach Gl. (2-158) aussagen, nach wieviel Düsendurchmessern Länge der innere Strahlungskern aufgelöst ist. Diese Kernlänge ist sowohl ein Charakteristikum des Geschwindigkeitsverlaufs, der

<hr>

[1] Szablewski, W.: Turbulente Vermischung ebener Heißluftstrahlen. Ing.-Arch. 25 (1957) H. 1 S. 10—25.

[2] Szablewski, W.: Zur Theorie der turbulenten Strömung von Gasen stark veränderlicher Dichte. Ing.-Arch. 20 (1952) H. 2 S. 67—72 u. 73.

[3] Szablewski, W.: Turbulente Vermischung zweier ebener Luftstrahlen von fast gleicher Geschwindigkeit und stark unterschiedlicher Temperatur. Ing.-Arch. 20 (1952) H. 2 S. 73—80.

[4] Abramowitsch, G. N.: Über die Dicke der turbulenten Mischungszone an der Grenze zwischen zwei Strahlen mit verschiedenen Geschwindigkeiten, Temperaturen und Molekulargewichten. Nachr. Akad. Wiss. UdSSR, Abt. Techn. Wiss., 1957, H. 3 S. 156—158. — Vgl. Referat (Traustel) BWK 10 (1958) H. 6 S. 301.

[5] Abramowitsch, G. N.: Die turbulente Strömung in einem sich bewegenden Medium. Nachr. Akad. Wiss. UdSSR, Abt. Techn. Wiss., 1957, Nr. 6 S. 93—101.

Strahlreichweite, als auch der Mischung. Wir erweitern nun — mit einiger Freiheit nach der obigen Gleichung von ABRAMOWITSCH — den Ausdruck wie folgt:

$$\frac{d_i}{d_0} = 1 - 0{,}257 f_v$$

$$\left(\frac{1-m}{1+m} + \frac{\sqrt{q} - \sqrt{\theta}}{\sqrt{q} + \sqrt{\theta}} \right) \frac{x}{d_0} . \qquad (2\text{-}159)$$

Der Faktor f_v, der Verteilungsfaktor, der die Mischungsbreite b auf den zur Strahlachse hin gerichteten Anteil b_1 und den nach außen expandierenden Anteil b_2 aufteilt, ist

$$f_v = \frac{2 b_1/b_2}{1 + b_1/b_2} . \qquad (2\text{-}160)$$

Der Wert b_1/b_2 ist nach ABRAMOWITSCH eine Funktion von m ($= w_2/w_1$), dem Verhältnis der Geschwindigkeiten der beiden Medien, also $m = 0$, wenn das zweite Medium ruhend ist, und von $\theta = T_1/T_2$; das danach ermittelte f_v ist in Abb. 2–21 wiedergegeben[1].

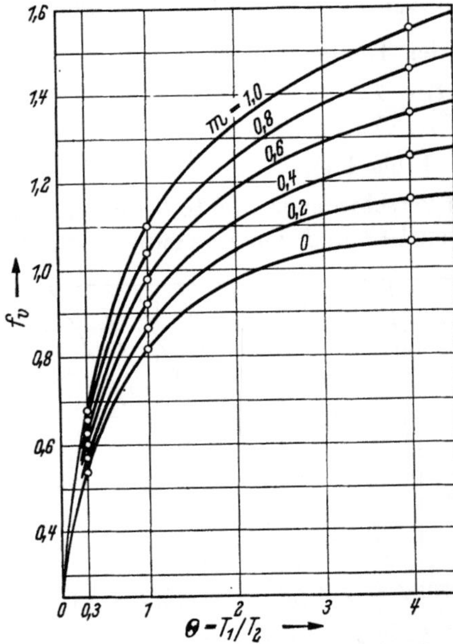
Abb. 2-21. Verteilungsfaktor f_v als Funktion des Verhältnisses der absoluten Temperaturen

Abb. 2–22 zeigt das Ergebnis einer rechnerischen Untersuchung über den Einfluß der Feuerraumtemperatur auf den Mischweg eines Luftstrahles von 150 °C, und zwar in der ausgezogenen Kurve als Ordinate x_i/d_0 als Kriterium des Mischweges dargestellt. Mit steigender Temperatur bleibt also der Strahlkern länger erhalten, d. h., die Mischung wird entspre-

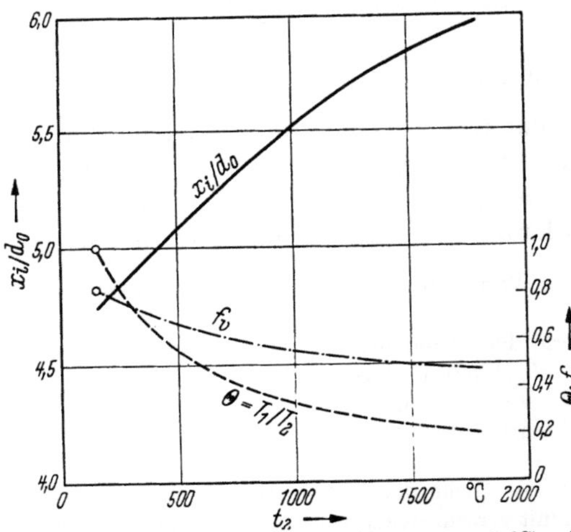
Abb. 2-22. Einfluß der Temperatur im Feuerraum (t_2 °C) auf den Mischweg eines Luftstrahles von $t_1 = 150$ °C

[1] Vgl. W. GUMZ: Forschungsaufgaben und Entwicklungsansätze im Feuerungsbau. Mitt. VGB H. 54 (1958) S. 180—197.

chend verzögert. Betrachtet man endlich noch den wichtigsten Fall einer Strömung aus einer Düse, die in ein weiteres Rohr einmündet, so ergaben die Versuche von WUEST[1], daß ab einer gewissen Entfernung von der Düsenmündung (etwa $6\,d_0$) die strömende Menge Q zu der aus der Düse austretenden Menge Q_0, die beim Freistrahl nach Gl. (2–154) bzw. (2–155) mit der Entfernung anwächst, um so weniger zunimmt, je enger das den Strahl umgebende Rohr ist. Diese Begrenzung der eingesaugten Gasmenge aus der Umgebung kann für die Bemessung der Strömungswege in Brennkammern von großer Bedeutung sein, bzw. es läßt sich daraus ein optimaler Durchmesser eines Feuerraumes ableiten.

Modell-Technik

Die Schwierigkeiten, die die Strömungsverhältnisse in Feuerungen bieten, zwingen dazu, für die Lösung vieler Aufgaben Strömungsmodelle heranzuziehen. In der Hydro- und Aerodynamik wie auch in der Lehre vom Wärmeübergang wird von der „Dimensionsanalyse" und der Verwendung von dimensionslosen Kenngrößen vielfältiger Gebrauch gemacht. In der Ähnlichkeitsmechanik[2,3,4] sind entsprechende Modellregeln abgeleitet worden, und Modellbetrachtungen sind in alle Zweige der Ingenieurtechnik mit Einschluß der Chemie-Ingenieur-Technik[5,6] eingedrungen. Eine umfassende Darstellung haben JOHNSTONE und THRING veröffentlicht[6].

Bei Feuerungen, insbesondere bei Kohlenstaubfeuerungen, ist eine in jeder Beziehung modellrichtige Abbildung der großtechnischen Vorgänge nicht ohne weiteres möglich, wohl aber lassen sich viele Einzelprobleme durch Modellversuche klären. Am besten gelingt dies bei Gasfeuerungen, bei denen der Vorgang im wesentlichen als ein Strömungs- und Mischungsproblem aufgefaßt werden kann (s. S. 637); so sind durch Modellstudien viele Verbesserungen an Siemens-Martin- und

[1] WUEST, W.: Turbulente Mischvorgänge in zylindrischen und kegeligen Fangdüsen. Z. VDI 92 (1950) Nr. 35 S. 1000/01.

[2] WEBER, M.: Ähnlichkeitsmechanik und Modellwissenschaft. Hütte, 27. Aufl., Bd. I S. 435—445; 28. Aufl. (bearb. von A. BETZ), Bd. I S. 744—752, Berlin: Ernst & Sohn. — WEBER, M.: Das allgemeine Ähnlichkeitsprinzip in der Physik und sein Zusammenhang mit der Dimensionslehre und der Modellwissenschaft. Jb. schiffbautechn. Ges. 1930, S. 274—388.

[3] METZMEIER, E.: Ähnlichkeitslehre. Dubbels Taschenbuch f. d. Maschinenbau, 12. Aufl., Bd. 1, Berlin/Göttingen/Heidelberg: Springer 1961, S. 322—327.

[4] LANGHAAR, H. L.: Dimensional Analysis and Theory of Models, New York u. London: J. Wiley & Sons u. Chapman & Hall 1951.

[5] TRAUSTEL, S.: Modellgesetze der Vergasung und Verhüttung, Berlin: Akademie-Verlag 1949.

[6] JOHNSTONE, R. E., u. M. W. THRING: Pilot Plants, Models, and Scale-up Methods in Chemical Engineering, New York/Toronto/London: McGraw-Hill 1957.

Glasschmelzöfen und anderen Industrieöfen[1-4] möglich gewesen. Teilprobleme lassen sich durch kalte Strömungsmodelle (mit Wasser oder Luft), durch Scheibenmodelle (Wasserkastenmodelle) oder durch kalte Modelle in voller Größe auch für Kesselfeuerungen lösen[5, 6].

Im modernen Feuerungsbau sind strömungstechnische Untersuchungen heute geradezu eine Notwendigkeit geworden und haben sowohl in der Entwicklung neuer Brennerkonstruktionen als auch bei der Aufklärung betrieblicher Schwierigkeiten bereits wertvolle Dienste geleistet[7, 8, 9].

3. Wärmetheorie

Die kinetische Theorie der Wärme[10]

Wärme ist eine Energieform. Das Maß ihrer Intensität, die Temperatur, ist bedingt durch die Intensität der Bewegung, Schwingung und Rotation der kleinsten Massenteilchen, der Moleküle. Nach den Vorstellungen der kinetischen Gastheorie befinden sich die Moleküle im Zustand dauernder Bewegung, wobei die Bewegungsgesetze der Mechanik Gültigkeit haben, insbesondere der Impulssatz und das Gesetz von der Erhaltung der Energie. Die Entwicklung der Atom- und Kernphysik hat die Grundvorstellung des Moleküls als eine vollelastische Kugel allerdings als völlig überholt erscheinen lassen, dennoch bieten die Ergebnisse der

---

[1] CHESTERS, J. H.: The aerodynamic approach to furnace design. Amer. Soc. mech. Engrs. Paper 58-A-72.

[2] HOLDEN, C.: Aerodynamics of open-hearth furnace flames. II. Liquid Fuels Conf. Torquay 11.—14. Mai 1959 Paper 5a.

[3] HOGG, A., u. C. HOLDEN: Flow patterns as affecting open-hearth furnace design. II. Liquid Fuels Conf. Torquay 11.—14. Mai Paper 5c.

[4] BOENECKE, H.: Modellversuche über die Strömung in Industriegasbrennern. Chemie-Ing.-Techn. 30 (1958) Nr. 9 S. 585—588.

[5] CURTIS, R. W., u. L. E. JOHNSON: Use of flow models for boiler-furnace design. Amer. Soc. mech. Engrs. Paper 58-A-120.

[6] WHITNEY, G. C.: Use of models for studying pulverized-coal burner performance. Amer. Soc. mech. Engrs. Paper 58-A-95.

[7] BÖTTGER, P., u. W. LENZ: Modelluntersuchungen an einem Deckenbrenner für Braunkohle. BWK 10 (1958) Nr. 6 S. 292/93.

[8] JUNG, R.: Probleme der Staub- und Luftverteilung in Kohlenstaubbrennern. Vortrag VGB-Hauptvers. Karlsruhe, Juni 1959.

[9] GUMZ, W.: Forschungsaufgaben und Entwicklungsansätze im Feuerungsbau. Mitt. VGB H. 54 (1958) S. 180—197.

[10] Neuere zusammenfassende Darstellungen der kinetischen Gastheorie s. HERTZFELD, K. F.: Kinetische Theorie der Wärme. In MÜLLER-POUILLETS Lehrbuch der Physik, 11. Aufl., hrsg. von A. EUCKEN, O. LUMMER u. E. WAETZMANN, Bd. III, 2. Hälfte, Braunschweig: Vieweg 1925. — LOEB, L. B.: The kinetic theory of gases, 2. Aufl., New York u. London: McGraw-Hill 1934. — PRESENT, R. D.: Kinetic Theory of Gases, New York/Toronto/London: McGraw-Hill 1958. — Zur Wärmetheorie allgemein s. R. BECKER: Theorie der Wärme, Berlin/Göttingen/Heidelberg: Springer 1955.

kinetischen Gastheorie gute Einblicke in diejenigen Vorgänge, bei denen das Verhalten der Moleküle als einheitliche Gebilde ausschlaggebend ist. Diese als Kugeln betrachteten Teilchen sind in so großer Zahl vorhanden ($N = 6{,}03 \cdot 10^{23}$ im Mol $= 6{,}03 \cdot 10^{26}$ im Kilomol $=$ LOSCHMIDTsche Zahl), daß schon nach sehr kurzer Wegstrecke ein Zusammenstoß zweier oder in seltenen Fällen mehrerer Moleküle stattfindet. Während in einem Gas die Teilchen eine freie Bewegungsmöglichkeit im Raum besitzen, ja bei Gasmischungen die verschiedenartigen Moleküle durcheinanderfliegen können, ist die Verschiebebewegung bei Flüssigkeiten auf Platzwechselvorgänge eingeengt und bei festen Körpern sogar auf Schwingungsbewegungen in einem festen Gitter beschränkt. Die Überführung von dem einen in einen anderen Aggregatzustand ist daher nur durch eine erhebliche Energiezufuhr (Schmelz- und Verdampfungswärme) möglich.

In einem Würfel von 1 m³ befinden sich $N_L/V = N$ Moleküle (N_L $=$ LOSCHMIDTsche Zahl, $V =$ Molvolumen); von diesen erreichen alle diejenigen Moleküle die 6 Wandflächen (von insgesamt 6 m² Oberfläche), deren Entfernung von der Wand dx ihrer mittleren Weglänge, also bei einer mittleren Geschwindigkeit $\overline{w}$ dem Abstand $\overline{w} \cdot dt$, entspricht. Das sind je m² Wandfläche bei N Molekülen im m³

$$dN = \tfrac{1}{6} N \overline{w}\, dt. \tag{3-1}$$

Auch bei einer Kugel, deren Durchmesser $D = dx$ gewählt wird, so daß alle Moleküle die Oberfläche erreichen müssen, erhält man bei $\dfrac{\pi D^3}{6} N$ Molekülen in der Kugel und einer Oberfläche von πD^2

$$dN = \frac{D^3}{6 \pi D^2} N = \frac{1}{6} N \overline{w}\, dt. \tag{3-2}$$

Bei einer Molekülkonstanten m ist die Masse eines Moleküls $m' = m/N_L$, die Bewegungsgröße (Impuls) ist mw, falls das Teilchen in Ruhe bliebe, und $2\,mw$, wenn es bei elastischem Aufprall wieder mit der gleichen Geschwindigkeit wegfliegt. In der Zeiteinheit und je m² Oberfläche ist der Impuls demnach

$$dJ = 2 m' w\, dN = \tfrac{1}{3} N m' \overline{w}^2\, dt. \tag{3-3}$$

Der auf die Wand ausgeübte Druck ist dann durch den Aufprall der Moleküle, also durch mechanische Bewegung zu erklären, er ergibt sich zu

$$p = \frac{dJ}{dt} = \frac{1}{3} N m' \overline{w}^2. \tag{3-4}$$

Zur Klärung des Zusammenhanges zwischen der Bewegung der Moleküle, ihrer kinetischen Energie $\tfrac{1}{2} m' \overline{w}^2$ und der Temperatur schreiben wir die Zustandsgleichung für 1 Mol (Kilomol) des Gases an

$$p V = m R T = R' T \tag{3-5}$$

und erhalten aus Gl. (3–4) und (3–5)

$$R'T = \tfrac{1}{3} N V m' \overline{w^2} = \tfrac{1}{3} N_L m' \overline{w^2} \qquad (3\text{–}6)$$

und daraus

$$T = \frac{1}{3}\frac{N_L}{R'} m' \overline{w^2} = \frac{1}{3}\frac{1}{k} m' \overline{w^2} . \qquad (3\text{–}7)$$

$k = R'/N_L$ wird als die BOLTZMANNsche Konstante bezeichnet (Gaskonstante je Molekül).

Die kinetische Energie des Moleküls ist dann

$$E = \tfrac{1}{2} m' \overline{w^2} = \tfrac{2}{3} k T . \qquad (3\text{–}8)$$

Aus diesen Gleichungen ist der einfache Zusammenhang zwischen der mittleren Molekülgeschwindigkeit bzw. ihrer kinetischen Energie und der Temperatur zu ersehen.

Die mittlere Geschwindigkeit $\sqrt{\overline{w^2}}$ erhält man aus Gl. (3–6) unter Berücksichtigung, daß $N_L m' = m$ ist, zu

$$\sqrt{\overline{w^2}} = \sqrt{\frac{3 R' T}{m}} . \qquad (3\text{–}9)$$

Die zahlenmäßige Auswertung dieser Gleichung gibt Veranlassung, auf die Notwendigkeit und die Schwierigkeit richtiger Dimensionsbetrachtung hinzuweisen. Die allgemeine Gaskonstante R' wird vielfach zu 1,986 in der Dimension kcal/Grad je Kilomol (oder cal/Grad je g-Mol) angegeben. Diese Zahl ergibt sich aus der Zahl 847,91 mit der Dimension m kp/Grad je Kilomol, die wir auf S. 23 angeführt haben, dividiert durch das mechanische Wärmeäquivalent 426,9. Wir benutzen in Gl. (3–9) das technische Maßsystem und für R' die Dimension m kg/Grad je Kilomol. Besonders zu beachten ist, daß m ableitungsgemäß die Masse (nicht das Gewicht) bedeutet, so daß wir sie mit der Dimension kg s²/m einsetzen müssen. Wir erhalten dann

$$\sqrt{\overline{w^2}} = \sqrt{\frac{3 \cdot 847,89 \cdot 9,81\, T}{m}} = 157,94 \sqrt{\frac{T}{m}} . \qquad (3\text{–}10)$$

Bei $T = 273\ °K$ ist für Sauerstoff $(m = 32)\ \overline{w} = 461$ m/s.

Die Stoßzahl der nach Durchlaufen des Weges l' aufeinanderprallenden Moleküle liegt in der Größenordnung von 10^9 bis 10^{10} je Sekunde. Die freie Weglänge ergibt sich nach CLAUSIUS zu

$$l' = \frac{1}{N \pi \dfrac{(d_1 + d_2)^2}{2}} = \frac{1}{N \pi d_m^2} , \qquad (3\text{–}11)$$

worin l' die mittlere Weglänge, N die Molekülzahl, d_1, d_2 die Durchmesser zweier Moleküle, d_m den „mittleren" Moleküldurchmesser bedeutet.

Zahlentafel 3–1 vermittelt einen Überblick über die Größenordnung der mittleren Molekülgeschwindigkeit verschiedener Gase bei 0 °C in m/s, die mittlere freie Weglänge in cm und die Moleküldurchmesser in cm,[1] aus der VAN DER WAALSschen Zustandsgleichung berechnet[2].

Zahlentafel 3–1. *Mittlere Molekülgeschwindigkeit ($\overline{w}$), mittlere freie Weglänge (l') und Moleküldurchmesser (d) einiger Gase*

Gasart	$\overline{w}$ [m/s]	l' [cm]	d [cm]
O_2	461	$6{,}34 \cdot 10^{-6}$	$2{,}91 \cdot 10^{-8}$
N_2	493	$5{,}92 \cdot 10^{-6}$	$3{,}07 \cdot 10^{-8}$
Ar	413	$10{,}0 \ \cdot 10^{-6}$	$2{,}87 \cdot 10^{-8}$
H_2	1838	$11{,}16 \cdot 10^{-6}$	$2{,}76 \cdot 10^{-8}$
H_2O	615	$7{,}22 \cdot 10^{-6}$	$2{,}89 \cdot 10^{-8}$
CO_2	394	$3{,}89 \cdot 10^{-6}$	$3{,}23 \cdot 10^{-8}$
CO	493	$5{,}90 \cdot 10^{-6}$	$3{,}22 \cdot 10^{-8}$
He	1305	$17{,}53 \cdot 10^{-6}$	$2{,}64 \cdot 10^{-8}$

Die spezifische Wärme

Die innere Energie eines Gases, bezogen auf die Masse eines Mols, ist definiert durch

$$U - U_0 = \int_0^T C_v \, dt, \qquad (3\text{–}12)$$

die Enthalpie (oder nach der früher üblichen Bezeichnungsweise der „Wärmeinhalt") durch

$$I - I_0 = \int_0^T C_p \, dT . \qquad (3\text{–}13)$$

C_v ist die spez. Wärme des Gases bei konstantem Volumen, C_p die spez. Wärme bei konstantem Druck, bezogen auf 1 kmol. Beide unterscheiden sich um den Betrag

$$C_p - C_v = R' = 1{,}986 \text{ kcal/Grad je kmol} . \qquad (3\text{–}14)$$

Da C_v und C_p von der Temperatur abhängig sind, so ist der Mittelwert zwischen 0^0 und t^0 die „mittlere spez. Wärme" von C_v und C_p, den „wahren spez. Wärmen", verschieden, es ist

$$\left(C_{v_m}\right)_0^t = \frac{U_1 - U_0}{t_1} \qquad (3\text{–}15)$$

oder allgemein

$$\left(C_{v_m}\right)_{t_1}^{t_2} = \frac{U_2 - U_1}{t_2 - t_1} . \qquad (3\text{–}16)$$

---

[1] Nach HERTZFELD bzw LOEB: s. Fußn. 10 S. 86.

[2] Die verschiedenen Möglichkeiten und Methoden der Moleküldimensionsbestimmung liefern sehr stark abweichende, jedoch in der Größenordnung befriedigend übereinstimmende Werte. Die Angaben der Zahlentafel 3–1 sind daher nur als Anhalt zu betrachten.

Während man früher die Werte für C_p (je Mol) oder c_p (je kg oder je Nm³) nur durch kalorimetrische Messungen ermitteln konnte, deren Ergebnisse um so unsicherer waren, je kleiner die gemessenen Wärmemengen im Verhältnis zu den Kalorimeterverlusten waren, oder je mehr die Temperaturmeßschwierigkeiten wuchsen, war die Genauigkeit der Werte beschränkt, und es zeigten sich ganz bedeutende Unterschiede in den Werten verschiedener Forscher und in den Tabellen verschiedener Lehr- und Handbücher[1]. Bei höheren Temperaturen waren aus technischen Gründen zum Teil andere Methoden (Explosionsmethode) notwendig, deren Ergebnisse sich schlecht an die kalorimetrischen Messungen anschlossen. Diese Unsicherheit ist heute durch theoretisch einwandfreie und leistungsfähigere Methoden, besonders durch die spektroskopischen Messungen überwunden, zugleich ist damit eine für den ganzen Temperaturbereich gleichbleibende Genauigkeit erzielt worden[2,3].

Die kinetische Energie eines Moleküls ist, wie wir in Gl. (3–8) sahen,

$$\frac{1}{2}\,m'\,\overline{w^2} = \frac{2}{3}\,\frac{R'\,T}{N_L}\,. \tag{3–17}$$

Im Idealfall eines einatomigen Gases (Edelgase, Metalldämpfe) ist diese kinetische Energie gleich der inneren Energie, da lediglich fortschreitende Bewegungen der Atome (Translation) vorkommen; es beträgt also je kmol

$$U = N_L\,\tfrac{1}{2}m'\,\overline{w^2} = \tfrac{3}{2}R'\,T \tag{3–18}$$

oder

$$C_v = \frac{U}{T} = \frac{3}{2}\,R' = \frac{3}{2}\,1{,}986 = 2{,}979 \ \text{kcal/Grad} \cdot \text{kmol} \tag{3–19}$$

$$C_p = C_v + R' = \tfrac{5}{2}R' = \tfrac{5}{2}\,1{,}986 = 4{,}965 \ \text{kcal/Grad} \cdot \text{kmol} \tag{3–20}$$

und das Verhältnis

$$\frac{C_p}{C_v} = \frac{5}{3} = 1{,}666\ldots. \tag{3–21}$$

---

[1] Bevorzugt wurden bei uns die Werte von B. Neumann [Stahl u. Eisen 39 (1919) H. 27 S. 746—748 u. H. 28 S. 772—775] und von W. Schüle [Neue Tabellen und Diagramme für technische Feuergase und ihre Bestandteile von 0° bis 4000 °C, Berlin 1929]. Die Abweichungen von den zum Teil nach anderen Methoden gewonnenen Werten, wie etwa diejenigen von J. R. Partington u. W. G. Shilling [The specific heats of gases, London 1924], waren bei einigen Gasen beträchtlich.

[2] Eine umfassende Darstellung über die Einzelheiten der Ermittlung der spez. Wärmen und eine zahlenmäßige Auswertung gibt E. Justi in seinem Buch „Spez. Wärme, Enthalpie, Entropie und Dissoziation technischer Gase", Berlin: Springer 1938. Vgl. hierzu als Ergänzung E. Justi: Feuerungstechn. 26 (1938) H. 10 S. 313 bis 322 mit Berichtigung H. 12 S. 385.

[3] Über die Zusammenhänge zwischen Spektroskopie und Thermodynamik vgl. H. Zeise: Spektroskopische Thermodynamik. Feuerungstechn. 26 (1938) H. 1 S. 1—6.

Da die fortschreitende Bewegung eines Massenpunktes durch die drei Raumebenen eindeutig dargestellt werden kann, spricht man von drei Freiheitsgraden der Translationsbewegung. Der Anteil der spez. Wärme je Freiheitsgrad ist also

$$C_v = \frac{R'}{2}. \tag{3-22}$$

Bei zwei- und mehratomigen Molekülen ist außerdem noch die Rotationsenergie zu berücksichtigen. Ein zweiatomiges oder ein dreiatomiges Molekül in gestreckter Anordnung (das CO_2-Molekül ist z. B. ein solches) hat, wie Abb. 3-1 a—c erkennen lassen, zwei Freiheitsgrade, d. h. in den beiden dargestellten Ebenen kann eine Rotation stattfinden,

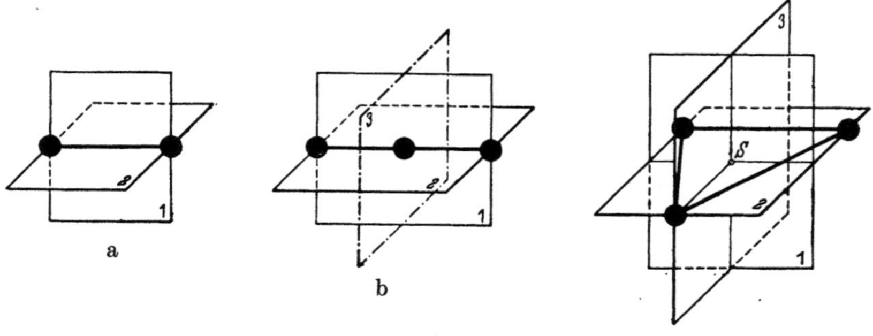

Abb. 3-1a—c. Schematische Darstellung der Freiheitsgrade eines zweiatomigen (a), eines gestreckten (b) und eines dreiatomigen Moleküls (c)

in der dritten Ebene dagegen liegt der Schwerpunkt gerade in der Achse der beiden Atome (bzw. im Mittelpunkt des mittleren Atoms), so daß dieser Freiheitsgrad wegfällt. Das Trägheitsmoment ist so klein, die Frequenz und das Energiequant so groß, daß eine Rotation, ähnlich wie bei einatomigen Molekeln, nicht in Frage kommt. In solchen Fällen ist also

$$C_{v\,\text{Transl}} + C_{v\,\text{Rot}} = \tfrac{3}{2} R' + \tfrac{2}{2} R' = \tfrac{5}{2} R' = 4{,}965, \tag{3-23}$$

$$C_p = C_v + R' = \tfrac{7}{2} R' = 6{,}951, \tag{3-24}$$

$$\frac{C_p}{C_v} = \frac{7}{5} = 1{,}40. \tag{3-25}$$

Bei beliebig angeordneten drei- oder mehratomigen Molekeln (Abb. 3-1 c) endlich ist die Rotation wiederum durch drei Raumebenen darstellbar, das Molekül hat drei Rotations-Freiheitsgrade, demgemäß ist

$$C_{v\,\text{Transl}} + C_{v\,\text{Rot}} = \tfrac{3}{2} R' + \tfrac{3}{2} R' = 3 R' = 5{,}958 \text{ kcal/Grad} \cdot \text{kmol}, \tag{3-26}$$

$$C_p = C_v + R' = 4 R' = 7{,}944 \text{ kcal/Grad} \cdot \text{kmol} \tag{3-27}$$

$$\frac{C_p}{C_v} = \frac{4}{3} = 1{,}333 \ldots . \tag{3-28}$$

Diese Werte der spez. Wärmen sind tatsächlich in gewissen Temperatur-bereichen . in Übereinstimmung mit den kalorimetrisch gemessenen Werten, dagegen weichen sie um so mehr davon ab, je höher die Tem-peratur steigt (mit Ausnahme der einatomigen Moleküle, wo die Über-einstimmung vollkommen ist). Die Temperaturabhängigkeit der spez. Wärme ist auf die dritte mögliche Energieform, die Schwingungsenergie, zurückzuführen.

Der Schwingungsanteil der spez. Wärme beträgt nach der PLANCK-EINSTEINschen Formel

$$C_{\text{Osc}} = \frac{R\left(\dfrac{\theta}{T}\right)^2 e^{\theta/T}}{(e^{\theta/T} - 1)^2} \tag{3-29}$$

und die Schwingungsenergie

$$U_{\text{Osc}} = \frac{N\,h\,\nu}{e^{h\nu/kT} - 1} = \frac{R\,\theta}{e^{\theta/T} - 1}. \tag{3-30}$$

Hierin bedeutet $\theta = h\nu/k$ die sog. „charakteristische Temperatur", h das „PLANCKsche Wirkungsquantum" ($h = 6{,}625 \cdot 10^{-27}$ erg $\cdot$ s), ν die Frequenz und k die „BOLTZMANNsche Konstante" (Gaskonstante je Molekül, $k = 1{,}380 \cdot 10^{-16}$ erg/Grad). Die Erkenntnisse der PLANCK-schen Quantentheorie, wonach sich die Energie nur in gewissen Mengen-einheiten, den Quanten, ändern kann, spielen hier noch insofern eine Rolle, als die Rotation und Schwingung nur eintreten kann, wenn der Energiegehalt der Moleküle groß ist gegenüber den Quanten, dann erst werden sie zu einer Drehung oder Schwingung „angeregt"[1].

Die charakteristischen Temperaturen der einzelnen Gase können durch spektroskopische Messungen an gewöhnlichen Spektren bzw. an Raman-Spektren ermittelt werden, wobei eine weit höhere Genauigkeit erzielt wird als bei kalorimetrischen Messungen. Zeigt z. B. das Kohlen-oxyd bei $4{,}66\,\mu$ eine ultrarote Absorptionsbande, so ergibt sich aus der Wellenlänge $\lambda = 4{,}66 \cdot 10^{-4}$ cm und aus der Beziehung: Frequenz mal Wellenlänge gleich Lichtgeschwindigkeit

$$\nu\lambda = 2{,}9977 \cdot 10^{10} \text{ cm/s} \tag{3-31}$$

die Frequenz zu $\nu = 0{,}644 \cdot 10^{14}$ Hz und $\theta = h\nu/k = 3069\ ^\circ$K. Zeigt ein Gas mehrere charakteristische Temperaturen — ihre Zahl steigt mit wachsender Komplizierung des Molekülbaues, so daß die rechne-rische Behandlung z. B. der Moleküle höherer Kohlenwasserstoffe einen ganz erheblichen Rechenaufwand erfordert —, so werden die einzelnen

---

[1] So ist auch das Ausbleiben der Rotation bei den einatomigen Molekülen zu erklären.

Schwingungsbeiträge zur spez. Wärme, jeweils mit der Zahl der Freiheitsgrade addiert, multipliziert[1].

Eine weitere Verfeinerung der Berechnungsmethoden auf Grund der statistischen Mechanik geht von der „Zustandssumme" aus. Die Zustandssumme, auch als Verteilungsfunktion bezeichnet, ist

$$Z = g_0 e^{-\frac{\varepsilon_0}{kT}} + g_1 e^{-\frac{\varepsilon_1}{kT}} + g_2 e^{-\frac{\varepsilon_2}{kT}} + \cdots, \qquad (3\text{-}32)$$

worin g die statistischen Gewichte und ε die Energiewerte der verschiedenen möglichen Quantenzustände der einzelnen Atome bzw. Moleküle bedeuten[2]. Hierauf aufbauend hat Justi die spez. Wärmen der Gase berechnet, die heute als gesicherter Zahlenstoff, der auch durch weitere Fortschritte der Physik kaum wesentliche Veränderungen oder Verbesserungen erfahren dürfte, allen wärme- und feuerungstechnischen Berechnungen zugrunde zu legen sind[1].

Die in dieser Weise spektroskopisch ermittelten Werte der spez. Wärme gelten zunächst nur für den Druck $p = 0$ at, sie müssen daher noch auf den Druck des Normzustandes, auf 1 at phys. $= 760$ Torr, umgerechnet werden, wozu wir die Clausiussche Gleichung

$$c_p = c_{p_0} - A\,T \int\limits_0^p \left(\frac{\partial^2 V}{\partial T^2}\right)_p dp \qquad (3\text{-}33)$$

benutzen. Für einen so kleinen Druckbereich, wie wir ihn hier betrachten, können wir auch für den realen Gaszustand mit einer verhältnismäßig einfachen Zustandsgleichung auskommen, etwa mit der Berthelotschen Zustandsgleichung

$$p\,v = R\,T + B\,p. \qquad (3\text{-}34)$$

Es ist dann

$$c_p = c_{p_0} - A\,T \frac{d^2 B}{d T^2} p. \qquad (3\text{-}35)$$

Die Differenz $c_{p=1} - c_{p=0}$ steigt mit fallender Temperatur und verschwindet praktisch für sehr hohe Temperaturen. Ausführliche Zahlentabellen findet man bei Justi[3], einige Werte für die mittlere spez.

---

[1] Justi, E.: Spektroskopische Bestimmung der spezifischen Wärme der Gase bei höheren Temperaturen. Forschung 2 (1931) H. 4 S. 117—124. — Justi, E.: Spezifische Wärme technischer Gase und Dämpfe bei höheren Temperaturen. Forschung 5 (1934) H. 3 S. 130—137. — Justi, E., u. H. Lüder: Spezifische Wärme, Entropie und Dissoziation technischer Gase und Dämpfe. Forschung 6 (1935) H. 5 S. 209—216.

[2] Zeise, H.: vgl. Fußn. 3 S. 90.

[3] Vgl. Fußn. 2 S. 90. Man beachte jedoch, daß sich die tabellierten Werte auf $p = 0$ at beziehen und entsprechend umzurechnen sind, ferner wird auf die angegebenen Berichtigungen hingewiesen. In der späteren Ergänzungsarbeit [Feuerungstechn. 26 (1938) H. 10 S. 313—322] hat Justi zum Teil auch die Wohlsche Zustandsgleichung benutzt.

Zahlentafel 3–2. *Mittlere spezifische Wärme der Gase* $(c_{p_m})_0^t$ *bei 760 Torr*

Gas		0°	500°	1000°	1500°	2000°
O_2	kg	0,220	0,234	0,248	0,256	0,263
	Nm³	0,314	0,335	0,354	0,366	0,376
N_2	kg	0,249	0,255	0,267	0,277	0,285
	Nm³	0,311	0,319	0,334	0,347	0,356
Ar	kg	0,125	0,124	0,124	0,124	0,124
	Nm³	0,223	0,222	0,222	0,222	0,222
Luft[1]	kg	0,241	0,248	0,261	0,272	0,279
	Nm³	0,312	0,321	0,337	0,351	0,361
CO_2	kg	0,199	0,245	0,270	0,286	0,295
	Nm³	0,393	0,484	0,534	0,565	0,584
SO_2	kg	0,152	0,175	0,188	0,195	0.200
	Nm³	0,445	0,511	0,550	0,571	0,584
H_2O	kg	0,468	0,476	0,512	0,548	0,579
	Nm³	0,376	0,382	0,412	0,440	0,465
CO	kg	0,250	0,257	0,271	0,281	0,288
	Nm³	0,312	0,321	0,338	0,351	0,360
H_2	kg	3,400	3,471	3,531	3,603	3,737
	Nm³	0,306	0,312	0,317	0,324	0,336
CH_4	kg	0,517	0,712	0,884	—	—
	Nm³	0,371	0,510	0,634	—	—

Wärme, bezogen auf den Druck $p = 1$ at (760 Torr), gibt Zahlentafel 3–2
wieder. Da jedoch die Zahlenwerte nur gebraucht werden, um durch
Multiplikation der Gewichts- oder Mengeneinheit mit der mittleren
spez. Wärme und der Temperatur den Wärmeinhalt des Gases (die
Enthalpie) zu errechnen, ist es praktischer, gleich mit den Enthalpie-
werten zu arbeiten. Eine entsprechende, in ihrem Umfang für alle
feuerungstechnischen Rechnungen ausreichende Enthalpie-Tafel für
Gase ist im Anhang S. 690/91 wiedergegeben.

Reaktionskinetik

Massenwirkungsgesetz und Gleichgewichtskonstante. Befinden sich
in einem Raum die Moleküle zweier Gase, die miteinander in Reaktion
treten können, so werden fortgesetzt nicht nur Moleküle der gleichen
Gasart, sondern auch solche der beiden Gasarten zusammenprallen.
Die Geschwindigkeit der Reaktion, worunter man die Konzentra-
tionsänderung der an der Reaktion beteiligten Stoffe versteht, ist
abhängig von der Anzahl der vorhandenen Moleküle (der molaren
Konzentration). Betrachten wir n_A Moleküle des Stoffes A und n_B Mole-

---

[1] Bezogen auf trockene Luft. Über feuchte Luft vgl. S. 26.

küle des Stoffes B, so ist die Geschwindigkeit der Reaktion

$$n_A A + n_B B \rightleftharpoons n_{A'} A' + n_{B'} B' \qquad (3\text{-}36)$$

proportional der Stoffmenge $[A]$, der Stoffmenge $[B]$ und einem Faktor $k < 1$, da nicht jeder Zusammenstoß von zwei Molekülen der reagierenden Stoffe zu einer Reaktion führt, sondern nur ein kleiner Bruchteil, da die Reaktion voraussetzt, daß der Zusammenstoß mit einer überdurchschnittlichen Energie erfolgt. Es ist also

$$v = k\, c_A^{n_A} c_B^{n_B}, \qquad (3\text{-}37)$$

$c_A = A$ und $c_B = B$ sind die molaren Konzentrationen. Gleichzeitig kann aber, wie die Pfeile in Gl. (3-36) andeuten, die Reaktion auch in umgekehrter Richtung verlaufen, es ist dann die Reaktionsgeschwindigkeit in umgekehrter Richtung

$$v' = k'\, c_{A'}^{n_{A'}} c_{B'}^{n_{B'}}. \qquad (3\text{-}38)$$

Die beiden gegenläufigen Reaktionen streben dem Gleichgewicht zu. Im Gleichgewichtszustand sind die Geschwindigkeiten der beiden in entgegengesetzter Richtung verlaufenden Reaktionen einander gleich, also

$$v - v' = k\, c_A^{n_A} c_B^{n_B} - k'\, c_{A'}^{n_{A'}} c_{B'}^{n_{B'}} = 0. \qquad (3\text{-}39)$$

Daraus ergibt sich die Gleichgewichtskonstante zu

$$K_c = \frac{k}{k'} = \frac{c_{A'}^{n_{A'}} c_{B'}^{n_{B'}}}{c_A^{n_A} c_B^{n_B}}. \qquad (3\text{-}40)$$

An Stelle der molaren Konzentrationen können wir (im Bereich der Gültigkeit der idealen Gasgesetze) die Partialdrücke der Gase einführen. Es ist dann die Gleichgewichtskonstante

$$K_p = \frac{p_{A'}^{n_{A'}} p_{B'}^{n_{B'}}}{p_A^{n_A} p_B^{n_B}}. \qquad (3\text{-}41)$$

Beide Ausdrücke sind durch die Beziehung

$$K_p = K_c (R\,T)^{\Sigma n} \qquad (3\text{-}42)$$

miteinander verbunden, worin Σn die algebraische Summe der Molzahlen der beteiligten Stoffe angibt und damit zugleich den Reaktionstypus festlegt. Ist die Molzahl zu beiden Seiten der Reaktionsgleichung gleich, also $\Sigma n = 0$, so ist die Reaktionsgleichung druckunabhängig (Beispiel: Wassergasreaktion, vgl. S. 431); ist Σn dagegen positiv oder negativ, so ist die Reaktion druckabhängig, und zwar verschiebt sie sich mit steigendem Druck zur geringeren Molzahl, mit sinkendem Druck zur größeren Molzahl. Am deutlichsten wird dies, wenn wir das Massenwirkungsgesetz durch die Molenbrüche $x_A = p_A/p = c_A/c$ ausdrücken, dann erhält man

$$K_p = K_x\, p^{\Sigma n}. \qquad (3\text{-}43)$$

Der Reaktionsmechanismus. Wie bereits hervorgehoben wurde, bedarf es nicht nur eines Zusammenstoßes von zwei oder mehreren Molekülen, um eine Reaktion herbeizuführen, sondern die Moleküle müssen einen bestimmten hohen Energiegehalt haben, der durch äußere Energiezufuhr, z. B. durch Strahlung, Erwärmung oder dgl., bewirkt sein kann. Diese Energiemenge A wird als „Aktivierungsenergie" bezeichnet, weil sie notwendig ist, um das Molekül aktiv werden zu lassen. Nach dem Verteilungsgesetz von MAXWELL-BOLTZMANN führt nur der Bruchteil $e^{-A/RT}$ der Zusammenstöße zur Reaktion, so daß

$$k = k_m\, e^{-A/RT} \qquad\qquad (3\text{–}44)$$

wird, worin k_m durch die Stoßzahl bestimmt ist (Häufigkeitsexponent).

ARRHENIUS hat vorgeschlagen, die Temperaturabhängigkeit der Geschwindigkeitskonstanten durch die Gleichung

$$\log k = -\frac{A}{T} + B \qquad\qquad (3\text{–}45)$$

darzustellen, was nach Übergang auf den natürlichen Logarithmus wieder zu Gl. (3–44) führt.

Die Stoßzahl ist proportional $\sqrt{T}$, also auch in geringerem Maß von der Temperatur abhängig, was jedoch gar nicht ins Gewicht fällt gegenüber der außerordentlich großen Temperaturabhängigkeit des Ausdrucks $e^{-A/RT}$.

Nun handelt es sich bei den Verbrennungsreaktionen der Gase keineswegs um Reaktionen von sehr einfachem und eindeutigem Schema. Obwohl das Bruttoergebnis, also Ausgangsstoffe und Enderzeugnisse, genau bekannt sind, können selbst in einfach gelagerten Fällen genaue Aussagen über den genannten Reaktionsverlauf nicht gemacht werden. Vor allem sind diese Reaktionen meist Kettenreaktionen, d. h. der Gesamtvorgang verläuft über eine Kette von verschiedenen Einzelreaktionen unter Bildung verschiedenartiger, zum Teil sehr kurzlebiger Zerfalls- und Zwischenprodukte, darunter vorzugsweise auch Dissoziation der Moleküle in ihre Atome und in Radikale (wie z. B. OH). Die Reihe der Einzelreaktionen ist gekennzeichnet durch eine ketteneinleitende und eine kettenabbrechende Reaktion, zwischen denen verschiedene Zwischenglieder liegen. Der Reaktionsfortgang ist dabei vielfach durch eine Kettenverzweigung begünstigt, d. h. irgendein Zwischenprodukt löst eine neue Kettenreaktion aus usw. In derartigen Fällen lassen sich die Konstanten der Gl. (3–44), besonders die Aktivierungswärme, nicht bestimmen, wohl aber kann man eine gleichgebaute Gleichung aufstellen, worin „A" die „scheinbare Aktivierungswärme" bedeutet, also einfach eine Konstante, die nicht mehr streng physikalisch als die Aktivierungswärme der betreffenden Reaktion oder Reaktionsfolge gedeutet werden kann. In verschiedenen Temperaturbereichen kann sich überdies das Reaktionsschema ändern, was die rechnerische Erfassung der Vorgänge sehr erschwert.

Bei den homogenen Gasreaktionen war zunächst die Voraussetzung gemacht worden, daß die reagierenden Bestandteile in inniger Berührung, also vollkommen gemischt seien. Bei praktischen Verbrennungsvorgängen hingegen muß diese Voraussetzung ja erst geschaffen werden. Hierbei zeigt sich, daß der eigentliche Stoffumsatz in einem Zeitraum von wesentlich geringerer Größenordnung abläuft als die Mischung des Gases mit der Verbrennungsluft. Praktisch wird daher für die Brenn-zeit eines Gases in einer Feuerung die Mischgeschwindigkeit von Gas und Luft allein ausschlaggebend sein (vgl. S. 637--644).

Bei heterogenen Reaktionen, d. h. Reaktionen zwischen einem Gas und einem festen oder flüssigen Körper, spielt sich der Stoffumsatz nur an der Oberfläche des festen Körpers ab. Zum Unterschied gegenüber den homogenen Reaktionen besitzen die festen Körper einen konstanten (und überdies sehr geringen) Dampfdruck, der daher ohne Einwirkung auf die Gleichgewichtskonstante ist. Man kann daher den konstanten Dampfdruck des Festkörpers in die Gleichgewichtskonstante einbeziehen und z. B. bei der Verbrennung von Kohlenstoff nach der Gleichung $C + O_2 = CO_2$ statt

$$K_p = \frac{p_{CO_2}}{p_C \, p_{O_2}} \tag{3-46}$$

schreiben

$$K_p = \frac{p_{CO_2}}{p_{O_2}} \, . \tag{3-47}$$

Da sich die Reaktion jedoch nur an der Oberfläche des ersten Körpers abspielen kann, ist ein Stofftransport an die Oberfläche notwendig, der z. B. durch Diffusion bewirkt werden könnte, dann aber außerordentlich träge verlaufen würde. Ein wesentlich schnellerer Austausch ist durch Konvektion, also durch einen turbulenten Stoffaustausch möglich, wie er tatsächlich in allen Feuerungen auch vor sich geht. War schon bei den homogenen Gasreaktionen die Mischung ein Vorgang, der als sehr langsam anzusehen ist gegenüber dem chemischen Stoffumsatz, so gilt dies in noch weit stärkerem Maße von dem konvektiven Stoffaustausch, wie er bei der Verbrennung oder Vergasung fester Brennstoffe notwendig ist. Hier tritt — im Bereich der Verbrennungstemperaturen — die Geschwindigkeit des Stoffumsatzes ganz in den Hintergrund, und der physikalische Vorgang des Stoffaustausches ist allein geschwindigkeitsbestimmend. Der Verbrennungsvorgang muß also als ein physikalischer Vorgang betrachtet und behandelt werden (vgl. S. 455).

4. Die Wärmeübertragung

Vorbemerkung

Die Grundgesetze des Wärmeübergangs und des wesensverwandten Stoffaustausches spielen bei vielen feuerungstechnischen Überlegungen und Berechnungen eine große Rolle. Sie haben jedoch in jüngster Zeit eine so ausführliche Darstellung erfahren, daß es genügen möge, eine kurze Bibliographie darzubieten, aus der die wichtigsten Einzelergebnisse entnommen werden können, die aber im wesentlichen nur die Quellen für ein tieferes Eindringen in dieses Wissensgebiet erschließen soll. Nachstehende Literaturhinweise sind gegliedert in allgemeine Grundlagen und zusammenfassende Darstellungen[1], Sondergebiete[2] und Bibliographien[3]. Der Wärmeübergang in Feuerungen wird S. 374—393 behandelt.

Wärmeübergang durch Strahlung[4]

1. Strahlung des absolut schwarzen Körpers. Die durch Strahlung eines absolut schwarzen Körpers (Hohlraumstrahlung) übertragene Wärmemenge ist nach dem von BOLTZMANN theoretisch abgeleiteten,

---

[1] ECKERT, E.: Einführung in den Wärme- und Stoffaustausch, 2. Aufl., Berlin/Göttingen/Heidelberg: Springer 1959. — GRÖBER, H., S. ERK u. U. GRIGULL: Die Grundgesetze der Wärmeübertragung, 3. Aufl., Berlin/Göttingen/Heidelberg: Springer 1955. — SCHACK, A.: Der industrielle Wärmeübergang, 5. Aufl., Düsseldorf: Verlag Stahleisen 1957. — KOCH, B.: Grundlagen des Wärmeaustausches (Stoffwerte). Dissen T.W. 1950, Beucke. — TEN BOSCH, M.: Die Wärmeübertragung, 3. Aufl., Berlin: Springer 1936. — McADAMS, W. H.: Heat Transmission, 3. Aufl., New York/London/Toronto: McGraw-Hill 1954. — Heat Transmission, Vol. I u. II, New York u. London: J. Wiley & Sons u. Chapman & Hall 1956 u. 1957.

[2] HEGELMANN, E.: Wärmeübertragung (in E. BERL: Chemische Ingenieur-Technik Bd. 2, Berlin: Springer 1935, S. 97—142). — JAKOB, M., u. S. ERK: Wärmeschutz und Wärmeaustausch (in EUCKEN,A., u. M. JAKOB: Der Chemie-Ingenieur, Bd. I Tl. 1, Leipzig: Akademie-Verlag 1933). — KERN, D. Q.: Process Heat Transfer, New York/Toronto/London: McGraw-Hill 1950 (unter besonderer Berücksichtigung chemischer Apparaturen). — MÜNZINGER, F.: Dampfkraft, 2. Aufl., Berlin: Springer 1933, S. 66—130 (unter besonderer Berücksichtigung der Wasserrohrkessel). — HEILIGENSTAEDT, W.: Wärmetechnische Rechnungen für Industrieöfen, 3. Aufl., Düsseldorf: Verlag Stahleisen 1951 (unter besonderer Berücksichtigung der Industrieöfen). — The Institution of Mechanical Engineers und The American Society of Mechanical Engineers: Proceedings of the General Discussion on Heat Transfer (11.—13. 9. 1951) London 1951, Instn. Mech. Engrs.

[3] VILBRANDT, F. C., u. Mitarb.: Heat transfer bibliography. Virginia Polytechn. Institute, Blacksburg, Va. (schließt Dez. 1942 ab). — McADAMS: s. Fußn. 1, dort S. 419—448 (umfaßt 789 Hinweise). — Farbenfabriken Bayer (Hrsg.), H. MIESSNER u. U. GRIGULL (Schriftl.): Fortschritte der Verfahrenstechnik 1952/53 und folgende Bände dieses Jahrbuchs, Weinheim: Verlag Chemie.

[4] PEPPERHOFF, W.: Temperaturstrahlung. Wiss. Forsch. Berichte. Naturwiss. Reise (hrsg. von W. BRÜGEL u. R. JÄGER) Bd. 65, Darmstadt: D. Steinkopff 1956. — ECKERT, E.: s. Fußn. 1, dort S. 199—246.

von STEFAN experimentell bestätigten Gesetz

$$Q = C_0 \left(\frac{T}{100}\right)^4 \quad [\text{kcal/m}^2\,\text{h}] \tag{4-1}$$

im technischen Maßsystem. Darin bedeuten $C_0 = 4{,}96$ kcal/m² h Grad abs.[4] die Strahlungskonstante[1], T die absolute Temperatur in °K. Die Zahlenwerte $(T/100)^4$ können Zahlentafel A–7 S. 692 entnommen werden. Im MKSA-System ist $C_0 = 5{,}77$ W/m² Grad abs.[4].

2. Strahlung grauer Körper. Alle festen Körper, auch wenn sie uns schwarz erscheinen (wie Lampenruß), sind nicht „absolut schwarz", sondern haben einen Schwärzegrad < 1 und werden daher als graue Körper bezeichnet. Ihre Strahlungszahlen sind, besonders bei den Metallen, abhängig von der — von der Wellenlänge, der Schichtdicke, dem Kristallgefüge u. a. beeinflußten — Absorption, Reflexion und Durchlässigkeit; sie sind daher sowohl temperatur- als auch richtungsabhängig und unterliegen somit nicht mehr streng dem STEFAN-BOLTZMANNschen Gesetz und nur in begrenzten Bereichen dem LAMBERTschen Cosinusgesetz (s. u.). Für die strahlenden Schichten in Feuerungen, der Feuerraumwandungen und die wärmeempfangenden Rohre von durchweg hohem Schwärzegrad können jedoch diese Gesetze als hinreichend genau angenommen werden. Die Strahlungszahlen (Zahlentafel 4–1) sind daher nur als ungefähre Richtungswerte zu betrachten. Über das Absorptionsvermögen von Kohle vgl. Abb. 4–1.

Zahlentafel 4–1. Strahlungszahlen

Stoff	Oberflächenbeschaffenheit	Temperatur °C	Strahlungszahl
Ziegelmauerwerk . . .	rauh	22	4,6
Silikatstein	rauh	1000	4,05
Silikatstein	rauh, schlackig	1100	4,25
Schamottestein	glasiert	1000	3,7
Stahlblech	starke, rauhe Oxydschicht	24	3,98
,, ...	dichte, glänzende Oxydschicht	24	4,06
,, ...	unbearbeitet, glatt	900	2,97
,, ...	unbearbeitet, glatt	1035	2,80
Flußeisen	unbearbeitet, rauh	925	4,31
,, ...	unbearbeitet, rauh	1045	4,58
,, ...	unbearbeitet, rauh	1118	4,85
Kohle	glühend	—	3,9—4,0
Lampenruß	glatt	0—50	4,4

Steht der heißere Körper 1 von der Temperatur T_1, der Strahlungszahl C_1 und der Fläche F_1 mit dem kälteren Körper 2 von der Temperatur

---

[1] KUSSMANN, A.: Bestimmung der Konstanten des STEFAN-BOLTZMANNschen Gesetzes. Z. Phys. 25 (1924) S. 58—82.

T_2, der Strahlungszahl C_2 und der Fläche F_2 im Wärmeaustausch, und ist C_0 wieder die Strahlungszahl des absolut schwarzen Körpers, so lassen sich aus Gl. (4-1) und dem KIRCHHOFFschen Gesetz (Emission zu Absorption $E_1/A_1 = E_0$) leicht folgende Beziehungen ableiten:

Bei zwei unendlich großen, parallelen Flächen oder bei endlichen (oder sehr) nahen und parallelen Flächen, bei welchen $F_1 = F_2 = F$ ist, gilt

$$Q = F C \left[\left(\frac{T_1}{100}\right)^4 - \left(\frac{T_2}{100}\right)^4\right], \quad (4\text{-}2)$$

$$C = \frac{1}{\dfrac{1}{C_1} + \dfrac{1}{C_2} - \dfrac{1}{C_0}}. \quad (4\text{-}3)$$

Bei zwei endlichen, beliebig zueinander stehenden Flächen dagegen ist

$$Q = F_1 C \varphi_{12} \left[\left(\frac{T_1}{100}\right)^4 - \left(\frac{T_2}{100}\right)^4\right], \quad (4\text{-}4)$$

$$C = \frac{C_1 C_2}{C_0}. \quad (4\text{-}5)$$

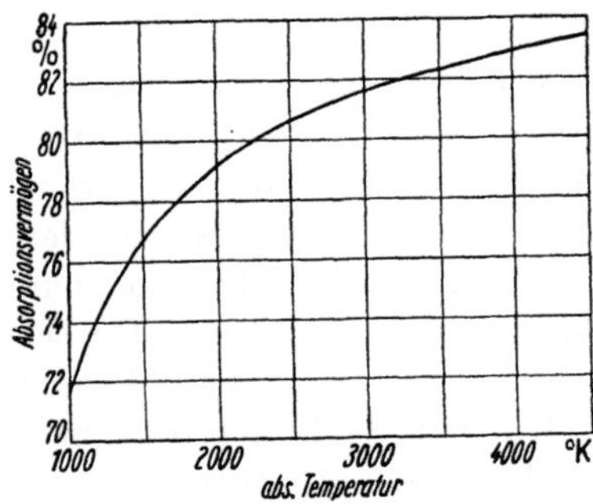

Abb. 4-1. Wirksames Absorptionsvermögen von Kohle in Abhängigkeit von der abs. Temperatur (nach SENFTLEBEN und BENEDICT)

Darin bedeuten:

T_1 die absolute Temperatur des eben und an allen Stellen gleich temperierten, diffus strahlend gedachten, strahlenden Körpers von der Fläche F_1 m² (z. B. Oberfläche eines Brennstoffbettes),

T_2 entsprechend die absolute Temperatur des bestrahlten Körpers (z. B. die Außenoberfläche der direkt bestrahlten Wasserrohre eines Kessels),

C die Strahlungszahl und

φ_{12} das Winkelverhältnis oder den geometrischen Intensitätsfaktor, der angibt, welcher Betrag der von der Rostfläche (1) ausgesandten Strahlen die Heizfläche (2) trifft. Hätten alle den Feuerraum umschließenden Wandungen dieselbe Temperatur, so gäbe φ_{12} unmittelbar das Verhältnis der an die Fläche (2) übertragenen Wärmemenge zu der gesamt abgestrahlten Wärmemenge an.

3. Das Winkelverhältnis. Wird die strahlende Fläche von der bestrahlten ganz umschlossen, so ist das Winkelverhältnis $\varphi = 1$. Die Verteilung der Strahlung auf Seiten, Decke usw. bzw. auf ein beliebiges Flächenelement ergibt sich nach dem LAMBERTschen Cosinusgesetz[1], das jedoch nur für absolut schwarze Körper streng, bei grauen Körpern mit rauher Oberfläche aber auch annähernd gilt[2]. Mit den geometrischen

---

[1] LAMBERT: Photometria, Augsburg 1760.

[2] SCHMIDT, E., u. E. ECKERT: Über die Richtungsverteilung der Wärmestrahlung von Oberflächen. Forsch. Ing.-Wes. 6 (1935) H. 4 S. 175—183.

Verhältnissen der Strahlung haben sich GERBEL[1] und ECKERT[2] eingehend befaßt. Danach ist das Winkelverhältnis

$$\varphi = \frac{1}{\pi} \int\limits_0^f \frac{n\, n_1}{s^4}\, df, \qquad (4\text{-}6)$$

wenn ein flächenhaft strahlender Punkt P die Fläche df (bzw. f) bestrahlt, wenn ferner die Lage der beiden Flächen durch die beiden Lote n und n_1 und durch den Abstand s zwischen P und df gekennzeichnet ist.

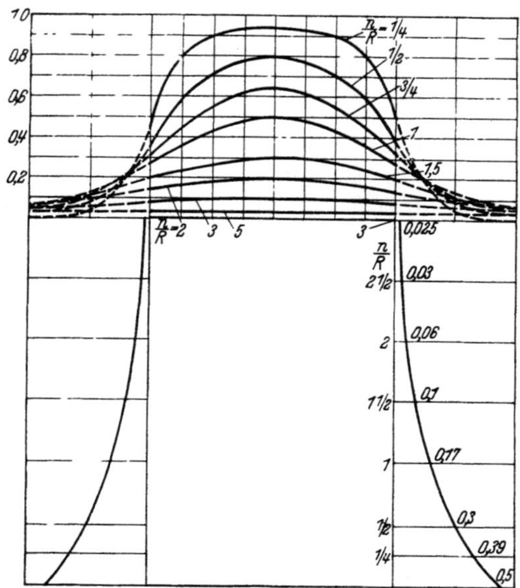

Abb. 4-2. Verteilung der geometrischen Strahlungsintensität auf Decke und Seitenwände eines zylindrischen Feuerraumes (nach GERBEL)

Um ein Bild über die Größe der φ-Werte zu geben, ist das Ergebnis der GERBELschen Berechnungen für einen vom Grundkreis bestrahlten Zylinder in Abb. 4-2 wiedergegeben.

Für den Fall, daß die strahlende Fläche F_1 die Heizfläche F_2 sowohl direkt als auch über die Wandfläche indirekt bestrahlt, wobei $F_2/F_1 = \mu$ gesetzt werde, findet KAMMERER[3] den Ausdruck

$$\varphi_{\text{gesamt}} = \frac{\mu - \varphi_{12}^2}{1 + \mu + 2\varphi_{12}}. \qquad (4\text{-}7)$$

---

[1] GERBEL, M.: Die Grundgesetze der Wärmestrahlung und ihre Anwendung auf Dampfkessel mit Innenfeuerung, Berlin 1917.

[2] ECKERT, E.: Technische Strahlungsaustauschrechnungen und ihre Anwendung in der Beleuchtungstechnik und beim Wärmeaustausch, Berlin 1937.

[3] Z. bayer. Rev.-Ver. 20 (1916) S. 195, — vgl. F. MÜNZINGER: Die Leistungssteigerung von Großdampfkesseln, Berlin: Springer 1922.

Auf die Bestimmung des Winkelverhältnisses nach KOESSLER[1], HAUSEN[2], SEIBERT[3], ROSZAK und VÉRON[4], WEBER[5], HOTTEL[6], HAMILTON und Mitarbeiter[7], das optische Modellverfahren von ECKERT[8] und das elektrische Modellverfahren von PASCHKIS[9] sei kurz hingewiesen. Ein einfaches Näherungsverfahren, die „Fadenregel", ist von POLLAK[10] angegeben und von ORDINANZ[11], berichtet worden.

Ein neues Berechnungsverfahren für den Strahlungsaustausch mehrerer Flächen eines strahlendurchlässigen Raumes geben HEINZE und WAGENER[12] an. Da bei Feuerungen die Voraussetzung eines strahlendurchlässigen Raumes nicht zutrifft, was zu einem stärkeren Wärme- und Temperaturausgleich führt, ist ein allzu großer mathematischer Aufwand nicht gerechtfertigt.

4. Gasstrahlung. Im Gegensatz zum schwarzen Körper sind die Gase nur Selektivstrahler, d. h. sie emittieren und absorbieren nur Strahlen in bestimmten Wellenbereichen. Von den technischen Gasen kommen hauptsächlich Kohlensäure und Wasserdampf als Strahler in Betracht,

---

[1] KOESSLER: Ein Beitrag zur Untersuchung des Wasserrohrkessels in bezug auf Wärmestrahlung. Z. bayer. Rev.-Ver. 29 (1925) H. 10 bis 12 S. 115—118, 126—130 u. 136—140.

[2] HAUSEN, H.: Die Messung von Lufttemperaturen in geschlossenen Räumen mit nicht strahlungsgeschützten Thermometern. Z. techn. Phys. 5 (1924) H. 5 S. 169—186.

[3] SEIBERT, O.: Die Wärmeaufnahme der bestrahlten Kesselheizfläche. Arch. Wärmew. 9 (1928) H. 6 S. 180—188, Forschungsheft 324, Berlin 1930. — Einfluß der Gasstrahlung auf die Wärmeaufnahme der bestrahlten Kesselheizfläche. Wärme 53 (1930) H. 28 S. 537—543.

[4] ROSZAK, CH., u. M. VÉRON: Le rayonnement calorifique envisagé du point de vue des applications industrielles. Rev. Métall. 21 (1924) S. 435—449, 549—564, 600—609.

[5] Vgl. KAMMERER: Z. bayer. Rev.-Ver. 20 (1916) S. 195 und F. MÜNZINGER: Die Leistungssteigerung von Großdampfkesseln, Berlin 1922.

[6] Vgl. F. MÜNZINGER: Dampfkraft, 3. Aufl., Berlin 1949, und W. H. McADAMS: Heat transmission, New York u. London 1933.

[7] HAMILTON, D. C., W. L. SIBBIT u. G. A. HAWKINS: Radiant interchange configuration factors. Amer. Soc. mech. Engrs. Paper 50-A-104, 1950.

[8] ECKERT, E.: Bestimmung des Winkelverhältnisses beim Strahlungsaustausch durch das Lichtbild. Z. VDI 79 (1935) H. 50 S. 1495—1496.

[9] PASCHKIS, V.: Elektrisches Modell zur Verfolgung von Wärmestrahlungsvorgängen, insbesondere in elektrischen Öfen. Elektrotechn. u. Masch.-Bau 54 (1936) Nr. 52 S. 617—621.

[10] POLLAK, G. L.: Theorie des Strahlungswärmeaustausches. Diss. Moskau 1938 (Wärmetechn. Inst.).

[11] ORDINANZ, W.: Eine neue Methode zur Berechnung des Wärmeaustausches durch Strahlung. Schweizer Arch. angew. Wiss. Techn. 10 (1944) Nr. 4 S. 113—115.

[12] HEINZE, W., u. S. WAGENER: Der Wärmeübergang durch Strahlung. Z. techn. Phys. 18 (1937) Nr. 3 S. 75—86.

Kohlenoxyd und Kohlenwasserstoffe[1] spielen ja anteilmäßig immer nur eine untergeordnete Rolle, während Stickstoff und Sauerstoff strahlendurchlässig sind. Bei der Luft spielt der Gehalt an Wasserdampf und Kohlensäure, gegebenenfalls noch der Staubgehalt eine Rolle, man denke nur an die Absorption der Sonnenstrahlen durch die Wolken oder die Dunstatmosphäre der Industriestädte; bei genaueren Messungen ist dies zu beachten[2]. A. SCHACK[3] hat die CO_2- und H_2O-Strahlung untersucht und als Funktion der Temperatur und des Produktes ps (Teildruck [Vol.-%] mal Schichtstärke [m]) formelmäßig dargestellt; neuere Messungen führten E. SCHMIDT[4], TINGWALDT[5], HOTTEL und MANGELS-DORF[6] und ECKERT[7] durch.

Nach SCHWIEDESSEN[8] ist bei Extrapolation über den gemessenen Bereich zu beachten, daß die Wärmeübergangszahl durch Gasstrahlung einen Höchstwert durchschreitet und dann wieder abnimmt, was die Messungen von HOTTEL und EGBERT[9] (wenigstens beim CO_2) bestätigen. LANDFERMANN[10] weist auf die Tatsache hin, daß CO_2- und H_2O-Strahlung nicht aufaddiert werden dürfen (wie dies in erster Annäherung erfolgt), und gibt eine Formel für Gemische an.

---

[1] Über die große Bedeutung der Zerfallsprodukte der Kohlenwasserstoffe bei ihrer Verbrennung, besonders der feinen Rußsuspensionen, wird bei der Flammenstrahlung noch zu sprechen sein.

[2] WERNEBURG, J.: Untersuchung über die Wärmestrahlung von Flammen. Forsch. Ing.-Wes. 10 (1939) H. 2 S. 61—79.

[3] SCHACK, A.: Über die Strahlung der Feuergase und ihre praktische Berechnung. Z. techn. Phys. 5 (1924) S. 267—278. Neueste Fassung seiner Darstellung in A. SCHACK: Der industrielle Wärmeübergang, 2. Aufl., Düsseldorf 1940, S. 163—187.

[4] SCHMIDT, E.: Messung der Gesamtstrahlung des Wasserdampfes bei Temperaturen bis 1000 °C. Forsch. Ing.-Wes. 3 (1932) H. 2 S. 57—70.

[5] TINGWALDT, C.: Die Absorption der Kohlensäure im Gebiet der Bande $\lambda = 2{,}7\,\mu$ zwischen 300 und 1100° abs. Z. Phys. 35 (1934) S. 715—720, — Die Absorption der Kohlensäure im Gebiet der Bande $\lambda = 4{,}3\,\mu$ zwischen 300 und 1000° abs. Phys. Z. 39 (1938) S. 1—6.

[6] HOTTEL, H. C., u. H. G. MANGELSDORF: Heat transmission by radiation from nonluminous gases. Trans. Amer. Inst. Chem. Engrs. 31 (1935) S. 517—549.

[7] ECKERT, E.: Messung der Gesamtstrahlung von Wasserdampf und Kohlensäure in Mischung mit nichtstrahlenden Gasen bei Temperaturen bis zu 1300°. VDI-Forsch.-Heft 387, Berlin 1937. — SCHMIDT, E., u. E. ECKERT: Die Wärmestrahlung von Wasserdampf in Mischung mit nichtstrahlenden Gasen. Forschung 8 (1937) H. 2 S. 87—90.

[8] SCHWIEDESSEN, H.: Die Strahlung von Kohlensäure und Wasserdampf mit besonderer Berücksichtigung hoher Temperaturen. Arch. Eisenhüttenw. 14 (1940/41) H. 1 S. 9—14, H. 4 S. 145—153 u. H. 5 S. 207—210.

[9] HOTTEL, H. C., u. R. B. EGBERT: The radiation of furnace gases. Trans. Amer. Soc. mech. Engrs. 63 (1941) S. 297—307.

[10] LANDFERMANN, C. A.: Über ein Verfahren zur Bestimmung der Gesamtstrahlung von Kohlensäure und Wasserdampf in technischen Feuerungen. Diss. Karlsruhe 1948, — Ausz. Gas- u. Wasserfach 89 (1948) Nr. 8 S. 233/34, — Stahl u. Eisen 69 (1949) Nr. 3 S. 98/99.

Da die Handhabung dieser Formeln umständlich ist, kann man den Wärmeübergang durch Gasstrahlung auch durch eine Formel, ähnlich dem STEFAN-BOLTZMANNschen Gesetz, ausdrücken, indem man die

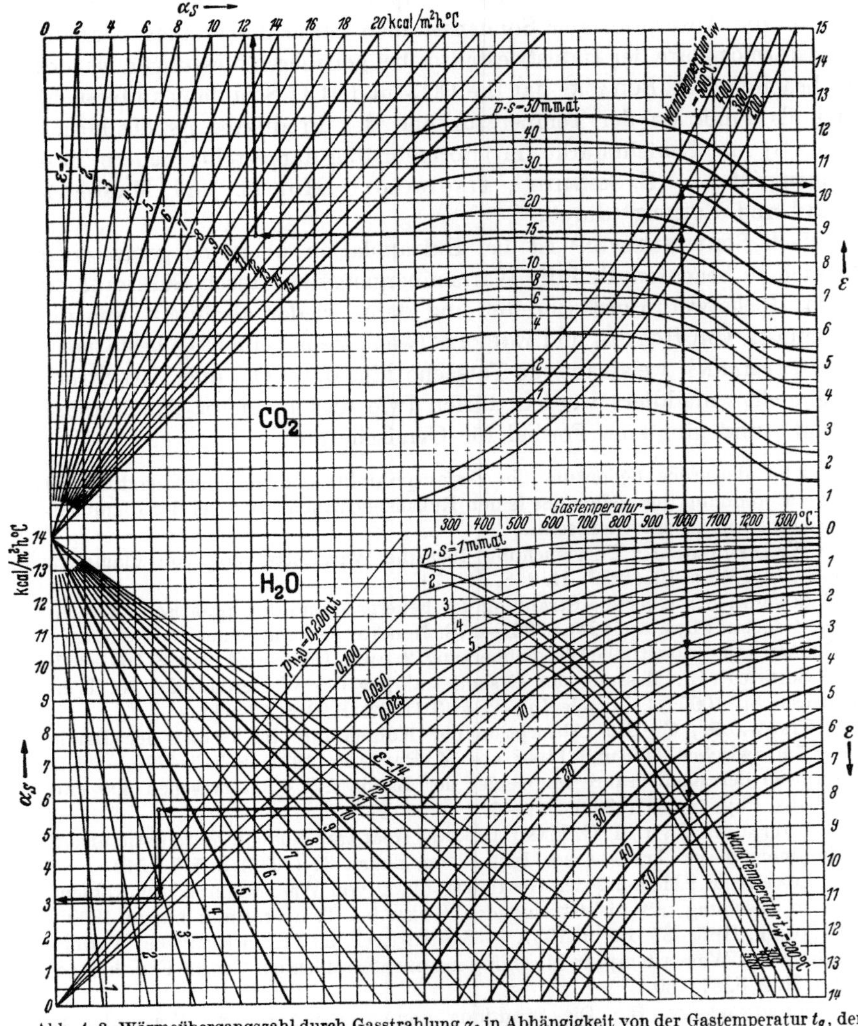

Abb. 4–3. Wärmeübergangszahl durch Gasstrahlung α_s in Abhängigkeit von der Gastemperatur t_g, der Wandtemperatur t_w, dem Teildruck p und der Schichtstärke s (nach B. KOCH)

Strahlungszahl ψC_0 einführt. Der Beiwert ψ ist dann eine umständliche Funktion von t und ps, die man für den praktischen Gebrauch in Tabellenform bringen kann[1]. Für manche Ableitungen ist diese Form der Darstellung zu empfehlen.

---

[1] TEN BOSCH: Die Wärmeübertragung, 2. Aufl., Berlin 1927, S. 13—20.

Eine andere praktische Möglichkeit ist die Ermittlung einer Wärmeübergangszahl durch Gasstrahlung

$$\varkappa_s = \frac{Q_s}{t_g - t_w}. \qquad (4\text{–}8)$$

Für die meisten praktischen Rechnungen ist diese Darstellungsform sehr geeignet, da sie eine unmittelbare Addition der Wärmeübergangszahl durch Strahlung und durch Konvektion gestattet. Solche Darstellungen lieferten MICHEL[1], MÜNZINGER[2] und unter Berücksichtigung der neueren Meßergebnisse B. KOCH[3], dessen Diagramme in Abb. 4–3 wiedergegeben sind. Bei nicht ebenen Begrenzungswänden, z. B. im Inneren eines Rohrbündels, ist die Schichtstärke nach Abb. 4–4 zu bestimmen.

5. Strahlung leuchtender Flammen. Brennstoffe, die, wenn auch in geringen Prozentsätzen, Kohlenwasserstoffe enthalten, verbrennen unter geeigneten physikalischen Reaktionsbedingungen mit leuchtender Flamme. Das Leuchten wird dadurch hervorgerufen, daß bei der Erwärmung der Kohlenwasserstoffe eine Wasserstoffabgabe (Dehydrierung) eintritt, wobei größere, wasserstoffärmere Moleküle gebildet werden, bis bei immer weiterschreitendem Abbau im Grenzfall nur noch ein Kohlenstoffgerüst als Skelett übrigbleibt. Diese feinverteilten Ruß

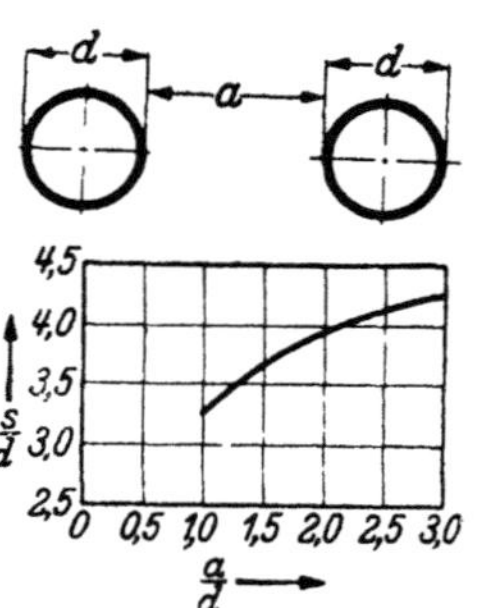

Abb. 4-4. Wirksame Schichtstärke (s) in Rohrbündeln (a lichter Rohrabstand, d Rohrdurchmesser) (nach B. KOCH)

suspensionen sind vor allem die Träger der Leuchterscheinungen, wobei sich die Flamme nach den Untersuchungen von SENFTLEBEN und BENEDICT[4] optisch wie ein trübes Medium verhält. Aus dem gas- und spektralanalytischen Studium an Ölflammen[5] geht hervor, daß im Bereich der heterogenen Zone, wo also noch Öltröpfchen in flüssiger Phase vorhanden sind, Dehydrierungserscheinungen und das Auftreten verschiedener Radikale wie CH, C_2 und besonders OH spektralanalytisch nachweisbar sind; erst nach dem völligen Verschwinden der flüssigen Phase, in der sog. Zwischengaszone, stellt sich das Wassergasgleichgewicht ein. Bei der

---

[1] MICHEL, F.: Gasstrahlung und Dampfkesselberechnung. Feuerungstechn. 18 (1930) H. 9/10 S. 82—84.

[2] MÜNZINGER, F.: Dampfkraft, 3. Aufl., Berlin 1949.

[3] KOCH, B.: Zur Berechnung des Wärmeüberganges durch die Gasstrahlung bei Kohlensäure und Wasserdampf. Feuerungstechn. 27 (1939) H. 5 S. 136—141.

[4] SENFTLEBEN u. BENEDICT: Ann. Phys., Lpz. 60 (1919) H. 20 S. 297, — Z. techn. Phys. 7 (1926) H. 10 S. 489, s. ferner G. MIE: Beiträge zur Optik trüber Medien. Ann. Phys., Lpz. 25 (1908) S. 377.

[5] BECK, G.: Spektraluntersuchung des Verbrennungsvorganges. Zur Umsetzung in technischen Flammen. VDI-Forsch.-Heft 377, Berlin 1936.

Verbrennung von Gasen treten nach RUMMEL[1] durch den Wasserstoff-
abbau der schweren Kohlenwasserstoffe Kohlenstoffskelette auf, die die
Flamme leuchtend machen. Aber auch leichte Kohlenwasserstoffe wie
Methan können durch entsprechende Vorwärmung auf mäßige Temperaturen in schwere Kohlenwasserstoffe umgewandelt werden („Selbstkarburierung")[2], während sehr hohe und schnelle Vorwärmung zu einem
völligen Zerfall in C und H_2 führt, der die Flamme wieder entleuchtet.
Vorwärmung des Gases und der Luft, Mischgeschwindigkeit und Temperatur im Verbrennungsraum schaffen also in gegenseitiger Beeinflussung die Bedingungen für das Auftreten von Kohlenstoffskeletten
und damit für die Intensität und die Dauer des Leuchtens. Reichliche
Luftzufuhr und gute Mischung wirkt entleuchtend (wie man ja einfach
am Bunsenbrenner demonstrieren kann), ebenso wirken andere Gasbestandteile, besonders der Wasserdampf, als „Karburierungsgifte",
wohl hauptsächlich deshalb, weil sie den Abbau der Kohlenstoffskelette
zu nichtleuchtenden Gasen beschleunigen.

Wir haben es daher mit einem so verwickelten Zusammenspiel
chemischer und physikalischer Einflüsse zu tun, und die Leuchtwirkung
hängt so sehr aufs engste mit dem Gang der Umwandlungs- und Abbau-
reaktionen während der Verbrennung zusammen, daß die rechnerische
Behandlung der Strahlung leuchtender Flammen naturgemäß auf größte
Schwierigkeiten stoßen muß, zumal die Vorgänge, obwohl ihrem Wesen
nach erkannt, doch noch nicht genügend durchforscht sind.

Bei den festen Brennstoffen spielen die Kohlenwasserstoffe der
Flüchtigen Bestandteile die gleiche Rolle wie bei der unmittelbaren Gasverbrennung; Methan wird auch, allerdings in geringen Mengen, durch
die Kohlenstoffvergasung gebildet, das seinerseits unter gegebenen Voraussetzungen (Erwärmung bei Luftmangel) selbstkarburierend wirken
kann, so daß auch hier die fein verteilten Rußsuspensionen (erkennbar
an der gleichmäßigen gelben bis gelblich-weißen Flammenfärbung), die
in der Größenordnung von 0,000175 bis 0,0003 mm aber in riesenhaften
Mengen (etwa $1,3 \cdot 10^3$ Teilchen je cm^3) auftreten, eine ganz erheblich
größere Rolle spielen als die noch sehr groben Kohlenstaubpartikel einer
Kohlenstaubflamme. Berechnungsmethoden für Kohlenstaubflammen

---

[1] RUMMEL, K.: Vom Wesen der Flamme. Stahl u. Eisen 61 (1941) H. 15
S. 364—371.

[2] HERNING, F.: Mitt. Forsch.-Anst. GHH.-Konzern 8 (1940) H. 6 S. 115—131 u.
9 (1941) H. 3 S. 49—66, — Arch. Eisenhüttenw. 14 (1941) H. 12 S. 581—586. —
RUMMEL, K.: Vom Wesen der Flamme. Stahl u. Eisen 61 (1941) H. 15 S. 364—371.
— RUMMEL, K., u. P.-O. VEH: Die Strahlung leuchtender Flammen. I. Tl. Arch.
Eisenhüttenw. 14 (1941) H. 10 S. 489—499. — VEH, P.-O.: Die Strahlung leuch-
tender Flammen. II. Tl. Arch. Eisenhüttenw. 14 (1941) H. 11 S. 533—542 u. Diss.
Aachen 1941.

die nur die groben Feststoffe als Strahler ansehen, müssen daher zu falschen Ergebnissen (zu geringer Abstrahlung) führen[1].

A. SCHACK[2] drückt die Strahlung leuchtender Flammen aus durch die Formel

$$Q = F\,C_2\,\varphi\,p\left[\left(\frac{T_1}{100}\right)^4 - \left(\frac{T_2}{100}\right)^4\right]. \qquad (4\text{–}9)$$

Darin ist C_2 die Strahlungszahl des bestrahlten Körpers, p der Schwärzegrad, der eine Funktion der Absorptionszahl, der Schichtstärke und der Temperatur ist, und φ in diesem Falle ein Beiwert, der von der Form der Flamme abhängt und im allgemeinen in der Nähe von 1 liegt. Der Schwärzegrad p ist in der Abb. 4–5 in Abhängigkeit von der Absorptionsstärke $k\,s$ (Absorptionszahl k mal Schichtstärke s in [m]) und der Temperatur dargestellt. Für die Abschätzung des Wertes k muß man Messungen unter ähnlichen Betriebsbedingungen heranziehen. SCHACK[3] schlägt vor, von dem Unterschied zwischen der optisch gemessenen, scheinbaren Flammentemperatur

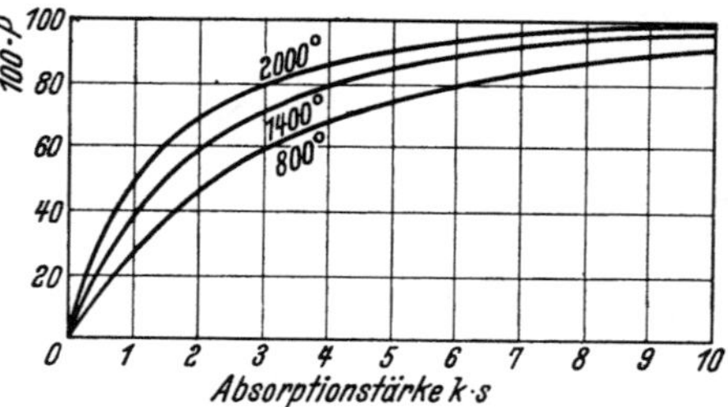

Abb. 4–5. Schwärzegrad leuchtender Flammen in Abhängigkeit von der Absorptionsstärke $k\,s$ (nach SCHACK)

und der wahren Flammentemperatur $(t_w - t_s)$ auszugehen und gibt ein Diagramm zur Ermittlung der Absorptionsstärke an.

Zu bemerken ist, daß dieser Schwärzegrad für eine bestimmte, vorzugsweise die Höchstzahl der durch die Aufschließung des Brennstoffes durch seine Erhitzung gebildeten Rußsuspensionen gilt, daß aber fortschreitender Abbrand durch den Abbau der vorhandenen Kohlenstoffskelette den Schwärzegrad bis auf den Wert Null senkt. Dies erkennt man z. B. aus den Messungen an Ölfeuerungen von LINDMARK und

---

[1] WOHLENBERG, W. J., u. D. G. MORROW: Trans. Amer. Soc. mech. Engrs. 47 (1925) S. 127. — WOHLENBERG, W. J., u. E. L. LINDSETH: Trans. Soc. Amer. mech. Engrs. 48 (1926) S. 489. — WOHLENBERG, W. J., u. F. W. BROOKS: Trans. Amer. Soc. mech. Engrs. 49 (1927) u. 50 (1928) FSP-50-39 S. 141. — WOHLENBERG, W. J., u. R. L. ANTHONY: Trans. Amer. Soc. mech. Engrs. 51 (1929) S. 235. — WOHLENBERG, W. J.: Trans. Amer. Soc. mech. Engrs. 52 (1930) S. 177. — Einer besseren Ausgleichung an praktische Meßergebnisse dient die Arbeit: WOHLENBERG, W. J., u. H. F. MULLIKIN: Trans. Amer. Soc. mech. Engrs. 57 (1935) S. 531. — MÜNZINGER, F.: Dampfkraft, 2. Aufl., Berlin 1935, stützt sich ebenfalls auf die Arbeiten von WOHLENBERG und Mitarbeitern. Auch diese Diagramme bedürfen daher der Berichtigung.

[2] SCHACK, A.: Strahlung von leuchtenden Flammen. Z. techn. Phys. 6 (1925) H. 10 S. 530—540.

[3] SCHACK, A.: Der industrielle Wärmeübergang, 2. Aufl., Düsseldorf 1940, S. 187—194.

EDENHOLM[1], bei denen bei den hier wahllos herausgegriffenen Beispielen die Höchstwerte für k bei 1,1 bis 1,75, die Mittelwerte über die gesamte Flammenlänge bei 0,5 bis 0,75 liegen (Abb. 4–6).

Im Hinblick auf die Bedeutung und den Umfang der Forschungsarbeit auf dem Gebiete der Flammenstrahlung hat ein internationaler Gemeinschaftsausschuß (die International Flame Research Foundation, Flame Radiation Research Joint Committee, Vorsitzender G. RIBAUD) ein größeres Forschungsprogramm in Angriff genommen und inzwischen eine Reihe von Berichten veröffentlicht[2].

Die Flammenstrahlung hängt von der Ausbildung der Flamme ab, also ihrem Impuls, der Art der Luftzuführung, der Höhe der Luftvorwärmung, der Dicke der Flamme und der Art und Zerstäubungsgüte des Brennstoffs und der sich ergebenden Rußkonzentration (abhängig vom C/H-Verhältnis).

6. Gesamtstrahlung. In der Feuerungstechnik kommt die Strahlung fester Körper, die Strahlung leuchtender Flammen und die Gasstrahlung in den meisten Fällen nicht für sich allein, sondern in Gemeinschaft miteinander vor. Flammenstrahlung und Gasstrahlung addieren sich nicht, sondern ergeben zusammenwirkend die Strahlungszahl

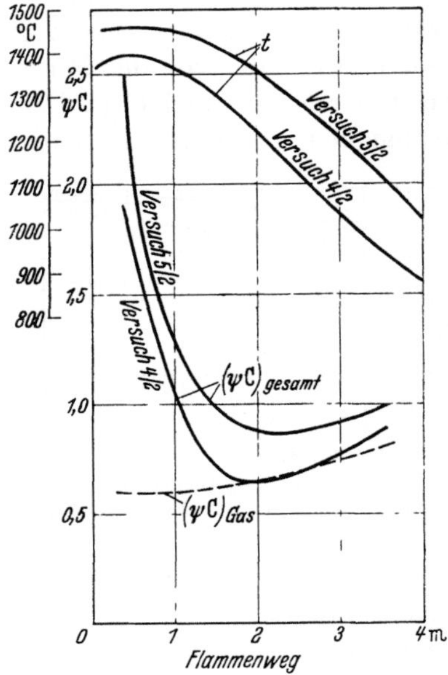

Abb. 4–6. Verlauf der Strahlungszahl (ψC) und der Temperatur vom Flammenweg nach Messungen von LINDMARK und EDENHOLM an Ölfeuerungen ($D = 800$ mm). Versuch 4/2 93,5 kg/h, $t_l = 384$ °C, $n = 1,29$. Versuch 5/2 149 kg/h, $t_l = 525$ °C, $n = 1,12$

$$C^* = (p + (1 - p)\psi)C_2. \tag{4–10}$$

Wenn $p = 0$, wird (bei beendigtem Ausbrand), geht die Strahlungszahl in diejenige der reinen Gasstrahlung über.

Stehen zwei feste Körper (z. B. Rost und Heizfläche) im Strahlungsaustausch, liegt aber zwischen ihnen ein strahlendes und infolgedessen

---

[1] LINDMARK, T., u. H. EDENHOLM: The flame radiation in watercooled boiler furnaces. Ingeniörs Vetenskaps Akademien. Handl. Nr. 66, Stockholm 1927.

[2] J. Inst. Fuel 24 (1951) Nr. 140 S. S 1—S 16; 25 (1952) Nr. 141 S. S 17—S 26; 26 (1953) Nr. 153 S. 189—225; 29 (1956) Nr. 180 S. 23—44; 30 (1957) Nr. 201 S. 553—576. — Vgl. auch: THRING, M. W., u. E. H. HUBBARD: Characteristics of turbulent jet diffusion flames. The Institute of Fuel. Symposium „Flames and Industry", London 1957. — THRING, M. W.: Wärmeübergang aus Ölflammen in Schmelzöfen. Glastechn. Ber. 30 (1957) Nr. 10 S. 413—425.

auch strahlenabsorbierendes Gas. dessen Strahlungszahl ψC_0 ist, so wird infolge der Reabsorption bei jedem Strahlendurchgang[1]

$$C = \frac{(1 - \psi)\,C_1\,C_2}{C_0}.\qquad(4\text{-}11)$$

Der Wert für ψ richtet sich nach der Zusammensetzung, der Schichtdicke und der Temperatur des Gases. Sind die strahlenden Flächen durch eine leuchtende Flamme von der Strahlungszahl $p\,C_0$ und durch ein Gas getrennt, so ist

$$C = \frac{(1 - \psi - p)\,C_1\,C_2}{C_0}.\qquad(4\text{-}12)$$

Die absorbierten Wärmemengen sind in der Wärmebilanz der Vorgänge in der Feuerung als der Flamme bzw. dem Gas zugeführt zu bewerten. Rost-, Flammen- und Gasstrahlung lassen sich nicht zu einer Formel vereinigen, sondern müssen nacheinander berechnet werden.

Wärmeübergang durch Konvektion, Wärmeleitung und Wärmedurchgang

7. Wärmeübergang bei erzwungener Strömung im Rohr. Ein allgemeines Gesetz für den Wärmeübergang hat einen verhältnismäßig sehr komplizierten Aufbau (vgl. HOFMANN[2], ALTENKIRCH[3] und REICHARDT[4]), man begnügt sich daher meist mit in engeren Bereichen geltenden Gesetzen der Form

$$Nu = (Re \cdot Pr)^m \left(\frac{d}{L}\right)^n;\qquad(4\text{-}13)$$

hierin ist

die NUSSELTsche Kennzahl $Nu = \dfrac{\varkappa\,d}{\lambda}$,

die REYNOLDSsche Kennzahl $Re = \dfrac{w\,d}{\nu}$,

die PRANDTLsche Kennzahl $Pr = \dfrac{\nu}{a}$.

$\alpha\,[\text{kcal/m}^2\,\text{h}\,^\circ\text{C}]$ Wärmeübergangszahl, $d\,[\text{m}]$ Durchmesser des Rohres, $\lambda\,[\text{kcal/m h}\,^\circ\text{C}]$ Wärmeleitzahl, $w\,[\text{m/s}]$ Gasgeschwindigkeit[5] im Rohr,

---

[1] GUMZ, W.: Der Wärmeaustausch durch Strahlung in gaserfüllten Räumen. Feuerungstechn. 16 (1928) H. 16 S. 181—185. Dort ist die mathematische Ableitung der Gl. (4-11) angegeben.

[2] HOFMANN, E.: Über das allgemeine Wärmeübergangsgesetz der turbulenten Rohrströmung und den Sinn der Kennzahlen. Forsch. Ing.-Wes. 20 (1954) Nr. 3 S. 81—93.

[3] ALTENKIRCH, E.: Eine allgemeine Gleichung für den Wärmeübergang im glatten Rohr. Kältetechn. 5 (1953) Nr. 9 S. 253/54.

[4] REICHARDT, H.: Die Grundlagen des turbulenten Wärmeüberganges. Arch. ges. Wärmetechn. 2 (1951) Nr. 6/7 S. 129—142.

[5] Eigentlich muß w in m/h eingesetzt werden; der Übergang auf m/s in Gl. (4-14) ist in dem Koeffizienten bereits berücksichtigt worden.

v [m²/h] kinematische Zähigkeit, $a = \lambda/c_p\,\gamma$ [m²/h] Temperaturleitzahl, c_p [kcal/kg °C] spez. Wärme bei konstantem Druck, γ [kg/m³] spez. Gewicht des strömenden Gases.

Nach NUSSELT-GRÖBER ist $m = 0{,}79$ und $n = 0{,}05$, folglich

$$\alpha = 22{,}5\,d^{-0,16}\,(w\,\gamma\,c_p)^{0,79}\,\lambda^{0,21}\,L^{-0,05} \tag{4-14}$$

und für den Mittelwert der Rohrlänge von 0 bis L m wird die Konstante in Gl. (4–14) 23,7.

Die temperaturabhängigen Stoffwerte λ, γ, c_p oder a sind bei der Temperatur der Grenzschicht

$$T_G = T_k\,\frac{\dfrac{T_g}{T_k} - 1}{\ln\dfrac{T_g}{T_k}}, \tag{4-15}$$

$T_k =$ kleinste, $T_g =$ größte abs. Temperaturdifferenz,

einzusetzen.

Zahlentafel 4–2. $b = \lambda^{0,21} \cdot (\gamma\,c_p)^{0,79}$ *für Luft und angenähert für Rauchgas*

$t_m =$	0	$b = 0{,}170$	$t_m = 350$	$b = 0{,}105$	$t_m = 700$	$b = 0{,}083$
	50	0,154	400	0,101	750	0,081
	100	0,142	450	0,097	800	0,080
	150	0,132	500	0,093	850	0,079
	200	0,124	550	0,090	900	0,078
	250	0,117	600	0,088	950	0,077
	300	0,111	650	0,085	1000	0,076

Nach SCHACK[1] ist die Wärmeübergangszahl für Luft in Rohren

$$\alpha = (3{,}55 + 0{,}00168 \cdot t_l) \cdot \frac{w_0^{0,75}}{d^{0,25}} \quad \text{[kcal/m² h°C]} \tag{4-16}$$

und für beliebige Gase und überhitzte Dämpfe

$$\alpha = 20{,}9 \cdot c_p^{0,77} \cdot \lambda^{0,23} \cdot \frac{w_0^{0,75}}{d^{0,25}} \quad \text{[kcal/m² h °C].} \tag{4-17}$$

w_0 ist die reduzierte Geschwindigkeit bei 0 °C. Für Rauchgas ($n = 1$) gibt SCHACK eine 6% größere Wärmeübergangszahl an, bei Wasserdampf ist die Steigerung 15%, bei Wasserstoff 58% und bei Koksofengas 71%.

Auf Grund des vorhandenen Versuchsmaterials ist der Einfluß der Geschwindigkeit unbestritten, der Einfluß des Durchmessers dagegen nicht ausreichend geklärt, er wird zwischen der 0,16- bis 0,25-ten Potenz

---

[1] SCHACK, A.: Der industrielle Wärmeübergang, 2. Aufl., Düsseldorf 1940, S. 102–104.

liegend gefunden, der Einfluß der Rohrlänge sehr umstritten[1] und der Einfluß der Temperatur sehr gering[2], besonders wenn man mit der reduzierten Geschwindigkeit rechnet. Der Unterschied zwischen Kühlung und Beheizung ist bei Gasen vernachlässigbar, bei Flüssigkeiten kann er nach SARUKHANIAN[3] bzw. MICHEEV[1] durch ein Glied $(Pr_f/Pr_w)^n$ berücksichtigt werden, wobei f und w auf die mittlere Temperatur bzw.

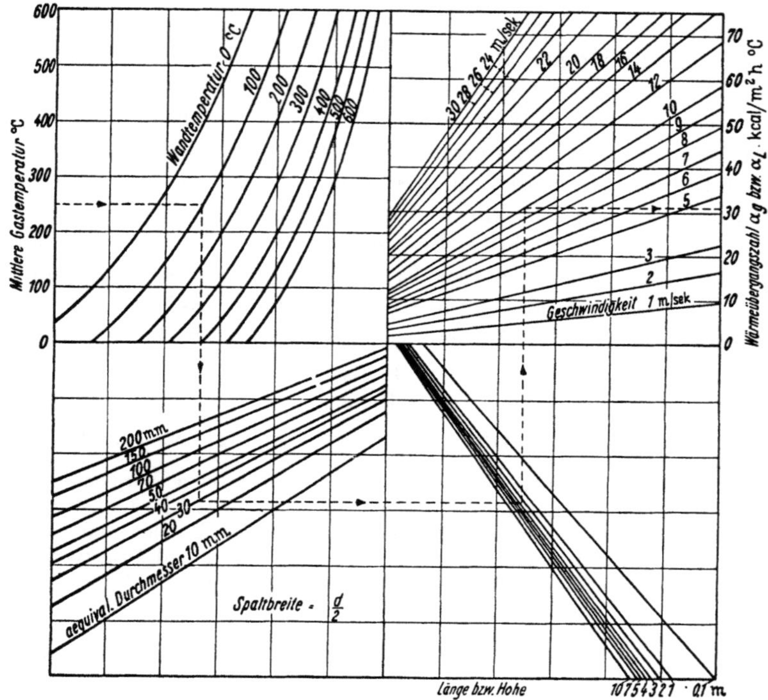

Abb. 4-7.
Tafel zur Bestimmung von Wärmeübergangszahlen in Rohren und Kanälen (nach NUSSELT)

---

[1] Während SCHULZE [E. SCHULZE: Versuche zur Bestimmung der Wärmeübergangszahl von Luft und Rauchgas in technischen Rohren. Arch. Eisenhüttenw. 2 (1928/29) H. 4 S. 223—244] keinen Einfluß der Rohrlänge festgestellt hat, findet NUSSELT die Potenz —0,05, HAUCKE [Arch. Wärmew. 11 (1930) H. 2 S. 53—61] sogar die Potenz —0,29, während W. STENDER (Wiss. Veröff. Siemens-Konz. IX, 2) auf Grund theoretischer Überlegungen überhaupt die Möglichkeit verneint, ein einfaches Potenzgesetz zu finden, da sich α_m einem konstanten Mindestwert α_{min} nähere.

[2] NUSSELT, W.: Der Einfluß der Gastemperatur auf den Wärmeübergang im Rohr. Techn. Mech. Thermodyn. 1 (1930) H. 8 S. 277—290.

[3] SARUKHANIAN, G.: Darstellung des Wärmeüberganges in Rohren bei turbulenter Strömung durch Potenzbeziehungen. Kältetechn. 5 (1953) Nr. 5 S. 125—128.

[4] MICHEEV, M. A.: Wärmeübertragung bei turbulenter Strömung in Rohren. Nachr. Akad. Wiss. UdSSR, Abt. Techn. Wiss., Nr. 10 (1952) S. 1448—1454.

die Wandtemperatur bei Ermittlung der PRANDTL-Zahl hinweisen, $n = 0,25$ nach MICHEEV. Erhöhte Wandrauhigkeit erhöht auch die Wärmeübergangszahl[1], und zwar nach NUNNER[2] bei kleinen PRANDTL-Zahlen beträchtlich, aber großen nur wenig. Künstliche Rauhigkeit ergibt daher bei kleinen PRANDTL-Zahlen bei gleichem Förderaufwand eine kleinere Übertragungsfläche. Verschiedene Arten künstlicher Rauhigkeiten und Verwirbelungseinrichtungen (Blenden, Scheiben, Wendeln, propellerartige Einbauten und Füllkörper) hat KOCH[3] untersucht. FOURNEL[4] hat gezeigt, wie der Wärmeübergang durch aufgesetzte Drähte örtlich gesteigert werden kann (um 37 bis 100%).

In engen Spalten (Luftvorwärmertaschen)[5] wird mitunter schon das Gebiet laminarer Strömung erreicht, außerdem zeigt sich, wohl hauptsächlich bedingt durch die Anlaufstörungen zwischen dem laminaren und turbulenten, ein sehr breites Übergangsgebiet[6].

Der Vorteil kleiner Rohrdurchmesser, enger Spalten und zusätzlicher Wirbelkanten zeigt sich in den Ergebnissen der Untersuchungen an Regenerativ-Wärmeaustauschern[7,8] und der Philips-Heißluftmaschine[9].

Bei nicht-kreisrunden Strömungsquerschnitten ist der äquivalente Durchmesser

$$d_{\text{äqu}} = \frac{4 \cdot \text{Fläche}}{\text{Umfang}} \qquad (4\text{--}18)$$

einzusetzen. Gewöhnlich wurde nach dem Vorgang von JORDAN[10] und

---

[1] BÖHM, H.-H.: Versuche zur Ermittlung der konvektiven Wärmeübergangszahlen an gemauerten Kanälen. Arch. Eisenhüttenw. 6 (1932/33) H. 10 S. 423—431. — SCHEFELS, G.: Reibungsverluste in gemauerten engen Kanälen und ihre Bedeutung für die Zusammenhänge zwischen Wärmeübergang und Druckverlust in Winderhitzern. Arch. Eisenhüttenw. 6 (1932/33) H. 11 S. 477—486.

[2] NUNNER, W.: Wärmeübergang und Druckverlust in rauhen Rohren. VDI-Forsch.-Heft 455 (1956).

[3] KOCH, R.: Druckverlust und Wärmeübergang bei verwirbelter Strömung. VDI-Forsch.-Heft 469 (1958).

[4] FOURNEL, E.: Procédé d'amélioration de l'efficacité de la convection. Cas des echanguers tubulaires. Chal. et Ind. 37 (1956) Nr. 368 S. 53—55.

[5] GUMZ, W.: Die Luftvorwärmung im Dampfkesselbetrieb, 2. Aufl., Berlin 1933, S. 219—229. — MOLLY, H.: Der Wärmeübergang an einen zwischen zwei ebenen parallelen Platten bewegten Luftstrom. Diss. Dresden 1935.

[6] WASHINGTON, L., u. W. M. MARKS: Heat transfer and pressure drop in rectangular air passages. Industr. Engng. Chem. 29 (1937) H. 3 S. 337—345, — vgl. auch Feuerungstechn. 25 (1937) H. 11 S. 327—329.

[7] KARLSSON, H., u. S. HOLM: Heat transfer and fluid resistances in Ljungstrom regenerative-type air preheaters. Trans. Amer. Soc. mech. Engrs. 65 (1943) Nr. 1 S. 61—72.

[8] GLASER, H.: Wärmeübergang in Regeneratoren. Z. VDI, Beih. Verfahrenstechn. Folge 1938 Nr. 4 S. 112—125.

[9] DE BREY, H., H. RINIA u. F. L. WEENEN: Fundamentals for the development of the Philips air engine. Philips Techn. Review 9 (1947) Nr. 4 S. 97—104.

[10] JORDAN, H. P.: On the rate of heat transmission between fluids and metal surfaces. Proc. Inst. mech. Engrs., Lond. 1909 Tl. 4 S. 1317—1357.

NUSSELT[1] dabei nur der am Wärmeaustausch teilnehmende Umfang eingesetzt, womit man bei flachen Kanälen den Wert $d = 2 \times$ Wandabstand erhält, nach KOCH[2] ist jedoch der gesamte benetzte Umfang vorzuziehen, was auch durch Messungen an einseitig beheizten, ringförmigen Querschnitten bestätigt wird[3].

Vergleichsmessungen an runden und gleichen, aber flachgedrückten und eingedellten Rohren[4] zeigen etwa 50% Steigerung der Wärmeübergangszahl bei flachgedrückten, etwa 100% bei flachgedrückten und eingedellten Rohren (Dellentiefe 0,762 mm. Dellenabstand 12,7 mm), doch steigt der Druckabfall auch etwa entsprechend. Das Übergangsgebiet zwischen laminarer und turbulenter Strömung verengt sich, besonders beim flachgedrückten und eingedellten Rohr, auf praktisch Null.

Bei sehr hohen Geschwindigkeiten (Mach-Zahl 0,2 bis 0,5)[5] verschwindet nach JUNG[6] der Einfluß von l/D, bei Mach-Zahlen von 0,6 bis 0,7 und darüber ändert sich das Geschwindigkeitsbild, und zusätzliche Beträge kinetischer Energie werden in Wärme verwandelt und verändern die Temperaturverteilung. Einen Überblick über den Einfluß sehr hoher Geschwindigkeiten vermitteln die Arbeiten von ECKERT[7], COPE[8] und ein zusammenfassender Bericht von JOHNSON und RUBESIN[9], weiteres Versuchsmaterial FISCHER und NORRIS[10], und für Mach-Zahlen bis 1,6 BIALOKOZ und SAUNDERS[11].

---

[1] NUSSELT, W.: Über Wärmeübergang auf ruhende oder bewegte Luft. Z. VDI 57 (1913) S. 197—199.

[2] KOCH, B.: Wärmeaustausch und gleichwertiger Durchmesser. Z. techn. Phys. 23 (1942) Nr. 11 S. 277—280.

[3] CHEN, C. Y., G. A. HAWKINS u. H. L. SOLBERG: Heat transfer in annuli. Trans. Amer. Soc. mech. Engrs. 68 (1946) Nr. 2 S. 99—106.

[4] GREEN, F. H., u. L. S. KING: The influence of tube shape on heat transfer coefficients in air to air exchangers. Trans. Amer. Soc. mech. Engrs. 68 (1946) Nr. 2 S. 115—122.

[5] Mach-Zahl = Gasgeschwindigkeit zu Schallgeschwindigkeit im Gas.

[6] JUNG, I.: Wärmeübergang und Reibungswiderstand in Rohren bei hohen Geschwindigkeiten. VDI-Forsch.-Heft 380, Berlin 1936.

[7] ECKERT, E. R. G.: Introduction to the Transfer of Heat and Mass, New York/Toronto/London 1950, S. 150—158.

[8] COPE, W. F.: Heat transfer at high speeds. Proc. Seventh International Congress for Applied Mechanics 3, London 1948, S. 120—126.

[9] JOHNSON, H. A., u. M. W. RUBESIN: Aerodynamic heating and convective heat transfer, — Summary of literature survey. Trans. Amer. Soc. mech. Engrs. 71 (1949) Nr. 7 S. 447—456.

[10] FISCHER, W. M., u. R. H. NORRIS: Supersonic convective heat-transfer correlation from skin-temperature measurements on a V-2 rocket in flight. Trans. Amer. Soc. mech. Engrs. 71 (1949) Nr. 7 S. 457—469.

[11] BIALOKOZ, J. E., u. O. A. SAUNDERS: Heat transfer in pipe flow at high speeds. Proc. Instn. mech. Engrs. 70 (1956) Nr. 12 S. 389—406.

8. Wärmeübergang an ebenen und gekrümmten Flächen. Für ebene Wände ist nach Jürges[1]

$$\alpha = 6{,}14 \cdot w^{0,78} + 4{,}6 \cdot e^{-0,6} \cdot w \tag{4-19}$$

und im Bereich der Geschwindigkeiten $w \geqq 5$ m/s.

$$\alpha = 6{,}14 \cdot w^{0,78}. \tag{4-20}$$

Diese Versuche sind bei 50° Wand-, 20° Lufttemperatur durchgeführt.

Das Problem der mit großer Geschwindigkeit angeströmten Platte behandeln Eckert und Drewitz[2].

Für die Strömung längs eines Zylinders haben Jakob und Dow[3] folgende Beziehungen aufgestellt:

Im laminaren Bereich

$$Nu = 0{,}590\,(Re)^{0,5}, \tag{4-21}$$

im turbulenten Bereich

$$Nu = 0{,}0280\,(Re)^{0,80}\left[1 + 0{,}40\left(\frac{L_A}{L_{\text{Ges}}}\right)\right], \tag{4-22}$$

darin ist L_A die (unbeheizte) Anlaufstrecke, L_{Ges} die Gesamtlänge (Anlaufstrecke + beheiztes Prüfrohr, Kupferrohr 33 mm $\varnothing$, etwa 200 mm lang). Die Wärmeübergangszahlen sind 7 bis 20% höher als für ebene Flächen zu erwarten.

9. Rohre (außen) und Rohrbündel. Für die Strömung um ein Rohr (oder einen Draht), senkrecht zur Rohrachse, hat Ulsamer[4] unter Mitbenutzung aller vorliegender Versuchsergebnisse die Formel aufgestellt

$$Nu = c\,(Re)^n. \tag{4-23}$$

Darin ist Nu die Nusseltsche Kennzahl

$$= \frac{\alpha\,d}{\lambda_m}, \tag{4-24}$$

Re die Reynoldssche Zahl

$$= \frac{w\,d}{v_m} = \frac{w\,\varrho_m\,d}{\eta_m}, \tag{4-25}$$

wobei die Mittelwerte der Stoffzahlen einzusetzen sind, also z. B.

$$\lambda_m = \frac{1}{\Theta_w} \int\limits_{T_0}^{T_w} \lambda\, dT. \tag{4-26}$$

[1] Jürges: Gesundh.-Ing. 45 (1922) H. 52 S. 641 und Beih. 3 z. Gesundh.-Ing. Reihe 1 (1924) S. 19.

[2] Eckert, E., u. O. Drewitz: Forschung 11 (1940) H. 3 S. 116—124.

[3] Jakob, M., u. W. M. Dow: Heat transfer from a cylindrical surface to air in parallel flow with and without unheated starting sections. Trans. Amer. Soc. mech. Engrs. 68 (1946) Nr. 2 S. 123—134.

[4] Ulsamer, J.: Die Wärmeabgabe eines Drahtes oder Rohres an einen senkrecht zur Achse strömenden Gas- oder Flüssigkeitsstrom. Forschung 3 (1932) H. 2 S. 94—98.

θ_w = Übertemperatur der Wand (T_w) über die ungestörte Temperatur des Mediums (T_0).

Die Konstanten c und n in Gl. (4–23) sind bei Luft

	c	n
bei $Re = 50-10000$	0,536	0,50
bei $< Re\ 50$	0,817	0,385

Die Verteilung des Wärmeüberganges auf den Rohrumfang zeigt Abb. 4–8 nach Messungen von E. Schmidt und Wenner[1].

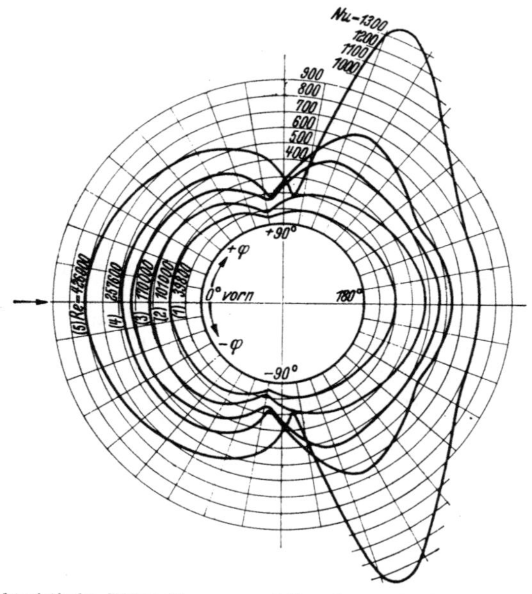

Abb. 4–8. Charakteristische Wärmeübergangsverteilungskurven im Polardiagramm. Kurven (1) u. (2) im vorkritischen Widerstandsgebiet; Kurven (3) u. (4) im kritischen Widerstandsgebiet; Kurve (5) im nachkritischen Widerstandsgebiet (gegebenenfalls Ende des krit. Bereiches) (nach E. Schmidt und Wenner)

Hilpert[2] hat den Temperatureinfluß durch die Formel

$$Nu = c\left(Re\left(\frac{T_w}{T_0}\right)^{\frac{1}{4}}\right)^n \tag{4–27}$$

erfaßt, außerdem Profilrohre untersucht.

---

[1] Schmidt, E., u. K. Wenner: Wärmeabgabe über den Umfang eines angeblasenen geheizten Zylinders. Forsch. Ing.-Wes. 12 (1941) H. 2 S. 65–73.

[2] Hilpert, R.: Wärmeabgabe von geheizten Drähten und Rohren im Luftstrom. Forschung 4 (1933) H. 5 S. 215–224.

Rohrbündel sind von REIHER[1] und neuerdings von amerikanischen und russischen Forschern[2-6] eingehend untersucht worden. Während sich REIHER auf Rohrbündel mit Rohrabständen gleich dem doppelten Rohrdurchmesser beschränkte, haben die neueren Arbeiten[7] auch den Einfluß der Rohrabstände geklärt. Nach GRIMISON[4] ist

$$Nu = 0{,}284 f_A f_Z (Re)^{0{,}61}. \tag{4-28}$$

Daraus ergibt sich die Wärmeübergangszahl für das Bündel zu

$$\alpha = 0{,}284 f_A f_Z \lambda\, v^{-0{,}61}\, d^{-0{,}39}\, w^{0{,}61}. \tag{4-29}$$

Darin bedeuten f_A den Anordnungsbeiwert (für fluchtende Rohranordnung nach Abb. 4–9, für versetzte Rohranordnung nach Abb. 4–10 und bei engen Bündeln nach Abb. 4–11) f_Z den Rohrzahlbeiwert (nach Abb. 4–12), der bei 10 oder mehr Rohrreihen = 1 wird, σ_1 das Verhältnis von Rohrabstand in einer Rohrreihe zum Rohrdurchmesser, σ_2 das Verhältnis des Abstandes zweier Rohrreihen voneinander zum Rohrdurchmesser (in Abb. 4–9 bis 11).

Eine andere Darstellungsweise der Meßergebnisse hat LYPE[8] vorgeschlagen.

Auf weitere Arbeiten von SCHACK[9], HOFMANN[10] und neuere Mes-

---

[1] REIHER, H.: Wärmeübergang von strömender Luft an Rohre und Röhrenbündel im Kreuzstrom. Forschungsheft 269, Berlin 1925.

[2] PIERSON, O. L.: Experimental Investigation of the Influence of Tube Arrangement on Convection Heat Transfer and Flow Resistance in Cross Flow of Gases over Tube Banks. Trans. Amer. Soc. mech. Engrs. 59 (1937) H. 7 S. 563—572, — Ref. Feuerungstechn. 25 (1938) H. 7 S. 261.

[3] HUGE, E. C.: Experimental Investigation of Effects of Equipment Size on Convection Heat Transfer and Flow Resistance in Cross Flow of Gases over Tube Banks. Trans. Amer. Soc. mech. Engrs. 59 (1938) H. 7 S. 573—581.

[4] GRIMISON, E. D.: Correlation and Utilization of New Data on Flow Resistance and Heat Transfer for Cross Flow of Gases over Tube Banks. Trans. Amer. Soc. mech. Engrs. 59 (1938) H. 7 S. 583—594.

[5] ANTUFJEV, V. M., u. L. S. KOSATSCHENKO: Der Wärmeaustausch zwischen Gasen und Rohrbündeln im Kreuzstrom. Sov. Kotloturbostroenie, 1937, H. 5 S. 241—248, — Ref. Feuerungstechn. 25 (1937) H. 12 S. 352.

[6] KUZNECOV, N. V., u. V. A. LOKŠIN: Die Wärmeübertragung durch Konvektion in Rohrbündeln, die im Querstrom beaufschlagt werden. Teplo i Sila 13 (1937) H. 10 S. 19—26, — Ref. Feuerungstechn. 26 (1938) H. 9 S. 294.

[7] Zu Fußn. 1 bis 6 vgl. Feuerungstechn. 26 (1938) H. 11 S. 345—347, — ferner R. BENKE: Der Wärmeübergang von Rohrelementen an Luft im Kreuzstrom bei größeren Abstandsverhältnissen. Arch. Wärmew. 19 (1938) H. 11 S. 287—291.

[8] LYPE, E. F.: Heat transfer data. A new correlation of results of HUGE's and PIERSON's tests on convection heat transfer. Mech. Engng. 66 (1944) Nr. 4 S. 254—256.

[9] SCHACK, A.: Der Wärmeübergang in Rohren und Rohrbündeln. Neubestimmung der Festwerte. Arch. Wärmew. 21 (1940) Nr. 2 S. 33—37.

[10] HOFMANN, E.: Wärmeübergang und Druckverlust bei Querströmung durch Rohrbündel. Z. VDI 84 (1940) Nr. 6 S. 97—101.

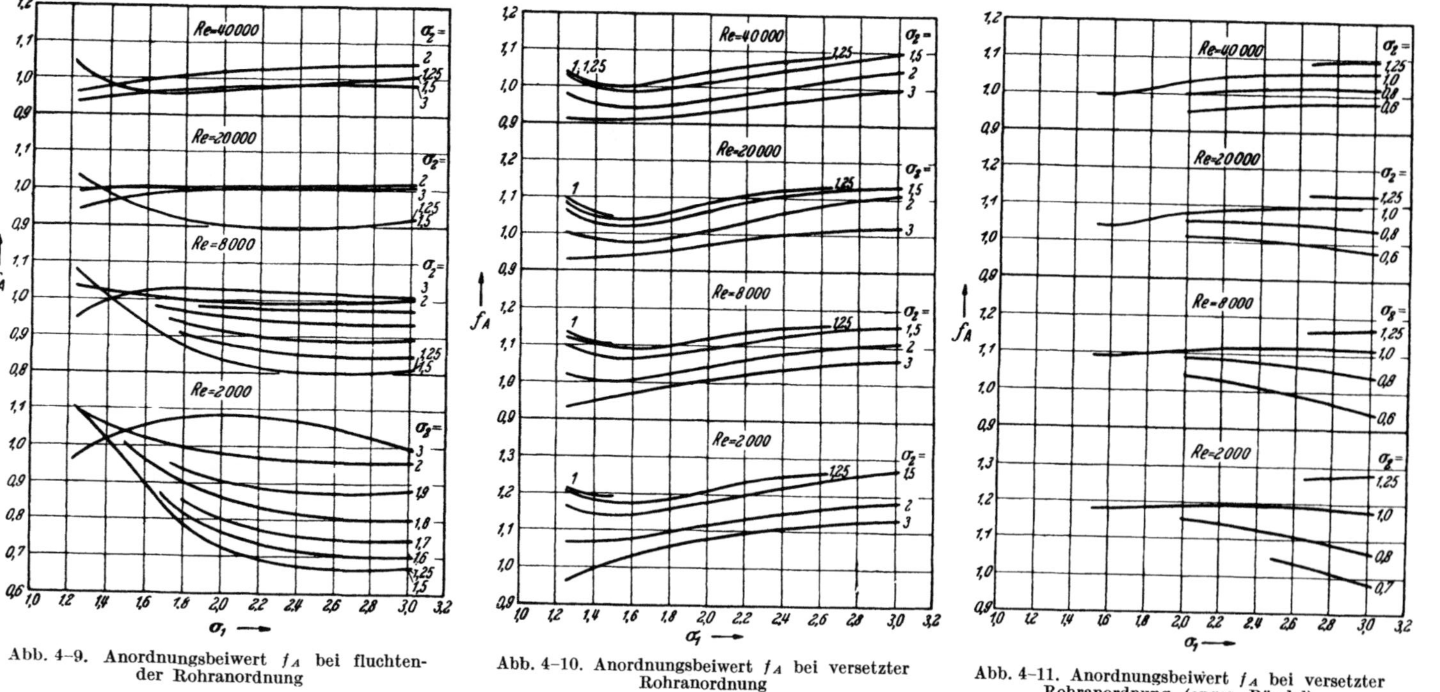

Abb. 4–9. Anordnungsbeiwert f_A bei fluchtender Rohranordnung

Abb. 4–10. Anordnungsbeiwert f_A bei versetzter Rohranordnung

Abb. 4–11. Anordnungsbeiwert f_A bei versetzter Rohranordnung (enges Bündel)

sungen von JONES und MONROE, GRAM, MACKEY und MONROE[1], BORTOLI[2] und BRESSLER[3] sei hingewiesen. BRESSLER hat auch die Verteilung auf die einzelnen Rohrreihen gemessen.

Weicht die Gasströmungsrichtung von 90° ab, so erhält man nach VOR-

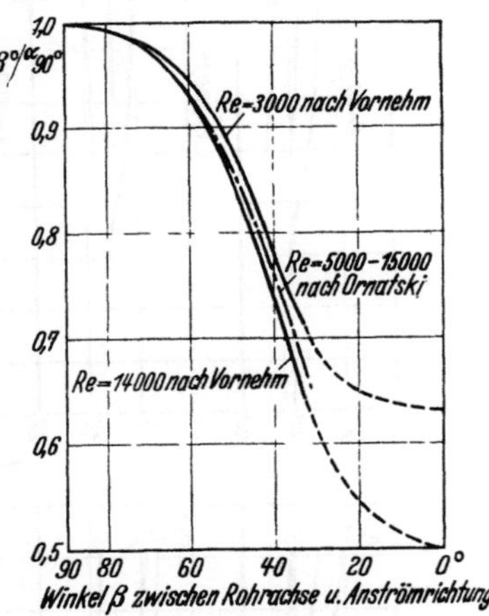

Abb. 4–13. Einfluß des Anströmwinkels auf den Wärmeübergang (bezogen auf $\alpha_{90°}$) nach Versuchen von VORNEHM und ORNATSKI

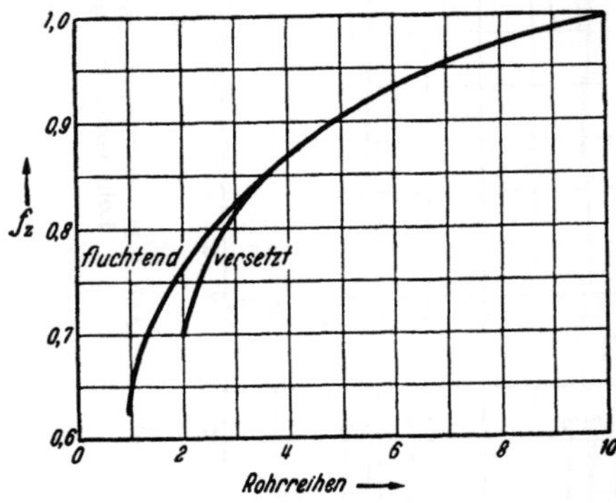

Abb. 4–12. Rohrzahlbeiwert f_z (nach PIERSON)

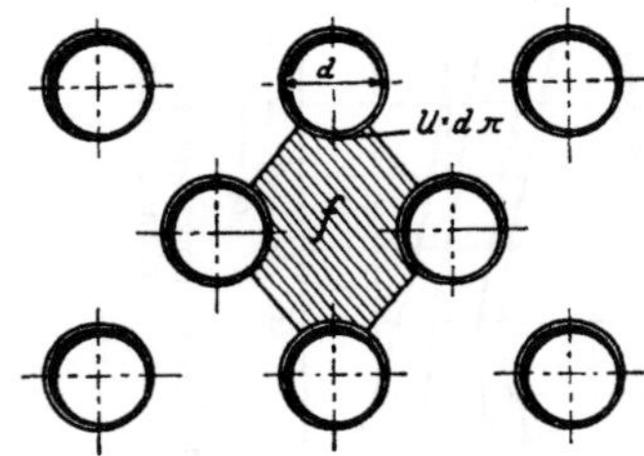

Abb. 4–14. Äquivalenter Durchmesser bei der Strömung längs der Rohre eines Rohrbündels

NEHM[4] und ORNATSKI[5], in guter Übereinstimmung, eine Verringerung der Wärmeübergangszahl mit abnehmendem Anströmwinkel β nach Abb. 4–13.

Bei einer Strömung längs der Rohre ist die Gleichung für die Strömung im Rohr anzuwenden unter Berücksichtigung des äquivalenten Durchmessers des wirklichen Strömungsquerschnittes nach Gl. (4–18), vgl. Abb. 4–14, oder die Gl. (4–21, 4–22).

[1] JONES, C. E., u. E. S. MONROE jr.: Convection heat transfer and pressure drop of air flowing across in-line tube banks. Tl. I. Trans. Amer. Soc. mech. Engrs. 80 (1958) Nr. 1 S. 18—24. — GRAM, A. J., C. O. MACKEY u. E. S. MONROE jr.: Tl. 2. Trans. Amer. Soc. mech. Engrs. 80 (1958) Nr. 1 S. 25—35.

[2] DE BORTOLI, R. A., R. E. GRIMBLE u. J. E. ZERBE: Average and local heat transfer for cross flow through a tube bank. Nuclear Science Engng. 1 (1956) Nr. 3 S. 239—251 [Ref. Verfahrenstechn. Ber. Nr. 1373 (1957) S. 593].

[3] BRESSLER, R.: Die Wärmeübertragung in Rohrbündeln. Forsch. Ing.-Wes. 24 (1958) Nr. 3 S. 90—103, — Versuche über den Druckabfall in quer angeströmten Rohrbündeln. Kältetechn. 10 (1958) Nr. 11 S. 365—368.

[4] VORNEHM, L.: Versuche über den Einfluß der Anströmrichtung auf den Wärmeübergang von einem strömenden Gas an Körperoberflächen. Diss. München 1932, — Z. VDI 80 (1936) H. 22 S. 702/03.

[5] ORNATSKI, A. P.: Wärmeabgabe eines Rohrbündels in Abhängigkeit vom Auftreffwinkel der Gasströmung. Sov. Kotloturbostroenie Nr. 2 (1940) S. 48—52, — Ref. Feuerungstechn. 29 (1941) H. 1 S. 18.

Die Einflüsse der Stromführung und Umlenkeinbauten bei Röhren-Wärmeaustauschern hat SHORT[1] untersucht.

10. Rippenrohre. Einen Sonderfall stellt das Rippenrohr dar, wie es bei Vorwärmern häufig verwendet wird. Außer den Rohrabmessungen spielen die Rippenhöhe, der Rippenabstand und die Rippenstärke eine Rolle. Auf Grund theoretischer Untersuchungen von E. SCHMIDT[2] und BOGAERTS und MEYER[3] haben NEUSSEL[4] und TEN BOSCH[5] eingehende Untersuchungen angestellt. Auf weitere Arbeiten von HAUSEN[6] und TANASAWA[7] und KAYAN[8] sei verwiesen. Die aufgeteilte Rippe ist, besonders bei Längsrippen, vorteilhafter als die durchgehende Rippe[9,10], die Aufteilung kann bis zur Auflösung in Nadeln[11] gehen.

11. Wärmeübergang an Schüttstoffe. Der Wärmeübergang strömender Flüssigkeiten oder Gase an Schüttstoffe, und umgekehrt, ist theoretisch und versuchsmäßig in einer Reihe von Arbeiten[12–18] untersucht

---

[1] SHORT, B. E.: A review of heat transfer coefficients and friction factors for tubular heat exchangers. Trans. Amer. Soc. mech. Engrs. 64 (1942) Nr. 8 S. 779 bis 785.

[2] SCHMIDT, E.: Die Wärmeübertragung durch Rippen. Z. VDI 70 (1926) Nr. 26 S. 885—889.

[3] BOGAERTS, C., u. P. MEYER: Die Berechnung und Messung des Temperaturverlaufs in Wärmeübertragungsrippen. Forsch. Ing.-Wes. 2 (1931) Nr. 7 S. 237 bis 244.

[4] NEUSSEL, E.: Wärmedurchgang und Wärmeaufnahme von Rippenrohren. Arch. Wärmew. 10 (1929) Nr. 2 S. 51—56, — Gasströmung und Wärmeaufnahme bei Rippenrohr-Vorwärmern. Arch. Wärmew. 13 (1932) Nr. 10 S. 266—270.

[5] TEN BOSCH: s. Fußn. 1 S. 104. dort S. 62—69.

[6] HAUSEN, H.: Wärmeübertragung durch Rippenrohre. Z. VDI, Beih. Verfahrenstechn. Folge 1940 Nr. 2 S. 55—57.

[7] TANASAWA, Y.: Charts for finding the effectiveness of fins. Trans. Soc. mech. Engrs. Japan 6 (1940) Nr. 23 S. II 1/6, S-5/S-6, — vgl. Ref. Feuerungstechn. 30 (1942) Nr. 7 S. 167.

[8] KAYAN, C. F.: Fin heat transfer by geometrical electrical analogy. Industr. Engng. Chem. 40 (1948) Nr. 6 S. 1044—1049.

[9] NORRIS, R. H., u. W. A. SPOFFORD: High-performance fins for heat transfer. Trans. Amer. Soc. mech. Engrs. 64 (1942) Nr. 5 S. 489—496.

[10] GUNTER, A. Y., u. W. A. SHAW: Heat transfer, pressure drop, and fouling rates of liquids for continuous and noncontinuous longitudinal fins. Trans. Amer. Soc. mech. Engrs. 64 (1942) Nr. 8 S. 795—804.

[11] FOCKE, R.: Die Nadel als Kühlelement. Forsch. Ing.-Wes. 13 (1942) Nr. 1 S. 34—42.

[12] SCHUMANN, T. E. W.: Heat transfer: A liquid flowing through a porous prisma. J. Franklin Inst. 208 (1929) Nr. 3 S. 405—416.

[13] FURNAS, C. C.: Heat transfer from a gas to a bed of broken solids. Industr. Engng. Chem. 22 (1930) Nr. 1 S. 26—31, Nr. 7 S. 721—731.

[14] GILBERT, W.: The heating and drying of granular material by convection. Engineer 150 (1930) Nr. 3904/09 S. 500—502. 530—552, 574—575, 587—589. 617—619, 640—642.

Fußnoten 15—18 Seite 120

worden. Nach TRAUSTEL[17] ist im Bereich der Lückenvolumina $\varepsilon = 0{,}375$ bis $0{,}380$

$$Nu = \frac{0{,}106}{1 - \varepsilon}\, Re \cdot Pr,\qquad (4\text{-}30)$$

jedoch ist der Mindestwert

$$Nu_{min} = 28{,}8.\qquad (4\text{-}31)$$

GAMSON, THODOS und HOUGEN[1] haben für den laminaren und turbulenten Bereich Formeln für den Wärme- und Stoffaustausch aufgestellt, WILKE und HOUGEN[2] und HOBSON und THODOS[3] den Bereich kleiner REYNOLDSscher Zahlen erfaßt.

Mit der Theorie und den Berechnungsverfahren des Stoffaustausches in Schüttungen befassen sich DAMKÖHLER[4], WICKE[5], HURT[6], WILHELM und Mitarbeiter[7] (elektrisches Modellverfahren). THIELE[8] gibt einen Überblick über den gegenwärtigen Stand der Theorie.

12. Wärmeübergang an Schwebeteilchen. Für kugelförmige sowie unregelmäßige Schwebeteilchen vom mittleren Durchmesser d [m] ist

$$Nu = 2 + a(Pr)^b (Re)^c,\qquad (4\text{-}32)$$

---

[15] COLBURN, A. P.: Heat transfer and pressure drop in empty, baffled and packed tubes. Pt. I. Heat transfer in packed tubes. Trans. Amer. Inst. chem. Engrs. 26 (1931) S. 166—178, — Industr. Engng. Chem. 23 (1931) Nr. 8 S. 910—923.

[16] SAUNDERS, O. A., u. H. FORD: Heat transfer in the flow of gas through a bed of solid particles. J. Iron Steel Inst. 141 (1940) S. 291—328.

[17] TRAUSTEL, S.: Wärme- und Stoffübergang in Kugelschüttungen. Feuerungstechn. 29 (1941) Nr. 6 S. 129—131.

[18] ARTHUR, J. R., u. J. W. LINNETT: The interchange of heat between a gas stream and solid granules. Pt. I. J. chem. Soc. 1947 Pt. 1 S. 416—424.

---

[1] GAMSON, B. W., G. THODOS u. O. A. HOUGEN: Heat, mass and momentum transfer in the flow of gases through granular solids. Trans. Amer. Inst. chem. Engrs. 39 (1943) S. 1—35.

[2] WILKE, C. R., u. O. A. HOUGEN: Mass transfer in the flow of gases through granular solids extended to low modified REYNOLDS-numbers. Trans. Amer. Inst. chem. Engrs. 41 (1945) S. 445—451.

[3] HOBSON, M., u. G. THODOS: Mass transfer in the flow of liquids through granular solids. Chem. Engrs. Progr. 45 (1949) Nr. 8 S. 517—524.

[4] DAMKÖHLER, G.: Einfluß der Diffusion, Strömung und Wärmetransport auf die Ausbeute bei chemisch-technischen Reaktionen. In A. EUCKEN u. M. JAKOB: Chemie-Ingenieur Bd. III Tl. 1, Leipzig: Akad.-Verl. 1937, S. 359—485.

[5] WICKE, E.: Der stoffliche Umsatz gasförmig-fest und seine Abhängigkeit von Kenngrößen. Z. VDI, Beih. Verfahrenstechn. Folge 1939 Nr. 3 S. 85—95.

[6] HURT, D. M.: Principles of reactor design. Gas-solid interface reactions. Industr. Engng. Chem. 35 (1943) Nr. 5 S. 522—528.

[7] WILHELM, R. H., W. C. JOHNSON, R. WYNKOOP u. D. W. COLLIER: Reaction rate, heat transfer, and temperature distribution in fixed-bed catalytic converters. Solution by electrical network. Chem. Engng. Progr. 44 (1948) Nr. 2 S. 105—116.

[8] THIELE, E. W.: Material or heat transfer between a granular solid and flowing fluid. Present status of the theory. Industr. Engng. Chem. 38 (1946) Nr. 6 S. 646—650.

was für eine unveränderliche PRANDTLsche Kennzahl vereinfacht werden kann in

$$Nu = 2 + a'(Re)^c, \qquad (4\text{-}33)$$

wobei die Konstanten a, a', b und c der Zahlentafel 4–3 entnommen werden können.

Zahlentafel 4–3. *Konstanten der Gleichungen (4-32) und (4-33)*

Autor	a	b	c	a' (für Luft $Pr = 0,714$)
FRÖSSLING[1]	0,55	1/3	1/2	0,492
KRAMERS[2]	0,66	0,31	1/2	0,595
RANZ u. MARSHALL[3] .	0,60	1/3	1/2	0,536

Für begrenzte Gültigkeitsbereiche ist von verschiedenen Autoren auch die vereinfachte Form

$$Nu = a(Re)^b \qquad (4\text{-}34)$$

bzw.

$$Nu = a(Pé)^b, \qquad (4\text{-}35)$$

Pe (PÉCLETsche Zahl) $= Pr \times Re$, verwendet worden, z. B. gibt G. C. WILLIAMS[4] auf Grund einer Zusammenstellung aller (damals) bekanntgewordener Versuche, für $20 < Re < 150\,000$, an

$$Nu = 0,33(Re)^{0,6}, \qquad (4\text{-}36)$$

eine Formel, die indessen nur oberhalb $Re = 100$ empfohlen werden kann; für sehr hohe Re-Zahlen ($44\,000$ bis $151\,000$) gibt CARY[5] die Gleichung

$$Nu = 0,37\,Re^{0,53} \qquad (4\text{-}37)$$

an. Nach JOHNSTONES, PIGFORDS und CHAPINS Versuchen[6] gilt im Bereich hoher REYNOLDSscher Zahlen (> 100)

$$Nu = 0,714(Pé)^{1/2}. \qquad (4\text{-}38)$$

13. Wärmeübergang von feste Schwebestoffe enthaltenden Gasen. Feste, meist staubförmige Körper, die sich in Gasen in der Schwebe

---

[1] FRÖSSLING, N.: Gerlands Beitr. Geophys. 52 (1938) S. 170—216.

[2] KRAMERS, H.: Heat transfer from spheres to flowing media. Physica 12 (1946) Nr. 2—3 S. 61—80.

[3] RANZ, W. E., u. W. R. MARSHALL jr.: Evaporation from drops. Chem. Engng. Progr. 48 (1952) S. 141—146, 173—180. — MARSHALL jr., W. R.: Heat and mass transfer in spray drying. Trans. Amer. Soc. mech. Engrs. 77 (1955) Nr. 8 S. 1377 bis 1385.

[4] MCADAMS, W. H.: Heat Transmission, 2. Aufl., New York 1942, S. 237 u. Fig. 122.

[5] CARY, J. R.: The determination of local forced convection coefficients for spheres. Trans. Amer. Soc. mech. Engrs. 75 (1953) Nr. 4 S. 483—487.

[6] JOHNSTONE, H. F., R. L. PIGFORD u. J. H. CHAPIN: Heat transfer to clouds of falling particles. Univ. Illinois Bull. 38 (1941) Nr. 43, — Engng. Experiment Station Bull. Serie Nr. 330.

befinden („fluidisiertes Bett"), führen mehr oder weniger unregelmäßige
Bewegungen aus und rufen damit einen starken Wärme- und Stoffaustausch im ganzen durchströmten Reaktionsraum hervor. Nicht nur
die Temperatur- und Konzentrationsunterschiede zwischen unten und
oben — in Strömungsrichtung —, sondern auch die zwischen den inneren
und den wandnahen Schichten werden aufgehoben, und damit der
Wärmeübergang von und zur Wand erheblich erhöht. Darauf beruht
der Vorteil des fluidisierten Bettes für solche Reaktionen, bei denen es
auf eine rasche Abfuhr entstehender Reaktionswärme und auf die Einhaltung enger Temperaturgrenzen ankommt (z. B. beim Hydrocol-
Synthese-Verfahren[1]). MICKLEY und TRILLING[2] haben bei 0,24 bis
4,6 m/s mittlerer Gasgeschwindigkeit mit Teilchengrößen von 50 bis
500 μ Wärmeübergangszahlen zwischen Wand und Gas von 50 bis
590 kcal/m² h °C gemessen, was etwa dem 5- bis 100fachen des Gases
ohne Schwebeteilchen entspricht. Besonders starke Erhöhungen ergeben
sich mit abnehmendem Teilchendurchmesser. Für die Beheizung durch
die Außenwand finden sie

$$\alpha = 0,061\,78 \left(\gamma_M \frac{w\,\gamma}{d^3}\right)^{0,263}, \tag{4-39}$$

γ_M = Festteilchenkonzentration [kg/m³], γ = spez. Gew. des Gases
[kg/m³], w = Gasgeschwindigkeit [m/s], d = Teilchendurchmesser [m].

Von gleicher Größenordnung sind die Ergebnisse orientierender Versuche von JOLLEY[3] bei Temperaturen von 800 bis 1000 °C. Über
weitere Versuchswerte vgl. [4-11], über theoretische und zusammenfassende Darstellungen vgl. [12-15].

---

[1] Vgl. S. 280.

[2] MICKLEY, H. S., u. C. TRILLING: Heat transfer characteristics of fluidized
beds. Industr. Engng. Chem. 41 (1949) Nr. 6 S. 1135—1147.

[3] JOLLEY, L. J.: Heat transfer in beds of fluidized solids. Fuel 28 (1949) Nr. 5
S. 114/15.

[4] CAMPBELL, J. R., u. F. RUMFORD: The influence of solid properties on heat
transfer from a fluidized solid medium. J. Soc. chem. Ind. 69 (1950) Nr. 12 S. 373
bis 377.

[5] DOW, W. M., u. M. JAKOB: Heat transfer between a vertical tube and a
fluidized air-solid mixture. Heat Transfer and Fluid Mechanics Institute, 1950,
Paper 12.

[6] KETTENRING, K. N., E. L. MANDERFIELD u. J. M. SMITH: Heat and mass
transfer in fluidized systems. Chem. Eng. Progr. 46 (1950) Nr. 3 S. 139—145.

[7] LEVA, M., M. WEINTRAUB u. M. GRUMMER: Heat transmission through
fluidized beds of fine particles. Chem. Eng. Progr. 45 (1949) Nr. 9 S. 563—572.

[8] LEVENSPIEL, O., u. J. S. WALTON: Heat transfer coefficients in beds of moving
solids. Heat Transfer and Fluid Mechanics Institutes Institute, 1949, S. 563—572.

[9] WALTON, J. S., R. L. OLSON u. O. LEVENSPIEL: Gas-solid film coefficient of
heat transfer in fluidized coal beds. Industr. Engng. Chem. 44 (1952) Nr. 6 S. 1474
bis 1480.

Den Wärmeübergang auf strömende staubbeladene Gase hat MÜLLER[1] untersucht. Bei durchströmten Schüttgutschichten kommt er auf ähnliche Größenordnungen wie in Wirbelschichten, was in beiden Fällen auf die sehr gute effektive Wärmeleitung zurückgeführt wird.

14. Wärmeübergang bei freier Konvektion. Bei freier Konvektion kann

$$Nu = f(Gr \cdot Pr) \tag{4-40}$$

gesetzt werden. Darin ist Gr die GRASHOFSCHE Kennzahl

$$Gr = \frac{l^3 g \beta \Theta}{\nu^2} = \frac{l^2 g \beta \Theta}{\omega_0 \nu} \cdot Re,$$

β Ausdehnungskoeffizient ($= 1/T$ bei idealen Gasen), Θ Übertemperatur der Wand gegenüber dem wärmeaustauschenden Medium.

Untersuchungen an Platten und Rohren sind von SCHMIDT und BECKMANN[2], JODLBAUER[3], HERMANN[4] und TOULOUKIAN, HAWKINS und JAKOB[5] angestellt worden.

BAEHR[6] empfiehlt im Bereich $10^{-5} < (Gr \cdot Pr) < 10^4$ die Gleichung

$$Nu = 0{,}41 + 0{,}60 (Gr \cdot Pr)^{0{,}22}, \tag{4-41}$$

---

[10] TRAWINSKI, H.: Wärmeübergang zwischen Wirbelschichten und Gefäßwandung. Chemie-Ing.-Techn. 24 (1952) Nr. 8 S. 444—446.

[11] VREEDENBERG, H. A.: Heat transfer between a fluidized bed and a horizontal tube. Chem. Engng. Sci. 9 (1958) Nr. 1 S. 52—60.

[12] TOOMEY, R. D., u. H. F. JOHNSTONE: Heat transfer between beds of fluidized solids and the walls of the container. Amer. Chem. Soc. Atlantic City Meeting 1951.

[13] GAMSON, B. W.: Heat and mass transfer. Fluid solid systems. Chem. Eng. Progr. 47 (1951) Nr. 1 S. 19—28.

[14] WICKE, E.: Wärme- und Stoffumsatz in aufgewirbelten Partikelschichten. Chemie-Ing.-Techn. 23 (1951) Nr. 17/18 S. 405—408.

[15] ERNST, R.: Der Mechanismus des Wärmeüberganges an Wärmeaustauschern in Fließbetten. Chemie-Ing.-Techn. 31 (1959) Nr. 3 S. 166—173.

---

[1] MÜLLER, K. G.: Wärmeübertragung auf eine Flugstaubströmung im senkrechten Rohr sowie auf eine durchströmte Schüttgutschicht. Diss. Aachen 1957. — Forschungsber. d. Wirtsch.- u. Verkehrsmin. Nordrhein-Westfalen Nr. 527 (1958).

[2] SCHMIDT, E., u. W. BECKMANN: Das Temperatur- und Geschwindigkeitsfeld vor einer Wärme abgebenden senkrechten Platte bei natürlicher Konvektion. Techn. Mech. Thermodyn. 1 (1930) Nr. 10/11 S. 341—349, 391—406.

[3] JODLBAUER, K.: Das Temperatur- und Geschwindigkeitsfeld um ein geheiztes Rohr bei freier Konvektion. Forsch. Ing.-Wes. 4 (1933) Nr. 4 S. 157—172.

[4] HERMANN, R.: Wärmeübertragung bei freier Strömung am waagerechten Zylinder in zweiatomigen Gasen. VDI-Forsch.Heft 379, Berlin 1936.

[5] TOULOUKIAN, Y. S., G. A. HAWKINS u. M. JAKOB: Heat transfer by free convection from heated vertical surfaces to liquids. Trans. Amer. Soc. mech. Engrs. 70 (1948) Nr. 1 S. 13—18.

[6] BAEHR, H. D.: Zur Darstellung des Wärmeübergangs bei freier Konvektion durch Potenzgesetze. Chemie-Ing.-Techn. 26 (1954) Nr. 3 S. 269.

die zwischen den von Nusselt[1] und McAdams[2] vorgeschlagenen Kurven liegt.

Ausführliche Studien für das Gebiet sehr kleiner Durchmesser auf Grund der Langmuirschen Theorie der stagnierenden Grenzschicht[3] hat Elenbaas[4] durchgeführt.

15. Wärmeübergang an Wasser, Öl und Heißdampf. Durch Einsetzen der entsprechenden Stoffwerte lassen sich die bisher behandelten Gleichungen (teilweise) auch für andere Gase, Dämpfe und Flüssigkeiten verwenden, Gl. (4–14). Heißdampf hat nach Winkelsesser einen höheren Wärmeübergang als Sattdampf; mit gegenteiligen Behauptungen setzt sich der Verfasser eingehend auseinander[5].

Für strömendes Wasser hat Schack[6] die Ergebnisse zahlreicher Forscher zusammengefaßt in der Gleichung

$$\alpha = 2900 \cdot w^{0,85} (1 + 0,014 \cdot t_{\mathrm{fl.}}), \tag{4–42}$$

für Öl und ähnliche zähe Flüssigkeiten ergeben sich 5 bis 10% der Werte für Wasser, je nach der Zähigkeit[7]. McAdams[8] empfiehlt für zähe Flüssigkeiten die (vereinfachte) Gleichung

$$Nu \left(\frac{\eta}{\eta_w}\right)^{0,14} = 1,86 \left(Re \cdot Pr \cdot \frac{d}{L}\right)^{\frac{1}{3}} \tag{4–43}$$

η, η_w = Zähigkeit der Flüssigkeit bei ihrer Temperatur und bei Wandtemperatur gemessen. Mit Messungen und der Theorie des Wärmeübergangs an flüssige Metalle befassen sich Elser[9], Lyon[10] u. a. m.[11,12];

---

[1] Nusselt, W.: Die Wärmeabgabe eines waagerecht liegenden Drahtes oder Rohres in Flüssigkeiten und Gasen. Z. VDI 73 (1929) Nr. 41 S. 1475—1478.

[2] McAdams: s. Fußn. 1 S. 98, dort S. 243/44.

[3] Langmuir, I.: Convection and conduction of heat in gases. Phys. Rev. 34 (1912) Nr. 6 S. 401—422.

[4] Elenbaas, W.: The dissipation of heat by free convection from vertical and horizontal cylinders. J. appl. Phys. 19 (1948) Nr. 12 S. 1148—1154, — vgl. auch Physica, Haag 4 (1937) S. 761—765, 6 (1939) S. 380/81, 9 (1942) S. 1—28, 285 bis 296, 665—672, 865—874.

[5] Winkelsesser, G.: Die Wärmeabgabe von strömendem Heiß- und Sattdampf. DECHEMA-Monographien Nr. 244, Weinheim: Verlag Chemie 1952, — Diss. Karlsruhe 1949.

[6] Schack, A.: s. Fußn. 1 S. 110, dort S. 135—146.

[7] Kraussold, H.: Die Wärmeübertragung bei zähen Flüssigkeiten. VDI-Forsch.-Heft 351, Berlin 1931.   [8] McAdams: s. Fußn. 1 S. 98.

[9] Elser, K.: Wärmeübergangsmessungen an Quecksilber. Schweiz. Arch. 14 (1948) Nr. 11 S. 330—336.

[10] Lyon, R. N.: Liquid Metal heat-transfer coefficients. Chem. Eng. Progr. 47 (1951) Nr. 2 S. 75—79.

[11] Mikheyer, M. A., V. D. Baum, K. D. Voskresensky u. O. S. Fedynsky, in R. Hurst u. S. McLain: Technology and Engineering, Vol. I (Progress in Nuclear Engineering Series IV), London: Pergamon Press 1956.

[12] Johnson, H. A., W. T. Clabaugh u. J. P. Hartnett: Trans. Amer. Soc. mech. Engrs. 76 (1954) S. 505—511.

LUBARSKY und KAUFMANN[1] empfehlen die Gleichung

$$Nu = 0{,}625\,Pe^{0{,}4} \qquad (4\text{-}44)$$

$Pé$ (Pécletsche Zahl) $= Re \cdot Pr$.

16. Wärmeübergang von siedendem Wasser und kondensierendem Dampf. Die Wärmeübergangszahl von einer Heizfläche an siedendes Wasser steigt zunächst mit steigender Heizleistung [kcal/m² h] bzw. steigender Temperaturdifferenz Wand–Wasser und erreicht in Dampfkesseln bei 5 bis 10° Δt etwa 5000 bis 10000 kcal m² h °C[2,3]. Bei extremen Δt-Werten wird ein Maximum durchschritten (s. Abb. 4-15),

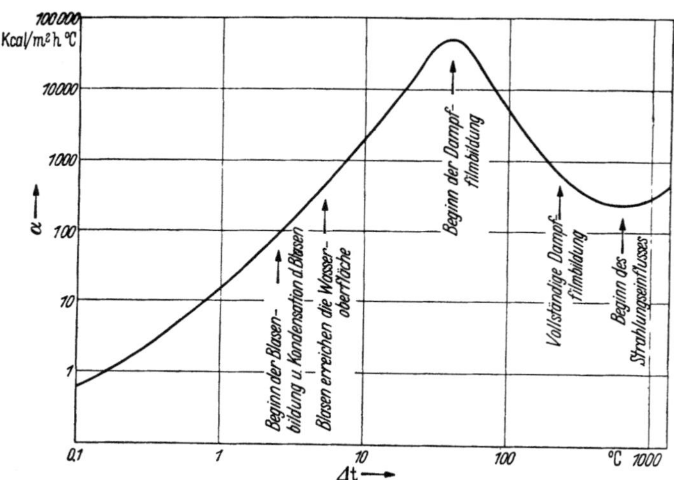

Abb. 4-15. Wärmeübergang eines Chromel C-Drahtes an siedendes Wasser bei atm. Druck

auch zeigen die Versuche von FARBER und SCORAH[4] mit eingetauchten Drähten eine starke Abhängigkeit vom Material und vom Druck. Zum Beispiel bei $\Delta t = 5{,}6\ °C$ $\alpha = 500$ bei 0 atü, 5400 bei 35 atü, 39000 bei 53 atü und 44000 kcal/m² h °C bei 70 atü.

Eine zusammenfassende Darstellung des gegenwärtigen Standes der Forschung für verschiedene Stoffe gibt JENS[5].

---

[1] LUBARSKY, B., u. S. J. KAUFMANN: Natl. Advisory Comm. Aeronaut. Techn. Note 3336 (1955).

[2] FRITZ, W.: Wärmeübertragung an siedende Flüssigkeiten, Z. VDI, Beih. Verfahrenstechn. 1937 Nr. 5 S. 149—155.

[3] FRITZ, W., u. W. ENDE: Phys. Z. 37 (1936) S. 391.

[4] FARBER, E. A., u. R. L. SCORAH: Heat transfer to water boiling under pressure. Trans. Amer. Soc. mech. Engrs. 70 (1948) Nr. 4 S. 369—384.

[5] JENS, W.-H.: Boiling Heat Transfer. What is known about it. Mech. Engng. 76 (1954) Nr. 12 S. 981—986.

Bei kondensierenden Dämpfen[1] ist die Wärmeübergangszahl in der Größenordnung von 5000 bis 10000 kcal/m² h °C, dabei ist zwischen Tropfenkondensation und Filmkondensation zu unterscheiden[2]. Bei Gas-Dampf-Gemischen ist die Wärmeübergangszahl vom Verhältnis der Gas- und Dampfteildrücke abhängig und geht bei niedrigem Dampfteildruck asymptotisch in die Wärmeübergangszahl bei (trockenem) Gas über[3].

17. Wärmeleitung und Wärmedurchgang. Im stationären Zustand und bei reinen (metallischen) Heizflächen spielt die Wärmeleitung durch

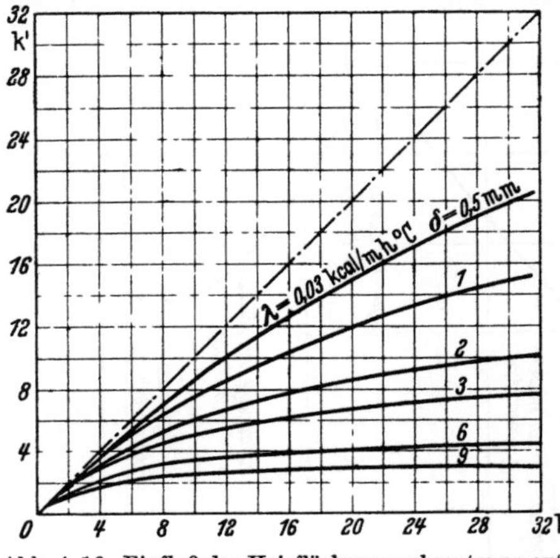

Abb. 4-16. Einfluß der Heizflächenverschmutzung auf die Wärmedurchgangszahl

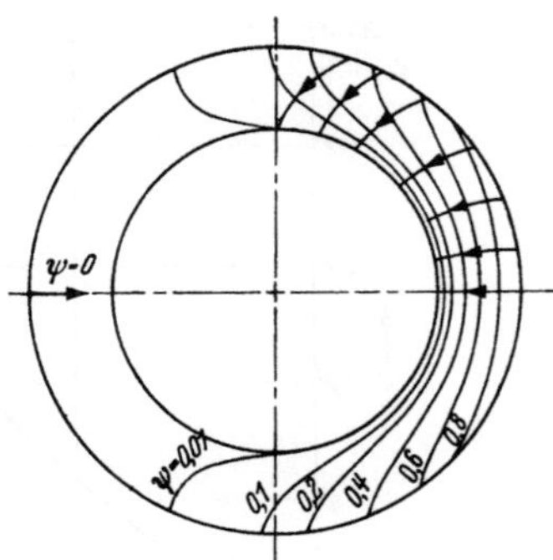

Abb. 4-17. Isothermen und Wärmefluß-linien $\psi = \dfrac{t - t_i}{t_a - t_i}$ eines einseitig bestrahl-ten Rohres (t_i =innere, t_a =äußere Rohrtemperatur)

die Heizfläche eine geringe Rolle; Verschmutzungen durch Ruß, Staubkrusten, Schlacke, Ölbeläge oder Kesselstein wirken sich dagegen stark aus (s. Zahlentafel 4-4 und Abb. 4-16). Bei unhomogener Wärmezufuhr (z. B. Bestrahlung einer Rohrhälfte) ist die Frage der Temperaturverteilung wesentlich ein Problem der Wärmeleitung (s. Abb. 4-17)[4].

Die Wärmeleitung eines gaserfüllten Haufwerks wird bei ruhendem Gas vor allem von der Wärmeleitfähigkeit des Gases und seinem Druck

---

[1] NUSSELT, W.: Die Oberflächenkondensation des Wasserdampfes. Z. VDI 60 (1916) Nr. 27 u. 28 S. 541—546, 569—575.

[2] GRIGULL, U.: Wärmeübergang bei der Kondensation mit turbulenter Wasserhaut. Forsch. Ing.-Wes. 13 (1942) Nr. 2 S. 49—57.

[3] WICKE, E.: Einige Probleme des Stoff- und Wärmeübergangs an Grenzflächen. Chemie-Ing.-Techn. 23 (1951) Nr. 1 S. 5—12.

[4] JAKOB, M.: Trans. Amer. Soc. mech. Engrs. 65 (1943) Nr. 6 S. 581—585, — Diskussion zu W. F. DAVIDSON, P. H. HARDIE, C. G. R. HUMPHREYS, A. A. MARKSON u. T. RAVESE: Studies of heat transmission through boiler tubing at pressures from 500—3300 pounds. Trans. Amer. Soc. mech. Engrs. 65 (1943) Nr. 6 S. 553 bis 591.

beeinflußt, wenig von der Konvektion[1, 2] die dagegen eine große Rolle, spielt, wenn das Gas durch das Haufwerk strömt[3].

Die Wärmedurchgangszahl k [kcal/m² h °C] ergibt sich aus der Summe der Wärmeübergangs- und -durchgangswiderstände zu

$$\frac{1}{k} = \frac{1}{\alpha_1} + \sum \frac{\delta}{\lambda} + \frac{1}{\alpha_2}, \qquad (4\text{-}45)$$

δ = Wandstärke [m], λ = Wärmeleitzahl [kcal/m h °C].

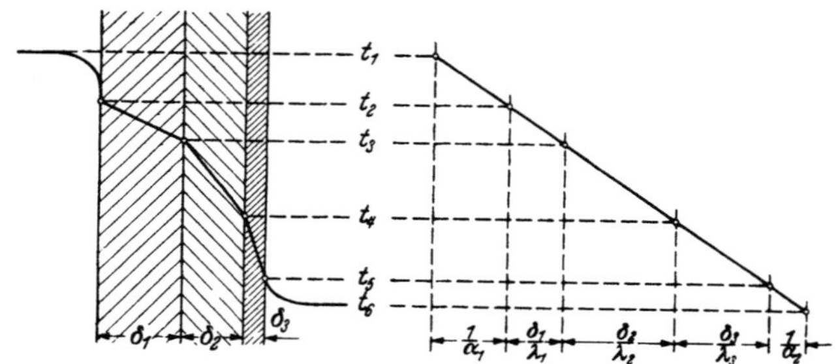

Abb. 4-18. Ermittlung des Temperaturverlaufs in einer zusammengesetzten Wand

Den Temperaturverlauf in einer zusammengesetzten Wand findet man graphisch, indem man das gesamte zur Verfügung stehende Temperaturgefälle im Verhältnis der Wärmeübergangs- und Wärmeleit-

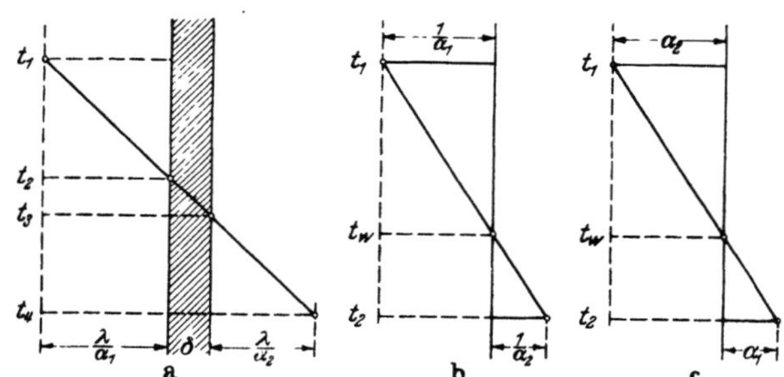

Abb. 4-19 a—c. Ermittlung der Wandtemperatur eines Wärmeaustauschers

widerstände aufteilt, also im Verhältnis $1/\alpha_1$ zu δ_1/λ_1 zu $\delta_2/\lambda_2 \dots$ zu $1/\alpha_2$ (Abb. 4-18). Besonders einfache Verhältnisse liegen vor, wenn der Wärmeleitwiderstand der Wand vernachlässigbar klein ist; man trägt (nach Abb. 4-19b) $1/\alpha_1$ senkrecht über t_1, $1/\alpha_2$ senkrecht über t_2 nach der

[1] SCHUMANN, T. E. W., u. V. VOSS: Heat flow through granulated material. Fuel 13 (1934) Nr. 8 S. 249—256.

[2] KLING, G.: Das Wärmeleitvermögen eines Kugelhaufwerks in ruhendem Gas. Forsch. Ing.-Wes. 9 (1938) Nr. 1 S. 28—34.

[3] KLING, G.: Das Wärmeleitvermögen eines von Gas durchströmten Kugelhaufwerks. Forsch. Ing.-Wes. 9 (1938) Nr. 2 S. 82—90.

Zahlentafel 4–4. *Wärmeleitzahlen*

Stoff	Temperatur °C	kcal/m h °C [1]
Gußeisen	20	50
Schmiedeeisen.	0—100	50
Stahl.	100	40
Kupfer	20	300
Aluminium	20	175
Schamottestein	200	1,00
,, ...	500	1,16
Silikastein	500—1000	0,6 —1,2
Anorg. Wärmeschutzstoffe	—	0,09—0,10
Kork und org. Wärmeschutzstoffe	—	0,03—0,06
Kesselstein[2], gipsreich	300	0,6 —2,0
,, [2], silikatreich	300	0,07—0,15
,, [3]	20—100	0,4 —1,1
Ruß	—	0,03—0,06
Öl	15	0,1 —0,15
Feste Brennstoffe s. Zahlentafel 5–17 S. 215		

anderen Richtung ab, oder (nach Abb. 4–19 c) α_2 über t_1 und α_1 über t_2; die Verbindungslinie beider Endpunkte liefert dann die gesuchte Wandtemperatur t_w. In diesem Falle ist

$$k = \frac{\alpha_1 \cdot \alpha_2}{\alpha_1 + \alpha_2}$$

und die Wandtemperatur

$$t_w = \frac{\alpha_1 t_1 + \alpha_2 t_2}{\alpha_1 + \alpha_2}.$$

Bei Hohlzylindern (dickwandigen Rohren) ist die Krümmung der Durchgangsfläche durch den Faktor

$$\varphi = \frac{1}{2} \frac{\dfrac{d_2}{d_1} + 1}{\dfrac{d_2}{d_1} - 1} \ln \frac{d_2}{d_1}$$

zu berücksichtigen[4].

---

[1] Im physikal. Schrifttum häufig in cal/cm^{-1} s^{-1} Grad^{-1} ausgedrückt.
Umrechnung: 1 kcal/m^{-1} h^{-1} Grad^{-1} = 0,002777 ... cal/cm^{-1} s^{-1} Grad^{-1}
1 cal/cm^{-1} s^{-1} Grad^{-1} = 360 kcal/m^{-1} h^{-1} Grad^{-1}

[2] EBERLE, CHR., u. CL. HOLZHAUER: Die Wärmeleitfähigkeit von Kesselsteinen. Arch. Wärmew. 9 (1928) H. 6 S. 171—179. — EBERLE, CHR.: Die Wärmeleitfähigkeit von Kesselstein. Arch. Wärmew. 10 (1929) H. 10 S. 334—336. — STUMPER, R.: Physikalisch-chemische Betrachtungen über die Kesselsteinbildung. Wärme 57 (1934) H. 18 S. 289—292.

[3] WATANABE, I.: Trans. Soc. mech. Engrs. Japan 5 (1939) Nr. 18 S. 42—50, S-11/S-12.

[4] JAKOB, M.: Allgemeine Grundlagen der Wärmeübertragung. In A. EUCKEN u. M. JAKOB: Chem.-Ing. Bd. I Tl. 1, Leipzig 1935, S. 173.

Das mathematisch verwickelte Problem der nichtstationären Wärmeleitung wird praktisch durch den Gebrauch von graphischen Rechentafeln[1-3], durch das Differenzenverfahren[4] und bei schwierigen Körperformen durch den elektrischen Modellversuch[5] gelöst.

18. Die mittlere Temperaturdifferenz. Ist τ_k die kleinste und τ_g die größte auftretende Temperaturdifferenz, so ist die mittlere Temperaturdifferenz

$$\tau_m = \frac{\tau_g - \tau_k}{\ln \dfrac{\tau_g}{\tau_k}} . \tag{4-46}$$

Vgl. Abb. 4-20. Bei nicht zu großen Temperaturunterschieden und nicht zu großen Verschiedenheiten der Wasserwerte der beiden Medien kann man einfach setzen

$$\tau_m = \frac{\tau_g + \tau_k}{2} . \tag{4-47}$$

---

[1] GRÖBER, H.: Die Erwärmung und Abkühlung einfacher geometrischer Körper. Z. VDI 69 (1925) Nr. 21 S. 705—711. — GRÖBER-ERK: vgl. Fußn. 1 S. 98. — BACHMANN, H.: Tafeln über Abkühlungsvorgänge einfacher Körper, Berlin: Springer 1938.

[2] MCADAMS: Heat Transmission, 2. Aufl., S. 32—37 (nach H. C. HOTTEL, E. P. WILLIAMSON u. L. H. ADAMS, H. P. GURNEY u. J. LURIE).

[3] CARSLAW, H. S., u. J. C. JAEGER: Conduction of heat in solids, Oxford: Clarendon Press 1947.

[4] SCHMIDT, E.: Über die Anwendung der Differenzrechnung auf technische Anheiz- und Abkühlprobleme. Beiträge zur Mechanik und techn. Physik (FÖPPL-Festschrift), Berlin: Springer 1924, — Einführung in die technische Thermodynamik und in die Grundlagen der chemischen Thermodynamik, 8. Aufl., Berlin/Göttingen/Heidelberg: Springer 1960, — Das Differenzenverfahren zur Lösung von Differentialgleichungen der nichtstationären Wärmeleitung, Diffusion und Impulsausbreitung. Forsch. Ing.-Wes. 13 (1942) Nr. 5 S. 177—185.

[5] BEUKEN, L. C.: Wärmeverluste bei periodisch betriebenen Öfen. Diss. Freiberg/Sa. 1936, — Feuerungstechn. 26 (1938) Nr. 1 S. 7—9, — Polyt. Weekbl. 34 (1940) Nr. 2/3 S. 54—58, 95—97. — SCHULTZE, K.: Die Untersuchung von Wärmeströmungsvorgängen durch das BEUKEN-Modell. Heizg. u. Lüftg. 15 (1941) Nr. 6 S. 69. — BRUCKMEYER, F.: Elektrisches Modellmeßverfahren für die Bestimmung von Wärmedurchgängen. Wärme- u. Kältetechn. 43 (1941) Nr. 2 S. 28—43, — Arch. Wärmew. 20 (1939) S. 23—25. — PASCHKIS, V., u. H. D. BAKER: A method for determining unsteady-state heat transfer by means of an electrical analogy. Trans. Amer. Soc. mech. Engrs. 64 (1942) S. 105—112. — MOELLER, F.: Zur Behandlung stationärer Wärmeströmungen mittels elektrischer Abbilder. Elektrotechn. u. Masch.-Bau 61 (1943) Nr. 1/2 S. 4—8. — DE LACLÉMANDRIÈRE, J.: Etude expérimentale de la transmission de la chaleur en régime variable à l'aide de la méthode des analogies électrique et thermique. Chal. et Ind. 28 (1947) Nr. 269 S. 293—308, 29 (1948) Nr. 270 S. 14—28. — MARMET, PH.: Le calcul du régime sinusoidal des murs par voie d'analogie eléctrique. Chal. et Ind. 29 (1948) Nr. 270/71, S. 3—13, 43—52.

Nach HEILIGENSTAEDT[1] kann man Gl. (4–46) in der Form

$$\tau_m = n\,\frac{\tau_g + \tau_k}{2} \tag{4–48}$$

schreiben, wobei n der Abb. 4–21 entnommen wird.

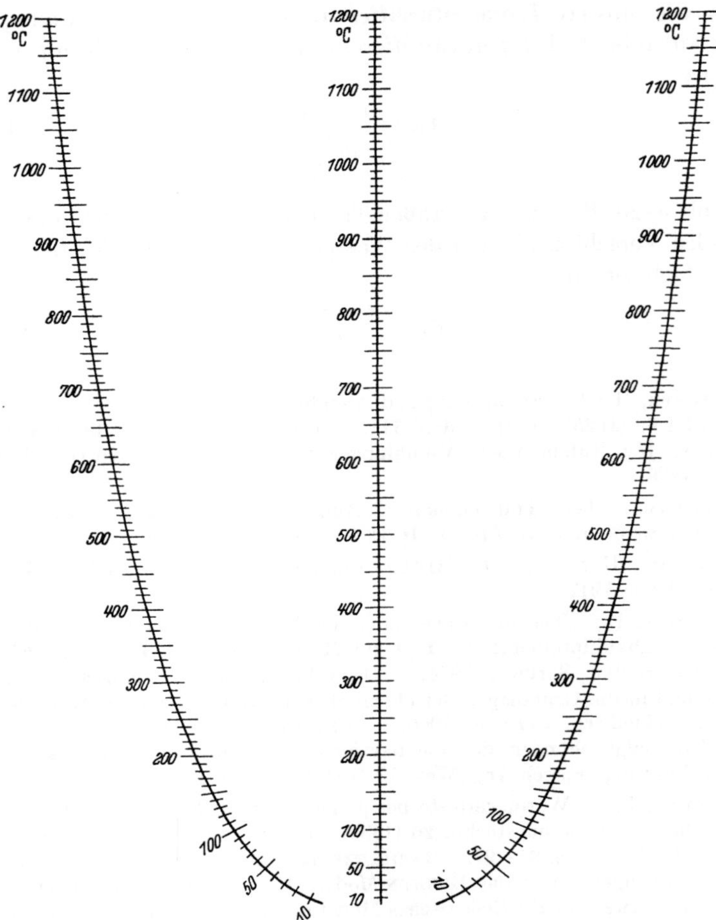

Abb. 4–20. Tafel zur Bestimmung des mittleren Temperaturunterschiedes (nach BATKE)

Bei Kreuzstrom erhält man Werte, die zwischen Gleich- und Gegenstrom liegen. Eine mathematische Lösung hat NUSSELT[2] angegeben.

---

[1] HEILIGENSTAEDT, W.: Regeneratoren, Rekuperatoren, Winderhitzer, Berlin 1931.

[2] NUSSELT, W.: Eine neue Formel für den Wärmedurchgang im Kreuzstrom. Techn. Mech. Thermodyn. 1 (1930) H. 12 S. 417—422. — Vgl. dazu auch die Hilfstafel in GUMZ: Die Luftvorwärmung im Dampfkesselbetrieb, 2. Aufl., Berlin 1933, S. 237 Abb. 108.

Bowman, Mueller und Nagle[1] und Fritzsche[2] haben für verschiedene Stromführung (Mehrfachkreuzstrom) Berichtigungsfaktoren in graphischer Darstellung angegeben.

Der Stoffaustausch

Der Stoffaustausch, dargestellt am Beispiel des Verdunstungsvorganges von Wasser in Luft, ist von Lewis[3], E. Schmidt[4], Nusselt[5], Ackermann[6], Kirschbaum und Mitarbeitern[7], in allgemeiner Darstellung zusammenfassend von Busemann[8], Jakob[9] und Eckert[10]

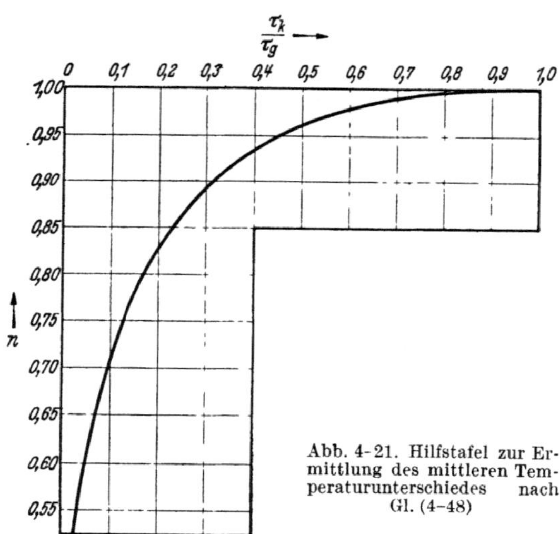

Abb. 4-21. Hilfstafel zur Ermittlung des mittleren Temperaturunterschiedes nach Gl. (4-48)

---

[1] Bowman, R. A., A. C. Mueller u. W. M. Nagle: Mean temperature difference in design. Trans. Amer. Soc. mech. Engrs. 62 (1940) S. 283—294.

[2] Fritzsche, A. F.: Der mittlere Temperatursprung bei Querstrom-Wärmeübertragern. Allg. Wärmetechn. 6 (1955) Nr. 1 S. 4—9.

[3] Lewis, W. K.: The evaporation of a liquid into a gas. Mech. Engng. 44 (1922) Nr. 7 S. 445/46.

[4] Schmidt, E.: Verdunstung und Wärmeübergang. Gesundh.-Ing. 52 (1929) S. 525.

[5] Nusselt, W.: Wärmeübergang, Diffusion und Verdunstung. Z. angew. Math. Mech. 10 (1930) Nr. 2 S. 105—121.

[6] Ackermann, G.: Wärmeübergang und molekulare Stoffübertragung im gleichen Feld bei großen Temperatur- und Partialdruckdifferenzen. VDI-Forsch.-Heft 382, Berlin 1937, S. 1—16.

[7] Kirschbaum, E., u. K. Kienzle: Wärme- und Stoffaustausch beim Trocknen feuchten Gutes. Chem. Fabrik 14 (1941) Nr. 9 S. 171—181. — Kirschbaum, E., u. J. Lise: Neuere Erkenntnisse über den Verdunstungsvorgang. Chemie-Ing.-Techn. 21 (1949) Nr. 5/6 S. 89—94.

[8] Busemann, A.: Der Wärme- und Stoffaustausch, Berlin 1933.

[9] Jakob, M.: Heat Transfer, Bd. I, New York u. London 1950. S. 588—613.

[10] Eckert, E. R. G.: Introduction to the Transfer of Heat and Mass, New York/Toronto/London 1950, S. 228—257.

behandelt worden. Für den Stoffübergang lassen sich formal die gleichen Beziehungen aufstellen wie für den Wärmeübergang. Mit a/D = Temperaturleitzahl/Diffusionszahl $= 1$ oder $Pr = 1$ besteht Ähnlichkeit der Temperatur- und Konzentrationsfelder. Aus der Kenntnis der Stoffwerte und der Wärmeübergangszahlen lassen sich somit die Gesetze des Stoffaustausches ableiten. Nach LEWIS[1] ergibt sich die einfache Beziehung, Stoffübergangszahl β [m/h] $= \alpha/C_p$ (Wärmeübergangszahl/ spez. Gew. je Volumeneinheit bei konstantem Druck). Umgekehrt können Stoffaustauschmessungen (Diffusionsversuche) zur Untersuchung der Wärmeübertragung benutzt werden[2].

---

[1] LEWIS, W. K.: Trans. Amer. Inst. chem. Engrs. 20 (1927) S. 9.

[2] THOMA, H.: Hochleistungskessel, Berlin 1921. — LOHRISCH, W.: Bestimmung der Wärmeübergangszahlen durch Diffusionsversuche. VDI-Forsch.-Heft 322, Berlin 1929, S. 46—68.

II. Die Brennstoffe

5. Zusammensetzung und Eigenschaften der festen Brennstoffe

Kennzeichnung und Analyse

Als Brennstoffe bezeichnen wir solche brennbaren Materialien, vorzugsweise pflanzlichen Ursprungs, die technisch zur Wärmeerzeugung ausgenutzt werden. Natürliche feste Brennstoffe sind Holz, Torf, Kohle (Braunkohle und Steinkohle); künstliche, d. s. in bezug auf ihren Heiz- und Formwert und damit ihren Nutzungswert veredelte Brennstoffe, sind z. B. Holzkohle, Torfbriketts, Torfkoks, Braunkohlenbriketts, Braunkohlenschwelkoks, Steinkohlenbriketts, Steinkohlenschwelkoks und Hochtemperaturkoks.

Die Brennstoffe bestehen aus der eigentlichen brennbaren Substanz, bei der Analyse auch als „Reinkohle" oder asche- und wasserfreie Substanz[1] bezeichnet, und aus den Ballaststoffen Asche (Mineralstoff) und Wasser. Die brennbare Substanz zerlegt sich (bei der Erhitzung unter Luftabschluß) in „Flüchtige Bestandteile"[2], d. s. Leichtöl- und Teerdämpfe und Gase, und in einen festen Rückstand, den „fixen Kohlenstoff" oder Reinkoks.

Abgesehen von diesem Gehalt an Flüchtigen Bestandteilen weist die Kohle im unverritzten Feld einen (bei Steinkohlen) mitunter beträchtlichen Gasgehalt auf (vorzugsweise Methan oder Grubengas, auch Kohlensäure), der ein Produkt des Inkohlungsprozesses ist. Dieses Gas, das unter beträchtlichem Überdruck stehen kann und in Poren und Klüften eingeschlossen ist (okkludiertes Gas), wird bei Entlastung des Gebirgsdruckes oder bei weitgehender Zerkleinerung (auf μ-Feinheit) frei. Dies geschieht auch beim Abbauvorgang und stellt eine große

---

[1] Zur Vermeidung von Verwechslungen mit dem aufbereitungstechnischen Begriff „Reinkohle" schlägt DIN 51700 neuerdings dafür die Bezeichnung „wasser- und aschefreie Substanz" vor.

[2] Da die „Flüchtigen Bestandteile" nicht als solche in der Kohle vorhanden sind, sondern das Reaktionsprodukt unter den besonderen Bedingungen der Bestimmungsmethode (z. B. nach DIN 51720, Erhitzung 3 bis 4 min bei $875 \pm 10\ °C$), also einen festgelegten Begriff darstellt, wird das Adjektiv „Flüchtig" groß geschrieben.

Gefahrenquelle für den Bergbau[1], aber auch eine Möglichkeit zu einer direkten (kalten) Gasgewinnung aus dem Flöz dar[2].

Die große Variationsbreite der Kohlen erklärt sich aus der Verschiedenheit der ursprünglichen Pflanzenwelt, dem geologischen Alter und der Verschiedenartigkeit der klimatischen, geologischen und tektonischen Einwirkungen[3].

Nach ihrem Gasgehalt und Koksaussehen, eines der wichtigsten Klassifizierungsmerkmale, unterscheidet man in genetischer Folge: Rezente Brennstoffe, wie Holz und pflanzliche Abfallbrennstoffe, Torf (feinkörniger, zerfallender Koks), Braunkohlen (feinkörniger Koks, matte lange Flamme) und bei den Steinkohlen: Sand-, Sinter- oder Flammkohlen (zerfallender, höchstens schwach gesinterter Koks, 40 bis 50% Flücht. Best.), Gasflammkohlen (mäßig backend, stark blähend, lange, stark leuchtende Flamme, 35 bis 40% Flücht. Best.), Gaskohlen (backend, besonders zur Stadtgaserzeugung verwendet, 25 bis 35% Flücht. Best.), Koks- oder Fettkohlen (gut backend, sehr fester Koksrückstand, 20 bis 25% Flücht. Best.), Eßkohlen (gefritteter Kokskuchen, in Schmiedeessen verwendet — daher der Name —, idealer Kesselbrennstoff, 15 bis 20% Flücht. Best.), Magerkohlen (nicht-backend, sandiger Koksrückstand,

---

[1] FRITZSCHE, C. H.: HEISE-HERBST, Lehrbuch der Bergbaukunde, 8. Aufl. I. Bd., Berlin: Springer 1942, S. 526ff. — FORSTMANN, R., u. P. SCHULZ: Die heutigen Erkenntnisse über das Auftreten von Grubengas und seine Bekämpfung. Bergbau-Arch. 1 (1946) S. 81—142.

[2] FORSTMANN, R., u. P. SCHULZ: Grubengasgewinnung unter Tage. Glückauf 80 (1944) Nr. 17/18 S. 175—179. — WEDDIGE, A., u. J. BOSTEN: Künstliche Ausgasung eines Abbaufeldes und Nutzbarmachen des Methans für die Gasversorgung. Glückauf 80 (1944) Nr. 23/24, 40/42, S. 141—250, 414/15. — ERLINGHAGEN, K.: Die Ausgasung von Steinkohlenflözen im Zusammenhang mit den Abbauverhältnissen und die Möglichkeiten des Absaugens von Grubengas. Bergbau-Arch. 5/6 (1947) S. 71—81. — MENDE, H., u. K. TRÖSKEN: Einrichtung einer Methanabsaugeanlage auf der Zeche Hansa unter Tage. Glückauf 86 (1950) Nr. 1/2 S. 1—11. — KEGEL, K.: Gasausbrüche und Gasgewinnung im Bergbau. Abh. d. Deutschen Akad. d. Wiss. zu Berlin, Klasse f. techn. Wiss. (1953) Nr. 3, Berlin: Akademie-Verlag 1954. — SCHULZ, P.: Le dégagement de grisou du charbon causé par l'exploitation. Une étude sur les possibilités quantitatives de captage et sa prédétermination. Rev. Univ. des Mines Ser. 9 15 (1959) Nr. 2 S. 51—58.

[3] Bezüglich des Inkohlungsvorganges und der geologischen, paläontologischen und paläobotanischen Untersuchungsergebnisse wird auf die reichhaltige Literatur verwiesen, z. B. H. POTONIÉ: Die Entstehung der Steinkohle und der Kaustobiolithe, 5. Aufl., Berlin 1910. — STUTZER, O.: Kohle. Allgemeine Kohlengeologie, 2. Aufl., Berlin 1923. — JURASKY, K. A.: Kohle (Verständl. Wissensch. 45. Bd.), Berlin: Springer 1940. — MOORE, E. S.: Coal, 2. Aufl., New York 1940. — WEDDING, FR. W. (Herausgeber): Der Deutsche Steinkohlenbergbau (Technisches Sammelwerk) Bd. I, Essen 1942. — THIESSEN, R.: What is coal? Bur. Min. Inform. Circular 7397, 1947. — KREULEN, D. J. W.: Elements of Coal Chemistry, Rotterdam-s'Gravenhage 1948. — FRANCIS, W.: Coal. Its Formation and Constitution, London: E. Arnold 1954.

gasarm, schwer zündend, 10 bis 15% Flücht. Best.) und Anthrazit[1] (sandiger Koksrückstand, sehr gasarm, geologisch älteste Kohle, 5 bis 10% Flücht. Best.). Als nächste genetische Stufe würde dem Anthrazit der reine Graphit ($\gamma = 2{,}3$, 0,7 bis 5% Flücht. Best., meist auf Verunreinigungen zurückzuführen) folgen und damit der Prozeß der Mineralbildung abgeschlossen sein. Eine Übersicht der Bezeichnungsweisen der Kohlen in verschiedenen Ländern gibt Abb. 5–1 wieder.

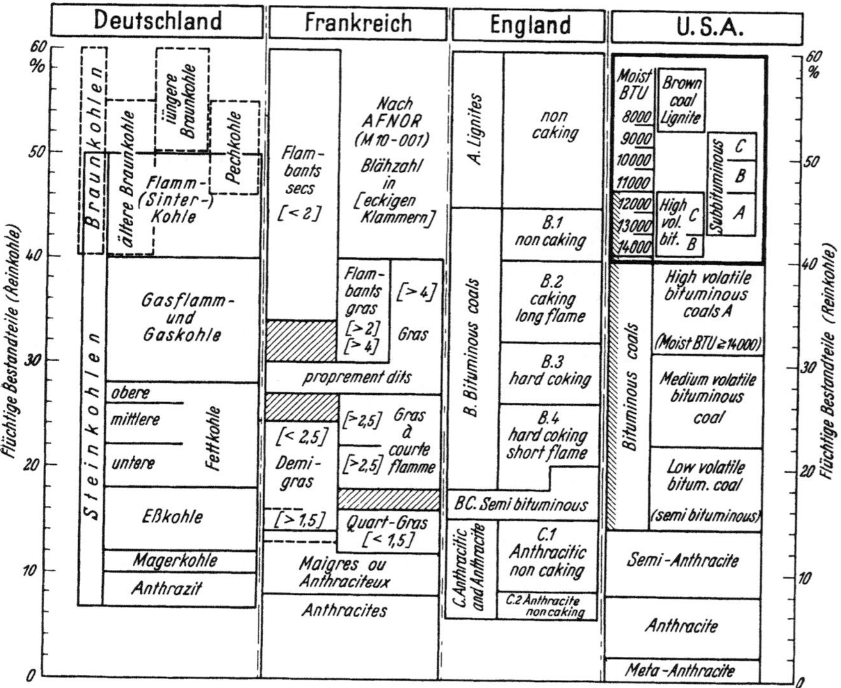

Abb. 5–1. Vergleich der Benennung der Kohlenarten in verschiedenen Ländern nach bisheriger Bezeichnungsweise

Neuerdings hat man zur Charakterisierung der Kohlenarten nach dem englischen Vorbild der Kohlenbezeichnungen des „National Coal Board"[2] auf internationaler Ebene[3] eine Klassifikation der Steinkohle

---

[1] Im geologischen Sinne ist der meiste Anthrazit des Kohlenhandels noch der Magerkohle zuzurechnen. Der gasärmste, sog. Meta-Anthrazit von Rhode Island, USA (etwa 1,3% Flücht. Best.) ist wegen seiner schlechten Zünd- und Brenneigenschaften kaum noch als Brennstoff anzusprechen.

[2] National Coal Board, Scient. Dept., Coal Survey: The Coal Classification System Used by the National Coal Board (1956).

[3] Economic Commission for Europe, ECE, Coal Committee, United Nations, Genf. — Klassifikationen für Koks und für Braunkohlen sind noch in der Beratung.

und eine Bezeichnung durch dreiziffrige Codenummern vorgeschlagen[1]. Die erste Ziffer ist die Klasse, gekennzeichnet durch den Gehalt an Flüchtigen Bestandteilen und bei Flüchtigen Bestandteilen über 33% durch die Verbrennungswärme, die zweite Ziffer ist die Gruppe, die das Backvermögen nach dem Blähgrad (Swelling-Index[2]) oder der Backzahl nach ROGA[3] angibt, und die dritte die Untergruppe, die das Kokungsvermögen nach dem Dilatometerbefund[4] oder dem Gray-King-Test[5] angibt (vgl. Zahlentafeln 5–1 u. 5–5).

Bei den Braunkohlen sind geologisches Alter, physikalisches Verhalten (Strich, Farbe, Bruch), Verhalten gegen Alkalien, Gehalt an Humussäuren usw. als Charakterisierung nicht ausreichend. LISSNER und GÖBEL[6] haben gefunden, daß die Salpetersäurereaktion und die Fluoreszenz der Benzolextrakte als typische Klassifikationsmerkmale

---

[1] „International Classification of Hard Coals by Type" E/ECE/247; E/ECE/Coal/110, Genf, August 1956 — (United Nations Publication Nr. 1956. II. E. 4). — RADMACHER, W.: Das Internationale Steinkohlen-Klassifikations-System. Brennst.-Chemie 38 (1957) Nr. 3/4 S. 58—60.

[2] Nach Empfehlungen des ISO (International Organization for Standardization)-Komittees 27. Erhitzung von 1 g Kohle im Quarztiegel auf $820 \pm 5\,°C$. Vgl. ferner BSS Nr. 1016 — 1942 Pt. 1 E 2. — KREULEN, D. J. W.: Concerning the B. C. Swelling Number of Coal. Fuel 29 (1950) Nr. 5 S. 112—117. — DIN 51741 und LV 20/33/01 (Laboratoriumsvorschriften). — MANTEL, W.: Die für die „Internationale Steinkohlen-Klassifikation" erforderlichen Untersuchungsverfahren mit Anwendungsbeispielen. Brennst.-Chemie 35 (1954) Nr. 9/10 S. 136—143.

[3] Besonders für schwächer backende Kohlen, vgl. Fußn 1 und B. ROGA: Z. oberschles. berg- u. hüttenm. Ver. 70 (1931) Nr. 12 S. 565—574. — RODE, H.: Ein Beitrag zur Vereinheitlichung der Backfähigkeitsbestimmung von Steinkohlen. Glückauf 78 (1942) Nr. 11 S. 144—150. — Polnische Norm PN/C—04332. — Der Roga-Index ist etwa 9 bis 11 mal Blähgrad. — MANTEL, W.: Die für die „Internationale Steinkohlen-Klassifikation" erforderlichen Untersuchungsverfahren mit Anwendungsbeispielen. Brennst.-Chemie 35 (1954) Nr. 9/10 S. 136—143.

[4] Dilatometer nach AUDIBERT-ARNU, vgl. Fußn. 1; ferner DIN 51739 und LV 20/32/01. — PORSCH, H., u. O. DIETRICH: Die Beurteilung der Kokskohle mit dem Dilatometer. Glückauf 91 (1955) Nr. 19/20 S. 520—523. — CHEVENARD, P.: Neue Forschungs- und Überwachungsgeräte zur Anwendung für chemische Arbeiten. DECHEMA-Monographien 26 (1956) Nr. 311—331 S. 361—376. — MANTEL, W.: Die für die „Internationale Steinkohlen-Klassifikation" erforderlichen Untersuchungsverfahren mit Anwendungsbeispielen. Brennst.-Chemie 35 (1954) Nr. 9/10 S. 136—143.

[5] Gray-King-Essay, Fuel Research Survey Paper Nr. 44 (London 1940, 1950) H. M. Stationary Office. — Siehe auch Fußn. 1. — MANTEL, W.: Die für die „Internationale Steinkohlen-Klassifikation" erforderlichen Untersuchungsverfahren mit Anwendungsbeispielen. Brennst.-Chemie 35 (1954) Nr. 9/10 S. 136 bis 143.

[6] LISSNER, A., u. W. GÖBEL: Untersuchungen zur Charakterisierung von Braunkohlen, insbesondere von Schwelkohlen. Freiberger Forschungshefte A 80 (1958), — s. auch Braunkohle, Wärme u. Energie 10 (1958) Nr. 11/12 S. 256/57.

Zahlentafel 5–1. *Internationales Klassifikationssystem für Steinkohlen*

Gruppen Backvermögen			Codenummern										Untergruppen Kokungsvermögen		
Zweite Code-Ziffer	Alternativ-Parameter												Dritte Code-Ziffer	Alternativ-Parameter	
	Blähzahl (Swelling-Index)	Backzahl nach Roga	0	1	2	3	4	5	6	7	8	9		Dilatometer-befund Dilatation %	Gray-King-Koks-Typ
3	>4	>45					435	535	[VC] 635				5	>140	>G 8
						[VA] 334	[VB] 434	534	634				4	>50 bis 140	G 5 bis G 8
						333	433	533	633	[VD] 733			3	>0 bis 50	G 1 bis G 4
						332 a | 332 b	432	532	632	732	832		2	≦0	E bis G
2	2½ bis 4	>20 bis 45				323	423	523	623	[VIA] 723	823		3	>0 bis 50	G 1 bis G 4
						[IV] 322	422	522	622	722	822		2	≦0	E bis G
						321	421	521	621	[VIB] 721	821		1	nur Kontraktion	B bis D
1	1 bis 2	>5 bis 20			212	312	412	512	612	712	812		2	≦0	E bis G
					211	[III] 311	411	511	611	[VII] 711	811		1	nur Kontraktion	B bis D
0	0 bis ½	0 bis 5		[I] 100 (A | B)	[II] 200	300	400	500	600	700	800	900	0	keine Erweichung	A

Klassen	Erste Code-Ziffer	0	1	2	3	4	5	6	7	8	9
	Flüchtige Bestandteile der wasser- u. aschefreien Substanz %	0 bis 3	>3 bis 10 (>3 bis 6,5 | >6,5 bis 10)	>10 bis 14	>14 bis 20 (>14 bis 16 | >16 bis 20)	>20 bis 28	>28 bis 33	>33	>33	>33	>33
	Verbrennungswärme der lufttrockenen (30 °C, 97% relative Luftfeuchtigkeit) und aschefreien Substanz kcal/kg	—						>7750	7750 bis >7200	7200 bis >6100	6100 bis >5700

Anhaltswerte für Flüchtige Bestandteile
Klasse 6: 33 bis 41%
Klasse 7: 33 bis 44%
Klasse 8: 35 bis 50%
Klasse 9: 42 bis 50%

Römische Zahlen: Statistische Klassifikations-Gruppen nach Kohlenarten

Die Kohlenproben dürfen bei den Untersuchungen nicht mehr als 10% Asche enthalten, andernfalls muß die Kohle aufbereitet werden.

brauchbar sein dürften. BLUM und IONESCǓ[1] haben den Gehalt an Humussubstanzen zur Kennzeichnung (besonders der rumänischen Braunkohlen) herangezogen.

Eine Klassifikation der festen Brennstoffe ist nach verschiedenen Gesichtspunkten versucht worden. Eine übersichtliche Zusammenfassung verschiedener Vorschläge gibt H. BODE[2], der selbst eine Systematik auf chemischer und petrographischer Grundlage vorschlägt. Im angelsächsischen Schrifttum wird die SEYLERsche Klassifizierung[3] auf der Grundlage der Elementaranalyse häufig zitiert, die mehrfach ergänzt und abgewandelt wurde[4], eine andere Systematik ist von MOTT[5] vorgeschlagen worden. Neuerdings werden auch die Gitterkonstanten und das röntgenographische Verhalten bei der Erwärmung als Merkmale in Vorschlag gebracht[6].

Bei der Untersuchung der Brennstoffe ist die wichtigste Voraussetzung, daß die zur Untersuchung kommende Probe einen guten Durchschnittswert der verwendeten Brennstoffmenge darstellt. In Anbetracht der naturgegebenen Schwankungen aller Eigenschaften erfordert daher die Probenahme besondere Sorgfalt und Anpassung an die Menge und die Korngröße[7]. Die Zahl und die Größe der zu ziehenden Einzelproben hängt außer von der Korngröße, dem Durchschnittsgehalt der zu untersuchenden Eigenschaft (z. B. Aschegehalt) und dem zulässigen Fehler ab. Sie werden zu einer Sammelprobe vereinigt, müssen dabei aber vor Veränderungen bewahrt, durch Mischen und Teilen zu einer Teilprobe und schließlich zu einer Laboratoriumsprobe aufgearbeitet werden. Die zu verschickende Laboratoriumsprobe muß luftdicht verschlossen und unverwechselbar gekennzeichnet sein. Daraus wird durch weitere Aufbereitung die Analysenprobe gewonnen.

[1] BLUM, I., u. C. IONESCǓ: Über die kennzeichnenden und Klassifizierungselemente der Braunkohlen im allgemeinen und der rumänischen Lignite im besonderen sowie über die Festlegung der Nomenklatur. Rev. d'Électrotechn. et d'Énergetique 2 (1957) Nr. 1 S. 177—181.

[2] BODE, H.: Die Klassifikation der festen Brennstoffe auf petrographischer und chemischer Grundlage. Z. Berg-, Hütten- u. Salinenw. 80 (1932) S. B173—B201.

[3] SEYLER, C. A.: Proc. S. Wales Inst. Engrs. 21 (1899) S. 483—526, 22 (1900) S. 112—120, — Fuel 3 (1924) S. 15—26, 41—49, 79—83.

[4] ROSE, H. J.: Classification of Coal in H. H. LOWRY (Hrsg.): Chemistry of Coal Utilization, Bd. I, New York u. London 1945, S. 25—85. — KING, J. G.: Fuel, 5. Aufl., London 1955.

[5] MOTT, R. A.: Coal assessment. (Abstr.) J. Inst. Fuel 22 (1945) Nr. 122 S. 2—11.

[6] MACKOWSKY, M.-TH.: Chemisch-physikalische und petrographische Untersuchungen an Kohlen, Koksen und Graphiten. I. Stand der Untersuchungen und Versuch einer neuen Kohleneinteilung. Brennst.-Chemie 30 (1948) Nr. 3/4 S. 44—60.

[7] DIN 51701 (Probenahme und Probeaufbereitung von körnigen Brennstoffen). — LV 20/00 und 21/00 — DIN 51702 (Probenahme und Probeaufbereitung von staubförmigen Brennstoffen) — vgl. auch H. RICHTER: Öl u. Kohle 14 (1938) Nr. 44 S. 897—908.

Nach Sommer[1] soll die Probemenge (in Gramm)

$$M = \frac{d^3 \cdot s \cdot a}{a_0 z}$$

betragen, wenn die Extremwerte eines Einzelteilchens d größter Korndurchmesser [cm], s spez. Gewicht [g/cm³] und a den Eigenschaftswert (z. B. den höchsten im Einzelteilchen vorkommenden Aschegehalt), a_0 den Eigenschaftsmittelwert [%] und z die Aussageschärfe [± %] bedeutet. Beispiel: Eine gewaschene Feinkohle habe folgende Extremwerte: $d = 0{,}3$ cm, $s = 1{,}5$ g/cm³, $a = 20\%$, $a_0 = 4\%$, gewünschte Aussageschärfe ± 1%, dann wird eine Probemenge von

$$M = \frac{0{,}3^3 \cdot 1{,}5 \cdot 20}{4 \cdot 1} = 20 \text{ g}$$

benötigt. Zur Lösung der Probleme der Probenahme und Probemenge müssen die Methoden der mathematischen Statistik herangezogen werden[2].

Die Untersuchungsmethoden sind größtenteils genormt, so für den Wassergehalt (DIN 51718), den Aschegehalt (51719), die Flüchtigen Bestandteile und die Tiegelkoksausbeute (DIN 51720), den C- und H-Gehalt (DIN 51721), den N-Gehalt (DIN 51722), den S-Gehalt (DIN 51724), den P-Gehalt (DIN 51725), die Carbonat-Kohlensäure (DIN 51726), den Cl-Gehalt (DIN 51727) und die Zusammensetzung der Asche (DIN 51730)[3].

Die Ermittlung der Anteile an Wasser, Asche, Flüchtigen Bestandteilen (Fl. Best.) und fixem Kohlenstoff bezeichnet man als Kurz- oder Immediatanalyse; sie liefert wichtige Aufschlüsse über das Verhalten der Kohle bei der Zündung, Verbrennung, Vergasung, Verschwelung oder Verkokung. Auch lassen sich viele Eigenschaften als Funktion der Fl. Best. darstellen, so der Heizwert[4], die Gehalte an Elementarbestandteilen[5] und bis zu einem gewissen Grade auch das Verhalten bei

---

[1] Sommer, O.: Probenahme, Probemenge, Probeverarbeitung. Staub H. 42 (1955) S. 644—677.

[2] Vgl. S. 18, bes. auch Fußn. 3 bis 6 S. 20. Siehe auch DIN 51849 (Vornorm) Prüffehler und Toleranz (1956).

[3] Vgl. auch die Lehr- und Handbücher der analytischen Chemie (Treadwell, Lunge-Berl usw.); ferner: Brückner, H.: Untersuchungsverfahren für feste Brennstoffe (Handb. der Gasindustrie Bd. V), München u. Berlin 1943. — Krutzsch, W.: Wasser, Kohle, Öl. Ausgewählte Untersuchungsvorschriften zur Kontrolle technischer Betriebe, 3. Aufl., Berlin 1942. — Technologie der Brennstoffe, Wien 1939. — Simmersbach, O., u. G. Schneider: Koks-Chemie, 3. Aufl., Berlin 1930. — Richter, H.: Die Prüfung fester Brennstoffe und die Aufstellung von Einheitsprüfverfahren. Feuerungstechn. 25 (1937) Nr. 3 S. 72—74, — Arch. Wärmew. 21 (1940) Nr. 12 S. 269—271. — Radmacher, W.: Kennzeichnung, Einteilung und Untersuchung der Steinkohlen. Glückauf 87 (1951) Nr. 47/48 S. 1093—1105.   [4] Vgl. S. 188.

[5] Coppens, L.: Quelques aspects practiques d'une étude comparative des houilles belges. Ann. Mines Belg., 1959, Nr. 1 S. 29—39.

der Erhitzung (Blähen, Backen, Koken), die Festigkeitseigenschaften, Mahlbarkeit u. a. m.

Über die Bestimmung und Untersuchung der Flüchtigen Bestandteile liegt ein reichhaltiges Schrifttum vor[1,2]. Als gebräuchlichste Konventionalmethode ist die „Bochumer Methode" (DIN 51702), von A. SCHONDORFF und F. MUCK entwickelt, zu nennen. Die Verkokung von 1 g Kohle wird im geschlossenen Platintiegel, 22/35 mm $\varnothing$, 40 mm hoch, vorgenommen, Beheizung durch eine Gasflamme von 180 mm Flammenhöhe. Für Reihenuntersuchungen hat RADMACHER[3] Quarztiegel vorgeschlagen, die zu je vier in einen elektrischen Muffelofen eingesetzt werden. Die amerikanische Standard-Methode (ASTM D 271–48) arbeitet mit 1 g Kohle und einem ebenso großen Platintiegel, der in einen elektrischen Röhrenofen von $950 \pm 20\,°C$ eingehängt und für genau 7 min darin belassen wird. Bei der Bestimmung wirken gewisse, ebenfalls Flüchtige Mineralbestandteile störend, besonders wenn der Aschegehalt hoch, der Gehalt an Flüchtigen Bestandteilen der Kohlensubstanz dagegen niedrig ist. Anthrazit und ähnliche Brennstoffe haben die Neigung zu verspratzen, d. h. bei der Erhitzung unter starkem Knistern explosionsartig auseinanderzufliegen, so daß Vorsichtsmaßregeln zur Vermeidung von Substanzverlusten notwendig sind[4]. Für Brennstoffe mit sehr geringem Gehalt an Flüchtigen Bestandteilen wird ein Doppeltiegel und anderthalb- bis zweistündige Behandlung empfohlen[5].

Zur Kennzeichnung der Ausbeuten an Koks, Gas Teer und anderen Kohlenwertstoffen dient die Schwel- und Verkokungsanalyse[6,7]. Die Schwelanalyse nach FISCHER-SCHRADER[8] verwendet 20 bis 25 g Kohle, 500 °C Endtemperatur, Erhitzungsgeschwindigkeit etwa 15°/min (Stein-

---

[1] HOFFMANN, P.: Die Methoden zur Bestimmung von Art und Menge der Flüchtigen Bestandteile der Steinkohle. Feuerungstechn. 28 (1940) H. 12 S. 276 bis 278.

[2] BRÜCKNER, H.: Untersuchungsverfahren für feste Brennstoffe (Handb. der Gasindustrie, Bd. V), München u. Berlin 1943.

[3] RADMACHER, W.: Bestimmung des Verkokungsrückstandes und der Flüchtigen Bestandteile fester Brennstoffe. Brennst.-Chemie 19 (1938) Nr. 12/13 S. 217 bis 226, 237—243; 20 (1939) Nr. 7 S. 121—123, — Glückauf 74 (1938) Nr. 29 S. 628—633 u. 778/79.

[4] SEYLER, C. A.: The volatile matter of anthracite. J. Inst. Fuel 12 (1939) Nr. 64 S. 188, — Feuerungstechn. 27 (1939) Nr. 8 S. 237.

[5] THAU, A.: Flüchtige Bestandteile im Steinkohlenschwelkoks und ihre Bestimmung. Brennst.-Chemie 22 (1941) Nr. 15 S. 169/70.

[6] HOFFMANN, P.: Die Methoden zur Bestimmung der Kohlenwertstoffausbeuten bei der Verschwelung und Verkokung der Steinkohle. Feuerungstechn. 29 (1941) Nr. 9 S. 205—209.

[7] BROWN, J.: The laboratory scale coal carbonisation assays. Fuel Sci. 26 (1947) Nr. 1 S. 5—15.

[8] BRÜCKNER: s. Fußn. 2, dort S. 146—148.

kohle) bis 7,5°/min (Braunkohle) + 20 min Ausstehzeit = 55 bis 90 min Gesamtzeit in einer Aluminiumretorte. Heinze[1] hat zur Erzielung höherer Ausbeuten eine Eisenretorte von 48 mm Innendurchmesser mit 6 gelochten Schweltellern (Dünnschichtschwelung) vorgeschlagen (100 g lufttrockene Kohle, 550 °C Endtemperatur, 600 °C Ofentemperatur, 7,5°/min + 15 min Ausstehzeit).

Das betriebsmäßige Koksausbringen (y) kann mit großer Genauigkeit aus der Tiegelkoksausbeute (x) nach der sogenannten „Harpener Formel" errechnet werden. Sie lautet nach Mantel[2]

$$y = x + \frac{a(100 - x)}{100}, \tag{5-1}$$

wobei a der Zersetzungsgrad der Flüchtigen Bestandteile ist und Abb. 5–2 entnommen werden kann. Bei Fettkohle ist $a = 12$, und Gl. (5–1) entspricht dann der von Hülsbruch[3] angegebenen Formel

$$y = 0{,}88x + 12. \tag{5-2}$$

Die zahlreichen Röhrenentgasungsverfahren knüpfen meist an das von Bauer[4] angegebene Verfahren an. In Großbritannien ist die Gray-King-Methode[5], in Amerika die U.S.Steel-Methode[6] verbreitet; einen vergleichenden Überblick vom Standpunkt der Übertragbarkeit auf die Kokereipraxis gibt Brown[7]. Zwischen dem Laboratoriumsmaßstab und der Großanlage liegen eine Reihe von Übergangsgrößen von der ASTM-AGA Retorte[8] (330 mm $\varnothing$ für 36 bis 41 kg) über die Jenkner-

---

[1] Heinze, R.: Neue analytische Schwelmethode. Öl u. Kohle, — Brennst.-Chemie 39 (1943) Nr. 45/46 S. 973—980.

[2] Mantel, W.: Über den Zersetzungsgrad der Flüchtigen Bestandteile. Diss. Aachen (1955), — Zusammenhänge und Nutzanwendung der Ergebnisse aus Laboratorium und Praxis. Teil L. Über das Verhalten der Ruhr-Steinkohlen beim Erhitzen unter Luftabschluß unter besonderer Berücksichtigung der Vorgänge im plastischen Bereich. Brennst.-Chemie 38 (1957) H. 5 S. 65—77, — Über die Zersetzung der Flüchtigen Bestandteile der Steinkohlen. Aachener Blätter H. 4/5 (1955) S. 142—164, — Gaschemiker-Erfahrungsaustausch in Bremen 1955. Sonderheft GWF (1955).

[3] Mantel, W.: Zusammenhänge und Nutzanwendung der Ergebnisse aus Laboratorium und Kohlenwertstoffbetrieb. A. Über das Koksausbringen aus Laboratorium und Praxis. Brennst.-Chemie 30 (1949) Nr. 21/22 S. 385—391, — Die Berechnung des oberen und unteren Heizwertes von Ruhrkohlen in Abhängigkeit von ihrem Gehalt an Reinkoks in Reinkohle. Glückauf 81/84 (1948) Nr. 3/4 S. 56—58.

[4] Bauer, A.: Beiträge zur Chemie der sogenannten trockenen Destillation der Steinkohle. Diss. Rostock 1906.

[5] Siehe Fußn. 5 S. 136.

[6] Carnegie Steel Co., Pittsburgh: Methods of the chemists of the United Steel Corporation for the sampling and analysis of coal, coke and by-products, 3. Aufl., 1929.   [7] Siehe Fußn. 7 S. 140.

[8] Fieldner, A. C., u. J. D. Davis: Gas, coke and by-products making properties of American coals and their determination. U. S. Bur. Min. Monogr. 5 1934, — Bull. 344, 1931.

Retorte[1], die Kistenverkokung (150 bis 600 kg, in einen Koksofen eingesetzt) zum Versuchskammerofen[2] (125 bis 600 kg), in welchem zugleich der Treibdruck gemessen werden kann.

REERINK und Mitarbeiter[3] beschreiben einen Versuchskoksofen von 0,315 m³ Inhalt bei voller Kammerbreite (450 mm), der sich als Forschungsinstrument gut bewährt hat. Für die Beobachtung des Entgasungsverlaufes eignet sich ein von ECHTERHOFF[4] entwickeltes schreibendes Gerät. Der Erweichungs- und Wiederverfestigungsvorgang (vgl. S. 148 ff.) kann mit dem Plastographen (nach Brabender), mit Kneter,

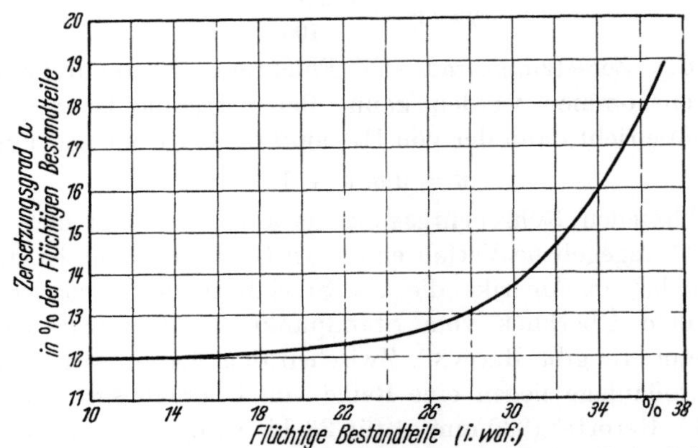

Abb. 5-2. Zersetzungsgrad in Abhängigkeit von den Flüchtigen Bestandteilen

der in einem Kohlegriesofen läuft, dessen Temperatur nach Programm geregelt wird, verfolgt werden[5].

Treibdruckmeßverfahren bedienen sich neben der Kammer konstanten Volumens auch der Kammer mit beweglicher Wand[6] (Bethlehem-

---

[1] JENKNER, A.: Bestimmung des Ausbringens an Gas, Koks und Nebenprodukten im Laboratorium. Glückauf 68 (1932) Nr. 12 S. 274—279. — JENKNER, A., F. L. KÜHLWEIN u. E. HOFFMANN: Prüfung der Verkokungsneigung im Laboratorium. Glückauf 70 (1934) Nr. 21 S. 473—481.

[2] ULRICH, F.: Bestimmung des Treibdrucks einer Kohle in der Ofenkammer. Glückauf 75 (1939) Nr. 6 S. 128—133. — BRÜCKNER: s. Fußn. 2 S. 140, dort S. 157—160.

[3] REERINK, W., H. ECHTERHOFF u. K.-G. BECK: Verkokungsversuche in halbtechnischem Maßstab. Glückauf 94 (1958) Nr. 3/4 S. 102—110.

[4] ECHTERHOFF, H.: Schreibendes Gerät zur Bestimmung des Entgasungsverlaufs von festen Brennstoffen. Glückauf 90 (1954) Nr. 11/12 S. 318—321, — Neue Methoden zur Beurteilung der Verkokbarkeit von Kohlen. Erdöl u. Kohle 8 (1955) Nr. 5 S. 294—298.

[5] ECHTERHOFF, H.: Ein neues Gerät zur Bestimmung des Erweichungsverhaltens von Steinkohlen bei der Verkokung. Glückauf 90 (1954) Nr. 19/20 S. 510—516.

[6] KOPPERS, H., u. A. JENKNER: Bestimmung des Treibdruckes von Kohlen im Laboratorium und in Großversuchen. Glückauf 67 (1931) Nr. 11 S. 353—362.

Testofen)[1], der Waldenburger Muffelprobe und anderer Laboratoriums-
geräte[2].

Neuere als betriebsnäher erachtete Verfahren der Treibdruckmeßverfahren sind von EISENBERG und Mitarbeitern[3], von MOHRHAUER[4]
und von RADMACHER und LE MARIÉ[5] angegeben worden.

Die Konstitution der Kohle ist Gegenstand zahlreicher Untersuchungen und Theorien, die teils auf chemischen (Analyse, Hydrierung,
Oxydation, Extraktion), teils auf physikalischen (optischen, röntgenographischen, ultrarotspektrographischen) und petrographischen Methoden
beruhen. Neben zusammenfassenden Arbeiten von HORTON, RANDALL
und AUBREY[6] und der umfassenden Arbeit von VAN KREVELEN und
SCHUYER[7] sei auf die Standardwerke der Kohlenchemie[8] und auf neuere
Modellvorstellungen über den Aufbau der Kohle[9] verwiesen.

---

[1] A.S.T.M. Standards on Coal and Coke. Philadelphia 1948. Anhang S. 121—150.

[2] GRÖBNER, W.: Über die Methoden zur Bestimmung des Bläh- und Treibvermögens der Steinkohle. Feuerungstechn. 30 (1942) Nr. 1 S. 4/8. — FREY, W. A.:
Die Treibdruckbestimmung im Lichte neuester Erkenntnisse. Gas- u. Wasserfach 85
(1942) Nr. 7/8 S. 73—76. — HOFMEISTER, B.: Das Treiben der Steinkohlen bei
der Verkokung. Glückauf 66 (1930) Nr. 10, 11 S. 325—332, 365—372. — ASBACH,
R. H.: Ein selbsttätiges Meßgerät zur Bestimmung des Treibverhaltens von Kohle.
Techn. Mitt. Krupp Forsch.-Ber. 4 (1941) Nr. 8 S. 162—171. — BRYSCH, O. P.,
u. W. E. BALL: Expansion behavior of coal during carbonization. Inst. of Gas
Technology Research Bull. No. 11, Chicago 1951.

[3] EISENBERG, A., G. JURANEK, H. RITTER u. H. UMBACH: Untersuchungen
über das Treibverhalten von Kokskohle im Versuchskoksofen. Brennst.-Chemie 41
(1960) Nr. 4 S. 110—113.

[4] MOHRHAUER, P.: Treibdruckbestimmung im Laboratorium unter betriebs-
nahen Verkokungsbedingungen. Brennst.-Chemie 41 (1960) Nr. 5 S. 129—132.

[5] RADMACHER, W., u. H. LE MARIÉ: Die Abhängigkeit des Treibdrucks von
den Temperaturbedingungen bei der Verkokung. Brennst.-Chemie 41 (1960) Nr. 6
S. 166—170.

[6] HORTON, L., R. B. RANDALL u. K. V. AUBREY: The constitution of coal.
Summary of existing knowledge. Fuel Sci. 23 (1944) Nr. 3/4 S. 65—80, 100—109
(mit über 500 Schrifttumshinweisen).

[7] VAN KREVELEN, D. W., u. J. SCHUYER: Coal Science. Aspects of Coal Constitution, Amsterdam/London/New York/Princeton: Elsevier Publishing Co. 1957.

[8] STRACHE, H., u. R. LANT: Kohlenchemie, Leipzig 1924. — STADNIKOFF, G.:
Die Chemie der Kohlen, Stuttgart 1931. — FUCHS, W.: Die Chemie der Kohle,
Berlin 1931. — KREULEN, D. J. W.: Elements of coal chemistry. Rotterdam u.
's-Gravenhage 1948. — National Research Council Committee (Herausgeber:
H. H. LOWRY): Chemistry of Coal Utilization, Bd. I, New York u. London 1945,
S. 337—424.

[9] KARWEIL, J.: Chemischer Aufbau und Feinstruktur der Kohlen. In O. GROSS-
KINSKY (Hrsg.): Handb. des Kokereiwesens, Bd. I, Düsseldorf: K. Knapp 1955,
S. 68—74. — HUCK, G., u. J. KARWEIL: Versuch einer Modellvorstellung vom
Feinbau der Kohle. Brennst.-Chemie 34 (1953) Nr. 7/8, 9/10, S. 97—102, 129—135.
— HUCK, G., u. J. KARWEIL: Physikalisch-chemische Probleme der Inkohlung.
Brennst.-Chemie 36 (1955) Nr. 1/2 S. 1—11. — KARWEIL, J.: Neuere Anschauungen
über die chemische Konstitution von Steinkohle. Glückauf 94 (1958) Nr. 3/4 S. 125—128.

Die brennbare Substanz und ihr petrographischer Aufbau[1]

Nach genetischen Gesichtspunkten unterscheidet man:

1. Humuskohlen (Humite), zu denen die meisten durch Inkohlung entstandenen Kohlen, die Braunkohlen und die streifigen Steinkohlen, gehören;

2. Faulschlammkohlen (Sapropelite), die sich durch hohen Protein- und Fettgehalt, etwa 50% Flücht. Best. und muscheligen Bruch auszeichnen. Hierzu gehören die seltener vorkommenden Kännel- (Cannel-) Kohlen (vorzugsweise aus Sporen und Kutikulen entstanden) und die Boghead-Kohlen (aus Algen und Kleinlebewesen entstanden) und ihre Übergangsformen;.

3. die seltener vorkommenden wachsartigen Bildungen (Lipto-biolite).

In Humuskohlen, besonders den Steinkohlen, wechseln verschiedene, nach Aussehen, Glanz, spez. Gewicht und sonstigen Eigenschaften von-einander unterscheidbare Streifenarten miteinander ab, deren prozen-tueller Anteil die Eigenschaften der betreffenden Kohle bestimmt. Makroskopisch kann man bei den Humuskohlen verschiedene Lagen (Lithotypen) erkennen, die nach dem System STOPES-Heerlen der Internationalen Kommission für Kohlenpetrologie (Nomenklaturkom-mission) als Glanzkohle oder Vitrain, Halbglanzkohle oder Clarain, Mattkohle oder Durain und Faserkohle oder Fusain bezeichnet werden[2]. Unter dem Mikroskop erkennt man in den Lithotypen Streifenarten oder Mikrolithotypen, die ihrerseits verschiedene Gefügebestandteile oder

---

[1] STACH, E.: Lehrbuch der Kohlenpetrographie, Berlin: Bornträger 1935, — Lehrbuch der Kohlenmikroskopie, Kettwig: Glückauf-Verlag 1949. — FREUND, H. (Hrsg.): Handb. der Mikroskopie in der Technik, Bd. II, Mikroskopie der Boden-schätze, Teil 1: Mikroskopie der Steinkohle, S. 65—234, F. KÜHLWEIN u. E. HOFF-MANN: Petrographie und Mikroskopie der Steinkohle in Wissenschaft und Praxis, S. 483—686, E. STACH: Braunkohlenmikroskopie, Frankfurt a. M.: Umschau-Ver-lag 1952. — ABRAMSKI, C., M.-TH. MACKOWSKY, W. MANTEL u. E. STACH: Atlas für angewandte Steinkohlenpetrographie, Essen: Glückauf-Verlag 1951. — MACKOWSKY, M.-TH., in O. GROSSKINSKY (Hrsg.): Handb. des Kokereiwesens, Düsseldorf: K. Knapp 1955, S. 24—26. — ABRAMSKI, C., u. M.-TH. MACKOWSKY in: O. GROSSKINSKY (Hrsg.): Handb. des Kokereiwesens, Bd. 1, Düsseldorf: K. Knapp 1955, S. 372—389. — GUMZ, W., H. KIRSCH u. M.-TH. MACKOWSKY: Schlacken-kunde, Berlin/Göttingen/Heidelberg: Springer 1958, S. 19—49. — KRÖGER, C.: Verkokungsverhalten der Steinkohlenmazerale und ihrer Mischungen. Forsch.-Ber. des Wirtsch.- u. Verkehrsministeriums Nordrhein-Westfalen Nr. 575, Köln u. Op-laden: Westdeutscher Verlag 1958. — VAN KREVELEN, D. W., u. J. SCHUYER: Coal Science. Aspects of Coal Constitution, Amsterdam/London/New York/Princeton: Elsevier Publishing Co. 1957.

[2] Nomenklatur-Komm. der Intern. Komm. für Kohlenpetrologie: Kohlen-petrographisches Wörterbuch (Lose-Blatt-Sammlung in 3 Sprachen), Paris 1957. Centre National de la Recherche Scientifique. 13 Quai Anatole France, Paris 7e.

Mazerale erkennen lassen, die zu Mazeralgruppen zusammengefaßt werden. Diese Mikrolithotypen werden als mono-, bi- oder trimazeralisch bezeichnet, wenn sie aus einer, zwei oder drei solcher Mazeralgruppen bestehen. In Zahlentafel 5–2 sind die Mikrolithotypen und die sie aufbauenden Mazeralgruppen und Mazerale mit ihren international festgelegten Namen aufgeführt und die wichtigsten technischen Eigenschaften angegeben. Den Aufbau aus den drei Mazeralgruppen Vitrinit (Vt) Exinit (E) und Inertinit (I) kann man (Abb. 5–3) am besten in einem Dreieckskoordinatensystem darstellen (nach ALPERN[1]).

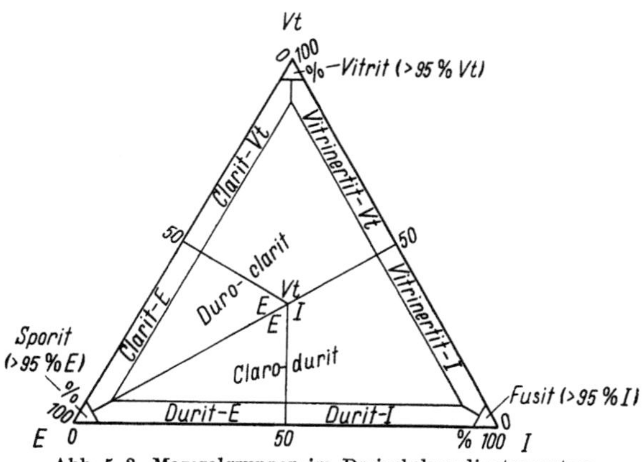

Abb. 5-3. Mazeralgruppen im Dreieckskoordinatensystem

Die kohlenpetrographischen Untersuchungsmethoden[2] nach Mikrolithotypen oder nach Mazeralen sowie nach der Mineralverteilung geben wertvolle Aufschlüsse für die Aufbereitungstechnik, die Brikettierung, die Beurteilung der Einsatzkohlen für die thermische oder chemische Kohleveredlung (Schwelung, Verkokung, Hydrierung, Oxy-

---

[1] ALPERN, B.: Rapport d'activité de la Commission Internationale de Nomenclature Pétrographique des Charbons. C. R. du 1er Congrès Intern. de Pétrologie de Charbon, Heerlen 1958.

[2] KÜHLWEIN, F. L.: Petrographische Kohlenuntersuchungsverfahren. In: BRÜCKNER, H.: Untersuchungsverfahren für feste Brennstoffe (Handb. der Gasindustrie, Bd. V), München u. Berlin 1943. — MACKOWSKY, M.-TH., u. C. ABRAMSKI: Kohlenpetrographische Untersuchungsmethoden und ihre praktische Anwendung. Feuerungstechn. 31 (1943) Nr. 2/3, S. 25—33, 49—64. — CADY, G. H.: Coal petrography. In: Natl. Research Council Committee (H. H. LOWRY, Herausgeber): Chemistry of Coal Utilization, Bd. I, New York u. London 1945, S. 86—131. — MACKOWSKY, M.-TH.: Die quantitativen Methoden zur kohlenpetrographischen Anschliffuntersuchung, ihre Fehlergrenzen und Anwendungsbereiche. Brennst.-Chemie 35 (1954) Nr. 13/14 S. 193—201 u. Nr. 15/16 S. 232—235. — KÖTTER, K.: Vereinfachung der kohlenpetrographischen Analyse nach Mikrolithotypen durch Anwendung des „20-Punkte-Okulars". Brennst.-Chemie 40 (1959) Nr. 10 S. 305 bis 309.

Zahlentafel 5-2. *Internationale Bezeichnung der Mikrolithotypen, Mazeralgruppen und Mazerale*

	Mikrolithotyp (Streifenart)	Mazeralgruppen (Gefügebestandteile)	Einzelmazerale	Gefüge	Verkokbarkeit	Hydrierbarkeit	Oxydierbarkeit
monomazeral	Vitrit	Vitrinit	Collinit, Telinit	neigt zu Rissigkeit und Staubbildung	gut (bei > 18% Fl. Best.)	gut (bei > 25% Fl. Best.)	leicht
	Sporit	Exinit	Sporinit, Kutinit, Resinit	hart, geringe Staubbildung	gute, hohe Wertstoffausbeute	gut	schwer
	Fusit	Inertinit (ohne Mikrinit)	Fusinit	hart, aber zerreiblich	kein Kokungsvermögen	nicht hydrierbar	schwer
			Semifusinit, Sklerotinit	Eigenschaften zwischen Fusinit und Vitrinit liegend ohne Bedeutung wegen der meist geringen Anteile			
	Vitrinertit	Vitrinit	Mikrinit	erhöht Gefügefestigkeit, setzt Rissigkeit herab	nur geringfügiges Kokungsvermögen	nicht hydrierbar	schwer
		Inertinit	Fusinit, Semifusinit, Sklerotinit	*siehe oben*			
bimazeral	Clarit	Vitrinit, Exinit	s. oben	weniger zerreiblich, besonders wenn *E*-reich	gut kokend und hohe Wasserstoffausbeute (bei > 18% Fl. Best.)	sehr gut hydrierbar (bei > 25% Fl. Best.)	gut bis mäßig
	Durit	Inertinit, Exinit		hohe Gefügefestigkeit und verminderte Rissigkeit	schwaches Kokungsvermögen	nur Durit E gut hydrierbar (bei > 25% Fl. Best.)	schwer
trimazeral	Duroclarit	Vitrinit (> Inertinit), Exinit, Inertinit		Eigenschaften zwischen Durit und Clarit liegend			
	Clarodurit	Vitrinit (< Inertinit), Exinit, Inertinit		Eigenschaften zwischen Clarit und Durit liegend			
	Carbargelit (Brandschiefer)	alle Gruppen		20—60 Vol.-% Mineralbestandteile Tonminerale, Glimmer, Quarz			

dation). Auch eine Analyse nach Kohlenarten und damit eine Identifizierung verschiedener Komponenten in Kohlenmischungen ist mit diesen Methoden möglich[1]. Ein Beispiel für die erfolgreiche Anwendung im Kokereiwesen ist die Verbesserung der Kokseigenschaften durch geeignete Kohlenauswahl und Kokskohlenvorbereitung (durch Mahlen, Mischen und oxydative Vorbehandlung)[2]. Ein weiteres Anwendungsgebiet der Mikroskopie ist die Untersuchung der Kokse[3].

Verhalten der brennbaren Substanz bei der Erwärmung

Bei der Erwärmung backender Steinkohlen unter Luftabschluß (Destillation, Schwelung, Verkokung) findet zunächst eine Trocknung statt; anschließend werden die die Kohlensubstanz bildenden hochpolymeren Kohlenwasserstoffe kolloider Natur unter dem Einfluß der Wärme depolymerisiert, was sich in einer Reihe struktureller Veränderungen äußert. Die dabei gas- und dampfförmig ausgetriebenen Flüchtigen Bestandteile sind nicht vorgebildet (wie die okkludierten Gase), sondern Produkte dieser Reaktion und daher von der Temperatur, dem Druck und der Erhitzungsgeschwindigkeit abhängig, wobei auch die Vorgeschichte der Kohle (Vorbehandlung, Stückgröße, Dauer der Lagerung, Sauerstoffaufnahme usw.) von Bedeutung ist. Neben diesen Primäreinflüssen spielen beim Verkokungsvorgang die Sekundärumwandlungsreaktionen eine Rolle, die vor allem von der Dauer der Berührungszeit der Produkte mit dem glühenden Koks und der beheizten Wand und deren Temperatur beeinflußt werden.

Nach Imhof[4] kann man schon ab 50 °C ein leichtes Ansteigen des Quelldrucks feststellen, der stufenförmig hinaufgeht, bei 250 bis 350 °C ein Maximum erreicht und oberhalb 350 °C wieder auf Null herabfällt. Nach Kattwinkel[5] können bei backenden Steinkohlen folgende charakteristische Punkte unterschieden werden, die ihr Verhalten bei der Erhitzung kennzeichnen: der Bitumenzersetzungspunkt (Z), der Erweichungspunkt (E), der Blähpunkt (B), der Wiederverfestigungspunkt

---

[1] Mackowsky: s. Fußn. 2 S. 145. — Heller, H.: Die petrographische Analyse nach Kohlenarten in der praktischen Kohlenuntersuchung. Glückauf 92 (1956) Nr. 1/2 S. 47—50, — Die Anwendung der petrographischen Analyse auf Kokskohle. Glückauf 95 (1959) Nr. 17 S. 1090—1094.

[2] Kühlwein, F. L., u. C. Abramski: Praktische Ergebnisse bei Kohlenauswahl, Kohlenmischung und Koksverbesserung für die Hochtemperaturverkokung. Glückauf 75 (1939) H. 44 S. 865—874, H. 45 S. 881—890.

[3] Abramski, C., u. M.-Th. Mackowsky: Methoden und Ergebnisse der Koksmikroskopie. In H. Freund: s. Fußn. 1 S. 144, dort S. 311—410. — Mackowsky, M.-Th.: Ergebnisse der Koksmikroskopie mit Hilfe der verschiedensten Untersuchungsmethoden. Brennst.-Chemie 36 (1955) Nr. 19/20 S. 304—314.

[4] Imhof, H.: Diss. Karlsruhe 1939, — Gas- u. Wasserfach 82 (1939) S. 805.

[5] Kattwinkel, R.: Untersuchungen über den Verlauf der Entgasung von Steinkohlen. Glückauf 68 (1932) Nr. 23 S. 518—522.

(W), der Halbkokspunkt (H) und der Kokspunkt (K). Die kennzeichnenden Zonen sind, wie Abb. 5-4 für eine typische Kohle zeigt, die Vorentgasungszone (unterhalb Z), die plastische oder Erweichungszone (Z–W), zugleich die Hauptentgasungszone, und die Nachentgasungs- oder Koksbildungszone (oberhalb W), die auch in eine Wiederverfestigungs- oder Halbkokszone und in eine Härtungszone unterteilt werden kann. Zahlentafel 5-3 gibt einige Untersuchungsergebnisse KATTWINKELS mit der von ihm entwickelten Apparatur wieder. Die Lage des Erweichungs- und Wiederverfestigungspunktes (der plastischen Zone) ist von dem Gehalt an Flücht. Bestandteilen abhängig[1].

Oberhalb 200 °C liefert die Reaktion zunächst im wesentlichen H_2O und CO_2 als Ergebnis einer inneren Kondensation ohne wesentlichen Zusammenbruch der Molekülstruktur (umgekehrt proportional der Kohlenreife oder proportional ihrem Sauerstoffgehalt). Oberhalb 300 °C schwitzen die ersten Öltropfen an der Oberfläche aus, was auf ein Flüssigwerden und das Austreiben von harz- und wachsartigen Bestandteilen zurückgeführt wird. Zwischen 300 bis 375 °C beginnt die Kohlensubstanz sich zu zersetzen, zunächst ohne zu erweichen unter reichlicher Entwicklung von Methan und seinen Homologen, Olefinen und (möglicherweise)

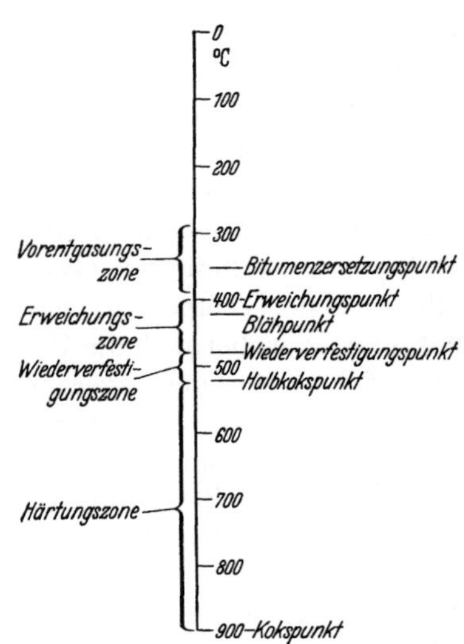

Abb. 5-4. Charakteristische Temperaturen und Zonen für eine Steinkohle (nach KATTWINKEL)

Ölen und Wasser (sog. „Methansprung"[2]). Dieser Zersetzungsbereich ist entscheidend für die spätere Koksbildung; Erhitzungsgeschwindigkeit und |Gasentwicklung unterhalb des Erweichungspunktes bedingt die Koksqualität und Festigkeit. PARR[3] hat für diesen Bereich die Bezeichnung „conditioning zone" geprägt. Wie Versuche von WHEELER und

---

[1] MANTEL, W., u. H. HANSEN: Über das Verhalten der Ruhr-Steinkohlen beim Erhitzen unter Luftabschluß unter bes. Berücksichtigung der Vorgänge im „Plastischen Bereich". Brennst.-Chemie 38 (1957) Nr. 5/6 S. 67—77.

[2] POTT, A., H. BROCHE, H. NEDELMANN, H. SCHMITZ u. W. SCHEER: Die Auflösung von Kohle auf dem Wege der Druckextraktion unter besonderer Berücksichtigung der spaltenden Hydrierung der Extrakte. Glückauf 69 (1933) Nr. 39 S. 903—912.

[3] PARR, S. W.: Fundamental studies on coal as related to carbonization problems. Proc. 1 st Inst. Int. Conf. Bit. Coal 1926 S. 635—649.

Mitarbeitern[1,2] zeigen, steigt der Zersetzungspunkt mit zunehmendem geologischem Alter und mit zunehmender Erhitzungsgeschwindigkeit, während die Gasentwicklung mit zunehmender Erhitzungsgeschwindigkeit abfällt[3,4]. Die Erhitzungsgeschwindigkeit in der Vorentgasungszone ist somit ein wirksames Mittel, unerwünschten Verkokungserscheinungen (z. B. in Rostfeuerungen) entgegenzuwirken[5].

Zahlentafel 5-3

Charakteristischer Entgasungsverlauf verschiedener Kohlen (nach KATTWINKEL)

		1	2	3	4	5	6	7
		Ruhrfettkohle				bitum. Gaskohle		junge (tsch.) Kohle
Flüchtige Bestandteile	%	27,02	23,91	20,71	18,97	33,54	31,54	41,85
Asche	%	6,05	5,71	6,14	5,76	8,76	9,28	7,00
Backfähigkeit[6]		258	235	351	227	191	61,7	0
Punkt Z	°C	356	362	374	374	356	353	376
Punkt E	°C	386	404	411	414	382	394	395
Punkt B	°C	429	433	446	456	428	—	—
Punkt W	°C	455	463	479	486	457	—	—
Blähgrad	%	208	188	202	136	140	100	100
Verteilung der Flüchtigen Bestandteile								
Vorentgasung	%	3,10	2,43	2,00	1,42	4,67	4,92	15,94
Hauptentgasung	%	9,08	8,57	7,90	6,63	13,74	13,11	9,06
Nachentgasung	%	14,84	12,91	10,81	10,92	15,13	13,51	16,85
Aufteilung des Entgasungsverlaufes								
unter Z	%	11,10	10,25	9,65	7,48	13,92	15,59	38,09
$Z\text{–}E$	%	5,03	9,70	8,79	9,86	9,60	13,47	6,05
$E\text{–}B$	%	20,05	18,65	17,48	15,44	22,87	21,27[7]	12,57[7]
$B\text{–}W$	%	8,51	11,67	11,88	9,65	8,49	6,80[8]	3,02[8]
$W\text{–}H$	%	11,10	11,75	9,08	9,65	10,25	9,08	8,90
$H\text{–}K$	%	44,21	37,98	43,12	47,92	34,87	33,79	31,37

[1] HOLROYD, R., u. R. V. WHEELER: The primary thermal decomposition of coal. Fuel Sci. 9 (1930) Nr. 1/3 S. 40—51, 76—93, 104—114. — HIBBOT, H. W., u. R. V. WHEELER: Studies in the composition of coal. A method of estimating the decomposition points of bituminous coals. J. chem. Soc. 1934 Pt. II S. 1084—1086.

[2] BRÜCKNER, H.: Zur Kenntnis des thermischen Verhaltens von Steinkohle. I. Das Verhalten der Kohlen beim Erhitzen bis zum Erweichungsbeginn. Angew. Chem. 52 (1939) Nr. 46 S. 671—678.

[3] MOTT, R. A., u. R. V. WHEELER: The quality of coke. Iron and Steel Ind. Res. Counc. 2nd Report of the Midland Coke Res. Committee, London 1939.

[4] ALLISON, J. P., u. R. A. MOTT: Studies in coke formation. VII. The influence of oil on coke formation. Fuel Sci. 12 (1933) Nr. 8 S. 258—268.

[5] GUMZ, W.: Die Luftvorwärmung im Dampfkesselbetrieb, 2. Aufl., Leipzig 1933, S. 43—46.

[6] Backfähigkeitszahl nach R. KATTWINKEL: Standardmethode zur Bestimmung der Backfähigkeitszahl von Steinkohlen. Brennst.-Chemie 13 (1932) Nr. 6 S. 103/04.

[7] 50 °C über dem Erweichungspunkt.   [8] 75 °C über dem Erweichungspunkt.

In der Erweichungszone (Erweichungstemperatur etwa 350 bis 430 °C)
wird die Kohle zunächst etwas plastisch und erweicht mehr und mehr,
bis die ursprüngliche Struktur zusammenbricht und die Substanz zu-
sammenfließt. Es ist dies ein in seinen Ursachen (wegen der komplexen
Natur der Kohle) nicht ganz geklärter Vorgang, nicht ein Schmelzen im
Sinne eines homogenen festen Körpers an dessen Schmelzpunkt, sondern
vergleichbar eher dem Schmelzverhalten eutektischer Gemische[1,2]. Nach
Fischer und Mitarbeitern[3-5] erhält man durch Benzolextraktion
unter Druck einen Extrakt, der durch Petroläther in „Ölbitumen" und
einen festen Rückstand, das „Festbitumen" zerlegt werden kann. Dieses
Ölbitumen wird als der Träger der Backeigenschaften angesehen[6].
Cockram und Wheeler[7] zerlegten die Kohle durch Pyridin-Extraktion
und anschließende Petroleum- und Pyridin-Extraktion in als α-, β-, γ_1-,
γ_2-, γ_{3+4}- bezeichnete Fraktionen. Die γ_1-Fraktion gab einen harten,
gut geflossenen Koks, γ_2 einen harten, leicht geblähten Koks und γ_{3+4}
einen leicht zerreiblichen Koks, während Bunte und Mitarbeiter[3] aus
ihren Untersuchungen mit dieser Methode folgern, daß nur β- und γ_{3+4}-
Fraktionen Backeigenschaften zeigen, während γ_1 (Kohlenwasserstoffe)
und γ_2 (Harze) die Koksfestigkeit verbessern, ohne selbst backend zu
sein. Das Zusammenwirken aller Fraktionen einschließlich des Rückstandes (α) ist notwendig für die Entwicklung guter Verkokungseigen-

---

[1] Damm, P.: Die Eigenschaften der Kokskohle und die Vorgänge bei der Verkokung. Arch. Eisenhüttenw. 2 (1928) Nr. 2 S. 59—72, — Glückauf 64 (1928)
Nr. 32/33 S. 1073—1080, 1105—1111.

[2] Simmersbach, O., u. G. Schneider: Grundlagen der Kokschemie, 3. Aufl.,
Berlin 1930, S. 22—47.

[3] Fischer, F., u. W. Gluud: Ges. Abh. z. Kenntnis der Kohle, Bd. 1, Berlin
1917, S. 54—63.

[4] Fischer, F., H. Broche u. J. Strauch: Brennst.-Chemie 5 (1924) Nr. 19
S. 299—301, 6 (1925) Nr. 3 S. 33—43. — Broche, H., u. Th. Bahr: Brennst.-
Chemie 6 (1925) Nr. 22 S. 349—354.

[5] Broche, H., u. H. Schmitz: Beitrag zur Frage des Backens und Blähens
der Steinkohle. Die Bitumina der Gefügebestandteile Glanzkohle und Mattkohle.
Brennst.-Chemie 13 (1932) Nr. 5 S. 81—85.

[6] Kontroversen über diese Theorie siehe: Agde, G., u. L. v. Lyncker: Die
Vorgänge bei der Stückkoksbildung, Halle 1930. — Bone, W. A., A. R. Pearson
u. R. Quarendon: Researches on the chemistry of coal. III. The extraction of
coals by benzene under pressure. Proc. roy. Soc., Lond., Series A 105 (1924) S. 608
bis 625. — Davis, J. D., u. A. D. Reynolds: The coking constituents of Mesa
Verde and Pittsburgh coals. Industr. Engng. Chem. 18 (1926) Nr. 8 S. 838—841.

[7] Cockram, C., u. R. V. Wheeler: Studies in the composition of coal. The
resolution of coal by means of solvents. J. chem. Soc. 1927 Pt. I S. 700—718.

[8] Bunte, K.: The influence of bitumen on the caking capacity of coal and
coal mixtures. Fuel Sci. 11 (1932) Nr. 11 S. 400—405, — Z. öst. Ver. Gas- u.
Wasserfachm. 71 (1931) S. 81. — Bunte, K., H. Brückner u. H. G. Simpson:
Changes in the constitution and the caking power of coal during heating to the
plastic stage. Fuel Sci. 12 (1933) Nr. 7 S. 222—232.

schaften. Mackowsky[1] schließt aus den röntgenographischen Versuchsergebnissen Rileys[2], daß der H_2-Gehalt für das Treiben, der $O_2(+N_2)$-
Gehalt für das Schmelzen und Fließen verantwortlich gemacht werden
könne und daß es ein optimales H/O-Verhältnis für gute Kokskohle gäbe.

Oele[3] bezeichnet den Vitrit als das Bindemittel (,,Thermobitumen"),
Fusit und Durit wirken als Magerungsmittel.

Eine Deutung des Backens als rein chemischen Vorgang gibt Aranow[4]; danach vollzieht sich die Verkokung durch Abspalten seitlicher
Gruppen vom aromatischen Kern mit darauffolgender thermischer
Kondensation unter Reaktion zwischen den Kohlenwasserstoffen der
Seitengruppen mit dem Kern. Van Krevelen[5] beschreibt die Verkokung als eine Art Depolymerisation mit anschließender Krackung
der anfallenden metastabilen Zwischenprodukte (das ,,Metaplast") und
einer Wiederkondensation der gebildeten Radikale.

Durch eine neuartige Form der Probeentnahme (mit Hilfe einer
größeren Zahl von Probestechern) konnten Echterhoff und Mackowsky[6] den Verlauf des Verkokungsvorganges sehr eindringlich vor Augen
führen. Insbesondere zeigten die mikroskopischen Anschliffuntersuchun-
gen, daß die Kohle bis zum Beginn der plastischen Zone völlig unverändert bleibt, daß sich dann der Übergang in den plastischen Bereich
sehr schnell vollzieht und daß sich somit die für die Koksbildung entscheidenden Vorgänge in sehr kurzer Zeit und in einer Zone von höchstens
20 bis 25 mm (also rd. $^1/_{11}$ der halben Kammerbreite) vollziehen. Nach
der Wiederverfestigung findet dann keine sichtbare Änderung des
Koksgefüges mehr statt. Ritter und Juranek[7] haben ähnliche Untersuchungen mit Hilfe eines kleinen bodenbeheizten Laboratoriumsofens
(40 mm $\varnothing$, 75 mm Höhe) durchgeführt, wobei die Verkokungsprobe,
die nun bei vorzeitig abgebrochenem Verkokungsvorgang alle Temperaturbereiche von der Kohle bis zum Koks umfaßt, angeschliffen und

---

[1] Siehe Fußn. 6 S. 138.

[2] Blayden, H. E., J. Gibson u. H. L. Riley: The molecular nature of coking
coal bitumens. J. Inst. Fuel 18 (1945) Febr.-Nr. S. 117—129.

[3] Oele, A. P.: Untersuchungen über die Erweichung, das Blähvermögen und
das Treiben im Bereich der Fettkohle. Brennst.-Chemie 33 (1952) Nr. 13/14 S. 231
bis 238.

[4] Aranow, S. G.: Das Wesen des Backens der Kohle und der Koksbildung.
Shurnal prikl. chim. 25 (1952) S. 927—935, — Übersetzung: Arch. Energiewirtsch.
Nr. 5/53 S. 190—196, Nr. 6/53 S. 237—243.

[5] van Krevelen: D. W.: Neue Einsichten in die Verkokungsvorgänge.
Brennst.-Chemie 37 (1956) Nr. 7/8 S. 101—106. — Siehe auch Fußn. 7 S. 143.

[6] Echterhoff, H., u. M.-Th. Mackowsky: Untersuchungen über die Vorgänge
im Koksofen. Glückauf 96 (1960) Nr. 10 S. 618—626.

[7] Ritter, H., u. G. Juranek: Eine neue Methode zur Untersuchung und Beschreibung des Erweichungsverhaltens von Kohlen. Brennst.-Chemie 41 (1960)
Nr. 6 S. 170—176.

mikroskopisch untersucht wird. Auch diese Untersuchungen bestätigen die geringe Ausdehnung der Erweichungszone (20 mm).

Durch Sauerstoffaufnahme werden die Eigenschaften des Erweichens und Treibens — in geringerem Maße auch des Blähens — stark geändert; das Backvermögen kann dadurch weitgehend verringert werden, doch ist Voroxydation als Mittel zur Vermeidung des Backens (in Feuerungen, Gaserzeugern oder Schachtöfen) nur bei bereits sauerstoffreichen Kohlen in wirtschaftlicher Weise, d. h. bei kurzer Behandlungsdauer, genügend wirksam (vgl. S. 142). Nach LAMBRIS[1] wird durch Vorerhitzen (mehrere Stunden auf 200 °C im inerten Gasstrom) zunächst das Treiben, dann das Blähen, zuletzt das Backen beeinflußt.

MAINZ[2] kommt nach kritischer Würdigung der Backfähigkeitsuntersuchungen zu dem Schluß, daß den halbtechnischen Methoden der Vorzug gebührt.

Ältere Untersuchungsmethoden sind die verschiedenen Plastometermessungen[3,4], von denen besonders das GIESELER-Plastometer — z. T. in modifizierter Form[5] — große Verbreitung gefunden hat, und die FOXWELL-Methode (Messung des Widerstandes bei der Durchströmung mit einem inerten Gas[6]). Vgl. auch S. 142. Nach dem Vorgang von CAMPREDON[7] und MEURICE[8] wird das Bindevermögen gegenüber einer nichtbackenden artfremden Substanz (wie Sand, Koks oder Anthrazit)

---

[1] LAMBRIS, G.: Das Backen, Blähen und Treiben von Kokskohlen. Brennst.-Chemie 12 (1931) Nr. 10 S. 181—187.

[2] MAINZ, H.: Die Backfähigkeitsbestimmung und ihre praktische Bedeutung. Brennst.-Chemie 33 (1952) Nr. 7/8 S. 124—129.

[3] BREWER, R. E.: Plastic, agglutinating, agglomerating and swelling properties of coal. In: Natl. Research Council Comm. (H. H. LOWRY, Hrsg.): Chemistry of coal utilization Bd. I, New York u. London 1945, S. 160—309. — BREWER, R. E.: Plastic and swelling properties of bituminous coking coals. U. S. Bur. Min. Bull. 445 (260 S.) 1942.

[4] GIESELER, K.: Bestimmung der Erweichungszone von Kohlen. Glückauf 68 (1932) Nr. 48 S. 1102—1104, — Messung der plastischen Eigenschaften erhitzter Kohlen. Glückauf 70 (1934) Nr. 8 S. 178—183.

[5] HILLS, D. C.: A new coal plastometer. ASTM-Bull. Nr. 218 (1956) S. 34—39.

[6] FOXWELL, G. E.: The path of travel of the gas in the coke oven. J. Soc. chem. Ind. 40 (1921) Nr. 17 S. 193 T/201 T, — The plastic state of coal. Fuel Sci. 3 (1924) Nr. 4/10 S. 122—128, 174—179, 206—210, 227—235, 276—283, 315—319, 371—375, — Industr. Engng. Chem. 17 (1925) Nr. 10 S. 1161. — BUNTE, K., H. BRÜCKNER u. W. LUDWIG: Versuchsanordnung zur Bestimmung des Verhaltens von Kohlen bei der Erweichung und der Koksbildung. Glückauf 69 (1933) Nr. 34 S. 765—770. — BRADETZEANU, C.: Kritische Untersuchungen über die Foxwellsche Plastizitätskurve für Steinkohlen. Braunkohlenarchiv 1941 H. 54 S. 39—55.

[7] CAMPREDON, L.: Détermination expérimentale du pouvoir agglutinant des houilles. C. R. Acad. Sci., Paris 121 (1895) S. 820—822.

[8] MEURICE, A.: Quelques notes sur le pouvoir cokéfiant des charbons. Ann. Mines Belg. 19 (1914) Nr. 3 S. 625—651.

als Maß der Backfähigkeit angesehen, wobei die nicht eingebundene Sandmenge (CAMPREDON, DAMM[1]), die Druckfestigkeit (MEURICE, KATTWINKEL[2], HOCK[3]) oder die Trommelfestigkeit (ROGA[4]) als Maß des Bindevermögens bestimmt werden. Die Methoden nach KATTWINKEL und HOCK-Forschungsstelle eignen sich besonders für stark backende, diejenigen nach MEURICE-DAMM und ROGA für schwach backende Kohlen. In England besteht ein an CAMPREDON-MEURICE anknüpfendes Normverfahren[5], in USA ein Normvorschlag[6] mit Siliziumkarbid als inerter Stoff.

Nach VAN KREVELEN[7] eignet sich das H/C-O/C-Diagramm besonders gut zur Erkennung der Vorgänge bei der Inkohlung. Hydrierung, Dehydrierung, Oxydation und andere Veränderungen stellen sich durch gerade Linien dar.

Das Blähen (Ausdehnung bei freier Expansionsmöglichkeit) und Treiben (Ausdehnung unter Druckwirkung) hängt mit der Gasentbindung im erweichten Zustand zusammen. Die Verkittung der Körner hängt nach MACURA[8] von ihrer Korngröße und der Erhitzungsgeschwindigkeit ab. Durch Aufmahlen auf große Mahlfeinheit kann die Treibgefährlichkeit (z. B. gewisser Eßkohlen) gemindert werden[9]. BERKOWITZ[10] weist auf den Zusammenhang zwischen der Benetzbarkeit (Porenraum) und dem Gehalt an Flüchtigen Bestandteilen hin und versucht, das Verkokungsverhalten rein physikalisch zu erklären. Die Benetzungswärme zeigt bei 20 bis 22% Flücht. Best., also den besten Kokskohlen, ein Minimum. Mit steigender Benetzbarkeit und steigenden Ölmengen, die vor der Hauptentgasung flüssig werden, verbessert sich die Schließung der Poren und Risse durch adsorbiertes Öl oder Teer, und die Kohle bläht stärker. Die entwickelte Gasmenge als solche ist also, noch MOTT

---

[1] Siehe Fußn. 1 S. 150.

[2] KATTWINKEL, R.: Bestimmung der Backfähigkeit von Steinkohle. Glückauf 62 (1926) Nr. 30 S. 972/73, — GWF 69 (1926) Nr. 8 S. 145—150, — Brennst.-Chemie 13 (1932) Nr. 6 S. 103/04.

[3] HOCK, H., u. E. FRITZ: Neuere Verfahren zur Beurteilung des Verhaltens der Kohle bei der Verkokung. Glückauf 68 (1932) Nr. 44 S. 1005—1012.

[4] ROGA, B.: Z. oberschles. berg- u. hüttenm. Ver. 70 (1931) Nr. 12 S. 565—574.

[5] BSI Nr. 705 (1936). — Vgl. Feuerungstechn. 25 (1937) Nr. 10 S. 301/02.

[6] A.S.T.M. Standards on Coal and Coke, S. 151—156, Philadelphia 1948.

[7] VAN KREVELEN, D. W.: Graphical-statistical method for the study of structure and reaction processes of coal. Fuel 29 (1950) Nr. 12 S. 269—284. — Siehe auch Fußn. 7 S. 143.

[8] MACURA, H.: Neue Erkenntnisse über das Verhalten von Steinkohlen bei der Erhitzung. VIII. Backfähigkeit und Verkittungsvorgang. Erdöl u. Kohle 40 (1944) Nr. 17/18 S. 269—279.

[9] MAINZ, H., u. H. SCHWARZMANN: Beitrag zur Kenntnis des Treibvermögens von Steinkohlen. Glückauf 81/84 (1948) Nr. 27/28 S. 452—458.

[10] BERKOWITZ, N.: A physical approach to the theory of coking. Fuel 28 (1949) Nr. 5 S. 97—102.

und SHIMMURA[1], nicht allein maßgebend, sondern die Gegenwart einer
genügend großen Teermenge an der Kohlenoberfläche und im Lückenvolumen ebensosehr, deren Adsorption wiederum vom geologischen
Alter der Kohle bzw. ihrem O_2-Gehalt abhängig ist. Diese vorläufige
Bindung der Kohleteilchen durch ihren Ölfilm ist die erste Stufe, die
Strukturwandlung der ursprünglichen Kohleteilchen die zweite Stufe
der Stückkoksbildung. Bei gänzlich unbehinderter Ausdehnungsmög-
lichkeit, z. B. bei schwebenden Teilchen, bildet backende und blähende

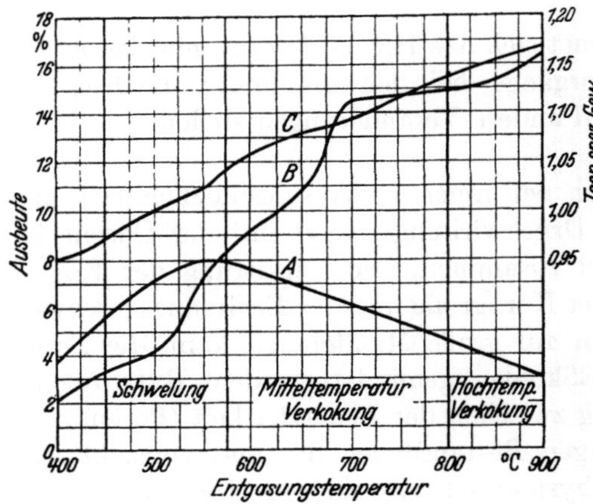

Abb. 5–5. Teerausbeute (*A*), Gasausbeute (*B*) und Wichte
des Teeres (*C*) einer Steinkohle in Abhängigkeit von der
Entgasungstemperatur (nach THAU)

Kohle Hohlkugeln (Ceno-
sphären)[2].

Mit weiter steigender
Temperatur hört die Teer-
abgabe auf, die Flüch-
tigen Bestandteile sind
ausschließlich Gas, die
nach Form und Zusam-
mensetzung gänzlich ver-
änderte Kohlensubstanz
verfestigt sich wieder. Bei
etwa 520 °C ist die Halb-
koksbildung beendet, mit
weiterer Erhitzung tritt
eine zunehmende Erhär-
tung ein, wobei der Koks
mehr oder weniger stark

schwindet. Diese Eigenschaft ist wichtig für die Möglichkeit eines
leichten Ausstoßens des Kokskuchens aus der Ofenkammer und
für die Rißbildung, Stückigkeit und Festigkeit des Kokses. Oberhalb 600 °C (bei Braunkohlen) und 700 °C (bei Steinkohlen) ist ein
„kritischer Punkt", gekennzeichnet durch starke Wasserstoff- und CO-
Bildung. Erst bei sehr hohen Temperaturen treten aromatische Kohlenwasserstoffe (Benzol) auf, deren Entstehungsweise von einigen Autoren
als eine Dehydrierung hydroaromatischer Kohlenwasserstoffe, von
anderen als Olefinkondensation gedeutet wird[3].

Die Änderung der Kohlenstoffmodifikation, eine bei höchsten Temperaturen auftretende, zunehmende Graphitierung, ist ein sehr langsamer Vorgang, auch hohe Nacherhitzung (1750 °C) wischt die Einflüsse der Ursprungskohle nicht aus[4].

[1] MOTT, R. A., u. T. SHIMMURA: A further study of coke formation. Fuel
Sci. 7 (1928) Nr. 11 S. 472—486.
[2] NEWALL, H. E., u. F. S. SINNATT: The carbonisation of coal in the form of
fine particles. The production of cenospheres. Fuel Sci. 3 (1924) Nr. 12 S. 424—434.
[3] Vgl. Fußn. 6 S. 143.   [4] WILDE, G.: Über die Änderung der Kokseigenschaften durch Nacherhitzung auf hohe Temperaturen. Diss. Braunschweig 1939.

Die Gesamt-Gasausbeute nimmt mit steigender Endtemperatur der Entgasung zu, Heizwert und spez. Gewicht nehmen ab, da das Gas im Gebiet höchster Temperaturen vorwiegend aus Wasserstoff besteht. Im praktischen Betrieb rechnet man bei der Schwelung (500 bis 600 °C) mit 100 bis 150 Nm³/t Steinkohle, bei Hochtemperaturverkokung mit 390 bis 420 Nm³/t, vgl. auch Abb. 5–5 und 5–6 und Zahlentafel 6–5 S. 242[1–3]. Die Gaszusammensetzung hängt sowohl von der Kohlenart als auch von der Entgasungstemperatur ab (vgl. Zahlentafel 5–7 S. 179 und Abb. 5–7). Der Anteil des Reingases (d. i. CO, H_2, CH_4, C_2H_6, SKW und N_2) an den Flüchtigen Bestandteilen fällt nach MAINZ[4] mit zunehmendem Gehalt an Flücht. Best. ab; er ist prozentuell

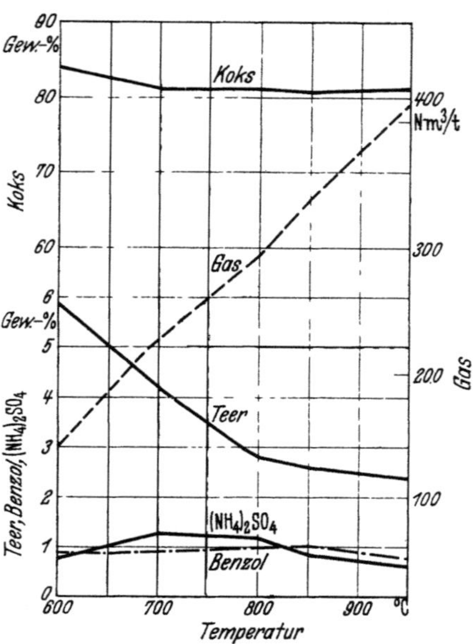

Abb. 5–6. Ausbeute an Gas, Teer, Koks und Nebenprodukten einer Kokskohle (nach JENKNER)

67,40% Reingas bei 18,75% Flücht. Best. (auf Reinkohle bez.)
57,70%   ,,   bei 24,68%   ,,   ,,
47,10%   ,,   bei 35,10%   ,,   ,,

Neben dem Methan treten auch seine höheren Homologe auf; so ergaben sich z. B. an japanischen Kohlen bei 550 °C als Mittelwerte für die Homologen der Methanreihe (zusammen = 100% gesetzt):

$$CH_4 = 80\% \quad C_2H_6 = 13\% \quad C_3H_8 = 6\% \quad C_4H_{10} = 1\%,$$

was einem Durchschnittsheizwert von $H_u = 10474$ kcal/Nm³ entspricht, gegenüber 8550 kcal/Nm³ für das reine Methan[5].

---

[1] THAU, A.: Kohlenschwelung, Halle/S. 1938. — SPAUSTA, F.: Treibstoffe für Verbrennungsmotoren, Bd. 1 u. 2, 2. Aufl., Wien: Springer 1953.

[2] KARL, A.: Über den Verlauf der Entgasung bei der trockenen Destillation von Steinkohlen und den Weg der Gase im Koksofen. Diss. Aachen 1931. — Koppers Handb. der Brennstofftechnik, 3. Aufl., Essen 1953.

[3] JENKNER, A.: Bestimmung des Ausbringens an Gas, Koks und Nebenprodukten im Laboratorium. Glückauf 68 (1932) Nr. 12 S. 274—279.

[4] MAINZ, H.: Die „Flüchtigen Bestandteile" und der „Gasgehalt" der Steinkohlen. Glückauf 80 (1944) Nr. 17/18 S. 184—187.

[5] NAMIKAWA, T., u. H. KUNISUE: Studies on the complete gasification of coal (XII). J. Soc. chem. Ind. 40 (1937) Nr. 9 S. 312B/313B.

Die Temperatur, wo der Teer erstmalig erscheint, wird nach L. CRUS-
SARD als der „Schwellenwert der thermischen Zersetzung" bezeichnet;
er sinkt mit zunehmendem Gehalt an Flüchtigen Bestandteilen (520 °C
bei 8%, 375 °C bei 29,4% und 320 °C bei 48,5% Flücht. Bestandteilen)[1].

Die Teerausbeute nimmt erst zu, dann wieder ab (s. Abb. 5–5),
gleichzeitig ändert sich durch die eintretende Verkrackung die Zusammensetzung und der Charakter des Teeres. Der Einfluß der Er-

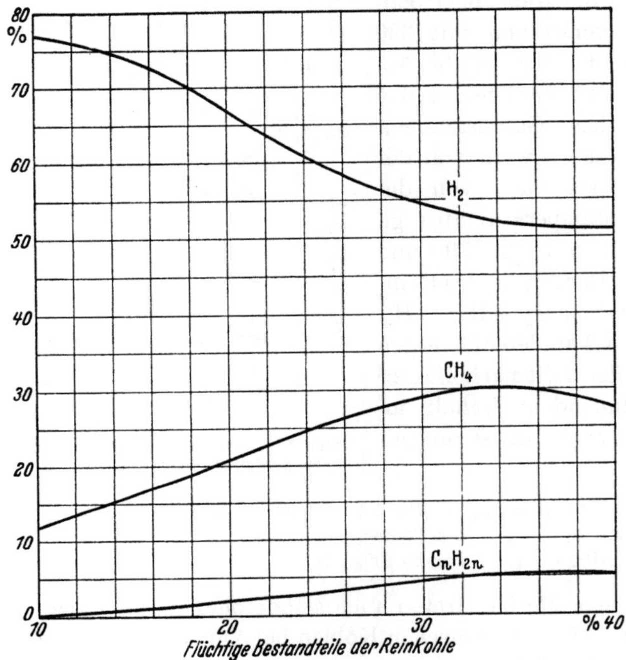

Abb. 5–7. Gaszusammensetzung der Flüchtigen Bestandteile, bezogen auf wasser- und aschefreie
Kohle nach Untersuchungen des Laboratoriums des ehem. Rhein.-Westf. Kohlensyndikats
(Destillationstemperatur 900 °C[2])

hitzungsgeschwindigkeit auf die Teerausbeute ist etwas umstritten; im
allgemeinen zeigt sich ein leichter Anstieg mit steigender Erhitzungsgeschwindigkeit[3-5]. Bei erhöhtem Druck steigt die Leichtölausbeute,

---

[1] FRANÇOIS, J., u. R. BEDIER: Le senil thermique de pyrogénation des combustibles solides naturels fossiles. Chal. et Ind. 35 (1954) Nr. 347 S. 177—181.

[2] Nach Ruhrkohlenhandbuch, 3. Aufl., Berlin 1937.

[3] TAYLOR, G. B., u. H. C. PORTER: The primary volatile products of the
carbonization of coal. U. S. Bur. Min. Techn. Pap. 140 (1916).

[4] KING, J. G., C. TASKER u. L. J. EDGCOMBE: The assay of coal for carbonization purposes (Pt. II). Departm. of Scientific Research. Fuel Res. Techn. Pap.
Nr. 21 (1929).

[5] WARREN, W. B.: Carbonization of coal. Industr. Engng. Chem. 27 (1935)
Nr. 1, 11 S. 72—77, 1350—1354.

die Teerausbeute geht zurück[1]; demgegenüber berichtet DANULAT[2] über gleichbleibenden Teeranfall bei Druckgaserzeugern.

Die Wiederverfestigung des Kokses und die durch Schrumpfung entstehende Rißbildung ist Gegenstand mehrerer neuerer Untersuchungen[3-5], was für die Beeinflussung der Stückigkeit des Kokses von großer praktischer Bedeutung ist.

Der Wärmebedarf für die Verkokung ergibt sich aus dem Wärmeaufwand für die Verdampfung der Feuchtigkeit, der Enthalpie der Erzeugnisse (Koks, Teer, Gas usw.) und der Zersetzungswärme, die von der Kohlenart und der Entgasungstemperatur abhängig ist und exotherm oder (besonders bei niedrigen Temperaturen) endotherm sein kann.

Nach MILLARD[6] ist der Verkokungsvorgang bei Temperaturen bis 700 °C endotherm, oberhalb 700 °C exotherm.

Zersetzungs- und Verkokungswärmen sind von STRACHE[7], DAVIS[8] und TERRES und Mitarbeitern[9] u. a. m.[10] gemessen worden; sie liegen bei Steinkohlen zwischen 280 bis 400 kcal/kg Reinkohle, im Mittel 340 kcal/kg ($\pm 30\%$), doch ist der Verlauf für jede Kohle individuell verschieden und daher die Umrechnung auf Rohkohle nicht ohne weiteres möglich. Die

---

[1] FISCHER, F., TH. BAHR u. H. SUSTMANN: Die Verschwelung von Steinkohlen und Braunkohlen in einer Gasatmosphäre von erhöhtem Druck. Brennst.-Chemie 11 (1930) Nr. 1 S. 1—9. — SUSTMANN, H., u. K.-H. ZIESECKE: Über Verkokung und Verschwelung von festen Brennstoffen bei erhöhtem Gasdruck. Brennst.-Chemie 20 (1939) Nr. 12 S. 228—232, — vgl. auch 21 (1940) Nr. 5 S. 49—65, Nr. 6 S. 61 bis 68.

[2] DANULAT, FR.: Wechselwirkungen zwischen Gas und Brennstoff bei der Druckvergasung. Gas- u. Wasserfach 85 (1942) Nr. 49/50 S. 557—562.

[3] NADZIAKIEWICZ, J.: The process of fissuring in coke and the mechanism of coke formation. Coke and Gas 21 (1959) Nr. 237 S. 46—55.

[4] SOULÉ, J.-L.: The process of fissuring in coke. Fuel 34 (1955) Nr. 1 S. 68—77.

[5] BOYER, A. F., A. LADAM u. J.-L. SOULÉ: La fissuration du coke. Rev. Industr. min. 34 (1953) Nr. 596 S. 592—616.

[6] MILLARD, D. J.: Heats of reaction during carbonization as deduced from temperature surveys of a coke oven. Nature (London) 174 (1954) Nr. 4441 S. 1099 bis 1100.

[7] STRACHE, H., u. H. GRAU: Brennst.-Chemie 2 (1921) S. 97—99. — STRACHE, H., u. E. FROHN: Brennst.-Chemie 3 (1922) S. 337—340.

[8] DAVIS, J. D., P. B. PLACE u. P. EDEBURN: Heat of carbonization of coal. Fuel Sci. 4 (1925) Nr. 7 S. 286—299. — DAVIS, J. D., u. P. B. PLACE: Thermal reactions of coal during carbonization. Industr. Engng. Chem. 16 (1924) Nr. 6 S. 589—592. — DAVIS, J. D.: Industr. Engng. Chem. 16 (1924) Nr. 7 S. 726—730.

[9] TERRES, E., u. K. VOITURET: Untersuchungen über die Verkokungs- und Zersetzungswärme von Steinkohlen. Gas- u. Wasserfach 74 (1931) Nr. 5/8 S. 97 bis 101, 122—128, 148—154, 178—183. — TERRES, E., u. M. MEIER: Gas- u. Wasserfach 71 (1928) Nr. 20/22 S. 457—461, 490—495, 519—523. — TERRES, E.. u. H. WOLTER: Gas- u. Wasserfach 70 (1927) Nr. 1/4 S. 1—5, 30—34, 53—58, 81—85.

[10] BURKE, S. P., u. V. F. PARRY: The heat of distillation of coal. Industr. Engng. Chem. 19 (1927) Nr. 1 S. 15—20.

Zahlenwerte von Tettweiler[1] stimmen für Gaskohlen befriedigend, für Kokskohle nicht mit den Messungen von Terres überein. Pieper[2] findet abweichend davon Werte von 380 bis 450 kcal/kg, Götte und Banerjee[3] finden für eine Fettkohle (20,1% Flücht. Best.) bei 4% Wasser 380 kcal/kg, bei 10% Wasser 420 kcal/kg, bei einer Kohle mit höherem Gehalt an Flüchtigen Bestandteilen 355 bzw. 395 kcal/kg.

Die Verkokungszeit, für die J. B. Gayle[4] und Pieper[5] Formeln angeben, ist abhängig von der Heizzugtemperatur, der Ofenbreite und der Dichte der Schüttung. Pieper hat die Ergebnisse auch in Diagrammen wiedergegeben.

Der Schwefelgehalt

Eine besondere Stellung nimmt der Schwefelgehalt der Kohle insofern ein, als er teils in organischer, teils in anorganischer Form oder Bindung auftritt. Obwohl meist auf 0,5 bis 2,0% beschränkt[6] — der statistische Mittelwert der Ruhrkohlen liegt bei etwa 1,1% —, ist seine Auswirkung bei der Verbrennung auf den Taupunkt der Rauchgase (s. S. 342), die Heizflächenverschmutzung und Korrosion (s. S. 590), die Rauchgasschäden (s. S. 603) und die Schwefelaufnahme des Eisens in Hoch- und Kupolöfen beträchtlich.

Der Schwefel kommt in drei verschiedenen Formen in der Kohle vor[7], und zwar als

[1] Tettweiler, R.: Die Verkokungswärme bei der Hochtemperaturentgasung in diskontinuierlich betriebenen Gaswerksöfen. Gas- u. Wasserfach 90 (1949) Nr. 2/4 S. 25—32, 73—78.

[2] Pieper, P.: Die Bestimmung der Verkokungswärme im Verkokungs-Kalorimeter. Brennst.-Chemie 37 (1956) Nr. 11/12, 13/14, S. 161—171, 211—217, 239 bis 244.

[3] Götte, A., u. S. Banerjee: Versuche zur Bestimmung der Steinkohlen-Verkokungswärme in Abhängigkeit von Wassergehalt, Kornfeinheit, Schüttgewicht, petrographischer Zusammensetzung und Inkohlungsgrad. Aachener Bltr. 9 (1959) Nr. 3 S. 111—127.

[4] Williams, A. F.: Trends in present day coal research in the United States of America. Coke and Gas 20 (1958) Nr. 232 S. 360—363, 389.

[5] Pieper, P.: Abhängigkeit der Garungszeit der Koksöfen von der Kammerbreite. Bergbau-Arch. 13 (1952) Nr. 1/2 S. 50—61, — Die Wärmeleitfähigkeit des Besatzes bei Koks- und Gaswerksöfen. Bergbau-Arch. 13 (1952) Nr. 1/2 S. 62—73.

[6] In einigen Sonderfällen kommen auch wesentlich höhere Schwefelgehalte vor, so bei den oberbayerischen Pechkohlen, bei den istrischen Rasa-Kohlen (Arsa-Kohle) und bei einigen anderen, z. B. ungarischen und italienischen Braunkohlen, u. a. m. (vgl. Zahlentafel 5-6 in der Tasche am Schluß des Buches).

[7] Thiessen, G.: Forms of sulphur in coal. In: Natl. Res. Council Committee (H. H. Lowry, Hrsg.): Chemistry of Coal Utilization, Bd. I, New York u. London 1945, S. 425—449. — Mainz, H.: Über den Schwefel in Kohle und Koks. Glückauf 87 (1951) Nr. 45/46 S. 1045—1053.

1. organischer Schwefel[1], aus der Pflanze stammend und in engster Bindung mit der organischen Substanz, daher auch aufbereitungstechnisch nicht abtrennbar,

2. als Pyritschwefel und andere Sulfide, aus den mineralischen Beimengungen stammend, als Pyrit (Eisendisulfid, FeS_2) oder als Markasit,

3. als Sulfate, besonders in verwitternden (jüngeren) Steinkohlen und in Braunkohlen ($CaSO_4$, Na_2SO_4).

Bei der Erhitzung unterliegen die Pyrite einer Abröstung unter Abspaltung eines Schwefelatoms

$$FeS_2 \longrightarrow FeS + S$$

und in oxydierender Atmosphäre einer Verbrennung zu Fe_2O_3 und SO_2 nach der Bruttogleichung

$$4\,FeS_2 + 11\,O_2 = 2\,Fe_2O_3 + 8\,SO_2 \tag{5-3}$$

bzw.

$$2\,FeS_2 + 8\,O_2 = Fe_2O_3 + 4\,SO_3 + O\,. \tag{5-4}$$

Die Eisendisulfide (Pyrit, Markasit, Melnikovit)[2] kommen teils in groben Konkretionen, teils aber auch in feinkonkretionärer Form und damit feinstverteilt in der Kohle vor und sind dann ebensowenig wie der organische Schwefel durch die Methoden der Aufbereitung zu entfernen.

Bei der Verbrennung von organischem Schwefel zu SO_2 wird in Gegenwart von Karbonaten (besonders $CaCO_3$) und basischen Silikaten dieses SO_2 weitgehend gebunden[3], so daß der Schwefel nicht in das Gas, sondern in die Schlacke geht. Mit SO_3 bildet die basische Kohlenasche Sulfite, die dann zu Sulfaten weiteroxydiert werden, was bei basischen Aschen (z. B. von Braunkohlen) zu erheblichen Fehlern bei der Ermittlung des Schwefelgehaltes führen kann, da aus der beheizenden Gasflamme SO_3 von der Brennstoffasche aufgenommen wird.

Durch Kalkzuschlag wird im Hochofen der Schwefel weitgehend an die Schlacke gebunden, ähnliche Vorschläge bei Gaserzeugern haben geringeren Erfolg, der größte Teil des Schwefels geht ins Gas, in der Hauptsache als H_2S, der Rest als COS und bei wasserdampfarmem Vergasungsmittel auch in geringen Mengen als CS_2 und S_2[4].

Die Verteilung des Schwefels auf die Verbrennungsprodukte ist, abgesehen von der Bindung an die festen Rückstände und an die Fest-

---

[1] JOLLY, J., u. R. V. WHEELER: Organic sulphur compounds in coal. Trans. Amer. Inst. min. metallurg. Engrs. 71 (1925) S. 184—188.

[2] Schlackenkunde S. 57—59 (s. Fußn. 1 S. 144).

[3] TRIFANOW, I., u. E. RASCHEWA-TRIFANOWA: Über die Verteilung des Schwefels bei der Verbrennung von Steinkohle und Koks. Brennst.-Chemie 11 (1930) Nr. 9 S. 165—169.

[4] GUMZ, W.: Vergasung fester Brennstoffe. Stoffbilanz und Gleichgewicht, Berlin/Göttingen/Heidelberg: Springer 1952, S. 62—70.

stoffe im Rauchgas (Flugasche, Ruß, Aerosole), von den Verbrennungsbedingungen (Temperatur, Druck, Sauerstoffüberschuß, Mischgüte)
und damit auch von der Brennstoffart und der Feuerung abhängig.
Die Angaben über die Höhe der SO_3-Bildung neben dem vorwiegend
entstehenden SO_2 sind daher sehr schwankend[1], etwa 1,6 bis 2,9% des
Gasschwefels als SO_3 bei Rostfeuerungen, 0 bis 0,8% bei Staubfeuerungen, 0,5 bis 4,0% bei Ölfeuerungen, bei hohen Luftüberschüssen auch
erheblich mehr (vgl. S. 345). Die Schwefelbilanzen von Großkesselanlagen sind mitunter recht schwierig zu ermitteln[2], unaufgeklärte
Differenzen dürften auf die Adsorption an Feststoffe sowohl innerhalb
des Kesselsystems als auch auf die Rußemissionen zurückzuführen sein.

Bei der Verschwelung und Verkokung[3, 4] verteilt sich der Schwefel
auf den Koks, das Gas und die Nebenprodukte. Untersuchungen mit
Hilfe des radioaktiven Isotops S^{35} haben REINTJES[5] und FLETCHER und
GIBSON[6] durchgeführt.

Eine Bestimmung der Bindungsformen des Schwefels im Koks hat
ABEL[7] versucht, der Schwefel scheint dort nur anorganisch und in
chemosorptiver Bindung vorzuliegen. Bei der Schwelung der Braunkohlen entsteht vorzugsweise H_2S, und zwar — abweichend von der
Steinkohle — schon bei niedrigeren Temperaturen, und ein relativ
höherer Anteil geht ins Gas und kann daraus gewonnen werden[8]. Bei
der Verkokung bleiben etwa 40 bis 55% des Gesamtschwefels im Koks,

---

[1] THIELER, S.: Verhalten des Schwefels der Kohlen bei der Verbrennung.
Diss. Aachen 1912. — Vgl. auch F. MUHLERT: Der Kohlenschwefel, Halle/S.:
Knapp 1930 (Kohle, Koks, Teer Bd. 21), S. 14, u. W. GUMZ: Die Luftvorwärmung
im Dampfkesselbetrieb, 2. Aufl., Leipzig: Spamer 1933, S. 270. — JOHNSTONE,
H. F.: The corrosion of power plant equipment. Univ. Illinois Bull. 28 (1931)
Nr. 41, Eng. Esp. Sta. Bull. Nr. 228. — Schlackenkunde S. 315/16 (s. Fußn. 1
S. 144).

[2] STRATMANN, H.: Schwefelbilanz-Untersuchungen bei Steinkohlen- und Braunkohlenfeuerungen. Mitt. VGB H. 52 (1958) S. 23—30.

[3] MUHLERT, F.: Der Verbleib des Kohlenschwefels bei der Schwelung. Verkokung, Vergasung und Verbrennung der Kohlen. Feuerungstechn. 25 (1937) Nr. 5
S. 149—154.

[4] TERRES, E.: Über Reaktionen des Brennstoffschwefels bei den Ent- und
Vergasungsvorgängen. Brennst.-Chemie 35 (1954) Nr. 15/16 S. 225—231.

[5] REINTJES, H. J.: Die Reaktionen des Schwefels in der Kohle beim Verkokungsvorgang. Arch. Eisenhüttenw. 29 (1958) Nr. 5 S. 283—291.

[6] FLETCHER, A. W., u. E. J. GIBSON: The use of carbon-14 and sulphur-35
in chemical problems of fuel research. Radioisotope Conference 1954, Bd. II,
S. 40—48.

[7] ABEL, E.: Über die Bindungsformen des Schwefels im Koks. Diss. T.H.
Aachen 1957.

[8] LISSNER, A.: Schwefelgewinnung bei der Spülgasschwelung schwefelreicher
Braunkohlen. Bergbau u. Energiewirtsch. 3 (1950) Nr. 6 S. 188—191. —
v. ALBERTI, H.-J.: Über das Verhalten des Schwefels bei der Schwelung von
Braunkohle. Bergbau u. Energiewirtsch. 3 (1950) Nr. 5 S. 159—164.

ein sehr geringer Anteil geht in den Teer, der Rest in das Gas, meist als H_2S (mit Spuren von CS_2, COS, Thiophen und aromatischen S-Verbindungen). Durch die Gasabspaltung ergibt sich dann für den Koks ein S-Gehalt, der nach LOWRY, LANDAU und NAUGLE[1] empirisch-statistisch zu

$$S_{Koks} = 0{,}084 + 0{,}759\,S_{Kohle} \qquad (5-5)$$

angegeben wird.

Eine entschwefelnde Wirkung wird besonders dem Wasserstoff in statu nascendi zugeschrieben. Nach BREWER und GHOSH[2] hat sich Ammoniak am wirksamsten, (molarer) Wasserstoff als noch wirksam, Stickstoff als wenig wirksam erwiesen, worauf künftig Verfahren zur Kokserzeugung aus schwefelreicheren Kohlen aufgebaut werden könnten. Die Entschwefelung mit trockenem Wasserstoff ist nach ABEL[3] wirtschaftlich aussichtslos. Weitere Vorschläge zielen auf eine Voroxydation mit anschließender Wasserstoffbehandlung[4] oder die Zugabe eines schwefelaufnehmenden (d. h. leicht sulfidbildenden) Stoffes (wie CaO, MnO, ZnO, Fe-Oxyde, Co-Oxyde, NiO, Cu_2O, PbO), vorzugsweise MnO und Behandlung mit Wasserstoff bei 700 °C, wobei der ein Wirbelbett bildende Stoff im Kreislauf geführt und durch Oxydation regeneriert wird[5].

Die inerten Bestandteile

Neben der brennbaren Substanz besitzen die Brennstoffe auch nichtbrennbare, inerte Bestandteile, Feuchtigkeit und Mineralstoffe (Asche), die in ihrer Gesamtheit als Ballast anzusprechen sind und deren Menge, Art und Bindungsform den Wert und das feuerungstechnische Verhalten der Brennstoffe in hohem Maße bestimmen. Für die Brennstoffzusammensetzung sind daher mehrere Möglichkeiten für die Wahl der Bezugsgröße gegeben, woraus sich leider mitunter Mißverständnisse ergeben können, wenn die Bezugsgröße nicht genannt ist oder aus den Zahlenwerten nicht eindeutig hervorgeht. Solche Bezugsgrößen sind:

der Roh- und Verwendungszustand	% i. roh
die lufttrockene Kohle	% i. lftr
die Trockensubstanz (wasserfrei)	% i. wf
die wasser- und aschefreie Substanz	% i. waf
die wasser- und mineralstofffreie Substanz	% i. wmf

---

[1] LOWRY, H. H., H. G. LANDAU u. L. L. NAUGLE: Correlation of the Bureau of Mines-American Gas Association carbonization assay test with coal analyses. Trans. Amer. Inst. min. metallurg. Engrs. 149 (1942) S. 297—330.

[2] BREWER, R. E., u. J. K. GHOSH: Desulfurization of coal during carbonization with added gases. Industr. Engng. Chem. 41 (1949) Nr. 9 S. 2044—2053.

[3] Siehe Fußn. 7 S. 160.

[4] BURGESS MASON, R.: Hydro desulfurization of coke. Industr. Engng. Chem. 51 (1959) Nr. 9 S. 1027—1030.

[5] GORIN, E., G. P. CURRAN u. J. D. BATCHELOR: U. S. Patent 2824047 (1958).

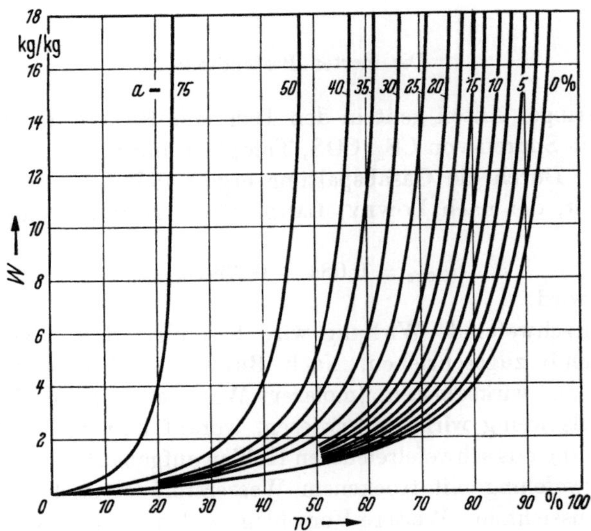

Abb. 5–8a. Der Wasserballast W [kg/kg] als Funktion des Wassergehaltes w [% i. roh]

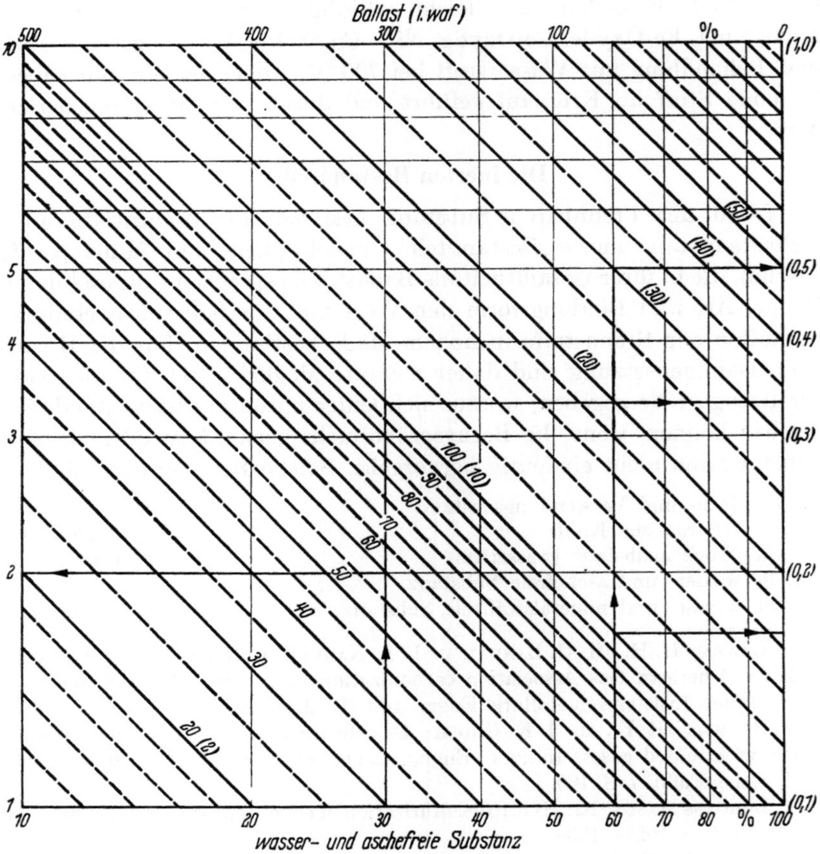

Beispiel 1:
$w = 60\%$ i. roh, $a = 10\%$ i. roh
waf-Subst. $= 30\%$
$W = 2,0$ kg/kg
$A = 0,333$ kg/kg

Beispiel 2:
$w = 10\%$, $a = 30\%$
waf-Subst. $= 60\%$
$W = 0,166 \ldots$ kg/kg
$A = 0,5$ kg/kg

Abb. 5–8b. Diagramm zur Umrechnung des Wasser- und Aschegehaltes in Wasser- und Ascheballast

die lufttrockene und aschefreie Substanz*　　　　　　% i. lftraf
die wasser-, asche- und schwefelfreie Substanz
bzw. wasser-, mineralstoff- und schwefelfreie Substanz** } % (Parr-Basis)

Die Unterschiede sind also in erster Linie durch den verschiedenen Feuchtigkeitsgehalt bedingt. Für die Umrechnung von einem Bezugszustand in einen anderen vgl. Zahlentafeln A–12 und A–13 im Anhang S. 696/97.

Eine eindeutige Bezugsgröße ist die wasser- und aschefreie Substanz. Es ist daher von mehreren Seiten (KRETSCHMANN[1], TRENKLER[2], GUMZ) vorgeschlagen worden, alle Angaben, auch die des Wasser- und Aschegehaltes, auf die wasser- und aschefreie (wissenschaftlich einwandfreier auf die wasser- und mineralstofffreie) Substanz zu beziehen und nicht Wasser- und Aschegehalte in %, sondern Wasser- und Ascheballast in kg/kg brennbare Substanz anzugeben[3]. Der Einfluß des Aschegehaltes bei gegebenem Wassergehalt und umgekehrt läßt sich dadurch nicht nur richtiger beurteilen, die Verbrennungsrechnung wird dadurch auch vereinfacht (s. S. 310 u. 408). Der Wasserballast als Funktion des Wassergehaltes ist in Abb. 5–8a (mit dem Aschegehalt als Parameter) dargestellt, darunter eine zweite Darstellung in logarithmischem Maßstab nach DÜRR[4] (Abb. 5–8b).

Die Feuchtigkeit

Das Wasser liegt im Brennstoff in verschiedenen Bindungsformen vor, es kann zum Teil äußerlich anhaften (Grubenwasser, Waschwasser aus der Aufbereitung, Regen und Schnee) und wird dann als „grobe Feuchtigkeit" bezeichnet; zum Teil wird es von der Oberfläche adsorbiert und wird so auch bei längerem Lagern an der Luft nicht abgegeben; dieses Wasser wird als „hygroskopische Feuchtigkeit" bezeichnet. DREKOPF und STEINER[5] weisen auf die Fragwürdigkeit dieses Begriffes hin, da der Wassergehalt von der relativen Feuchtigkeit der umgebenden Luft (bei Kohlen < 30% und > 40% etwa linear) abhängig ist. Zur Kennzeichnung der Bindung des Wassers unterscheidet man auch „Oberflächenwasser", umfassend das Haftwasser (grobe Feuchtig-

---

* Im internat. Klassifikationssystem der Steinkohlen angewendet.

** In Deutschland ungebräuchlich.

[1] KRETSCHMANN, W.: Neuzeitliche Braunkohlen-Großkraftwerke. Braunkohle, Wärme u. Energie 5 (1953) H. 19/20 S. 395—418.

[2] TRENKLER, H.: vgl. Fußn. 3.

[3] GUMZ, W.: Vereinfachung der Verbrennungsrechnung für ballasthaltige Brennstoffe durch eine neuartige Kennzeichnung des Ballastgehaltes. Glückauf 95 (1959) Nr. 8 S. 463—470.

[4] DÜRR/Horrem: Persönl. Mitt.

[5] DREKOPF, K., u. H. STEINER: Die Wasseraufnahmefähigkeit von Steinkohlen bei 20 °C in Abhängigkeit von der relativen Feuchtigkeit der umgebenden Luft. Glückauf 92 (1956) Nr. 27/28 S. 799—802.

keit), das Adsorptions- und Adhäsionswasser und das Grobkapillarwasser, und daneben das „innere Wasser" oder Innenkapillarwasser[1].
Der Dampfdruck des gebundenen Wassers ist geringer als derjenige
des „freien" Wassers und hängt direkt mit der Porengröße der als
verfestigte Gele.. kolloidaler Struktur aufzufassenden Kohle zusammen[2, 3].

Die übliche Wasserbestimmung durch ein- oder zweistündiges bzw.
bis zur Gewichtskonstanz durchgeführtes Trocknen einer ausgebreiteten
25-g-Probe im Trockenschrank bei 106 °C ist nur als ein Konventionalverfahren anzusprechen, das bei Steinkohle genügend genau ist, bei
jüngeren Brennstoffen jedoch besser durch Vakuumtrocknung, das
Xylolverfahren oder die kryohydratische Methode nach DOLCH ersetzt
wird[4].

Der Wassergehalt des Brennstoffs beeinflußt und benachteiligt die
Lagerfähigkeit; er ist die Vorbedingung zur Oxydation (somit auch mitverantwortlich für die Gefahr der Selbstentzündung), er beeinflußt das
Schüttgewicht und ist, in gewissen Grenzen, förderlich für den Verbrennungsvorgang als Katalysator der Kohlenoxydverbrennung und
durch die Erhöhung der Gasstrahlung. Größere Feuchtigkeitsmengen
sind indessen ein störender Ballast, der die wirtschaftliche Reichweite stark einschränkt, die Transportkosten der Nutzwärmeeinheit erhöht, die Verbrennungstemperatur verringert und den Rauchgastaupunkt heraufsetzt, mithin die Wirtschaftlichkeit der Verwendung beeinträchtigt.

Der Asche- bzw. Mineralstoffgehalt

Ein Ballaststoff, der sich im feuerungstechnischen Verhalten besonders bemerkbar macht, sind die Minerale, die teils in inniger Verteilung
in der Kohlensubstanz, teils in fester Verbindung mit Kohleteilchen
(„Verwachsenes") und teils neben der Kohle als Berge (aus dem Neben-

---

[1] Bericht E I des Reichskohlenrats: Die Trocknung und Entwässerung der
Kohle, Berlin 1936.

[2] GAUGER, A. W.: Condition of water in coals. Natl. Res. Council Committee
(H. H. LOWRY, Hrsg.): Chemistry of Coal Utilization, Bd. I, New York u. London
1945, S. 600—626.

[3] ROSIN, P., E. RAMMLER u. H. G. KAYSER: Über Dampfdruckisothermen und
Porositätskennlinien von Kohlen. Braunkohle 33 (1934) Nr. 18/19 S. 289—294,
305—314.

[4] HOLTHAUS, C.: Bestimmung der Feuchtigkeit in Stein- und Braunkohlen.
Arch. Eisenhüttenw. 5 (1931/32) Nr. 3 S. 149—162. — DOLCH, M.: Die Bestimmung von Feuchtigkeitswasser in festen Brennstoffen. Brennst.-Chemie 11 (1930)
Nr. 21 S. 429—432. — Die Untersuchung der Brennstoffe und ihre rechnerische
Auswertung, Halle/S. 1932. — ŠIMEK, B. G., u. J. LUDMILA: Die Wasserbestimmung
durch Destillation mit Xylol. Zweck und Fehlerquellen. Brennst.-Chemie 23 (1942)
Nr. 19 S. 223—227. — DIN 51718.

gestein und aus Zwischenlagen) vorkommen[1]. Die Bestimmung des Mineralstoffgehaltes ist etwas umständlich; sie geschieht entweder durch Herauslösen der Minerale mit Hilfe von Säuren (so z. B. nach dem „Ruhrkohle-Verfahren" nach RADMACHER und MOHRHAUER[2] oder durch Herauslösen der brennbaren Substanz durch eine milde Oxydation bei Temperaturen von max. 370 °C nach einem Vorschlag der C.S.I.R.O. (Australien)[3] oder durch indirekte Bestimmungsmethoden[4].

Wegen dieser Schwierigkeiten ist es von jeher in der Brennstofftechnik üblich, mit dem „Aschegehalt" zu rechnen, d. i. der Glührückstand bei der Veraschung einer Kohlenprobe unter festgelegten Bedingungen (nach DIN 51719 bei 775 $\pm$ 25 °C). Es ist wichtig, sich stets zu vergegenwärtigen, daß dieser nach einer Konventionalmethode — zudem noch in einer in allen Ländern etwas verschiedenen Methode[5] — ermittelte Aschegehalt nicht identisch ist mit dem Mineralstoffgehalt, in der älteren Literatur auch als „wahrer Aschegehalt" bezeichnet, was sich besonders bei Brennstoffen mit hohem Aschegehalt und bei einer genauen Brennstoffanalyse praktisch stark auswirkt. Es sind daher eine Reihe von Vorschlägen gemacht worden, Näherungsformeln für die Errechnung des Mineralstoffgehaltes aus dem Aschegehalt aufzustellen. Eine besonders einfache Formel dieser Art[6] ist

$$M = 1{,}11\,A + 0{,}35\,S \qquad (5\text{-}6)$$

M = Mineralstoffgehalt [%], A = Aschegehalt [%] und S = Gesamt-Schwefelgehalt [%].

Als ein Mittelwert für Ruhrkohlen ergibt sich ein Verhältnis von $f = M/A = 1{,}19$, d. h., der Mineralstoffgehalt ist im Durchschnitt 19% höher als der nach DIN 51719 bestimmte Aschegehalt. Es ist aus diesem Grunde auch zweckmäßig, bei der Analyse aschereicherer Kohle den Aschegehalt durch Aufbereitung der Probe auf Werte $< 5\%$ zu verringern und als Basis für weitere Berechnungen die wasser- und aschefreie Substanz zu wählen (vgl. S. 163).

---

[1] Ausführliche Darstellung über Entstehungsbedingungen, die Minerale und ihr Verhalten bei der Kohleverwendung s. W. GUMZ, H. KIRSCH u. M.-TH. MACKOWSKY: Schlackenkunde. Untersuchungen über die Minerale im Brennstoff und ihre Auswirkungen im Kesselbetrieb, Berlin/Göttingen/Heidelberg: Springer 1958.

[2] RADMACHER, W., u. P. MOHRHAUER: Die Entmineralisierung von Steinkohlen für analytische Zwecke. Brennst.-Chemie 37 (1956) Nr. 21/22 S. 353—358.

[3] Assessment of mineral matter in coals. Coal Research in C.S.I.R.O. (Melbourne, Australien) (1959) Nr. 7 S. 13—15.

[4] Siehe Fußn. 1, dort S. 91—97.

[5] Vgl. Fußn. 1, dort S. 73. — Von der International Organization for Standardization (ISO), Genf, ist eine Veraschungstemperatur von 815 $\pm$ 10 °C vorgeschlagen worden.

[6] Vgl. Fußn. 1, dort S. 82—91.

Weitere Formeln für die Umrechnung von Asche auf Mineralstoffgehalt sind diejenige von PARR[1]

$$M = 1{,}08\,A + 0{,}55\,S \tag{5-7}$$

und von KING, MARIES und CROSSLEY (KMC-Formel genannt[2]), die mehrfach modifiziert wurde und nach Untersuchungen des National Coal Board[3] lautet:

$$M = 1{,}13 + 0{,}5\,S_{pyr} + 0{,}8\,CO_2 - 2{,}8\,SO_{3(Asche)} +$$
$$+ 2{,}8\,SO_{3(Kohle)} + 0{,}5\,Cl. \tag{5-8}$$

Die KMC-Formel erfordert eine Reihe zusätzlicher Bestimmungen, wie S_{pyr} (Pyritschwefel), CO_2, SO_3 in Asche und Kohle und Chlor, obwohl das Endergebnis nur wenig von einfacheren Formeln, wie Gl. (5-7), abweicht. Eine genaue Umrechnung wäre überhaupt nur bei Vorliegen einer vollständigen Mineralanalyse möglich.

Die wichtigsten in den Steinkohlen (insbes. in Ruhrkohlen) angetroffenen Minerale sind in Zahlentafel 5-4 angegeben.

Zahlentafel 5-4. Minerale der Steinkohle[4]

Tonminerale

   Illit $K_2O \cdot 3\,MeO \cdot 8\,Al_2O_3 \cdot 24\,SiO_2 \cdot 12\,H_2O$ (Me = Fe, Ca, Mg)
   Illit — Serizit (Hydromuskovit) Übergangsform
   Kaolinit $Al_2O_3 \cdot 2\,SiO_2 \cdot 2\,H_2O$
   Allophan (amorpher Kaolinit)
   selten: Montmorillonit, Leverrierit, Halloyisit

Glimmerminerale

   Serizit (Muskovit) $K_2O_3 \cdot 3\,Al_2O_3 \cdot 6\,SiO_2 \cdot 2\,H_2O$
   selten: Biotit

Eisendisulfide

   Pyrit FeS_2 (kubisch)
   Markasit FeS_2 (rhombisch)
   selten: Melnikovit (amorph, z. T. kubisch = Melnikovitpyrit)

Karbonspäte

   Braunspat (Eisendolomit) $Ca\,(Mg, Fe)\,(CO_3)_2$
   Ankerit $CaFe\,(CO_3)_2$, Eisenspat $FeCO_3$
   Kalkspat $CaCO_3$, Dolomit $CaMg\,(CO_3)_2$

SiO_2-Minerale

   Quarz SiO_2 (trigonal)
   selten: Chalcedon SiO_2 (feinstfaseriger Quarz)
      Opal $SiO_2 \cdot nH_2O$ (amorph)

---

[1] Vgl. Fußn. 1 S. 165, dort S. 83—91, wo weitere Formeln aufgeführt sind.

[2] KING, J. G., M. B. MARIES u. H. E. CROSSLEY: J. Soc. chem. Ind. 55 (1936) S. 277 T/288 T.

[3] Ministry of Power (Hrsg.): The Efficient Use of Fuel, London 1958, Her Majesty's Stationary Office, S. 8.

[4] Nach H. KIRSCH: Mitt. VGB H. 60 (1959) S. 166—172. Vom Verfasser ergänzt und überarbeitet.

Phosphorminerale

Apatit $Ca_5OH (PO_4)_3$ oder $Ca_5F (PO_4)_3$ oder $Ca_5Cl (PO_4)_3$
Phosphorit (schlecht kristallisierter Apatit oder amorph = Kollophan)
selten: Evansit $Al_3(OH)_6PO_4 \cdot 6 H_2O$ (amorph)

Eisen- und sonstige Oxyde und Hydroxyde

Limonit $Fe_2O_3 \cdot 1^1/_2 H_2O$
selten: Hämatit Fe_2O_3, Rutil TiO_2 (tetragonal)
sehr selten: Anatas TiO_2 (tetragonal)

Übrige Sulfide (selten)

Zinkblende ZnS, Bleiglanz PbS
Kupferkies $CuFeS_2$, Magnetkies FeS

Übrige Silikate (selten)

Feldspäte (Plagioklase, Orthoklas)
Chlorit, Zirkon, Turmalin

Salze (selten)

Gips, Steinsalz, Eisenvitriol

Die Aschenanalyse erstreckt sich gewöhnlich auf den Gehalt an SiO_2, Al_2O_3, Fe_2O_3, CaO, MgO, SO_3, P_2O_5 und die Alkalien Na_2O und K_2O [1].

Eine rechnerische Ermittlung des Mineralbestandes aus der chemischen Aschenanalyse ist im allgemeinen nicht mit Sicherheit möglich, sie führt vielmehr zu vieldeutigen Aussagen [2]. Wo es auf den Mineralstoffgehalt und seine Zusammensetzung ankommt, ist eine Mineralanalyse notwendig [3]. In vielen Fällen wird man sich indessen mit dem Aschegehalt und der Aschezusammensetzung oder dem daraus näherungsweise errechneten Mineralstoffgehalt begnügen müssen.

Die Verbrennungsrückstände, insbesondere Flugasche und granulierte Schlacke, stellen einen wertvollen Rohstoff für die Bauindustrie dar (vgl. S. 609). Die zahlreichen Spurenelemente — und es sind in Kohlenasche über 35 Elemente nachweisbar [4] —, neuerdings besonders

---

[1] Über die Analysenmethoden vgl. W. RADMACHER u. W. SCHMITZ, Anhang I der Schlackenkunde (s. Fußn. 1 S. 165), S. 353—383; ferner Brennst.-Chemie 38 (1957) Nr. 15/16, 17/18, 19/20, S. 225—230, 270—274, 308—312, — Prüfung fester Brennstoffe. Bestimmung der Zusammensetzung von Brennstoffaschen. Brennst.-Chemie 39 (1958) Nr. 11/12 S. 164—172.

[2] MACKOWSKY, M.-TH.: Das Verhalten der Kohlemineralien bei hohen Verbrennungstemperaturen unter Berücksichtigung langsamer und schneller Aufheizung. Mitt. VGB H. 38 (1955) S. 16—32, dort Tafel 1.

[3] Über Analysenmethoden s. Schlackenkunde S. 105ff. (s. Fußn. 1 S. 165).

[4] Schlackenkunde S. 61—64 (s. Fußn. 1 S. 165). — OTTE, M.-U.: Spurenelemente in einigen deutschen Steinkohlen. Chemie der Erde 16 (1953) Nr. 3 S. 283ff. — GIBSON, F. H., u. W. A. SELVIG: Rare and uncommon chemical elements in coal. U. S. Bur. Min. Techn. Paper 669 (1944).

das Germanium[1], haben von jeher das Interesse zu einer Gewinnung angeregt, doch sind die Aussichten wenig erfolgversprechend[2]. Größere Gehalte an wertvollen Metallen (Stahlveredlern) sind ganz seltene Ausnahmen, wie etwa der Vanadiumgehalt der argentinischen San-Raphael- (Mendoza-) Kohle mit 38,5% V_2O_5[3].

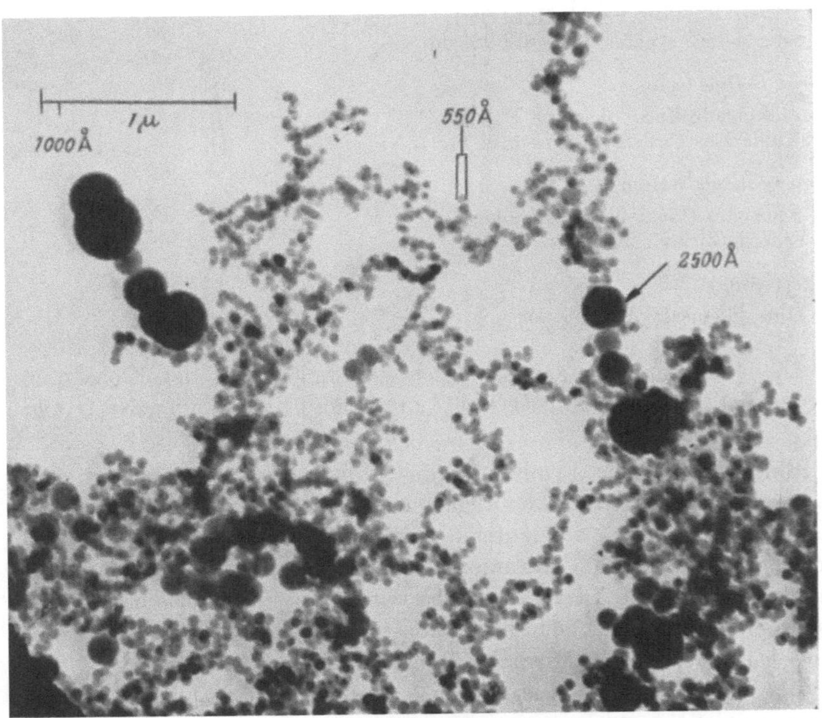

Abb. 5-9. Elektronenoptische Aufnahme der SiO_2-Nebel. ElektronenoptischeVergrößerung 12 700fach, nachvergrößert auf 19 100 (Aufnahme von TH. NEMETSCHEK[4])

Das Verhalten der Kohlenminerale bei ihrer Erhitzung ist von der Art der vorliegenden Minerale, von ihrem Verwachsungsgrad mit der Kohlensubstanz, von der Erhitzungsgeschwindigkeit und von der Atmosphäre (reduzierend, neutral oder oxydierend) abhängig[4]. Die Veränderungen bestehen zunächst in einer Abgabe adsorbierten Wassers,

---

[1] Schlackenkunde, S. 331 (s. Fußn. 1 S. 165).

[2] Eine gegenteilige, von den damaligen Autarkiebestrebungen beeinflußte Ansicht vertritt A. KÜMMER in „Die chem. Industrie" (Gemeinschaftsausgabe), 1938, Nr. 7 S. 178/79. Vgl. auch C. UNGEWITTER: Verwertung des Wertlosen, 2. Aufl., Berlin 1938, S. 276—284.

[3] MOURLOT, A.: Analyse de la houille vanadifère. C. R. Acad. Sci., Paris 117 (1893) S. 546—548.

[4] Schlackenkunde S. 144—159 (s. Fußn. 1 S. 165).

in der Abgabe von OH-Gruppen aus dem Kristallgitter, in der Abspaltung von CO_2 aus den Karbonaten (Karbonspäten), in der Zersetzung der Sulfide, der Verdampfung der Alkalien und der Verflüchtigung von Silizium, Aluminium und Eisen über das Monoxyd oder Sulfid, die bei Zutritt von Sauerstoff oxydieren und äußerst feine Oxydnebel bilden[1].

Da diese Reaktionen z. B. bei der SiO_2-Verflüchtigung erst oberhalb gewisser Temperaturschwellen auftreten, so oberhalb 1550 °C und nochmals stärker oberhalb 1640 °C, ist diese Aerosolbildung in stark gekühlten Feuerräumen kaum, in Schmelzfeuerungen dagegen sehr stark zu spüren[2]. Bei der Feinheit der Teilchen (die Mehrzahl $< 0,2\,\mu$) — s. Abb. 5–9 — sind sie in starkem Maße an der Heizflächenverschmutzung beteiligt, aber auch für die Adsorption der Säurenebel und die völlige Unterdrückung des Säuretaupunktes bei Schmelzfeuerungen verantwortlich (s. S. 580).

Bei höheren Temperaturen bildet sich eine amorphe Schlackenschmelze von glasartigem Charakter, und je nach Zusammensetzung, Temperatur und Reaktionszeit bilden sich andere Minerale, die Schlackenminerale, die in der Schmelze auskristallisieren[3]. Ihr Auftreten kann in manchen Fällen unmittelbar als Temperaturindikator dienen und damit wesentlich zur Kenntnis der Verschlackungsvorgänge beitragen.

Ascheschmelzverhalten (Sintern und Schmelzen)

Die Vorgänge des Sinterns und Schmelzens sind für den praktischen Feuerungsbetrieb von großer Bedeutung, weswegen neben den erst neuerdings verwendeten mineralogischen Untersuchungsmethoden[4] schon frühzeitig technologische Untersuchungsmethoden entwickelt worden sind, die allerdings mit der erheblichen Einschränkung zu betrachten sind, daß die Laboratoriumsbestimmungen weder in der Art der Proben noch in der Durchführung der Verfahren etwa als Modellvorgänge der Verhaltensweisen der Minerale in den Großfeuerungen angesprochen werden können. Das gilt insbesondere auch von den Erhitzungsgeschwindigkeiten, die z. B. bei Staubfeuerungen um einige Zehnerpotenzen größer sind als in den üblichen Laboratoriumsgeräten[5].

---

[1] SCHNEIDER, B.: Das Verhalten der mineralischen Anteile in der Steinkohle bei hohen Verbrennungstemperaturen unter besonderer Berücksichtigung von geringen und großen Aufheizungsgeschwindigkeiten. Diss. Bonn, Januar 1956, — Das Verhalten der mineralischen Anteile der Steinkohle bei der Verbrennung. Glückauf 92 (1956) Nr. 31/32 S. 895—905.

[2] GUMZ, W.: Zum Problem der Heizflächenverschmutzung in Kesselanlagen. BWK 8 (1956) Nr. 3 S. 110—115.

[3] Schlackenkunde S. 161—174 (s. Fußn. 1 S. 165).

[4] Schlackenkunde S. 105—129 (s. Fußn. 1 S. 165).

[5] SCHNEIDER, B.: s. Fußn. 1. — MACKOWSKY, M.-TH.: Das Verhalten der Kohlemineralien bei hohen Verbrennungstemperaturen unter Berücksichtigung langsamer und schneller Aufheizung. Mitt. VGB H. 38 (1955) S. 16—22.

Die älteste Methode, der keramischen Industrie entstammend, ist die Segerkegelmethode, die u. a. auch in das amerikanische Normenwerk übernommen worden ist[1]. Beginn der Erweichung, die Erweichungs- oder Schmelztemperatur und die Fließtemperatur sind darin begrifflich festgelegt. Ähnliche Methoden sind von Bro[2], Endell[3], Dolch und Pöchmüller[4], Šimek, Coufalík und Beránek[5] u. a.[6] vorgeschlagen worden.

Weite Verbreitung hat dann eine zweite Gruppe von Untersuchungsverfahren gefunden, das Bunte-Baum-Verfahren und seine Abwandlungen[7]. Diese Methode besitzt den Vorteil, nicht nur eine mehr oder minder subjektive Ascheschmelztemperatur, sondern eine Kurve über den Schmelzverlauf zu liefern. Bunte und Baum arbeiteten zunächst mit Probekörpern von 30 mm Höhe und 30 mm Durchmesser, aus pulverisierter Asche und einer 10%-Dextrinlösung hergestellt, die in einen Kohlegrießofen eingesetzt und langsam erhitzt wurden (4 bis 6°/min). Der auf einem Graphitstempel ruhende und oben mit einem Kohleplättchen abgedeckte Probekörper wurde durch einen austarierten Taststab mit noch 100 g Übergewicht belastet und seine Bewegung mit der Höhenveränderung des Probekörpers beim Sintern, Erweichen und Schmelzen registriert. Das Verfahren wurde später dahingehend verbessert, daß man mit nur 0,7 bis 1 g Asche (10 mm hoher Probekörper) auskommt, während dann das Übergewicht des Taststabes nur noch 30 g beträgt. Durch Anbringen von Luftdüsen in der Ofengrundplatte wurde die Einhaltung einer gemischten Ofenatmosphäre ermöglicht (s. Abb. 5–10).

---

[1] ASTM D 271-48 Standard Methods of Laboratory Sampling and Analysis of Coal and Coke.

[2] Bro, L.: La fusion des cendres des charbons. IIIe Congrès du Chauffage Industriel. Paris 1933, — Les mâchefers dans les foyers, les causes, les remèdes. Chal. et Ind. 18 (1937) Nr. 205 S. 215—224.

[3] Endell, K., C. Wenz, P. Rosin, R. Fehling: Über Temperatur-Zähigkeitsbeziehungen von Steinkohlenschlacken. Beiheft 12 Angew. Chem. u. Chem. Fabr., Berlin 1935, — Angew. Chem. 48 (1935) S. 76.

[4] Dolch, M., u. E. Pöchmüller: Über eine einfache Form der Aschenschmelzpunktsbestimmung. Feuerungstechn. 18 (1930) H. 15/16 S. 149—151. — Dolch, M.: Die Untersuchung der Brennstoffe und ihre rechnerische Auswertung, Halle/S. 1932, S. 27—31.

[5] Šimek, B. G., F. Coufalík u. Z. Beránek: Über die Bestimmung und Bewertung der Aschenschmelzpunkte. Feuerungstechn. 22 (1934) H. 1 S. 1—6.

[6] Schlackenkunde S. 129/30 (s. Fußn. 1 S. 165).

[7] Bunte, K., u. K. Baum: Untersuchungen über Schmelzvorgänge bei Brennstoffaschen. Gas- u. Wasserfach 71 (1928) Nr. 5/6 S. 97—101, 125—130. — Bunte, K., u. W. Reerink: Schmelzvorgänge bei Brennstoffaschen. Gas- u. Wasserfach 72 (1929) Nr. 34 S. 832—839. — Reerink, W., u. K. Baum: Die anorganischen Bestandteile der Brennstoffe und ihre Bedeutung für neuzeitliche Feuerungstechnik. Wärme 53 (1930) Nr. 39/40 S. 746—751, 766—771.

Ein anderes Verfahren, welches auf den gewichtsbelasteten Stab ganz verzichtet, ist das LEITZsche Erhitzungsmikroskop mit photographischer Registrierung der Höhe des Probekörpers[1-4].

Dieses Verfahren ist heute genormt (DIN 51730) und daher auch bevorzugt.

Die Serie von Photographien der Konturen des Probekörpers liefert dann die charakteristischen Temperaturen, den Erweichungspunkt, den Halbkugelpunkt (Schmelzpunkt) und den Fließpunkt. Eine Interpretation der BUNTE-BAUM- oder LEITZ-Kurven ist recht schwierig, man müßte nach TANNENBERGER[5] dabei das Schrumpfen, hervorgerufen durch Wasser- und Gasabspaltung der Minerale, vom echten Sintern und Schmelzen unterscheiden. Man begnügt sich daher meist mit der Feststellung der genannten ausgezeichneten Punkte und der Länge des Schmelzintervalls, d. h. des Erweichungsbereiches (zwischen Erweichungs- und Halbkugelpunkt) und des Schmelzbereiches (zwischen Halbkugelpunkt und Fließpunkt). Liegen die Punkte dicht beisammen, spricht

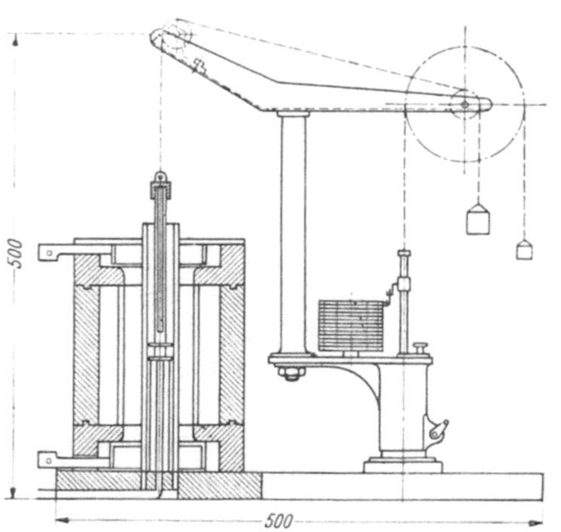

Abb. 5-10. Apparatur zur Untersuchung des Ascheschmelzverhaltens (nach BUNTE-BAUM-REERINK)

man von „kurzer Schlacke", liegen sie weit auseinander, von „langer Schlacke".

Eine weitere aufschlußreiche Methode, die sich leider bisher kaum eingebürgert hat, ist die Beobachtung der elektrischen Leitfähigkeit der Schmelze[6].

Die Umständlichkeit der Schmelzpunktuntersuchung hat Veran-

---

[1] BRAMSLEV, E. R.: Ein neues Gerät für die Schmelzpunktbestimmung. Gas- u. Wasserfach 79 (1936) Nr. 52 S. 943—946.

[2] EBERT: Die optische Aufnahme von Aschenerweichungsvorgängen. Org. Fortschr. Eisenbahnw. 85 (1930) Nr. 18 S. 410—416.

[3] METZ, A.: Ein neues Erhitzungsmikroskop zur photographischen Aufnahme von Schmelzlinien von Kohlenaschen. Wärme 56 (1933) Nr. 35 S. 567—569.

[4] RADMACHER, W.: Bestimmung des Asche-Schmelzverhaltens fester Brennstoffe. Brennst.-Chemie 30 (1949) Nr. 21/22 S. 377—384.

[5] TANNENBERGER, R.: BUNTE-BAUM-Kurve und Schmelzverhalten von Braunkohlenaschen. Arch. Wärmew. 25 (1944) Nr. 7 S. 109—113.

[6] Schlackenkunde S. 134/35 (s. Fußn. 1 S. 165).

lassung gegeben, aus der chemischen Analyse Schlüsse auf die Schmelzpunkttemperatur zu ziehen. Teune[1] hat als Charakteristik vorgeschlagen

$$K = \frac{SiO_2 + Al_2O_3}{Fe_2O_3 + MgO + CaO} \cdot \qquad (5\text{--}9)$$

Der Schmelzpunkt liegt um so höher, je größer K ist. Donath[2] hat in den Nenner noch FeO eingefügt, Nicholls und Selvig[3] erweitern ihn um den Alkaligehalt, andere verwenden noch kompliziertere Kennzahlen[4].

Die Abhängigkeit der Sinter- bzw. Schmelztemperaturen von 3 bzw. 4 Hauptkomponenten oder Komponentengruppen haben Estep und Mitarbeiter[5], Moody und Langan[6] und Zinzen[7] sowie Thiessen und Mitarbeiter[8] graphisch dargestellt.

Das Zinzen-Diagramm hat in der deutschen technischen Literatur weite Verbreitung gefunden. Die Kritik richtet sich vor allem gegen die Tatsache, daß wir es bei der Schlackenbildung immer mit Vielstoffsystemen zu tun haben, die sich schwerlich generell in ein Dreistoff-Diagramm zwängen lassen, ohne daß wesentliche, praktisch wichtige Vorgänge außer acht bleiben[9].

Man wird daher bei allen Verschlackungs- und Verschmutzungsproblemen die Vielzahl der vorhandenen mineralogischen, technologischen und chemischen Analysenmethoden ansetzen und bei der Interpretation der Ergebnisse berücksichtigen müssen. Es darf nicht übersehen werden, daß die wissenschaftliche Durchdringung dieses

---

[1] Teune, J. N. E.: Onderzok van gas- en gietcokes. Het Gas 32 (1912) Nr. 11 S. 506—511, — s. auch J. f. Gasbeleuchtung 56 (1913) Nr. 9 S. 213.

[2] Donath, Ed.: Die Verfeuerung der Mineralkohlen, Dresden u. Leipzig 1924.

[3] Nicholls, P., u. W. A. Selvig (mit E. B. Ricketts): Clinker formation as related to the fusibility of coal ash. U. S. Bureau of Mines Bull. 364, Washington 1932.

[4] Schlackenkunde S. 202 (s. Fußn. 1 S. 165).

[5] Estep, Th. G., H. Seltz, H. L. Bunker jr. u. H. S. Strickler: The effect of mixing coals on the ash fusion temperature of the mixture. Carnegie Inst. Technol., M. M. Advisory Boards, Min. and Met. Invest. Coop. Bull. 62 (1934).

[6] Moody, A. H., u. D. D. Langan: Fusion temperature of coal ash as related to composition. Combustion, N. Y. 6 (1935) Nr. 8 S. 13—20.

[7] Zinzen, A.: Allgemeines Schmelzdiagramm für Kohlenaschen. Borsig-Mitt. (1943) H. 17. — Zinzen, A.: Brennstoffaschen in technischen Feuerungen. Forsch. Ing.-Wes. 14 (1943) H. 4 S. 89—104. — Zinzen, A.: Ursachen der Aschenansätze an Kesselheizflächen. Z. VDI 88 (1944) H. 13/14 S. 171—178. — Riediger, B.: Brennstoffe, Kraftstoffe, Schmierstoffe, Berlin/Göttingen/Heidelberg: Springer 1949, S. 398—402.

[8] Thiessen, R., C. G. Ball, P. E. Grotts: Coal ash and coal mineral matter. Industr. Engng. Chem. 28 (1936) Nr. 3 S. 355—361.

[9] Schlackenkunde S. 203—206 (s. Fußn. 1 S. 165).

ganzen Gebietes noch in ihren Anfängen steckt, aber erst seit kurzer Zeit die gebührende Beachtung gefunden hat[1, 2, 3].

Unter Zulassung einer gewissen Streuung lassen sich die Schmelztemperaturen von Steinkohlenaschen nach ZORN[4] als Funktion des $(SiO_2 + Al_2O_3)$-Gehaltes darstellen (s. Abb. 5–11); der Bereich der Steinkohlen ist ausgezogen und schraffiert. Die Kurve für die Erweichungspunkte (nach HARRINGTON[5]) ist im gleichen Bild angegeben, der Verlauf ist, vom äußeren Kurvenende rechts abgesehen, ein ähnlicher.

HARRINGTON wählt den Säureanteil als Kennziffer

$$K = \frac{SiO_2 + Al_2O_3}{SiO_2 + Al_2O_3 + Fe_2O_3 + CaO}. \tag{5-10}$$

Viskosität der Schlacke

Die Kennzeichnung der Schlacke durch die BUNTE-BAUM-Kurve oder durch einige ausgezeichnete Temperaturen, wie Erweichungs-, Schmelz- und Fließpunkt, ist bei Schmelzfeuerungen, Abstichgeneratoren,

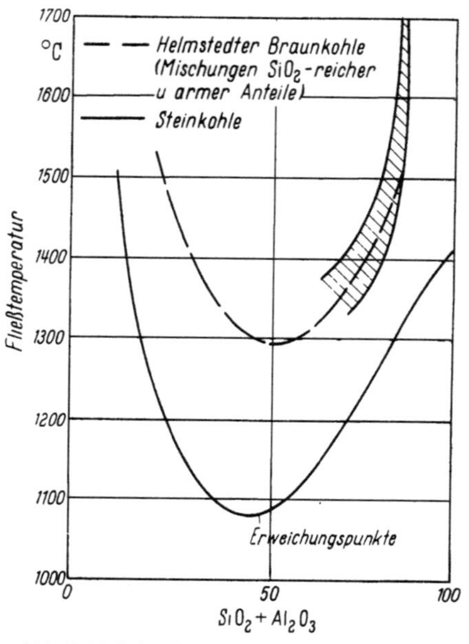

Abb. 5-11. Schmelztemperaturen von Steinkohlenaschen als Funktion des $(SiO_2+Al_2O_3)$-Gehaltes (nach ZORN); Erweichungspunkte (nach HARRINGTON)

Schmelzöfen u. dgl. noch nicht ausreichend. Die Kenntnis der Fließeigenschaften der Schlacke, ihrer Viskosität (gewöhnlich in Poise; im MKS-System in Dekapoise ausgedrückt[6]) und der Abhängigkeit der Viskosität von der Temperatur ist daher zur Beurteilung des Schlacken-

---

[1] Schlackenkunde (Einleitung und Nachwort S. 1 u. 351, s. Fußn. 1 S. 165).

[2] Battelle Memorial Institute (H. W. NELSON, H. H. KRAUSE, E. W. UNGAR, A. A. PUTNAM, C. J. SLUNDER, P. D. MILLER, J. D. HUMMEL, B. A. LANDRY): A review of available information on Corrosion and Deposits in Coal- and Oilfired Boilers and Gas Turbines. New York 1959. Amer. Soc. mech. Engrs. (Research Comm. on Corrosion and Deposits from Combustion Gases).

[3] Vgl. auch das Kapitel „Heizflächenverschmutzung" S. 590.

[4] ZORN, J.: Das Fließverhalten der Aschen von Stein- und Braunkohlen in Abhängigkeit von ihrer chemischen Zusammensetzung. BWK 9 (1957) Nr. 7 S. 323 bis 325.

[5] HARRINGTON, J.: Controlling characteristics of ash—with special reference to Illinois coals. J. Inst. Fuel 14 (1941) Nr. 79 S. 230—235, — Combustion 12 (1941) Nr. 11 S. 41—45.

[6] Vgl. Umrechnungstabelle. Anhang S. 713/14.

verhaltens notwendig. Bei einem so heterogenen Stoff wie Schlacke ist ein rheologisches Verhalten zu erwarten, das sowohl im Bereich des Schmelzens (wenn noch ungelöste Feststoffe in der Schmelze vorhanden sind) als auch bei der Auskristallisierung der Schlackenminerale und beginnender Erstarrung gewisse Anomalien zeigt. Dies ist auch für die Auswertung von Viskositätsmessungen zu beachten. Je nachdem die Schlacke sich als (NEWTONsche) Flüssigkeit, plastischer oder thixotroper Stoff verhält, ergibt sich eine andersgeartete Abhängigkeit des Widerstandes von der Winkelgeschwindigkeit im Rotationsviskosimeter (SHAW[1]). Unter Thixotropie versteht man die Abhängigkeit des Fließverhaltens vom mechanischen Bewegungszustand (Festwerden im Ruhezustand, flüssig bei mechanischer Bewegung, Zeitabhängigkeit der Viskosität[2].

Von den zahlreichen Meßverfahren[3] hat sich für Schlackenuntersuchungen besonders das Kugelziel- und das Rotationsviskosimeter bewährt.

Wegen der Schwierigkeiten und Kosten der Viskositätsmessungen hat man versucht, die Zähigkeit aus der Schlackenanalyse bzw. als Funktion von Zähigkeitskennzahlen darzustellen oder sie mit dem Schmelzpunkt in Beziehung zu bringen. Als Zähigkeitskennzahl schlagen ENDELL und ZAULEK[4] den Ausdruck

$$K_1 = \frac{SiO_2 + 0,5\,K_2O + 0,2\,Al_2O_3}{MgO + 0,5\,(\text{äquiv. } Fe_2O_3 + CaO) + 0,3\,NaO} \qquad (5\text{--}11)$$

oder die vereinfachte Form

$$K_2 = MgO + 0,5\,(\text{äquiv. } Fe_2O_3 + CaO) \qquad (5\text{--}12)$$

vor. Äquiv. $Fe_2O_3 = Fe_2O_3 + 1,11\,FeO$.

In der Darstellung der Meßergebnisse in Abb. 5–12 bedeutet a den Bereich der kurzen und b den der langen Schlacken. Die Abb. 5–13 zeigt umgekehrt eine niedrige Kennzahl, hohe Zähigkeitswerte und a die langen Schlacken an, b die kurzen Schlacken. Die Messungen von

---

[1] SHAW, J. T.: Coal ash slags. II. Flow properties. B. C. U. R. A. Monthly Bull. 23 (1959) Nr. 5 S. 169—190.

[2] Vgl. K. L. WOLF: Physik und Chemie der Grenzflächen, 2. Bd., S. 334ff., Berlin/Göttingen/Heidelberg: Springer 1959. — FREUNDLICH, H.: Thixotropie, Paris 1935.

[3] EITEL, W.: Physikalische Chemie der Silikate, 2. Aufl., Leipzig: Barth 1941, S. 67—104. — POHLE, K. A.: Über Verfahren zur Bestimmung der Viskosität von Schlacken. Mitt. Forsch.-Inst. Ver. Stahlwerke, Dortmund 3 (1932/33) S. 59 bis 80, — Diss. Braunschweig 1931, — s. auch Fußn. 1 (SHAW) und Schlackenkunde S. 135—138 (s. Fußn. 1 S. 165).

[4] ENDELL, K., u. D. ZAULEK: Beziehungen zwischen chemischer Zusammensetzung und Zähigkeit flüssiger Kohlenschlacken in Schmelzkammerfeuerungen. Diss. Berlin 1944, — Bergbau u. Energiewirtsch. 3 (1950) Nr. 2/3 S. 42—50, 70—73.

Nicholls und Reid[1] sind bei der Auswertung (Abb. 5–13) ebenfalls mit berücksichtigt worden. In Gl. (5–11) stehen die viskositätssenkenden

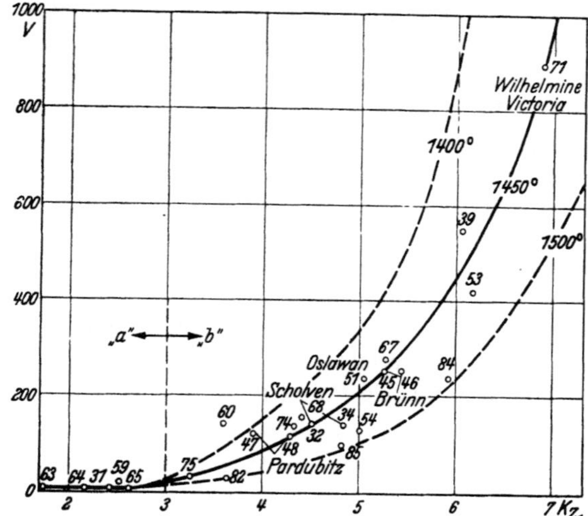

Abb. 5–12. Abhängigkeit der Viskosität bei 1450 °C (1400 und 1500 °C gestrichelt) von der Zähigkeitskennzahl ZK_1 bei geschmolzenen Kohlenaschen (durch Nr. und Namen gekennzeichnet) (nach Endell und Zaulek)

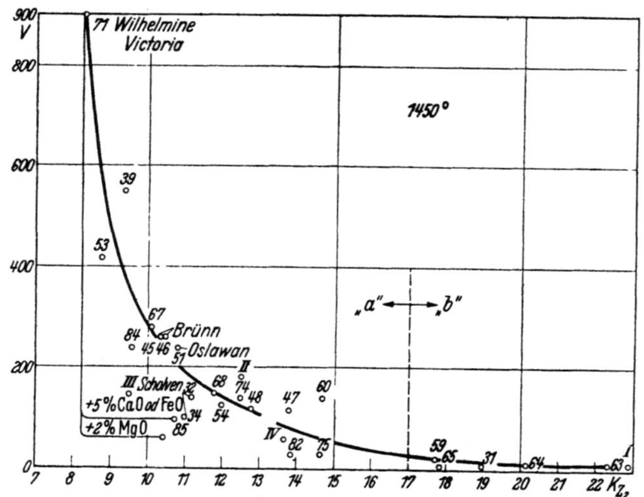

Abb. 5–13. Abhängigkeit der Viskosität bei 1450 °C von der vereinfachten Zähigkeitskennzahl ZK_2 bei geschmolzenen Kohlenaschen (durch Nr. und Namen gekennzeichnet) (nach Endell und Zaulek)

[1] Nicholls, P., u. W. T. Reid: Fluxing of ashes and slags as related to the slagging-type furnace. Trans. Amer. Soc. mech. Engrs. 54 (1932) S. 167—190, — Slags from slag-type furnaces and their properties. Trans. Amer. Soc. mech. Engrs. 56 (1934) S. 447—465, — Viscosity of coal-ash slags. Trans. Amer. Soc. mech. Engrs. 62 (1940) S. 141—153.

Flußmittel im Nenner, die viskositätserhöhenden Bestandteile im Zähler; eine niedrige Zähigkeitskennzahl ZK_1 bedeutet daher geringe Zähigkeit oder hohen Flüssigkeitsgrad. Umgekehrt bedeutet in Gl. (5–12) eine hohe Kennzahl ZK_2 geringe Zähigkeit und hohen Flüssigkeitsgrad.

SAGE und McILROY[1] stellen, fußend auf der Arbeit von NICHOLLS und REID[2], die Viskosität als Funktion der Temperatur dar mit dem „äquivalenten SiO_2"-Gehalt

$$K_{SiO_2} = \frac{SiO_2 \cdot 100}{SiO_2 + Fe_2O_3 + CaO + MgO} \qquad (5\text{--}13)$$

als Parameter dar. Oberhalb einer „kritischen Viskosität" steigen die Kurven schroff an, und zwar liegt dieser kritische Wert 110 °C über der Ascheschmelztemperatur (in reduzierender Atmosphäre). In einer anderen Darstellung gaben die Verfasser die Temperaturen für eine gegebene Viskosität (für 50, 100 und 250 Poise) als Funktion des Kennwertes

$$K = \frac{Fe_2O_3 + CaO + MgO + Na_2O + K_2O}{SiO_2 + Al_2O_3 + TiO_2} \qquad (5\text{--}14)$$

an, gestützt auf Untersuchungen von 54 Schlacken.

Die Viskosität als Funktion der Temperatur und des Schmelzpunktes ist von HELDT in einem Diagramm dargestellt worden[3]. SHAW[4] meldet dagegen einige Bedenken an, da es sich auf eine zu geringe Zahl von Meßwerten stützt und da sich die Untersuchungsergebnisse an englischen Kohlen nicht gut in das Diagramm einfügen ließen.

Für die Umrechnung der Viskosität von einer Temperatur auf eine andere geben REID und COHEN[5] die Gleichung

$$\eta^{-0,1614} = 0{,}0008136 \cdot t - C \qquad (5\text{--}15)$$

an. Man bestimmt aus dem Meßwert η die Konstante C und kann dann η für andere Temperaturen nach Gl. (5–15) errechnen.

Die Zusammenhänge zwischen Schlackenansatzstärke und Feuerführung bzw. Feuerraumtemperatur sind theoretisch von FEHLING[6],

---

[1] SAGE, W. L., u. J. B. McILROY: Relationship of coal ash viscosity to chemical composition. Combustion 31 (1959) Nr. 5 S. 41—48.

[2] Siehe Fußn. 1 S. 175.

[3] HELDT, K.: Die Bestimmung der Viskosität von Steinkohlenschlacken. BWK 7 (1955) Nr. 7 S. 321—324. — PRACHT, P.: Besondere Probleme aus der Praxis moderner Schmelz- und Zyklonfeuerungen. Energie 7 (1955) Nr. 9 S. 323 bis 3 27. — Vgl. Schlackenkunde S. 139 Abb. 50 (s. Fußn. 1 S. 165).

[4] Siehe Fußn. 1 S. 174.

[5] REID, W. T., u. P. COHEN: The flow characteristics of coal-ash slags in the solidification range. Trans. Amer. Soc. mech. Engrs. 66 (1944) Furnace Performance Factors. S. 83—97.

[6] FEHLING, R.: Der Angriff von Kohlenschlacke auf feuerfeste Steine. Diss. Berlin-Charlottenburg 1938, — Feuerungstechn. 26 (1938) Nr. 2/3 S. 33—35, 65—73.

REID und COHEN[1] und COHEN und COREY[2] untersucht worden. Der Schlackenangriff auf feuerfeste Steine ist Gegenstand einer umfangreichen Studie von SHERMAN[3]. Die Folgerungen daraus sind inzwischen durch die weitgehende Abkehr von der ungekühlten Kesselfeuerung gezogen worden. Nach FEHLING kann die Einwirkung der Schlacke auf feuerfeste Steine als ein Lösungsvorgang aufgefaßt werden, dessen Ablauf wie bei allen heterogenen Reaktionen durch das Zusammenwirken chemischer Reaktionen[4] und physikalischer Vorgänge bestimmt wird. Die chemischen Reaktionen zwischen Schlacke und Stein sind nicht nur nach der chemischen Analyse beider zu beurteilen, auch genügen dazu nicht die Feststellungen der physikalischen Eigenschaften wie Schmelzpunkt, Druckerweichungspunkt, Porosität und Temperaturwechselbeständigkeit — so wichtig diese Eigenschaften auch zur allgemeinen Beurteilung sein mögen —, erst die Gefügeuntersuchungen[4] werden entscheidende Aufschlüsse geben können. Das Gefüge wird wesentlich auch von den Herstellungsverfahren bestimmt.

Der physikalische Vorgang der Verschlackung, d. h. die Bildung einer Schlackenschicht, ihre Bewegung — wenn sie auch sehr langsam sein mag — und die Zähigkeit (der Flüssigkeitsgrad) der Schlacke bestimmt die Menge der den Stein angreifenden Schlacke und damit auch die Angriffswirkung. Je höher die Temperatur der flüssigen Schlacke über dem Schmelzpunkt liegt, um so größer ist ihr Flüssigkeitsgrad, um so schneller erneuert sich die Schlackenschicht und trägt damit den Angriff weiter. Der Flüssigkeitsgrad ist also ein wesentliches Merkmal für die angreifende Wirkung der Schlacke. FEHLING vergleicht seine Ergebnisse mit den Messungen von FETTKE und STUART[5], die wohl die zu erwartende Tendenz zeigen, allerdings auch sehr erheblich streuen ($\pm 50\%$). Innerhalb des Steines dringen die einzelnen Bestandteile der Schlacke selektiv verschieden tief ein, da der poröse Stein wie ein Diaphragma wirkt, das die Schlackenmischung physikalisch trennt[6].

---

[1] COHEN, P., u. W. T. REID: The flow of coal-ash slag on furnace walls U. S. Bur. Min. Techn. Paper 663 (1944), — Trans. Amer. Soc. mech. Engrs. 62 (1940) S. 141—153. — REID, W. T., u. P. COHEN: Factors affecting the thickness of coal-ash slag on furnace-wall tubes. Trans. Amer. Soc. mech. Engrs. 66 (1944) S. 685—690.   [2] COHEN, P., u. R. C. COREY: Behavior of ash in pulverized-coal fired furnaces. Combustion, N. Y. 19 (1948) Nr. 7 S. 33—40.

[3] SHERMAN, R. A.: A study of refractories service conditions in boiler furnaces. Bureau of Mines Bull. 334, Washington 1931.

[4] LEUCHS, H.: Die Korrosion der feuerfesten Baustoffe. In: O. GRAF u. H. GOEBEL: Schutz der Bauwerke gegen chemische und physikalische Angriffe, Berlin 1930, S. 70—81.

[5] FETTKE, C. R., u. W. E. STUART: Mining and Metallurgical Investigations. Carnegie Inst. Technol. Pittsburgh, Pa. Bull. Nr. 73 (1936).

[6] SCHAUER, TH.: Über Schlackenwanderungen in feuerfesten Steinen. Sprechsaal 72 (1939) Nr. 47 S. 553/54.

Durch die erstarrende Schlacke werden poröse Steine widerstands-
fähiger gegen weitere Schlackenangriffe als anfänglich dichte Steine.
Gegenüber Schlackenbädern oder ähnlichen besonders in Öfen vorliegenden Betriebsbedingungen sind die Feuerraumwandungen der Kesselfeuerungen — von den besonders der erodierenden Wirkung der Gase aus-
gesetzten Stellen abgesehen — der Angriffsgefahr in erheblich geringerem Maße ausgesetzt, zumal eine solche Glasurschutzschicht gebildet
werden kann.

Über das Verhalten feuerfester Steine wird ferner auf die Spezialliteratur verwiesen[1-3].

Zusammensetzung und Heizwerte fester Brennstoffe

Die brennbare Substanz der Brennstoffe setzt sich aus den Elementarbestandteilen Kohlenstoff, Wasserstoff, Sauerstoff, Stickstoff und
(verbrennlicher) Schwefel zusammen. Die Zahlentafel 5–5[4] gibt einige
Beispiele von Analysen fester Brennstoffe deutscher Reviere und
Zahlentafel 5–6[4] eine kleinere Auswahl ausländischer Kohlen[5].

Diese Tafeln geben die Elementaranalyse, bezogen auf wasser- und
aschefreie Substanz, an. Die Inerte sind dagegen sowohl in der bisher
üblichen Weise in Prozent der Rohsubstanz als auch als Wasser- und
Ascheballast in kg je kg brennbare Substanz angegeben. An Stelle des
Aschegehaltes bzw. Ascheballastes kann auch der Mineralstoffgehalt
bzw. -ballast (M, m) eingesetzt werden, sofern dieser bekannt ist oder
(wenigstens annähernd) errechnet werden kann. Für die Umrechnung
der Zusammensetzung und der Heizwerte auf andere Bezugszustände
s. Zahlentafeln A–12 und A–13 im Anhang S. 696 und S. 697.

Zahlentafel 5–7 gibt einige Schwelanalysen wieder.

Drückt man die Heizwerte in kJ/kg aus, so sind die angegebenen
Zahlenwerte mit dem Faktor 4,1868 zu multiplizieren, es entsprechen
also

$$\text{Braunkohlenheizwerte} \quad \begin{cases} 1800 \text{ kcal/kg} = 7536 \text{ kJ/kg} \\ 2000 \text{ kcal/kg} = 8374 \text{ kJ/kg} \\ 2500 \text{ kcal/kg} = 10467 \text{ kJ/kg} \end{cases}$$

[1] CHESTERS, J. H.: Steelplant Refractories. Testing, research and development, 2. Aufl., Sheffield: The United Steel Companies 1957.

[2] KONOPICKY, K.: Feuerfeste Baustoffe (Stahleisen-Bücher Bd. 14). Düsseldorf: Verlag Stahleisen 1957.

[3] HARDERS, F., u. S. KIENOW: Feuerfestkunde. Herstellung, Eigenschaften
und Verwendung feuerfester Baustoffe, Berlin/Göttingen/Heidelberg: Springer 1960.

[4] Die Zahlentafeln 5–5 und 5–6 befinden sich in der Tasche am Schluß
des Buches.

[5] Eine ausführliche Sammlung von Analysen ist im LANDOLT-BÖRNSTEIN
Bd. IV Teil 4 enthalten (LANDOLT-BÖRNSTEIN: Zahlenwerte und Funktionen aus
Physik, Chemie, Astronomie, Geophysik und Technik, Bd. IV, Teil 4, Berlin/
Göttingen/Heidelberg: Springer, in Vorb.).

Zahlentafel 5–7

Schwelanalysen (t = 550 °C) verschiedener Brennstoffe, bezogen auf wasser- und aschefreie Kohle (nach W. FRITSCHE[1])

Kohlenart	Ausbeute, bezogen auf Reinkohle				H_o kcal/Nm³ bez. auf trock. Gas	Gaszusammensetzung							
	Teer	Zersetzungswasser	Halbkoks	Gasausbeute		H_2S	CO_2	Unges. KW (C_2H_4)	CO	H_2	CH_4	C_2H_6	N_2
	%	%	%	Nm³/kg		%	%	%	%	%	%	%	%
Ruhrkohle													
Gasflammkohle (Lohberg) .	14,2	4,9	73,3	0,0778	9040	4,4	7,0	5,2	6,2	16,7	47,3	10,1	3,1
Cannelkohle (Lohberg) . .	21,0	3,6	66,0	0,0860	7120	4,3	17,7	5,5	2,7	22,9	35,6	10,1	2,8
Fettkohle (Rheinpreußen).	6,4	1,0	86,3	0,0646	9200	4,8	0,5	3,0	0,7	22,5	56,1	11,0	4,3
Oberbayr. Pechkohle	13,0	8,5	66,6	0,1009	5700	18,0	20,7	4,1	11,1	6,5	29,1	6,5	4,0
Braunkohle													
Tschechoslowakei (Brüx) .	16,2	10,7	71,6	0,1124	5660	2,6	33,1	4,6	15,9	7,6	28,7	5,4	4,1
Sächs. Schwelkohle . . .	37,9	6,2	48,0	0,1312	5010	11,0	37,9	6,3	8,1	6,6	21,1	5,1	3,8
Lausitzer B.K. (Ilse). . .	12,9	10,3	55,8	0,1595	3400	2,9	48,0	2,8	14,6	7,8	15,1	2,9	5,8
Rhein. Bk.	14,9	8,1	56,5	0,1486	3060	2,3	55,0	2,9	13,9	6,9	14,4	2,6	2,0
Oberbayr. Torf	14,7	24,2	43,2	0,1237	2800	0,8	54,5	2,8	20,0	3,3	14,5	1,8	2,3
Westf. Torf	11,8	26,4	47,3	0,1243	2770	1,2	58,5	2,8	21,0	2,0	10,5	1,6	2,4

[1] FRITSCHE, W.: Die direkte Bestimmung der Fl. Bestandteile bei der Urverkokung. Ges. Abh. z. Kenntn. d. Kohle (hrsg. von FRANZ FISCHER) Bd. 6, Berlin 1923, — Brennst.-Chemie 2 (1921) H. 22/24 S. 337—343, 361—367, 377—383 und 3 (1922) H. 1/2 S. 4—10, 18—25.

12*

$$
\text{Steinkohlenheizwerte} \quad \begin{cases} 6\,500 \text{ kcal/kg} = 27\,214 \text{ kJ/kg} \\ 7\,000 \text{ kcal/kg} = 29\,308 \text{ kJ/kg} \\ 7\,500 \text{ kcal/kg} = 31\,401 \text{ kJ/kg} \end{cases}
$$

$$
\text{Öl- und Treibstoffheizwerte} \quad \begin{cases} 9\,500 \text{ kcal/kg} = 39\,770 \text{ kJ/kg} \\ 10\,000 \text{ kcal/kg} = 41\,868 \text{ kJ/kg} \\ 10\,500 \text{ kcal/kg} = 43\,961 \text{ kJ/kg} \end{cases}
$$

Angaben in kJ/kg werden durch Multiplikation mit 0,238846 in kcal/kg umgerechnet.

Bewertung der festen Brennstoffe

Der Wert eines Brennstoffes ist, wie bei allen Naturprodukten, von seiner Verwendungsmöglichkeit, den Kosten seiner Förderung und Aufbereitung (Selbstkosten) und von den Marktverhältnissen, also von Angebot und Nachfrage abhängig. Im Gegensatz aber zu solchen Naturerzeugnissen, die nur *einem* Verwendungszweck zugeführt werden — z. B. Erze, bei denen lediglich der Metallgehalt schwankt —, ist die richtige Bewertung der Brennstoffe weit schwieriger, da sie zugleich Rohstoffe für eine volkswirtschaftlich sehr bedeutende Veredlungsindustrie sind, an die sich eine Reihe wichtiger Zweige der chemischen und pharmazeutischen Industrie anschließen. Soweit lediglich die Verfeuerung ins Auge gefaßt wird, ist der Heizwert das gebräuchlichste, wenn auch nicht immer das einzige Bewertungsmerkmal, wenn die Kohle auch nach kaufmännischen Gepflogenheiten nicht nach dem Heizwert, sondern lediglich nach dem Gewicht gehandelt wird. Die übrigen Eigenschaften, so auch Formwert (Körnung) u. a. m., kommen in dem Preisfächer der einzelnen Arten und Sorten mehr oder weniger deutlich zum Ausdruck. Bei der räumlichen Trennung zwischen Gewinnungsstelle und Verbraucher spielt jedoch — wie bei allen Massengütern — die Fracht eine sehr große Rolle, so daß für den Verbraucher der Wärmepreis frei Verwendungsstelle wichtiger ist als der Heizwert. Er bestimmt auch die natürlichen Absatzgebiete der einzelnen Kohlenreviere. Damit sind jedoch die Bewertungsgrundlagen nicht annähernd erschöpft, vielmehr sind noch eine Reihe anderer Brenneigenschaften zu berücksichtigen, so neben dem Kornaufbau (Siebanalyse, Unter- und Überkorn), Reaktionsfähigkeit (Brenngeschwindigkeit, die teils hoch, teils niedrig sein soll), Back- und Verkokungsverhalten, Ascheverhalten, Flammenlänge u. a. m.

Entscheidend für die Bewertung der Kohlen ist daher auch der natürliche Sorten- und Artenanfall, denn der Bergbau kann nicht etwa die Herstellung bestimmter, besonders marktgängiger Brennstoffe betreiben — wenn auch die Brennstoffveredlung durch Brikettieren, Schwelen und Verkoken gewisse Möglichkeiten bietet —, sondern es fallen bei der Herstellung (Aussiebung) gewisser erwünschter Sorten auch eine Reihe anderer Sorten, gröbere und feinere, an, wobei die Mengenverhältnisse bei jeder Brennstoffart je nach den mechanischen Eigenschaften (Härte, Festigkeit, Zerreiblichkeit), zum Teil auch den angewendeten Abbaumethoden verschieden sind. Auch die Menge der bei der Aufbereitung anfallenden minderwertigen Produkte („Mittelprodukt" oder „Mittelgut") beschränkt die Ausbeute an einem bestimmten Reinprodukt und erhöht die Selbstkosten durch Aufbereitungsverluste und beschränkt die Ausbeute der Förderung. Vom volkswirtschaftlichen Standpunkt ist zu bedenken, daß unter gleichen Verhältnissen die „minderwertigen" Brennstoffe die gleichen Selbstkosten verursachen wie die hochwertigen, ja daß der Arbeitsaufwand, bezogen auf gleichen Nutzungswert, sogar bedeutend höher ist, während eine wirtschaftliche Verwendung nur im engsten Umkreis der Erzeugungsstätte möglich ist.

Daraus ergeben sich auf dem Brennstoffmarkt die Spannungen, die als „Sorten-Problem" bezeichnet werden und die zu gelegentlicher Unterbewertung mancher schwerverkäuflicher Sorten (z. B. vor einigen Jahren der Magerfeinkohle) geführt haben, die zugleich aber auch Veranlassung für eine technische Weiterentwicklung der Feuerungstechnik geworden sind.

Noch schwieriger wird die Brennstoffbewertung, wenn andere Brennstoffverbraucher in Betracht gezogen werden, wie Gaserzeuger, Kleingaserzeuger für Fahrzeuge, Kokereien, Schwelereien, Eisen- und Metallhüttenbetriebe u. ä. Hier tritt der Heizwert stärker zurück, und Eigenschaften wie Backen, Treiben, Teergehalt, Härte, Standfestigkeit, Zerreiblichkeit, Körnung, Kornverteilung, Reaktionsfähigkeit u. a. spielen eine entscheidende Rolle — neben gewissen Grenzwerten in der chemischen Zusammensetzung wie Gehalt an Schwefel, Phosphor, Stickstoff, Asche —, ohne daß eine zahlenmäßige Beziehung zwischen diesen Eigenschaften aufgestellt werden und ohne daß eine erwünschte Eigenschaft andere unerwünschte Eigenschaften kompensieren könnte. Ein „Arten-Problem" kann nur durch eine Lenkung des Verbrauchs zugunsten volkswirtschaftlich bevorzugter Verwendungszwecke vermieden werden, so z. B. wird Fettfeinkohle zweckmäßig den Kokereien und Gaswerken, Nußkohlen, besonders schwachbackende, den Rostfeuerungen, Eß- bis Gasflammfeinkohlen den Staubfeuerungen zugeführt.

Für die Beurteilung der Bauwürdigkeit einer Kohle oder eines bestimmten Kohlenflözes ist aber nicht nur die Verwendbarkeit heranzuziehen, sondern der ganze Grubenzuschnitt, sowie die Auslegung der Aufbereitungsanlage und die Lage der Trennschnitte müssen so gewählt werden, daß der wirtschaftliche Gesamterfolg (Ausbringen mal Erlös) ein Maximum wird. Maßgebend ist also der Endverbraucher, wie REERINK und LEMKE dies für das Beispiel des Hochofens zeigen[1].

Für die Bewertung minderwertiger Steinkohlen, wie sie im Eigenbetrieb der Zechen verfeuert werden, vergleichen BANSEN und KREBS[2] die Kesselkohle mit einem marktüblichen Normalbrennstoff (Vergleichsbrennstoff) von bekanntem Preis und stellen die Wertminderung (Wirkungsgradverschlechterung, Leistungsabfall) fest bis zu dem durch den „Selbstgang"[3] der Feuerung gegebenen Grenzwert. Die sich aus der Waschkurve ergebenden Schichten, die diesem Aschegehalt entsprechen (in diesem Beispiel ist es ein Reinkohlengehalt von 21%), sind reiner Ballast und sollten aus der Feuerung ferngehalten werden. Dabei darf man sich nicht durch den noch recht günstig erscheinenden „mittleren Aschegehalt" der Kesselkohle täuschen lassen, der sich ergäbe, wenn diese oder noch aschenreichere Schichten mit in die Kesselkohle hineingenommen werden.

Ähnliche Überlegungen sind in den letzten Jahren immer wieder angestellt worden, um den Bewertungsmaßstab den Fortschritten der Feuerungs- und Aufbereitungstechnik anzupassen[4-6].

Während man allerdings eine Zeitlang glaubte, das Zechenkesselhaus nur als „verlängerten Arm" der Aufbereitung ansehen zu dürfen, dem beliebige Qualitäten zugemutet werden könnten, denen sich dann die Feuerungen technisch anpassen müßten, setzt sich mehr und mehr die Auffassung durch, daß auch die Kesselfeuerung mit einem gleichmäßigen Aufgabegut am wirtschaftlichsten arbeitet und daß das Kesselhaus auch nach dem Gesichtspunkt maximaler Gesamtwirtschaftlichkeit zu betrachten sei. Das Heraushalten reiner Berge und unerwünschter Minerale (wie grobstückige Pyrite) auch aus dem Mittelgut — gegebenenfalls durch Nachwäsche — ist daher eine Selbstverständlichkeit, wenn

---

[1] REERINK, W., u. K. LEMKE: Beziehungen zwischen Aufbereitung, Kokerei und Hochofen. Glückauf 94 (1958) Nr. 25/26 S. 832—842.

[2] BANSEN, H., u. E. KREBS: Die feuerungstechnische und metallurgische Bewertung von Brennstoffen als Grundlage für die wirtschaftliche Aufbereitung. Arch. Eisenhüttenw. 15 (1941) H. 1 S. 1—10.

[3] In Anlehnung an die Bezeichnungsweise im Ofenbetrieb wird hierunter jene Grenze des Wasser- und Aschegehaltes bzw. des Reinkohlengehaltes verstanden, auf der die entwickelte Wärme gerade genügt, um alle Verluste zu decken, und bei der die Verbrennungsgase den Rost mit der Temperatur der brennenden Schicht verlassen. Die Nutzleistung ist dann Null geworden.

[4] BLASS, E., G. PETER u. K. LEMKE: Überlegungen um die Bewertung ballastreicher Brennstoffe und die wirtschaftlichste Aufbereitungsart für Feinkohle im Hinblick auf ihre teilweise oder völlige Verwendung im Kesselhaus. Glückauf 94 (1958) Nr. 29/30 S. 972—984.

[5] VAN OS, W. E., u. P. G. MEERMAN: Bewertung und Aufbereitung ballastreicher Brennstoffe zur Erzeugung von Energie. Glückauf 95 (1959) Nr. 6 S. 325 bis 338.

[6] Vgl. auch Schlackenkunde S. 2—19 (s. Fußn. 1 S. 165).

man ein Optimum des Verbundes: Grubenbetrieb — Aufbereitung — Stromerzeugung erstrebt, statt die Grenzen des Technisch-Möglichen anzusteuern.

Bei den Brennstoffen für metallurgische Zwecke, so beim Hochofen- und Gießereikoks, treten manche Eigenschaften (so der Heizwert) zurück und andere, wie die Reinheit (Aschegehalt, Schwefelgehalt, Phosphorgehalt) und die Stückfestigkeit (Trommel-, Abrieb- und Sturzfestigkeit) in den Vordergrund. Beim Aschegehalt und dem Aschencharakter sind die zusätzlichen Umwandlungskosten (im Hochofen) und der zusätzliche Kalkzuschlagsbedarf zu berücksichtigen, also nicht nur rein thermische Maßstäbe. Zur Bewertung schlagen BANSEN und KREBS[1] einen „Vergleichskoks" vor. Eine Gegenüberstellung von Kokskohle und Kesselkohle ermöglicht dann eine Entscheidung darüber, wie die einzelnen Schichten der Waschkurve am wirtschaftlichsten verwertet werden. Ohne Berücksichtigung des Verwendungszweckes lassen sich daher absolute Bewertungskenngrößen nicht aufstellen.

Durch Wirtschaftlichkeitsberechnungen unter heutigen Voraussetzungen haben REERINK und LEMKE[2] die Mehrkosten einer Senkung des Aschegehaltes im Koks und der Feuchtigkeit der Kokskohle ermittelt. Ähnliche Überlegungen für die Koksöfen und den Hochofen wären notwendig, um das Optimum einwandfrei festlegen zu können.

Als ein wesentlicher Fortschritt ist die Erkenntnis zu werten, daß es nicht so sehr auf höchste Spitzenqualitäten im Ofenkoks ankommt als auf die dauernde Einhaltung der Qualitätsmerkmale in engen Grenzen. Praktisch hat das Koksqualitätsabkommen zwischen Kokserzeugern und Verbrauchern in der Bundesrepublik wesentlich zur Steigerung der Leistung und Wirtschaftlichkeit der Hochofenbetriebe beigetragen[3], obwohl sehr wichtige Eigenschaften, wie die Koksfestigkeit, noch nicht darin einbezogen sind. Die Verfahren zur Beurteilung der Koksqualität, insbesondere der Festigkeit (auch unter hohen Temperaturen), der Reaktionsfähigkeit u. a. sind noch in lebhafter Weiterentwicklung begriffen[4] (vgl. S. 191 u. 220).

Beim Gießereikoks sind mitunter in bezug auf Aussehen, Farbe, Klang, absolute Stückgröße usw. altüberlieferte Forderungen gestellt worden, die eine unnötige Verteuerung bedingen (z. B. Inbetriebhaltung

---

[1] BANSEN, H., u. E. KREBS: Die Bewertung der Einsatzstoffe für die Roheisenerzeugung im Hochofen. Arch. Eisenhüttenw. 14 (1940/41) Nr. 3 S. 91—105.

[2] Siehe Fußn. 1 S. 182.

[3] DICKENS, P., u. W. RADMACHER: Zehn Jahre Koksqualitätsabkommen, seine Bedeutung für Kokerei und Hochofenbetrieb. Stahl u. Eisen 80 (1960) Nr. 3 S. 129 bis 136.

[4] REERINK, W.: Neue Erkenntnisse für die Beurteilung und Herstellung von Koks unter Berücksichtigung der verschiedenen Verwendungszwecke. Stahl u. Eisen 75 (1955) Nr. 6 S. 322—335.

alter breiter Koksöfen mit sehr langen Garungszeiten, Handverladung).
Durch Anpassung des Betriebes und Verfahrensganges lassen sich auch
mit kleinstückigerem Koks (Brechkoks) ausgezeichnete Ergebnisse erzielen, insbesondere erweist sich der Heißwindkupolofen als weniger
brennstoffempfindlich[1].

Verbrennungswärme und Heizwert

Die Verbrennungswärme oder der obere Heizwert (H_o) eines festen
oder flüssigen Brennstoffs ist diejenige Wärmemenge in kcal (im MKS-
System in Joule oder kJ)[2], die bei vollständiger Verbrennung der
Masseneinheit (kg) verfügbar wird, wenn die Verbrennungsprodukte auf
die Ausgangs- bzw. die Bezugstemperatur (Zimmertemperatur von 20°
oder 0 °C)[3] abgekühlt werden, wobei sich das gebildete Wasser im flüssigen Zustand befindet. Bei Gasen ist die Bezugseinheit gewöhnlich 1 Nm³
trockenes Gas, gelegentlich auch das kmol. Der in Deutschland vorwiegend benutzte untere Heizwert (H_u) ist diejenige Wärmemenge, die 1 kg
(bzw. 1 kmol) oder 1 Nm³ trockenes Gas bei vollständiger Verbrennung
entwickelt, wenn die Verbrennungsprodukte auf die Ausgangstemperatur
abgekühlt werden, die kondensierbaren Bestandteile aber im dampfförmigen Zustand bleiben oder gedacht werden. Dieser Wert kann nicht
unmittelbar gemessen werden; er ergibt sich aus der Verbrennungswärme
nach Abzug der Verdampfungswärme des vorhandenen und des gebildeten
Wasserdampfes zu

$$H_u = H_o - 5{,}85\,W = H_o - 5{,}85\,(9\,\mathrm{H} + \mathrm{H_2O}) \qquad (5\text{--}16)$$

bei Bezugstemperatur 20 °C, bzw.

$$H_u = H_o - 5{,}97\,W = H_o - 5{,}97\,(9\,\mathrm{H} + \mathrm{H_2O}) \qquad (5\text{--}17)$$

bei Bezugstemperatur 0 °C. Darin bedeuten W den Wassergehalt des
Verbrennungsgases, bezogen auf 1 kg Brennstoff, H und H_2O den
Wasserstoff- und Wassergehalt des Brennstoffs in Prozenten. Der
Faktor 5,85 bzw. 5,97 (= Verdampfungswärme/100) wird häufig auf
6 abgerundet. Da bei der Verbrennung und Wärmeausnutzung eine
Kondensation des Wassers nicht erreicht, im Gegenteil unbedingt ver-
mieden wird, kann die Verdampfungswärme des Wassers nicht aus-
genutzt werden und es ist daher sinngemäß, daß man zur Fest-

---

[1] GUMZ, W.: Gas Producers and Blast Furnaces, New York 1950.

[2] Umrechnungsfaktor 1 kcal/kg = 4,1868 kJ/kg; 1 kJ/kg = 0,238846 kcal/kg
— vgl. Zahlentafel A–15 Anhang S. 699.

[3] Nach DIN 51708 ist 20 °C als Bezugstemperatur festgelegt. In der chemischen
Literatur wird häufig 25 °C als Bezugstemperatur gewählt, in der Thermodynamik
und als „Normalzustand" von Gasen 0 °C.

stellung von Heizwerten und Wirkungsgraden mit dem unteren Heizwert rechnet[1].

Die Bestimmung der Verbrennungswärme und des Heizwertes erfolgt nach DIN 51 708. Besonders die dabei erforderlichen Korrekturformeln sind Gegenstand zahlreicher Erörterungen[2].

Über die wissenschaftlichen Grundlagen der Bestimmung der Verbrennungs- und Reaktionswärmen sei auf die umfassende Darstellung Rossinis[3] sowie auf eine Serie von Veröffentlichungen von Mott und Mitarbeitern[4] verwiesen.

Auch aus der Elementaranalyse können Verbrennungswärme und Heizwert errechnet werden, wenn auch nicht mit der gleichen Genauigkeit, die bei der kalorimetrischen Messung erreicht wird. Wegen der Unkenntnis der Bindungsformen der Elementarbestandteile und der Unwahrscheinlichkeit, daß der naturgesetzliche Zusammenhang eine lineare Beziehung zu den Elementarbestandteilen liefert, ist es zu einer Vielzahl von Vorschlägen gekommen[5], bis sich 1912 eine Kommission des VDI und des Internationalen Verbandes der Dampfkesselüberwachungsvereine auf die sogenannte „Verbandsformel" einigten. Sie baute auf der Formel von Dulong (1837) auf und lautete für den unteren Heizwert

$$H_u = 81\,\mathrm{C} + 25\,\mathrm{S} + 290\,(\mathrm{H} - \mathrm{O}/8) - 6\,W. \qquad (5\text{-}18)$$

[1] Soweit in der deutschen technischen Literatur von „Heizwert" gesprochen wird, ist immer der untere Heizwert gemeint. In der englischen und amerikanischen technischen Literatur dagegen wird unter Heizwert stets der obere Heizwert verstanden. Beim Vergleich von Wirkungsgradangaben ist hierauf besonders zu achten. Die Wärmebilanz enthält bei der englischen Darstellungsweise meist noch ein Glied „Wärmeinhalt (Enthalpie) des Wasserdampfes" neben dem „Wärmeinhalt des trockenen Rauchgases".

[2] Lange, W.: Fehlermöglichkeiten bei der Untersuchung fester Brennstoffe. Brennst.-Chemie 32 (1951) Nr. 17/18 S. 262—269.

[3] Rossini, F. (Hrsg.): Experimental Thermochemistry. Measurement of heats of reaction. Prepared under the IUPAC (International Union of Pure and Applied Chemistry), Subcommittee on Experimental Thermochemistry, New York u. London: Interscience Publishers 1956.

[4] Mott, R. A., u. W. C. Thomas: Studies in Bomb Calorimetry. Fuel 33 (1954) Nr. 4 S. 448—461. — Barker, J. E., u. R. A. Mott: Fuel 33 (1954) Nr. 4 S. 462 bis 479. — Barker, J. E., R. A. Mott u. W. C. Thomas: Fuel 34 (1955) Nr. 3 S. 283—302, 303—316. — Mott, R. A.: Fuel 35 (1956) Nr. 3 S. 261—280. — Mott, R. A. u. I. Moulson: Fuel 35 (1956) Nr. 4 S. 476—492. — Mott, R. A.: Fuel 36 (1957) Nr. 4 S. 447—468, 37 (1958) Nr. 1 S. 3—18. — Mott, R. A., u. C. Parker: Fuel 37 (1958) Nr. 4 S. 371—381, 38 (1959) Nr. 2 S. 189—204, Nr. 3 S. 339—353.

[5] Vgl. H. Strache u. R. Lant: Kohlenchemie, Leipzig 1924, S. 475/76. — d'Huart, K., u. W. M. Neufeld: Zur Entwicklung der Heizwertbestimmung fester Brennstoffe. Zbl. Hütten-Walzwerke 31 (1927) S. 296ff. — Natl. Res. Council Committee (H. H. Lowry, Hrsg.): Chemistry of Coal Utilization, Bd. I, New York u. London 1945, S. 139ff. — Formeln von Dulong, Schwackhöfer, Balling, Kerl, Ferrini, Lant, Schuster, Sümegi und vielen anderen.

Sie gibt jedoch bei den jüngeren Brennstoffen wenig brauchbare Ergebnisse, daher sind eine Reihe ähnlicher Formeln aufgestellt worden, von denen nachstehend einige wiedergegeben seien. Nach STEUER[1] ist

$$H_o = 81\,C + 345\,H + 25\,S - 30{,}56\,O, \qquad (5\text{-}19a)$$

$$H_u = 81\,C + 291\,H + 25\,S - 30{,}56\,O - 6\,W. \qquad (5\text{-}19b)$$

Nach R. VONDRÁČEK[2] ist

$$H_o = \left(78{,}6 + 2{,}8\sqrt[4]{100 - C'}\right)C + 270(H - 0{,}1\,O) + 25\,S, \qquad (5\text{-}20)$$

$$H_u = \left(78{,}6 + 2{,}8\sqrt[4]{100 - C'}\right)C + 215(H - 0{,}1\,O) + 25\,S - 6\,W, \qquad (5\text{-}21)$$

wobei C' den Kohlenstoffgehalt der Reinkohle bedeutet, und für den Bereich $C' = 90 - 45\%$ die vereinfachte Form

$$H_o = (89{,}1 - 0{,}062\,C')\,C + 270(H - 0{,}1\,O) + 25\,S. \qquad (5\text{-}22)$$

Nach GRUMELL und DAVIES[3] ist

$$H_o = (3{,}635\,H + 235{,}9)\left[\frac{C}{3} + H - \frac{(O - S)}{8}\right], \qquad (5\text{-}23)$$

nach MOTT und SPOONER[4]

$$H_o = 80{,}3\,C + 339\,H - 34{,}7\,O + 22{,}5\,S, \qquad (5\text{-}24)$$

und im Bereich hoher Sauerstoffgehalte ($O_2 \geqq 15\%$)

$$H_o = 80{,}3\,C + 339\,H - 36{,}6\,O + 0{,}172\,O^2 + 22{,}5\,S. \qquad (5\text{-}25)$$

BOIE[5] gibt auf Grund seiner statistischen Überlegungen folgende Gleichung für den (unteren) Heizwert an

$$H_u = 83{,}20\,C + 224{,}2\,H + 25\,S + 15\,N - 25{,}8\,O - 5{,}85\,W, \qquad (5\text{-}26)$$

wobei der weitaus größte Teil der untersuchten Brennstoffe innerhalb der Fehlergrenze von ± 100 kcal/kg liegt. SCHUYER und VAN KREVELEN[6] ziehen auch noch die Flüchtigen Bestandteile mit heran und stellen

---

[1] STEUER, W.: Verbesserung der kalorimetrischen Heizwertbestimmung und Aufstellung einer Heizwertformel für sämtliche fossilen Brennstoffe. Diss. Breslau 1937.

[2] VONDRÁČEK, R.: Über die Berechnung des Heizwertes von Brennstoffen aus ihrer chemischen Zusammensetzung. Brennst.-Chemie 8 (1927) Nr. 2 S. 22/23, — Montan. Rdsch. 7 (1925) Nr. 10 S. 317—321.

[3] GRUMELL, E. S., u. I. A. DAVIES: A new method of calculating the calorific value of a fuel from its ultimate analysis. Fuel Sci. 12 (1933) Nr. 6 S. 199—203.

[4] MOTT, R. A., u. C. E. SPOONER: The calorific value of carbon in coal: The DULONG relationship. Fuel Sci. 19 (1940) Nr. 10/11 S. 226—231, 242—251.

[5] BOIE, W.: Vom Brennstoff zum Rauchgas. Feuerungstechnisches Rechnen mit Brennstoffkenngrößen und seine Vereinfachung mit Mitteln der Statistik, Leipzig: Teubner 1957.

[6] Siehe Fußn. 7 S. 143.

folgende Formel für den (oberen) Heizwert auf:

$$H_o = 71,1\,C + 782 - 7,8\ (\text{Fl. Best.}) + 355\,H - 24,4\,O + 11,4\,N + 31\,S.$$
$$(5\text{--}27)$$

Aus den Berechnungen von MICHEL[1] wurden folgende Beziehungen abgeleitet[2]:

$$H_o = 81,3\,C + 297\,H + 15\,N + 45,6\,S - 23,5\,O, \qquad (5\text{--}28)$$

$$H_u = 81,3\,C + 243\,H + 15\,N + 45,6\,S - 23,5\,O - 6\,W. \qquad (5\text{--}29)$$

Keine dieser Formeln befriedigt völlig, da bei einer statistischen Auswertung eines umfangreichen Analysenmaterials zunächst sehr viel von der Qualität dieses zugrunde gelegten Zahlenstoffes abhängt — und nicht immer konnten die Autoren auf einwandfreies Analysenmaterial zurückgreifen, bei dem Heizwertmessung und Elementaranalyse sich auf dieselbe Probe bezogen – , andererseits aber die gewählten Variablen nicht alle voneinander unabhängig sind. GUMZ und NEUBAUER[3] haben daher an repräsentativen typischen Steinkohlenanalysen (56 Wertegruppen von Steinkohlen der Reviere Ruhr, Aachen, Niedersachsen und Saar und z. T. weitere 288 Wertegruppen von Ruhrkohlen) statistische Untersuchungen vorgenommen und dabei festgestellt, daß alle Formeln nach Art der Verbandsformel und ihrer Modifikationen zu keinem befriedigenden Ergebnis führen können. Es ist zumindest notwendig, daß man diejenigen Variablen ausscheidet, die voneinander abhängig sind; es ist daher beispielsweise möglich, eine Beziehung zwischen dem Heizwert und dem C-, N- und S-Gehalt aufzustellen, und zwar lautet die Gleichung:

$$H_u = 3759 + 53,36\,C - 125,07\,N + 47,28\,S. \qquad (5\text{--}30)$$

Die einzelnen Koeffizienten sind keineswegs als die Heizwerte der genannten Elementarbestandteile aufzufassen.

Weitere Untersuchungen mit einer noch geringeren Zahl von Variablen haben gezeigt, daß man damit noch wesentlich bessere Ergebnisse erzielen kann, so daß sich auch der Analysenaufwand noch verringert. Als eine solche besonders geeignete Darstellung hat sich die Abhängigkeit des Heizwertes nur vom C-Gehalt bewährt. Dabei ist allerdings eine lineare Abhängigkeit, obwohl für den unteren Heizwert vielleicht gerade noch brauchbar, für den oberen Heizwert bereits etwas unbefriedigend, so daß es zweckmäßiger ist, keine lineare Beziehung zu verwenden.

---

[1] MICHEL, R.: Berechnung der Verbrennungswärme fester und flüssiger Brennstoffe nach den Wärmewerten ihrer Einzelbestandteile. Feuerungstechn. 26 (1938) Nr. 9 S. 273—278.

[2] Feuerungstechn. 26 (1938) Nr. 10 S. 322/23.

[3] GUMZ, W., u. G. NEUBAUER: Über die Berechnung der Heizwerte aus Analysendaten. Glückauf 96 (1960) Nr. 17 S. 1078—1080.

Für die untersuchten Steinkohlen ergeben sich folgende Formeln:

$$H_o = 1409{,}19\,C - 7{,}7995\,C^2 - 54\,996, \tag{5-31}$$

$$H_u = 1102{,}56\,C - 5{,}9964\,C^2 - 42\,238. \tag{5-32}$$

Die Genauigkeit dieser Formeln ist durch die Größe s_{Rest} (Reststandardabweichung) gekennzeichnet, die für die Gl. (5-31) 44 und Gl. (5-32) 47 kcal/kg beträgt, was bedeutet, daß 68% aller Werte in den Bereich $H_o \pm 44$ kcal/kg und 95% aller Werte in den Bereich $H_o \pm 88$ kcal/kg fallen müssen; mithin ist eine Genauigkeit von rd. $\pm 1\%$ erreichbar.

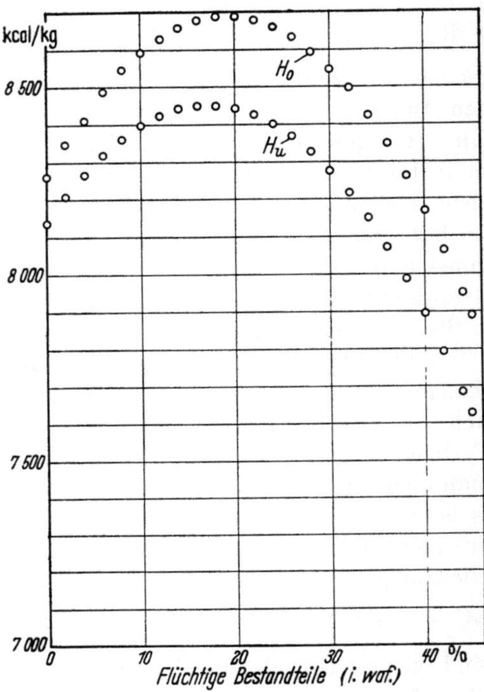

Abb. 5-14. Verbrennungswärme (obere Kurve) und Heizwert (untere Kurve) der wasser- und aschefreien Kohle in Abhängigkeit von ihrem Gehalt an Flüchtigen Bestandteilen

Da sowohl die Heizwertbestimmung mit Bombe und Kalorimeter als auch die Durchführung der Elementaranalyse zeitraubend und daher auch kostspielig ist, kann man auch Näherungsmethoden zur Heizwertbeurteilung heranziehen, die lediglich die Kenntnis der Immediat- oder Kurzanalyse (Asche, Wasser, Flüchtige Bestandteile) voraussetzen. Für die Kontrolle des Einkaufs und der laufenden Betriebsüberwachung sind diese Methoden durchaus ausreichend und für solche Betriebe zu empfehlen, die über kein eigenes chemisches Laboratorium verfügen. Hat man durch Veraschen im Platintiegel den Aschegehalt ($A\%$) und im Trockenschrank oder durch eine andere Methode den Wassergehalt ($W\%$) sowie nach der Bochumer Methode den Gehalt an Flüchtigen Bestandteilen ($V\%$) bestimmt, so ist die Verbrennungswärme, bezogen auf wasser- und aschefreie Substanz[1],

$$H_o = 8261 + 45{,}11\,V - 1{,}1856\,V^2. \tag{5-33}$$

und der untere Heizwert i. waf

$$H_u = 8137 + 36{,}78\,V - 1{,}0702\,V^2. \tag{5-34}$$

---

[1] Vgl. Fußn. 3 S. 163.

Die Ergebnisse können der Abb. 5-14 entnommen werden.

Obwohl HILLE[1] dieser Darstellungsweise wenig Aussicht auf Erfolg gibt, zeigt die mathematisch-statistische Untersuchung doch, daß beispielsweise für die untersuchten Steinkohlen eine größere Genauigkeit erzielt werden kann als mit irgendeiner derjenigen Formeln, die mit allen oder mit einer Auswahl von Elementarbestandteilen arbeiten. Die Kritik an dieser Formel ist daher nicht berechtigt. Für Braunkohle läßt sich der Heizwert nicht als Funktion der Flüchtigen Bestandteile darstellen[2], doch kann man hier mit einem konstanten Wert des H_o bzw. H_u i. waf für ein gegebenes Revier rechnen.

Durch Differentiation der Gl. (5–33) bzw. (5–34) erhält man das Maximum; es liegt bei H_o bei $V = 19{,}02\%$ Fl. Best. und beträgt 8690 kcal/kg und bei H_u bei $V = 17{,}18\%$ Fl. Best. und ist 8453 kcal/kg.

Den Heizwert der Kohle im Rohzustand erhält man dann nach der Gleichung

$$H_u = (100 - A - W)\,\frac{H_{u\,(\text{i. waf})}}{100} - 6\,W \quad [\text{kcal/kg}]. \qquad (5\text{--}35)$$

Bei höheren Aschegehalten ist jedoch nach Möglichkeit mit dem Mineralstoffgehalt (M) statt mit dem Aschegehalt (A) zu rechnen, da sich der Einfluß dieses Unterschiedes sehr stark bemerkbar macht und u. U. die Abhängigkeit von den Flüchtigen Bestandteilen überdeckt. SCOTT, JONES und COOPER[3] geben eine Formel an, die die Verbrennungswärme als Funktion der Flüchtigen Bestandteile und des Aschegehaltes, alles bezogen auf wasserfreie Kohle (jedoch beschränkt auf Anthrazit), darstellt. Sie lautet:

$$H_o = 8224 + 42{,}11\,V - 93\,A \quad [\text{kcal/kg}]. \qquad (5\text{--}36)$$

Eine Gleichung dieser Form erweist sich jedoch aus dem Koeffizienten als chemisch nicht interpretierbar, denn der Wunsch, die Reaktionswärme der Mineralbestandteile beim Verbrennungsvorgang zu erfassen, kann unmöglich zu einem derartig hohen Wert für den Einfluß des Aschegehaltes führen, der um mindestens zwei Zehnerpotenzen zu hoch ist[4]. Das negative Glied ist vielmehr ein Anzeichen dafür, daß die einfache lineare Abhängigkeit von den Flüchtigen Bestandteilen nicht anwendbar ist, wie ja auch aus Gl. (5–33) hervorgeht.

---

[1] HILLE, E.: Über die Ermittlung des Heizwertes von Steinkohlen aus der Immediatanalyse. Erdöl u. Kohle 9 (1956) Nr. 10 S. 693—696.

[2] HILLE, E.: Über die Abhängigkeit des Heizwertes von Braunkohlen von ihrer chemischen Zusammensetzung. Erdöl u. Kohle 10 (1957) Nr. 5 S. 300—303.

[3] SCOTT, G. S., G. W. JONES u. H. M. COOPER: Effect of oxidation of anthracite on its heating value. Industr. Engng. Chem. 31 (1939) Nr. 3 S. 1025—1027.

[4] Vgl. Schlackenkunde S. 103 (s. Fußn. 1 S. 165).

Die große Zahl ähnlich gestalteter Formeln[1] darf durch die Gl. (5–33) als überholt angesehen werden. Die sog. „Harpener Formel" nach HÜLSBRUCH und MANTEL[2] gilt nur für einen begrenzten Bereich und erweist sich als nicht extrapolierbar.

Zu diesen Ableitungen sind noch folgende Einschränkungen zu machen: Die Formeln dürfen nur auf solche Brennstoffe angewendet werden, die für die Ableitung benutzt worden sind, d. h. auf Steinkohlen verschiedener Herkunft im Bereich von $V = 5$ bis 45% Fl. Best., jedoch nicht auf Braunkohlen, Torf, Holz, ferner nicht auf künstlich erzeugte Brennstoffe wie Koks und Schwelkoks und endlich nicht auf Brennstoffmischungen. Abb. 5–15 läßt erkennen, daß eine Mischung von 50% Magerkohle von 7,5% Fl. Best. und 8490 kcal/kg Heizwert (Punkt A) mit 50% Fettkohle von 27,5% Fl. Best. und 8336 kcal/kg Heizwert (Punkt B) natürlich trotz eines Gehaltes an Fl. Best. von 17,5% nur einen Heizwert von $0,5\,H_A + 0,5\,H_B$ geben kann (Punkt C) und nicht den auf der Kurve liegenden Heizwert (Punkt D).

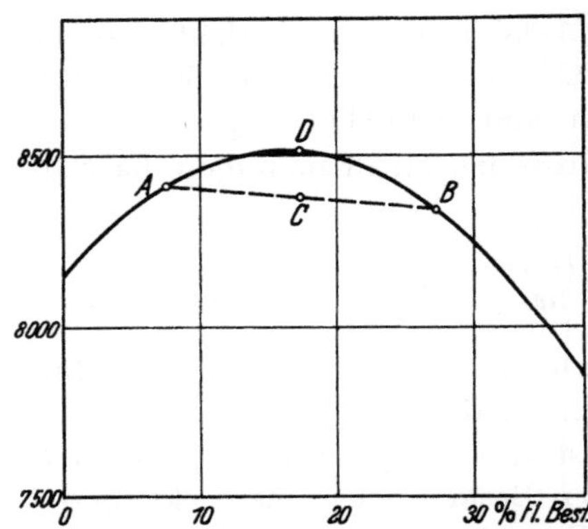

Abb. 5–15. Heizwert von Brennstoffmischungen

Der Kurvenast von 0 bis 5% darf nicht auf Koks angewandt werden, da die bei der Herstellung auftretenden hohen Temperaturen eine

---

[1] Vgl. W. A. SELVIG u. F. H. GIBSON: Calorific value of coal. In: Natl. Res. Council Comm. (H. H. LOWRY): Chemistry of Coal Utilization, Bd. I, S. 132—144 (11 verschiedene Formeln), New York u. London 1945. — D'HUART, K., u. W. M. NEUFELD: Zbl. Hütten-Walzwerke 31 (1927) S. 296ff. — DE JONGE: L'Economic Combust. I (1930) Nr. 3 S. 1—8. — LEFEBVRE, H., u. C. GEORGIADIS: Compt. Rend. 212 (1941) Nr. 26 S. 1152/54. — SCHEER, W.: Zur Berechnung des Heizwertes von Steinkohlen aus analytischen Daten. Glückauf 78 (1942) Nr. 4 S. 52/53. — TÖLLER, W.: Heizwertberechnung von Kohlen. Mitt. VGB H. 14 (1951) S. 302/03. — SCHUSTER, F.: Zur Energieeinsparung und Rationalisierung im Gaserzeugungsbetrieb. Gas- u. Wasserfach 86 (1943) Nr. 19 S. 299—302, — Dtsch. Techn. 10 (1942) Nr. 12 S. 494—496.

[2] HÜLSBRUCH, F., u. W. MANTEL: Die Berechnung des Heizwertes von Ruhrkohlen in Abhängigkeit von ihrem Gehalt an Reinkoks und Reinkohle. Glückauf 81/84 (1948) Nr. 3/4 S. 56—58.
Die „Harpener Formeln" lauten (mit R = Reinkoksgehalt der Reinkohle)
$$H_0 = 3790 + 116\,R - 0,68\,R^2,$$
$$H_u = 3664 + 112,1\,R - 0,6574\,R^2 = 0,96675\,H_0$$
oder in der Form der Gl. (5–33) geschrieben
$$H_u = 8300 + 19,38\,V - 0,6574\,V^2.$$

Änderung der Kohlenstoffmodifikation hervorrufen, wie sie besonders durch Messung der Wärmeleitfähigkeit klar zutage treten[1]. Da Graphit nach W. A. ROTH nur eine Verbrennungswärme von 7856 kcal/kg (β-Graphit) bzw. 7832 kcal/kg (α-Graphit) aufweist[2], ergibt sich ein entsprechend niedriger Koksheizwert. Für Reinkoks kann man als Mittelwert ohne Rücksicht auf den Gehalt an Fl. Best. annehmen

$$Q_r = 7966 \ [\text{kcal/kg}] = 33\,350 \ [\text{kJ/kg}], \tag{5-37}$$

$$H_r = 7950 \ [\text{kcal/kg}] = 33\,280 \ [\text{kJ/kg}]. \tag{5-38}$$

Für Kokse (aller Art, vom Hochtemperaturkoks, Schwelkoks bis zur Holzkohle) gilt angenähert

$$H_o = 80{,}8\,\text{C} + 280\,\text{H} + 25\,\text{S}, \tag{5-39}$$

$$H_u = 80{,}8\,\text{C} + 226\,\text{H} + 25\,\text{S}. \tag{5-40}$$

Eine Abhängigkeit von den Flüchtigen Bestandteilen ist bei Hochtemperaturkoks nicht zu erwarten, da seine „scheinbaren Flüchtigen" meist aus adsorbierten Gasen bestehen[3].

Für Holz und Holzabfälle (insbesondere für Nadelhölzer) wird von der Mech. Prüfungsanstalt, Stockholm, die Formel

$$H_u = 4590 - 51{,}9\,W \tag{5-41}$$

angegeben[4], worin W den Wassergehalt in % bedeutet. Holzabfälle mit 50% Wassergehalt haben demnach einen Heizwert von 2000 kcal/kg.

Ebenso wie der Heizwert lassen sich auch andere Brennstoffcharakteristiken empirisch-statistisch als Funktion des Gehaltes an Flüchtigen Bestandteilen darstellen. Ein Beispiel ist der Gesamt-Kohlenstoffgehalt, der für die Aufstellung von Kohlenstoffbilanzen benötigt und der gelegentlich an Stelle der Flüchtigen Bestandteile als typische Kennzahl der Kohlenart verwendet wird. Es ist

$$C_{\text{gesamt}} = (100 - V) - 11{,}31 + 1{,}29\,V - 0{,}012\,V^2. \tag{5-42}$$

Reaktionsfähigkeit

Die Reaktionsfähigkeit ist eine chemische, also rein stoffliche Eigenschaft eines Brennstoffes, genauer gesagt seines Kokses. Da jedoch die

---

[1] FRITZ, W., u. H. MOSER: Spez. Wärme, Wärmeleitfähigkeit und Temperaturleitfähigkeit von Steinkohle, Holzkohle und Koks. Feuerungstechn. 28 (1940) H. 5 S. 97—107.

[2] ROTH, W. A.: Die Verbrennungswärme von Hüttenkoks und anderen Kohlenstoffarten. Arch. Eisenhüttenw. 2 (1928) H. 4 S. 245—247.

[3] DAHME, A., u. H. ECHTERHOFF: Zur Bestimmung der „Flüchtigen Bestandteile" von Koksen. Brennst.-Chemie 40 (1959) Nr. 11 S. 337—341. — BOSPHAM, T., u. F. R. WESTON: The nature of the volatile matter in coke. J. Inst. Fuel 27 (1954) Nr. 159 S. 201—208.

[4] HÅKANSON, H., u. H. LUNDBERG: Ing. Vetensk. Akad. Handl. Nr. 17. — LINDHAGEN, M. T.: Ing. Vetensk. Akad. Medd. Nr. 25.

Reaktionen der Verbrennung und Vergasung sowohl einen physikalischen als auch einen chemischen Teilvorgang umfassen, von denen — im Bereich hoher Temperaturen — der physikalische für die Reaktionsgeschwindigkeit allein bestimmend ist, kann aus der Reaktions*fähigkeit* nicht auf die Reaktions*geschwindigkeit* geschlossen werden, und die (laboratoriumsmäßige) Bestimmung der Reaktionsfähigkeit hat nur einen bedingten Wert und eine beschränkte praktische Bedeutung.

Die Meßmethoden beruhen teils auf Verbrennungs-, teils auf Reduktionsvorgängen (Verbrennlichkeit, Reduktionsfähigkeit) und erfordern eine genaue Festlegung der Brennstoffkorngröße und anderer Schüttungscharakteristiken, der Menge, der Luft- oder Gasgeschwindigkeit, der Temperatur (und der Art ihrer Messung) usw., sind also reine Konventionalmethoden, die keine direkte Übertragung auf die Feuerung oder den Schachtofen zulassen, wenn zwischen Großanlage und Laboratoriumsanordnung nicht vollständige Modellähnlichkeit gewahrt ist[1]. Die Folge der daraus entspringenden Abweichungen der verschiedenen Verfahren und die unterschiedliche Bewertung führten zu einer Unzahl von Vorschlägen, ohne daß sich bisher eine befriedigende Standard-Methode herausgebildet hätte[2,3]. Im Prinzip beruhen diese auf einer einfachen Verbrennung in Luft und Messung der Flammenhöhe, des Abbrandes, oder einer Reduktion mit CO_2 und Messung des Stoffumsatzes oder des CO-Gehaltes oder des CO/CO_2-Verhältnisses. Im sog. CAB-Test

---

[1] Vgl. dazu S. TRAUSTEL: Modellgesetz der Vergasung und Verhüttung. Sci. Chim., Bd. 4, Berlin 1949; ferner: TRAUSTEL, S.: Ein Modellgesetz zur vergleichenden Prüfung der Reaktionsfähigkeit fester Brennstoffe. Feuerungstechn. 31 (1943) Nr. 1 S. 1—8. — TRAUSTEL, S.: Model laws of gasification and smelting. Iron Coal Tr. Rev. 158 (1949) Nr. 4237/8 S. 1167—1172, 1225—1231.

[2] KOPPERS, H.: Vorschläge zur Prüfung des Kokses für Hochofen- und Gießereizwecke. Stahl u. Eisen 42 (1922) Nr. 15 S. 569—573. — KOREVAAR, A.: Über die Verbrennlichkeit der Kohle. Stahl u. Eisen 43 (1923) Nr. 13 S. 431—435. — HÄUSER, F.: Die Verbrennlichkeit und Festigkeit von Hüttenkoks in größeren Körnungen. Stahl u. Eisen 45 (1925) S. 875—885. — SPECKHARDT, G.: Verfahren zur betriebsmäßigen Überwachung der Reaktionsfähigkeit von Koks. Glückauf 72 (1936) Nr. 10 S. 225—231. — MÜLLER, W. J., u. E. JANDL: Weitere apparative Verbesserungen der Bestimmung der Reaktionsfähigkeit von Koks. Brennst.-Chemie 12 (1931) Nr. 10 S. 187—191. — Eine Schnellmethode zur Bestimmung des zeitlichen Verlaufs der Reaktionsfähigkeit von Koks. Brennst.-Chemie 19 (1938) S. 45—48.

[3] Zusammenfassende Darstellungen: METZGER, R., u. F. PISTOR: Die Reaktionsfähigkeit des Kokses, Halle/S. 1927. — AGDE, G., u. H. SCHMIDT: Theorie der Reduktionsfähigkeit von Steinkohlenkoks, Halle/S. 1928. — DURRER, R.: Die Metallurgie des Eisens, 2. u. 3. Aufl., Berlin 1943. — MAYERS, M. A.: The physical properties and reactivity of coke. In: Nat. Res. Counc. Comm. (H. H. LOWRY) Chem. Coal Util., Bd. I, S. 863—920, New York u. London 1945. — GUÉRIN, H.: Le problème de la réactivité des combustibles solides, Paris 1945.

(critical air blast-test)[1], der in England großen Anklang gefunden hat, wird die Mindestluftmenge, mit der die Verbrennung in einer Schicht entzündeten Kokses 20 min lang aufrechterhalten werden kann, als Kriterium gewählt (Beispiel: Schwelkoks 566 cm³/min = 0,020 CAB; Hochtemperaturkoks 1420 bis 1980 cm³/min = 0,050 bis 0,070 CAB).

Da die Unterschiede in der gemessenen Reaktionsfähigkeit um so größer ausfallen, je niedriger die Temperatur ist, andererseits der Zündpunkt die unterste Grenze für die Durchführbarkeit darstellt, ist die Zündpunktsbestimmung[2] zur Beurteilung herangezogen worden, doch ist die Übertragung der Ergebnisse auf wirkliche Betriebsverhältnisse ebenfalls unbefriedigend[3].

Eine neue Methode, oder eigentlich eine neue Art der Auswertung der Koppers-Methode, ist von DAHME und JUNKER[4] eingeführt worden. Durch Messung bei zwei Temperaturen (1000, 1100 °C) erhält man eine Reaktionsgeschwindigkeitskonstante. Ihre Temperaturabhängigkeit (ARRHENIUS-Gerade) liefert die Aktivierungsenergie. Je kleiner die Aktivierungsenergie ist, um so reaktionsfreudiger ist der Koks, auch bei niedrigeren Temperaturen.

---

[1] BLAYDEN, H. E., W. NOBLE u. H. L. RILEY: A simple laboratory method for the assessment of the combustible nature of coke. J. Inst. Fuel 7 (1934) Nr. 33 S. 139—149. — ASKEY, P. J., u. S.M. DOBLE: A note on the critical air blast test. Fuel Sci. 16 (1937) Nr. 12 S. 359/60. — BREWIN, W., u. J. K. THOMPSON: The critical air blast test and its significance. Fuel Sci. 16 (1937) Nr. 12 S. 361—365. — KREULEN-VAN SELMS, F. G., u. D. J. W. KREULEN: The critical air blast test. Fuel 28 (1949) Nr. 2 S. 29—31.

[2] BUNTE, K., u. KÖLMEL: Entzündungstemperaturen von Entgasungsprodukten. Gas- u. Wasserfach 65 (1922) Nr. 37 S. 592—594. — BUNTE, K.: Zündpunkt und Reaktionsfähigkeiten von Verkokungsprodukten. Gas- u. Wasserfach 69 (1926) Nr. 10/11 S. 192—195, 217/18. — BUNTE, K., u. A. GIESSEN: Einfluß der Reaktionsfähigkeit von Kohlen auf die Wassergasbildung. Gas- u. Wasserfach 79 (1930) Nr. 11 S. 241—247. — MELZER, W.: Neuzeitliche Kokskohlen- und Stückkoksprüfung. Arch. Eisenhüttenw. 6 (1932/33) Nr. 3 S. 89—93. — BUNTE, K., u. C. WINDORFER: Über den Zusammenhang zwischen Zündtemperatur und Reaktionsfähigkeit bei Steinkohlen-Hochtemperaturkoksen. Gas- u. Wasserfach 78 (1935) Nr. 37/39 S. 697—701, 720—725, 737—743. — SEBASTIAN, J. J. S., u. M. A. MAYERS: Coke reactivity. Determination by a modified ignition point method. Industr. Engng. Chem. 29 (1937) Nr. 10 S. 1118—1124. — SHERMAN, R. A., J. M. PILCHER u. N. N. OSTBORG: A laboratory test for the ignitibility of coal. A.S.T.M. Bull. 112 (1941) S. 23—34. — ORNING, A. A.: Reactivity of solid fuels. Industr. Engng. Chem. 36 (1944) Nr. 9 S. 813/14. — ORNING, A. A., S. MALLOV u. M. NEFF: Reactivity of solid fuels to air and oxygen. Industr. Engng. Chem. 40 (1948) Nr. 3 S. 429—432.

[3] HEINZE, R., M. MARDER u. E. RAMMLER: Die laboratoriumsmäßige Bewertung der Reaktionsfähigkeit von festen Kraftstoffen für Fahrzeuggaserzeuger. Feuerungstechn. 28 (1940) Nr. 3 S. 49—54.

[4] DAHME, A., u. H. J. JUNKER: Die Reaktivität von Koks gegen CO_2 im Temperaturbereich 1000 bis 1200 °C. Brennst.-Chemie 36 (1955) Nr. 13/14 S. 193 bis 199.

Bei niedrigen Temperaturen können aber kleine Verunreinigungen, besonders Metalle, die als Karbide vorliegen mögen, einen erheblichen Einfluß ausüben (WYNNE-JONES, BLAYDEN und MARSH)[1].

Bei hohen Temperaturen gestattet das Verfahren von DAHME und JUNKER eine bessere Differenzierung, während man früher kaum noch Unterschiede oberhalb 1000 °C feststellte[2].

GUÉRIN und Mitarbeiter[3] weisen darauf hin, daß sich die Reaktionsfähigkeit während des Abbrandes stark verändert, daß es folglich nicht auf die anfängliche Reaktivität ankomme, die die meisten Verfahren messen, sondern auf die integrale Reaktivität. Somit lassen sich Reaktivität, Verbrennungs- und Vergasungsvorgang und die Gefügeeigenschaften und ihre Änderung im Laufe des Abbrandes gar nicht trennen, und die Laboratoriumsmethoden haben durchweg schlechte Aussichten.

Die Reaktion hängt von der Art und Größe des Porenvolumens und der Verästelungen auch deshalb ab, weil je nach Zugänglichkeit zwei verschiedene typische Vorgänge des Abbrandes eintreten: der bevorzugte Angriff von außen und der bevorzugte Angriff auf die Zellwände im Innern. DAHME und JUNKER[4] und REERINK[5] haben typische Bilder dieser Art (Anschliffe teilweise verbrauchter Kokse) gezeigt. Diese Beobachtungen haben DAHME sowie BOYER, DURAND und PAYEN[6] dazu geführt, auf die Reaktionsmessung am Stück überzugehen (Untersuchung einer Stückprobe von mindestens 20 g bei 1400 °C). Auch die Festigkeit verändert sich natürlich stark, wenn die Zellwände angegriffen werden, so daß der mechanische Zerfall (im Ofen) eine erhebliche Rolle spielen kann, der von den Laboratoriumsmethoden ebenfalls nicht erfaßt wird. Die Anschauungen sind also gerade auf diesem Gebiet nach wie vor stark im Fluß, während die Methoden allmählich den Vorgängen in Schachtöfen etwas näherzukommen versuchen. Die Korrelation zwischen Großversuch und Laboratoriumsversuch läßt im allgemeinen noch zu wünschen übrig, und die Forderungen sind gerade hinsichtlich der Reaktivität nicht immer ganz eindeutig.

---

[1] WYNNE-JONES, W. F. K., H. E. BLAYDEN u. H. MARSH: Die Reaktionsfähigkeit des Kohlenstoffs. Brennst.-Chemie 33 (1952) Nr. 13/14 S. 238—241.

[2] BROCHE, H., u. H. NEDELMANN: Die Reaktionsfähigkeit von Koks bei Temperaturen über 1000 °C. Stahl u. Eisen 53 (1933) Nr. 6 S. 144—147.

[3] GUÉRIN, H.: Comment se pose le problème de la réactivité des combustibles? Comment peut-on tenter de le resoudre? Chim. et Ind. 70 (1953) Nr. 5 S. 875 bis 885. — GUÉRIN, H., R. FORT u. M. MONTACH: Contribution à l'étude de la réactivité des combustibles solides. Ass. Techn. Ind. Gaz en France. Congrès 1958.

[4] Siehe Fußn. 4 S. 193.

[5] Siehe Fußn. 4 S. 183.

[6] BOYER, A. F., G. DURAND u. P. PAYEN: La réactivité des cokes. Mise au point d'une méthode de mesure pour les cokes de fonderie. Chim. et Ind. 80 (1958) Nr. 3 S. 220—233.

Es ist nicht angebracht, den Begriff der Reaktionsfähigkeit auf die Kohlen zu übertragen oder auch von einer „scheinbaren Reaktionsfähigkeit" zu sprechen. Eine Kohle mit hohem Gehalt an Flüchtigen Bestandteilen kann durch Entgasung sehr schnell an Gewicht verlieren, ohne daß dies etwas mit der Reaktionsfähigkeit zu tun hätte. In gewissem Maße trübt diese Erscheinung auch den Vergleich zwischen Schwel- und Hochtemperaturkoksen. Die Bedeutung der Flüchtigen Bestandteile für das Reaktionsgeschehen soll damit nicht in Abrede gestellt werden, sie tritt besonders dann in Erscheinung, wenn die Reaktion starken Geschwindigkeitswechseln unterworfen wird (z. B. in Fahrzeuggaserzeugern). Die Schwierigkeit liegt darin, daß eine konstante (Reaktionsfähigkeit des entgasten Kokses) von einer nicht-konstanten Stoffeigenschaft (Gehalt oder Restgehalt an Flüchtigen Bestandteilen) überlagert ist.

Zündvorgang und Zündtemperatur

Die Einleitung des Verbrennungsvorganges bezeichnet man als Zündung. Eine Oxydation des Brennstoffes kann bei allen Temperaturen stattfinden, bei niedrigen Temperaturen dagegen geschieht dies mit so geringer Geschwindigkeit, daß die entwickelte Wärme an die Umgebung abgegeben wird, wodurch keine dauernde Temperaturerhöhung eintritt und der Vorgang wieder zum Stillstand kommt. Hierbei spielt bei den festen Brennstoffen sowohl die Wärmeabgabe nach außen (abhängig vom Temperaturgefälle, der Geschwindigkeit der umgebenden Luft, der Körnung und der Oberflächenbeschaffenheit) als auch die Wärmeabfuhr von der Oberfläche in das Innere (Wärme- und Temperaturleitfähigkeit des Brennstoffs) eine Rolle. Erst oberhalb eines gewissen Temperaturbereichs steigert sich die Reaktionsgeschwindigkeit derart, daß die entwickelte Wärmemenge die abgegebene Wärmemenge übersteigt, die Temperatur der Brennstoffoberfläche also rasch zunimmt und der Vorgang so beschleunigt wird, daß eine intensive Verbrennung eintritt und dauernd aufrechterhalten wird. Diesen Vorgang bezeichnet man als Zündvorgang. Er hängt ab

1. von der Reaktionsgeschwindigkeit, also der Reaktionsfähigkeit, einer Stoffeigenschaft des betreffenden Brennstoffs[1], und

2. von den die Aufheizung hemmenden oder fördernden Faktoren, wie die Körnung des Brennstoffs, sein Wassergehalt, die Umgebungstemperatur, das Temperaturgefälle, die Wärmezu- oder -abstrahlung, die Luftgeschwindigkeit usw., also von einer Reihe teils physikalischstofflicher, teils apparativer Bedingungen.

Diese Zusammenhänge erschweren sowohl die einfache Definition der Zündtemperatur als auch ihre Messung. Das darf indessen nicht

---

[1] Siehe Fußn. 2 S. 193.

dazu führen, die Existenz einer Zündtemperatur als Stoffeigenschaft
überhaupt zu leugnen, wenn auch die nach den verschiedenen Verfahren

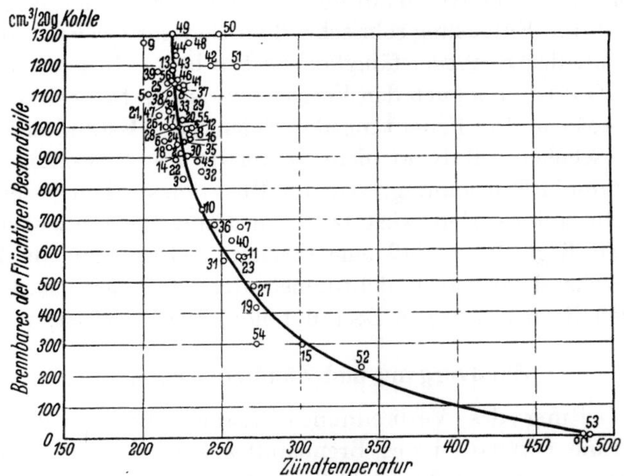

Abb. 5-16. Zusammenhang zwischen dem Brennbaren der Flüchtigen Bestandteile und der Zündtemperatur (JENTZSCH) (nach W. HACK)

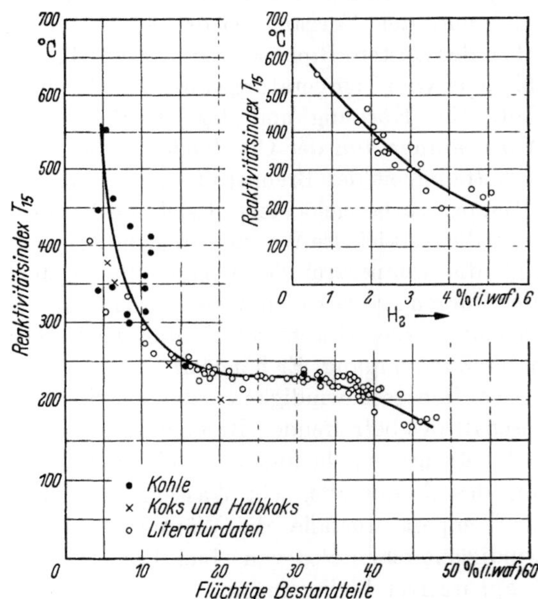

Abb. 5-17. Reaktivitätsindex als Funktion der Flüchtigen Bestandteile und des Wasserstoffgehaltes

gemessenen Zündtemperaturen nicht immer als „echte Stoffkonstanten"
zu bezeichnen sind. Ein Blick auf Abb. 5–16, welche die Messungen der

Zündtemperaturen von W. HACK[1] nach der Methode von H. JENTZSCH[2] zeigt, läßt die Unterschiede der einzelnen Kohlenarten deutlich erkennen. Nach HACK sind die Zündtemperaturen vor allem von der absoluten Menge des Brennbaren in den Flüchtigen Bestandteilen des Brennstoffs abhängig, sie liegen hoch bei mageren Brennstoffen und bei Koksen und niedrig bei den gasreichen Kohlenarten. Zu der gleichen Auffassung kommen CEELEY und WHEATER[3], die die CRL-Methode (Coal Research Laboratory, Pittsburgh)[4] benutzen. Bei dieser Methode wird ein Reaktivitätsindex T_{15} (und T_{75}) angegeben, der definiert ist als diejenige Temperatur in °C, auf die die zu untersuchende Kohle erhitzt werden muß, um dann eine adiabatische Selbsterhitzung um 15 °C/min (75 °C/min) zu erhalten. Das Ergebnis (Abb. 5–17) zeigt in Übereinstimmung mit den Messungen von HACK wenig Variationen im Bereich von 15 bis 35% Flüchtigen Bestandteilen und im Gebiet $< 15\%$ Flüchtige ein schroffes Ansteigen. Der Zündpunkt läßt sich in diesem Bereich als Funktion des Wasserstoffgehaltes darstellen (hoher Zündpunkt bei niedrigem Wasserstoffgehalt), der ja auch als Maßstab des Inkohlungsgrades anzusehen ist[5].

Als „Initialtemperatur" definiert SCHROEDER[6] diejenige Mindesttemperatur, von der an sich eine Kohle ohne äußere Wärmezufuhr allein durch die Reaktionswärme bis zur Entzündung erhitzt. Diese Initialtemperatur, zusammen mit der Aktivierungswärme und den kalorischen Eigenschaften der Kohle können u. a. als Kennwerte für die Beurteilung der Selbstentzündungsgefährlichkeit einer Kohle dienen (CHANDA)[7].

Bei den Koksen hängt die Zündtemperatur stark von der Herstellungstemperatur ab. So fanden SWIETOSLAWSKI, ROGA und CHORAZY[8] für Buchenholzkohle

---

[1] HACK, W.: Die Beziehungen zwischen den Schwelprodukten und dem Zündpunkt von Steinkohlenstaub. Diss. Berlin 1931, — Brennst.-Chemie 13 (1924) Nr. 19 S. 361—364.

[2] JENTZSCH, H.: Flüssige Brennstoffe, Berlin: VDI-Verlag 1926, S. 90ff.

[3] CEELEY, F. J., u. R. I. WHEATER: An effort to use a laboratory test as an index of combustion performance. Trans. Amer. Soc. mech. Engrs. 79 (1957) Nr. 5 S. 1177—1184.

[4] SEBASTIAN, J. J. S., u. M. A. MAYERS: Coke reactivity. Determination by a modified ignition point method. Industr. Engng. Chem. 29 (1937) Nr. 10 S. 1118 bis 1124.

[5] PATTEISKY, K., u. M. TEICHMÜLLER: Examen des possibilités d'emploi de diverses échelles pour la mesure du rang des charbons et propositions pour la délimitation des principaux stades de houillification. Revue de l'Industrie Minérale. Sonderheft Coll. Intern. de Pétrologie Appliquée des Charbons. Juli 1958.

[6] SCHROEDER, H.: Untersuchung über das Verhalten von Kohlen beim Erhitzen im Sauerstoffstrom. Brennst.-Chemie 35 (1954) Nr. 1/2 S. 14—23.

[7] CHANDA, B. CH.: Untersuchung über die Oxydation von Kohlen bei niedriger Temperatur. Diss. Aachen 1954.

[8] Fuel Sci. 9 (1930) Nr. 2 S. 93—96.

Zahlentafel 5–8. *Zündpunkte fester, flüssiger und gasförmiger Brennstoffe*

Brennstoff	Zündtemperatur °C		Methode und Quelle
a) Feste Brennstoffe:			
Holz, Weichholz	220		im Sauerstoffstrom[1]
Hartholz	300		[2]
Torf, lufttrocken.	225—280		[2]
Rohbraunkohle	135—174		[3]
,, ...	230—240		FEDDELER u. JENTZSCH[8]
Böhmische Braunkohle . . .	208—218		JENTZSCH[4,5]
Steinkohle			
Gasflammkohle (O.-S.) . .	214—230		JENTZSCH[4]
Fettkohle (Ruhr)	243—248		,, [4]
Eßkohle (Ruhr)	260		,, [4]
Magerkohle (Ruhr). . . .	339		,, [4]
Anthrazit (Donez)	485		,, [4]
Holzkohle, Birke.	133		im Sauerstoffstrom[6]
Eiche.	185		,, ,, [6]
Buche	208		,, ,, [6]
Grudekoks	205		,, ,, [1]
Steinkohlenschwelkoks . . .	295—420		FEDDELER u. JENTZSCH[8]
Petrolkoks	411		im Sauerstoffstrom[6]
Pechkoks	544—582		[7]
Hochtemperaturkoks	505—560		[5]
,, ...	600		FEDDELER u. JENTZSCH[8]
Acheson-Graphit.	658		im Sauerstoffstrom[6]
Ruß	560—600		ANDERSON u. WATSON[11]
b) Flüssige Brennstoffe:		Zündwert	
Benzin	330—520	2,9 — 7,5	JENTZSCH[9]
Benzol	520—600	3,67—20,8	,, [9]
Gasöl	230—242	3,80— 5,05	,, [9]
Heizöl	212	7,10	,, [9]
Braunkohlenteeröl	260	13,0	,, [9]
Steinkohlenteeröl	315	1,43	,, [9]
c) Gase:	in Sauerstoff	in Luft	
Kohlenoxyd (CO)	590	610	[10]
Wasserstoff (H_2)	450	530	[10]
Methan (CH_4)	645	645	[10]
Äthan (C_2H_6)	500	530	[10]
Äthylen (C_2H_4)	485	540	[10]
Propan (C_3H_8)	490	510	[10]
Butan (C_4H_{10})	460	490	[10]
Acetylen (C_2H_2)	—	335	[10]
Leuchtgas	450	560	[10]

[1] ERDMANN: Brennst.-Chemie 3 (1922) H. 19 S. 295. — [2] MARCARD: Stoffhütte, 2. Aufl. — [3] STEINBRECHER: Braunkohle 27 (1928) H. 6 S. 101—108. — [4] HACK, W.: Diss. Berlin 1931. — [5] LANGE, TH.: Z. oberschles. berg- u. hüttenm. Ver. 67 (1928) H. 11 u. 12 S. 630—637 u. 688—700. — [6] SWIETOSLAWSKI, ROGA u. CHORAZY: Fuel Sci. 9 (1930) Nr. 2 S. 93—96. — [7] GREGER, H. H.: Brennst.-Chemie 9 (1928) H. 14 S. 232—234. — [8] WINTER, H., u. H. MÖNNIG: Glückauf 74

bei einer Verkohlungstemperatur von 400 °C $t_z = 138$ °C
,,   ,,   ,,   ,, 600 °C   262 °C
,,   ,,   ,,   ,, 800 °C   376 °C.

In Zahlentafel 5–8 sind die Zündtemperaturen einiger fester Brennstoffe, zum Vergleich auch diejenigen einiger flüssiger und gasförmiger, mit Angabe der Untersuchungsmethode bzw. der Quelle zusammengestellt, die allerdings nur als Anhaltszahlen zu werten sind. Die Absolutwerte sind in diesem Fall noch keine ,,wahren'' Stoffwerte, und die Ergebnisse verschiedener Methoden sind daher auch nicht unmittelbar vergleichbar. Zweckmäßiger würde man als Zündtemperatur diejenige Oberflächentemperatur des Brennstoffs bezeichnen, bei welcher die Verbrennungsreaktion mit solcher Geschwindigkeit verläuft, daß eine ununterbrochene Verbrennung des Brennstoffs eintritt. Zur Ausschaltung der physikalischen Reaktionsbedingungen müßten die Messungen auf die Korngröße Null bzw. die Relativgeschwindigkeit unendlich extrapoliert werden. Bei der praktischen Anwendung eines so definierten und gewonnenen Zündpunktes wären dann allerdings bei Betrachtung des wirklichen Zündvorganges und bei Ermittlung der Zündzeit die physikalischen Reaktionsbedingungen des untersuchten Vorganges entsprechend zu berücksichtigen. Die Zündzeit ist diejenige Zeit, die notwendig ist, um bei den gegebenen Umweltbedingungen die Brennstoffoberfläche auf die Zündtemperatur zu bringen. Sie hängt neben der Zündtemperatur vor allem von der Temperatur und der Geschwindigkeit der umgebenden Luft, dem Temperaturgefälle, der Korngröße und anderen den Wärmeaustausch bestimmenden Faktoren ab.

Das Verhalten von lagerndem Braunkohlenstaub auf heißen Flächen und in heißen Räumen und die dabei auftretenden Zündtemperaturen und Zündzeiten in Abhängigkeit vom Wassergehalt ist von HANEL[1] eingehend untersucht worden.

Bei den flüssigen Brennstoffen findet man einen ziemlich weiten Bereich von Zündtemperaturen, abhängig von der zugeführten Sauerstoffmenge. Aus diesem Grunde hat JENTZSCH als ,,Zündwert'' das Verhältnis der Zündtemperatur zur Sauerstoffmenge (Zahl der zugeführten Sauerstoffblasen) vorgeschlagen. Der ,,untere Zündwert'' ist das Verhältnis der niedrigsten Zündtemperatur bei der geringsten, noch zur Zündung ausreichenden Sauerstoffmenge. Der Zündpunkt allein reicht also zur Kennzeichnung keineswegs aus.

(1938) H. 15 S. 335/36. — [9] JENTZSCH, H.: Z. VDI 68 (1924) H. 44 S. 574 u. 69 (1925) H. 43 S. 1353. — [10] LANDOLT-BÖRNSTEIN: Phys.-Chem. Tabellen, 5. Aufl., 3. Erg.-Bd., Berlin: Springer 1935/36. — [11] ANDERSON, D. R., u. W. R. WATSON: Combustion 28 (1956) Nr. 4 S. 43—46. — Siehe auch Koppers Handbuch der Brennstofftechnik, 3. Aufl., Essen 1953.

[1] HANEL, H.: Die Entzündlichkeit von übertrockneten Braunkohlen und Braunkohlenstäuben. Bergbautechn. 7 (1957) Nr. 9 S. 450—457.

Oxydation bei niedrigen Temperaturen. Lagerung. Alterung

Die auch unterhalb der Zündtemperatur stattfindende langsame Oxydation ist von praktischer Bedeutung, so z. B. bei der Lagerung der Brennstoffe und bei der sog. künstlichen „Alterung". Die Oxydation ist um so stärker, je mehr ungesättigte Bindungen vorhanden sind. Während schon eine rein physikalische Absorption von Sauerstoff an der Oberfläche möglich ist, findet bei starker Aufspaltung der Makromoleküle (z. B. bei Feinmahlung bis auf μ-Feinheit) eine Sorption und chemische Bindung von Sauerstoff unter Bildung von CO_2, CO und H_2O statt. Wahrscheinlich bilden sich dabei Kohlenstoffperoxyde C_xO_y, die dann bei weiterer, wenn auch geringer Erwärmung in CO_2 und CO zerfallen. In Gegenwart von Wasser tritt eine Abspaltung von Carbonsäuren ein (z. B. Oxalsäure $C_2H_2O_4 \cdot 2\,H_2O$)[1].

Die Sauerstoffaufnahme ist um so größer, je feinkörniger die Kohle und je höher die Temperatur ist. Die Sauerstoffaufnahme fällt in der Reihe Glanzkohle (z. B. 4,2 cm³/g in 60 Tagen), Mattkohle (3 cm³/g), Faserkohle (0,85 cm³/g) stark ab. Bei gewöhnlicher Temperatur beobachteten K. Bunte und H. Brückner bei feingepulverter Kohle (D 4900 Maschensieb) in 60 Tagen Sauerstoffaufnahmen von 1 bis 6 cm³/g. Eingehende Versuche sind von L. D. Schmidt und Mitarbeitern[2] gemacht worden.

Praktisch äußert sich diese langsame Verbrennung oder Verwitterung in einem Kornzerfall, einer — wenn auch meist geringfügigen — Heizwertabnahme, einer starken Verminderung des Teeranfalles und einer Verringerung des Treibens und der Backfähigkeit. Bei höheren Temperaturen oder bei höherer Sauerstoffkonzentration treten diese Erscheinungen natürlich in stärkerem Maße und wesentlich schneller auf.

Daraus ergeben sich für die Lagerung auf längere Zeit folgende Grundsätze:

a) Die Luftzufuhr und die Luftzirkulation im Kohlenhaufen ist weitgehend zu unterbinden.

b) Die Temperatur darf 50 bis 60 °C nicht übersteigen.

---

[1] Brückner, H.: Zur Kenntnis des thermischen Verhaltens von Steinkohle. I. Das Verhalten der Kohlen beim Erhitzen bis zum Erweichungsbeginn. Angew. Chem. 52 (1939) H. 46 S. 671—676.

[2] Schmidt, L. D.: Changes in coal during storage. In Nat. Res. Counc. Comm. (H. H. Lowry): Chem. Coal Util., Bd. I, New York u. London 1945, S. 627—676. — Schmidt, L. D., u. J. L. Elder: Atmospheric oxidation of coal at moderate temperatures. Rates of the oxidation reaction for representative coking coals. Industr. Engng. Chem. 32 (1940) Nr. 2 S. 249—256. — Schmidt, L. D., J. L. Elder u. J. D. Davis: Atmospheric oxidation of coal at moderate temperatures. Effect of oxidation on the carbonizing properties of representative coking coals. Industr. Engng. Chem. 32 (1940) Nr. 4 S. 548—555.

c) Grusnester, Entmischung und Zusammenschütten von Kohlen verschiedener Körnung sind zu vermeiden.

d) Die Reaktionsfähigkeit der Kohle soll gegebenenfalls herabgesetzt werden. Nach einem Vorschlag von Pruss[1] ist dies durch Begasung mit Ammoniak möglich. Großversuche haben die Bewährung des Verfahrens zur Verhütung von Haldenbränden erwiesen.

Diese Grundsätze führen zu folgenden Grundregeln für die Lagerung fester Brennstoffe:

1. Die Grundfläche des Lagerplatzes soll eben, sauber und trocken sein (am besten betoniert).

2. Die Lagerung soll nach Korngrößen getrennt vorgenommen werden und möglichst dicht sein. Größere Ladungen werden nicht zu kegelförmigen Haufen übereinandergeschüttet (starke Entmischung!), sondern planiert und evtl. festgewalzt, ehe eine zweite Schicht aufgelegt wird. Bei den Verladeeinrichtungen ist die freie Fallhöhe möglichst zu beschränken.

3. Der Kohlenhaufen wird gegebenenfalls abgedichtet, bei Briketts z. B. mindestens außen von Hand gestapelt, um eine gute Abdichtung zu erzielen.

Zur Abdichtung des festgewalzten Kohlenlagers wird eine Deckschicht aus Asphalt, einer Asphalt-Kohle-Mischung oder Teer empfohlen[2], gegebenenfalls besonders für die dem vorherrschenden Wind zugekehrte Seite.

4. Betonzwischenwände sind — besonders bei Nebeneinanderlagerung verschiedener Kohlensorten — zweckmäßig, solche aus Holz nicht zulässig.

5. Die Höhe der Stapel wird wegen der Gefahr einer zu starken Zermalmung der Kohle (Grusbildung!) auf etwa 4 bis 6 m beschränkt. Die Grundfläche ist so zu bemessen, daß eine sichere Überwachung möglich ist. Die Zwischenräume müssen genügend breit sein; für die Brandbekämpfung ist eine ausreichende Anzahl von Hydranten notwendig.

6. Die Temperaturen sind laufend (täglich) zu überwachen, bei Temperaturen über 60 °C empfiehlt sich eine Umschauflung des betreffenden Haufens. Auf Aschenester, Rauchbildung und auffälligen Geruch ist zu achten. Selbstverständlich ist Wärmezufuhr durch fremde Wärmequellen unbedingt zu vermeiden; so achte man auf genügende Entfernung von Dampfleitungen, Füchsen, Wänden geheizter Gebäude u. ä. Die Ablagerung von manchmal noch glühenden Feuerungsrückständen,

---

[1] Pruss, W.: Über die Beeinflussung der Autoxydation (Selbstentzündlichkeit) von Kohle durch Ammoniak. Brennst.-Chemie 41 (1960) Nr. 1 S. 14—18.

[2] Lundy, W. L.: Storage of coal. Mech. Engng. 73 (1951) Nr. 11 S. 883/84. — Dewry, M. K.: Prevention of spontaneous heating in large coal piles. Combustion 8 (1937) S. 28—32.

Flugasche und anderen Abfallstoffen in der Nähe des Kohlenlagers ist unzulässig.

Schutz vor Sonneneinstrahlung und Witterungseinflüssen ist mit Rücksicht auf die Kosten nicht immer möglich, Lagerung unter Dach ist aber bei leicht zündenden Brennstoffen (Braunkohlenbriketts, Schwelkoks) zu empfehlen. Seltener angewandt ist die Lagerung unter Wasser. Sehr leicht zündende Brennstoffe, wie manche weichen Schwelkokssorten, müssen in Bunkern gelagert werden, am besten unter Gasschutz eines inerten Gases (Rauchgas). Für die Lagerung in Bunkern sind die gleichen Grundsätze zu beachten. Die Bunkerkonstruktion soll tote Ecken vermeiden und eine vollständige Entleerung gestatten. Man achte vor allem auch auf die Entfernung der letzten Grusnester bei der Entleerung, da diese zu Bunkerbränden Anlaß geben können.

Von der langsamen Oxydation (bei mäßigen Temperaturen) wird technisch in solchen Fällen Gebrauch gemacht, wo die Backfähigkeit störend wirkt, z. B. in Feuerungen, Gaserzeugern, Spülgasschwelanlagen[1] und bei der Verkokung von Kohlen mit gefährlichem Treibdruck oder zu starkem Blähvermögen[2]. Das Backvermögen läßt sich allerdings durch die oxydative Vorbehandlung nicht restlos beseitigen (oder die Behandlungsdauer müßte in unwirtschaftlicher Weise sehr lange ausgedehnt werden), auch ist der Abfall an Teerausbeute zu beachten. Jüngere und sauerstoffreichere Kohlen lassen sich schneller und wirksamer voroxydieren („altern") als sauerstoffarme. Nach JÄPPELT und STEINMANN[1] genügt 8% O_2 bei 150 °C, höhere Temperaturen erfordern niedrigere O_2-Gehalte, auch kann man mit bloßer Vorwärmung (leichtes Anschwelen) bei 300 bis 350 °C ähnliche Wirkungen erzielen. Im Disco-Schwelverfahren[3] wird die Kohle auf einem Band bei 316 °C Eintrittstemperatur bei 18,5% O_2 im beheizenden Gas in dünner Schicht etwa 2 Stunden voroxydiert („geröstet"), bevor sie in die rotierende Schweltrommel eingeführt wird.

Versuche zur Voroxydation grober Nußkohlen in verschiedenen Geräten einschließlich auf Wanderrosten mit dem Ziel der Abkürzung der Behandlungsdauer sind von der Ruhrkohlen-Beratung G. m. b. H., Essen, vorgenommen worden[4]. Die Auswirkungen der Voroxydation

---

[1] JÄPPELT, A., u. A. STEINMANN: Verminderung der Backfähigkeit stückiger Steinkohlen für die Spülgasschwelung. Öl u. Kohle 13 (1937) H. 42 S. 1027—1030. — Verfahren und Ziele der Spülgasbehandlung stückiger Steinkohle. Feuerungstechn. 26 (1938) H. 6 S. 169—172.

[2] LOWRY, H. H.: Pretreatment of coal for carbonization. In: Nat. Res. Counc. Comm., Chemistry of Coal Utilization, Bd. I, New York u. London 1945, S. 848—862.

[3] LESHER, C. E.: Production of low-temperature coke by the Disco process. Trans. A.I.M.M. 139 (1940) S. 328—363.

[4] ULRICH, F., u. H. WITTIG: Über die Oxydation grober Kohlen zur Minderung des Kokungsvermögens. Gas- u. Wasserfach 100 (1959) Nr. 13 S. 309—317.

auf die verkokungstechnischen Eigenschaften behandelt GROSSKINSKY[1], eine Theorie des Oxydationsablaufes haben SOMMERS und PETERS[2] aufgestellt.

Die Voroxydation dient auch als Vorstufe für die Oxydation von Kohle mit Salpetersäure in flüssiger Phase zur Herstellung von Mellithsäure (Benzolcarbonsäuren) und anderer chemischer Produkte[3].

Physikalische Eigenschaften der Kohle

Körnung von Kohle und Koks. Gegenüber den früheren, für alle Kohlenreviere verschiedenartigen handelsüblichen Körnungen und Sortenbezeichnungsweisen wurde 1941 eine einheitliche Körnung und Bezeichnungsweise eingeführt (s. Zahlentafel 5–9). Die Korngrenzen sind Richtzahlen, wobei ein gewisser Prozentsatz an Über- oder Unterkorn handelsüblich ist, zumal eine gewisse Abriebbildung beim Transport und bei Umladungen unvermeidlich ist.

Zahlentafel 5–9. *Körnung von Kohle und Koks*[4]

Bezeichnung	Korngröße mm	Bezeichnung	Korngröße mm
	a) Kohle	*b) Koks*	
Förderkohle	Grobgehalt 25% > 30 mm	Hochofenkoks	$\geqq$ 80
Gasförderkohle	45—50% > 30 mm	Spezialgießereikoks	$\geqq$ 100
Bestmelierte	50% > 30 mm	Gießereikoks	$\geqq$ 80
Stückkohle	$\geqq$ 80		
Knabbeln	150—80	Brechkoks 1	80—60
Nuß 1	80—50	Brechkoks 2	60—40
Nuß 2	50—30	Brechkoks 3	40—20
Nuß 3	30—18	Brechkoks 4	20—10
Nuß 4	18—10	Brechkoks 5	10— 6
Nuß 5	10— 6	Koksgrus (I)	10— 0
Feinkohle (I)	10— 0	Koksgrus (II)	6— 0
Feinkohle (II)	6— 0	*c) Braunkohlen-hochtemperaturkoks*	
Staubkohle	0,5— 0		
		BHT-Koks I	> 45
		BHT-Koks II	45—30
		BHT-Koks III	30—20
		BHT-Koks IV	20— 3
		BHT-Koks V	3— 0

---

[1] GROSSKINSKY, O.: Handbuch des Kokereiwesens, Bd. I, Düsseldorf: K. Knapp 1955, S. 62—64. — GROSSKINSKY, O.: Glückauf 86 (1950) Nr. 43/44 S. 988—995.

[2] SOMMERS, H., u. W. PETERS: Die Kinetik der Kohlenoxydation bei mäßigen Temperaturen. Chemie-Ing.-Techn. 26 (1954) Nr. 8/9 S. 441—453.

[3] GROSSKINSKY: s. Fußn. 1.

[4] Nach neueren Vereinbarungen wird in Körnungsangaben die obere Korngrenze vor die untere gesetzt.

Übliche Brikettformate und -gewichte sind in Zahlentafel 5–10 zusammengestellt.

In Mitteldeutschland ist man bestrebt, die vorhandene Vielzahl von Formaten auf drei (höchstens vier) einzuschränken, nämlich Ganz-

Zahlentafel 5–10. *Brikettformate und -gewichte*

Herkunft	Kenn-zeichen	Bezeichnung	Abmessungen mm			Ungefähres Gewicht g
			Länge	Höhe	Dicke	
a) Braunkohlen-briketts[1]						
Rheinisches	Union	7″ (lang)	183	60	45	550
Braunkohlenrevier	Union	7″ (Bündel)		Bündel zu 25 kg		
	Union	2¹/₂″ (rund)	60 ⌀		45	
Helmstedter	Roß	7″ Roßbrikett	182	68	55	810
Braunkohlenrevier	Roß	6″ Roßbrikett	156	68	55	580
	FT	2″ Semmelbrikett	52	68	50	200
Humboldt Bergbauges. m.b.H.,	Sonne	7″ Langbrikett	182	69	40	550
Thüste	Sonne	2¹/₃″ Semmelbrikett	60	69	40	150
Frielendorfer	FBF	7″ Langbrikett	181	63	52	650
Braunkohlenrevier	FBF	4¹/₂″ Industrieformat	111,5	63	52	350
Schwandorfer		5″ Salonformat-Sternbrikett	130	67	45	420
Braunkohlenrevier		4″ Salonformat-Sternbrikett	105	67	45	340
		2″ Semmelbrikett	53	67	45	180
b) Steinkohlen-briketts[2] (Westdeutschland)						kg g
		Stückbriketts	265	220	150	10
			220	110	100	3
			110	110	80	1
		Kissenbriketts	90	70	56[3]	230—240
		Eierbriketts	60	45	32	50—55
			53	43	28[4]	40—45
		Nußbriketts	45	32	24	20—24
			40	30	23[5]	15—18

[1] Nach Angaben des Deutschen Braunkohlen-Industrie-Vereins e. V., Köln, und des Rheinischen Braunkohlenbrikett-Verkaufs, Köln.

[2] Nach „Der Deutsche Steinkohlenbergbau", Technisches Sammelwerk Bd. 3, Herausgeber: Steinkohlenbergbauverein, Essen, Essen: Verlag Glückauf 1958, und nach Mitteilung der Ruhrkohlen-Beratung GmbH, Essen, und der Firma Köppern & Co., Hattingen.

[3] Nur im süddeutschen Raum hergestellt.

[4] Nur bei Brikettfabrik Sophia-Jacoba üblich.

[5] Nur noch von Brikettfabrik Laurweg hergestellt.

stein (Salonformat 7″), Halbstein (s $^1/_2$″ und 4″) und Semmelbriketts (2″). Nach Körnung der Brikettierkohle werden Normalkorn- und 4 Arten von Feinkornbriketts (F 1 bis F 4) unterschieden, wobei der höheren Nummer die feinere Körnung entspricht[1].

Ein genaueres Bild über die Kornverteilung vermittelt die Siebanalyse und die daraus abzuleitenden Körnungskennlinien (vgl. S. 7).

Schüttungskenngrößen. Bei den auf Rosten verfeuerten Brennstoffschüttungen von Nuß- oder Feinkohlen und noch mehr bei den in Schachtöfen in hoher Schicht vergasten oder umgesetzten Kohlen und Koksen spielen die physikalischen und besonders die strömungstechnischen Kenngrößen der Schüttung[2,3] (Körnung, Siebsprung, Korngrößenverteilung, Gleichmäßigkeit der Korngrößenverteilung, Lückenvolumen, Kornform, Oberflächenbeschaffenheit, Widerstand usw.) eine ausschlaggebende Rolle. Die Leistung steht in unmittelbarem Zusammenhang mit der Luftmenge, die der Schicht zugeführt werden kann, also mit dem Strömungswiderstand und dem zu seiner Überwindung zur Verfügung stehenden Druck. Begrenzende Faktoren strömungstechnischer Art bei Gegenstromführung und Aufwärtsbewegung des Gases ist das zunehmende Mitreißen von Unterkorn und Kleinkorn mit wachsender Geschwindigkeit bis zur völligen Instabilität der Schicht und schließlich zum Austragen des festen Brennstoffs, ferner die durch die Beschickungsmethoden[4] einerseits, Back- und Verschlackungsvorgänge andererseits herbeigeführten Unregelmäßigkeiten der Schüttung.

Das Lückenvolumen (vgl. S. 13) strebt bei Kohle von 1,5 bis 2 mm Korndurchmesser einem Wert von $\varepsilon = 48$ bis 49% zu. Eine besondere Modelltechnik zum Studium der Gaswege und Bewegung in Schüttungen haben BENNET und BROWN[5] angegeben (Stärkeüberzug der Einzelkörner, Durchleiten von Joddämpfen und Beobachtung der Verfärbung).

Das Schüttgewicht und der Böschungswinkel geschütteter Brennstoffe sind in Zahlentafeln 5–11 und 12 zusammengestellt. Die Schüttgewichte können in ziemlich weiten Grenzen schwanken, außer von dem spez. Gewicht des Brennstoffs selbst hängt es von der Körnung, dem

[1] RAMMLER, E., in H. WITTE (Hrsg.): Handbuch der Energiewirtschaft, Bd. 1, Berlin: VEB Verlag Technik 1957, S. 145/46.

[2] Vgl. S. 4—18.

[3] ROSIN, P., u. H.-G. KAYSER: Feuerungstechnische Kenngrößen der Kohlen und ihre Bestimmung. I. Schüttungskenngrößen. Arch. Wärmew. 13 (1931) Nr. 7 S. 179—186, — Bericht D 48 des Reichskohlenrats, Berlin 1932.

[4] HUGHES, M. L.: The distribution of fuel in gas producers. J. Iron Steel Inst. 156 (1947) Tl. 1 S. 55—74, — Experiments on gas flow in producer fuel beds. J. Iron Steel Inst. 156 (1947) Tl. 3 S. 371—379.

[5] BENNETT, J. G., u. R. L. BROWN: Gas flow in fuel beds. A new model technique for the study of aerodynamic processes. J. Inst. Fuel 13 (1940) Nr. 73 S. 232 bis 246, — Ref. Feuerungstechn. 29 (1941) Nr. 9 S. 213/14.

Zahlentafel 5–11. *Schüttdichte (Schüttgewichte) von festen Brennstoffen*

		kg/m³
Holz		
Hartholz (Eiche, Ahorn, Esche, Buche) in Scheiten	0,7 Festmeter je Raummmeter	560
Weichholz (Nadelholz) in Scheiten	0,7 fm/m³	420
Stückholz (Hartholz)	0,5 fm/m³	400
Stückholz (Weichholz)	0,5 fm/m³	240
Reisig (Hartholz)		160
Reisig (Weichholz)		120
Tankholz (80/50 mm, lufttrocken)		300—400 i. M. 350
Holzkohle		
aus Hartholz		190—220
aus Weichholz		130—150
Torf		
Maschinentorf (Sodentorf)		310—380 i. M. 340
Sodentorf	30—35% H₂O	340—400 i. M. 370
Brechtorf		390—410 i. M. 400
Frästorf (HM) 44—50% H₂O		200—350 i. M. 300
Frästorf (NM) 44—50% H₂O		250—400 i. M. 350
Torfbriketts 16—18% H₂O		650—750
Torfbriketts (gepackt)		1100—1350
Braunkohle		
Rohbraunkohle		650—780
Braunkohle 0% H₂O, Körnung 5/0 mm		600
Braunkohle 50% H₂O, Körnung 5/0 mm		650
Braunkohle 24% H₂O, Körnung 5/3 mm		500
Braunkohle 50% H₂O, Körnung 5/3 mm		570
Braunkohlenbriketts (7″), gesetzt		1000
Braunkohlenbriketts (7″), geschüttet		700—720
Braunkohlenbriketts (Halbsteine), geschüttet		725
Braunkohlenbriketts (Industrie-, Semmel- oder Rundformat), geschüttet		825
Braunkohlenstaub		450—500
Braunkohlenschwelkoks[1]		
Industriekoks (naß)		550—650
Hartkoks (B 0–10), trocken		550—600
Hartkoks (B 0–10), naß		700—750
Schwelkoksbriketts		650—680

[1] Nach E. RAMMLER, K. BREITLING u. W. LOIBL: Ber. d. Reichskohlenkomm. H. 4 (1940) S. 1—8.

Zahlentafel 5–11. (Fortsetzung)

			kg/m³
Steinkohle (Ruhr)			
Förderkohle			850—890
Stücke			770—810
Nüsse 1/2			740—780
Nüsse 3/5			720—750
Feinkohle			820—860
Eiformbriketts (50—100 g)			740—780
Steinkohlenschwelkoks			360—490
			i. M. 425
Hochtemperaturkoks			
Hochofenkoks			460—530
Gießereikoks			430—500
Brechkoks 1 und 2			450—560
Brechkoks 3 und 4			500—680
Koksgrus			700—760
Koksgrus, Normwert[1]			900—2000
Stäube (nach Fuchs[2])		Rüttelgewicht	Lagergewicht
Steinkohlenstaub	553	792	692
Braunkohlenstaub	452	609	532
Torfmehl	414	598	511

Wassergehalt und dem Schüttverfahren (Fallhöhe, Einrüttlung, Stampfen usw.) ab. Wo es aus meßtechnischen Gründen auf große Genauigkeit ankommt (Mengenbestimmung aus dem Volumen, Kohlenmesser), darf

Zahlentafel 5–12. *Böschungswinkel von Steinkohlen*

Körnung 80/50	21—25°
Körnung 50/30	22—27°
Körnung 30/20	30°
Körnung 20/10	32—33°
Feinkohle	40—50°
Staub	50—60°

man sich nicht auf Tabellenwerte verlassen, sondern muß eine besondere Bestimmung (Auswägung) vornehmen und öfters wiederholen. Das Schüttgewicht von Steinkohlen fällt mit steigendem Wassergehalt, erreicht bei 6 bis 8% (bei größeren Feinheiten bei 8 bis 10%) H_2O einen Mindestwert, zugleich einen Bestwert für die Koksofenbeschickung, um dann wieder anzusteigen[3]. Koeppel[4] führt dieses Verhalten darauf zu-

---

[1] Nach DIN 1055; hierbei wird mit einem erheblichen Nässegehalt gerechnet.

[2] Fuchs, J.: Die Schüttungskenngrößen in der Praxis. Chemiker-Ztg. 82 (1958) Nr. 4 S. 108—111.

[3] Baum, K.: Glückauf 66 (1930) Nr. 6 S. 178, — Koppers Mitt. 1930 Nr. 1 S. 11, — Koppers Handbuch der Brennstofftechnik, 3. Aufl., Essen 1953, S. 199.

[4] Koeppel, C.: Die Packungsdichte als Kenngröße der Feinkohle. Mitt. Forsch.-Anst. GHH-Konzern 5 (1937) Nr. 3 S. 53—70.

rück, daß die Oberflächenspannung des Adhäsionswassers das Eindringen kleinerer Kornanteile in das noch freie Lückenvolumen verhindert; in gleicher Richtung wirke die dem Auftrieb entsprechende Kraft, beide zusammen überwinden das Eigengewicht solcher kleiner Teilchen.

Nach Versuchen von ECHTERHOFF[1] wird das Schüttgewicht, aber auch der Böschungswinkel, die Rieselfähigkeit u. a. durch Benetzung mit geringen Ölmengen (0,1 bis 0,5%) erheblich vergrößert.

Dichte und Porigkeit. Die Dichte eines Stoffes ist der Quotient aus der Masse und dem Volumen[2]. Dieser Begriff löst das bisher gebräuchliche Raumgewicht (Gewicht durch Volumen) oder die „Wichte" (spez. Gewicht) ab. Wenn der Körper, wie es bei allen festen Brennstoffen der Fall ist, ein gewisses Porenvolumen besitzt, muß man zwischen der Reindichte (Reinwichte) und der Rohdichte (Rohwichte) unterscheiden. Bei der Rohdichte bezieht man die Masse auf das gesamte Volumen einschließlich des Porenvolumens. In der älteren Literatur wird die Rohwichte auch als „scheinbares spez. Gewicht" bezeichnet. Roh- und Reindichte einiger Brennstoffe sind in Zahlentafel 5–13 angegeben.

Die Bestimmungsmethoden für die Rohwichte beruhen auf Gewichts- und Volumbestimmung, wobei der Probekörper durch Eintauchen in Wasser, Quecksilber, Petroleum[3] oder durch Überziehen mit Paraffin[4] oder Gelatine[5] gegen das Eindringen von Tauchflüssigkeit geschützt wird. Die Reinwichtebestimmung erfolgt im Pyknometer, wobei alle Poren durch Feinstmahlung aufzuschließen sind. Die Porigkeit oder das Porenvolumen (in %) erhält man zu

$$P = 100 - \frac{100 \text{ Rohwichte}}{\text{Reinwichte}} \quad [\%] . \tag{5–43}$$

In Zahlentafel 5–17 (S. 215) sind Meßwerte der Porosität nach FRITZ[6]

---

[1] ECHTERHOFF, H.: Untersuchungen über den Einfluß von Wassergehalt, Körnung und Ölzugabe auf das Schüttgewicht der Kokskohle. Glückauf 94 (1958) Nr. 3/4 S. 110—121.

[2] Über die Begriffe „Dichte" und „Wichte" vgl. das Normblatt DIN 1306.

[3] ROSIN u. KAYSER: s. Fußn. 3 S. 205. — BRAUNHOLTZ, W. T. K., G. M. NAVE u. H. V. A. BRISCOE: Correlation of physical and chemical properties of cokes with their value in metallurgical processes. Fuel Sci. 7 (1928) Nr. 3 S. 100 bis 117 (bes. S. 110), 8 (1929) Nr. 9 S. 411—437.

[4] HÄUSSER: Zur Bestimmung des scheinbaren spez. Koksgewichtes. Glückauf 58 (1922) Nr. 2 S. 46/47. — HOFFMANN, F. G.: Die Bestimmung der Stückdichte von Koks mittels Oberflächen-Paraffinierung. Brennst.-Chemie 11 (1930) Nr. 15 S. 297—299.

[5] REIF, A. E.: The lump density of coke. J. Inst. Fuel 22 (1948) Nr. 122 S. 24—31, 52.

[6] FRITZ, A.: Allgemeiner Überblick über das Verhalten der Wärme- und Temperaturleitfähigkeit von Kohle. Forsch. Ing.-Wes. 14 (1943) Nr. 1 S. 1—10.

zusammengestellt. Erhebliche Abweichungen davon geben KING und WILKINS[1] an, deren Ergebnisse — wenn auch mit erheblichem Streubereich — durch die Beziehung

$$P = 2554{,}32 - 57{,}6654\,(C) + 0{,}325768\,(C)^2 \quad [\%] \qquad (5\text{--}44)$$

Zahlentafel 5–13. *Das Raumgewicht fester Brennstoffe*[2]

Brennstoff	Rohwichte kg/m³	Reinwichte kg/m³
Rohbraunkohle		
Rheinland . . . . 64,9% H₂O	1133	—
Ost- und Mitteldeutschland . 56,3% H₂O	1176	—
Ost- und Mitteldeutschland . 50,2% H₂O	1220	—
Braunkohle, getrocknet . . 14,0% H₂O	1380—1430	—
Braunkohlenbrikett	1500	—
Steinkohlen		
Gasflammkohle	1250—1300	—
Fettkohle.	1270—1300	—
Magerkohle	1280—1350	—
Anthrazit.	1350—1500	—
Graphit	2250	—
Holzkohle		
von Birke	400—410	1460—1520
von Fichte	270—280	1400—1510
von Tanne	215	1380—1490
von Kiefer	260—280	—
Schwelkoks	680	—
Gaskoks	930	—
Zechenkoks		
Ruhr.	690—960 (i. M. 880)	1870—2020 (i. M. 1940)
Oberschlesien	900—1140 (i. M. 1040)	1530—1880 (i. M. 1730)
Sachsen	680—920 (i. M. 790)	1640—1840 (i. M. 1760)
Bienenkorbofenkoks	713—926 (i. M. 850)	1670—1830 (i. M. 1740)

[1] KING, J. G., u. E. T. WILKINS: The internal structure of coal. Proc. Conf. Ultra-fine Structure of Coals and Coke (Roy. Inst. London 1942), London: BCURA 1944, S. 46—56.

[2] Nach W. BENADE: Die Abhängigkeit des Volumens verschiedener Braunkohlen vom jeweiligen Wassergehalt. Braunkohle 31 (1932) H. 48 S. 845—848, H. 49 S. 864—868. Dort weitere Angaben über den Einfluß der Trocknung auf Raumgewicht und Volumen. — FRITZ, W., u. H. DIEMKE und W. FRITZ u. H. MOSER: Feuerungstechn. 27 (1939) H. 5 S. 129—136, 28 (1940) H. 5 S. 97—107, auch Techn.-Wirtschaftl. Berichte des Reichskohlenkommissars, H. 2, Berlin 1940. — SIMMERSBACH-SCHNEIDER: Koks-Chemie, 3. Aufl., Berlin 1930. — DEWEY, F. P.: Porosity and specific weight of coke. Trans. Inst. Min. Engrs. 12 (1883/84) S. 111—125.

wiedergegeben werden kann, worin (C) in % den Gesamtkohlenstoff bedeutet. Ein Minimum von 2,57% ergibt sich bei 88,5% C (etwa 20% Flücht. Best.) mit starkem Anstieg der Porosität nach beiden Seiten. Hand in Hand damit geht der Anstieg der Benetzungswärme von 1,2 bis 2,9 bei 86,3—84,8% C, bis 9,2—17,4 kcal/kg bei 77,4—67,0% C.

Die Gefügebeurteilung von Koksen erfolgt durch eine Koksgefügeausmessung unter dem Mikroskop mit Hilfe eines Fadenkreuzes, einer Okularstrichplatte und eines Integriertisches. Porengröße und Verteilung und Zellwandstärke werden durch die von KÜHLWEIN und seinen Mitarbeitern[1] eingeführten Begriffe der „Porigkeit", „Zelligkeit" und „Dichtigkeit" (Verhältnis von Porenraum zu Zellwänden, zahlenmäßig nicht identisch mit der Dichte) gekennzeichnet. Für diese Begriffe gilt die folgende Bewertungsskala:

Zahlentafel 5–14. *Bewertungsskala für das Koksgefüge*

Dichtigkeit	Mittlere Porigkeit	Mittlere Zelligkeit
über 0,825 äußerst dicht	unter 50 äußerst grobporig	unter 45 äußerst grobzellig
0,825—0,750 sehr dicht	50—55 sehr grobporig	45—50 sehr grobzellig
0,750—0,700 dicht	55—60 grobporig	50—60 grobzellig
0,700—0,650 mitteldicht	60—70 mittelporig	60—70 mittelzellig
0,650—0,600 mittelporös	70—80 feinporig	70—75 feinzellig
0,600—0,550 porös	80—90 sehr feinporig	75—80 sehr feinzellig
0,550—0,475 sehr porös	über 90 äußerst feinporig	über 80 äußerst feinzellig
unter 0,475 äußerst porös		

SMITH und HOWARD[2] unterscheiden mit Hilfe der Dichtebestimmung im Pyknometer mit Helium und Quecksilber zwischen Makro- und Mikroporigkeit. Die Dichte von Hochtemperaturkoks wurde zwischen 1950 und 2000, im Mittel bei 1970 kg/m³ gefunden, die Gesamtporigkeit 40 bis 55%, Mikroporigkeit (Poren $< 6\,\mu$) 4 bis 23%, Makroporigkeit (Poren $< 6\,\mu$) 27 bis 51%.

Wie ERGUN[3] durch Anwendung der Gasströmungsmethode auf die Ermittlung der Rohwichte von Feinkorn aus porösen Stoffen (z. B. Koks) nachgewiesen hat, ist dieser wichtige Stoffwert keine echte Stoffeigenschaft, sondern vom Korndurchmesser abhängig (s. Zahlentafel 5–15). Die Rohwichte poröser Stoffe geht bei weitgehender Zerkleinerung (unter die Porengröße) in die Reinwichte über.

Zur Kennzeichnung der Ebenmäßigkeit der Poren ließe sich — analog zur Körnungskennlinie — eine Porengrößenkennlinie aufstellen.

---

[1] Siehe Fußn. 2 S. 147.

[2] SMITH, R. C., u. H. C. HOWARD: Density and porosity of carbonaceous materials. Industr. Engng. Chem. 34 (1942) Nr. 4 S. 438—441.

[3] ERGUN, S.: Determination of particle density of crushed porous solids. Gas flow method. Anal. Chem. 23 (1951) Nr. 1 S. 151—156.

Zahlentafel 5–15. *Rohwichte von Hochtemperaturkoks in Abhängigkeit von der Teilchengröße* (nach ERGUN[1])

Korndurchmesser (Sieböffnung) mm	Rohwichte kg/m³	Korndurchmesser (Sieböffnung) mm	Rohwichte kg/m³
1,7850	925	0,2735	1469
1,0150	1065	0,2135	1546
0,7150	1153	0,1630	1580
0,5050	1263	0,1270	1593
0,3585	1302		

Weitere Hilfsmittel zur Erfassung der Gefügeausbildung liefern die Adsorptionsfähigkeit und die Gasdurchlässigkeit[2]. Die Gasdurchlässigkeit von Koksen erweist sich vor allem abhängig von der Körnung der Ausgangskohle. Eine feine Kokskohle ergibt eine hohe Gasdurchlässigkeit des Kokses, die für die Reaktion erwünscht ist.

Der Zusammenhang zwischen Rohwichte und Aschegehalt kann dazu benutzt werden, die eine Größe überschläglich aus der anderen zu bestimmen[3,4,5]. Nimmt man die Rohwichte für Reinkohle wie folgt an: Steinkohle 1250 kg/m³ $\pm$ 2,5%, Anthrazit 1320 kg/m³ $\pm$ 3,5%, Braunkohle 800 kg/m³ $\pm$ 3,5%, so ist die Rohwichte einer Kohle mit a% Aschegehalt und w% Wassergehalt

$$\gamma = \left(1 - \frac{a}{100} - \frac{w}{100}\right)1{,}25 + 2{,}25\frac{a}{100} + \frac{w}{100} \quad [\text{kg/dcm}^3] \quad (5\text{–}45)$$

oder, nach dem Aschegehalt aufgelöst, die sog. FERMORsche Formel[6]

$$a = 100(\gamma - 1{,}25) \quad [\%]. \quad (5\text{–}46)$$

Für Anthrazit erhält man

$$\gamma = \left(1 - \frac{a}{100} - \frac{w}{100}\right)1{,}32 + 2{,}32\frac{a}{100} + \frac{w}{100} \quad [\text{kg/dcm}^3] \quad (5\text{–}47)$$

und angenähert

$$a = 100(\gamma - 1{,}32) \quad [\%], \quad (5\text{–}47\,\text{a})$$

---

[1] Siehe Fußn. 3 auf S. 210.

[2] KILLING, A.: Neue Erkenntnisse zur Beurteilung von Hochofenkoks. Stahl u. Eisen 51 (1931) Nr. 29 S. 901–908.

[3] FERMOR, L. L.: On the relationship between the specific gravity and ash contents of the coals of Korea and Bokaro. Fuel Sci. 8 (1929) Nr. 1 S. 16–29.

[4] WINKLER, G., u. O. WERNER: Ein neues Verfahren zur Bestimmung des Aschegehaltes von Kohlen. Glückauf 63 (1927) Nr. 10 S. 348–350.

[5] OTTE, W.: Pyknometrische Ermittlung der Wichte von Steinkohle. Z.VDI 91 (1949) Nr. 8 S. 181/82.

[6] Die Einfachheit dieser Formel kommt dadurch zustande, daß durch Vernachlässigung des geringen Wassergehaltes und die Wahl eines $\gamma_{\text{Asche}} = 2{,}25$ $\gamma_{\text{Asche}} - \gamma_{\text{Kohle}} = 1$ wird. Bei sehr eisenreichen Aschen und bei Braunkohlenasche ist dieser Wert nicht brauchbar. Gegenüber den Originalarbeiten sind die Konstanten in den Gln. (5-45 bis 49) den neueren Meßwerten angepaßt.

und für Braunkohle

$$\gamma = \left(1 - \frac{a}{100} - \frac{w}{100}\right) 0,8 + 2\,\frac{a}{100} + \frac{w}{100} \quad [\text{kg/dcm}^3], \qquad (5\text{-}48)$$

$$a = 100 \left(0,833\gamma - 0,667 - 0,167\,\frac{w}{100}\right) \quad [\%]. \qquad (5\text{-}49)\,[1]$$

Oberfläche. Zur Bestimmung der (äußeren) Oberfläche kann man sich der Lichtadsorption in der ULBRICHschen Kugel bedienen[2]. Großkoks hat z. B. eine Oberfläche von 30 m²/m³, Brech I 40, Brech II 60 bis 80, Brech III 100 bis 200 und Brech IV 300 bis 500 m²/m³. Als Stenglichkeit definiert TIETZE das Verhältnis von Oberfläche des Kokses zur Oberfläche von Würfeln gleichen Volumens.

Zur Bestimmung der inneren Oberflächen bedient man sich der Adsorptionsmessung bei tiefen Temperaturen, des sog. BET-Verfahrens (nach BRUNAUER, EMMET und TELLER)[3].

Spezifische Wärme. Die spez. Wärme der Kohle setzt sich zusammen aus den Teilbeträgen der spez. Wärme der wasser- und aschefreien Kohlesubstanz, die u. a. von ihrem Gehalt an Flüchtigen Bestandteilen abhängig ist, der spez. Wärme des Wassers und der Asche. Für Steinkohlen haben W. FRITZ und H. MOSER[4] im Bereich der Flücht. Best. von 9 bis 50% Messungen durchgeführt und für die mittlere spez. Wärme die Beziehung aufgestellt:

$$(c_m)_{24}^t = 0,211\,(1 + 0,008 Z_f) \times$$
$$\times \left[1 + 0,15\,\frac{t}{100} - 0,0008 \left(\frac{t}{100}\right)^3\right] \quad [\text{kcal/kg} \cdot \text{Grad}], \quad (5\text{-}50)$$

gültig für den Temperaturbereich von 24 bis 250 °C. Z_f bedeutet darin Proz. Flücht. Best. Die wahre spez. Wärme errechnet sich daraus zu

$$c = 0,203\,(1 + 0,008 Z_f) \times$$
$$\times \left[1 + 0,311 \left(\frac{t}{100}\right) + 0,0006 \left(\frac{t}{100}\right)^2 - 0,0033 \left(\frac{t}{100}\right)^3\right] \quad [\text{kcal/kg} \cdot \text{Grad}].$$
$$(5\text{-}51)$$

Der Einfluß des Aschegehaltes ist unbedeutend, da die spez. Wärme der Asche ($c_{20} = 0,19$) von derjenigen der Steinkohlensubstanz ($c_{20-100} = 0,18 - 0,20$) nicht abweicht.

---

[1] Hier darf der Wassergehalt selbstverständlich nicht vernachlässigt werden, auch ist $\gamma_{\text{Asche}} - \gamma_{\text{Kohle}}$ nicht annähernd 1, folglich erhält man eine etwas unbequemere Formel.

[2] TIETZE, W.: Die Größe der äußeren Oberfläche von Koks und eine Kennzahl für die Stenglichkeit von Koks. Stahl u. Eisen 74 (1954) Nr. 10 S. 618—620.

[3] BRUNAUER, ST., PH. EMMET u. E. TELLER: J. Amer. chem. Soc. 60 (1938) S. 309ff.

[4] FRITZ, W., u. H. MOSER: Spezifische Wärme, Wärmeleitfähigkeit und Temperaturleitfähigkeit von Steinkohle, Holzkohle und Koks. Feuerungstechn. 28 (1940) H. 5 S. 97—107.

Für Koks ist im Bereich 24 bis 250 °C nach FRITZ und KNEESE[1]

$$c = 0{,}1615\left[1 + 0{,}433\left(\frac{t}{100}\right) - 0{,}0316\left(\frac{t}{100}\right)^2\right], \qquad (5\text{-}52)$$

$$(c_m)_0^t = 0{,}1615 + 0{,}3577 \cdot 10^{-3}\,t - 0{,}1701 \cdot 10^{-6}\,t^2 \qquad (5\text{-}53)$$

oder vereinfacht nach CLENDENIN, WRIGHT und Mitarbeiter[2]

$$(c_m)_{24}^t = 0{,}174 + 0{,}0003\,t. \qquad (5\text{-}54)$$

Die Enthalpie von Koks (Kohlenstoff) kann im Gesamttemperaturbereich durch

$$H_C = 0{,}209333\,t + 0{,}2024 \cdot 10^{-3}\,t^2 - 50{,}9333 \cdot 10^{-9}\,t^3 \;[\text{kcal/kg}] \qquad (5\text{-}55)$$

dargestellt werden.

Bei Braunkohlen haben C. BURCKHARDT und A. FRITZSCHE[3] an 23 Braunkohlen der verschiedensten deutschen Reviere die in Abb. 5–18 wiedergegebenen Meßergebnisse gefunden. Innerhalb der Streubreite lassen sich irgendwelche Gesetzmäßigkeiten nicht erkennen. Der Einfluß des Aschegehaltes ist etwas größer, wie die Gegenüberstellung des aschenfreien und aschenhaltigen Brennstoffes in Abb. 5–18 zeigt, da die spez. Wärme der Braunkohlensubstanz stärker von derjenigen der Asche abweicht.

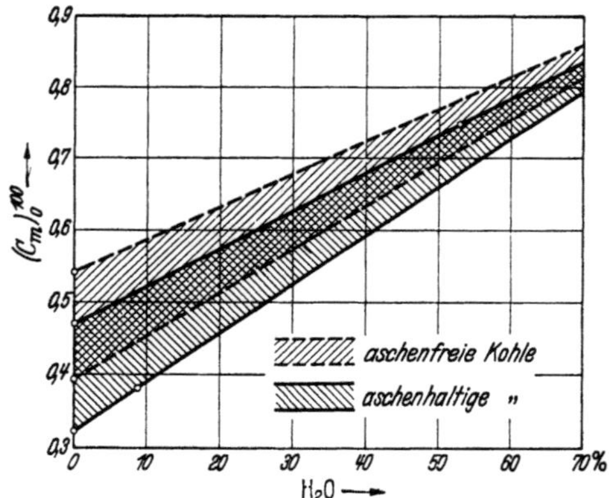

Abb. 5–18. Mittlere spez. Wärme $(c_m)_0^{100}$ von Braunkohle in Abhängigkeit vom Wassergehalt (nach BURCKHARDT und FRITZSCHE)

Die spez. Wärme von Koksen ist u. a. von der Herstellungstemperatur des Kokses abhängig. Für die Reinkokssubstanz von Braunkohlenhalbkoksen, die bei 550 bis 900 °C erzeugt wurden, geben E. TERRES und H. BIEDERBECK[4] an:

$$(c_m)_{20}^t = 0{,}3825 \pm 0{,}0025 \;\text{kcal/kg} \cdot \text{Grad},$$

während der bei darunterliegenden Temperaturen erschwelte Koks steigende Werte zeigt, z. B. bei 400 °C $(c_m)_{21}^t = 0{,}39 - 0{,}42$, in guter Über-

---

[1] Vgl. Fußn. 3 S. 214.

[2] Vgl. Fußn. 4 S. 214.

[3] BURCKHARDT, C., u. A. FRITZSCHE: Die Bestimmung der spezifischen Wärme von Braunkohlen. Braunkohlenarchiv, 1927, H. 17 S. 20–23.

[4] Gas- u. Wasserfach 71 (1928) H. 12/15 S. 265–268, 297–303, 320–335, 338–345.

einstimmung mit den Werten von H. SCHWARZMANN[1]. Bezüglich der Messungen an Steinkohlenschwelkoks und Hochtemperaturkoks sei auf Zahlentafel 5–16 verwiesen. Nach P. SCHLÄPFER und DEBRUNNER[2] ist für Koks

$$(c_m)^t_{20} = \frac{x}{100}\, c_x + \frac{y}{100}\, c_y + \frac{z}{100\,s}\, c_z,$$

worin x den Aschegehalt, y den Gehalt an fixem Kohlenstoff, z den Gehalt an Flüchtigen Bestandteilen in Proz., s das spez. Gewicht der Flücht. Best., c_x, c_y, c_z die spez. Wärme der Asche (= Quarz), des fixen Kohlenstoffs (= Graphit) und der Flüchtigen Bestandteile bedeutet. Es ergeben sich daraus folgende Werte:

Zahlentafel 5–16

Temperatur °C	Spez. Wärme des Kokses mit einem Aschegehalt von		
	5%	15%	25%
0— 100	0,193	0,193	0,192
0— 500	0,297	0,290	0,284
0—1000	0,356	0,345	0,335

Wärmeleitfähigkeit. Die Wärmeleitfähigkeit von Kohle und Koks am Stück wurde von W. FRITZ und seinen Mitarbeitern gemessen[3]. Die wichtigsten Ergebnisse sind in Zahlentafel 5–17 wiedergegeben. Die Wärmeleitzahl steigt mit zunehmendem Gehalt an Flüchtigen Bestandteilen und mit zunehmendem Raumgewicht. Die Temperaturleitfähigkeit der Kohle ist dagegen bei den verschiedenen Kohlenarten wenig verschieden.

Eine vollständige Liste aller Meßwerte haben CLENDENIN, WRIGHT und Mitarbeiter[4] besorgt.

Die Umrechnung der Wärmeleitzahl auf andere Temperaturen erfolgt nach

$$\lambda_t = \lambda_{30}\,[1 + a\,(t - 30)] \tag{5-56}$$

mit $a = 0,002$ für Kohle und $0,0029$ für Kokse.

---

[1] SCHWARZMANN, H.: Die experimentelle Bestimmung des Wärmeaufwandes zum Verschwelen und Verkoken von Braunkohlen. Diss. Berlin 1932 (1935).

[2] Monatsbull. schweiz. Ver. Gas- u. Wasserfachm. 4 (1924) S. 21. — Siehe auch Koppers Handbuch der Brennstofftechnik, 3. Aufl., Essen 1953, S. 91.

[3] FRITZ, W.: Allgemeiner Überblick über das Verhalten der Wärme- und Temperaturleitfähigkeit von Kohle. Forsch. Ing.-Wes. 14 (1943) Nr. 1 S. 1—10. — FRITZ, W., u. H. DIEMKE: Feuerungstechn. 27 (1939) Nr. 5 S. 129—136. — FRITZ, W., u. H. MOSER: Feuerungstechn. 28 (1940) Nr. 5 S. 97—107. — FRITZ, W., u. H. KNEESE: Feuerungstechn. 30 (1942) Nr. 12 S. 273—279.

[4] CLENDENIN, J. D., K. M. BARKLAY, H. J. DONALD, D. W. GILLMORE u. C. C. WRIGHT: Thermal and electrical properties of anthracite and bituminous coals. Trans. 7. Annual Anthracite Conf. Lehigh Univ. S. 11—67. Bethlehem, Pennsylvania 1949.

Zahlentafel 5–17
Physikalische und kalorische Eigenschaften von Kohle, Koks und Kohlenstoff

Bezeichnung	Flüchtige Bestandteile (trocken) %	Raumgewichte		Porigkeit %	Wärmeleitfähigkeit λ (30°) kcal/m h °C	Mittlere spez. Wärme $(c_m)_{20}^{100}$ kcal/kg °C	Temperaturleitfähigkeit 10^{-2} m² h
		Rohwichte kg/m³	Reinwichte kg/m³				
Braunkohle (47,6% H_2O) . .	52,1	960	1410	32	0,283	0,618	0,47
Braunkohle, trocken (12,1% H_2O) . .	52,1	920	—	—	0,142	0,360	0,43
(3,4% H_2O) . .	52,1	965	—	—	0,133	0,297	0,46
(0% H_2O) . . .	52,1	—	—	—	—	0,306	—
Gasflammkohle . .	36,9	1280	1297	1,3	0,200	0,312	0,50
Gaskohle.	31,0	1260	—	—	0,187	0,280	0,53
Fettkohle	25,0	1270	1270	0	0,181	0,290	0,55
do.	20,0	1275	1299	1,8	0,168	0,280	0,51
Magerkohle . . .	13,0	1280	—	—	0,182	0,267	0,57
Anthrazit	. 8,2	1370	1370	0	0,205	0,260	0,65
Schwelkoks. . . .	7,4	680	1425	52	0,130	0,264	0,7
do.	8,7	730	1398	48	—	—	—
Gaskoks	1,1	930	1915	51	0,620	0,201	3,7
Hochofenkoks . .	0,6	925	1873	51	0,834	0,206	4,9
Gießereikoks . . .	0,5	950	1908	50	1,04	0,204	6,0
Meilerholzkohle . .	9,0	270	1445	81	0,131	0,230	2,2
					0,085		1,55
Graphit	0	2250	2250	0	140	0,195	360

Die Wärmeleitfähigkeit von Schüttungen hängt in stärkerem Maße von den Eigenschaften der das Lückenvolumen erfüllenden Gase ab, sowie von den Wärmeübergangsverhältnissen zwischen diesen Gasen und dem Schüttungsstoff[1]. Bei Kohleschüttungen ist ein Einfluß der Korngröße, des Schüttgewichtes, des Wassergehaltes und der Verdichtung der Schüttung festgestellt worden[2]. Auch die Konvektion der in der Schüttung entstehenden Gase (z. B. bei der Erwärmung bis auf Schwel- und Verkokungstemperaturen) dürfte eine Rolle spielen, wenn ihr Einfluß nach J. PFEIFFER[3] auch als gering angenommen werden muß.

Einige Meßergebnisse an deutschen Braunkohlen nach KEGEL und

---

[1] BARTENS, K.: Wärmeleitfähigkeit eines Gemisches aus Metallkugeln und Öl. Forsch. Ing.-Wes. 7 (1936) H. 4 S. 174—176. — KING, G.: Das Wärmeleitvermögen eines Kugelhaufwerks in ruhendem Gas. Forsch. Ing.-Wes. 9 (1938) H. 1 S. 28—34.

[2] SCHLÄPFER, P.: Bericht Nr. 96 der Eidgenöss. Materialprüfungsanst. der ETH Zürich 1935 (für Steinkohle). — KEGEL, P., u. H. MATSCHAK: Feuerungstechn. 25 (1937) Nr. 7 S. 213—217 (für Braunkohle).

[3] PFEIFFER, J.: Beiträge zur Kenntnis des Wärmeübergangs beim Schwelprozeß. Diss. Berlin 1932.

Zahlentafel 5–18

Bezeichnung der Kohle	Korn mm	Wassergehalt % *	Raumgewicht kg/m³	Mitteltemperatur °C	Wärmeleitzahl kcal/m h °C
Niederlausitz	1—2	0,5	570	18,8	0,067
Niederlausitz	1—2	12,7	585	17,1	0,069
Niederlausitz	1—2	27,2	590	20,2	0,099
Niederlausitz	1—2	36,3	582	15,2	0,119
Niederlausitz	1—2	53,0	660	12,9	0,182
Mitteldeutschland ..	1—2	0,6	565	17,3	0,064
Mitteldeutschland ..	1—2	15,4	560	15,2	0,078
Mitteldeutschland ..	1—2	37,0	585	13,0	0,116
Mitteldeutschland ..	1—2	52,0	670	11,6	0,183
Rheinland......	2—4	0,5	540	18,7	0,065
Rheinland......	2—4	10,0	540	17,1	0,066
Rheinland......	2—4	13,5	550	16,6	0,071
Rheinland......	2—4	29,4	530	19,4	0,099
Rheinland......	2—4	57,7	672	10,9	0,192
Moskau	<3	0	740	—	0,102
Moskau		23			0,245

MATSCHAK[1] und an Moskauer Braunkohle nach AGROSKIN[2] sind in
Zahlentafel 5–18 wiedergegeben.

Härte, Festigkeit, Mahlbarkeit. Die Härte der Kohle ist sowohl für
die Gewinnung als auch für die Verwendung von praktischer Bedeutung.
Da Härteangaben in einem absoluten Maßstab recht schwierig sind,
werden die Härteangaben von dem verwendeten Untersuchungsverfahren abhängig, wobei diese wieder dem besonderen Zweck der Untersuchung angepaßt werden müssen.

HEINZE[3] hat die Ruhrkohlen untersucht und dabei folgende Verfahren
benutzt: Die Mikro-Vickershärte (mit dem Kleinhärteprüfer „Durimet",
Bauart Leitz), die Mikro-Ritzhärte (mit dem gleichen Gerät), die Makro-
Vickershärte (Dia-Testor 2, Otto Wolpert-Werke G. m. b. H.), den
Strukturprüfer nach GRÜNDER (Brabender)[4] und die Dauerwechselhärte
nach SPÄTH (Vibrotester)[5]. Vom Standpunkt der Gewinnbarkeit ist der

---

* Unter Wassergehalt ist der „Anfangswassergehalt" zu verstehen.

[1] KEGEL, K., u. H. MATSCHAK: Die Wärmeleitfähigkeit von Braunkohle in
Abhängigkeit vom Wassergehalt. Feuerungstechn. 25 (1937) Nr. 7 S. 213—217.

[2] AGROSKIN, A. A.: Der Einfluß des Wassergehalts auf die thermischen und
elektrischen Eigenschaften der Kohle. Bergakademie (Freiberg) 11 (1959) Nr. 1
S. 7—12.

[3] HEINZE, G.: Härte- und Festigkeitsuntersuchungen an Kohlen, insbesondere
an Ruhrkohlen. Bergbau-Arch. 19 (1958) Nr. 1/2 S. 71—93.

[4] Siehe Fußn. 4 S. 222.

[5] SPÄTH, W.: Physik und Technik der Härte und Weiche, Berlin: Springer 1940.

Vibrotester am geeignetsten, obwohl der Laboratoriumsversuch den Einfluß des Gebirgsdruckes selbstverständlich nicht erfassen kann.

Die oxydierende Wirkung von Kohle auf Metalle untersuchten YANCEY und Mitarbeiter[1] in einem Apparat mit 4 kg feiner, lufttrokkener Kohle (4,76/0 mm) als Füllung, in dem sich eine Achse mit vier abnehmbaren Schaufeln dreht. Deren Abnutzung (in mg) gilt als Maß der schmirgelnden Wirkung der Kohle. Typische Werte sind 10 bis 150 mg bei reiner Kohle, 300 bis 2850 mg bei den Mineralstoffen, 686 mg bei Anthrazit, 2500 mg bei Koks. Die Festigkeitsuntersuchungen erstrecken sich auf

1. die Druckfestigkeit und Biegefestigkeit (bei Briketts),
2. die Sturz- und Abriebfestigkeit (Trommelfestigkeit) bei Koksen, gelegentlich auch auf Kohlen angewandt,
3. die Mahlbarkeit.

Druckbeanspruchungen erfahren die Brennstoffe beim Transport, beim Lagern in hohen Schichten und in Bunkern und in Schachtöfen. Systematische Druckfestigkeitsuntersuchungen oder Standardmethoden sind bisher nicht bekanntgeworden; eine gewisse Rolle spielt die Druckfestigkeit, zusammen mit der Biegefestigkeit, als Maß für die Brikettgüte[2], obwohl die Untersuchungsmethoden unter Umständen (z. B. bei „Spaltern" und „Querplatzern") auch versagen können[3]. Vergleichsversuche können nur bei genormten Verfahren und dem Brikettformat bzw. der Probengröße angepaßter Stempelgröße durchgeführt werden. Bei der Bruchfestigkeitsbestimmung (Biegefestigkeit) ist stets mit gleichem Schneidenabstand zu arbeiten[4,5]. Nach SÄUBERLICH[6] ist der Einfluß der Atmosphärilien auf die Druckfestigkeit Null, auf die Biegefestigkeit dagegen sehr groß.

PETERSEN[7] verwirft die Biegefestigkeit und schlägt die Scherfestigkeit

[1] YANCEY, H. F., M. R. GEER u. J. D. PRICE: An investigation of the abrasiveness of coal and its associated impurities. Min. Engng. 3 (1951) S. 262—268.

[2] HENTZE, W.: Festigkeitsprüfungen von Briketts. Braunkohle 23 (1925) Nr. 44 S. 826/27. — JACOB, R.: Bruchfestigkeitsbestimmung von Braunkohlenbriketts in Großbetrieben. Braunkohle 24 (1926) Nr. 28 S. 636—638.

[3] SCHÖNFELDER, E.: Braunkohle 24 (1926) Nr. 41 S. 902/03.

[4] HÄRTIG u. MITTELSTEINER: Die Messung der Bruch- und Druckfestigkeiten von Braunkohlenbriketts. Braunkohle 29 (1930) Nr. 5 S. 89—93.

[5] VOLLMAIER, A.: Genauigkeit und Vergleichsfähigkeit der üblichen Festigkeitsuntersuchungen an Braunkohlenbriketts. Braunkohle 39 (1940) Nr. 38 S. 411 bis 417, Nr. 39 S. 425—440.

[6] SÄUBERLICH, K.: Voruntersuchung über die Lagerbeständigkeit von Braunkohlenbriketts. Braunkohle 42 (1943) Nr. 22/23 S. 233—237.

[7] PETERSEN, W.: Untersuchung über die Festigkeitseigenschaften von Braunkohlenbriketts verschiedener Steinstärken und Vorschläge für eine Normung der Verfahren für ihre Festigkeitsprüfung. Braunkohle, Wärme u. Energie 7 (1955) Nr. 5/6 S. 85—101.

vor (Schneidenabstand 40 mm, $< 1{,}25 \cdot$ Höhe, langsame Belastungszunahme). Zur Druckfestigkeitsuntersuchung wird eine Presse für 2 t Höchstlast, 3 cm Stempeldurchmesser, 8 bis 12 m/s Stempelgeschwindigkeit empfohlen, das Ergebnis ist nach der RAMMLER-METZNER-Formel[1] auf Normalstärke (45 mm) umzurechnen. Die Druckfestigkeit allein genügt nach RAMMLER und METZNER als Gütekennzahl auch nicht und sollte durch eine weitere Festigkeitskategorie ergänzt werden, auf die der zu untersuchende Brikettierfaktor besonders anspricht.

Bei Hochofen- und Gießereikoks werden Druckfestigkeiten von 100 kg/cm^2 oder höher gefordert[2]. Wichtiger ist jedoch die Beanspruchung beim Umladen, Stürzen, Gichten usw., die eine hohe Abrieb- und Sturzfestigkeit erfordert. Die Sturzprobe (z. B. nach ASTM D 141–48 für Koks und D 440–49 für Kohle) bedient sich einer Probemenge von 22,7 kg, die aus 1,8 m Höhe viermal gestürzt wird. BROWN[3] weist darauf hin, daß die Festigkeit eines bestimmten Brennstoffs nicht ermittelt werden kann, wenn seine Festigkeit durch unsichtbare Rißbildung herab- oder durch sichtbares Brechen heraufgesetzt wird. Die Sturz- oder Abriebprobe soll daher nicht so rigoros sein, um die natürlichen Unterschiede nicht zu verwischen.

Die Abrieb- oder Trommelfestigkeit wird in einer Trommel von 1 m Durchmesser und Länge (sog. Micum-[4] oder Syndikatstrommel) bestimmt, die innen mit 4 Hubleisten (100-mm-Winkeleisen) versehen ist und in der 50 kg Koks (= 50 MM) in 4 min 100 mal gedreht (25 U/min) werden. Die Trommel ist jetzt genormt[5]. Die ASTM-Normung verwendet eine Trommel von 914 mm (36″)⌀ und 457 mm Länge und trommelt nur 10 kg in 1400 Umdrehungen (24 U/min), die BSS-Normung 12,7 kg in einer 762-mm-(30″) Trommel bei 100 Umdrehungen (18 U/min).

Die Auswertung des Trommelergebnisses erfolgt bei der Syndikatstrommel durch Absieben auf Rundlochsieben von 100, 80, 40, 20 und 10 mm ⌀, der Siebrückstand auf dem 40-mm-Sieb gilt als „Trommel-

---

[1] RAMMLER, E., u. H. METZNER: Über die Beziehungen zwischen Steinstärke, Brikettfestigkeit und Preßdruck. Freiberger Forschungshefte A 13 (1953) S. 36—43, — Vergleich verschiedener Arten der Festigkeitsbestimmung von Braunkohlenbriketts im Hinblick auf die Kennzeichnung von Güteunterschieden. Freiberger Forschungshefte A 39 (1955) S. 76—103.

[2] SIMMERSBACH, O., u. G. SCHNEIDER: Grundlagen der Kokschemie, 3. Aufl., Berlin 1930, S. 114 u. 322.

[3] BROWN, R. L.: The measurement of coal strength. Fuel 27 (1948) Nr. 3 S. 82—95.

[4] So bezeichnet nach der „Mission interalliée de contrôle des usines et des mines“, die bei der Abnahme der Reparationslieferungen von Hüttenkoks diese Trommelprobe vorschrieb. — Vgl. G. DÖRFLINGER: Stahl u. Eisen 47 (1927) Nr. 44 S. 1867—1871.

[5] DIN 51712 (Aug. 1950).

festigkeit" (Sollwert $\geq$ 72%). GÜHNE[1] schlägt vor, die Trommelfestigkeit so anzugeben, daß in den Zahlen die beim Trommeln stattgefundene Veränderung wirklich zum Ausdruck kommt, also die Kornanteile im ungetrommelten Zustand zu ermitteln und zu verrechnen.

Zur Abkürzung des etwas umständlichen Verfahrens der Ermittlung der Trommelfestigkeit haben BRANDENBUSCH und STELZER[2] eine neue Trommelkonstruktion vorgeschlagen, bei welcher das Heraussieben des Unterkorns unter 40 mm schon während des Trommelns erfolgt, indem der Mantel der Drehtrommel ganz oder zum Teil als Lochsieb ausgebildet ist. Der verbleibende Grobkoks wird dann in fahrbare, mit Sieben versehene Auffangkästen entleert. Die Zahl der durchführbaren Proben ist gegenüber dem bisherigen Verfahren damit etwa versechsfacht[3].

Zur Kennzeichnung des Ergebnisses des Trommelversuchs sind eine Reihe von „Wertzahlen" vorgeschlagen[4, 5], neuerdings wird die Wertzahl nach GRAF[5] bevorzugt.

Bezeichnet man nach dem Trommeln

den Anteil	über	60 mm	mit	A	[%]
,,	,,	von 60—40 mm	,,	B	
,,	,,	unter 40 mm	,,	C	
,,	,,	von 40—20 mm	,,	S	
,,	,,	unter 10 mm	,,	L	
,,	,,	über 60 mm vor	dem Trommeln mit	D	

und das trockene Schüttgewicht vor dem Trommeln mit d [t/m³], so gelten folgende Kennzahlen:

Trommelfestigkeit	$A + B$
Abrieb	L
alte Ilseder Wertzahl	$A - C$
neue Ilseder Wertzahl	$\dfrac{A}{D} \cdot 100 - C$
THIBAUTsche Wertzahl	$2(A + B) + S - L - 200\,d$
GRAFsche Wertzahl	$\dfrac{A \cdot D/100}{L + 0{,}75 \cdot S}$

---

[1] GÜHNE, J.: Öl u. Kohle 40 (1944) Nr. 25/26 S. 445/46. — Vgl. W. RADMACHER: Öl u. Kohle/Brennst.-Chemie 41 (1945) Nr. 1/4 S. 25/26.

[2] BRANDENBUSCH, F., u. W. STELZER: Ein neues Verfahren zur Bestimmung der Koksfestigkeit. Glückauf 96 (1960) Nr. 7 S. 452/53.

[3] Ausführung Siebtechnik G.m.b.H., Mülheim/Ruhr.

[4] THIBAUT, CH. G.: Contribution à l'étude des coke à haute fourneau. Rev. Métall. 40 (1943) Nr. 5 S. 129—142, — Stahl u. Eisen 64 (1944) Nr. 21 S. 339—342, — La comparaison des mises au mille de coke. Rev. Métall. 41 (1944) Nr. 11/12 S. 369—377, 409—430.

[5] WESEMANN, F., U. GRAF u. R. WARTMANN: Neue Wege zur Beurteilung der Koksfestigkeit durch Siebanalyse und Trommelprobe. Stahl u. Eisen 76 (1956) Nr. 3 S. 133—144.

Keine dieser Kennzahlen ist voll befriedigend. FRIEHMELT[1] hat durch Beobachtungen an einem offenen Trommelmodell festgestellt, daß zwei verschiedenartige Vorgänge nebeneinander verlaufen: ein Zerfall in einzelne Bruchstücke und ein Abreiben von der Oberfläche her. DAHME[2] hat versucht, einer Anregung von HAVEL und RERÁBEK[3] folgend, das Ergebnis der Trommeluntersuchung (bei 50, 100, 200 bis 500 Trommeldrehungen) physikalisch zu interpretieren. Er schlägt vor, drei Festigkeitszahlen zu unterscheiden: die Strukturfestigkeit der Kokssubstanz, die Stückfestigkeit und die Spaltfestigkeit der Koksstücke.

Den Einfluß von Sturz und Druck untersuchten SCHENCK und ESCH[4] und stellten das Ergebnis durch den Zerstörungsgrad (gesamtes Unterkorn), den Feinkornanfall (< 10 mm) und die gesamte Kornverteilung dar.

Eine andere Prüfmethode mit kombinierter Beanspruchung ist das Druck-Abrieb-Verfahren nach WOLF-Hoesch[5]. Der zu untersuchende Koks wird durch einen unten verengten Zylinder ausgepreßt. Das Verfahren stellt eine wertvolle Ergänzung der Trommelprobe dar und liefert Anhaltspunkte für die „innere Festigkeit" des Kokses nach dem Trommeln.

Neuerdings ist die Trommelprobe auch auf Schwelkokse ausgedehnt worden, meist unter Verwendung kleinerer Trommeln und mit einigen anderen Verfahrensänderungen[6,7].

Brechen, Mahlen, Stückigmachen. Gegenüber den bisher behandelten unerwünschten Abrieb- und Zertrümmerungsvorgängen spielen die gewollten Zerkleinerungsvorgänge beim Brechen der Kohle und bei der Vermahlung zu Kohlenstaub zwar eine überaus wichtige Rolle, unterliegen aber so verwickelten Gesetzmäßigkeiten, daß eindeutige

---

[1] FRIEHMELT, E.: Beitrag zur Kennzeichnung der Festigkeitseigenschaften von Koks. Brennst.-Chemie 37 (1956) Nr. 19/20 S. 292—301.

[2] DAHME, A.: Auswertung von Trommelversuchen zur Kennzeichnung der Koksfestigkeit. Glückauf 95 (1959) Nr. 11 S. 680—687.

[3] HAVEL, O., u. V. RERÁBEK: Bewertung des Hochofenkokses (3). Das neue Verfahren zur Bewertung des Hochofenkokses. Paliva 36 (1956) S. 329—334.

[4] SCHENCK, H., u. H. ESCH: Verhalten von Koks bei Beanspruchung durch Sturz und Druck. Stahl u. Eisen 79 (1959) Nr. 11 S. 769—777.

[5] DRP 441444, — s. a. Stahl u. Eisen 48 (1928) Nr. 2 S. 33—38. — WOLF, W.: Mechanisierung der Festigkeitsprüfung von Hochofenkoks und Prüfergebnisse auf einem gemischten Hüttenwerk. Stahl u. Eisen 76 (1956) Nr. 3 S. 145—152.

[6] RAMMLER, E., O. AUGUSTIN u. K. BREITLING: Trommel- und Sturzfestigkeit von festen Kraftstoffen, insbesondere von Schwelkoks. Feuerungstechn. 27 (1939) Nr. 10/11 S. 273—279, 301—309. Verwendete Trommel 500 mm $\varnothing$, 500 mm lang, 4 Hubleisten 20 mm Schenkellänge, $U = 50/min$, 2 min, 5 kg Probemenge. Auswertung: Durchgang durch 1 bzw. 5 mm quadr. Maschensieb, bezogen auf die Einwaage.

[7] THAU, A.: Druck-, Sturz und Abriebfestigkeit der Schwelkokse. Öl u. Kohle/Brennst.-Chemie 40 (1944) Nr. 3/5 S. 55—61.

Grundlagen für die Beurteilung eines Mahlvorganges und des Wirkungsgrades oder der Leistung verschiedener Mühlenbauarten noch nicht entwickelt werden konnten. Man muß unterscheiden zwischen der physikalischen Zerkleinerungsarbeit, die von der Natur, der Härte, Sprödigkeit, Spaltbarkeit, der Kerbstellenzahl und anderen Eigenschaften des zu vermahlenden Körpers abhängt, und der technischen Zerkleinerungsarbeit in der Mühle, die von der Mühlenbauart, den in der Mühle auftretenden Verlusten, dem Verhalten des Mahlguts in der Mühle usw. beeinflußt wird[1]. Die Zerkleinerungsarbeit sollte nach dem Gesetz von RITTINGER[2] proportional dem Oberflächenzuwachs sein. Nach KICK[3] dagegen ist die Zerkleinerungsarbeit proportional dem Rauminhalt des Körpers. Beide Gesetze sind jedoch nicht gültig[4], sondern nur als Grenzfälle aufzufassen[5]. Nach F. HÖNIG[5] setzt sich die Zerkleinerungsarbeit zusammen aus der Deformationsarbeit, die dem Rauminhalt verhältnisgleich ist (KICK), allerdings unter Berücksichtigung der Intensität der Beanspruchung und der Arbeit zur Überwindung der Kohäsion, die der Bruchfläche proportional ist (RITTINGER). Die technische Zerkleinerungsarbeit ist ein großes Vielfaches der physikalischen, der Wirkungsgrad der Zerkleinerung also sehr gering, HÖNIG[5] gibt als Grenzen 0,1 bis höchstens 10% an. Es ist daher nach SMEKAL[1] irreführend, wenn man angesichts des überragenden Einflusses der Verluste des technischen Mahlvorganges bei der Feststellung einer Proportionalität zwischen Arbeitsaufwand und Oberflächenzuwachs eine Bestätigung des RITTINGERschen Gesetzes sehen wollte.

Eine dritte Theorie ist von BOND[6] aufgestellt worden. Danach ist die Zerkleinerungsarbeit umgekehrt proportional der Quadratwurzel der entstehenden Teilchendurchmesser.

Als Arbeitsaufwand (W in kWh/t) gibt BOND die Gleichung

$$W = W_i \left(\frac{\sqrt{F} - \sqrt{P}}{\sqrt{F}} \right) \sqrt{\frac{100}{P}} \qquad (5\text{—}57)$$

an. Darin bedeutet F diejenige Korngröße bzw. Maschenweite in μ, durch die 80% des Aufgabegutes gehen, P diejenige Maschenweite in

---

[1] SMEKAL, A.: Physikalisches und technisches Arbeitsgesetz der Zerkleinerung. Z. VDI, Beih. Verfahrenstechn. Folge 1937 Nr. 5 S. 159—161.

[2] v. RITTINGER, P.: Lehrbuch der Aufbereitungskunde, Berlin 1867.

[3] KICK, F.: Das Gesetz der proportionalen Widerstände, Leipzig 1885.

[4] SMEKAL, A.: Theoretische Grundlagen der Hartzerkleinerung. Z. VDI, Beih. Verfahrenstechn. Folge 1937 Nr. 1 S. 1—4.

[5] HÖNIG, F.: Grundgesetze der Zerkleinerung. VDI-Forsch.-Heft 378 (1936).

[6] BOND, F. C.: The 3rd theory of comminution. Min. Engng. 4 (1952) Nr. 5 S. 484—494, — Chem.-Engng. 59 (1952) Nr. 4 S. 242/43, — Chemiker-Ztg. 77 (1953) Nr. 10 S. 326.

μ, durch die 80% des Mahlproduktes gehen, und W_i den Arbeitsindex, den man durch eine Versuchsmahlung ermitteln kann, indem man die Gleichung nach W_i auflöst und die entsprechenden Versuchswerte einsetzt.

Die Schwierigkeiten der theoretischen Erfassung des Mahlvorganges haben in der Praxis zur Aufstellung einfacherer Bewertungs- und Vergleichsgrundlagen geführt, besonders unter Zuhilfenahme von Laboratoriumsmühlen. Auf diese Weise können allerdings nur Vergleichszahlen gewonnen werden, die sich auf abweichende Mühlenbauarten nicht übertragen lassen; vor allem ergeben sich sehr bedeutende Unterschiede zwischen Kegelmühlen und mit Sichtern arbeitenden Großmühlen, sofern unhomogenes Gut vermahlen wird, wie z. B. aschenreiche Kohle. Dies ist darauf zurückzuführen, daß der Sichtvorgang leichtere Teilchen stärker aussichtet als spezifisch schwerere (Asche), so daß in diesem Falle die Asche unter erheblicher Steigerung des Kraftbedarfs feiner ausgemahlen wird als die Kohle. Es ist daher bei diesen Verfahren notwendig, Mühle, Probemenge und Verfahrensgang zu normen. In USA bestehen Vornormen für zwei Methoden, die Kugelmühlenmethode[1] und die Methode nach HARDGROVE[2]. Eine dritte amerikanische Methode ist der CIT-Walzen-Versuch (Carnegie Institute of Technology)[3], bei welchem eine Kohlenprobe von 20 g in der Körnung von etwa 0,6 bis 0,8 mm auf einer Stahlplatte ausgebreitet wird, über die ein Stahlzylinder von 48 kg Gewicht und 216 mm Durchmesser 10mal gerollt wird, anschließend wird die neue Oberfläche bestimmt und mit einer Testkohle verglichen. Eine Laboratoriumsmethode, die mit sehr kleinen Probemengen auskommt, ist die Messung im „Strukturprüfer" von Brabender, die W. GRÜNDER eingeführt hat[4]. Wie sehr die Mahlbarkeit von der Art des Mahlvorganges abhängig ist, zeigen auch die Versuche von W. SCHULTES und E. GOECKE[5]. Sie fanden in einer Kolonnenmühle mit Steinzeugtrommel und Porzellankugelfüllung, daß die „scheinbare Mahlbarkeit" von der Drehzahl der Mühle abhängt und daß die Unterschiede der Mahlbarkeit verschiedener Steinkohlenarten praktisch durch die Wahl der Mühlenbetriebswerte (Drehzahlen) zum Verschwinden gebracht werden können.

---

[1] American Society for Testing Materials (ASTM) D 408—35 T.

[2] ASTM D 409—35 T.

[3] SLOMAN, H. J., u. A. C. BARNHART: Trans. Amer. Soc. mech. Engrs. 56 (1934) S. 773—779.

[4] GRÜNDER, W.: Bestimmung der Mahlbarkeit von Stoffen. Z. VDI, Beih. Verfahrenstechn. Folge 1938 Nr. 1 S. 17—23, — Verfahren zur Bestimmung der Mahlbarkeit von Steinkohle. Glückauf 74 (1938) H. 40 S. 641—646.

[5] SCHULTES, W., u. E. GOECKE: Die Mahlbarkeit von Steinkohlen. Arch. Wärmew. 13 (1932) H. 10 S. 253—257, — Bericht C 51 an den Reichskohlenrat, Berlin 1932.

Mit der Theorie der einzelnen Mühlentypen befaßt sich Mittag[1] ausführlich.

Das Vorbrechen der Kohle ist von Jacobi[2] eingehend untersucht worden, auch die Möglichkeiten eines „regelfähigen" Brechens zur Erzielung bestimmter Korngrößen.

Der Kraftbedarf einer Mahlanlage ist abhängig von der Mahlbarkeit des betreffenden Brennstoffs, seinem Feuchtigkeitsgehalt, der Mühlenbelastung und der erzielten Mahlfeinheit. Er liegt bei etwa 12 bis 25 kW/t, davon entfallen 55 bis 65% auf die Mühle allein, der Rest auf Exhaustor und Fördermittel. Für Schlägermühlen (Krämer-Mühlen-Feuerung) mit grober Ausmahlung gibt E. R. Becker[3] an: 5 bis 8 kW/t bei Rohbraunkohle, 8 bis 10 kW/t bei Schwelkoks und etwa 14 kW/t bei Steinkohle. Nach Gründer verhält sich die Mahlbarkeit von Steinkohle zu derjenigen von Schwelkoks und Braunkohle wie 1 : 0,71 : 0,56. Kohlestruktur und Aschegehalt beeinflussen die Mahlbarkeit sehr stark, z. B. verhalten sich Glanzkohle zu Mattkohle wie 1 : 2. Die Mahlkosten (Aufbereitungskosten) sind in starkem Maße von der Größe der Anlage und ihres Durchsatzes abhängig, ferner von all denjenigen Faktoren, die den Kraftbedarf der Mühle bestimmen, und endlich von der Feuchtigkeit (Notwendigkeit einer besonderen Trocknung oder Anwendung einer Mahltrocknung).

Rammler und Gerlach[4] kommen bei der Untersuchung der Mahlbarkeit von Schwelkoks zu dem Schluß, daß es notwendig ist, das Mahlbarkeitsprüfverfahren jeweils für eine bestimmte Mühlenbauart zu entwickeln, da andernfalls die Einstufung bei jedem Prüfverfahren etwas anders ausfallen kann.

Ein wesentlicher, aber stark schwankender Anteil der Mahlkosten liegt in den Verschleißkosten; sie steigen von der Braunkohle, der weichen Fettkohle zu den härteren Magerkohlen, Anthraziten und Gasflammkohlen, den Schwelkoksen und schließlich dem HT-Koks und hängen schließlich auch von der Mühlentype ab. Bachmair[5] gibt den Verschleiß mit Vorbehalt wie folgt an (Klammerwerte sind ausgefallene Maximal- bzw. Minimalwerte) in g/t Durchsatz:

---

[1] Mittag, C. (unter Mitarbeit von H. Weinreich): Die Hartzerkleinerung. Maschinen, Theorie und Anwendung in den verschiedenen Zweigen der Verfahrenstechnik, Berlin/Göttingen/Heidelberg: Springer 1953.

[2] Jacobi, E.: Ablauf und Lenkung der Vorgänge beim Brechen der Steinkohle. Techn.-wirtsch. Ber. des Reichskohlenkomm. H. 3, Berlin 1940.

[3] Feuerungstechn. 26 (1938) H. 2 u. 3 S. 35—43 u. 76—81.

[4] Rammler, E., u. G. Gerlach: Zur Mahlbarkeit von Braunkohlenkoks. Freiberger Forschungshefte A 56 (1957) S. 37—67.

[5] Bachmair, A.: Fragen aus dem Bau und Betrieb von Dampfkesselanlagen. Mitt. VGB H. 30 (1954) S. 189—206.

	Steinkohle	Braunkohle
Schlagradmühlen	9—22 (51)	∼2,5
Schlägermühlen	30—80 (4,5)	1,1—11 (42)
Pendelmühlen.	14—20 (5)	—
Rohrmühlen	100—180	—

Hübner[1] gibt eine Aufteilung von Material, Reparatur-, Lohn- und Bedienungskosten.

Bei sehr reaktionsfähigen Brennstoffen, wie Braunkohle und Schwelkoks, besteht die Gefahr einer Kohlenstaub-Selbstentzündung und -Verpuffung. Aus diesem Grunde wird das ganze Mühlensystem (Mühle, Sichter, Bunker, Staubabscheider) unter Schutzgas gesetzt, wozu es genügt, den Sauerstoff in geringen Mengen durch Inertgas zu ersetzen, z. B. ein Rauchgas-Luft-Gemisch von 5% CO_2, 15% O_2 anzuwenden.

Ein Gegenstück zum Zerkleinern ist das Stückigmachen, ein Verfahren, um unerwünscht feines Korn in grobes von gewünschter Korngröße und zugleich ausreichender Festigkeit umzuformen. Neben den für Brennstoffe üblichen Verfahren der Verkokung (s. S. 241) und der Brikettierung durch hohen Druck oder mit mäßigem Druck und zusätzlichen Bindemitteln (s. S. 230) fallen unter diese Verfahren die Krümelbildung, die Pelletisierung und die Sinterung, Verfahren, die teils auf nichtbrennbare Materialien wie Erze, Flugstäube, Gichtstäube, Flotationsrückstände, Kalk- und Zementrohmehle, teils auf Mischungen solcher Materialien mit feinkörnigem Brennstoff, vorzugsweise Koksgrus, Anwendung finden.

Einen Überblick über die Probleme des Granulierens bzw. der Kornvergrößerung gibt Rumpf[2]. Die in der Brennstofftechnologie bevorzugten Verfahren und Geräte sind die Granuliertrommel und der Granulierteller, ein schräggestellter Drehteller, bei welchem die Granuliergröße durch die verstellbare Tellerneigung beeinflußt werden kann. Die Festigkeit der entstehenden Granalien oder Pellets hängt u. a. von der Feinheit des Aufgabegutes und der Einhaltung eines optimalen Wassergehaltes ab. Das Wasser wird fein vernebelt aufgesprüht. Durch Salzzugabe kann die Festigkeit der Granalien erhöht werden, besonders im Stadium weiterer Erwärmung, da Alkalien eine schnelle Sinterwirkung haben, wie man aus den Sintertesten für Flugasche weiß[3].

---

[1] Hübner, M.: Betriebserfahrungen mit KSF-Kohlenstaubmühlen. Mitt. VGB H. 22 (1953) S. 320—326.

[2] Rumpf, H.: Das Granulieren von Stäuben und die Festigkeit der Granulate. Staub 19 (1959) Nr. 5 S. 150—160, — Grundlagen und Methoden des Granulierens. Chemie-Ing.-Techn. 30 (1958) Nr. 3 S. 144—158, Nr. 5 S. 329—336.

[3] Barnhart, D. H., u. P. C. Williams: The sintering-test an index to ash fouling tendency. Trans. Amer. Soc. mech. Engrs. 78 (1956) Nr. 6 S. 1229—1236, — Schlackenkunde S. 138—143 (s. Fußn. 1 S. 165).

Die Pelletisierung ist als Vorstufe der Sinterung, besonders bei sehr feinkörnigem Material, zweckmäßig bzw. unbedingt erforderlich[1]. Über die Sinterung, besonders auf dem Sinterband, der Dwight-Lloyd-Sintermaschine und in anderen Sinteröfen (einschl. Drehöfen) liegt eine reichhaltige Literatur[2-4] vor, nachdem die Sinterung als Verfahren der Möllervorbereitung seinen festen Platz im Hochofenbetrieb eingenommen hat[5].

Auch für das Verständnis und das Studium der unerwünschten Agglomeration feinstverteilter Feststoffe (Flockenbildung) und für das Haften von Feinststäuben an Oberflächen (vgl. Heizflächenverschmutzungen S. 590) sind die Gesetzmäßigkeiten der Kornvergrößerung und der Sinterung sehr aufschlußreich[6].

Elektrische Leitfähigkeit. Mit der elektrischen Leitfähigkeit von Kohle und von Koksen befaßt sich eine große Zahl von Arbeiten. Die älteren Arbeiten fassen McCabe und Boley[7] zusammen, auf die neueren Arbeiten von Agroskin[8] und Kröger und Dobmaier[9] sei hingewiesen.

Der spezifische elektrische Widerstand von Kohle ist zunächst sehr hoch, Größenordnung 10^7 bis $10^8\,\Omega \cdot \mathrm{cm}$, und sinkt mit zunehmender Temperatur bis zu $10\,\mathrm{m}\Omega \cdot \mathrm{cm}$ ab.

---

[1] MEYER, K.: Entwicklung der Eisenerz-Pelletisierung. Stahl u. Eisen 76 (1956) Nr. 10 S. 588—595. — BALL, F. D.: Pelletizing before sintering: some experiments with a disc. J. Iron Steel Inst. 192 (1959) Nr. 1 S. 40—55.

[2] Symposium on Sinter. Special Rep. No. 53. The Iron and Steel Institute, London S. W. 1, 1955. — BATES, H.: Sinter bed ignition. J. Iron Steel Inst. 187 (1957) Nr. 4 S. 310—314.

[3] KOSMIDER, H., E. BERTRAM u. H. SCHENCK: Untersuchungen zur Ermittlung des günstigsten Feuchtigkeits- und Brennstoffgehaltes von Feinerzmischungen für die Sinterung. Stahl u. Eisen 76 (1956) Nr. 14 S. 858—870. — WEILANDT, B., u. W. STORSBERG: Möglichkeiten zur Leistungssteigerung von Sinteranlagen. Stahl u. Eisen 76 (1956) Nr. 14 S. 870—878.

[4] ROLFSEN, O.: Agglomerering av finkornete materialer. Tidsskr. Kjemi, Bergv., Metallurgi 19 (1959) Nr. 7 S. 163—168, — ILMENI, P. A., u. M. TIGER-SCHIÖLD: Olika factorers inverkan på hållfastenheten hos sligkuler i vät och bränt tillstånd. Jernkont. Ann. 134 (1959) S. 135—171.

[5] MINTROP, R.: Senkung des Koksverbrauchs und Steigerung der Roheisenerzeugung durch Erzvorbereitung. Stahl u. Eisen 78 (1958) Nr. 10 S. 633—646.

[6] RUMPF, H.: Über das Ansetzen fein verteilter Stoffe an den Wänden von Strömungskanälen. Chemie-Ing.-Techn. 25 (1953) Nr. 6 S. 317—327, — VDI-Berichte 6 (1955) S. 17—28, — Schlackenkunde S. 225—240 (s. Fußn. 1 S. 165).

[7] McCABE, L. C., u. CH. C. BOLEY, in H. H. LOWRY (Hrsg.): Chemistry of Coal Utilization, Bd. I, New York u. London: J. Wiley & Sons 1945, S. 315—325. — Vgl. auch CLENDENIN u. Mitarb., s. Fußn. 4 S. 214.

[8] Siehe Fußn. 2 S. 216.

[9] KRÖGER, C., u. N. DOBMAIER: Das elektrische Leitvermögen von Braun- und Steinkohlenkoksen und seine Temperaturabhängigkeit. Brennst.-Chemie 40 (1959) Nr. 1 S. 1—8.

Neben der Charakterisierung der Kokse durch ihre elektrische Leitfähigkeit hat die Stromdurchleitung durch Kohlenflöze als Verfahren zum Aufschluß der Kohle für eine Untertagevergasung („Elektrolinking") praktische Anwendung gefunden[1].

6. Die Veredlung fester Brennstoffe auf mechanischem, thermischem und chemischem Wege

Aufbereitung

Die meisten Brennstoffe werden zur Steigerung ihres Gebrauchswertes aufbereitet. Die einfachste Form der Veredlung der Steinkohlen ist das Ausklauben des toten Gesteins auf Lesebändern zur Verminderung des durchschnittlichen Aschegehaltes und das Klassieren in Siebtrommeln oder auf Rüttel- und Schwingsieben nach Korngrößen zur Anpassung des Formwertes an die verschiedenen Gebrauchszwecke. Die weitere Aufbereitung geschieht vorwiegend auf nassem Wege, größtenteils in Setzmaschinen (mit pulsierender Wasserbewegung), in denen die ascheärmeren und aschereicheren Teile auf Grund ihrer unterschiedlichen Dichte geschieden werden. Man spricht von einer Zweigut- und Dreigutscheidung, wenn in Kohle und Berge oder in Kohle, Mittelgut und Berge getrennt wird. Auch Viergutscheidung mit ascheärmerem Mittelgut I und aschereicherem Mittelgut II ist gelegentlich angewendet worden[2]. Zur Verbesserung des Trennergebnisses, besonders zur Herstellung ascheärmerer Erzeugnisse oder zur mechanischen Sortierung von Stücken oder Knabbeln, werden an Stelle von gewöhnlichem Wasser schwerere Flüssigkeiten (Trüben mit stabilen oder halbstabilen Feststoffsuspensionen von Magnetit, Schwefelkies und Schwerspat, seltener auch aus gemahlenen Waschbergen oder eingedickten Flotationsbergen) benutzt.

Die apparativen Einrichtungen für die Schwerflüssigkeitsaufbereitung von Grobkorn[3] sind Sinkscheider (Trog-, Mulden- und Trommelscheider), die Austragsvorrichtungen für das Sinkgut sind Kratzer, Spiralleisten, Schöpf- oder Hubräder oder schrägstehende Austragräder (Drewboy). Für Feinkorn kommen in Frage Setzmaschinen, Kastenscheider, Waschzyklone, Konusscheider oder Bandsinkscheider[4].

---

[1] FORRESTER, J. D., u. E. SARAPUU: The process of underground electrocarbonization. Bull. Univ. Miss. School of Mines and Metallurgy (Rolla, Miss.). Techn. Series Nr. 78 (1952).

[2] HAACKE, A.: Viergutscheidung zur Gewinnung kohlenstoffreicher Berge. Glückauf 90 (1954) Nr. 39/40 S. 1247—1249. — Siehe auch 93 (1957) Nr. 51/52 S. 1620—1633.

[3] PAUL, H.: Die Schwerflüssigkeitsaufbereitung der Steinkohle, Ergebnisse des Zweiten Internationalen Kongresses für Steinkohlenaufbereitung und heutiger Stand. Glückauf 94 (1958) Nr. 5/6 S. 155—175.

[4] SCHÖNMÜLLER, J. R.: Die Sortierung von Feinzwischengut im Bandsinkscheider. Glückauf 90 (1954) H. 39/40 S. 1268—1276.

Für das feinste Korn kommt die Schwimmaufbereitung oder Flotation[1] und das Konvertolverfahren (Umbenetzung mit Öl, Trennung der Kohle vom Wasser mit den Bergen auf einer Siebschleuder[2]) in Frage. Zur Erzielung höchster Reinheiten (für Sonderzwecke) sind Kombinationen verschiedener Verfahren neben der Auswahl besonders reiner Flöze notwendig. Die Reinstkohlenanlage der Bergwerksverband G.m.b.H., Essen-Kray, arbeitet mit einer zweistufigen Flotation mit Naßzwischenmahlung des Konzentrats der ersten Stufe und erreicht Aschegehalte von 0,4 bis 0,5% i. wf.

Die Trockenaufbereitung auf pneumatischem Wege[3] erfolgt auf Luftherden oder durch elektrostatische Trennung (nach Lurgi[4]), die sich jedoch in großtechnischem Maßstab nicht durchgesetzt hat. Zur Trockenaufbereitung gehört auch die Windsichtung des Staubes (Sichterstaub).

Zu den ergänzenden Verfahren der Aufbereitung gehört dann das Entwässern[5-10] auf Sieben, mit Schleudern, in Abtropftürmen, Schwemmsümpfen und beim Feinstkorn in Zentrifugen oder auf Vakuum- und Druckfiltern, sowie die Waschwasserklärung. Für die Herstellung bestimmter Produkte, so vor allem der Kokskohle[9] kommt das Mahlen und Mischen hinzu, wobei das Ziel ein hohes Ausbringen bei möglichst gleichmäßiger Beschaffenheit sein muß.

[1] Kühlwein, F. L.: Entwicklung und Bedeutung der Kohlenflotation. Arch. bergb. Forsch. I (1940) H. 2 S. 49/65.

[2] Müschenborn, W.: Neue Versuche zur Feinstkornaufbereitung, insbesondere zur Aufbereitung von Steinkohlenschlämmen. Glückauf 88 (1952) H. 15/16 S. 340 bis 342, — Entwässern von Steinkohlen mit Hilfe von Ölen. Erdöl u. Kohle 12 (1959) Nr. 1 S. 14—17.

[3] Steinmetzer, J.: Glückauf 77 (1941) H. 8 S. 121—128, H. 9 S. 137—146.

[4] Grumbrecht, A.: Metall u. Erz 37 (1940) H. 18 S. 357—363. — Rüder, H. B.: Metall u. Erz 37 (1940) H. 18 S. 363—367. — Kühlwein, F. L.: Glückauf 77 (1941) H. 5 S. 69—80. — Niggemann, H.: Glückauf 77 (1941) H. 5 S. 80—88.

[5] Meermann, P. G.: Die physikalisch-technischen Grundlagen der Entwässerung, Klärung und Eindickung. Glückauf 90 (1954) Nr. 35/36 S. 955—964.

[6] Stern, H.: Untersuchung über Turmentwässerung von Feinkohle. Glückauf 88 (1952) Nr. 43/44 S. 1037—1046.

[7] Gillmore, D. W., u. C. C. Wright: Drainage behavior and water retention properties of fine coal. Min. Engng. 4 (1952) Nr. 9 S. 886—894.

[8] Lemke, K.: Neue Möglichkeiten der statischen Entwässerung. Glückauf 90 (1954) Nr. 39/40 S. 1283—1288, — Wege und Ziele der Entwässerung von Fein- und Feinstkorn bei der Aufbereitung von Steinkohle. Glückauf 91 (1955) Nr. 17/18 S. 452—465, — Neue Möglichkeiten zur Entwässerung feinster Schlämme in der Steinkohlenaufbereitung. Glückauf 95 (1959) Nr. 5 S. 293—298.

[9] Lemke, K.: Gedanken zur Aufbereitung von Kokskohle. Glückauf 94 (1958) Nr. 3/4 S. 121—125.

[10] Batel, W.: Vorgänge bei der mechanischen Entwässerung. Chemie-Ing.-Techn. 26 (1954) Nr. 8/9 S. 497—502, — s. auch 28 (1956) Nr. 5 S. 343—349.

Als ein wichtiges Hilfsmittel der Aufbereitungstechnik ist auf die Waschkurve hinzuweisen[1, 2]. Läßt man die Kohle in Scheidebädern mit verschiedener (steigender) Dichte aufschwimmen bzw. absinken und trägt die Schwimmanteile sowie den letzten Sinkanteil über dem Aschegehalt dieser Dichtestufe auf, so erhält man eine treppenförmige Kurve, durch die sich eine mittlere Kurve (Rohkohlenkurve in Abb. 6–1) legen

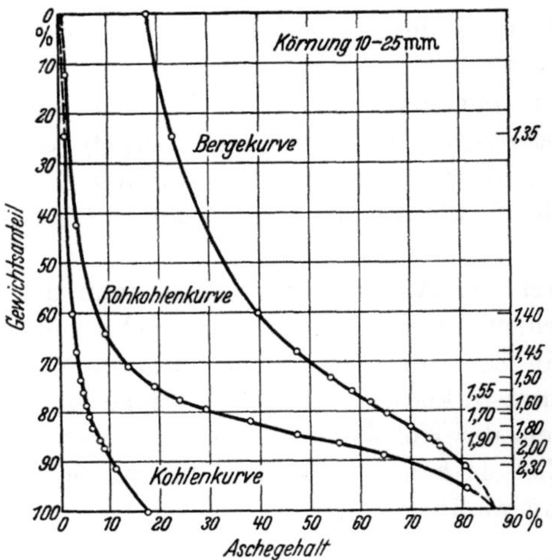

Abb. 6-1. Waschkurvenbild einer Magerkohle

läßt. Die Gestalt dieser „Verwachsungskurve" (auch SS-Kurve = Schwimm- und Sink-Kurve genannt) gibt Aufschluß über Verwachsungsgrad, Aufbereitbarkeit und Ausbeute. Durch Auftragen des mittleren Aschegehaltes sämtlicher aufeinanderfolgender *Schwimm*stufen auf den waagerechten Trenndichtelinien (auf der Abszissenachse selbst erscheint also der Aschegehalt der gesamten Rohkohlenkörnung) erhält man die Kohlenkurve und in gleicher Weise durch Auftragen der aufeinanderfolgenden *Sink*stufen in umgekehrter Reihenfolge die Bergekurve (Abb. 6–1).

Die Aufbereitung der Braunkohle[3] beschränkt sich im allgemeinen auf die Brikettierkohle. Für unreine, besonders sandhaltige Braunkohle ist die Trockenaufbereitung[4] in der Luftsetzmaschine aussichtsreich.

---

[1] MEYER, H.: Die Aufbereitung der Steinkohlen zur Gewinnung von Brennstoffen für Fahrzeuggaserzeuger. Feuerungstechn. 29 (1941) H. 4 S. 73—79.

[2] REINHARDT, K.: Charakteristik der Feinkohlen und ihre Aufbereitung mit Rücksicht auf das große Ausbringen. Glückauf 47 (1911) H. 6 S. 221—228, H. 7 S. 257—264. — GÖTTE, A.: Verwachsungskurven und Waschkurven. Glückauf 67 (1931) H. 29 S. 945—953, H. 30 S. 985—989. — BLÜMEL, E.: Die Genauigkeit von Waschkurven, Glückauf 73 (1937) H. 4 S. 77—88, H. 5 S. 110—114. — *Schüchtermann & Kremer-Baum AG.:* Einführung in das Wesen und den Aufbau der Waschkurven für Steinkohlen, 3. Aufl., Dortmund 1941, — Richtlinien für Abnahme und Überwachung von Steinkohlen-Aufbereitungsanlagen. DIN 23081 (1950). Erläuterungen hierzu s. H. MEYER: Glückauf 80 (1944) Nr. 31/34 S. 339—353 und Nr. 40/42 S. 397—403.

[3] RICHTER, C., u. P. HORN: Die mechanische Aufbereitung der Braunkohle, 2. Aufl., Halle/S. 1926.

[4] KRAMM, E.: Die Trockenaufbereitung von unreiner, insbesondere sandiger Braunkohle, Diss. Berlin 1935, — Braunkohle 35 (1936) Nr. 19/21 S. 321—326, 342—346, 357—363.

Nachbehandlung

Abgesehen von Nachwaschen oder Abbrausen der Nußkohlen bei der Verladung sind zwei Methoden der Nachbehandlung von Kohle zur Erhöhung ihres Handelswertes zunächst in USA, neuerdings auch in Europa in Gebrauch: das Besprühen mit Öl und die Behandlung mit Salzlösungen zur Verhinderung des Zusammenfrierens und zur Staubbindung.

Zur Erleichterung der Waggonentleerung auch bei starkem Frost werden sowohl die leeren Wagen als auch die Kohle mit Öl besprüht[1]. Zur Staubbindung (dustproofing)[2,3] werden etwa 4 bis 9 l Öl je Tonne Kohle auf die in dünner Schicht bewegte Kohle gesprüht; die Menge richtet sich nach der Korngröße (der spez. Oberfläche), die Qualität nach der Kohlenart. Kohlen mit niedrigem Gehalt an Flüchtigen Bestandteilen verlangen leichtere Öle (100 bis 600 Saybolt-Univ.-Sek.), bei hohem Gehalt an Flüchtigen Bestandteilen sind schwere, wachs- und asphaltreiche Öle vorzuziehen, die zum Versprühen entsprechend angewärmt werden müssen.

Zur Verhinderung des Zusammenfrierens von Kohle, besonders in Eisenbahnwagen, werden auch Salze, insbesondere Kalziumchlorid, zur Herabsetzung des Gefrierpunktes des Feuchtigkeitswassers zugesetzt[3,4]. Das Glaubersalz wird in Flocken oder als aufgesprühte 32%ige Lösung angewandt; die Menge richtet sich nach den zu erwartenden Tiefsttemperaturen und der groben Feuchtigkeit der Kohle (s. Zahlentafel 6–1).

Zahlentafel 6–1. *Salzzusatz zur Verhütung des Frierens der Kohle*[5]

Temp. °C	kg Salz je t Kohle		
	3%	6%	9% Feuchtigkeit
0 bis −10	1,5−2,3	3,0−4,5	4,5− 6,8
−10 bis −18	2,3−3,0	4,5−6,0	6,8− 9,0
−18 bis −26	3,0−3,8	6,0−7,5	9,0−11,3

FISHER[6] schlägt eine Besprühung mit Wasser unter Zugabe von Netzmitteln vor.

---

[1] DRESS, L.: Cold weather treatment for coal. Coal Age 62 (1957) Nr. 2 S. 75.

[2] PILCHER, J. M., u. R. A. SHERMAN: The treatment of coal with oil and other petroleum products. A.I.M.M. Contrib. 113 (Bituminous Coal Res., Inc. Rep. Nr. VI) 1939.

[3] SHERMAN, R. A., u. J. M. PILCHER: Treatment of coal surfaces. Amer. Inst. min. metall. Engrs.: Coal preparation 1943 S. 653−685.

[4] STAAB, W. A.: Handling frozen coal. Univ. Illinois Bull. 45 (1948) Nr. 48 S. 47−55.

[5] Nach einem Flugblatt der Calcium Chloride Association, Washington, D.C.

[6] FISHER, I. M.: Discussion of dust suppression in coal handling. Mech. Engng. 79 (1957) Nr. 5 S. 481 (Auszug).

Eine geeignete Methode und ein geeignetes Sprühgerät zur Antistaubbehandlung von Kohle, Koks und Briketts wurde von der Ruhrkohlen-Beratung G. m. b. H., Essen, entwickelt[1] und in die Praxis eingeführt. Von der Sprühlösung einer Kalziumchloridlösung mit einem Zusatz zur Verbesserung der Benetzungsfähigkeit werden 4 bis 8, im Mittel 6 l/t Brennstoff ($= \sim 8^0/_{00}$) benötigt.

Zum Schutz leicht verwitternden Lignits gegen Kornzerfall schlägt BOMBOS[2] eine Dämpfung und Behandlung mit verdünnter Wasserglaslösung (etwa 3 Stunden im Autoklaven bei 4 at, anschließend 2 Stunden unter Vakuum stehenlassen) vor.

Brikettierung

Steinkohlen, so Anthrazit, Mager- und Eßkohlen, werden zur Verwertung der Feinkornsorten in Stempel- (Couffinhal-) oder Walzenpressen unter Zusatz von etwa 6 bis 7% Steinkohlenteerpech (Hartpech, gemahlen) zu Stück-, Kissen- oder Eier- und Nußbriketts verpreßt[3,4] (Brikettformate s. S. 204). Die neuere Entwicklung tendiert zu einer Verringerung der Stückbrikettherstellung und zur Erhöhung der Eier- und Nußbriketterzeugung in Walzenpressen hoher Einheitsleistung (bis 50 bis 60 t/h).

Brikettgüte und Bindemittelbedarf hängen von der Ausgangskohle, ihren petrographischen Bestandteilen, der Kornzusammensetzung, der Vorbehandlung (Trocknung, Vorwärmung usw.) ab[5,6,7]. Die Feinkohle wird zunächst vorgewärmt, gewaschene Kohle auch getrocknet, mit festem gemahlenem Pech in Dampfknetwerken gemischt, auf eine Temperatur von 80 bis 86 °C vorgewärmt und dann verpreßt. Nach dem FOHR-KLEINSCHMIDT-Verfahren[8] wird vorgewärmtes flüssiges Pech in

---

[1] HELM, K.: Antistaub-Behandlung von Kohle und Koks. Kohlenztg. 11 (1958) Nr. 2 S. 37—45, — Neuere Entwicklungen zur Antistaub-Behandlung von Kohle und Koks. Kohlenwirtschafts-Ztg. 11 (1958) Nr. 2 S. 3—13. — FRIES, W.: Glückauf 95 (1959) Nr. 9 S. 489—501.

[2] BOMBOS, E.: Ein Verfahren zum Schutz von Ligniten gegen den Zerfall zu Staub. Brennst.-Chemie 30 (1949) Nr. 23/24 S. 428/29.

[3] Steinkohlenbergbauverein (Hrsg.): Brikettierung der Steinkohle. Der Deutsche Steinkohlenbergbau. Techn. Sammelwerk, Bd. 3, Essen: Glückauf-Verlag 1958.

[4] WERNER, O.: Leitfaden der Brennstoff-Brikettierung. Stuttgart: Enke 1953.

[5] SPILKER, A., u. G. BORN: Steinkohlenteerpech als Bindemittel für Steinkohlenbriketts. Brennst.-Chemie 11 (1930) Nr. 15 S. 307—318.

[6] BODE, H.: Die petrographische Untersuchung von Steinkohlenbriketts. Brennst.-Chemie 11 (1930) Nr. 23 S. 476—478, 12 (1931) Nr. 1 S. 7—9.

[7] MEYER, H.: Untersuchungen über Möglichkeiten, Teerpech bei der Brikettierung von Steinkohlen einzusparen oder durch andere Bindemittel zu ersetzen. Diss. Bergakad. Clausthal 1942, — Bergbau-Arch. 4 (1947) S. 7—54.

[8] DACH, TH.: Glückauf 51 (1915) S. 281—284. — DRÖGE, A.: Glückauf 57 (1921) S. 1093/94.

einer Mischtrommel zugegeben. Nachdem Pech einen begehrten chemischen Rohstoff darstellt, auch seine Anwesenheit im Brikett feuerungstechnisch unerwünscht ist, sind erhebliche Anstrengungen gemacht worden, den Pechbedarf durch sorgfältige Betriebsüberwachung (auf 5 bis 6%) zu verringern, das Pech durch Zusätze (z. B. Gaskohlenstaub) zu strecken, pecharme Briketts durch Anwendung höherer Preßdrücke (Ringwalzenpressen) herzustellen (2 bis 4% Pechzusatz), Pechemulsionen zu verwenden (Elgo-Verfahren nach Prof. ELÖD und Dr. GOLLMER[1] und EBV-Verfahren[2]) oder die bindemittellose Steinkohlenbrikettierung weiterzuentwickeln. Als Ersatzbindemittel sind vorgeschlagen worden: Stärke (Hepandur-Verfahren)[3], Phenolkunstharze, Ton (WEBER-Verfahren)[4], Viskose (JÄPPELT und MÜSCHENBORN)[3], eingedickte Sulfitablauge und Zellpech, Stein- und Braunkohlenhydrierrückstände, kolloidale Torf- und Kohleaufschlämmungen (DELKESKAMP-Verfahren)[5] u. a. m.

Unter mäßigem Druck verpreßte Würfelbriketts (75 bis 100 mm Kantenlänge), mit Stärke, gelegentlich zusammen mit Asphalt oder Zement als Bindemittel und zu 6 oder 8 in festes Papier eingewickelt sind als „gepackter Brennstoff" (packaged fuel) in USA auf den Hausbrandmarkt gebracht worden[6].

Die bindemittellose Steinkohlenbrikettierung hat die Erwartungen bisher nicht erfüllt. Bei den Ringwalzenpressen (APFELBECK, Krupp-HERGLOTZ) gelang es nicht, bindemittellos zu brikettieren, wohl aber den Pechzusatz auf 2 bis 3% herunterzudrücken. Mit der TEN-BOSCH-Presse (4000 bis 5000 at Preßdruck) ist die Brikettierung möglich, aber die Pressenleistungen sind gering, der Eisenbedarf und die Anlagekosten entsprechend hoch (s. Zahlentafel 6–2).

Ein anderer Weg der bindemittellosen Brikettierung ist die Heißbrikettierung[7,8] bei Temperaturen in der Nähe der plastischen Zone,

---

[1] PETERSEN, W.: Die Vorgänge bei der Steinkohlenbrikettierung mit Wasser-Pech-Emulsionen. Glückauf 87 (1951) Nr. 33/34 S. 783—788.

[2] PETERSEN, W.: Sonderverfahren der Brikettierung, s. Fußn. 3 S. 230, dort S. 125—127.   [3] Siehe Fußn. 3 S. 230, dort S. 133 bzw. 134.

[4] DRP 476319 (1929) und 577833 (1933).

[5] WEINMANN, F.: Die Kolloidbrikettierung. Glückauf 62 (1926) S. 1137—1139.

[6] PARRY, V. F.: Technical and economic study of packaged fuel. U. S. Bur. Min., R. I. 3797 (1943), R. I. 3757 (1944), — Min. Congr. J. 30 (1944) Nov. S. 24—27.

[7] PETERSEN, W.: s. Fußn. 3 S. 230, dort S. 142—146.

[8] GOEDKOOP, M.: L'agglomération avec du charbon à l'état plastique. Rev. Industr. min. 42 (1960) Nr. 1 S. 127—135. — KARDAUN, G.: Agglomération à haute température. Essais à l'échelle semi-industrielle. Rev. Industr. min. 42 (1960) Nr. 1 S. 136—147, — Internationales Kolloquium über Steinkohlenbrikettierung in Paris. Glückauf 95 (1959) Nr. 26 S. 1662—1666. — DARMONT, G.: Hardy process of coal dust agglomeration without the use of a binder. Fuel 31 (1952) Nr. 1 S. 75—90.

Zahlentafel 6–2. *Spez. Anlage- und Betriebskosten von Steinkohlen-Brikettieranlagen*
(nach H. MEYER)[1]

	Walzenpresse	Ringwalzen-presse	TEN-BOSCH-Presse
Pechzusatz	6%	2—4%	0%
Stundenleistung . . . . t/h	40	12	2
Arbeitsbedarf . . . . kWh/t	4,5	10	35
Anlagekosten[2] . . . . RM/t	0,25	4	11
Betriebskosten . . . . . . RM/t	5,05	5,5—6,0	5,5—6,0

die natürlich nur auf backende Kohle oder Kohlenmischungen mit einem entsprechenden Anteil backender Kohle anwendbar ist.

Braunkohle wird im allgemeinen ohne Bindemittelzusatz auf Strang- oder vereinzelt auf Ringwalzenpressen brikettiert[3].

Die Vorbereitung der Brikettierkohle wird als Naßdienst bezeichnet, dazu gehört die Absiebung und Vorzerkleinerung der Rohkohle durch Stachelwalzen, die thermische Trocknung (vgl. S. 234) und die Kühlung des Trockengutes (Nachverdampfung). Das Verpressen wird vorzugsweise auf exterischen Strangpressen (Kurbelpressen) vorgenommen.

Sowohl die Brüden der Trockneranlage als auch die Abluft aus den Förderanlagen werden in Filteranlagen entstaubt. Der aus der Presse kommende Brikettstrang wird in langen Rinnen durchs Freie geführt, um ihm Gelegenheit zur Abkühlung zu geben, und meist anschließend verladen.

Voraussetzung für die Herstellung fester und wetterbeständiger Braunkohlenbriketts sind der Körnungsaufbau einschließlich Begrenzung des Maximalkorns (je feiner, desto fester wird im allgemeinen das Brikett), die Kapillarität, der Wassergehalt (Bestwert bei 12 bis 18%), der Preßdruck und der Druckverlauf, und für die Wetterbeständigkeit der Bitumengehalt.

Die Theorie der Brikettierung geht auf C. KEGEL[4] zurück, sie wurde weiter entwickelt durch die Arbeiten von AGDE[5], FRITZSCHE[6], HOCK

---

[1] Die Kostenangaben beziehen sich auf Vorkriegsverhältnisse und sind nur noch als relative Vergleichszahlen aufzufassen.

[2] Ohne Antriebsmotoren.

[3] Brennstofftechn. Ges. in der DDR (Hrsg.): Hundert Jahre Braunkohlenbrikettierung, Halle/S.: Knapp 1958.

[4] KEGEL, C.: Die Entstehung des Braunkohlenbriketts. Glückauf 38 (1902) Nr. 27 S. 645—647, — Braunkohle 2 (1903) Nr. 9 S. 105—111.

[5] AGDE, G., u. H. SCHÜRENBERG: Ursache, Arten, Wirkungsweise und Größen der brikettbildenden Kohäsionskräfte der Braunkohlen. Braunkohle 42 (1943) Nr. 10/11 S. 109—112, 121—126.

[6] FRITZSCHE, A.: Untersuchungen über die Brikettierung von Braunkohle unter Berücksichtigung der Wasserbeständigkeit von Braunkohlenbriketts. Braunkohlenarchiv H. 22 (1928), — Braunkohle 29 (1930) S. 685—696.

und andere[1]. Die „Nahkrafttheorie" wird heute vor der „Bitumentheorie" bevorzugt[2].

Braunkohlenschwelbriketts werden hergestellt durch Brikettieren der Kohle auf Ringwalzenpressen (Preßdruck 2 bis 3 t/cm^2) oder durch Bindemittelzusatz und Brikettierung mit nachfolgender Schwelung der Preßlinge.

Als Zündmittel werden zur Einsparung von Anfeuerholz Preßlinge aus Sägespänen, Sägemehl u. dgl. in Mischung mit geschmolzenem Naphthalin hergestellt[3]; auch durch besondere Vorbehandlung aktivierte Kohlen und Schwelkokse dienen als Grundstoff für einen Zündkohlenpreßling[4].

Kohlenstaub und Fließkohle

Ein rein mechanisches Veredlungs- oder eigentlich Aufschließungsverfahren ist die Vermahlung zu Kohlenstaub. Über Mahlbarkeit, Kraftbedarf und Mahlkosten vgl. S. 223. Als Aufbereitungsverfahren hat sich die Staubherstellung am Gewinnungsort oder an zentraler Stelle und der Versand in Spezialwagen (wegen des hohen Aufwandes an Spezialtransportmitteln, die leer zurücklaufen) nicht in dem ursprünglich erwarteten Maße einbürgern können, teilweise bedingt durch die Verbesserung und Vereinfachung der Kohlenstaubfeuerung durch die Einblasemühle. Über Kohlenstaubfeuerungen vgl. S. 543.

Ein anderes Anwendungsgebiet wäre der *Kohlenstaubmotor*, zumal der Staub eine entsprechende Aufbereitung und die Verwendung ausgesucht aschearmer Flöze oder Flözpartien erfordert.

Obwohl bereits RUDOLF DIESEL bei der Entwicklung seines Motors zunächst an den Kohlenstaubmotor dachte, dann aber auf den Ölmotor auswich, um die Schwierigkeiten zu umgehen, haben seine Mitarbeiter und Nachfolger (PAWLIKOWSKY u. a.)[5, 6, 7] immer wieder versucht, diese Entwicklung aufzunehmen. Nach WAHL[7] besitzt der Kohlenstaubmotor im Wettbewerb mit anderen Kraftmaschinenarten nur ein sehr eingeengtes Anwendungsgebiet und geringe Entwicklungsmöglichkeiten.

---

[1] HOCK, H., u. H. JECKEL: Zur Kenntnis der Brikettierung nordböhmischer Braunkohlen. Braunkohle 43 (1944) Nr. 49/50 S. 423—432, Nr. 51/52 S. 439—444.

[2] RAMMLER, E.: Zur Geschichte der Theorie der bindemittellosen Brikettierung von Braunkohle. Freiberger Forschungshefte A 60 (1957) S. 127—150.

[3] Chemiker-Ztg. 63 (1939) H. 76/77 S. 640/41.

[4] KRUEGER, H.: Heizg. u. Lüftg. 13 (1939) H. 10 S. 149—153.

[5] PAWLIKOWSKY, R.: Der Kohlenstaubmotor. Z. VDI 72 (1928) Nr. 37 S. 1283 bis 1285.

[6] JEHLICKA, J.: Die Entwicklung des Kohlenstaubmotors der Ersten Brünner Maschinenfabrik A.-G. Jahrb. d. Brennkrafttechn. Ges. Bd. 20 (1939), Halle/S.: W. Knapp 1940, S. 42—79.

[7] WAHL, H.: Die Grenzen des Kohlenstaubmotors, Berlin: Techn. Verlag der Buch- und Tiefdruck G.m.b.H. 1940.

Die Anforderungen an den Brennstoff sind sehr hoch, es wird ein möglichst tiefer Zündpunkt, eine hohe Reaktionsfähigkeit und eine geringe Aschenzahl (d. i. Aschegehalt in g je 1000 kcal Heizwert) verlangt, Forderungen, denen Braunkohlenfilterstaub am besten entspricht. Kohlenextrakte besitzen zwar besonders niedrige Aschenzahlen, scheiden aber wegen des hohen Preises (4 mal Kohlenpreis) wirtschaftlich aus. Feinstmahlung steigert die Kosten, ohne im Motor verbrennungstechnisch Vorteile zu bieten. Die *Kohlenstaubturbine* hat gegenüber der Gasturbine (Gaserzeuger – Reinigung – Turbine) den Nachteil des hohen Flugschlackengehaltes, der Schwierigkeit der Gasreinigung und des zu erwartenden höheren Schaufelverschleißes (vgl. S. 635).

Unter Fließkohle versteht man ein Gemisch aus feingemahlener, vollkommen getrockneter Kohle mit Heizöl (auch Teeröl) unter Zusatz besonderer Stabilisatoren (Seifen, Alkalien, Natriumsilikat, Schwelteer u. a.) zur Verhütung der Entmischung. Fließkohle wurde bisher nur versuchsweise verwendet; ihre Bedeutung als Heizölstreckmittel ist wiederholt diskutiert worden [1-4], doch ergeben sich nach BLIZARD [2] keine Vorteile gegenüber der getrennten Verwendung des Öles und des Kohlenstaubes.

Ein Sondergebiet ist die Schwelung von Kohle-Öl-Gemischen; gegenüber trockener Kohle wird die Wärmeübertragung verbessert und erleichtert und eine größere Unabhängigkeit von den Kohleeigenschaften (z. B. der Backfähigkeit, dem Treibdruck usw.) erreicht. Hierzu rechnen die Verfahren von BRASSERT-KNOWLES, BLÜMNER u. a. m. [5]

Entwässerung und Trocknung

Die Verringerung des Wassergehaltes ist eine für nahezu alle Veredlungsgebiete wichtige Vorstufe, das gilt sowohl für die Vermahlung und Brikettierung, die Vergasung, als auch besonders für alle thermischen Verfahren, wie Schwelung und Verkokung und für die Hydrierung. Durch die Entlastung dieser Verfahren von der Trocknungsstufe werden ihre Leistungen ganz erheblich beeinflußt. Eine Übersicht über die Probleme der Kohletrocknung mit einer umfassenden Zusammenstellung

---

[1] SCHÖNING, W.: Das Wichtigste über Fließkohle. Arch. Wärmew. 18 (1937) Nr. 10 S. 283—285.

[2] SCHROEDER, W. C.: Use of mixtures of oil and coal in boiler furnaces. Mech. Engng. 64 (1942) S. 793—798, 804; 65 (1943) S. 278—284.

[3] BARKLEY, J. F., A. B. HERSBERGER u. L. R. BURDICK: Laboratory and field tests on coal-in-oil fuels. Trans. Amer. Soc. mech. Engrs. 66 (1944) S. 185—198.

[4] JONNARD, A.: Colloidal fuel development for industrial use. Kansas State College. Engng. Exp. Sta. Bull. 48, Manhattan, Kansas 1946.

[5] THAU, A.: Kohlenschwelung, Halle/S. 1938, bes. S. 89—112, — Glückauf 74 (1938) H. 5 S. 97—104.

des Schrifttums bietet der Bericht E 1 des Reichskohlenrates[1]. Zur Darstellung von Trocknungsvorgängen schlägt dieser Bericht die folgenden einheitlichen Bezeichnungen vor:

K_r = Rohkohlenmenge [kg, t] mit dem Wassergehalt w_r [kg/kg]
K_t = Trockenkohlenmenge [kg, t] mit dem Wassergehalt w_t [kg/kg]
K = Trockensubstanz (mit dem Wassergehalt Null)
x_r = Wassergehalt der Rohkohle,⎫ bezogen auf die Trockensubstanz
x_t = Wassergehalt der Trockenkohle,⎭ [kg/kg]
W_d = zu verdampfende Wassermenge [kg, t].

w und x sind verbunden durch die Beziehungen

$$x_r = \frac{w_r}{1 - w_r}, \qquad x_t = \frac{w_t}{1 - w_t}, \qquad (6\text{-}1,\ 6\text{-}2)$$

$$w_r = \frac{x_r}{1 + x_r}, \qquad w_t = \frac{x_t}{1 + x_t}. \qquad (6\text{-}3,\ 6\text{-}4)$$

Anwendungsbeispiel[1]: Wieviel t Rohbraunkohle (K_r) mit 56% Wassergehalt (w_r = 0,56) werden benötigt, um 2000 t Briketts (K_t) von 12% Wassergehalt (w_t = 0,12) herzustellen, wenn außerdem der Verlust an Trockenkohle 9% beträgt? Da die Trockensubstanz (K) von 2000 t + 9% Verlust = 2180 t Trockenkohle oder Brikett (K_t) $K = K_t(1 - w_t) = 2180 (1 - 0,12) = 1918$ t beträgt, ergibt sich die Rohkohlenmenge zu

$$K_r = K (1 + x_r) = K \left(1 + \frac{w_r}{1 - w_r}\right) = 1918 \left(1 + \frac{0,56}{1 - 0,56}\right) = 1918 \cdot 2.273 = 4360 \text{ t.}$$

Die zu verdampfende Wassermenge beträgt dann

$$W_d = K (x_r - x_t) = K \left(\frac{w_r}{1 - w_r} - \frac{w_t}{1 - w_t}\right) = 1918 \cdot 1{,}1363 = 2180 \text{ t.}$$

Die Möglichkeit der Entwässerung (durch mechanische Mittel: Abtropfen, Schleudern, Pressen, Absaugen) und der Trocknung (thermisch durch Erwärmung und durch die Schaffung eines Sättigungsgefälles zwischen den Luftschichten an der Oberfläche des Trockengutes und der Trockenluft) hängen nicht nur vom Wassergehalt der Ausgangskohle und dem geforderten Endwassergehalt (s. darüber Zahlentafel 6–3), sondern

Zahlentafel 6–3

Geforderter Restwassergehalt w_t %

Verwendungszweck	Steinkohle	Braunkohle
Brikettierung	2	12—18
Schwelbrikettherstellung .	—	4— 8
Staubherstellung	2	12—15
Schwelung	0	12—15
Verkokung	8—12	—
Vergasung	—	5—15
Hydrierung	0	0

---

[1] Die Trocknung und Entwässerung von Kohle. Bericht E 1 des Reichskohlenrats, Berlin 1936.

auch von der Art der Bindung des Wassers an die Kohle, vom Kapillargefüge und der Hygroskopizität der Kohle ab. Ein Bild über die hygroskopischen Eigenschaften gibt die Dampfdruckisotherme[1].

Für Steinkohle verwendet man dampfbeheizte Röhrentrockner, Feuergas-Trommeltrockner oder Spülgas- und Schwebetrockner. Bei Kohlenstaubmahlanlagen für unmittelbare Verfeuerung wird die Mahltrocknung[2] (Mahlung und Trocknung in einem Arbeitsgang und in einer Apparatur unter Verwendung von Heißluft, Rauchgas oder Luft-Rauchgas-Mischungen) bevorzugt. Besonders einfach ist die apparative Lösung bei der Mühlenfeuerung[3] (Trocknung in der Mühle mit Heißluft oder mit rückgeführten Rauchgasen) und für hohe Wassergehalte bei der Naßkohlenfeuerung[4], die beiden letztgenannten Feuerungen besonders auch in Anwendung auf Rohbraunkohle.

Bei der Braunkohle waren früher Tellertrockner[5] vorherrschend, während jetzt dampfbeheizte Röhrentrockner stärker im Vordringen sind. Über den Verlauf des Trocknungsvorganges in Röhrentrocknern liegen eine Reihe von neueren Untersuchungen vor[6]. Der größte bisher gebaute Röhrentrockner besitzt eine Heizfläche von 4000 m^2 (1608 Rohre, 8 m lang, 108 mm $\varnothing$). Die Leistung beträgt 640 t/Tag.

Bei den hohen Trocknerleistungen, wie sie in dem obenerwähnten Zahlenbeispiel zum Ausdruck kommen, wird der Wärmebedarf der Brikettfabrik zweckmäßig durch Gegendruckdampf gedeckt. Die Kupplung der Energieerzeugung (Deckung des Eigenbedarfs und Überschußstrom) unter Verwendung von Hochdruckkesseln mit der Briketterzeugung bietet daher außerordentlich große betriebs- und volkswirtschaftliche Vorteile. Aus diesem Grunde sind auch Feuergastrockner (z. B. als Umlauf-Mahltrockner oder Flugtrockner) trotz einiger beachtlicher Vorteile bisher noch wenig eingeführt. Die Verbundtrocknung, d. h. eine

---

[1] HIRSCH, M.: Trockentechnik, Berlin 1927. — ROSIN, P., E. RAMMLER u. H.-G. KAYSER: Über Dampfdruckisothermen und Porositätskennlinien von Kohlen. Braunkohle 33 (1934) H. 18/19 S. 289—294, 305—314.

[2] ROSIN, P., u. E. RAMMLER: 10. Berichtsfolge des Kohlenstaubausschusses des Reichskohlenrats, Berlin 1927, — Braunkohle 26 (1927) H. 13 S. 261—268, H. 14 S. 286—293.

[3] Bericht D 58 des Reichskohlenrats, Berlin 1933. — Braunkohle 32 (1933) H. 39 u. 46/47 S. 697—717, 837—845, 856—863. — BECKER, E. R.: Braunkohle 34 (1935) H. 34/36 S. 569—578, 585—593, 603—610, — Feuerungstechn. 24 (1936) H. 3/4 S. 33—39, 57—64; 26 (1938) H. 2/3 S. 35—43, 76—81.

[4] BOIE, W.: Feuerungstechn. 25 (1937) H. 2 S. 33—41, — Wärme 59 (1936) H. 5/6 S. 90ff. — VOIGT, K.: Braunkohle 36 (1937) H. 7/8 S. 97—101, 114—118.

[5] MAYER, M.: Braunkohle 38 (1939) H. 33 S. 589—607.

[6] MANSFELD, H.: Untersuchungen über den Trocknungsverlauf von Braunkohle in Röhrentrocknern. Freiberger Forschungshefte A 102 (1958) S. 11—98 — MAYER, M.: Freiberger Forschungshefte A 135 (1959) S. 65—68, — Bergbautechn. 96 (1959) Nr. 10 S. 521—529.

Dampftrocknung mit Gegendampfdruck zur Trocknung der Rohbraunkohle, z. B. von 53% auf 25% Wassergehalt, anschließend eine Feuergastrocknung bis auf 8%, bildet für die Schwelbriketterzeugung[1] die wirtschaftlichste Lösung.

Das FLEISSNER-Verfahren[2, 3], das besonders für hochwertige Braunkohle angewandt wurde und eine Erhaltung der Stückform bei Trocknung anstrebt, arbeitet mit Dampf in einem Autoklaven. Dabei verteilt sich die Wasserabgabe nach ROSIN[3] auf etwa 30% bei der Aufheizung unter Druck (20 at), 20% bei der Druckentlastung und 22% Nachverdampfung bei der anschließenden Durchlüftung. Eine Abwandlung des Verfahrens nach ŠIMEK-RUŽIČKA[4] arbeitet mit Heißdampf und Druckwasserzusatz, eine andere nach SCHUSTER[5] mit Stufenspeicherung.

Die Verwendung vorerhitzter fester Wärmeträger, in den Druckraum eingebracht, und eine Ausnutzung der Energie der Brüden schlägt v. GÁLOCSY vor[6, 7].

Die Dämpfung wird von A. LISSNER[8] auch zur Entsalzung salzhaltiger Braunkohlen angewendet, wobei die Alkalihumate durch Basenaustausch (mit Magnesiumsulfat) oder mit verdünnter Salzsäure vorher in Alkalichlorid und freie Humussäure verwandelt werden. Halbtechnische Versuche[9] haben die Schwierigkeiten, aber auch die Möglichkeiten zur Weiterentwicklung des Verfahrens erkennen lassen (s. auch S. 599).

Für die Trocknung von Torf (50 bis 85% Wassergehalt) werden mehrstufige Trockner verwendet, wobei die Brüden der einen Stufe zur Be-

---

[1] GROFF, F.: Feuerungstechn. 25 (1937) H. 2 S. 41/42.

[2] FLEISSNER, H.: Trocknung stückiger Braunkohle. Berg- u. hüttenm. Jb. Leoben 1926 Bd. 74 H. 3 S. 104—109. — Montan. Rdsch. 19 (1927) Nr. 12/14 S. 317—320, 345—348, 377—382. — KLEIN, H.: Braunkohle 29 (1930) Nr. 1/2 S. 1—10, 20—30. — FORMÁNEK, J.: Braunkohle 30 (1931) Nr. 40/41 S. 874—881, 893—900; 31 (1932) Nr. 8 S. 138—147. — SKUTL, V.: Braunkohle 31 (1932) Nr. 53 S. 932—934. — KAISER, F.: Braunkohle 35 (1936) Nr. 5/6 S. 65—70, 85—88. — SCHWAHN, M.: Braunkohle, Wärme u. Energie 3 (1951) Nr. 13/14 S. 244—253.

[3] ROSIN, P.: Die FLEISSNER-Trocknung lignitischer Braunkohlen. Braunkohle 28 (1929) H. 29 S. 649—658.

[4] ŠIMEK, B. G., u. A. RUŽIČKA: Veredlung von Braunkohle durch Erhitzen mit Wasserdampf unter Druck. Mitt. Kohlenforsch.-Inst. (Prag) 1 (1933) S. 355 bis 420.

[5] SCHUSTER, W.: Die Trocknung kolloidaler Stoffe durch Dämpfung unter Druck und das Verfahren Schuster. Braunkohle, Wärme u. Energie 11 (1959) Nr. 1 S. 14—21.

[6] v. GÁLOCSY, Z.: DBP 1032697, Kl. 82a 1/50 (1952).

[7] GUMZ, W.: Verfahren unter Druck, dargelegt an Beispielen der Kohlen- und Koksverwendung. Chemie-Ing.-Techn. 32 (1960) Nr. 3 S. 172—178.

[8] LISSNER, A.: Chemische Aufbereitung von Salzkohlen. Bergbau u. Energiewirtsch. 3 (1950) Nr. 10 S. 321—325.

[9] LISSNER, A.: Derzeitiger Stand der Entsalzung von Braunkohlen. Freiberger Forschungshefte A 14 (1952) S. 26—30.

heizung der vorangehenden Stufe (mit Warmwasser) verwendet werden (Peco-Verfahren), evtl. unter Vorschaltung anderer Trocknungsverfahren (Madruck-Brikett AG)[1].

Einen als „Naßkohlung" bezeichneten Prozeß beschreibt HÄGGLUND [2]. Der Rohtorf wird als Suspension durch indirekte (über Heizflächen) und direkte Beheizung (in mehreren Druckstufen, zuletzt durch Frischdampf) vorgewärmt und einem Reaktor zugeführt, in dem eine Temperatur von 180 °C (oder höher) vorherrscht. Dadurch wird der kolloidale Zustand des Torfes gebrochen und nach dem Abpressen (im Filterpresser) ein wasserbeständiges Produkt (Brikett) erhalten.

Thermische Brennstoffveredlung

Thermische Veredlungsprozesse sind das Karburitverfahren ($t = 250$ bis 280 °C), die Schwelung oder Tieftemperaturverkokung ($t = 450$ bis 600 °C), die Mitteltemperaturverkokung ($t = 800$ °C) und die Hochtemperaturverkokung ($t = 1000$ bis 1200 °C).

Karburitverfahren oder Bertinisierung. Darunter versteht man die mäßige Erhitzung (250 bis 280 °C) jüngerer, stückiger Brennstoffe, wie Torf und Braunkohle, zur Abscheidung von Konstitutionswasser, Schwefel (als H_2S), CO_2 und anderen gasförmigen Ballaststoffen[3]. Den Veredlungsgrad von „Karbozit" zeigt Zahlentafel 6–4 an. Durch weitere Temperaturerhöhung auf 350 °C (Karburitverfahren, DELKESKAMP) entsteht der Karburitkoks, wobei dann auch Teer anfällt. Eine

Zahlentafel 6–4. *Vergleichsanalysen von Rohbraunkohle und Karbozit*

Rohbraunkohle	Karbozit
27,37	69,31% C
2,00	4,12% H_2
10,78	13,90% $O_2 + N_2$
0,54	0,91% S
3,23	5,32% Asche
56,08	6,44% Wasser
2110	6290 kcal/kg H_u

praktische Bedeutung haben diese Verfahren nicht erlangt. Erhitzung einer Aufschlämmung von Torf und ähnlichen Stoffen unter Druck auf 180 °C (PORTEOUS-Prozeß[4]) bzw. 200 °C (E. TERRES[5]) dient dazu, die kolloidale Bindung des Wassers zu zerstören und dadurch eine Entwässerung zu ermöglichen.

---

[1] Techn. i. d. Landw. 18 (1937) H. 1 S. 17—19, — J. Inst. Fuel 11 (1938) H. 58 S. 344—356, — Z. bayer. Rev.-Ver. 35 (1931) H. 22/23 S. 263—266, 277—280.

[2] HÄGGLUND, S.-E.: Våtkolning av torv. Tekn. Tidskr. 90 (1960) Nr. 23 S. 633—639.

[3] THAU, A.: Neuere Veredlung minderwertiger Brennstoffe. Z. VDI 70 (1926) Nr. 31 S. 1025—1031.

[4] LUMB, C.: Heat treatment as an aid to sludge dewatering. J. Proc. Inst. of Sewage Purification (London), 1940, S. 15.

[5] TERRES, E.: Über die Entwässerung und Veredlung von Rohtorf und Rohbraunkohle. Brennst.-Chemie 33 (1952) Nr. 1/2 S. 1—12.

Schwelung. Durch das Erhitzen der Kohle auf 450 bis 500 °C unter Luftabschluß erhält man *Schwelteer* (Urteer, Tieftemperaturteer), Ausgangserzeugnis für die Herstellung flüssiger Brenn- und Treibstoffe (durch Destillation oder Hydrierung) und Schmieröl, *Schwelgas* (Reichgas), das meist im eigenen Betrieb als Unterfeuerungsgas verfeuert wird, und als Rückstand den *Schwelkoks*, ein rauchschwacher, gut zündender, hoch reaktionsfähiger Brennstoff, der je nach dem Schwelverfahren feinkörnig und dann meist weniger wertvoll (Grude) oder stückig ist. Zur Erzielung der Stückform ist entweder eine Brikettierung der Schwelkohle (größere Festigkeiten durch Ringwalzen-Briketts) oder Anwendung eines gewissen Treibdruckes während der Verschwelung erforderlich. Die Zahl der vorgeschlagenen Schwelverfahren ist überaus groß[1], sie unterscheiden sich teils durch die Art der Beheizung (mittelbare Beheizung durch die Ofenwandungen oder unmittelbare Beheizung durch Spülgase), teils durch die Art des Betriebes (satzweise Beschickung oder durchlaufender Betrieb) und die Ofenkonstruktion. Einen Überblick über die verschiedenen Schwelverfahren gibt die Aufstellung S. 240.

Damit ist die Zahl der Möglichkeiten und Vorschläge noch nicht erschöpft, jedoch hat nur eine geringe Zahl von Verfahren eine Anwendung in großtechnischem Maßstabe gefunden. Bei der Braunkohle war früher der Rolle-Ofen vorherrschend, dem jetzt eine Reihe von Geissen-Öfen gefolgt ist, während die größten und in ihrem Durchsatz ungleich bedeutungsvolleren modernen Anlagen als Spülgasschwelöfen (Bauart Lurgi) gebaut worden sind. Die Steinkohlenschwelung hat sich dagegen — abgesehen von den älteren englischen Anlagen nach dem Coalite-Verfahren — bisher nur in geringerem Maße einführen können, wobei teils außenbeheizte Kammern (Krupp-Lurgi-Verfahren), teils Spülgasanlagen (Lurgi, Kollergas) ausgeführt wurden, die letzteren zu-

---

[1] THAU, A.: Die Schwelung von Braun- und Steinkohle, Halle/S. 1927, — Kohlenschwelung, Halle/S. 1938, — Brennstoffschwelung, Bd. I, Schweltechnik und Schwelbetrieb, Halle/S. 1949. — GENTRY, F. M.: The Technology of Low Temperature Carbonization, Baltimore 1928. — HEINZE, R.: Neuere Verfahren zur Veredlung von Brennstoffen. In: LE BLANC, M.: Ergebnisse der angew. physikal. Chemie, Bd. 1, Leipzig 1934. — HOCK, H.: Braunkohlenschwelung. — HOFFMANN, E.: Steinkohlenschwelung. In: KURZ, H., u. F. SCHUSTER: Koks, ein Problem der Brennstoffveredlung, Leipzig 1938. — THAU, A.: Brennstoffschwelung, Bd. II, Schwelkoks, Halle/S.: W. Knapp 1950. — GOLLMER, W.: Schwelung und Mitteltemperatur-Verkokung der Steinkohle. In: WINNACKER, K., u. L. KÜCHLER (Hrsg.): Chemische Technologie, 2. Aufl., Bd. 3, München: Hanser 1959, S. 49 bis 54. — LANGE, P.: Schwelung der Braunkohle. In: WINNACKER, K., u. L. KÜCHLER (Hrsg.): Chemische Technologie, 2. Aufl., Bd. 3, München: Hanser 1959, S. 139—155. — ZINN, R. E.: Application of low-temperature carbonization. Industr. Engng. Chem. 50 (1954) Nr. 1 S. 3—7.

Bauart und Baustoff	Betriebsweise, Brennstoffbewegung	Ausführung
A. Mittelbare Wärmeübertragung		

I. Außenbeheizte Kammern
  a) aus feuerfestem Material
    (nach Art der Koksöfen)
	ruhende Schicht
	satzweiser Betrieb
		Vertikalkammer-
		öfen verschie-
		dener Koks-
		ofenbaufirmen

b) desgl. mit eisernen Ein- sätzen	desgl.	Dr. C. Otto Berg & Co.
c) Gußeisen	desgl.	Coalite-Verf.
d) Spezialstahl	desgl.	Krupp-Lurgi Rolle-Ofen
II. Außenbeheizte, stehende Re- tortenöfen	langsam bewegte, dünne Kohlenschicht	

III. Stehende, drehbare Retor-
  tenöfen mit Innen- und
  Außenbeheizung
	bewegte und umgewälzte
	Kohlenschicht
		Borsig-Geissen-
		Ofen

IV. Drehofen mit Außenbehei- zung (Doppeldrehofen)	langsam durch die Drehung bewegte Kohlenschicht	K. S. G.

V. Drehofen mit Außenbehei-
  zung und vorgeschaltetem
  außenbeheiztem Röstofen
  (Bandofen)
	ruhende Schicht,
	anschließend langsame
	Drehbewegung
		Disco
		(Pittsburgh
		Consol. Coal
		Co.)

VI. Waagerechte oder schräge beheizte Platte	durch Rüttelbewegung ge- förderte Kohlenschicht	Bartling
B. Unmittelbare Wärmeübertragung		
I. Schwefelaufsätze (auf Gas- erzeugern)	langsam absinkende Kohlenschicht	
II. Spülgasöfen	desgl.	Lurgi, Kollergas, DELKESKAMP National Fuel Corp.
III. Tunnel- oder Kanalschwel- öfen	ruhender Brennstoff in be- wegten Behältern od. Wagen	Kivioli-Lurgi
IV. Schwelung in der Wirbel- schicht		Singh, Charbon- nage de France (Marienau) National Coal Board (Stoke Orchard)
V. Schwelung in der Schwebe		McEwen-Runge
VI. Schwelung mit festen Wärme- trägern oder Koksumlauf		Sandschwelöfen, Lurgi-Ruhrgas- Verfahren Tschukanov- Chitrin

meist als Großversuchsanlagen[1]. Bei backenden Kohlen ist eine oxydative oder thermische Vorbehandlung[2] (Alterung) notwendig, um das störende Backvermögen zu beseitigen. Das Disco-Verfahren[3] ist neben einigen Verfahren von bisher nur lokaler Bedeutung[4] und Curran-Knowles-Öfen, eine Art Mitteltemperaturofen mit Solenbeheizung[5], das einzige in USA in größerem Maßstabe ausgeübte Schwelverfahren. Es kombiniert die Voroxydation („Röstung") mit der Verschwelung in der außenbeheizten Schweltrommel zur Erzeugung eines ballförmigen, festen Schwelkokses von 50 bis 200 mm $\varnothing$; Unterkorn und Abrieb (12,5 mm) wird in den Prozeß zurückgeführt.

In neuerer Zeit hat die Schwelung in der Wirbelschicht, teils in Verbindung mit der Vorentgasung (s. S. 255), teils zur Erzeugung eines Zwischenproduktes zur zweistufigen thermischen Behandlung oder zur Schwelbriketterzeugung besonders im europäischen Ausland als „synthetischer Anthrazit" für Hausbrandzwecke steigende Verwendung gefunden[6, 7, 8].

Verkokung. Die Verkokung der Steinkohle[9] ist der bedeutendste Zweig der Kohlenveredlung. Hauptzweck ist die Gewinnung eines druckfesten, grobstückigen Kokses für die Verhüttung (Hüttenkoks), für den Kupolofenbetrieb der Gießereien (Gießereikoks) und für Heizungszwecke (Zechenkoks, so genannt zum Unterschied von dem etwas weniger festen

---

[1] WEITTENHILLER, H.: Die bisherigen Arbeiten der Vereinigung für Steinkohlenschwelung (V. f. S.). Glückauf 75 (1939) H. 35 S. 741—750. — JÄPPELT, A., u. A. STEINMANN: Steinkohlenschwelung mit Spülgasen. Braunkohlenarchiv H. 48 (1937) S. 22—27, — Die Spülgasschwelung von Steinkohle. Öl u. Kohle 13 (1937) H. 44 S. 1150—1156.

[2] Vgl. S. 200.

[3] LESHER, C. E.: s. Fußn. 3 S. 202.

[4] WILSON, P. J., u. J. H. WELLS: Coal, Coke and Coal Chemicals, New York/Toronto/London 1950, S. 418—436.

[5] WILSON, P. J., u. J. H. WELLS: s. Fußn. 4, dort S. 436—442.

[6] FOCH, P., u. R. LOISON: Rapport sur l'activité de la station expérimentale de Marienau en 1955. Charbonnage de France. Note techn. 7/56 (1956).

[7] LANG, E. W., H. G. SMITH u. C. BORDENCA: Carbonization of agglomerating coals in a fluidized bed. Industr. Engng. Chem. 49 (1957) Nr. 3 S. 355—359.

[8] GOLLMER, W.: Über die thermische Behandlung von Schwelbriketts. Glückauf 92 (1956) Nr. 11/12 S. 320—328. — Siehe Fußn. 1 S. 239.

[9] GROSSKINSKY, O. (Hrsg.): Handbuch des Kokereiwesens, Bd. 1, 1955; Bd. 2, 1958, Düsseldorf: K. Knapp. — GOLLMER, W., u. W. KLEMPT: Die Verkokung der Steinkohle. In K. WINNACKER u. L. KÜCHLER: Chemische Technologie, 2. Aufl., Bd. 3, München: Carl Hanser 1959, S. 54—81. — KRETZ, TH., W. GOLLMER, F. BLECHER, E. H. BECKER-BOOST, F. THIERSCH, A. VOLK: Steinkohlenverkokung. In Ullmanns Encyklopädie der technischen Chemie, 3. Aufl., Bd. 10, München u. Berlin 1958, S. 241—346. — JÄPPELT, A.: Schwelung. In Ullmanns Encyklopädie der technischen Chemie, 3. Aufl., Bd. 10, München u. Berlin 1958, S. 188—241. — ESS, T. J.: The modern coke plant. Iron Steel Engr. 25 (1948) Nr. 1 S. C-3/C-36. — WILSON u. WELLS: s. Fußn. 4.

und bei etwas geringeren Temperaturen erzeugten Gaskoks). Daneben werden als wichtige Nebenerzeugnisse gewonnen: Teer, Ammoniak, Benzol und das Kokereigas. Einen ungefähren Überblick über Menge und Erlösanteil gibt Zahlentafel 6–5. Die Ausbeutezahlen schwanken etwas, je nach Einsatzkohle und technologischen Veränderungen (Temperaturen, Ölzusatz zur Steigerung der Gasausbeute u. ä.), die Verkaufserlöse und damit die Wertsteigerung schwanken ebenfalls mit der Wirtschaftslage und durch die Wettbewerbsverhältnisse auf dem Markt. Durch die Ammoniaksynthese sind die Bedeutung und damit die Erlösmöglichkeiten für Ammonsulfat erheblich beschnitten worden, auch bei anderen Erzeugnissen ist eine Änderung der Marktstruktur spürbar[1, 2]. Dennoch steht die Kokerei ihres Umfanges und ihrer wirtschaftlichen Bedeutung nach an der Spitze aller Verfahren der Kohleveredlung.

Zahlentafel 6–5. *Ausbeute und Erlösanteil der Kokereiprodukte der Ruhrzechenkokereien 1959*

Erzeugnis	Menge in Mio t	Prozent der eingesetzten Trockenkohle	Erlösanteil
Koks	32,793 (naß)	79,00 (trocken)	67,6
Rohteer. . . .	1,297	3,23	3,5
Rohbenzol . .	0,390	0,98	3,7
Ammonsulfat .	0,405	0,21	1,7
Gas	14880 Mio Nm³ = 377 Nm³/t Koks (trocken) = 454 Nm³/t Koks (naß)	16,58	23,5
		100,00	100,00

Die Koksqualität hängt sowohl von den Ausgangskohlen, ihrer Vorbereitung[3] (Auswahl, Mahlung, Mischung, Wassergehalt), den Abmessungen des Ofens und dem Verfahrensgang ab.

Diese Kokskohlenvorbereitung ist um so wichtiger, je geringer das Kokungsvermögen der Ausgangskohle ist oder je höher der Anteil an schlecht kokenden Bestandteilen ist. So spielt die selektive Kokskohlen-

---

[1] BROCHE, H.: Steinkohlenveredlung — Rückblick und Ausschau. Glückauf 92 (1956) Nr. 49/50 S. 1481—1490.

[2] HOFMEISTER, B.: Die Entwicklung der thermischen Kohleveredlung. Glückauf 95 (1959) Nr. 25 S. 1580—1593.

[3] KÜHLWEIN, F. L., u. A. JENKNER. In: H. KURZ u. F. SCHUSTER: Koks, ein Problem der Brennstoffveredlung, Leipzig 1938, S. 172—183. — KÜHLWEIN, F. L., u. C. ABRAMSKI: Praktische Ergebnisse bei Kohlenauswahl, Kohlenmischung und Koksverbesserung für die Hochtemperaturverkokung. Glückauf 75 (1939) Nr. 44/45 S. 865—874, 881—890. — MOTT, R. A., u. R. V. WHEELER: Coke for Blast Furnaces, — The Quality of Coke. 1. and 2. Report of the Midland Coke Research Committee, London: Iron and Steel Industrial Research Council 1930 u. 1939.

zerkleinerung im lothringischen Kohlenrevier eine erhebliche Rolle (Longwy-Burstlein-Verfahren)[1] und trägt zur Verbesserung der Kokseigenschaften bei[2].

Der Teer (2 bis 4%) ist Ausgangsprodukt einer weitverzweigten chemischen Industrie zur Herstellung von Heizölen, Treibstoffen, Waschölen, Imprägnierölen, Schmiermitteln, Lösungsmitteln, zur Gewinnung von Farbstoffen und pharmazeutischen Produkten. Mehr als 300 Kohlenwasserstoffe sind im Teer identifiziert worden[3]. Die Destillationsprodukte des Steinkohlenteeres[4] sind:

Zahlentafel 6–6. *Destillationsprodukte des Steinkohlenteers*

	Ob. Siedegrenze °C	Spez. Gewicht kg/dcm³	Anteil %
Leichtöl (und Wasser).	bis 170	0,91—0,96	1
Mittelöl	230	1,00—1,02	10—12
Schweröl.	270	1,03—1,04	8—10
Anthracenöl	340	—	18—25
Brikettpech	—	—	55
Wasser und Destillationsverluste . .	—	—	5

Das Leichtöl oder Rohbenzol (Benzol, Xylol, Toluol, Cumol) ist kein Primärprodukt, sondern ein Umwandlungsprodukt der Kohle. Menge und Bildung hängen daher nicht nur von der Einsatzkohle, sondern vor allem von der Führung des Beheizungsverfahrens und den auftretenden Temperaturen ab.

Der Rückstand der Teerdestillation, das Pech, dient außer als Brikettbindemittel für Steinkohlenbriketts auch zur Dachpappenherstellung,

---

[1] Frz. Pat. 1002669, E. M. Burstlein. — Siehe auch Chal. et Ind. 35 (1954) Nr. 353 S. 351—370, 36 (1955) Nr. 354 S. 14—28. — Boyer, A. F., J. Lahouste u. R. Malzien: Nouvelles études sur la cokéfaction des mélanges de charbon. Rev. Industr. min. 39 (1957) Nr. 3 S. 232—256.

[2] Abramski, C.: Die Anwendung der selektiven und petrographischen Aufbereitung zur Verbreiterung der Kokskohlengrundlage und zur Verbesserung der Koksqualität. Glückauf 91 (1955) Nr. 25/26 S. 714—727. — Jenkner, A.: Neue Wege zur Koksverbesserung. Glückauf 91 (1955) Beih. S. 202—214. — Schmidt, J., u. M. Engshuber: Der Einfluß der Kohlenvorbereitung auf die Koksqualität. Bergakademie (Freiberg) 10 (1958) Nr. 5/6 S. 292—300, Nr. 11 S. 567—576. — Engshuber, M.: Über einige Zusammenhänge zwischen Schüttdichte, Kornaufbau und Mahlbedingungen von Steinkohlen. Freiberger Forschungshefte A 127 (1959).

[3] Simmersbach, O., u. G. Schneider: Grundlagen der Koks-Chemie, 3. Aufl., Berlin 1930, S. 85—89. — Spilker, A.: Kokerei und Teerprodukte der Steinkohle, 5. Aufl. (bearb. von O. Dittmer u. O. Kruber), Halle/S. 1933, S. 190 bis 193. — Kruber, O., A. Raeithel u. G. Grigoleit: Die im Steinkohlenteer mit Sicherheit nachgewiesenen Verbindungen. Erdöl u. Kohle 8 (1955) Nr. 9 S. 637 bis 643.

[4] Kruber, O.: Steinkohlenteer. In B. Neumann: Lehrbuch d. chem. Technol. u. Metallurgie, Bd. II, 3. Aufl., Berlin 1939, S. 835—851.

zum Straßenbau und zur Isolierung im Bauwesen. Sonderpeche mit
Füllstoffen zur Beeinflussung ihrer physikalischen Eigenschaften (Ge-
steinsstaub, Mikroasbest) haben sich als Korrosionsschutzanstrich für
Rohre u. dgl. bewährt (Tepla-Massen)[1]. In verkoktem Zustand als Pechkoks[2] bildet das Pech einen wertvollen Rohstoff für die Elektrodenkohleherstellung.

Die neuzeitlichen Koksöfen besitzen Fassungsvermögen von 15 bis
22 t, ihre Höhe beträgt bis 4 m (vereinzelt auch mehr), die Länge bis
12 m, die Breite 350 bis 490 mm. Die Garungszeiten, die früher 24 bis
36 Stunden betrugen, konnten auf 14 bis 19 Stunden heruntergedrückt
werden. Als feuerfester Baustoff kommen in erster Linie Silikatsteine in
Frage, die Temperaturen bis zu 1450 °C vertragen und infolge ihrer
höheren Wärmeleitfähigkeit eine höhere spez. Wärmeleistung erbringen
gegenüber Schamottesteinen (4400 kcal/m²h gegenüber 3300 kcal/m²h)[3].
Der Wärmeaufwand wird mit etwa 540 bis 560 kcal/kg nasse Kohle (mit
7 bis 8% Wasser) angegeben[4]. Die Öfen unterscheiden sich besonders
durch die Art der Ausbildung der Heizzüge. Die bekanntesten neueren
Bauarten sind der Verbund-Kreisstrom-Ofen (Koppers), der mit Abgas-
rücksaugung arbeitet, der Verbundofen mit Stufenbeheizung (STILL) und
der Zwillings-Verbundofen (Dr. Otto) u. a. m. (Didier-Kogag-Hin-
selmann, Collin). Als Verbundöfen bezeichnet man solche, die außer
mit Koksgas auch mit Schwachgas (Generatorgas, Gichtgas) beheizt
werden können, wodurch das hochwertige Koksgas für andere Verwendungszwecke außerhalb des Kokereibetriebes frei gemacht werden
kann (Ferngas). Alle neueren Öfen sind Regenerativöfen, d. h. mit
Regeneratoren zur Vorwärmung von Gas und Luft ausgerüstet.

Zur Steigerung der Ofenleistung ist sowohl die Verdichtung der
Schüttung durch Beölung (s. S. 208) als auch die Trocknung und Vor-
erhitzung der Charge (bis 300 °C) vorgeschlagen worden (Cerchar)[5].
Auch JÄPPELT[6] glaubt, durch schnelle Vorerhitzung (nach Collin-

---

[1] DAEVES, K., H. KLAS u. H. SCHLUMBERGER: Korrosion u. Metallsch. 16
(1940) H. 10 S. 339—341.

[2] HILGENSTOCK, P.: Glückauf 73 (1937) H. 27 S. 617—624. — THAU, A.:
Glückauf 74 (1938) H. 5 S. 97—104, — Feuerungstechn. 26 (1938) H. 3 S. 82/83.

[3] KUBACH, W.: Glückauf 61 (1925) H. 10 S. 269—277. — BAUM, K.: Glück-
auf 65 (1929) H. 23/25 S. 769—776, 812—821, 850—860. — STEINSCHLÄGER, M.:
Arch. Eisenhüttenw. 3 (1929) H. 5 S. 331—338. — RUMMEL, K., u. H. OESTRICH:
Glückauf 63 (1927) H. 50 S. 1809—1817.

[4] Koppers Handbuch der Brennstofftechnik, 3. Aufl., Essen 1953.

[5] LOISON, R., u. P. FOCH: Rapport sur l'activité de la station expérimentale
de Marienau en 1957. Charbonnage de France. Note techn. 1/59, — Rev. Industr.
min. 41 (1959) Nr. 4 S. 277—312.

[6] JÄPPELT, A.: Vorschlag zur zweistufigen Verkokung von Steinkohle. Freiberger Forschungshefte A 87 (1958) S. 19—27.

Heimboldt) erhebliche technische und wirtschaftliche Vorteile erzielen zu können (bei 320 °C 67% Durchsatzsteigerung).

Die verschiedenen Beheizungsarten lassen das Bestreben erkennen, eine schnelle, möglichst gleichmäßige Beheizung und eine für die Leichtölausbeute günstige Wandtemperatur (von etwa 1120 bis 1130 °C) zu erzielen. Der Gassammelraum oberhalb der (durch den Verkokungsvorgang schrumpfenden) Kohlenschicht soll nicht zu heiß, aber auch nicht zu kühl sein (Optimum bei 700 bis 800 °C)[1, 2, 3].

Diesem Ziel dient das Differentialbeheizungsverfahren (Koppers) sowie die schnelle Ableitung des Gases in Räume geringerer Temperatur durch Verwendung eines Deckenkanals (nach Goldschmidt-Tillmann), die Innenabsaugung von oben her (STILL) oder durch die Ofentür (NIGGEMANN) und die Einbringung von Kühlelementen. Die nachteilige Auswirkung zu großer Unterdrücke auf die Gasbeschaffenheit und die Ausbeute (Einsaugen von Rauchgasen) soll die Ausgleichsvorlage (Dr. Otto) vermeiden.

Neben der üblichen Gasbeheizung (von außen) ist auch elektrische Beheizung (von innen) durch Deckenelektroden (STEVENS) oder Mantelelektroden (TVA-Ofen) vorgeschlagen worden, ein Verfahren, das nur für Länder mit billigem Wasserkraft-Überschußstrom in Frage kommt und bisher großtechnische Anwendung nicht gefunden hat[4]. Der Stromverbrauch beträgt nach STEVENS etwa 350 kWh/t, die Garungszeit 20 Stunden, Gasausbeute 283 m³/t, Gasheizwert 4700 kcal/Nm³, Teerausbeute je nach Einsatzkohle i. M. 68 l/t. Nach JENSEN[5] eignet sich

[1] PETER, K.: Über die Leichtölausbeute bei der Verkokung der Steinkohle und deren Abhängigkeit von den Strömungswegen im Koksofen. Diss. Braunschweig 1937. Essen 1938.

[2] GRÖBNER, W., u. A. VAN AHLEN: Untersuchungen über den Einfluß der Kammerwandtemperaturen auf die Ausbeute und Beschaffenheit der Kohlenwasserstoffe bei der Verkokung. Glückauf 78 (1942) Nr. 15 S. 201—211. — VAN AHLEN, A.: Der Einfluß der Temperatur des Gassammelraumes auf die Beschaffenheit des erzeugten Benzols. Glückauf 78 (1942) S. 259—264. — REERINK, W.: Die Ölausbeute bei der Verkokung. Glückauf 78 (1942) S. 597—605.

[3] TREFNY, F.: Der Einfluß von Temperatur und Verweilzeit des Gases im Gassammelraum von Koksofenkammern auf das Ausbringen von Kohlenwertstoffen. Brennst.-Chemie 33 (1952) N. 15/16 S. 257—260.

[4] STEVENS, H.: Electric carbonization of coal. Engineer 168 (1939) Nr. 4357 S. 51—53, — Gas World 111 (1939) Nr. 2877 S. 224—226, — Trans. electrochem. Soc. 75 (1939) S. 169—183. — Vgl. auch: THAU, A.: Glückauf 74 (1939) Nr. 9 S. 205/06. — WÖLBIER, H.: Kohle u. Erz 36 (1939) Nr. 23 S. 631—640. — BLÜMEL, E.: Glückauf 76 (1940) Nr. 24 S. 337—341, — ETZ 62 (1941) Nr. 18 S. 417—421. — WITTEK, H.: Umschau 45 (1941) Nr. 10 S. 147—150.

[5] JENSEN, O.: A new electric process for the carbonization of non-coking bituminous coal (United Nations Scient. Conf. Conservation and Utilization of Resources). J. Inst. Fuel 23 (1950) Nr. 129 S. 54/55.

die elektrische Verkokung für Ringwalzenbriketts aus Spitzbergenkohle, die anderweitig nicht verkokbar ist.

Das Ablöschen des ausgestoßenen glühenden Kokses erfolgt meist durch Bebrausen in einem Löschturm. Die Wiedergewinnung der Kokswärme durch trockene Kokskühlung mit Hilfe inerter Gase (Verfahren von Collin, Sulzer u. a. m.[1-3] ist wiederholt versucht, aber aus wirtschaftlichen Gründen nicht allgemein eingeführt worden. Die Wärme wird in Abhitzekesseln zur Dampferzeugung herangezogen oder an Luft übertragen und in Luftturbinen ausgenutzt[4]. HAACKE[5] schlägt vor, die Turbinenabgase zur Kokskohlentrocknung heranzuziehen.

Nach Abscheiden des Teeres in der Vorlage und in besonderen Teerabscheidern (mechanisch oder elektrostatisch) wird das Ammoniak entfernt und durch Einleiten in Schwefelsäure in dem sog. Sättiger als Ammonsulfat $(NH_4)_2SO_4$ gewonnen, welches als Düngemittel dient. Das Ammoniakwasser selbst (1%iges Rohwasser) ist unter Beachtung gewisser Vorsichtsmaßregeln in der Anwendung als Düngemittel verwendbar[6]. Entfernt werden müssen ferner das Naphthalin, Cyan und Schwefelwasserstoff.

Die Abscheidung der Leichtöle erfolgt in Waschtürmen durch Auswaschen mit sog. Waschöl (Teerölfraktion mit den Siedegrenzen von etwa 200 bis 300 °C) oder durch Adsorption an Aktivkohle (Benzorbon-Verfahren). Die Anwendung der Tiefkühlung ist ebenfalls vorgeschlagen worden. Weiter werden Phenole, auch aus dem Gaswasser[7] und Schwefelwasser[8], gewonnen, die für die Kunststoffindustrie von Bedeutung geworden sind, die aber vor der Einleitung der Abwässer in die Wasserläufe auch im Interesse der Fischzucht tunlichst entfernt werden.

---

[1] AHLERS, W.: Untersuchungen an der Koks-Trockenkühlanlage im Gaswerk Kiel-Wik. Gas- u. Wasserfach 91 (1950) Nr. 1 S. 2—16. — SIEBEL, H.: Untersuchungen über die Wirtschaftlichkeit der trockenen Kokskühlung. Gas- u. Wasserfach 91 (1950) Nr. 2 S. 25—31, Nr. 3 S. 49—53.

[2] HERSCHE, W.: Die Trockenkühlung des glühenden Kokses in Kokereien und Gaswerken. Schweiz. Ver. Gas- u. Wasserfachm. Monatsbull. 28 (1948) Nr. 2 S. 29 bis 37.

[3] SCHEER, W.: Die Bedeutung der trockenen Kokskühlung für den Kokereibetrieb. Stahl u. Eisen 64 (1944) Nr. 4 S. 53—62.

[4] MELAN, H.: Über ein neues Verfahren zur Trockenlöschung von Koks. Gas, Wasser, Wärme 6 (1952) S. 169—171.

[5] HAACKE, A.: Neuere Überlegungen für die Planung von Tagesanlagen. Glückauf 93 (1957) Nr. 51/52 S. 1620—1633.

[6] BRÜCKNER, H., u. TH. WOLF: Über die Eignung von Ammoniakwasser als Stickstoffdüngemittel für die Landwirtschaft. Gas- u. Wasserfach 90 (1949) Nr. 15 S. 378—382.

[7] WIEGMANN, H.: Glückauf 68 (1932) H. 2 S. 33—40 u. 75 (1939) H. 51 S. 965 bis 971.

[8] JUST, H.: Braunkohle 40 (1941) H. 19 S. 245—249 u. H. 20 S. 259—263.

Das Gas hat als Ferngas zunehmend an Bedeutung gewonnen. Als Mittelwerte für das Kokerei-Ferngas des Ruhrgebietes (Ruhrgas) wird folgende Zusammensetzung angegeben[1]: 2,2% CO_2, 5,4% CO, 1,6% C_2H_4, 0,4% C_6H_6, 23,9% CH_4, 56,8% H_2, 0,4% O_2 und 9,3% N_2. Der obere Heizwert beträgt 4555 kcal/Nm³, der untere Heizwert 4029 kcal/Nm³. Der Feuchtigkeitsgehalt ist etwa 1 g/Nm³.

Die Herstellung von druckfesten, schwefel- und aschearmen Braunkohlenkoksen befindet sich noch im Versuchsstadium[2].

Sonderkokse, Elektrodenkohle, Aktivkohle. Aus aschearmen Kohlen hergestellte Kokse mit Aschegehalten von etwa 3,5 bis 3,8% werden als ,,*Edelkoks*'' bezeichnet. Sie sind wegen des geringeren Rückstandes, ihres 10 bis 20% höheren Heizwertes und eines bis zu 4 Punkten höheren Wirkungsgrades für Zentralheizungen geeignet[3].

Ein Spezialkoks, der besonders für Gießereizwecke Anwendung findet, ist der durch hohe Dichte (1210 kg/m³ gegenüber 840 kg/m³ bei normalem Gießereikoks), hohe Trommelfestigkeit ($M_{40} > 90\%$), geringen Aschegehalt $\sim 4\%$) und hohen C-Gehalt ausgezeichnete sogenannte *HC-Koks* (High Carbon-Koks)[4], der in Weiterentwicklung der Vorschläge der Great Lakes Carbon Corporation aus Fettkohle, Petrolkoks, Anthrazit und Hartpech bei mäßiger Heizzugtemperatur ($\sim 930\ °C$) und langer Garungszeit (34 bis 36 h) erzeugt wird.

Zur Koksherstellung aus schlecht kokenden, besonders gasreichen Brennstoffen sind zahlreiche Verfahren zur *Formkoks*-Erzeugung vorgeschlagen worden, die sich der Zerkleinerung, der Trocknung, der Voroxydation, der Schwelung, der Brikettierung, der oxydativen Nachbehandlung und der Verkokung bedienen und eine ein- oder zweistufige thermische Veredlungsstufe umfassen. Es ergibt sich daraus eine Vielzahl von Verfahrensmöglichkeiten, die jedoch alle nur schwer mit den üblichen Verkokungsverfahren (auf Basis gut kokender Fettkohle oder Kokskohlemischungen mit ausreichender Fettkohlenkomponente) konkurrieren können, da die Verfahrenskosten bei geringem Koksausbringen hoch sind. Als ein Beispiel einer solchen zweistufigen Formkoksherstellung sei das Verfahren der Julienhütter Konferenz (Arbeitsgemeinschaft Julienhütte, Didier-Werke, Prof. HOCK) genannt. Nach diesem Verfahren[5] wird gasreiche Steinkohle zunächst geschwelt, der Schwelkoks

---

[1] Stahl u. Eisen 61 (1941) H. 1 S. 19—21 (Heizwerte nach DIN 1872 errechnet).

[2] HOCK, H., u. O. ENGELFRIED: Braunkohle 38 (1939) H. 33 S. 581—588.

[3] Infolge geringer Nachfrage noch kein handelsübliches Erzeugnis.

[4] PATTERSON, W., u. W. WESKAMP: Beitrag zur Frage des Einflusses der Koksstückgröße von HC-Koks auf das Schmelzergebnis im Kupolofen und Vergleich mit normalem Gießereikoks. Gießerei-Techn. Wiss. Beih. Nr. 24 (1959) S. 1285—1306. — WESKAMP, W.: Diss. Aachen 1958.

[5] THAU, A.: Brennstoffschwelung, Bd. I, Schweltechnik und Schwelbetrieb, Halle/S.: W. Knapp 1949, S. 160—162.

vermahlen und mit Pech brikettiert. Diese Briketts werden sodann in Vertikalkammeröfen verkokt. Dieser Koks hatte sich in 1943/44 angestellten Versuchen als Gießereikoks bewährt.

Die Bemühungen, die Verfahren zu vereinfachen und zu verbilligen, also mit einer einstufigen Wärmebehandlung auszukommen, haben u. a. zu dem Vorschlag des Instituts für chemische Kohleveredlung, Zabrze (Polen), dem I. Ch. W. P.-Verfahren[1], geführt, das Briketts aus Schwelkoksen und Koksen einer oxydierenden thermischen Härtung (einige Stunden bei 200 bis 300 °C) unterwirft.

Auch in anderen Ländern haben Verfahren solcher Art immer wieder Interesse erregt — etwa das Carbocoal-Verfahren und die verschiedensten Verfahren der Schwelbriketterzeugung — und zu neueren Untersuchungen Anlaß gegeben[2].

Zu den Verfahren der einstufigen Formkoksherstellung muß auch die Erzeugung des *Braunkohlen-Hochtemperaturkokses* (BHT-Koks) gerechnet werden, bei dem nach den Vorschlägen von BILKENROTH und RAMMLER[3] aus ausgesuchten asche- und schwefelarmen Flözen der Niederlausitz Feinkornbriketts des Typs F 4 hergestellt werden, die anschließend nach einer Spülgastrocknung im Vertikalkammerofen verkokt und dann gekühlt und klassiert werden (Kornklassen s. S. 203). Bei dieser Verkokung tritt keine Schmelzverkokung ein wie bei Steinkohle, vielmehr beruht nach GERLACH[4] der Zusammenhalt auf einem durch Kohäsionskräfte bewirkten Schrumpfverband. Es kommt daher sehr wesentlich auf niedrigen Aschegehalt, geringe Körnung und geeignete Kornverteilung, gute Brikettfestigkeit und eine bestimmte Aufheizkennlinie an.

Die Arbeitsgemeinschaft BILKENROTH, LISSNER und RAMMLER[5] schlägt in Fortführung früherer Arbeiten von LISSNER[6] vor, Braun-

---

[1] ZIELIŃSKI, H.: Der Verlauf der oxydierenden thermischen Behandlung von Halbkoks- und Koksbriketts. Freiberger Forschungshefte A 119 (1958) S. 61—74.

[2] YAVORSKY, P. M., R. J. FRIEDRICH u. E. GORIN: Heat transfer and thermal stresses in carbonization of briquets. Industr. Engng. Chem. 51 (1959) Nr. 7 S. 833 bis 838.

[3] BILKENROTH, G., u. E. RAMMLER: Braunkohlen-Hochtemperaturkoks. Bergbautechn. 2 (1952) H. 1 S. 27—32, — Auszug BWK 4 (1952) Nr. 9 S. 317. — RAMMLER, E., u. G. BILKENROTH: Grundlagen der Herstellung von Braunkohlen-Hochtemperaturkoks. Freiberger Forschungshefte A 13 (1953) S. 6—13. — RAMMLER, E., u. G. BILKENROTH: Herstellung und Eigenschaften von Steinkohlen-Hochtemperaturkoks. Neue Hütte Bd. 1 (1955/58) Nr. 4 S. 226—233.

[4] GERLACH, G.: Zur Technologie der BHT-Kokserzeugung und zu ihren Einflußfaktoren. Bergbautechn. 9 (1959) Nr. 1 S. 7—16, — s. auch Freiberger Forschungshefte A 43 (1956) S. 1—109.

[5] LISSNER, A., u. E. RAMMLER: Edelkoks aus Braunkohlen. Freiberger Forschungshefte A 119 (1958) S. 47—60.

[6] LISSNER, A.: Neue Wege zur Entschwefelung von Braunkohlen. Freiberger Forschungshefte A 14 (1952) S. 35—38.

kohlen zu entaschen, um die störende Bindung des Schwefels an die Aschebestandteile zu vermeiden und den Aschegehalt zu senken (Entsalzung durch Druckdämpfung), das feinzerkleinerte, nachgetrocknete Gut mit Wasserstoff oder wasserstoffreichen Destillationsgasen in einer Wirbelschicht zu entschwefeln, das entschwefelte, weiter zerkleinerte Material mit Bindemittel zu brikettieren, die Briketts zu oxydieren (nach dem I. Ch. P. W.-Verfahren[1]) und die Briketts sodann zu verkoken. Es läßt sich auf diese Weise ein Koks von mäßigem Aschegehalt mit Schwefelgehalt $< 0,5\%$ aus Braunkohle herstellen.

Ein weites Anwendungsgebiet für „künstliche Kohlen" sind die *Elektroden* für Elektroöfen[2] und für andere Zwecke der Elektrotechnik (Bürstenkohle) und der Elektrochemie[3] sowie als korrosionsbeständiger Apparatebaustoff. Als Rohstoffe dienen Petrolkoks, Anthrazit, Retortenkohle, Teer und Pech, ferner Naturgraphit, Ruß und Sonderkokse der Steinkohle. Petrolkoks besitzt 5 bis 20% Flüchtige Bestandteile, 0,2 bis 2,25%, i. M. etwa 0,7% Asche — vereinzelt kommen auch höhere Werte vor, doch besteht ein großer Teil aus Alkalien, die durch Auswaschen entfernt werden können — und 0,5 bis 3,0% Schwefel. Das Herstellungsverfahren umfaßt Vorbrechen der festen Rohstoffe, Austreiben der Flüchtigen Bestandteile (bei 1300 °C auch als Verglühen oder unpassenderweise als „Kalzinieren" bezeichnet), Mahlen, Klassieren, Homogenisieren, Zumischung des Bindemittels, Stampfen und Verpressen (auf Strang- oder Blockpressen) und „Brennen" (eine Art Verkokung, jedoch mit 20- bis 30 tägiger Garungszeit) in einer Art von Ring- oder Tunnelöfen. Zur weiteren Graphitierung und Erzeugung von Elektrographit (nach einem Verfahren von EDWARD G. ACHESON, 1896, daher auch als ACHESON-Graphit bezeichnet) werden die Elektroden in Kohlegries eingepackt und durch Stromdurchleitung etwa 3 Tage auf sehr hohe Temperaturen (2700 bis 3000 °C) erhitzt[4]. Die Eigenschaften des Elektrographits erreichen diejenigen des Naturgraphits bei größerer Gleichmäßigkeit (Rohdichte 1590 kg/m³, spezifischer elektrischer Widerstand $8,13 \cdot 10^{-4} \Omega \cdot$ cm).

In Kohleelektroden für Elektroöfen ist das Bindemittel der reaktionsfreudigste, für den unerwünschten Abbrand verantwortliche Be-

---

[1] Siehe Fußn. 1 S. 248.

[2] ARNDT, K.: Die künstlichen Kohlen für elektrische Öfen, Elektrolyse und Elektrotechnik, Berlin: Springer 1932.

[3] MÜLLER, W., u. K. WINNACKER: Das Chlor und seine anorganischen Verbindungen. In K. WINNACKER u. L. KÜCHLER (Hrsg.): Chemische Technologie, Bd. 1, 2. Aufl., München: Hanser 1958, S. 584—634.

[4] RAGOSS, A.: Die Herstellung von Graphitelektroden für Elektrostahlöfen. Arch. Eisenhüttenw. 27 (1956) Nr. 11 S. 681—688.

standteil. Durch Zusatz von B_2O_3 als Inhibitor ließ sich nach WRANGLÉN[1] der Abbrand auf $1/10$ verringern.

Unter *Sonderkoksen* versteht man solche Steinkohleerzeugnisse, die besonders als Rohstoff für die Elektrodenherstellung dienen. Die Güteanforderungen sind niedriger Gehalt an Wasser ($< 0,5\%$), an Asche ($< 0,6\%$), an bestimmten Mineralbestandteilen, an Flüchtigen Bestandteilen ($< 0,75\%$) mit weitgehenden Forderungen an äußeren und inneren Gefügeaufbau (ABRAMSKI[2]). Als solche kommen Pechkoks, Extraktkoks, Reinstkoks und Mischkokse (z. B. aus Eß- und Fettreinstkohle und Hartpech hergestellt) in Frage. Die Pechverkokung ist ihrem Wesen nach eher als ein Destillationsvorgang zu bezeichnen; sie erfolgt in großen, von der Sohle her beheizten Kammern. Die Rohdichte des Pechkokses beträgt etwa 2200 kg/m^3. Extraktkoks wird aus Kohleextrakt (z. B. nach dem Pott-Broche-Verfahren gewonnen) hergestellt[3] und zeichnet sich durch besonders niedrige Aschegehalte (etwa $0,2\%$) aus. Reinstkoks ist das Verkokungsprodukt einer Reinstfettkohle. Zur Erfüllung der hohen Anforderungen an die Reinheit und an den Gefügeaufbau eignen sich vor allem die Mischkokse.

Als korrosionsfester *Werkstoff* im Apparatebau[4] gehört Graphit zu den wenigen, deren Festigkeit mit steigenden Temperaturen bis herauf zu $2500\,°C$ zunimmt, nur darf er keiner oxydierenden Atmosphäre ausgesetzt werden.

Die Herstellung von *Reaktorgraphit* erfordert besonders reine, ausgesuchte Rohstoffe, geht im übrigen aber ebenso vor sich wie die Elektrodenherstellung, also Kalzinieren (bei $1300\,°C$), Zerkleinern, Mischen, Pech- und Ölzugabe, Verpressen, Verkoken (sehr langsam bei $750\,°C$ in 6 Wochen), Graphitieren (2600 bis $3000\,°C$), langsames Abkühlen. Bei einigen Verfahren kommt noch eine Herabsetzung des Aschegehaltes durch ein sogenanntes Gasreinigungsverfahren zur Anwendung, bei dem der Elektrographit bei einer Temperatur von $2500\,°C$ mit Halogenen begast wird, wobei die verunreinigenden Elemente Halogenide bilden und dampfförmig abgetrieben werden. Auf diese Weise ist es möglich, die Aschegehalte gegebenenfalls bis auf $0,001\%$ zu drücken. Als Ausgangsmaterial dient Petrolkoks, auch Ruße (Ofenruß) und Pech. Da reiner Graphit ein geeigneter Moderator für den Bau von Kernreaktoren mit

---

[1] WRANGLÉN, G.: Die Reaktivität der Kohleelektroden und der Einfluß von anorganischen Katalysatoren und Inhibitoren (schwed.). Jernkont. Ann. 142 (1958) Nr. 10 S. 613—637.

[2] ABRAMSKI, C.: Sonderkokse. In O. GROSSKINSKY (Hrsg.): Handbuch des Kokereiwesens, Bd. I, Düsseldorf: K. Knapp 1955, S. 430—440, — Bergbau-Arch., 1947, H. 5/6 S. 153—163, — Glückauf 91 (1955) Beih. S. 195—201.

[3] Wird z. T. nicht in technischem Maßstab erzeugt.

[4] GAYLORD, W. M.: Carbon and graphite. Industr. Engng. Chem. 49 (1957) Nr. 9 S. 1584—1587.

einem niedrigen Neutronen-Einfangquerschnitt (0,0032 barn) ist, kommt
es wesentlich darauf an, Unreinheiten mit hohem Einfangquerschnitt
möglichst fernzuhalten oder ihren Gehalt unter bestimmte Mindest-
werte zu drücken[1-5]. Dazu gehören vor allem die Seltenen Erden, Bor
(Sollwert $\leq 0,4 \cdot 10^{-4}\%$), aber auch Vanadium, Titan u. a. Die Aschegehalte, die durch das lange Graphitieren stark verringert werden,
betragen bei handelsüblichem Elektrographit 0,037 bis 0,084% und bei
Reaktorgraphit im Mittel 0,0020 bis 0,003%. Die Rohdichte von Reaktorgraphit ist etwa 1450 bis 1750 kg/m³, die Reindichte 2180 bis 2250 kg/m³,
das Porenvolumen rd. 25 bis 28%. Für deutschen Reaktorgraphit
(SIGRI[6]) geben FITZER und Mitarbeiter[4] einen Aschegehalt von 20 bis
30 ppm und einen Borgehalt von 0,05 ppm an. Die Dichte liegt bei
1600 bis 1800 kg/m³. Durch Imprägnieren mit Heißpech vor dem Graphitieren wird die Dichte erhöht. Nach einem neuen Verfahren der Hawker
Siddeley Nuclear Power Co. wird der Graphit mit Furfurylalkohol und
mit einem Polymerisations-Katalysator getränkt, wodurch die Perme-
abilität um einen Faktor 10⁴ verringert wird. Über besonders dichten
Reaktorgraphit berichtet CONWAY JONES[5].

Aktivkohle ist ein aus Holzkohle, Torf, Braunkohle, Fruchtschalen
(Kokosnuß- und Mandelschalen) und neuerdings auch aus Steinkohle
durch besondere Aktivierung hergestelltes Adsorptionsmittel, das in der
Technik vielseitige Anwendung findet[7]. Die Aktivierung erfolgt durch
Wasserdampf oder Kohlensäure bei hohen Temperaturen (800 bis
1000 °C), durch Luft (350 bis 450 °C) oder durch Chemikalien, z. B.
durch Chlorzinklauge. Die Herstellung von Aktivkohle aus Steinkohle[8],
ausgehend von aschearmer oder entaschter Kohle, erfolgt durch eine

---

[1] CURRIE, L. M., V. C. HAMISTER u. H. G. McPHERSON: Bericht 8/P/534 (USA)
der 1. Genfer Atomkonferenz, Bd. 8 (1956) S. 451—473.

[2] LEGENDRE, P., L. MONDET, PH. ARRAGON, P. CORMAULT, J. GUERON u.
H. HERING: Bericht 8/P/343 (USA) der 1. Genfer Atomkonferenz, Bd. 8 (1956)
S. 474—477.

[3] WATT, W., R. L. BICKERDIKE u. L. W. GRAHAM: Reducing the permeability
of graphite. Engineering 189 (1960) Nr. 4892 S. 110/11.

[4] FITZER, E., M. BEUTELL, E. NEDOPIL u. K. W. ETZEL: Über die Ergebnisse
und Probleme der Reaktorgraphitentwicklung in Deutschland. Atomenergie 4
(1959) Nr. 11/12 S. 449—455, 476—480.

[5] CONWAY JONES, J. M.: Neuer undurchlässiger Graphit. Chemie-Ing.-Techn.
Umschau 32 (1960) H. 12 S. 835.

[6] Siemens-Plania-Werke A.-G. für Kohlenfabrikate und Werk Griesheim der
Farbwerke Hoechst A.-G.

[7] BAILLEUL, G., K. BRATZLER, W. HERBERT u. W. VOLLMER: Aktive Kohle
und ihre industrielle Verwendung, 3. Aufl., Stuttgart: Enke 1953.

[8] Bergwerksverband zur Verwertung von Schutzrechten der Kohletechnik
G.m.b.H., Dortmund-Eving. D.P. 867691, 935125, 945088, 970782 Kl. 12 i/33
(1955—1958).

längere oxydative Vorbehandlung unterhalb des Zündpunktes mit nachfolgender Verformung (Brikettierung oder Nodulierung) und Entgasung.

Holzverkohlung. Die Verkohlung des Holzes in Meilern ist das älteste Brennstoffveredlungsverfahren. Es ist eine Destillation durch Teilverbrennung, wobei erwünschte Nebenprodukte, wie Holzteer, Holzöl, Methylalkohol· und Essigsäure, verlorengehen. Verbesserte Methoden stellen der Meilerofen und die Retortenverkohlung mit Nebenproduktengewinnung dar[1]. Das harzreiche Kiefernstubbenholz (Kienholz)·ist der Rohstoff für die Holzteerschwelung[2]. In kohlen- und ölarmen Ländern (Skandinavien, Schweiz) hat die Holzverkohlung als Quelle für die Erzeugung von Gas (Stadtgas) und Holzkohle für Fahrzeuggaserzeuger vorübergehend eine Rolle gespielt, und Methoden seiner Anwendung in Gaswerksöfen wurden erprobt[3]. Die Holzkohle ist wegen ihres geringen Schwefel- und Phosphorgehaltes noch heute ein begehrter Brennstoff für metallurgische Zwecke, ein Anwendungsgebiet, das sie vor dem Aufkommen des Kokses jahrhundertelang völlig beherrschte.

Ölschieferdestillation. Die Gewinnung des Öles aus Ölschiefer (2 bis 5% in ärmeren, 5 bis 11% in reicheren Ölschiefern) erfolgt in Retorten oder Schwelöfen[4] durch Außenbeheizung, desgl. mit Dampfeinführung (zur Ammoniakgewinnung und Vergasung des Kohlenstoffrückstandes) und mit Luft- und Dampfeinführung (Teilverbrennung des Kohlenstoffrückstandes) — hier sind besonders die in der schottischen Schieferölindustrie eingeführten Retorten, die Broxburn-(Henderson-), Pumpherston- und Young-Retorte, zu erwähnen —, ferner durch Teilverbrennung des Koksrückstandes nach Art eines Gaserzeugers mit aufsteigender Vergasung (Pintsch, Kohlta-Jarve), auch mit besonderem Schwelaufsatz (Fushun-Schwelofen), oder absteigend N.T.U.- oder Dundas-Howe-Retorte, Schweitzer-Ofen), endlich eine große Variation anderer Schwelofentypen wie den Drehrohrofen (Davidson), den Tunnelofen (Eesti-Kiviöli und Gröndal-Ramén), Spülgasschwelöfen (St. Hilaire) u. v. a. Während die vom Bureau of Mines in

---

[1] Klar, M.: Technologie der Holzverkohlung, Berlin 1921, — Derzeitiger Stand der Holzverkohlungstechnik. Holz 1 (1938) S. 139. — Hägglund, E.: Holzchemie, 2. Aufl., Leipzig 1939, S. 329—337. — Kurz u. Schuster: s. Fußn. 1 S. 239.

[2] Kaliniš, A.: Die Holzteerschwelung, Riga 1943.

[3] Zollikofer, H.: Monatsbull. schweiz. Ver. Gas- u. Wasserfachm. 21 (1941) Nr. 10/12 S. 170—182, 195—200, 207—224. — Zankl, W.: Neuere Erkenntnisse und Erfahrungen bei der Entgasung von Holz. Gas- u. Wasserfach 88 (1947) Nr. 6 S. 180—185.

[4] Bell, H. S.: Oil-Shales and Shale-Oils, New York/Toronto/London 1948. — Lankford, J. D., u. B. Guthrie: Oil-shale processing. Trans. Amer. Inst. min. metallurg. Engrs. 179 (1949), — Petroleum Development and Technology 1949 S. 91—102.

Rifle, Colorado, verwendete N.T.U.-Retorte (mit Bodenentleerung) und die in Frommern-Balingen, Schwäb. Alb, benutzten Schweitzer-Öfen (mit Kippentleerung) satzweise arbeiten, hat die Union Oil Company of California eine kontinuierliche Retorte für absteigende Gegenstromdestillation entwickelt mit Speisung von unten, Rückstandausstoß oben und Ölablauf unten (Versuchsöfen von 2 und 50 t Tagesdurchsatz[1]). Andere Versuche zur Vereinfachung oder zur Leistungssteigerung sind der Hub-Ofen[2], der OTTO-Querstromofen[3], die Destillation in der Schwebe[4], in Metallschmelzen und in Meilern[5]. Mit Rücksicht auf die großen zu bewegenden inerten (und meist unverwertbaren) Massen ist die Technik der Untertageverschwelung angewandt worden, so das Kammerverfahren in Schörzingen, das Holzheimer Verfahren, eine Kombination indirekter Beheizung mit dem Spülgasverfahren und dem Abbrand des Rückstandes unter Tage[6] und die Destillation in situ durch Elektrizität in Schweden (F. LJUNGSTRÖM[7]).

In Kvarntorp (Schweden) wurde nach Erprobung verschiedener Verfahren der Bergh-Ofen (bestehend aus mehreren Retorten mit Innenabsaugung) weiterentwickelt durch eine Temperaturkontrolle im Brennstoffbett durch eingebettete Heizflächen (eines Lamontkessels), die durch einen Vibrator bewegt werden können (Kvarntorp-Methode[8]).

SHULTZ und LINDEN[9] schlagen eine hydrierende Hochdruckvergasung zur direkten Überführung von Colorado-Ölschiefer (mit 8,8% Ölgehalt) in Ferngas vor.

---

[1] REED, H., u. C. BERG: Retorting method for recovery of shale oil. Mech. Engng. 71 (1949) Nr. 8 S. 639—642, — Petroleum Eng. 20 (1948) Nr. 3 S. 214, 216, 218, — Petroleum Proc. 3 (1948) Nr. 12 S. 1191/92.

[2] Vgl. Fußn. 2 S. 260.

[3] PUFF, W.: Schwachgaserzeugung durch Vergasung von Aufbereitungsabgängen. Glückauf 88 (1952) Nr. 15/16 S. 343—346.

[4] BLANDING, F. H., u. B. E. ROETHELI: Retorting of oil shale by the fluidized solids technique. The Oil and Gas J. 45 (1947) Nr. 41 S. 84—96.

[5] ODELL, W. W., u. E. L. BALDESCHWIELER: European shale-treating practice. U. S. Bur. Min. Information Circular 7348 (1946).

[6] SCHNEIDERS, A.: Untertage-Schwelung von Ölschiefern. Erdöl u. Kohle 3 (1950) Nr. 7 S. 330—333.

[7] Feuerungstechn. 30 (1942) Nr. 7 S. 165. — SCHJANBERG, E.: Production of shale-oil in Sweden. World Power Conf., Trans. Fuel Economy Conf. The Hague 1947 Bd. II, Sect. A3, Paper 4, S. 530—539.

[8] JOHANSSON, A., u. T. J. HEDBACK: Recent possibilities for development by means of modern retorts for oil shale and modern boilers for shale coke. Trans. Fourth World Power Conference, London 1950, Bd. II, S. 830—843 (Sect. C 2 — Paper 4), London: Percy Lund, Humphries & Co. 1952.

[9] SHULTZ jr., E. B., u. H. R. LINDEN: From oil shale to production of pipeline gas by hydrogenolysis. Industr. Engng. Chem. 51 (1959) Nr. 4 S. 573—576.

Stadtgaserzeugung

Das Stadtgas ist in den meisten Fällen ein Gas, welches hauptsächlich aus dem durch Entgasung gewonnenen Steinkohlengas besteht, dem Wassergas (in einigen Fällen auch Klärgas, Generatorgas oder Rauchgas) zugemischt wird, um gleichmäßige, den Richtlinien entsprechende Gaseigenschaften zu erzielen. Diese Richtlinien[1] sehen vor: einen oberen Heizwert von 4200 bis 4600 kcal/Nm³ (entsprechend $H_u = 3800$ bis 4200 kcal/Nm³), ein Dichteverhältnis (Luft = 1) von 0,4 bis 0,5, einen Gasdruck von mindestens 60 mm WS und folgende Reinheitsgrade: Sauerstoff unter 0,5, tunlichst unter 0,3 Vol.-%, Schwefelwasserstoff unter 2 g/100 m³, Ammoniak unter 0,3 g/100 m³, Naphthalin unter $\dfrac{5 \text{ bis } 10}{p}$ g/100 m³ (p ata), organischen Schwefel bis 25 g/100 m³, Zyanwasserstoff bis etwa 15 g/100 m³, Stickoxyd um 0,2 cm³/m³ und keinen Teer. Der erreichte Mittelwert betrug $H_o = 4290$ kcal/Nm³ (nach K. BUNTE[2]).

Die Entgasung[3] erfolgt entweder in Horizontal-, Schräg- oder Vertikal-Retortenöfen (besonders auch bei kleineren Anlagen) oder man verwendet nach dem Vorbild der Kokerei Horizontalkammeröfen, ferner Schrägkammeröfen, bei denen die Kammerentleerung erleichtert ist, oder Vertikalkammeröfen. Die Beheizung geschieht durch Generatorgas, wobei Zentralgeneratoren oder Einzelgeneratoren verwendet werden. Meist ist der Generator mit dem Ofen baulich in einem Block verbunden, außerdem erhält der Ofen Rekuperatoren (Rekuperation genannt) oder Regeneratoren. Vertikal-Retorten- und Vertikalkammeröfen sind auch für einen stetigen Betrieb entwickelt worden; das Gas wird oben abgesaugt, der Koks unten abgeführt, die Öfen behalten daher eine gleichmäßige Temperatur (Schonung des Mauerwerks).

Durch Einleiten von Wasserdampf in die Kammern lassen sich in stetigem Betrieb Wassergas und Synthesegas für die Ammoniak- und Treibstoffsynthese gewinnen (Bubiag-Didier, Koppers).

Die Kombination von Außenbeheizung eines Vertikalkammerofens mit Spülgasbeheizung — ein schon auf JOHN WEST (1860) zurückgehender Vorschlag[4] — hat in dem sog. „Rochdale-Prozeß" zu bemer-

---

[1] Gas- u. Wasserfach 82 (1939) H. 45 S. 745.

[2] BUNTE, K.: Auswertung der Erhebung über die Gasbeschaffenheit in deutschen Gaswerken. Gas- u. Wasserfach 83 (1940) H. 33 S. 397—402.

[3] SCHÄFER, A.: Einrichtung und Betrieb eines Gaswerks, 4. Aufl. (unter Mitarbeit von E. LANGTHALER), München u. Berlin 1929. — BRÜCKNER, H.: Handbuch der Gasindustrie, Bd. 1, Gaserzeugungsöfen, München u. Berlin 1938, Bd. 3 Gasreinigung und Nebenproduktengewinnung, München u. Berlin 1939. — MORGAN, J. J.: A Textbook of American Gas Practice, Bd. 1, Production of Manufactured Gas, 2. Aufl., Maplewood, N. J. 1931.

[4] GASKILL, M. S.: The "carrier-gas" process. Coke and Gas 16 (1954) Nr. 4 S. 153—158.

kenswerten Leistungserscheinungen (70%) geführt bei verbesserter
Ausbeute und ohne Minderung der Koksqualität[1]. Als Spül- oder
Wärmeträgergas ist Generatorgas, eigenerzeugtes Gas und von GASKILL[2]
bevorzugt Wassergas vorgeschlagen worden.

Nach dem Verlassen des Ofens wird der Koks möglichst schonend
gelöscht (Abspritzen mit Wasser auf der Koksrampe oder im Löschturm) oder seltener in Trockenkokskühlanlagen mit inerten Gasen gekühlt, wodurch der Koks stärker geschont, seine Qualität verbessert,
die Kokswärme zurückgewonnen wird. Anschließend wird der Koks
abgesiebt, wenn nötig durch Brechen aufbereitet und nach Korngrößen
sortiert.

Über die Gasentgiftung (Herabsetzung des CO-Gehaltes auf etwa 1%)
vgl. S. 304.

Schnell- und Vorentgasung

Im Gegensatz zu den klassischen Verfahren der Gas-, Koks- und
Kohlenwertstoffgewinnung durch eine langsam durchgeführte Entgasung oder Pyrolyse sind neuerdings auch Verfahren zur Gasgewinnung
durch schnelle Entgasung entwickelt worden, so z. B. auf Wanderrosten,
in Drehöfen, in Wirbelschichten, in Mischkammern oder in der Schwebe.

Der Rostverkoker ist ein Wanderrost zur Kokserzeugung ohne Wert-
stoffgewinnung (Shawinigan-Verfahren nach A. H. ANDERSEN[3]).

Die spez. Rostbelastung beträgt 120 bis 150 kg/m²h, die Verkokungszeit etwa 0,7 bis 0,8 h (gegenüber 12 bis 18 h im Koksofen); die Kosten
der Anlage und der Verfahrensdurchführung sind entsprechend gering.
Das Gas brennt über der Schicht ab und kann zu Heizzwecken benutzt
werden. Der Koks entspricht zwar qualitätsmäßig nicht einem Ofenkoks,
genügt aber für viele Zwecke.

Die Schnellentgasung von Kohlenstaub mit unmittelbar anschließender Verbrennung des entstehenden heißen Schwelkokses ist als kom-
biniertes Verfahren der Gas- und Dampferzeugung von verschiedenen
Seiten vorgeschlagen worden und in der Entwicklung begriffen (Lurgi-
Ruhrgas-Verfahren, Steinmüller-Steag-Verfahren u. a.[4,5]).

---

[1] NICKLIN, T., u. M. REDMAN: The "Rochdale" process. Gas J. 277 (1954)
Nr. 4737 S. 665—686 u. 278 (1954) Nr. 4740 S. 45/46.

[2] Siehe Fußn. 4 S. 254.

[3] REERINK, W.: Gegenwärtiger Stand und Probleme der Kohlenveredlung.
Glückauf 89 (1953) Nr. 35/36 S. 907—915. — BAUM, K.: Autogene Verkokung,
ein neues Verfahren zur gleichzeitigen Erzeugung von billigem Verfahrens-Koks
und Wärmeenergie. BWK 6 (1954) Nr. 7 S. 244—249.

[4] TRAENCKNER, K.: Gas aus nichtverkokungswürdigen Kohlen. Arbeiten der
Ruhrgas-A.-G. auf dem Gebiete der Entgasung und Vergasung. Gas- u. Wasserfach 93 (1952) Nr. 19 S. 537—551.

[5] CHICHAKOV, N.: Die energiechemische Verwertung der festen Brennstoffe.
Intern. Tagung über Vergasung. Lüttich 1954. Bericht D 5, S. 277—280, — vgl.
auch Glückauf 90 (1954) Nr. 25/26 S. 684/85.

Die Ausbeuten an Gas, Koks, Teerölen, Pech und Gaswasser und der Zeitbedarf der Schnellentgasung sind von PETERS[1] untersucht worden[2]. Eine Durchführung unter Druck (zur Vermeidung der Gas-Kompressionskosten und zur Durchsatzsteigerung, besonders auch der Reinigungseinrichtungen) ist durchaus denkbar[3].

Das LR-Verfahren (Lurgi-Ruhrgas-Verfahren) verwendete ursprünglich aufgeheizte keramische Wärmeträger („Pebbles") zur Zuführung der Entgasungswärme, ist aber dann zu einer Verwendung des Kokses selbst als Wärmeträger übergegangen. Heißer Koks und frische Kohle werden etwa im Verhältnis 30:1 einer waagerechten Mischkammer mit Rührvorrichtung zugeführt; die Wärmeerzeugung erfolgt durch Teilverbrennung von Koks.

Beim Steinmüller-Steag-Verfahren wird der Wärmebedarf durch Teilverbrennung des Gases und durch Außenbeheizung gedeckt.

Vergasung

Unter Vergasung oder „restloser Vergasung" versteht man die Überführung des festen Brennstoffs in einen gasförmigen und damit veredelten Brennstoff. Unter den Verfahren der Gaserzeugung hat die Vergasung[4, 5] — im Gegensatz zur Entgasung (Schwelung, Verkokung), die neben dem Gas auch noch einen festen Rückstand, den Koks, liefert — den Vorteil, daß kein Koppelprodukt anfällt, das die Wirtschaftlichkeit des Verfahrens wesentlich beeinflussen könnte. Die durch Vergasung erzeugten Gasarten und deren Eigenschaften hängen ab (1.) von der Zusammensetzung des Vergasungsmittels, (2.) vom Brennstoff, an den je nach dem

---

[1] PETERS, W.: Die Zeitabhängigkeit der Schnellentgasung. Gas- u. Wasserfach 98 (1957) Nr. 21 S. 517—524, — Ausbeuten bei der Schnellentgasung. Gas- u. Wasserfach 99 (1958) Nr. 41 S. 1045—1054, — Wärme- und Stoffübertragung bei der Schnellentgasung feinkörniger Brennstoffe. Chemie-Ing.-Techn. 32 (1960) Nr. 3 S. 178—184.

[2] Die Gas- und Gaswasserausbeute ist etwa 20% geringer, die Pechausbeute 400% höher als bei der Fischer-Analyse (bei 600 °C).

[3] GUMZ, W.: Verfahren unter Druck, dargelegt an Beispielen der Kohlen- und Koksverwendung. Chemie-Ing.-Techn. 32 (1960) Nr. 3 S. 172—178.

[4] Vgl. S. 430.

[5] TRENKLER, H. R.: Die Gaserzeuger, Berlin: Springer 1923. — BRÜCKNER, H.: Handbuch der Gasindustrie, Bd. 2, Generatoren (Bearbeiter: WEHRMANN, F., u. H. BRÜCKNER), München u. Berlin 1940. — SCHMIDT, K.: Die Gaserzeuger, 2. Aufl. (Die Verbrennungskraftmaschine, hrsg. von H. LIST, Bd. 1, Tl. 2, Wien 1959). — HOFF, H., u. H. NETZ: Die Hüttenwerksanlagen, Bd. I, Berlin 1938, S. 135—148. — National Research Council Committee (H. H. LOWRY, Hrsg.): Chemistry of Coal Utilization, Bd. II, New York u. London 1945. — VAN DER HOEVEN, B. J. C.: Producers and producer gas, S. 1586—1672. — MORGAN, J. J.: Water gas, S. 1673 bis 1749. — v. GRATKOWSKI, H. W.: Kohlevergasung. In Ullmanns Encyklopädie der technischen Chemie, 3. Aufl., Bd. 10, München u. Berlin: Urban & Schwarzenberg 1958, S. 360—458. — MEUNIER, J.: Gazéification et Oxydation des Combustibles, Paris: Masson 1958.

angewendeten Verfahren, so besonders bei Schachtvergasung, schärfere, die Auswahl auf nichtbackende (oder höchstens sehr schwach backende) Brennstoffe beschränkende Forderungen gestellt werden müssen, (3.) von Druck, Temperatur und anderen Verfahrensmerkmalen und (4.) von der Nachbehandlung des erzeugten Gases (neben der Grob- und Feinreinigung z. B. Konvertierung, Methanisierung, CO_2- und H_2S-Auswaschung). Über die Vorausberechnung der Gaszusammensetzung s. S. 434.

Als Vergasungsmittel dienen Luft (Erzeugnis: Luftgas) mit Wasserdampfzusatz durch Aufsättigen des Gebläsewindes (Generatorgas 1100 bis 1500 kcal/Nm³ je nach Sättigungsgrad und Brennstoff), ferner Luft, Kohlensäure oder Abgas mit oder ohne weiteren Wasserdampf, sauerstoffangereicherte Luft oder reiner Sauerstoff und Wasserdampf (Oxygas 2000 bis 2400 kcal/Nm³) und/oder Kohlensäure und reiner Wasserdampf (Wassergas 2500 bis 2700 kcal/Nm³), dabei ist im letzten Falle wegen des endothermen (wärmeverbrauchenden) Vergasungsvorganges Fremdwärme erforderlich. Sie wird beim klassischen Wassergasprozeß durch abwechselndes Heißblasen mit Luft geliefert mit anschließendem Gasen mit Wasserdampf, mit einem Spülvorgang dazwischen. Eine stetige Wassergaserzeugung kann neben der Vergasung mit Sauerstoff durch Wälzgasbeheizung (Beispiele: Pintsch-Hillebrand-Verfahren, Koppers-Verfahren, Wintershall-Schmalfeldt-Verfahren) durch Außenbeheizung in Vertikalkammeröfen (Beispiel: BUBIAG-Didier-Verfahren) oder durch elektrische Beheizung[1] durchgeführt werden, wo billiger Wasserkraftstrom diese Beheizungsart wirtschaftlich erscheinen läßt (Elektro-Wassergas 2750 kcal/Nm³).

Einen Überblick über Gasausbeute, Gasheizwert und Vergasungswirkungsgrad verschiedener Brennstoffe gibt Zahlentafel 6–7.

Die Angaben sind verknüpft durch die Definition des Vergasungswirkungsgrades

$$\text{Vergasungswirkungsgrad } (c) = \frac{\text{Gasausbeute } (a) \text{ mal Gasheizwert } (b)}{\text{Brennstoffheizwert}} \; .$$

Daraus lassen sich die Verhältnisse bei abweichenden Heizwerten leicht ermitteln. Die geringen Vergasungswirkungsgrade bei Wassergaserzeugung erklären sich aus den Verlusten durch das Blasegas (bzw. die höheren Abgastemperaturen bzw. Gasmengen bei den stetigen Verfahren), die Rückgewinnung durch Abhitzekessel bleibt dabei außer Ansatz. Der Vergasungswirkungsgrad wird bestimmt durch die Verluste durch den Wärmeinhalt des abziehenden Gases (Menge, Zusammensetzung, Temperatur), die Verluste durch Brennbares in den Rückständen und im Flugstaub und durch Leitung und Strahlung, m. a. W.

---

[1] HOLE, J.: Feuerungstechn. 27 (1939) H. 9 S. 259/60.

Zahlentafel 6–7. *Ausbeute, Heizwert und Vergasungswirkungsgrad
verschiedener Vergasungsverfahren und Brennstoffe*

a) Gasausbeute Nm³/kg,   b) Gasheizwert kcal/Nm³,   c) Vergasungswirkungsgrad

Brennstoff	Heizwert kcal/kg	Vergasung mit Luft	Vergasung mit Wasserdampf	Sonstige Verfahren
Hochtemperaturkoks . .	7060	a) 5,31 b) 1050 c) 0,79	a) 1,81 b) 2540 c) 0,65	a) 2,656 b) 2100 [1] c) 0,79
Schwelkoks.	7200	a) 5,17 b) 1100 c) 0,79	a) 1,70 b) 2590 c) 0,61	— — —
Anthrazit	7555	a) 4,51 b) 1340 c) 0,80	a) 1,87 b) 2500 c) 0,62	— — —
Gasflammkohle	6150	a) 3,18 b) 1550 c) 0,80	a) 1,35 b) 2690 c) 0,59	— — —
Braunkohlenschwelkoks .	5874	a) 3,82 b) 1220 c) 0,80	a) 1,841 b) 2380 [2] c) 0,746	a) 3,325 b) 1240 [3] c) 0,702
Trockenbraunkohle . . .	5270	— — —	a) 1,47 b) 2390 [2] c) 0,666	a) 2,78 b) 1110 [3] c) 0,585
Braunkohlenbrikett . . .	4750	a) 2,375 b) 1500 c) 0,75	a) 1,14 b) 2420 c) 0,583	— — —
Rohbraunkohle	2090	a) 1,47 b) 1140 c) 0,80	— — —	— — —
Preßtorf	4520	a) 2,21 b) 1470 c) 0,72	— — —	— — —
Holzkohle	7000	a) 3,92 b) 1340 c) 0,75	— — —	— — —
Holz (lufttrocken). . . .	3620	a) 2,25 b) 1300 c) 0,81	— — —	— — —

durch die Generatorkonstruktion und Betriebsweise (Belastung) und
die etwaige·Rückgewinnung der Abwärme im Rahmen des Vergasungsvorganges (z. B. durch Vorwärmung des Vergasungsmittels).

Ein wichtiges Problem ist stets die Vergasung auch backender Steinkohlen, um die Brennstoffbasis für die Gaserzeugung auszuweiten. Ein
Weg dazu ist die thermische und oxydative Vorbehandlung zur Vernichtung der Backfähigkeit oder das Verbacken mit nachfolgendem

---

[1] Vergasung mit Sauerstoff.
[2] Vergasung mit Wasserstoff und Sauerstoff im Winkler-Generator.
[3] Vergasung mit Luft im Winkler-Generator.

mechanischem Aufbrechen des Kokses, wie es z. B. bei dem DEMAG-PH-Generator angewendet wird. Eine andere Möglichkeit ist die Vergasung unter genügend hohem Zusatz von nicht backendem Material (4:1 bis 6:1), wofür das FLESCH-WINKLER-Verfahren[1] ein Beispiel bietet. Die (backende) Kohle wird hierbei in ein aufgewirbeltes Brennstoffbett eingespeist und dadurch innig mit dem schon entgasten Brennstoff gemischt. Gleichzeitig fällt während dieser etwa 1 bis 2 min dauernden Fluidisierung die gebildete Schlacke zu Boden und wird entfernt. Nach dem Absetzen des Bettes wird in ruhender Schicht (etwa 10 bis 12 min) absteigend vergast, dabei nur ein Bruchteil des nun entgasten und verkokten Inventars verbraucht, bis die Schlackenbildung an der Oberfläche der Schicht eine neue Aufwirblung zwecks Entschlackung (und Nachspeisung) erfordert.

Das Verfahren ist jedoch großtechnisch nicht angewendet worden, dagegen wurde es zu einem kontinuierlichen Verfahren weiterentwickelt und unter dem Namen BASF-FLESCH-DEMAG-Verfahren[2] bekannt.

Dem gleichen Ziele, d. h. der weitgehenden Unabhängigkeit von der Backfähigkeit des Brennstoffs, dient die Vergasung in der Schwebe in Staubform, die jedoch wegen der Gleichstromvergasung thermisch ungünstiger ist und sehr hohe Vorwärmung des Vergasungsmittels (1000 bis 1100 °C) oder hohen Druck ($\geqq$ 10 bis 15 at) erfordert, um befriedigende Ergebnisse zu liefern. Staubvergasung arbeitet mit geringerem Wirkungsgrad, dafür aber mit billigerem Brennstoff. Beispiele sind das Koppers-TOTZEK-Verfahren[3], das Schmalfeldt-Wintershall-Verfahren[4] und das davon abgewandelte Panindco-Verfahren[5] sowie die beiden mit flüssigem Schlackenabfluß arbeitenden Staubvergasungsverfahren, das Ruhrgas-Wirbelkammer-Verfahren[6] und das RUMMEL-Otto-Verfahren[7]. Mit gröberem Feinkorn und mit Wirbelschicht arbeitet der Winkler-

---

[1] FLESCH, W.: Beiträge zur restlosen Vergasung von Feinkohle. Glückauf 90 (1954) H. 21/22 S. 537—543.

[2] GUMZ, W.: The Fuel and Power Resources of Germany and their Utilization. J. Inst. Fuel 28 (1955) Nr. 175 S. 393—411, — Vergasung von Steinkohlen und Steinkohlenkoks. In: WINNACKER, K., u. L. KÜCHLER (Hrsg.): Chemische Technologie, Bd. 3, 2. Aufl., München: Hanser 1959, S. 98—100.

[3] Siehe Fußn. 2 S. 664.

[4] Siehe S. 666.

[5] FOCH, P.: La gazéification des combustibles pulvérisés par le procédé „Panindco". Chim. et Ind. 66 (1951) Nr. 5 S. 639—647. — FOCH, P., u. R. LOISON: Über die Vergasung von Kohlenstaub nach dem Panindco-Verfahren. Neueste Ergebnisse. Intern. Tagung restl. Vergasung geförd. Kohle. Lüttich 1954. Bericht D 1.

[6] Siehe Fußn. 1 S. 666.

[7] RUMMEL, R.: Der Schlackenbadgenerator. Chemie-Ing.-Techn. 28 (1956) Nr. 1 S. 25—30.

Generator. Auch Kombinationen der Staubvergasung mit ruhenden Brennstoffschichten[1] sind vorgeschlagen worden.

Abfallbrennstoffe, wie Waschberge, bieten wegen der geringen Brennstoffkosten einen Anreiz zur Verwertung; neben Abstichgaserzeugern sind neuerdings auch andere Wege[2] beschritten worden, die nach Weiterentwicklung zur Herabsetzung des hohen Kapitalaufwandes aussichtsreich erscheinen.

Ein Anwendungsgebiet der Vergasung, das durch die energiewirtschaftliche Entwicklung der letzten Jahrzehnte, besonders durch das Vordringen der Elektrifizierung, stark in den Hintergrund gedrängt wurde, ist die Kraftgaserzeugung, d. h. die Kopplung eines Gaserzeugers mit einer Gasmaschine. Da das Gas vom Motor angesaugt wird, werden diese Aggregate als Sauggasanlagen bezeichnet, doch ist die Überwindung sämtlicher Strömungswiderstände durch den Saugehub des Motors kein notwendiges Kennzeichen solcher Gas-Energieerzeugungsanlagen. Besonders wirtschaftliche Lösungen ergeben sich, wenn gleichzeitig Bedarf an Energie und an Wärme (Heizgas) vorliegt[3]; auch ist die vollständige Ausnutzung aller Kühlwasser- und Abwärme ein Musterbeispiel für eine vollständige Kraft-Wärme-Kupplung.

Ein Sondergebiet der Gaserzeugertechnik war die schon vor dem Krieg begonnene, durch die Treibstoff-Mangellage während des Krieges stark geförderte Entwicklung der Fahrzeuggaserzeuger, deren technische und wirtschaftliche Bedeutung zwar weitgehend geschwunden ist, aber je nach Entwicklung der Ölversorgungslage in der Zukunft wieder einmal aufleben könnte, so etwa für die Binnenschiffahrt, für Schienenfahrzeuge und — vielleicht in geringem Maße — selbst für schwere Straßenfahrzeuge. Es besteht Anlaß, die wertvollen Erfahrungen der Kriegszeit nicht in Vergessenheit geraten zu lassen[4].

---

[1] RUDE, J.: Wassergaserzeugung aus staubförmigen Brennstoffen. Braunkohle 31 (1932) Nr. 7 S. 293—298.

[2] GOLLMER, W.: Verwertung ballastreicher Brennstoffe durch Vergasung. Bergbau-Arch. 9 (1948) S. 95—104. — HAACKE, A.: s. Fußn. 2 S. 226.

[3] SCHMIDT, K.: Eigenkraftanlagen mit Gaserzeugern. Z. VDI 79 (1935) Nr. 18 S. 547—550.

[4] Über die verschiedenen Bauarten vgl. H. FINKBEINER: Hochleistungsgaserzeuger für Fahrzeugbetrieb und ortsfeste Kleinanlagen, Berlin 1937, — Holzgaserzeuger für Lastwagenantrieb. Z. VDI 84 (1940) H. 35 S. 645—650 (mit 36 Schrifttumshinweisen), — Fahrzeuggaserzeuger für teerfreie Brennstoffe. Z. VDI 85 (1941) H. 27 S. 591—599 (mit 18 Schrifttumshinweisen). — HELLER, W.: Neuzeitliche Generatoranlagen für Kraftfahrzeuge. Autom.-techn. Z. 43 (1940) H. 18 S. 455—459, H. 21 S. 543—545; 44 (1941) H. 2 S. 37—39, H. 5 S. 126—129, H. 7 S. 179—182 u. H. 12 S. 318, H. 22 S. 564—566. — LUTZ, H.: Die Entwicklung eines Spezial-Holzgaserzeugers für den Gasschlepper. Die Technik in der Landwirtschaft 22 (1941) H. 8 S. 141—144. — Vgl. auch die Übersichtstafel Feuerungstechn. 29 (1941) H. 11 S. 263. — FINKBEINER, H.: Hochleistungsgaserzeuger für Fahrzeugbetrieb und ortsfeste Kleinanlagen, 2. Aufl., Berlin 1943. — JANTSCH, F.:

Als eine Kombination der Energiegewinnung aus Kohle (in situ) und der Vergasung ist die Untertagevergasung anzusehen. Das Verfahren ist erstmals in der UdSSR ausgeübt worden und hat dort auch seine hauptsächlichste Anwendung gefunden[1]. Man versucht dabei, mit einem Minimum an bergmännischer Vorarbeit möglichst nur durch Bohren von über Tage auszukommen. Nachdem das Flöz zwischen zwei Punkten durch Bohren, durch Druck oder durch elektrischen Strom aufgeschlossen ist, wird nach erfolgtem Zünden Luft hindurchgepreßt und die Kohle in ihrer Lagerstätte vergast. Der Anreiz des Wegfalls der konventionellen bergmännischen Untertagearbeit, der evtl. geringen Kosten, haben Versuche in dieser Richtung in allen Ländern angeregt, so in Belgien, Italien, USA und England[2-5].

Fahrzeuggeneratoren. Bau, Betrieb, Einsatz, Berlin 1943. — KROLL, W.: Der Gasgenerator, Nossen i. Sa. u. Berlin 1943. — LÖSEKRUG, F., u. G. RIEDEL: Der Fahrzeuggenerator. Einbau und Betrieb (Lose-Blatt-Form), Berlin 1943. — RAMMLER, E.: Fahrzeuggeneratoren für Braunkohlenbriketts. Braunkohle 42 (1943) H. 36/37 S. 350—353. — STEFFEN, P.: Vergasung von Braunkohlenbriketts im Ewers-Union-Generator. Braunkohle 42 (1943) H. 38/39 S. 377—382. — SOM-MER, F.: Vergasung von Braunkohlenbriketts und Hartbraunkohle im Prometheus-Weber-Gaserzeuger. Braunkohle 42 (1943) H. 40/41 S. 395—401. — Ingeniörs-vetenskapsakademien: Gengas: Schwedische Erfahrungen aus den Jahren 1939 bis 1945 (Schwed.), Stockholm 1950. — Siehe auch dieses Handbuch, 2. Aufl., S. 526—529. — LESSNIG, R.: Steinkohlenschwelkoks als Vergasungsbrennstoff für ortsbewegliche Sauggasanlagen. Bericht D 61 des Reichskohlenrats, Berlin 1937, — Glückauf 73 (1937) H. 47 S. 1053—1059. — LANG, K.: Untersuchung über die Vergasung von Anthrazit, Steinkohlen-, Hoch-, Mittel- und Tieftemperaturkoks im Fahrzeuggenerator. Bericht D 66 des Reichskohlenrats, Berlin 1938. Diss. Aachen 1937. — ISENDAHL, H.: Entwicklung und Untersuchung eines Hoch-leistungs-Fahrzeuggaserzeugers. Diss. Berlin 1941. — LUTZ, H.: Die Verbesserung des Fahrzeug-Holzgaserzeugers durch wärmetechnische Maßnahmen. Autom.-techn. Z. 43 (1940) H. 23 S. 589—595; 44 (1941) H. 6 S. 142—148, — Feuerungs-techn. 29 (1941) H. 8 S. 186—189. — HURLEY, T. F., u. A. FITTON: The emergency use of producer gas for road transport. J. Inst. Fuel 21 (1948) Nr. 121 S. 283—298.

[1] GUMZ, W.: Stand der Untertagevergasung in Rußland. Glückauf 76 (1940) Nr. 15 S. 210—213; s. auch Nr. 48 S. 670—672, — Feuerungstechn. 28 (1940) Nr. 3 S. 56—59, Nr. 12 S. 273—275, — Stand der Entwicklung der Untertagevergasung. Stahl u. Eisen 78 (1958) Nr. 26 S. 1905/06.

[2] Eine umfassende Bibliographie der älteren Veröffentlichungen (bis 1944) bieten L. J. JOLLEY u. N. BOOTH: The underground gasification of coal. Fuel 24 (1945) Nr. 2/3, S. 31—37, 73—79; ferner ,,La gazéification souterraine dans les divers pays". Ann. Mines Belg. 50 (1951) S. 37—68, 174—195, 589—598, 739—759; 51 (1952) S. 9—27, 149—172.

[3] DE CROMBRUGGHE, O.: La gazéification souterraine en U.R.S.S. Ann. Mines Belg. 58 (1959) Nr. 5 S. 478—534.

[4] Ministry of Fuel and Power (Hrsg.): British Trials in Underground Gasification 1949—1955, London: H. M. Stat. Office 1956.

[5] ELDER, J. L., M. H. FIES, H. G. GRAHAM, J. P. CAPP u. E. SARAPUU: Bureau of Mines Rep. Invest. Nr. 5367 (1957).

Die Versuche haben in fast allen Fällen enttäuschende Ergebnisse gebracht. Die Schwierigkeiten liegen in der Abhängigkeit von den geologischen Verhältnissen der Lagerstätte und des Deckgebirges, in den ungünstigen vergasungstechnischen Voraussetzungen (schlechte Berührung, geringe Reaktionsflächen, langgezogene Reaktionszonen und hohe Wärmeverluste), die zu einem sehr armen Gas (mit dauernd abnehmenden Heizwerten) führt, sofern nicht überhaupt nur eine Entgasung stattfindet und das gewonnene Gas den Charakter einer Mischung von Entgasungsgas und Rauchgas hat[1]. Wirtschaftlich sehr nachteilig sind die unkontrollierbaren Vergasungsmittelverluste; deswegen ist auch die Verwendung von Sauerstoff (statt Luft) wirtschaftlich undiskutierbar. Sehr ungewiß ist auch das Maß der Ausnutzbarkeit der Lagerstätte. Trotz dieser Schwierigkeiten hat die Untertagevergasung in der UdSSR eine Produktion von 0,8 Mrd. Nm^3 Gas erreicht, die -- besonders im asiatischen Teil der UdSSR — stark ausgebaut und auf 12,5 Mrd. Nm^3 (1965) gebracht werden soll[2].

Klär- und Biogas

Eine völlig andere Art der Gasgewinnung auf biochemischer Grundlage ist die Ausfaulung von Klärschlamm aus den städtischen Abwässern oder von Mist und anderen landwirtschaftlichen Abfallprodukten mit Hilfe von Methanbakterien, von denen es mindestens vier verschiedene Arten gibt und die in ihrem Zusammenwirken zur Methanbildung führen[3]. Der Abbau geht in zwei Stufen vor sich, wobei erst organische Säuren gebildet werden, die dann in Methan und Kohlensäure übergehen.

Die Zusammensetzung des Klärgases ist sehr schwankend und wird von LIEBMANN folgendermaßen angegeben:

65—95% CH_4	0—8% H_2
5—31% CO_2	0—0,25% H_2S
0— 6% N_2	$H_u = 6000-8500$ kcal/Nm³

Der Faulraum soll eine gleichmäßige Temperatur haben, die Gasmenge steigt mit der Temperatur. Häufig werden 30 °C als Optimum empfohlen, 40 °C sollen nicht wesentlich überschritten werden, aber auch niedrigere Temperaturen (12 bis 15 °C) können ausreichend sein. Der CH_4-Gehalt und damit der Heizwert ist bei niedrigen Temperaturen

---

[1] GUMZ, W.: Some notes on the underground gasification of coal. Combustion, N. Y. 21 (1949) Nr. 6 S. 53—55.

[2] KOVALENKO, A. I.: Aussichten für die Entwicklung der Untertagevergasung von Kohlen in den nächsten Jahren. Podzemnaja gazifikacija uglej. 1958 Nr. 2 S. 73—76. Siehe auch Stahl u. Eisen 78 (1958) Nr. 26 S. 1906.

[3] LIEBMANN, H. (Hrsg.): Gewinnung und Verwertung von Methan aus Klärschlamm und Mist (Münchener Beiträge zur Abwasser-, Fischerei- und Flußbiologie, Bd. 3, München: Oldenbourg 1956.

höher als bei hohen Temperaturen. Schnelle Temperaturschwankungen sind für die Bakterienstämme schädlich. Der Inhalt des Faulraumes soll schwach alkalisch sein. Der Gasanfall wird mit 5 bis 15 l/Kopf und Tag angegeben. Der Gesamtanfall an Klärgas betrug 1957 nach KIESS[1] 43,7 Mio m³/Jahr aus 105 Kläranlagen mit insgesamt 354000 m³ Faulraum (0,34 m³ Klärgas je m³ und Tag). Die Verwertung des Klärgases erfolgt teils durch Abgabe an Gaswerke, durch Beheizung im Eigenbetrieb einschl. Faulraumbeheizung, durch Krafterzeugung (in Gasmotoren) und für den Kraftfahrzeugantrieb (Hochdruck-Flaschengas). Die technische Entwicklung der Klärgasgewinnung hat HOPPE[2], die wirtschaftliche Seite KIESS[3] dargestellt.

Die Gasreinigung beschränkt sich meist auf die Entfernung des Schwefelwasserstoffs.

Ein ähnliches Problem liegt in größeren landwirtschaftlichen Betrieben vor, wo eine ausreichende Gasmenge zur Eigenversorgung (einschl. Schlepperbetrieb) aus dem Stallmist gewonnen werden kann. Bei dieser Biogasgewinnung wird der Mist nicht verbraucht, seine Düngequalität vielmehr noch verbessert und Stickstoff- und Energieverluste, wie sie bei der gewöhnlichen Stapelung des Stallmistes vorkommen, werden vermieden. Über die technischen und wirtschaftlichen Aussichten berichten STAUSS[4], GÖTZ[5], FELDMANN[6] und JOPPICH[7]. Ein technisches Problem ist dabei die Vermeidung einer Schwimmdecke, durch die der Gasaustritt behindert werden könnte.

Ein Beispiel für eine moderne Anlage führt BENZ[8] an. Der Gasanfall liegt bei 1,75 bis 2,05 m³ Gas je GVE (Großvieheinheit zu 500 kg Lebendgewicht) und Tag, die Gaszusammensetzung ist 60 bis 70% CH_4, 28% CO_2, Rest NH_3, H_2S und H_2O.

---

[1] KIESS, F.: Weitere Fortschritte bei der Klärschlammausfaulung und Klärgasverwertung. Der Städtetag, 1958, Nr. 9 S. 433—439. — Siehe auch Fußn. 3, S. 262, dort S. 130—215.

[2] HOPPE, W.: Entwicklung und Stand der Klärgasgewinnung und Klärgasverwertung in Deutschland. Siehe Fußn. 3, S. 262, dort S. 33—100. — Vgl. auch K. IMHOFF: Taschenbuch der Stadtentwässerung, 16. Aufl., München: Oldenbourg 1956.

[3] Siehe Fußn. 1.

[4] STAUSS, W.: Der heutige Stand der Biogasgewinnung aus landwirtschaftlichen organischen Stoffen. Siehe Fußn. 3, S. 262, dort S. 216—251.

[5] GÖTZ, G.: Die Biogasgewinnung ohne Schwimmdecke „System München". Siehe Fußn. 3, S. 262, dort S. 269—278.

[6] FELDMANN: Die wirtschaftlichen und energetischen Grundlagen der Biogasgewinnung. Siehe Fußn. 3, S. 262, dort S. 279—315.

[7] JOPPICH, W.: Zur Wirtschaftlichkeit von Biogasanlagen. Gesundh.-Ing. 79 (1958) Nr. 1 S. 20—22, Nr. 2 S. 56—58, Nr. 4 S. 111—114, Nr. 6 S. 174—177.

[8] BENZ, A.: Die biologische Humus- und Gasanlage. Energie 12 (1960) Nr. 5 S. 217/18.

Extraktion

Die Behandlung der Kohle mit Lösungsmitteln wie Benzol, Tetralin, Naphthalin u. a. hat sowohl für wissenschaftliche Zwecke eine große Bedeutung als auch für die technische Erzeugung von Extrakten als Ausgangsrohstoff für die Hydrierung, als sehr aschearmer Brennstoff für Kohlenstaubmotore (s. jedoch S. 233), zur Elektrodenkohleherstellung und als Ersatz für das wesentlich teuerere Montanwachs[1]. Das Druckextraktionsverfahren von POTT und BROCHE (Stinnes), das die höchsten Extraktausbeuten liefert (Steinkohle bis 90%, Braunkohle bis 95%), arbeitet mit einem Lösungsmittelgemisch aus Tetralin mit Zusätzen wie Phenole u. a. mit einem Mengenverhältnis Kohle : Lösungsmittel wie 1:1 bis 1:2, mit stetigem Lösungsmittelkreislauf, bei erhöhtem Druck und bei der jeweiligen Zersetzungstemperatur, die als Bestwert erkannt ist und die genau eingehalten werden muß. Das ähnlich arbeitende Verfahren von Uhde verwendet außerdem hydrierend wirkende Kontakte, mit wenig Wasserstoff und extrahiert bei 380 bis 425 °C unter Druck, so daß es als eine Art mildes Sumpfphaseverfahren angesprochen werden kann.

Chemische Kohleveredlung

Als chemische Kohleveredlung im weiteren Sinne ist die thermische Kohleveredlung (Schwelung, Verkokung, Entgasung) anzusehen, an die sich eine bedeutende chemische Industrie zur Weiterverarbeitung der Zwischenprodukte, insbesondere des Teeres, des Leichtöles und des Gases oder einzelner Gasbestandteile anschließt. Eine indirekte chemische Veredlung sind die Synthesen, die von Synthesegasen ausgehend Ammoniak, Methanol, Treibstoffe u. v. a. aufbauen.

Als direkte chemische Kohleveredlung ist die Kohlehydrierung, die Extraktion und die Kohleoxydation mit Säuren oder mit Laugen (s. S. 203) anzusehen. Die Wertsteigerung durch chemische Veredlung ist, auf die Gewichtseinheit des Fertigproduktes bezogen, beträchtlich, so gibt VAN KREVELEN[2] als Durchschnittswerte an für Kunstharze 90-, für Farbstoffe 375-, für Pharmaceutica 750- und für synthetische Fasern 1500fache Wertsteigerung (gegenüber der Kohle). Dennoch ist der Höhepunkt der chemischen Kohleveredlung überschritten durch die Zunahme des Rohstoffangebotes (Erdgas, Erdöl), womit die Bedeutung der Petrochemie als Basis der chemischen Industrie unterstrichen wird.

---

[1] SCHEER, W.: Feuerungstechn. 27 (1939) H. 8 S. 225—230 u. 28 (1940) H. 7 S. 150—155. Dort weitere Schrifttumsangaben über die geschichtliche Entwicklung, die Verfahren, die Extrakteigenschaften und Verwendungsmöglichkeiten.

[2] VAN KREVELEN, D.W.: Steinkohleveredlung und Verfahrenstechnik. Brennst.-Chemie 37 (1956) Nr. 5/6 S. 65—70.

Die Verfahren der Treibstofferzeugung auf der Basis Kohle haben während des Krieges eine gewisse Bedeutung gehabt, sind aber im freien Wettbewerb mit der Primärenergie Erdöl und Erdgas nicht wettbewerbsfähig. Die dabei entwickelte Technik, so die der Hydrierung, hat jedoch auch für die Petrochemie sehr befruchtend gewirkt.

Verfahrenskombinationen

Jedes Kohlenveredlungsverfahren liefert gewisse Haupterzeugnisse, Nebenprodukte und in einzelnen Fällen Abfallprodukte. Es liegt daher nahe, mehrere solcher Verfahren derart zu kuppeln, daß neben den Trägern der Wirtschaftlichkeit keine Abfallprodukte mit unerwünschten Eigenschaften oder unverwertbare Abfallenergien anfallen. Solche Kombinationen, für die das Heizkraftwerk, die Kupplung der Kraft- und Wärmeerzeugung, das Vorbild auf dem Energiesektor darstellt, sind z. B. das Schwelkraftwerk, die Kupplung der Entgasung und restlosen Vergasung des Kokses, die Kupplung von Gas- und Krafterzeugung[1, 2, 3], auch in der Form der Staub-Vorschwelanlagen, die Kombination der Synthese flüssiger Kraftstoffe (Schmierstoffe, Fette) mit der Reichgaserzeugung[4] u. a. m.

Eine Verwertung von Feinerzen (bes. Magnetitschlichen) und eine Möglichkeit zu ihrer Stückigmachung ist die Eisenkokserzeugung, die ihrerseits mit der Roheisen- und Gaserzeugung gekoppelt werden kann (BARKING und EYMANN)[5].

Die Behauptung, daß das Verbrennen von Rohkohle mit allen ihren Wertstoffen volkswirtschaftlich nicht zu rechtfertigen sei, ist zu allen Notzeiten periodisch erhoben worden, aber dennoch ist das Schwelkraftwerk in bezug auf die allgemeine Anwendbarkeit ein nicht restlos ge-

---

[1] GUMZ, W.: Die Kupplung der Gas- und Dampferzeugung. Feuerungstechn. 16 (1928) Nr. 20 S. 229—235.

[2] THAU, A.: Schwelverfahren in Verbindung mit Kesselfeuerungen. Feuerungstechn. 25 (1937) Nr. 3 S. 65—72.

[3] STIEF, F.: Vorschläge zur Umwandlung der Energieversorgung. Gas- u. Wasserfach 89 (1948) Nr. 7 S. 193—199; 90 (1949) Nr. 16 S. 403—410.

[4] PICHLER, H.: Stadtgaserzeugung in Verbindung mit der Kogasin-Synthese. Brennst.-Chemie 22 (1941) Nr. 21 S. 244—248.

[5] BARKING, H., u. C. EYMANN: Über die Herstellung, Vergasung und Verhüttung von eisenreichem Koks zur Schwachgasherstellung. Glückauf 88 (1952) Nr. 45/46 S. 1090—1094. — Über die Herstellung von Eisenkoks aus Feinerz und Gaskohle. Glückauf 89 (1953) Nr. 39/40 S. 993—1003. — Die Herstellung von Eisenkoks aus hochbituminösen Kohlen. Stahl u. Eisen 75 (1955) Nr. 7 S. 386 bis 391. — RODEN, W.: Gasverwendung von Steinkohle und vom Eisen aus gesehen. Gaswärme 1 (1952) Nr. 2 S. 49—56. — JAEGER, F.: Die Anwendung von Eisenkoks im Niederschachtofen. Stahl u. Eisen 73 (1953) Nr. 23 S. 1526—1529. — PASCHKE, M.: Die restlose Vergasung von Gaskohlen über Eisenkoks in Schachtöfen; ihre Bedeutung für die Gas- und Hüttenindustrie. Intern. Tagung restl. Vergasung geförd. Kohle. Lüttich 1954. Bericht C 6, S. 211—219.

glückter Versuch, diese Forderung mit den gegebenen technischen Mitteln in die Praxis umzusetzen. Als wesentliche Nachteile sind anzuführen: Leistungsbeschränkung durch Kopplung des langsamen Schwelvorganges mit dem schnellen Verbrennungsvorgang, Schwierigkeiten und mangelhafte Ausschwelung bei Belastungswechseln, Leistungs- und Wirkungsgradrückgang der Rostfeuerungen besonders durch höhere Rostdurchfall- und Flugkoksverluste[1] und höhere Mahl- und Verschleißkosten bei Staubfeuerungen[2].

STIEF[3] hat den Vorschlag der Kupplung von Gas- und Energieerzeugung in neuer Abwandlung aufgegriffen und vorgeschlagen, die Kohle (auch schlecht-backende) in kontinuierlichen Vertikalöfen schonend, aber bei Temperaturen bis 1000 °C zu entgasen und auf höchste Gas- und Nebenproduktenausbeute, dagegen auf geringen Koksanfall und einen wenig festen, leicht mahlbaren Koks hinzuarbeiten. Dieser Koks soll trocken gelöscht und auf Rosten oder vorzugsweise nach Mahlung in Staubfeuerungen mit hoher Luftvorwärmung (500 °C) und Koksvorwärmung (150 °C) unter Kesseln verfeuert werden, um dort entgasungswürdige Kohle frei zu machen.

Auch dabei gelten die feuerungstechnischen Nachteile des „Schwelkraftwerks", weshalb die Zwischenstufe der Vergasung empfehlenswert erscheint. Es stehen dann drei Kombinationsmöglichkeiten zur Verfügung: 1. Die Herstellung von Kraftgas und damit von Energie (über die Gasmaschine oder Gasturbine); 2. die Herstellung von Heizgas, das teils zur Ofenbeheizung, teils zur Kesselbefeuerung verwandt werden kann (Energieerzeugung über Dampf), und 3. die Herstellung von Reichgas durch Druckvergasung, das nach Wunsch auch zur Krafterzeugung verwandt werden kann. Das Zwischenglied der „Gaserzeuger-Feuerung" ist somit ein wichtiger Schritt in der Weiterentwicklung der Feuerungstechnik[4]. In allen drei Fällen sind Reichgase, elektrische Energie und Kohlenwertstoffe die einzigen Erzeugnisse, die gefürchtete „Koks-Gas-Schere" entfällt. Allenfalls stehen Gasbedarf und Energiebedarf bei den heutigen Verbrauchsgewohnheiten nicht miteinander in Einklang und bedürfen einer Absatzneuorientierung.

Der Verbund von Wärme-, Strom- und Gaserzeugung führt in größeren Betrieben zu äußerst wirtschaftlichen Lösungen, besonders

---

[1] RAMMLER, E., u. K. BREITLING: Feuerungsversuche mit Steinkohlenschwelkoks auf Zonenwanderrost und Steinmüller-L-Rost. Feuerungstechn. 30 (1942) Nr. 8 S. 177—186. — WERKMEISTER, H.: Feuerungstechn. 30 (1942) Nr. 9 S. 201 bis 207.

[2] STIMMEL, H.: Die Schwelkoksverwertung in Kraftwerken. Feuerungstechn. 28 (1940) Nr. 2 S. 28—34.

[3] Siehe Fußn. 3 S. 265. — WINTER, H.: Die Grundzüge des Stief-Plans. BWK 1 (1949) Nr. 9 S. 236/37.

[4] Vgl. S. 541—543.

dann, wenn durch die Speicherung von Zwischenprodukten und durch Betriebszeitverlegungen energieintensiver Verbraucherbetriebe ein weitgehender Belastungsausgleich erfolgen kann. GASSBERGER[1] hat an einem Beispiel (Chemische Werke Hüls) zeigen können, wie vorteilhaft ein solcher „Chemie-Speicher", ein Gasbehälter zur Speicherung des Produktionsgases aus 16 Lichtbogenöfen zur Spaltung von Kohlenwasserstoffen (mit einem Anschlußwert von zusammen 112000 kW) für den Spitzenausgleich eingesetzt werden kann, wobei die Öfen in der Energiespitze abgeschaltet werden, die Nachverarbeitung dagegen konstant weiterläuft.

7. Zusammensetzung und Eigenschaften der flüssigen Brennstoffe

Siedeverhalten

Chemisch nicht einheitliche Stoffe besitzen keinen ausgeprägten Siedepunkt, sie werden vielmehr durch eine Siedekurve gekennzeichnet. Abb. 7–1 zeigt einige Siedekurven von Treibstoffen und flüssigen Brenn-

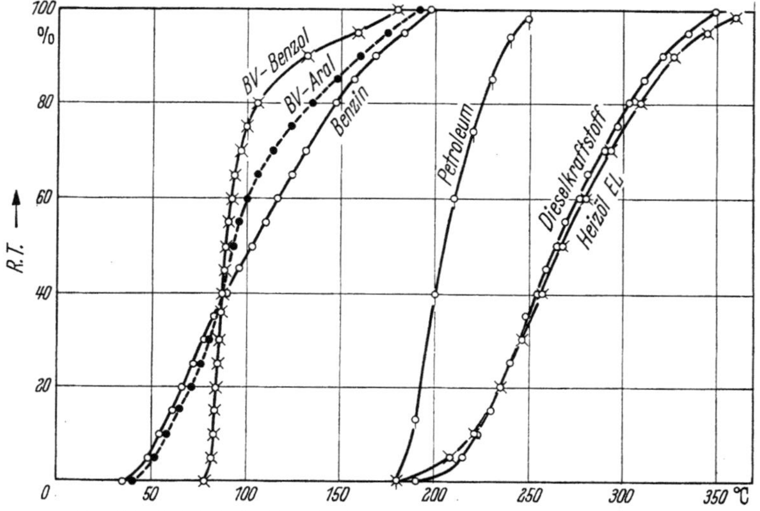

Abb. 7–1. Beispiele für die Siedekurven verschiedener flüssiger Brennstoffe

stoffen, wobei zu bemerken ist, daß praktisch erhebliche Schwankungen vorkommen können. Wie man daraus ersieht, ist z. B. das Motorenbenzol auch nicht einheitlich als C_6H_6 aufzufassen, sondern es enthält vorzugs-

---

[1] GASSBERGER, A.: Die Strom- und Gasverbundwirtschaft eines großen Industriewerkes. Techn. Mitt. (Essen) 47 (1954) Nr. 12 S. 530—537. — Belastungsausgleich durch einen speicherähnlichen Verbundbetrieb eines stromintensiven Industriewerkes mit der allgemeinen Stromversorgung. Fünfte Weltkraftkonferenz Wien 1956. Paper 216 G_1/26, Bd. 9 S. 2851—2878.

weise die Homologe der Benzolreihe wie Toluol, Xylol und höhere Benzol-
kohlenwasserstoffe, daneben noch einen Rest von 2 bis 10% aliphatische
Kohlenwasserstoffe[1].

Zur einfachen Kennzeichnung des Siedeverhaltens dient die Siede-
kennziffer, die als die mittlere Siedetemperatur bezeichnet werden
könnte. Sie wird ermittelt, indem man die Siedetemperaturen, bei
denen 5, 15, 25 usw. bis 95 Raumteile (cm³) bei der Destillation übergegangen sind, addiert und durch 10 dividiert (Beispiel: Benzin in
Zahlentafel 7–1). Das Verfahren versagt, wenn bei den höheren Tempera-

Zahlentafel 7–1. *Beispiele von Siedekennzifferberechnungen*

	Benzin	Dieselkraftstoff
Siedebeginn	35 °C	165 °C
5 cm³	46	197
15	60	211
25	69	225
35	78	238
45	91	251
55	106	264
65	122	277
75	140	292
85	158	309
95	184	330
Siedekennziffer	105,4	259,4

turen bereits Spaltungen oder sonstige chemische Veränderungen des
zu untersuchenden Öles vor sich gehen; man kann sich dann helfen,
indem man für den ausfallenden oberen Wert (bei 95 RT.) auch den
untersten (bei 5 RT.) wegläßt und die Summe der übrigen nur noch
durch 8 dividiert usw.

Zusammensetzung und Heizwert

In Zahlentafel 7–2 sind Zusammensetzung und Heizwert für eine Reihe
flüssiger Brennstoffe zusammengestellt. An Verunreinigungen kommen
meist nur in geringen Mengen in Frage: Wasser, Sand und gewisse
ungesättigte Kohlenwasserstoffe, die bei Mischung mit der Verbrennungsluft harzbildend wirken und daher (z. B. bei den Treibstoffen) zur Ver-
pichung der Einlaßventile führen können. Als unerwünschter Bestandteil ist der Schwefelgehalt zu betrachten. Er ist abhängig von der Natur
und Herkunft des Rohöles und sehr niedrig bei einigen amerikanischen
Rohölen, bei Saharaöl und bei den deutschen Rohölen, etwas höher in
Mittelamerika, besonders in Mexiko und im Nahen Osten. Die Nachteile

---

[1] Vgl. F. SPAUSTA: Treibstoffe für Verbrennungsmotoren, Bd. 1 u. 2, 2. Aufl.,
Wien: Springer 1953.

Zahlentafel 7–2. *Treibstoffe und flüssige Brennstoffe*

Bezeichnung	Dichte g/ml	Zusammensetzung					Heizwerte kcal/kg	
		C	H	O	N	S	H_o	H_u
Fahrbenzin	0,725	85,60	14,35	—	—	0,05	11250	10500
Flugbenzin	0,720	85,10	14,90	—	—	0,01	11300	10500
Benzin-Benzol-Gemisch	0,786	89,05	10,90	—	—	0,05	10620	10080
Dieselkraftstoff . . .	0,835	85,90	13,30	—	—	0,50	10920	10230
Heizöle								
Extra leicht (EL) .	0,840	85,9	13,0	0,4		0,7	10880	10200
Leicht (L) . .	0,880	85,5	12,5	0,8		1,2	10700	10050
Mittel (M) . .	0,920	85,3	11,6	0,6		2,5	10350	9725
Schwer (S) . .	0,970	84,0	11,0	1,11	0,39	3,5	10200	9600
Extra schwer (ES) .	—	—	—	—	—	—	—	9200
Steinkohlenteeröl . .	1,02—1,10	89,8	6,5	1,7	1,2	0,8	9300	9000
Spezialheizöl	1,185	90,2	6,1	1,8	1,1	0,8	9300	9000
Horizontalofenteer .	1,1—1,2	92,48	4,29	3,06		0,17	8480	8250
Braunkohlenteeröl. .	0,925	84,0	11,0	4,3		0,7	10200	9610

(Hoch- und Tieftemperaturkorrosionen, SO_2- und SO_3-Emissionen) haben in Verbraucherkreisen zu der Forderung geführt, den Schwefelgehalt der Heizöle, der mit zunehmender Dichte stark zunimmt, möglichst schon in der Raffinerie weitgehend zu entfernen (etwa durch eine hydrierende Entschwefelung, auch unter Verwendung eines weniger reinen Wasserstoffs, der bereits zur Entschwefelung von Destillaten verwendet worden ist).

Von den sonstigen praktisch wichtigen Eigenschaften der Heizöle sind zu nennen die Wichte, der Flammpunkt, gemessen im Flammpunktsprüfer nach PENSKY-MARTENS, und die Zähigkeit oder Viskosität. Die Zähigkeit wird in Deutschland in Engler-Graden (durch Ausflußmessung), in England und Amerika auch nach Redwood-, Saybolt Universal-, Saybolt Furol- und CGS (Stokes)-Graden gemessen. Zur Erzielung der notwendigen Dünnflüssigkeit, die eine einwandfreie Förderung und gute Zerstäubung gewährleistet, ist meist eine Vorwärmung des Heizöles erforderlich, die jedoch unterhalb des Flammpunktes bleiben soll und sich meist in den Grenzen von 100 bis 150 °C hält. Als Maß der Koksbildungsneigung dient der Conradson-Test (DIN 51551).

Wegen der Verwendung von Heizölen verschiedener Herkunft und Beschaffenheit spielt die Frage der Mischbarkeit der Heizöle[1], unter Vermeidung von Hartasphaltausscheidungen, eine gewisse Rolle.

---

[1] DEMANN, W.: Mischbarkeit von Heizölen. Glückauf 76 (1940) Nr. 5 S. 61 bis 68. — ROSBOROUGH, D.-F.: Die Misch- und Lagerstabilität von Heizölen. Schweiz. Arch. 25 (1959) Nr. 3 S. 102—106.

Asche und Aschenzusammensetzung

Trotz des sehr geringen Aschegehaltes der Rohöle, der nach der Reinigung von Sand und sonstigen äußerlichen Verschmutzungen nur 0,001 bis 0,005% beträgt, spielen die Mineralbestandteile, besonders die metallorganischen Verbindungen, für die Ölverwendung doch eine erhebliche Rolle, da sie zu Korrosionen Anlaß geben können und sehr schwer zu entfernen sind. Die Destillate sind praktisch nahezu aschefrei, die Ascheträger reichern sich in den Rückstandsölen an und können dort 0,1% ausmachen. Die Aschezusammensetzung[1] schwankt nach SHIREY[2] in weiten Grenzen. Von besonders nachteiliger Wirkung ist das Vanadiumpentoxyd (V_2O_5), da es einen niedrigen Schmelzpunkt besitzt und mit den Alkalien noch niedriger schmelzende Verbindungen eingeht (625 bis 630 °C), so daß Rohrwandtemperaturen von 620 °C oder Heißdampftemperaturen $\geqq$ 550 bis 570 °C schon zu flüssigen Schlackenbelägen und Korrosionen Anlaß geben können[3]. Dem als Schwefelsäure-Kontakt bekannten Vanadiumpentoxyd wird auch die Fähigkeit zugeschrieben, die SO_3-Bildung beim Durchstreichen der Rauchgase durch die mit Ölaschen und Schlacken bedeckten Kessel- und Überhitzerrohre zu begünstigen. Wegen seiner Reizwirkung auf die Atmungsorgane und die Augenbindehaut ist beim Befahren und Reinigen ölgefeuerter Kessel Vorsicht geboten[4].

Zahlenmäßig ist der V-Gehalt in der Ölasche äußerst verschieden. Während er bei einigen nordamerikanischen Ölen nur wenige Prozent ausmacht, kann er bei Nahostölen 14 bis 40%, bei Venezuela-Öl 40 bis über 60% ausmachen. Durch Änderung der Rohölbasis können daher die Verbraucher vor schwerwiegende Probleme gestellt werden. So berichtete NORRIS[5] von einem amerikanischen Kraftwerk, bei welchem der V-Gehalt in dem Jahrzehnt von 1946 bis 1956 von < 100 ppm auf über 500 ppm (auf das Öl bezogen) angestiegen ist.

Alkalien als Aschebestandteile können auch beim Tankertransport in das Öl gelangen, ihre Auswaschung nach den gleichen Verfahren, wie es mit dem Rohöl auf den Gewinnungsfeldern geschieht, ist wegen der korrosionsfördernden Wirkung des Chlors und des niedrigen Schmelzpunktes der Alkalivanadate dringend zu empfehlen und bereits bei Gas-

---

[1] THOMAS, W. H.: Inorganic constituents of petroleum. In: DUNSTAN, A. E., A. W. NASH, B. T. BROOKS, SIR H. TIZARD: The Sci. Petroleum, Bd. 2, London/New York/Toronto 1938, S. 1053—1056.

[2] SHIREY, W. B.: Metallic constituents of crude petroleum. Industr. Engng. Chem. 23 (1931) Nr. 10 S. 1151—1153.

[3] Schlackenkunde, s. Fußn. 1 S. 165, dort S. 294—314.

[4] Schlackenkunde, s. Fußn. 1 S. 165, dort S. 314.

[5] NORRIS, R. S.: A new additive approach to the oil-ash corrosion problem. Corrosion 13 (1957) Nr. 7 S. 123/24, 126. — Vgl. Mitt. VGB H. 56 (1958) S. 305 bis 319, dort Abb. 7.

turbinenanlagen durchgeführt worden (Zentrifugieren oder elektrostatische Abscheidung des Waschwassers).

Die Entfernung von Aschebestandteilen ist äußerst schwierig; sie soll mit Jodwasserstoff möglich, aber mit hohen Ölverlusten verbunden sein[1].

Spezifisches Gewicht und Dichte

Das spez. Gewicht (die Wichte) wird gewöhnlich bei 15 °C angegeben in Amerika bei 60 °F = 15,6 °C. Die Dichtebestimmung (Vergleich mit dem spez. Gewicht reinen Wassers bei 15 bzw. 15,6 °C) geschieht am einfachsten mit Hilfe einer Tauchspindel (Aräometer). Sie dient weniger zur gütemäßigen Bewertung als vielmehr zur Umrechnung von Volumen und Gewicht und auch in Verbindung mit der Siedekennzahl zur Beurteilung der Zündwilligkeit von Dieselkraftstoffen[2]. Mitunter wird die Dichte auch in Beaumé-Graden oder API-Graden (Amerikanisches Petroleum-Institut) ausgedrückt. (Umrechnung s. S. 715). Es entspricht $0°$ API $\gamma = 1{,}076$, $10°$ API $\gamma = 1$, $20°$ API $\gamma = 0{,}934$ usw.

Thermische Eigenschaften

Die mittlere spez. Wärme flüssiger Brennstoffe kann man nach der von KRAUSSOLD[3] angegebenen Formel wie folgt ermitteln:

Für spez. Gewichte $\gamma \geqq 0{,}9$

$$(c_m)_0^t = 0{,}9210 - 0{,}560\,\gamma + 0{,}00055\,t \tag{7-1}$$

und für $\gamma \leqq 0{,}9$

$$(c_m)_0^t = 0{,}6920 - 0{,}308\,\gamma + 0{,}00055\,t \tag{7-2}$$

und erhält damit befriedigende Übereinstimmung mit den Werten von CRAGOE[4]. Weitere Formeln sind von GAMBILL[5] und für Teer von EDLER[6], BRIGGS und POPPER[7] angegeben worden.

Die Enthalpie verdampfter flüssiger Brennstoffe (Flüssigkeitswärme oberhalb 0 °C + Verdampfungswärme) I_{Dampf} [kcal/kg] ist bei Atmo-

---

[1] GARWOOD, W. E., W. I. DENTON, R. B. BISHOP, S. J. LUKASIEWICZ u. J. N. MIALE: Cleaning up petroleum stocks with hydriodic acid. Industr. Engng. Chem. 51 (1959) Nr. 11 S. 1377/78.

[2] HEINZE, R., u. M. MARDER: Z. VDI 81 (1937) Nr. 2 S. 37/38, — Brennst.-Chemie 17 (1936) Nr. 17 S. 326—330.

[3] KRAUSSOLD, H.: Petroleum 28 (1932) Nr. 3 S. 1.

[4] CRAGOE, C. S.: Bur. Stand. Miscell. Publ. 97 (1929) S. 26.

[5] GAMBILL, W. R.: You can predict heat capacities. Chem. Engng. 64 (1957) Nr. 6 S. 243—248.

[6] EDLER, E.: Spez. Wärmen von Teeren und Teerprodukten. Erdöl u. Kohle 6 (1953) Nr. 9 S. 543—546.

[7] BRIGGS, D. K. H., u. F. POPPER: Die spez. Wärme von Steinkohlenteerdestillaten. Brennst.-Chemie 39 (1958) Nr. 11/12 S. 184/85, — J. Appl. Chem. 7 (1957) S. 401—405.

sphärendruck nach der etwas umgestalteten Formel von WEIR und EATON[1]

$$I_{\text{Dampf}} = (127 - 50,2\,\gamma) + (0,4348 - 0,1089\,\gamma)\,t$$
$$+ (0,000558 - 0,000140\,\gamma)\,t^2 , \qquad (7\text{--}3)$$

darin ist das spez. Gewicht γ in g/cm^3 und t in °C ausgedrückt. Die Verdampfungswärme allein ist nach CRAGOE

$$L = \frac{1}{\gamma}\,(60,07 - 0,09\,t) \quad [\text{kcal/kg}] . \qquad (7\text{--}4)$$

Die Wärmeleitfähigkeit ist

$$\lambda = \frac{0,1008}{\gamma}\,(1 - 0,00054\,t) \quad [\text{kcal/mh °C}] \qquad (7\text{--}5)$$

γ in g/cm^3 (kg/dm^3). Die Temperaturabhängigkeit der Zähigkeit von Ölen ist nach KRAUSSOLD[2]

$$\log \eta_t = (2,35 - 1,035 \log t) \log \eta_{20°} . \qquad (7\text{--}6)$$

Über die Umrechnung verschiedener Zähigkeitsmaße vgl. S. 714.

Heizöl hat einen Ausdehnungskoeffizienten von im Mittel etwa 0,00072 je °C.

Zündungs- und Verbrennungseigenschaften

Über Zündpunkte vgl. Zahlentafel 5–8, S. 198. Bei den leicht zündenden Leichtkraftstoffen besteht die Gefahr, daß eine unerwünscht hohe Verbrennungsgeschwindigkeit (Detonation) auftritt, die als „klopfende Verbrennung" bezeichnet wird wegen ihres harten Schlages auf die Motortriebwerksteile. Die „Klopffestigkeit" eines Brennstoffes wird durch die Oktanzahl ausgedrückt. Die Oktanzahl eines Treibstoffes ist definiert als derjenige Prozentsatz Iso-Oktan in Vol.-% in einer Mischung mit n-Heptan, die in einer Standard-Einzylindermaschine (Einheitsprüfmotor) unter festgelegten Versuchsbedingungen die gleiche Klopfeigenschaft hat wie der zu untersuchende Treibstoff. Iso-Oktan hat eine hohe (= 100), n-Heptan keine Klopffestigkeit (= 0). Über Klopfmessungen im Motor mit vereinfachten Prüfgeräten und über die Möglichkeit einer Beurteilung der Klopffestigkeit aus physikalischen Kennwerten sei auf das Schrifttum verwiesen[3].

---

[1] WEIR, H. M., u. G. L. EATON: Industr. Engng. Chem. 24 (1932) Nr. 2 S. 211 bis 218.

[2] KRAUSSOLD, H.: Die Wärmeübertragung bei zähen Flüssigkeiten in Rohren. VDI-Forsch.-Heft 351 (1931).

[3] Zusammenstellung bei F. NEHER: Arch. techn. Messen ATM V-8234-1 (1940).

Bei den schwer zündenden Dieselkraftstoffen stehen weniger die Verbrennungs- als vielmehr die Zündeigenschaften im Vordergrund. Der Brennstoff benötigt eine merkliche Zündzeit (Zündverzug, Induktionszeit). Zu ihrer Kennzeichnung dient die Cetanzahl. Sie ist definiert als derjenige Prozentsatz Cetan in einer Mischung mit α-Methylnaphthalin, der unter festgelegten Versuchsbedingungen den gleichen Zündverzugswinkel in einem Dieselmotor ergibt wie der zu untersuchende Kraftstoff. Gutes Zündverhalten tritt auf bei hohem „Dieselindex"; dabei bedeutet der Dieselindex (nach A. E. BECKER und H. G. M. FISCHER[1]) die API-Dichte multipliziert mit dem Anilinpunkt (°F)/100. Der Anilinpunkt ist definiert als die niedrigste Temperatur, bei welcher gleiche Raumteile von frisch destilliertem Anilin und Öl vollkommen mischbar sind. Eine Erleichterung der Eignungsprüfung von Dieselkraftstoffen bieten die einfachen Beziehungen zwischen der Cetanzahl und den physikalischen Kennwerten wie Wichte (γ g/cm^3), Siedekennzahl, Oberflächenspannung (σ mg/mm) und daraus zusammengesetzte Größen, wie z. B. der spez. Parachor[2] $p = \sigma^{1/4}/\gamma$.

Die Selbstentzündungsreaktion ist nach MARTINENGO, WAGNER und ZUNFT[3] ein zweistufiger Vorgang, der auch durch kleine Zusätze (8 bis $10 \cdot 10^{-3}\%$ Peroxyde) beeinflußt werden kann.

8. Gewinnung und Veredlung der flüssigen Brenn- und Treibstoffe

Erdölverarbeitung

Der Ausgangsrohstoff der meisten flüssigen Brenn- und Treibstoffe ist das Erdöl. Das Rohöl ist ein Gemisch aus einer sehr großen Zahl von Kohlenwasserstoffen. Je nach dem Überwiegen der einen oder anderen Gruppe von Kohlenwasserstoffen spricht man von paraffinischer, asphaltischer, naphthenischer oder gemischter Basis, doch ist die Basis kein eindeutiges Merkmal der Herkunft (so können Öle verschiedener Basis dem gleichen Ölfeld entstammen) oder des Gebrauchswertes. Das Rohöl wird nicht oder nur in seltenen Fällen unmittelbar dem Verbrauch zugeführt, vielmehr durch Destillation oder andere Verfahren aufgearbeitet und in „Fraktionen" getrennt, deren Hauptmerkmal demgemäß das ihnen eigentümliche Siedeverhalten ist.

---

[1] S. A. E. J. 35 (1934) S. 376. — PHILIPPOVICH, A. v.: Die Betriebsstoffe für Verbrennungskraftmaschinen. (H. LIST: Die Verbrennungskraftmaschine Heft 1.) Wien 1939.

[2] HEINZE, R., u. M. MARDER: vgl. Fußn. 2 S. 271.

[3] MARTINENGO, A., H. G. WAGNER u. D. ZUNFT: Selbstentzündungsreaktionen bei Kohlenwasserstoff-Luftmischungen (II. Tl. Versuchsergebnisse). Z. phys. Chem. Neue Folge 22 (1959) Nr. 3/4 S. 292–304.

Der erste Schritt im Verfahrensgang der Erdölverarbeitung[1] ist die *Reinigung* von Sand, Schmutz, Salzlösungen u. a. und die *Entwässerung*, wobei vor allem die Zerstörung der Öl-Wasser-Emulsionen erstrebt wird, die die weitere Trennung in die einzelnen Fraktionen durch ihre Neigung zum Schäumen erschweren würden. Sodann werden tunlichst vor einem Versand oder längerer Lagerung die am leichtesten siedenden Benzinbestandteile abgeschieden („*Toppen*" des Rohöls), die andernfalls leicht ausgetrieben und dann nicht nur verlorengehen würden, sondern auch die Entzündungsgefahr vergrößern. Das getoppte Rohöl wird zum Teil schon als Heizöl verwendet, ist aber noch zu wertvoll und wird daher normalerweise noch einer *Destillation* unterworfen. Dies geschieht durch Erhitzen in Röhrenerhitzern (pipe stills) auf etwa 300 bis 400 °C und nachfolgende Trennung in einer Glockenbodenkolonne in folgende Fraktionen:

	Siedebereich °C
1. Auto- und Flugbenzin*	30—180
Leichtbenzin	30—100
Mittelschwerbenzin	100—150
Schwerbenzin	150—200
2. Leuchtöl (Petroleum, Kerosin)	150—280 (200—255)
3. Gasöl (Dieselkraftstoff)	240—370
Gasöl I	250—300
Gasöl II	300—350
4. Schmieröle und Paraffinöle	< 350
5. Heizöle (Rückstandsöle)**	< 350

Die einzelnen Heizölsorten (s. Zahlentafel 7–2) unterscheiden sich vor allem nach ihrer Dichte und ihrer Viskosität. Die Destillation ist das

---

[1] HEINZE, R.: Die Veredlung flüssiger Brennstoffe. Ergebn. d. angew. phys. Chemie, hrsg. von M. LE BLANC, Bd. 2, 1. Tl., Leipzig 1934. — Das Erdöl und die neueren Verfahren seiner Aufbereitung. Z. VDI 82 (1938) H. 34 S. 1005—1011, — Erdöl. In: NEUMANN, B.: Lehrbuch d. chem. Technol. u. Metallurgie, 3. Aufl., Bd. 2, Berlin 1939, S. 803—835. — SACHANEN, A. N.: Conversion of Petroleum, 2. Aufl., New York 1948, — The Institute of Petroleum: Modern Petroleum Technology, London 1946. — UMSTÄTTER, H.: Der Petroleum-Ingenieur, Berlin/Göttingen/Heidelberg: Springer 1951. — BP Benzin- und Petroleum-Aktiengesellschaft (Hrsg.): Das Buch vom Erdöl. Eine Einführung in die Erdölindustrie. Hamburg (o. J.). — ZORN, H.: Chemische Technologie des Erdöls. In: WINNACKER, K., u. L. KÜCHLER (Hrsg.): Chemische Technologie, 2. Aufl., Bd. 3, München: Hanser 1959, S. 177—385. — WILLIG, E.: Moderne Verfahren der Mineralölverarbeitung. Erdöl u. Kohle 10 (1957) Nr. 1 S. 20—24. — RIEDIGER, B.: Der heutige Stand der Erdölverarbeitung. Z. VDI 100 (1959) Nr. 15 S. 617—629, Nr. 18 S. 763—771, Nr. 20 S. 859—863.

* Englisch petrol, amerikanisch gasoline.

** Auch als Goudron, Asphalt, Pacura (Rumänien) und Masut (UdSSR) bezeichnet.

wichtigste Trennverfahren, daneben werden auch noch andere angewendet, wie die Extraktion durch Lösungsmittel (Beispiel: Edeleanu-Verfahren mit flüssigem Schwefeldioxyd als Lösungsmittel).

Die mengenmäßigen Anforderungen an die einzelnen Erdölfraktionen unterlagen im Laufe der Entwicklung großen Veränderungen, so daß dem Sortenproblem bei den festen Brennstoffen ähnliche Absatzprobleme auftraten, die aber durch die Lenkung der Aufarbeitungsverfahren gemeistert werden konnten. Ursprünglich war einmal das Petroleum oder Leuchtöl die wichtigste Fraktion, für Benzin bestand nur eine geringe Absatzmöglichkeit. Das Verhältnis kehrte sich aber mit der Entwicklung des Ottomotors und der Ausbreitung des Kraftwagens völlig um, zumal außerdem gleichzeitig das Leuchtöl durch Gas und Elektrizität ganz in den Hintergrund gedrängt wurde. Die unmittelbar durch Destillation gewonnenen Benzine („straight run" gasoline) genügten schließlich, auch zusammen mit den auf andere Weise unmittelbar aus Erdgasen gewonnenen „natürlichen Benzinen" (natural gasoline, casinghead gasoline), nicht mehr zur Deckung des Bedarfs.

Große Bedeutung haben daher die zahlreichen Umwandlungsverfahren gewonnen, die eine Lenkung der Produktion gestatten. Dazu gehören das thermische Kracken und das thermische Reformieren, das katalytische Kracken, das katalytische Reformieren, das Polymerisieren, Alkylieren und Isomerieren.

Durch das Kracken (oder die Druck-Wärme-Spaltung, d. h. eine Erhitzung unter höheren Drücken und auf höhere Temperaturen) wird nicht nur die Ausbeute an leichteren Produkten (Benzin) auf Kosten der Leuchtölfraktion ganz bedeutend gesteigert, die Spaltbenzine zeigen überdies wertvollere Eigenschaften, z. B. eine höhere Klopffestigkeit. Sie werden daher auch den Destillationsbenzinen beigemischt, um deren Eigenschaften zu verbessern. Die Krackung beginnt, sobald die Temperatur hoch genug ist, erreicht ein Maximum an Benzinausbeute, die dann zugunsten von Gas, etwas Teer und Koksbildung (Petrolkoks) wieder zurückgeht, wenn sie zu lange ausgedehnt wird. Die maximale Benzinausbeute hängt vom Ausgangsmaterial, der Temperatur und den sonstigen Arbeitsbedingungen und von der Reaktionszeit ab und beträgt z. B. bei Gasöl 45 bis 50 Vol.-% in ungefähr 5 Std. bei 425 °C.

Grundsätzlich kommen zwei Verfahrensmöglichkeiten in Frage, die thermische Krackung (ohne Katalysatoren) und die katalytische Krackung, beide mit einer ungeheuren Anzahl von Varianten und Vorschlägen (etwa 5000!). Bei der thermischen Krackung liegen die Temperaturen im Bereich von 440 bis 700 °C, die Drücke von 1 bis 100 at. Man unterscheidet nach den Arbeitsbedingungen Krackung in „gemischter Phase", $t = 440$ bis 550 °C, $p = 20$ bis 100 at, in der „Dampfphase", $t = 550$ bis 650 °C, $p = 3$ bis 5 at (höhere Oktanzahlen!) und selektive Krackung, bei welcher verschiedene Fraktionen bei jeweils optimalen Bedingungen gekrackt werden, wodurch besonders die Koksbildung vermindert wird. Weitere Methoden beziehen sich auf das Kracken in Gegenwart von Inertgasen, Dampf, Kohlenwasserstoffen, von suspendierten festen Stoffen, Wärmeerzeugung durch Teilverbrennung (Dubbs-Verfahren) und in Koksöfen.

Die katalytische Krackung wird ebenfalls in verschiedenen Formen angewandt und hat neuerdings — besonders in USA — für die Herstellung von Fliegerbenzin große Bedeutung gewonnen. Der Katalysator wird grundsätzlich in fester Schüttung (Houdry-Verfahren), mit bewegter Schüttung (T.C.C.-Verfahren, Socony-Vacuum) oder im aufgewirbelten (fluidisierten) Katalysatorbett (Standard Oil Development Co.) durchgeführt.

Der Vorteil der fluidisierten katalytischen Krackung liegt in der Möglichkeit, in großen Einheiten kontinuierlich (mit laufender Regenerierung des Katalysators) ein Benzin mit einer Oktanzahl von über 80 herzustellen. Eine Anlage von etwa 2300 ton Tagesleistung (15000 bbl.) hat ein Reaktionsgefäß von 7,6 m Drm. und 15 m Höhe mit 70 bis 90 t Katalysator und arbeitet bei 450 bis 550 °C, 0,5 atü. Das zweite Gefäß zum Regenerieren des Katalysators (Abbrennen des Kohlenstoffs) ist noch größer und faßt 135 bis 270 t Katalysator.

Als weiteres, dem Kracken verwandtes Verfahren kommt die Hydrierung, die Druck-Wärme-Behandlung in Gegenwart von Wasserstoff und geeigneten Katalysatoren in Betracht. Die Hydrierung hat weitgehende Anwendungsmöglichkeiten in der Erdölindustrie besonders für Treibstoffe von hoher Oktanzahl und hochwertige Schmierstoffe.

Unter Reformierung (reforming) versteht man einen Krackprozeß, gewöhnlich bei 525 bis 575 °C und Drücken von 17 bis 70 at durchgeführt, bei welchem Treibstoffe niedriger Oktanzahl in solche höherer Oktanzahl überführt werden. Die Behandlung ist einfach, kontinuierlich und von kurzer Dauer (40 s), und die verschiedensten Abwandlungen kommen in Frage, wie gemischte Phase, Dampfphase, thermisch, katalytisch, in Gegenwart von Katalysatoren und von Wasserstoff (hydroforming) usw.

Galten alle diese Verfahren der Umwandlung von Rohölen oder hochsiedenden Ölen in leichtere, niedriger siedende Erzeugnisse, so dient die folgende Gruppe der Umwandlung gasförmiger Kohlenwasserstoffe (C- bis C_4-Paraffine und -Olefine) in Motortreibstoffe. Dazu gehört die Alkylierung der Paraffine, d. i. die Bindung eines gesättigten Kohlenwasserstoffmoleküls an ein ungesättigtes, wobei ein gesättigtes Doppelmolekül entsteht (z. B. Iso-Oktan). Der Prozeß wird rein thermisch (550 °C, $p = 300$ bis 400 at) mit Katalysatoren und in Gegenwart von Säuren (Schwefelsäure, Fluorwasserstoffsäure) durchgeführt.

Die Polymerisation der Olefine stellt einen Aufbau größerer Moleküle aus kleineren dar unter Anwendung von Katalysatoren (der Phosphorsäure-Prozeß nach IPATIEFF, $t = 200$ °C, $p = 21$ bis 35 at, der Kupferphosphat-Prozeß, $t = 205$ °C, $p = 32$ at, der Houdry-Polymerisationsprozeß u. a. gehören hierzu).

Für die Aufarbeitung von Krackgasen hat die Polymerisation erhebliche Bedeutung gewonnen.

Die Dehydrierung dient der Erzeugung von Olefinen aus Paraffinen und Diolefinen aus Olefinen, die Isomerisierung ist die Umwandlung normaler Paraffin-Kohlenwasserstoffe (mit einfacher langer Kette) in Iso-Paraffine (verzweigte Kohlenwasserstoffe) bei 11 bis 14 at, 150 bis 250 °C in Gegenwart von Aluminiumchlorid-Katalysator, und die Aromatisierung (Zyklisierung) umfaßt Prozesse, bei welchen kettenförmige Kohlenwasserstoffe (z. B. Heptan) in ringförmige (z. B. Toluol) umgewandelt werden unter Anwendung hoher Temperaturen (800 bis 1050 °C) und mäßiger Drucke (Atmosphärendruck bis 2,1—2,8 at). Endlich kann auch die Umwandlung des Methans (Naturgas) in Synthesegas durch Teilverbrennung mit Sauerstoff und Wasserdampf oder durch katalytische Umformung mit nachfolgender FISCHER-TROPSCH-Synthese in diesem Zusammenhang genannt werden.

Die letzte Stufe der Aufarbeitung ist die Raffination, d. i. die Reinigung der Destillationsprodukte von Fremdstoffen und unerwünschten, den Geruch, die Farbe oder den Gebrauchswert beeinträchtigenden Bestandteilen, insbesondere von Schwefelverbindungen (Schwefelwasserstoff, Mercaptane, Thiophene) und sog. Gum-Bildnern (harzige Bestandteile). In Frage kommende Verfahren sind das Entschwefeln mit Hilfe von Chemikalien (Alkalien, Natronlauge, Schwefelsäure), Entschwefelung mittels Katalysatoren (Hydrofining), das „Süßen" (Waschen mit der sog. „Doctorlösung", eine alkalische Lösung von Natriumplumbit), wodurch die Mercaptane in Disulfide umgewandelt, jedoch nicht entfernt werden, und die adsorptive Reinigung mit Bleicherde.

Die Hydrierung

In der Entwicklung der Kohle-Hydrierung („Kohle-Verflüssigung") ist ein Mittel gegeben, nicht nur vom flüssigen, sondern auch vom festen (wasserstoffarmen) Brennstoff ausgehend flüssige Treibstoffe, ja sogar solche mit hohen Oktanzahlen herzustellen. Aufbauend auf den Arbeiten von FRIEDRICH BERGIUS wurde das Verfahren der Hochdruckhydrierung von der I. G. Farbenindustrie A.-G. (M. PIER und Mitarbeiter) durch Auffindung geeigneter Katalysatoren weiterentwickelt und großtechnisch ausgebaut[1].

---

[1] Die erste Anlage (Leuna-Werke) kam 1938 in Produktion, insgesamt waren 16 Hydrieranlagen mit etwa 4 Mill. t Jahreskapazität errichtet worden, die auf Braunkohlen-, Steinkohlen- und Teerbasis arbeiteten.

Das Verfahren[1] besteht in einer Wasserstoffanlagerung bei hohem
Druck (200—300 bis 700 at) bei Temperaturen von etwa 450 °C unter
Mitwirkung von Katalysatoren, die in der ersten Stufe dieses zweistufigen Prozesses dem Öl-Kohle-Brei zugemischt, in der zweiten Stufe
als feste Katalysatoren verwendet werden. Eine möglichst aschearme und
trockene Kohle wird gemahlen, mit Schweröl (aus dem Prozeß an-
gepastet), etwa der gleichen Menge, und mit dem feinverteilten Katalysator (Eisenoxyd, bei schwerer hydrierbaren Steinkohlen Zinnoxalat)
mit Hilfe von Kohlebreipumpen durch Vorwärmer in das erste Reaktionsgefäß, die Sumpfphase, hineingedrückt und dort mit dem Wasserstoff, der auch einen Teil der Beheizung übernimmt, in Berührung gebracht. Es findet dort eine starke Spaltung und teilweise Hydrierung
statt. Die Produkte sind vorwiegend das Zwischenprodukt Mittelöl,
ferner Schweröl, welches zum Anreiben der Kohle wieder in den Kreislauf eingeht, und wenig Benzin, sie ähneln noch stark dem Ausgangsrohstoff. Aus dem festen Rückstand Asche mit unabgebauter Kohle
und Schweröl gewinnt man durch Schweröl unter Wasserdampfzusatz
wieder Anreibeöl zurück, der Rest ist vorwiegend die mineralische Asche.
Der Katalysator hat hier nicht so sehr die Aufgabe einer Reaktions-
beschleunigung, er wirkt vielmehr vor allem auf die gewünschte Richtung des Reaktionsverlaufes, während der Druck einen großen Einfluß
auf das Ausbringen ausübt. Die Sumpfphase entfällt bei flüssigen und
asphaltarmen Rohstoffen. Das Mittelöl wird in die zweite Stufe, die
Gasphase, eingeleitet und dort erneut mit Wasserstoff versetzt, wobei
ein fester Katalysator (Wolframsulfid) verwendet wird. Reaktions-
beschleunigung und Lenkung ist durch die Auswahl der Katalysatoren,
die in großer Zahl erprobt sind, und durch hohen Druck und Temperatur in der Weise möglich, daß man Ausbringen und Benzineigenschaften
(Klopffestigkeit, Oktanzahl) weitgehend beeinflussen kann. Enderzeugnisse sind Mittelöle, die in den Kreislauf der Gasphase zurückgeführt
werden, Leichtöle und Benzin (50 bis 80%), gasförmige Kohlenwasserstoffe („Restgas"), die in besonderen Trennanlagen auf Flüssiggase ver-
arbeitet werden (Propan, Butan und Gemische aus diesen).

Der Rohstoffaufwand je t Treibstoff ist 2,07 t (asche- und wasserfrei gerechnet) Braunkohle und 0,198 t Wasserstoff bzw. 1,63 bis 1,77 t
(asche- und wasserfrei gerechnete) Steinkohle und 0,236 bis 0,258 t
Wasserstoff bzw. 1,28 t Teer und 0,176 t Wasserstoff. Die wesentliche Bedeutung der Verfahren liegt in der Reserve, die auch bei

---

[1] KRÖNIG, W.: Die katalytische Druckhydrierung. In: WINNACKER, K., u.
L. KÜCHLER (Hrsg.): Chemische Technologie, 2. Aufl., Bd. 3, München: Hanser
1959, S. 333—370. — HÖRING, M., u. E. E. DONATH: Kohle- und Ölhydrierung.
In Ullmanns Encyklopädie der technischen Chemie, 3. Aufl., Bd. 10, München/
Berlin: Urban & Schwarzenberg 1958, S. 483—569.

etwaigem Rückgang der Mineralölvorräte in den festen Brennstoffen liegt.

Treibstoff- und Paraffin-Synthese

Die Synthese von flüssigen Kohlenwasserstoffen nach FISCHER-TROPSCH bei atmosphärischem Druck und 180 bis 200 °C Temperatur und nach FISCHER-PICHLER bei 7 bis 20 at (Mitteldrucksynthese) bei den gleichen Temperaturen beruht auf der Hydrierung des Kohlenoxyds des Synthesegases CO-H_2-Gemisch mit einem CO/H_2-Verhältnis von 1 : 2 bei Anwendung bestimmter hochaktiver Katalysatoren. Die Temperaturen müssen durch Abfuhr der Reaktionswärme mittels Dampf oder Druckwasser möglichst konstant gehalten werden. Druck- und Temperaturgrenzen und Katalysatortyp können der Zahlentafel 8–1 entnommen werden; typische Beispiele für das Ausbringen zeigt Zahlentafel 8–2 nach H. PICHLER[1].

Verbesserungen des ursprünglichen Prozesses sind erzielt worden durch Auffindung neuer, wirksamerer oder billigerer Katalysatoren (Eisen), durch zweckmäßige Vorbehandlung des Katalysators (Reduktion bei niedriger Temperatur mit Wasserstoff oder Synthesegas), durch zweistufige Arbeitsweise unter Entfernung der Produkte zwischen den Stufen und durch die Druckanwendung. In den Untersuchungen des Reaktionsmechanismus hat sich die thermo-magnetische Untersuchung als ein wichtiges Forschungsmittel erwiesen, das zum Nachweis neuer Eisenkarbide, Fe_2C (mit höheren Curie-Punkten als das normale Eisenkarbid oder Zementit Fe_3C) geführt hat.

---

[1] Die Zahl der Einzelveröffentlichungen — vorzugsweise von FRANZ FISCHER und seinen Mitarbeitern (Brennst.-Chemie und Ges. Abhandlungen zur Kenntnis der Kohle) — ist so groß, daß es genügen möge, auf einige im Ausland veröffentlichte zusammenfassende Darstellungen zu verweisen, die sich vorzugsweise auf die deutsche Literatur und Industrieberichte stützen: PICHLER, H.: Synthesis of hydrocarbons from carbon monoxide and hydrogen. U. S. Bur. Min. Special Report. 1947. — STORCH, H. H.: Synthesis of hydrocarbons from water gas. In H. H. LOWRY (Natl. Res. Council Comm.). Chem. coal util. Bd. II S. 1797 bis 1845. — STORCH, H. H., R. B. ANDERSON, L. J. E. HOFER, C. O. HAWK, H. C. ANDERSON u. N. COLUMBIC: Synthetic liquid fuel from hydrogenation of carbon monoxide. U. S. Bur. Min. Techn. Pap. Nr. 709 (1948). — WEIL, B. H., u. J. C. LANE: Synthetic petroleum from the synthine process. Brooklyn, N. Y., 1948 (Remsen Press Div. Chem. Publ. Co.). — STORCH, H. H.: The Fischer-Tropsch and related processes for synthesis of hydrocarbons by hydrogenation of carbon monoxide. In Advances in Catalysis and related Subjects. (Hrsg. von W. G. FRANKENBURG, V. I. KOMAREWSKY u. E. K. RIDEAL.) New York 1948. — KAINER, F.: Die Kohlenwasserstoff-Synthese nach FISCHER-TROPSCH. Berlin/Göttingen/Heidelberg: Springer 1950. — STORCH, H. H., N. COLUMBIC u. R. B. ANDERSON: The FISCHER-TROPSCH and related syntheses. New York 1951 (Wiley & Sons). — KÖLBEL, H.: Die FISCHER-TROPSCH-Synthese. In: WINNACKER, K., u. L. KÜCHLER (Hrsg.): Chemische Technologie 2. Aufl., Bd. 3, München: Hanser 1959, S. 439—520.

Zahlentafel 8–1

Historischer Überblick über die Entwicklung der Kohlenwasserstoff-Synthesen

Jahr	Erfinder bzw. Betreiber	Hauptprodukte	Katalysator	Arbeits- bedingungen
1902	P. Sabatier u. J. B. Senderens	Methan	Nickel	$t = 200$ °C $p = 1$ at
1922/23	F. Fischer u. H. Tropsch	Synthol (O_2-halt. org. Kohlenwasser- stoff)	alkal. Eisen	$t = 400$ °C $p = 100$ at
1923	B. A. S. F.	Methanol	Zinkoxyd	$t = 200$–350 °C $p = 200$–300 at
1925	F. Fischer u. H. Tropsch	n-Paraffine u. Olefine	Kobalt, Eisen mit Cu- u. and. Oxyden	$t = 180$–200 °C $p = 1$ at
1934	Ruhrchemie (Bau der ersten Großversuchs- anlage)	dgl.	Kobalt-ThO_2- Kieselgur	$t = 180$–200 °C $p = 1$ at
1936	F. Fischer u. H. Pichler	n-Paraffine u. Olefine	Kobalt + Kieselgur	$t = 175$–200 °C $p = 7$–20 at
1937	dgl.	dgl. u. O_2-halt. org. Kwst.	Eisen	$t = 200$–350 °C $p = 5$–30 at
1938	F. Fischer u. H. Pichler	hochmolekul. Paraffine u. Wachse	Ruthenium	$t = 160$–220 °C $p = 100$–1000 at
1939	F. Fischer, H. Pichler u. K.-H. Ziesecke	Iso-Paraffine, Aromaten u. Naphthene	Thoriumoxyd oder $ZnO + Al_2O_3$	$t = 400$–500 °C $p = 100$–600 at
1950	Inbetriebnahme Carthage-Hydro- col, Inc. Browns- ville, Texas, USA	n-Paraffine u. Olefine u. O_2-halt. org. Kohlenwasser- stoff	Eisen (feinkörn. in d. Schwebe)	$t = 300$–350 °C $p = 28$ at
1948/52	H. Kölbel u. F. Engelhardt	n-Paraffine u. Olefine	Eisen	$t = 240$–280 °C $p = 20$ atü
1955	Inbetriebnahme der SASOL-An- lage Johannes- burg	Treibstoff	Eisen	

Die Weiterentwicklung in USA geht in Richtung auf Erhöhung der
Umsatzgeschwindigkeit und Verbesserung der Wärmeabfuhr. Durch
Verwendung eines verhältnismäßig billigen alkalisierten Eisenkontaktes
in der Korngröße 80% 0,4 bis 0,044 mm in der Schwebe (fluidisiertes
Katalysatorbett) sind beim „Hydrocol"-Prozeß[1] Steigerungen bis zum
30fachen (3000 m³/h Gas je m³ Katalysator) möglich bei gleichen Aus-

---

[1] Pichler, H.: Über die Entwicklung der Benzinsynthese in USA. (Der
Hydrocolprozeß.) Brennst.-Chemie 30 (1949) Nr. 7/8 S. 105—109.

beuten wie bei ruhendem Katalysatorbett und bei Temperaturen von 300 bis 350 °C. Bei Eisenkatalysatoren und hohen Drücken erhöht sich der Olefingehalt und damit die Oktanzahl (auf etwa 80) und der Anteil der sauerstoffhaltigen organischen Kohlenwasserstoffe (Alkohole, Aldehyde, Säuren, Ester usw.), die wertvolle chemische Rohstoffe darstellen.

Die größte FISCHER-TROPSCH-Anlage ist die 1955 in Betrieb genommene Anlage der SASOL, die nach ihrem Endausbau 1960 eine Tagesproduktion von 410 000 l/Tag Treibstoff und Öl erreichen soll[1].

KÖLBEL und ENGELHARDT haben eine Kohlenwasserstoff-Synthese entwickelt, die von einem CO-/H_2O-Gemisch ausgeht, daher den Vorteil besitzt, von CO-reichen Abfallgasen, wie z. B. Hochofen-Gichtgas, ausgehen zu können[2].

Zahlentafel 8-2

Typische Betriebsergebnisse von Syntheseanlagen (nach H. PICHLER)

Art des Prozesses	Normaldrucksynthese (2stufig)		Mineraldrucksynthese	
Druck . . . . at	1		7	
Temperatur . . . . . °C	180—195		175—195	
$CO:H_2$	1:2		1:2	
Katalysator	100 Co + 5 ThO_2 + 7,5		MgO + 200 Kieselgur	
Inerte im Sygas . . . %	18—20		18—20	
Ausbeuten	%	g/Nm³ Sygas	%	g/Nm³ Sygas
Gasol . . . . g	12,0	17,8	6,5	10,0
Benzin (185°) . . . . fl	49,0	72,5	32,7	50,7
Dieselöl (185—320°) . fl	29,0	42,9	32,7	50,7
Weichparaffin . . . . fl-s (320—450°)	7,0	10,4	28,1	43,6
Hartparaffin (>450°) s	3,0	4,4	—	—
Gesamt	100,0	148,0	100,0	155,0
in g/Nm³ (CO + H_2) .		119,9		125,6

Durch Anwendung von Hochdruck (100 bis 600 at) und Ruthenium-Katalysator lassen sich sehr hochmolekulare Paraffinwachse gewinnen. Bei der Iso-Synthese[3] mit Thoriumoxyd oder Zinkoxyd-Tonerde-Katalysator werden etwa 90% Iso- und 10% n-Paraffine neben Aromaten und Naphthenen gewonnen, die einen Treibstoff von hoher Oktanzahl darstellen. Wichtige Weiterverarbeitungsverfahren sind die Schmieröl-

---

[1] Fuel 38 (1959) Nr. 1 S. 105.

[2] KÖLBEL, H.: Verwertungsmöglichkeit kohlenoxydhaltiger Abgase zur Synthese von Kohlenwasserstoffen. Chemie-Ing.-Techn. 29 (1957) Nr. 8 S. 505—511. — Verwendungsmöglichkeit von Gichtgas zur Synthese von Kohlenwasserstoffen. Stahl u. Eisen 78 (1958) Nr. 17 S. 1165—1169.

[3] PICHLER, H., u. K.-H. ZIESECKE: Über die Hochdruck-Hydrierung von Kohlenoxyd zu vorzugsweise isoparaffinischen Kohlenwasserstoffen („Isosynthese"). Brennst.-Chemie 30 (1949) Nr. 1/2—5/6 S. 13—22, 60—68, 81—84.

erzeugung und die Fettsäureherstellung aus dem Paraffingatsch für die Seifen- und Speisefetterzeugung durch Oxydation, Verseifung, Abtrennung des Unverseifbaren, Spaltung und Destillation der Rohsäure[1,2,3].

9. Zusammensetzung und Eigenschaften gasförmiger Brennstoffe

Gasarten

Man unterscheidet natürliche Gase, zu denen das vorwiegend methanhaltige Erdgas oder Naturgas gehört, das meist in Zusammenhang mit Erdölvorkommen auftritt, und aus festen oder flüssigen Brennstoffen künstlich gewonnene Gase, und zwar

1. durch Erhitzen unter Luftabschluß mit Koksanfall (Entgasen, Kracken),

2. durch Erhitzen mittels Teilverbrennung und Reaktion der gasförmigen Verbrennungsprodukte mit dem restlichen Kohlenstoff ohne Rückstand, mit Ausnahme der mineralischen Bestandteile (Asche, Schlacke) und einem geringen Kohlenstoffverlust (Vergasen).

Über die Frage einer Klassifikation der Brenngase — etwa nach Art der internationalen Klassifikation der Steinkohlen durch Angabe einer Code-Ziffer, die gleichzeitig die Brenneigenschaften kennzeichnen soll -- hat in den letzten Jahren ein lebhafter Meinungsaustausch stattgefunden, der jedoch noch zu keiner befriedigenden Lösung geführt hat[4-8]. Die Anregung ist von OECHELHÄUSER[4] ausgegangen, von SCHUSTER und MICHAELIS[5] aufgenommen und von GEBERT[6] weiter modifiziert worden. Als Klassifikationsmerkmale werden die Verbrennungswärme, die Gasdichte und als „Brenneigenschaft" der Wasserstoffgehalt (SCHUSTER) oder der Inertengehalt (GEBERT), gegebenenfalls noch aufgeteilt als CO_2- und N_2-Gehalt (GEBERT[8]), und der Gasdruck vorgeschlagen.

---

[1] WIETZEL, G.: Fettsäuresynthese durch Oxydation. Angew. Chem. 51 (1938) Nr. 32 S. 531—537.

[2] STOSSEL, E.: Oxidation of paraffin. Oil and Gas J. 44 (1945) Nr. 13 S. 130 bis 139; Nr. 15 S. 145—151; Nr. 17 S. 69—77.

[3] GALL, D., u. C. C. HALL: The production of fatty acids by the oxidation of Fischer-Tropsch waxes. Fuel 27 (1948) Nr. 5 S. 155—167.

[4] OECHELHÄUSER, K.: Vorschlag für eine einheitliche Benennung und Symbolisierung der Brenngase. Energietechn. 5 (1955) Nr. 4 S. 161—163.

[5] SCHUSTER, F.: Klassifikation der Brenngase. Gaswärme 4 (1955) Nr. 9 S. 304—308. — MICHAELIS, P.: Gaswärme 4 (1955) Nr. 9 S. 308/09.

[6] GEBERT, F.: Neuer Vorschlag zur Klassifikation der Brenngase. Gaswärme 5 (1956) Nr. 5 S. 195—199.

[7] SCHUSTER, F.: Über Brenneigenschaften und Austauschbarkeit von Gasen. Gaswärme 5 (1956) Nr. 11 S. 380—390.

[8] GEBERT, F.: Klassifikation oder Kennzeichnung der Brenngase? Gaswärme 8 (1959) Nr. 3 S. 60—65.

Naturgas. Während das Naturgas (Erdgas) in Europa bis vor kurzem nur eine sehr untergeordnete Rolle spielte — in Deutschland z. B. verfügte man nur über ein kleines Vorkommen bei Bentheim an der holländischen Grenze —, hat die Naturgasgewinnung und -verteilung in den Vereinigten Staaten in den letzten Jahrzehnten einen geradezu sprunghaften Aufstieg genommen. Während es 1948 erst 14% des gesamten Energiebedarfs der USA deckte, ist sein Anteil 1958 auf 29,5% gestiegen. Vergleichsweise deckt das Öl 42,0%, die Kohle 24,3% und die Wasserkraft 4,2%. Entsprechend dieser gewaltigen Ausdehnung des Verbrauchs ist das Fernleitungsnetz erheblich ausgebaut worden und umfaßt gegenwärtig etwa 700000 km, mit Einzelleitungen bis nahezu 3000 km, die das Gas von den Hauptproduktionsfeldern in Texas, Kansas, Oklahoma und Louisiana bis Philadelphia, New York und Boston im Nordosten, Chicago und den Mittelwesten, Los Angeles und Kalifornien bringen. Die Gasreserven belaufen sich etwa auf mehr als $7 \cdot 10^{12}$ m³. Der Verbrauch betrug (1958) etwas über $0,3 \cdot 10^{12}$ m³.

In Deutschland ist neben einigen vereinzelten Quellen im Rheintal-Graben (so bei Pfungstadt und bei Ludwigshafen) und im Alpenvorland (Isen und Ampfing) besonders das Emsland als Erdgaslieferant wichtig geworden. Große Gasvorkommen sind vor allem in Norditalien in der Po-Ebene (Caviaga, Ripalta, Cortemaggiore, Cornegliano, Bordolano, Corregio u. a. m.) und in Südfrankreich am nördlichen Pyrenäenrand [St. Marcet (Bussens) und Lacq] erschlossen worden. Als weiterer künftiger Erdgaslieferant ist das Sahara-Ölgebiet zu betrachten, und Pläne, das Saharagas zunächst an die nordafrikanische Küste und später auch nach Europa zu bringen, sind bereits ausgearbeitet worden. Die UdSSR und Rumänien verfügen über bedeutende Erdgasvorkommen. So wird u. a. Moskau von Saratow durch Fernleitung beliefert. In Österreich stammten 1958 bereits 42,4% (dem Kaloriengehalt nach) der gesamten Gaserzeugung aus Erdgas.

Abgesehen von der Abscheidung von Benzin (Casinghead-Benzin), vorzugsweise durch Absorption in Öl, und der Verteilung des „trockenen" (d. h. von Benzin befreiten) Erdgases werden Propan und Butan, sog. Flüssiggase[1] gewonnen, die teils für die Belieferung von Haushalten abseits von Gas- oder Ölleitungsnetzen, teils als Ausgangsprodukte für andere Industriezweige verwendet werden (z. B. für die Herstellung von Butadien für synthetischen Kautschuk, zur Karburierung von Stahl, zur Erzeugung von Wasserstoff durch katalytische Verkrackung und zur Wachsentfernung aus Schmierölen[2]).

Als Maßnahme zum Ausgleich des Sommer- und Winterbedarfs ist die Verflüssigung von Naturgas in Zeiten geringeren Bedarfs, Speiche-

---

[1] In USA als LPG (= liquid petroleum gas) bezeichnet.
[2] Huntington, R. L.: Natural Gas and Natural Gasoline, New York 1950.

rung und Wiederverdampfung in Zeiten der Bedarfsspitzen durchgeführt worden, doch hat diese Lösung seit der großen Explosionskatastrophe eines Flüssiggasspeichers in Cleveland, Ohio, 1944 an Popularität verloren. Ungeachtet dieser Schwierigkeiten ist die Frage einer Verflüssigung und Speicherung in den letzten Jahren erneut aufgegriffen worden, weil darin eine weitere Möglichkeit liegt, eine Erdgasversorgung auch von Übersee her durch die Verflüssigung des Erdgases bei Temperaturen von $-162\,°C$ und durch den Transport des verflüssigten Gases in Spezialtankern auch für Länder ohne eigene Erdgasquellen vorzunehmen. Der erste seetüchtige Versuchstanker, die „Methane Pioneer" mit einer Ladekapazität von 2000 t verflüssigtem Methan, hat 1959 die erste Reise von Amerika nach England angetreten, nachdem die Flußschiffahrt auf dem Mississippi schon vor einigen Jahren mit ähnlichen Plänen (Erdgastransport und Ausnutzung der Kälte am Bestimmungsort für Kühlzwecke) vorangegangen ist.

Naturgas wird am Erzeugungsort für die Herstellung von Ruß („carbon black") verwendet; seine Teilverbrennung mit Sauerstoff und Wasserdampf zur Herstellung von Synthesegas und die Weiterverarbeitung nach dem FISCHER-TROPSCH- bzw. Hydrocol-Verfahren zur Erzeugung von Treibstoffen, Formaldehyd und anderen chemischen Produkten schien Aussicht für die Entwicklung einer weitverzweigten chemischen Industrie zu bieten, doch hat die erste Anlage dieser Art zunächst keine Nachfolgerin gefunden.

Entgasungserzeugnisse. Hierzu rechnen die Koksofengase, Stadtgas, Schwelgas und Krackgas aus der Erdölraffinerie. Mitunter kommen diese Gase unter Zumischung von Vergasungserzeugnissen zur Verwendung, teils zur Einhaltung gewisser Heizwerte und Gasdichten, teils zur besseren Ausbeute an Gas aus einem gegebenen Rohstoff (z. B. Stadtgas = Kohlengas + Wassergas oder Generatorgas). Durch Erhitzen flüssiger Brennstoffe unter Luftabschluß entstehen die sogenannten Ölgase, die infolge ihres hohen Gehaltes an schweren Kohlenwasserstoffen hohe Heizwerte und deren Flammen eine hohe Leuchtkraft besitzen. Sie werden daher für Beleuchtungszwecke (z. B. früher in großem Umfang bei der Eisenbahn) benutzt. Die Gaserzeugung aus Öl zur Herstellung von Stadtgas, insbesondere auch zur Deckung eines Spitzenbedarfs, hat inzwischen eine erhebliche Bedeutung erlangt (vgl. S. 667).

Die Kombination des Wassergasprozesses mit der Gasölzersetzung[1] liefert das „karburierte Wassergas", ein Gemisch aus „Blauwassergas"[2] und Ölgas. Die Herstellung von karburiertem Wassergas war besonders in USA verbreitet, um vor allem höhere Heizwerte zu er-

---

[1] Von diesem Verwendungszweck leitet sich auch der Name „Gasöl" her.

[2] Das Wassergas, das frei von höheren Kohlenwasserstoffen ist und mit „blauer" Flamme abbrennt.

zielen. Jetzt sind die meisten Gasgesellschaften jedoch dazu übergegangen, Erdgas direkt zu verteilen, da die vorhandenen Leitungsnetze sonst den Bedürfnissen nicht mehr genügt hätten.

Vergasungserzeugnisse. Die Wahl des Vergasungsmittels und des Verfahrensganges erlaubt eine große Variationsmöglichkeit in der Gaszusammensetzung (s. Zahlentafel 9–1); der niedrige Heizwert läßt jedoch nur eine Verteilung auf sehr beschränkte Entfernung (innerhalb einer oder zwischen benachbarten Industrieanlagen) zu. Eine Ausnahme bildet das Verfahren der Druckvergasung, das nach Auswaschung der Kohlensäure, gegebenenfalls durch weitere Methananreicherung, ein zur Fernverteilung geeignetes Gas liefert[1]. Mit Rücksicht auf die bessere Wärmeausnutzung wird in vielen Fällen Heißgas verwendet und der Gaserzeuger unmittelbar an den Verbraucher gerückt (Beispiel: Beheizung von Siemens-Martin-Öfen, Glasöfen usw.). Zu den Vergasungserzeugnissen sind auch die Gichtgase zu rechnen, die in Schachtöfen, besonders also im Hochofen, als wertvolles Nebenprodukt anfallen.

Heizwert

Der Heizwert errechnet sich aus der Gasanalyse (Vol.-%) unter Benutzung der Zahlenwerte nach DIN 51850 zu

$$H_o = 30,2 \cdot CO + 30,44 \cdot H_2 + 95,10 \cdot CH_4 + 200 \cdot C_mH_n \ kcal/Nm^3, \quad (9\text{–}1)$$

$$H_u = 30,2 \cdot CO + 25,64 \cdot H_2 + 85,50 \cdot CH_4 + 142,2 \ C_mH_n \ kcal/Nm^3, \quad (9\text{–}2)$$

bezogen auf trockenes Gas, wobei die Gasbestandteile in % (Vol.-%) eingesetzt werden. Unter C_mH_n werden die höheren ungesättigten Kohlenwasserstoffe zusammengefaßt. Falls weitere brennbare Gasbestandteile vorhanden sind, müssen die Gln. (9–1) und (9–2) sinngemäß erweitert werden, die notwendigen Zahlenwerte für die Einzelgase können der Zahlentafel A–1 (S. 686) entnommen werden. Die meisten Gase sind jedoch nicht trocken, sondern enthalten noch Wasserdampf, oft sogar bis zur vollen Sättigung, da die Gase zwecks Reinigung in Naßwäschern (Rieselwäscher, Schleuderwäscher) gewaschen und gleichzeitig gekühlt werden. Bezüglich der Eigenschaften feuchter Gase sei auf S. 26 verwiesen, nur muß man berücksichtigen, daß Gl. (2–25) nur für Luft gilt, und daß die entsprechenden Molekularkonstanten für das betreffende Gas einzusetzen sind.

Wird der Gasheizwert, bezogen auf den wirklichen Gaszustand, im Gaskalorimeter unmittelbar gemessen, so erfolgt die Umrechnung auf den Normzustand (0°, 760 mm Quecksilbersäule [Torr] nach der Formel

$$(H_u)_0 = H_u \cdot \frac{273 + t}{273} \cdot \frac{760}{B + P + P_D} \ kcal/Nm^3, \quad (9\text{–}3)$$

---

[1] Über Druckvergasung s. S. 659.

Zahlentafel 9–1.

	Bezeichnung	Molekular-konstante	Dichte kg/Nm³	Zusammen-setzung			
				CO	H₂	CH₄	C₂H₆
Naturgas (Erdgas)	USA (Grenzwerte)	—	—	—	—	37–99	4–24
	USA Californien	18,904	0,850	—	—	86,8	7,2
	USA Texas (stripped)	17,343	0,775	—	—	89,8	2,3
	Deutschland (Bentheim)	16,869	0,754	—	—	93,2	0,6
	Österreich	16,789	0,751	—	0,7	94,7	1,8
	Italien (Cortemaggiore)	17,130	0,766	—	—	91,8	5,1
	Frankreich (Lacq, Rohgas)	22,806	1,034	—	—	69,52	3,20
	Frankreich (Lacq, gereinigt)	16,680	0,746	—	—	95,9	3,2
	Sahara (Hassi-R'Mel)	20,559	0,928	—	—	81,3	6,8
	UdSSR (Saratow)	17,258	0,772	—	—	93,1	2,5
Entgasung	Koksofengas	10,955	0,490	5,4	56,8	23,9	—
	Stadtgas (Mischgas)	13,230	0,591	21,5	51,5	17,0	—
	Braunkohlenschwelgas (Borsig-Geissen-Ofen)	33,343	1,497	13,6	5,5	11,9	5,2
	Steinkohlenschwelgas (Krupp-Lurgi-Ofen)	19,587	0,793	3,2	23,8	46,1	13,6
Vergasung	Wassergas	15,778	0,705	40,0	50,0	0,3	—
	Doppelgas (Steinkohle)	15,332	0,685	37,3	47,8	6,7	—
	Generatorgas (Koks)	25,918	1,157	29,0	11,0	0,3	—
	Gichtgas	28,820	1,287	31,0	2,3	0,3	—

darin ist t die wirkliche Gastemperatur in °C, B der Barometerstand, P der Gasüberdruck und P_D der Wasserdampfteildruck in mm QS. Wird der Druck in kp/m² angegeben, so lautet der letzte Ausdruck

$$\frac{10\,332,27}{B + P - P_D} \tag{9-4}$$

und im MKSA-System (Druck in N)

$$\frac{101\,325}{B + P - P_D}. \tag{9-5}$$

Die Gasdichte in kg/Nm³ kann ebenso wie die spez. Wärme aus den Einzelbestandteilen errechnet werden.

Zündgeschwindigkeit und Zündgrenzen

Nach der Theorie von MALLARD und LE CHÂTELIER[1] und ihrer Weiterbildung durch W. NUSSELT[2] ist die Zünd- oder Flammenfortpflanzungsgeschwindigkeit im wesentlichen von der Wärmeleitung aus

---

[1] MALLARD, E., u. H. LE CHÂTELIER: Ann. Mines 8 Folge 4 (1883) S. 274.

[2] NUSSELT, W.: Die Zündgeschwindigkeit brennbarer Gasgemische. Z. VDI 59 (1915) Nr. 45 S. 872—878.

Gasförmige Brennstoffe

setzung Vol.-%						Sonstige Bestandteile	Heizwerte kcal/Nm³tr	
C_3H_8	C_2H_4	H_2S	CO_2	N_2	O_2		H_o	H_u
0–23,5	—	0–6,4	0–6,5	0–13	—	0–14,8 C_4H_{10}, 0–10,4 C_5H_{12}, 0–7,2 He	—	—
4,3	—	—	0,5	—	—	1,2 C_4H_{10}	10 900	9860
—	—	—	0,2	7,7	—	—	8930	8030
—	—	—	—	6,2	—	—	8960	8060
0,2	—	—	1,4	1,2	—	—	9380	8440
—	—	—	—	3,1	—	—	9590	8630
1,42	—	15,30	9,60	—	—	0,4 C_4H_{10}, 0,46 C_5H_{12}, 0,1 COS	8740	7900
0,5	—	—	—	0,4	—	—	9780	8800
2,3	—	—	0,5	4,8	—	1,5 C_4H_{10}, 2,8 C_5H_{12}	11 040	9990
1,5	—	—	0,6	2,3	—	—	9640	8680
—	1,6	—	2,2	9,3	0,4	0,4 C_6H_6	4550	4030
—	2,0	—	4,0	4,0	—	—	4140	3710
—	6,1	6,0	48,0	2,9	0,8	—	3870	3570
—	0,8	—	4,5	5,0	0,5	2,5 C_3H_6	8170	7370
—	—	—	5,0	4,7	—	—	2760	2520
—	1,2	—	3,4	3,5	0,1	—	3220	2925
—	—	—	5,0	54,7	—	—	1240	1180
—	—	—	9,0	57,4	—	—	1035	1020

der Flammenfront entgegen der Strömungsrichtung des Frischgases abhängig. Die Wärmemenge, die zur Aufheizung des Gases von seiner Anfangstemperatur T_0 auf seine Zündtemperatur T_c benötigt wird, muß durch die Brennfläche durch Leitung übertragen werden. Dieser Vorgang wird auch unmittelbar zur Bestimmung der Zündgeschwindigkeit von Gasen und Gasgemischen benutzt, indem die Gasgeschwindigkeit bestimmt wird, bei welcher der Innenkegel der Flamme des Bunsenbrenners gerade verschwindet[1, 2]. Für die Verbrennung von Wasserstoff in Sauerstoff stellt NUSSELT die Gleichung auf

$$w = \sqrt{\frac{k\,\lambda\,p_0\,T_0^2\,(T_v - T_c)\,H_2O_2}{103,7\,R^2\,c_p\,(T_c - T_0)}} . \qquad (9\text{–}6)$$

[1] UBBELOHDE, L., u. M. HOFSÄSS: J. Gasbeleucht. 56 (1913) H. 50/51 S. 1225 bis 1232, 1253–1262. — UBBELOHDE, L., u. O. DOMMER: J. Gasbeleucht. 57 (1914) H. 32/33 S. 781–787, 805–809. — PAYMAN, W., u. R. V. WHEELER: Fuel Sci. 1 (1922) S. 185–196, — J. chem. Soc. 115 (1919) S. 36. — ARMSTRONG, C.: Ber. II. Weltkraftkonf., Sekt. 5 Nr. 65 S. 283.

[2] BUNTE, K., u. W. LITTERSCHEIDT: Die Entzündungsgeschwindigkeit von Gasgemischen. Gas- u. Wasserfach 73 (1930) H. 36 S. 837–842, H. 37 S. 871 bis 878 u. H. 38 S. 890–896.

Darin ist T_v die Verbrennungstemperatur, H_2, O_2 die Raumteile Wasserstoff und Sauerstoff vor der Verbrennung, R die Gaskonstante des Gasgemisches und k eine empirisch zu bestimmende Konstante. Bei höherer Vorwärmung des Gases und der Luft wächst λ, T_0 und fällt die Größe $(T_c - T_0)$, so daß mit einer sehr starken Steigerung der Zündgeschwindigkeit mit wachsender Temperatur zu rechnen ist.

Gegenüber der Theorie, nach welcher die Flammenfortpflanzung im wesentlichen ein Phänomen der Wärmeleitung ist, behandeln LEWIS und VON ELBE[1] die Vorgänge in der Flammenfront als einen Vorgang, der gleichzeitig von Wärmeleitung und Diffusion bestimmt wird. Das vorliegende Versuchsmaterial spricht nach SACHSSE und BARTHOLOMÉ[2] in den meisten Fällen (sogenannte „Wärmeflammen") doch für die Wärmeleitungstheorie[3], nur bei sehr heißen Flammen („Diffusionsflammen") spielt die Diffusion besonders von atomarem Wasserstoff eine wesentliche Rolle; die Flammenfortpflanzungsgeschwindigkeit ist direkt proportional der H-Konzentration im Verbrennungsgas[4].

Ergebnisse der Messungen der Zündgeschwindigkeiten sind in Abb. 9-1 wiedergegeben[5] unter Berücksichtigung neuerer Messungen mit einer verbesserten Apparatur von SCHOLTE und VAAGS[6].

Wie man ersieht, ist die Zündgeschwindigkeit der einzelnen Gase außerordentlich stark verschieden. Sie zeigt ausgesprochene Maxima, die aber nicht etwa mit dem stöchiometrischen Gemisch zusammenfallen. Bei sehr kleinen Anteilen an Gas im Gas-Luft-Gemisch wird die

[1] LEWIS, B., u. G. v. ELBE: On the theory of flame propagation. J. chem. Phys. 2 (1934) Nr. 8 S. 537—546, — Combustion, Flames and Explosions of Gases, Cambridge 1938, S. 206—219. — JOST, W.: Explosions- und Verbrennungsvorgänge in Gasen, Berlin 1939, S. 104—122.

[2] SACHSSE, H., u. E. BARTHOLOMÉ: Beiträge zur Frage der Flammengeschwindigkeit. Z. Elektrochem. 53 (1949) S. 183. — BARTHOLOMÉ, E., u. C. HERMANN: Zur Wärmetheorie der Flammengeschwindigkeit. Z. Elektrochem. 54 (1950) Nr. 3 S. 165—169.

[3] Eine allgemeine Ableitung ohne Zuhilfenahme des von LEWIS und v. ELBE kritisierten Begriffs der Zündtemperatur als physikalische Größe ist von KARL BECHERT gegeben worden. BECHERT, K.: Zur Theorie der Verbrennungsgeschwindigkeit I/II. Ann. Phys., Lpz. 6. Folge 4 (1949) S. 191; 5 (1950) S. 349, — Theorie der Zündgrenzen und der Zündung von brennbaren Gasgemischen. Ann. Phys., Lpz. 6. Folge 7 (1950) Nr. 3/4 S. 113—128.

[4] BARTHOLOMÉ, E.: Die Flammengeschwindigkeit in sehr heißen Flammen. Z. Elektrochem. 54 (1950) Nr. 3 S. 169—173.

[5] BUNTE, K.: Gas- u. Wasserfach 83 (1940) H. 35 S. 429.

[6] SCHOLTE, T. G., u. P. B. VAAGS: The burning velocity of hydrogen-air mixtures and mixtures of some hydrocarbons with air. Combustion and Flame 3 (1959) Nr. 4 S. 495—501, — The influence of small quantities of hydrogen and hydrogen compounds on the burning velocity of carbon monoxide-air flames. Combustion and Flame 3 (1959) Nr. 4 S. 503—510, — Burning velocities of mixtures of hydrogen, carbon monoxide and methane with air. Combustion and Flame 3 (1959) Nr. 4 S. 511—524.

Geschwindigkeit Null (untere Zündgrenze), ebenso wird die Zündgeschwindigkeit bei sehr kleinen Anteilen an Luft im Gas-Luft-Gemisch ebenfalls Null (obere Zündgrenze). Vgl. Zahlentafel 9–2.

Die Zündgeschwindigkeit von Gasgemischen kann nicht einfach aus der Mischungsregel errechnet werden, wenn sie auch einen gewissen Anhalt bietet. Aufbauend auf den theoretischen Ableitungen NUSSELTS und auf eigenen Messungen hat G. JAHN diese Fragen ausführlich behandelt[1]. Am besten und einfachsten kommt man zum Ziele, wenn man empirisch auf die Messungen von BUNTE und LITTERSCHEIDT[2] zurückgreift. Zur Abschätzung des Verhaltens der Zündgeschwindigkeit begnügt man sich zweckmäßig mit der Angabe des Maximalwertes der Zündgeschwindigkeit. Sie ist in Abb. 9–2 für das brennbare Gasgemisch H_2-CO-CH_4 im Dreieckskoordinatensystem nach den Messungen von SCHOLTE und VAAGS wiedergegeben. Die eingezeichneten Kurven sind Kurven gleicher maximaler Brenngeschwindigkeit (in cm/s). Durch die inerten Gasbestandteile N_2 und CO_2, deren Einfluß BUNTE und LITTERSCHEIDT ebenfalls untersucht

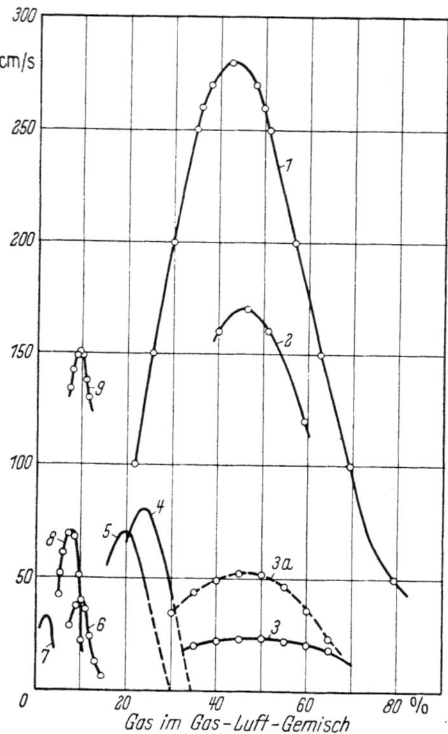

Abb. 9–1. Zündgeschwindigkeit verschiedener Gase (nach BUNTE, SCHOLTE und VAAGS). 1 Wasserstoff; 2 Wassergas; 3 Kohlenoxyd; 3a CO (mit 2,3 % H_2O); 4 Stadtgas; 5 Steinkohlengas; 6 Methan; 7 Hexan; 8 Äthylen; 9 Azetylen

haben, verringert sich die Zündgeschwindigkeit, was nach F. SCHUSTER[3] angenähert durch die Beziehung

$$w = w_0\left(1 - \frac{N_2(\%) + 1{,}67\,CO_2(\%)}{100}\right) \qquad (9\text{–}7)$$

erfaßt werden kann.

Die Zündgeschwindigkeit strömender Gase in einem Rohr ist aber nicht als ein reiner Stoffwert anzusehen, sie ist vielmehr von der REY-

---

[1] JAHN, G.: Der Zündvorgang in Gasgemischen, München u. Berlin 1934.
[2] Siehe Fußn. 2 S. 287. [3] Gas- u. Wasserfach 77 (1934) H. 47 S. 805–807.

NOLDSschen Zahl abhängig und steigt nach HEILIGENSTAEDT für Koksofengas von 0,56 m/s (bei laminarer Strömung $Re < 2320$) bis 4 m/s
(bei $Re = 40000$ bis 50000).

Eine ähnliche Zunahme mit der Geschwindigkeit bzw. mit der
REYNOLDSschen Zahl, ferner eine Beeinflussung durch den Strömungs-
charakter (laminar, turbulent) und durch den Rohrdurchmesser ergeben
die Messungen von UNGER[1].

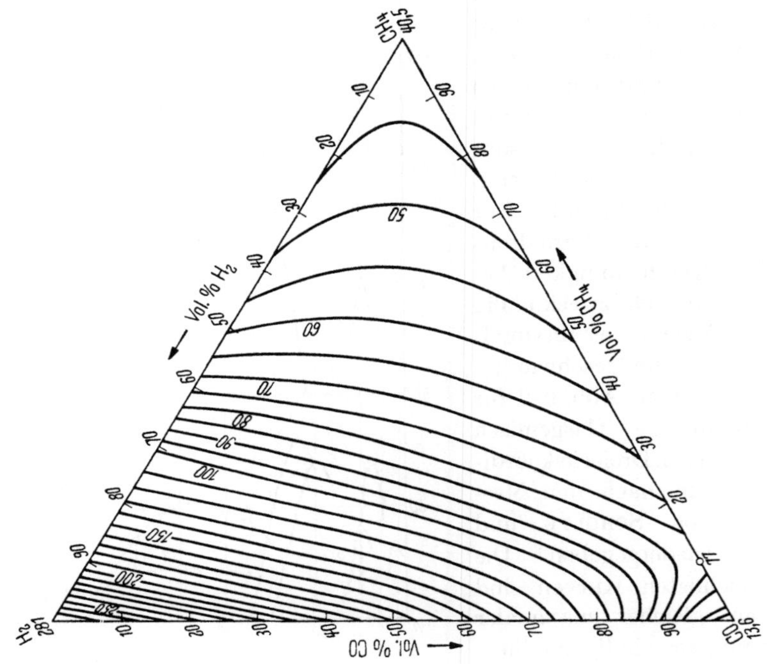

Abb. 9–2. Höchstwerte der Zündgeschwindigkeit für das Gasgemisch Wasserstoff, Kohlenoxyd und
Methan

Die Vorwärmung des Gemisches setzt die Zündgeschwindigkeit
herauf, und zwar bewirkt eine Luftvorwärmung von 200 °C eine Steigerung
von 24%, eine Luftvorwärmung von 400 °C eine Steigerung der Zündgeschwindigkeit um 48% bei theoretischem Gemisch.

Die Zündgrenzen von Gasgemischen lassen sich annähernd nach der
LE CHÂTELIERschen Formel[2]

$$Z = \frac{100}{\dfrac{G_1}{Z_1} + \dfrac{G_2}{Z_2} + \dfrac{G_3}{Z_3} + \cdots} \tag{9-8}$$

[1] UNGER, W.: Messung der Zündgeschwindigkeit strömender Luft-Gas-
gemische. Forsch. Ing.-Wes. 15 (1944) H. 1 S. 1—11.

[2] LE CHÂTELIER. H.: Ann. Min. Bd. 19 Ser. 8 (1891) S. 388—395.

bestimmen, worin G die Gasbestandteile in Volumprozent, Z die Zündgrenzen (Prozent Gas im Gas-Luft-Gemisch) der Einzelgase bedeuten
(s. Zahlentafel 9–2).

BLECHER[1] hat ein allgemeines Diagramm der Zündgrenzen von Gasgemischen aufgestellt, das den Einfluß inerter Gasbestandteile ver-

Zahlentafel 9–2
Zündgrenzen von Gasen und Dämpfen in Luft und Sauerstoff bei Atmosphärendruck[2]

Zündgrenze		In Luft (20 °C)		In Sauerstoff (20 °C)	
		untere	obere	untere	obere
Wasserstoff	H_2	4,1	74,0	4,5	95
Kohlenoxyd	CO	12,5	74,0	13	96
Methan	CH_4	5,3	14	5	60
Äthan	C_2H_6	3,2	12,5	3,9	50,5
Propan	C_3H_8	2,4	9,5	—	—
Butan	C_4H_{10}	1,85	8,4	—	—
Pentan	C_5H_{12}	1,4	7,8	—	—
Äthylen	C_2H_4	3,0	29	3,0	80
Azetylen	C_2H_2	2,5	80	2,8	93
Naturgas	—	4,5—4,8	14,2—13,5	—	—
Wassergas	—	6—9	55—70	—	—
Hochofengas	—	35	74	—	—
Benzol	C_6H_6	1,4	6,7	—	—
Benzin	—	1,4	6,5	—	—

Zahlentafel 9–3. *Einfluß des Druckes auf die Zündgrenzen
von Naturgas (nach* JONES *u. Mitarb.[3])*

Druck (atü)	Zündgrenze		N_2 (%)
	untere	obere	
0	4,5	14,20	38
35,15	4,45	44,20	49
70,31	4,00	52,90	52,5
140,61	3,60	59,00	56
210,92	3,15	(60,00)	—

deutlicht. Der Einfluß des Druckes ist in Zahlentafel 9–3 am Beispiel
eines Naturgases (84,7% CH_4, 14,7% C_2H_6, 0,6% N_2) gezeigt. Die letzte
Spalte gibt diejenige Stickstoffmenge (in Proz. der Mischung) an, bei der
das Gas nicht mehr entflammbar ist.

[1] BLECHER, G.: Die Bestimmung der Zündgrenzen von Grubenbrandgasen.
Glückauf 79 (1943) Nr. 43/44 S. 489—495.

[2] BRÜCKNER, H.: Gastafeln (Handb. d. Gasindustrie Bd. 4), München u.
Berlin 1937. — COWARD, H. F., u. G. W. JONES: Limits of inflammability of gases
and vapours. U. S. Bur. Mines Bull. 503, Washington 1952.

[3] JONES, G. W., R. E. KENNEDY u. I. SPOLAN: Effect of high pressure on the
flammability of natural gas-air-nitrogen mixtures. U. S. Bur. Mines Rep. Invest.
4557 (1949).

Brenntechnische Eigenschaften

Neben Heizwert, Gaszusammensetzung, Dichte und Zündgeschwindigkeit können für die Beurteilung der brenntechnischen Eigenschaften von Gasen noch zusammengesetzte Kenngrößen herangezogen werden, die unmittelbar auf den praktischen Verwendungszweck zugeschnitten sind. So ist es z. B. sehr wichtig, daß den Gasgeräten eine konstante Wärmemenge (bei gegebenem Leitungsdruck) zugeführt wird. Sie findet, da die gelieferte Wärmemenge direkt proportional dem Heizwert und umgekehrt proportional der Wurzel aus der Dichte ist, ihren Ausdruck in der sogenannten Wobbe-Zahl

$$K_{\text{Wobbe}} = \frac{H_o}{\sqrt{d}} \qquad (9\text{--}9)$$

(H_o = oberer Heizwert, d = Dichte, bezogen auf Luft = 1).

SCHUSTER[1] empfiehlt die bereits von BUNTE vorgeschlagene „erweiterte Wobbe-Zahl"

$$K_{\text{W. erw.}} = H_o \sqrt{p} / \sqrt{d}, \qquad (9\text{--}10)$$

und LUGT[2] will die Wobbe-Zahl dimensionslos machen, indem er das Verhältnis zweier Wobbe-Zahlen, des zu untersuchenden Gases und eines Bezugsgases (z. B. Methan) als „neue Wobbe-Zahl" definiert.

Die einfachste und schnellste Untersuchungsmethode ist die Verwendung eines Prüfbrenners, und zahlreiche derartige Brenner sind in den verschiedenen Ländern vorgeschlagen worden[3], auf den verschiedensten Prinzipien beruhend (Rückschlag, Höhe des Konus, Erstlufteinstellung bei gegebener Konushöhe, Flammentemperatur an bestimmter Stelle u. a. m.), doch lassen sich diese empirischen Prüfbrennerzahlen nicht ohne weiteres vergleichen oder umrechnen. In Deutschland ist besonders der Prüfbrenner von OTT[4] und der verbesserte Prüfbrenner von CZAKÓ und SCHAACK[5] verbreitet. Der OTT-Brenner ist ein Teclu-Brenner, dem das Gas mit einem konstanten Überdruck von 40 mm WS zugeführt wird und dessen Erstluftzuführung von 0 bis 100 verstellt

---

[1] SCHUSTER, F.: Die Abhängigkeit der Wobbe-Zahl für Gasgemische von deren Zusammensetzung. Gas- u. Wasserfach 98 (1957) Nr. 25 S. 630—632.

[2] LUGT, H.: Kritische Bemerkungen zur Wobbe-Zahl. Gas- u. Wasserfach 101 (1960) Nr. 5 S. 107/08.

[3] SHNIDMAN, L.: Gaseous Fuels (American Gas Association), New York 1948. — SHNIDMAN, L., u. J. S. YEAW: Combustion characteristics of fuel gases. The test burner and its application in the control of gas quality. Amer. Gas Ass. Proc. 1940 S. 685—716. — SACKMANN, W.: Aufbau und Eigenschaften der wichtigsten Prüfbrennertypen. Gaswärme 8 (1959) Nr. 3 S. 53—60.

[4] LUX, F.: Prof. Dr. Otts Gasprüfer. Gas- u. Wasserfach 68 (1925) Nr. 29 S. 448/49.

[5] CZAKÓ, E., u. E. SCHAACK: Der Prüfbrenner, ein neues Gerät zur Messung der Brenneigenschaften von Gasen. Gas- u. Wasserfach 77 (1934) S. 587—596.

und auf einer Meßscheibe abgelesen werden kann. Gibt man zuviel Erst-luft, so beginnt die Flamme zu flackern („Flackerzahl"), um bei geringer weiterer Luftzugabe rhythmisch zu knattern und zurückzuschlagen („Rückschlagzahl"). Die OTT-Zahl beträgt bei Stadtgas beispielsweise[1] $58 \pm 4{,}3\%$ (Flackern) bzw. $63{,}5 \pm 3{,}1\%$ (Rückschlag); da die Rück-schlagzahl leichter von subjektiven Beobachtungsfehlern frei gehalten werden kann, wird üblicherweise die Rückschlagzahl als OTT-Zahl gewählt.

CZAKÓ und SCHAACK[1] haben den Quotienten

$$K_{\text{C.-S.}} = \frac{\text{Wobbe-Zahl}}{\text{Ott-Zahl}}, \qquad (9\text{--}11)$$

BRÜCKNER und LÖHR[2] die spezifische Flammenleistung[3] zur Kenn-zeichnung herangezogen. Für den Zusammenhang zwischen OTT-Zahl und den übrigen Charakteristiken (Heizwert, Dichte, maximale Zünd-geschwindigkeit u_{max}) schlägt SCHUSTER[1] die empirische Beziehung

$$Z = \frac{H_o}{\sqrt{d}\,\sqrt{u_{max}}} \qquad (9\text{--}12)$$

vor. Eine Reihe empirischer Kennwerte soll der Beurteilung der Aus-tauschbarkeit von Gasen dienen, z. B. der etwas umständlich zu errech-nende AGA-Index „C"[5,6] oder die vereinfachte Formel von KNOY

$$C = \frac{H_o - 1642}{\sqrt{d}}, \qquad (9\text{--}13)$$

die es ermöglicht, den notwendigen Zusammenhang zwischen H_o und d festzulegen; doch befriedigen alle diese Formeln nicht voll, wenn sehr weite Grenzen (z. B. vom Wassergas bis zum Butan) in Betracht ge-zogen werden[6].

Durch die zunehmende Verwendung anderer Gase als Mischkompo-nenten für Stadt- oder Ferngas haben die Diskussionen über die zweck-mäßigste Kennzeichnung der Austauschbarkeit an Bedeutung gewonnen, aber gerade die Vielzahl der Vorschläge zeigt, daß eine einfache und doch umfassende Charakteristik recht schwierig ist.

---

[1] CZAKÓ, E., u. E. SCHAACK: Zehn Jahre Gasnormung. Gas- und Wasserfach 76 (1933) Nr. 10 S. 153—167.

[2] BRÜCKNER, H., u. H. LÖHR: Gas- u. Wasserfach 79 (1936) Nr. 2 S. 17—20, — Z. VDI 80 (1936) Nr. 42 S. 1275—1279.

[3] BRÜCKNER, H., u. G. JAHN: Gas- u. Wasserfach 74 (1931) Nr. 44 S. 1012 bis 1017.

[4] SCHUSTER, F.: Über die Festlegung des Brennverhaltens von Gasen. Gas-u. Wasserfach 90 (1949) Nr. 10 S. 261/62.

[5] Siehe Fußn. 3 S. 292.

[6] WILLIEN, L. J.: Variations in interchangeability formulae in high B.t.u. gases. Amer. Gas Ass. Proc. 1938 S. 843—856.

PADOVANI[1] schlägt einen „Kohlenstoff-Index'' vor, DELBOURG[2] hat eine Kennzahl

$$C = \frac{H_2 + 0{,}6\,CO + 0{,}6\,C_nH_m + 0{,}3\,CH_4}{\sqrt{d}} \qquad (9\text{-}14)$$

aufgestellt, während DEVECCHI[3] die Wobbe-Zahl, die maximale Zündgeschwindigkeit und eine Kennzahl heranzieht, die definiert ist durch

$$D = 100\,\frac{(100/E) - 1}{\sqrt{d}} = \sim \frac{H_o + 30{,}35\,(\%\ \text{Inerte}) - 2634}{11{,}12\,\sqrt{d}} \qquad (9\text{-}15)$$

(d = relative Dichte, E = obere Explosionsgrenze).

Die Uneinheitlichkeit der Auffassungen hat auch die eindeutige und allgemein anerkannte Klassifizierung der Gase bisher verhindert.

10. Veredlung gasförmiger Brennstoffe

Obwohl Gas, abgesehen von Naturgas, bereits eine veredelte Form des Brennstoffs darstellt, sind eine Reihe weiterer Veredlungsverfahren zur Anpassung an bestimmte Verwendungszwecke möglich. Dazu gehört zunächst die Abscheidung fester, flüssiger und nebelförmiger Bestandteile, wie Staub, Teer u. dgl., die Entfernung des Wassers durch die Gastrocknung, die Abscheidung anderweitig besser nutzbarer Stoffe, wie Ammoniak, Benzol u. ä., und die Reinigung von unerwünschten Bestandteilen, wie Schwefelwasserstoff, organischer Schwefel, Cyanwasserstoff, Naphthalin und Stickoxyde. Von den Verfahren, die der Anpassung an besondere Verwendungszwecke dienen, sind vor allem zu nennen: Die Konvertierung des CO mit H_2O zu H_2 und CO_2, die Auswaschung der Kohlensäure und der CO-Reste, die Gaszerlegung, die Spaltung des Methans und anderer Kohlenwasserstoffe und als Gegenstück dazu die Methanisierung. Im Zusammenhang damit ist auf die Synthese flüssiger und fester Kohlenwasserstoffe, wie Methanol (Methylalkohol), Benzin, Dieselöl, Schmieröl, Fettsäure und Paraffin, hinzuweisen (s. S. 279), die als höchste Veredlungsstufe anzusehen sind.

Gasreinigung

Trocken-mechanische Staubabscheider kommen bei Brenngasen nur dort in Frage, wo ohne allzu hohe Anforderungen an den Reinheitsgrad lediglich Staub entfernt werden soll, während der Teer im Gas

---

[1] PADOVANI, C., u. E. CAFFO: Indice di carbonio dei combustibili gassosi e sue applicazioni pratiche. Rev. dei Combustibili 12 (1958) Nr. 10 S. 725—745.

[2] Vgl. J. KÖRTING u. H. REITH: Über die Austauschbarkeit von Gasen. Gas- u. Wasserfach 95 (1954) Nr. 15 S. 473—478.

[3] DEVECCHI, W.: Neuer Vorschlag zur Beurteilung der Austauschbarkeit von Gasen. Gaswärme 7 (1958) Nr. 9 S. 315—319.

verbleibt, so z. B. bei Gaserzeugern mit Heißgasverwendung[1]. Bei kalten Gasen erfolgt zunächst eine (meist mechanische) Teerabscheidung; es herrscht dann der gleichzeitig als Kühler wirkende Gaswascher vor, ausgeführt als Berieselungsturm mit Holzhorden oder Füllungen von Grobkoks, Raschig-Ringen oder ähnlichen Füllkörpern und berieselt mit Frischwasser oder ganz oder teilweise mit umgewälztem Schlammwasser. In ähnlicher Ausführung werden die Gaswascheinrichtungen[2] auch für das Auswaschen anderer Gasbestandteile, wie Ammoniak, Naphthalin, Benzol usw., verwendet, wobei als Waschflüssigkeit bei NH_3 das Gaswasser (Ammoniakwasser), bei Cyanwasserstoff eine Ferrosulfatlösung, bei Naphthalin und bei Benzol ein Steinkohlenteeröl dient[3]. Für höhere Ansprüche der Staubreinigung, z. B. bei Gichtgas auf sog. Maschinenreinheit (0,01 bis 0,02 g/Nm^3), kommen in Frage[4]: Naßreiniger mit umlaufendem Wasserzerstäuber (Typ des Theisen-Wäschers), Trockenfilter (Sack- oder Tuchfilter System Halberger Hütte-Beth) und Elektrofilter.

Das Elektrofilter, welches ja als elektrische Gasreinigung für Rauchgase eine zunehmende Verwendung findet, erreicht bei Anwendung von Spannungen von 40000 bis 50000 Volt (gleichgerichteter Wechselstrom) je nach der verwendeten Gasgeschwindigkeit Gesamtabscheidungsgrade von 95 bis 98%, Reingasstaubgehalte von 0,1 bis 0,4 g/m^3 bei einem Kraftbedarf von nur 0,08 bis 0,25 kWh/1000 m^3 (t °C). In Anwendung als Teerabscheider werden bei einer Reinigung bis auf Spuren von Teernebeln 0,5 bis 1 kWh/1000 m^3 (t °C) benötigt[5].

Gastrocknung

Die Trocknung brennbarer Gase bezweckt in erster Linie, die unerwünschte Wasserausscheidung bei der Fortleitung und damit die Korrosionsschäden zu unterbinden; daneben soll auch der Verbrennungsvorgang von dem überflüssigen Wasserballast befreit werden. Diesem Zweck dient vor allem auch die Lufttrocknung, die für den Gebläsewind der Hochöfen und Kupolöfen vorgeschlagen und verein-

---

[1] BECKER, H., u. E. LANGEN: Gestaltung von Staubabscheidern, dargestellt am Beispiel der Entstaubung von Braunkohlen-Generator-Heißgas. Stahl u. Eisen 59 (1939) H. 33 S. 943—947. — Über Staubabscheider s. S. 73.

[2] THAU, A.: Wascher für Kohlen- und Koksgase. Feuerungstechn. 25 (1937) H. 7/8 S. 209—213, 236—242.

[3] BRÜCKNER, H.: Handbuch d. Gasindustrie, Bd. 3 (bearb. von F. WEHRMANN, TH. PAYER u. W. BAUM, H. BRÜCKNER u. FR. SCHUSTER), München u. Berlin 1939.

[4] EULER, W. A.: Die Gichtgas-Reinigung, Berlin 1927. — HOFF, H., u. H. NETZ: Die Hüttenwerksanlagen, Bd. 1, Berlin 1938, S. 344—358.

[5] HEINZELMANN, H.: Feuerungstechn. 25 (1937) H. 4 S. 116—121.

zelt auch ausgeführt worden ist. Als Gastrocknungsmethoden[1] kommen in Frage:

1. physikalische Verfahren, wie Tiefkühlung mit oder ohne Druckerhöhung;

2. physikalisch-chemische Verfahren, wie die Anwendung von Adsorptionsmitteln (Silikagel, Aluminiumgel), die durch Erhitzen auf 180 bis 300°C wiederbelebt (regeneriert) werden können;

3. chemische Verfahren, wie die Anwendung von Adsorptionsmitteln in fester, gelöster oder flüssiger Form[2] (Kalziumchlorid, Glyzerin, Schwefelsäure u. a. m.).

Die einfachste Lösung ist ohne Zweifel die Tiefkühlung, wie z. B. nach dem System Dr. LENZE[3], die zugleich den Vorteil hat, als sehr wirksame Reinigung zu dienen. So wird der Teer restlos, Naphthalin und Ammoniak (mit nachgeschaltetem Wäscher) weitgehend abgeschieden, außerdem gestaltet sich nach RASCHIG[4] die Benzolauswaschung vorteilhafter (Ersparnis an Waschöl, dementsprechende Verkleinerung der Apparaturen, geringer Einfluß des Abtreibungsgrades) und eine Entschwefelung bei tiefer Temperatur durch Auswaschen mit Ammoniakwasser kann unmittelbar angeschlossen werden. Die Tiefkühlung auf Temperaturen von 0 bis — 5 °C erfolgt in einem sog. Regenkühler mit Ammoniakwasser als Kühlflüssigkeit, welches im Kreislauf geführt und durch eine NH_3-Kältemaschine auf der erforderlichen Temperatur gehalten wird. Ordnet man den Kühler auf der Rohgasseite an, so muß das Gas vor Eintritt in den Trockenreiniger (Schwefelreinigung) wieder auf + 20 °C erwärmt und aufgesättigt werden, die erste Kühlstufe dient dann nur zur Reinigung von Ammoniak und Naphthalin, was sich dann allerdings auf den Trockenreiniger sehr vorteilhaft auswirkt, die Trocknung selbst muß dann in einer zweiten Kühlstufe auf der Reingasseite vorgenommen werden. Legt man den Kühler dagegen auf die Reingasseite, so muß man auf die Vorteile der tiefen Temperatur bei der Reinigung verzichten. Nach dem erwähnten Vorschlag von RASCHIG[4] kann die Reinigung und Gastrocknung durch einmalige Tiefkühlung erfolgen. Die Erfahrungen[5] mit der Tiefkühlung sind durchweg recht günstig.

---

[1] Siehe Fußn. 3 S. 295. — HOUGEN, O. A., u. F. W. DODGE: The Drying of Gases. Ann. Arbor, Mich. 1947.

[2] Chim. et Ind. 38 (1937) Nr. 1 S. 3—12.

[3] LENZE u. RETTENMAIER: Gas- u. Wasserfach 74 (1931) H. 51 S. 1169—1172. — STEDING, F.: Gas- u. Wasserfach 75 (1932) H. 9 S. 164—169. — SCHROTH, W., u. W. KONRAD: Gas- u. Wasserfach 79 (1936) H. 7 S. 97—103.

[4] RASCHIG, M.: Über die Reinigung von Steinkohlengas unter Anwendung tiefer Temperaturen. Diss. Berlin 1937.

[5] RETTENMAIER: Gas- u. Wasserfach 75 (1932) H. 27 S. 542—548. — PIPPIG, H.: Gas- u. Wasserfach 77 (1934) H. 21 S. 346—349. — SCHÖN, E.: Gas- u. Wasserfach 81 (1938) H. 50 S. 870—877.

Gaszerlegung durch Tiefkühlung

Erhöht man die Drücke und senkt man die Temperaturen wesentlich, so gelangt man zu den Verfahren der Gaszerlegung. Das auf Koksgas angewendete, unter dem Namen „Concordia-Linde-Bronn" bekannt gewordene Verfahren zur Erzeugung von Wasserstoff oder Wasserstoff-Stickstoff-Gemischen (für die Ammoniaksynthese) benutzt, wie das LINDEsche Verfahren der Luftzerlegung, den THOMSON-JOULE-Effekt und ist vor allem dadurch möglich, daß die Koksgasbestandteile in drei, durch ihre Siedepunkte weit auseinanderliegende Gruppen eingeteilt werden können. Diese sind:

1. die höheren Kohlenwasserstoffe (C_2-Kohlenwasserstoffe und höhere), die sich beim Atmosphärendruck bei etwa — 103° und darüber verflüssigen lassen,

2. die übrigen Gase außer Wasserstoff, also CH_4, CO, N_2 und O_2, die zwischen — 161 und — 196 °C flüssig werden, und

3. der Wasserstoff, der mit — 252,7 °C in weitem Abstand folgt.

Das Verfahren arbeitet mit einer Vorkühlung mit Hilfe einer Ammoniakkältemaschine. Im übrigen ist die wirtschaftliche Bestgestaltung des Verfahrens und der Apparaturen vor allem von der Art des Kälteaustauschs abhängig[1]. Andere Verflüssigungsverfahren, so nach CLAUDE oder MESSER, können in ähnlicher Weise zur Gaszerlegung verwendet werden. In diesem Zusammenhang wäre auch das Rectisol-Verfahren zu nennen (vgl. S. 302).

Schwefelreinigung

Die Entfernung des Schwefelwasserstoffs (H_2S) erfolgt in der Mehrzahl der Fälle in Trockenreinigern, die als Kasten- oder Turmreiniger ausgebildet sind, mit Hilfe von Eisenhydroxyd [Eisenoxydhydrat $Fe(OH)_3$], welches in Schichten von 15 bis 40 cm mit Gasgeschwindigkeiten von 5 bis 9 mm/s bei Temperaturen von 20 bis 30 °C und bei mäßigem Feuchtigkeitsgehalt der Masse durchströmt wird. Dabei werden 3,5 bis 4,5 m³ Masse je 1000 m³ Gas/24 h benötigt. Das Eisenhydroxyd wird in natürlicher Form als Raseneisenerz oder in künstlicher Form als Luxmasse oder als Lautamasse (alkalisches Abfallprodukt der Aluminiumerzeugung, aus dem Aufschluß des Bauxits mit Soda gewonnen) angewandt. Es bildet sich durch die Schwefelwasserstoffaufnahme Eisensulfid und daneben etwas elementarer Schwefel. Nach Erschöpfung der Aufnahmefähigkeit wird die gebrauchte Masse durch

---

[1] BORCHARDT, P.: Gaszerlegung durch Druck und Tieftemperatur. Gesamtbericht II. Weltkraftkonferenz, Bd. 2, Berlin 1930, S. 134—144. — Gas u. Wasserfach 70 (1927) S. 562—568. — HEINZE, R.: Die Veredlung gasförmiger Brennstoffe (M. LE BLANC: Ergebn. d. angew. physik. Chemie, Bd. 2), Leipzig 1934.

Oxydation und Befeuchtung (zur Hydratisierung und gleichzeitig zur Verhütung einer Selbstentzündung) wiederbelebt (regeneriert). Durch laufende, am besten geregelte Luftzugabe zum Gas kann Reinigung und Regenerierung in einem Arbeitsgang vorgenommen werden. Im Laufe der Zeit tritt jedoch eine Anreicherung an elementarem Schwefel ein, so daß durch Extraktion mit Schwefelkohlenstoff und Destillation reiner Schwefel (mit 98 bis 99% Reinheitsgrad) gewonnen werden kann[1, 2].

Als eine Abart der Kasten- und Turmreiniger sind die Apparate mit bewegter geformter Gasreinigungsmasse anzusehen, die auf ein Verfahren von E. RAFFLOER zurückgehen[3], und das eine erhebliche Gasgeschwindigkeitssteigerung zuläßt, 100 mm/s (gegenüber sonst 5 bis 9 mm/s).

Die Verwendung der Gasreinigungsmasse in einer Wirbelschicht ist im Appleby-Frodingham-Verfahren verwirklicht worden[4]. Teerfreies Gas kann auch durch Aktivkohle gereinigt werden.

Neben Schwefelwasserstoff wird aus dem Gas auch Cyanwasserstoff (HCN) abgeschieden, wenn auch nicht so vollkommen, besonders nicht von ganz frischer Reinigungsmasse.

Außer der Trockenreinigung sind — vor allem für die Reinigung sehr großer Gasmengen — eine große Anzahl von nassen Reinigungsverfahren[5] entwickelt worden, die teils mit Aufschlämmungen von Eisen-

---

[1] MUHLERT, F.: Der Kohlenschwefel. (Kohle—Koks—Teer Bd. 21.) Halle/S. 1930. — THIELER, E.: Schwefel. (Techn. Fortschrittsberichte Bd. 38.) Dresden u. Leipzig 1936. — GRIFFITH, R. H.: Sulphur removal from fuel gases by dry methods. Special Study of Sulphur. Removal and recovery from fuels. London, Okt. 1954. The Institute of Fuel, S. 48—58.

[2] Über die theoretischen Grundlagen vgl. auch A. POTT, H. BROCHE u. H. THOMAS: Eigenschaften und Verhalten der Gasmasse bei der trockenen Gasreinigung. Glückauf 70 (1934) Nr. 5 S. 101—106. — MICHAELIS, P.: Theoretische Grundlagen der Trockengasentschwefelung. Gas- u. Wasserfach 101 (1960) Nr. 5 S. 97—102.

[3] SEXAUER, W.: Gasentschwefelungsverfahren mit bewegter Gasreinigungsmasse. Gas- u. Wasserfach 100 (1959) Nr. 27 S. 687—690.

[4] Chem. Age 80 (1958) Nr. 2039 S. 217/18, — Verfahrenstechn. Ber. Nr. 1454 (1958) S. 1962. — REEVE, L.: Desulphurization of Coke-oven Gas at Appleby-Frodingham. J. Inst. Fuel 31 (1958) Nr. 210 S. 319—324.

[5] Übersichten über die verschiedenen Verfahren geben neben den auf S. 301 genannten Werken: HEINZE, R.: Die Veredlung gasförmiger Brennstoffe (M. LE BLANC: Ergebn. d. angew. physikal. Chemie Bd. 2), Leipzig 1934. — BRÜCKNER, H.: Handbuch d. Gasindustrie, Bd. 3, Gasreinigung und Nebenproduktengewinnung, München u. Berlin 1939. Bes. Teil 2 bearb. von TH. PAYER u. W. BAUM. — BÄHR, H.: Gas- u. Wasserfach 71 (1928) H. 8 S. 169—173, H. 9 S. 204—210. — LORENZEN, G.: Chem. Fabrik 12 (1939) H. 1/2 S. 6—23. — LEITHE, F.: Brennst.-Chemie 22 (1941) H. 3 S. 27—34. — CRAXFORD, S. R., u. A. PARKER: Sulphur in coal gas and its removal by wet methods. Special Study of Sulphur. Removal and Recovery from Fuels. London, Okt. 1954. The Institute of Fuel, S. 59—66. — SCHÄFER, H.: Methods of wet purification of coke-oven gas, using ammonia liquor. London, Okt. 1954. The Institute of Fuel, S. 66—70. — BÄHR, H.: Desulphurization of coke oven gas by selective quick washing with ammonia solution and the con-

oxydhydrat, teils mit Waschflüssigkeiten wie Ammoniakwasser, schwefliger Säure, mit alkalischen Flüssigkeiten und Metallsalzlösungen arbeiten. Einen Überblick über die wichtigsten dieser Verfahren gibt die Tabelle[1] S. 300/01, der die notwendigsten Schrifttumshinweise beigefügt sind.

Unter der *Feinreinigung*, die vor allem für die Reinigung des Synthesegases von großer praktischer Bedeutung ist, versteht man die möglichst restlose Entfernung des organischen Schwefels (bis auf 0,1 bis 0,2 g/100 m^3), der als Schwefelkohlenstoff (CS_2), als Kohlenoxydsulfid (COS), als Thiophen (C_4H_4S) und in sonstiger Bindung mit Kohlenstoff vorliegt[2]. Das Verfahren von O. ROELEN und W. FEISST[3] arbeitet mit einem Gemisch von Natriumkarbonat und Luxmasse bei Temperaturen von 250 bis 300°C, wodurch der organische Schwefel in H_2S und dann in Schwefel und feste Schwefelverbindungen umgewandelt wird.

Für das Leuchtgas ist außerdem die Entfernung der Stickoxyde (NO) wichtig, da diese auch bei geringsten Mengen störende Harzablagerungen bewirken können[4]. Hierfür kommt eine thermische Spaltung[5], Aktivkohle[6] oder eine Entfernung auf elektrischem Wege[7] in Betracht.

Eine Übersicht über neuere Verfahren gibt JANICKE[8].

Besondere Vorteile bietet die Gasbehandlung und Reinigung unter Druck, wenn das Gas ohnehin auf Abgabedruck komprimiert werden muß oder unter Druck entsteht. Ein solches Verfahren ist für Koks-

---

version of hydrogen sulphide to sulphur, sulphuric acid and ammonium sulphate. London, Okt. 1954. The Institute of Fuel, S. 71—76. — WILLIAMS, T. H.: Experiences in the operation of a Collin desulphurization plant. London, Okt. 1954. The Institute of Fuel, S. 77—83. — BROCKWELL, A. J., u. F. F. RIXON: Removal of hydrogen sulphide from producer and other industrial gases. London, Okt. 1954. The Institute of Fuel, S. 84—91. — SEEBAUM, H., in O. GROSSKINSKY (Hrsg.): Handbuch des Kokereiwesens, Bd. II, Düsseldorf: K. Knapp 1958, S. 181—218. — KRETZ, TH., F. THIERSCH u. A. VOLK, in Ullmanns Encyklopädie der technischen Chemie, 3. Aufl., Bd. 10, München u. Berlin: Urban & Schwarzenberg 1958, S. 307—342.

---

[1] Aufgestellt von P. LAMECK u. W. SCHEER: Stahl u. Eisen 61 (1941) H. 4/5 S. 63—66 u. 109—112, ergänzt von W. SCHEER.

[2] ROELEN, O.: Brennst.-Chemie 12 (1931) H. 16 S. 305—312. — WITT, D.: Brennst.-Chemie 17 (1936) H. 6 S. 101—103.

[3] WILKE, G.: Chem. Fabrik 11 (1938) H. 51/52 S. 563—568, — DRP 651462 (Studien- und Verwertungs-G.m.b.H.).

[4] BRÜCKNER, H.: Handbuch d. Gasindustrie, Bd. 3, S. 2/301 u. 3/42—47.

[5] RIESE, W.: Brennst.-Chemie 20 (1939) H. 16 S. 301—308.

[6] RIESE, W.: Brennst.-Chemie 21 (1940) H. 3 S. 25—32.

[7] RIESE, W.: Brennst.-Chemie 21 (1940) H. 7 S. 73—78.

[8] JANICKE, W.: Organischer Schwefel im Stadtgas. Gas- u. Wasserfach 100 (1959) Nr. 49 S. 1281—1284.

Übersicht über die Verfahren zur Schwefelreinigung

Verfahren	Bezeichnung	Entschwefelung durch	Gewinnung des Schwefels als
Trockene Verfahren	Raseneisenerz[1]	Raseneisenerz, Lux-, Bayer-, Lauta-, Raffloermasse	bei Extraktion: Schwefel bei Abröstung: Schwefelsäure
	A-Kohle-Verfahren[2]	aktive Kohle	Schwefel
Nasse Verfahren — *Oxydations-Verfahren* — Kombinations-Verfahren	Katasulf-Verfahren[3]	$H_2S \rightarrow SO_2$ (katalyt.) Ammoniak	Sulfit, Thiosulfat, Ammonsulfat, Schwefel
	Verschiedene[4]	Ammoniakwasser	Ammonsulfid
	Walther-Feld-Verfahren[5]	Ammonium-polythionat-Lösung	Schwefel, Ammonsulfat
	Polythionat-Verfahren der I. G.[6]	Ammonium-polythionat-Lösung	Schwefel, Ammonsulfat
	C.A.S.-Verfahren[7]	Ammonium-polythionat-Lösung	Ammonsulfat
	Pieters-Verfahren, Staatsmijnen Otto-Verfahren[8]	kolloidale Ferriferro-cyanid-Lösung	Schwefel u. Thiosulfat
	Burkheiser-Verfahren[9]	ammoniakalische Eisenhydroxyd-Aufschlämmung	Ammonsulfit, Sulfat
	neues[10] Verfahren der Ges. für Kohletechnik	ammoniakalische Eisenhydroxyd-Aufschlämmung	Ammonthiosulfat, Ammonsulfat, Mischsalze
	altes[11] Verfahren der Ges. für Kohletechnik	ammoniakalische Eisenhydroxyd-Aufschlämmung	Schwefel
	Thylox-Verfahren[12]	Ammonium-sulfarseniatlösung	Schwefel
	Vetrocoke-Giammarco-Verfahren[13]	AS_2O_3 in alk. Lösung	Schwefel
	Perox-Verfahren[14]	NH_4-Salzlösung mit org. Katalysator	Schwefel
Neutralisations-Verfahren	Alkazid-Verfahren[15]	Aminokarbonat- od. Phenolath-Lösungen	Schwefelwasserstoff
	Seabord-Verfahren[16]	2%ige Sodalösung	Schwefelwasserstoff
	Girbotol-Verfahren[17]	Aminoalkohole	Schwefelwasserstoff
	Girdler-Verfahren[18]	Trinatrium-phosphatlösung	Schwefelwasserstoff
	Bottoms-Verfahren[19]	Diaminopropanol	Schwefelwasserstoff
	Petit-Verfahren, Hultmann-Pilo-Verfahren[20]	Pottaschelösung	Schwefelwasserstoff
	Koppers Pottasche-druck-Verfahren[21]	Pottaschelösung	Schwefelwasserstoff

Verfahren		Bezeichnung	Entschwefelung durch	Gewinnung des Schwefels als
Nasse Verfahren	Neutralisations-Verfahren	Ammoniak-Kreislauf-Verfahren (Kollin-, Koppers-Kreisstrom, Otto-Rückstrom, Otto-Kreislauf-Verfahren)[22]	verdünntes NH_3-Wasser	Schwefelwasserstoff
		Deutsche Gerätebau-Pauling-Verfahren GfK-Cyklopur Kreislauf-Druckwäsche[23]	gasförm. NH_3	Schwefelwasserstoff

Schrifttum zur nebenstehenden Übersicht*

* Über die abgekürzten Bezeichnungen der Bücher vgl. zu MUHLERT, Fußn. 1 S. 298; THIELER, Fußn. 1 S. 298; HEINZE, Fußn. 5 S. 298. Handb. = BRÜCKNER, H.: Handbuch der Gasindustrie, Bd. 3, Fußn. 5 S. 298.

[1] Handb. S. 2/232—262. — MUHLERT S. 74—82. — THIELER S. 77—80. — GEIPERT, W.: Gas- u. Wasserfach 71 (1928) H. 4 S. 76—79.

[2] Handb. S. 2/262—266. — HEINZE S. 99. — MUHLERT S. 82—86. — THIELER S. 80—85. — ENGELHARDT, A.: Gas- u. Wasserfach 71 (1928) H. 13 S. 290—297.

[3] Handb. S. 2/75. — BÄHR, H.: Glückauf 73 (1937) H. 40 S. 901—913, — Chem. Fabrik 11 (1938) H. 1/2 S. 10—20. — [4] MUHLERT S. 93/94.

[5] Handb. S. 2/273. — TERRES, E., u. F. OVERDICK: Gas- u. Wasserfach 71 (1928) H. 3 S. 49—53, H. 4 S. 81—86, H. 5 S. 106—110, H. 6 S. 130—136.

[6] OVERDICK, F.: Angew. Chem. 43 (1930) H. 47 S. 1048—1051.

[7] Handb. S. 2/274. — HARDIE: Gas J. 188 (1929) S. 643.

[8] Handb. S. 2/292. — PIETERS, H. A. J.: Brennst.-Chemie 18 (1937) H. 19 S. 373—376. — LEITHE, F.: Brennst.-Chemie 22 (1941) H. 3 S. 27—34, H. 5 S. 49—57. — PIETERS, H. A. J., u. D. W. VAN KREVELEN: The Wet Purification of Coal Gas and Similar Gases by the Staatsmijnen-Otto-Process (Monographs of the Progress of Research in Holland during the War), New York u. Amsterdam: Elsevier Publ. Co. 1946.

[9] MUHLERT S. 86. — TERRES, E., u. E. HAHN: Gas- u. Wasserfach 70 (1927) H. 14 S. 309—312, H. 15 S. 339—343, H. 16 S. 363—367, H. 17 S. 389—395.

[10] GLUUD, W., W. KLEMPT u. F. BRODKORB: Ber. Ges. Kohletechn. 3 (1931) H. 4 S. 465—492. — WEITTENHILLER, H.: Glückauf 74 (1938) H. 6 S. 126—131.

[11] GLUUD, W., u. R. SCHÖNFELDER: Ber. Ges. Kohletechn. 2 (1927) H. 2 S. 97—117. — GLUUD, W., R. SCHÖNFELDER u. W. RIESE: Brennst.-Chemie 8 (1927) S. 168/69. — GLUUD, W., W. KLEMPT u. F. BRODKORB: Brennst.-Chemie 11 (1930) H. 2 S. 23—27.

[12] Handb. S. 2/293. — FITZ, W.: Brennst.-Chemie 19 (1938) H. 21 S. 397 bis 402.   [13] Siehe Fußn. 5 S. 298/99 (KRETZ, THIERSCH, VOLK), dort S. 319.

[14] BROMMER, H., u. W. LUHR: Stahl u. Eisen 76 (1956) Nr. 7 S. 402—406. — PIPPIG, H.: Gas- u. Wasserfach 94 (1953) Nr. 3 S. 62/63.

[15] Handb. S. 2/282. — THIELER S. 95.   [16] Handb. S. 2/285. — THIELER S. 92.

[17] Process Handbook Section 1936 S. 428/29. -- MULLOWNEY, J. F.: Petroleum Refiner 36 (1957) Nr. 12 S. 149—152.

[18] Handb. S. 2/279. — THAU, A.: Gas- u. Wasserfach 74 (1931) H. 50 S. 1150 bis 1155.   [19] BOTTOMS, R. R.: Industr. Engng. Chem. 23 (1931) H. 5 S. 501—504.

[20] Handb. S. 2/283. — MUHLERT S. 96. — THIELER S. 91. — LORENZEN, G.: Angew. Chem. 42 (1929) H. 29 S. 768—773. Siehe auch Fußn. 21 (VAN AHLEN).

[21] WUNSCH, W.: Z. VDI 84 (1940) H. 1 S. 2—10, bes. S. 5. — FITZ, W.: Brennst.-Chemie 21 (1940) H. 19 S. 222—225. — VAN AHLEN, A.: Glückauf 77 (1941) H. 33 S. 481—487 u. H. 34 S. 493.

[22] Siehe Fußn. 5 S. 298/99 (KRETZ, THIERSCH, VOLK), dort S. 308ff. — KLEMPT, W., in O. GROSSKINSKY (Hrsg.): Handbuch des Kokereiwesens, Bd. II, Düsseldorf: K. Knapp 1958, S. 254ff.   [23] Siehe Fußn. 22 (KLEMPT) u. Fußn. 1 S. 302.

ofengas das Cyclopur-Verfahren (Druck-Kreislaufwäsche) der Gesellschaft für Kohlentechnik[1].

Ein besonders für die Druckvergasung entwickeltes Reinigungsverfahren, welches CO_2, H_2S, org. Schwefel und Harzbildner entfernt, ist das von der Lurgi-Gesellschaft für Wärmetechnik und der Gesellschaft für Lindes Eismaschinen entwickelte „Rectisol-Verfahren"[2]. Es besteht aus einem Waschvorgang, wobei das Rohgas bei 20 atm (seinem Erzeugungsdruck) mit Methanol von $-75\,°C$ Eintrittstemperatur in zwei Stufen gewaschen wird. Das in der ersten Stufe mit CO_2 angereicherte Methanol, dessen Löslichkeit für CO_2 bei tiefen Temperaturen ein Vielfaches derjenigen des Wassers ist, wird in einer Desorptionssäule auf Atmosphärendruck, sodann auf Unterdruck (0,2 ata) entspannt, wobei sich das Methanol von -20 auf $-75\,°C$ abkühlt. Das mit $-62\,°C$ aufgegebene Methanol der zweiten Waschstufe wird in einer Rektifiziersäule regeneriert. Die Kälteverluste werden durch eine Kältemaschine gedeckt.

Das Verfahren ist in der SASOL-Anlage in Südafrika in Betrieb, wo 190000 Nm^3/h Gas gereinigt werden.

Entschwefelung von Rauchgasen

In dem Maße, wie die Reinhaltung der Industrieluft zur Sorge geworden ist und gesetzliche Maßnahmen notwendig gemacht hat, und wie die Verwendung schwefelreicherer Brennstoffe (insbesondere Heizöle) zunimmt, gewinnen auch die Fragen der Rauchgasentschwefelung an Bedeutung, während bisher dabei ausschließlich an die SO_2-reicheren Abgase von Röstanlagen sulfidischer Erze gedacht worden war.

Für die Entfernung von SO_2 aus Röstgasen (bei Konzentrationen über 4%) sind basisches Aluminiumsulfat[3] und Wasser-Xylidin-Mischung 1:1 (Sulfidin-Verfahren)[4] vorgeschlagen worden. Das reine, durch Anwärmen auf 80 bis 100 °C ausgetriebene SO_2 wird nach Vorwärmung und Luftzusatz durch ein glühendes Generator-Koksbett nach

$$SO_2 + C = CO_2 + S$$

zu dampfförmigem Elementarschwefel reduziert, und nach einer Nach-

---

[1] KLEMPT, W., u. G. HUCK: Entfernung des Schwefelwasserstoffes aus Koksofengas nach dem Kreislaufdruckverfahren. Glückauf Beiheft August 1955, S. 215 bis 220. — GOLLMER, W., u. O. GROSSKINSKY: Die Behandlung des Kokereigases unter Ferngasdruck im Ruhrgebiet. 5. Weltkraftkonf. Wien 1956 Ber. 86 E/11 Bd. 7/8 S. 1815—1834.

[2] HERBERT, W.: Das Rectisol-Verfahren zur Reinigung von Druckgasen. Erdöl u. Kohle 9 (1956) Nr. 2 S. 77—81. — KOHRT, H.-U.: Gasreinigung mittels des Rectisol-Prozesses. Kältetechn. 11 (1959) Nr. 5 S. 130—133.

[3] APPLEBEY, M. P.: J. Soc. chem. Ind. 56 (1937) S. 139—146 T.

[4] ROESNER, G.: Das Sulfidin-Verfahren — ein neuer Weg zur Nutzbarmachung schwefeldioxydhaltiger Gase. Metall u. Erz 34 (1937) Nr. 1 S. 5—11.

behandlung über Bauxit als Katalysator bei 400 bis 700 °C zur Überführung der Nebenprodukte COS und CO in CO_2 und S wird der Schwefel durch Abkühlung niedergeschlagen.

Die nassen Verfahren, die insbesondere in England versucht worden sind, das Kalkstein-Verfahren nach Howden-ICI[1] und das Fulham-Simon Carves-Ammoniak-Verfahren[2], sowie ein drittes, bisher großtechnisch nicht erprobtes amerikanisches Verfahren nach JOHNSTONE und SINGH[3] sind vom Bureau of Mines kostenmäßig untersucht worden[4]. Alle drei sind wirtschaftlich noch wenig befriedigend, so daß andere Wege gesucht werden mußten.

Nach STRATMANN[5] ist die Entwicklung eines Trockenverfahrens (Adsorptionsverfahren) durch einen Katalysator aussichtsreich, auch Aktivkohle (besonders vorbehandelte Schwelkokse) sind als Adsorptionsmittel vorgeschlagen worden[6].

Weitere Verfahren sind in der Luftreinhaltungs-Literatur behandelt worden[7,8].

Nach Vorschlag der Chemical Construction (G. B.) Ltd. wird ein 5%iges Ammoniak-Luft-Gemisch zwischen Speisewasser- und Luftvorwärmer in das Rauchgas eingeblasen und die sich bildenden Schwefel-Ammonsalze (Sulfit, Bisulfit, Sulfat, Thiosulfat, Polysulfide) in einem Elektrofilter abgeschieden und durch Verarbeitung zu reinem Ammonsulfat als Düngemittel nutzbar gemacht[9].

---

[1] PEARSON, J. L., G. NONHEBEL u. P. H. N. ULANDER: Removal of smoke and acid constituents from flue gases by a non-effluent water process. J. Inst. Fuel 8 (1935) Nr. 39 S. 119—152.

[2] REES, R. L.: The removal of oxides of sulphur from flue gases. J. Inst. Fuel 25 (1953) Nr. 148 S. 350—357. — KENNAWAY, T.: The Fulham-Simon Carves process for the recovery of sulphur from flue gases. J. of APCA 7 (1958) Nr. 4 S. 266—274.

[3] JOHNSTONE, H. F., u. A. D. SINGH: Recovery of sulfurdioxide from waste gases. Design of scrubbers for large quantities of gases. Industr. Engng. Chem. 29 (1937) Nr. 3 S. 286—297.

[4] FIELD, J. H., L. W. BRUNN, W. P. HAYNES u. H. E. BENSON: Cost estimates of liquid scrubbing processes for removing sulfur dioxide from flue gases. Bureau of Mines,. Report of Investigations 5469, Washington 1959, — BWK 12 (1960) Nr. 1 S. 25.

[5] STRATMANN, H.: Ölfeuerung und Lufthygiene. Mitt. VGB H. 46 (1957) S. 12/13.

[6] Bergwerksverband Auslegeschrift 1046818 (1958) „Verfahren zur Adsorption von Schwefeldioxyd aus solches enthaltenden Gasen".

[7] REES, R. L., in F. S. MALLETTE (Hrsg.): s. Fußn. 5 S. 604, dort S. 143—154. — HEIN, L. B., A. B. PHILLIPS u. R. D. YOUNG, in F. S. MALLETTE (Hrsg.): s. Fußn. 5 S. 604, dort S. 155—169. — NEWMAN, H. E., in F. S. MALLETTE (Hrsg.): s. Fußn. 5 S. 604, dort S. 179—190.

[8] TARBUTTON, G., J. C. DRISKELL, T. M. JONES, F. C. GRAY u. C. M. SMITH: Recovery of sulfur dioxide from flue gases. Industr. Engng. Chem. 49 (1957) Nr. 3 S. 392—395.

[9] Chem. Processing 5 (1959) Nr. 11 S. 8/9. — Brit. Pat. Nr. 826221.

Konvertierung und Gasentgiftung

Um ein Gas von bestimmter Zusammensetzung herzustellen — für das Synthesegas zur FISCHER-TROPSCH-Synthese wird z. B. ein $CO : H_2$-Verhältnis von $1 : 2$ gefordert —, wird ein Teil des CO-Gehaltes mit Wasserdampf in CO_2 und H_2 konvertiert. Diese Umwandlung wird in einem Kontaktofen vorgenommen, da die Reaktion

$$CO + H_2O = CO_2 + H_2 \qquad (10\text{-}1)$$

bei möglichst niedrigen Temperaturen durchgeführt werden muß, um eine hohe CO-Umwandlung zu erhalten, wozu dann aber die Verwendung hochwirksamer Katalysatoren notwendig ist[1]. Die Konvertierung erfolgt bei gewöhnlichem Druck, beim Verfahren der VIAG unter Druck und bei Temperaturen von 300 bis 400 °C[2].

Da die bei der Konvertierung wie auch die bei der Vergasung entstandene Kohlensäure einen Ballaststoff darstellt, wird vielfach die Kohlensäure nach der Konvertierung ausgewaschen. Dies geschieht in einer CO_2-Druckwasser-Wäsche (unter 12 at) oder auf chemischem Wege. Nach H. BÄHR[3] werden in der Alkazid-Wäsche der I. G. Farbenindustrie AG. sog. Alkazidlaugen verwendet. Die für die CO_2- und H_2S-Abscheidung verwendete Alkazidlauge „M" ist ein Gemisch aus aminokarbonsauren Salzen. Auch Pottaschelaugen haben sich bewährt[4].

Als Sondergebiet der Stadtgasveredlung ist die Gasentgiftung[5] zu erwähnen, die zwar die Gasherstellung etwas verteuert, aber als eine sittliche Forderung erhoben worden ist, und die auch gewisse Vorteile (Minderung der Korrosionsschäden durch die dabei erzielte Feinreinigung) mit sich bringt. Stadtgas enthält 10 bis 25% CO; zur Unschädlichmachung auch bei ungewollter Ausströmung in geschlossenen Räumen wird ein CO-Gehalt $\leq 1\%$ gefordert. Die verschiedenen Verfahren bestehen alle in einer Konvertierung des CO mit Wasserdampf zu CO_2 und H_2, wobei das CO_2 im Gas belassen (Hamelner-Verfahren der Gesellschaft für Gasentgiftung, Berlin) oder durch Auswaschen gleichzeitig oder nachträglich daraus entfernt wird (Wiener Verfahren, W. J. MÜLLER, Wien). Ferner unterscheiden sich die Verfahren durch die Art der verwendeten Kontaktmassen, die teils alkalisierte Eisenoxydkontakte und andere Mischkatalysatoren sind, teils natürliche Mineralien, wie z. B. Ankerit (F. BÖSSNER und C. MARISCHKA).

---

[1] Über die Wahl der Katalysatoren vgl. B. WAESER: Chem. Fabrik 12 (1938) S. 189—195, besonders Abschnitt „F" S. 191.

[2] SCHÜSSL, F.: Gas- u. Wasserfach 82 (1939) H. 20 S. 359— 362.

[3] BÄHR, H.: Chem. Fabrik 11 (1938) H. 23/24 S. 283—293.

[4] ALLNER, W.: Chem. Fabrik 8 (1935) H. 35/36 S. 344—350.

[5] SCHUSTER, F.: Stadtgas-Entgiftung (Chemie und Technik der Gegenwart, Bd. 14, hrsg. von H. CARLSOHN), Leipzig 1935, — Chem. Fabrik 14 (1941) H. 2 S. 31—38. — MUHLERT, F.: Feuerungstechn. 28 (1940) H. 2 S. 35/36.

Bei dem Winterthurer Verfahren[1] wird CO in Kupfersalzlösung ausgewaschen, in einer Vakuumanlage wiedergewonnen und zur Unterfeuerung verwendet.

Eine weitere Möglichkeit der Entgiftung liegt in der Methanisierung (s. nächsten Abschnitt) über Nickelkontakten, nach vorheriger Schwefelreinigung, und in der Hydrierung des Kohlenoxyds über Kobalt- oder Eisenkontakten wie bei der FISCHER-TROPSCH-Synthese (s. S. 279). Nach B. LÖPMANN[2] sind erfolgreiche Versuche zur Entgiftung von Koksofengas (mit 5 bis 6% CO) von der Essener Steinkohlenbergbau A.-G. über Kobaltkontakt bei 120 bis 130 °C durchgeführt worden, wobei 40 g höhere (flüssige) Kohlenwasserstoffe je m^3 Koksofengas anfallen. Nach H. W. GROSS[2] hat die Lurgi ein Verfahren zur Herstellung entgifteten Ferngases ausgearbeitet, das in der Kombination der Druckvergasung mit einer Synthese über Eisenkontakten besteht, wobei gleichzeitig etwa 60 g Flüssigprodukte je m^3 Gas anfallen.

Eine Versuchsanlage ist im Gaswerk Bern in Betrieb genommen[1,3].

Methanisierung und Methanspaltung

Zur Aufbesserung des Heizwertes von Wassergas und anderen Gasen kann die Methanisierung nach

$$CO + 3 H_2 = CH_4 + H_2O \qquad (10\text{--}2)$$
$$CO + H_2O = CO_2 + H_2 \qquad (10\text{--}3)$$

vorgenommen werden. Ein einfaches halbgraphisches Berechnungsverfahren für den Umsetzungsgrad des CO in CH_4, entsprechend den Gleichgewichtsbedingungen, ist an anderer Stelle angegeben worden[4]. Zur Erzielung genügender Ausbeuten muß mit mäßigen Temperaturen und Nickelkatalysatoren (nach SABATIER[5]) gearbeitet werden, was wiederum eine Entfernung aller Schwefelbestandteile des Gases voraussetzt und dadurch das Verfahren verteuert. Auf der Suche nach schwefelfesten Katalysatoren haben FISCHER und Mitarbeiter[6] Ruthenium und

[1] JORDI, F.: Die Entgiftung des Stadtgases. Schweiz. Ver. Gas- u. Wasserfachm. Monatsbull. 34 (1954) Nr. 4 S. 84—94.

[2] Zur Frage der Gasentgiftungsverfahren. Gas- u. Wasserfach 91 (1950) Nr. 3 S. 44. — GROSS, H. W.: Herstellung von entgiftetem Ferngas durch Druckvergasung und Synthese mit Eisenkontakten. Erdöl u. Kohle 3 (1950) Nr. 5 S. 218 bis 222.

[3] TEUTSCH, A.: Schweiz. Ver. Gas- u. Wasserfachm. Monatsbull. 31 (1952) Nr. 13 S. 374/75.

[4] GUMZ, W.: Gas Producers and Blast Furnaces. Theory and methods of calculation, New York u. London 1950, S. 105—107.

[5] SABATIER, P., u. J. B. SENDERENS: C. R. Acad. Sci., Paris 134 (1902) S. 514.

[6] FISCHER, F., H. TROPSCH u. P. DILTHEY: Über die Reduktion von Kohlenoxyd zu Methan an verschiedenen Metallen. Brennst.-Chemie 6 (1925) Nr. 17 S. 265—271.

Molybdän (durch Reduktion von Molybdännitrat gewonnen)[1], SEBASTIAN Molybdänsulfid vorgeschlagen[2], das aber zu geringe Umsatzgeschwindigkeiten besitzt. Ferner ist auch an eine Durchführung der Reaktion bei geeigneten Arbeitsbedingungen (400 °C, $p = 20$ atm) ohne Katalysator bzw. über Koks, Halbkoks oder anderen Oberflächen, gegebenenfalls unter Ausnutzung des katalytischen Einflusses gewisser Aschenbestandteile, besonders des Eisens, und der Förderung der Eisenkarbonylbildung gedacht worden. Zur Durchführung des Verfahrens ist auch die Anwendung eines fluidisierten Koks- (bzw. Katalysator-) Bettes vorgeschlagen worden[3].

Durch eine Teilkonvertierung und eine Teilmethanisierung von Wassergas läßt sich jedoch nach ROSENTHAL[4] ein zur Spitzendeckung wirtschaftliches Gas von Stadtgaseigenschaften gewinnen. Der Prozeß verläuft vom Wassergas über eine Konvertierung, eine Abhitzeverwertung, eine Kühlung, Reinigung, H_2S-Abscheidung, eine CO_2-Wäsche, eine Feinreinigung zu einem Methanisierungskontaktofen, dem noch eine Gaskühlung angeschlossen ist. Aus 1,8 m³ Wassergas werden 1 m³ Stadtgas gewonnen. Versuche bei atmosphärischem und bei 20 atm Druck zur Erzeugung eines Gases mit 4700 bzw. 6600 kcal/Nm³ sind in England, zunächst in kleinem Maßstabe, vorgenommen worden[5].

Umgekehrt wird die Spaltung von Methan und methanhaltigen Gasen (Koksofengas) zur Erzeugung von Wassergas, Synthesegas und Wasserstoff (nach Konvertierung des CO in H_2) benutzt. Hierbei kommen folgende Verfahrensmöglichkeiten in Frage[6,7]: Die thermische Spaltung, die thermisch-katalytische Spaltung in Gegenwart von Wasserdampf, die Teilverbrennung (mit oder ohne Zuführung von Wasserdampf) und Kombinationen dieser Verfahren.

Beispiele einer rein thermischen Spaltung sind das Waldenburger Verfahren[8] und das Koppers-Verfahren in Cowper-ähnlichen Wärme-

---

[1] MEYER, K., u. O. HORN: Brennst.-Chemie 11 (1934) S. 389.

[2] SEBASTIAN, J. S. S.: Carnegie Inst. of Technology. Coal Res. Lab. Contrib. 35 (1936) u. Thesis (1936).

[3] The Institute of Gas Technology: Gas Making Processes, Chicago 1945, S. 119/20.

[4] ROSENTHAL, H.: Erzeugung von Stadtgas aus Wassergas. Gas- u. Wasserfach 78 (1935) H. 24 S. 436—438.

[5] DENT, F. J.: The catalytic synthesis of methane as a method of enrichment in town gas manufacture. The Gas Research Board. Commun. phys. Lab. Univ. Leiden GRB 51 (1949).

[6] STANLEY, H. M.: The production of water gas from methane and other hydrocarbons. In: DUNSTAN, A. E., A. W. NASH, B. T. BROOKS u. SIR HENRY TIZARD: Petroleum, Bd. II, London/New York/Toronto 1938, S. 2164—2173.

[7] GUMZ, W., u. R. LESSNIG: Verfahren zur Herstellung von Synthesegas. Z. VDI, Beih. Verfahrenstechn. Folge 1940 H. 2 S. 35—42.

[8] HEINZE, R.: Die Veredlung gasförmiger Brennstoffe. In M. LE BLANC: Ergebn. angew. phys. Chem. 2 S. 132.

austauschern bei 1300 °C[1], ein anderes das Kuhlmann-Verfahren, in welchem ein Koksbett wechselweise mit Heißluft geblasen und mit Gas-Dampf-Gemisch beschickt wird. Das Linde-Karwat-Verfahren[2] verwendet einen koksbeschickten Zweischachtofen, der mit Hilfe von Sauerstoff (mit etwas Wasserdampf) auf 1300 °C gehalten wird, um im Wechselbetrieb die notwendige Wärme für die Methanspaltung zu liefern. Spaltungsgrade von 91,9% wurden erzielt.

Die thermisch-katalytische Spaltung verlegt die Reaktion durch Anwendung von Katalysatoren in das Gebiet niedrigerer Temperaturen, 850 bis 950 °C oder 900 bis 1000 °C, wobei kontinuierlicher Gasfluß und Außenbeheizung angewandt werden können. Beispiele sind die Verfahren der I. G. Farbenindustrie AG.[3], welches auch von der Standard Oil Company of New Jersey angewandt worden ist[4], und mit Nickelkatalysator auf Magnesia mit aktivierenden Zusätzen arbeitet, und das Verfahren der Gesellschaft für Kohlentechnik[5] (Ni-Kontakt auf Schamotte in außenbeheizten NCT-3-Rohren, bei Temperaturen von 900 bis 1000 °C). Bei niedrigem Druck (unter 1 atm) kann die Arbeitstemperatur noch weiter gesenkt werden[6]. Niedrigen Teildruck durch hohen Wasserdampfüberschuß empfiehlt Blake[7]. Drücke unter 1 atm bei Teilverbrennung mit Sauerstoff wendet auch das Casale-Verfahren[8] an.

Die Methanspaltung durch Teilverbrennung mit Luft, mit Sauerstoff oder sauerstoffangereicherter Luft und Wasserdampf spielt für die Herstellung von CO- und H_2-Gemischen aus Erdgasen, also zur Herstellung von Mischkomponenten zur Erzeugung normgerechten Stadtgases, eine in dem Maße wachsende Rolle, wie Erdgas für diese Zwecke verfügbar wird, ohne daß die Gasversorgung ganz auf Erdgas umgestellt wird. In erster Linie kommt dabei die katalytische Spaltung in Frage unter Verwendung von Nickelkatalysatoren auf Magnesiumoxyd als Trägermaterial[9].

---

[1] Siehe Fußn. 8 S. 306.   [2] Siehe Fußn. 7 S. 306.

[3] Schiller, G.: Neuere Verfahren zur Herstellung von Wasserstoff aus Kohlenwasserstoffen. Chem. Fabrik 11 (1938) S. 505—508, — Auszug Z. VDI 83 (1939) Nr. 11 S. 346/47. — Bosch, C.: Chem. Fabrik 7 (1934) S. 1—10.

[4] Byrne jr., P. J., E. J. Gohr u. R. T. Haslam: Industr. Engng. Chem. 24 (1932) Nr. 10 S. 1129—1138.

[5] Gluud, W., H. Keller, W. Klempt u. R. Bestehorn: Entwicklung und technische Durchführung eines neuen Verfahrens zur Gewinnung von Wasserstoff und Wasserstoff-Stickstoff-Gemischen. Ber. Ges. Kohlentechn. 3 (1930) Nr. 3.

[6] Fischer, F., u. H. Pichler: Über den Einfluß des Druckes auf einige Umsetzungen des Wassergases. Brennst.-Chemie 12 (1931) Nr. 19 S. 365.

[7] U. S. Pat. 1713325 (1929).   [8] Siehe Fußn. 6 S. 306.

[9] Joklik, A.: Die katalytische Umwandlung von gasförmigen Kohlenwasserstoffen mit Luft, Sauerstoff oder deren Gemischen ohne und mit Vorwärmung der Reaktionsteilnehmer. Gas, Wasser, Wärme 10 (1956) Nr. 5 S. 112—133.

Für Synthesegas- und Wasserstoffherstellung (Spaltung mit anschließender Konvertierung des CO mit Wasserdampf) werden diese Verfahren vor allem in den USA in großem Maßstabe angewandt[1]. Nach PICHLER[2] werden dabei 0,6 m³ O_2 je m³ Erdgas benötigt. Durch Verwendung von sauerstoffangereicherter Luft (33% O_2) kann unmittelbar ein für die Ammoniaksynthese geeignetes Synthesegas hergestellt werden.

Die gleichen Verfahren können natürlich auch für höhere Homologe des Methans angewendet werden, so insbesondere für die Gaserzeugung aus den sogenannten „Flüssiggasen"[3].

Die Spaltung des Propans (C_3H_8) kann auch auf anderem Wege, z. B. im Wassergasgenerator, vorgenommen werden[4], ganz abgesehen von den Möglichkeiten des direkten Zusatzes eines Propan-Luft-Gemisches (in auf 15 bis 20% beschränkten Prozentsätzen) zum Stadtgas. Geht man zu noch höheren molekularen Einsatzstoffen über (Leichtöle, Schweröle), kommt man in das Gebiet der Ölvergasung, wobei besonders der Frage der Rußbildung Beachtung geschenkt werden muß (vgl. S. 669).

Teilverbrennung von Methan (Erdgas) mit Sauerstoff unter hohem Druck (Texaco-Verfahren) wird in den Vereinigten Staaten für die Synthesegaserzeugung verwendet. Aus den Ergebnissen einer Großanlage[5] gibt EASTMAN[6] folgende Zahlenwerte an:

<pre>
Naturgasverbrauch . . . .   862 Nm³/h
Sauerstoffverbrauch . . . .   712 Nm³/h
Erzeugtes Synthesegas (trocken) . . . . . 2687 Nm³/h
Druck . . . .   15,4 atü
Sauerstoff-Vorwärmtemperatur . . . . . .   98 °C
Gas-Vorwärmtemperatur . . . .   442 °C
Gaszusammensetzung:
38,02% CO; 2,19% CO₂; 59,54% H₂; 0,15% N₂; 0,10% CH₄;
Sauerstoffverbrauch je 1000 Nm³ H₂ + CO   271,6 Nm³
Vergasungswirkungsgrad (kalt) 81,86%
</pre>

Das Verfahren ist auch für die Synthesegasherstellung aus leichten und

---

[1] SHERWOOD, P. W.: Wasserstoff aus Erdöl und Erdgas. Erdöl u. Kohle 7 (1954) Nr. 10 S. 626—630.

[2] PICHLER, H.: s. Fußn. 1 S. 280.

[3] HECKER, E., u. E. MICHEL: Erzeugung von normgerechtem Stadtgas durch katalytisches Kracken von Propan, Erdgas und Erdölen. Gas- u. Wasserfach 95 (1954) Nr. 1 S. 6—10. — SCHENK, P., u. K. OSTERLOH: Versuche zur katalytisch-thermischen Spaltung von gasförmigen und flüssigen Kohlenwasserstoffen. Gas- u. Wasserfach 96 (1955) Nr. 1 S. 1—8.

[4] SCHENK, P., u. W. ZANKL: Der Einsatz von Flüssiggas zur Spitzendeckung. Gas- u. Wasserfach 95 (1954) H. 1 S. 11—14 u. 70—73.

[5] Anlage in Brownsville, Texas.

[6] EASTMAN, DuBois: Synthesis gas by partial oxidation. Industr. Engng. Chem. 48 (1956) Nr. 7 S. 1118—1122.

schweren Heizölen verwendet worden, dabei muß mit einem gewissen Dampfzusatz gearbeitet werden.

Eine allgemeine Berechnungsmethode von Simultangleichgewichten, die sich auf die Methanspaltung anwenden läßt, haben v. Stein und Voetter[1] angegeben. Damit errechnete Ergebnisse sind in den Arbeiten von Peters, Kappelmacher und Voetter[2] und Peters und Kappelmacher[3] angegeben und mit Versuchsergebnissen (katalytische Erdgasspaltung) verglichen. Die Übereinstimmung ist sehr befriedigend.

Im Bereich hoher Temperaturen, in dem der Partialdruck des restlichen Methans vernachlässigbar klein geworden ist, kann man das Rechenverfahren ganz wesentlich vereinfachen, indem man sich ein fiktives Gasgemisch aus H_2, H_2O, CO, CO_2 errechnet und diese Komponenten nach dem homogenen Wassergasgleichgewicht berichtigt[4] (vgl. S. 431).

In obigem Beispiel einer Synthesegaserzeugung durch Teilverbrennung unter Druck (Texaco-Verfahren) entspricht die Zusammensetzung des feuchten Gases der Gleichgewichtszusammensetzung nach der homogenen Wassergasreaktion von

$$K_W = \frac{34{,}13 \times 10{,}25}{1{,}97 \times 53{,}43} = 3{,}3323\,.$$

Die Bilanztemperatur wird mit 1400 °C angegeben, der zugehörige K_W-Wert ist 3,3925, die Übereinstimmung also recht befriedigend.

---

[1] v. Stein, M., u. H. Voetter: Die Berechnung von Simultangleichgewichten. Z. Elektrochem. 57 (1953) Nr. 2 S. 119—124.

[2] Peters, K., E. Kappelmacher u. H. Voetter: Erdgasspaltung mit Luft. Gas, Wasser, Wärme 6 (1952) Nr. 9 S. 1—7.

[3] Peters, K., u. E. Kappelmacher: Umsetzung von Kohlenwasserstoffen zu Kohlenoxyd-Wasserstoff-Gemischen. Brennst.-Chemie 33 (1952) Nr. 17/18 S. 296 bis 307.

[4] Peters, K., E. Sattler-Dornbacher u. M. Rudolf: Zur Thermodynamik der Kohlenwasserstoffspaltung II, Die Reaktionen des Methans mit Sauerstoff. Gas, Wasser, Wärme 9 (1955) Nr. 3 S. 47—56.

III. Verbrennung

11. Verbrennungsrechnung für feste und flüssige Brennstoffe

Die Verbrennungsrechnung stellt eine Stoffbilanz des Verbrennungsvorganges dar. Man geht zweckmäßig von der Elementaranalyse des Brennstoffs (in Masse-%), bezogen auf die wasser- und aschefreie Substanz, aus und kann die Auswirkung verschiedenen Wasser- und Ascheballastes in einfacher Weise berücksichtigen[1]. Die molaren Grundgleichungen der Verbrennung lauten:

$$
\begin{array}{lllll}
C & + & O_2 & = & CO_2 \\
1 \text{ Mol} & + & 1 \text{ Mol} & = & 1 \text{ Mol*} \\
12{,}011 \text{ kg} & + & 32{,}000 \text{ kg} & = & 44{,}011 \text{ kg} \\
& & + & 22{,}39 \text{ Nm}^3 = & 22{,}26 \text{ Nm}^3
\end{array}
\tag{11-1}
$$

$$
\begin{array}{lllll}
2 H_2 & + & O_2 & = & 2 H_2O \\
2 \text{ Mol} & + & 1 \text{ Mol} & = & 2 \text{ Mol} \\
4{,}032 \text{ kg} & + & 32{,}000 \text{ kg} & = & 36{,}032 \text{ kg} \\
& & + & 22{,}39 \text{ Nm}^3 + & 44{,}80 \text{ Nm}^3
\end{array}
\tag{11-2}
$$

$$
\begin{array}{lllll}
S & + & O_2 & = & SO_2 \\
1 \text{ Mol} & + & 1 \text{ Mol} & = & 1 \text{ Mol} \\
32{,}066 \text{ kg} & + & 32{,}000 \text{ kg} & = & 64{,}066 \text{ kg} \\
& & + & 22{,}39 \text{ Nm}^3 = & 21{,}89 \text{ Nm}^3
\end{array}
\tag{11-3}
$$

Die Überführung des Sauerstoff- und Stickstoffgehaltes des Brennstoffs (in Masse-%) und des Wasserballastes (in kg/kg waf. Substanz) erfolgt nach den Beziehungen:

$$
\begin{array}{l}
O_2 = O_2 \\
1 \text{ Mol} = 1 \text{ Mol} \\
32{,}00 \text{ kg} = 22{,}39 \text{ Nm}^3
\end{array}
\tag{11-4}
$$

---

[1] GUMZ, W.: Vereinfachung der Verbrennungsrechnung für ballasthaltige Brennstoffe durch eine neuartige Kennzeichnung des Ballastgehaltes. Glückauf 95 (1959) Nr. 8 S. 463—470.

* Unter Mol ist in diesen Rechnungen immer das Kilogramm-Mol (kmol) zu verstehen.

$$N_2 = N_2 \qquad (11\text{-}5)$$
$$1 \text{ Mol} = 1 \text{ Mol}$$
$$28{,}016 \text{ kg} = 22{,}40 \text{ Nm}^3$$

$$H_2O_{(\text{flüss.})} = H_2O_{(\text{Dampf})} \qquad (11\text{-}6)$$
$$1 \text{ Mol} = 1 \text{ Mol}$$
$$18{,}016 \text{ kg} = 22{,}40 \text{ Nm}^3$$

Hierin sind die Molekularkonstanten auf Grund der Internationalen Atomgewichtstabelle (1954), die Molvolumina nach DIN 1871 eingesetzt, bei welchen die Abweichungen der „realen Gase" beim Normzustand ($0°$, 760 Torr) vom Molvolumen der idealen Gase (22,414 Nm^3/kmol) berücksichtigt sind. Beim Wasserdampf ist der Normzustand ein hypothetischer Umrechnungszustand, das Molvolumen daher nicht feststellbar; es wird daher (ohne wesentlichen Nachteil für die Genauigkeit) mit dem abgerundeten Wert 22,4 Nm^3/kmol gerechnet.

Aus den Gln. (11-1) bis (11-6) erhält man den Sauerstoffmindestbedarf, den Luftbedarf, die Verbrennungsgasmenge und deren Zusammensetzung. Die entsprechenden Beiwerte sind in Zahlentafel 11-2 sowohl für Angaben in Nm^3 (die gebräuchlichste Darstellungsweise) als auch in kg je kg Brennstoff zusammengestellt.

Die Zusammensetzung der Verbrennungsluft ist in Zahlentafel 11-1 angegeben; für Verbrennungsrechnungen genügt das Rechnen mit den abgerundeten Werten — in Sonderfällen kann es erwünscht sein, die wirkliche Zusammensetzung des Luftstickstoffs zu berücksichtigen.

Zahlentafel 11-1. *Zusammensetzung der Verbrennungsluft*

1	2	3	4
	abgerundet Vol.-%	genaue Zusammensetzung Vol.-%	Masse-%
Sauerstoff	21,0	21,00	23,21
Stickstoff*	79,0	78,05	75,48
Argon	—	0,92	1,27
Kohlensäure**	—	0,03	0,04
	100,0	100,00	100,00

Ein wichtiger, mit den Wetter- und Klimabedingungen stark wechselnder Bestandteil der Verbrennungsluft ist ihr Wasserdampfgehalt.

---

* Bei dem abgerundeten Wert handelt es sich um den „Luftstickstoff", also einschließlich der Edelgase und sonstigen Bestandteile. In Spuren treten auch auf: Neon (0,0018 Vol.-%), Helium (0,0005%), Krypton (0,0001%), Xenon (0,000009%) und Wasserstoff (0,0001%).

** Beim Kohlensäuregehalt treten gewisse Schwankungen auf, der angegebene Wert (0,03 Vol.-%) stellt einen Mittelwert dar, der besonders in der Nähe industrieller Anlagen auch etwas höher liegen kann.

Zahlentafel 11–2. *Luftbedarfs- und Verbrennungsrechnung*

| 1 | Sauerstoffbedarf | | Luftbedarf | | Verbrennungsgasmenge | | 8 |
| | 2 | 3 | 4 | 5 | 6 | 7 | |
Stoff	Nm^3/kg	kg/kg	Nm^3/kg	kg/kg	Nm^3/kg	kg/kg	Produkt
C	$22,39/12,011$ $= 1,864$ C	$32/12,011$ $= 2,6642$ C	$8,87666$ C	$11,4807$ C	$22,26/12,011$ $= 1,8533$ C	$44,011/12,011$ $= 3,6642$ C	CO_2
S	$22,39/32,066$ $= 0,6982$ S	$32/32,066$ $= 0,9979$ S	$3,3248$ S	$4,3002$ S	$21,89/32,066$ $= 0,6827$ S	$64,066/32,066$ $= 1,9979$ S	SO_2
H_2	$22,39/4,032$ $= 5,5531\ H_2$	$32/4,032$ $= 7,9365\ H_2$	$26,4433\ H_2$	$34,2002\ H_2$	$44,8/4,032$ $= 11,1111\ H_2$	$36,032/4,032$ $= 8,9365\ H_2$	H_2O
O_2*	$-22,39/32$ $= -0,6997\ O_2$	$-32/32$ $= -O_2$	$-3,3319\ O_2$	$-4,3092\ O_2$	—	—	—
O_2'**	—	—	—	—	$(n-1)\,0,21\ L_{min}$	$(n-1)\,0,232\ L_{min}$	O_2
N_2	—	—	—	—	$22,4/28,016$ $= 0,7995\ N_2$	1	N_2
N_2'	—	—	—	—	$n \cdot 0,79 \cdot L_{min}$	$n \cdot 0,768 \cdot L_{min}$	N_2
H_2O'	—	—	—	—	$n \cdot L_{min}\ W_L$	$n \cdot G_{L_{min}}\ W_L$	H_2O
W	—	—	—	—	$22,4/18,016$ $= 1,243 \cdot W$	W	H_2O
	O_{min}	$G_{O_{min}}$	L_{min}	$G_{L_{min}}$	V	G	—

* Der Sauerstoffgehalt des Brennstoffs ist abzuziehen.

** Die mit ′ versehenen Werte entstammen der Verbrennungsluft, die Luftüberschußzahl n ist das Vielfache des Luftbedarfs der theoretischen oder stöchiometrischen (luftsatten) Verbrennung.

Er ergibt sich aus der Temperatur, dem Sättigungsgrad (φ) und dem Druck (p) der Umgebungsluft [s. Gl. (2–30) S. 27 und Zahlentafel A–5 S. 689]. Zweckmäßig führt man die Verbrennungsrechnung mit trockener Luft durch — obwohl es sie praktisch nicht gibt — und berücksichtigt den Wasserballast der trockenen Verbrennungsluft in Nm^3/Nm^3 trockene Luft. Für allgemeine Zwecke rechne man in unseren Breiten mit „mittelfeuchter" Luft, d. i. ein Sättigungsgrad von 80% bei 20 °C und normalem Luftdruck. Der Wasserballast beträgt dann

$$0,8 \times 0,01898 \ [kg/Nm^3] \times 1,243 \ [Nm^3/kg] = 0,0189 \ Nm^3/Nm^3_{tr}. \quad (11\text{-}7)$$

Wie das untenstehende Zahlenbeispiel zeigt, macht die Luftfeuchtigkeit (bei mittelfeuchter Luft) und bei $n = 1$ bis 1,5 etwa 1,74 bis 1,8% des feuchten Rauchgasvolumens aus, d. i. die gleiche Größenordnung wie der Anteil aus der Brennstoffeuchtigkeit einer durchschnittlichen Steinkohle. Sie kann daher nicht vernachlässigt werden. Der Unterschied zwischen einem trockenen, kalten Wintertag und einem besonders schwülen, heißen Sommertag kann, z. B. im amerikanischen Klima, bis zu dem Verhältnis 1 : 18 gehen, im Durchschnitt liegt die Wasserdampfmenge im Sommer beim 4- bis 5fachen des Wertes im Winter[1].

Die Rauchgasmenge (V_n) bei der Luftüberschußzahl n mit Berücksichtigung des Wasserballastes (W) des Brennstoffes und des Wasserballastes (W_L) der Verbrennungsluft beträgt

$$V_n = V_{min} + (n - 1) \cdot L_{min} + 1{,}243 \cdot W + n \cdot L_{min} \cdot W_L \ [Nm^3/kg] \quad (11\text{-}8)$$

bezogen auf 1 kg der wasser- und aschefreien Substanz des Brennstoffs, oder

$$G_n = G_{min} + (n - 1) \cdot G_{L_{min}} + W + n \cdot G_{L_{min}} G_{W_L} \ [kg/kg], \quad (11\text{-}9)$$

$$G_n = n \cdot G_{L_{min}} + 1 + W + n \cdot G_{L_{min}} G_{W_L} \ [kg/kg]. \quad (11\text{-}10)$$

Darin bedeuten

V_n Verbrennungsgasmenge nach Zahlentafel 11–2, Spalte 6, in Nm^3/kg (waf),
V_{min} Verbrennungsgasmenge bei theoretischer Verbrennung ($n = 1$),
L_{min} Luftmindestbedarf nach Zahlentafel 11–2, Spalte 4, in Nm^3/kg (waf),
W Wasserballast des Brennstoffs in kg/kg (waf) (Definition s. S. 163),
W_L Wasserballast der Verbrennungsluft in Nm^3/Nm^3_{tr},
G_n Rauchgasgewicht nach Zahlentafel 11–2, Spalte 7,
G_{min} Rauchgasgewicht bei theoretischer Verbrennung ($n = 1$),
G_{W_L} Wasserballast der Verbrennungsluft in $kg/Nm^3_{tr} = W_L/1{,}243 = \varphi$ mal Wassergehalt (bei t °C) in kg/Nm^3_{tr} (s. Zahlentafel A–5 S. 689).

---

[1] Murphy jr., P., J. D. Piper u. O. R. Schmansky: Fireside deposits on steam generators minimized through humidification of combustion air. Trans. ASME 73 (1951) Nr. 6 S. 821–843.

Die Berechnung der Luft- und Rauchgasmengen nach Zahlentafel 11–2 wird erläutert durch folgendes

Zahlenbeispiel. Gegeben sei eine Gasflammkohle folgender Zusammensetzung:

% C	% H_2	% O_2	% N_2	% $S_{(verbrennl.)}$
84,71	5,52	7,31	1,38	1,08

Nach Zahlentafel 11–2, Spalte 4, ist der Luftmindestbedarf L_{min}

$$
\begin{aligned}
&= & 8,87666 &\times 0,8471 &= 7,51942 \\
&+ & 3,3248 &\times 0,0108 &= 0,03591 \\
&+ & 26,4433 &\times 0,0552 &= 1,45967 \\
&- & 3,3319 &\times 0,0731 &= 0,24356 \\
\end{aligned}
$$

$$L_{min} = 8,77144 \ \text{Nm}^3/\text{kg}$$

und die Rauchgasmenge nach Spalte 6: V_{min}

	Nm^3/kg	% (feucht)	% (trocken)
$= 1,8533 \times 0,8471 = 1,56993 \ CO_2$		17,19	18,43
$0,6827 \times 0,0108 = 0,00737 \ SO_2$		0,08	0,09
$0,7995 \times 0,0138 = 0,01103 \ N_2$			
$0,79 \ \times 8,77144 = 6,92944 \ N_2$			
$6,94047 \ \Sigma N_2$		76,01	81,48
V_{min} (trocken) $\quad 8,51777$			100,00
$11,1111 \times 0,0552 = 0,61333 \ H_2O$		6,72	
V_{min} (feucht) $\quad 9,13110$		100,00	

Der errechnete Wert* stellt die feuchte Rauchgasmenge des trockenen Brennstoffs dar. Die Kohle möge nun in folgenden drei Sorten vorliegen, und es sei nach dem Einfluß der Brennstoff- und Luftfeuchtigkeit bei drei Luftüberschußzahlen gefragt ($n = 1,0 - 1,2 - 1,5$):

	a) Nußkohle	b) gewaschene Feinkohle	c) Mittelgut
Wassergehalt ($w\%$ i. roh)	5,0	10,0	10,0
Aschegehalt ($a\%$ i. roh)	7,6	8,1	32,0
Wasserballast** (W kg/kg)	0,0571	0,1221	0,1724
Wasserballast der Verbrennungsluft (W_L Nm^3/Nm^3tr)		0,0189	

---

* Das Rechnen mit so vielen Stellen hinter dem Komma deutet keineswegs auf eine entsprechend hohe Genauigkeit; wenn ohnehin mit der Rechenmaschine gearbeitet wird, empfiehlt es sich jedoch aus rein rechentechnischen und Kontrollgründen, mit größerer Stellenzahl zu arbeiten und eine Kürzung auf zwei oder drei Stellen hinter dem Komma erst im Endergebnis vorzunehmen.

** Vgl. Abb. 5–8.

	Nm³/kg	%	Nm³/kg	%	Nm³/kg	%
Luftüberschuß $n = 1$						
V_{min}	9,13110	97,47	9,13110	96,64	9,13110	96,01
$1,243 \cdot W$	0,07098	0,76	0,15177	1,61	0,21429	2,25
$L_{min} \cdot W_L$	0,16578	1,77	0,16578	1,75	0,16578	1,74
V_n	9,36786	100,00	9,44865	100,00	9,51117	100,00
Luftüberschuß $n = 1,2$						
V_{min}	9,13110	81,86	9,13110	81,27	9,13110	80,82
$(n-1)\,0,21\,L_{min}$. .	0,36840	3,30	0,36840	3,28	0,36840	3,26
$(n-1)\,0,79\,L_{min}$. .	1,38589	12,42	1,38589	12,33	1,38589	12,26
$1,243 \cdot W$	0,07098	0,64	0,15177	1,35	0,21429	1,90
$n \cdot L_{min} \cdot W_L$ . . .	0,19894	1,78	0,19894	1,77	0,19894	1,76
V_n	11,15531	100,00	11,23610	100,00	11,29862	100,00
Luftüberschuß $n = 1,5$						
V_{min}	9,13110	65,99	9,13110	65,61	9,13110	65,32
$(n-1)\,0,21\,L_{min}$. .	0,92100	6,66	0,92100	6,62	0,92100	6,59
$(n-1)\,0,79\,L_{min}$. .	3,46472	25,04	3,46472	24,89	3,46472	24,78
$1,243 \cdot W$	0,07098	0,51	0,15177	1,09	0,21429	1,53
$n \cdot L_{min} \cdot W_L$. . . .	0,24867	1,80	0,24867	1,79	0,24867	1,78
V_n	13,83647	100,00	13,91726	100,00	13,97978	100,00

Die Gaszusammensetzung kann daraus sofort errechnet werden, wie nur am Beispiel der Kohle (c) bei $n = 1,5$ gezeigt werden soll. Es ist

$$CO_2 = 1,56993 \; Nm^3/kg = 11,23\% \; (\text{feucht}) = 12,16\% \; (\text{trocken})$$
$$SO_2 = 0,00737 \; Nm^3/kg = 0,05\% \; (\text{feucht}) = 0,06\% \; (\text{trocken})$$
$$O_2 = 0,92100 \; Nm^3/kg = 6,59\% \; (\text{feucht}) = 7,14\% \; (\text{trocken})$$
$$N_2 = 6,94047 \; Nm^3/kg$$
$$+ \; 3,46472 \; Nm^3/kg$$
$$\Sigma N_2 = 10,40519 \; Nm^3/kg = 74,43\% \; (\text{feucht}) = \underline{80,64\%} \; (\text{trocken})$$
$$100,00\%$$

$$V_n \; (\text{trocken}) \; . . . . \quad 12,90349 \; Nm^3/kg$$
$$H_2O \; . . . . \quad 0,61333 \; Nm^3/kg$$
$$(\text{aus der Brennstoffeuchtigkeit}) \quad 0,21429 \; Nm^3/kg$$
$$(\text{aus der Luftfeuchtigkeit}) \quad 0,24867 \; Nm^3/kg$$
$$\Sigma H_2O \; . . . . \quad 1,07629 \; Nm^3/kg = \underline{\quad 7,70\quad}$$
$$V_n \; (\text{feucht}) \; . . . . \quad 13,97978 \; Nm^3/kg = 100,00$$

Will man das Rechenergebnis auf 1 kg Brennstoff im Verwendungszustand (also mit $w\%$ Wasser i. roh und $a\%$ Asche i. roh) beziehen, so ist der Wert mit

$$\frac{100 - w - a}{100}$$

zu multiplizieren.

In diesem Zahlenbeispiel ist also die Rauchgasmenge je kg Mittelgut

$$\frac{100 - 10 - 32}{100} \cdot 13,97978 = 8,10827$$

oder rd. 8,11 Nm³/kg .

Besondere Verhältnisse liegen vor, wenn nicht mit Luft (oder wasserdampf-haltiger Luft), sondern mit einem Rauchgas-Luft-Gemisch verbrannt wird. Da-durch wird neben etwas Sauerstoff eine große Inertgasmenge (CO_2, H_2O, N_2) zugeführt, während der prozentuale O_2-Gehalt entsprechend sinkt.

Während der Luftbedarf nach Zahlentafel 11-2, Spalte 4,

$$L_{min} = \frac{100}{21} \cdot O_{min} = 4,7619 \times O_{min} \qquad (11\text{--}11)$$

ist, gilt bei anderem Sauerstoffgehalt allgemein

$$L_{min} = \frac{100}{O_2'} \cdot O_{min} . \qquad (11\text{--}12)$$

Wird ein niedrigerer Sauerstoffgehalt angestrebt (z. B. 18%), so ist bei der Luft-überschußzahl $n = 1,2$ (in Zahlenbeispiel a)

$$L = n \cdot L_{min} = 10,52573$$

und die Verbrennungsmittelmenge $(VM)_{tr}$

$$(VM) = n\,(VM_{min}) = \frac{21}{18} \cdot 10,52573 = 12,280 \text{ Nm}^3/\text{kg} .$$

Die Zusammensetzung dieses VM (= Luft-Rauchgas-Gemisch) und des daraus entstehenden Rauchgases ist etwas umständlich zu berechnen. Am zweckmäßigsten nimmt man drei Werte für den Sauerstoff- (oder Stickstoff-) Gehalt im Rauchgas an und macht eine graphische Sauerstoff- (oder Stickstoff-) Bilanz.

Wird eine größere Genauigkeit (d. h. unter Berücksichtigung der Luftzu-sammensetzung nach Zahlentafel 11-1, Spalte 3 oder 4) verlangt, so gliedern sich die Rauchgasbestandteile aus der Verbrennungsluft folgendermaßen auf:

Zahlentafel 11–3. *Rauchgasanteile bei genauer Berücksichtigung der Zusammen-setzung der Verbrennungsluft*

(1) in Nm³/kg	(2) in kg/kg	(3) Produkt
$(n - 1)\,0,21 \cdot L_{min}$ . . .	$(n - 1)\,0,23206 \cdot G_{L_{min}}$	O_2
$n \cdot 0,7805 \cdot L_{min}$.	$n \cdot 0,75479 \cdot G_{L_{min}}$	N_2
$n \cdot 0,0092 \cdot L_{min}$.	$n \cdot 0,01269 \cdot G_{L_{min}}$	Ar
$n \cdot 0,0003 \cdot L_{min}$.	$n \cdot 0,00046 \cdot G_{L_{min}}$	CO_2

Eine weitere Verfeinerung der Gasmengenberechnung kann notwendig werden, wenn Ballastkohlen mit hohem Mineralstoffgehalt verfeuert werden. Es gehen dann die Flüchtigen Bestandteile der Minerale (vor allem das Hydratwasser der Tonminerale und die Kohlensäure der Karbonspäte) in das Rauchgas über. Bei dem Mittelgut einer Fettkohle mit 33% Aschegehalt und 10% Wassergehalt $W = 0,1754$ kg/kg, $A = 0,579$ kg/kg mit 86% Tongehalt, 2,2% Kalkspat, 1,0% Magnesit und 1,4% Pyrit betragen die Rauchgasmengen bei einer Luftüberschußzahl von $n = 1,2$ als Beispiel:

		Nm³/kg	%
V_{min}	Rauchgasmenge des trockenen Brennstoffs	9,32620	80,21
$(n-1) \cdot L_{min}$.	aus dem Luftüberschuß (bei $n = 1,2$)	1,80505	15,53
$1,243 \cdot W$ . . .	aus der Brennstoffeuchtigkeit	0,21807	1,88
$n \cdot L_{min} \cdot W_L$.	aus der Luftfeuchtigkeit [bei $W_L = 0,0189$ s. Gl. (11-7)]	0,20469	1,76
	aus dem Hydratwasser der Tonsubstanz (bei 9,7% Hydratwasser)	0,06669	0,57
	aus der Karbonatkohlensäure	0,00746	0,06
	aus dem Schwefeldioxyd aus dem Pyrit	0,00329	0,03
	abzüglich des Sauerstoffverbrauchs bei der Pyritzersetzung	−0,00462	−0,04
		11,62683	100,00

Weitere Beispiele sind in Zahlentafel 11-4 bis 11-7 eingetragen, und zwar für die folgenden vier Brennstoffe:

	% C	% H_2	% O_2	% N_2	% S	W kg/kg	A kg/kg	$\dfrac{V_{min_{tr}}}{L_{min}}$
Eßnußkohle . .	90,20	4,33	3,22	1,58	0,67	0,0539	0,0697	0,9763
Fettfeinkohle .	88,70	4,90	4,14	1,60	0,66	0,1084	0,0964	0,9735
Rohbraunkohle	68,3	5,0	27,5	0,5	0,5	1,5886	0,2686	0,9863
Heizöl (S). . .	84,9	10,6	1,0	—	3,5	—	—	0,9433

Die Luftfeuchtigkeit ist dabei in allen vier Fällen mit einem durchschnittlichen Wert von $\varphi = 80\%$ Sättigung bei 20 °C angenommen.

Zahlentafel 11-4. *Gasmenge und Gaszusammensetzung*
Brennstoff: Eßnußkohle $H_u = 8417$ kcal/kg (i. waf)

n	V^t Nm³/kg (waf)	Trockenes Rauchgas		Feuchtes Rauchgas		
		% $CO_2 + SO_2$	% O_2	% $CO_2 + SO_2$	% O_2	% H_2O
1,0	9,56407	18,94	0	17,53	0	7,52
1,1	10,49488	17,18	1,95	15,97	1,81	7,02
1,2	11,41869	15,72	3,57	14,68	3,33	6,60
1,4	13,26631	13,43	6,10	12,64	5,74	5,94
1,6	15,11393	11,73	7,99	11,09	7,56	5,44
1,8	16,96154	10,41	9,46	9,88	8,98	5,05
2,0	18,80916	9,35	10,63	8,91	10,12	4,74
2,5	23,42831	7,47	12,72	7,15	12,19	4,17
3,0	28,04725	6,21	14,11	5,98	13,58	3,79

Zahlentafel 11–5. *Gasmenge und Gaszusammensetzung*
Brennstoff: Fettfeinkohle $H_u = 8378$ kcal/kg (i. waf)

n	V^t Nm³/kg (waf)	Trockenes Rauchgas % CO₂ + SO₂	% O₂	Feuchtes Rauchgas % CO₂ + SO₂	% O₂	% H₂O
1,0	9,66359	18,70	0	17,06	0	8,80
1,1	10,58603	16,96	1,96	15,57	1,80	8,19
1,2	11,50847	15,52	3,58	14,32	3,30	7,69
1,4	13,35336	13,26	6,12	12,34	5,70	6,88
1,6	15,19824	11,57	8,01	10,85	7,51	6,27
1,8	17,04313	10,27	9,47	9,67	8,92	5,79
2,0	18,88802	9,23	10,64	8,73	10,07	5,41
2,5	23,50023	7,36	12,74	7,01	12,14	4,71
3,0	28,11244	6,12	14,12	5,86	13,53	4,24

Zahlentafel 11–6. *Gasmenge und Gaszusammensetzung*
Brennstoff: Rohbraunkohle $H_u = 6037$ kcal/kg (i. waf)

n	V^t Nm³/kg (waf)	Trockenes Rauchgas % CO₂ + SO₂	% O₂	Feuchtes Rauchgas % CO₂ + SO₂	% O₂	% H₂O
1,0	9,04934	19,84	0	14,03	0	29,31
1,1	9,71013	18,02	1,93	13,07	1,40	27,45
1,2	10,36469	16,50	3,54	12,25	2,63	25,77
1,4	11,69248	14,12	6,06	10,85	4,66	23,11
1,6	13,01405	12,34	7,94	9,75	6,28	20,95
1,8	14,33562	10,96	9,40	8,85	7,60	19,19
2,0	15,65719	9,85	10,57	8,11	8,70	17,73
2,5	18,96112	7,87	12,67	6,69	10,77	14,96
3,0	22,26505	6,55	14,06	5,70	12,23	13,02

Zahlentafel 11–7. *Gasmenge und Gaszusammensetzung*
Brennstoff: Heizöl (S) $H_u = 9550$ kcal/kg

n	V^t Nm³/kg	Trockenes Rauchgas % CO₂ + SO₂	% O₂	Feuchtes Rauchgas % CO₂ + SO₂	% O₂	% H₂O
1,0	11,20573	16,25	0	14,25	0	12,27
1,1	12,26766	14,69	2,01	13,02	1,78	11,37
1,2	13,32959	13,41	3,67	11,98	3,28	10,61
1,4	15,45344	11,41	6,25	10,34	5,67	9,41
1,6	17,57731	9,93	8,16	9,09	7,47	8,49
1,8	19,70117	8,79	9,64	8,11	8,89	7,78
2,0	21,82503	7,89	10,81	7,32	10,03	7,20
2,5	27,13467	6,27	12,89	5,89	12,10	6,16
3,0	32,44432	5,21	14,27	4,92	13,49	5,45

Ermittlung der Luftüberschußzahl

Bezeichnet man mit (CO_2), (O_2), (N_2) usw. die einzelnen Rauchgasbestandteile in Vol.-%, so ist die absolute CO_2-Menge

$$\frac{(CO_2)}{100} V = \frac{(CO_2)_{max}}{100} V_{min} \tag{11–13}$$

und mit $V = V_\mathrm{min} + (n - 1)\,L_\mathrm{min}$

$$(CO_2) = \frac{(CO_2)_\mathrm{max}\,V_\mathrm{min}}{V_\mathrm{min} + (n-1)\,L_\mathrm{min}} = \frac{(CO_2)_\mathrm{max}}{1 + (n-1)\,\dfrac{L_\mathrm{min}}{V_\mathrm{min}}}. \qquad (11\text{-}14)$$

Setzt man den für den Brennstoff und den Luftüberschuß kennzeichnenden Ausdruck

$$C_n = (n-1)\,\frac{L_\mathrm{min}}{V_\mathrm{min}} \qquad (11\text{-}15)$$

ein, so ist

$$(CO_2) = \frac{(CO_2)_\mathrm{max}}{1 + C_n}. \qquad (11\text{-}16)$$

Gl. (11-14) liefert uns dann auch den Zusammenhang zwischen dem

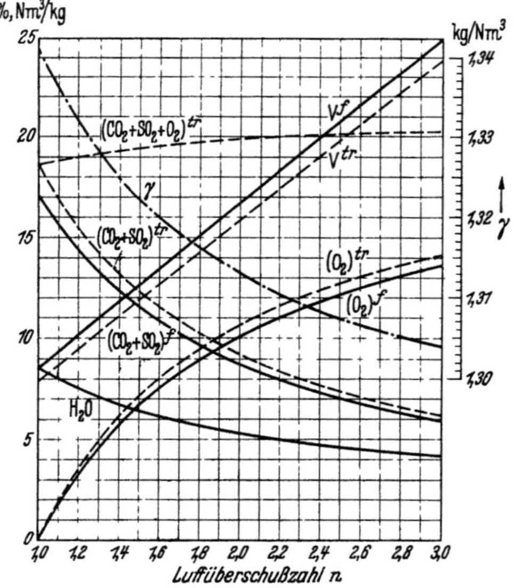

Abb. 11-1. Rauchgaszusammensetzung, Gas- und Luftmenge einer Steinkohle von $H_u = 7390$ kcal/kg

(gemessenen) CO_2-Gehalt, bezogen auf trockenes Gas, und der Luftüberschußzahl n. Löst man Gl. (11-14) nach n auf, so erhält man aus

$$1 + (n-1)\,\frac{L_\mathrm{min}}{V_\mathrm{min}} = \frac{(CO_2)_\mathrm{max}}{(CO_2)}, \qquad (11\text{-}17)$$

$$n = 1 + \left[\frac{(CO_2)_\mathrm{max}}{CO_2} - 1\right]\frac{V_\mathrm{min}}{L_\mathrm{min}}.$$

Der Wert $V_\mathrm{min}^\mathrm{tr}/L_\mathrm{min}$ und $(CO_2)_\mathrm{max}$ ist in den Brennstofftabellen, Zahlentafeln 5-5 und 5-6, für alle dort aufgeführten Brennstoffe angegeben[1].

---

[1] Die Zahlentafeln 5-5 und 5-6 befinden sich in der Tasche am Schluß des Buches.

In dem Zahlenbeispiel (S. 314) ist

$$V_{\min_{tr}}/L_{\min} = 8{,}51777/8{,}77144 = 0{,}97108,$$

also, wie übrigens bei fast allen Brennstoffen, wenig von 1 verschieden. Mit $V_{\min}/V_L = 1$ erhält man die Näherungsformel

$$n = \frac{(CO_2)_{\max}}{(CO_2)} . \tag{11–18}$$

Zahlenbeispiel. Gemessener $(CO_2 + SO_2)$-Gehalt $12{,}50\%$ [1], $(CO_2 + SO_2)_{\max} = 18{,}52\%$.

$$n = 1 + \left(\frac{18{,}52}{12{,}50} - 1\right) \cdot 0{,}97108 = 1 + 0{,}4816 \cdot 0{,}97108 = 1{,}468.$$

Die Näherungsgleichung (11–18) liefert dagegen $n = 1{,}482$, also einen Fehler von rd. -1%.

Bei den Bestandteilen, die von der Überschußluft mitgebracht werden, so beim Stickstoff und beim Sauerstoff, ist zu beachten, daß hier auch der Betrag des absoluten Volumens im Rauchgas verändert wird. Beim Stickstoff[2] wird zu dem Stickstoffvolumen aus dem Brennstoff und aus der theoretischen Verbrennungsluftmenge

$$\frac{(N_2)_{\min}}{100} V_{\min},$$

wobei unter $(N_2)_{\min}$ der Stickstoffgehalt im theoretischen Rauchgas in Vol.-% verstanden wird, das überschüssige Stickstoffvolumen

$$0{,}79\,(n-1)\,L_{\min}$$

addiert, woraus sich dann der Stickstoffgehalt bei Luftüberschuß unter Berücksichtigung der Gl. (11–15) ergibt zu

$$(N_2) = \frac{(N_2)_{\min} + 79\,C_n}{1 + C_n}, \tag{11–19}$$

der Sauerstoffgehalt analog zu

$$(O_2) = \frac{21\,(n-1)\,\dfrac{L_{\min}}{V_{\min}}}{1 + (n-1)\,\dfrac{L_{\min}}{V_{\min}}} = \frac{21\,C_n}{1 + C_n}. \tag{11–20}$$

---

[1] Dieser Zahlenwert enthält zugleich den SO_2-Gehalt, da CO_2 und SO_2 in der Kalilauge des Orsatapparates gleichzeitig absorbiert werden. Vgl. I.W. Arbatsky und E. Praetorius: Z. bayer. Rev.-Ver. 38 (1934) H. 10 S. 88/90 und E. Praetorius: Wärme 58 (1935) H. 5 S. 67—70. Die gelegentlich vertretene Meinung, daß das SO_2 im Kondensat in Lösung gehe, also aus dem Rauchgas verschwinde, trifft nicht zu. Kommt es darauf an, den CO_2-Gehalt ohne den SO_2-Gehalt zu bestimmen, so muß der SO_2-Gehalt rechnerisch ausgeschaltet werden.

[2] Wir ziehen hier N_2 und Ar wieder zusammen und vernachlässigen den CO_2-Gehalt, rechnen also mit 79% N_2.

Den Zusammenhang zwischen dem O_2-Gehalt des Rauchgases[1] und der Luftüberschußzahl erhält man aus Gl. (11–20) durch Auflösung nach n.

$$\frac{V_{\min}}{L_{\min}} \frac{1}{n-1} = \frac{21}{(O_2)} - 1 = \frac{21-(O_2)}{(O_2)}, \qquad (11\text{–}21)$$

daraus

$$n = 1 + \frac{V_{\min}}{L_{\min}} \frac{(O_2)}{21-(O_2)}. \qquad (11\text{–}22)$$

Würde der Wert $V_{\min}/L_{\min} = 1$ werden, so vereinfacht sich Gl. (11–22) in

$$n = \frac{21}{21-(O_2)}. \qquad (11\text{–}23)$$

Man erkennt also, daß diese häufig empfohlene Formel nur eine Näherungsformel ist, die keine genauen Werte liefern kann, besonders nicht bei Brennstoffen, bei denen $V_{\min}/L_{\min}$ sehr stark von 1 abweicht, z. B. bei den Gasen. Nehmen wir als Beispiel einen im Rauchgas gemessenen O_2-Wert von 11,6% an, dann ist nach Gl. (11–22)

$$n = 1 + 0{,}97108\,\frac{11{,}6}{21-11{,}6} = 2{,}198\,,$$

den gleichen Brennstoff vorausgesetzt wie in dem früheren Zahlenbeispiel. Gl. (11–23) liefert $n = \frac{21}{21-11{,}6} = 2{,}234$, also einen Fehler von $+1{,}64$. Bei einem Gichtgas (Zahlenbeispiel S. 329) und einem gemessenen O_2-Gehalt von 4,88% ist nach Gl. (11–23) $n = \frac{21}{21-4{,}88} = 1{,}303$ statt 1,600, also ein Fehler von 18,56%! Die Näherungsformel ist in diesem Falle unbrauchbar.

Eine andere, genauere Formel, die man in der feuerungstechnischen Literatur oft findet, lautet

$$n = \frac{21}{21 - 79\,\frac{(O_2)}{(N_2)}}. \qquad (11\text{–}24)$$

Sie läßt sich folgendermaßen ableiten, indem man von der Definition der Luftüberschußzahl $n = L/L_{\min}$ ausgeht und eine Beziehung zum Stickstoff- und Sauerstoffgehalt des Rauchgases schafft. Man vernachlässigt dabei bewußt den Stickstoffgehalt des Brennstoffes, so daß die Formel ganz exakt nur für Brennstoffe mit dem Stickstoffgehalt 0 gilt, bei den Stickstoffgehalten der festen und flüssigen Brennstoffe liefert sie noch sehr genaue Werte, sie versagt aber bei stickstoffreichen Gasen.

---

[1] Die Sauerstoffmessung zeigt geringere Abhängigkeit von der Brennstoffart und ist daher als Rauchgasanalysenverfahren sehr geeignet, zumal neuerdings geeignete Geräte zur Verfügung stehen, die auf dem Paramagnetismus des Sauerstoffs beruhen. Nach B. STURM [Neuzeitliche Gasanalysengeräte. BWK 3 (1951) Nr. 11 S. 374—377] ist die Suszeptibilität des Sauerstoffs je Volumeinheit um 2 Zehnerpotenzen höher als die der meisten anderen Gase.

Der Stickstoffgehalt des Gases ist $V\,(N_2)/100$; stammt dieser Stickstoff aus der zugeführten Luft, so muß diese Luftmenge $V\,(N_2)/100 \times 100/79$ betragen haben. Setzen wir nun noch $V = V_{\min} + (n-1)\,L_{\min}$, so erhalten wir

$$n = \frac{L}{L_{\min}} = \left(V_{\min} + (n-1)\,L_{\min}\right)\frac{(N_2)}{79}\frac{1}{L_{\min}}, \qquad (11\text{--}25)$$

$$n = \frac{V_{\min}}{L_{\min}}\frac{(N_2)}{79} + (n-1)\frac{(N_2)}{79}. \qquad (11\text{--}26)$$

Führt man nun nach Gl. (11–22) ein

$$\frac{V_{\min}}{L_{\min}} = \left(\frac{21}{(O_2)} - 1\right)(n-1), \qquad (11\text{--}27)$$

so erhält man nach einigen einfachen Umformungen

$$n = \left[\frac{21}{(O_2)} - 1\right](n-1)\frac{(N_2)}{79} + (n-1)\frac{(N_2)}{79} = (n-1)\frac{(N_2)}{79}\frac{21}{(O_2)}$$

und nach Auflösung nach n die oben angegebene Gl. (11–24). Diese Gleichung gilt in dieser Form nur bei vollkommener Verbrennung; für unvollkommene Verbrennung hat HASSENSTEIN[1] eine Ableitung gegeben.

Die Formel (11–24) kann durch Anfügung eines Korrekturgliedes so erweitert werden, daß der aus dem Brennstoff stammende Stickstoff berücksichtigt und vom Gesamtstickstoff im Gas abgezogen wird. Es ist dann

$$n = \frac{1}{1 - \dfrac{79}{21}\dfrac{(O_2)}{(N_2)}} + \frac{(0{,}7995/21)\,N_2/L_{\min}}{\dfrac{(N_2)}{(O_2)} - \dfrac{79}{21}},$$

$$n = \frac{1}{1 - 3{,}762\,\dfrac{(O_2)}{(N_2)}} + \frac{0{,}0381\,N_2/L_{\min}}{\dfrac{(N_2)}{(O_2)} - 3{,}762}. \qquad (11\text{--}28)$$

Das zweite Glied der Gl. (11–28), das Korrekturglied, ist bei den in festen und flüssigen Brennstoffen vorkommenden Stickstoffgehalten ($N_2 = 0{,}5$ bis $1{,}75\%$) nur sehr klein, beispielsweise bei $L_{\min} = 8{,}00$ und $N_2 = 1\%$, $(N_2) = 81{,}16\%$ und $(O_2) = 1{,}96\%$ im Rauchgas

$$\frac{0{,}0381 \times 1}{8{,}0\,(41{,}408 - 3{,}762)} = 0{,}0001$$

je $\%$ N_2 im Brennstoff. Ohne Berücksichtigung des Korrekturgliedes wäre

$$n = \frac{1}{1 - 0{,}09085} = \frac{1}{0{,}90915} = 1{,}0999$$

---

[1] HASSENSTEIN, W.: Z. Dampfkessel u. Maschinenbetr. 33 (1910) H. 31 S. 313 bis 315, 34 (1911) S. 337—339 und 35 (1912) S. 351—353. Die HASSENSTEINsche Ableitung geht von der gleichen Überlegung aus, ist jedoch bedeutend verwickelter. Für N_2-haltige Gase entwickelt W. HASSENSTEIN: Z. Dampfkessel u. Maschinenbetr. 35 (1912) H. 13 S. 131—134, H. 14 S. 148—151, H. 16 S. 169—172 eine Formel, in welcher eine Beziehung zwischen n und CO_2, $CO_{2\,max}$ und N_2 im Rauchgas entwickelt wird.

und mit Korrektur

$$n = 1{,}1000\,.$$

Die Gl. (11–24) kann man auch so umformen, daß n als Funktion zweier beliebiger anderer Meßwerte, etwa vom CO_2- und O_2-Gehalt des trockenen Rauchgases dargestellt wird. Wir können zu der Form

$$n - 1 = \frac{79\,(O_2)}{21\,(N_2) - 79\,(O_2)} \tag{11–29}$$

gelangen und setzen $(N_2) = 100 - (CO_2) - (O_2)$ und erhalten

$$n - 1 = \frac{79\,(O_2)}{21\,[100 - (CO_2)] - 100\,(O_2)} \tag{11–30}$$

oder

$$n = \frac{100 - (CO_2) - (O_2)}{100 - (CO_2) - \dfrac{(O_2)}{0{,}21}} = \frac{100 - (CO_2) - (O_2)}{100 - (CO_2) - 4{,}7619\,(O_2)}\,. \tag{11–31}$$

LIÉBAUT[1] hat obige Gleichung benutzt, um bei Verbrennungsvorgängen, bei denen Kohlensäure noch aus anderen Quellen (z. B. aus Karbonaten bei Kalk- und Zementöfen) entstammt, die Karbonatkohlensäuremenge zu bestimmen. Bezeichnet man die Verbrennungskohlensäure mit $(CO_2)_{Verbr.}$, die Karbonatkohlensäure mit $(CO_2)_{Karb.}$, so ist

$$(CO_2) \cdot [V_n + (CO_2)_{Karb.}] = (CO_2)_{Verbr.} + (CO_2)_{Karb.}\,,$$

$$(CO_2)_{Karb.} = \frac{(CO_2) \cdot V_n - (CO_2)_{Verbr}}{1 - (CO_2)}\,.$$

$(V_{CO_2})_{Verbr.}$, der nur aus der Verbrennung stammende Anteil, wird in der angegebenen Weise (s. Zahlentafel 11–2 für feste und flüssige und Zahlentafel 11–8 für gasförmige Brennstoffe) ermittelt.

Vereinfachte und statistische Verbrennungsrechnung

Es hat nicht an Versuchen gefehlt, die Verbrennungsrechnung zu vereinfachen oder durch gewisse Abrundungen möglichst einfache Koeffizienten zu erhalten. Wenn z. B. vorgeschlagen worden ist, das Molvolumen mit Rücksicht auf Kürzungsmöglichkeiten auf $24\,\mathrm{Nm^3}$ abzurunden[2], so wäre dies gleichbedeutend einem Zustand von 19,2 °C, 760 Torr, was keinen nennenswerten Vorteil bringt, andererseits den Normungsbestrebungen zuwiderläuft.

In systematischer Weise hat BOIE die Darstellung der Stöchiometrie der Verbrennung mit Hilfe dimensionsloser Kenngrößen und die statistische Auswertung dieser Kenngrößen auf Grund zahlreicher Brennstoff-

---

[1] LIÉBAUT, A.: Note sur le calcul de l'exces d'air dans les fours à chaux ou analogues. Flamme et Thermique 11 (1960) Nr. 135 S. 29.
[2] Nach R. MOLLIER: Hütte, 26. Aufl., Bd. I, S. 512.

analysen betrieben und diese Vorschläge jetzt zu einem gewissen Abschluß gebracht[1].

BOIE schlägt die Verwendung von Kennwerten, die zunächst aus den Analysenwerten abgeleitet werden, an Stelle der Analysen selbst vor. Ob man diese oder eine andere Rechenmethodik verwendet, ist nach BOIE „eine Frage der Gewöhnung“. Der besondere Vorteil liegt — vor allem für Überschlagsrechnungen — in der Möglichkeit statistischer Auswertung der Kenngrößen, also ohne Kenntnis der vollständigen Elementaranalyse. Wegen der Ableitung und Verwendung muß auf die angegebene Quelle verwiesen werden.

Die Genauigkeitsansprüche an die Verbrennungsrechnung

Die große Stellenzahl, die wir bei unseren bisherigen Rechnungen benutzt haben, darf nicht zu der Annahme verführen, daß damit die Verbrennungsrechnung höchste Genauigkeit erreicht habe. Man muß sich immer vor Augen halten, daß die Genauigkeit des Ergebnisses von der Zuverlässigkeit der Probenahme und der Genauigkeit der Brennstoff- und Abgasanalyse abhängt. Indessen wäre es ganz ungerechtfertigt, daraus schließen zu wollen, daß eine genauere Rechnung mit mehreren Stellen hinter dem Komma überflüssig und eine zu große Belastung sei. Die Ermittlung der Rauchgaszusammensetzung, Schlüsse auf das Unverbrannte und ähnliche Rechenoperationen verlangen teils zur Ermöglichung einer sicheren Kontrolle, teils weil in ihnen Differenzen großer Zahlen auftreten, oder Zwischenwerte (wie z. B. O_{min}, L_{min} usw.) mit großen Zahlen multipliziert werden, eine große Rechengenauigkeit, wobei hohe Rechengenauigkeit natürlich nicht auf absolute Zuverlässigkeit des von den Analysen beeinflußten Endergebnisses deutet.

Verbrennungsrechnungen werden vielfach mit der Rechenmaschine durchgeführt. Dabei spielt es gar keine Rolle, wenn auch einmal überflüssige Stellen mitgeschleppt werden — oft ist ja auch nicht sofort zu übersehen, wie sich Kürzungen auswirken —; die notwendigen Abstriche macht man daher zweckmäßig erst beim Endergebnis und nicht schon im Laufe der Zwischenrechnungen. Es bedeutet weder eine Erleichterung noch eine Zeitersparnis, wenn man nur runde, ganzzahlige Beiwerte hat — man lasse sich da nicht von dem scheinbar sehr einfachen Aufbau einiger Formeln täuschen! —, da ja die einzusetzenden Analysenwerte auch niemals ganzzahlig sind.

Nachdem die Dampfkesselregeln[2] eine Toleranz, mit Ausnahme des Meßspiels, nicht mehr zulassen, wird man sich bemühen müssen, auch

---

[1] BOIE, W.: Vom Brennstoff zum Rauchgas. Feuerungstechnisches Rechnen mit Brennstoffkenngrößen und seine Vereinfachung mit Mitteln der Statistik, Leipzig: Teubner 1957.

[2] Regeln für Abnahmeversuche an Dampfkesseln (VDI-Dampfkessel-Regeln). DIN VDI 1942. Berlin 1937.

die Rechenmethoden zu verfeinern. Da man je nach den zur Verfügung stehenden Behelfsmitteln ebenso schnell genau wie weniger genau rechnet, empfiehlt sich ohne Frage die Anwendung der genaueren Gleichungen. Man bedenke, daß sich ja Probenahmefehler, Analysenfehler und Rechenungenauigkeit ungünstigenfalls in gleicher Richtung bewegen, also sich addieren. Es ist daher gerechtfertigt, hohe Rechengenauigkeit anzustreben, um schon einmal diese Fehlerquelle auszuschalten, auch wenn man sich der übrigen Fehlermöglichkeiten bewußt ist und immer bewußt sein sollte.

Verbrennung gasförmiger Brennstoffe

Da bei den gasförmigen Brennstoffen das Frischgas und das Rauchgas im gleichen Aggregatzustand vorliegt, gestaltet sich die Verbrennungsrechnung ganz besonders einfach. Die Gase enthalten an brennbaren Bestandteilen Wasserstoff, Kohlenoxyd und Kohlenwasserstoffe, die allgemein durch die Formel C_xH_y dargestellt werden können. Die Verbrennung vollzieht sich dann (ohne Berücksichtigung der wirklichen Umsetzungsvorgänge und ihrer Zwischenprodukte (nach den Grundgleichungen

$$2 \cdot H_2 + O_2 = 2 \cdot H_2O$$
$$2\,\text{Mol} + 1\,\text{Mol} = 2\,\text{Mol} \tag{11-32}$$

$$2\,CO + O_2 = 2 \cdot CO_2$$
$$2\,\text{Mol} + 1\,\text{Mol} = 2\,\text{Mol} \tag{11-33}$$

$$C_xH_y + \left(x + \frac{y}{4}\right) \cdot O_2 = x \cdot CO_2 + \frac{y}{2} \cdot H_2O, \tag{11-34}$$

$$1\,\text{Mol} + \left(x + \frac{y}{4}\right)\text{Mol} = x\,\text{Mol} + \frac{y}{2}\,\text{Mol}. \tag{11-35}$$

Daraus ergibt sich der Sauerstoffmindestbedarf zu

$$O_{min} = 0,5\,CO + \left(x + \frac{y}{4}\right)C_xH_y + 0,5\,H_2 - O_2. \tag{11-36}$$

Die Beiwerte für die Ermittlung des Sauerstoff- und Luftbedarfs und der Verbrennungsgasmenge können der Zahlentafel 11-8 entnommen werden.

Die Berücksichtigung der Feuchtigkeit des Gases und der Feuchtigkeit der Luft geschieht auch hier zweckmäßig — wie bei den festen Brennstoffen — durch Einführung der Begriffe Wasserballast des Gases W_G [Nm³/Nm³] und der Luft W_L [Nm³/Nm³ trockenes Gas], jedoch hier in Nm³ ausgedrückt. Da die Feuchtigkeit meist in $g/Nm^3_{trocken}$ angegeben wird, muß auf den Bezugszustand umgerechnet werden

$$1\ g/Nm^3_{tr} = 0,001243\ Nm^3/Nm^3_{tr}.$$

Ist das Gas oder die Luft nicht voll gesättigt, so ist mit dem Sättigungsgrad (< 1) zu multiplizieren.

Zahlentafel 11–8. *Beiwerte der Luftbedarfs- und Verbrennungsrechnung bei gasförmigen Brennstoffen*

Stoff	Sauerstoff-bedarf Nm^3/Nm^3	Luftbedarf Nm^3/Nm^3	Verbrennungs-gasmenge Nm^3/Nm^3	Verbrennungs-produkt
CO	0,5	2,3810	1	CO_2
H_2	0,5	2,3810	1	H_2O
CH_4	2	9,5234	1	CO_2
			2	H_2O
C_xH_y	$x + \dfrac{y}{4}$	$\left(x + \dfrac{y}{4}\right) 4,7619$	x	CO_2
			$y/2$	H_2O
H_2S	1,5	7,1429	1	H_2O
			1	SO_2
COS	1,5	7,1429	1	CO_2
			1	SO_2
CS_2	3,0	14,2857	1	CO_2
			2	SO_2
CO_2	—	—	1	CO_2
N_2	—	—	1	N_2
N_2'**	—	—	$n \cdot 0,79 \cdot L_{min}$	N_2
O_2*	—1	—4,7619	—	—
O_2'**	—	—	$(n - 1)\, 0,21\, L_{min}$	O_2
H_2O	—	—	W_G	H_2O
H_2O'	—	—	$n \cdot L_{min} \cdot W_L$	H_2O

Beispiel 1. Trockenes Koksofengas (Ruhr-Ferngas). Der sehr geringe Wassergehalt von rd. 1 g/Nm^3_{tr} soll vernachlässigt werden.

Beispiel 2. Naturgas (trocken).

Beispiel 3. Bei 20 °C voll gesättigtes Gichtgas.

Zusammensetzung

	% CO	% H_2	% CH_4	% C_2H_6	% C_3H_8	% C_2H_4	% C_6H_6	% CO_2	% O_2	% N_2
Beispiel 1	5,4	56,8	23,9	—	—	1,6	0,4	2,2	0,4	9,3
Beispiel 2	—	—	95,9	3,2	0,5	—	—	—	—	0,4
Beispiel 3	31,0	2,3	0,3	—	—	—	—	9,0	—	57,4

Beispiel 1

$$O_{min} = 0,5 \cdot 0,054 + 0,5 \cdot 0,568 + 2 \cdot 0,239 + 3 \cdot 0,016 + 7,5 \cdot 0,004 -$$

$$- 0,004 = 0,863\ Nm^3/Nm^3$$

$$L_{min} = 4,7619 \cdot 0,863 = 4,1095\ Nm^3/Nm^3$$

$$V_{min} = \underbrace{0,054 + 0,239 + 2 \cdot 0,016 + 6 \cdot 0,004 + 0,022}_{0,371\,CO_2} +$$

$$+ \underbrace{0,568 + 2 \cdot 0,239 + 2 \cdot 0,016 + 3 \cdot 0,004}_{1,090\,H_2O} +$$

* Der Sauerstoffgehalt des Brennstoffs ist abzuziehen.

** Die mit ′ versehenen Werte entstammen der Verbrennungsluft, die Luftüberschußzahl n ist das Vielfache des Luftbedarfs der theoretischen oder stöchiometrischen (luftsatten) Verbrennung.

$$+ \underbrace{0{,}093 + 0{,}79 \cdot 4{,}1095}_{3{,}3395\,N_2} = 4{,}8005 \ \mathrm{Nm^3/Nm^3}$$

$$V_{\mathrm{min_{tr}}} = 0{,}371 + 3{,}3395 = 3{,}7105 \ \mathrm{Nm^3/Nm^3}.$$

Bei einer Luftfeuchtigkeit von $\varphi = 80\%$ Sättigung bei 20 °C kommen hinzu

$$18{,}98 \times 0{,}80 = 15{,}184 \ \mathrm{g/Nm^3_{tr}}$$

$$W_L = 0{,}001243 \times 15{,}184 = 0{,}0189 \ \mathrm{Nm^3/Nm^3_{tr}},$$

je $\mathrm{Nm^3}$ Frischgas mithin

$$n \cdot L_{\mathrm{min}} W_L = n \cdot 4{,}1095 \times 0{,}0189 = n \cdot 0{,}0777 \ \mathrm{Nm^3/Nm^3}.$$

Der Wassergehalt des feuchten Rauchgases ist dann bei $n = 1$

$$\frac{1{,}090 + 0{,}0777}{4{,}8005 + 0{,}0777} = \frac{1{,}1677}{4{,}8782} = 23{,}94\%.$$

Zahlentafel 11–9. *Gasmenge und Gaszusammensetzung*
(Beispiel 1: Koksofengas)

n	V_f $\mathrm{Nm^3/Nm^3_{tr}}$	Trockenes Rauchgas		Feuchtes Rauchgas			Taupunkt °C
		% CO_2	% O_2	% CO_2	% O_2	% H_2O	
1,0	4,8782	10,00	0	7,61	0	23,94	64,3
1,1	5,2975	9,00	2,09	7,00	1,63	22,19	62,7
1,2	5,7161	8,18	3,81	6,49	3,02	20,70	61,3
1,4	6,5536	6,93	6,45	5,66	5,27	18,29	58,4
1,6	7,3910	6,01	8,38	5,02	7,01	16,43	56,2
1,8	8,2285	5,30	9,86	4,51	8,39	14,95	54,2
2,0	9,0659	4,74	11,04	4,09	9,52	13,74	52,4

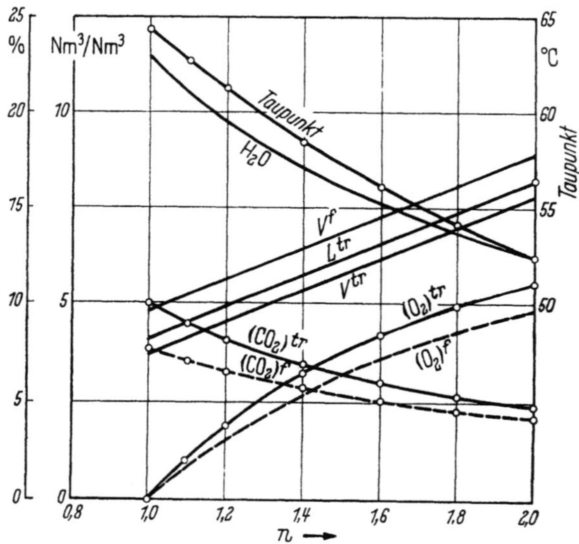

Abb. 11–2. Rauchgaszusammensetzung, Gas- und Luftmenge und Taupunkt von Koksofengas
(Beispiel 1)

$$\textit{Beispiel 2}$$

$$O_{min} = 2 \cdot 0{,}959 + 3{,}5 \cdot 0{,}032 + 5 \cdot 0{,}005 = 2{,}055 \ \text{Nm}^3/\text{Nm}^3$$

$$L_{min} = 4{,}7619 \cdot 2{,}055 = 9{,}7857$$

$$V_{min} = \underbrace{0{,}959 + 2 \cdot 0{,}032 + 3 \cdot 0{,}005}_{1{,}038\,CO_2} +$$

$$+ \underbrace{1{,}918 + 3 \cdot 0{,}032 + 4 \cdot 0{,}005}_{2{,}034\,H_2O} +$$

$$+ \underbrace{0{,}004 + 0{,}79 \cdot 9{,}7857}_{7{,}7347\,N_2} = 10{,}8067 \ \text{Nm}^3/\text{Nm}^3,$$

$$V_{mintr} = 1{,}038 + 7{,}7347 = 8{,}7727 \ \text{Nm}^3/\text{Nm}^3,$$

$$W_G = \sim 0,$$

$$W_L = 0{,}0189 \ \text{Nm}^3/\text{Nm}^3 \quad \text{(wie im Beispiel 1)}.$$

Zahlentafel 11–10. *Gasmenge und Gaszusammensetzung*
(Beispiel 2: Erdgas)

n	V_t $\text{Nm}^3/\text{Nm}^3_{tr}$	Trockenes Rauchgas		Feuchtes Rauchgas			Taupunkt °C
		% CO_2	% O_2	% CO_2	% O_2	% H_2O	
1,0	10,99165	11,83	0	9,44	0	20,19	60,7
1,1	11,98872	10,64	2,11	8,66	1,71	18,66	58,9
1,2	12,98578	9,67	3,83	7,99	3,16	17,37	57,3
1,4	14,97991	8,18	6,48	6,93	5,49	15,31	54,7
1,6	16,97404	7,09	8,42	6,12	7,26	13,73	52,4
1,8	18,96817	6,25	9,90	5,47	8,67	12,48	50,4
2,0	20,96230	5,59	11,07	4,95	9,80	11,47	48,8

$$\textit{Beispiel 3}$$

$$O_{min} = 0{,}5 \cdot 0{,}31 + 0{,}5 \cdot 0{,}023 + 2 \cdot 0{,}03 = 0{,}1725 \ \text{Nm}^3/\text{Nm}^3$$

$$L_{min} = 4{,}7619 \cdot 0{,}1725 = 0{,}8214$$

$$V_{min} = \underbrace{0{,}31 + 0{,}003 + 0{,}090}_{0{,}403\,CO_2} + \underbrace{0{,}023 + 2 \cdot 0{,}003}_{0{,}026\,H_2O} +$$

$$+ \underbrace{0{,}574 + 0{,}79 \cdot 0{,}8214}_{1{,}223\,N_2} = 1{,}562 \ \text{Nm}^3/\text{Nm}^3,$$

$$V_{mintr} = 0{,}403 + 1{,}223 = 1{,}626 \ \text{Nm}^3/\text{Nm}^3.$$

Bezogen auf 1 Nm³ trockenes Frischgas kämen dann

$$W_G = 0{,}001243 \cdot 18{,}98 = 0{,}0236 \ \text{Nm}^3$$

und aus der Luftfeuchtigkeit ($\varphi = 80\%$ bei 20 °C)

$$W_L = 0{,}001243 \cdot 0{,}80 \cdot 18{,}98 = 0{,}0189 \ \text{Nm}^3/\text{Nm}^3,$$

also

$$n \cdot L_{min} \cdot W_L = 0{,}8214 \cdot 0{,}0189 = 0{,}0155,$$

zusammen also $0{,}0391 \ \text{Nm}^3/\text{Nm}^3_{tr}$ hinzu. Das feuchte Rauchgas (bei $n = 1$) je Nm³ trockenes Frischgas ist also

$$1{,}652 + 0{,}0391 = 1{,}6911 \ \text{Nm}^3/\text{Nm}^3_{tr},$$

sein Wassergehalt $(0{,}026 + 0{,}0391) \cdot 100/1{,}6911 = 3{,}85\%$.

Zahlentafel 11-11. *Gasmenge und Gaszusammensetzung*
(Beispiel 3: Gichtgas)

n	V_f Nm^3/Nm^3tr	Trockenes Rauchgas		Feuchtes Rauchgas		
		% CO_2	% O_2	% CO_2	% O_2	% H_2O
1,0	1,6911	24,78	0	23,83	0	3,85
1,1	1,7903	23,59	1,01	22,51	0,96	3,72
1,2	1,8740	22,51	1,93	21,51	1,84	3,64
1,4	2,0414	20,62	3,53	19,74	3,38	3,49
1,6	2,2087	19,02	4,88	18,25	4,69	3,37
1,8	2,3761	17,65	6,04	16,96	5,81	3,26
2,0	2,5435	16,47	7,05	15,84	6,78	3,17

Bei einigen Gasarten, wie z. B. Generatorgas oder Gichtgas, ist der Stickstoffgehalt so hoch, daß die für stickstofffreie Brennstoffe geltenden Formeln zur Bestimmung des Luftüberschusses zu ganz falschen Ergebnissen führen. In diesem Falle müssen Formeln mit einem Brennstoff-Stickstoff-Korrekturglied verwendet werden nach Art der Gl. (11–28), S. 322. Diese Gleichung lautet dann für Gase (mit dem Stickstoffgehalt im Frischgas N_2 Vol.-%)

$$n = \frac{1}{1 - 3{,}7619 \frac{(O_2)}{(N_2)}} + \frac{0{,}047619 \cdot N_2/L_{min}}{\frac{(N_2)}{(O_2)} - 3{,}7619}. \tag{11-37}$$

Zahlenbeispiel. Bei einem Gichtgas (s. Zahlentafel 11–11 und S. 326) mit $N_2 = 57{,}4\%$, $L_{min} = 0{,}8214$ und im trockenen Abgas gemessenen Werten von $(O_2) = 7{,}05\%$, $(N_2) = 76{,}48\%$ ist

$$n = \frac{1}{1 - 3{,}7619 \cdot 0{,}09218} + \frac{0{,}047619 \cdot 57{,}4/0{,}8214}{10{,}8482 - 3{,}7619},$$

$$n = 1{,}53 + 0{,}47 = 2{,}00.$$

Die Korrektur (bzw. der Fehler beim Weglassen des Korrekturgliedes) beträgt also 23,5% des Sollwertes oder 30,7% des korrigierten Wertes!

Unvollkommene Verbrennung

Aus der Grundgleichung der vollkommenen Verbrennung des Kohlenstoffes

$$\begin{array}{c} C + O_2 = CO_2 \\ 1\,Mol + 1\,Mol = 1\,Mol \end{array} \tag{11-38}$$

und der Grundgleichung der unvollkommenen Verbrennung des Kohlenstoffes

$$\begin{array}{c} C + \tfrac{1}{2}O_2 = CO \\ 1\,Mol + \tfrac{1}{2}\,Mol = 1\,Mol \end{array} \tag{11-39}$$

ersieht man ohne weiteres, daß sowohl der zu CO_2 verbrennende als auch der nur zu CO verbrennende Kohlenstoff 1 Mol Abgas je Mol C liefert. Verbrennen also a Anteile des vorhandenen C je kg Brennstoff zu CO, während b Anteile als Kohlenstoffverlust (Brennbares in den Rückständen, Flugkoks, Ruß) auftreten, so vermindert sich die CO_2-Menge um den Betrag

$$(a + b)\,\frac{22,26}{12,01}\cdot C = (a + b)\cdot 1,8533\cdot C\;\text{Nm}^3/\text{kg}, \qquad (11\text{–}40)$$

die entstehende CO-Menge beträgt

$$a\,\frac{22,40}{12,01}\cdot C = a\,1,8650\cdot C\;\text{Nm}^3/\text{kg}, \qquad (11\text{–}41)$$

und der Sauerstoffminderverbrauch ist

$$\Delta O_{min} = \frac{22,39}{2\cdot 12,01}\,a\cdot C + \frac{22,39}{12,01}\,b\cdot C = 1,8641\left(\frac{a}{2} + b\right)\cdot C\;\text{Nm}^3/\text{kg} \qquad (11\text{–}42)$$

und der Luftminderverbrauch

$$\Delta L_{min} = \frac{100}{21}\,O_2 = 8,8766\left(\frac{a}{2} + b\right)\cdot C\;\text{Nm}^3/\text{kg}. \qquad (11\text{–}43)$$

Die Luftüberschußzahl n ist definiert als das Verhältnis aus zugeführter Luftmenge und theoretisch zur vollständigen Verbrennung notwendiger Luftmenge. Tritt also ein Luftminderverbrauch durch unvollkommene Verbrennung und Kohlenstoffverlust ein, so wird die „scheinbare Luftüberschußzahl", die sich tatsächlich aus der CO_2-Messung ergibt,

$$n' = \frac{n\,L_{min}}{L_{min} - \Delta L_{min}}; \qquad \frac{n'}{n} = \frac{1}{1 - \dfrac{\Delta L_{min}}{L_{min}}}. \qquad (11\text{–}44)$$

Der scheinbare Luftüberschuß täuscht also beim Auftreten hoher Kohlenstoffverluste (z. B. durch Flugkoks) eine ausreichende Luftmenge vor, obwohl sie durchaus knapp sein, ja sogar unter dem Bedarf zur vollständigen theoretischen Verbrennung liegen kann[1].

Die CO_2-Messung, ergänzt durch die CO- und H_2-Messung, stellt zwar ein unentbehrliches Mittel zur Betriebsüberwachung von Feuerungsanlagen dar, sie erfaßt jedoch keineswegs alle Verluste. Eine einfache, betriebsmäßige Kontrolle des Kohlenstoffverlustes (abgesehen von der sehr rohen Methode der Rauch- und Schornsteinauswurf-Beobachtung) gibt es noch nicht. Die rechnerische Bestimmung des C-Verlustes aus der Elementar- und Abgasanalyse, wie sie von HELBIG[2], EBERLE[3] und WIERZ[4] vorgeschlagen worden ist, leidet unter dem Nachteil, daß die Formeln gegen Analysenfehler hoch empfindlich sind und daher praktisch wenig brauchbare Ergebnisse liefern. EBEL[5] umgeht diese Schwie-

---

[1] GUMZ, W.: Feuerungstechn. 15 (1927) H. 8 S. 85—88.

[2] HELBIG, A. B.: Die rechnerische Erfassung der Verbrennungsvorgänge, Halle/S. 1924, — Die Verbrennungsrechnung, Berlin 1926.

[3] EBERLE, CHR.: Arch. Wärmew. 6 (1925) H. 12 S. 326—329, 7 (1926) H. 10 S. 287—291.

[4] WIERZ, M.: Arch. Wärmew. 21 (1940) H. 11 S. 237—240.

[5] EBEL, F.: Glückauf 59 (1923) H. 37 S. 869—873, H. 38 S. 889—894, H. 39 S. 914—920.

rigkeiten dadurch, daß er den Stickstoffgehalt der Rauchgase aufteilt in den zu CO_2, CO und O_2 bzw. ihrem Sauerstoffgehalt zugehörigen „sichtbar gebundenen" und den zum Sauerstoff des Verbrennungswassers gehörigen „unsichtbar gebundenen" Stickstoff. Der zum Sauerstoffgehalt des Schwefeldioxyds gehörige und der elementare Stickstoffgehalt des Brennstoffes wird durch die Annahme durchschnittlicher Verhältnisse berücksichtigt. Auf diese Weise verschwindet der Stickstoffgehalt der Abgase als zu messende Größe, deren genaue Erfassung ja praktisch die größten Schwierigkeiten bereitet. Man bringt nun den Quotienten wirklich verbrannte Wasserstoffmenge zu wirklich verbrannter Kohlenstoffmenge (aus der Abgasanalyse) $= 1/x'$ in Beziehung zum Quotienten disponibler Wasserstoff zum Kohlenstoff (im Brennstoff) $= 1/x$ und erhält den Kohlenstoffverlust zu

$$\frac{x - x'}{x} \cdot \frac{C}{100} \text{ kg/kg Brennstoff}. \tag{11-45}$$

Bei unvollkommener Verbrennung kann die Rauchgasmenge bei bekannter Brennstoff- und Rauchgasanalyse nach Zahlentafel 11–2 S. 312 ermittelt werden[1] zu

$$V = \frac{1{,}8535 \cdot 100 \cdot C'}{k} + 11{,}111 \cdot H_2 + 1{,}243 \cdot H_2O + n \cdot L_{\min} -$$
$$- \frac{1{,}8535 \cdot C' \cdot (h + 2ch)}{k} \text{ Nm}^3/\text{kg}. \tag{11-46}$$

Darin bedeutet C' den wirklich verbrannten Kohlenstoff (also nach Abzug des durch direkte Messung erfaßten Kohlenstoffverlustes), $k = CO_2 + 0{,}99375 \cdot CO + CH_4$ die Summe der Kohlenstoffträger im Rauchgas, wobei CO einen Berichtigungsbeiwert erhalten muß, da sein Molvolumen nicht genau mit demjenigen der Kohlensäure übereinstimmt, H_2, H_2O den Wasserstoff- und Wassergehalt des Brennstoffes, h, ch den Wasserstoff- und Methangehalt im Gas (der allerdings nur selten auftritt, meist Null ist, so daß das letzte Glied der Gleichung verschwindet).

Bei gasförmigen Brennstoffen ist

$$V = \frac{CO_2 + CO + \Sigma C_xH_y}{k} \cdot 100 + H_2 + \sum \frac{y}{2} \cdot C_xH_y + H_2O -$$
$$- \frac{\left(CO_2 + CO + \sum C_xH_y\right)\left(h + \sum \frac{y}{2} c_x h_y\right)}{k} \text{ Nm}^3/\text{Nm}^3. \tag{11-47}$$

Darin ist wiederum k die Summe der Kohlenstoffträger im Rauchgas;

---

[1] Nach Prof. CHR. EBERLE: Richtlinien für die Auswertung der Ergebnisse der Feuerungsuntersuchung. Arch. Wärmew. 6 (1925) H. 12 S. 326—329 und 7 (1926) H. 10 S. 287—291. Die Beiwerte sind jedoch den Grundsätzen der genauen Verbrennungsrechnung entsprechend abgeändert.

die großen Buchstaben beziehen sich auf die Brennstoff-, die kleinen Buchstaben auf die Rauchgasanalyse.

Neben der unvollkommenen Verbrennung trotz einer (im Mittel) ausreichenden Luftzufuhr kann auch eine Verbrennung mit Luftmangel vorgenommen werden, um eine „reduzierende" Flammenatmosphäre zu schaffen.

Als Grundlage der Berechnung benutzen wir die Kohlenstoff-, Wasserstoff- und Sauerstoffbilanz und die Gleichgewichtskonstante der homogenen Wassergasreaktion, in der Voraussetzung, daß sich das Gleichgewicht dieser Reaktion in der Flamme einstellt. Bezeichnet man die Bestandteile des Verbrennungsgases in einem beliebigen, rein stöchiometrisch ermittelten Ungleichgewichtszustand mit einem Stern, im Gleichgewichtszustand ohne Stern, und bedeuten n_C^*, $n_{H_2}^*$ und $n_{O_2}^*$ die Summe der Kohlenstoff-, Wasserstoff- und Sauerstoffträger, so ergibt sich aus der C-Bilanz

$$n_C^* = CO_2^* + CO^* = CO_2 + CO, \qquad (11\text{-}48)$$

$$CO = n_C^* - CO_2; \qquad (11\text{-}49)$$

aus der O_2-Bilanz

$$n_{O_2}^* = CO_2^* + \tfrac{1}{2}H_2O^* + \tfrac{1}{2}CO^* = CO_2 + \tfrac{1}{2}H_2O + \tfrac{1}{2}CO, \qquad (11\text{-}50)$$

$$H_2O = 2(n_{O_2}^* - CO_2 - \tfrac{1}{2}CO) = 2n_{O_2}^* - n_C^* - CO_2; \qquad (11\text{-}51)$$

aus der H_2-Bilanz

$$n_{H_2}^* = H_2O^* + H_2^* = H_2O + H_2, \qquad (11\text{-}52)$$

$$H_2 = n_{H_2}^* - H_2O. \qquad (11\text{-}53)$$

Führt man diese Ausdrücke in die Definitionsgleichung der Gleichgewichtskonstanten der homogenen Wassergasreaktion ein, so erhält man

$$K_W = \frac{CO \cdot H_2O}{CO_2 \cdot H_2} = \frac{(n_C^* - CO_2)(2n_{O_2}^* - n_C^* - CO_2)}{CO_2(n_{H_2}^* - 2n_{O_2}^* + n_C^* + CO_2)} \qquad (11\text{-}54)$$

und nach CO_2 aufgelöst

$$CO_2 = -\frac{a}{2} + \sqrt{\left(\frac{a}{2}\right)^2 - b}, \qquad (11\text{-}55)$$

$$a = \frac{K_W(n_{H_2}^* - 2n_{O_2}^* + n_C^*) + 2n_{O_2}^*}{K_W - 1}, \qquad (11\text{-}56)$$

$$b = \frac{(n_C^*)^2 - 2n_C^* n_{O_2}^*}{K_W - 1}. \qquad (11\text{-}57)$$

Zahlenbeispiel. Verbrennung von Propan (C_3H_8) mit 60% des theoretischen Luftbedarfs. Zusammensetzung der feuchten Verbrennungsluft:

20,61% O_2, 76,60% N_2, 0,90% Ar, 0,03% CO_2, 1,86% H_2O;

Luftzufuhr:

$$n \cdot L_{\min} = 0,6 \cdot 24,262 = 14,5572.$$

Es wird zunächst eine Verbrennung ohne Rücksicht auf den Gleichgewichtszustand vorgenommen. Da $O_{min} = 5,0\ Nm^3/Nm^3$ bei vollständiger Verbrennung ist, wird bei $n = 0,6$ die Sauerstoffmenge $3\ Nm^3$. Es werde beispielsweise angenommen, daß diese $3\ Nm^3\ O_2$, $3\ Nm^3\ CO$ und $3\ Nm^3\ H_2O$ bilden, so daß noch $1\ Nm^3\ H_2$ übrigbleibt. Außerdem werden $n \cdot L_{min}\ (N_2' + Ar' + CO_2' + H_2O')\ Nm^3$ Stickstoff, Argon, Kohlensäure und Wasserdampf aus der Luft mitgebracht. Es ergeben sich dann die folgenden Mengen und Prozentsätze als die Zusammensetzung im Ungleichgewichtszustand:

$$
\begin{array}{lrr}
CO\ 3 \ldots\ldots\ldots\ldots\ldots\ldots & 3,00000 = & 16,166\% \\
CO_2\ 0,0003 \cdot 14,5572 \ldots\ldots\ldots & 0,00437 = & 0,023\% \\
H_2 \ldots\ldots\ldots\ldots\ldots\ldots\ldots & 1,00000 = & 5,389\% \\
H_2O\ 3 + 0,018 \cdot 14,5572 \ldots\ldots & 3,27076 = & 17,626\% \\
N_2\ 0,766 \cdot 14,5572 \ldots\ldots\ldots & 11,15082 = & 60,090\% \\
Ar\ 0,0090 \cdot 14,5572 \ldots\ldots\ldots & 0,13101 = & 0,706\% \\
\text{Gasmenge } Nm^3/Nm^3\ C_3H_8 \ldots\ldots & \overline{18,55696} = & \overline{100,000\%}
\end{array}
$$

$$n_C^* = 0,16166 + 0,00023 = 0,16189$$
$$n_{H_2}^* = 0,17626 + 0,05389 = 0,23015$$
$$n_{O_2}^* = 0,00023 + 0,08813 + 0,08083 = 0,16919$$

$$a = \frac{K_W \cdot 0,05366 + 0,33838}{K_W - 1}, \qquad b = -\frac{0,028\,57}{K_W - 1}$$

CO_2 nach Gl. (11–55); $CO = 0,16189 - CO_2$ nach Gl. (11–49);
$H_2O = 0,17649 - CO_2$ nach Gl. (11–51);
$H_2\ = 0,23015 - H_2O$ nach Gl. (11–53).

$t\ °C$ K_W	1400 3,39248	1500 3,73127	1600 4,00164	1700 4,18890	1614 4,02000
% CO_2	4,542	4,346	4,206	4,116	4,196
% CO	11,647	11,843	11,983	12,073	11,993
% H_2O	13,107	13,303	13,443	13,533	13,453
% H_2	9,908	9,712	9,572	9,482	9,562
% N_2	60,090	60,090	60,090	60,090	60,090
% Ar	0,706	0,706	0,706	0,706	0,706
	100,000	100,000	100,000	100,000	100,000
$V_G \cdot I_G$	9467	10212	10971	11730	11069 kcal/Nm³
$H_{u(C_3H_8)} - V_G \cdot H_{u(V_G)}$	11097	11081	11069	11062	11069 kcal/Nm³

Die graphische Ermittlung der Verbrennungstemperatur (vgl. S. 371) ergibt (ohne Vorwärmung) eine Verbrennungstemperatur von 1614 °C und eine Gaszusammensetzung, wie in der letzten Spalte der obenstehenden Tabelle angegeben.

Eine experimentelle Untersuchung der unvollkommenen Verbrennung (Verbrennung mit Luftunterschuß) hat PLÜSS[1] durchgeführt. Die Meßergebnisse entsprechen nicht genau den rechnerischen Werten.

---

[1] PLÜSS, G.: Die Aufteilung der verbrennlichen Bestandteile in Verbrennungsgasen auf CO und H_2 bei Verbrennung mit Luftunterschuß und bei Luftüberschuß und künstlicher Flammenkühlung. Forsch.-Ber. des Wirtsch.- u. Verkehrsmin. Nordrhein/Westfalen Nr. 463, Köln u. Opladen: Westdeutscher Verlag 1957.

wenn vorausgesetzt wird, daß kein Kohlenstoff abgeschieden wird. Durch die Berücksichtigung eines gewissen C-Verlustes (am Punkt der Probenahme) von wenigen Prozent wird eine bessere Übereinstimmung zwischen Rechnung und Versuch erzielt.

CO_2-Gehalt und Verbrennungsdreiecke

Der CO_2-Gehalt des trockenen Rauchgases dient als wesentliches Merkmal für die Beurteilung der Verbrennungsvorgänge, weil seine Ermittlung mit dem Orsatapparat besonders bequem ist. Voraussetzung ist die Kenntnis der Elementarzusammensetzung des Brennstoffes oder zumindest des Brennstofftyps, soweit man sich mit einem angenäherten Wert begnügen kann [s. Gl. (11–14) S. 319]. In gleicher Weise könnte auch der O_2-Gehalt herangezogen werden [s. Gl. (11–20) S. 320], denn wie aus Abb. 11–3 hervorgeht, fallen die Kurven des O_2-Gehaltes des Rauchgases aller festen und flüssigen Brennstoffe praktisch zusammen, nur die stickstoffreichen Gase, wie Generator- und Gichtgas, zeigen wesentlich abweichende Werte.

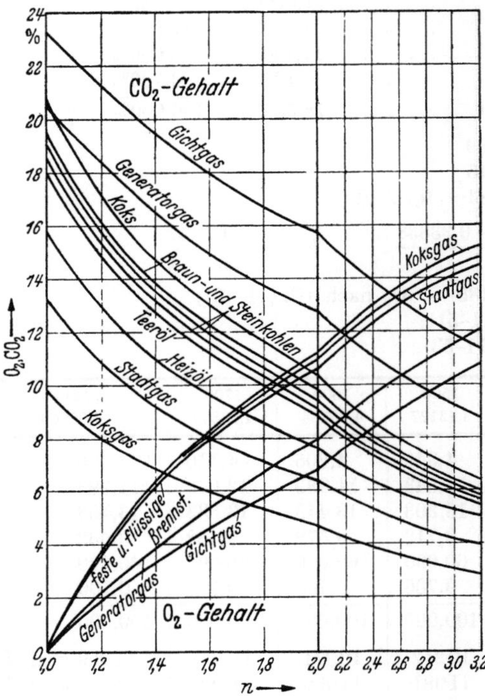

Abb. 11-3. CO_2- und O_2-Gehalt, bezogen auf trockenes Rauchgas in Abhängigkeit von der Luftüberschußzahl für verschiedene Brennstoffe

Bei der Verbrennung in den technischen Feuerungen wie auch in den Zylindern der Verbrennungskraftmaschinen ist es mit Rücksicht auf die erzielbare Mischung von Brennstoff und Verbrennungsluft und auf den erforderlichen Ausbrand notwendig, mit einem gewissen Luftüberschuß zu arbeiten. Dieser beträgt etwa

bei Handfeuerungen . . . . $n = 1,6$ bis $2,0$
mechanischen Rostfeuerungen . . . . $1,25$ bis $1,4$
Kohlenstaubfeuerungen . . . . $1,05$ bis $1,2$
Schmelzfeuerungen . . . . $1,05$ bis $1,1$
Öl- und Gasfeuerungen . . . . $1,02$ bis $1,2$

in Verbrennungskraftmaschinen[1]
    bei wirtschaftlichem Betrieb . . . .   1,1 bis 1,2
    bei Höchstleistung   1,0

Unverbrannte Gase können auftreten bei Luftmangel und bei mangelhafter Luftverteilung (örtlicher Luftmangel), ungenügender Gasmischung und vorzeitiger Gasabkühlung. Im allgemeinen werden daher unverbrannte Gase feststellbar sein, ehe der Durchschnittsluftüberschuß auf Null gesunken ist, und das um so eher, je schwieriger die Brennstoff-Luft-Anpassung und -Mischung ist, woraus sich die in der vorstehenden Aufstellung gegebene Reihenfolge der Feuerungen ergibt.

Luftmangel wird zur Erzielung einer reduzierenden Flamme mitunter auch absichtlich herbeigeführt (meist allerdings nur örtlich, bei Wannenöfen z. B. unmittelbar über dem Bad). Abb. 11–4 gibt den CO₂- und CO-Gehalt bei Verbrennung von reinem Kohlenstoff bei Luftmangel wieder, und zwar stellt die linke Begrenzungslinie den theoretischen Grenzfall der reinen Vergasung dar, d. h. die Zuführung einer solchen Luftmenge, daß aller Kohlenstoff zu CO umgesetzt werden kann. Bei wachsender Luftzuführung soll dann die Überschußluft einen wachsenden Anteil dieses Kohlenoxyds in CO₂ verbrennen, bis schließlich der theoretische Grenzfall der vollkommenen Verbrennung erreicht ist. Darüber hinaus tritt dann auch Sauerstoff im Rauchgas auf.

Unverbrannter Kohlenstoff tritt auf als Rostdurchfall, als Herdrückstand und in Schlackeneinschlüssen,

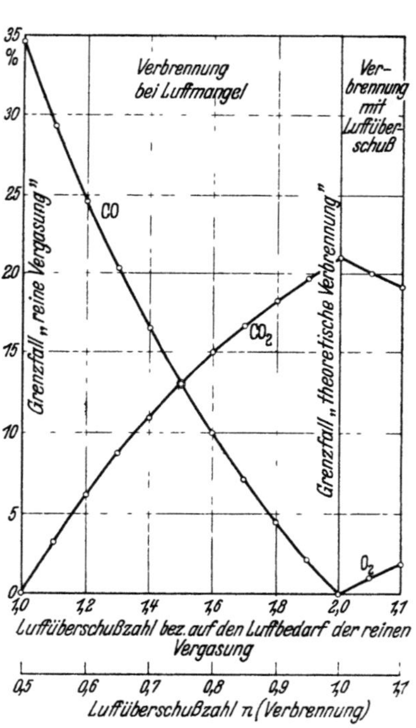

Abb. 11–4. Unvollkommene Verbrennung (Luftmangel)

als Flugkoks und als Bestandteil mangelhaft ausgebrannter Flugasche und Flugschlacke und als Ruß. Besonders scheidet sich Ruß ab bei der Verbrennung von Kohlenwasserstoffen (also auch bei gasreichen Kohlen), wenn Luftmangel, schlechte Gas-Luft-Mischung oder vorzeitige Gasabkühlung eintritt.

---

[1] In Kohlenstaubmotoren wird man mit Rücksicht auf den Ausbrand mit einem wesentlich höheren Luftüberschuß rechnen müssen, ausreichende Erfahrungen zur Angabe eines Höchstwertes liegen noch nicht vor.

Die Ergebnisse der vollständigen Verbrennung lassen sich in einfacher Weise graphisch darstellen, woraus sich die Vollständigkeit der Verbrennung übersichtlich beurteilen läßt. Das diesem Zweck dienende Bunte-Dreieck erhält man, wenn man, wie in Abb. 11–5, den CO_2- + O_2-Gehalt als Abszisse, den CO_2-Gehalt als Ordinate wählt. Der CO_2-Gehalt liegt dann auf einer unter 45° verlaufenden Geraden, der geometrische Ort der $CO_2 + O_2$ auf der Verbindungslinie zwischen dem Punkt $CO_{2\,max}$ und dem Endpunkt der O_2-Skala ($O_{2\,max} = 21\%$). Liegt der Endpunkt eines gemessenen Wertepaares links von dieser Geraden, so liegt unvoll-

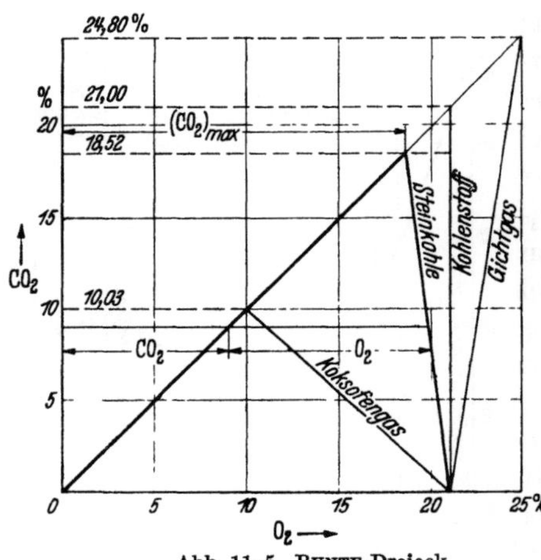

Abb. 11–5. Bunte-Dreieck

kommene Verbrennung vor. Eine andere Darstellungsweise ist die Auftragung des O_2- und des CO_2-Gehaltes in einem rechtwinkligen (gegebenenfalls auch einem schiefwinkligen) Koordinatensystem. Durch Verbindung der beiden Endpunkte entsteht das Verbrennungsdreieck von W. Ostwald[1], welches durch Eintragung der Luftfaktoren $\eta = 1/n$ (die Kehrwerte der Luftüberschußzahlen) und einer CO-Linienschar für die schnelle Auswertung von Abgasanalysen sehr geeignet ist. Der Entwurf der Schaubilder[2-5] ist sehr einfach. Sie sollen an Zahlenbeispielen erläutert werden. Neuerdings hat Schwarz v. Bergkampf das Diagramm auch auf Verbrennung mit Luftmangel und mit Fremdkohlensäure erweitert[6].

Zahlenbeispiel. Zugrunde gelegt sei eine Steinkohle folgender Zusammensetzung:

---

[1] Ostwald, W.: Beiträge zur graphischen Feuerungstechnik (Monographien zur Feuerungstechnik Bd. 2), Leipzig 1920, — auch Feuerungstechn. 7 (1919) H. 7 S. 53—57 und 9 (1921) H. 19 S. 173—177.

[2] Seufert, F.: Verbrennungslehre und Feuerungstechnik, Berlin 1921, — auch Z. VDI 64 (1920) H. 27 S. 505—507.

[3] Kraemer, E.: Feuerungstechn. 10 (1921) H. 1 S. 3—6, H. 3 S. 21—25 und H. 4 S. 34—37.

[4] Ackermann, G.: Das Verbrennungsdreieck bei Rußbildung. Forschungsheft 366, Berlin 1934.

[5] Kraus, R.: Feuerungstechn. 29 (1941) H. 6 S. 131—138.

[6] Schwarz v. Bergkampf, E.: Ein allgemeines Verbrennungsdiagramm. Radex-Rdsch., 1949, Nr. 4 S. 135—143.

77,67% C, 4,77% H$_2$, 5,40% O$_2$, 1,16% N$_2$, 1,00% S, 3,90% H$_2$O, 6,10% Asche.
CO$_{2\,max}$ = 18,61% (einschl. SO$_2$),
L_{min} = 7,7834 Nm^3/kg (i. roh).

Man errechnet zunächst den CO$_2$-Gehalt für verschiedene Luftfaktoren η von 0 bis 1 und zur Vervollständigung des Diagramms noch über 1 hinaus (obwohl diese CO$_2$-Gehalte keine reale Bedeutung besitzen), wobei wir CO$_{2\,max}$ = $18,61\%$ setzen, den SO$_2$-Gehalt also schon darin mit berück-

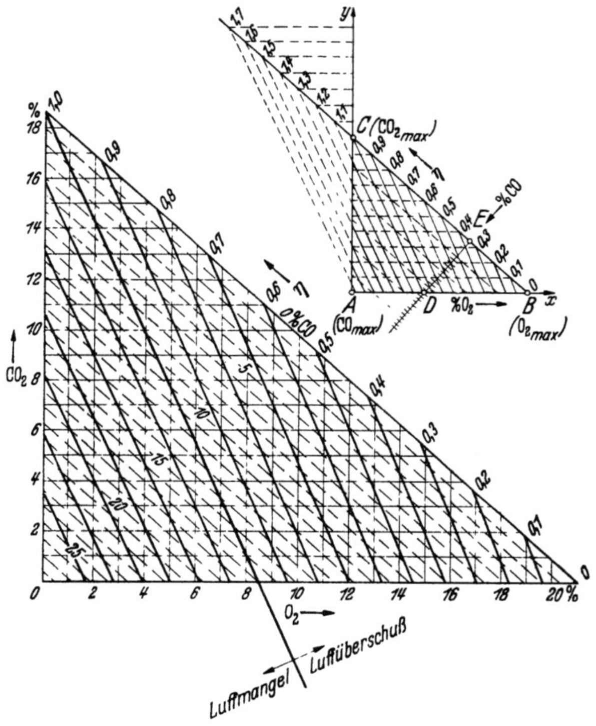

Abb. 11–6. OSTWALDsches Verbrennungsdreieck für Steinkohle

sichtigen. Das Ergebnis (Spalte 4 in Zahlentafel 11–12) tragen wir auf der Y-Achse (Abb. 11–6, obere Nebenfigur) ab. Punkt C stellt dann den höchsten Kohlensäuregehalt dar. Wir suchen nun die Schnittpunkte auf der Linie BC bzw. auf deren Verlängerung. Punkt B stellt auf der X-Achse den höchsten Sauerstoffgehalt dar, also bei Luft 21%. Durch die gefundenen Schnittpunkte laufen also die η-Linien, die übrigens nicht, wie in den ersten Diagrammen OSTWALDs, einander parallel laufen, sondern, worauf schon KRAEMER[1], ACKERMANN[2] und neuerdings KRAUS[3] besonders hingewiesen haben, sich in einem Punkt

---

[1] Siehe Fußn. 3 S. 336.   [2] Siehe Fußn. 4 S. 336.   [3] Siehe Fußn. 5 S. 336.

Zahlentafel 11–12. *Rechenbeispiel: Ostwaldsches Verbrennungsdreieck für Steinkohle*

1	2	3	4	5	6	7
η	n	$1 + (n-1)\dfrac{L_{min}}{V_{min}}$	CO_2 %	$\dfrac{(n-1)\,0{,}21}{L_{min} + \Delta O_{min}}$	$\dfrac{V^*_{min} + (n-1)}{L_{min} + \Delta O_{min}}$	O_2 %
0	∞	∞	0	∞	∞	21,00
0,1	10 a	10,2618	1,81	15,862	80,604	19,68
0,2	5	5,1164	3,64	7,452	40,555	18,37
0,3	3,33..	3,4012	5,47	4,649	27,206	17,09
0,4	2,5	2,5436	7,32	3,247	20,531	15,82
0,5	2,0	2,0291	9,17	2,406	16,526	14,56
0,6	1,66..	1,6861	11,04	1,845	13,856	13,31
0,7	1,4286	1,4411	12,91	1,445	11,949	12,09
0,8	1,25	1,2573	14,80	1,145	10,518	10,88
0,9	1,11..	1,1143	16,70	0,911	9,406	9,67
1,0	1,0	1,0	18,61	0,724	8,516	8,50
1,1	0,9090	0,9065	20,53	0,571	7,788	7,33
1,2	0,833..	0,8285	22,46	0,444	7,181	6,18
1,3	0,7692	0,7625	24,41	0,336	6,668	5,04
1,4	0,7143	0,7060	26,36	0,243	6,227	3,91
1,5	0,666..	0,6570	28,33	0,163	5,846	2,78
1,6	0,625	0,6141	30,30	0,093	5,512	1,69
1,7	0,5882	0,5762	32,30	0,031	5,218	0,60

schneiden (mit den Koordinaten $X = 100\%$, $Y = -200\%$). Da dieser Punkt aber unbequem weit außerhalb unserer Bildfläche liegt, bestimmen wir die Durchgangspunkte der η-Linien durch die X-Achse folgendermaßen: Liegt eine so unvollständige Verbrennung vor, daß $CO_2 = 0$ wird — und zwar, wie wir annehmen wollen, auch im Falle eines beliebig hohen Luftüberschusses —, so entsteht ein Sauerstoffminderverbrauch ΔO_{min}, der nach Gl. (11–42) S. 330 mit $a = 1$ $(b = 0)$ ermittelt wird. In unserem Zahlenbeispiel ist $\Delta O_{min} = 1{,}8641 \cdot 0{,}7767/2 = 0{,}7239$. Die Sauerstoffmenge im Rauchgas ist dann $(n - 1) \cdot 0{,}21 \cdot L_{min}$ und der Sauerstoffgehalt in %

$$O_2 = \frac{(n - 1) \cdot 0{,}21 \cdot L_{min} + \Delta O_{min}}{V^*_{min} + (n - 1) \cdot L_{min} + \Delta O_{min}} \cdot 100 \, . \tag{11–58}$$

Die Rauchgasmenge ist unter den getroffenen Annahmen $V_{min} + (n - 1)$ L_{min} zuzüglich des bei der unvollständigen Verbrennung nicht verbrauchten Sauerstoffes ΔO_{min}, wie sich aus der Betrachtung S. 330 ergibt. Außerdem ist eine kleine Korrektur nötig, da wir das reale Molvolumen des CO einsetzen wollen an Stelle desjenigen von CO_2. Sie beträgt in unserem Zahlenbeispiel $\left(\dfrac{22{,}40}{12{,}011} - \dfrac{22{,}26}{12{,}011}\right) \cdot C = 0{,}0092 \, \mathrm{Nm^3/kg}$, also

$$V^*_{min} = V_{min} + 0{,}0092 = 7{,}7926 \, \mathrm{Nm^3/kg} \, .$$

Obige Gl. (11–58) gibt also für verschiedene η-Werte den zugehörigen O_2-Gehalt an, welcher bei $CO_2 = 0$ auftritt, also den Schnittpunkt der

η-Linien mit der X-Achse. In Spalte 5 und 6 sind die Zwischenrechnungen, in Spalte 7 die gesuchten Ergebnisse eingetragen, so daß wir nun die η-Linien einwandfrei ziehen können. Die CO-Gehalte finden wir durch folgende Überlegung. Bei $\eta = n = 1$ und CO$_2$ = 0, also beim Schnittpunkt der Linie $\eta = 1$ mit der X-Achse (Punkt D) ist der CO-Gehalt nach Gl. (11–41) S. 330 mit $a = 1$ ($b = 0$).

$$\text{CO} = \frac{1{,}8650 \cdot \text{C}}{V^*_{\min} + \varDelta \text{O}_{\min}} \cdot 100 = \frac{1{,}8650 \cdot 0{,}7767}{0{,}7926 + 0{,}7239} \cdot 100 = 17{,}01\% \, .$$

Fällt man von Punkt D ein Lot auf die Dreieckshypotenuse BC, so ist die Strecke $DE = 17{,}01\%$ CO, so daß nunmehr eine entsprechende Auftragung einer CO-Skala, auch über D hinaus, vorgenommen werden kann. Die CO-Linien verlaufen zur Hypotenuse BC und untereinander parallel. Ein rein graphisches Verfahren hat KRAUS[1] angegeben.

Weitere allgemeingültige, nicht auf einen bestimmten Brennstoff zugeschnittene Diagramme und Netztafeln sind von SCHWARZ V. BERGKAMPF[2], GEISLER[3], BOEHM[4], VÉRON[5], MARTIN[6], WINN[7] und von TRAUSTEL[8] und BOIE[9,10] vorgeschlagen worden. TRAUSTEL behält die Form des OSTWALDschen Dreiecks bei und berücksichtigt die Brennstoffkennwerte in Hilfsdiagrammen. Diese Kennwerte können nach BOIE und TRAUSTEL durch statistische Korrelationen gewonnen werden[10]. BOIE[11] hat auch die Konstruktion eines feuerungstechnischen Rechenschiebers, VÉRON[5] und MARTIN[6] die eines Drehschieber-Diagramms angegeben.

---

[1] Siehe Fußn. 5 S. 336.

[2] Siehe Fußn. 6 S. 336.

[3] GEISLER, K. W.: Kreuzfluchttafel zur Rauchgasanalyse. Z. VDI 94 (1952) Nr. 34 S. 1130.

[4] BOEHM, J.: Ein neues, allgemein anwendbares Verbrennungsdiagramm. Allg. Wärmetechn. 4 (1953) Nr. 3 S. 49—54. — BOEHM, J.: Verbrennungsdiagramme. Arch. ges. Wärmetechn. 1 (1950) Nr. 5/6 S. 97—102, — Neue Rauchgasdiagramme. Energie 7 (1955) Nr. 1 S. 3—6.

[5] VÉRON, M.: Nouveau diagramme universel de combustion. Bull. techn. Babcock & Wilcox Nr. 22 (1949).

[6] MARTIN, R.: Les combustibles et leur combustion. Chal. et Ind. 29 (1953) Nr. 333/34 S. 87—102; 30 (1954) Nr. 342 S. 10—20.

[7] WINN, L.: Netztafeln zur Bestimmung der Rauchgasanalyse und des Luftüberschusses für alle Brennstoffe. Energie 5 (1953) Nr. 8 S. 218—221.

[8] TRAUSTEL, S.: Ein universales Abgasdreieck. BWK 5 (1953) Nr. 8 S. 261 bis 264.

[9] BOIE, W., u. S. TRAUSTEL: Brennstoff-Kenngrößen zum universalen Abgasdreieck. BWK 6 (1954) Nr. 6 S. 193—196.

[10] BOIE, W.: Allgemeingültiges Rauchgasdiagramm. Wiss. Z. Techn. Hochschule Dresden 3 (1953/54) Nr. 2 S. 205—209.

[11] BOIE, W.: Feuerungstechnische Rechenschieber. Silikattechnik 4 (1953) H. 10 S. 461—465, — Feuerungstechn. 24 (1936) Nr. 11 S. 189—191. — AWF-Mitt. 17 (1935) S. 100—103.

Das OSTWALDsche Verbrennungsdreieck wurde aufgestellt unter der Voraussetzung, daß aller Kohlenstoff zu CO_2 bzw. CO umgesetzt wird. Wie ACKERMANN[1] nachweist, tritt bei der Verbrennung von Dieselöl und kohlenwasserstoffreichen Gasen häufig der Fall ein, daß wohl ein C-Verlust infolge Rußbildung, dagegen kein CO auftritt. Für diesen Fall, für den er ein Verbrennungsdreieck entwirft, ist also in Gl. (11–42) S. 330 $a = 0$ und b gleich einem endlichen Wert zwischen 0 und 1 zu setzen. Das ACKERMANNsche Verbrennungsdreieck liefert ein Diagramm mit einem Netz von Linien konstanten C-Verlustes, welches bei festen Brennstoffen außerordentlich dicht an die Hypotenuse des Drei-

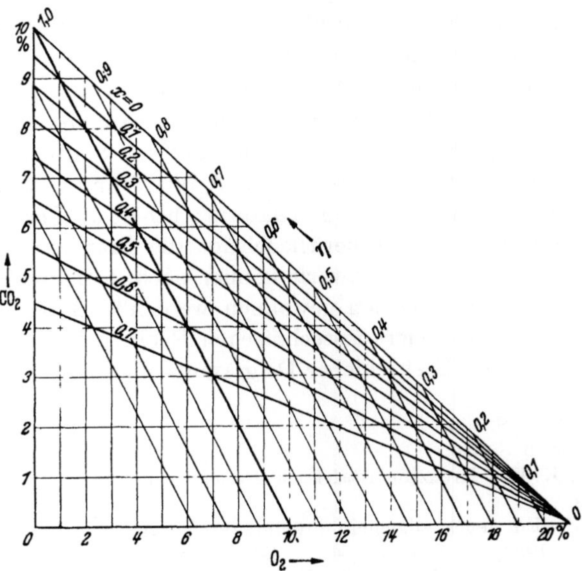

Abb. 11-7. ACKERMANNsches Verbrennungsdreieck für Koksofengas

ecks heranrückt, so daß man zweckmäßig schiefwinklige Diagramme, im übrigen nur einen Ausschnitt daraus verwendet. Größere Bedeutung kommt dieser Darstellung bei der Verbrennung von Ölen und kohlenwasserstoffreichen Gasen zu, bei denen C-Verluste durch Rußbildung auftreten, deren Erfassung Schwierigkeiten bereitet.

Zahlenbeispiel. Wir nehmen als Beispiel für den Entwurf eines Verbrennungsdreiecks mit C-Verlust (Abb. 11-7) das Koksofengas des früheren Beispiels (Analyse S. 326). Da wir den Ruß als festen brennbaren Bestandteil in Beziehung zu dem Kohlenstoff im Gas bringen müssen, der an verschiedene in Vol.-% gegebene Gasbestandteile gebunden ist, rechnen wir die Gasanalyse zunächst in eine Elementar-Gewichtsanalyse um. Es ist

---

[1] Siehe Fußn. 4 S. 336.

$$C = \frac{12{,}011}{22{,}40} \cdot CO + \frac{12{,}011}{22{,}36} \cdot CH_4 + \frac{24{,}022}{22{,}24} \cdot C_2H_4 + \frac{72{,}066}{22{,}4} \cdot C_3H_6 + \frac{12{,}011}{22{,}26} \cdot CO_2$$

$$= 0{,}536 \cdot 0{,}054 + 0{,}537 \cdot 0{,}239 + 1{,}080 \cdot 0{,}016 + 3{,}217 \cdot 0{,}004 +$$

$$+ \; 0{,}5395 \cdot 0{,}022 = 0{,}1993 \; \text{kg/Nm}^3 \; \text{Frischgas},$$

$$H_2 = \frac{4{,}032}{22{,}36} \cdot CH_4 + \frac{4{,}032}{22{,}24} \cdot C_2H_4 + \frac{6{,}048}{22{,}4} \cdot C_6H_6 + \frac{2{,}016}{22{,}43} \cdot H_2$$

$$= 0{,}180 \cdot 0{,}239 + 0{,}181 \cdot 0{,}016 + 0{,}270 \cdot 0{,}004 + 0{,}0899 \cdot 0{,}568$$

$$= 0{,}0981 \; \text{kg/Nm}^3 \; \text{Frischgas},$$

$$O_2 = \frac{32}{22{,}39} \cdot O_2 + \frac{32}{22{,}26} \cdot CO_2 + \frac{16}{22{,}40} \cdot CO = 1{,}429 \cdot 0{,}004 +$$

$$+ \; 1{,}438 \cdot 0{,}022 + 0{,}714 \cdot 0{,}0759 \; \text{kg/Nm}^3 \; \text{Frischgas},$$

$$N_2 = \frac{28{,}016}{22{,}40} \cdot N_2 = 1{,}251 \cdot 0{,}093 = 0{,}1163 \; \text{kg/Nm}^3 \; \text{Frischgas}.$$

Die Summe ergibt $0{,}4896$ kg/Nm^3 (Normkubikmetergewicht des Frischgases) und folgende Gewichtsanalyse:

$$40{,}71\% \; C$$
$$20{,}04\% \; H_2$$
$$15{,}50\% \; O_2$$
$$\underline{23{,}75\% \; N_2}$$
$$100{,}00\%$$

Wir ermitteln nun den CO$_2$-Gehalt für die η-Werte von 0 bis 1 (und zur Vervollständigung etwas über 1 hinaus) wie im vorhergehenden Zahlenbeispiel. Als Schnittpunkte der η-Linien mit der X-Achse suchen wir diejenigen Sauerstoffgehalte, die sich beim Kohlenstoffverlust $x = 1$ (also beim Verlust allen Kohlenstoffes des Brennstoffes einschließlich des im CO$_2$ des Brennstoffes enthaltenen) ergeben aus der Beziehung

$$O_2 = \frac{(n-1) \cdot 0{,}21 \cdot L_{\min} + \varDelta O_{\min}}{V_{\min}^{**} + (n-1) \cdot L_{\min} + \varDelta O_{\min}} \cdot 100 \, . \tag{11-59}$$

Darin ist

$$\varDelta O_{\min} = 1{,}8641 \cdot x \cdot C \tag{11-60}$$

und

$$V_{\min}^{**} = V_{\min} - 1{,}8531 \cdot C \, ,$$

also gleich dem theoretischen Rauchgasvolumen ohne die aus dem Brennstoff entstammende und entstehende CO$_2$-Menge. Auf die Wiedergabe der Zahlenrechnung sei verzichtet.

Die Linien konstanten C-Verlustes erhält man am einfachsten, indem man für $n = 1$ den $(CO_2)_{\max}$-Gehalt errechnet nach

$$(CO_2)_{\max} = \frac{1{,}8533 \cdot (1-x) \cdot C}{V_{\min} - 1{,}8533 \cdot x \cdot C + \varDelta O_{\min}} \, . \tag{11-61}$$

Damit erhält man die Schnittpunkte der x-Linien mit dem Luftfaktor $\eta = 1$. Wie man aus dem Diagramm Abb. 11-7 erkennen kann, täuscht Kohlenstoffverlust einen hohen Luftüberschuß vor (niedrigen CO$_2$-Gehalt), selbst wenn vielleicht schon Luftmangel herrscht.

Ebenso wie das OSTWALDsche Verbrennungsdreieck ist auch das ACKERMANNsche Verbrennungsdreieck nur ein Grenzfall, und es ist

durchaus möglich, daß sowohl Rußverluste als auch CO-Verluste gleichzeitig auftreten. Zwar wäre es möglich, im Diagramm Abb. 11–7 jedes
Teildreieck noch mit einem CO-Liniennetz zu überziehen, aber abgesehen von dem Liniengewirr läßt die CO_2- und O_2-Analyse eine Entscheidung, ob C-Verlust oder CO-Verlust vorliegt, nicht ohne weiteres
zu. Dadurch ist die praktische Brauchbarkeit der Verbrennungsdreiecke
eingeschränkt auf solche Fälle, wo entweder der eine oder andere Verlust vernachlässigbar oder in seiner Größenordnung generell bekannt
ist (z. B. durch Messung der C-Verluste in den Rückständen und im
Schornsteinauswurf) und entsprechend schon bei der Brennstoffanalyse
berücksichtigt wird. Die Genauigkeit ist damit an diese Voraussetzung
geknüpft und man wird sich meist auf die Gewinnung von Anhalts-
punkten beschränken müssen. Die Anwendungsgrenzen der Abgas-
diagramme (bes. im Bereich der Verbrennung mit Luftmangel) diskutiert
SCHUSTER[1], dabei muß das Auftreten von H_2 neben CO berücksichtigt
werden.

12. Taupunkt und Schwefelsäurebildung im Rauchgas

Die kondensierbaren Rauchgasbestandteile verursachen bei Unterschreitung der ihrem Teildruck entsprechenden Sättigungstemperatur,
des sogenannten „Taupunktes", Niederschläge. Maßgebend kommt es
dabei auf die Temperatur der kalten Heizflächen und ihrer Grenzschichten an. Solche Niederschläge bewirken eine Verschmutzung, ein An-
rosten und besonders bei sauren Kondensaten schwerwiegende Korrosionen. Wären keine sauren Bestandteile im Rauchgas vorhanden, so
käme nur der Wasserdampftaupunkt zur Auswirkung; fast alle Brennstoffe enthalten jedoch auch Schwefel, so daß sich schweflige Säure und
Schwefelsäure bildet, außerdem sind in den Rauchgasen, aus den Mineralbestandteilen stammend, auch Salzsäure und Phosphorsäure vorhanden.
Es ergibt sich dann ein höherer, der sogenannte „Säuretaupunkt".
Außerdem werden die Niederschläge durch SO_2, HCl, P_2O_5 und sogar
durch Kohlensäure angesäuert und dadurch aggressiv.

Der Wasserdampftaupunkt ergibt sich in einfacher Weise aus der
Sättigungsdruckkurve des Wasserdampfes (s. Zahlentafel A-5, Anhang
S. 689). Abb. 12–1 und 12–2 geben die Wasserdampftaupunkte verschiedener Brennstoffe wieder unter Berücksichtigung einer durchschnittlichen Luftfeuchtigkeit von 80% Sättigung bei 20 °C. Neben dem
Wassergehalt ist der Wasserstoffgehalt des Brennstoffes hauptsächlich
bestimmend für die Lage des Taupunktes. Die Abb. 12–3 bis 12–5 lassen
erkennen, wie sich der Sättigungsgrad und die Sättigungstemperatur
der Luft und der Wassergehalt des Brennstoffes auswirkt.

---

[1] SCHUSTER, F.: Über die Anwendungsgrenzen von Verbrennungsdiagrammen.
Brennst.-Chemie 38 (1957) Nr. 15/16 S. 246—249.

Einen großen Einfluß übt das Schwefelsäureanhydrid (SO$_3$) und die sich daraus bildende Schwefelsäure (H$_2$SO$_4$) auf den Säuretaupunkt des Rauchgases aus. Entscheidend ist mithin die beim Verbrennungsvorgang entstehende SO$_3$-Menge (vgl. Abb. 12–6 [1]).

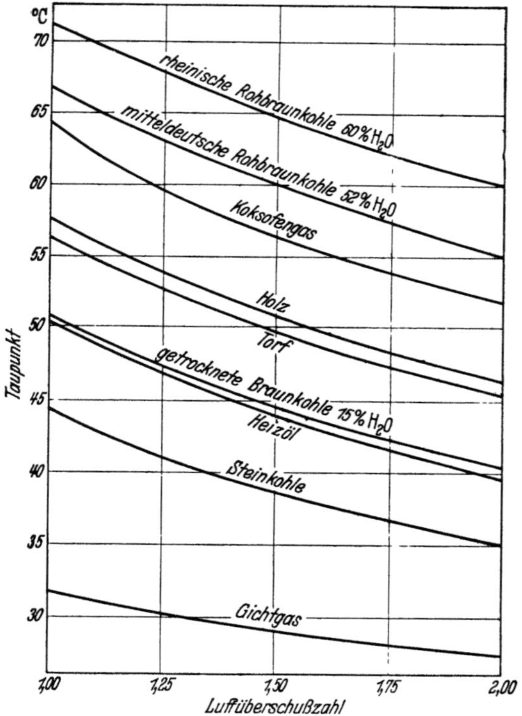

Abb. 12–1. Der Taupunkt des Rauchgases verschiedener Brennstoffe in Abhängigkeit von der Luftüberschußzahl

Nach einer Theorie von WHITTINGHAM [2] soll das Auftreten von atomarem Sauerstoff bei der SO$_3$-Bildung eine Rolle spielen, wobei die Reaktion

$$SO_2 + O = SO_3 \qquad (12\text{–}1)$$

durch Wasserdampf katalysiert wird. Damit wäre eine Zunahme des

---

[1] GUMZ, W.: Brennstoffschwefel und Rauchgastaupunkt. BWK 5 (1953) H. 8 S. 264—269. — GUMZ, W.: Rauchgastaupunkt und Rauchgaskorrosionen. BWK 9 (1957) H. 3 S. 118—125.

[2] WHITTINGHAM, G.: Proc. Third Symposium on Combustion and Flame and Explosion Phenomena. Madison, Wis. 1948 S. 453—459. — Vgl. auch Nature 157 (1946) S. 550; 169 (1952) S. 155/56, — Proc. Intern. Congr. Pure and Appl. Chem. 11th Congr. Bd. 4 S. 591—599, — Tekn. Tidskr. 80 (1950) S. 699—704, — Trans. Faraday Soc. 44 (1958) S. 141—150.

SO_3-Gehaltes mit steigenden Temperaturen zu erwarten, was im allgemeinen nicht beobachtet wird, wobei allerdings auch andere Phänomene (wie zunehmende Rußbildung bei sinkenden Luftüberschüssen) eine Rolle spielen mögen.

Eine weitere Quelle für die Entstehung von SO_3 ist die Zersetzung von Sulfaten. Im allgemeinen ist jedoch der Gehalt der Brennstoffe an

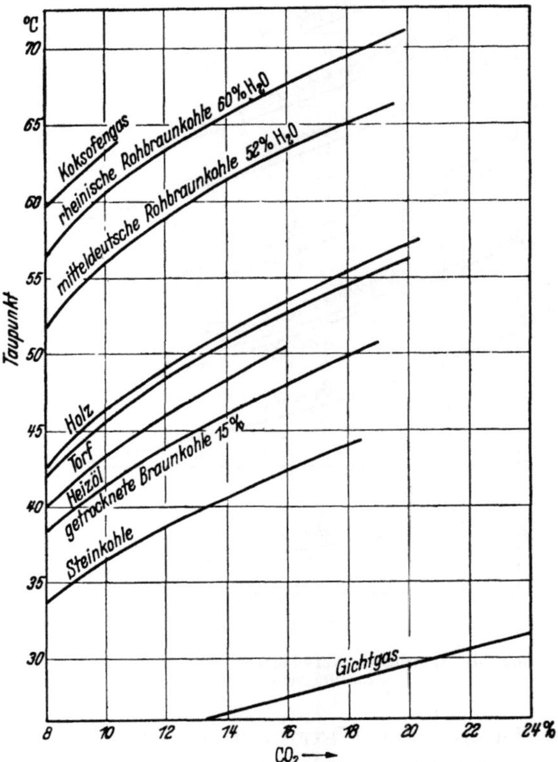

Abb. 12-2. Der Taupunkt des Rauchgases verschiedener Brennstoffe in Abhängigkeit vom CO_2-Gehalt

Sulfatschwefel nur sehr gering, wohl aber können durch Flugstaubrückführung wie auch die Bildung und Wiederzersetzung (bei entsprechenden Temperaturschwankungen) von Sulfaten der Alkalien, Erdalkalien und des Eisens im Laufe des Rauchgasweges weitere SO_3-Mengen zeitweise freigesetzt werden. Nach FLETCHER und GIBSON[1] kann Sulfat auch aus einer Reaktion von Chloriden und SO_2 bzw. H_2SO_3 über

[1] FLETCHER, A. W., u. E. J. GIBSON: The use of carbon-14 and sulphur-35 in chemical problems of fuel research. Radioisotope Conf. London 1954, Bd. II, S. 40—49. — Vgl. Auszug BWK 11 (1959) Nr. 9 S. 425.

das Sulfit gebildet werden, wobei das Chlor als HCl in das Gas übergeht.

$$2\,NaCl + H_2SO_3 = Na_2SO_3 + 2\,HCl, \tag{12-2}$$

$$Na_2SO_3 + \tfrac{1}{2}O_2 = Na_2SO_4. \tag{12-3}$$

In der Tat findet man in Rauchgasen häufig HCl, manchmal sogar einen höheren Volumanteil HCl als H_2SO_4[1].

Bei Heizölen sieht man die Alkalien, die auch dort teilweise als Chloride vorliegen, als ebenso gefährliche Bestandteile an wie die gefürchteten Vanadiumverbindungen (vgl. S. 626).

Die SO_3-Bildung kann auch durch Katalysatoren begünstigt werden, als solche sind das Eisenoxyd (Fe_2O_3) und das Vanadiumpentoxyd (V_2O_5) anzusehen. Während im La-

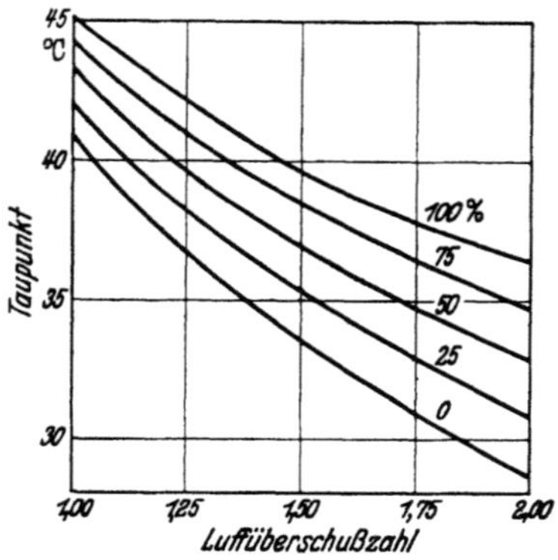

Abb. 12-3. Einfluß des Sättigungsgrades und des Luftüberschusses auf den Taupunkt eines Steinkohlenrauchgases

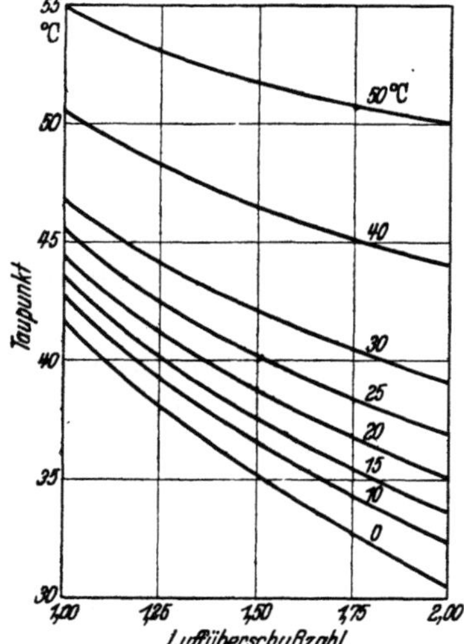

Abb. 12-4. Einfluß der Lufttemperatur bei einem konstanten Sättigungsgrad der Verbrennungsluft von 80% auf den Taupunkt eines Steinkohlenrauchgases

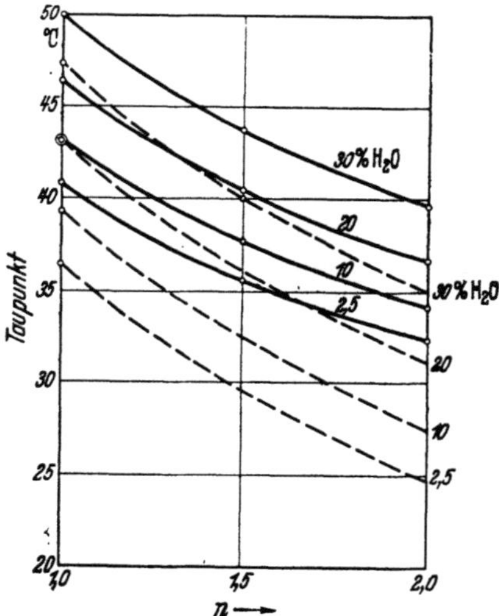

Abb. 12-5. Einfluß des Wassergehaltes des Brennstoffs und der Verbrennungsluft auf den Taupunkt eines Steinkohlenrauchgases (ausgezogene Kurven mit, gestrichelte Kurven ohne Berücksichtigung der Luftfeuchtigkeit bei 80% Sättigungsgrad)

---

[1] PIPER, J. D., u. H. VAN VLIET: Effect of temperature variation on composition, fouling tendency, and corrosiveness of combustion gas from pulverized-fuel-fired steam generator. Trans. Amer. Soc. mech. Engrs. 80 (1958) Nr. 6 S. 1251—1253, — Auszug BWK 11 (1959) Nr. 7 S. 323/24.

boratoriumsversuch eine Zugabe von Vanadium die SO_3-Bildung nicht erhöhte, erwiesen sich Rohrverschmutzungen mit Metallverbindungen (des Ni, Fe, V und Na) als sehr wirksam, besonders wenn sie als Oxyde in bestimmten Mengenverhältnissen vorkamen (z. B. $Na_2O : V_2O_5 = 1:1$ und $1:3$)[1].

Das so entstandene SO_3 kann nun wiederum an den großen Oberflächen von Feststoffen, so an Rußteilchen und anderen in Ultrafeinheit vorkommenden Nebeln wie z. B. SiO_2 bei Kohleverbrennung oder an Flugstäuben oder künstlich eingebrachten Stäuben oder Nebeln (Additive), ganz oder teilweise adsorbiert sein. Es ist damit zwar noch nicht

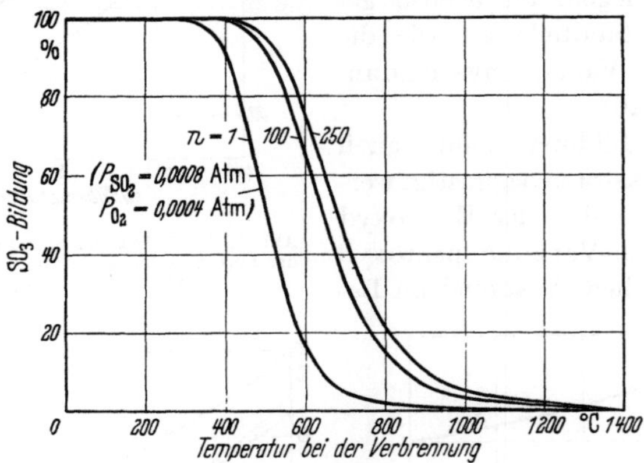

Abb. 12-6. SO_3-Bildung in Abhängigkeit von der Temperatur und dem Sauerstoffüberschuß

aus den Rauchgasen entfernt, kommt aber nicht mehr frei vor, so daß der Säuretaupunkt sinkt, während die Azidität der Feststoffteilchen oder von Rußflocken gegebenenfalls steigt.

Die z. T. gegeneinander arbeitenden Einflüsse der Gleichgewichtslage, der Reaktionsgeschwindigkeit und ihrer katalytischen Beeinflussung und die Adsorption an Feststoffen machen eine rechnerische Bestimmung sehr schwierig und sind wohl auch verantwortlich für scheinbare Widersprüche bei manchen Meßergebnissen. Es läßt sich aber daraus ableiten, daß sehr niedrige Luftüberschüsse in Annäherung an die Rauchgrenze (z. B. bei Ölfeuerungen) sowohl durch die Gleichgewichtslage als auch die adsorbierende Wirkung des Rußes die SO_3-Bildung und die Tieftemperaturkorrosionen stark herabdrücken, während hoher Luftüberschuß und tiefe Temperaturen sowie stark verschmutzte Heizflächen die SO_3-Bildung und die Tieftemperaturkorrosionen begünstigen.

---

[1] ANDERSON, D. R., u. F. P. MANLIK: Sulfuric acid corrosion in oilfired boilers. Studies of sulfur trioxide formation. Trans. Amer. Soc. mech. Engrs. 80 (1958) Nr. 6 S. 1231—1238.

Das Gleichgewicht der Schwefelsäurebildung nach der Gleichung

$$SO_3 + H_2O = H_2SO_4 \qquad (12\text{-}4)$$

liegt nach Messungen von BODENSTEIN und KATAYAMA[1] bei Temperaturen unter 200 °C ganz auf der H_2SO_4-Seite (vgl. Abb. 12–7), und die

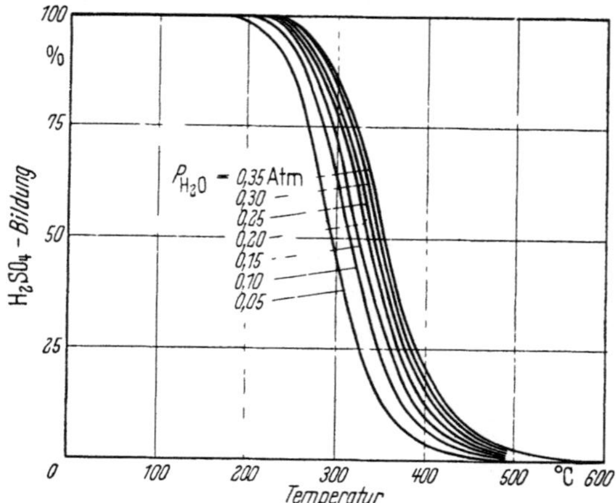

Abb. 12–7. H_2SO_4-Bildung nach Gl. (12–4) in Abhängigkeit von der Temperatur bei verschiedenen Wasserdampfteildrücken

Reaktionsgeschwindigkeit ist angesichts des sehr hohen Wasserdampfüberschusses sehr groß. Bei der Kondensation eines Zweistoffgemisches, besonders im System der wässerigen Schwefelsäuren, führt die Steilheit der Taulinie und der Verlauf der Siedelinie dazu, daß bereits

sehr niedrige Säureteildrücke (Punkt A) zu einer Kondensation, und zwar zu einem Kondensat von sehr hoher Säurekonzentration führten (Punkt B in Abbildung 12–8). Die Anomalie bei höchsten Säurekonzentrationen rührt von dem azeotropen Verhalten der Schwefelsäure her.

Ist der SO_3- und H_2O-Gehalt des Rauchgases bekannt, so kann der Rauchgas- oder Säuretaupunkt errechnet werden. Bisher standen

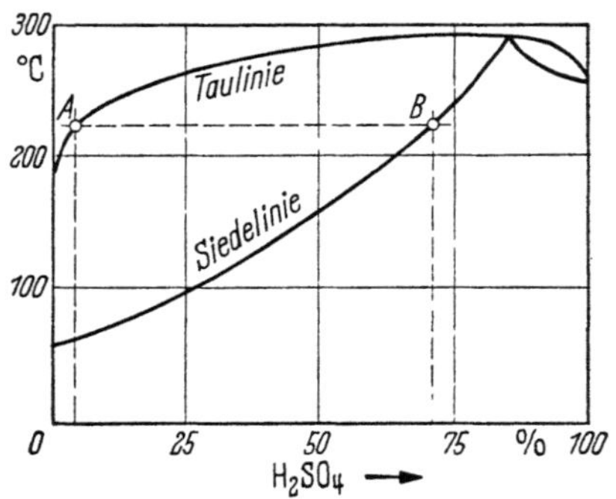

Abb. 12–8. Siede- und Taulinie des H_2SO_4-Wasserdampf-Gemisches bei einem Gesamtdruck von 114 Torr

---

[1] BODENSTEIN, M., u. M. KATAYAMA: Die Dissoziation von hydratischer Schwefelsäure und von Stickstoffdioxyd. Z. Elektrochem. 15 (1909) Nr. 8 S. 244 bis 249, – Eine bequeme Methode zur Messung von Dampfdichten. Die Dissoziation von hydratischer Schwefelsäure und von Stickstoffdioxyd. Z. phys. Chem. 69 (1909) Svante Arrhenius Jubelband S. 26–51.

allerdings dafür keine ausreichend genauen Meßergebnisse zur Verfügung, und die in der älteren Literatur auftauchenden Kurven konnten nur durch eine etwas weitgehende Extrapolation gewonnen werden[1], während die an Betriebsanlagen und im Laboratorium durchgeführten Messungen, so von JOHNSTONE[2], CORBETT[3], TAYLOR[4], FRANCIS[5], RYLANDS und JENKINSON[6], z. T. sehr stark abweichende Ergebnisse brachten[7].

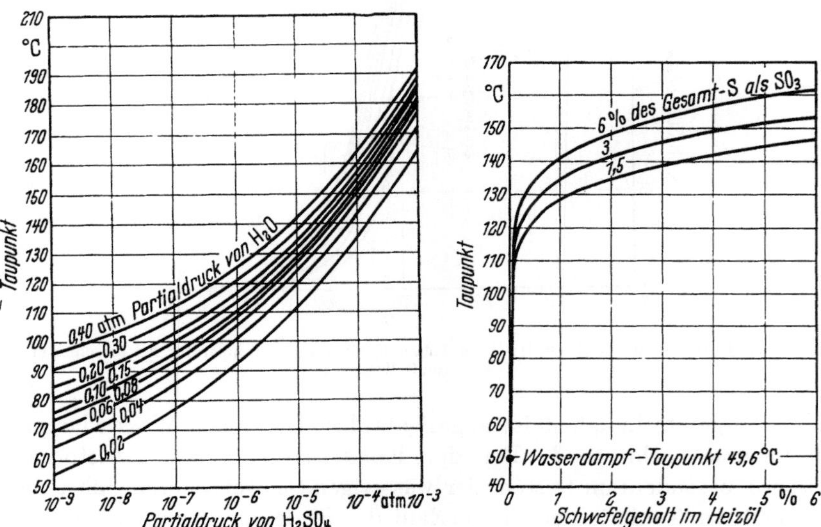

Abb. 12-9. Taupunkt in Abhängigkeit von den Partialdrücken des Wasserdampfes und der Schwefelsäure

Abb. 12-10. Taupunkt in Abhängigkeit vom Schwefelgehalt im Heizöl

Die notwendige Klärung in dem hier besonders interessierenden Temperaturbereich von 100 bis 200 °C haben neue Messungen von

---

[1] Vgl. W. GUMZ: Feuerungstechn. 20 (1932) Nr. 2 S. 21—23.

[2] JOHNSTONE, H. F.: An electrical method for the determination of the dew-point of flue gases. Univ. of Illinois Eng. Exp. Stat. Circular Nr. 20, Nov. 1929 [Bull. Bd. 23 (1929/30)].

[3] CORBETT, P. F.: The determination of SO_2 and SO_2 in flue gases. J. Inst. Fuel 24 (1951) S. 247—251.

[4] TAYLOR, A. A.: Relation between dewpoint and the concentration of sulphuric acid in the flue gases. J. Inst. Fuel 16 (1942) S. 25—28.

[5] FRANCIS, W. E.: The measurement of the dewpoint H_2SO_4 vapour content of combustion products. Gas Research Board Comm. GRB 64 (1952).

[6] RYLANDS, J. R., u. J. R. JENKINSON: The acid dew-point. J. Inst. Fuel 27 (1954) Nr. 161 S. 299—318, — Engng. Boiler House Rev. 69 (1954) Nr. 4 S. 104 bis 111.

[7] BWK 5 (1953) Nr. 8 S. 264—269, bes. Bild 6.

HAASE und REHSE[1] gebracht. In Auswertung dieser Ergebnisse kann man die Taulinie durch die Gleichung

$$t_s = t_w + C\, p^n \tag{12-5}$$

und

$$n = f(P), \qquad C = \varphi(P) \tag{12-6}$$

ausdrücken. Darin bedeutet t_s den Säuretaupunkt, t_w den Wasserdampftaupunkt (°C), p den Partialdruck der Schwefelsäure und P den Gesamtdruck des H_2SO_4-H_2O-Systems, praktisch also den Partialdruck des Wasserdampfes (in Atm.), C einen von P abhängigen Beiwert und n

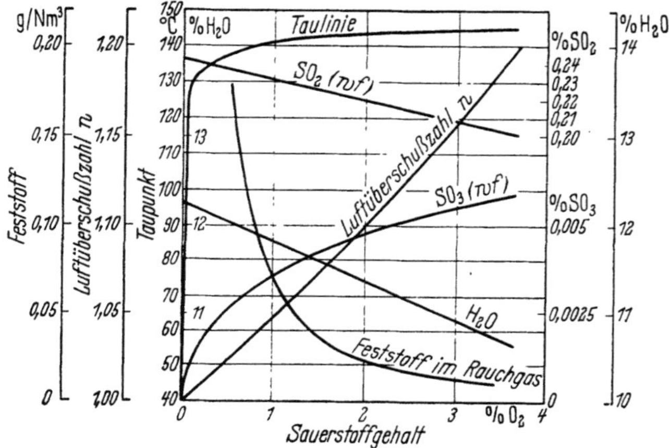

Abb. 12-11. Rauchgasanalyse und Taupunkt einer Ölfeuerung als Funktion des Sauerstoffgehaltes der Rauchgase

eine von P abhängige Potenz. Nach einer von G. NEUBAUER vorgenommenen mathematisch-statistischen Auswertung der Meßergebnisse erhält man

$$t_s = t_w + (290{,}54 - 30{,}79\, P)\, p^{(0,0959 + 0,1430\, P - 0,1669\, P^2)}. \tag{12-7}$$

In Zahlentafel 12-1 sind die Werte von t_w, C und n für verschiedene Wasserdampftaupunkte angegeben und die Ergebnisse in Abb. 12-9 dargestellt.

Für ein Heizöl mit verschieden hohem S-Gehalt ergibt sich dann ein Verlauf des Taupunktes nach Abb. 12-10, wenn mit 1,5%, 3% oder 6% des gesamten Gasschwefels als SO_3 gerechnet wird.

Für einen gegebenen Fall (Heizöl mit 3,5% Schwefel, Gleichgewichtseinfrierung der SO_3-Bildung bei 1000 °C) erhält man dann als Funktion des Sauerstoffgehaltes der Rauchgase die SO_2-, SO_3- und H_2O-Gehalte der feuchten Rauchgase und die Taulinie, wie in Abb. 12-11 wiedergegeben.

---

[1] HAASE, R., u. M. REHSE: Ermittlung der Taupunkte von Rauchgasen aus dem Verdampfungsgleichgewicht des Systems Wasser–Schwefelsäure. Mitt. VGB, H. 62 (1959) S. 367–371.

Weiterhin ist in diesem Bild ein (gemessener) Feststoffgehalt im Rauchgas nach ROSBOROUGH[1] eingetragen, so daß der Taupunkt im Bereich unter 1% durch Adsorption der Schwefelsäure an Rußpartikel noch unter die angegebene theoretische Taulinie gesenkt werden kann. Eine solche Fahrweise von Schwerölfeuerungen an der Rußgrenze erfordert allerdings eine besonders sorgfältige Überwachung der Brenner, wenn unerwünschte Emissionen anderer Art vermieden werden sollen.

Zahlentafel 12-1. *Koeffizienten der Gl. (12-7)*

P	t_w	C	n
0,02	17,7	289,9	0,0987
0,04	28,6	289,3	0,1014
0,06	35,6	288,7	0,1038
0,08	41,1	288,1	0,1063
0,12	49	286,9	0,1107
0,16	55	285,6	0,1145
0,20	59,7	284,4	0,1178
0,28	67,1	281,9	0,1229

Die wirklich gemessenen Taupunkte oder Taupunktsbereiche verschiedener Feuerungen zeigen erwartungsgemäß erhebliche Abweichungen von den theoretischen Werten, wobei sich insbesondere die Einflüsse von H_2SO_4 adsorbierenden Stäuben und Aerosolen (Ruß, SiO_2 usf.) geltend machen, am stärksten bei den mit höchsten Temperaturen betriebenen Schmelzfeuerungen[2].

Die durch den Säuretaupunkt bedingten Korrosionsschäden sind seit langem erkannt, insbesondere durch die bahnbrechenden Arbeiten von H. F. JOHNSTONE[3]. Die Literatur dieses Sondergebietes, die sich mit den Korrosionserscheinungen und den Abwehrmaßnahmen befaßt, hat daher einen beträchtlichen Umfang angenommen[4] (vgl. auch S. 600). Wichtig sind daher auch die Taupunktmeßmethoden und die Messung des Korrosionsangriffs der Rauchgase.

---

[1] ROSBOROUGH, D. F.: Referat auf dem Fuel Oil Combustion Symposium der ESSO Research Ltd., Abingdon (England), November 1959 (unveröffentlicht).

[2] ROSAHL, O.: Erfahrungen bei der Verbrennung von schweren Heizölen in Dampfkesselanlagen. Mitt. VGB H. 46 (1957) S. 13—27.

[3] JOHNSTONE, H. F.: The corrosion of power plant equipment by flue gases. Univ. Illinois Bull. 28 (1931) Nr. 41, — Eng. Exp. Sta. Bull. Nr. 228, — Ref. Arch. Wärmew. 12 (1931) Nr. 12 S. 369.

[4] Auf folgende neuere Literaturzusammenstellung sei hingewiesen: SCHAB, H. W.: Bibliography of a decade of research on oil-ash corrosion by heavy fuels (1948—1958). J. Soc. of Nav. Engrs. 70 (1958) S. 761—771. — GUMZ, W.: Rauchgasseitige Korrosionen. BWK 11 (1959) Nr. 6, 7, 9 S. 284—292, 321—325 u. 425—429. — MOSKOVITS, P. D.: Low-temperature boiler corrosion and deposits. A literature review. Industr. Engng. Chem. 51 (1959) Nr. 10 S. 1305—1312. — SLUNDER, C. J.: The residual oil ash corrosion problem. Corrosion 15 (1959) Nr. 11 S. 601 t—606 t.

Die Mehrzahl der Meßmethoden geht auf ein zuerst von JOHNSTONE[1] angegebenes Meßprinzip zurück, das darin besteht, daß auf einem abwechselnd gekühlten und geheizten Glaskörper als Meßfühler ein Tauniederschlag erzielt wird und daß in dem Meßfühler zwei Elektroden eingebettet sind, die durch den Niederschlag leitend verbunden werden. Die weiteren Verbesserungen dieser Geräte beziehen sich meist auf die Anordnung und Form der Elektroden und auf die Temperaturmessung[2].

In England hat sich besonders die British Coal Utilisation Research Association (BCURA) der Entwicklung des Taupunktmessers angenommen[3], während ein etwas anders aufgebautes Gerät vom Technischen Überwachungsverein Essen in Gemeinschaft mit der Firma W. C. Heraeus, Hanau, entwickelt worden ist[4]. Neben dem Taupunkt kann man mit diesen Geräten auch die Filmbildungsgeschwindigkeit verfolgen, und gerade dieser Meßgröße wird vom Standpunkt der Korrosionsgefahren die größere Bedeutung zugemessen.

Ein anderes Prinzip der Taupunktermittlung ist die Trübungsmessung eines gekühlten bzw. beheizten Spiegels. Jedoch hat sich dieses Prinzip in der Praxis nicht durchgesetzt[5]. Ein piezoelektrisches Meßverfahren ist von ROBERTS und GOLDSMITH beschrieben worden, das besonders empfindlich ist, da Flüssigkeitsschichten von weniger als 1 Mikron bereits die Schwingungscharakteristik eines dünnen Kristalls sehr stark beeinflussen[6].

Eine andere Methode, den Korrosionsangriff direkt zu messen, bedient sich besonderer Proberohre oder Probekörper, die entweder mit Luft, Wasser oder anderen Stoffen gekühlt bzw. auf eine gewünschte, den zu untersuchenden Oberflächen angepaßte Temperatur gebracht werden. Ein solches luftgekühltes Proberohr ist von THURLOW[7], eine

---

[1] JOHNSTONE, H. F.: An electrical method for the determination of the dew-point of flue gases. Univ. of Illinois Eng. Exp. Stat. Circular Nr. 20, Nov. 1929 [Bull. 23 (1929/30)].

[2] GUMZ, W.: Rauchgastaupunkt und Rauchgaskorrosionen. BWK 9 (1957) H. 3 S. 118—125.

[3] CORBETT, P. F., D. FLINT u. R. F. LITTLEJOHN: Developments in the BCURA dew-point meter for the measurement of the rate of acid build-up on cooled surfaces exposed to flue gas. J. Inst. Fuel 25 (1952/53) Nr. 146 S. 246—252.

[4] RÖGENER, H.: Ergebnisse von Taupunktmessungen an Rauchgasen. BWK 9 (1957) H. 3 S. 126—128. — RÖGENER, H.: Taupunkt-Vergleichsmessungen. Mitt. VGB H. 68 (Okt. 1960) S. 343—347.

[5] HOHBERG, F.: Der Taupunkt technischer Rauchgase und seine Beeinflussung durch Schwefelsäuredämpfe. Diss. T.H. Darmstadt 1934. — VOIGT, H., u. F. HOHBERG: Der Taupunkt technischer Rauchgase. Mitt. VGB H. 50 (1934) S. 228—294.

[6] ROBERTS, E. A., u. P. GOLDSMITH: Piezoelectric crystals as sensing elements of pressure, temperature, and humidity. Electr. Engng. 70 (1951) Nr. 9 S. 776—780.

[7] THURLOW, G. G.: An air-cooled metal probe for the investigation of the corrosive nature of boiler flue gases. J. Inst. Fuel 25 (1952/53) Nr. 146 S. 252 bis 255 u. 260.

andere Ausführung von JACKSON[1] und Mitarbeitern beschrieben worden. KEAR[2] verwendet als Kühlmittel Kohlenwasserstoffe mit Siedetemperaturen zwischen 40 und 170 °C, so daß das untere, eine Art Verdampfungsgefäß bildende Ende immer auf der durch den Füllstoff gegebenen Siedetemperatur gehalten wird, während im Oberteil der Apparatur ein Kondensator zum Niederschlag des verdampften Stoffes angebracht ist.

Ein radioaktives Proberohr (mit Fe^{59}), das mit besonders kurzer Expositionszeit (10 Minuten) auskommt, ist von ANSON[3] beschrieben worden. Ähnliche Methoden werden bei Gasturbinen angewendet, wobei für Kurzzeituntersuchungen die Zunahme der Oberflächenrauhigkeit gemessen wird[4].

13. Sonderfälle der Verbrennung

Bei reinen Verbrennungsvorgängen wird die Rauchgasmenge eindeutig durch den verbrannten Brennstoff und die zugeführte Luftmenge bestimmt. In einigen Sonderfällen jedoch, so z. B. bei sehr aschenreichen Abfallbrennstoffen und in verschiedenen Ofenprozessen, gehen teilweise noch Mineralbestandteile bzw. Bestandteile der Ofenbeschickung gasförmig in das Rauchgas über und verändern dessen Menge und Zusammensetzung, so bei Glasöfen, Kalk- und Zementöfen u. ä., oder aber es wird ein Teil des zugeführten Luftsauerstoffs nicht vom Brennstoff, sondern von der Beschickung umgesetzt, man denke etwa an den Eisenabbrand bei Wärme- und Glühöfen. Die Überwachung der Verbrennungsvorgänge wird dadurch teilweise sehr erschwert, jedenfalls aber muß auf die veränderten Verhältnisse Rücksicht genommen werden.

Verbrennung aschenreicher Brennstoffe

Bei hohen Aschegehalten tritt der Einfluß gewisser flüchtig werdender Bestandteile der Mineralsubstanz so stark in Erscheinung, daß der Unterschied zwischen dem wahren Mineralstoffgehalt und dem (konventionellen) Aschegehalt nicht mehr unberücksichtigt bleiben darf. Bei den in das Rauchgas übergehenden Mineralbestandteilen handelt es sich um das sogenannte „Hydratwasser" (das adsorbierte Wasser und

[1] ALEXANDER, P. A., R. S. FIELDER, P. J. JACKSON u. E. RAASK: An air-cooled probe for measuring acid deposition in boiler flue gases. J. Inst. Fuel 33 (1960) Nr. 228 S. 31—37.

[2] KEAR, R. W.: A constant temperature corrosion probe. J. Inst. Fuel 32 (1959) Nr. 221 S. 267—273. Diskussion S. 273—278.

[3] ANSON, D.: A radioactive corrosion probe. J. Inst. Fuel 32 (1959) Nr. 216 S. 10—14.

[4] YOUNG, W. E., H. E. HERSHEY u. C. E. HUSSEY: The evaluation of corrosion resistance for gas turbine blade materials. Scientific Paper 8-0524-P 2. Westinghouse Research Laboratories, Pittsburgh, Pa.

die im Kristallgitter gebundenen OH-Gruppen) der Tonminerale und Sulfate, die Kohlensäure der Karbonate, die durch Abröstung der Pyrite entstehenden Schwefelverbindungen (SO_2) und schließlich um die mengenmäßig allerdings nicht stark ins Gewicht fallende Verflüchtigung von Salzen (Chloride, Sulfate).

Diese Bestandteile beeinträchtigen zunächst die Genauigkeit der Analyse in ganz erheblichem Maße[1]. Aus diesem Grunde ist es notwendig, derartige Brennstoffe im Laboratorium zwecks Analyse aufzubereiten. RADMACHER und MOHRHAUER[2] empfehlen dies sogar schon für alle Brennstoffe mit Aschegehalten über 5%, um solche störenden Einflüsse auszuschalten.

Die Berücksichtigung dieser Bestandteile bei der Ermittlung der Rauchgasmengen ist bereits an einem Zahlenbeispiel gezeigt worden (s. S. 317).

Verbrennung in Kalk- und Zementöfen

In viel stärkerem Maße treten diese Erscheinungen bei den Kalk- und Zementöfen auf, weshalb das Beispiel der Verbrennung in Zement- dreh- oder Schachtöfen behandelt werden soll. Es spielen sich folgende, die Stoffbilanz beeinflussende Vorgänge ab: Die Feuchtigkeit (grobe Feuchtigkeit, Anfeuchtung des Rohmehls, die zur Granalienbildung beim Lepol-Verfahren bzw. beim Schachtofen zugeführte Feuchtigkeit, das Schlammwasser beim Naßverfahren) des Rohmehls wird verdampft, das Hydratwasser der Tone wird ausgetrieben und der Kalkstein ($CaCO_3$) sowie der meist nur in geringer Beimengung vorhandene Magnesit ($MgCO_3$) werden unter Kohlensäureaustreibung zu CaO bzw. MgO gebrannt. Für die Tonsubstanz nahm man früher im allgemeinen den Kaolinit $Al_2O_3 \cdot SiO_2 \cdot 2\,H_2O$ als Modellsubstanz an[3].

Nach neueren Untersuchungen von SCHWIETE und ZIEGLER[4] ist es wegen des unterschiedlichen Wärmebedarfs der Hydratwasserabspaltung notwendig, zwischen den verschiedenen Arten der Tonsubstanzen zu unterscheiden, wobei als die häufigsten der Kaolinit, der Illit und der Montmorillonit anzusehen sind. Für Kaolinit gilt (theoretisch)

$$Al_2O_3 \cdot 2\,SiO_2 \cdot 2\,H_2O = Al_2O_3 \cdot 2\,SiO_2 + 2\,H_2O \qquad (13\text{-}1)$$

$$258{,}092\ \text{kg} = 222{,}06\ \text{kg} \quad + 36{,}032\ \text{kg}$$

$$1\ \text{kg} = \qquad\qquad 0{,}1396\ \text{kg}\ H_2O$$

[1] Schlackenkunde, s. Fußn. 1 S. 165, dort S. 97—105.

[2] RADMACHER, W., u. P. MOHRHAUER: Die Entmineralisierung von Steinkohlen für analytische Zwecke. Brennst.-Chemie 37 (1956) Nr. 21/22 S. 353—358.

[3] EITEL, W., u. H. E. SCHWIETE: Wärmetechnische Grundlagen des Zementbrennens. Zement 21 (1932) H. 25 S. 361—367.

[4] SCHWIETE, H. E., u. G. ZIEGLER: Beitrag zur Thermochemie von Zementrohstoffen. Zement-Kalk-Gips 9 (1956) Nr. 6 S. 257—262.

Der Illit besitzt die Formel

$$2\,K_2O \cdot 3\,MeO \cdot Al_2O_3 \cdot 24\,SiO_2 \cdot 12\,H_2O\,. \tag{13-2}$$

Das Metall Me kann sowohl durch Kalzium, Magnesium oder Eisen vertreten sein, so daß sich in jedem Fall der Hydratwasseranteil ein wenig verschiebt. Als einen Mittelwert kann man jedoch 7,0% zugrunde legen. Schwieriger ist es bei Montmorillonit, der die allgemeine Formel

$$Al_2O_3 \cdot 4\,SiO_2 \cdot n\,H_2O \tag{13-3}$$

besitzt, wobei das n in der weiten Grenze schwanken kann, da der Montmorillonit quellfähig ist. Allerdings ist der Anteil des Montmorillonits in den in Zementrohstoffen vorkommenden Tonen nicht sehr groß, so daß diese Unsicherheit praktisch doch nicht allzusehr ins Gewicht fällt. Es kann ebenso wie beim Illit mit etwa 7,0% als Mittelwert gerechnet werden. Enthält 1 kg trockenes Rohmehl a kg Ton, und zwar a' kg Kaolinit und a'' kg Illit und Montmorillonit, so sind $1,396 \cdot a'$ kg Wasser und $0,070 \cdot a''$ kg Wasser an die Tonsubstanz gebunden. Für die Dissoziation des Kalzium- und des Magnesiumkarbonats gelten die Beziehungen

$$CaCO_3 \quad = CaO \quad + CO_2 \tag{13-4}$$
$$100,09\ \text{kg} = 56,08\ \text{kg} + 44,01\ \text{kg}\ (22,26\ \text{Nm}^3)$$
$$1\ \text{kg} = \qquad\qquad 0,440\ \text{kg}\ (= 0,2224\ \text{Nm}^3)\ CO_2$$

$$MgCO_3 \quad = MgO \quad + CO_2 \tag{13-5}$$
$$84,33\ \text{kg} = 40,32\ \text{kg} + 44,01\ \text{kg}\ (22,26\ \text{Nm}^3)$$
$$1\ \text{kg} = \qquad\qquad 0,5219\ \text{kg}\ (= 0,2640\ \text{Nm}^3)\ CO_2$$

Enthält das trockene Rohmehl mithin a kg Tonsubstanz (a' kg Kaolinit und a'' kg Illit und Montmorillonit), b kg Kalk und c kg Magnesit, so werden $0,1396 \cdot a' + 0,070 \cdot a''$ kg Wasser und $0,440 \cdot b + 0,5219 \cdot c$ kg Kohlensäure ausgetrieben. Für 1 kg Klinker müssen also

$$R = \frac{1}{1 - 0,1396 \cdot a' - 0,07 \cdot a'' - 0,440 \cdot b - 0,5219 \cdot c}\ \text{kg trockenes Rohmehl}$$

aufgegeben werden. Besitzt das Rohmehl außerdem die Feuchtigkeit $w\%$, bezogen auf das feuchte Rohmehl, so beträgt die Aufgabemenge

$$R^f = \frac{R}{1 - w}\ \text{kg feuchtes Rohmehl je kg Klinker.}$$

Um den Einfluß dieser zusätzlichen H_2O- und CO_2-Mengen aus dem Rohmehl auf die Rauchgasmenge zu ermessen, müßte nun die Kohlenmenge (oder die Wärmemenge) je kg Klinker etwa durch direkte Messung bekannt sein. Wo dies nicht der Fall ist, kann man den Brennstoffverbrauch durch eine rechnerische Wärmebilanz, also durch die Erfassung des theoretischen Wärmebedarfs des Klinkerbrennens und die im Ofenbetrieb auftretenden Verluste erfassen[1]. Die dabei notwendigen thermochemischen Unterlagen haben EITEL und SCHWIETE[2], ELSNER V. GRONOW[3] und ZUR STRASSEN[4] geliefert, jedoch sind heute verbesserte Werte durch die Arbeiten von SCHWIETE und ZIEGLER[5] und ZUR STRASSEN[6] bekannt.

Eine gute Zusammenfassung aller wärmetechnischen Daten findet sich in den Arbeitsunterlagen des Forschungsinstituts der Zementindustrie, Düsseldorf[7].

Zu der Tonzersetzung und der Entsäuerung der Karbonate kommen dann noch der exotherme Effekt der Klinkerbildung und die Wärmetönungen bei der Sulfatisierung der Alkalien. Ohne den letztgenannten Betrag ist nach ZUR STRASSEN

$$Q_{\text{theor}} = 3,34\,a_K + 1,49\,a_M + 1,82 \cdot a_I + 5,86 \cdot h_H +$$
$$+\ 6,48\,m_C + 7,646\,C_C - 5,116 \cdot s - 0,59 \cdot f \qquad (13\text{-}6)$$
$$\text{kcal/kg Klinker}$$

Ist die Zusammensetzung des Tons und sein Hydratwassergehalt unbekannt, so können die ersten 4 Glieder durch den Näherungswert

$$4,11\,a_T \qquad (13\text{-}7)$$

ersetzt werden. Darin bedeuten (alles bezogen auf Klinker)

a_T den Al_2O_3-Gehalt aus Ton,
a_K den Al_2O_3-Gehalt aus Kaolinit,
a_M den Al_2O_3-Gehalt aus Montmorillonit,
a_I den Al_2O_3-Gehalt aus Illit,
h_H das Hydratwasser aus den Tonen,
m_C den MgO-Gehalt aus $MgCO_3$,
c_C den CaO-Gehalt aus $CaCO_3$,
s den SiO_2-Gehalt
f den $Fe_2O_3 + Mn_2O_3$-Gehalt $\Big\}$ der glühverlustfreien Klinkeranalyse.

Die Korrektur, die sich aus der Sulfatisierung der Alkalien ergibt, kann aus der Schwefel- oder der Alkalienbilanz ermittelt werden.

---

[1] GUMZ, W.: Beiträge zur wärmetechnischen Berechnung von Zementdrehöfen. Zement 22 (1933) H. 49 S. 677—682, H. 50 S. 691—694. — ANSELM, W.: Die Wärmerechnung des Zementdrehofens. Zement 25 (1936) H. 12 S. 181—186, H. 13 S. 200—203.

[2] EITEL, W., u. H. E. SCHWIETE: Wärmetechnische Grundlagen des Zementbrennens. Zement 21 (1932) H. 25 S. 200—203.

[3] ELSNER V. GRONOW, H.: Thermochemische Grundlagen für die Herstellung der Zemente. Zement 25 (1936) H. 26 S. 437—442, H. 27 S. 453—458.

[4] ZUR STRASSEN, H.: Der theoretische Wärmebedarf des Zementbrandes. Zement 30 (1941) H. 18 S. 231—234, H. 19 S. 240—252.

[5] Siehe Fußn. 4 S. 353.

[6] ZUR STRASSEN, H.: Der theoretische Wärmebedarf des Zementbrandes. Zement-Kalk-Gips 10 (1957) Nr. 1 S. 1—12.

[7] Rechnungsgang für die Untersuchung von Dreh- und Schachtöfen in der Zementindustrie. Zement-Kalk-Gips, Sonderausgabe Nr. 7, Wiesbaden u. Berlin: Bauverlag 1959.

Sie macht in den von ZUR STRASSEN angegebenen Beispielen -6 bis -14 kcal/kg Klinker aus.

Je nach der Zusammensetzung des Rohmehles liegt der theoretische Wärmebedarf O_{th} in der Größenordnung von 390 bis 440 kcal/kg Klinker. Dazu kommen dann noch die Wärmeverluste, die teils von dem Brennverfahren, teils von der Ofenkonstruktion und der Belastung abhängen; es sind dies: der Abgasverlust Q_1 der aus dem Brennstoff gebildeten Rauchgasmenge, abhängig von der Brennstoffzusammensetzung, dem Luftüberschuß und der Abgastemperatur, der Abgasverlust Q_2 der aus dem Rohmehl stammenden Kohlensäure, der Gesamtwärmeinhalt der im Rohmehl enthaltenen Feuchtigkeit Q_3, der Wärmeinhalt der heiß anfallenden Klinker Q_4, die Strahlungs- und Leitungsverluste Q_5 des Ofens und der Kühltrommel und der etwaige Verlust Q_6 durch Unverbranntes. Zur Abschätzung des Strahlungs- und Leitungsverlustes kann Abb. 13–1 herangezogen werden. Die obere Kurve gilt für ältere Öfen (nach ANSELM[1]), die untere für moderne Öfen[2]. Nach ZIEGLER[3] könnte der Strahlungsverlust durch Beeinflussung der Strahlungszahl bedeutend herabgesetzt werden (z. B.

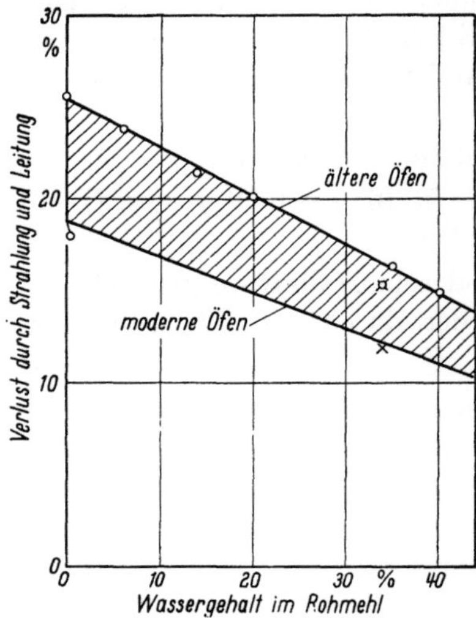

Abb. 13–1. Strahlungs- und Leitungsverluste

durch Aluminiumanstriche oder -beläge), doch ist in der Sinterzone auf die mögliche Mantelblechverformung durch ein zu starkes Heraufsetzen der Manteltemperatur zu achten. Bei modernen Schachtöfen sind die Strahlungsverluste nur in der Größenordnung $< 1\%$.

Die Abgastemperatur ist sehr stark von der Ofenleistung, der Ofenlänge bzw. dem Verhältnis von Länge zu Durchmesser, der Art des Verfahrens (Trocken- oder Naßdrehofen, Schachtofen) und von den Konstruktionsmerkmalen des Ofens, wie Art der Einbauten, angeschlossener Rost beim Lepolofen, angeschlossene Wärmeaustauscher usw., abhängig. Für Naßdrehöfen gibt PLASSMANN[4] 110 bis 180 °C an, bei

---

[1] ANSELM, W.: Die Wärmerechnung bei Brennöfen für Zement, Kalk, Magnesit und Dolomit. Radex-Rdsch., 1950, Nr. 1 S. 3—61.

[2] Siehe Fußn. 7 S. 355.

[3] ZIEGLER, E.: Manteltemperatur und Strahlungsverluste von Drehöfen. Zement-Kalk-Gips 9 (1956) Nr. 5 S. 194—200.

[4] PLASSMANN, E.: Beitrag zur Wärmewirtschaft von Naßdrehöfen. Zement-Kalk-Gips 10 (1957) Nr. 2 S. 41—46.

Lepolöfen[1] kann mit rd. 100 °C gerechnet werden. Beim Trockenverfahren betragen die Temperaturen hinter dem Ofen 500 bis 800 °C. Man wird daher in modernen Öfen stets durch Vorwärmer oder seltener durch Abhitzekessel oder andere Hilfsmittel diesen Verlust zu verkleinern versuchen.

Ein typisches Beispiel ist das Trockenverfahren mit dem Schwebegaswärmetauscher nach Humboldt[2]. Hierbei werden die Abgase hinter dem Wärmeaustauscher ($t = 344$ °C) noch ganz oder teilweise durch

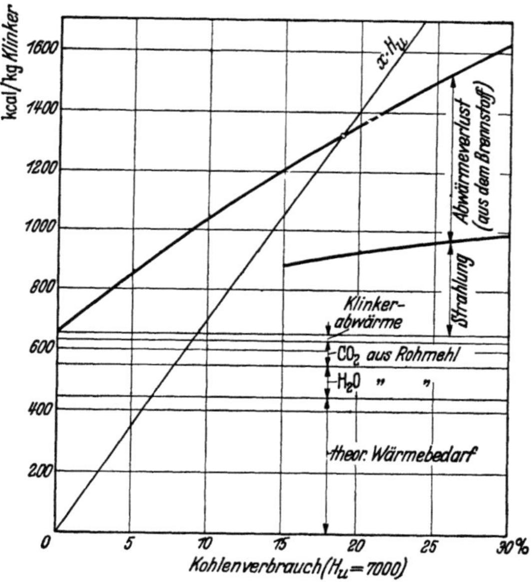

Abb. 13-2. Graphische Ermittlung des wirklichen Wärmeverbrauchs einer Drehofenanlage

zwei Mahltrocknungsanlagen geschickt und verlassen die Mühlen mit einer Temperatur von etwa 90 °C.

Ein weiterer bedeutender Verlust liegt endlich in dem Staubverlust Q_7, zumal ja der Staubauswurf in der Größenordnung von 5 bis 10% der aufgegebenen Rohmehlmenge (8 bis 16% der Klinkermenge) liegen kann, sofern keine Entstaubungsanlage vorhanden oder der Staub nicht in der Anlage selbst wiedergewonnen wird, wie dies z. B. beim Lepolofen weitgehend der Fall ist.

---

[1] WEBER, P.: Abgasverluste beim Zementdrehofen. Zement-Kalk-Gips 10 (1957) Nr. 2 S. 46—53. — RUPPERT, G.: Lepolöfen mit einem Wärmeverbrauch von 750 kcal/kg Klinker unter Ausnutzung von Abwärme. Zement-Kalk-Gips 11 (1958) Nr. 5 S. 212—216.

[2] BOMKE, E.: Die Entwicklung der ersten Neuanlage des Humboldt-Schwebegaswärmetauschers von 1953—1958. Zement-Kalk-Gips 11 (1958) Nr. 11 S. 377 bis 381.

Bezieht man diese Verluste auf 1 kg Klinker und bezeichnet man
den prozentualen Kohlenverbrauch, bezogen auf die erzeugte Klinkermenge, mit x, so ist der Gesamtwärmeverbrauch

$$Q = Q_{th} + Q_1 + Q_2 + Q_3 + Q_4 + Q_5 + Q_6 + Q_7 = x\,H_u. \qquad (13\text{--}8)$$

Diese Gleichung löst man am besten graphisch nach Abb. 13–2, indem
man den theoretischen Wärmebedarf und die Summe der übrigen Ver-

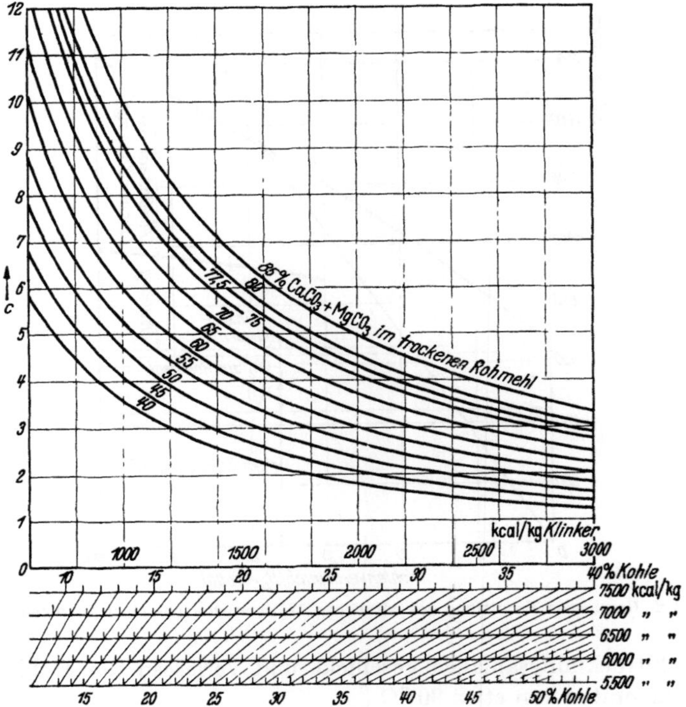

Abb. 13–3. Hilfstafel zur Bestimmung der Kenngröße. $c = $ kg CaCO₃ + MgCO₃/kg Kohle

luste, von denen der Strahlungsverlust und der Verlust durch die
Abwärme aus dem Brennstoff von x abhängig sind, über x aufträgt und
diese Kurve mit $x H_u$ zum Schnitt bringt. Dieser Schnittpunkt gibt
dann den Kohlenverbrauch in % an. Den Staubverlust Q_7 berücksichtigt
man zweckmäßig am Schluß der Rechnung, man kann dabei annehmen,
daß es beim Trockenverfahren in erster Linie ein Verlust an Rohmehl,
beim Naßverfahren ein Verlust an trockenem Rohmehl ist, so daß man
hier noch den Wärmeaufwand zum Trocknen des Rohmehlverlustes
berücksichtigen muß. Zu berücksichtigen ist ferner, daß der Aschegehalt des Brennstoffs teils in die Klinker eingeht, teils als Staubverlust

auftreten kann, er ist daher bei Ermittlung des Staubverlustes mit zu verrechnen.

Zur Feststellung des Luftüberschusses zur Kontrolle des Drehofenbetriebes oder zur Feststellung der Gasmengen an einer beliebigen Stelle der Anlage dient die CO_2- oder O_2-Bestimmung. Im Gegensatz zum ge-

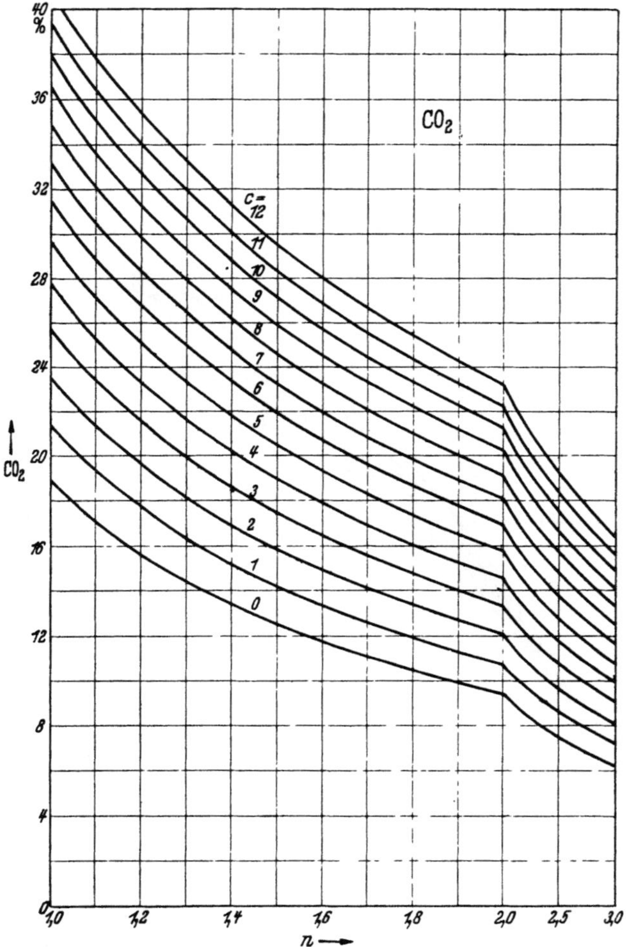

Abb. 13-4. Zusammenhang zwischen dem CO_2-Gehalt des trockenen Rauchgases, der Luftüberschußzahl und der Kenngröße $c = $ kg $CaCO_3$ + $MgCO_3$/kg Kohle

wöhnlichen Verbrennungsvorgang ist jedoch beim Drehofenbetrieb die Rauchgasanalyse vieldeutig, da sie sowohl von der Kohle und dem $CaCO_3$- und $MgCO_3$-Gehalt des Rohmehls abhängig ist.

Jedoch können die auf S. 318ff. angegebenen Formeln für die Ermittlung des Luftüberschusses auch in diesem Falle verwendet werden.

In einem Zementwerk, das immer die gleiche Zementsorte herstellt, ist jedoch der Kohlen- bzw. Wärmebedarf bekannt, ebenso der $CaCO_3$-Gehalt des Rohmehls. Mithin kann für solche Fälle auch der Kohlensäure- und Sauerstoffgehalt des Rauchgases als eindeutiges Merkmal des Luftüberschusses und der Güte der Verbrennung angesehen werden. Bei dauernder Rauchgaskontrolle durch Rauchgasprüfer empfiehlt es sich, die Sauerstoffbestimmung heranzuziehen, da der bei geringem

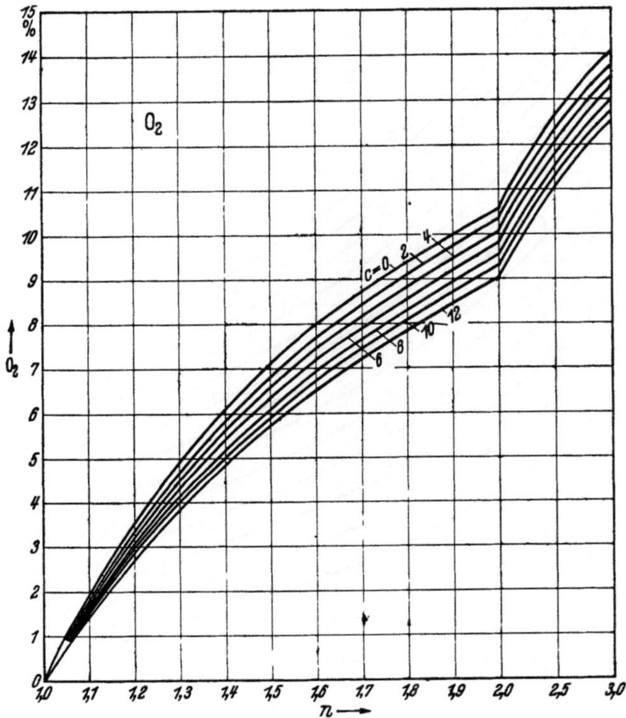

Abb. 13–5. Zusammenhang zwischen dem O_2-Gehalt des trockenen Rauchgases, der Luftüberschußzahl und der Kenngröße $c = $ kg $CaCO_3$ + $MgCO_3$/kg Kohle

Luftüberschuß und bei geringem Wärmeverbrauch auftretende sehr hohe CO_2-Gehalt einen entsprechend hohen Verbrauch an Kalilauge bedingen würde. Der $CaCO_3$-Gehalt des Rohmehls liegt bei Portlandzement, zwar meist in der Größenordnung von 70 bis 80%, doch kommen z. B. bei Zugabe von Schlackensand auch wesentlich geringere Prozentsätze vor. Um daher die nachfolgenden Diagramme allgemeingültig zu gestalten, ist als weiteres Kriterium das Verhältnis $c = $ kg $CaCO_3$ + $MgCO_3$/kg Kohle eingeführt. Aus der Hilfstafel Abb. 13–3 kann man für einen bestimmten Wärme- bzw. Kohlenbedarf und einen bestimmten $CaCO_3$- + $MgCO_3$-Gehalt im trockenen Rohmehl die Kennziffer c ablesen. Die Abb. 13–4 und 13–5 geben dann den CO_2- bzw. O_2-Gehalt im trockenen Rauchgas in Abhängigkeit von der Luftüberschußzahl n an. Dabei ist eine Steinkohle von $H_u = 7000$ kcal/kg unterem Heizwert zugrunde gelegt; die Tafeln sind jedoch mit genügender Genauigkeit für alle in Frage kommenden Steinkohlen gültig. Bei der Verfeuerung von Öl und Naturgas ändern sich die Verhältnisse. Bei einem Wärmeverbrauch von 1300 kcal/kg Klinker und 77,5% $CaCO_3$ im trockenen Rohmehl ist $c = 6,65$. Nach Abb. 13–4 entspricht dann einem gemessenen CO_2-Gehalt von 27% ein Luftüberschuß von 24% ($n = 1,24$). Für Betriebe, in denen immer gleichartige Betriebsverhältnisse vorliegen, empfiehlt es sich selbstverständlich, das Diagramm für den vorliegenden c-Wert herauszuzeichnen.

Verbrennung in Glasöfen

Der Glassatz, das in den Glasofen eingeführte Gemenge von Rohmaterialien, besteht aus Kieselsäure (Quarzit, Sand), Tonerde (Kaolin, Feldspat), Kalk (Kalkstein, Kreide), Alkalien (Soda, Natriumsulfat), Bleioxyd und etwaigen Färbungsmitteln, ferner Kohlenstoff (Koksgrus) als Reduktionsmittel des Sulfats. Wenn auch die Brennstoffmenge im Verhältnis zum Glassatz groß ist und somit die Gasbestandteile, die dem Gemenge entstammen, wie Hydratwasser, Kohlensäure, schweflige Säure, nicht so stark ins Gewicht fallen wie etwa beim Beispiel des Zementofens, so sind sie doch beachtlich genug, um nicht ganz vernachlässigt werden zu dürfen[1]. In Frage kommt auch hier wieder die Dissoziation des Kalziumkarbonats nach Gl. (13–4), die Aufspaltung der Soda nach

$$Na_2CO_3 \quad = Na_2O \quad + CO_2 \tag{13-9}$$
$$106{,}004\ \text{kg} = 61\,994\ \text{kg} + 44{,}01\ \text{kg}\ (= 22{,}26\ \text{Nm}^3)$$
$$1\ \text{kg} \quad = \quad\quad\quad\quad 0{,}2100\ \text{Nm}^3.$$

Es ist dabei von untergeordneter Bedeutung, daß zugleich weitere Reaktionen vor sich gehen, etwa

$$Na_2CO_3 + SiO_2 = Na_2SiO_3 + CO_2, \tag{13-10}$$

da dies ja an der entbundenen Kohlensäuremenge nichts ausmacht. Die Reduktion des Natriumsulfates geht nach der Gleichung

$$2Na_2SO_4 + C = 2Na_2SO_3 + CO_2 \tag{13-11}$$

vor sich. Es entfällt also, wie bei der gewöhnlichen Verbrennung, auf

---

[1] Shute, R. L., u. R. K. Hursh: Combustion calculation for a continuous glass melting furnace. Glass Ind. 21 (1940) H. 8 S. 357—359, 369 rechnen ein Beispiel mit Naturgasbeheizung durch, bei welchem sich die trockene Gasmenge um 5,68% vergrößert, obwohl der Kalk bereits als gebrannter Kalk (CaO) zugesetzt wurde.

1 Mol C 1 Mol CO_2. Bei einem Molekulargewicht des Na_2SO_4 von 142,054 sind je kg wasserfreies Sulfat 4,23 Gew.-% C notwendig.

Je nach Art der verwendeten Alkalien ist der Hydratwassergehalt noch zu berücksichtigen.

Verbrennung mit Sauerstoff und sauerstoffangereicherter Luft

In den bisherigen Rechnungen war in Übereinstimmung mit der heutigen Praxis stets damit gerechnet, daß der notwendige Sauerstoff für die Verbrennungsreaktion von der Luft (mit 21% O_2) geliefert wird. Es besteht jedoch technisch und, bei einer entsprechenden Weiterentwicklung der Sauerstofferzeugung, auch in gewissen Sonderfällen wirtschaftlich die Möglichkeit, die Verbrennungsluft durch Zugabe von Sauerstoff anzureichern, wodurch sich die Gas- und Luftmengen wie auch die Gaszusammensetzung und die Verbrennungstemperaturen erheblich ändern. Der Wegfall des ganzen oder eines Teiles des jetzt im Verbrennungsgas auftretenden Stickstoffballastes bedeutet neben der Temperatursteigerung gleichzeitig eine Verbesserung der Gasstrahlungseigenschaften, woraus sich auch die Notwendigkeit einer konstruktiven Anpassung der Wärmeaustauscher (Kessel usw.) an die veränderten Verhältnisse ergibt. Ein Anwendungsgebiet wäre die Bewältigung von Spitzenleistungen der Feuerungen durch vorübergehende Sauerstoffanreicherung ohne wesentliche Mehrbelastung der Zugerzeugungseinrichtungen. Der notwendige Sauerstoff könnte in den Belastungstälern, besonders während der Nachtzeit, erzeugt und gegebenenfalls unter Druck in geeigneten Behältern gespeichert werden. Endlich sei auf die vielseitige Verwendung des reinen Sauerstoffs und der sauerstoffangereicherten Luft bei der Vergasung (im Schachtgenerator, im Winkler-

Zahlentafel 13–1

Sauerstoff-gehalt der Luft u	$\varepsilon = \dfrac{1-u}{u}$	Sauerstoff-zugabe x Nm³/Nm³	Kohle von 7000 kcal/kg		
			Luftmenge Nm³	Sauerstoff-menge Nm³	Menge der angereicherten Luft Nm³
21%	3,762	0,0000	7,535	0,000	7,535
25%	3,000	0,0533	6,009	0,321	6,330
30%	2,333	0,1286	4,673	0,601	5,274
35%	1,857	0,2154	3,720	0,801	4,521
40%	1,500	0,3167	3,005	0,951	3,956
45%	1,222	0,4364	2,448	1,068	3,516
50%	1,000	0,5800	2,003	1,162	3,165
60%	0,667	0,9750	1,335	1,302	2,637
70%	0,429	1,6333	0,859	1,402	2,261
80%	0,250	2,9500	0,501	1,477	1,978
90%	0,111	6,9000	0,222	1,536	1,758
100%	0,000	∞	0,000	1,5824	1,5824

generator, in der Schwebe, unter Druck im Druckgaserzeuger) und bei metallurgischen Prozessen an dieser Stelle nur kurz hingewiesen.

Eine Ableitung und rechnerisch-graphische Behandlung der Verbrennung mit sauerstoffangereicherter Luft bis zum Grenzfall der Verbrennung mit reinem Sauerstoff ist an anderer Stelle[1] angegeben. Danach ergeben sich für den Fall einer Steinkohle von $H_u = 7000$ kcal/kg die in Zahlentafel 13–1 angegebenen Verhältnisse und theoretische Verbrennungstemperaturen von 2200° (21%) bis 2980% (100%).

Ausführliche Berechnungen ähnlicher Art haben FEHLING und LESER[2] und SCHUSTER[3] durchgeführt.

Verbrennung mit Rauchgasrückführung

Rauchgasrückführung bezweckt, durch den Zusatz von möglichst abgekühlten, inerten Gasen die Verbrennungstemperaturen nach Belieben zu senken und die strömenden Rauchgasmengen zur Erhöhung der konvektiven Wärmeübertragung zu vergrößern, also die Wärmeübertragung in einen ganz bestimmten Temperaturbereich zu verlegen. Der Hauptzweck ist dabei meist die Eingrenzung der höchsten Temperaturen, während die wärmetechnischen Vorteile durch etwaige tiefere Abkühlung der Gase oder durch Verringerung der Strahlungsverluste nicht sehr ins Gewicht fallen, zumal ja der Förderaufwand für die Rückführung noch abzuziehen ist. So hat man die Rauchgasrückführung besonders dort mit Erfolg angewandt, wo die Nachteile zu hoher Verbrennungstemperaturen ausgeglichen werden mußten, z. B. bei der Anwendung hoher Luftvorwärmung in an sich hierfür ungeeigneten Feuerungen[4]. PRAETORIUS[5] macht ferner geltend, daß die Rauchgasrückführung („LUTZ-Verfahren") den weiteren Vorteil aufweise, daß die Falschluft wenigstens teilweise für den Verbrennungsvorgang nutzbar

[1] GUMZ, W.: Die Verbrennung mit sauerstoffangereicherter Luft. Feuerungstechn. 16 (1928) H. 7 S. 73—76 u. H. 8 S. 88—90.

[2] FEHLING, H. R.: Combustion with oxygen and oxygen-enriched air. Pt. 1. Thermodynamic data and their implications for high-temperature heating processes. J. Inst. Fuel 21 (1948) Nr. 120/21 S. 221—235, 241, 315—317. — FEHLING, H. R., u. T. LESER: Combustion with oxygen and oxygen-enriched air. Pt. 2. Determination of the true composition of the products of the theoretical combustion with oxygen and oxygen-nitrogen mixtures at temperatures up to 2500 °C at atmospheric pressure. J. Inst. Fuel 22 (1949) Nr. 124 S. 123—125, — Third Symposium on Combustion and Flame and Explosion Phenomena, Baltimore 1949, S. 634—640.

[3] SCHUSTER, F.: Sauerstoffangereicherte Luft in der Verbrennungslehre. Brennst.-Chemie 32 (1951) Nr. 13/14 S. 206—213.

[4] GUMZ, W.: Die Luftvorwärmung im Dampfkesselbetrieb, 2. Aufl., Berlin 1933, S. 67—75.

[5] PRAETORIUS, E.: Die Rauchgasrückführung nach dem LUTZ-Verfahren und ihr Einfluß auf den Kessel- und Feuerungsbetrieb. Wärme 58 (1935) H. 19 S. 295 bis 301.

gemacht werden könne. Ein Hauptanwendungsgebiet sind Ofen- und Trocknungsanlagen, bei denen die sog. Umwälzbeheizung schon lange als eine selbstverständliche Maßnahme betrachtet wird. Ein Beispiel vorteilhafter Verwendung der Rauchgasrückführung bei Winderhitzern berichten Rein und Stebel[1]. Gegenüber einer Begrenzung der Kuppeltemperatur durch erhöhten Luftüberschuß ergab Rauchgasrückführung 3 bis 10% Gasersparnis und den Vorteil einer Schonung des Mauerwerks und einer Steigerung der Leistung.

Die Verbrennungsrechnung mit Rauchgasrückführung gestaltet sich bei bekannter Rückführmenge recht einfach; als Verbrennungsmittel ist lediglich an Stelle der atmosphärischen Luft das Gemisch aus Luft und Rückführgasmenge einzusetzen. Die Fragestellung wird aber bei derartigen Berechnungen meist lauten, welche Gasmengen (von gegebener Temperatur) müssen zurückgeführt werden, um eine bestimmte Verbrennungstemperatur zu erzielen, und wie groß ist der Wärmeinhalt der dann entstehenden Rauchgasmengen bei verschiedenen Temperaturen. Faßt man das Rauchgas als ein Gemisch aus der normalen Verbrennungsgasmenge und der Rückführmenge auf, so wird diese Aufgabe, wie an anderer Stelle gezeigt wurde[2], in einfacher und übersichtlicher Weise mit Hilfe eines It-Diagramms gelöst.

Rauchgasrückführung, besonders Rauchgasrücksaugung aus dem Feuerraum, wird auch als eine apparativ einfache Lösung der Luftvorwärmung (durch Mischung) angesehen. Sie ist besonders bei der Mühlenfeuerung angewendet worden, hat aber gegenüber reiner Heißluft den Nachteil der Senkung der Sauerstoffkonzentration, die sich hemmend auf die Zündgeschwindigkeit auswirkt und das Maß der Rückführmenge beschränkt.

Als Sonderfall könnte zunächst die Verbrennung mit Wasserdampf angereicherter Luft erwähnt werden, die von ähnlicher Wirkung ist wie die Verbrennung mit Rauchgasrückführung. Die Wasserdampfzufuhr könnte durch Einblasen von Dampf, besser noch durch Einsprühen von Wasser in Heißluft, erfolgen. Man spricht dann von einer „nassen Verbrennung"[3].

Die Wirksamkeit dieser „Klimatisierung" der Verbrennungsluft, die ihr klassisches Vorbild im Gaserzeugerbetrieb hat, beruht auf der völligen Beherrschung der Verbrennungstemperaturen, damit der Größe und

---

[1] Rein, A., u. O. J. Stebel: Der Betrieb von Hochofen-Winderhitzern mit Abgasumwälzung. Stahl u. Eisen 71 (1951) Nr. 24 S. 1310—1314.

[2] Gumz, W.: Fußn. 6 S. 395. — Siehe auch E. Roth: Theoretische und praktische Untersuchungen über Rauchgasrückführung, mit besonderer Rücksicht auf deren Anwendbarkeit in Feuerungsanlagen. Diss. Zürich 1946. — Schläpfer, P., u. E. Roth: Schweizer Arch. angew. Wiss. Techn. 12 (1946) Nr. 8 S. 233—250.

[3] Gumz, W.: Nasse Verbrennung. Fortschritte auf dem Gebiete der Klimatisierung der Verbrennungsluft. Mitt. VGB H. 31 (1954) S. 279—297.

der Natur der anfallenden Schlacke und auch, durch die Vermeidung gewisser Temperaturschwellenwerte, der Beschränkung der Mineralstoffverflüchtigung und der damit verbundenen Heizflächenverschmutzung (vgl. S. 590).

Da gegen die Wasser- oder Wasserdampfzugabe immer eingewendet werden kann, daß die Verdampfungswärme dieses Wassers in jedem Falle als Verlust zu buchen ist, sei sie auch aus noch so minderwertiger Wärme gewonnen, so hat die Rauchgasrückführung demgegenüber den Vorteil, daß diese Verlustquelle nicht auftritt, daß daher die Temperaturbeherrschung mit wesentlich wirtschaftlicheren Mitteln erreicht wird[1]. Man kann in Anpassung an die Belastungskurve des betreffenden Kessels optimale Verhältnisse auch durch die Kombination der beiden Maßnahmen Rauchgasrückführung und Luftbefeuchtung schaffen, indem man die Wirkung der Rauchgasrückführung nur bei Spitzenbelastungen durch Wassereinspritzung verstärkt, um Energie und Anlagekostenaufwand auf ein Minimum zu bringen.

Einfluß des Eisenabbrandes

Bei der Erhitzung von Stahl in Wärm- und Glühöfen tritt ein gewisser Abbrand ein, der von der Temperatur, der Wärmdauer und von der Ofenatmosphäre abhängig ist. Abb. 13–6 zeigt nach HEILIGENSTAEDT den Abbrand bei einstündiger Wärmdauer und bei Beheizung mit Koksofengas und Gichtgas für $n = 0,9$ bis $1,1$. Bei längerer Erhitzung wird der Abbrand

$$a_z = a \sqrt{z} \ \text{kg/m}^2, \qquad (13\text{-}12)$$

wenn a_z den Abbrand nach z Stunden, a den Abbrand in 1 Stunde (nach Abb. 13–6) bedeutet. Nach der Gleichung

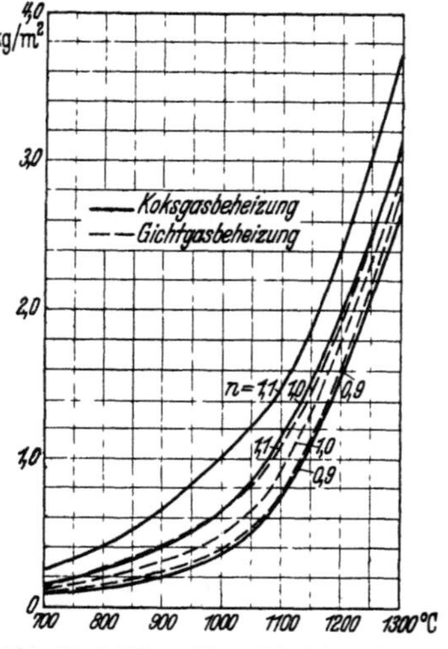

Abb. 13–6. Eisenabbrand bei einer Stunde Wärmdauer bei Koksofen- und Gichtgasbeheizung (nach HEILIGENSTAEDT)

$$\text{Fe} \quad + \tfrac{1}{2}\text{O}_2 \quad = \text{FeO} \qquad (13\text{-}13)$$
$$55{,}85\ \text{kg} + 11{,}195\ \text{Nm}^3 = 71{,}85\ \text{kg} = 0{,}2004\ \text{Nm}^3/\text{kg}$$

und

$$2\,\text{Fe} \quad + 1{,}5\,\text{O}_3 \quad = \text{Fe}_2\text{O}_3 \qquad (13\text{-}14)$$
$$111{,}70\ \text{kg} + 33{,}585\ \text{Nm}^3 = 159{,}70\ \text{kg} = 0{,}3007\ \text{Nm}^3/\text{kg}$$

---

[1] GUMZ, W.: Die Vorgänge in den Feuerungen bei hohen Temperaturen. Mitt. VGB H. 38 (1955) S. 733—746. — Schlackenkunde S. 266—270 (s. Fußn. 1 S. 165).

werden je kg Eisenabbrand 0,2 bis 0,3 Nm^3 Sauerstoff verbraucht, und zwar, da der Zunder aus FeO und Fe_2O_3 besteht, nach HEILIGENSTAEDT[1] 0,227 Nm^3/kg Fe, wobei eine Wärmemenge von 1350 kcal/kg Fe entwickelt wird. Da der Brennstoffverbrauch in ähnlicher Größenordnung liegt wie der Eisenabbrand, macht sich dieser Sauerstoffverbrauch schon bemerkbar; so erhöht sich der theoretische Luftbedarf bei 1 bis 3% Eisenabbrand bei Steinkohle als Brennstoff um rund 5 bis 15%, während der dadurch mitgelieferte Stickstoffballast den max. CO_2-Gehalt entsprechend senkt. Das abbrennende Eisen ist somit als Teil des „Brennstoffs" mit zu bewerten, wobei jedoch erschwerend hinzukommt, daß der Abbrand zeitlich nicht konstant ist, so daß sich folglich auch der Brennstoff dauernd ändert. Dies ist für die Beurteilung der Abgasanalyse wichtig.

14. Ermittlung der Luft- und Rauchgasmengen aus dem Heizwert und der Luftüberschußzahl oder dem CO_2-Gehalt

Feste Brennstoffe. Bei den bisherigen Berechnungen war die Kenntnis der Elementaranalyse Voraussetzung, in vielen Fällen wird aber dem projektierenden Ingenieur keine Analyse zur Verfügung stehen, sondern allenfalls Angaben über den Heizwert und die Luftüberschußzahl oder den CO_2-Gehalt. Auf statistischem Wege lassen sich in diesem Falle Gleichungen ableiten[2], die als Funktion von H_u besonders einfache Zusammenhänge zeigen. Für die festen Brennstoffe findet man das Rauchgasvolumen in Nm^3/kg aschefreiem Brennstoff

$$V = 1{,}375 + 0{,}95 \frac{H_u}{1000} \quad [\text{Nm}^3/\text{kg}] \tag{14-1}$$

und für die theoretische Luftmenge

$$L = 0{,}5 + 1{,}012 \frac{H_u}{1000} \quad [\text{Nm}^3/\text{kg}]. \tag{14-2}$$

Bei der Luftüberschußzahl n ist dann

$$L_n = n\,L \quad [\text{Nm}^3/\text{kg}], \qquad V_n = V + (n-1)\,L \quad [\text{Nm}^3/\text{kg}]. \tag{14-3}$$

Das Rauchgasgewicht erhält man, gültig für alle festen Brennstoffe,

---

[1] HEILIGENSTAEDT, W.: Wärmetechnische Rechnungen für Industrieöfen, 2. Aufl., Düsseldorf 1941 (Stahleisen-Bücher Bd. 2), bes. S. 202—206.

[2] GUMZ, W.: Empirische Hilfsmittel feuerungstechnischer Rechnungen. Feuerungstechn. 17 (1929) H. 19/20, S. 207—213. — Vgl. ferner: ROSIN, P.: Z. VDI 71 (1927) H. 12 S. 384—388. — ROSIN, P., u. R. FEHLING: Das It-Diagramm der Verbrennung, Berlin 1929. — d'HUART, K.: Centralbl. Hütten- u. Walzwerke 32 (1928) H. 12 S. 177—183. — KOENIG, O.: Wärme 51 (1928) H. 19 S. 347—351. — LENHART, E.: Feuerungstechn. 25 (1937) H. 9 S. 265—273 u. 26 (1938) H. 3 S. 92—94.

mit Ausnahme von Zellulose und Holz zu

$$G = 1{,}984 + 1{,}092 \frac{H_u}{1000} + 0{,}024 \left(\frac{H_u}{1000}\right)^2 \quad [\text{kg/kg}], \qquad (14\text{--}4)$$

das Luftgewicht zu

$$L_g = 0{,}984 + 1{,}092 \frac{H_u}{1000} + 0{,}024 \left(\frac{H_u}{1000}\right)^2 \quad [\text{kg/kg}] \qquad (14\text{--}5)$$

und bei der Luftüberschußzahl n

$$L_n = n L_g \quad [\text{kg/kg}] \qquad G_n = 1 + n L_g \quad [\text{kg/kg}]. \qquad (14\text{--}6,\ 14\text{--}7)$$

Durch Beschränkung auf bestimmte Brennstofftypen lassen sich die Formeln in ihrer Genauigkeit noch steigern; nur für Steinkohle gelten die einfacheren Formeln

$$G = 1{,}633 \frac{H_u}{1000} - 0{,}883 \quad [\text{kg/kg}], \qquad (14\text{--}8)$$

$$L_g = 1{,}633 \frac{H_u}{1000} - 1{,}883 \quad [\text{kg/kg}]. \qquad (14\text{--}9)$$

Bei Holz, Zellulose und jüngerem Torf (im Bereich von $H_u = 3000$ bis 5000 kcal/kg) kann man setzen

$$G = 1{,}126 + 1{,}289 \frac{H_u}{1000} \quad [\text{kg/kg}], \qquad (14\text{--}10)$$

$$L_g = 1{,}126 + 1{,}289 \frac{H_u}{1000} \quad [\text{kg/kg}]. \qquad (14\text{--}11)$$

Bei mäßigen Aschegehalten (bis etwa 10%) macht man keinen großen Fehler, wenn man einfach den Heizwert der Kohle (an Stelle desjenigen der aschefreien Substanz) einsetzt; bei höheren Aschegehalten ist es jedoch unerläßlich, den Heizwert auf die aschefreie Substanz umzurechnen und das Ergebnis wieder auf 1 kg aschehaltigen Brennstoff zurückzubeziehen. Eine Kohle von $H_u = 6400$ kcal/kg habe *12%* Aschegehalt, der Heizwert der aschefreien Substanz ist dann *6400/0,88* $= 7270$ kcal/kg und nach Gl. (14--1) $V = 0{,}88\ (1{,}375 + 0{,}95 \cdot 7{,}270)$ $= 7{,}29$ Nm³/kg.

Ist der Heizwert und der CO_2-Gehalt gegeben, so gelangt man mit Hilfe statistisch aufgestellter Beziehungen zwischen dem Kohlensäure- und Wasserdampfgehalt der Rauchgase und dem Heizwert zu einer Gleichung von der Grundform

$$V = A + \frac{B}{(CO_2)}, \qquad (14\text{--}12)$$

worin A und B Exponentialfunktionen von H_u sind. Die Handhabung dieser Gleichungen ist etwas unbequem, weshalb die ausgewerteten Ergebnisse in Nm³/kg in Abb. 14--1 und in kg/kg in Abb. 14--2 wiedergegeben sind.

Flüssige Brennstoffe. Für das Rauchgasvolumen findet man

$$V = 1,11 \frac{H_u}{1000} \quad [\text{Nm}^3/\text{kg}],\qquad\qquad (14\text{--}13)$$

für die theoretische Luftmenge

$$L = 1,7 + 0,88 \frac{H_u}{1000} \quad [\text{Nm}^3/\text{kg}]\qquad\qquad (14\text{--}14)$$

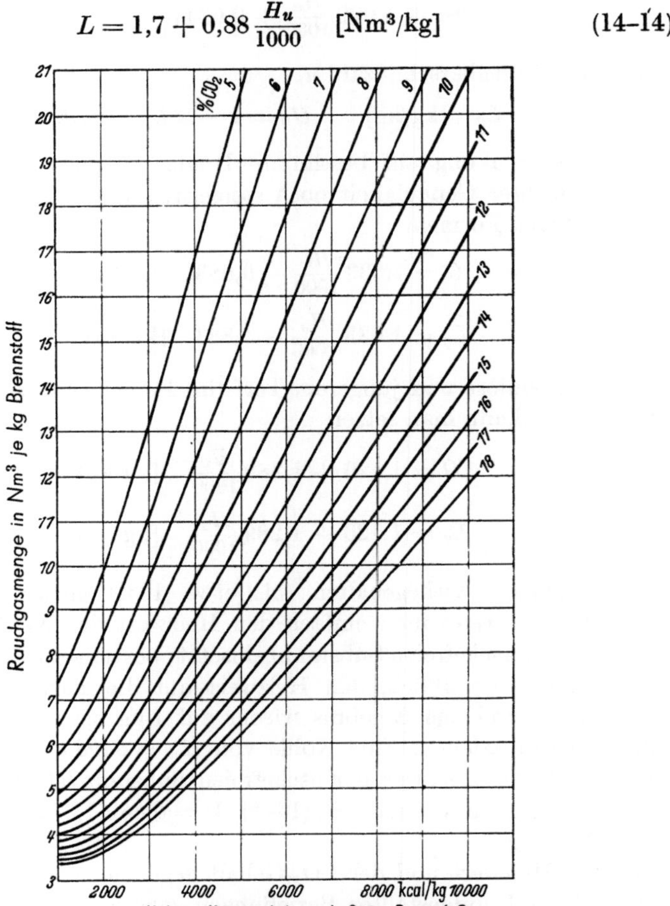

Abb. 14‑1. Rauchgasmenge in Nm³/kg in Abhängigkeit vom unteren Heizwert des aschefreien Brennstoffs und vom CO_2-Gehalt (feste Brennstoffe)

und das Rauchgas- und Luftgewicht zu

$$G = 3,112 + 1,157 \frac{H_u}{1000} \quad [\text{kg/kg}],\qquad\qquad (14\text{--}15)$$

$$L_g = 2,112 + 1,157 \frac{H_u}{1000} \quad [\text{kg/kg}].\qquad\qquad (14\text{--}16)$$

Rauchgasmenge und -gewicht flüssiger Brennstoffe zeigen in Abhängigkeit vom Heizwert nur eine geringe Abhängigkeit, zumal ja auch nur ein ganz schmaler Heizwertbereich praktisch vorkommt, bei den Heizölen das Gebiet von 9000 bis 10000 kcal/kg. Als ein typisches Beispiel sind daher in Abb. 14-3 die charakteristischen Werte für ein Heizöl wiedergegeben.

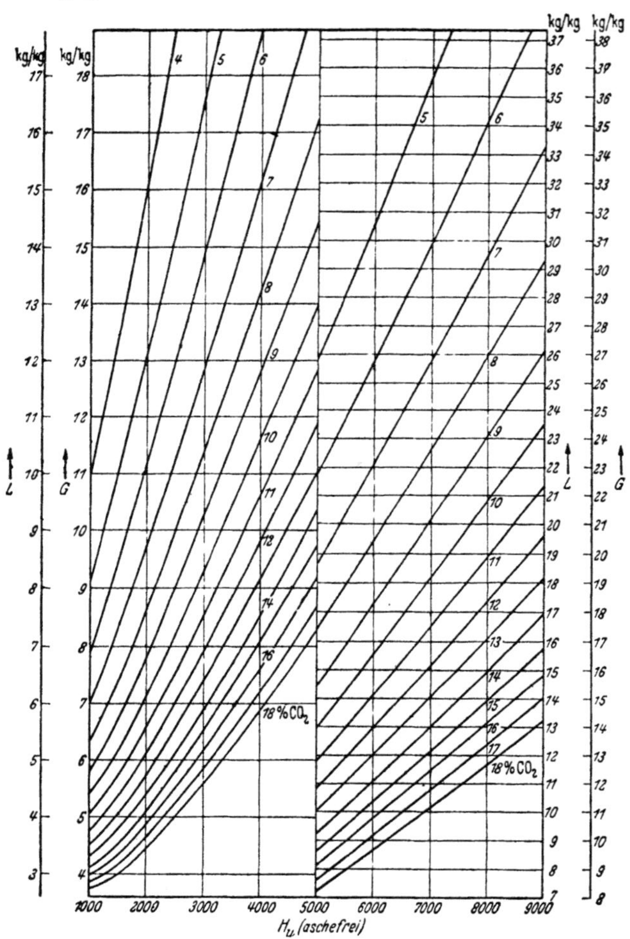

Abb. 14-2. Rauchgas- und Luftgewichte in kg/kg Brennstoff in Abhängigkeit vom unteren Heizwert des aschefreien Brennstoffs und vom CO_2-Gehalt (feste Brennstoffe)

Gasförmige Brennstoffe. Hier sind die Werte unsicher und die Streuungen größer. Man findet

$$V = 0{,}446 + 1{,}09 \frac{H_u}{1000} \quad [\text{Nm}^3/\text{Nm}^3], \qquad (14\text{-}17)$$

$$L = 1{,}09 \frac{H_u}{1000} - 0{,}280 \quad [\text{Nm}^3/\text{Nm}^3], \qquad (14\text{-}18)$$

das Rauchgasgewicht für arme Gase (Gicht- und Generatorgas)

$$G = 2{,}25 \quad [\text{kg/Nm}^3] \qquad L_g = 1{,}1 \quad [\text{kg/Nm}^3] \tag{14–19}$$

oder auch

$$L_g = 0{,}65 + 0{,}35 \frac{H_u}{1000} \quad [\text{kg/Nm}^3]$$

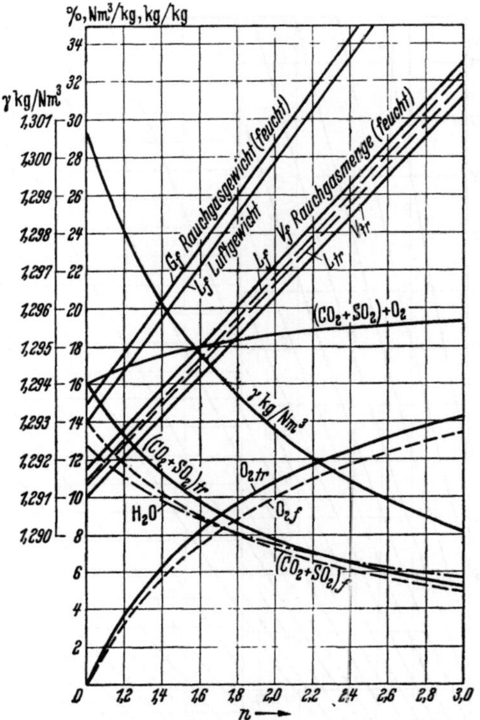

Abb. 14-3. Rauchgasmenge, Rauchgasgewichte, spez. Gewicht und Rauchgaszusammensetzung von Heizöl

und für Reichgase

$$G = 1{,}675 \frac{H_u}{1000} - 2{,}45 \quad [\text{kg/Nm}^3], \tag{14–20}$$

$$L_g = 1{,}675 \frac{H_u}{1000} - 2{,}9 \quad [\text{kg/Nm}^3]. \tag{14–21}$$

Zu beachten ist, daß die Werte sich auf 1 Nm³ Frischgas beziehen; bei Luftüberschuß kann also nur die Gleichung

$$G_n = G + (n - 1) L_g \tag{14–22}$$

benutzt werden.

Einen anderen Ansatzpunkt liefert die Beobachtung, daß in den Grenzen von $\pm 5\%$ für alle Gase, soweit sie keine inerten Gasbestandteile haben, der Ausdruck $H_0/(1+L)$ konstant ist[1]. Mit einem Inerten-anteil von i ist

$$\frac{H_0}{1+(1-i)L} = 950 \text{ kcal/Nm}^3. \tag{14-23}$$

Daraus folgt

$$L = \left(\frac{H_0}{950} - 1\right)\frac{1}{1-i}. \tag{14-24}$$

15. Die Verbrennungstemperatur

Zur Ermittlung der Verbrennungstemperatur benutzt man die Tat-sache, daß die im Brennstoff als Heizwert gebundene Wärme H_u in fühlbare Wärme ($I = V\,c_{p_m}\,t$) übergeführt wird. Geht man von der Temperatur t_l der umgebenden Luft aus, so ist

$$H_u = V\,(c_{p_m})_{t_l}^{t}\,(t - t_l). \tag{15-1}$$

Setzt man $t_l = 0$, so ist die gesuchte theoretische Verbrennungstemperatur

$$t = \frac{H_u}{V\,(c_{p_m})_0^{t}}. \tag{15-2}$$

Da die mittlere spez. Wärme eine Funktion der Temperatur ist, die sich durch eine Gleichung von der Form

$$(c_{p_m})_0^{t} = a \pm b\,t \pm c\,t^2 \pm \cdots \tag{15-3}$$

nur annähernd darstellen läßt, so ist die Auflösung dieser Gl. (15–3) nach t eine mühsame und doch nur als Näherungslösung brauchbare Rechen-arbeit. Schon wenn man sich auf eine Gleichung von der Form

$$c_p = a + b\,t \tag{15-4}$$

beschränkt, ergibt die Auflösung nach t eine ziemlich umfangreiche, quadratische Gleichung[2]. Man hat sich daher vielfach mit einer noch geringeren Genauigkeit begnügt und mit einer geschätzten Temperatur c_{p_m} ermittelt und die sich aus Gl. (15–2) ergebende Temperatur mit der Schätzung verglichen, gegebenenfalls mit einer korrigierten Temperatur die Rechnung wiederholt usf. Für verschiedene Luftüberschüsse, Vor-wärmung der Luft und des Brennstoffes muß das gleiche, daher etwas umständliche Verfahren wiederholt werden.

---

[1] Nach W. M. Berry, I. V. Brumbaugh, J. H. Eiseman, G. F. Moulton u, G. B. Shawn: Relative usefulness of gases of different heating value and adjust-ment of burners for changes in heating value and specific gravity. Technol. Pap. U. S. Bur. Stand. 17 (1922/24) Pap. Nr. 222, S. 15—91, ist bei allen Gasen der Ge-mischheizwert bei optimaler Primärlufteinstellung konstant = 1642 kcal/Nm³. Es ist dies auch die Konstante, die in Knoys Formel (s. S. 293) erscheint.

[2] Wundt, W.: Formeln, Zahlentafeln und Schaubilder als Unterlage für die Rechnung. Spez. Wärme und Wärmeinhalte der Gase. Mitt. d. Wärmestelle, 1924, Nr. 60.

Es sei daher — da diese Methode im Schrifttum immer wieder zum Teil als einzige Methode herangezogen wird — nachdrücklich darauf hingewiesen, daß die graphische Ermittlung der Verbrennungstemperatur eine viel bequemere Methode ist, die überdies jede beliebige Genauigkeit zu erzielen gestattet, man braucht nur einen entsprechend großen Maßstab bei der praktischen Durchführung zu benutzen. Trägt man die rechte Seite der Gl. (15–1), also den Wärmeinhalt (die Enthalpie) des aus 1 kg festem oder flüssigem oder aus 1 Nm³ gasförmigem Brennstoff entstehenden Rauchgases für verschiedene Temperaturen über der Temperatur auf und bringt diese It-Kurve mit dem Heizwert [linke Seite der Gl. (15–1)] zum Schnitt, so gibt dieser Schnittpunkt die gesuchte theoretische Verbrennungstemperatur an. Trägt man nicht nur die It-Kurve bei theoretischer Verbrennung, sondern eine ganze Kurvenschar für verschiedene Luftüberschußzahlen auf, so gelangt man zu dem It-Diagramm, einem so vielseitigen und praktisch wichtigen Hilfsmittel feuerungstechnischer Rechnungen, daß ihm die beiden folgenden Kapitel gewidmet werden sollen.

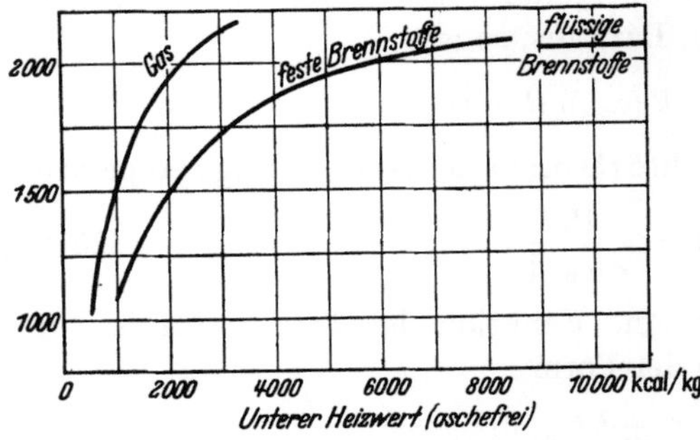

Abb. 15–1. Theoretische Verbrennungstemperaturen
($n = 1$, $t_1 = 0$ °C)

Bei Temperaturen über 1500 °C tritt bereits eine merkliche Dissoziation des Wasserdampfes und der Kohlensäure auf, die die Wärmeentwicklung mit steigenden Temperaturen in zunehmendem Maße begrenzt, die daher in diesem Temperaturbereich nicht unberücksichtigt bleiben darf. Der Einfluß der Dissoziation läßt sich bei der graphischen Rechenmethode sehr einfach berücksichtigen, wie dies auf S. 396 ff. gezeigt wird.

In Abb. 15–1 sind die theoretischen Verbrennungstemperaturen von Gasen , festen und flüssigen Brennstoffen bei einer Lufttemperatur von 0 °C bei der Luftüberschußzahl $n = 1$ unter Berücksichtigung der Dissoziation in Abhängigkeit vom Heizwert dargestellt. Sie kann in gewissem Grade zur Beurteilung der Verwendungsmöglichkeit verschiedener Brennstoffe dienen, wenn es auf die Erzielung hoher Temperaturen ankommt. Zu beachten ist dann noch die Möglichkeit der Temperatursteigerung durch Vorwärmung der Verbrennungsluft und des Brennstoffes, besonders bei den Gasen.

Die mitunter angegebene Formel zur Errechnung der Verbrennungstemperatur

$$t = \frac{\eta H_u}{V c_{pm}},$$

(15–5)

worin der Beiwert η den Feuerungswirkungsgrad bedeutet, ist in dieser Form falsch, da der Feuerungswirkungsgrad im wesentlichen durch das Auftreten von unverbranntem Brennstoff (Rostdurchfall) und die Kohlenstoffverluste in den Herdrückständen bedingt ist. Dadurch wird aber nicht nur die Entwicklung des vollen Heizwertes, sondern gleichzeitig und in etwa gleichem Maße die Rauchgasbildung vermindert, und η, das ebenfalls im Nenner der Gl. (15–5) erscheinen müßte, hebt sich weg. Der Feuerungswirkungsgrad bzw. die Kohlenstoffverluste haben keinen Einfluß auf die theoretische Verbrennungstemperatur. Wird jedoch gleichzeitig die Wärmemenge q kcal/kg Brennstoff durch Strahlung abgegeben, so ist

$$\eta\, V c_{p_m} t = \eta\, H_u - q \qquad (15\text{–}6)$$

und daraus

$$t = \frac{H_u - \dfrac{q}{\eta}}{V c_{p_m}} . \qquad (15\text{–}7)$$

Hier liegt also ein temperatursenkender Einfluß des Feuerungswirkungsgrades vor, jedoch in ganz anderer Weise als ihn Gl. (15–5) angibt.

Die theoretische Verbrennungstemperatur läßt sich jedoch bei den wirklichen Verbrennungsvorgängen an keiner Stelle meßtechnisch nachweisen, sie hat daher lediglich die Bedeutung eines orientierenden oberen Grenzwertes. Dies ist auf zwei Ursachen zurückzuführen, den zeitlichen und örtlichen Verlauf des Verbrennungsvorganges und die gleichzeitig mit der Wärmeentbindung einhergehende Wärmeabgabe der Flamme. Eine „wirkliche Verbrennungstemperatur" läßt sich daher überhaupt nicht definieren, da in einer Flamme und in noch stärkerem Maße in einem wassergekühlten Feuerraum alle Temperaturen auftreten in der weiten Skala der Temperatur im heißesten Flammenkern, der je nach Art des Brennstoffes und der Luftzuführung meist in der Nähe der Brennermündung auftritt, bis zu den weit abgekühlten Randzonen, besonders am Ende des Flammenweges. Angaben über „Feuerraumtemperaturen" sind daher wenig brauchbar, wenn nicht der Ort der Messung und die Meßmethode vermerkt sind. Oft wird unter Feuerraumtemperatur ein meist nicht genau definierter Mittelwert verstanden, gelegentlich auch die Feuerraumendtemperatur, die praktisch insofern wichtig ist, als sie (an Hand eines It-Diagramms) die Wärmeabgabe im Feuerraum erkennen läßt. Die theoretische Verbrennungstemperatur stellt also diejenige Temperatur dar, die sich einstellen würde, wenn sich die Umsetzungen der Verbrennungsreaktion mit unendlich großer Geschwindigkeit in unendlich kleinem Raum abspielen würden. Deutlich zeigen sich die Unterschiede an der Gasflamme eines Bunsenbrenners; bei guter Vermischung mit Erstluft erreicht die entleuchtete Flamme bei mäßigem Flammenvolumen hohe Temperaturen; nimmt man dann die Erstluft weg, so daß sich das Gas die Verbrennungsluft aus der Umgebung heranholen muß, so wird das Flammenvolumen erheblich größer, die Flamme wird leuchtend und die Temperaturen sinken bedeutend. Ähnlich liegen die Verhältnisse beim Schweißbrenner, bei dem

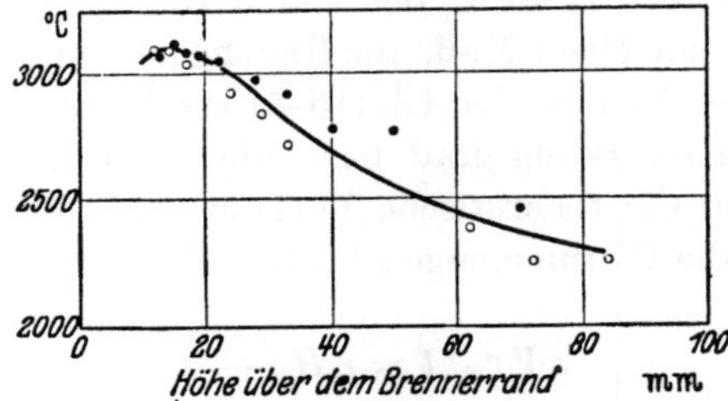

Abb. 15–2. Temperaturverlauf in der Azetylen-Sauerstoff-Flamme (nach HENNING und TINGWALDT)

die Erzeugung höchster Temperaturen angestrebt wird. Den Temperaturverlauf der Acetylenflamme nach Messungen von TINGWALDT[1] zeigt Abb. 15–2.

Verbrennungstemperaturen in der Kohlenstaubfeuerung

Der Verlauf der Temperaturen in einer Kohlenstaubbrennkammer (älterer Bauart) mit Umkehrflamme und Zweit- und Drittluftzuführung

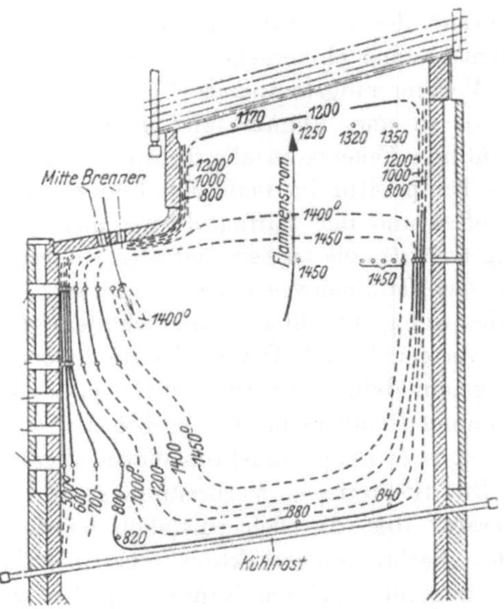

Abb. 15–3. Isothermen in der Mittelebene einer Kohlenstaubbrennkammer (nach E. KUHN)

---

[1] HENNING, F., u. C. TINGWALDT: Die Temperatur der Acetylen-Sauerstoff-Flamme. Z. Phys. 48 (1928) H. 11/12 S. 805—823.

(unter mäßigem Überdruck) für einen Kessel von 48 t/h-Leistung, 313 m³ Brennkammerinhalt und 107000 kcal/m³ h Brennkammerbelastung ist in Abb. 15–3 wiedergegeben[1]. Die Temperaturspitze von 1625 °C wurde in der Nähe des Brenners außerhalb der Einflußzone der Drittluft in räumlich sehr eng begrenzten Stellen festgestellt, sie kommt in Abb. 15–3 nicht zum Ausdruck, da sie nur seitlich am Flammenrand,

also außerhalb der dargestellten Meßebene auftritt, wie Abb. 15–4 zeigt.

Abb. 15–5 zeigt den Temperaturverlauf in einem mit rheinischer Braunkohle eckengefeuerten 175 t/h-Kessel ohne und Abb. 15–6 in einem entsprechenden 175 t/h-Kessel mit Brüdentrennung (nach TRENKLER[2]). Schließlich gibt Abbildung 15–7 den Tempe-

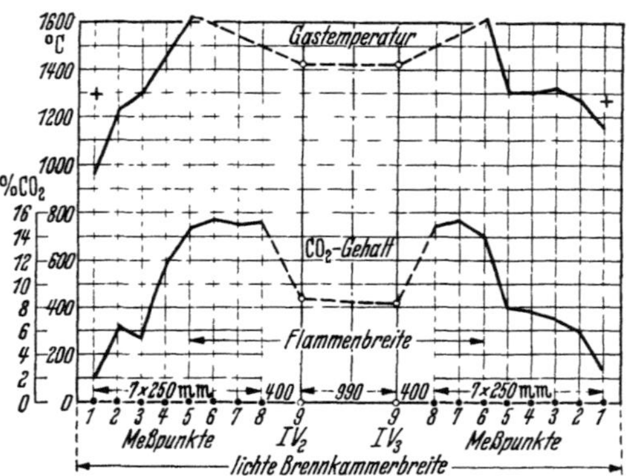

Abb. 15–4. Temperaturen in einer waagerechten Meßebene (1200 mm unterhalb der Brennermündung) der Kohlenstaubbrennkammer nach Abb. 15–3

raturverlauf im Feuerraum eines Schmelztrichterkessels wieder (nach G. NOETZLIN[3]).

Umfangreiche Untersuchungen an großen staubgefeuerten Kesseln sind von einem Unterausschuß der American Society of Mechanical Engineers (ASME) durchgeführt worden[4]. Die im Feuerraum abgegebene

---

[1] KUHN, E.: Versuche über Temperaturverteilung, Wärmeabgabe und Verbrennungsverlauf in einem neuzeitlichen Kohlenstaubkessel. 21. Berichtsfolge des Kohlenstaubausschusses des Reichskohlenrats, Berlin 1930.

[2] TRENKLER, H.: Feuerungs- und rauchgasseitige Messungen an großen Braunkohlenkesseln. Mitt. VGB H. 60 (1959) S. 135—159. — Vgl. auch R. MÜLLER u. H. TRENKLER: Ecken- und Frontfeuerung. Mitt. VGB H. 47 (1957) S. 87—94.

[3] NOETZLIN, G.: Temperatur- und Verbrennungsverlauf im Feuerraum eines Schmelztrichterkessels. Mitt. VGB H. 22 (1953) S. 300—320.

[4] An investigation of the variation in heat absorption in a pulverized-coal-fired water-cooled steam-boiler furnace; L. B. SCHUELER: Variations in heat absorption as shown by measurement of surface temperature of exposed side of furnace tubes. Trans. ASME 70 (1948) S. 553—567. — REID, W. T., P. COHEN u. R. C. COREY: Furnace heat absorption efficiency as shown by the temperature, composition, and flow of gases leaving the furnace. Trans. ASME 70 (1948) S. 569 bis 585. — MUMFORD, A. R., u. C. G. R. HUMPHREYS: Variation in heat absorption as shown by density and velocity measurements of fluid within a tube. Trans. ASME 70 (1948) S. 587—609. — MUMFORD, A. R., u. G. W. BICE: Comparison and correlation of the results of furnace heat-absorption investigations. Trans. ASME 70 (1948) S. 601—614, — Diskussion S. 615—619.

Wärme in Prozent der im Feuerraum entbundenen Wärme hängt danach ab 1. von der verfügbaren Wärmemenge, 2. dem Luftüberschuß, 3. der Flammenrichtung (z. B. bei nach oben und unten schwenkbaren

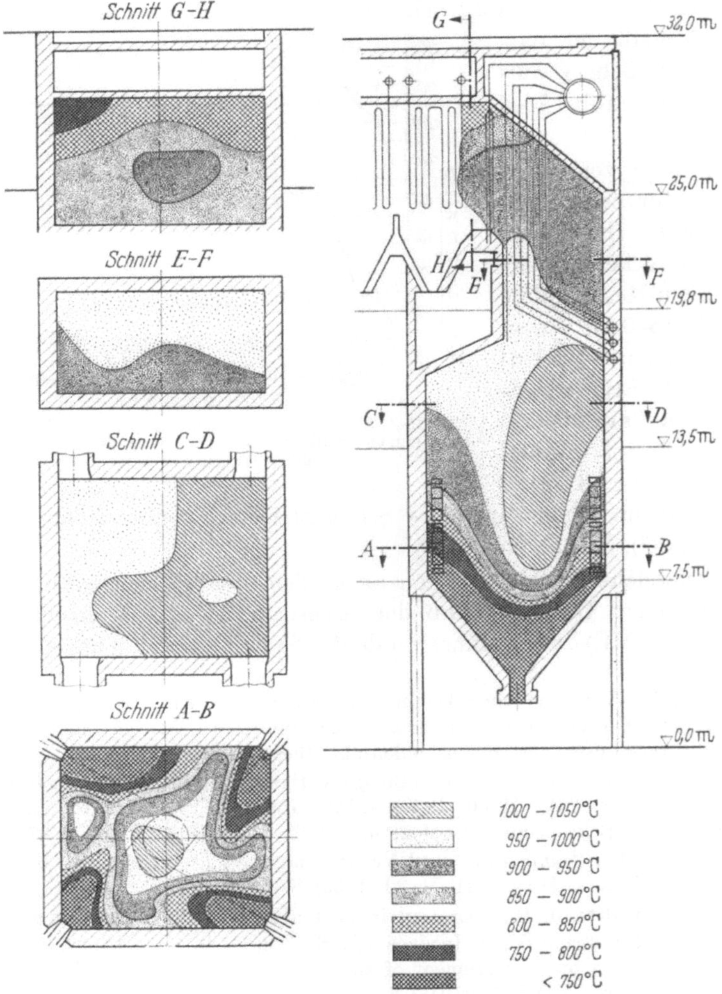

Abb. 15-5. Rauchgastemperaturen in einem 175 t/h-Kessel (übliche Staubfeuerung; nach TRENKLER)

Brennern, wodurch der wirklich genutzte Feuerraum vergrößert oder verkleinert werden kann), und 4. der Reinheit (Verschlackungsgrad) der strahlungsaufnehmenden Heizflächen. Abb. 15–8 gibt die Ergeb-

nisse für praktische „reine" Heizflächen wieder. Bei Verschmutzung der
Heizflächen verringert sich die Wärmeaufnahme auf 98 bis 86% (lokal

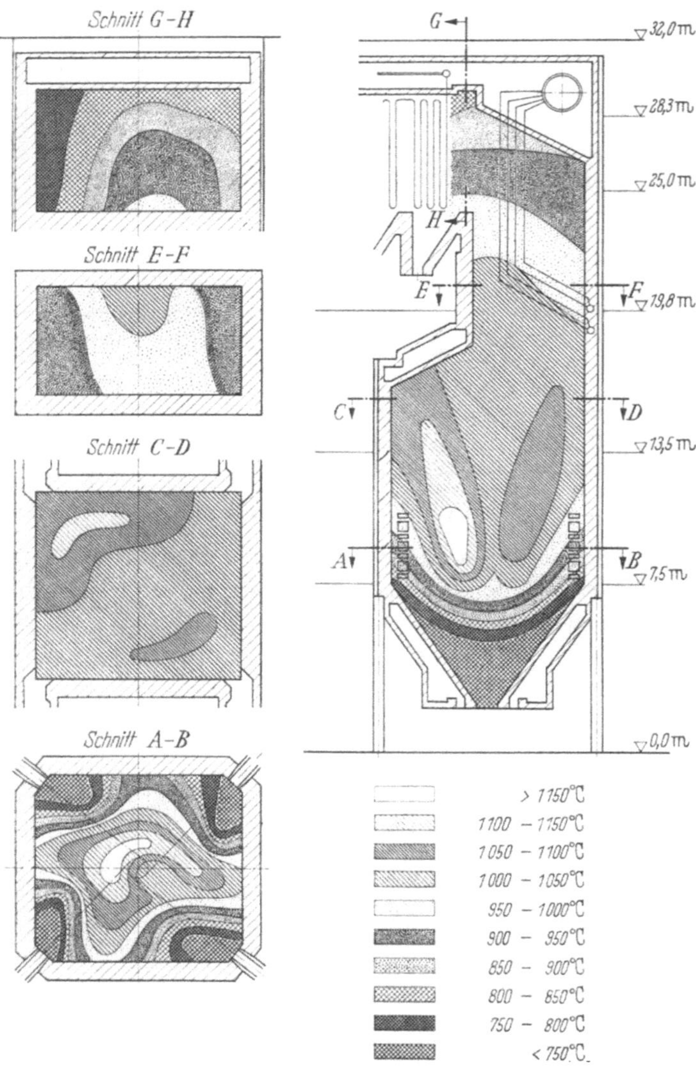

Abb. 15-6. Rauchgastemperaturen in einem 175 t/h-Kessel (Staubfeuerung mit Brüdentrennung;
nach TRENKLER)

bis auf 68%) des Wertes der reinen Heizfläche, wobei natürlich die grundsätzliche Schwierigkeit in der Definition oder der meßtechnischen Erfassung des Verschmutzungsgrades liegt.

Die Berechnung der **Wärmeabstrahlung** in einer Kohlenstaubfeuerung in ihrer heute vorherrschenden Form als allseitig gekühlte
Brennkammer, bei der also die gesamte Wärmeentwicklung im Feuer-

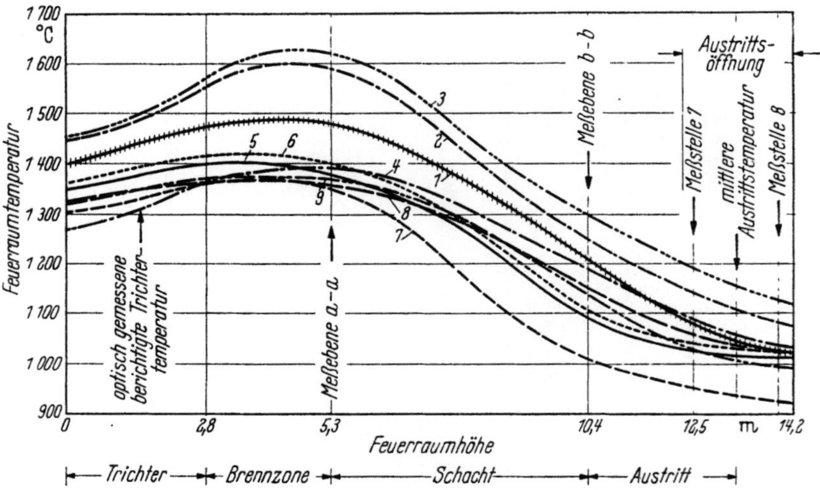

Abb. 15-7. Temperaturverlauf im Feuerraum eines Schmelztrichterkessels (nach NOETZLIN)

raum unter gleichzeitiger starker Wärmeabgabe vor sich geht, muß von
der *Abbrandkurve* als wesentlicher Voraussetzung ausgehen. Die Ab-

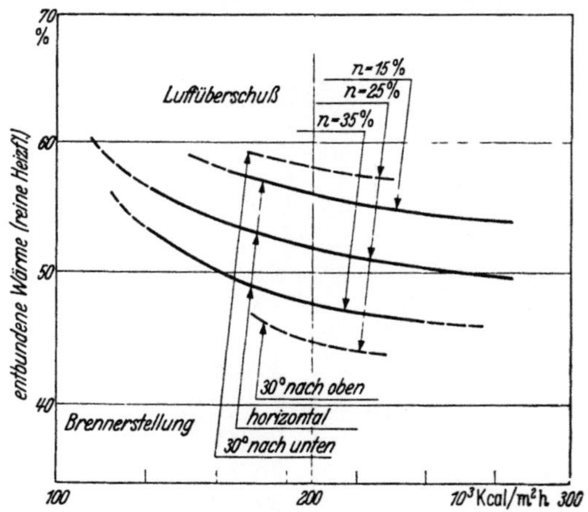

Abb. 15-8. Wärmeaufnahme (in % der entbundenen Wärme) von wassergekühlten Kohlenstaub-
brennkammern in Abhängigkeit von der Belastung, dem Luftüberschuß und der Brennerstellung
(nach MUMFORD und BICE)

brandkurve (Abb. 15-9) ergibt sich aus der Siebanalyse bzw. der Kornverteilungskurve und der Brennzeit der einzelnen Kornanteile. Die
Siebanalyse ist als gegeben anzusehen, sie ist natürlich in gewissem

Maße von der Charakteristik der verwendeten Kohlenmühle abhängig, die Brennzeit kann mit befriedigender Genauigkeit errechnet werden[1, 2].

Werden in der Zeit z_a die Anteile a, in z_b b usw. vollständig verbrannt, so ist der Abbrand in der Zeit z_a

$$a' = a + b\frac{z_a}{z_b} + c\frac{z_a}{z_c} + d\frac{z_a}{z_d} + \cdots = z_a \sum_{x=a}^{x=x} \frac{x}{z_x}, \qquad (15\text{-}8)$$

der Abbrand nach Ablauf der Zeit z_b

$$b' = a + b + c\frac{z_b}{z_c} + d\frac{z_b}{z_d} + \cdots = a + z_b \sum_{x=b}^{x=x} \frac{x}{z_x}, \qquad (15\text{-}9)$$

usw. bis

$$x' = a + b + c + d \cdots = 100\% \, B,$$

d. h. bis aller Brennstoff (B) restlos verbrannt ist.

Sind im Brennstoff Bestandteile enthalten, bei welchen die vorhandene Zeit nicht zum Ausbrand ausreicht, so erhält man einen Verlust durch das Austragen von unverbranntem Brennstoff. Ist z_m die Brennzeit des nicht mehr verbrannten, z_{m-1} die des eben noch verbrannten Brennstoffes, so ist der Verlust in Prozent

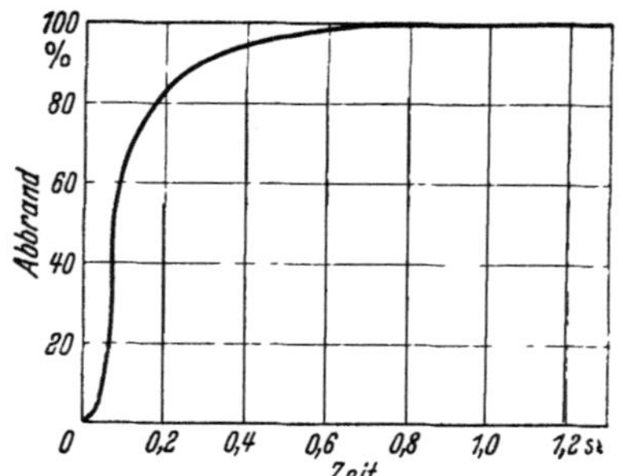

Abb. 15-9. Abbrandkurve

$$m\left(1 - \frac{z_m - 1}{z_m}\right) \; \%, \qquad (15\text{-}10)$$

oder wird $(m-1)$ und (m) nicht mehr verbrannt, so ist der Verlust

$$(m-1)\left(1 - \frac{z_m - 2}{z_m - 1}\right) + m\left(1 - \frac{z_m - 2}{z_m}\right) \; \% \qquad (15\text{-}11)$$

usw.

Die Methode zur Berechnung der Wärmeabgabe einer Kohlenstaubflamme in ganz gekühlten Feuerräumen besteht nunmehr darin, daß die Vorgänge der Verbrennung in *gleiche Zeitabschnitte* (z. B. $^1/_{10}$ s) *unterteilt* und jeder Zeitabschnitt sowie der in diesem Zeitintervall durchmessene Raum rechnerisch behandelt wird, wobei der Endzustand des vorhergehenden Zeitintervalls den Anfangszustand des zu betrachtenden liefert. Lediglich für das erste Zeitintervall sind gewisse Annahmen zu machen, die aber selbst dann, wenn sie unzutreffend sein sollten, kaum einen Einfluß auf das Endergebnis ausüben können.

---

[1] Gumz, W.: Theorie und Berechnung der Kohlenstaubfeuerungen, Berlin 1939.
[2] Vgl. Gl. (21-8) S. 471. Beispiele für die Brennzeit von Steinkohlenstaub zeigt Abb. 21-4 und von Braunkohlenstaub Abb. 21-3 u. 21-4 S. 472.

Hierbei kann verschiedenartiges Zündverhalten der verschiedenen Staubarten entsprechend berücksichtigt werden.

Man teilt nun die Abbrandkurve in gleiche Zeitabschnitte z (für den letzten Teil der Kammer können diese Abschnitte größer gemacht werden als für den ersten) und ermittelt gleichzeitig den in jedem Zeitabschnitt auftretenden Luftüberschuß. Wird der gesamte Brennstoff mit der gesamten Verbrennungsluft $n\,L_{\min}$ je kg B verbrannt, so ist die Luftüberschußzahl n, verbrennen dagegen (in dem betrachteten Zeitabschnitt) nur x kg B ($x < 1$), so ist der wirkliche Luftüberschuß größer, und zwar ist

$$n' = \frac{n}{x}.\tag{15-12}$$

Zu berücksichtigen ist ferner dabei der Luftzuteilungsfaktor λ für den Fall, daß ein Teil der Verbrennungsluft erst später im Verlauf des Brennweges zugeführt wird.

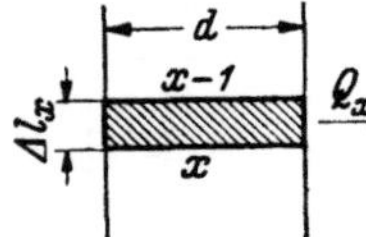

Abb. 15-10. Schema zur rechnerischen Behandlung des Zeitabschnitts x

Die Abstrahlung in jedem Zeitabschnitt wird nun im Sinne der Abb. 15-10 mit Hilfe eines It-Diagramms behandelt. In dem Abschnitt x, zu dessen Beginn der Anteil $(x-1)$, an dessen Ende der Brennstoffanteil x verbrannt ist, wird die Wärmemenge Q_x abgegeben. Die Länge dieses Abschnittes ergibt sich aus dem Produkt mittlerer Geschwindigkeit mal Zeit

$$\Delta l_x = w_{x_m}\Delta z_x,\tag{15-13}$$

$$w_{x_m} = \varepsilon\,(w_{(x-1)} + w_x).\tag{15-14}$$

Der Faktor ε liegt etwa zwischen 0,4 bis 0,6. Ist die Abbrandkurve in diesem Intervall geradlinig, so ist $\varepsilon = 0,5 \cdot w_{(x-1)}$ ist aus der Gasmenge, der Gastemperatur und dem gegebenen Querschnitt des vorangehenden Abschnitts $(x-1)$ bekannt, und

$$w_x = \frac{x\,B\,V_{n_z}\,T_x}{273 \cdot 3600 \cdot \dfrac{d^2\,\pi}{4}},\tag{15-15}$$

und nach Zusammenfassung einiger konstanter Glieder

$$w_x = 4{,}07 \cdot 10^{-6}\,\frac{x\,B\,V_{n_z}\,T_x}{d^2\,\pi}.\tag{15-16}$$

Es ist also

$$\Delta l_x = \varepsilon\left(w_{(x-1)} + 4{,}07 \cdot 10^{-6}\,\frac{x\,B\,V_{n_z}\,T_x}{d^2\,\pi}\right).\tag{15-17}$$

Die Wärmeabstrahlung des Gaszylinders von der Oberfläche $d\pi\,\Delta l_x$, dividiert durch die Brennstoffmenge $x\,B$, ist dann

$$q_x = \frac{Q_x}{x\,B} = \frac{d\pi\,\Delta l_x\,\tau\,C_x\left[\left(\dfrac{T_x}{100}\right)^4 - \left(\dfrac{T_R}{100}\right)^4\right]}{x\,B}.\tag{15-18}$$

Darin ist die Strahlungszahl

$$C_x = \frac{p_x\, C_0\, C_2}{C_0} = p_x\, C_R.$$

(15-19)

Der Faktor p_x, der mittlere Schwärzegrad des Abschnittes, kann an Hand der Abb. 15–11 je nach der Lage des jeweils untersuchten Abschnittes abgeschätzt werden[1]. C_2 ist die Strahlungszahl, T_R die absolute Temperatur der bestrahlten Rohroberfläche. Der etwaige, zeitliche Verlauf der Strahlungszahl muß nunmehr festgelegt werden. Zu Beginn des Vorganges wird $p\, C_2$ nach Abb. 4–5 S. 107 ermittelt, darauf wird aber durch den Abbau der Kohlenstoffskelette, wie schon aus Abb. 4–6 S. 108 hervorging, die Strahlungszahl schnell abnehmen und schließlich in den Wert $\psi\, C_0$ für reine Gasstrahlung einmünden. Eine größere Sicherheit wird man erhalten, wenn man den Verlauf der Strahlungszahlen an vorhandenen Anlagen mit gleichem oder sich ähnlich verhaltendem Brennstoff aus Messungen rückwärts bestimmen kann. MICHEL[1] hat dies für die schon früher angegebene Rechenmethode[2] durchgeführt und für einen allseitig

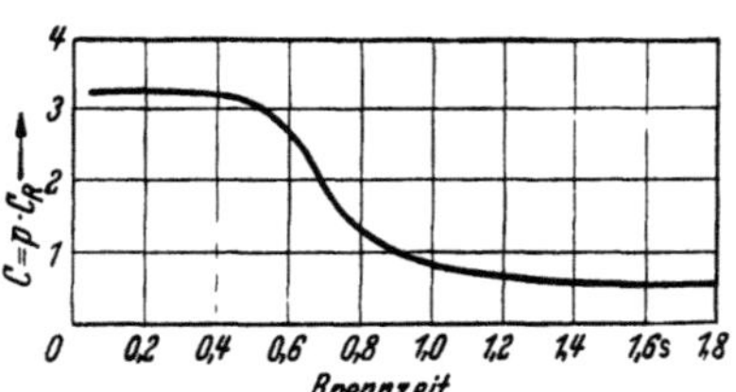

Abb. 15–11. Verlauf des Schwärzegrades einer Kohlenstaubflamme in Abhängigkeit von der Zeit (nach F. MICHEL) (zylindrischer Feuerraum, 5600 mm Durchmesser)

gekühlten, zylindrischen Feuerraum eines Bensonkessels, der die Eigenschaften eines betriebsgroßen Kalorimeters besitzt, den Verlauf der Strahlungszahlen ermittelt, wie er in Abb. 15–11 wiedergegeben ist.

Der Temperaturkorrekturfaktor

$$\tau = \frac{p_{xm}}{p_x} = \varepsilon\left[1 + \left(\frac{T_{(x-1)}}{T_x}\right)^4\right]$$

(15-20)

muß deshalb eingeführt werden, weil hier mit der Strahlung bei der Endtemperatur statt bei der Mitteltemperatur gerechnet wurde. ε (s. oben) meist $= 0{,}5$.

Hieraus erhält man schließlich durch einfache, für die Auswertung zweckentsprechende Umformungen das im Aufbau einfache, nur etwas vielgliedrige Endergebnis

$$q_x = \left[\frac{d\,\pi\, w_{x-1}}{x\, B} + 4{,}07 \cdot 10^{-6}\, \frac{V_{n_x}\, T_x}{d}\right] \Delta z_x\, \varepsilon\, \tau\, p_x\, C_2\, f(T_x).$$

(15-21)

Die Temperaturfunktion, der Einfachheit halber mit $f(T_x)$ bezeichnet, ist die bekannte in Gl. (4–2) auftretende Funktion.

---

[1] MICHEL, F.: Beitrag zur Berechnung von Kohlenstaubfeuerungen. Feuerungstechn. 24 (1936) H. 5 S. 77/78.

[2] GUMZ, W.: Die Wärmeübertragung in der Kohlenstaubfeuerung mit allseitig gekühltem Feuerraum. Feuerungstechn. 20 (1932) H. 4 S. 50—53.

Dieser Rechnungsgang ist auf alle Abschnitte nacheinander anwendbar, mit Ausnahme des ersten. Hier kann man unter Vernachlässigung der Vorgänge auf dem Zündwege annehmen, daß sich durch die eingesetzte Zündung und Gasbildung, durch die Warmluft und die Einmischung eine Anfangstemperatur von etwa 600 bis 700 °C einstellt, die sich in schneller Steigerung ($\varepsilon = 0{,}6$) dem zu errechnenden Endwert T_a nähert. Es ist nun

$$w_0 = \frac{B\,n\,\lambda\,L\,T_0}{3600 \cdot 273 \dfrac{d^2\,\pi}{4}}, \qquad (15\text{--}22)$$

$$w_a = \frac{a\,B\,V_{n_a}\,T_a}{3600 \cdot 273 \dfrac{d^2\,\pi}{4}}, \qquad (15\text{--}23)$$

$$\Delta l_a = w_{a_m}\Delta z_a, \qquad (15\text{--}24)$$

$$w_{a_m} = \varepsilon\,(w_0 + w_m)\,. \qquad (15\text{--}25)$$

Daraus ergibt sich:

$$q_a = 4{,}07 \cdot 10^{-6}\,\tau\,p_a\,C_2\,\frac{\varepsilon}{d}\left(n\,\lambda\,L\,T_0\,\frac{1}{a} + V_{n_a}\,T_a\right)\Delta z_a\,f(T_a)\,. \qquad (15\text{--}26)$$

Es ist hier also als Anfangsgasgemenge die Luftmenge L eingesetzt und gleichzeitig der Luftzuteilungsfaktor λ eingeführt, da gewöhnlich zu Beginn dieses ersten Abschnittes noch nicht alle Luft zugesetzt, also $\lambda < 1$ ist.

Die Luftzuteilung hat insofern eine große praktische Bedeutung, als die Rechnung zeigt, daß auch bei ganz gekühlten Feuerräumen infolge der starken Konzentration der Verbrennung auf die ersten drei Zehntel der Reaktionszeit kurz hinter dem Brenner Temperaturen von 1600 bis 1700 °C auftreten. Durch die Luftzuteilung

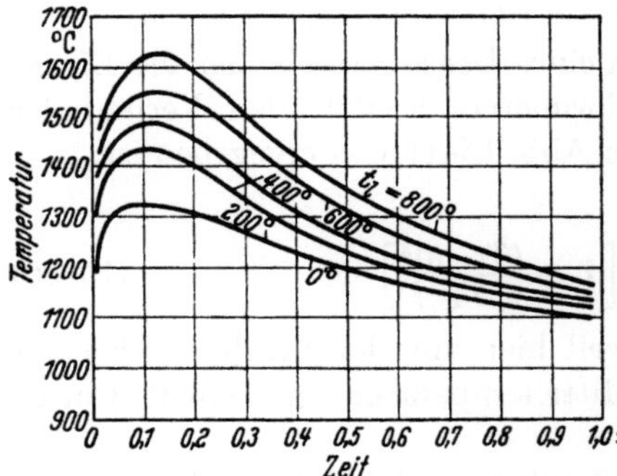

Abb. 15–12. Rechnungsmäßiger Temperaturverlauf in einer allseitig gekühlten Brennkammer bei verschiedenen Lufttemperaturen

hat man es in der Hand, den Verbrennungsvorgang etwas zu verschleppen (allerdings unter Verlängerung der Flamme) und so das Temperaturmaximum zu mildern und weiter vorzuverlegen.

Abb. 15–12 gibt zahlenmäßig die Endergebnisse eines durchgerechneten Beispiels für folgende Verhältnisse wieder: Brennkammerdurchmesser 3,7 m, Brennkammerhöhe 7 m, Brennkammerform zylindrisch, Brennstoffmenge 2300 kg/h, Verbrennungsluft (nur Primärluft) vorgewärmt auf 0 bis 800 °C. Man ersieht vor allem aus Abb. 15–12 die stark ausgleichende Wirkung der allseitig gekühlten Brennkammer. Die durch die Heißluft eingeführte Wärmemenge wird zum größten Teil durch Strahlung aufgenommen, und nur ein geringer Prozentsatz dient zur Erhöhung des Gaswärmeinhaltes.

Diese Berechnung dient dazu, die Endtemperatur am Ende der Brennkammer zu ermitteln. Sie kann dagegen keinen Anspruch darauf erheben, die Temperaturverteilung in der Brennkammer genau wiederzugeben. Die errechnete Flammenlänge ist eine ideelle, die von der wirklichen deshalb abweichen muß, weil die Geschwindigkeitsverteilung über dem mit ungleich temperierten Gasen erfüllten Querschnitt eine ganz andere ist, und weil die Flamme den Querschnitt keineswegs so voll ausfüllt, wie es die Rechnung annimmt. Aus diesem Grunde sollte die Rechnung nur auf die Normal- oder Maximallast des Kessels angewendet werden, nicht aber auf Teillasten, bei denen die Querschnittsbeanspruchung noch ungleichförmiger wird. Für die Bestimmung der Endtemperaturen dagegen ist diese Berechnungsmethode trotz der geschilderten Mängel vollkommen ausreichend, da die bewußt zugelassenen Fehler sich im Laufe des Verbrennungsvorganges innerhalb der Brennkammer ausgleichen. Durch vier an ganz gekühlten Brennkammern vorgenommene Versuche konnte eine Übereinstimmung bis auf etwa 20 bis 30 °C mit der Rechnung gefunden werden.

Es zeigt sich dabei, daß der Einfluß der spezifischen Feuerraumbelastung und der spezifischen Heizflächenbelastung, ausgedrückt durch verbrannte Kohlenmenge pro m² projizierte Heizfläche, nur einen verhältnismäßig geringen Einfluß auf die Höhe der Abstrahlung ausübt. Von großem Einfluß ist dagegen einerseits der Durchmesser d der Brennkammer und anderseits die Luftüberschußzahl n, am Ende der Brennkammer gemessen. Je kleiner der Durchmesser ist, desto größer ist die Abstrahlung, wobei sich bei kleinen Durchmessern Temperaturen von 800 bis 1000 °C ergeben, während große Durchmesser von 3 bis 4 und mehr Metern Temperaturen von 1100 bis 1200 °C erwarten lassen.

Andere Berechnungsmethoden lieferten WOHLENBERG und Mitarbeiter[1, 2], MULLIKIN[3], BROIDO[4], LEDINEGG[5] und HOTTEL und STEWART[6].

---

[1] Siehe Fußn. 1 S. 107.

[2] WOHLENBERG, W. J.: Heat transfer by radiation. Purdue University. Eng. Exp. Station Bull. 24 (1940) Nr. 75.

[3] MULLIKIN, H. F.: Evaluation of effective radiant heating surface and application of the Stefan-Boltzmann law to heat absorption in boiler furnaces. Trans. Amer. Soc. mech. Engrs. 57 (1935) S. 517.

[4] BROIDO, B. N.: Radiation in boiler furnaces. Trans. Amer. Soc. mech. Engrs. 47 (1925) S. 1123.

[5] LEDINEGG, M.: Berechnung des Temperaturverlaufs bei Kohlenstaub- und Ölfeuerungen. Wärme 60 (1937) Nr. 24/25 S. 359—365, 376—378.

[6] HOTTEL, H. C., u. I. McC. STEWART: Space requirement for the combustion of pulverized coal. Industr. Engng. Chem. 32 (1940) Nr. 5 S. 719—730.

In letzter Zeit wurden an den Versuchsöfen der Internationalen Flammen-forschungs-Gemeinschaft in Ijmuiden eingehende Versuche über die Verbrennung von Kohlenstaub durchgeführt. Allgemeingültige Gesetz-mäßigkeiten konnten bisher noch nicht angegeben werden[1]. Jedoch wurde die große Bedeutung der Brennerabmessungen und der aerodyna-mischen Verhältnisse im Feuerraum aufgezeigt[2].

Verbrennungstemperaturen in Gas- und Ölfeuerungen

Die für Kohlenstaubfeuerungen entwickelte Rechenmethode läßt sich grundsätzlich auch auf Ölfeuerungen anwenden, sofern die Tröpf-chengrößenverteilung bei der vorliegenden Art der Ölzerstäubung be-kannt ist. Eine Verfeinerung der Rechenmethoden [etwa über empirische Formeln wie Gl. (15–27) hinaus] müßte also mit dem Studium der Zer-stäubungsvorgänge beginnen. Die Brennzeit der Öltröpfchen kann dann in ähnlicher Weise, wie dies in Gl. (21–8) S. 471 für die Kohlenstaub-teilchen geschehen ist, berechnet werden. Sie liegt nach ALLNER[3] in der Größenordnung von etwa 0,2 bis 0,8 s.

Bei den Gasfeuerungen werden die Wärmeübergangsverhältnisse in hohem Maße davon abhängen, ob und wie stark die Flamme leuchtend ist und inwieweit es gelingt, durch geeignete Gas-Luft-Mischung und Vorerwärmung eine leuchtende Flamme zu erzielen. Völlig nicht-leuchtende Flammen kommen praktisch kaum vor, da eine gewisse Selbstkarburierung auch bei armen Gasen (Gichtgas) eintreten kann. Theoretische Voraussagen darüber sind jedoch beim gegenwärtigen Stand unserer Kenntnisse noch recht schwierig und unsicher, so daß man weit-gehend auf den Rückgriff auf ausgeführte Anlagen angewiesen ist. Jedoch dürften auch hier die Untersuchungen der Internationalen Flam-menforschungs-Gemeinschaft in Ijmuiden einen großen Schritt weiter-führen.

In Ijmuiden wurden bisher vor allem Diffusionsflammen von Gas oder Heizöl (Luft- oder Dampfzerstäubung) untersucht. Die wichtigsten Versuchsergebnisse wurden von KISSEL zusammengestellt[1]. Als erstes

---

[1] KISSEL, R. R.: Die Internationale Gemeinschaft für Flammenforschung, ihr Aufbau und die wichtigsten in ihrer Versuchsanstalt in Ijmuiden erzielten Er-gebnisse. BWK 12 (1960) Nr. 8 S. 340—346.

[2] LOISON, R., u. G. TISSANDIER: Premiers résultats obtenus sur la combustion du charbon pulverisé. 3ème Journée d'Etudes sur les Flammes, Paris 28 Février 1958, veröffentlicht durch Institut Français des Combustibles et de l'Energie. — THRING, M. W., u. E. H. HUBBARD: Radiation from certain pulverised fuel flames. 2nd Conference on Pulverised Fuel, Paper 4. — THRING, M. W., u. E. H. HUBBARD: Characteristics of turbulent jet diffusion flames. Symposium on Flames and In-dustry. J. Inst. Fuel, Okt. 1957, Paper 2.

[3] ALLNER, W.: Z. VDI 71 (1927) Nr. 13 S. 411—418.

zeigte sich, daß die Brennerkonstruktion keinen Einfluß auf die Flammenführung hat, wenn bei verschiedenen Bauarten der Impulsstrom, d. h. das Produkt aus Massenstrom des Brennmediums und dessen Ausströmungsgeschwindigkeit an der Brennermündung, konstant ist. Es wurden u. a. untersucht die Beziehungen zwischen Impulsstrom, Flammentemperatur und Flammenstrahlung, die Abhängigkeit der Flammenstrahlung von der Brennstoffart (C/H-Verhältnis) und der Art der Zerstäubung (Luft- oder Dampfzerstäubung) und die Beeinflussung der Flammentemperatur durch Luftüberschußzahl, Luftvorwärmung und Sauerstoffanreicherung der Verbrennungsluft[1].

Verbrennungstemperaturen in Rostfeuerungen

Rostfeuerungen sind als ausgesprochene Hochtemperatur-Feuerungen anzusehen. Bei Rostbelastungen von 100 bis 200 kg/m²h erreicht die Wärmeentbindung in der Schicht 4,4 bis 5,5 $\times$ 10⁶ kcal/m³h bei Fettkohle, wobei Temperaturspitzen von 1550 °C und mehr erreicht werden[2]. Eine Temperaturerniedrigung läßt sich beispielsweise durch das Verfahren der Rauchgasrückführung erreichen. (Siehe S. 363, 490 und 516.)

Bei Rostfeuerungen ist die Erfassung der Temperaturen wesentlich schwieriger als bei anderen Feuerungen. Wir müssen hier unterscheiden zwischen den Vorgängen im Brennstoffbett und den Vorgängen im Gasraum. Im Brennstoffbett tritt zunächst eine Trocknung und Erwärmung bis auf Zündtemperatur, gleichzeitig eine Entgasung ein. Da die schon gezündeten, meist kleineren Brennstoffteilchen (Zündnesterbildung) sehr viel Wärme zur Trocknung, Erwärmung und Entgasung der größeren abgeben müssen, tritt zunächst nur eine langsame Temperatursteigerung ein. In dem Maße, wie nach völliger Durchzündung des Brennstoffbettes die Verbrennung einsetzt, steigt die Temperatur dann sehr steil an, verlangsamt sich dann infolge Zunahme eines gleichzeitig auftretenden, bei hoher Temperatur vorherrschenden Vergasungsvorganges, erreicht einen Höchstwert, der etwa mit dem Höchstwert des CO_2-Gehaltes zusammenfällt, und geht dann wieder zurück, bedingt durch die

---

[1] RIVIÈRE, M.: Présentation des sixième et septième série d'essais industriels. 2ème Journée d'Etudes sur les Flammes, Paris 6 Décembre 1955, veröffentlicht durch Institut Français des Combustibles et de l'Energie. — HUBBARD, E. H.: The effect of mixing conditions and air preheat on the radiation from liquid fuel and coke-oven gas turbulent jet diffusion flames. J. Inst. Fuel, Okt. 1957, Paper 4.

[2] GUMZ, W.: Die Vorgänge in den Feuerungen bei hohen Temperaturen. Mitt. VGB H. 38 (1955) S. 3—16. — GUMZ, W.: Forschungsaufgaben und Entwicklungsansätze im Feuerungsbau. Mitt. VGB H. 54 (1958) S. 180—197. — GUMZ, W., H. KIRSCH u. M.-TH. MACKOWSKY: Schlackenkunde. Untersuchungen über die Minerale im Brennstoff und ihre Auswirkungen im Kesselbetrieb, Berlin/Göttingen/Heidelberg: Springer 1958, S. 257 ff.

zunehmende CO-Bildung und die Wärmeabgabe der Brennstoffschicht. Diese Vorgänge spielen sich örtlich und zeitlich verschieden ab, je nachdem ob der Brennstoff von oben aufgeworfen wird (Planrostfeuerung), den Feuerraum durchläuft (Wanderrost) oder von unten bzw. schräg in das Brennstoffbett hineingedrückt wird (Unterschubfeuerung). Ein Bild über die Temperaturverhältnisse in der Schicht eines Wanderrostes vermittelt Abb. 15–13 nach den Messungen von TANNER[1]. Am klarsten lassen sich die Verhältnisse an Koksschichten untersuchen, wie die Versuche von GRAMBERG[2], KREISINGER, OVITZ und AUGUSTINE[3], LEYE[4]

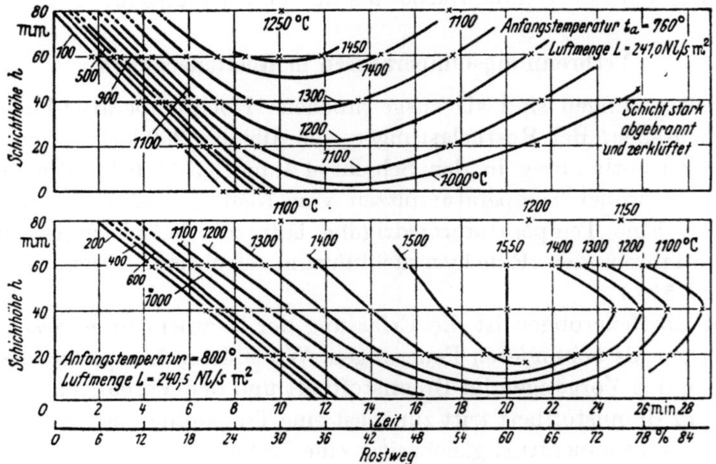

Abb. 15–13. Temperaturverteilung in der Schicht eines Wanderrostes bei Verfeuerung von Gaskohle (oben) und Eßkohle (unten) (nach TANNER)

u. a. zeigen. Der Temperaturverlauf[5] ist selbstverständlich abhängig vom Verbrennungsverlauf, er erweist sich überdies als beeinflußt von der spez. Rostbelastung (Abb. 15–14), von der Körnung, der Schichthöhe und der Reaktionsfähigkeit des Brennstoffes, der Lufttemperatur und

---

[1] TANNER, E.: Der Temperaturverlauf im Brennstoffbett und im Rost bei der Verbrennung von Steinkohle. Diss. Darmstadt 1933. — SCHULTE, F., u. E. TANNER: Z. VDI 77 (1933) H. 21 S. 565—572.

[2] GRAMBERG, A.: Die Verbrennung von Koks. Feuerungstechn. 6 (1917) H. 1 S. 1—3, H. 2 S. 20—25, H. 3 S. 33—36, — Maschinenuntersuchungen und das Verhalten der Maschinen im Betriebe, 2. Aufl., Berlin 1921, S. 123—134.

[3] KREISINGER, H., F. K. OVITZ u. C. E. AUGUSTINE: Combustion in the fuel bed of hand-fired furnaces. Fuel Sci. 14 (1935) H. 9 S. 271—276, H. 10 S. 296—299, H. 11 S. 331—337, H. 12 S. 364—370; 15 (1936) H. 1 S. 16—21 u. H. 2 S. 59/60, — Ref. Feuerungstechn. 24 (1936) H. 8 S. 144/45.

[4] LEYE, A. R.: Die Verbrennung auf dem Rost (Beitrag zur Kritik des Verbrennungsvorganges in glühenden Brennstoffschichten). Diss. Berlin 1933.

[5] Vgl. S. 479—491 und S. 504—518.

dem Wassergehalt der Luft u. a. m. Die CO-Bildung erweist sich, wie GRAMBERG gezeigt hat, als guter Temperaturregler, auch bei der Steigerung der Lufttemperatur durch Vorwärmung wirkt sich dies aus, wie die Versuche von NICHOLLS[1] erkennen lassen; etwa 50% des Wärmeinhaltes der Luft wird für die Reduktion verbraucht, der CO-Gehalt steigt, der CO_2-Gehalt sinkt, und ein größerer Anteil der Wärmeentbindung wird dadurch in den Feuerraum hineinverlagert, wodurch die Temperatursteigerung innerhalb der Schicht in sehr mäßigen Grenzen gehalten wird. Diese Verlagerung läßt sich noch weitertreiben und die

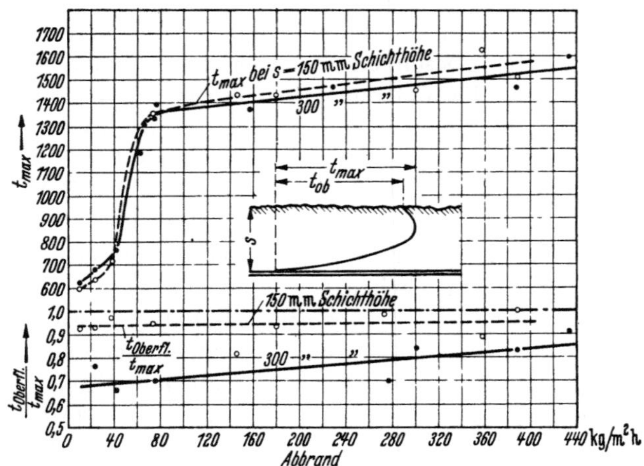

Abb. 15–14. Temperaturverlauf und Verhältnis der Maximaltemperatur zur Oberflächentemperatur in Abhängigkeit von der Rostbelastung (nach LEYE) (auf Grund von Messungen des Bureau of Mines)

Schichttemperaturen in weitgehendem Maße beeinflussen durch das bei der Generatorgaserzeugung gebräuchliche Mittel der Luftbefeuchtung (s. S. 490).

Die zweite Phase der Verbrennung, die Gasverbrennung im Feuerraum oberhalb der Brennstoffschicht, vollzieht sich, wie bei Gasfeuerungen auch, nach Maßgabe der Gas-Luft-Mischung. Das austretende Gas bringt in der Regel gar keinen Sauerstoff mehr mit; Sauerstoffüberschuß besteht bei der Wanderrostfeuerung über der vordersten Zone und vor allem in den letzten Zonen, wo die Schicht schon nahezu ausgebrannt und nur noch niedrig ist. Der Feuerraum muß daher in der Lage sein, Gas und Luft wirksam zu mischen, anderenfalls sind dazu besondere Hilfsmittel notwendig. Diese Mischung erfolgt

---

[1] NICHOLLS, P.: Underfeed combustion, effect of preheat, and distribution of ash in fuel beds. Fuel Sci. 14 (1935) H. 7 S. 205ff., — U. S. Bur. Mines Bull. 378, — Ref. Feuerungstechn. 24 (1936) H. 3 S. 41/42.

1. durch das vordere Gasführungsgewölbe (Zündgewölbe)[1],
2. durch das hintere Gasführungsgewölbe[2],
3. durch Anwendung hoher Feuerräume (langer Mischweg),
4. durch Zweitluftzuführung,
5. durch sonstige Wirbeleinrichtungen (Dampfzuführung, Feuer-raumeinschnürungen usw.).

Man erkennt daraus schon, daß die Gasverbrennung im Feuerraum in erster Linie ein Strömungsproblem ist, welche je nach der Konstruktion und nach Wahl der angegebenen Mittel zu einem ganz verschiedenen Verbrennungsverlauf und damit auch zu einem ganz verschiedenen Temperaturverlauf führen muß. Dazu kommt der Einfluß des Brennstoffes selbst, besonders sein Gehalt an Flüchtigen Bestandteilen, die Belastung, die anderen vorher erwähnten Einflüsse auf die Gasbildung, besonders die Vergasung in der Brennstoffschicht und die Wärmeabgabe des Brennstoffbettes und der Flamme. Diese ist wiederum abhängig von den absoluten Feuerraumausmaßen, der Belastung, der Heiz- bzw. Kühlflächenanordnung, dem Charakter der Flamme (stark, mäßig, nichtleuchtend) u. a. m. Unter diesen Umständen lassen sich allgemeine Aussagen nicht machen.

Die meisten Ansätze einer Temperaturberechnung in Rostfeuerungen gehen von (oftmals unzulässig) starken Vereinfachungen aus, indem sie die Brennstoffoberfläche als gleichmäßig strahlende Fläche annehmen oder eine oberhalb des Brennstoffbettes angenommene Strahlfläche, die das Brennstoffbett und die darüber entfaltete leuchtende Flamme umfaßt, zugrunde legen (vgl. auch S. 105). Der übrige Teil des Feuerraumes ist gaserfüllt, die Schwächung der Rost- und Flammenstrahlung durch seine Absorption muß also berücksichtigt werden, ebenso wie seine Eigenstrahlung. BAUMANN[3] hat einen Lokomotivkessel in diesem Sinne durchgerechnet; ferner sei verwiesen auf die Arbeiten von SEIBERT[4] und LEDINEGG[5]. JUNKERMANN[6] verfeinert das Verfahren durch Berücksichtigung der wirklichen, mit dem Rostweg (einer Wanderrostfeuerung) veränderlichen Rostleistung und der Wärmeentwicklung der im

---

[1] Die übliche Bezeichnung ist Zündgewölbe, weil es außerdem die Aufgabe besitzt, die Zündung zu bewirken oder zu unterstützen, die Aufgabe der Gasführung (Gasmischung) ist aber mindestens ebenso wichtig.

[2] Das hintere Gewölbe fehlt bei den meisten Kesselanlagen, es ist häufig in amerikanischen Konstruktionen anzutreffen.

[3] BAUMANN, E.: Der Wärmeübergang im Lokomotivkessel unter besonderer Berücksichtigung der Strahlung. Diss. Berlin 1927. Glasers Ann., Berlin 101 (1927) H. 8 u. 9 (Nr. 1208 u. 1209) S. 123—128 u. 135—141.

[4] SEIBERT, O.: Wärme 53 (1930) H. 28 S. 537—543.

[5] LEDINEGG, M.: Wärme 63 (1940) H. 33 S. 279—283.

[6] JUNKERMANN, W.: Stückiger Schwelkoks als Dampfkesselbrennstoff. Diss. Berlin 1938.

Feuerraum (seiner Annahme nach) gleichmäßig abbrennbaren Flüchtigen Bestandteile. In gleicher Weise müßten zusätzlich auch die durch Vergasung im Brennstoffbett entstehenden brennbaren Gase behandelt werden.

FRIEDRICH[1] hat im Feuerraum eines neuzeitlichen 600-m²-Wasserrohrkessels mit Wanderrostfeuerung (Rostfläche 7,56 m²) mit 4 m hohem Feuerraum und wassergekühlter Rückwand durch Messung folgende Aufteilung des Wärmeaustausches durch Strahlung gefunden:

Kesselbelastung	14,02 t/h (norm.) %	16,28 t/h (max.) %
Unmittelbare Roststrahlung	9,6	11,3
Mittelbare Wandstrahlung	36,7	39,8
Flammenstrahlung (ohne Gasstrahlung) .	26,4	21,7
Gasstrahlung	27,3	27,2
Gesamtstrahlung.	100,0	100,0
In % der zugeführten Wärme.	32,5	31,3
In % der Nutzwärme	38,4	37,3

Vereinfachte Berechnungen

Infolge der Umständlichkeit der Rechenmethoden, deren Sicherheit wegen der vielen vereinfachenden Annahmen ohnehin gering ist, ist es empfehlenswert, in Fällen, wo lediglich nach der insgesamt abgestrahlten Wärmemenge gefragt wird, einfachere, empirische Formeln anzuwenden. Die bekannteste ist die Formel von HUDSON-ORROK[2] und ihre neuere Umformung durch REID, COHEN und COREY[3]. Ein anderer neuerer Vorschlag stammt von KONAKOW[4].

Vereinfachte Berechnung nach Orrok. Die HUDSON-ORROK-Formel lautet[5]:

$$m = \frac{1}{1 + \dfrac{A}{55,24}\sqrt{B_v}} . \tag{15–27}$$

Darin ist m der Anteil der durch Strahlung aufgenommenen, zur gesamt entwickelten fühlbaren Wärme einschließlich etwaiger Wärme der Verbrennungsluft, A kg Luft je kg Brennstoff und B_v kg Verbrennliches

---

[1] FRIEDRICH, H.: Wärmeübertragung durch Strahlung im Feuerraum. Mitt. Forsch.-Anst. GHH-Konzern 1 (1932) H. 10 S. 227—243.

[2] ORROK, G. A., u. N. C. ARTSAY: Estimation of radiant heat exchange in boiler furnaces. Combustion, N. Y. 9 (1938) H. 10 S. 37—42.

[3] Siehe Fußn. 4 S. 375, dort S. 577.

[4] KONAKOW, P. K.: Wärmeübertragung in Kesselfeuerungen. Nachr. Akad. Wiss. UdSSR, Abt. Techn. Wiss., 1952, H. 3 S. 367—373. — Referat und Kommentar von S. TRAUSTEL in BWK 7 (1955) H. 3 S. 132/33.

[5] Die Formel nach Gl. (15–27) ist auf metrisches Maßsystem umgerechnet, im engl. Maßsystem lautet die Konstante 25.

im Brennstoff je m² projizierte Strahlungsfläche. Letztere ist bei d Durchmesser, c Rohrabstand und L Rohrlänge bei halb eingebetteten Rohren $F = \sum L\,d$, bei an das Mauerwerk anlehnenden Rohren $F = \sum L\,d\left(1 + \dfrac{c-d}{2c}\right)$, bei in einem Abstand vom Mauerwerk stehenden Rohren $F = \sum L\,d\left(1 + \dfrac{c-d}{c}\right)$ und bei mehrreihigen Rohren $F = \sum L\,d\left(\dfrac{c}{d} + \dfrac{c-d}{c}\right)$.

Die Formel wurde von ORROK und ARTSAY[1] mit zahlreichen Meßergebnissen an Kesseln und Öldestillationsanlagen geprüft; auch FRIEDRICH[2] stellt eine befriedigende Übereinstimmung mit dem von ihm untersuchten Wanderrostkessel fest (3% Abweichung). Die Formel ist für Rost-, Kohlenstaub- und Ölfeuerungen anwendbar.

REID, COHEN und COREY[3] haben die HUDSON-ORROK-Formel abgeändert in

$$m = \frac{100}{1 + C\,G\sqrt{Q}}; \tag{15--28}$$

darin bedeutet G das Rauchgasgewicht in kg/1000 kcal im Feuerraum entbundene Wärmemenge, Q die im Feuerraum entbundene Wärmemenge in 10^3 kcal je m² projizierte Strahlungsfläche, C eine empirische Konstante, die von der Bauart und Gestalt der Feuerung, dem Brennstoff und dem Verschmutzungsgrad der Heizflächen abhängt. Als Mittelwert für den untersuchten 215 t/h-Kessel kann bei „reinen" Heizflächen

$$C = 0,04$$

angenommen werden (mit Werten zwischen 0,0387 und 0,0442, hauptsächlich durch wechselnden Reinheitsgrad bedingt).

Die ORROK-Formel hat den grundsätzlichen Nachteil, daß sie den Verschlackungsgrad der Heizflächen nur in Form eines statistischen Mittelwertes des Reinheitsgrades erfaßt und die Brenneigenschaften der Kohle und die Strahlungseigenschaften der Flamme nicht berücksichtigt. An Hand der Messungen von NOETZLIN an einem Schmelztrichterkessel[4] war es jedoch möglich, die Formel zu überprüfen und zu erweitern[5].

Die erweiterte Form der Gl. (15--28) lautet für die abgestrahlte Wärmemenge in Prozent der gesamten in der Brennkammer entwickelten Wärmemenge:

$$m = \frac{100}{1 + f_v\,C\,G\,\sqrt{Q}} \cdot f_K. \tag{15--29}$$

---

[1] Siehe Fußn. 2 S. 389.

[2] Siehe Fußn. 1 S. 389.

[3] Siehe Fußn. 4 S. 375, dort S. 577.

[4] NOETZLIN, G.: Temperatur- und Verbrennungsverlauf im Feuerraum eines Schmelztrichterkessels. Mitt. VGB H. 22 (1953) S. 300—320.

[5] GUMZ, W.: Die Vorgänge in den Feuerungen bei hohen Temperaturen. Mitt. VGB H. 38 (1955) S. 3—16.

f_v ist ein Verschlackungsfaktor (1,08 für Schmelztrichterfeuerungen); f_K ist ein Kohlenfaktor zur Berücksichtigung von Brennzeit und Strahlungseigenschaften. Für Steinkohle mit einem Gehalt an Flüchtigen Bestandteilen von $v \geqq 20\%$ ist für $f_K = 1$; für Kohlen mit $v < 20\%$ ist $f_K = 1,34 - 0,017\ (v)$; z. B. für Magerkohlen ($v = 13\%$) wird also $f_K = 1,119$.

Der Vergleich zwischen den Versuchswerten und den nach Gl. (15–29) berechneten Werten ergab eine Genauigkeit von $\pm 3\%$. Die restlichen Abweichungen lassen keine Systematik erkennen und beruhen im wesentlichen auf Verschiedenheiten der Mischgüte, der Raumerfüllung (hoch oder tief liegendes Feuer), der Flugstaubrückführung oder der wechselnden Heizflächenreinheit. Diese Einflußgrößen kann die Formel nicht mehr erfassen.

Vereinfachte Berechnung nach Konakow. Eine angenäherte Berechnung der Temperatur der Verbrennungsgase am Austritt aus dem Feuerraum hat KONAKOW[1] unter einigen Vereinfachungen und Ähnlichkeitsvoraussetzungen angegeben. Die KONAKOWsche Formel lautet:

$$\left(\frac{T_2}{T_1}\right)^4 - Ko \left(1 - \frac{T_2}{T_1}\right) = 0. \tag{15–30}$$

In dieser Gleichung ist Ko die dimensionslose KONAKOW-Kennzahl, für die — nach einigen Umformungen[2] — folgende Beziehung gilt:

$$Ko = \frac{B(H_u + I_l)}{F\,z^4\,C_s\,T_1^4}. \tag{15–31}$$

In den Gln. (15–30) und (15–31) ist B der effektive Brennstoffverbrauch in kg/h; H_u der untere Heizwert des Brennstoffes in kcal/kg; I_l die Enthalpie der vorgewärmten Luft je kg verbrannten Brennstoffs in kcal/kg; F die projizierte bestrahlte Fläche in m²; C_s die Strahlungszahl des schwarzen Körpers; T_1 die verlustlose Verbrennungstemperatur des Brennstoffes, evtl. mit Luftvorwärmung, beim gegebenen (nicht theoretischen) Luftverhältnis, ohne Berücksichtigung der Rauchgasdissoziation; T_2 die Temperatur der Verbrennungsgase am Austritt aus dem Feuerraum. Die Temperaturen sind zur Vermeidung der Schreibweise $T/100$ in Hektograd (1 hgrd = 100 grd) absolut zu verstehen. Für den in Gl. (15–31) auftretenden „konventionellen Schwärzefaktor" z gilt folgende Beziehung:

$$z = \frac{T_g}{T_2} \sqrt[4]{\left(1 - \frac{T_0}{T_1}\right)\varepsilon}. \tag{15–32}$$

---

[1] KONAKOW, P. K.: s. Fußn. 4 S. 389.

[2] Diese Umformung wurde von W. GUMZ u. S. TRAUSTEL durchgeführt; vgl. W. GUMZ: Die Vorgänge in den Feuerungen bei hohen Temperaturen. Mitt. VGB H. 38 (1955) S. 3—16.

Hier ist ε der Schwärzegrad, T_g die Temperatur der Feuerraumstrahlung und T_0 die Bezugstemperatur für Enthalpiedifferenzen.

In den meisten Fällen kann man mit einem Schwärzefaktor $z = 0{,}923$ rechnen. Dann gilt mit $C_s = 4{,}96$ kcal/m$^2 \cdot$ h $\cdot$ hgrd^4

$$Ko = 0{,}278 \, \frac{B(H_u + I_l)}{F \, T_1^4}\,. \tag{15-33}$$

Gl. (15–30) läßt sich, wenn der Wert von T_2/T_1 gegeben ist, sehr leicht nach Ko auflösen. Für die Praxis muß man die Gl. (15–30) umgekehrt, bei gegebenem Ko nach T_2/T_1 auflösen. Die exakte Lösung ist sehr schwerfällig. Ersetzt man, nach Traustel und Gumz, die Funktion x^4 abschnittweise annähernd durch eine lineare Funktion von der Form $a\,x - b$, dann erhält man die folgende einfache Näherungslösung:

$$T_2/T_1 = 1 - \frac{p}{q + Ko}\,. \tag{15-34}$$

Die Konstanten p und q sind für verschiedene Bereiche von Ko der Zahlentafel 15–1 zu entnehmen. Ist Ko nach Gl. (15–33) ermittelt, dann liegen p und q fest, und T_2 kann nach Gl. (15–34) errechnet werden.

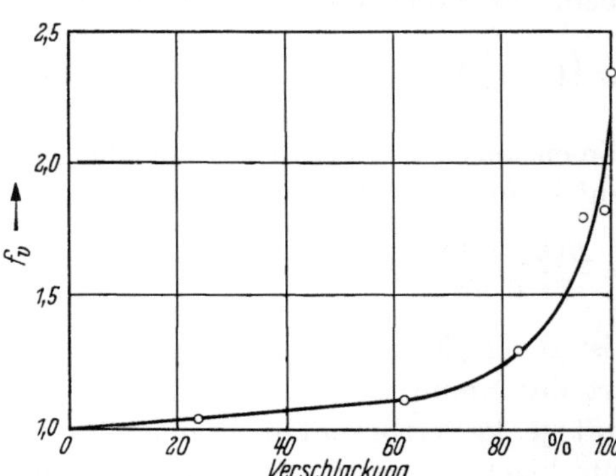

Abb. 15–15. Verschlackungsfaktor f_v in der modifizierten Konakow-Formel [Gl. (15–37)]

Bei teilverschlackten Heizflächen (Schmelztrichterfeuerungen; Schmelzfeuerungen mit zwei oder drei Kammern, von denen ein Teil verschlackt, ein Teil unverschlackt ist) oder vollverschlackten Heizflächen (Schmelzkammer- und Zyklonfeuerungen) muß ein Verschlackungsfaktor f_v eingeführt werden, der die Änderung der Kennzahl Ko bei Verschlackung berücksichtigt.

In Abb. 15–15 ist der Verschlackungsfaktor f_v als Funktion des Verschlackungsgrades (% verschlackte Fläche von der gesamten projizierten bestrahlten Fläche) dargestellt. Der Verlauf von f_v wurde durch Auswertung der Messungen von Noetzlin[1] und von Versuchsergebnissen der KSG, Stuttgart, gefunden[2]. Der Verschlackungsfaktor f_v ist wie folgt definiert:

$$f_v = Ko'/Ko\,. \tag{15-35}$$

---

[1] Noetzlin, G.: s. Fußn. 4 S. 390.
[2] Gumz, W.: s. Fußn. 5 S. 390.

Ko bezieht sich auf die unverschlackte, Ko' auf die verschlackte Heizfläche. Man erkennt in Abb. 15–15, daß der Faktor f_v, der bei reiner unverschlackter Heizfläche $= 1$ ist, zunächst nur sehr langsam, dann aber bei Verschlackungsgraden über 60% sehr schnell ansteigt, um bei voller Verschlackung den Wert 2,2 zu erreichen.

Schließlich konnte noch in Auswertung der Messungen von NOETZLIN[1] ein Faktor f_k zur Berücksichtigung der Verschiedenheit der Kohlenarten ermittelt werden[2]. Ist v der Gehalt der verfeuerten Kohle an Flüchtigen Bestandteilen in %, dann ist für Kohlen mit $v \leq 20\%$

$$f_k = 1{,}23 - 0{,}012 \cdot v. \tag{15-36}$$

Bei $v > 20\%$ ist $f_k \approx 1$.

Die modifizierte KONAKOW-Berechnung lautet damit:

$$T_2/T_1 = 1 - \frac{p}{q + \overline{Ko'}} \cdot f_k \tag{15-37}$$

mit f_v nach Abb. 15–15, $Ko' = f_v \cdot Ko$ gemäß Gl. (15–35), p und q passend zu Ko' nach Zahlentafel 15–1 und f_k nach Gl. (15–36).

Bei der Benutzung der ORROK- und der KONAKOW-Formel und ihrer Modifikationen muß man sich stets über deren halbempirischen Charakter und die dadurch beschränkte Genauigkeit und Anwendungsmöglichkeit im klaren sein.

Zahlentafel 15–1

Beiwerte für die Berechnung der Konakow-Kennzahl nach Gl. (15–34)

Ko bzw. Ko'	T_2/T_1	p	q
0	0		
		0,001	0,001
0,000111	0,1		
		0,0136	0,015
0,002	0,2		
		0,0536	0,065
0,0116	0,3		
		0,131	0,175
0,0427	0,4		
		0,247	0,369
0,125	0,5		
		0,398	0,671
0,324	0,6		
		0,572	1,105
0,8	0,7		
		0,749	1,695
2,048	0,8		
		0,903	2,465
6,561	0,9		
		1	3,439
∞	1		

---

[1] Siehe Fußn. 4 S. 390.   [2] Siehe Fußn. 5 S. 390.

16. Das *It*-Diagramm

Das *It*-Diagramm ist eine graphische Darstellung des Wärmeinhaltes (der Enthalpie) der Rauchgase, die aus einer Gewichtseinheit des Brennstoffs (bei Gasen aus einer Volumeinheit) gebildet werden, in Abhängigkeit von der Temperatur. Für feuerungstechnische Rechnungen ist es das einfachste und bequemste, 1 kg (bzw. 1 Nm³) als Bezugsgröße zu wählen, man erhält so das „spezielle *It*-Diagramm". Der Wunsch, etwa nach Art eines Dampfdiagramms mit einem einzigen Kurvenbild auszukommen, veranlaßte ROSIN und FEHLING[1], ein „allgemeines *It*-Diagramm" aufzustellen, welches den Wärmeinhalt eines Nm³ Rauchgas als Funktion der Temperatur zeigt, welches aber, da es auf statistisch gewonnenen Mittelwerten beruht, weniger, wenn auch meist ausreichend genau ist, aber doch eine große Anzahl von Hilfsdiagrammen erfordert. Dadurch ist der Vorteil des allgemeinen Diagramms zum Teil wieder aufgehoben und die Handhabung unbequemer. Obwohl man das „allgemeine *It*-Diagramm" vorzugsweise im Schrifttum zitiert findet, hat sich seine praktische Benutzung weit weniger durchgesetzt, und es ist neuerdings wieder stärker auf das „spezielle *It*-Diagramm" zurückgegriffen worden[2,3]. Der Vorteil des allgemeinen *It*-Diagramms liegt bei solchen Aufgaben, wo Vergleiche verschiedenartigster Brennstoffe angestellt werden sollen, der Vorteil des speziellen *It*-Diagramms da, wo eine vollständige Durchrechnung eines Kessels oder Ofens mit *einem* Brennstoff durchgeführt werden soll, wobei je nach Wahl des Maßstabes eine beliebig hohe Genauigkeit erzielt werden kann. Eine weitere Verbesserungsmöglichkeit liegt in der Wahl des aschefreien (aber wasserhaltigen) Brennstoffs als Bezugsgröße.

Das *It*-Diagramm hat seine Vorläufer in den ersten Vorschlägen zur graphischen Ermittlung der Verbrennungstemperatur[4] und in den graphischen Darstellungen des Wärmeinhaltes der Rauchgasbestandteile in Abhängigkeit von der Temperatur[5,6]. Seine erste planmäßige Verwendung zur Berechnung der Temperaturen bei verschiedenen Luftüberschüssen, Vorwärmtemperaturen und bei verschiedener Wärme-

---

[1] ROSIN, P., u. R. FEHLING: Das *It*-Diagramm der Verbrennung, Berlin 1929.

[2] LOSCHGE, A.: Die Dampfkessel, Berlin 1937.

[3] MARCARD, W.: Die Dampfkessel und Feuerungen einschließlich Hilfseinrichtungen, I, Sammlung Göschen Bd. 9, Berlin 1939, — Haustechn. Rdsch. 44 (1939) H. 21 S. 327—334.

[4] POLLITZER, F.: Z. angew. Chem. 35 (1922) H. 97 S. 683/84. — LE CHATELIER, H.: Le chauffage industriel, Paris 1920, S. 138—175.

[5] SCHRAML, F.: Feuerungstechn. 7 (1919) H. 15 S. 117—120, H. 16 S. 125 bis 129, — Mitt. d. Wärmestelle, 1922, Nr. 5.

[6] SCHÜLE, W.: Die thermischen Eigenschaften der einfachen Gase und der technischen Feuergase zwischen 0° und 3000 °C. Z. VDI 60 (1916) Nr. 31 S. 630 bis 638, Nr. 34 S. 694—697, — Technische Thermodynamik, 4. Aufl., Berlin 1923.

abstrahlung, besonders bei Kesselberechnungen, fand es 1926[1, 2]. Es erfolgte kurz darauf die Entwicklung des allgemeinen *It*-Diagramms durch ROSIN[3, 4] sowie eine große Anzahl weiterer Vorschläge zur Abwandlung des *It*-Diagramms[5] oder zu seiner Anwendung auf die verschiedensten Probleme[6], ein Beweis für die vielseitige Verwendbarkeit der graphischen Rechenmethode.

Zur Aufzeichnung eines *It*-Diagramms geht man folgendermaßen vor. Nach Durchrechnung der theoretischen Verbrennung ($n = 1$) trägt man den Wärmeinhalt des theoretischen Rauchgases in Abhängigkeit von der Temperatur auf; dabei bedient man sich zweckmäßig einer Enthalpie-Tafel, in welcher die Multiplikation der mittleren spez. Wärme mit der Temperatur bereits vorgenommen ist (s. Zahlentafel A–6 S. 690/91). Es genügt dabei meist, Temperaturstufen von 500 zu 500° oder höchstens von 250 zu 250 °C zu wählen. Addiert man nun zum Wärmeinhalt des

---

[1] GUMZ, W.: Die Verbrennungstemperatur und ihre graphische Ermittlung. Feuerungstechn. 14 (1926) H. 10 S. 109—112. Hier wurde erstmals die Bezeichnung ,,*It*-Diagramm" geprägt.

[2] GUMZ, W.: Die Ermittelung der Verbrennungstemperatur unter Berücksichtigung der Dissoziation. Feuerungstechn. 14 (1926) H. 22 S. 261—263 u. H. 23 S. 273—275.

[3] ROSIN, P.: Das *It*-Diagramm der Verbrennung und der Wirkungsgrad von Öfen. Z. VDI 71 (1927) H. 12 S. 383—388, fußend auf einem am 25. 11. 1926 gehaltenen Vortrag. Das *It*-Diagramm geht also nicht, wie im Schrifttum mehrfach behauptet [so J. C. BREINL u. W. LENZ: Z. VDI 85 (1941) H. 11 S. 259—264], erstmalig auf ROSIN zurück, dessen allgemeines *It*-Diagramm eine Kombination der unter Fußn. 4 bis 6, S. 394, und 1 bis 2, S. 395, genannten Arbeiten darstellt.

[4] Siehe Fußn. 1 S. 394.

[5] MÜNZINGER, F.: Berechnung und Verhalten von Wasserrohrkesseln, Berlin 1929, — Dampfkraft, 2. Aufl., Berlin 1933. — SCHULTES, W.: Arch. Wärmew. 13 (1932) H. 9 S. 243/44.

[6] GUMZ, W.: Beiträge zur Berechnung der Kohlenstaubfeuerungen. Feuerungstechn. 15 (1927) H. 15 S. 172—174, — Der Kohlenstoffverlust. Feuerungstechn. 15 (1927) H. 8 S. 85—88, — Die Verbrennung mit sauerstoffangereicherter Luft. Feuerungstechn. 16 (1927) H. 7 S. 73—76, H. 8 S. 88—90. — VOGEL, E.: Verbrennung von Kohle mit hohem Asche- und Wassergehalt. Arch. Wärmew. 9 (1928) H. 6 S. 189—192. — KROSTA, V.: Das Wärmeinhalt-Temperatur-Diagramm im Feuergastrocknungsbetrieb. Centralbl. Hütten- u. Walzwerke 32 (1928) H. 18 S. 284 bis 287. — D'HUART, K.: Das Wärmeinhalt-Temperatur-Diagramm im Kohlenstaubfeuerungsbetrieb. Centralbl. Hütten- u. Walzwerke 32 (1928) H. 16 S. 241 bis 249. — KOENIG, O.: Das Wärmeinhalt-Temperatur-Diagramm fester Brennstoffe. Wärme 51 (1928) H. 21 S. 379—382. — GUMZ, W.: Die wärmetechnische Berechnung von Dampfkesseln mit dem *It*-Diagramm. Feuerungstechn. 17 (1929) H. 5 S. 51—54. — MICHEL, F.: Einfluß der Luftüberschußzahl auf das Verhalten von Wasserrohrkesseln. Feuerungstechn. 18 (1930) H. 1 S. 5—9, — Dampfkesselberechnung und *It*-Diagramm. Feuerungstechn. 18 (1930) H. 17/18 S. 169—171, H. 19/20 S. 191—194. — RAMMLER u. BLASCHKE: Thermische Berechnungstafeln für Feuergastrockner (I. Teil). — Bericht E 10 des Reichskohlenrats, Berlin 1938. — ROSIN, P. O., u. H. R. FEHLING: The *It*-Diagram for incomplete and imperfect combustion. J. Inst. Fuel 16 (1942) Nr. 86 S. 20—25.

theoretischen Rauchgases den Wärmeinhalt der theoretischen Verbrennungsluftmenge, so erhält man den Wärmeinhalt des Rauchgases bei 100% Luftüberschuß ($n = 2$). Alle Zwischenwerte ergeben sich dann durch proportionale Teilung, da der Wärmeinhalt des Rauchgases eine lineare Funktion der Luftüberschußzahl ist. Der Schnittpunkt der It-Kurven mit einer im Abstand H_u gezogenen, zur t-Achse parallelen Geraden ergibt unmittelbar die theoretischen Verbrennungstemperaturen bei den betreffenden Luftüberschußzahlen. Trotz der gelegentlichen wohlbegründeten Empfehlung und Verwendung des oberen Heizwertes (der Verbrennungswärme) ist in diesem Falle die Benutzung des unteren Heizwertes vorzuziehen, da die It-Kurven sonst am Taupunkt durch die Verdampfungswärme des Wassers eine Unstetigkeit erhalten müßten.

Solange der Brennstoff nicht vorgewärmt wird, kann sein geringer Wärmeinhalt vernachlässigt werden; das ist aber selbstverständlich nicht mehr der Fall, sobald eine höhere Brennstoffvorwärmung stattfindet, die ja besonders bei den gasförmigen Brennstoffen beträchtlich sein kann. In diesem Falle ist der Wärmeinhalt des vorgewärmten Brennstoffs auf den Heizwert aufzuaddieren. Dasselbe gilt für die Vorwärmung der Verbrennungsluft mit dem Unterschied, daß mit wachsendem Luftüberschuß die Luftmenge und daher auch der Wärmeinhalt der Luft, bezogen auf die Gewichts- (bzw. Raum-) Einheit des Brennstoffs, zunimmt, und daß diese Wärmemenge zum Heizwert addiert keine achsenparallele Gerade mehr gibt, sondern eine gegen die Ordinatenachse hin ansteigende Kurve, die durch die Schnittpunkte der $(H_u + n \cdot I_L)$-Werte mit den $I_n t$-Linien hindurch verläuft. Die theoretischen Verbrennungstemperaturen sind, wie sich daraus ergibt, stets wesentlich kleiner als die Summe aus der theoretischen Verbrennungstemperatur ohne Vorwärmung und der Lufttemperatur.

Einfluß der Dissoziation

Sofern die Verbrennungstemperaturen 1500 °C überschreiten, treten eine Reihe von Zerfallsreaktionen auf, die einen erheblichen Einfluß auf die entbundene Wärme und damit auch auf die sich einstellende Verbrennungstemperatur ausüben. Hierzu gehören die Dissoziation der Kohlensäure und des Wasserdampfes, und bei noch höheren Temperaturen die Zerfallsreaktionen des molaren Wasserstoffs und Sauerstoffs in ihre Atome und die Bildung von Stickoxyd[1]. Die zu berücksichtigenden Reaktionsgleichungen und ihre Gleichgewichtskonstanten[2] lauten:

---

[1] Die Dissoziation des molaren in atomaren Stickstoff kann vernachlässigt werden.　[2] Zahlenwerte vgl. Zahlentafel A–8 S. 692/93.

$$CO_2 = CO + \tfrac{1}{2}O_2; \qquad K_1 = \frac{p_{CO}\sqrt{p_{O_2}}}{p_{CO_2}} \tag{16-1}$$

$$H_2O = H_2 + \tfrac{1}{2}O_2; \qquad K_2 = \frac{p_{H_2}\sqrt{p_{O_2}}}{p_{H_2O}} \tag{16-2}$$

$$H_2O = OH + \tfrac{1}{2}H_2; \qquad K_3 = \frac{p_{OH}\sqrt{p_{H_2}}}{p_{H_2O}} \tag{16-3}$$

$$H_2 = 2H; \qquad K_4 = \frac{p_H^2}{p_{H_2}} \tag{16-4}$$

$$O_2 = 2O; \qquad K_5 = \frac{p_O^2}{p_{O_2}} \tag{16-5}$$

$$\tfrac{1}{2}N_2 + \tfrac{1}{2}O_2 = NO; \qquad K_6 = \frac{p_{NO}}{\sqrt{p_{N_2}}\sqrt{p_{O_2}}}. \tag{16-6}$$

Zur Lösung stehen uns weiterhin die Kohlenstoff-, Wasserstoff-, Sauerstoff- und Stickstoffbilanz im undissoziierten und im dissoziierten Zustande zur Verfügung:

$$n_C = p_{CO_2} + p_{CO} + m\,p_{C_mH_n}, \tag{16-7}$$

$$n_{O_2} = p_{O_2} + p_{CO_2} + \tfrac{1}{2}p_{CO} + \tfrac{1}{2}p_{H_2O} + \tfrac{1}{2}p_{OH} + \tfrac{1}{2}p_O + \tfrac{1}{2}p_{NO}, \tag{16-8}$$

$$n_{H_2} = p_{H_2} + p_{H_2O} + \tfrac{1}{2}p_{OH} + \tfrac{1}{2}p_H + \tfrac{n}{2}p_{C_mH_n}, \tag{16-9}$$

$$n_{N_2} = p_{N_2} + \tfrac{1}{2}p_{NO}. \tag{16-10}$$

Im dissoziierten Zustand bezeichnen wir die entsprechenden Ausdrücke mit einem Stern, also n_C^*, $n_{O_2}^*$ usw., und es muß dann sein

$$\frac{n_C^*}{n_{H_2}^*} = \frac{n_C}{n_{H_2}}; \quad \frac{n_{N_2}^*}{n_{H_2}^*} = \frac{n_{N_2}}{n_{H_2}}; \quad \frac{n_{H_2}^*}{n_{O_2}^*} = \frac{n_{H_2}}{n_{O_2}}. \qquad \left\{ \begin{array}{l} (16\text{-}11) \\ (16\text{-}12) \\ (16\text{-}13) \end{array} \right.$$

Zur Lösung dieses Gleichungssystems liegen mehrere Vorschläge[1-5] vor, die teils auf Probieren beruhen, teils auch durch

---

[1] KÜHL, H.: Dissoziation von Verbrennungsgasen und ihr Einfluß auf den Wirkungsgrad von Vergasermaschinen. Forschungsheft 373, Berlin 1935.

[2] ZEISE, H.: Thermodynamische Berechnung von Verbrennungstemperaturen und Umsätzen in Gasgemischen bei strenger Berücksichtigung aller Spaltungsmöglichkeiten (I)/(II). Feuerungstechn. 26 (1938) Nr. 5 S. 145—148, Nr. 9 S. 278 bis 282, — Ein neues Verfahren zur Berechnung von Verbrennungstemperaturen und seine Anwendung auf Gemische aus Alkoholdampf, Wasserdampf und Sauerstoff. Z. Elektrochem. 45 (1939) Nr. 6 S. 456—463.

[3] DAMKÖHLER, G., u. R. EDSE: Zusammensetzung dissoziierender Verbrennungsgase und die Berechnung simultaner Gleichgewichte. Z. Elektrochem. 49 (1943) Nr. 3 S. 178—186.

[4] RITTER V. STEIN, M.: Verfahren zur Berechnung der Flammentemperaturen, der Enthalpie und Entropie von Feuergasen. Forsch. Ing.-Wes. 14 (1943) Nr. 5 S. 113—123.

[5] KANDINER, H. J., u. S. R. BRINKLEY jr.: s. Fußn. 2 S. 438.

Vernachlässigung einiger dieser Zerfallsreaktionen etwas vereinfacht sind, teils aber auch mathematisch recht elegante Lösungsverfahren anwenden, Verfahren, wie sie bei dem verwandten Problem der Berechnung der Gaszusammensetzung im Gleichgewichtszustand bei der Vergasung von Kohlenstoff zur Anwendung kommen (vgl. S. 430).

Das im folgenden beschriebene Rechenverfahren stützt sich auf den Ansatz von DAMKÖHLER und EDSE[1] und die Lösung nach dem „Drei-Punkt-Verfahren" von TRAUSTEL[2]. Gesucht wird die Gaszusammensetzung im dissoziierten Zustand. Dazu geht man von zwei angenommenen Werten, z.B. p_{H_2O} und p_{O_2}, aus und kann dann alle übrigen Werte nach Gl. (16–1) bis (16–10) in einfacher Weise ableiten. Das TRAUSTELsche Drei-Punkt-Verfahren besteht nun darin, daß man nicht *einen* Wert für p_{H_2O} und *einen* für p_{O_2} annimmt, sondern drei (x_1, x_2 und x_3) für p_{H_2O} und

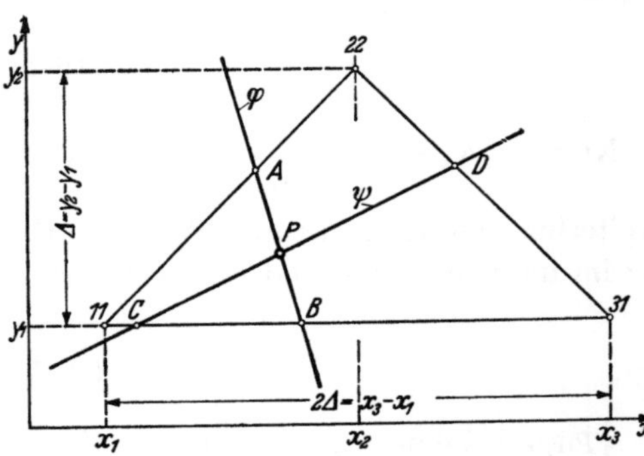

Abb. 16–1. Drei-Punkt-Methode (nach S. TRAUSTEL).
11, 31, 22 = angenommene Wertepaare, P = gesuchte Lösung

zwei (y_1 und y_2) für p_{O_2}, die derart in einem, die gesuchte Lösung möglichst umschließenden Dreieck (s. Abb. 16–1) angeordnet sind, daß

$$x_2 - x_1 = x_3 - x_2 = y_2 - y_1 = \Delta \qquad (16\text{–}14)$$

ist.

Wir gelangen so zu folgendem Rechenschema:

1. Annahme	x_1	x_2	x_3
[Δ nach Gl. (16–14)]	y_1	y_2	y_1

Nach Gl. (16–1) bis (16–5) in logarithmierter Form

$$\log \frac{p_{CO}}{p_{CO_2}} = \log K_1 - \frac{1}{2} \log p_{O_2},$$

$$\log p_{H_2} = \log K_2 + \log p_{H_2O} - \frac{1}{2}\log p_{O_2},$$

$$\log p_{OH} = \log K_3 + \log p_{H_2O} - \frac{1}{2}\log p_{H_2},$$

$$\log p_{H} = \frac{1}{2}\log K_4 + \frac{1}{2}\log p_{H_2},$$

$$\log p_{O} = \frac{1}{2}\log K_5 + \frac{1}{2}\log p_{O_2}.$$

Sodann sucht man die zugehörigen numeri und findet den Rest der Gasbestandteile wie folgt:

---

[1] Siehe Fußn. 3 S. 397.

[2] TRAUSTEL, S.: Zur Berechnung von Vergasungsgleichgewichten. Feuerungstechn. 31 (1943) Nr. 7/8 S. 111–114.

$n_{\mathrm{H}_2}^*$ ist bekannt, da alle Wasserstoffträger im dissoziierten Gas bereits bestimmt sind,

$$n_{\mathrm{C}}^* = n_{\mathrm{H}_2}^* \frac{n_{\mathrm{C}}}{n_{\mathrm{H}_2}} \; ; \qquad n_{\mathrm{N}_2}^* = n_{\mathrm{H}_2}^* \frac{n_{\mathrm{N}_2}}{n_{\mathrm{H}_2}} \, ,$$

$$p_{\mathrm{CO}_2} = \frac{n_{\mathrm{C}}^*}{1 + \dfrac{p_{\mathrm{CO}}}{p_{\mathrm{CO}_2}}} \, ,$$

$$p_{\mathrm{CO}} = n_{\mathrm{C}}^* - p_{\mathrm{CO}_2} \, ,$$

$$a = \tfrac{1}{4} K_6^2 p_{\mathrm{O}_2} \, ,$$

$$b = n_{\mathrm{N}_2}^* K_6^2 p_{\mathrm{O}_2} \, ,$$

$$p_{\mathrm{NO}} = a + \sqrt{a^2 + b} \, , [1]$$

$$p_{\mathrm{N}_2} = n_{\mathrm{N}_2}^* - \tfrac{1}{2} p_{\mathrm{NO}} \, .$$

Endlich wird noch $n_{\mathrm{O}_2}^*$ bestimmt. Wären die angenommenen Werte für $x = p_{\mathrm{H}_2\mathrm{O}}$ und $y = p_{\mathrm{O}_2}$ richtig, so müßten die folgenden Kontrollgleichungen gelten:

$$\varphi = p_{\mathrm{CO}_2} + p_{\mathrm{CO}} + p_{\mathrm{H}_2\mathrm{O}} + p_{\mathrm{H}_2} + p_{\mathrm{O}_2} + p_{\mathrm{H}} + p_{\mathrm{O}} +$$
$$+ \, p_{\mathrm{OH}} + p_{\mathrm{NO}} + p_{\mathrm{N}_2} - 1 = 0 \, , \tag{16-15}$$

$$\psi = \frac{n_{\mathrm{H}_2}^*}{n_{\mathrm{O}_2}^*} - \frac{n_{\mathrm{H}_2}}{n_{\mathrm{O}_2}} = 0 \, . \tag{16-16}$$

Man erhält somit drei Werte $\psi_{11}, \psi_{22}, \psi_{31}$ und $\varphi_{11}, \varphi_{22}, \varphi_{31}$, die für die Errechnung verbesserter Schätzwerte benutzt werden können[2]. Man erhält diese verbesserten x- und y-Werte nach dem Schema

$$A = \frac{-\varphi_{11}}{\varphi_{31} - \varphi_{11}} \, , \qquad B = \frac{\varphi_{22} - \varphi_{11}}{\varphi_{31} - \varphi_{11}} \, , \tag{16-17, 16-18}$$

$$C = \frac{-\psi_{31}}{\psi_{11} - \psi_{31}} \, , \qquad D = \frac{\psi_{22} - \psi_{31}}{\psi_{11} - \psi_{31}} \, . \tag{16-19, 16-20}$$

$$y = y_1 + \varDelta \frac{1 - (A + C)}{1 - (B + D)} \, , \tag{16-21}$$

$$x = x_1 + \varDelta 2 A + (1 - B)\,(y - y_1) \, . \tag{16-22}$$

Mit diesen verbesserten Werten und nunmehr einem verkleinerten $\varDelta$-Wert (engere Eingrenzung der gesuchten Lösung) wird die Rechnung

---

[1] Zur Ableitung: Nach Gl. (16-6) ist

$$p_{\mathrm{N}_2} = \frac{p_{\mathrm{NO}}^2}{K_6^2 p_{\mathrm{O}_2}} \; ; \qquad p_{\mathrm{N}_2} - \tfrac{1}{2} p_{\mathrm{NO}} = n_{\mathrm{N}_2}^* = n_{\mathrm{H}_2}^* \frac{n_{\mathrm{N}_2}}{n_{\mathrm{H}_2}} \, ,$$

$$p_{\mathrm{NO}}^2 + \tfrac{1}{2} K_6^2 p_{\mathrm{O}_2} p_{\mathrm{NO}} - n_{\mathrm{N}_2}^* K_6^2 p_{\mathrm{O}_2} = 0 \, ,$$

$$p_{\mathrm{NO}} = \tfrac{1}{4} K_6^2 p_{\mathrm{O}_2} + \sqrt{(\tfrac{1}{4} K_6^2 p_{\mathrm{O}_2})^2 + n_{\mathrm{N}_2}^* K_6^2 p_{\mathrm{O}_2}} \, .$$

[2] Auf die Ableitung dieser Formeln sei hier verzichtet und auf die Originalarbeit (s. Fußn. 2 S. 398) verwiesen.

so lange wiederholt, bis die gewünschte Genauigkeit erreicht ist, wozu im allgemeinen zwei bis drei Rechnungsgänge ausreichen.

Die Zahlenwerte für die benötigten Gleichgewichtskonstanten können nach Gl. (16–23) bestimmt werden, die auf Meßwerten und Arbeiten von Kassel[1], Zeise[2], Justi[3], Dwyer und Oldenberg[4] beruhen

$$\log K = A - \frac{B}{T} + C \log T. \qquad (16\text{–}23)$$

Die Konstanten A, B und C sind der Zahlentafel 16–1 zu entnehmen, daraus ermittelte Zahlenwerte sind in Zahlentafel A–8, Anhang, S. 692/93, zusammengestellt.

Zahlentafel 16–1. *Konstanten der Gl. (16–23) für die Gleichgewichtskonstanten nach Gl. (16–1) bis (16–6)*

	A	B	C	Gültigkeitsbereich °K
K_1	5,814 79	14 899,97	$-0,371 14$	1000—1750
K_1	8,225 25	15 391,9215	$-1,027 73$	1750—2500
K_1	7,824 76	15 321,07	$-0,918 21$	2500—3500
K_2	1,861 67	12 881,574	0,318 42	1000—3000
K_3	3,155 21	15 017,2893	0,154 02	1000—3000
K_4	3,296 09	22 817,16	0,788 69	1000—3000
K_5	5,480 89	26 146,30	0,394 81	1000—3000
K_6	0,672 07	4 879,79	$-0,002 079 9$	1000—3000

Zahlenbeispiel. Als Beispiel für die Gaszusammensetzung im dissoziierten Zustand betrachten wir die Verbrennung von Propan (C_3H_8) in Luft normaler Feuchtigkeit.

Zugrunde gelegte Luftzusammensetzung:

$$
\begin{array}{ll}
20,61\%\ O_2 & \\
76,60\%\ N_2 & O_{min} = 5\ Nm^3/Nm^3\ C_3H_8 \\
0,90\%\ Ar & \\
0,03\%\ CO_2 & L_{min} = \dfrac{100}{20,61} = O_{min}\ 24,262\ Nm^3/Nm^3\ C_3H_8 \\
1,86\%\ H_2O & \\
\hline
100,00\% &
\end{array}
$$

---

[1] Kassel, L. S.: J. Amer. chem. Soc. 56 (1934) S. 1838.

[2] Zeise, H.: Temperatur- und Druckabhängigkeit einiger technisch wichtiger Gasgleichgewichte. Z. Elektrochem. 43 (1937) Nr. 8 S. 704—708, — Genaue Werte der Gleichgewichtskonstanten und Dissoziationsgrade für einige wichtige Gasgleichgewichte. Z. Elektrochem. 48 (1942) Nr. 1 S. 23—26. — Zeise, H., u. S. Khodschaian: Einige technisch wichtige Gasgleichgewichte. Berichtigungen und Ergänzungen früherer Tabellen. Feuerungstechn. 28 (1940) Nr. 3 S. 54—56.

[3] Justi, E.: Spez. Wärme, Enthalpie, Entropie und Dissoziation technischer Gase, Berlin 1938, — Berichtigungen dazu: Feuerungstechn. 26 (1938) Nr. 10 S. 313—322, Nr. 12 S. 385.

[4] Dwyer, R. J., u. O. Oldenberg: The dissociation of H_2O into H + OH. J. chem. Phys. 12 (1944) Nr. 9 S. 351—361.

Dann ist für Punkt:

	11	22	31	(Kontrolle)
x = p_{H_2O}	0,150	0,151	0,152	0,15087
y = p_{O_2}	0,0136	0,0146	0,0136	0,01404
log p_{H_2O}	−0,82391	−0,82102	−0,81816	−0,82140
log p_{O_2}	−1,86646	−1,83565	−1,86646	−1,85263
log p_{CO}/p_{CO_2}	−1,37148	−1,37148	−1,37148	−1,37148
	+0,93323	+0,91783	+0,93323	+0,92632
	0,56175−1	0,54635−1	0,56175−1	0,55484−1
p_{CO}/p_{CO_2}	0,36454	0,35184	0,36454	0,35879
log p_{H_2}	−2,16075	−2,16075	−2,16075	−2,16075
	−0,82391	−0,82102	−0,81816	−0,82140
	+0,93323	+0,91783	+0,93323	+0,92632
	−2,05143	−2,06394	−2,04568	−2,05583
	0,94857−3	0,93606−3	0,95432−3	0,94417−3
p_{H_2}	0,00888	0,00863	0,00900	0,00879
log p_{OH}	−2,27299	−2,27299	−2,27299	−2,27299
	−0,82391	−0,82102	−0,81816	−0,82140
	+1,02572	+1,03197	+1,02284	+1,02792
	0,92882−3	0,93796−3	0,93169−3	0,93353−3
p_{OH}	0,00849	0,00867	0,00854	0,00858
log p_H	−1,53226	−1,53226	−1,53226	−1,53226
	−1,02572	−1,03197	−1,02284	−1,02792
	0,44202−3	0,43577−3	0,44490−3	0,43982−3
p_H	0,00277	0,00273	0,00279	0,00275
log p_O	−1,76959	−1,76959	−1,76959	−1,76959
	−0,93323	−0,91783	−0,93323	−0,92632
	0,29718−3	0,31258−3	0,29718−3	0,30409−3
p_O	0,00198	0,00205	0,00198	0,00201
$n^*_{H_2}$	0,16451	0,16533	0,16667	0,16533
n^*_C	0,11113	0,11168	0,11259	0,11168
$n^*_{N_2}$	0,68687	0,69029	0,69588	0,69029
1 + p_{CO}/p_{CO_2}	1,36454	1,35184	1,36454	1,35879
p_{CO_2}	0,08144	0,08261	0,08251	0,08219
p_{CO}	0,02969	0,02907	0,03008	0,02949
$10^5 K_6^2\, p_{O_2}$	3,938048	4,227611	3,938048	4,065456
$10^5 a$	0,98451	1,05690	0,98451	1,01636
$10^5 b$	2,70493	2,91828	2,74041	2,80634
p_{NO}	0,00521	0,00541	0,00523	0,00531
p_{N_2}	0,68687	0,69029	0,69588	0,69029
	−0,00261	−0,00271	−0,00262	−0,00266
	0,68426	0,68758	0,69326	0,68763
p_{Ar}	0,00830	0,00830	0,00830	0,00830
$n^*_{O_2}$	0,19273	0,19531	0,19503	0,19436
$n^*_{H_2}/n^*_{O_2}$	0,85358	0,84650	0,85459	0,85064
n_{H_2}/n_{O_2}	−0,85069	−0,85069	−0,85069	−0,85069
ψ	+0,00289	−0,00419	+0,00390	−0,00005
Σp	0,99462	1,00065	1,00729	0,99996
φ	−0,00538	+0,00065	+0,00729	−0,00004

Gaszusammensetzung im undissoziierten Zustand:

$$
\begin{aligned}
3 + 0{,}003 \;\cdot 24{,}262 &= 3{,}007\,28 \;\text{Nm}^3 = 11{,}45\% \;\; CO_2 \\
0{,}0090 \cdot 24{,}262 &= 0{,}218\,36 \;\text{Nm}^3 = 0{,}83\% \;\; \text{Ar} \\
4 + 0{,}0186 \cdot 24{,}262 &= 4{,}451\,27 \;\text{Nm}^3 = 16{,}95\% \;\; H_2O \\
0{,}7660 \cdot 24{,}262 &= 18{,}584\,69 \;\text{Nm}^3 = 70{,}77\% \;\; N_2 \\
\hline
V_{\min}\,(\text{Nm}^3/\text{Nm}^3\; C_3H_8) \;\; 26{,}261\,60 &\phantom{= 18{,}584\,69 \;\text{Nm}^3} = 100{,}00\%
\end{aligned}
$$

$$
n_C = 0{,}1145; \quad n_{H_2} = 0{,}1695; \quad n_{O_2} = 0{,}199\,25; \quad n_{N_2} = 0{,}7077;
$$

$$
\frac{n_C}{n_{H_2}} = 0{,}675\,52; \quad \frac{n_{N_2}}{n_{H_2}} = 4{,}175\,22; \quad \frac{n_{H_2}}{n_{O_2}} = 0{,}850\,69 .
$$

Die Rechnung wird für mehrere (mindestens drei) Temperaturen durchgeführt. Als Beispiel sei $t = 2250\,°C$ herausgegriffen. Dann ist

$$
\log K_1 = -1{,}371\,48; \quad \log K_2 = -2{,}160\,75; \quad \log K_3 = -2{,}272\,99
$$

$$
\tfrac{1}{2} \log K_4 = -1{,}532\,26; \quad \tfrac{1}{2} \log K_5 = -1{,}769\,59; \quad K_6 = 0{,}053\,811 .
$$

Wir schätzen $p_{H_2O} = 0{,}151$ und $p_{O_2} = 0{,}0141$ (2. Schätzung) und wählen $\varDelta = 0{,}001$.

$$
A = \frac{0{,}00538}{0{,}01267} = 0{,}42463 \qquad\qquad B = \frac{0{,}00603}{0{,}01267} = 0{,}47593
$$

$$
C = \frac{0{,}00390}{0{,}00101} = 3{,}86139 \qquad\qquad D = \frac{0{,}00809}{0{,}00101} = 8{,}00990
$$

$$
A + C = 4{,}28602 \qquad\qquad\qquad B + D = 8{,}48583
$$

$$
y = 0{,}0136 + 0{,}001\,\frac{3{,}28602}{7{,}48583} = 0{,}0136 + 0{,}00044 = 0{,}01404
$$

$$
x = 0{,}150 + 0{,}001 \cdot 0{,}84926 + (1 - 0{,}95186)\,(0{,}00044)
$$

$$
= 0{,}150 + 0{,}00085 + 0{,}00002 = 0{,}15087 .
$$

Mit diesen x- und y-Werten wird die Rechnung kontrolliert (s. die letzte Spalte) und dabei festgestellt, daß φ und ψ noch nicht weit genug an 0 angenähert sind, daher der Rechnungsgang mit einem verkleinerten $\varDelta$-Wert (z. B. $\varDelta = 0{,}0005$) wiederholt. Auf die Wiedergabe dieser Wiederholung kann verzichtet werden; das Ergebnis ist für drei verschiedene Temperaturen zusammengestellt, s. S. 403 oben:

Die in den Dissoziationsprodukten gebundene Wärme ergibt sich zu

$$
Q_{\text{diss}} = 3020\,(CO) + 2570\,(H_2 + 2H - \tfrac{1}{2}OH) + 3050\,(OH) +
$$
$$
+ 2320\,(H) + 2640\,(O) + 964\,(NO) . \tag{16--24}
$$

Diese Formel ergibt sich aus der Bildungswärme[1] der betrachteten Umsetzungen; bei Wasserstoff wird der Wert $\tfrac{1}{2}$ OH abgezogen, da hier nur der aus Gl. (16–2) entstandene Betrag berücksichtigt werden soll, während die Wärmetönung der Reaktion nach Gl. (16–3) durch OH erfaßt wird; außerdem ist noch derjenige Wasserstoff zu berücksichtigen, der weiter in atomaren Wasserstoff zerfallen ist.

---

[1] Bildungswärmen nach F. D. Rossini, D. D. Wagman, W. H. Evans, S. Levine, I. Jaffe: Selected Values of chemical thermodynamic properties. Circular Nat. Bur. Stand. Washington 500, 1952.

	undissoziiert	dissoziiert		
		1750	2000	2250 °C
H_2O . . . . %	16,95	16,73	16,23	15,09
O_2 . . . . %	—	0,21	0,63	1,40
H_2 . . . . %	—	0,13	0,37	0,88
OH. . . . . %	—	0,08	0,31	0,86
H . . . . %	—	0,01	0,06	0,28
O . . . . %	—	0,00	0,04	0,20
CO_2 . . . . %	11,45	11,02	10,07	8,22
CO. . . . . %	—	0,40	1,27	2,95
NO. . . . . %	—	0,08	0,22	0,53
N_2 . . . . %	70,77	70,51	69,97	68,76
Ar . . . . %	0,83	0,83	0,83	0,83
	100,00	100,00	100,00	100,00
Q_{diss} . . . . (kcal/Nm³ Verbrennungsgas)	—	18,4	58,8	158,2
Q_{diss} . . . . (kcal/Nm³ Frischgas)	—	483	1544	4155

Durch die Dissoziation tritt eine Volumausdehnung ein, das neue Volumen (V_{diss}) ergibt sich zu

$$V_{diss} = V_{undiss}\left[1 + \frac{0,5\,(CO + 0,5\,OH + H_2 + 2H + 2O)}{1 - 0,5\,(CO + 0,5\,OH + H_2 + 2H + 2O)}\right]. \quad (16\text{--}25)$$

Gleichzeitig ändert sich durch die veränderte Gaszusammensetzung die fühlbare Wärme des Gases. Beide Einflüsse heben sich jedoch etwa auf, so daß sie in Erleichterung der Berechnung unberücksichtigt gelassen werden dürfen.

In unserem Zahlenbeispiel erhalten wir bei 2000 °C folgende Gasenthalpie:

	Enthalpie der Einzelgase	Enthalpie des Gasgemisches	
		undissoziiert	dissoziiert
H_2O	930,4	157,7	151,0
O_2.	752,6	—	4,7
H_2	671,7	—	2,5
OH	765,9	—	2,4
H	443,5	—	0,3
O	443,2	—	0,2
CO_2	1168	133,7	117,6
CO	719,4	—	9,1
NO	765,5	—	1,7
N_2	712,2	504,0	498,3
Ar	443,5	3,7	3,7
	$I_G = 799,1$	791,5 kcal/Nm³.	

Der Faktor für die Volumexpansion nach Gl. (16–25) ist 1,01003, die Gasenthalpie des dissoziierten Gases dagegen beträgt 99,05% derjenigen des undissoziiert gedachten Gases, das Produkt beider Faktoren ist $1{,}01003 \cdot 0{,}9905 = 1{,}0004$, was gegenüber dem Wert $1{,}0000$ vernachlässigt werden kann.

Zur Aufzeichnung des It-Diagramms, Abb. 16–2, ermitteln wir zunächst die Enthalpie des Rauchgases (undissoziiert) je Nm^3 Frischgas und addieren zu diesen Werten die in den Dissoziationsprodukten gebundene Wärme. Der Schnittpunkt mit dem Heizwert des Frischgases (hier: 22350 kcal/Nm^3) ergibt dann die gesuchte Verbrennungs-

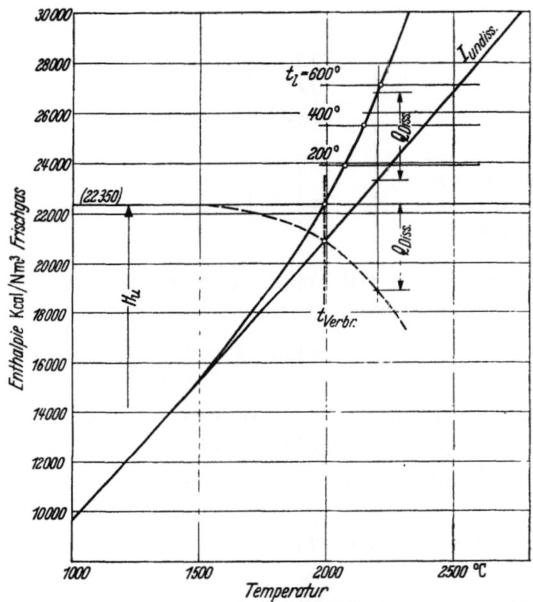

Abb. 16–2. Aufzeichnung des It-Diagramms für Propan mit Berücksichtigung aller Dissoziationsmöglichkeiten

temperatur unter Berücksichtigung der Dissoziation. Sie beträgt (ohne Vorwärmung) 1990 °C — gegenüber 2117 °C ohne Berücksichtigung der Dissoziation. Wird die Verbrennungsluft (oder der Brennstoff) vorgewärmt, so ist der Wärmeinhalt der vorgewärmten Luft (bzw. des vorgewärmten Brennstoffs) auf den Heizwert aufzuaddieren. Bei Luftvorwärmung können folgende Verbrennungstemperaturen aus dem Diagramm (Abb. 16–2) abgelesen werden:

$$t_L = 200\ °C \qquad\qquad t = 2072\ °C$$
$$= 400 \qquad\qquad\qquad = 2146$$
$$= 600 \qquad\qquad\qquad = 2211$$

Das Ergebnis bleibt das gleiche, wenn wir die Dissoziationswärme vom Heizwert (bzw. von $H_u + I_L$) abziehen, statt sie auf die Rauchgasenthalpie aufzuaddieren, wie in der gestrichelten Kurve angedeutet ist.

Als ein zweites Beispiel sei die Verbrennung von Azetylen mit reinem Sauerstoff (Schweißflamme) behandelt:

$$C_2H_2 + 2{,}5\,O_2 = 2CO_2 + H_2O\,. \tag{16-26}$$

Das Rechenschema ist das gleiche wie vorher (auf die Wiedergabe sei daher verzichtet), nur ist es empfehlenswert, bei sehr hohen Temperaturen, bei denen H_2O sehr klein wird, zwei andere Werte als Ausgangsschätzungen auszuwählen, z. B. $x = O_2$, $y = H_2$. Nach Gl. (16-2) wird der Wasserdampfteildruck wie folgt ermittelt:

$$\log p_{H_2O} = \log p_{H_2} + \tfrac{1}{2}\log p_{O_2} - \log K_2\,. \tag{16-27}$$

Die Gaszusammensetzung ergibt sich wie folgt:

	undissoziiert	dissoziiert		
		2500	3000	3500 °C
H_2O . . . . . . %	33,33	25,13	12,10	2,21
O_2 . . . . . . %	—	8,72	12,85	7,71
H_2 . . . . . . %	—	1,75	3,75	3,06
OH . . . . . %	—	3,54	8,02	5,97
H . . . . %	—	1,03	6,84	18,96
O . . . . %	—	1,50	9,87	26,62
CO_2 . . . . . . %	66,67	39,80	14,11	2,98
CO . . . . . . %	—	18,53	32,46	32,49
	100,00	100,00	100,00	100,00
Q_{diss}	—	738	1886	3180 kcal/Nm³
$\dfrac{H_u}{V} - Q_{diss}$	4533	3795	2647	1354 kcal/Nm³
I_G	—	1401	1716	2020 kcal/Nm³

Die graphische Lösung (nicht dargestellt) liefert eine Verbrennungstemperatur von 3295 °C. Die maximale gemessene Temperatur (siehe Abb. 15-2, S. 374) betrug 3120 °C in guter Übereinstimmung mit dem Ergebnis der Rechnung. Die kleine Differenz von 175° (5,31%) dürfte auf Energieverluste der Flamme (Ausstrahlung) und Nebeneinflüsse (Sekundärverbrennung an der äußeren Flammenoberfläche) oder geringe Unreinheit des Sauerstoffs zurückzuführen sein.

Weitere Beispiele solcher Diagramme sind in den Abb. 16-3 für Steinkohle, Abb. 16-4, 16-5 und 16-6 für Braunkohle, Abb. 16-7 für Heizöl und in den Abb. 16-8 und 16-9 für Koksofengas und Gichtgas wiedergegeben. Da das Aufzeichnen von It-Diagrammen keinerlei Schwierigkeiten bereitet und bei einiger Übung in kürzester Zeit erledigt werden kann, so daß man sich für den jeweils vorliegenden Brennstoff schnell ein Diagramm in ausreichend großem Maßstab aufzeichnen kann, sei auf die Wiedergabe weiterer Diagramme oder eine Aufzeichnung in größerem Maßstab verzichtet. Für den praktischen Gebrauch ist min-

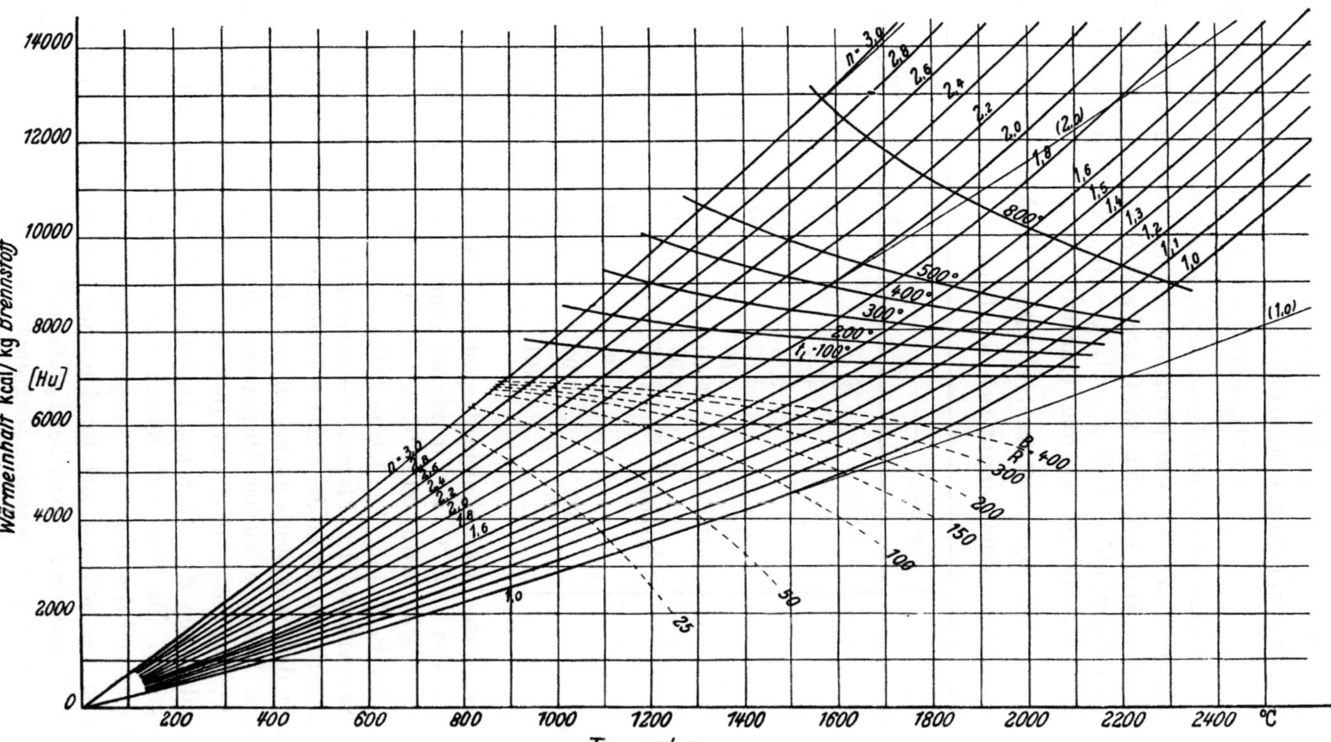

Abb. 16–3. *It*-Diagramm für Steinkohle ($H_u = 7000$ kcal/kg)

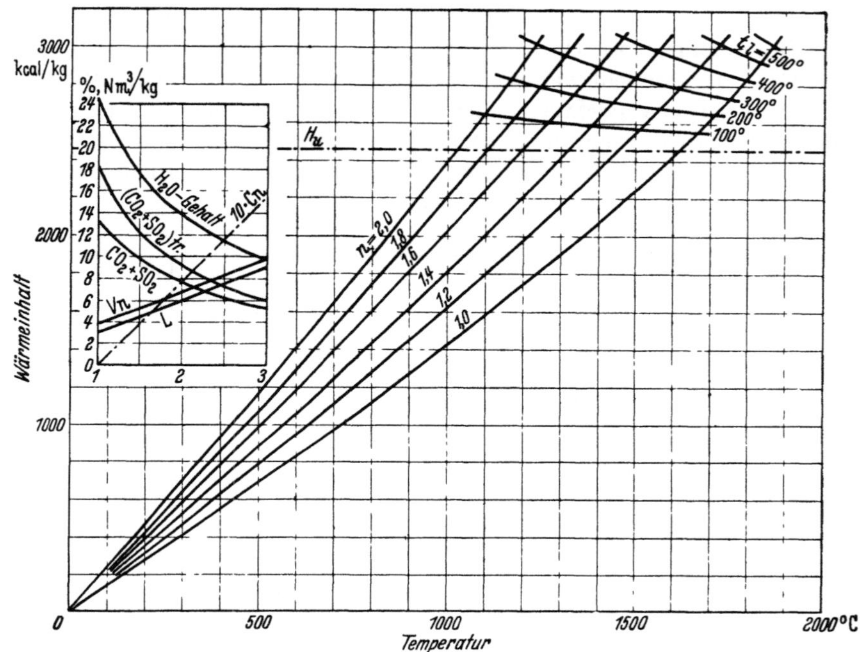

Abb. 16–4. *It*-Diagramm für Braunkohle ($H_u = 2400$ kcal/kg)

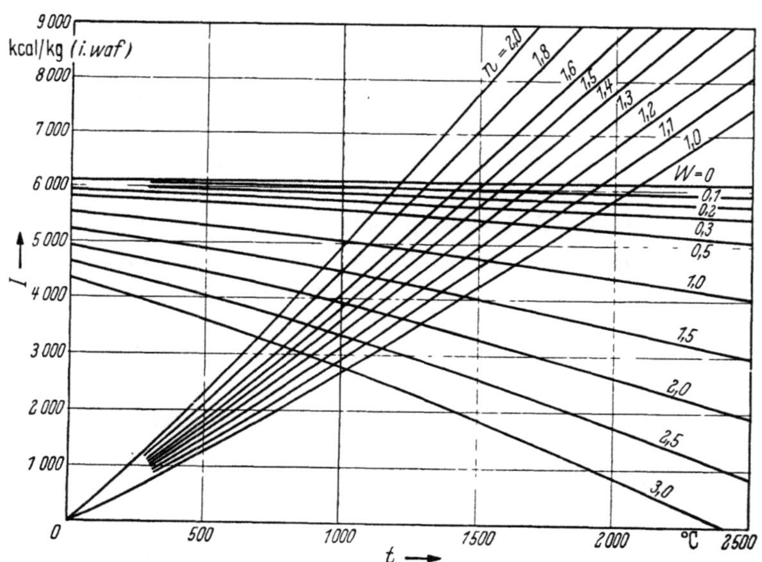

Abb. 16–5. *It*-Diagramm für rheinische Braunkohle

destens eine Größe im Format DIN A 3 zu empfehlen. Bei Brennstoffen, wie Braunkohle, Torf, Holz und ähnliche, bei denen Temperaturen über 1500 °C kaum erreicht werden, kann überdies auf eine Berücksichtigung der Dissoziation verzichtet werden. In vielen Fällen benötigt man nicht das vollständige Diagramm, sondern nur Ausschnitte daraus, wobei dann leicht entsprechend größere Maßstäbe gewählt werden können, um die Rechengenauigkeit zu steigern.

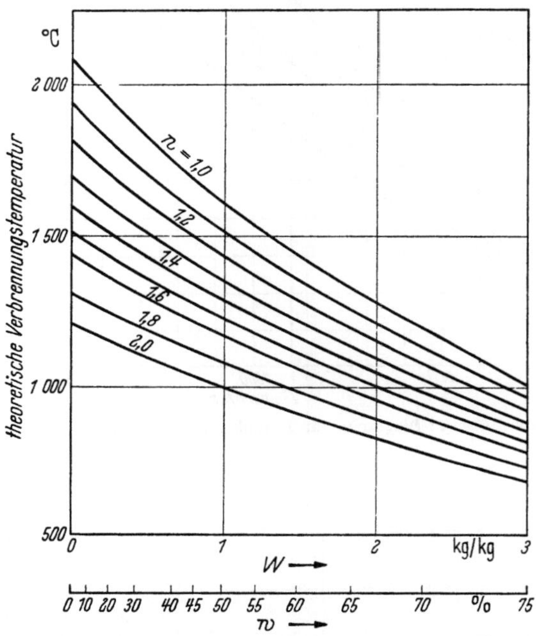

Abb. 16-6. Theoretische Verbrennungstemperatur für rheinische Braunkohle in Abhängigkeit vom Wasserballast und Wassergehalt (nach Abb. 16-5)

Geht man bei der Verbrennungsrechnung nicht vom Brennstoff im Verwendungszustand aus, sondern bezieht auf die wasser- und aschefreie Substanz (Reinsubstanz), so kommt man für einen gegebenen Brennstoff, dessen brennbare Substanz sich nur in geringen Grenzen ändert — beispielsweise für Braunkohle eines bestimmten Reviers oder für einen bestimmten Steinkohlentyp —, mit einem einzigen *It*-Diagramm aus[1]. Als Beispiel ist in Abb. 16–5 das *It*-Diagramm für rheinische Braunkohle dargestellt, das für beliebige Wassergehalte gilt. In diesem Diagramm werden die *It*-Kurven von einer Kurvenschar geschnitten, die

---

[1] GUMZ, W.: Vereinfachung der Verbrennungsrechnung für ballasthaltige Brennstoffe durch eine neuartige Kennzeichnung des Ballastgehaltes. Glückauf 95 (1959) H. 8 S. 463—470, vgl. S. 163.

den Wasserdampf-Wärmeinhalt und die Verdampfungswärme der Brennstoffeuchtigkeit, welche von dem Heizwert der Reinsubstanz ($H_u = 6120$ kcal/kg) nach unten abgetragen worden sind, angeben (Wasserballast W in kg Wasser je kg brennbare Substanz). Entnimmt man aus Abb. 16–5 die Schnittpunkte der It-Kurven mit der W-Kurvenschar, so ergibt sich das Diagramm Abb. 16–6, aus dem man die theoretische Verbren-

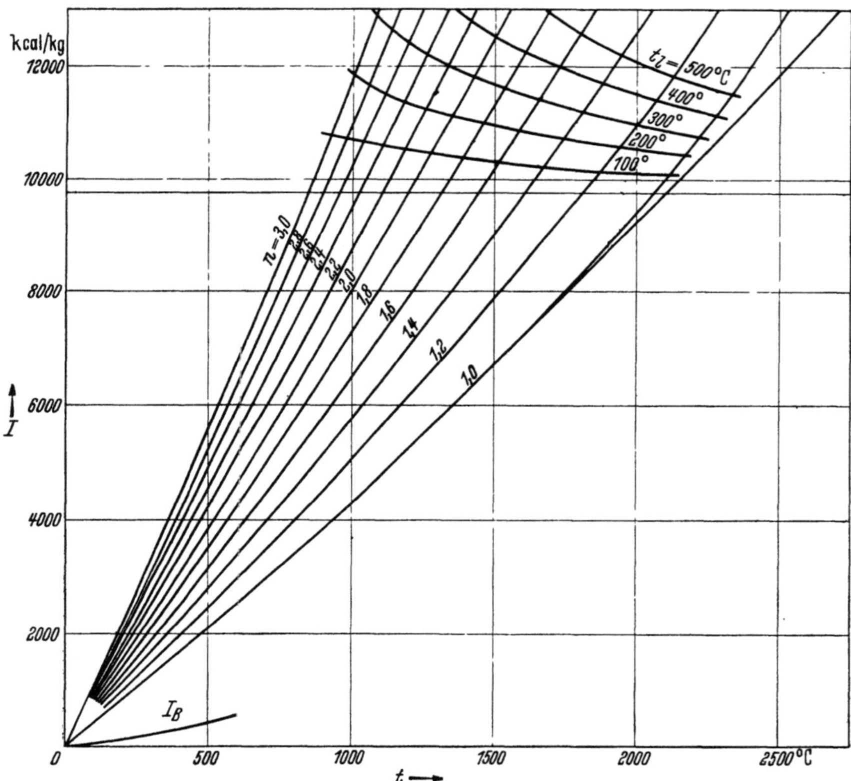

Abb. 16–7. It-Diagramm für Heizöl ($H_u = 9770$ kcal/kg)

nungstemperatur bei jedem Wasserballast ablesen kann. Dieses Diagramm ist — wie ein Vergleich mit dem zweiten Abszissenmaßstab (Wassergehalt w in % i. roh) zeigt — stark entzerrt.

Wärmetechnisches Rechnen mit dem It-Diagramm

Entwurf, Berechnung, Nachrechnung und Untersuchung von Kesseln und ihrer Hilfseinrichtungen führen zu vier Grundaufgaben, die mit Hilfe des It-Diagramms einfach gelöst werden können.

Wärmeabgabe, Temperaturverlauf oder Heizfläche sollen bestimmt werden:

1. bei gegebener Anfangstemperatur und gegebener zu übertragender Wärmemenge,

2. bei gegebener Anfangstemperatur und gegebener Heizfläche,

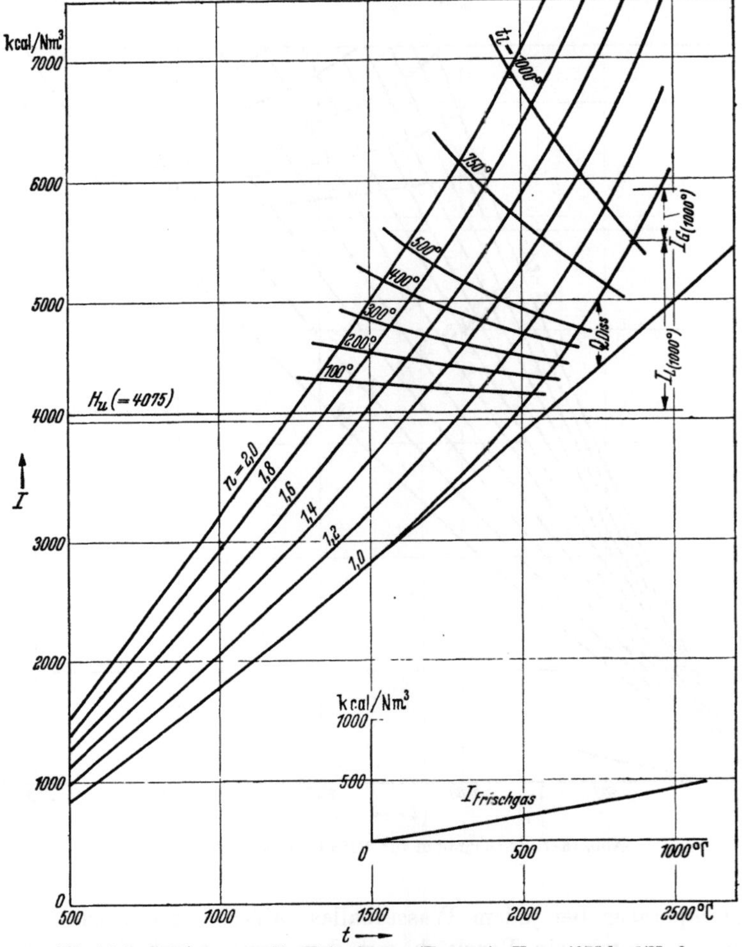

Abb. 16-8. *It*-Diagramm für Koksofengas (Ferngas), $H_u = 4075$ kcal/Nm³

3. bei gegebener (z. B. vorgeschriebener oder gewünschter) Endtemperatur und gegebener Heizfläche oder Wärmemenge,

4. bei gegebenem Temperaturverlauf.

Da die zu übertragenden Wärmemengen gewöhnlich in kcal/h angegeben sind, müssen sie vor der Übertragung in das Diagramm zunächst durch die „theoretische Brennstoffmenge" kg/h dividiert werden, um die Dimension kcal/kg zu erhalten. Hierzu sei folgendes über die Brennstoffmengen und Wirkungsgrade vorausgeschickt.

Bezeichnet man das Verhältnis der nutzbaren Gasabkühlung, im It-Diagramm die Strecke $H_u (+ I_l + I_B) - I_{\text{Abgas}}$, zum unteren Heizwert als „theoretischen Wirkungsgrad" η_{th}, so ist der theoretische Brennstoffaufwand

$$B_{\text{th}} = \frac{Q}{H_u\,\eta_{\text{th}}}, \qquad (16\text{--}28)$$

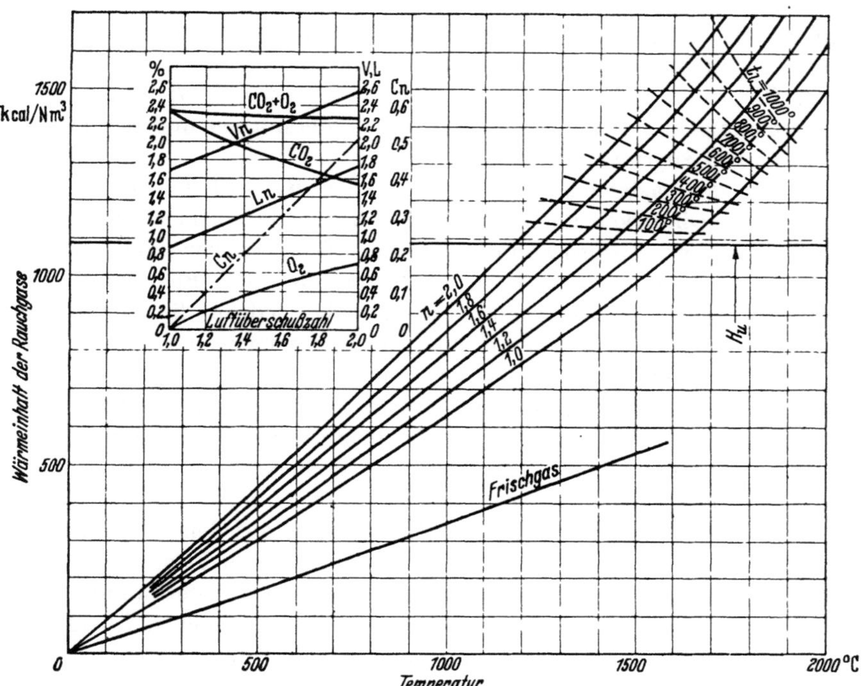

Abb. 16–9. It-Diagramm für Gichtgas ($H_u = 1090$ kcal/Nm³)

worin Q die Nutzwärme in kcal/h bedeutet. Zieht man vom theoretischen Wirkungsgrad die Verluste durch Wärmeabgabe nach außen (Strahlung und Leitung) ab, die gewissermaßen den „Gütegrad" bedingen und die hauptsächlich von der Lage der Feuerung (Vor-, Unter- oder Innenfeuerung), der Güte der Isolierung, der Dichtheit des Mauerwerkes und der absoluten Größe des Kessels (oder Ofens) abhängen, so erhält man den Heizflächenwirkungsgrad („inneren Wirkungsgrad") und daraus die „gasbildende Brennstoffmenge". Damit sind alle Verluste erfaßt, die die Rauchgase nach ihrer Bildung aus dem Brennstoff erleiden. Es ist also die gasbildende Brennstoffmenge

$$B_g = \frac{Q}{H_u\,\eta_i} \qquad\qquad (16\text{--}29)$$

und endlich die zur Verfeuerung gelangende wirkliche Brennstoffmenge

$$B = \frac{Q}{H_u\,\eta_{ges}}\,. \qquad\qquad (16\text{--}30)$$

Zur Ermittlung der wirklichen Brennstoffmenge B kg/h ist der Gesamtwirkungsgrad η_{ges}, also der Heizflächenwirkungsgrad einschließlich des Feuerungswirkungsgrades (Rostdurchfall, Unverbranntes in den Rückständen und Flugkoks) zu verwenden. Diese Unterteilung in B_{th}, B_g und B ist aus folgenden Gründen zweckmäßig:

1. Die zu verfeuernde Brennstoffmenge B ist für Wirtschaftlichkeitsrechnungen, für die Bemessung der Förderanlagen und der Rostabmessungen zugrunde zu legen.

2. Aus der gasbildenden Brennstoffmenge B_g wird die Gasmenge, die Gasgeschwindigkeit und die von ihr abhängende Wärmedurchgangszahl k bestimmt. Ebenso können sämtliche Temperaturverhältnisse im Kessel (oder Ofen) an Hand des It-Diagramms unter Benutzung der Brennstoffmenge B_g bestimmt werden, wobei jedoch die durch die Wärmeverluste nach außen abgeführten Wärmemengen ebenfalls erscheinen und berücksichtigt werden müssen.

3. Rechnet man dagegen mit der theoretischen Brennstoffmenge B_{th}, so gibt das It-Diagramm unmittelbar die richtigen Verhältnisse unter gleichmäßiger Berücksichtigung der Verluste durch Leitung und Strahlung. Die Rechnung wird dann besonders einfach.

Eine etwaige Zunahme des Luftüberschusses auf dem Wege durch die Kesselzüge (oder den Ofen) durch Eindringen von Falschluft[1] muß durch Übergang auf eine entsprechend höhere Luftüberschußlinie berücksichtigt werden, und zwar entweder durch allmählichen Übergang (der CO_2-Abfall beträgt ohne Einrechnung etwaiger gröberer Undichtigkeitsquellen etwa 1 bis 2%) oder, wenn die Quelle der Undichtigkeit bekannt und örtlich begrenzt ist, auch sprunghaft durch eine Linie, die zu dem durch den Mischwärmeinhalt und die Mischtemperatur bestimmten Punkt hinführt.

Im folgenden ist unter der Brennstoffmenge stets die theoretische Brennstoffmenge B_{th} verstanden, die aus der Kenntnis der Abgas-

---

[1] Über die Berechnung der durch poröses Mauerwerk eingesaugten Luftmenge nach K. RUMMEL, vgl.: SCHACK, A.: Der industrielle Wärmeübergang, 2. Aufl., Düsseldorf 1940, S. 26. — BANSEN, H.: Arch. Eisenhüttenw. 1 (1927/28) H. 11 S. 687—692. Dazu kommen noch die gröberen Undichtigkeiten an Türen, Schauluken, Meßöffnungen und anderen Mauerwerksdurchbrechungen, ferner an Speisewasservorwärmern (Kratzerkettendurchführungen) und Luftvorwärmern (Spaltverluste).

temperatur und der Luftüberschußzahl bestimmt werden kann. Ist dagegen die Aufgabe so gestellt, daß ein Kessel von gegebener Heizfläche nachgerechnet werden soll, so muß die Abgastemperatur (bzw. η_{th}) zunächst geschätzt werden; nach Durchrechnung des Kessels ist bei abweichendem Ergebnis die Rechnung mit berichtigten Annahmen zu wiederholen. Die Lösung der gestellten vier Grundaufgaben ist nunmehr außerordentlich einfach.

Zu 1. Anfangstemperatur und Wärmemenge ist gegeben. Die Endtemperatur wird gesucht. Von dem gegebenen Anfangspunkt A (Abb. 16–10) auf der entsprechenden Luftüberschußlinie geht man um die Strecke $q = Q/B_{\text{th}}$ herunter und findet den gesuchten Endpunkt E. Die hierzu benötigte Heizfläche ist nunmehr ebenfalls leicht zu bestimmen,

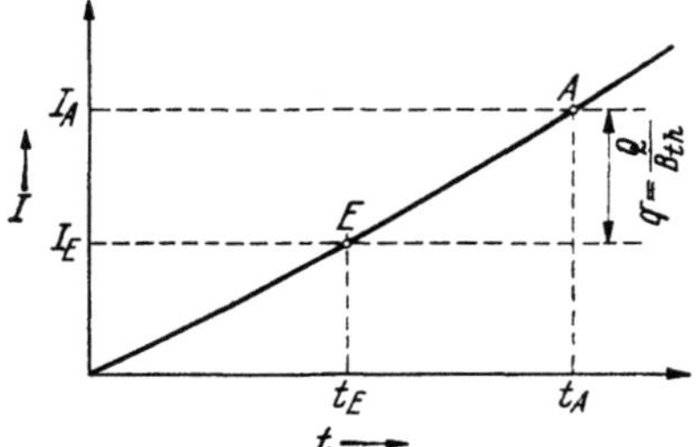

Abb. 16–10. Darstellung der Wärmeabgabe im It-Diagramm

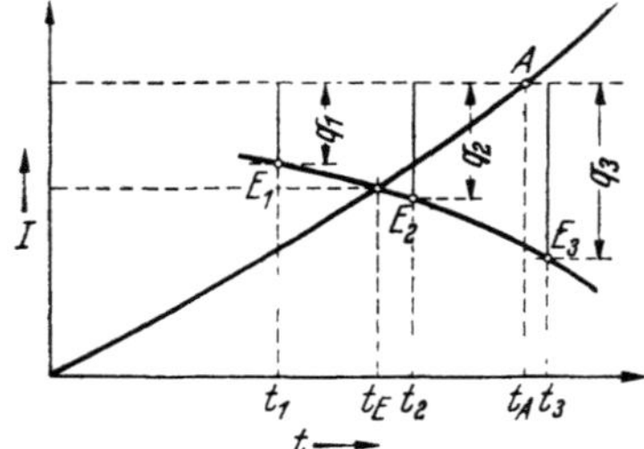

Abb. 16–11. Ermittlung der Wärmeabgabe bei gegebener Heizfläche

da nunmehr Anfangs- und Endtemperatur und damit auch die mittlere Temperaturdifferenz festliegt. Aus der mittleren Temperatur und B_g lassen sich die Gasgeschwindigkeiten abschätzen, die Wärmedurchgangszahl k bestimmen und die Heizfläche zur Übertragung der Wärmemenge Q berechnen. Der Fall liegt vor bei der Berechnung von Überhitzern, Speisewasser- und Luftvorwärmern bei gegebener Gaseintrittstemperatur und Leistung.

Zu 2. Bei gegebener Anfangstemperatur und gegebener Heizfläche, also noch unbekannter zu übertragender Wärmemenge, ist diese Wärmemenge und die Endtemperatur zu bestimmen. Die Lösung findet man, indem man drei verschiedene Endtemperaturen beliebig annimmt und aus den damit festgelegten mittleren Temperaturen die Geschwindigkeiten ermittelt und die dazugehörigen k-Werte festlegt. Aus der gegebenen Heizfläche, dem so ermittelten k-Wert und den angenommenen Endtemperaturen t_1, t_2, t_3 findet man die drei Wärmemengenwerte q_1, q_2, q_3, die von der durch den Anfangspunkt A gelegten Parallelen zur Abszissenachse auf den entsprechenden Temperaturordinaten abgetragen werden (Abb. 16–11). Verbindet man die drei auf diese Weise erhaltenen Endpunkte E_1. E_2, E_3 durch eine Kurve, so schneidet diese die It-Linie in dem gesuchten Endpunkt E, womit auch die übertragene Wärmemenge festliegt. Es sei darauf hingewiesen, daß bei der Auswahl der Endpunkte unbeschadet um das Ergebnis auch fiktive Werte wie $t_E \geq t_A$ gewählt werden können (Punkt E_3 in Abb. 16–11).

Ein Sonderfall dieser Aufgabe ist die Errechnung der Abstrahlung einer Feuerung, bei welcher die gegebene Anfangstemperatur gleich der theoretischen Verbrennungstemperatur ist. Wieder nimmt man für den strahlenden Körper (Flamme, Gas) mindestens drei beliebige Temperaturen an, während der bestrahlte Körper (die Strahlungsheizfläche) etwa 10 bis 15° über der Sattdampftemperatur angenommen werden kann. Die errechneten q-Werte werden, wie in Abb. 16–12 für den Fall einer allseitig gekühlten Kohlenstaubbrennkammer dargestellt, auf den entsprechenden Temperaturordinaten abgetragen und ihre Endpunkte zu einer Kurve verbunden, die bei der Temperatur der Rohroberfläche in die H_u- bzw. $(H_u + I_l)$-Linie einmünden muß. Bei dieser Berechnung ist es allerdings zweckmäßig, die Abstrahlung schrittweise in einzelnen Abschnitten auszurechnen, um den starken

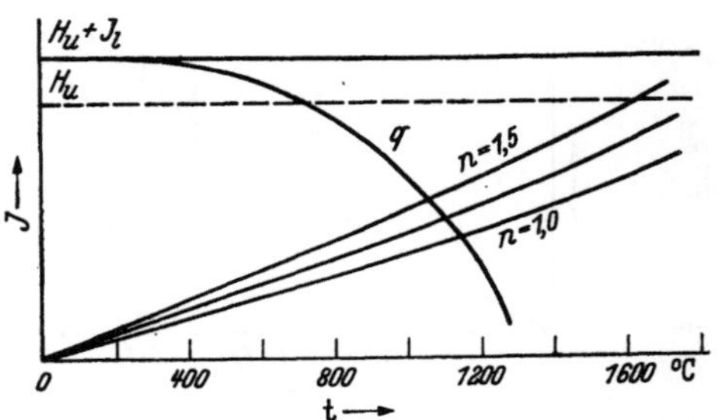

Abb. 16–12. Abstrahlung einer Kohlenstaubflamme im It-Diagramm

Temperaturveränderungen im Verlauf des Rauchgasweges Rechnung zu tragen, wie an anderer Stelle gezeigt wird[1]. Für Rostfeuerungen mit niedrigem Feuerraum sind solche q-Linien (unter sehr vereinfachenden Annahmen) für verschiedene Rostbelastungen B/R in Abbildung 16–3 eingetragen.

Zu 3. Bei gegebener Endtemperatur und gegebener Wärmemenge wird in gleicher Weise wie unter 1. der Betrag $q = Q/B_{th}$ nach oben abgetragen und entsprechend vorgegangen. Eine solche Aufgabe liegt vor, wenn von einer bestimmten Abgastemperatur (z. B. eines Vorwärmers) als wirtschaftlichem Bestwert ausgegangen werden soll und die Leistung durch den Wunsch nach Erzielung einer gewissen Vorwärmung gegeben ist.

Ein anderer häufiger Fall ist die rechnerische Nachprüfung der Leistung eines gegebenen Kesselentwurfes. Die Heizfläche liegt fest, Wärmeleistung und Abgastemperatur sind zwar angegeben, aber nachzuprüfen. In diesem Falle wird man von der angegebenen Abgas-

[1] Vgl. S. 379, auch W. GUMZ: Die Wärmeübertragung in der Kohlenstaubfeuerung mit allseitig gekühltem Feuerraum. Feuerungstechn. 20 (1932) H. 4 S. 50–53.

temperatur ausgehend Wirkungsgrad und Brennstoffmenge bestimmen und damit die Nachrechnung durchführen, die bei Nichterreichen der angegebenen Abgastemperatur mit verbesserten Annahmen wiederholt werden muß. Dasselbe gilt für die Nachrechnung kleinerer Kesselbelastungen oder großer Überlastung.

Zu 4. Ist der ganze Temperaturverlauf bekannt — z. B. durch Messungen an ausgeführten Anlagen —, so sind damit die übertragenen Wärmemengen aus dem Diagramm unmittelbar abzulesen. Damit können dann auch z. B. die k-Werte rückwärts errechnet werden, die wirklich erzielt worden sind. Dabei wird man die zu untersuchenden Heizflächen möglichst weit unterteilen, da in jedem Abschnitt des Rauchgasweges die Geschwindigkeiten, die Temperaturen, der Einfluß der Gasstrahlung usw. stark wechselt. Die Rechnung kommt einer wirklichen Integrierung um so näher, je stärker die Heizflächen unterteilt werden, was bei der Bestimmung der mittleren Gasgeschwindigkeit sehr stark ins Gewicht fällt.

Diese grundsätzlich sehr einfachen und übersichtlichen graphischen Rechenverfahren haben das It-Diagramm zu einem fast unentbehrlichen Werkzeug wärmetechnischer Rechnungen gemacht, welches besonders anschaulich ist, zur Sicherheit der Rechnung beiträgt, Irrtümer (auch Fehlmessungen) schnell erkennen läßt und Zeitersparnis ermöglicht. Auch zu einer aktenmäßigen, bildhaften Festlegung der Ergebnisse wärmetechnischer Rechnungen ist es empfehlenswert, wenn entsprechende zusätzliche Bemerkungen über die errechneten Heizflächen, Dampf- und Wärmeleistungen und den Feuerungswirkungsgrad eingetragen werden.

Auch für die Darstellung der verwickelten Vorgänge in metallurgischen Öfen hat sich die graphische Darstellung sehr gut bewährt[1-3].

17. Die Wärmeverluste

Von der im Heizwert gebundenen bzw. bei der Verbrennung erzeugten Wärme wird nur ein Teil für den eigentlichen Zweck (Dampferzeugung und Überhitzung beim Kessel, Erwärmung des Gutes im Ofen, Deckung der Reaktionswärme u. dgl.) ausgenutzt, während der Rest als Wärmeverluste in der Bilanz ausgewiesen wird. Beim Kessel kann die Nutzwärme durch Messung der Speisewassermenge (oder der Dampfmenge), der Speisewassereintrittstemperatur und der Dampf-

---

[1] REICHARDT, P.: Ein neues Wärmeschaubild des Hochofens. Arch. Eisenhüttenw. 1 (1927) H. 2 S. 77—101.

[2] BANSEN, H.: Wärmewertigkeit, Wärme und Gasfluß, die physikalischen Grundlagen metallurgischer Verfahren, Düsseldorf 1930.

[3] HEILIGENSTAEDT, W.: Wärmetechnische Rechnungen für Industrieöfen (Stahleisen-Bücher Bd. 2), Düsseldorf 1941, S. 35—41.

temperatur verhältnismäßig leicht meßtechnisch erfaßt werden. Für den Ofenbetrieb hat HEILIGENSTAEDT[1] eine Zusammenstellung der Nutzwärmen und der Arbeitstemperaturen verschiedener Ofenanlagen gegeben[2]. Für die laufende Überwachung von Kesselanlagen beschränkt man sich meist auf eine Verlustmessung, und zwar begnügt man sich im allgemeinen mit einer Bestimmung bzw. Abschätzung der größten Verlustquelle, des Abwärmeverlustes, durch CO_2- und Abgastemperaturmessungen. Wegen der Schwankungen des CO_2-Gehaltes in großen Rauchgasquerschnitten ist, wenn möglich, eine unmittelbare Rauchgasmengenmessung vorteilhaft. Davon macht der Wirkungsgradmesser nach GERMER Gebrauch, indem er Dampfmenge und Dampferzeugungswärme sowie Rauchgasmenge, Abgas- und Lufttemperatur registriert und den Wirkungsgrad, unter Annahme eines konstanten Restgliedes für die übrigen Verluste, unmittelbar anzeigt[3].

Die Abwärmeverluste

Der Abwärmeverlust, bezogen auf die Verbrennungswärme (oberer Heizwert H_o), ist gegeben durch den Ausdruck

$$Q = \frac{V_n (c_{pm})_{t_l}^{t_g} (t_g - t_l)}{H_o} \cdot 100 \quad [\%] \tag{17-1}$$

und entsprechend bezogen auf den unteren Heizwert, wobei der Nenner $H_u - 597 \cdot W$ lauten muß. Die Berechnung von V_n wird auf die brennbare Substanz bezogen, entsprechend auch H_o oder H_u der brennbaren Substanz eingesetzt. V_n wird in seine Bestandteile zerlegt und durch die Messung des Kohlendioxyds oder des Kohlendioxyds und des Schwefeldioxyds ausgedrückt. Daraus ergibt sich als Endformel

$$Q_{(H_o)} = \left[A + \frac{B}{CO_2} + C \cdot W\right] (t_g - t_l) \quad [\%], \tag{17-2}$$

$$A = \frac{1}{H_o} \left[V_{tr} (c_g - c_l) + c_w (wV + W_L (L - V_{tr}))\right] \quad [\%], \tag{17-3}$$

$$B = \frac{1}{H_o} kV (c_l + W_L \cdot c_w), \tag{17-4}$$

$$C = \frac{1}{H_o} \cdot 1{,}243 \cdot c_w \tag{17-5}$$

und

$$Q_{(H_u)} = \frac{Q_{(H_o)} \cdot H_o}{H_u - 597 \cdot W}. \tag{17-6}$$

---

[1] HEILIGENSTAEDT, W.: Wärmetechnische Rechnungen für Industrieöfen (Stahleisen-Bücher Bd. 2), 2. Aufl., Düsseldorf 1941, S. 41—59.

[2] Über das Beispiel des Zementdrehofens vgl. S. 353—361.

[3] KÖCHLING, J.: Ein Wirkungsgradmesser für Kesselanlagen. Arch. Wärmew. 20 (1939) H. 7 S. 169—172. — ZIMMERMANN, E.: Elektrizitätswirtsch. 39 (1940) H. 6 S. 78—80. — ELLRICH, W., u. E. ZIMMERMANN: Wirkungsgradmessung an Dampfkesseln. Arch. techn. Messen V 8231—3 Lfg. 162 (1949) T 55/T 56.

In diesen Gleichungen ist

$Q_{(H_o)}$ der Abwärmeverlust in Prozent des oberen Heizwertes (der Verbrennungswärme),

$Q_{(H_u)}$ der Abwärmeverlust in Prozent des unteren Heizwertes,

c_g die mittlere spezifische Wärme zwischen den Temperaturgrenzen t_l und t_g
(Umgebungsluft — Abgastemperatur) der trockenen Verbrennungsgase bei
theoretischer Verbrennung,

c_l die mittlere spezifische Wärme der Luft in dem gleichen Temperaturbereich,

c_w die mittlere spezifische Wärme des Wasserdampfes in dem gleichen Temperaturbereich,

V_n die feuchte Rauchgasmenge bei der Luftüberschußzahl n (Nm³/kg),

k der Kohlensäuregehalt des feuchten Rauchgases bei theoretischer Verbrennung,

k'_n der Kohlensäuregehalt des trockenen Rauchgases bei Verbrennung mit der
Luftüberschußzahl n,

w der Wassergehalt des feuchten Rauchgases bei theoretischer Verbrennung,

W_L der Wasserballast der Verbrennungsluft (Nm³/Nm³$_\text{tr}$),

V ($= V_\text{min}$) die feuchte Rauchgasmenge bei theoretischer Verbrennung ($n = 1$)

V_tr $= V - wV$ die trockene Rauchgasmenge bei theoretischer Verbrennung,

L die Luftmenge (trocken) bei theoretischer Verbrennung (Nm³/kg),

W der Wasserballast des Brennstoffs (kg/kg), (vgl. S. 163 u. 409).

Diese Formeln lassen sich für jeden beliebigen Brennstoff entwickeln,
wobei die Abhängigkeit der spezifischen Wärme von der Temperatur
berücksichtigt werden muß. Eine hohe Genauigkeit läßt sich allerdings
nur erreichen, wenn die Zusammensetzung des betreffenden Brennstoffs
nur in geringen Grenzen schwankt. Das trifft z. B. sehr gut zu für
Hochtemperaturkoks, für den sich die Konstanten der Gl. (17–2) zu

$$A = 0{,}002323 + 0{,}00000287 \cdot t_g , \tag{17–7}$$

$$B = 0{,}71722 + 0{,}0000569 \cdot t_g , \tag{17–8}$$

$$C = 0{,}005602 + 0{,}00000072 \cdot t_g \tag{17–9}$$

ergeben[1].

Bei den *Steinkohlen* mit ihrer langen Inkohlungsreihe von den Gasflammkohlen bis zum Anthrazit schwankt jedoch die Zusammensetzung
der brennbaren Substanz beträchtlich. Man kann aber für jeden Typ
für einen beschränkten Bereich des Gehaltes an Flüchtigen Bestandteilen Formeln nach Art der Gl. (17–2) aufstellen. In den Abb. 17–1 und
17–2 sind die Werte für A, B und C als Funktion der Flüchtigen Bestandteile für verschiedene Abgastemperaturen dargestellt.

Als Berechnungsunterlagen dienten die Angaben von L. COPPENS[2]
über belgische Kohlen. Die auf Grund dieser Unterlagen errechneten

---

[1] GUMZ, W.: Vereinfachung der Verbrennungsrechnung für ballasthaltige
Brennstoffe durch eine neuartige Kennzeichnung des Ballastgehaltes. Glückauf 95
(1959) H. 8 S. 463—470.

[2] COPPENS, L.: Quelques Aspects Practiques d'une Etude Comparative Des
Houilles Belges. Ann. Mines Belg., 1959, S. 29—39.

Gleichungen für die Konstanten A, B und C[1] wurden mit den Werten für zwölf typische Ruhrkohlen und vierzehn Saarkohlen überprüft. Die Übereinstimmung erwies sich im Rahmen der zu fordernden Genauigkeit als ausreichend.

Für rheinische *Braunkohle* — 68,3% C; 5,0% H$_2$; 25,7% O$_2$; 0,5% N$_2$; 0,5% S; H_o = 6390 kcal/kg; H_u = 6120 kcal/kg; mittelfeuchte Luft (φ = 80% Sättigung bei 20 °C); Wasserballast der trockenen Verbrennungsluft 0,0189 Nm^3/Nm$^3_{tr}$ — ergeben sich die Konstanten der Gl. (17–2) zu:

$$A = 0{,}005081 + {} + 0{,}00000289 \cdot t_g, \quad (17\text{–}10)$$

$$B = 0{,}62583 + {} + 0{,}0000497 \cdot t_g, \quad (17\text{–}11)$$

$$C = 0{,}006983 + {} + 0{,}0000009 \cdot t_g. \quad (17\text{–}12)$$

Berücksichtigt man die Abhängigkeit der spezifischen Wärme von der Temperatur nicht für alle in Frage kommenden Temperaturen, sondern rechnet man mit einer mittleren spezifischen Wärme über einen größeren Temperaturbereich, so erhält man zunächst empirische Formeln, die für bestimmte Abgastemperaturen genau gelten und die bei abweichenden Temperaturen im-

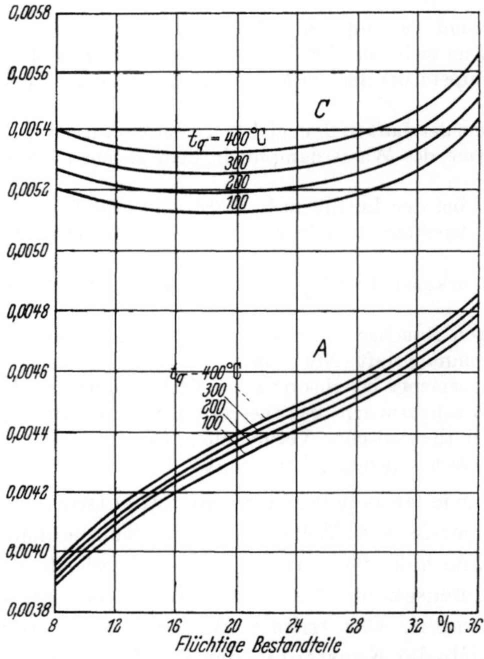

Abb. 17-1. Beiwerte A und C der Gl. (17-2) als Funktion der Flüchtigen Bestandteile für Steinkohle

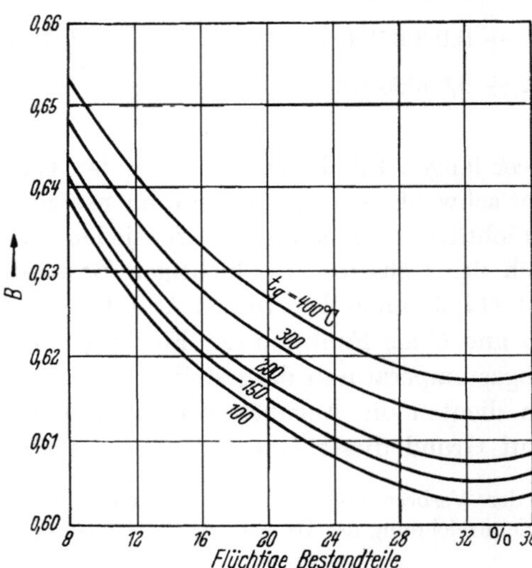

Abb. 17-2. Beiwert B der Gl. (17-2) als Funktion der Flüchtigen Bestandteile für Steinkohle

---

[1] GUMZ, W.: s. Fußn. 1 S. 417, Gln. (40) bis (63).

merhin für viele praktische Zwecke ausreichend genaue Werte ergeben.

So erhält man für den Abwärmeverlust für *Koks* (Hochtemperaturkoks):

$$Q_{(H_o)} = \left[0,0029 + \frac{0,729}{CO_2(+SO_2)} + 0,00575 \cdot W\right](t_g - t_l) \quad [\%]. \qquad (17\text{–}13)$$

Diese Näherungsformel gilt für 200 °C genau.

Bei *Steinkohle* wird vorgeschlagen, die Beiwerte für eine Abgastemperatur von $t_g = 150$ °C auszuwählen und sie für bestimmte Kohlentypen abzurunden. Man erhält dann (bezogen auf H_o)

für Anthrazit

$$Q = \left[0,0039 + \frac{0,641}{CO_2(+SO_2)} + 0,0052 \cdot W\right](t_g - t_l), \qquad (17\text{–}14)$$

für Magerkohle

$$Q = \left[0,0041 + \frac{0,629}{CO_2(+SO_2)} + 0,0052 \cdot W\right](t_g - t_l), \qquad (17\text{–}15)$$

für Eßkohle

$$Q = \left[0,0042 + \frac{0,621}{CO_2(+SO_2)} + 0,0052 \cdot W\right](t_g - t_l), \qquad (17\text{–}16)$$

für Fett- und Gaskohle

$$Q = \left[0,0044 + \frac{0,610}{CO_2(+SO_2)} + 0,0052 \cdot W\right](t_g - t_l), \qquad (17\text{–}17)$$

für Gasflammkohle

$$Q = \left[0,0046 + \frac{0,605}{CO_2(+SO_2)} + 0,0053 \cdot W\right](t_g - t_l). \qquad (17\text{–}18)$$

Entsprechend gilt (ebenfalls für $t_g = 150$ °C) als Näherungsformel für *Braunkohle*

$$Q_{(H_o)} = \left[0,0055 + \frac{0,633}{CO_2(+SO_2)} + 0,0071 \cdot W\right](t_g - t_l) \quad [\%]. \qquad (17\text{–}19)$$

Im Temperaturbereich von 100 bis 200 °C — in dem bei neuzeitlichen Kesselanlagen die Abgastemperaturen liegen — ist die maximale Abweichung vom Sollwert $\pm 0,8\%$; ein Genauigkeitsgrad, der als völlig ausreichend gelten kann.

Folgende Näherungsformeln gelten für

Schweres Heizöl[1]:

$$Q_{(H_o)} = \left[0,00643 + \frac{0,490}{CO_2(+SO_2)} + 0,00438 \cdot W\right](t_g - t_l) \quad [\%], \qquad (17\text{–}20)$$

---

[1] GUMZ, W.: Schriftlicher Diskussionsbeitrag zu Paper Nr. 9 (HESLOP, D. J.: A Summary of Operating Conditions in Shell Boilers) of the Conference on Major Developments in Liquid Fuel Firing in Torquay/England, 11.–14. Mai 1959.

Steinkohlenteeröl[1]:

$$Q_{(H_o)} = \left[0{,}0051 + \frac{0{,}568}{CO_2(+SO_2)} + 0{,}0049 \cdot W\right](t_g - t_l) \quad [\%], \qquad (17\text{–}21)$$

Gichtgas:

$$Q_{(H_o)} = \left[0{,}00482 + \frac{1{,}2414}{CO_2(+SO_2)} + 0{,}0439 \cdot W\right](t_g - t_l) \quad [\%], \qquad (17\text{–}22)$$

Koksofengas:

$$Q_{(H_o)} = \left[0{,}00977 + \frac{0{,}25970}{CO_2(+SO_2)} + 0{,}00999 \cdot W\right](t_g - t_l) \quad [\%], \qquad (17\text{–}23)$$

Erdgas:

$$\cdot Q_{(H_o)} = \left[0{,}00891 + \frac{0{,}33011}{CO_2(+SO_2)} + 0{,}00465 \cdot W\right](t_g - t_l) \quad [\%]. \qquad (17\text{–}24)$$

Diese Formeln erfassen den Verlust durch den Wärmeinhalt der abziehenden Rauchgase. Sie setzen also eine vollständige Gasbildung in der Feuerung voraus, oder — was dasselbe ist — sie erfassen die Verluste der *gasbildenden Brennstoffmenge* (vgl. darüber S. 423), und die sogenannten Feuerungsverluste müssen entsprechend bewertet und berücksichtigt werden.

Ableitung

Zu diesen Formeln gelangt man auf folgende Weise, wobei der Aufbau der Formeln physikalisch exakt ist, während sich die Empirie auf die Größe der Beiwerte beschränkt, so daß die Genauigkeit durch Einschränkung des Anwendungsbereiches (z. B. auf Kohlen bestimmter eng umgrenzter Herkunft) beliebig gesteigert werden kann. Im Gegensatz dazu sind die gebräuchlichen Formeln von SIEGERT und HASSENSTEIN rein empirisch und geben unerwünscht große Abweichungen vom Sollwert[2]. Die Ableitung der Gln. (17–2) bis (17–5) erhält man aus Gl. (17–1) wie folgt[3]:

Nach Gl. (11–8) und mit $V_{tr} = V - wV$ (Bezeichnungen nach S. 417) ist

$$\frac{Q \cdot H_o}{100 \cdot \Delta t} = V_{tr} \cdot c_g + (n-1) \cdot L \cdot c_l + w \cdot V \cdot c_w + n \cdot L \cdot W_L \cdot c_w + 1{,}243 \cdot c_w \cdot W.$$

$$(17\text{–}25)$$

Die Luftüberschußzahl n wird durch eine CO_2-Messung bestimmt, wobei jedoch zu beachten ist, daß die meisten CO_2-Meßapparate infolge der Abkühlung in den Rohrleitungen und Filtern den CO_2-Gehalt des trockenen Gases messen. Es ist daher der CO_2-Gehalt, bezogen auf

---

[1] Siehe Fußn. 1 S. 419.

[2] Siehe Feuerungstechn. 17 (1929) H. 10 S. 109—112 (besonders Abb. 2) und H. 11 S. 123—125.

[3] GUMZ, W.: s. Fußn. 1 S. 417.

trockenes Gas (k_n'), als Funktion der Luftüberschußzahl darzustellen. Mit k_n sei der CO_2-Gehalt bei der Luftüberschußzahl n, bezogen auf nasses Gas, und mit k der maximale CO_2-Gehalt, bezogen auf nasses Gas, bezeichnet. Bei Messung mit dem Orsat-Apparat, in dem Kohlendioxyd und Schwefeldioxyd gleichzeitig absorbiert werden, ist an Stelle von k_n' der Wert $CO_2 + SO_2$ zu verwenden und an Stelle von $k \cdot V$ die Summe der Kohlensäure- und der Schwefelsäuremenge im theoretischen Rauchgas.

Ist die entstehende Gasmenge (ohne Wasserballast aus Luft und Brennstoff) $V + (n - 1) \cdot L$, so ist der Kohlensäuregehalt

$$k_n = \frac{k \cdot V}{V + (n - 1) \cdot L}, \tag{17-26}$$

der Wassergehalt

$$w_n = \frac{w \cdot V}{V + (n - 1) \cdot L} \tag{17-27}$$

und der Kohlensäuregehalt, bezogen auf trockenes Gas,

$$k_n' = \frac{k_n \cdot (V + (n - 1) \cdot L)}{[V + (n - 1) \cdot L] \cdot (1 - w_n)} = \frac{k_n}{1 - w_n}. \tag{17-28}$$

Aus den Gln. (17–26) bis (17–28) folgt

$$(1 - w_n)\, k_n' = k_n, \tag{17-29}$$

$$\left(1 - \frac{w\,V}{V + (n - 1) \cdot L}\right) k_n' = \frac{k \cdot V}{V + (n - 1) \cdot L}, \tag{17-30}$$

$$V k_n' + (n - 1) \cdot L k_n' - w\,V k_n' = k \cdot V \tag{17-31}$$

und schließlich durch einige Umformungen

$$(n - 1) \cdot L = \frac{k \cdot V}{k_n'} - (1 - w)\,V = \frac{k \cdot V}{k_n'} - V_\text{tr}. \tag{17-32}$$

Ersetzt man in Gl. (17–25) $n \cdot L$ durch $(n - 1) \cdot L + L$ und $(n - 1) \cdot L$ durch den entsprechenden Ausdruck aus Gl. (17–32), so erhält man

$$\frac{Q \cdot H_o}{100 \cdot \varDelta t} = V_\text{tr} \cdot c_g + \left(\frac{k \cdot V}{k_n'} - V_\text{tr}\right) \cdot c_l + \left(\frac{k \cdot V}{k_n'} - V_\text{tr}\right) \cdot W_L \cdot c_w +$$

$$+ w\,V c_w + L W_L c_w + 1{,}243\, W c_w \tag{17-33}$$

oder

$$\frac{Q \cdot H_o}{100 \cdot \varDelta t} = V_\text{tr} \cdot (c_g - c_l) + c_w [w\,V + W_L \cdot (L - V_\text{tr})] +$$

$$+ \frac{k \cdot V}{k_n'} (c_l + W_L \cdot c_w) + 1{,}243\, c_w \cdot W. \tag{17-34}$$

Aus Gl. (17–34) folgen dann die Gln. (17–2) bis (17–5).

Unvollkommene Verbrennung

Tritt im Abgas noch brennbares Gas auf (insbesondere handelt es sich dabei um CO), so ist in Gl. (17–2), (17–13) usw. der Ausdruck $CO_2 + CO$ an Stelle von CO_2 einzuführen. Darüber hinaus ist jedoch noch der Verlust zu berücksichtigen, den der Heizwert des unverbrannt abziehenden Kohlenoxyds, das sind 3020 kcal/Nm³, verursacht. Auch dieser Verlust läßt sich leicht formelmäßig erfassen und unter Benutzung der CO_2- und CO-Messung ohne Kenntnis des Heizwertes des Brennstoffes und seiner Elementaranalyse errechnen. Der Verlust durch CO-Bildung beträgt

$$Q_{(H_o)}^{CO} = CO \cdot 3020 \cdot \frac{V_{n\,tr}}{H_o} \cdot 100 \quad [\%]. \tag{17-35}$$

$V_{n\,tr}$, die trockene Abgasmenge in Nm³ aus 1 kg Brennstoff, ist aber

$$V_{n\,tr} = V_{tr} + (n-1) \cdot L. \tag{17-36}$$

Mit $(n-1) \cdot L = \dfrac{k \cdot V}{k'_n} - V_{tr}$ [nach Gl. (17–29)] wird dann

$$V_{n\,tr} = \frac{k \cdot V}{k'_n}. \tag{17-37}$$

Demnach ist der CO-Verlust

$$Q_{(H_o)}^{CO} = \frac{A' \cdot CO}{CO_2 (+SO_2) + CO} \tag{17-38}$$

mit

$$A' = \frac{k \cdot V \cdot 3020}{H_o} \cdot 100. \tag{17-39}$$

Auf H_u bezogen ist

$$Q_{(H_u)}^{CO} = Q_{(H_o)}^{CO} \cdot \frac{H_o}{H_u - 597 \cdot W}. \tag{17-40}$$

Für die oben angegebenen Brennstoffe [Gln. (17–13) bis (17–24)] sind die Beiwerte A' der Gl. (17–38) der Zahlentafel 17–1 zu entnehmen.

Zahlentafel 17–1. *Beiwerte A' der Gl. (17–38)*

	A'
Koks	68,6
Anthrazit	59,6
Magerkohle	59,0
Eßkohle	58,4
Fett- und Gaskohle	56,8
Gasflammkohle	55,3
Rheinische Braunkohle	60,0
Schweres Heizöl	47,1
Steinkohlenteeröl	53,8
Gichtgas	119,4
Koksofengas	24,6
Erdgas	32,0

Verluste durch Unverbranntes

Das Unverbrannte tritt als Verlust durch unverbrannte Gase, als Flugkoks und Ruß, als Unverbranntes in den Herdrückständen und als Rostdurchfall auf. Das Unverbrannte in den Gasen ist vorwiegend Kohlenoxyd, in seltenen Fällen auch Wasserstoff oder Spuren von Kohlenwasserstoffen, es kann daher durch die Formel (17–38) erfaßt werden. Ein neues Verfahren zur Bestimmung des Wärmeverlustes durch unverbrannte Gase hat BÜHNE angegeben[1].

Die Verluste durch Flugkoks und Ruß sind meßtechnisch kaum zu erfassen, auf einige Ansätze zur Bestimmung des Kohlenstoffverlustes ist S. 330 hingewiesen worden. Nur der in den Aschetrichtern angesammelte gröbere Flugstaub und der in etwa nachgeschalteten Flugascheabscheidern angesammelte Anteil läßt sich mengenmäßig erfassen, ebenso kann der Rückstand der Roste gesammelt, gewogen und analysiert werden. Der dort auftretende Gehalt an Brennbarem ist wohl in allen Fällen ein weitgehend entgaster Kohlenstoff, so daß er gewöhnlich mit einem Heizwert von 8080 kcal/kg in Rechnung gesetzt wird. Da aber auch schon ein geringer Sauerstoffgehalt den Heizwert drückt, ist es zweckmäßiger, mit dem abgerundeten Wert von 8000 kcal/kg zu rechnen. Da hingegen der Rostdurchfall je nach Bauart des Rostes, besonders in den vorderen Zonen, auch frische, wenig oder gar nicht entgaste Kohle enthält, ist er möglichst von den übrigen Rückständen getrennt zu halten und zu analysieren, da ja sein Heizwert wesentlich unter dem Kohlenstoffheizwert liegen kann.

Die Entstehung und die Menge des Flugkokses hängt vom Brennstoff, seiner Körnung, besonders seinem Anteil an Feinstkorn, von der aerodynamischen Belastung des Rostes, von der Feuchtigkeit des Brennstoffes und seiner Backfähigkeit, von der Art der Verfeuerung (Deckschichten-Verfahren), der Rostbauart (Planrost, Wanderrost, Schürrost), der Größe und Höhe des Feuerraumes und den damit gegebenen Möglichkeiten zu einer vollständigen oder teilweisen Verbrennung der mitgerissenen Teilchen in der Schwebe ab. Der Flugkoksverlust liegt daher am höchsten bei den nicht backenden Magerfeinkohlen (4 bis 8%), bei denen die Rostwärmebelastung zweckmäßig auf etwa 0,8 bis $0,9 \cdot 10^6$ kcal/m² h begrenzt wird; sie vermindert sich bei Mager-Förderkohle und noch weiter bei Mager-Nußkohlen (2 bis 4%). Wesentlich geringer sind diese Verluste bei den Eßkohlen und bei Gasflammkohlen und am geringsten bei den backenden Fettkohlen. Ähnlich liegen die Verhältnisse bei den Braunkohlen, bei denen die mulmigen, erdigen Braunkohlen naturgemäß die höchsten, knorpelige, stückige (insbesondere abgesiebte) Braunkohlen dagegen wesentlich geringere Flugkoks-

---

[1] BÜHNE, W.: Brennstoff- u. Wärmew. 21 (1939) H. 11 S. 202–205.

verluste ergeben. Das wichtigste verfahrensmäßige Hilfsmittel zur Verringerung dieser Verluste ist die Rückführung der in den Aschetrichtern angesammelten gröberen (und daher meist noch heizkräftigen) Flugstaubmengen durch Einblasen in den Feuerraum, wobei die Verluste etwa auf die Hälfte zurückgehen. Der feinste flugfähige Staub wird auf diese Weise nicht erfaßt. Zweitluftzuführung verbessert die Möglichkeit der Flugkoksverbrennung, genügend große Feuerräume vorausgesetzt. Der in Flugascheabscheidern, Elektrofiltern usw. niedergeschlagene Staub ist meist so aschereich, daß seine Rückführung in den Feuerraum (aus wärmewirtschaftlichen Gründen) nicht lohnt, doch ist dies von Fall zu Fall zu untersuchen. Die Rückführung von Elektrofilterstaub ist in einigen Fällen dagegen durchgeführt worden[1], um den Staub auf diese Weise durch Zusammenschmelzen zu granulieren und seine Beseitigung zu erleichtern; bei dieser Gelegenheit wird auch sein geringer Gehalt an Brennbarem noch zu einem gewissen Teil ausgenutzt.

Tritt ein namhafter Kohlenstoffverlust auf, so ist darauf zu achten, daß alle angegebenen Methoden zur Bestimmung der Abwärmeverluste nur den Teil erfassen, der wirklich vergast bzw. verbrannt ist (sich also auf die gasbildende Brennstoffmenge beziehen). Hätte man z. B. einen Verlust durch Rostdurchfall und Unverbranntes von 5% festgestellt und nach Gl. (17–2) und (17–38) einen Abwärmeverlust von 20%, einen CO-Verlust von 3%, so sind nur etwa 95% des Brennstoffes wirklich verbrannt und der Abgasverlust, bezogen auf den in die Feuerung eingeführten Brennstoff, beträgt dann $0,95 \cdot 20 = 19\%$, der CO-Verlust $0,95 \cdot 3 = 2,85\%$.

Leitungs- und Strahlungsverluste

Diese Verluste sind abhängig von der Größe der wärmeabgebenden Oberflächen, der Oberflächentemperatur (also der Güte der Wärmedämmung), der Umgebungstemperatur, den Luftströmungen des umgebenden Raumes, der absoluten Leistung und der Belastung. Grundsätzliche Zahlenangaben sind daher mit entsprechender Vorsicht zu verwenden, Anhaltswerte vermittelt Abb. 17–3 nach PRAETORIUS[2,3]. Die Verluste normaler Wasserrohrkessel liegen bei ihrer Regellast etwa zwischen den Kurven A und B (eingezeichnetes Beispiel: 500-m²-Kessel, Vollast-Leitungs- und Strahlungsverlust 4,5%). Kessel mit teilweiser Strahlungsheizfläche liegen etwa zwischen B und C, reine Strahlungskessel zwischen C und D, für Flammrohrkessel gilt Linie E. Bei Teil-

---

[1] Mitt. a. d. Arbeitsbereich der Metallgesellschaft A.-G. Frankfurt a. M. (1935) H. 10 S. 17–22, — Feuerungstechn. 23 (1935) H. 6 S. 70.

[2] PRAETORIUS, E.: Strahlungs- und Abkühlverluste von Kesseln und Wärmespeichern. Arch. Wärmew. 13 (1932) H. 6 S. 157–160.

[3] Wärmetechn. Arbeitsmappe (Arch. Wärmew.), Berlin 1934.

lasten ist zunächst die Kurvenschar $A - E$ zu benutzen, sodann auf die von links nach rechts verlaufenden Geraden überzugehen. Ablesung erfolgt am oberen Bildrand (2. Beispiel: 1000-m²-Strahlungskessel, Belastung 1/2, Verlust 2,8%). Gewöhnlich werden die Strahlungs- und Leitungsverluste in der Wärmebilanz als Restverlust ausgewiesen, zumal die Messung infolge der Verschiedenheit der auftretenden Oberflächentemperaturen nicht einfach ist. Die Wärmeübergangszahlen vom Mauerwerk auf die umgebende Luft liegen in der Größenordnung von 4 bis 5 kcal/m² h °C. Der Restverlust enthält — neben der Summe der

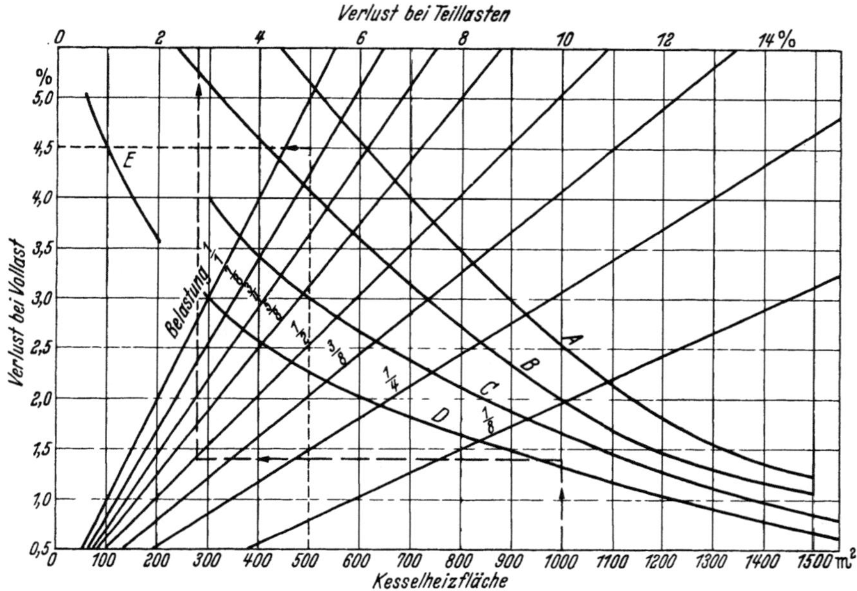

Abb. 17-3. Leitungs- und Strahlungsverluste von Kesselanlagen (nach PRAETORIUS)

Meßfehler — auch alle sonstigen, nicht erfaßten Verluste; dazu gehört, Beharrungszustand vorausgesetzt, der meist nicht erfaßte Verlust durch Flugkoks und Rußbildung, Undichtigkeitsverluste u. ä.

Bei Öfen[1, 2] nehmen diese Verluste wesentlich höhere Werte an. Die Arbeitstemperaturen liegen durchweg höher als beim Kessel, die absoluten Größen sind geringer, die abkühlenden Oberflächen relativ größer, und die Wandinnentemperaturen müssen in vielen Fällen gerade durch die Zulassung entsprechender Wärmeverluste auf bestimmten Grenztemperaturen gehalten werden. Eine Isolierung nach rein wärme-

---

[1] TRINKS, W.: Industrieöfen, Bd. 1 u. 2, Berlin 1928 u. 1931.
[2] HEILIGENSTAEDT, W.: s. Fußn. 1 S. 416.

technischen Gesichtspunkten kommt also hier nicht in Frage. Dazu kommen die Verluste durch Wärmeableitung in den Boden, die Abstrahlung der Ofentüren, die Undichtigkeits- und die Ausflammverluste.

Ausflammverluste

Die Ausflammverluste treten bei Flammöfen, Schmiedeöfen, Wärmöfen u. dgl. durch das Herausschlagen der Flammen oder das Austreten der Gase aus undichten oder offenstehenden Türen (z. B. während der Beschickung) auf. Sie sind meßtechnisch nicht erfaßbar und können daher nur rechnerisch in ihrer Größenordnung einigermaßen ermittelt werden. Hierzu kann Gl. (2–60) S. 41 dienen, wobei nach HEILIGENSTAEDT[1] mit einer Ausflußzahl α von 0,6 bis 0,7 zu rechnen ist. Dabei ist auf die Lage des Drucknullpunktes und die Druckzunahme nach oben durch die starke Auftriebswirkung der heißen Gase zu achten. Muß die Tür, wie es bei Schmiedeöfen für große und sperrige Stücke vorkommen kann, ganz oder halb offenstehen, so ist es empfehlenswert, die verbleibende Öffnung mit Steinen zuzusetzen oder gar zu vermauern[2]. Bei nicht zu hohem Überdruck im Ofen kommen Sperrluftschleier in Frage, zu deren Bemessung zweckmäßig Modellversuche herangezogen werden[3].

Soweit derartige, oft konstruktiv bedingte Öffnungen im Bereich starker Unterdrucke liegen, können sehr erhebliche Falschluftmengen eingezogen werden. In starkem Maße ist dies z. B. bei Drehöfen der Fall, wo der Ofen mit seinem kalten Ende in die Rauchgas- bzw. Staubkammer hineinragt. Auf die dadurch bedingte erhebliche Zunahme der Rauchgasmenge ist bei der Bemessung anschließender Heizflächen (Abhitzekessel) und anderer Apparaturen (Filter, Saugzuganlagen u. dgl.) zu achten.

Speicherverluste (Unbeharrungsverluste)

War bei der bisherigen Aufzählung der Verluste Beharrungszustand bei gleichbleibender Belastung vorausgesetzt, so treten im wirklichen Betrieb vor allem noch die Unbeharrungsverluste hinzu, die dadurch entstehen, daß ein kalter Kessel oder Ofen nach seiner Anheizung erst auf Beharrungstemperatur gebracht werden muß, wobei eine nicht unbeträchtliche Wärmemenge in die noch kalten Mauerwerks- und Eisenteile (zuzüglich der kalten Kesselfüllung) eingespeichert wird. Die Nutzwärme wird daher zunächst Null sein, der Verlust also 100% aus-

---

[1] HEILIGENSTAEDT, W.: Wärmetechnische Rechnungen für Industrieöfen, 2. Aufl., Düsseldorf 1941, S. 24—26.

[2] TRINKS, W.: Industrieöfen, Bd. 1, Berlin 1928, S. 82/83.

[3] KESSELS, K., u. R. JESCHAR: Der Sperrluftschleier als Konstruktionselement im Industrieofenbau. Arch. Eisenhüttenw. 31 (1960) Nr. 11 S. 633—637, — Mitt. 491 der Wärmestelle des VDEh.

machen; mit zunehmender, meist Stunden in Anspruch nehmender Annäherung an den Beharrungszustand gehen dann die zusätzlichen Speicherverluste infolge der eintretenden Wärmesättigung zurück, um im wirklichen Beharrungszustand Null zu werden. Die Zeit zur Erreichung dieses Zustandes ist sowohl von der Bauart des Kessels, seiner absoluten Größe, seiner durchzuwärmenden Masse, als auch von der Feuerungsbelastung während der Anheizzeit und einer Reihe ähnlicher Faktoren abhängig, so daß auch hier allgemeingültige Angaben nur schwer möglich sind. Einen Anhalt gibt Abb. 17–4 nach Praetorius, der eine Reihe von Untersuchungen über die zusätzlichen Anheiz- und Einlaufverluste angestellt hat[1,2]. Hat also ein Kessel im Beharrungszustand einen Wirkungsgrad von 80%, so treten zu den 20% Beharrungsverlusten beispielsweise nach 2 h Betriebszeit noch $0{,}25 \cdot 20 = 5\%$ Speicherverluste.

Bei unterbrochener Betriebsweise einer Kesselanlage, wie sie ja bei kleineren und mittleren Industriebetrieben fast die Regel ist, lassen sich die Unbeharrungsverluste dadurch verringern, daß die Auskühlung des Kessels möglichst gering gehalten wird. Dazu gehört einerseits ein möglichst dichtes und gut isoliertes Mauerwerk, um die äußere Auskühlung zu verringern, andererseits

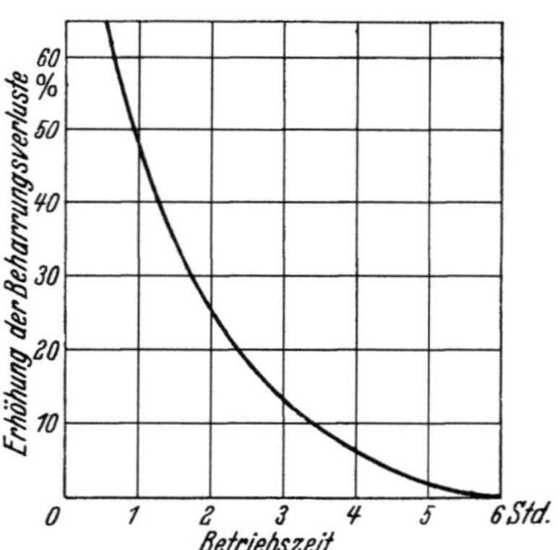

Abb. 17–4. Erhöhung der Beharrungsverluste in % während der Einlaufzeit eines Kessels (nach Praetorius)

eine Unterbindung aller Luftzufuhr und aller Konvektionsströme in den Rauchgaswegen des Kessels nach dem Abstellen. Zu diesem Zweck sollen nicht nur Kessel und Feuerung möglichst dicht abschließbar sein, sondern vor allem muß die dauernde, noch kräftige Zugwirkung des Schornsteins ausgeschaltet werden; diesem Zweck dient die Wärmesperre.

Abhängigkeit des Wirkungsgrades von der Belastung

Um besonders den Einfluß der Kesselbelastung zu verdeutlichen, haben Funk und Ralston[3] in folgender Weise diese Abhängigkeit in die Form einer mathematischen Gleichung gekleidet. Ausgehend von

---

[1] Praetorius, E.: Wärmewirtschaft im Kesselhaus (Wärmelehre und Wärmewirtschaft in Einzeldarstellungen Bd. 8), Dresden u. Leipzig 1930, S. 143—169.

[2] Praetorius, E.: Billige Kessel, billiger Dampf (Schriftenreihe Ingenieurbildung H. 1), Berlin 1932, S. 124—131.

[3] Funk, N. E., u. F. C. Ralston: Boiler Plant Economics. Trans. Amer. Soc. mech. Engrs. 45 (1923) S. 607.

der Bilanzkurve, die den Wärmeaufwand in Abhängigkeit von der Wärmeleistung darstellt, gelangt man theoretisch, d. h. ohne Einbeziehung irgendwelcher Verluste, bei gleichen Maßstäben für den Wärmeaufwand (y) und die Wärmeleistung (x) zu einer geraden, unter 45° verlaufenden Linie (D in Abb. 17–5)

$$y = x. \qquad (17\text{–}41)$$

Hierzu kommt ein konstanter Verlust

$$y = c, \qquad (17\text{–}42)$$

der sog. Leerlaufsverlust, der unter anderem auch die Ventilatorenarbeit und sonstige mechanische Antriebe im Leerlauf enthält. Als drittes sind diejenigen Verluste anzuführen, die mit wachsender Belastung ansteigen, so z. B. die Vergrößerung des Strahlungsverlustes, die Erhöhung der Abgastemperatur, die Steigerung des Verbrennlichen in den Rückständen, der wachsende Kraftverbrauch der Ventilatoren usw., Verluste, die mit wachsender Belastung stärker als linear zunehmen nach einem Gesetz von der Form

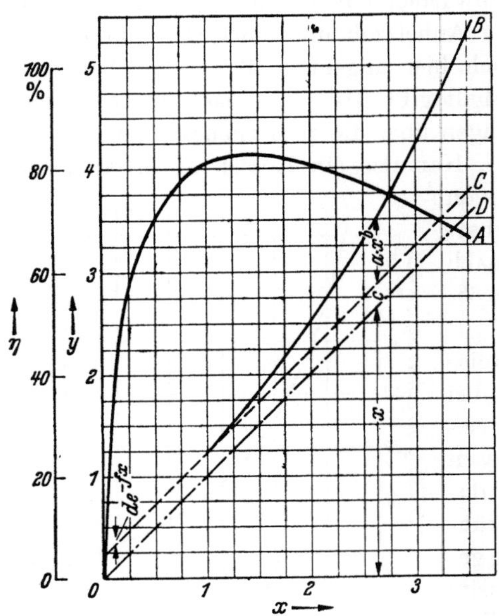

Abb. 17–5. Bilanz- und Wirkungsgradkurve eines Kessels

$$y = a\, x^b, \qquad (17\text{–}43)$$

worin $b > 1$ ist. Endlich ergeben sich, besonders bei sehr geringen Belastungen, Verluste durch die Schwierigkeit in der Aufrechterhaltung geringer Brennstoff-Schichtdicken, durch die geringe Luftgeschwindigkeit und die niedrige Verbrennungstemperatur, die sich in die Form

$$y = d\, e^{-f x} \qquad (17\text{–}44)$$

bringen lassen. Diese vier Größen addiert ergeben die Bilanzkurve (B in Abb. 17–5), die sich aus der Kesseluntersuchung ergibt, zu

$$y = x + a\, x^b + d\, e^{-f x} + c, \qquad (17\text{–}45)$$

und daraus wird der Wirkungsgrad

$$\eta = \frac{x}{y} \qquad (17\text{–}46)$$

für jede gewünschte Belastung ermittelt. Zur Zergliederung der experimentell gefundenen Bilanzkurve bildet man

$$z = y - x = a\, x^b - c\,, \qquad (17\text{–}47)$$

was unter Vernachlässigung des Gliedes $d\, e^{-f\, x}$ den Gesamtverlust darstellt. Wählt man drei Punkte x_1, x_2 und x_3 auf der Bilanzkurve so, daß $\dfrac{x_2}{x_1} = \dfrac{x_3}{x_2}$ wird, so wird

$$c = z_0 = \frac{z_2 - \dfrac{z_2 - z_1}{z_3 - z_2}\, z_3}{1 - \dfrac{z_2 - z_1}{z_3 - z_2}}$$

und für $x = 1$

$$z = a + c\,, \qquad (17\text{–}48)$$

so daß die Berechnung von b übrigbleibt. Um die Größenordnung der Beiwerte zu zeigen, sei erwähnt, daß FUNK und RALSTON[1] als Zahlenbeispiel für den von ihnen untersuchten Kessel angeben

$$y = x + 0{,}02\, x^{3{,}46} + 0{,}27\,. \qquad (17\text{–}49)$$

Darin ist $x = 100\%$ rating $= 1$ gesetzt[2].

Maßgebend für den Verlauf der η-Kurve ist besonders das Glied $a\, x^b$; je mehr sich dieses seiner Geraden anschmiegt, um so weniger fällt die Kurve ab, um bei $b = 1$ schließlich dauernd anzusteigen. Bei sehr gutem Ausbrand und bei viel nachgeschalteter, die Abgastemperaturschwankungen ausgleichender Heizfläche (z. B. große Ekonomiser und Luftvorwärmer) nähert man sich diesem Idealzustand und erhält über einen sehr weiten Belastungsbereich einen wenig schwankenden Wirkungsgrad.

Ähnlich wie beim Anheizen eines Kessels treten auch beim Übergang von einem Beharrungszustand bei niedriger Last zu einer höheren Belastung Speicherverluste, wenn auch wesentlich geringeren Ausmaßes, auf. Umgekehrt liefert der Kessel bei fallender Belastung zusätzlich Wärme aus seinem Wärmeinhalt, so daß sich, über einen genügend langen Zeitraum betrachtet, die Unbeharrungsverluste durch Belastungswechsel etwa ausgleichen.

---

[1] Siehe Fußn. 3 S. 427.

[2] Die amerikanische Kesselleistungsangabe 100% rating s. Anhang S. 711.

IV. Vergasung

18. Vergasungsrechnung für feste Brennstoffe

Konnten wir uns bei der Verbrennungsrechnung auf die Stoffbilanzen beschränken (mit Ausnahme bei der Berücksichtigung der Dissoziation der Verbrennungsgase), so kommen bei der Vergasung als weitere Bestimmungsgleichungen die Definitionen der Gleichgewichtskonstanten bzw. der Massenwirkungsquotienten hinzu, die das Bild ein wenig verwickelter gestalten und die rechnerische Auswertung erschweren. Die Vergasung ist nicht, wie es mitunter dargestellt wird, eine Art unvollständiger Verbrennung, sondern eine vollständige Verbrennung eines Teiles des Brennstoffes bis zum völligen Verbrauch des vorhandenen Sauerstoffes und ein weiterer Umsatz dieser Verbrennungsprodukte (CO_2, H_2O) mit dem meist in großem Überschuß vorhandenen Kohlenstoff, wobei sich die Gleichgewichte der Hauptvergasungsreaktionen, der BOUDOUARDschen oder Generatorgasreaktion und der (heterogenen) Wassergasreaktion, in bezug auf die aus der Wärmebilanz ermittelte „Reaktionstemperatur" einstellen.

Die sich im Gaserzeuger abspielenden Vorgänge sind demnach zunächst eine Verbrennung des Kohlenstoffs mit dem zugeführten Sauerstoff (der Vergasungsluft) zu CO_2 bzw. einem CO_2-, H_2O-, N_2-Gemisch in der sog. „Oxydationszone". Bei den üblichen Brennstoffkorngrößen beträgt die Höhe dieser Zone etwa 100 bis 150 mm, nach HILES und MOTT[1] etwa 2,66 $\times$ mittl. Korndurchmesser. Es ist für die Rechnung unerheblich, ob eine reinliche Trennung von Oxydations- und nachfolgender Reduktionszone eintritt oder nicht. War nicht Koks, sondern Kohle in den Gaserzeuger aufgegeben worden, so kann dennoch angenommen werden, daß nur völlig entgaster Brennstoff in die Oxydationszone gelangt[2].

---

[1] HILES, J., u. R. A. MOTT: The effect of particle size on the combustion reactions in a bed of coke. Fuel Sci. 23 (1944) Nr. 5 S. 134—139.

[2] Eine Ausnahme bilden solche im Gleichstrom arbeitenden Vergasungsverfahren (z. B. Staubvergasung), bei welchen der frische Brennstoff mit dem Vergasungsmittel aufgegeben wird. Hierbei verbrennt Kohle (nicht Koks), sogar die Flüchtigen Bestandteile bevorzugt, wobei auch in der Reduktionszone noch immer ein nicht völlig entgaster Brennstoff vorhanden ist.

In der anschließenden Reduktionszone, der eigentlichen Vergasungszone (bei üblichen Korngrößen etwa 900 mm Höhe), finden im wesentlichen die folgenden endothermen Reduktionsvorgänge statt:

Die BOUDOUARDsche oder Generatorgasreaktion

$$CO_2 + C + 38\,200\ kcal/kmol = 2\,CO$$
$$22{,}4\ Nm^3 + 12{,}01\ kg = 44{,}8\ Nm^3 \tag{18-1}$$

und die heterogene Wassergasreaktion

$$H_2O + C + 28\,200\ kcal/kmol = CO + H_2$$
$$22{,}4\ Nm^3 + 12{,}01\ kg = 22{,}4\ Nm^3 + 22{,}4\ Nm^3 \tag{18-2}$$

Diese beiden Reaktionen sind durch die homogene Wassergasreaktion miteinander verknüpft

$$CO_2 + H_2 + 10\,000\ kcal/kmol = CO + H_2O$$
$$22{,}4\ Nm^3 + 22{,}4\ Nm^3 = 22{,}4\ Nm^3 + 22{,}4\ Nm^3 \tag{18-3}$$

Aus Gl. (18-1) läßt sich die Gleichgewichtskonstante der BOUDOUARDschen Reaktion unmittelbar ablesen; es ist[1]

$$K_{p_B} = \frac{(p_{CO})^2}{p_{CO_2}} \tag{18-4}$$

oder, wenn wir statt der Teildrücke Volumprozent $v = p/P$ (p = Teildruck, P = Gesamtdruck des Systems in physikalischen Atmosphären) einführen,

$$K_{p_B} = \frac{(v_{CO})^2 P^2}{v_{CO_2} P} = \frac{(v_{CO})^2 P}{v_{CO_2}}. \tag{18-5}$$

Benutzen wir, was für die Rechnung bequemer sein wird, den reziproken Wert der Gleichgewichtskonstanten (K'_{p_B}), so ist

$$P K'_{p_B} = \frac{v_{CO_2}}{(v_{CO})^2}. \tag{18-6}$$

In gleicher Weise finden wir die Gleichgewichtskonstante der heterogenen Wassergasreaktion zu

$$K_{p_W} = \frac{p_{CO}\, p_{H_2}}{p_{H_2O}} = \frac{v_{CO}\, v_{H_2}\, P}{v_{H_2O}}, \tag{18-7}$$

$$P K'_{p_W} = \frac{v_{H_2O}}{v_{CO}\, v_{H_2}} \tag{18-8}$$

und der homogenen Wassergasreaktion

$$K_W = \frac{p_{CO}\, p_{H_2O}}{p_{CO_2}\, p_{H_2}} = \frac{v_{CO}\, v_{H_2O}}{v_{CO_2}\, v_{H_2}}. \tag{18-9}$$

Beachtenswert ist, daß sich der Gesamtdruck P aus dem Ausdruck für die homogene Wassergasreaktion herauskürzt. Die Reaktion ist daher

---

[1] Wir schreiben generell die Glieder der rechten Seite der Gleichung in den Zähler, die der linken Seite in den Nenner, den Teildruck des festen Kohlenstoffs setzen wir gleich 1, er erscheint folglich nicht in dem Massenquotienten der rechten Seite der Gl. (18-4).

im Gegensatz zu den beiden vorher behandelten Reaktionen vom Gesamtdruck des Systems unabhängig[1]. Der Zusammenhang zwischen Gl. (18–5), (18–6), (18–7) ergibt sich aus

$$K_W = \frac{p_{CO}\, p_{H_2O}}{p_{CO_2}\, p_{H_2}} = \frac{(p_{CO})^2\, p_{H_2O}}{p_{CO_2}\, p_{CO}\, p_{H_2}} = \frac{K_{p_B}}{K_{p_W}}. \tag{18–10}$$

Zahlenwerte für die Gleichgewichtskonstanten sind in Zahlentafel A–9 und 10, S. 694, zusammengestellt. Sie gründen sich auf die Meßwerte des Bureau of Standards[2] und können durch folgende Ausgleichsgleichungen[3] wiedergegeben werden:

$$\log K_{p_B} = 3,26730 - \frac{8820,690}{T} - 1,208714 \cdot 10^{-3}\, T +$$
$$+ 0,153734 \cdot 10^{-6}\, T^2 + 2,295483 \log T, \tag{18–11}$$

$$\log K_{p_W} = 0,8255488 \cdot 10^{-6}\, T^2 + 14,515760 \log T - \frac{4825,986}{T} -$$
$$- 5,671122 \cdot 10^{-3}\, T - 33,45778, \tag{18–12}$$

$$\log K_W = 36,72508 - \frac{3994,704}{T} + 4,462408 \cdot 10^{-3}\, T -$$
$$- 0,671814 \cdot 10^{-6}\, T^2 - 12,220277 \log T, \tag{18–13}$$

$$\log K_{p_M} = \frac{4662,80}{T} - 2,09594 \cdot 10^{-3}\, T + 0,38620 \cdot 10^{-6}\, T^2 +$$
$$+ 3,034338 \log T - 13,06361. \tag{18–14}$$

Neben den beiden Vergasungsreaktionen Gl. (18–1) und (18–2) müssen wir noch die Methanbildung berücksichtigen, wozu wir der Einfachheit halber die Bruttoreaktion[4]

---

[1] Wir sehen dabei von den Einflüssen ab, die sich aus dem nicht idealen Verhalten der Gase ergeben. Tatsächlich haben G. SARTORI u. D. M. NEWITT [Engineering 149 (1940) Nr. 3865 S. 157] gezeigt, daß bei sehr hohen Drücken ein leichter Druckeinfluß vorhanden ist. Bei 400 °C und 100 at ist die Gleichgewichtskonstante etwa 32% größer.

[2] WAGMAN, D. D., J. E. KILPATRIK, W. J. TAYLOR, K. S. PITZER u. F. D. ROSSINI: Heats, free energies and equilibrium constants of some reactions involving O_2, H_2, H_2O, C, CO, CO_2 and CH_4. J. Res. Bur. Stand. 34 (1945) S. 143 bis 161.

[3] GUMZ, W.: Gas Producers and Blast Furnaces. Theorie and Methods of Calculation, New York: Wiley 1950.

[4] Für die Berechnung ist es gleichgültig, welche Reaktion wir auswählen, wobei auch nicht ausgesagt werden soll, daß die Methanbildung nach der Reaktion gemäß Gl. (18–15) vor sich ginge. Andere Möglichkeiten, wie z. B.

$$CO + 3\,H_2 = CH_4 + H_2O; \quad K = \frac{p_{CH_4}\, p_{H_2O}}{p_{CO}\,(p_{H_2})^3},$$

können ohne weiteres aus Kombinationen der betrachteten Reaktionsgleichungen erhalten werden, z. B.

$$K = \frac{K_{p_M}}{K_{p_W}} = \frac{p_{CH_4}}{(p_{H_2})^2}\, \frac{p_{H_2O}}{p_{CO}\, p_{H_2}} = \frac{p_{CH_4}\, p_{H_2O}}{p_{CO}\,(p_{H_2})^3}.$$

$$C \quad + \quad 2H_2 \quad - 21100 \text{ kcal/kmol} = \quad CH_4$$
$$12,01 \text{ kg} + 44,8 \text{ Nm}^3 \qquad\qquad = 22,4 \text{ Nm}^3 \qquad (18\text{-}15)$$

auswählen.

$$K_{p_M} = \frac{p_{CH_4}}{(p_{H_2})^2} \quad (18\text{-}16), \qquad\qquad P K_{p_M} = \frac{v_{CH_4}}{(v_{H_2})^2}. \quad (18\text{-}17)$$

Von großer Tragweite ist die Frage, ob die Gasgleichgewichte in einem Gaserzeuger erreicht werden, denn nur unter dieser Voraussetzung oder bei bekanntem Annäherungsgrad an das Gleichgewicht ist die Vorausberechnung eines Vergasungsvorganges möglich. Ohne hier auf die Frage der Reaktionskinetik und ihre chemischen und physikalischen Voraussetzungen näher einzugehen, ist festzustellen, daß die Reaktionen eine gewisse Zeit und entsprechende Temperatur- und Konzentrationsdifferenzen benötigen, um ablaufen zu können, daß wir also nicht innerhalb der Reduktionszone, sondern nur an deren Ende und nur am Orte des Reaktionsgeschehens, d. h. an der Oberfläche des reagierenden Kohlenstoffs (und nicht irgendwo in der Gasphase), eine solche Gleichgewichtseinstellung erwarten können. Wir bezeichnen im folgenden die Temperatur der Oberfläche des reagierenden Kohlenstoffs am Ende der Reduktionszone als die charakteristische „Reaktionstemperatur". Sie ist maßgebend für die Gaszusammensetzung des die Reduktionszone verlassenden erzeugten Gases. Eine unmittelbare Messung ist sehr schwierig, dagegen läßt sich die Reaktionstemperatur durch eine Wärmebilanz der Reaktionszonen sehr genau ermitteln und liefert somit eine wichtige Voraussetzung für die Vergasungsrechnung. Die Wärmebilanz wird durch Annahme und Durchrechnung (mindestens) dreier Temperaturen am besten graphisch ermittelt.

Ein Vergleich zahlreicher Durchrechnungen der Meßergebnisse an Gaserzeugern hat gezeigt, daß die beiden Hauptvergasungsreaktionen, die BOUDOUARDsche und die heterogene Wassergasreaktion (und damit natürlich auch die homogene Wassergasreaktion), bis zum vollständigen Gleichgewicht verlaufen. Die Methanbildung ist bei gewöhnlichem Druck unbedeutend. Versuche an einem Lurgi-Druckgaserzeuger, bei dem die Methanbildung unter dem Druckeinfluß bedeutende und damit meßtechnisch besser erfaßbare Werte annimmt, haben indessen gezeigt, daß das Methangleichgewicht nicht voll erreicht wird. Es muß hier mit einem Unvollkommenheitsgrad $x_M < 1$ gerechnet werden, der — wie die Nachrechnung älterer[1] und neuerer[2] Druckvergasungsversuche mit

---

[1] GREINER, B.: Erfahrungen beim Bau und Betrieb von Sauerstoff-Druckvergasungsanlagen. Gas- u. Wasserfach 90 (1949) Nr. 1 S. 1—8.

[2] COOPERMANN, J., J. D. DAVIS, W. SEYMOUR u. W. L. RUCKES: Lurgi process. Use for complete gasification of coals with steam and oxygen under pressure. U. S. Bureau of Mines Bull. 498, Washington 1951.

verschiedenartigen Brennstoffen gezeigt hat — vor allem vom Gehalt
an Flüchtigen Bestandteilen abhängig ist. Es wurde gefunden:

Brennstoff	% Flücht. Bestandt. (i. waf)	x_M
Hochtemperaturkoks .	1,7	0,115
Magerkohle	11,4	0,281
Schwelkoks	23,4	0,436
Trockenbraunkohle . .	(56—58)[1]	0,570

An Stelle der Gleichgewichtskonstanten K_{p_M} führen wir den Ausdruck $x_M \cdot K_{p_M}$ ein und können die Rechnung damit im übrigen in gleicher Weise durchführen wie bei vollständiger Gleichgewichtseinstellung[2].

Die weitere Aufgabe der Ermittlung der Gaszusammensetzung im Gleichgewichtszustand bei gegebener Temperatur geht nunmehr von folgenden Bestimmungsgleichungen aus: den Stoffbilanzen, den Massenwirkungsquotienten und dem DALTONschen Gesetz, wonach die Summe der Teildrücke der Einzelgase gleich dem Gesamtdruck sein muß, oder die Summe der Volumprozente ist gleich 100. Als Beispiel der Stoffbilanzen greifen wir die Kohlenstoffbilanz

$$B\,C_B + M\,C_M = G\,C_G \tag{18–18}$$

heraus. Sie besagt, daß die zugeführte Kohlenstoffmenge, also die Summe der Kohlenstoffträger (C_B) im Brennstoff (B) und die Summe der Kohlenstoffträger (C_M) im Vergasungsmittel (M) — in den meisten Fällen wird $C_M = 0$ sein — gleich der mit dem erzeugten Gas abgeführten Kohlenstoffmenge, also gleich Gasmenge (G) mal Summe der Kohlenstoffträger im Gas (C_G) sein muß. Betrachten wir die Gasmenge $G = 1$ (Nm³), so bezeichnen B die vergaste Brennstoffmenge in kg je Nm³ erzeugtes Gas und M die Vergasungsmittelmenge in Nm³ je Nm³ erzeugtes Gas. Den etwaigen Kohlenstoffverlust durch Staub im Gas und Verbrennliches in den Rückständen lassen wir bei diesen stöchiometrischen Betrachtungen ganz aus dem Spiel; vielmehr gelten unsere Berechnungen nur für den wirklich vergasten Kohlenstoff. Für praktische Fälle müssen daher bei der Ermittlung des wirklichen Brennstoffbedarfs entsprechende (empirische) Zuschläge für derartige Kohlenstoffverluste gemacht werden.

Der Kohlenstoffträger des Brennstoffs ist lediglich dessen Gehalt an elementarem Kohlenstoff (c), und falls wir die Vergasung von reinem

---

[1] Bezogen auf den Aufgabezustand vor der Entgasung.

[2] TRAUSTEL, S., u. W. GUMZ: Über Vergasungsvorgänge bei unvollkommener Gleichgewichtseinstellung. Bergbau u. Energiewirtsch. 2 (1949) Nr. 3 S. 69—75, Nr. 4/5 S. 85—87.

Kohlenstoff betrachten, was z. B. bei Koks in erster Annäherung ausreichend genau ist, so wird $c = 1$. Da wir aber von Gewichtsprozenten
auf Volumina übergehen müssen, fassen wir unsere Stoffbilanzen zweckmäßig in molare Schreibweise und erhalten

$$C_B = \frac{22{,}416}{12{,}01}\, c = 1{,}8664\, c\,. \tag{18-19}$$

Die Kohlenstoffträger des erzeugten Gases sind CO, CO_2 und CH_4,
höhere Kohlenwasserstoffe treten bei Vergasung von Kohlenstoff normalerweise nicht auf, es ist also

$$C_G = v_{CO} + v_{CO2} + v_{CH4}\,. \tag{18-20}$$

Falls höhere Kohlenwasserstoffe (aus Entgasungsprodukten) aufträten,
ließen diese sich durch Erweiterung des Ausdrucks durch Glieder der
Form $n\, v_{C_nH_m}$ berücksichtigen. Kohlenstoffträger treten im Vergasungsmittel nur in Ausnahmefällen auf — z. B. bei Rückführung von erzeugtem Gas (THYSSEN-GÁLOCSY-Prozeß) —, folglich $C_M = 0$.

Die H_2-, O_2-, N_2-Bilanzen werden nach gleichen Überlegungen aufgestellt und wir erhalten folgendes System von 8 Grundgleichungen:

(I) $\quad B\, C_B\, (+\, M\, C_M) = v_{CO} + v_{CO2} + v_{CH4} = C_G\,,$

$\qquad\qquad C_B = 1{,}8664\, c\,.$

(II) $\quad B\, H_B + M\, H_M = v_{H2} + v_{H2O} + 2\, v_{CH4} = H_G\,,$

$\qquad\qquad H_B = 11{,}121\, h + 1{,}244\, w\,,$

$\qquad\qquad H_M = v'_{H_2} + v'_{H_2O} + 2\, v'_{CH_4} + \dfrac{m}{2}\, v'_{C_nH_m}\,.$

(III) $\quad B\, O_B + M\, O_M = 0{,}5\, v_{CO} + v_{CO2} + 0{,}5\, v_{H2O} = O_G\,,$

$\qquad\qquad O_B = 0{,}7005\, o + 0{,}6221\, w\,,$

$\qquad\qquad O_M = v'_{O_2} + v'_{CO_2} + 0{,}5\, v'_{CO} + 0{,}5\, v'_{H_2O}\,.$

(IV) $\quad B\, N_B + M\, N_M = v_{N2} = N_G\,,$

$\qquad\qquad N_B = 0{,}8001\, n\,,$

$\qquad\qquad N_M = v'_{N_2}\,.$

(V) $\quad v_{CO} + v_{CO2} + v_{H2} + v_{H2O} + v_{CH4} + v_{N2} = 1\,.$

(VI) $\quad P\, K'_{p_B} = \dfrac{v_{CO2}}{(v_{CO})^2}\,.$

(VII) $\quad P\, K'_{p_w} = \dfrac{v_{H2O}}{v_{CO}\, v_{H2}}\,.$

(VIII) $\quad x_M\, P\, K_{p_M} = \dfrac{v_{CH4}}{(v_{H2})^2}\,.$

Um die Brennstoffmenge B (kg/Nm³) und die Vergasungsmittelmenge
M (Nm³/Nm³) ebenfalls durch Brennstoff- und Gaskennzahlen auszu

drücken, fügen wir hinzu

$$B = \frac{C_G O_M - C_M O_G}{C_B O_M - C_M O_B} \, .$$ (18–21)

Mit $C_M = 0$ und $O_B = 0$ (reiner Kohlenstoff als Brennstoff) geht Gl. (18–21) über in

$$B = \frac{C_G}{C_B} = 0{,}5358 \, (v_{CO} + v_{CO_2} + v_{CH_4}) \, .$$ (18–22)

Die Vergasungsmittelmenge ist

$$M = \frac{C_B O_G - C_G O_B}{C_B O_M - C_M O_B} \, .$$ (18–23)

Mit $C_M = 0$ und $O_B = 0$ wird

$$M = \frac{O_G}{O_M} = \frac{0{,}5 \, v_{CO} + v_{CO_2} + 0{,}5 \, v_{H_2O}}{v'_{O_2} + v'_{CO_2} + 0{,}5 \, v'_{CO} + 0{,}5 \, v'_{H_2O}} \, ,$$ (18–24)

oder wenn wir die Stickstoffbilanz heranziehen, was in Fällen, wo der Stickstoffgehalt hinreichend groß ist, am einfachsten ist,

$$M = \frac{N_G}{N_M} = \frac{v_{N_2}}{v'_{N_2}} \, .$$ (18–25)

Die gestrichenen v-Werte beziehen sich auf das Vergasungsmittel, die ungestrichenen auf das erzeugte Gas.

Das Gleichungssystem der acht Gleichungen mit den acht Unbekannten v_{CO}, v_{CO_2}, v_{H_2}, v_{H_2O}, v_{CH_4}, v_{N_2} B und M kann grundsätzlich gelöst werden, z. B. durch Annahme einer Unbekannten und schrittweise Berechnung, doch kommt es wesentlich darauf an, solche Berechnungsmethoden ausfindig zu machen, bei denen der Zeitaufwand ein Minimum wird. Vier Methoden mögen hier als Beispiel erwähnt werden, von denen eine, die NEWTON-Methode, als besonders empfehlenswert ausführlich behandelt werden soll.

1. Die Drei-Punkt-Methode nach TRAUSTEL[1]. Nach dem Vorbild von KÜHL[2] und DAMKÖHLER und EDSE[3] werden zwei Unbekannte angenommen, z. B. $x = v_{CO}$ und $y = v_{H_2}$, und die Annahme in drei Wertepaaren in einem gleichschenkligen rechtwinkligen Dreieck angeordnet. Der Rechnungsgang ist S. 398 am Beispiel der Dissoziation der Verbrennungsgase gezeigt worden. Die Lösung liefert eine Berichtigung der ersten Schätzwerte, und die Rechnung wird mit jeweils verbesserten Ausgangswerten so lange wiederholt, unter Einengung des gesuchten Endwertes, bis die gewünschte Genauigkeit erreicht ist.

2. Bei der halb-graphischen Methode[4] der Umsetzungsgrade errechnen wir zunächst die Zusammensetzung des Gases beim Eintritt

[1] TRAUSTEL, S.: Zur Berechnung von Vergasungsgleichgewichten. Feuerungstechn. 31 (1943) Nr. 7/8 S. 111—114.

[2] KÜHL, H.: s. Fußn. 1 S. 397.

[3] DAMKÖHLER, G., u. R. EDSE: s. Fußn. 3 S. 397.

[4] GUMZ, W.: s. Fußn. 3 S. 432, dort S. 63—68.

in die Reduktionszone (mit $''$ bezeichnet), die durch

$$v''_{CO_2} + v''_{H_2O} + v''_{N_2} = 1 \qquad (18\text{–}26)$$

gekennzeichnet ist, wobei wir angenommen haben, daß in der Oxydationszone aller Sauerstoff mit C zu CO_2 umgesetzt worden sei. Wir führen nun den Begriff des Umsetzungs- oder Reduktionsgrades ein, α_B bedeute den Anteil des umgesetzten CO_2, gemäß der BOUDOUARD-schen Reaktion, α_W den Anteil des umgesetzten Wasserdampfes nach der heterogenen Wassergasreaktion, $(1 - \alpha_B)\, v''_{CO_2}$ und $(1 - \alpha_W)\, v''_{HO_2}$ stellen den als CO_2 und H_2O verbleibenden Anteil dar, und α_M bezeichnet den Methanbildungsgrad aus dem Wasserstoff nach Gl. (18–15). Die Summe der Gasbestandteile nach vollendetem Umsatz ist dann

$$\Sigma = \underbrace{(1 - \alpha_B)\, v''_{CO_2}}_{CO_2} + \underbrace{(1 - \alpha_W)\, v''_{H_2O}}_{H_2O} + \underbrace{2\, \alpha_B\, v''_{CO_2} + \alpha_W\, v''_{H_2O}}_{CO}$$

$$+ \underbrace{(1 - \alpha_M)\, \alpha_W\, v''_{H_2O}}_{H_2} + \underbrace{\frac{\alpha_M}{2}\, \alpha_W\, v''_{H_2O}}_{CH_4} + \underbrace{v''_{N_2}}_{N_2}, \qquad (18\text{–}27)$$

$$\Sigma = 1 + \alpha_B\, v''_{CO_2} + \alpha_W\, v''_{H_2O} - \frac{\alpha_M}{2}\, \alpha_W\, v''_{H_2O}. \qquad (18\text{–}28)$$

Die einzelnen Glieder der Gl. (18–27), dividiert durch die Summe nach Gl. (18–27) oder (18–28), stellen dann die Bestandteile des Endgases dar. Zur Ermittlung der Unbekannten α_B, α_W, α_M schätzen wir zunächst einen Wert für α_W, ermitteln α_M nach Gleichung

$$\alpha_M = \frac{K_{p_M} K_{p_W}(1 - \alpha_W)}{K_{p_M} K_{p_W}(1 - \alpha_W) + \dfrac{v''_{CO_2}}{v''_{H_2O}} + \dfrac{\alpha_W}{2}}, \qquad (18\text{–}29)$$

die sich aus der Definition

$$K_{p_M} K_{p_W} = \frac{v_{CH_4}\, v_{CO}}{v_{H_2}\, v_{H_2O}} \qquad (18\text{–}30)$$

ableiten läßt. α_B ergibt sich dann zu

$$\alpha_B = \frac{v''_{H_2O}}{v''_{CO_2}}\left[K_{p_M} K_{p_W}(1 - \alpha_W)\frac{1 - \alpha_M}{\alpha_M} - \frac{\alpha_W}{2}\right]. \qquad (18\text{–}31)$$

Mit drei Annahmen für α_W wird α_M nach Gl. (18–29), α_B nach Gl. (18–31) errechnet und v_{CO}, v_{H_2} und v_{H_2O} bestimmt. Errechnet man daraus den Massenwirkungsquotienten der heterogenen Wassergasreaktion

$$P^{-1} K_{p_W} = \frac{v_{CO}\, v_{H_2}}{v_{H_2O}} \qquad (18\text{–}32)$$

und trägt diesen als Funktion von α_W auf, so ergibt der Schnittpunkt mit dem K_{p_W}-Wert das gesuchte α_W, mit dem die endgültige Rechnung nochmals durchgeführt wird.

Die Rechenarbeit vereinfacht sich bei Problemen, bei denen die Methanbildung in erster Annäherung vernachlässigt werden kann (z. B. bei Vergasung bei atmosphärischem Druck). Wir benutzen in diesem Falle die homogene Wassergasreaktion zur Lösung, nehmen drei Werte für α_W an, errechnen α_B nach

$$\alpha_B = \frac{K_W - \dfrac{v''_{H_2O}}{v''_{CO_2}}(1 - \alpha_W)}{K_W + 2\left(\dfrac{1}{\alpha_W} - 1\right)} \tag{18--33}$$

und suchen graphisch denjenigen Wert auf, wo die Gleichgewichtskonstante der homogenen Wassergasreaktion befriedigt wird, wenn wir $v_{CO}\, v_{H_2}/v_{H_2O}$ als Funktion von α_W auftragen.

3. Die NEWTON-RAPHSON-Methode nach BRINKLEY. BRINKLEY[1] und KANDINER und BRINKLEY[2] haben eine Lösung mit Hilfe der Matrizenrechnung vorgeschlagen. Ausgehend von den Stoffbilanzen und Definitionsgleichungen für die Gleichgewichtskonstanten werden vier Werte geschätzt, z. B. die Summe der Kohlenstoffträger, der CO-, H_2- und N_2-Gehalt. Mit diesen Annahmen werden die übrigen Gasbestandteile errechnet und in die Gleichungen für die angenommenen Werte eingesetzt. Es ergeben sich dann für jedes Glied Korrekturfaktoren, die in erster Annäherung durch ein System linearer Gleichungen darstellbar sind, und dieses System wird mit Hilfe der Determinantenrechnung gelöst. Das Ergebnis liefert Korrekturfaktoren für jede der Annahmen, und mit den so verbesserten Werten wird die Rechnung so lange wiederholt, bis die gewünschte Genauigkeit erreicht ist.

4. Die NEWTON-TRAUSTEL-Methode[3]. Diese für Vergasungsrechnungen besonders geeignete und schnelle Methode soll hier kurz dargestellt und an einem Zahlenbeispiel erläutert werden.

Ausgangsgleichungen sind die Gl. (I) bis (VIII), S. 435. Es wird ein Wertepaar $v_{CO} = x$ und $v_{H_2} = y$ geschätzt, daraus die übrigen Gasbestandteile errechnet, und zwar v_{CO_2}, v_{H_2O} und v_{H_2} nach Gl. (VI), (VII) und (VIII) und v_{N_2} aus der Stickstoff- und Sauerstoffbilanz zu

$$v_{N_2} = \frac{N_M}{O_M}(0{,}5\,v_{CO} + v_{CO_2} + 0{,}5\,v_{H_2O})\,. \tag{18--34}$$

---

[1] BRINKLEY jr., S. R.: Note on the conditions of equilibrium for systems of many constituents. J. chem. Phys. 14 (1946) Nr. 9 S. 563/64, — Calculation of the equilibrium composition of systems of many constituents. J. chem. Phys. 15 (1947) Nr. 2 S. 107—110.

[2] KANDINER, H. J., u. S. R. BRINKLEY jr.: Calculation of complex equilibrium relations. Industr. Engng. Chem. 42 (1950) Nr. 5 S. 850—855.

[3] TRAUSTEL, S.: Berechnung von Vergasungsgleichgewichten durch Lösung von 2 Gleichungen mit 2 Unbekannten. Z. VDI 88 (1944) Nr. 51/52 S. 688—690.

Es muß dann

$$\varphi = v_{CO} + v_{CO_2} + v_{H_2} + v_{H_2O} + v_{CH_4} + v_{N_2} - 1 = 0 \qquad (18\text{-}35)$$

und

$$\psi = \frac{H_G}{O_G} - \frac{H_M}{O_M} = 0 \qquad (18\text{-}36)$$

sein. Da dies mit der zunächst getroffenen Annahme nicht der Fall sein wird, errechnet man die Abweichung vom Sollwert $(x_0,\ y_0)$ aus der Beziehung

$$x_0 - x = \frac{\psi\,\varphi_y' - \varphi\,\psi_y'}{\varphi_x'\,\psi_y' - \psi_x'\,\varphi_y'}, \qquad (18\text{-}37)$$

$$y_0 - y = \frac{\varphi\,\psi_x' - \psi\,\varphi_x'}{\varphi_x'\,\psi_y' - \psi_x'\,\varphi_y'}. \qquad (18\text{-}38)$$

Darin ist

$$\varphi = \left(1 + 0{,}5\,\frac{N_M}{O_M}\right) v_{CO} + \left(1 + \frac{N_M}{O_M}\right) v_{CO}^2\, P K_{p_B}' + v_{H_2}$$

$$+ \left(1 + 0{,}5\,\frac{N_M}{O_M}\right) v_{CO}\, v_{H_2}\, P K_{pw}' + v_{H_2}^2\, P K_{p_M} - 1, \qquad (18\text{-}39)$$

die erste Ableitung von φ nach x (bei konstantem y)

$$\varphi_x' = \left(1 + 0{,}5\,\frac{N_M}{O_M}\right) + \left(1 + \frac{N_M}{O_M}\right) 2 v_{CO} P K_{p_B}' + \left(1 + 0{,}5\,\frac{N_M}{O_M}\right) v_{H_2} P K_{pw}', \qquad (18\text{-}40)$$

die erste Ableitung von φ nach y (bei konstantem x)

$$\varphi_y' = 1 + \left(1 + 0{,}5\,\frac{N_M}{O_M}\right) v_{CO}\, P K_{pw}' + 2\, v_{H_2}\, P K_{p_M} \qquad (18\text{-}41)$$

und

$$\psi = v_{H_2} + \left(1 - 0{,}5\,\frac{H_M}{O_M}\right) v_{H_2}\, v_{CO}\, P K_{pw}' + 2\, v_{H_2}^2\, P K_{p_M} -$$

$$- 0{,}5\,\frac{H_M}{O_M}\, v_{CO} - \frac{H_M}{O_M}\, v_{CO}^2\, P K_{p_B}', \qquad (18\text{-}42)$$

die erste Ableitung von ψ nach x (bei konstantem y)

$$\psi_x' = \left(1 - 0{,}5\,\frac{H_M}{O_M}\right) v_{H_2}\, P K_{pw}' - 0{,}5\,\frac{H_M}{O_M} - \frac{H_M}{O_M}\, 2 v_{CO}\, P K_{p_B}' \qquad (18\text{-}43)$$

und die erste Ableitung von ψ nach y (bei konstantem x)

$$\psi_y' = 1 + \left(1 - 0{,}5\,\frac{H_M}{O_M}\right) v_{CO}\, P K_{pw}' + 2 \cdot 2\, v_{H_2}\, P K_{p_M}. \qquad (18\text{-}44)$$

Die Gln. (18-39) bis (18-44) sind nur anwendbar auf den Fall der Vergasung reinen Kohlenstoffs. Bei Kohle, d. h. in dem Falle, wo der Brennstoff auch Wasserstoff, Sauerstoff usw. enthält, lauten die entsprechenden Gleichungen:

$$\varphi = A v_{CO} + B v_{CO}^2 P K_{p_B}' + v_{H_2} + C v_{CO} v_{H_2} P K_{pw}' + D v_{H_2}^2 P K_{p_M} - 1, \qquad (18\text{-}45)$$

$$\varphi_x' = A + B 2 v_{CO}\, P K_{p_B}' + C v_{H_2}\, P K_{pw}', \qquad (18\text{-}46)$$

$$\varphi'_y = 1 + C v_{CO} P K'_{pw} + D 2 v_{H_2} P K_{pM}, \tag{18-47}$$

$$\psi = v_{H_2} + G v_{CO} v_{H_2} P K'_{pw} + H v_{H_2}^2 P K_{pM} - E v_{CO} - F v_{CO}^2 P K'_{pB}, \tag{18-48}$$

$$\psi'_x = G v_{H_2} P K'_{pw} - E - F 2 v_{CO} P K'_{pB}, \tag{18-49}$$

$$\psi'_y = 1 + G v_{CO} P K'_{pw} + H 2 v_{H_2} P K_{pM}. \tag{18-50}$$

Hierin sind die Konstanten A bis H

$$A = 1 + \frac{1}{C_B O_M - C_M O_B} (O_M N_B - 0{,}5 C_M N_B + 0{,}5 C_B N_M - O_B N_M), \tag{18-51}$$

$$B = 1 + \frac{1}{C_B O_M - C_M O_B} (O_M N_B - C_M N_B + C_B N_M - O_B N_M), \tag{18-52}$$

$$C = 1 + \frac{1}{C_B O_M - C_M O_B} (-0{,}5 C_M N_B + 0{,}5 C_B N_M), \tag{18-53}$$

$$D = 1 + \frac{1}{C_B O_M - C_M O_B} (O_M N_B - O_B N_M), \tag{18-54}$$

$$E = \frac{1}{C_B O_M - C_M O_B} (O_M H_B - 0{,}5 C_M H_B + 0{,}5 C_B H_M - O_B H_M), \tag{18-55}$$

$$F = \frac{1}{C_B O_M - C_M O_B} (O_M H_B - C_M H_B + C_B H_M - O_B H_M), \tag{18-56}$$

$$G = 1 + \frac{1}{C_B O_M - C_M O_B} (0{,}5 C_M H_B - 0{,}5 C_B H_M), \tag{18-57}$$

$$H = 2 - \frac{1}{C_B O_M - O_M O_B} (O_M H_B - O_B H_M). \tag{18-58}$$

Zahlenbeispiel zur Newton-Traustel-Methode. Der Brennstoff sei reiner Kohlenstoff, das Vergasungsmittel habe die Zusammensetzung 17,335% O_2, 65,214% N_2, 17,451% H_2O (entsprechend einer bei 57,5 °C gesättigten Luft). Dann wird

$$H_M = 0{,}17451, \quad O_M = 0{,}17335 + 0{,}087255 = 0{,}260605, \quad N_M = 0{,}65214,$$

$$H_M/O_M = 0{,}66963, \quad 0{,}5\,(H_M/O_M) = 0{,}33482, \quad 1 - 0{,}5\,(H_M/O_M) = 0{,}66518,$$

$$N_M/O_M = 2{,}50241, \quad 0{,}5\,(N_M/O_M) = 1{,}25120, \quad 1 + 0{,}5\,(N_M/O_M) = 2{,}25120,$$

$$1 + N_M/O_M = 3{,}50241.$$

Gesamtdruck $P = 1$ Atm., t (angenommen) $= 700$ °C, $K'_{p_B} = 0{,}93226$,

$$K'_{pw} = 0{,}60176, \quad x_M K_{p_M} = 0{,}24 \cdot 0{,}13237 = 0{,}031769.$$

Wir schätzen das erste Wertepaar $x = v_{CO} = 0{,}27$ und $y = v_{H_2} = 0{,}12$. Nach Gl. (18–39) bis (18–44) ist

$$
\begin{aligned}
\varphi = 2{,}25120 \cdot 0{,}027 &= 0{,}60782 \\
+ 3{,}50241 \cdot \underbrace{0{,}0729 \cdot 0{,}93226}_{0{,}067962} &= 0{,}23803 \\
+ 0{,}12 &= 0{,}12000 \\
+ 2{,}25120 \cdot \underbrace{0{,}27 \cdot 0{,}12 \cdot 0{,}60176}_{0{,}019497} &= 0{,}04389 \\
+ \underbrace{0{,}0144 \cdot 0{,}031769}_{0{,}0004575} &= 0{,}00046 \\
\hline
 &\, 1{,}01020 \\
- 1 &= -1{,}00000 \\
\hline
 \varphi &= +0{,}01020
\end{aligned}
$$

$$\varphi'_x = \qquad\qquad\qquad\qquad\qquad 2{,}25120$$
$$+\ 3{,}50241 \cdot \underbrace{2 \cdot 0{,}27 \cdot 0{,}93226}_{0{,}50342} \qquad = \qquad 1{,}76318$$

$$+\ 2{,}25120 \cdot \underbrace{0{,}12 \cdot 0{,}60176}_{0{,}072211} \qquad = \qquad 0{,}16256$$

$$\varphi'_x = +4{,}17694$$

$$\varphi'_y = \qquad\qquad\qquad\qquad\qquad 1{,}00000$$
$$+\ 2{,}25120 \cdot \underbrace{0{,}27 \cdot 0{,}60176}_{0{,}162475} \qquad = \qquad 0{,}36576$$

$$+\ \underbrace{2 \cdot 0{,}12 \cdot 0{,}031769}_{0{,}0076246} \qquad = \qquad 0{,}00762$$
$$\varphi'_y = +1{,}37338$$

$$\psi = \qquad\qquad\qquad\qquad\qquad 0{,}12000$$
$$+\ 0{,}66518 \cdot 0{,}019497 \qquad = \qquad 0{,}01297$$
$$+\ 2 \cdot 0{,}0004575 \qquad\qquad = \qquad 0{,}00092$$
$$+0{,}13389$$

$$-\ 0{,}33482 \cdot 0{,}27 \qquad\quad = -0{,}09040$$
$$-\ 0{,}66963 \cdot 0{,}067962 = -0{,}04551$$
$$-0{,}13591 \qquad -0{,}13591$$

$$\psi = -0{,}00202$$

$$\psi'_x = 0{,}66518 \cdot 0{,}072211 \qquad\quad = +0{,}04803$$
$$-0{,}33482$$
$$-\ 0{,}66963 \cdot 0{,}50342 \qquad\qquad = -0{,}33711$$

$$\psi'_x = -0{,}62390$$

$$\psi'_y = \qquad\qquad\qquad\qquad\qquad 1{,}00000$$
$$+\ 0{,}66518 \cdot 0{,}162475 \qquad = \qquad 0{,}10808$$
$$+\ 2 \cdot 0{,}0076246 \qquad\qquad = \qquad 0{,}01525$$

$$\psi'_y = 1{,}12333$$

Man beachte, daß bei diesem Rechnungsgang die gleichen Faktoren wiederholt auftreten, man schreibe daher die linke Seite der Gleichungen für φ, φ'_x, φ'_y nieder, ehe man mit der Ausrechnung beginnt. Ebenso kehren bei ψ die gleichen Ausdrücke wieder wie bei φ, bei ψ'_x wie bei φ'_x und bei ψ'_y wie bei φ'_y. Man kann (besonders bei Benutzung einer Rechenmaschine) viel Arbeit und Zeit sparen, wenn man das Rechenschema sinnvoll benutzt.

Schließlich finden wir die Verbesserung der Schätzwerte nach Gl. (18—37) und (18—38) zu

$$x_0 - x = \frac{-0{,}00202 \cdot 1{,}37338 - 0{,}01020 \cdot 1{,}12333}{4{,}17694 \cdot 1{,}12333 + 0{,}62390 \cdot 1{,}37338} = \frac{-0{,}014232}{+5{,}548934} = -0{,}00256,$$

$$y_0 - y = \frac{0{,}01020 \cdot (-0{,}62390) + 0{,}00202 \cdot 4{,}17694}{4{,}17694 \cdot 1{,}12333 + 0{,}62390 \cdot 1{,}37338} = \frac{+0{,}0020736}{+5{,}548934} = +0{,}00037.$$

Man beachte, daß im Zähler und Nenner die gleichen Faktoren (über Kreuz) auftreten, und daß beide Gleichungen denselben Nenner haben.

Die verbesserten x- und y-Werte lauten mithin:

$$x = 0{,}27 - 0{,}00256 = 0{,}26744,$$
$$y = 0{,}12 + 0{,}00037 = 0{,}12037.$$

Bei der Wiederholung des Rechnungsganges kann man, wenn die Schätzung etwa in der richtigen Größenordnung lag, nun folgende Abkürzung des Rechenschemas eintreten lassen: die Werte für φ_x', φ_y', ψ_x', ψ_y' ändern sich nur sehr wenig, so daß man sich auf die Ermittlung von φ und ψ beschränken kann. Die Nenner der beiden Gl. (18–37) und (18–38) können einfach übernommen werden. Wir finden in unserem Rechenbeispiel

$$
\begin{aligned}
\varphi = 2{,}25120 \cdot 0{,}26744 &= 0{,}60206 \\
+\ 3{,}50241 \cdot \underbrace{0{,}071524 \cdot 0{,}93226}_{0{,}066679} &= 0{,}23354 \\[2ex]
&= 0{,}12037 \\
+\ 2{,}25120 \cdot \underbrace{0{,}26744 \cdot 0{,}12037 \cdot 0{,}60176}_{0{,}019372} &= 0{,}04361 \\[2ex]
+\ \underbrace{0{,}014489 \cdot 0{,}031769}_{0{,}00046030} &= 0{,}00046 \\
&\ \ \ \overline{1{,}00004} \\
&= -1{,}00000 \\
&\ \ \ \overline{\varphi = +0{,}00004}
\end{aligned}
$$

$$
\begin{aligned}
\psi = &&&+0{,}12037 \\
+\ 0{,}66518 \cdot 0{,}019372 &&&= +0{,}01289 \\
+\ 2 \cdot 0{,}00046030 &&&= +0{,}00092 \\[2ex]
-\ 0{,}33482 \cdot 0{,}26744 &= -0{,}08954 \\
-\ 0{,}66963 \cdot 0{,}066679 &= -0{,}04465 \\
&\ \ \overline{-0{,}13419} &&\ \ \ -0{,}13419 \\
&&&\ \ \overline{\psi = -0{,}00001}
\end{aligned}
$$

In diesem Falle ist — dank der gut liegenden Ausgangsschätzung — ein weiterer Rechnungsgang nicht notwendig, andernfalls würde man $x_0 - x$ und $y_0 - y$ unter Benutzung der früheren φ_x', φ_y', ψ_x', ψ_y'-Werte und des Nenners $5{,}548934$ wiederholt ermitteln, bis φ und ψ nahe genug an Null angenähert sind.

Die Lösung, die Gaszusammensetzung bei 700 °C, lautet also, bei Beschränkung auf zwei Stellen hinter dem Komma,

26,74% CO,   6,67% CO_2,   12,04% H_2,   1,94% H_2O,   0,05% CH_4, 52,56% N_2 (als Differenz).

Wir berechnen weiter die Brennstoffmenge (hier: wirklich vergaste Kohlenstoffmenge) nach Gl. (18–22) in kg je Nm^3 erzeugtes Gas

$$ B = 0{,}5358\,(0{,}2674 + 0{,}0667 + 0{,}0005) = 0{,}1793 \text{ kg}/Nm^3 $$

und die Vergasungsmittelmenge aus der Stickstoffbilanz in Nm^3 je Nm^3 erzeugtes Gas nach Gl. (18–25)

$$ M = 0{,}5256/0{,}65214 = 0{,}8060 \ Nm^3/Nm^3. $$

5. Weitere Berechnungsmethoden.

DERINGER[1] hat ein Verfahren angegeben, das von einer Schätzung des H_2/CO-Verhältnisses ausgeht und zu verhältnismäßig einfachen Gleichungen führt. Diese Methode

---

[1] DERINGER, H.: Eine einfache Berechnung der Zusammensetzung von Vergasungsgasen im Gleichgewicht mit Kohlenstoff. Monatsbull. schweiz. Ver. Gasu. Wasserfachm. 31 (1951) S. 181—185.

ist von Traustel[1] und Gumz[2] weiterentwickelt worden. Eine ausführlichere Darstellung aller Berechnungsmethoden ist an anderer Stelle gegeben worden[3]. Es wird dort auch gezeigt, wie in einfacher Weise die Schwefelverbindungen berücksichtigt werden können[3,4].

Die Wärmebilanz der Reaktionszonen, in die wir die Aschen-, Oxydations- und Reduktionszone einschließen — nicht dagegen die Vorwärmzone —, hat dann folgendes Aussehen:

$$B H_{u_B} + B I_B + M I_M = H_{u_G} + I_G + Q_s . \qquad (18\text{-}59)$$

Diese Gleichung gilt für 1 Nm³ erzeugtes Gas. Auf der linken Seite steht die Wärmezufuhr durch den Heizwert des Brennstoffs ($B H_{u_B}$) und die fühlbare Wärme des Brennstoffs ($B I_B$), der in der Vorwärmzone auf Reaktionstemperatur (t_R) aufgewärmt worden ist[5], und die fühlbare Wärme des Vergasungsmittels bei seiner (bekannten) Eintrittstemperatur in den Gaserzeuger. Auf der rechten Seite steht die Wärmeabfuhr aus diesen Zonen, nämlich als Hauptglied der Heizwert des erzeugten Gases (H_{u_G}), die fühlbare Wärme des die Reduktionszone mit der Reaktionstemperatur verlassenden Gases (I_G) und endlich die Wärmeverluste nach außen (bzw. zum Wasser- oder.Dampfmantel, falls ein solcher vorhanden ist) durch Strahlung, Leitung, Kühlwasser usw. (Q_s).

Die Wärmebilanz erweitert sich sinngemäß, wenn das Vergasungsmittel selbst einen Heizwert hat, z.B. im Falle einer Gasrückführung. Die fühlbare Wärme der Rückstände, die von dem entgegenströmenden Vergasungsmittel abgekühlt werden — aus diesem Grunde ist die Aschenzone in die Reaktionszonen eingeschlossen —, wird vernachlässigt. Die fühlbare Wärme der Schlacke darf jedoch nicht außer acht gelassen werden, wenn diese Abkühlung nicht stattfindet, z. B. in einem Abstichgenerator, bei welchem auch die Schmelzwärme der Schlacke (rd. 240 kcal/kg) zu berücksichtigen ist. In diesem Falle rechnet also die Reaktionszone von der Düsenebene bis zum Ende der Reaktionszone. Treten bei sehr aschereichen Brennstoffen weitere wärmeverbrauchende Reaktionen auf, z. B. Hydratwasserentbindung, Entsäuerung von Karbonaten, Reduktion von Eisenoxyden, Phosphorsäure usw., so sind auch diese Reaktionen zu berücksichtigen[6], die bei normalen Aschegehalten ohne weiteres vernachlässigbar sind, zumal sich ein Teil bereits in der Vorwärmzone abspielt.

---

[1] Traustel, S.: Über die Berechnung von Vergasungsgleichgewichten. BWK 4 (1952) Nr. 1 S. 10—13.

[2] Gumz, W.: Verhalten der Schwefel- und Stickstoffverbindungen bei der Vergasung und ihre rechnerische Ermittlung. BWK 4 (1952) Nr. 1 S. 13—16.

[3] Gumz, W.: Die Vergasung fester Brennstoffe. Stoffbilanz und Gleichgewicht. Eine Darstellung praktischer Berechnungsverfahren, Berlin/Göttingen/Heidelberg/ Springer 1952.   [4] Siehe Fußn. 2.

[5] Eine rechnerische Nachprüfung der Möglichkeit einer solchen vollständigen Durchwärmung des Brennstoffs bei der gegebenen Aufenthaltsdauer, den vorliegenden Temperaturdifferenzen und Wärmeübergangszahlen hat die Berechtigung dieser Annahme erwiesen.

[6] Vgl. auch Hochofenberechnung S. 452.

Drücken wir den Wärmeverlust nach außen (Q_o) in Prozent des Heizwertes des zugeführten Brennstoffs aus, so können wir ihn einfach vom Heizwert absetzen, indem wir H'_{u_B} — Heizwert nach Abzug des prozentualen Wärmeverlustes nach außen — auf der linken Seite der Gleichung einführen. Wenn wir die Gaszusammensetzung für mindestens drei Temperaturen errechnen, können wir die Wärmebilanzgleichung graphisch lösen, indem wir $BH'_{u_B} + BI_B + MI_M$ und $H_{u_G} + I_G$ über der Temperatur auftragen. Der Schnittpunkt dieser beiden Kurven liefert die gesuchte „Reaktionstemperatur", für die wir die Berechnung der Gaszusammensetzung wiederholen, falls die graphische Auftragung nicht ausreichend genaue Werte liefert. Das so gefundene Endergebnis stellt ein Gas dar, welches sowohl die Wärmebilanz als auch sämtliche Stoffbilanzen und Gleichgewichtskonstanten [Gl. (I) bis (VIII), S. 435] befriedigt.

Betrachten wir Kohle (nicht Koks oder Kohlenstoff), so ist zu beachten, daß diese Kohle bei der Reaktionstemperatur entgast wird, und diese Flüchtigen Bestandteile[1] mischen sich in der Vorwärmzone dem erzeugten Gas zu. Der in die Reaktionszone eintretende Brennstoff besitzt noch einen gewissen H_2-, O_2- und N_2-Gehalt, der durch Benutzung der Formeln (18–45) bis (18–58) berücksichtigt wird.

Als Zahlenbeispiel für die Anwendung der Gln. (18–45) bis (18–58) und die Durchrechnung der Wärmebilanz wählen wir die Versuche von PLENZ[2]. Das Vergasungsmittel entspricht dem vorigen Zahlenbeispiel (S. 440), die Reinkoksanalyse (Schwefel vernachlässigt) ist

$$97,9\% \text{ C}; \quad 0,6\% \text{ H}_2; \quad 1,0\% \text{ N}_2; \quad 0,5\% \text{ O}_2.$$

Damit erhalten wir:

$$C_B = 1,8664 \cdot 0,979 = 1,8272 \qquad C_M = 0$$
$$H_B = 11,121 \cdot 0,06 = 0,066276 \qquad H_M = 0,17451$$
$$O_B = 0,7005 \cdot 0,005 = 0,0035025 \qquad O_M = 0,260605$$
$$N_B = 0,8001 \cdot 0,010 = 0,008001 \qquad N_M = 0,65214$$

Nach Gln. (18–51) bis (18–58) werden die Beiwerte

$$A = 2,25079; \quad B = 3,50199; \quad C = 2,25121; \quad D = 0,99958;$$
$$E = 0,37005; \quad F = 0,70487; \quad G = 0,66518; \quad H = 1,96477.$$

---

[1] Im allgemeinen ist es schwierig, Angaben über Ausbeute und Zusammensetzung der Flüchtigen Bestandteile bei den in Gaserzeugern vorliegenden Bedingungen (Druck, Temperatur und Entgasungsgeschwindigkeit) zu erhalten; teilweise wird man sich mit Schätzungen auf Grund von Analysen bei etwas abweichenden Bedingungen begnügen müssen.

[2] PLENZ, F.: Leistungsversuch an einer Koksvergasungsanlage aus dem Gaswerk Berlin-Neukölln. Feuerungstechn. 15 (1926/27) Nr. 20 S. 232—234.

Auf die vollständige Wiedergabe des Rechnungsganges kann hier verzichtet werden. Die Durchrechnung für drei Temperaturen ergibt die in Zahlentafel 18–1 wiedergegebenen Werte. Zur Aufstellung der Wärmebilanz ist noch folgendes zu bemerken. Wird reiner Kohlenstoff als

Zahlentafel 18–1. *Wärmebilanz der Reaktionszonen*
(Beispiel: Koksvergasung, $Q_s = 5{,}54\%$)

Temperatur °C	700	725	750
Gaszusammensetzung			
CO . . . . %	26,456	29,544	32,013
CO_2 . . . . %	6,525	4,795	3,406
H_2 . . . . %	12,918	13,204	13,427
H_2O . . . . %	2,057	1,540	1,136
CH_4 . . . . %	0,053	0,042	0,033
N_2 . . . . %	51,991	50,875	49,985
	100,000	100,000	100,000
H_{u_G} kcal/Nm³	1135,5	1235,2	1314,7
I_G kcal/Nm³	236,4	243,0	249,9
$H_{u_G} + I_G$ kcal/Nm³	1371,9	1478,2	1564,6
B kg/Nm³	0,18079	0,18816	0,19402
M Nm³/Nm³	0,79499	0,77786	0,76408
$B\,H'_{u_B}$ kcal/Nm³	1357,7	1413,0	1457,0
$B\,I_B$ kcal/Nm³	41,3	44,9	48,4
$M\,I_M$ kcal/Nm³	14,7	14,4	14,1
	1413,7	1472,3	1519,5

Brennstoff betrachtet, so rechnen wir mit $H_{u_B} = 8080$ kcal/kg. In diesem Falle (Reinkoks) legen wir einen Heizwert von 7950 kcal/kg zugrunde (vgl. S. 191). Davon wird der Wärmeverlust nach außen (in %) abgesetzt. Er beträgt 5,54%, folglich $H'_{u_B} = 0{,}9446 \cdot 7950 = 7509{,}6$ kcal/kg. Die fühlbare Wärme des Kohlenstoffs (Koks) kann Zahlentafel A–11, S. 695, entnommen werden. Das Vergasungsmittel wurde mit im Mittel 57,5 °C (Sättigungstemperatur) zugeführt; $I_M = 18{,}5$ kcal/Nm³.

Die graphische Auftragung der linken und rechten Seite der Wärmebilanzgleichung liefert im Schnittpunkt der beiden Kurven die Reaktionstemperatur $t_R = 721{,}5$ °C. Nach Gl. (18–11), (18–12) und (18–14) sind die Gleichgewichtskonstanten bei dieser Temperatur

$$K'_{p_B} = 0{,}59054; \quad K'_{p_W} = 0{,}41705; \quad 0{,}24 \cdot K'_{p_M} = 0{,}025031.$$

Wir sind nun in der Lage, für die Rechnung sehr genaue Ausgangsschätzungen zu machen und erreichen mit einer (höchstens zwei) Durchrechnung(en) eine ausreichende Genauigkeit mit 2 (bis 3) Stellen hinter dem Komma.

Das so gefundene Endergebnis ist in Zahlentafel 18–2 wiedergegeben und mit den PLENZschen Versuchsergebnissen (Mittelwerte des siebentägigen Versuchs) verglichen.

Zahlentafel 18–2. *Vergleich der Gaszusammensetzung nach Rechnung und Versuch*

	Errechnete Werte ($t_R = 721,5$ °C)		Gemessene Werte (F. PLENZ)
	Feuchtes Gas	Trockenes Gas	Trockenes Gas
CO . . . . %	29,15	29,62	29,31
CO_2 . . . . %	5,02	5,10	5,17
H_2 . . . . %	13,17	13,39	12,68
H_2O . . . . %	1,60	—	—
CH_4 . . . . %	0,04	0,04	0,41
N_2 . . . . %	51,02	51,85	52,43
	100,00	100,00	100,00
Nm^3/h	Gasmenge (trocken)	5856 [1]	5831 [2]

Die Übereinstimmung der Analysen ist sehr befriedigend und sicherlich innerhalb der Analysengenauigkeit vollständig. Die Differenz im Wasserstoffgehalt könnte als eine nicht völlige Erreichung des Wasserglasgleichgewichtes gedeutet werden, doch ist es wahrscheinlicher, daß die der Rechnung zugrunde gelegte Sättigungstemperatur nicht ganz dem wahren Mittelwert entspricht. Der gemessene Methangehalt, schwankend zwischen 0,0% bis 1,2%, entstammt zum weitaus größten Teil den Flüchtigen Bestandteilen und ist keine Methanbildung in der Vergasungszone.

Die Nachrechnung einer Anzahl verschiedenartiger Gaserzeuger[3] einschließlich der Vergasung mit Sauerstoff-Wasserdampf-Gemischen, in Rost- und Abstichgaserzeugern, Druckvergasung, Staubvergasung, Hochofenprozeß usw. hat gezeigt, daß die Voraussetzung einer Erreichung der Vergasungsgleichgewichte (nicht dagegen der Methanbildung) zutreffend ist, und daß folglich die angegebenen Berechnungsmethoden zu praktisch brauchbaren Ergebnissen führen.

Staubvergasung (Gleichstromvergasung). Die Berechnungsmethoden lassen sich zunächst nur auf Verfahren einer Vergasung in hoher Schicht im Gegenstrom anwenden. Bei der Staubvergasung liegt ein andersartiger Reaktionsablauf vor, der auch eine andere Berechnungsmethode verlangt. Man geht dabei zweckmäßig in zwei Berechnungsschritten vor, indem man sich den Reaktionsablauf auch in zwei Phasen

---

[1] Errechnet aus einem stündlichen Reinkoksverbrauch von im Durchschnitt 1136,25 kg/h, abzüglich 1,93% Kohlenstoffverlust in den Rückständen und im Staub.

[2] Staurandmessung.　　　　　[3] Siehe Fußn. 3 S. 443.

zerlegt denkt, eine erste, in der das schwebende Staubteilchen in einem heterogenen Vergasungsvorgang an seiner Oberfläche vergast wird, und eine zweite, in der sich die gebildeten Gasbestandteile unter Berücksichtigung des Brutto-Wärmeverlustes nach außen im Sinne der homogenen Wassergasreaktion umsetzen[1]. Das im 1. Schritt berechnete „Zwischengas" ist rein hypothetischer Natur, wobei es aber für das Gesamtergebnis belanglos ist, ob ein solches Gas wirklich auftreten würde; entscheidend ist das im 2. Schritt ermittelte Endgas und seine Zusammensetzung.

Die Wärmebilanz im 1. Berechnungsschritt lautet:

$$B(1 - q_1) H_{u_B} + M I_M = I_{G_1} + H_{u_{G_1}} + B I_B, \qquad (18\text{-}60)$$

im 2. Berechnungsschritt dagegen

$$B(1 - q_2) H_{u_B} + M I_M = I_G + H_{u_{G_2}}. \qquad (18\text{-}61)$$

Darin bedeutet

q_1 den Wärmeverlust der ersten Teilreaktion,
q_2 denjenigen der Gesamtreaktion,

beide ausgedrückt als Bruchteil des Brennstoffheizwertes. Die Auswertung verschiedener Versuche zeigt, daß bei Großanlagen $q_1 = q_2$ gesetzt werden kann, bei kleineren Anlagen ist q_1 meist größer als q_2.

Die Gaszusammensetzung des 2. Schritts, die aus dem Ergebnis des 1. Schritts (nach der bisherigen Methode — etwa nach der NEWTON-TRAUSTEL-Methode — errechnet) gefunden wird, ergibt sich aus der Definition des homogenen Wassergasgleichgewichts

$$\frac{(CO + z)(H_2O + z)}{(CO_2 - z)(H_2 - z)} = K_W, \qquad (18\text{-}62)$$

$$z = -\frac{CO + H_2O + K_W(CO_2 + H_2)}{2(1 - K_W)} \pm$$

$$\pm \sqrt{\left(\frac{CO + H_2O + K_W(CO_2 + H_2)}{2(1 - K_W)}\right)^2 - \frac{CO\,H_2O - K_W\,CO_2\,H_2}{1 - K_W}}. \qquad (18\text{-}63)$$

z ist die Korrektur der Gasbestandteile der vorbereitenden Rechnung (1. Schritt). Die Reaktionstemperatur für das (hypothetische) Zwischengas ist entsprechend der Wärmebilanzgleichung stets tiefer, meist wesentlich tiefer als t_{R2}, das etwa die Gesamtaustrittstemperatur bestimmt. Auf die Reaktionskinetik geht diese Methode nicht ein, sie macht vielmehr von dem allgemeinen (HESSschen) Prinzip Gebrauch, daß es für das Endergebnis (stöchiometrisch) belanglos ist, auf welchem Wege und über welche Zwischenreaktionen eine chemische Reaktion abläuft.

---

[1] GUMZ, W.: Eine Berechnungsmethode für die Vergasung in der Schwebe. Internat. Tagung über die restlose Vergasung von gefördeter Kohle. Lüttich 1954, Bericht B 2 S. 131—139. Edition des „Annales des Mines Belgique", Iselles-Bruxelles: Ed. Techn. et Scient. R. Louis.

Der Versuch, den Vergasungsvorgang als solchen in allen seinen
Phasen zu erfassen, ist von HEDDEN gemacht worden[1]; er setzt eine
genaue Kenntnis der Eigenschaften des reagierenden Brennstoffs bzw.
seines Kokses voraus, die nur durch umfangreiche Versuche gewonnen
werden kann, wahrscheinlich aber auch vom Abbrand abhängig, aber
nicht konstant ist.

Hilfsmittel zur Beurteilung des Vergasungsvorganges

Wie im Feuerungsbetrieb, so besteht auch im Gaserzeugerbetrieb
der Wunsch nach Meßgeräten oder sonstigen Möglichkeiten zur schnellen
Beurteilung des Betriebsergebnisses und etwaiger Betriebsmaßnahmen.
Leistung und Gasqualität müssen für die Bedienung des Gaserzeugers
jederzeit feststellbar sein. Die einfachste und genaueste Bestimmung
der Leistung erfolgt durch eine Windmengenmessung (Kaltluftmessung
vor der Aufsättigung); sie ist, da der Vergasungswirkungsgrad nur wenig
schwankt, ein sofort anzeigender Gradmesser für die Vergasungsleistung, so daß man das Anzeigegerät sogar nach dem Kohlendurch-
satz eichen kann[2], Eine direkte Gasmengenmessung ist insofern schwieriger und oft ungenauer, als das Rohgas die Meßblenden verschmutzen
und die Meßgenauigkeit in Frage stellen kann; man bevorzugt daher,
wo dies möglich ist, eine Reingasmessung.

Für die Gasqualität wäre eine vollständige Gasanalyse natürlich
die beste Beurteilungsmöglichkeit, ihre Anfertigung ist jedoch zeitraubend, sie kommt daher für Betriebseinstellungen meist zu spät
und kann auch nicht häufig genug gemacht werden. Man verwendet
statt dessen als Sofortanzeigen:

1. die Sättigungstemperatur des Vergasungsmittels bzw., da man
meist volle Sättigung der Vergasungsluft annehmen kann, die Temperatur der Vergasungsluft nach ihrer Absättigung (jedoch vor einer
etwaigen Vorwärmung);

2. den CO_2-Gehalt des Gases mit anzeigenden und möglichst auch
schreibenden Geräten;

3. den Heizwert des erzeugten Gases, am zweckmäßigsten durch Verwendung eines schreibenden Kalorimeters, das allerdings kostspielig ist
und daher nur für solche Großanlagen in Frage kommt, bei denen die
Einhaltung eines bestimmten Heizwertes betrieblich notwendig ist.

Den Generatorgang endlich beurteilt man nach der Gasaustritts-
temperatur, nach dem Widerstand des Gaserzeugers — der neben
der Belastung (Windmenge) auch in starkem Maße von der Brennstoff-

---

[1] HEDDEN, K.: Die Bedeutung der Reaktionsgeschwindigkeit für die Abgas-
zusammensetzung bei Vergasungsprozessen. Chemie-Ing.-Techn. 30 (1958) Nr. 3
S. 125—132.

[2] Mitt. d. Wärmestelle Nr. 69. Düsseldorf 1925.

körnung abhängt — und nach dem Aussehen der Rückstände. Als die wichtigste der genannten Messungen ist ohne Zweifel die Windsättigung bzw. die Windtemperatur anzusehen; ihre Messung ist für die Betriebssicherheit und die Gasqualität unerläßlich; auf ihre Überwachung wie auch auf die Konstanz und Regelmäßigkeit der Sättigungstemperatur sollte daher stets größter Wert gelegt werden.

Die Höhe der Aschen- und Verbrennungszone wird durch eine einfache Meßstange (eine einzöllige Rundeisenstange) kontrolliert, die bis auf den Rost durchgestoßen wird, einige Minuten im Brennstoffbett belassen wird, und die nach dem Herausziehen durch Erglühen die Lage der Oxydationszone anzeigt.

Wie bei der Verbrennung hat man auch bei der Vergasung schaubildliche und zeichnerische Hilfsmittel zur Beurteilung der Gasanalysen des Gaserzeugerbetriebes oder auch zur Veranschaulichung des Vergasungsvorganges entwickelt. So hat MOLLIER[1] und nach ihm HOFFMANN[2] zunächst möglichst einfache Darstellungsmöglichkeiten für die Zusammenhänge bei der Vergasung auf Grund der stöchiometrischen Beziehungen und des ersten Hauptsatzes der Thermodynamik angegeben, ferner sei vor allem auf das OSTWALDsche *Vergasungsdreieck*[3] hingewiesen, das u. a. von CLAUS und NEUSSEL[4] weiterentwickelt worden ist. OSTWALD selbst hat eine zweite Darstellungsmöglichkeit für die Betriebskontrolle von Gaserzeugern angegeben[5], das *Vergasungsquadrat*, und schließlich in räumlicher Darstellung den *Vergasungskörper*. Da nur wenige Punkte eines Vergasungsdreiecks tätsachlich realisierbar sind, haben CLAUS und NEUSSEL das *Vergasungstrapez*, J. DOLINSKI[6] eine noch kleinere Fläche, das *Vergasungssechseck*, aus dem Vergasungsdreieck herausgeschnitten. Bei festliegenden Betriebsbedingungen (Zustand des Vergasungsmittels, Wärmeverlust des Gaserzeugers) müßte die Fläche sogar auf einen Punkt im Vergasungsdreieck (-trapez oder -sechseck) zusammenschrumpfen, d. h. die Kontrolle dieser Bedingungen (d. i. vor allem der Sättigungszustand des Vergasungsmittels und die Belastung) erübrigt das ganze Vergasungsschaubild vom Standpunkt der Betriebskontrolle.

[1] MOLLIER, R.: Gleichungen und Diagramme zu den Vorgängen im Gasgenerator. Z. VDI 51 (1907) H. 14 S. 532—536.

[2] HOFFMANN, F.: Die volumetrische Konstitution des Generatorgases. J. Gasbeleuchtg. 59 (1916) S. 189ff.

[3] OSTWALD, W.: Beiträge zur graphischen Feuerungstechnik (Monograph. z. Feuerungstechn. Bd. 2), Leipzig u. Berlin 1920.

[4] CLAUS, W., u. L. NEUSSEL: Graphische Untersuchungen im Generatorbetrieb. Z. VDI 65 (1921) H. 29 S. 769—773.

[5] OSTWALD, W.: Beiträge zur graphischen Betriebskontrolle von Gaserzeugern. Feuerungstechn. 21 (1933) H. 6 S. 81—84.

[6] DAWIDOWSKI, R.: Schaubildliche Darstellung des Gaserzeugungsbetriebes. Feuerungstechn. 25 (1937) H. 6 S. 183—195.

Schwarz v. Bergkampf[1] und Bošnjaković[2] haben neuerdings das Diagramm nach Mollier-Hoffmann wesentlich ergänzt, indem sie Linien gleicher Reaktionstemperatur und Linien gleichen Wasserdampfgehaltes des Vergasungsmittels (von $\psi = 0$, Luftgas, bis $\psi = 1$, Wassergas) eingezeichnet und auch Diagramme für Kohle entwickelt haben. Weiterhin hat Bošnjaković die Methanbildung berücksichtigt, allerdings mit $x_M = 1$. Damit sind die realisierbaren Punkte der Diagramme und ihre Entstehungsbedingungen gekennzeichnet. Zur Gewinnung guter Anfangswerte für eine genauere analytische Behandlung sind die Diagrammwerte ohne Zweifel sehr geeignet.

Die Kohlensäurespaltung verfolgt Neumann[3] graphisch durch das $i\psi$-Diagramm, die Wasserdampfspaltung Fehling[4] durch ein neuartiges Schaubild, in welchem die adiabatische Gleichgewichtstemperatur bzw. der Gasheizwert als Funktion des Dampfzusatzes (Dampfmenge in % der vergasten Kohlenstoffmenge) dargestellt ist. Da aber Gl. (18–1) und (18–2), also Kohlensäure- und Wasserdampfspaltung stets gemeinsam auftreten und sich gegenseitig beeinflussen, ist es nicht zweckmäßig, nur die eine oder die andere für sich zu betrachten.

Wenn solche Darstellungen zur Stützung der Anschauung ihren Wert haben mögen, so ist ihre Bedeutung für den Gaserzeugerbetrieb doch gering. Auf sie treffen zunächst die gleichen Einwände und Einschränkungen zu, die für die Verbrennungsdreiecke (S. 342) gemacht worden sind. Dazu kommt, daß die Anfertigung der vollständigen Gasanalysen für den gewöhnlichen Betrieb zu zeitraubend ist (etwas anderes ist es bei Laboratoriumsuntersuchungen oder Einzelversuchen im Betriebe), und daß diese Schaubilder nichts aussagen können, was nicht durch andere Beobachtungen (Wind- und Gastemperatur usw.) viel schneller erkannt werden könnte. Dazu kommt noch, daß die Gasanalyse zunächst noch umgerechnet werden muß, um den Einfluß der Entgasungsprodukte auszuschalten, da ja die zeichnerischen Hilfsmittel auf die Vergasung von reinem Kohlenstoff zugeschnitten zu sein pflegen.

Beurteilung von Kohlenstoffverlusten aus der Gasanalyse

Sowohl bei der Vergasung als auch bei der Verbrennung besteht der Wunsch nach einer Kontrolle des Kohlenstoffumsatzes. Ist die Analyse des Brennstoffs und des Vergasungsmittels (bzw. im Falle der Ver-

---

[1] Schwarz v. Bergkampf, E.: Die Zusammensetzung von Generatorgasen aus Rohkohlen. Radex-Rdsch., 1948, Nr. 3/4 S. 41—48.

[2] Bošnjaković, F.: Vergasungsdiagramme. VDI-Forsch.-Heft 432 (1951).

[3] Neumann, K.: Der Generatorprozeß im $i\psi$-Schaubild. Forschung 11 (1940) H. 5 S. 246—249.

[4] Fehling, R.: Adiabatic temperature and equilibrium of the gasification process. J. Inst. Fuel 14 (1940) H. 75 S. 39—46.

brennung die Verbrennungsluft) und die Analyse des trockenen Produktionsgases (oder Rauchgases) etwa durch eine erweiterte Orsatanalyse bekannt, so kann der Kohlenstoffverlust nach folgendem, von TRAUSTEL[1] angegebenen Verfahren ermittelt werden.

Aus der Kohlenstoffbilanz

$$B C_B + M C_M = v_{CO} + v_{CO_2} + \sum n\, v_{C_nH_m} + v_C, \qquad (18\text{-}64)$$

der Wasserstoffbilanz

$$B H_B + M H_M + W_M = v_{H_2} + \sum 0,5\, m\, v_{C_nH_m} + v_{H_2O}, \qquad (18\text{-}65)$$

der Sauerstoffbilanz

$$B O_B + M O_M + 0,5\, W_M = v_{CO_2} + v_{O_2} + 0,5\, v_{CO} + 0,5\, v_{H_2O} \qquad (18\text{-}66)$$

müssen die Unbekannten B, M und W_M, der zunächst unbekannte Wassergehalt des Vergasungsmittels bzw. der Verbrennungsluft entfernt werden, um dann den Kohlenstoffverlust v_C zu ermitteln. Der Kohlenstoffverlust in % ist dann

$$100 - \frac{v_{CO_2} + v_{CO} + \sum n\, v_{C_nH_m}}{v_{CO_2} + v_{CO} + \sum n\, v_{C_nH_m} + v_C} \cdot 100 \quad [\%]. \qquad (18\text{-}67)$$

Bezeichnet man mit

$$\begin{aligned} H_{d_B} &= H_B - 2\,O_B \quad \text{bzw.} \\ H_{d_M} &= H_M - 2\,O_M \end{aligned} \qquad (18\text{-}68)$$

den „disponiblen" Wasserstoff, so läßt sich die Lösung auf folgende lineare Gleichung bringen[2], in der nur noch die Unbekannte v_C vorkommt, W, B und M sind eliminiert.

$$A v_{CO_2} + B v_{O_2} + C v_{CO} + D v_{H_2} + \sum E\, v_{C_n H_m} + K v_C = S \qquad (18\text{-}69)$$

mit $\quad A = a - 2b - c \qquad\qquad E = a + 0,5\, m\, b - n\, c$

$\qquad\quad B = a - 2b$

$\qquad\quad C = a - b - c$ · [für jeden Kohlenwasserstoff einzeln zu berechnen, daher das Summenzeichen in Gl. (18-69)]

$\qquad\quad D = a + b$

$\qquad\qquad\qquad\qquad\qquad\qquad K = -c$

$\qquad\qquad\qquad\qquad\qquad\qquad S = a$

und $\quad a = H_{d_B} \cdot C_M - C_B H_{d_M},$

$\qquad\quad b = N_B \cdot C_M - C_B N_M,$

$\qquad\quad c = N_B \cdot H_{d_M} - H_{d_B} N_M.$

Das Verfahren setzt — wie schon bei der Verbrennungsrechnung hervorgehoben — große Analysengenauigkeit voraus, weil sich das Ergebnis

---

[1] TRAUSTEL, S.: Beurteilung von Kohlenstoffverlusten nach der Orsatanalyse eines Gases. Gaswärme 2 (1953) Nr. 5 S. 131—133.

[2] Wegen der Ableitung wird auf die Quelle, Fußn. 1, verwiesen.

als kleine Differenz großer Zahlen ergibt. Es versagt, wenn H_{d_B} und $N_B = 0$ werden. Die Koeffizienten vereinfachen sich, wenn M keinen Sauerstoff enthält (Beispiel: Wassergasherstellung, CO-Konvertierung, Spaltung von Gasgemischen nur mit Wasserdampf u. dgl.).

19. Schachtofenberechnung

Schachtöfen, als deren typischer Vertreter der Hochofen anzusehen ist, arbeiten als Gaserzeuger, in denen das erzeugte Gas gleichzeitig zu weiteren Reaktionen, in erster Linie zur Reduktion der Eisenoxyde herangezogen wird. Der Rechnungsgang zur Ermittlung der Gichtgaszusammensetzung ist ein ähnlicher wie beim Gaserzeuger, lediglich sind die Stoffbilanzen entsprechend ausgeweitet und daher verwickelter, ferner geht der Sauerstoff der Eisenoxyde und die Kohlensäure der Karbonate (besonders des Kalkzuschlages) in das Gas über und muß entsprechend berücksichtigt werden. Zu diesem Zweck muß entweder das Erzmöller-Koks-Verhältnis bekannt sein (was im allgemeinen nicht der Fall ist, ohne das Rechenergebnis teilweise vorwegzunehmen) oder es muß aus der Wärme- und Stoffbilanz (durch mindestens drei Annahmen und graphische Lösung) ermittelt werden.

Das Berechnungsverfahren[1, 2] geht bei bekanntem oder angenommenem Möller-Koks-Verhältnis μ von einem hypothetischen Brennstoff aus, der aus dem eigentlichen Brennstoff und dem Sauerstoff- und Kohlenstoffgehalt besteht, der zusätzlich aus dem Möller in das Gas übergeht. Die zusätzliche Kohlenstoff- und Sauerstoffmenge beträgt je kg wirklichen Brennstoff

$$c' = 0,12\,\mu\,CaCO_3, \tag{19-1}$$

$$o' = \mu\,(0,31971\,CaCO_3 + 0,22269\,FeO + 0,27640\,Fe_3O_4$$
$$+ \ 0,26717\,Fe_2O_3 + 0,56354\,P_2O_5). \tag{19-2}$$

Die hypothetische Brennstoffmenge B_h (kg/Nm³) ist

$$B_h = B\,(1 + c' + o') \tag{19-3}$$

und ihre Zusammensetzung

$$c_h = \frac{(C + c')}{(1 + c' + o')}, \tag{19-4}$$

$$h_h = \frac{H_2}{(1 + c' + o')}, \tag{19-5}$$

$$o_h = \frac{(O_2 + o')}{(1 + c' + o')}, \tag{19-6}$$

$$n_h = \frac{N_2}{(1 + c' + o')}, \tag{19-7}$$

[1] GUMZ, W.: Chemie und Physik der Verbrennung, Vergasung und Verhüttung. Bergbau-Arch. Bd. 7 (kürzere Darstellung), Essen-Kettwig 1947.

[2] GUMZ, W.: Gas Producers and Blast Furnaces. Theory and Methods of Calculation (Ausführliche Darstellung), New York: Wiley 1950.

worin C, H_2, O_2, N_2 die Zusammensetzung (Gew.-%) des verwendeten Kokses bedeutet. Die Umrechnung auf die molaren Größen C_B, H_B, O_B, N_B erfolgt dann nach Gl. (I) bis (IV), S. 435. Der weitere Gang der Rechnung ist nun der gleiche wie beim Gaserzeuger, nur ist die dreifache Zahl der Durchrechnungen (für drei verschiedene Möller-Koks-Verhältnisse) notwendig.

Die Wärmebilanzgleichung lautet

$$BH_u + BI_B + B_\mu I_\mu + MI_M = H_{u_G} + I_G$$
$$+ B\mu(Q_\Sigma + \varepsilon' I_{RE} + \varepsilon'' I_{Schl}) + Q_s.$$
(19–8)

B Brennstoff kg/Nm^3 ($= B_h$), I_B, I_μ, I_M, I_G = Enthalpie des Brennstoffs, des Möllers, des Windes und des Gases, Q_Σ = Summe des Wärmebedarfs der Erzreduktion, aller Schacht- und Gestellreaktionen einschließlich der Schlackenbildung, I_{RE} und I_{Schl} = Wärmeinhalt des flüssigen Roheisens und der flüssigen Schlacke bei Abstichtemperatur (einschließlich ihrer Schmelzwärme), ε', ε'' = Eisen- und Schlackenausbringen und Q_s = äußerer Wärmeverlust (einschl. Kühlwasser). Zahlenwerte sind der metallurgischen Literatur zu entnehmen und an anderer Stelle zusammengestellt[1]. Die graphische Lösung liefert drei Lösungen (für die drei angenommenen μ-Werte), und die Gesamtwärmebilanz des Hochofens [nicht nur die Reaktionszonen, für die obige Gl. (19–8) gilt] gibt die endgültige Antwort, welcher μ-Wert, d. h. welche Koksmenge für den Prozeß notwendig ist. Die Vorwegnahme dieser Antwort ist nicht ohne Willkür möglich, da der Heizwert des Gichtgases der weitaus größte Posten der Wärmebilanz ist. Das Verfahren erfordert mithin erheblichen Rechenaufwand, hat aber den Vorteil, daß es eine theoretisch einwandfreie Lösung bietet, ohne irgendwelche willkürlichen Annahmen.

In Abb. 19–1 werden die verschiedensten Schachtöfen miteinander verglichen[2].

Es wurde der CO-Verlauf in Abhängigkeit von der Temperatur aufgetragen. Die durchgängig gezeigte Kurve gilt für Luftgas. Auf ihr liegen Kupolofen, Kokshochofen und Koksabstichgenerator. Weitere Kurven gelten für etwas abweichende Verhältnisse, so für einen Drehrostgenerator (mit entsprechend hoher Sättigungstemperatur der Vergasungsluft), einen Holzkohlenhochofen und für Kalk- und Zementschachtöfen. Die Wärmebilanztemperaturen sind durch Kreise angegeben. Man kann aus diesem Bild eine ganze Reihe von Folgerungen auch praktischer Art ableiten. So erkennt man, daß es sinnlos wäre, irgendwelche Maßnahmen zu ergreifen, um das Gas eines Abstichgenera-

---

[1] Siehe Zahlentafel A–11 S. 695.

[2] GUMZ, W.: Der Schachtofen in allgemeiner Betrachtung. Zement-Kalk-Gips 13 (1960) H. 5 S. 208—215.

tors zu verbessern, indem man die Wärmebilanztemperatur noch weiter nach oben schiebt (flacher Kurvenast). Beim Kalkschachtofen würde es entsprechend nur sehr schwer sein, den CO-Gehalt noch wesentlich weiter dadurch zu senken, daß man versucht, durch geeignete Maßnahmen die Wärmebilanztemperatur nach unten zu drücken. Der Drehrostgenerator dagegen liegt gerade mitten in dem steilsten Ast der Kurve. Hier wird sich also jede Maßnahme zur Verbesserung der Wärmebilanz-

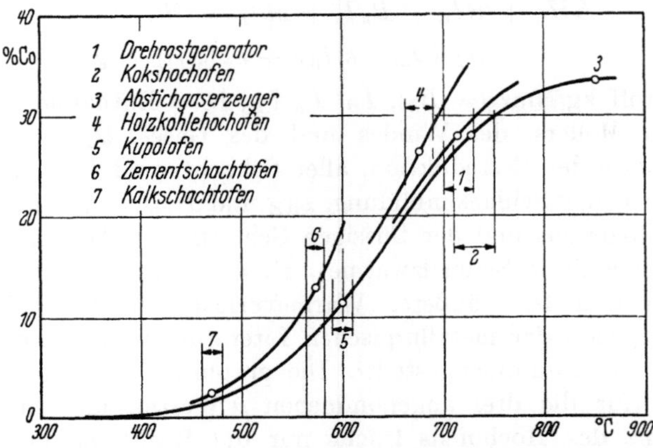

Abb. 19-1. Wärmebilanztemperaturen verschiedener Schachtöfen (CO-Verlauf als Funktion der Temperatur)

temperatur sofort in einer kräftigen Steigerung des Heizwertes äußern. Bei den Hochöfen werden die Auswirkungen der gleichen Maßnahmen nur eine etwas schwächere Wirkung haben. Der Kupolofen liegt etwa zwischen einem Generator und einem Zementschachtofen. Man erkennt ferner, daß eine Verbesserung der Wärmeisolierung des Schachtes, die bei gleicher Wärmebilanztemperatur den Koksverbrauch zu senken gestattet, für den Zementschachtofen von weit größerer Bedeutung ist als für den Kalkschachtofen, weil letzterer auf einem flacheren Teil des Kurvenastes liegt als ersterer.

V. Verbrennungs- und Vergasungsvorgänge

20. Statik und Dynamik der Verbrennung und Vergasung

Bei allen bisherigen Betrachtungen über die Verbrennung und Vergasung haben wir ohne den Begriff der Zeit und des Raumbedarfs der Vorgänge gearbeitet, uns vielmehr darauf beschränkt, ausgehend von den Voraussetzungen des Brennstoffs (gegeben durch seine Analyse) und der Verbrennungs- oder Vergasungsluft, das Endergebnis des Umsatzes zu betrachten. In Analogie zur Mechanik bezeichnet man diesen Zweig der Feuerungstechnik als die „Statik der Verbrennung". Im Gegensatz dazu will die „Dynamik der Verbrennung" die Vorgänge in ihrem zeitlichen und räumlichen Ablauf erfassen, um so Aussagen über den Zeit- und Raumbedarf zur Erreichung jener von der Statik als Grenzwerte angegebene Endzustände machen zu können. Wäre die Brennzeit unendlich groß, so wäre eine punkt- oder flächenförmige Verbrennung möglich; der Augenschein lehrt uns indessen, daß dieser Fall, dem die Explosion oder die sog. „flammlose" Oberflächenverbrennung nahekommt, praktisch nicht auftritt, sondern daß sowohl für die Einleitung der Verbrennung, die Zündung, als auch für die Verbrennung und Vergasung selbst eine endliche, ja zum Teil sogar eine erheblich lange Zeit und ein dementsprechender Raum notwendig ist. Man denke nur an die sichtbare Gasflamme, an die Glutschicht eines Feuerbettes, das Flammenvolumen darüber oder an die Zonen eines Gaserzeugers.

Will man einen Brennstoff verbrennen, so muß man den notwendigen Sauerstoff heranführen, die Temperatur auf oder über den Zündpunkt heben und die Zufuhr des Sauerstoffs unter Abfuhr der Verbrennungsprodukte nach Maßgabe der gewünschten Verbrennungsleistung dauernd aufrechterhalten. Die Aufgabe zerfällt also in die Durchführung zweier Vorgänge, den strömungsphysikalischen Vorgang der Heranführung des Sauerstoffs und den chemischen Vorgang der eigentlichen Reaktion zwischen dem Brennstoff und dem Sauerstoff der Verbrennungsluft. Der Zeitbedarf setzt sich demnach zusammen aus demjenigen des physikalischen Vorganges und der Reaktionszeit des chemischen Vorganges und wird, soweit beide verschieden sind, maßgebend von dem langsamsten Vorgang bestimmt. Bezeichnet man den Kehrwert der

Reaktionsgeschwindigkeit als den „chemischen Reaktionswiderstand" W_{chem}, den Kehrwert der Geschwindigkeit des physikalischen Vorganges als „physikalischen Reaktionswiderstand" W_{phys}, so lassen sich die Verhältnisse darstellen durch die einfache Beziehung

$$W_{gesamt} = W_{chem} + W_{phys}. \qquad (20\text{--}1)$$

Eine sehr gute Illustrierung dieser Verhältnisse liefern die Versuchsergebnisse von TU, DAVIS und HOTTEL[1], die grundsätzlich auch durch weitere Arbeiten[2,3] bestätigt werden. Abb. 20–1 läßt erkennen,

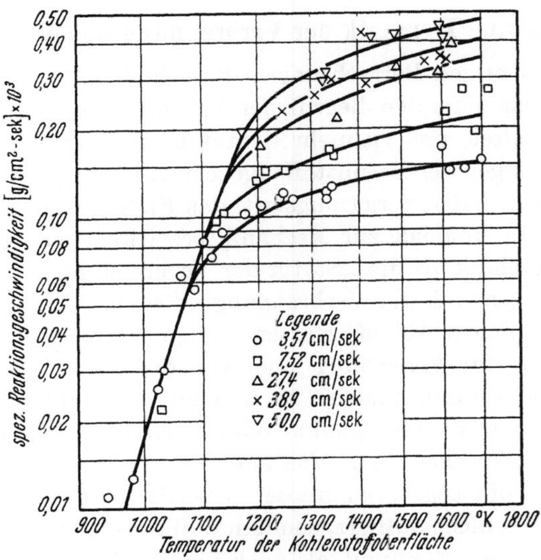

Abb. 20–1. Verbrennungsgeschwindigkeit von Kohlenstoff (nach TU, DAVIS und HOTTEL)

daß im Bereich unter 1100 °K selbst starke Unterschiede in der Relativgeschwindigkeit zwischen Luft und Koksteilchen keine Wirkung auf die Abbrandgeschwindigkeit ausüben, d. h. die physikalischen Einflüsse treten völlig in den Hintergrund und der chemische Reaktionswiderstand ist allein maßgebend. Oberhalb 1100 bis 1200 °K laufen die Kurven auseinander und flachen stark ab. Das bedeutet, daß der chemische, im wesentlichen temperaturabhängige Reaktionswiderstand zurücktritt und der physikalische Reaktionswiderstand den Gesamtwiderstand bestimmt. Trennen wir daher, um uns zunächst einen Überblick über die

---

[1] TU, C. M., H. DAVIS u. H. C. HOTTEL: Combustion rate of carbon. Industr. Engng. Chem. 26 (1934) Nr. 7 S. 749—757.

[2] PARKER, A. S., u. H. C. HOTTEL: Combustion rate of carbon. Study of gas film structure by microsampling. Industr. Engng. Chem. 28 (1936) Nr. 11 S. 1334 bis 1341.

[3] Vgl. auch O. A. TZUKHANOVA, Fußn. 4 S. 482.

Größenordnung der Reaktionswiderstände zu verschaffen, beide Vorgänge und betrachten wir zunächst die chemische Reaktion.

WICKE und Mitarbeiter[1] fanden, daß man drei statt zwei Vorgänge unterscheiden kann: Zwischen dem Temperaturbereich, in dem die chemischen Vorgänge eine geschwindigkeitsbestimmende Rolle spielen, und dem Bereich, in dem der Stofftransport an die Oberfläche des Brennstoffteilchens maßgebend ist, liegt ein Bereich, bei dem die Porendiffusion von der Oberfläche des Teilchens bis zur inneren Oberfläche des gesamten Verbrennungsbereiches für den Vorgang geschwindigkeitsbestimmend wird. Dieser Bereich kann durch die Anreicherung mit Mineralrückständen des Brennstoffteilchens verbreitert werden, die die Länge des Diffusionsweges vergrößern[2].

Der Chemismus der Verbrennung

Am einfachsten liegen die Verhältnisse bei den Gasen. Beide Reaktionsteilnehmer liegen in gleicher Aggregatform vor, in der sie auch unmittelbar miteinander reagieren können (homogene Reaktion). Auf die anschauliche Darstellung dieser Vorgänge, aufbauend auf den Vorstellungen der kinetischen Gastheorie, wurde bereits S. 96/97 hingewiesen. Danach ist die Geschwindigkeit einer Reaktion darstellbar durch eine Gleichung der Form

$$k = k_m \, e^{-A/RT} \tag{20-2}$$

(A = Aktivierungsenergie, R = Gaskonstante, e = Basis der natürlichen Logarithmen), gekennzeichnet vor allem durch eine außerordentlich starke Temperaturabhängigkeit.

Eine so einfache Reaktion, wie z. B. die Verbrennung eines Wasserstoff-Sauerstoff-Gemisches (Knallgas), geht keineswegs nach der Gleichung

$$2\,H_2 + O_2 = 2\,H_2O \tag{20-3}$$

vor sich, vielmehr stellt diese Gleichung nur eine Bruttoformel dar, die gar nichts über den wirklichen Verlauf des Vorganges aussagt. Nach den reaktionskinetischen Vorstellungen[3] geschieht beim Zusammenprall zweier Moleküle normalerweise nichts als eine Richtungs- und Geschwindigkeitsänderung (vollkommen elastischer Stoß) der zusammen-

---

[1] WICKE, E., K. HEDDEN u. M. ROSSBERG: Beiträge der reaktionskinetischen Forschung zur Technik der Vergasung und Verbrennung. BWK 8 (1956) Nr. 6 S. 264—269.

[2] WOSNESSENSKIJ, N. P., u. A. B. TSCHERNYSCHEV: Über die Struktur der Grenzschicht bei der Verbrennung fester Brennstoffe. Ber. Akad. Wiss. UdSSR, N. S. 77 (1951) S. 433/34, — Referat BWK 4 (1952) Nr. 1 S. 33.

[3] Besonders sei hier auf die zusammenfassende Darstellung von MAX BODENSTEIN verwiesen: Die reaktionskinetischen Grundlagen der Verbrennungsvorgänge. Z. Elektrochem. 42 (1936) Nr. 7b S. 439—445.

stoßenden Moleküle; nur Moleküle von besonders hohem Energiegehalt sind in der Lage, Reaktionen einzuleiten. Dieser Beginn einer Reaktion kann z. B. in dem Zerfall eines Moleküls in seine Atome oder in der Bildung eines freien Radikals bestehen, die dann weitere Reaktionen hervorzurufen imstande sind usw., so daß eine ganze Kette von Reaktionen nacheinander abläuft. Man spricht daher von Kettenreaktionen", die mit einer oder mehreren „Startreaktionen" beginnen, über die Reaktionskette laufen, bis schließlich durch einen „Kettenabbruch" die Reaktionen zum Stillstand kommen. Ähnlich wie einzelne Moleküle besonders aktiviert werden können, können sie auch wieder desaktiviert werden, also ihren Energieüberschuß verlieren, wie dies z. B. beim Aufprall auf die Gefäßwand häufig der Fall ist. Die Kette bricht dann ab. Verwickelter werden die Verhältnisse, wenn im Verlauf einer Reaktionskette eine Reaktion nicht nur einen, sondern mehrere Kettenträger liefert, die ihrerseits wieder Ausgangspunkte für je eine besondere Reaktionskette werden, den Vorgang also ungemein beschleunigen (evtl. bis zur Explosion). Dieser Wettstreit zwischen Kettenverzweigung und Kettenabbruch führt daher zu einer Vielzahl von Erscheinungen und läßt in der Frage der Zündung, Verbrennung und Explosion von Gasen ein fast verwirrendes Bild entstehen[1].

Die Wasserstoffverbrennung kann man sich z. B. folgendermaßen vorstellen[2]:

$$
\left.
\begin{array}{lll}
\text{(a)} & H_2 + O_2 \rightarrow H_2O + O \\
\text{(b)} & H_2 + O_2 \rightarrow 2\,OH
\end{array}
\right\} \text{Startreaktionen}
$$

$$
\left.
\begin{array}{lll}
\text{(c)} & O + H_2 \rightarrow OH + H \\
\text{(d)} & OH + H_2 \rightarrow H_2O + H \\
\text{(e)} & H + O_2 + H_2 \rightarrow H_2O + OH \\
\text{(e')} & H + H + O_2 \rightarrow 2\,OH
\end{array}
\right\} \text{Reaktionskette} \qquad (20\text{–}4)
$$

$$
\text{oder} \qquad \text{(f)} \qquad H + O_2 \rightarrow OH + O \qquad \text{Kettenverzweigung}
$$

Bei höheren Temperaturen tritt zu der Reaktionskette (c) bis (e) die

---

[1] An der Entwicklung der Theorie der Kettenreaktionen war neben M. BODENSTEIN und seinen Schülern auch N. SEMENOFF und C. N. HINSHELWOOD neben vielen anderen beteiligt, vgl. M. BODENSTEIN: Kettenreaktionen. Z. Elektrochem. 38 (1932) Nr. 12 S. 911—918. — SCHUMACHER, H. J.: Die Entwicklung der Reaktionskinetik unter besonderer Berücksichtigung der homogenen Gasreaktionen. Angew. Chem. 54 (1941) H. 29/30 S. 329—333. — Chemische Gasreaktionen, Dresden u. Leipzig 1938. — SEMENOFF, N.: Chemical Kinetics and Chain Reactions, Oxford 1935. — HINSHELWOOD, C. N.: Chemical Changes in gaseous Systems, 4. Aufl., Oxford 1930. — Eine zusammenfassende Darstellung dieses Gebietes gibt W. JOST: Explosions- und Verbrennungsvorgänge in Gasen (dort ausführliches Schrifttum), Berlin 1939. — LEWIS, B., u. G. v. ELBE: Combustion, Flames and Explosions of Gases, New York 1951.

[2] ULICH, H.: Kurzes Lehrbuch der physikalischen Chemie, Dresden u. Leipzig 1938, S. 209.

Reaktion (f); hier verzweigt sich die Kette, da O nach (c) und OH nach (d) eine neue Kette bilden usw.

Schon weniger genau läßt sich der wirkliche Verlauf der Reaktion

$$2\,CO + O_2 = CO_2 \qquad (20\text{-}5)$$

angeben, aber auch er ist eine Kettenreaktion[1], wie vor allem die bekannte Tatsache vermuten läßt, daß völlig trockenes Kohlenoxyd mit völlig trockenem Sauerstoff nur sehr langsam reagiert, und daß Spuren von Wasserdampf die Reaktion ganz wesentlich erleichtern und beschleunigen. Nach H. B. DIXON könnte dabei an eine Reaktionsfolge

$$CO + H_2O = CO_2 + H_2 \qquad (20\text{-}6)$$
$$2\,H_2 + O_2 = 2\,H_2O \qquad (20\text{-}7)$$

gedacht werden, wahrscheinlicher ist aber eine Reaktionskette

$$CO + OH \rightarrow CO_2 + H \qquad (20\text{-}8)$$
$$H + O_2 + CO \rightarrow CO_2 + OH \qquad (20\text{-}9)$$

usw., wobei das Hydroxyl (OH) der Wasserdampfdissoziation entstammt.

Die Schwierigkeit in der Erforschung solcher Reaktionsketten liegt vor allem darin, daß die Zwischenprodukte meist sehr kurzlebig und daher nicht gut isolierbar sind, so daß analytische Methoden (etwa durch Einfrierenlassen durch plötzliches Abkühlen) in einigen Fällen zum Erfolg führen mögen, in anderen aber naturnotwendig versagen. Ein wichtiges Hilfsmittel ist der spektroskopische Nachweis solcher Zwischenprodukte[2]. In der Flamme des Bunsenbrenners kann man im Innenkegel z. B. die freien Radikale OH, C_2 und CH nachweisen, in der Aureole und im Außenkegel nur OH. Eine Gewißheit, daß nicht auch andere Zwischenprodukte vorliegen, die kein erkennbares Spektrum liefern, hat man aber durch solche Untersuchungen natürlich nicht.

Verwickelter werden die Verhältnisse, wenn wir die Kohlenwasserstoffe betrachten, und das um so mehr, je vielgestaltiger ihr Molekülbau ist[3]. Das Methan reagiert, was zunächst überraschen mag, durch Zerfalls- und Umsetzungserscheinungen unter Bildung höherer Kohlenwasserstoffe — ferner wird u. a. Formaldehyd ($H \cdot CHO$) als wahrscheinlich nachgewiesen —, die dann allmählich weiter abgebaut

---

[1] JOST, W.: s. Fußn. 1 S. 288, dort S. 326ff.

[2] BONHOEFFER, K. F.: Optische Untersuchungen an Flammen. Z. Elektrochem. 42 (1936) H. 7b S. 449/457. — GAYDON, A. G.: Spectroscopy and Combustion Theory, London 1948.

[3] JOST, W.: s. Fußn. 1 S. 288, dort S. 395ff. — JOST, W., L. Frhr. v. MÜFFLING u. W. ROHRMANN: Beitrag zum Oxydationsmechanismus von Kohlenwasserstoffen. Z. Elektrochem. 42 (1936) H. 7b S. 488—497. — UBBELOHDE, A. R.: Mechanismus der Kohlenwasserstoff-Verbrennung. Z. Elektrochem. 42 (1936) H. 7b S. 468 bis 491.

werden. Dieser Abbau der schweren Kohlenwasserstoffe führt dann zu einer Wasserstoffverarmung und läßt schließlich das Kohlenstoffskelett übrig, welches Hauptträger der Leuchterscheinung der Flammen ist (s. S. 105—108). Es liegt also hier sogar der Fall vor, daß die Gasverbrennung nicht streng als homogene Reaktion abläuft, sondern durch das Auftreten von festem Kohlenstoff haben wir es teilweise mit einer heterogenen Reaktion zu tun, wenn auch die feste Phase in so überaus feiner Verteilung auftritt, wie wir sie bei den eigentlichen heterogenen Reaktionen vergeblich anstreben.

Ist der Chemismus der Verbrennung von Gasen schon durchaus nicht einfach und steigert sich die Zahl der möglichen Zwischenprodukte bei den schweren Kohlenwasserstoffen und ihren Gemischen (also bei den flüssigen Brennstoffen) ins Unübersehbare, so kommen bei den festen Brennstoffen weitere grundsätzliche Schwierigkeiten hinzu, so vor allem die mangelnde Kenntnis der chemischen Konstitution der Kohle. Die Forschung hat sich daher auch vorzugsweise den einfacheren Fällen zugewandt, so der *Kohlenstoff*verbrennung, besonders der graphitischen Modifikation, um damit ein einigermaßen wohldefiniertes Ausgangsprodukt zu haben.

Als wichtigste Stützen sind die Untersuchungen von I. LANGMUIR, A. EUCKEN, V. SIHVONEN, L. MEYER und R. F. STRICKLAND-CONSTABLE anzusehen, wenn auch ihre Ergebnisse keineswegs ein einheitliches Bild ergeben[1, 2].

In den Diskussionen über die Kohlenstoffverbrennung nehmen die Fragen nach dem „Primärprodukt" und den Stufen des Verbrennungsablaufs einen breiten Raum ein. Es kann als mehr oder weniger gesichert gelten, daß die Kohlenstoffverbrennung, d. h. die chemische Reaktion selbst, in wenigstens zwei Stufen vor sich geht, in der Bildung eines kurzlebigen Oberflächenoxydes oder Peroxydkomplexes, dem ein Aufbrechen in CO und CO_2 folgt. Die größere Wahrscheinlichkeit spricht für eine CO-Bildung oder zumindest die gleichzeitige Entstehung von CO und CO_2 unmittelbar an der Oberfläche oder im Innern

---

[1] Vgl. K. FISCHBECK: Reaktionsgeschwindigkeit in heterogenen Systemen (unter besonderer Berücksichtigung des Umsatzes mit festen Körpern) in A. EUCKEN u. M. JAKOB: Der Chemie-Ingenieur, Bd. III, Tl. 1 (dort ausführliche Schrifttumsangaben), Leipzig 1937, S. 242—283.

[2] Einen Überblick über die Probleme, die Theorien der Kohlenstoffverbrennung und einige praktische Ausblicke gibt das „Internationale Kolloquium über die Verbrennung von Kohlenstoff", Nancy 1949, mit Beiträgen von D. H. BANGHAM, D. T. A. TOWNEND, R. F. STRICKLAND-CONSTABLE, L. MEYER, R. AUDUBERT, R. H. BUSSO, X. DUVAL, R. E. JONES, E. MERTENS, F. J. LONG, K. W. SYKES, J. R. ARTHUR, J. R. BOWRING, H. G. CRONE, M. LETORT, H. L. RILEY, E. E. FRANKLIN, R. EAGRONE, H. BRUSSET u. a. J. Chim. Phys. 47 (1950) Nr. 3/4 S. 313—378, Nr. 5/6 S. 523—585.

des Kohlenstoffteilchens und damit eine noch beträchtliche, wenn nicht gar überwiegende Energieentwicklung außerhalb des festen Brennstoffs im Gasraum bzw. im Lückenvolumen einer Brennstoffschüttung. Die Einflußfaktoren, die das Reaktionsgeschehen wesentlich bestimmen, sind: 1. das Temperaturniveau, in dem sich der Verbrennungsvorgang abspielt; 2. die Gaszusammensetzung, die Sauerstoffkonzentration, die Gegenwart von Wasserdampf bzw. daraus entstehendem molekularen oder atomaren Wasserstoff, der Einfluß des (gebildeten) CO auf den weiteren Umsatz des CO_2 mit C und des (gebildeten) H_2 auf den weiteren Umsatz des H_2O mit C[1], die teils die Bildung der Oberflächenoxyde verlangsamen, teils (z. B. das H_2) an der Oberfläche adsorbiert werden; 3. die Natur und die „Geschichte" des Kohlenstoffs, und 4. katalytische Einflüsse von Unreinheiten (Aschebestandteilen) des Kohlenstoffs.

Der Einfluß der Temperatur macht sich sowohl auf die Primärprodukte als auch auf die Reaktionsgeschwindigkeit geltend. Für das Temperaturgebiet zwischen 900 bis 1200 °C wird eine Bruttogleichung

$$4\,C + 3\,O_2 = 2\,CO_2 + 2\,CO, \tag{20-10}$$

für das Temperaturgebiet über 1200 °C

$$3\,C + 2\,O_2 = CO_2 + 2\,CO \tag{20-11}$$

angegeben. Dieser Umsatz führt jedoch über Zwischenprodukte und läuft verschieden (und mit verschiedener Geschwindigkeit), je nachdem, ob andere Gase (z. B. H_2) zugegen sind oder nicht, was in technischen Verbrennungsvorgängen immer der Fall ist. Oberhalb 1600 °C nimmt die Reaktionsgeschwindigkeit, die zunächst mit der Temperatur stark zugenommen hat, nach Erreichen eines Höchstwertes wieder merklich ab[2] und erreicht bei etwa 2200 °C wieder ein Minimum[3]. Nach SIHVONEN verläuft die Reaktion nach Gl. (20-1), die für den Temperaturbereich von 800 bis 1400 °C als Primärreaktion maßgebend ist, über eine Ketogruppenbildung (Doppelbindung eines Sauerstoffatoms an den Randatomen des Kohlenstoffs).

Die Untersuchungsmethoden, die darauf abzielen, die physikalischen Einflüsse von den rein chemischen abzutrennen, wie die Untersuchung im Hochvakuum oder bei extremen Strömungsgeschwindigkeiten, weichen erheblich von den üblichen Verbrennungsbedingungen ab, und es ist fraglich, wieweit sie dann noch als typisch (zur Aufklärung technischer Verbrennungsvorgänge) anzusehen sind.

---

[1] STRICKLAND-CONSTABLE, R. F.: Some comments on the work of key on the reactions between coke and carbon dioxide and between coke and steam. J. Chim. Phys. 47 (1950) Nr. 3/4 S. 356—360.

[2] EUCKEN, A.: Z. angew. Chem. 43 (1930) Nr. 45 S. 986—993.

[3] AUDUBERT, R., u. R. H. BUSSO: Photogenèse et mécanisme de l'oxydation du carbone. J. Chim. Phys. 47 (1950) Nr. 3/4 S. 331—338.

Die Existenz von (vorwiegend) CO als primäres Verbrennungsprodukt ist von dem Praktiker zunächst übersehen worden, da die etwas rohe Methode einer Gasprobeentnahme — ja selbst das Abziehen einer Mikrogasprobe durch eine Kapillare — die Grenzschichten des festen Brennstoffs (und schon gar nicht das innere Porengefüge) erfaßt und folglich nur CO_2 nachgewiesen wird, solange noch ein Sauerstoffüberschuß vorhanden ist. Das von der Oberfläche hinwegdiffundierende CO und H_2 wird in einiger, wenn auch sehr geringer Entfernung von dem entgegenkommenden Sauerstoff zu CO_2 und H_2O verbrannt, und dies führt wiederum zu einem etwas abweichenden Bild des Verbrennungsvorganges, nämlich der Auffassung des Brennstoffteilchens als eines Miniatur-Gaserzeugers. Es ist zweifelhaft, ob, abgesehen von Vorgängen bei niedrigen Temperaturen, also vor, bei und unmittelbar nach der Zündung, Sauerstoff überhaupt die Oberfläche oder das Innere eines brennenden Kohlenstoffteilchens erreicht, und damit verliert die Streitfrage nach dem Primärprodukt ihren Sinn und ihre Bedeutung. Der wahrscheinlichere Vorgang ist der, wie von TRAUSTEL[1] u. a. vertreten und in Abb. 20–2 skizziert, daß der Sauerstoff eine Brennfläche schafft, die. das Brennstoffteilchen umhüllt, daß er also (im wesentlichen) aufgezehrt ist, ehe er den Kohlenstoff erreicht, und daß die Verbrennungsprodukte CO_2 und H_2O zu der festen Phase diffundieren und auch in das Innere eindringen und den festen Brennstoff vergasen, wobei CO und H_2 entstehen, je nach Temperatur auch etwas CO_2 und H_2O übrigbleibt. Die hohe Temperatur der Gasbestandteile, die in so unmittelbarer Nähe vollständig verbrennen — und gegebenenfalls die Wärmestrahlung aus der Brennebene — liefert die notwendige Wärme zur Deckung des Wärmebedarfs dieser endothermen Reaktionen.

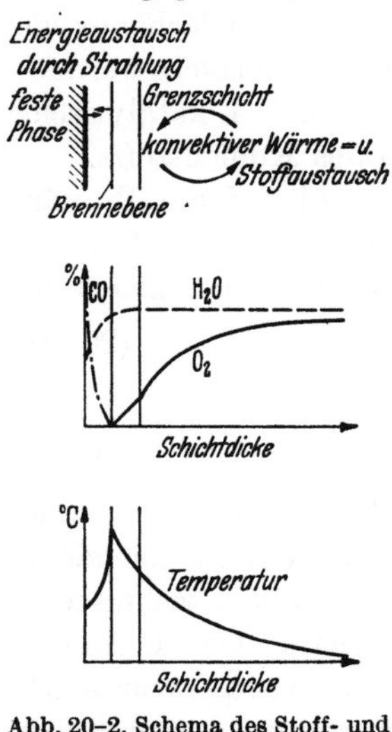

Abb. 20–2. Schema des Stoff- und Wärmeaustausches an der festen Phase

Ein unmittelbarer experimenteller Nachweis dieses Verbrennungsschemas ist bisher nicht gelungen; die Schwierigkeiten liegen in der geringen räumlichen Ausdehnung und in der Fortsetzung der Reaktionen im Absaugerohr. Dagegen gibt es einige Indizienbeweise, die für einen solchen Ablauf und gegen die unmittelbare Verbrennung des festen Kohlenstoffs zu CO_2 sprechen: das Verschlackungsverhalten, der Ein-

---

[1] TRAUSTEL, S.: Verbrennung, Vergasung, Verschlackung. Diss. Berlin 1939.

fluß des Luftüberschusses bei der Kohlenstaubverbrennung und die Untersuchungen unter Anwendung von Inhibitoren für die Sekundärreaktion der CO-Verbrennung. Eine direkte optische Temperaturmessung ist erschwert durch die Unmöglichkeit einer Definition, was das Pyrometer anvisiert, die Koksoberfläche oder das als Glühstrumpf wirkende Schlackengerüst.

Würde der Sauerstoff die Oberfläche des Kohle- und Kohlenstoffteilchens erreichen und es zu CO_2 verbrennen, so würden bei Verbrennung mit trockener Luft Temperaturen entstehen, die die Brennstoffasche in jedem Falle zum Schmelzen bringen, und zumindest bei Brennstoffen mit höherem Aschegehalt müßte die Verbrennung durch Abdecken der reagierenden Oberflächen stark behindert und schließlich zum Stillstand gebracht werden. Erfahrungsgemäß tritt dies nicht ein. Solange Kohlenstoff vorhanden ist, wirkt er als „Temperaturbremse" (ob durch primäre CO-Bildung oder durch die Vergasungsreaktion $CO_2 + C = 2\,CO$ bleibe zunächst dahingestellt). In dem Maße wie das Ascheskelett freigelegt wird und es aus der Kohlenstoffoberfläche herausragt, gelangt es in den Bereich der hohen Temperaturen der Sekundärreaktion, und hier erst kann es zum Sintern und Schmelzen gebracht werden, hier auch ist es der dynamischen

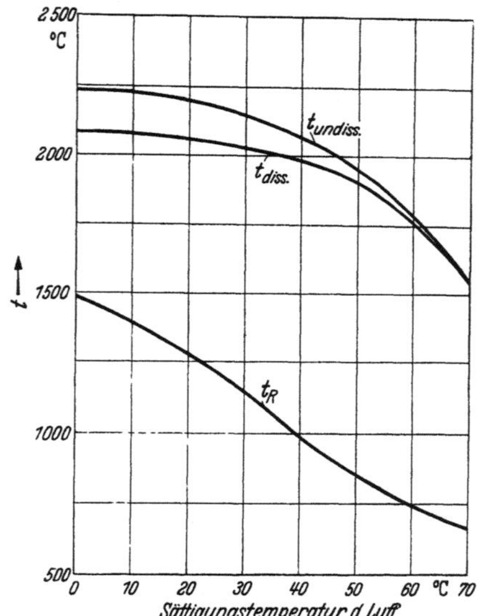

Abb. 20-3. Verbrennungstemperatur in Gasphase (obere Kurve) und an der festen Phase (untere Kurve)

Wirkung der strömenden Gase ausgesetzt, die die Aschetröpfchen wie Schneebälle vor sich hin treiben und sie anwachsen lassen, ohne Kohlenstoff einzuschließen. Verstärkt man die endothermen Vergasungsreaktionen durch Erhöhung des Anteils an Vergasungsmittel, z. B. durch Wasserdampfeinführung (Luftbefeuchtung), so läßt sich erfahrungsgemäß der Verschlackungsvorgang sehr weitgehend steuern. Abb. 20–3 zeigt die (rechnerisch ermittelte) Temperatur der Gasphase (Verbrennung zu CO_2) und die Temperatur an der festen Phase bei verschiedener Sättigungstemperatur der Luft. Eine Sättigungstemperatur von 50 bis 55 °C, wie bei Drehrostgaserzeugern üblich, bringt die Oberflächentemperatur in die Größenordnung auf oder unter die Erweichungstemperatur der meisten in Frage kommenden Kohlenaschen und erklärt damit die

Wirkung der Feuchtigkeit auf die Verschlackung des Brennstoffbettes[1].

Die endliche Brennzeit eines Kohlenstaubteilchens, das mit theoretischer Luftmenge in der Schwebe verbrannt wird und dessen Brennzeit nach NUSSELT[2] unendlich sein müßte (bzw. bereits sehr groß in der Nähe der theoretischen Luftmenge), kann nach TRAUSTEL[3] nur erklärt werden durch den dargestellten Verbrennungsmechanismus.

Durch Verwendung von Inhibitoren für die Sekundärreaktion endlich ist klargestellt, daß jedenfalls CO_2 nicht das Primärprodukt und an der Kohlenstoffoberfläche nicht vorherrschend ist. Fußend auf der inhibierenden Wirkung der Halogene auf die CO-Verbrennung, die von DUFROISSE und Mitarbeitern[4] festgestellt worden ist, haben ARTHUR, BANGHAM, THRING u. a.[5-11] eine neue Laboratoriumsmethode entwickelt, um die Primärreaktion an festen Brennstoffen zu untersuchen. Durch Zusatz von Halogenen wird die Sekundärreaktion

$$CO + \tfrac{1}{2} O_2 = CO_2 \tag{20-12}$$

weitgehend unterdrückt, und die Gasanalyse zeigt oberhalb eines gewissen niedrigen Schwellenwertes eine erhebliche Steigerung des CO-Gehaltes. Als kräftigster Inhibitor für die CO-Verbrennung erweist sich $POCl_3$, die Wirksamkeit ist durch das in Zahlentafel 20–1 angegebene

[1] Vgl. S. 491.

[2] NUSSELT, W.: Die Verbrennung in der Kohlenstaubfeuerung. Z. VDI 68 (1924) Nr. 6 S. 124—128.

[3] TRAUSTEL, S.: Verbrennung in der Schwebe. Feuerungstechn. 29 (1941) Nr. 1/3 S. 1—6, 25—31, 49—60.

[4] DUFROISSE, C., u. R. HORCLOIS: Application de l'effet antioxygène au problème de la lutte contre l'incendie. Catalyse négative de l'ignition du charbon. C. R. Acad. Sci., Paris 152 (1931) S. 564—566. — DUFROISSE, C., u. R. VIEILLEFOSSE: Application etc. Extinction de la braisse en présence d'oxygène. C. R. Acad. Sci., Paris 154 (1932) S. 2068—2070.

[5] ARTHUR, J. R.: Combustion of carbon. Nature 157 (1946) Nr. 3996 S. 732/33.

[6] THRING, M. W.: A method for the control of combustion reactions in fuel beds. Trans. Faraday Soc. 42 (1946) S. 366—377.

[7] ARTHUR, J. R., D. H. BANGHAM u. M. W. THRING: Combustion in fuel beds. J. Soc. chem. Ind. 68 (1949) Nr. 1 S. 1—6.

[8] ARTHUR, J. R., D. H. BANGHAM u. J. R. BOWRING: Kinetic aspects of the combustion of solid fuels. Third Symposium on Combustion and Flame and Explosion Phenomena, Baltimore, My. 1949, S. 466—474.

[9] ARTHUR, J. R., u. D. H. BANGHAM: The mechanism of energy release in the combustion of solid carbonaceous fuels. J. Chim. Phys. 47 (1950) Nr. 5/6 S. 559 bis 562.

[10] MERTENS, E.: La combustion primaire du carbone. J. Chim. Phys. 47 (1950) Nr. 3/4 S. 353—355.

[11] MERTENS, E., u. HELLINCKX: Mechanism of carbon combustion. Third Symposium on Combustion and Flame and Explosion Phenomena, Baltimore 1949, S. 474/75.

Zahlentafel 20-1. *CO/CO_2-Verhältnis bei 850 °C in Gegenwart verschiedener Inhibitoren bei einer den Schwellenwert überschreitenden Konzentration*

Inhibitor	CO/CO_2	Inhibitor	CO/CO_2
$POCl_3$	8,4	$CnCl_4$	2,1
PCl_2	6,4	CH_2Cl_2	1,1
Cl_2	2,9	HCl	1,16
CCl_4	2,6	I_2	0,59
$CHCl_3$	2,3	SO_2	0,52
		ohne Inhibitor	0,05

CO/CO_2-Verhältnis bei 850 °C gekennzeichnet. Daraus ziehen die Autoren den Schluß, daß Sauerstoff, der die Oberfläche des festen Kohlenstoffs erreicht, Kohlenoxyd als Primärprodukt bildet. Beim praktischen Verbrennungsvorgang ist das Bild noch insofern anders, als Kohlensäure mit einem erheblichen Enthalpieüberschuß (aus der Sekundärreaktion) wesentlich, wenn nicht überhaupt ausschließlich an dem Abbau des festen Kohlenstoffs nach der Reaktion

$$CO_2 + C = 2\,CO \qquad\qquad (20\text{-}13)$$

beteiligt ist, und daß schon Spuren von Wasserdampf oder Wasserstoff die inhibierende Wirkung der Halogene aufhebt. Immerhin läßt sich aus diesen Versuchen der Schluß ziehen, daß die Oberflächen und inneren Porenräume des festen Kohlenstoffs keine extrem hohen Temperaturen erreichen, da sich dort die endothermen Vergasungsreaktionen abspielen, und daß Sauerstoffmoleküle, wenn sie durch die Sekundärverbrennungszone hindurch auf den Kohlenstoff treffen, den Kohlenstoff vorwiegend zu CO verbrennen[1].

Soweit war die Rede von Kohlenstoff, der jedoch niemals rein als Brennstoff in Frage kommt — selbst Hochtemperaturkoks ist noch kein reiner Kohlenstoff —; der Unterschied zwischen Kohlenstoff und Kohle ist jedoch beträchtlich[2]. Die „Geschichte" des Kohlenstoffs, d. h. seine Vorbehandlung oder Reaktionen, denen er bereits unter-

---

[1] Gegen die praktische Anwendung solcher Inhibitoren etwa zur Gaserzeugung in niedriger Schicht und bei mäßigen Temperaturen (ohne Schlackenbildung) sprechen nicht nur die störende Wirkung von (immer vorhandenem) Wasserdampf, sondern auch die Kosten der Chemikalien. Die Suche nach anderen, billigeren und in Gegenwart von H_2 und H_2O wirksamen Inhibitoren ist immerhin ein reizvolles Gebiet künftiger Verbrennungsstudien, für die die Brandbekämpfungsuntersuchungen vielleicht gewisse Anhaltspunkte liefern. Vgl.: METZ: Gasschutz u. Luftschutz 1936 Nr. 6 S. 260. — BRYAN, J., u. D. N. SMITH: Engineering 159 (1945) Nr. 4143, 4145 S. 457—460, 497—500. — TYNER, H. D.: Industr. Engng. Chem. 33 (1941) Nr. 1 S. 60—65.

[2] PETERS, K., u. W. CREMER: Untersuchungen über Oxydationsvorgänge an festen Brennstoffen. Z. angew. Chem. 47 (1934) H. 29 S. 529—536, — Gesammelte Abhandl. zur Kenntnis der Kohle (hrsg. von F. FISCHER) Bd. 12, Berlin 1937, S. 89—103.

worfen war, ja auch seine „Vorgeschichte", der Inkohlungsgrad, der Graphitierungsgrad, der Einfluß von Temperatur, Gebirgsdruck und Zeit im Kohlenflöz, Reaktionen (z. B. Voroxydation) seit seiner bergmännischen Gewinnung, die Schnelligkeit der Erhitzung, alles das bestimmt sein Verhalten bei der Verbrennung und ruft unter Umständen beträchtliche Variationen im Verbrennungsvorgang hervor. Dazu kommt noch der Einfluß der mineralischen Bestandteile, die katalysierend wirken können nicht nur auf die Geschwindigkeit, sondern auch auf den Verlauf[1].

Bei der Kohle ist die Erwärmung mit einer Abschwelung der Flüchtigen Bestandteile verbunden, ein Vorgang, der sich bei gröberem Korn immer mit den Verbrennungsreaktionen überlagern wird, da die Wärme durch Leitung nur sehr langsam in das Korninnere vordringt. Was wir als Flüchtige Bestandteile im Laboratorium messen, ist jedoch infolge der Reaktionsmöglichkeiten zwischen den „wahren Flüchtigen Bestandteilen" — wie wir diejenigen echten Flüchtigen Bestandteile benennen wollen, die noch keiner Veränderung unterworfen wurden — und dem Kohlenstoff — der die Begrenzungswände der Poren bildet, die den Flüchtigen Bestandteilen aus dem Inneren des Kohlenstückes den Weg nach außen gestatten — ein *Gemisch* aus *Entgasungs-* und aus *Vergasungs*produkten. Aus diesem Grunde steigen auch CO- und H_2-Gehalt (Vergasungsprodukte) mit steigender Temperatur an, während CH_4 und die schweren Kohlenwasserstoffe (Entgasungsprodukte) abnehmen, und unter Druck ergibt sich eine Verschiebung nach der CO_2-, H_2O- und CH_4-Seite. Damit wird auch klar, warum die Flüchtigen Bestandteile je nach der Entgasungstemperatur eine verschiedene Zusammensetzung haben und nur durch Konventionalmethoden bestimmt werden können.

Auch bei der Verbrennung von Kohle ist als erstes Stadium eine Adsorption von Sauerstoff wahrscheinlich. Es ist bekannt, daß bei der langsamen Oxydation eine starke Sauerstoffzunahme eintritt und auch eine allmähliche Reaktion des Sauerstoffs mit der Kohlensubstanz („Verwitterung"), die ja vor allem in der Veränderung der Backeigenschaften beim längeren Lagern ihren Ausdruck findet. Es bilden sich also an der Kohlenoberfläche Oxyde (Oberflächenoxyde), neben denen noch zwei weitere Oxydationsgruppen festgestellt wurden[2], die durch ihre Spaltungsprodukte CO_2, H_2O, Essigsäure ($CH_3 \cdot COOH$) und andere leichtflüchtige Körper meist aliphatischer Natur und zweitens durch kristallisierbare leichtflüchtige und lösliche Körper aromatischer Natur

---

[1] ARTHUR, J. R.. u. J. R. BOWRING: Effects of inorganic impurities on the mode of combustion of carbon. J. Chim. Phys. 47 (1950) Nr. 5/6 S. 540—542. — BOWRING, J. R., u. H. G. CRONE: Rate of combustion of carbon. Some effects of internal structure and inorganic impurities. J. Chim. Phys. 47 (1950) Nr. 5/6 S. 543—547.   [2] Siehe Fußn. 2 S. 465.

gekennzeichnet sind. Es bilden sich demnach Zwischenprodukte bzw. Primärprodukte der verschiedensten Art, C_xH_y und $C_xH_yO_z$, ohne daß angegeben werden kann, inwieweit das auch bei hohen Temperaturen der Fall ist und ob ein Übergang zu einer reinen Kohlenstoffverbrennung nach Art der Graphitverbrennung stattfindet.

Gestützt auf ihre Untersuchungen über den Zündvorgang[1] stellen ROSIN und FEHLING fest, daß auch Kohle in dem Temperaturbereich von 200 bis 1400 °C durch das VAN'T HOFF-ARRHENIUSsche Gesetz dargestellt werden kann, und stellen für eine Eßkohle die Beziehung auf

$$k = e^{15,7 - \frac{6220}{T}} \quad [\text{kcal/m}^2\text{h}]. \tag{20–14}$$

Danach erhält man[2]

bei $t = 200$ °C $k = $ 13 kcal/m² h   bei $t = 1200$ °C $k = $ 96 460 kcal/m² h
    400   638   1600   237 730
    800   19 988   2000   426 720

Eine vergleichende Auswertung eigener und fremder Messungen gibt STRICKLAND-CONSTABLE[3].

Der Chemismus der Vergasung

Der Kohlenstoff zeigt gegenüber Kohlensäure und Wasserdampf ein ähnliches Verhalten wie gegenüber Sauerstoff[4], auch dürften die Reaktionsgeschwindigkeiten bei gleichen Temperaturen in gleicher Größenordnung liegen. Wenn man in Gaserzeugern feststellen kann, daß die Reduktionszone länger ist als die Oxydationszone, so beruht dies — abgesehen von den weiter unten zu besprechenden physikalischen Einflüssen — vor allem darauf, daß die Temperaturen der Reduktionszone infolge des starken Wärmeverbrauchs der endothermen Vergasungsreaktionen stark absinken. Auch bei der Reaktion nach der Bruttogleichung

$$CO_2 + C = 2\,CO \tag{20–15}$$

kann man annehmen, daß zunächst eine Adsorption von Kohlensäure an der Oberfläche stattfindet; als zweite Stufe wird die Bildung von Oberflächenoxyden angenommen[5], welche dann entweder durch thermi-

---

[1] ROSIN, KAYSER u. FEHLING: Die Zündung fester Brennstoffe auf dem Rost. Untersuchungen über das Zündverhalten. Bericht D 51 des Reichskohlenrats, Berlin 1935.

[2] Es bleibe dahingestellt, ob eine Extrapolation über 1400 °C hinaus zulässig ist; die Zahlen sollen jedoch nur dazu dienen, eine anschauliche Vorstellung von der Größenordnung und dem außerordentlich großen Temperatureinfluß zu geben.

[3] STRICKLAND-CONSTABLE, R. F.: The kinetics of the oxidation of carbon. A survey of some recent results. J. Chim. Phys. 47 (1950) Nr. 3/4 S. 322—327.

[4] FISCHBECK, K.: s. Fußn. 1 S. 460, dort S. 266/67.

[5] ALTSCHULER, V. S., u. Z. F. TZUKHANOV: C. R. Acad. Sci. URSS 28 (1940) Nr. 8 S. 706—710.

sche Zersetzung oder unter Mitwirkung der Kohlensäure CO und C liefern. Bei hohen Temperaturen (oberhalb 1000 °C) kann die Oberflächenverbindung nicht mehr bestehen, es wird dann für die verschwindende Kohlensäure eine äquivalente Menge Kohlenoxyd nachgewiesen.

Als Primärvorgang der Wassergasbildung nimmt P. DOLCH[1] die Kohlenoxyd- und Wasserstoffbildung nach

$$H_2O + C = CO + H_2 \qquad (20\text{--}16)$$

an, wobei die Frage offen bleibt, ob es sich hierbei nur um eine Bruttoformel handelt, oder ob nicht, wie bei der Oxydation und der Reduktion der Kohlensäure, erst eine Reihe von Zwischenstufen durchlaufen werden, was zu vermuten ist und was von LAWROV[2] in Übereinstimmung mit den Versuchen von TZUKHANOV und KARJAWINA als wahrscheinlich angenommen wird. Nach SIHVONEN[3] kann man infolge der beobachteten reinen CO-Bildung nur eine Carbonylgruppenbildung annehmen, die man sich entweder in Keto- oder in Ketenform vorstellen kann.

GADSBY, HINSHELWOOD und SYKES[4] haben gefunden, daß die Reaktion des Dampfes mit Kohlenstoff (bei 700 bis 800 °C) eine Reaktion zwischen nullter und erster Ordnung ist, und daß sie stark von der Gegenwart von Wasserstoff verzögert wird, ebenso wie die Reaktion der Kohlensäure mit Kohlenstoff durch Kohlenoxyd stark verzögert wird. Die Reaktionsgeschwindigkeit kann durch

$$r = \frac{k_1\,p_1}{1 + k_2\,p_2 + k_3\,p_1} \qquad (20\text{--}17)$$

ausgedrückt werden, worin p_1, p_2 (Atm) die Teildrücke des Wasserdampfes und des Wasserstoffs (bzw. der Kohlensäure und des Kohlenoxyds) und k_1 bis k_3 Konstanten darstellen, die von der Temperatur und zum Teil auch von der Kohlenstoffart abhängen.

Die Kohlensäurebildung geht dann nach DOLCH nach Maßgabe der homogenen Wassergasreaktion

$$CO + H_2O \rightleftarrows CO_2 + H_2 \qquad (20\text{--}18)$$

vor sich. Praktisch ist zur Erklärung und zur Berechnung der Gaszusammensetzung auch in diesem Falle die Frage, ob CO oder CO_2 zuerst entsteht oder ob beide gleichzeitig entstehen, und ob dann die Gl. (20–16) von links nach rechts oder von rechts nach links verläuft, ohne große Bedeutung, da man beim Erreichen des Gleichgewichtes in

---

[1] DOLCH, P.: Wassergas, Leipzig 1936.

[2] LAWROV, N. W.: C. R. Acad. Sci. URSS 30 (1941) Nr. 1 S. 40—42.

[3] SIHVONEN, V.: Z. Elektrochem. 40 (1934) H. 7b S. 456—460.

[4] GADSBY, J., C. N. HINSHELWOOD u. K. W. SYKES: The kinetics of the reaction of the steam-carbon system. Proc. roy. Soc., Lond. 187 A (1946) S. 129 bis 151.

beiden Fällen zu dem gleichen Ergebnis kommt. Da aber die Wassergasbildung bei fallenden Temperaturen vor sich geht, die Gl. (20–16) dann in Richtung von links nach rechts bevorzugt abläuft, hat die Annahme von DOLCH alle Wahrscheinlichkeit für sich.

21. Der physikalische Vorgang der Verbrennung

Wenn wir den Vorgängen der chemischen Vergasungs- und Verbrennungsreaktionen keinen breiteren Raum einräumen, so vor allem deshalb, weil die Geschwindigkeit dieser Reaktionen im Bereich der Verbrennungstemperaturen so groß ist, daß ihre Bedeutung hinter den physikalischen Vorgängen völlig zurücktritt. Es gelingt, die meisten Vorgänge rein physikalisch hinreichend genau darzustellen oder zu deuten, ohne daß der Chemismus dieser Vorgänge herangezogen zu werden braucht, was auf das Überwiegen der physikalischen Vorgänge schließen läßt. Lediglich im Bereich tieferer Temperaturen machen sich die chemische Reaktionsgeschwindigkeit und damit auch die Stoffeigenschaften wie die Reaktionsfähigkeit des Brennstoffs geltend, so bei den Zündvorgängen und bei der Vergasung (z. B. bei schnellen Belastungswechseln des Gaserzeugers).

Verbrennung in der Schwebe

Als Beispiel sei zunächst die Verbrennung staubförmiger Brennstoffe in der Schwebe behandelt, da hier die physikalischen Voraussetzungen am leichtesten erfaßt werden können. Dazu muß der Stoffübergang von einem Gas an das kugelförmig gedachte Schwebeteilchen bekannt sein (s. S. 121); als Relativgeschwindigkeit zwischen Brennstoff und Verbrennungsluft bzw. Gas tritt die Schwebegeschwindigkeit auf.

Zur Ermittlung der Brennzeit[1] dient folgender Ansatz: Um die Kugeloberfläche $4\pi r^2$ bis zur Tiefe dr zu verbrennen, ist die Sauerstoffmenge

$$-dG = 2{,}664\,\gamma_k\,4\pi r^2\,dr \tag{21-1}$$

notwendig. Der Stoffaustausch ist andererseits gegeben durch die Beziehung

$$dG = \gamma_{O_2}\,dV = \beta\,4\pi r^2\,O_2\gamma_{O_2}\,dz\,. \tag{21-2}$$

Darin bedeutet γ_k das spez. Gewicht des Kornes (die Rohwichte), γ_{O_2} die Wichte des Sauerstoffs, β die Stoffaustauschzahl und O_2 die Sauerstoffkonzentration bzw. das Sauerstoffgefälle, wenn die Konzentration an der Oberfläche zu Null angenommen wird. Die Stoffaustauschzahl β läßt sich durch eine Heranziehung der Ähnlichkeit zwischen dem Vorgang des Stoffaustausches und dem Vorgang der Wärmeübertragung

---

[1] GUMZ, W.: Theorie und Berechnung der Kohlenstaubfeuerungen, Berlin: Springer 1939.

ermitteln und durch die Gleichung

$$\beta = 2,494\,D\,v^{-0,15}\,d^{-0,85}\,w^{0,15} \tag{21-3}$$

ausdrücken. D ist darin die Diffusionszahl, die nach der Beziehung

$$D = \frac{\lambda}{\gamma\,c_v} \tag{21-4}$$

aus den thermischen Eigenschaften des Gases errechnet werden kann. Da sich aber die Gaszusammensetzung im Verlauf des Verbrennungsvorganges ändert, wird hierfür der Mittelwert

$$D = D_1 + \frac{0,75}{n}\,(D_2 - D_1) \tag{21-5}$$

eingeführt. Auch die Luftüberschußzahl n übt einen, wenn auch kleinen Einfluß auf den Wert von D aus. Durch Gleichsetzung der rechten Seiten der Gl. (21-1) und (21-2) durch Integration in den Grenzen von r_0 bis 0 und 0 bis z und durch Auflösung nach z findet man schließlich die gewünschte Brennzeit.

Eine Schwierigkeit ist dabei die Veränderlichkeit des Sauerstoffgefälles. Der Sauerstoffgehalt nimmt mit dem Kornradius r nach der Beziehung

$$O_2 = 0,21\left[1 - \frac{1}{n}\left(\frac{r_0^3 - r^3}{r_0^3}\right)\right] \tag{21-6}$$

ab, was durch Einführung des mittleren Sauerstoffgefälles berücksichtigt wird.

Das so gefundene Ergebnis umfaßt indessen vor allem noch nicht die eigentlichen Kohleeigenschaften in genügendem Maße, sondern es gilt zunächst für einen homogen angenommenen Brennstoff von der Rohwichte γ_k. Durch den Gehalt an Flüchtigen Bestandteilen $v\%$ aber erleidet das Korn eine wesentliche Veränderung bei seiner Erwärmung, und zwar sowohl einen Gewichtsverlust, der die Rohwichte auf

$$\gamma_k' = \left(1 - \frac{v}{100}\right)\gamma_k \tag{21-7}$$

herabsetzt, als auch eine Verschlechterung der Sauerstoffkonzentration, da ja die schneller abbrennenden Flüchtigen Bestandteile einen entsprechenden Anteil des vorhandenen Sauerstoffs verbrauchen und die Verbrennung des restlichen Kokses in eine Atmosphäre geringeren Sauerstoffgehaltes verschieben. Dieser Einfluß wird sich um so stärker bemerkbar machen, je kleiner der Luftüberschuß ist, und da er in entgegengesetzter Richtung wirkt wie die Wichteänderung, wird der Einfluß der Flüchtigen Bestandteile ein verschiedenartiger sein und die Brennzeit ein gewisses Maximum und Minimum aufweisen.

Eine weitere Veränderung des Brennstoffs, die sich auf die Brennzeit auswirkt, ist das Blähen gewisser Kohlenarten, das ebenfalls den

Korndurchmesser und damit die Wichte des Kornes ändert und dadurch auf die Schwebegeschwindigkeit, den Stoffaustausch und die Brennzeit einwirkt. Die Zusammenfassung der geschilderten Einflüsse findet schließlich ihren rechnerischen Ausdruck in der Brennzeitformel, die für den Gültigkeitsbereich der REYNOLDSschen Zahlen $Re \leqq 100$ (und dieser kommt für die Kohlenstaubfeuerung ausschließlich in Frage) lautet:

$$z = 172{,}4 \cdot 10^6 \frac{\gamma_0 \, v^{0,15} \, r^{1,85}}{T \, (w_s^{0,15})_m} \, f(n) \left(1 - \frac{v}{100}\right)$$

$$\frac{1}{\left(1 - \dfrac{x}{n}\right)} \, \xi^{-0,383} \, f_{w\xi} . \tag{21-8}$$

Darin bedeuten:

z die Brennzeit in s,

γ_0 die Rohwichte des ursprünglichen Brennstoffs in kg/m³,

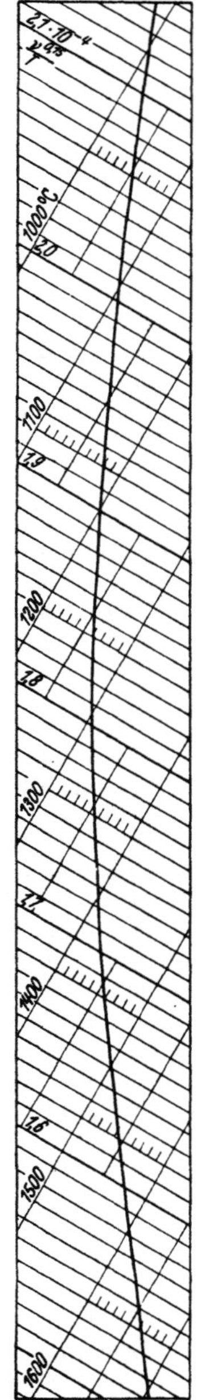

Abb. 21-1. Hilfstafel $v^{0,15}/T$

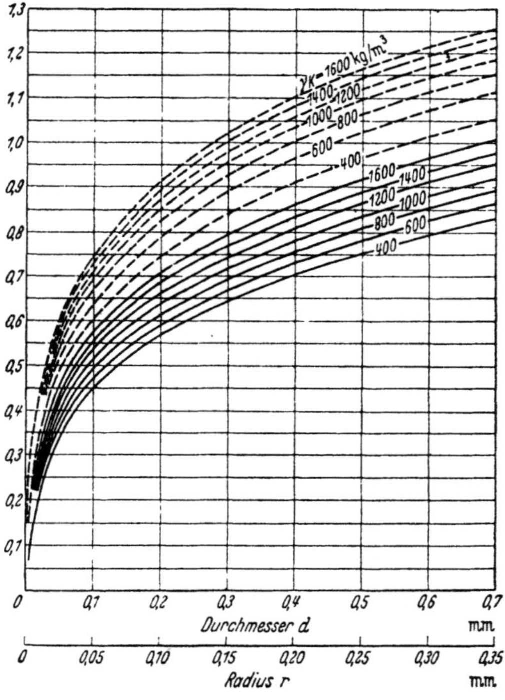

Abb. 21-2. $w_s^{0,15}$ (gestrichelt) und $(w_s^{0,15})_m$ (ausgezogen) gültig für den Temperaturbereich von 1000–1500 °C

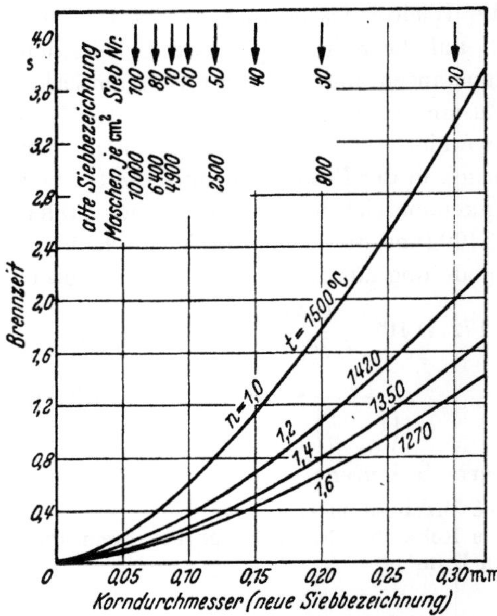

Abb. 21–3. Brennzeit von Braunkohlenstaub,
$\gamma_K = 1200$ kg/m³

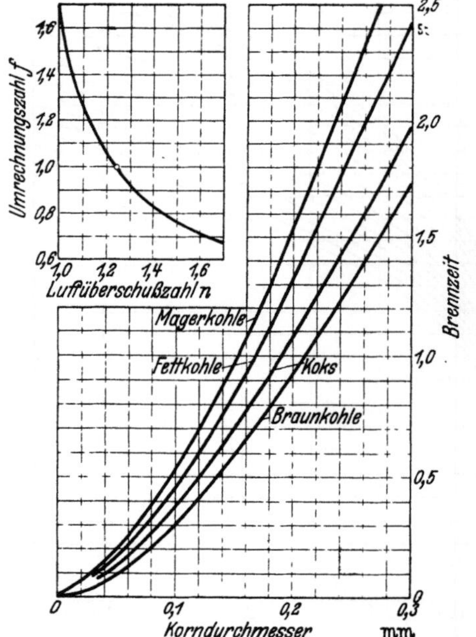

Abb. 21–4. Brennzeit von Koks, Magerkohle, Fettkohle
und Braunkohlenstaub bei $n = 1{,}25$, $t = 1300$ °C.
(Nebenfigur für die Umrechnung auf andere Luftüberschußzahlen)

ν die kinematische Zähigkeit des Trägergases (Luft) in m²/s,

T die absolute Temperatur °K des Trägergases (mittlere Temperatur im Verbrennungsraum). Der Ausdruck $\nu^{0{,}15}/T$ kann Abb. 21–1 entnommen werden,

r den Kornhalbmesser in m,

w_s die Schwebegeschwindigkeit in m/s. Der Ausdruck $(w_s^{0{,}15})_m$ kann Abb. 21–2 entnommen werden,

$f(n)$ einen Faktor, der den Einfluß der Luftüberschußzahl n angibt und der Zahlentafel 21–1 entnommen werden kann,

v % Flüchtige Bestandteile,

x den Anteil in Prozent des Sauerstoffbedarfs des Brennstoffs, den die Flüchtigen Bestandteile vom gesamten Sauerstoffbedarf beanspruchen,

ξ den Blähgrad, das Verhältnis des Volumens des geblähten Kornes zum Volumen der Ausgangspole ($= 1$ bei nichtblähendem, < 1 bei schrumpfendem Korn),

$f_{u\,\xi}$ einen Korrekturfaktor für die Einwirkung des Blähgrades und der Flüchtigen Bestandteile auf die Schwebegeschwindigkeit. Man kann ihn bei der Ablesung des Wertes $(w_s^{0{,}15})_m$ aus Abb. 21–2 gleich berücksichtigen, indem man statt γ_k den Wert

$$\gamma_k' = \gamma_k \left(1 - \frac{v}{100}\right) \frac{1}{\xi}$$

einsetzt.

Abb. 21–3 und 21–4 zeigen einige Ergebnisse der Brennzeiterrechnung. Sieht man von den Konstanten ab, die durch die Wärmeübergangszahl in die Rechnung eingehen, so ist das Ergebnis ohne die Verwendung irgendwelcher willkürlicher Beiwerte entstanden und zeigt dennoch eine recht gute Übereinstimmung mit den wenigen vorliegenden genaueren Messungen. Dies gilt besonders von der Durchmesserabhängigkeit nach den sehr sorgfältigen Versuchen von SMITH und GUDMUNDSEN[1]. Die Absolutwerte der gefundenen Brennzeit stimmen bei kleinen Korndurchmessern gut mit den Meßwerten von HINZ[2], AUDIBERT[3] und ROSIN[4] überein. Bei größeren Korndurchmessern zeigen allerdings die Ergebnisse von HINZ sehr beträchtliche Abweichungen,

womit sie sich allerdings auch im Widerspruch zu den Versuchen von SMITH und GUDMUNDSEN[5], ROSIN und STIMMEL[6] befinden. Die gefundene Temperaturabhängigkeit von SMITH und GUDMUNDSEN wird bestätigt, diejenige von GRIFFIN, ADAMS und SMITH[7] dagegen widerlegt. Der Einfluß des Luftüberschusses wird durch die Versuche von

Zahlentafel 21-1

n	$f(n)$	n	$f(n)$
1,0	1,000	1,8	0,397
1,1	0,773	2,0	0,367
1,2	0,647	3,0	0,298
1,3	0,568	4,0	0,271
1,4	0,513	5,0	0,257
1,5	0,471	10,0	0,232
1,6	0,441	∞	0,122

AUDIBERT[3] und WENTZEL[8] erhärtet, und endlich werden die Verschiedenheiten der einzelnen Brennstoffarten, hervorgerufen durch verschiedene spez. Gewichte, verschiedenem Gehalt an Flüchtigen Bestandteilen und verschiedene Blähgrade, wie sie von AUDIBERT[3], WENTZEL[8] und HOLD[9] festgestellt wurden, durch die theoretischen Ergebnisse gut glaubhaft gemacht.

Bei den großen Schwierigkeiten, die derartige Untersuchungen bereiten, kann das Gesamtergebnis dieses Vergleichs als durchaus befriedigend angesehen werden.

Als eine weitere Variable, deren Einfluß etwas umstritten wird, ist der Druck anzusehen. Verbrennung und Vergasung unter Druck bekommt mit der Entwicklung der Kohlenstaubturbine und anderer

---

[1] Industr. Engng. Chem. 23 (1931) H. 3 S. 277—285.

[2] HINZ, F.: Über wärmetechnische Vorgänge der Kohlenstaubfeuerung, Berlin: Springer 1928.

[3] Rev. Industr. min., 1934, H. 1 S. 1—32 (Nr. 73).

[4] Braunkohle 24 (1925) H. 11 S. 241—259, — Metall u. Erz, 1924, H. 12 S. 277, — Z. VDI 73 (1929) H. 21 S. 719—725.

[5] Industr. Engng. Chem. 23 (1931) H. 3 S. 277—285.

[6] STIMMEL, H.: Die Wirtschaftlichkeit der Braunkohlenstaubfeuerungen in Abhängigkeit von der Mahlfeinheit. Diss. Dresden 1932.

[7] Industr. Engng. Chem. 21 (1929) H. 9 S. 808—815.

[8] WENTZEL, W.: Der Zünd- und Verbrennungsvorgang im Kohlenstaubmotor. 26. Berichtsfolge des Kohlenstaubausschusses des Reichskohlenrates, Berlin 1931.

[9] HOLD, K.: Das Verhalten der rhein.-westfäl. Steinkohlenarten in der Staubfeuerung, Essen: Baedeker 1927.

Prozesse eine zunehmende Bedeutung. WENTZELS Versuche[1] wurden unter Druck (in der Bombe) durchgeführt, wobei sich zeigt, daß der Druck nur einen sehr geringen Einfluß ausübt. HAZARD und BUCKLEY[2] stellen im Druckbereich bis 5,27 atm keinen meßbaren Einfluß fest; dagegen haben OMURI und ORNING[3] eine starke Verlängerung der Brennzeit mit zunehmendem Druck gefunden, doch läßt sich dies auf die Eigenart der Versuchseinrichtung (Strahlungszündung!) zurückführen.

Trotz der befriedigenden Übereinstimmung zwischen Versuch und Rechnung (mit halbempirischen Formeln) muß man sich darüber klar sein, daß diesen Methoden eine Reihe von grundsätzlichen Mängeln anhängen. So ist vor allem darauf hinzuweisen, daß sie der mathematischen Strenge entbehren, und daß starke Vereinfachungen des sehr komplexen Verbrennungsvorganges angenommen worden sind.

NUSSELT[4] hat bereits zu Beginn der Ära der Kohlenstaubfeuerung eine mathematisch einwandfreie, aber durch gewisse Vereinfachungen des zugrunde gelegten Reaktionsschemas nicht voll befriedigende Lösung gezeigt. Seine Formel, wie auch die von BURKE und SCHUMANN[5], führt zu unendlicher Brennzeit bei stöchiometrischem Gemisch und bereits zu sehr langen Brennzeiten in der Nähe von $n = 1$, was der Erfahrung widerspricht. TRAUSTEL[6] hat, darauf aufbauend und unter Abänderung des angenommenen Verbrennungsmechanismus, den Fall der isothermen und adiabatischen Verbrennung behandelt. Er kommt vor allem zu dem Schluß, daß der Einfluß des Luftüberschusses zur Annahme dieses Verbrennungsschemas zwinge. BURKE und SCHUMANN[5] haben ähnliche Berechnungen angestellt und sind schließlich zu einem dreistufigen Vorgang gekommen, wonach die Reaktion einerseits von dem chemischen Reaktionswiderstand (vernachlässigbar klein), andererseits von einem zweistufigen physikalischen Vorgang, nämlich dem Stofftransport des Sauerstoffs in die Brennebene und dem Stofftransport der Kohlensäure an die Kohlenoberfläche, abhängt. Beide Vorgänge unterscheiden sich durch die Verschiedenheit der diffundierenden Gaspaare.

---

[1] Siehe Fußn. 8 S. 473.

[2] HAZARD, H. R., u. F. D. BUCKLEY: Experimental combustion of pulverized coal at atmospheric and elevated pressures. Trans. Amer. Soc. mech. Engrs. 70 (1948) S. 729—737.

[3] OMURI, T. T., u. A. A. ORNING: Effect of pressure on the combustion of pulverized coal. Trans. Amer. Soc. mech. Engrs. 72 (1950) Nr. 5 S. 591—597.

[4] NUSSELT, W.: Die Verbrennung in der Kohlenstaubfeuerung. Z. VDI 68 (1924) Nr. 6 S. 124—128; 70 (1926) Nr. 27 S. 914.

[5] BURKE, S. P., u. T. E. W. SCHUMANN: Kinetics of a type of heterogeneous reactions. The mechanism of combustion of pulverized fuel. Industr. Engng. Chem. 23 (1931) Nr. 4 S. 406—413, 24 (1932) Nr. 4 S. 451—453, — The mechanism of combustion of solid fuel. Int. Conf. Bit. Coal, Bd. II (1931) S. 485—509.

[6] TRAUSTEL, S.: Verbrennung in der Schwebe. Feuerungstechn. 29 (1941) Nr. 1/3 S. 1—6, 25—31, 49—60.

HOTTEL und seine Schüler[1,2] haben die Verbrennung einzelner Kohlepartikel experimentell und theoretisch untersucht. Ausgedrückt in spez. Verbrennungsleistung K (g/cm² s) ist

$$10^3 K = \cfrac{p_{O_2}}{\cfrac{1}{0{,}032\, A\, P\, \sqrt{T_s}\left[\dfrac{117}{d\, T_s^{0,185}}\, (d\, w_0\, \gamma_0)^{0,37} + \dfrac{2}{d}\right]} + 1{,}05 \cdot 10^{-10}\, \sqrt{T_s}\, e^{\frac{44\,000}{R\, T_s}}} \cdot \quad (21\text{–}9)$$

p_{O_2} = Sauerstoffteildruck des umgebenden Gases (atm); P = Gesamtdruck (atm); A = Konstante für den Massenaustausch durch Diffusion O_2 und CO_2 in N_2, in diesem Fall (für Luft) = 0,168 cm² · s⁻¹ · atm⁻¹; T_s = Oberflächentemperatur (°K); d = Teilchendurchmesser (cm); w_0 = Gasgeschwindigkeit des umgebenden Gases in cm/s (bezogen auf Normalzustand); γ_0 = spez. Gew. (g/cm³) im Normalzustand; R = Gaskonstante (= 1,99 kcal · Grad⁻¹ · kmol).

HOTTEL und STEWART[3] haben die Untersuchungen auf Staubgemische ausgedehnt und leiten aus den Messungen von SHERMAN[4] eine Formel von besonderer Einfachheit ab:

$$\frac{x^{(1+m)}}{C \cdot p}\left[1 - \left(\frac{d}{d_0}\right)^{1+m}\right]. \qquad (21\text{–}10)$$

z = Brennzeit (10^{-3} s) bei unendlichem Luftüberschuß; x = Sieböffnung (μ); C = Konstante; p = Sauerstoffkonzentration (= 0,21); m = Konstante des Abbrandgesetzes (hier $m = 0$); d, d_0 = Durchmesser des Koksteilchens zur Zeit z und zu Beginn. Mit $C = 6,5$ für Hocking-Kohle, Flöz Ohio Nr. 6, und $m = 0$ wird

$$z = \frac{x}{6{,}5 \cdot 9{,}21}. \qquad (21\text{–}11)$$

Die Kritik gegen alle diese Methoden richtet sich gegen das vereinfachte Bild einer von außen her aufgezehrten Kugel vom Anfangsdurchmesser bis auf Null. ORNING[5] macht demgegenüber geltend, daß

<hr>

[1] TU, DAVIS u. HOTTEL: s. Fußn. 1 S. 456.

[2] PARKER u. HOTTEL: s. Fußn. 2 S. 456.

[3] HOTTEL, H. C., u. I. McC. STEWART: Space requirement for the combustion of pulverized coal. Industr. Engng. Chem. 32 (1940) Nr. 5 S. 719—730.

[4] SHERMAN, R. A.: An experimental study of the burning characteristics of pulverized fuels. Proc. 3. Int. Conf. Bit. Coal 2 (1931) S. 510—570, — Burning characteristics of pulverized coals and radiation from their flames. Trans. Amer. Soc. mech. Engrs. 56 (1934) S. 401—410.

[5] ORNING, A. A.: Combustion of pulverized fuel. Mechanism and rate of combustion of low-density fractions of certain bituminous coals. Trans. Amer. Soc. mech. Engrs. 64 (1942) S. 497—508, — The mechanism of the combustion of pulverized fuel. Conf. Pulverised Coal, Harrogate 1947. — In H. H. LOWRY (Natl. Research Council Committee): Chemistry of Coal Utilization, Bd. II, New York 1945, S. 1522—1567.

blähende Steinkohle, wie bereits SINNATT[1] beobachtete, in Hohlkugeln oder Cenosphären aufgeblasen und im wesentlichen bei konstantem Durchmesser verbrannt wird. Die Vorgänge vor der eigentlichen Verbrennung vor und in der Zündperiode sind daher von entscheidendem Einfluß auf den Verlauf des Abbrandes. Dieser Einwand trifft zunächst nur auf blähende Kohle zu[2], also nicht auf Anthrazit, Halbkoks, Braunkohle und andere nicht backende Brennstoffe.

Die Oberflächentemperatur der Teilchen zeigt zunächst ein Maximum, was dem Abbrand der gasförmig entweichenden Flüchtigen Bestandteile zuzuschreiben sein dürfte, um dann abzufallen und auf ein

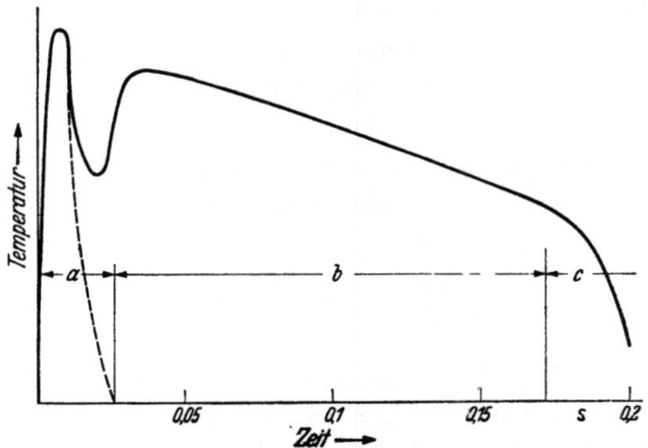

Abb. 21-5. Temperatur von Kohlenstaub im 950 °C-Verbrennungsraum nach ORNING (Pittsburgh-Flöz-Kohle, Korngröße 177—250 μ, 39,2% Flücht. Best., 1,84% Asche).
a Verbrennung der Flücht. Best. (etwa $^1/_{50}$ s); *b* Verbrennung des fixen Kohlenstoffs; *c* Schlußphase, Temperatur absinkend infolge Aschenanreicherung und Verringerung der chemischen Reaktionsgeschwindigkeit

zweites Maximum (Kohlenstoffverbrennung) anzusteigen mit leichter Temperatursenkung und schnellem Abfall gegen Ende des Ausbrandes (Ascheanreicherung) (vgl. Abb. 21-5). Das Auftreten des zweiten Maximums erinnert etwas an den Temperaturverlauf, den BOWRING und CRONE[3] festgestellt haben. Zur Erklärung des Temperaturverlaufs wird u. a. auch die starke Anteilnahme der „inneren Verbrennung" und die Bildung und Veränderung der inneren Oberfläche herangezogen, worauf

---

[1] NEWALL, H. E., u. F. S. SINNATT: The carbonisation of coal in the form of fine particles. The production of cenospheres. Fuel Sci. 3 (1924) Nr. 12 S. 424 bis 434; s. auch 1 (1922) Nr. 1 S. 2/3, 8 (1929) Nr. 8 S. 362—370.

[2] Im übrigen wird in Gl. (21-8) der Blähgrad auch berücksichtigt, wenn auch nicht eine vollkommene Hohlkugelbildung, sondern eine gleichmäßige Materialverteilung angenommen wird.

[3] BOWRING, J. R., u. H. G. CRONE: Rate of combustion of carbon. Some effects of internal structure and inorganic impurities. J. Chim. Phys. 47 (1950) Nr. 5/6 S. 543—547. — CRONE, H. G.: Modes of burning solid fuels. J. Chim. Phys. 47 (1950) Nr. 5/6 S. 563/64.

die vereinfachten Verbrennungsschemen ebenfalls keine Rücksicht nehmen.

Die Vorgänge in der Feuerung weichen jedoch von den Beobachtungen an Einzelteilchen oder einzelnen Fraktionen erheblich ab insofern, als Entgasung, Zündung und Verbrennung der feineren Teilchen die Temperatur und die Atmosphäre, in der sich der Abbrand der gröberen Teilchen vollzieht, stark beeinflussen, so daß man doch zu gewissen Vereinfachungen greifen muß, wenn man überhaupt einen rechnerischen Ansatz machen will.

Mittel zur Erhöhung der Reaktionsgeschwindigkeit

Im Blick auf Gl. (21–8) und unter Berücksichtigung der chemischen Reaktionsgeschwindigkeit läßt sich sagen, daß es im wesentlichen zwei Mittel gibt, wie — unter Aufrechterhaltung gewisser Nebenbedingungen — Leistungssteigerungen der heterogenen Kohlenstoffreaktionen (Verbrennung und Vergasung) hervorgebracht werden können, und zwar:

1. durch Verkleinerung des Korndurchmessers (Feinmahlung),

2. durch Erhöhen der Relativgeschwindigkeit zwischen Korn und umgebendem Gas.

Die wichtigste Nebenbedingung ist, daß die Temperatur in allen Fällen hoch genug bleibt, um den Einfluß der chemischen Reaktionsgeschwindigkeit in vernachlässigbarer Größenordnung zu halten. Diese Mittel sind in ihrer Wirkung begrenzt. Steigerung der Mahlfeinheit, also Verkleinerung des Korndurchmessers, erniedrigt zwar den Zähler in Gl. (21–8), senkt aber auch gleichzeitig den Nenner infolge der verringerten Schwebegeschwindigkeit. Solange man daher im Bereich des normalen Schwerefeldes bleibt, sind die Verbesserungsmöglichkeiten sehr begrenzt. Ein technischer Gewinn durch extreme Feinmahlung mag sich in einem wirtschaftlichen Verlust durch steigenden Mahlaufwand auswirken.

Als Mittel zur Überwindung dieser Grenzen können angegeben werden:

1. Erhöhung der Relativgeschwindigkeit über die Schwebegeschwindigkeit hinaus durch Abbremsen (Wirkung hoher Austrittsgeschwindigkeit, s. S. 72/73);

2. Anwendung zusätzlicher Kraftfelder, z. B. Zentrifugalkräfte durch Bewegung der festen Teilchen auf gekrümmten Bahnen (Zyklonkammern);

3. schnelle Schwingungen der Gasmoleküle, denen die trägeren festen Teilchen nicht folgen können, so daß sehr schnelle Relativbewegungen entstehen.

Der erste Vorschlag hat eine begrenzte Wirkung. Der zweite ist in Gestalt von Zyklonenkammern (Vortexkammer) sowohl für Verbrennung[1] als auch für Vergasung[2] vorgeschlagen worden. Daß die daran geknüpften Erwartungen in manchen Fällen nicht erfüllt wurden, ist weniger auf das Prinzip der erhöhten Relativbewegung durch Anwendung gekrümmter Bahnen als auf die Nichtbeachtung der unerläßlichen Nebenbedingungen zurückzuführen. So ist das unbefriedigende Ergebnis der Versuche von PERRY, COREY und ELLIOTT[3] durch Mängel in der Wärmebilanz bedingt, d. h. die Reaktionstemperatur liegt infolge ungenügender Vorwärmung zu niedrig, eine grundlegende Schwierigkeit der Gleichstromvergasung.

In den Bereich anderer Größenordnungen führt die Anwendung schwingender Bewegung. H. WAHL hat bereits bei der Verbrennung im Kohlenstaubmotor beobachtet, daß die Brennzeiten im Motor wesentlich kürzer sind als bei der stationären Verbrennung in der Feuerung. Er führte dies auf Schwingungen der Gassäule zurück, die durch das Ventil- und Arbeitsspiel hervorgerufen werden. Dies führte zu dem Gedanken, Kohlenstaub im „Schmidt-Rohr" zu verbrennen. Das Schmidt-Rohr[4] besteht in seiner einfachsten Form aus einem zylindrischen Rohr (Brennraum und Resonator), auf der einen Seite offen, auf der anderen Seite durch eine Anzahl Klappenventile abgeschlossen. Die Zündung des Brennstoffgemisches erfolgt durch selbsttätig periodisch wiederholte Druckstöße, die Gassäule schwingt im Rohr wie in einer Orgelpfeife. Sinkt der Druck an den Ventilen unter Atmosphärendruck, so öffnen die Ventile und Gemisch strömt ein, die Druckwelle entzündet das Gemisch, während die Ventile durch den entstehenden Überdruck zugedrückt werden. Die erreichte Frequenz ist etwa 50 Hz (= Schwingungen je s). Nach WAHL[5] ergeben sich bei feinem Braunkohlenstaub Brennzeiten in der Größenordnung von 0,005 s und Brennkammerbelastungen von etwa $50 \cdot 10^6$ kcal/m³ h, also ein Vielfaches derjenigen bei stationärer Verbrennung, was zu gewissen Hoffnungen für die Entwicklung solcher „Schwingbrenner" für alle Arten heterogener Reaktionen berechtigt. REYNST[6] hat vorgeschla-

---

[1] HURLEY, T. F.: Some factors affecting the design of a small combustion chamber for pulverised fuel. J. Inst. Fuel 4 (1931) S. 243—254.

[2] DIENA, G.: DRP. 663025 K. 24c, 1—03. — KOPPERS: F. P. 853510.

[3] PERRY, H., R. C. COREY u. M. A. ELLIOTT: Continuous gasification of pulverised coal with oxygen and steam by the vortex principle. Trans. Amer. Soc. mech. Engrs. 72 (1950) Nr. 5 S. 599—610.

[4] SCHMIDT, P.: DRP. 523655 (und Zusatzpatente). — SCHMIDT, P.: Die Entwicklung der Zündung periodisch arbeitender Strahlgeräte. Z. VDI 92 (1950) Nr. 16 S. 393—399. — SCHULTZ-GRUNOW, F.: Das Schmidt-Rohr, ein neuartiges Brennrohr.

[5] WAHL, H.: Stationäre und schwingende Verbrennung. BWK 1 (1949) Nr. 6 S. 152.

[6] REYNST, F. H.: La combustion pulsatoire du charbon pulvérisé. Chal. et Ind. 30 (1949) Nr. 290 S. 203—206, Nr. 293 S. 304—308ff.

gen, die mechanisch arbeitenden Ventile durch ein rein gasdynamisches Ladeprinzip ohne mechanisch bewegte Teile zu ersetzen und die Geräuschbildung in einem Zweikammersystem (nach einem alten Vorschlag von ESNAULT-PELTERIE, 1910) durch Interferenz zu bekämpfen. Als Vorteil wird angeführt: Erhöhung der Lebensdauer und Möglichkeit der Erreichung höherer Frequenzen (200 Hz). Die Schwingungstechnik, bisher vorwiegend auf die Abwehr störender Erscheinungen ausgerichtet[1], kann künftig zur Lösung von Verbrennungs- und Vergasungsproblemen, vor allem der Reaktion in kleinstem Raum, herangezogen werden.

Die Grenzen der praktischen Anwendbarkeit solcher Verfahren liegen nicht so sehr im Ablauf des Reaktionsmechanismus — in dieser Beziehung waren die Versuche, die spez. Belastungen des Schwingrohrvolumens bis $18 \cdot 10^6$ kcal/m³ h (20900 kJ/m³ s) ergeben haben, trotz mancher Schwierigkeiten ermutigend[2] —; sie liegen vielmehr im Verhalten der Mineralölsubstanz bei derartig hohen Temperaturen. Die forcierte Verbrennung führt zu einer solchen Verflüchtigung und dadurch zu so schneller Verschmutzung aller folgenden Wärmeaustauschflächen, daß noch nicht abzusehen ist, wie unter solchen Bedingungen ein durchlaufender und störungsfreier Kesselbetrieb geführt werden könnte.

Die Abmessungen und die Form der Brennkammer haben auf die Verbrennungsreaktionen einen großen Einfluß. Versuche mit Gasen und zerstäubten flüssigen Brennstoffen ergaben nach LONGWELL[3], daß bei einer offenen Flamme die Verbrennungsgeschwindigkeit beim Übergang von laminarer auf turbulente Strömung auf den dreifachen Wert steigt. Bei einer eingeschlossenen Flamme jedoch steigt die Verbrennungsgeschwindigkeit auf den fünfzigfachen Wert. Dabei wurden Verbrennungsleistungen von etwa $80 \cdot 10^6$ kcal/m³ h festgestellt. Auch bei festen staubförmigen Brennstoffen ist eine erhebliche Steigerung der Mischwirkung und der Reaktionsgeschwindigkeit durch Anwendung eingeschlossener Flammen zu erwarten.

Verbrennung in der Schicht

Die Verbrennung in ruhenden oder schwach bewegten Schichten stellt der theoretischen Behandlung weit schwierigere Probleme, vor allem deshalb, weil die geometrische Gestalt der die Schicht aufbauen-

---

[1] MICHEL, F.: Lärm und Resonanzschwingungen im Kraftwerksbetrieb infolge periodischer Strömungsvorgänge, Berlin 1932.

[2] SOMMERS, H.: Erfahrungen mit der Schwingrohrfeuerung einer Versuchsanlage. Techn. Mitt. (Essen) 51 (1958) Nr. 6 S. 258—262.

[3] LONGWELL, J. P.: Combustion of liquid fuels. In B. LEWIS, R. N. PEASE u. H. S. TAYLOR: Combustion Processes, Bd. II, High Speed Aerodynamics and Jet Propulsion, Princeton, New Jersey: Princeton University Press 1956, S. 407 bis 443. — BEHRENS, H.: Vierte Verbrennungstagung in Cambridge, Mass. (USA), Tagungsbericht. BWK 5 (1953) Nr. 1 S. 21—25.

den Brennstoffkörner und der Strömungswege sehr schwer zu erfassen ist, weil sie durch die Art der Schüttung, durch Backen, Sintern, Verschlacken, durch Abbrand, durch Rütteln und Strömungseinwirkung einer dauernden Änderung unterworfen ist und daher sehr schwer genau definiert werden kann. Darüber hinaus sind die Strömungs-, Wärme- und Stoffaustauschgesetze trotz einiger wertvoller Ansätze (s. S. 52 u. 120) noch zu wenig durchforscht. Hier liegt für künftige Forschungsarbeit noch ein weites Feld der Betätigung offen.

Immerhin geben die für Schwebeteilchen angestellten Überlegungen zusammen mit den Untersuchungsergebnissen an Rostfeuerungen, Gaserzeugern und Schachtöfen und das Studium ähnlich verlaufender Modellvorgänge, wie die Auflösung von Salzkörpern[1], schon wertvolle Hinweise. Auch hier sind wiederum die physikalischen Vorgänge ebenso entscheidend wie bei der Verbrennung in der Schwebe; die chemische Reaktionsgeschwindigkeit spielt die gleiche untergeordnete Rolle. Die Verbrennung in der Schicht hat gegenüber dem gleichen Vorgang in der Schwebe zunächst den Nachteil, daß das Verhältnis von Oberfläche zu Gewicht des zu verbrennenden einzelnen Brennstoffteilchens wesentlich ungünstiger ist, woraus sich erheblich längere Brennzeiten ergeben, auch sind durch die enge Berührung der Einzelkörner jeweils gewisse Teile der Oberfläche abgedeckt und können von der Verbrennungsluft nicht erreicht und angegriffen werden. Demgegenüber steht der Vorteil, daß der Brennstoff ruht, also beliebig lange im Feuerraum gehalten werden kann, und daß mit wesentlich höheren Relativgeschwindigkeiten gearbeitet werden kann. Eine Begrenzung ist lediglich dadurch gegeben, daß in der Regel der Brennstoff ein Korngemisch darstellt, in dem stets eine gewisse Menge an Unterkorn (Grus, Staub, Abrieb) enthalten ist, welches bei hohen Luftgeschwindigkeiten ebenfalls in den Schwebezustand versetzt und mit dem Gas in den Feuerraum getragen wird. Steigende Luftgeschwindigkeit, also steigende Flächenbelastung, verursacht daher eine steigende Flugkohlen- bzw. Flugkoksbildung und — bei den begrenzten Ausbrennmöglichkeiten — einen steigenden Wärmeverlust. Hier liegt eine aerodynamische Belastungsgrenze, die den Betrieb dann unmöglich machen kann, wenn die gesamte Schüttung — also auch das Sollkorn — des verfeuerten Brennstoffs instabil wird (Stabilitätsgrenze)[2].

Diese Grenze läßt sich auf verschiedene Weise hinausschieben, so durch scharfe Klassierung des Brennstoffs (im Idealfalle durch Verbrennung von „Gleichkorn"), durch mechanische Beschwerung der

---

[1] ROSIN, P., u. H.-G. KAYSER: Zur Physik der Verbrennung fester Brennstoffe. Z. VDI 75 (1931) H. 26 S. 849—857.

[2] AREND: Das aerodynamische Verhalten von Schüttungen nicht backender Kohle auf Wanderrosten. Bericht D 53 des Reichskohlenrats, Berlin 1933.

Schüttung[1] oder durch ein Festhalten des Brennstoffs durch besondere Rohrgitter, worauf sich verschiedene russische Vorschläge zur Durchführung der sog. „schnellen Verbrennung" gründen[2] (Feuerung von POMERANCEV[3] und System Wärmetechnisches Institut)[4]. Ein anderes Mittel dazu ist die Anwendung von Zentrifugalkräften, die jedoch über das Stadium des Vorschlages bisher noch nicht hinausgekommen ist[5]. Endlich ist vor allem auf das Mittel der verstärkten Schicht-*Vergasung* hinzuweisen. Zwar treten bei der Vergasung die gleichen Erscheinungen auf, aber das Vergasungsmittel hat ein geringeres Volumen als die Verbrennungsluft, der Unterschied zwischen beiden wird unter Umgehung der Schicht dann als Zweitluft über der Brennstoffschicht eingeführt, wo er für die aerodynamische Belastungsgrenze keine Rolle spielt. Ferner kann die Konzentration des Vergasungsmittels leicht höher gehalten werden als der Sauerstoffgehalt der Verbrennungsluft. Neben dem Sauerstoffgehalt kann ja auch Wasserdampf zum Abbau des Kohlenstoffs in der Schicht herangezogen werden, und zwar bis zu jener Grenze, wo die Temperaturen für einen schnellen Stoffumsatz zu niedrig würden, die ihrerseits durch das Mittel der Vorwärmung weiter hinausgeschoben werden kann. Für die Weiterentwicklung unserer Verbrennungseinrichtungen eröffnen sich damit noch gute Aussichten, und der fast in Vergessenheit geratenen Halbgasfeuerung kann man schon heute eine gute Zukunft voraussagen[6]. Da für den Gaserzeuger die gleichen Grenzen (Stabilitätsgrenze der Schicht) gelten wie für die Feuerung, sind es vor allem zwei Mittel, die uns dem Ziel der Hochleistungsfeuerung näherbringen: Absteigende Vergasung und Vergasung (und Verbrennung) unter Druck. In absteigender Vergasung sind im Versuch Leistungen bis über 2000 kg/m² h selbst bei sehr feinkörnigen Brennstoffen und ohne nennenswerte Brennstoffaustragung möglich gewesen. Der damit natürlicherweise verbundene hohe Druckverlust läßt sich durch Anwendung höherer Drücke erheblich vermindern[7].

Höchste Relativgeschwindigkeiten werden erreicht, wenn der Brennstoff — möglichst in Form grober Stücke oder brikettiert — festgehalten

---

[1] CHITRIN, L. N., u. S. W. TATISCHTSCHEW: Schnelle Verbrennung fester Brennstoffe. Teplo Silow. Chostjastwo Nr. 2 (1939) S. 29—36.

[2] GUMZ, W.: Die Verbrennung fester Brennstoffe. Betrachtungen zur Frage der Leistungssteigerung der Rostfeuerungen. Feuerungstechn. 28 (1940) H. 2 S. 25 bis 28.

[3] Sow. Kotloturbostroenie Nr. 5/6 (1940) H. 7 S. 223—226. — Vgl. Feuerungstechn. 28 (1940) H. 12 S. 278/79.

[4] ROMADIN, W. P.: Teplo Silow. Chostjastwo Nr. 8 (1940) S. 13—19.

[5] Drehtrommelfeuerung von E. HEITMANN. DRP. 688305.

[6] Tatsächlich verwirklichen ja viele Feuerungen (mit Zweiluftzuführung) auch heute schon das Halbgasprinzip, ohne daß man diese Feuerungen als solche zu bezeichnen pflegt.

[7] Über die Gaserzeuger-Feuerung s. S. 541.

und das Verbrennungs- oder Vergasungsmittel aus einer Düse auf-
gespritzt wird. GRODZOVSKY und TZUKHANOV[1] haben durch ihre Versuche gezeigt, daß durch Aufspritzen mit einer Düsenaustrittsgeschwin-
digkeit von fast 500 m/s bei 64% Sauerstoff im Vergasungsmittel
1200000 kg C/m² h und bei 90% Sauerstoff 1790000 kg C/m² h, bezogen auf den Düsenquerschnitt, an Kohlenstoffumsatz erzielt werden
können, wobei der Sauerstoff restlos umgesetzt wird. Das überschreitet
die bisher gewohnten und in technischen Einrichtungen erzielten Ergebnisse bei weitem, liegt aber durchaus im Rahmen des unter diesen
extremen Bedingungen zu Erwartenden[2]. Trotz der gewaltigen Steigerung des physikalischen Stoffaustausches hat die chemische Reaktionsgeschwindigkeit hier noch keine Grenze gezogen.

Ansätze für die theoretische und rechnerische Behandlung haben
NUSSELT[3] und in neuerer Zeit TZUKHANOVA und PREDVODITELEV[4]
gemacht. Die letztgenannten haben zu diesem Zweck eine Reihe von
Versuchen im Kohlekanal (Elektrodenkohle) durchgeführt, die ein
recht anschauliches Ergebnis zeigen und die das von NUSSELT vorgeschlagene „ideale Brennstoffbett", welches aus senkrechten Rohren aus Kohle
besteht, versuchstechnisch verwirklichen. Sie arbeiteten dabei mit Kohleröhrchen von 4 bis 25 mm ⌀ und von 30 bis 200 mm Länge, die in
einem elektrischen Ofen eingesetzt, auf 700 bis 1000 °C aufgeheizt und
von Luft von 700 bis 800 °C durchströmt wurden. Die Strömungsgeschwindigkeit wurde in weitesten Grenzen verändert. Hinter dem
Kohleröhrchen gelangte das Verbrennungsgas in einen Kühler, um die
Gasgleichgewichte schnellstens zu stabilisieren, und wurde in einem
Orsatapparat analysiert. Auf diese Weise konnte die Menge des verbrannten und in die Gase übergegangenen Kohlenstoffs durch die Luftmengenmessung und die Gasanalyse ermittelt werden. Die Gasgeschwindigkeit ändert sich infolge der Aufweitung des Strömungskanals durch
den Abbrand bei gleichbleibender Luftzufuhr natürlich und mit ihr auch
die REYNOLDSsche Zahl, die Temperatur sowie Gaszusammensetzung,
was bei der Auswertung der Versuchsergebnisse berücksichtigt wurde.
Die Temperaturen wurden sowohl im Kanal als auch in der Kohle nahe

---

[1] GRODZOVSKY, M. K., u. Z. F. CHOUKHANOFF (Tzukhanov): The primary Reactions of the Combustion of Carbon. Fuel Sci. 15 (1936) H. 11 S. 321—328. —
Vgl. auch Feuerungstechn. 25 (1937) H. 1 S. 21/22.

[2] GUMZ, W.: Stand und Entwicklungsaussichten der Vergasung von Steinkohlen. Vortragsveranst. d. Hauptausschüsse f. Forsch.-Wes. des Bergbau-Vereins
in Essen, Essen 1940, bes. S. 161, Abb. 2.

[3] NUSSELT, W.: Die Verbrennung und die Vergasung der Kohle auf dem Rost.
Z. VDI 60 (1916) H. 6 S. 102—107.

[4] TZUKHANOVA, O. A.: Die Verbrennung an den Wänden eines Kohlenstoff-
kanals bei erzwungener Sauerstoffdiffusion. J. techn. Physics 9 (1939) H. 4 S. 295
bis 304. — PREDVODITELEV, A. S., u. O. A. TZUKHANOVA: J. techn. Physics (Lenin-
grad) 10 (1940) H. 13 S. 1113—1120.

der Kanaloberfläche gemessen. Bei diesen Versuchen zeigten sich deutliche Unterschiede zwischen einem Gebiet laminarer Strömung, einem Übergangsgebiet und einem Bereich turbulenter Strömung und eines entsprechenden Stoffaustausches. Am sinnfälligsten kommt dies in Abb. 21-6 zum Ausdruck, in welcher der Kohlenstoffabbrand in g/min in Abhängigkeit von der zugeführten Luftmenge in l/min für einen Kanaldurchmesser von 4 mm, eine Länge von 70 mm und für den Temperaturbereich von 800 bis 1000 °C dargestellt ist.

Diejenige Kanallänge, in welcher der zugeführte Sauerstoff verbraucht wird („Sauerstoffzone"), nimmt bei Laminarströmung mit

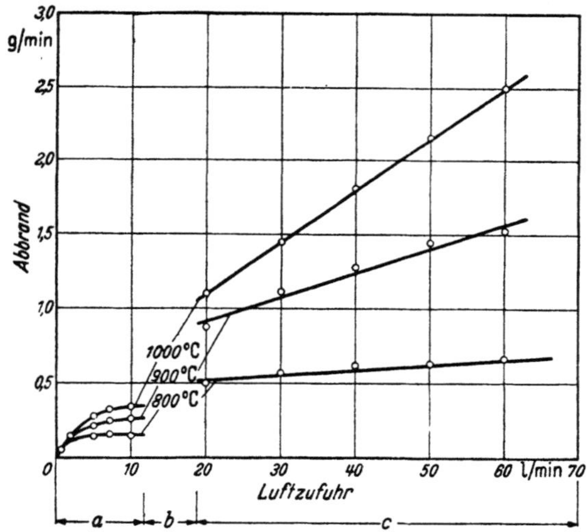

Abb. 21-6. Abhängigkeit des Abbrandes in g/min von der Luftzufuhr in l/min und der Temperatur. Ergebnisse eines Versuchs mit einem Röhrchen aus Elektrodenkohle von 4 mm Anfangsdurchmesser und 70 mm Länge nach O. A. Tzukhanova. *a* laminares Gebiet; *b* Übergangsgebiet; *c* turbulentes Gebiet

wachsender Geschwindigkeit zu. Dagegen bleibt die Sauerstoffzone bei turbulenter Strömung unverändert und, wie Abb. 21-6 deutlich zeigt, steigt die verbrannte C-Menge innerhalb des Versuchsbereichs (bis $Re = 8000$) mit der zugeführten Luftmenge an, ohne daß damit etwa eine Grenzleistung erreicht wäre. Man kann also, Stabilität des Brennstoffbettes vorausgesetzt, die Leistung durch verstärkte Luftzufuhr nahezu beliebig steigern, eine Erkenntnis, die für die Entwicklung des Feuerungsbaues von weittragender Bedeutung ist.

In Abb. 21-7 sind die Ergebnisse der Abb. 21-6 in anderer Form wiedergegeben. Der Abbrand in g/min bzw. in kg/m² h unter Zugrundelegung eines mittleren Kanälchendurchmessers von 4,4 mm ist in Abhängigkeit von der Temperatur aufgetragen, wobei die Luftgeschwindigkeit, ausgedrückt in l/min, als Parameter gewählt ist. Diese Lüftgeschwindigkeiten entsprechen einer Größenordnung von 100 bis 350 m/s. Die Temperaturen der Abszissenachse stellen die Anfangstemperaturen dar. Bei 1000 °C Anfangstemperatur stieg während des Versuchs die Temperatur bis auf 1250 °C, so daß die mittlere bei etwa 1180 °C lag. Die Abbrandleistung in kg/m² h bezieht sich selbstverständlich auf die Oberfläche der abbrennenden Kohle, in diesem Falle also die Innenfläche des Kohlenkanals. Sie darf daher nicht mit ähnlichlautenden Bezugs-

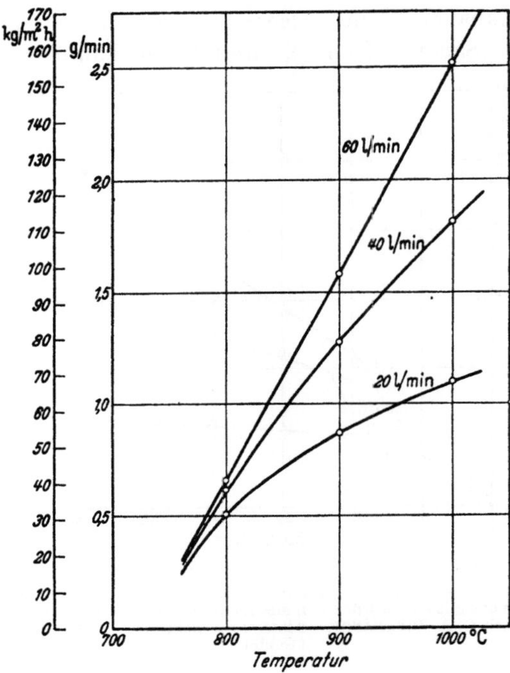

Abb. 21-7. Darstellung der Versuchsergebnisse nach Abb. 21-6 in Abhängigkeit von der Temperatur. (Der Abbrand in kg/m²h ist auf den Kanaldurchmesser von 4,4 mm als Mittel während des Versuchs bezogen)

größen, wie etwa einer Rostflächenbelastung, verwechselt werden. Man erkennt aus Abb. 21-7, daß bei 800 °C und darunter der Einfluß einer sehr beträchtlichen Geschwindigkeitssteigerung ohne große praktische Auswirkung bleibt. Die Punkte liegen bei 30 bis 40 kg/m² h, d. h. also, daß die Steigerung der physikalischen Stoffaustauschgeschwindigkeit wirkungslos bleibt, da die Reaktionsgeschwindigkeit im wesentlichen noch von der chemischen Reaktionsgeschwindigkeit bestimmt wird. Mit steigenden Temperaturen dagegen laufen die Kurven immer weiter auseinander, ein Kennzeichen dafür, daß hier die Einwirkung der chemischen Reaktionsgeschwindigkeit mehr und mehr zurücktritt und der Abbrand überwiegend von den physikalischen Einflüssen des konvektiven Stoffaustausches bestimmt wird.

Die Gaszusammensetzung ändert sich im turbulenten Gebiet in dem Sinne, daß mit wachsender Geschwindigkeit bzw. abnehmender Aufenthaltszeit des Gases im Kanal der CO-Gehalt zunimmt, derart, daß bei Höchstgeschwindigkeiten fast nur CO entsteht. Abb. 21-8 zeigt die Meßergebnisse, aus denen O. A. Tzukhanova den Schluß zieht, daß die CO-Bildung im Bereich turbulenten Stoffaustausches die Primärreaktion sei und daß die Aufenthaltszeit für die Verbrennungsreaktion zu CO_2 nicht ausreiche. Zu ähnlichen Schlußfolgerungen gelangt

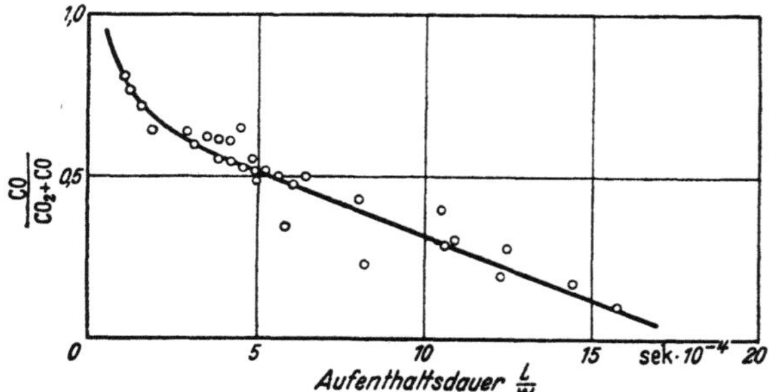

Abb. 21-8. Änderung der Gaszusammensetzung, dargestellt durch das Verhältnis % $CO/(CO_2 + CO)$ in Abhängigkeit von der Aufenthaltsdauer, errechnet aus der Kanallänge L und der Luft- bzw. Gasgeschwindigkeit w, nach Versuchen von O. A. Tzukhanova

Kh. Kolodtzev[1]. Versuche mit verschiedenen Kohlenstoffarten, wie Holzkohle, aktivierte Kohle, Elektrodenkohle und Donez-Anthrazit, die in Schüttungen verbrannt wurden, haben erwiesen, daß man bei genügend hohen Luftgeschwindigkeiten ($w \geqq 1$ m/s, bezogen auf den leeren Querschnitt) nur die primären Reaktionsprodukte erhält. Das sind CO und CO_2, wobei das Verhältnis CO : CO_2 von der Brennstoffart bzw. ihrer Reaktionsfähigkeit abhängig ist. Dabei ändert sich die Höhe der eigentlichen Brennzone in der Schicht nicht, und die Leistung ist direkt proportional der Luftzufuhr.

Jeder Rost ist also ein mehr oder weniger vollkommener Gaserzeuger, in welchem der untere Teil der Schüttung als Oxydationszone, der obere als Reduktionszone anzusprechen ist. Versuche in Versuchsöfen, wie sie von Gramberg[2], Leye[3], Kreisinger und Mitarbei-

---

[1] Kolodtzev, K.: Die Verbrennung der Kohle in der Schicht. J. techn. Physics 9 (1939) H. 4 S. 305—314.

[2] Gramberg, A.: Die Verbrennung von Koks. Feuerungstechn. 6 (1917) H. 1/3 S. 1—3, 20—25, 33—36, — Maschinenuntersuchungen und das Verhalten der Maschinen im Betriebe, 2. Aufl., Berlin 1921, S. 123—134.

[3] Leye, A. R.: Die Verbrennung auf dem Rost. Diss. Berlin 1933, — Die Schütthöhe einer Rostfeuerung. Brennstoff- u. Wärmew. 17 (1935) H. 2 S. 14 bis 21.

tern[1], NICHOLLS[2], MARSKELL und MILLER[3] u. a. durchgeführt wurden, bei welchen Gasproben aus verschiedener Höhe der Schicht entnommen und analysiert wurden, zeigen dies mit aller Deutlichkeit (s. Abb. 21-9). Aber auch die Zusammensetzung der Feuergase oberhalb des Brennstoffbettes und ihr hoher Gehalt an brennbaren Gasen (20 bis 30%), wie aus den Versuchen KREISINGERS[1] und aus den an Großfeuerungen durchgeführten Messungen von LÖWENSTEIN[4], WERKMEISTER[5, 6], W. MEIER[7] und A. R. MAYER[8] hervorgeht, bestätigen dies. Im

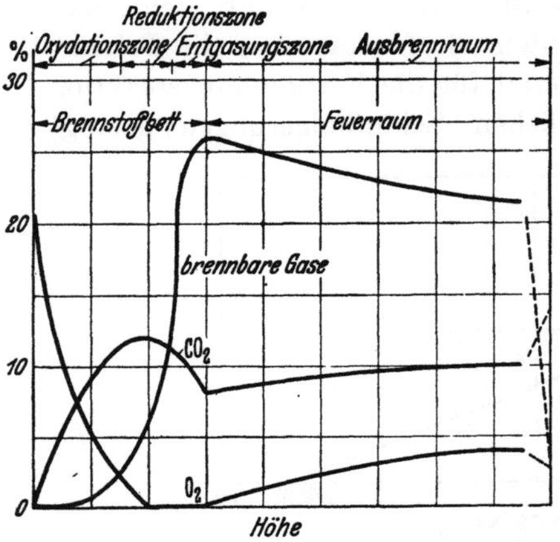

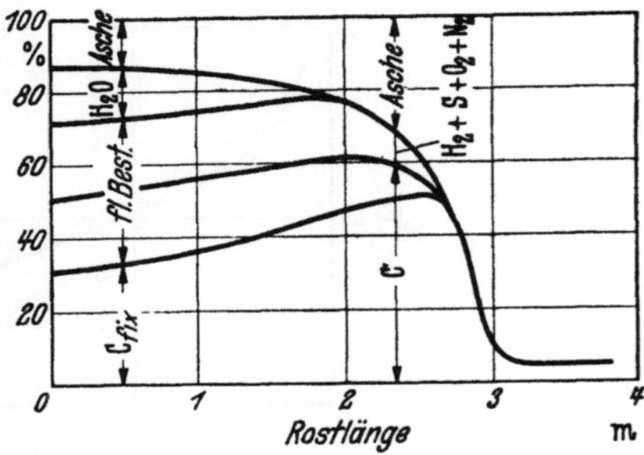

Abb. 21-9. Verlauf der Gaszusammensetzung in der Brennstoffschicht und im Feuerraum (Handfeuerung) (nach KREISINGER und Mitarbeitern)

Abb. 21-10. Zustand der Brennstoffschicht während der Verbrennung in Abhängigkeit von der Rostlänge bei der Verfeuerung von oberbayrischer Pechkohle auf dem Wanderrost (nach W. MEIER)

[1] KREISINGER, H., F. K. OVITZ u. C. E. AUGUSTINE: Combustion in the fuel bed. Fuel Sci. 14 (1935) H. 9/12 S. 271—276, 296—299, 331—337, 364—370; 15 (1936) H. 1/2 S. 16—21, 59/60.

[2] NICHOLLS, P.: Underfeed combustion, effect of preheat and distribution of ash in fuel beds. Fuel Sci. 14 (1935) H. 7/12 S. 205ff. — U. S. Bur. Min. Bull. 378 (1934).

[3] MARSKELL, W. G., u. J. M. MILLER: Mode of combustion of coal on a chaingrate stoker. I. Effect of rate of combustion on the composition of the fuel bed. Fuel Sci. 25 (1946) Nr. 1 S. 4—12, — II. Effect of primary air temperature and air rate on combustion. Fuel Sci. 25 (1946) Nr. 2 S. 50—58. — MARSKELL, W. G., J. M. MILLER u. M. R. WEBB: III. Stoker link temperature. Fuel Sci. 25 (1946) Nr. 3 S. 78—85. — MARSKELL, W. G., J. M. MILLER u. J. E. RAYNER: IV. The behaviour of sulphur in fuel beds. Fuel Sci. 25 (1946) Nr. 4 S. 109—112. — MARSKELL, W. G., J. M. MILLER u. W. J. JOYCE: V. Comparison between pot furnace and full scale plant. Fuel Sci. 25 (1946) Nr. 6 S. 159—162.

[4] LÖWENSTEIN, R.: Verbrennungsverlauf von Steinkohle an einer Wanderrostfeuerung. Wärme 57 (1934) H. 7/8 S. 97—101, 121—125.

[5] WERKMEISTER, H.: Feuergasbeschaffenheit und Windverteilung bei Wanderrostfeuerungen. 72. VDI-Hauptversammlung Trier 1934, Berichtsheft S. 74—79.

[6] SCHULTE, F., u. E. TANNER: Stand und Entwicklung der Feuerungstechnik. Z. VDI 77 (1933) H. 21 S. 565—572.

[7] MEIER, W.: Untersuchungen über die Verbrennungsvorgänge bei Verfeuerung oberbayrischer Pechkohlen in der Wanderrostfeuerung. Diss. München 1935.

[8] MAYER, A. R.: Die Wirkung der Zweitluft in der Wanderrostfeuerung. Braunschweig: Diss. 1938, — Feuerungstechn. 26 (1938) H. 7 S. 201—210.

Feuerraum findet man selbstverständlich auch die Entgasungsprodukte der Kohle, zumal sich der Vorgang der Entgasung wegen seiner Langsamkeit mit der Verbrennung und Vergasung stark überschneidet, wie dies Abb. 21–10 nach W. MEIER[1] zeigt; aber zur Erklärung der in so großen Mengen auftretenden brennbaren Gase selbst in den mittleren und hinteren Teilen des Rostes reicht der Entgasungsvorgang nicht aus. Die Verbrennung der Gase oberhalb der Brennstoffschicht ist daher ein wesentlicher Teilvorgang bei der Verfeuerung fester Brennstoffe, ein Vorgang, der

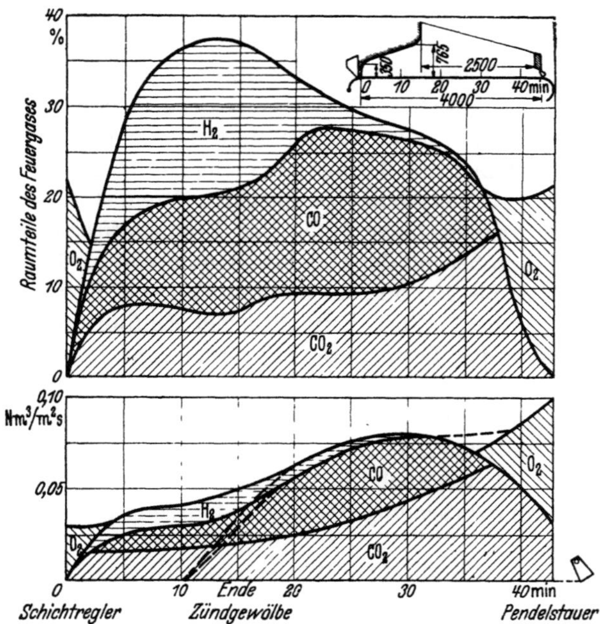

Abb. 21–11. Verbrennungsverlauf bei einem Wanderrost mit natürlichem Zug (nach WERKMEISTER). Eßnuß 4 in 130 mm Schichthöhe, 120 kg/m² h Rostbelastung, 3,7 mm Zug im Feuerraum, 10 % CO₂ am Kesselende. Oben: Gasanalysenverlauf. Unten: Gasmengenverteilung (Nm³/m² s) 250 mm über der Rostbahn

wie jede Gasverbrennung eine innige Mischung von Gas und Luft erfordert. Als Hilfsmittel dazu dienen die Gasführungsgewölbe, die die vorderen und die hinteren sauerstoffreichen Schichten (s. z. B. Abb. 21–11) mit den übrigen mischen, Einschnürungen des Feuerraums, konstruktiv meist durch große hintere Gasführungsgewölbe erreicht, und vor allem Zweitluftzuführung (oder Dampfzuführung) in einer Weise, die vollkommene Durchmischung des ganzen Gasraumes gewährleistet (vgl. S. 531—541).

Innerhalb der Schicht selbst ist die Oxydationszone, also die Zone bis zum Verschwinden des Sauerstoffs und bis zur Erreichung des

---

[1] Siehe Fußn. 7 S. 486.

höchsten Kohlensäuregehaltes (s. Abb. 21–9), mit den Betriebsbedingungen wenig veränderlich. Übereinstimmend stellen alle Untersucher fest, daß die Höhe dieser Schicht oder die Lage der „neutralen Zone", wie GRAMBERG die Zone des höchsten CO_2-Gehaltes und des niedrigsten O_2-Gehaltes bezeichnet, von der Belastung, also von der Luftgeschwindigkeit, unabhängig ist[1]. Dies ist so zu erklären, daß steigende Luftzufuhr die Berührungszeit in gleicher Größenordnung verringert, wie sie die Gesamtreaktionszeit der Oxydation steigert. Aber auch eine weitgehende Veränderung der Sauerstoffkonzentration bringt keine Änderung der Höhe dieser Zone mit sich[2]. Von Einfluß ist dagegen die Korngröße, wie Versuche von SPECKHARDT[3] zeigen. Man hat daher die Oxydationszone mitunter als Vielfaches des mittleren Korndurchmessers angegeben; und zwar stellten BANGHAM und TOWNEND[4] fest, daß der Sauerstoff in 2 bis 3 d aufgebraucht ist. Ungeklärt bleibt dagegen noch, daß KREISINGER[5] bei gleichem Brennstoff und gleicher Belastung, aber verschiedener Höhe der Brennstoffschicht (150 und 300 mm) eine Vergrößerung der Oxydationszone von rd. 75 bis 110 mm im ersten, auf 110 bis 190 mm im zweiten Fall (bei Koks, ähnlich bei Kohle) festgestellt hat[6]. Einen beträchtlichen Einfluß übt dagegen die Reaktionsfähigkeit des Brennstoffs aus[7], was zunächst widerspruchsvoll erscheinen mag, aber zum Teil wohl darauf zurückzuführen ist, daß die kalt eintretende Verbrennungsluft zunächst ja das Gebiet durchläuft, wo die chemische Reaktionsgeschwindigkeit ihren Einfluß stark geltend macht, wie auch die Versuche von NICHOLLS[8] zeigen, daß schon mäßige Luftvorwärmung die Oxydationszone kürzt, die neutrale Zone senkt.

Die Rolle der mineralischen Bestandteile bei der Verbrennung in der Schicht kann von zwei Gesichtspunkten betrachtet werden: Die katalytische Einwirkung der Aschebestandteile auf den Verbrennungsvorgang und die Schlackenbildung während der Verbrennung. Der katalytische Einfluß von Aschebestandteilen ist — ähnlich wie der

---

[1] Vgl. auch TZUKHANOVA, Fußn. 4 S. 482, dort S. 303.

[2] KARZHAVINA, N. A.: Verbrennung von Kohlenstoff. Dynamik der Gasbildung in der Kohlenschicht. Z. techn. Phys. (russ.) 8 (1938) Nr. 8 S. 725—736. Im Bereich von 7 bis 42% O_2 blieb die Oxydationszone unverändert.

[3] SPECKHARDT, G.: Koksverhalten im Gießereischachtofen. Die Gießerei 25 (1938) Nr. 3 S. 55—58.

[4] BANGHAM, D. H., u. D. T. A. TOWNEND: The combustion of carbon. An outline of the work of the B.C.U.R.A. laboratories, 1939—1949. J. Chim. Phys. 47 (1950) Nr. 3/4 S. 315—321.

[5] KREISINGER, H., F. K. OVITZ u. C. E. AUGUSTINE: s. Fußn. 1 S. 486.

[6] Möglicherweise spielt dabei die Aschenanreicherung in den untersten Schichten eine Rolle, die ein Heraufbrennen zur Folge hat.

[7] LEYE, A. R.: s. Fußn. 3 S. 485.

[8] NICHOLLS, P.: s. Fußn. 2 S. 486.

Meinungsstreit über die Primärreaktion — von geringer praktischer Bedeutung. Soweit ein solcher Einfluß vorliegt, bedeutet er eine Beschleunigung der chemischen Reaktionsgeschwindigkeit. KRÖGER und Mitarbeiter[1] haben den Einfluß anorganischer Zusätze auf die Wassergaserzeugung untersucht. Bei den Temperaturen, die bei der Verbrennung auftreten, ist die chemische Reaktionsgeschwindigkeit indessen so hoch, daß sie praktisch nicht ins Gewicht fällt, und daß sich darum selbst eine Vervielfachung überhaupt nicht auswirken kann, ganz abgesehen von der Wirtschaftlichkeit solcher Zusätze, deren Zusammensetzung von den Herstellern vielfach als Fabrikationsgeheimnis gehütet wird. Als Bestandteile sind vorgeschlagen worden: Soda, Pottasche, Ammoniumchlorid, Kochsalz (als Füllstoff) und Kupferoxyd (als Katalysator für die Rußverbrennung). Nach Untersuchungen des Bureau of Mines[2] sind gewisse feststellbare Wirkungen solcher chemischen Zusätze besonders auf das Backvermögen schwachbackender Kohlen vorhanden; im großen ganzen sind aber die Auswirkungen auf den Verbrennungsvorgang Null.

Von großer praktischer Bedeutung ist dagegen die Frage der Schlakkenbildung in der Schicht. Das Verhalten der mineralischen Bestandteile bei ihrer Erhitzung wurde bereits S. 168 ff. erörtert. Die Verschlackung innerhalb des Brennstoffbettes hängt nicht nur vom Aschegehalt und seinem Schmelzverhalten, sondern auch von der Ascheverteilung (innere und äußere Asche), der Körnung, der Korngrößenverteilung, von den örtlich erreichten Temperaturen, der Gaszusammensetzung und der Atmosphäre (oxydierend oder reduzierend) ab. DUNNINGHAM und GRUMELL[3] haben beobachtet, daß bei Kohlen gleicher Korngröße diejenigen mit niedrigem Aschegehalt (also vorwiegend innere oder Pflanzenasche) eine relativ größere Schlackenmenge ergaben als solche mit hohem Aschegehalt (also überwiegend äußere oder Fremdasche). Die

---

[1] KRÖGER, C., u. G. MEHLHORN: Die Wirkung anorganischer Zusätze als Ein- und Mehrstoffkatalysatoren beim Wassergasprozeß. Brennst.-Chemie 19 (1938) Nr. 9 S. 157—169. — KRÖGER, C., u. H. KNOTHE: Der Einfluß anorganischer Zusätze auf die Schwelung von Braunkohle und die Vergasung des Schwelkokses mit Wasserdampf. Brennst.-Chemie 20 (1939) Nr. 21 S. 373—378. — KRÖGER, C., u. W. WILLENBERG: Die Wirksamkeit von Mehrstoffkatalysatoren bei der Vergasung von Holzkohle durch Wasserdampf. Z. Elektrochem. 44 (1938) Nr. 8 S. 524—536. — KRÖGER, C., u. R. SCHABERT: Die Wirksamkeit von Zusätzen, insbesondere von Aschenbestandteilen beim alkali-aktivierten Wassergasprozeß bei normalem, vermindertem und erhöhtem Druck. Öl u. Kohle 39 (1943) Nr. 33/34 S. 756—769.

[2] NICHOLLS, P., W. E. RICE, B. A. LANDRY u. W. T. REID: Burning of coal and coke treated with small quantities of chemicals. U. S. Bur. Min. Bull. 1937, S. 404.

[3] DUNNINGHAM, A. C., u. E. S. GRUMELL: A note on the formation of clinker in fuel beds. J. Inst. Fuel 14 (1941) S. 221—225. — Vgl. auch Feuerungstechn. 31 (1943) Nr. 6 S. 101/02.

Hauptverschlackungszone lag bei ihren Versuchen 100 mm über dem Rost, also in der neutralen Zone, dem Übergang von der Oxydations- in die Reduktionszone, dort, wo die Entwicklung der höchsten Temperaturen und der tiefste Schmelzbeginn der Brennstoffasche (reduzierende Atmosphäre!) zusammentreffen.

Dem früher skizzierten Verbrennungsschema entsprechend[1] ist das brennende Koksstück ein Miniatur-Gaserzeuger mit reduzierender Atmosphäre und verhältnismäßig niedrigen Temperaturen an seiner Oberfläche und einem Temperaturmaximum in der darumgelagerten Brennebene. Soll die Schlackenbildung an der Oberfläche gemindert oder ganz verhindert werden, so bedarf es nur solcher Maßnahmen, die die Reaktionstemperatur herabsetzen, in erster Linie z. B. Luftbefeuchtung oder CO_2-Zusatz (Gasrückführung). Abb. 20-3 zeigt die rechnerisch ermittelte Verbrennungstemperatur in Abhängigkeit von der Sättigungstemperatur der Verbrennungsluft, und zwar die obere Kurve die Temperatur der Gasphase (vollständige Verbrennung), die untere dagegen die Temperatur an der Oberfläche der festen Phase unter Annahme der Gleichgewichtseinstellung der Vergasungsreaktionen (Primärreaktion).

Die Gaserzeugerpraxis umspannt ein weites Gebiet des Schlackenverhaltens und der Schlackenabfuhr vom flüssigen Schlackenabstich beim Betrieb mit trockener Luft bis zur festen Schlacke von gewünschter Stückgröße bei Sättigungstemperaturen von 50 bis 55 °C. Dies ist eine gute Illustrierung des Einflusses des Feuchtigkeitsgehaltes auf den Verschlackungsvorgang. Unterwindfeuerungen älteren Typs verwendeten vielfach Dampfstrahlgebläse und führten so mit der Verbrennungsluft erhebliche Wasserdampfmengen in die Feuerung ein. Wenn dieser hohe Dampfverbrauch auch unwirtschaftlich war, so wirkte er sich doch sehr günstig auf die Schlackenbildung aus, und Schwierigkeiten durch starke Rostverschlackung waren unbekannt. Während im Gaserzeuger der Dampf gleichzeitig zur Erhöhung der Gasqualität und des Vergasungswirkungsgrades beiträgt, außerdem vielfach aus Abwärmequellen (Manteldampf, Abhitzekessel, kombinierter Gaskühler und Windsättiger) stammt, bedarf die Luftbefeuchtung bei Feuerungen einer vorsichtigeren Dosierung und einer Erschließung minderwertiger Abwärme für die Durchführung der Befeuchtung. Mit zunehmenden Schlackenschwierigkeiten, der Verfeuerung minderwertigerer, aschereicherer Brennstoffe und erhöhten spezifischen Rostleistungen gewinnt indessen die Luftbefeuchtung an Bedeutung. Diese „Klimatisierung" der Verbrennungsluft kann der Natur des Brennstoffs wie auch dem Verbrennungsablauf und der Kesselbelastung angepaßt werden durch

---

[1] Siehe S. 462 und Abb. 20-2.

individuelle Einregelung der einzelnen Rostzonen und durch Verringerung oder Abschaltung der Sättigung bei kleinen Belastungen[1].

Die Wirkung des Wasserdampfes auf die Schlackenbildung besteht einmal darin, daß die Temperaturen an der Kohlenstoffoberfläche herabgesetzt werden (endotherme Reaktion), daß darüber hinaus die Temperaturen in der Gasphase, in der das Erschmelzen der mineralischen Bestandteile vor sich geht, etwas niedriger liegen (Verdünnungswirkung), und daß Einschlüsse von Kohlenstoff in die Schlacke und hohe Rückstandsverluste vermieden werden. Die Schlackenschwierigkeiten lassen sich nach THORNTON[2] durch Dampfeinführung ausschalten und als Nebenwirkung kann mit wesentlich verlängerter Lebensdauer der Roststäbe gerechnet werden. Die Schlacke, die mit feuchter Luft erzielt wird, beschreiben DUNNINGHAM und GRUMELL[3] als dem Aussehen nach wenig verändert, aber brüchiger und leichter von den Roststäben entfernbar.

22. Der Zündvorgang

Zur Einleitung der Verbrennung müssen die bei niedrigen Temperaturen nur sehr langsam verlaufenden Oxydationsreaktionen über jene Schwelle gehoben werden, die wir als Zündtemperatur zu bezeichnen pflegen, damit die durch die Oxydation entstehende Wärme nicht nur die Wärmeverluste des zu zündenden Brennstoffs an seine Umgebung deckt, sondern auch noch einen Überschuß beläßt, der zur weiteren Erwärmung und damit zur schnellen Steigerung der Reaktionsgeschwindigkeit ausreicht. Wie bei der Verbrennung sind die Oxydationsreaktionen in ihrem Ablauf chemisch und physikalisch bedingt, nun aber überwiegen die chemischen Reaktionswiderstände bei weitem, die physikalischen sind zunächst etwa Null, da sich Sauerstoff in unmittelbarer Nähe des Brennstoffs, ja unter Umständen schon an seiner Oberfläche adsorbiert befindet. Abb. 22-1 gibt in der schraffierten Kurve den etwaigen Verlauf der Vorgänge wieder[4]. Trotzdem aber dürfen wir die Zündung keineswegs nur als chemischen Vorgang auffassen, denn in dem Temperaturbereich unterhalb der Zündtemperatur kommen die Reaktionen durch den Wärmeverlust immer wieder zum Stillstand, nie zur Beschleunigung. Es muß daher notwendigerweise Fremdwärme zugeführt werden, um diesen Anlaufwiderstand zu überwinden, und

---

[1] GUMZ, W.: Die Klimatisierung der Verbrennungsluft. Feuerungstechn. 30 (1942) Nr. 1 S. 1—4. — GUMZ, W.: Nasse Verbrennung. Mitt. VGB H. 31 (1954) S. 279—297.

[2] THORNTON, B. M.: Steam cooling for mechanical-stoker grates. Engineering 154 (1942) Nr. 3999/4000 S. 183—185, 214/15.

[3] DUNNINGHAM, A. C., u. E. S. GRUMELL: The effect of steam on grate temperatures. J. Inst. Fuel 15 (1941) Nr. 80 S. 26—28.

[4] Vgl. Fußn. 2 S. 495.

diese Wärmezufuhr ist ihrerseits nun wieder ein rein physikalischer Vorgang, der beträchtliche Zeit in Anspruch nimmt, die den Hauptanteil der „Zündzeit" ausmacht. Als Energiequellen für diese Zündwärme kommen in Frage, wenn wir von der Zündung gasförmiger und flüssiger Brennstoffe durch elektrischen Funken, durch Kompressionswärme oder durch heiße Brennraumteile (Glühkopf) bei der motorischen Verbrennung absehen:

1. die Zustrahlung von oben durch Zündgewölbe, Mauerwerk oder leuchtende Flammen (Oberzündung),

2. die Zuführung von Wärme mit der Verbrennungsluft durch Luftvorwärmung (Unterzündung),

3. die Wärmeübertragung durch Leitung und Strahlung aus benachbarten glühenden Brennstoffschichten (Rückzündung),

4. die Wärmeübertragung durch Leitung und Strahlung aus sporadisch gebildeten oder eingestreuten glühenden Brennstoffteilchen (Zündnester).

Nach der Untersuchung von Rosin, Kayser und Fehling[1] über die Dynamik der Zündung ist Oberzündung allein sehr empfindlich gegen höhere Luftgeschwindigkeiten, da die durch Strahlung übertragene

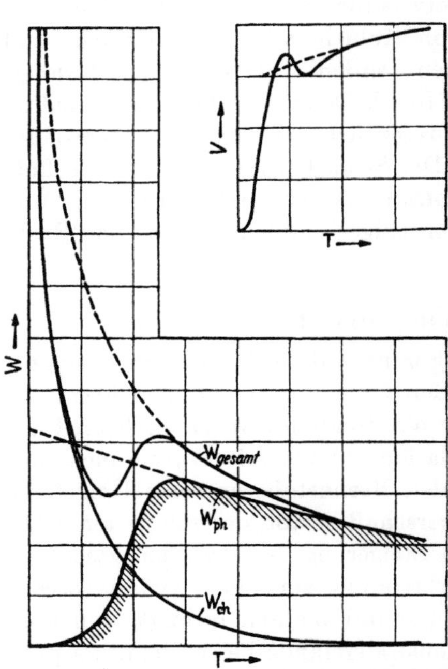

Abb. 22-1. Darstellung des chemischen (W_{ch}) und des physikalischen Reaktionswiderstandes (W_{ph}) in Abhängigkeit von der Temperatur. Summierung beider Widerstände bei der Zündung und Verbrennung (schraffierte Kurve). — Rechts oben: Darstellung der Reaktionsgeschwindigkeit (Kehrwerte der Widerstände) in Abhängigkeit von der Temperatur

Wärme durch Konvektion von dem Luftstrom wieder zerstreut wird. Die Unterzündung arbeitet um so wirksamer, je höher die Temperatur und je höher die Luftgeschwindigkeit ist, einmal weil ja eine geringe Luftmenge auch nur eine begrenzte Fremdwärmemenge mitbringen kann, zweitens weil mit steigender Geschwindigkeit der Wärmeaustausch verbessert wird. Zwischen Ober- und Unterzündung entsteht daher eine Zündlücke, die um so größer ist, je höher der Zündpunkt des

---

[1] Rosin, Kayser u. Fehling: Die Zündung fester Brennstoffe auf dem Rost. Untersuchungen über das Zündverhalten. Bericht D 51 des Reichskohlenrats, Berlin 1935. — 72. VDI-Hauptvers., Trier 1934, S. 71—73.

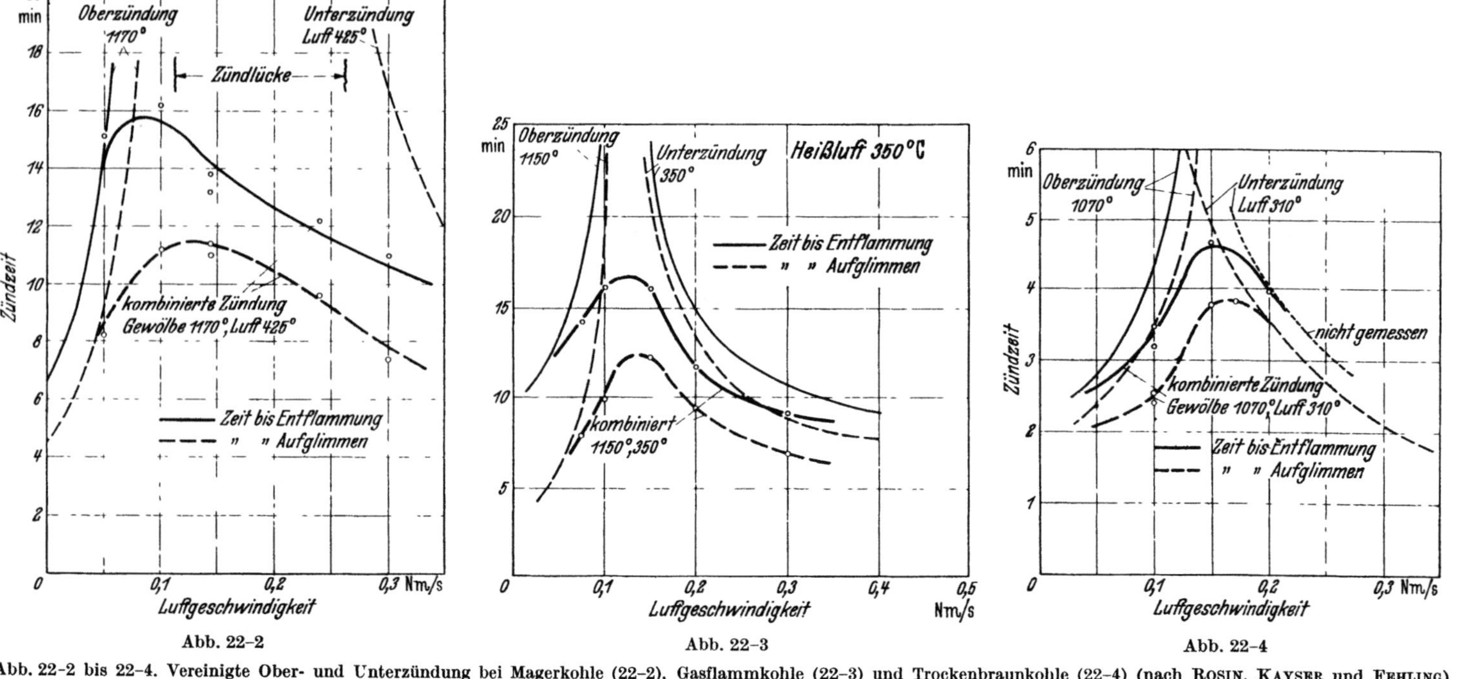

Abb. 22-2 bis 22-4. Vereinigte Ober- und Unterzündung bei Magerkohle (22-2), Gasflammkohle (22-3) und Trockenbraunkohle (22-4) (nach ROSIN, KAYSER und FEHLING)

betreffenden Brennstoffs liegt und je niedriger die Lufttemperatur ist.
Durch eine vereinigte Ober- und Unterzündung wird die Zündlücke
glatt geschlossen, wie die Abb. 22–2 bis 22–4 nach Versuchen von
ROSIN, KAYSER und FEHLING mit dem für das Studium des Zünd-
verhaltens entwickelten Zündprüfer zeigen.

Die Bedeutung der Unterzündung wie auch der Luft*vor*wärmung
wird klar, wenn man sich vergegenwärtigt, daß z. B. bei Steinkohle die
Wärmemenge zur Aufwärmung der Kohle auf Zündtemperatur (450 °C)

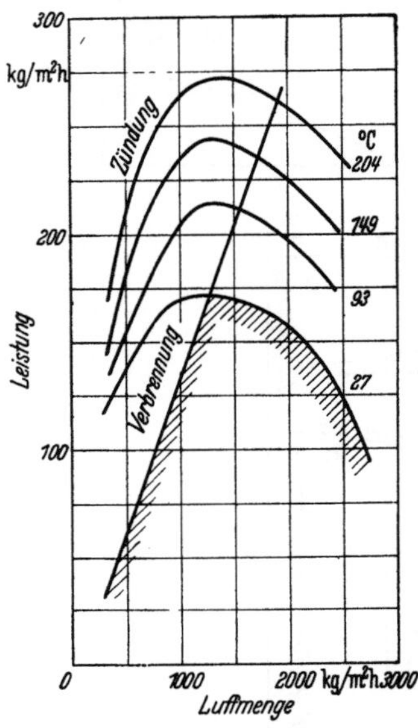

Abb. 22–5. Zünd- und Verbrennungsleistung (von Koks) (nach NICHOLLS)
bei reiner Unterschubfeuerung

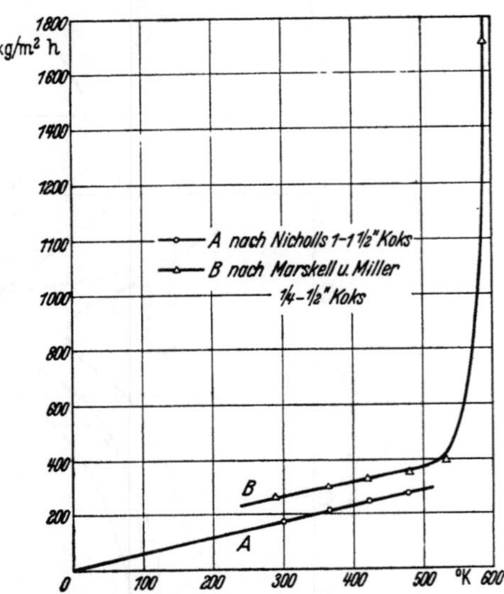

Abb. 22–6. Zündleistung von Koks in Abhängigkeit
von der Temperatur der Verbrennungsluft (nach
NICHOLLS, MARSKELL und MILLER)

nach MARCARD[1] 123 kcal, die Aufwärmung der zugehörigen Verbrennungsluftmenge (bei $n = 1,4$) aber 1540 kcal erfordert. Das Verhältnis
verschiebt sich noch weiter, wenn man berücksichtigt, daß ja nicht der
ganze Brennstoff auf 450 °C erwärmt werden muß, sondern nur seine
Oberfläche. Die Aufwärmung geht um so schneller vor sich, je kleiner
der Korndurchmesser, je höher die Lufttemperatur und je größer die
Relativgeschwindigkeit zwischen Luft und Brennstoff ist. Sie wird
gehemmt durch hohen Feuchtigkeits- und Aschegehalt des Brennstoffs
und durch etwaige Wärmeabgabe an die (kältere) Umgebung. Das
für die Verbrennung weniger erwünschte Unterkorn in einer Schüttung
ist also für die Zündung und Zündnesterbildung sehr vorteilhaft.

---

[1] MARCARD, W.: Zündung und Verbrennung heizwertarmer Brennstoffe.
Wärme 54 (1931) H. 12 S. 208—213, — Rostfeuerungen, Berlin 1934.

Bei reiner Gleichstromführung von Brennstoff und Luft (reines Unterschubprinzip), d. h., wenn die Zündung nur durch Leitung und Strahlung von Schicht zu Schicht und dem Gasstrom entgegengerichtet erfolgt, hängt die spezifische Feuerungsleistung (verbrannte Brennstoffmenge in kg/m² h) im höheren Leistungsbereich von der Zündleistung (auf Zündtemperatur gebrachte Kohlenmenge in kg/m² h) ab, wie dies in Abb. 22–5 (nach NICHOLLS[1]) illustriert ist. Im Gebiet niedriger Temperaturen steigt die Leistung zunächst proportional der Luftmenge, bis die Kurve der Zündleistung geschnitten wird. Von hier an bestimmt der Zündvorgang die Gesamtleistung. Bei noch weiterer Steigerung der Luftmenge wird das Brennstoffbett schließlich kalt geblasen. Die Zündleistung hängt außer von der Belastung (Luftmenge in kg/m² h) vor allem von der Art des Brennstoffs, seiner Korngröße und der Lufttemperatur ab (s. Zahlentafel 22–1). Im Bereich der Lufttemperaturen bis über 250 °C ist die Zündleistung direkt proportional der (abs.) Temperatur (s. Abb. 22–6). Kurve A nach NICHOLLS und Kurve B nach MARSKELL und MILLER decken sich deshalb nicht, weil A für

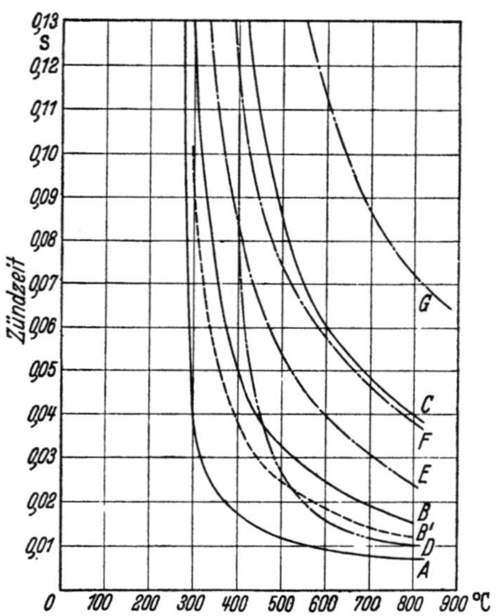

Abb. 22–7. Zündzeiten von Kohlenstaub. Einfluß der Brennstoffart, der Zündtemperatur, der Feuchtigkeit und des Korndurchmessers. A, B, C Kohle ($t_z = 280$ °C), A 0,5 mm, B 0,1 mm, C 0,2 mm Drm.; D Koks 0,1 mm Drm. ($t_z = 400$ °C); E, F, G Kohle mit 0,1 mm Drm., mit 10, 20, 50% Wassergehalt; B' = Kohle (B einschließlich Bestrahlung

Koks der Körnung 1 bis 1½'' und B für Kohle von ¼ bis ½'' gilt und die Belastung in beiden Fällen ein wenig verschieden war, doch ist die Tendenz die gleiche. Nähert man sich jedoch der Zündtemperatur des betr. Brennstoffs, so schnellt die Kurve nach oben, d. h., die Zündung setzt praktisch sofort in den untersten Schichten über dem Rost ein (Unterzündung).

Zur rechnerischen Ermittlung der Zündzeit von Kohlenstaub[2], die

---

[1] Siehe Fußn. 2 S. 486, auch P. NICHOLLS u. M. G. EILERS: The principles of underfeed combustion and the effect of preheated air on overfeed and underfeed fuel beds. Trans. Amer. Soc. mech. Engrs. 56 (1934) S. 321—326.

[2] GUMZ, W.: Die Zündung von Kohlenstaub. Feuerungstechn. 28 (1940) H. 11 S. 249—255, — Theorie und Berechnung der Kohlenstaubfeuerungen, Berlin: Springer 1939, S. 69—82.

Zahlentafel 22–1. *Abhängigkeit der Zündleistung von der Brennstoffart und der Korngröße* (nach NICHOLLS)

Brennstoffart	Zündleistung kg/m² h	Korngröße (Koks)	Zündleistung kg/m² h
Anthrazit	135—210	$2^1/_2/2''$	105
Steinkohle	160—255	$1^1/_2/1''$	175
Koks	175	$1''/^1/_2''$	235
Halbkoks	285		
Petrolkoks	390		

in erster Annäherung der Aufheizzeit bis zur Erreichung der Zündtemperatur an der Oberfläche gleichgesetzt werden kann, benutzt man
die von GRÖBER[1] angegebene Lösung für die Aufwärmung (bzw. Abkühlung) fester Körper. Abb. 22–7 zeigt einige Ergebnisse solcher Berechnungen und läßt den Einfluß des Korndurchmessers, der Lufttemperatur, der Kohlenart (gegeben durch die Zündtemperatur), des
Wassergehalts und die Wirkung einer Wärmezustrahlung erkennen.

23. Der Verbrennungsvorgang in der Feuerung

Bei den bisherigen Betrachtungen haben wir die Fragen des Verbrennungsvorganges in allgemeiner Form behandelt, es soll daher noch
kurz auf die Unterschiede bei den einzelnen Feuerungsbauarten und auf
einige Sonderfragen eingegangen werden. In jeder Feuerung muß der
eingebrachte frische Brennstoff[2] die Vorgänge der Trocknung, der
Aufheizung unter gleichzeitiger Entgasung und nach erfolgter Zündung
der Vergasung und Verbrennung durchlaufen, wobei sich diese Vorgänge
sowohl zeitlich als auch räumlich überlagern können. Jeder dieser
Vorgänge hat für sich betrachtet einen zum Teil beträchtlichen Zeitaufwand nötig, und je nach der Natur des Brennstoffs tritt der eine oder
der andere besonders sichtbar in Erscheinung. So wirkt z. B. bei der
Verfeuerung einer nassen Rohbraunkohle ein großer Teil des Rostes nur
als Trockner, während bei der Verfeuerung eines aschereichen Abfall-
brennstoffes die Aufwärmung so viel Zeit in Anspruch nimmt, daß die
Zündung merklich verschleppt wird. Will man daher die spez. Leistung
der Feuerung möglichst hoch treiben, so liegt es nahe, sie von diesen
Vorgängen möglichst zu entlasten und sie auf ihre eigentliche Aufgabe,
die Verbrennung, zu beschränken. So kommt man zu Feuerungen mit
Vortrocknung, mit Vorschwelung und mit Vorvergasung, wobei die

---

[1] GRÖBER, H.: Einführung in die Lehre von der Wärmeübertragung, Berlin
1926, S. 35ff. — Vgl. auch H. BACHMANN: Tafeln über Abkühlungsvorgänge einfacher Körper, Berlin 1938.

[2] Der Feuerungstechniker gebraucht hierfür mitunter die Bezeichnung „grüne
Kohle" in Gedankenassoziation an den Begriff des grünen Holzes.

vorbereitenden Stufen entweder organisch mit der Feuerung selbst zusammengebaut oder aber völlig von ihr getrennt werden können.

Die *Vortrocknung* ist der wichtigste Teilvorgang bei den Feuerungen für feuchte Brennstoffe, wie Rohbraunkohle, Torf, Holz und pflanzliche Abfälle, die nach Wegfall ihres Wasserballastes besonders reaktive Brennstoffe darstellen. Die Anwendung strahlender Wärme reicht im allgemeinen nicht aus, der Brennstoff muß daher durch Wenden und Wälzen stark bewegt oder noch besser von heißen Gasen durchzogen werden (Rauchgasrückführung). Bei Staub kommt in erster Linie eine Flugtrocknung in Frage, wie sie bei der Mühlenfeuerung und der Naßkohlenfeuerung verwirklicht worden ist. Heißluftbetrieb ist dabei sehr vorteilhaft, wobei für die Trocknungszone besonders hohe Temperaturen erforderlich, aber auch zulässig sind, die gegebenenfalls auch durch Verbindung des Heißluftbetriebes mit einer Rauchgasrückführung erzielt werden. Völlige Trennung von Trockner und Feuerung erfordert höheren Wärmeaufwand; sie ist z. B. gegeben bei der Verfeuerung von Briketts oder bei der bei Kohlenstaubfeuerung üblichen Vortrocknung in besonderen Trockneranlagen (s. S. 236) vor oder während der Mahlung.

Die *Vorschwelung*[1] bezweckt weniger eine Entlastung der Feuerung als vielmehr in erster Linie eine Gewinnung von Teer und anderen Kohlenwertstoffen. Sie kann in unmittelbarer Verbindung mit dem Kessel in den Weg der Kohle vom Bunker zum Rost eingeschaltet sein, wobei Rauchgase als Wärmeträger für die Spülgasschwelung dienen, oder sie kann in einer völligen Trennung von Schwelanlage und Feuerung bestehen, wobei beliebige Schwelverfahren anwendbar sind. Die Verfeuerung des anfallenden Schwelkokses ist heute ein gelöstes Problem, da der sehr reaktionsfähige Schwelkoks sowohl auf Rosten[2] als auch in der Staubfeuerung[3] wirtschaftlich verfeuert werden kann. Für den Rostbrennstoff ist hohe Festigkeit, besonders Abriebfestigkeit erwünscht, da der Schwelkoks sonst zur Bildung größerer Flugverluste neigt, bei der Staubfeuerung dagegen soll die Festigkeit möglichst niedrig sein, da Mahlaufwand und Mühlenverschleiß höher werden als bei der Rohkohle (insbesondere bei Rohbraunkohle). Daß von diesem volkswirtschaftlich so einleuchtenden Vorteil bisher so wenig Gebrauch gemacht worden ist, liegt daran, daß die Vorschaltung einer Schwelstufe einen Brennstoff voraussetzt, der schwelwürdig ist (d. h. eine ausreichende Menge verwertbaren Teer liefert), der bei der Schwelung

---

[1] THAU, A.: Schwelverfahren in Verbindung mit Kesselfeuerungen. Feuerungstechn. 25 (1937) H. 3 S. 65—72.

[2] REICHARDT, R.: Verfeuerung von Braunkohlen-Schwelkoks unter Dampfkesseln im Vergleich mit anderen Brennstoffen. Feuerungstechn. 25 (1937) H. 5 S. 145—149.

[3] STIMMEL, H.: Die Schwelkoksverwertung in Kraftwerken. Feuerungstechn. 28 1940) H. 2 S. 28—34.

keine technischen Schwierigkeiten macht (bei einer Spülgasschwelung also z. B. nicht backt oder durch Alterung nichtbackend gemacht werden kann), und daß die Schwelung einen verkaufsfähigen Teer liefert, der den Güteanforderungen entspricht. Diese Forderungen erfüllen aber nur wenige Brennstoffe, weshalb nicht einfach jede Feuerung mit einem Vorschweler ausgerüstet werden kann, wenn wir einmal ganz absehen wollen von den zusätzlichen Schwierigkeiten der Betriebsführung und der Organisation der Teerverwertung.

Die *Vorvergasung* hat sich in der Feuerungstechnik besonders im Ofenbau schon lange überall dort einen festen Platz erobert, wo es auf eine gute Regelbarkeit, auf hohe Temperaturen, Anwendung hoher Vorwärmung und gewisse konstruktive Freiheit in der Verwendung des Beheizungssystems ankommt. Sie kann vom engen Zusammenbau mit der eigentlichen Feuerung (Halbgasfeuerung, Holzfeuerung) über den eingebauten Einzelgenerator bis zum Zentralgaserzeuger zur Lieferung des Heizgases für eine ganze Ofenbatterie eine überaus große Vielfalt in der technischen Lösung zeigen, wie man sie bei Gaswerksöfen, Koksöfen, in Martinöfen und anderen Öfen der Eisen- und Metallhütten- und Verarbeitungsindustrie vorfindet. Einen Sonderfall einer Vorvergasung in der Schwebe verwirklicht die Schwebegasfeuerung Bauart Szikla-Rozinek[1].

Planrostfeuerung

Die einfachste Form der Handfeuerung, bei der sowohl die Brennstoffaufgabe als auch die Schürung und die Schlackenabfuhr von Hand vorgenommen wird, ist der Planrost. Die Handfeuerung ist begrenzt auf Feuerungsleistungen bis zu $5 \cdot 10^6$ kcal/h, bedingt durch die Leistungsfähigkeit des Heizers und diejenige Rostlänge, die noch eine einwandfreie Bedienung von Hand zuläßt, also etwa 2,2 bis 2,4 m*. Durch das Aufwerfen des frischen Brennstoffs auf die glühende Kohlenschicht wird eine schnelle Trocknung und Entgasung und eine sichere Zündung gewährleistet. Die damit verbundene stoßweise Gasbildung hat zur Folge, daß zu Beginn jeder Beschickungsperiode Rauchneigung besteht, verstärkt durch den Umstand, daß durch das längere Offenstehen der Feuertür viel Kaltluft einströmt und der Feuerraum auskühlt. Das CO_2-Diagramm der Handfeuerungen nimmt infolgedessen die bekannte Sägeblattform an, und der Durchschnittsluftüberschuß wird recht hoch ($n = 1,6$ bis 2,0 und darüber). Die Rauchneigung ist allerdings nicht nur von den Verbrennungsbedingungen abhängig, sondern auch von der

---

[1] Szikla, G., u. A. Rozinek: Die Entwicklung des Schwebevergasers Bauart Szikla-Rozinek. Feuerungstechn. 26 (1938) H. 4 S. 97—102.

* Marcard, W.: Rostfeuerungen, Berlin 1934. — Untersuchungen an kleinen mechanischen Feuerungen. 72. VDI-Hauptvers., Trier 1934, S. 66—70.

Art des Brennstoffs. Für amerikanische Kohlen haben ROSE und LAS-
SETER[1] durch Auswertung von 500 Versuchen an Heizungskesseln ein
Diagramm aufgestellt (Abb. 23–1), das die Rauchdichte (Ringelmann-
Skala mal Dauer) in Abhängigkeit von der Kohlenart zeigt, gekennzeichnet durch die Verbrennungswärme des aschenfreien Brennstoffs
bzw. den Gehalt an fixem Kohlenstoff. Die untere Skala gibt die amerikanische Nomenklatur der Brennstoffart wieder. Die Streuung ist, wie
zu erwarten, ziemlich groß (gestrichelter Bereich). Als geeigneter Maßstab erwies sich der Teergehalt, in der Fischer-Aluminiumretorte bestimmt bei 500 °C, der in Abb. 23–1 als Kreise eingetragen ist. Die stärkste
Rauchneigung besitzt eine bituminöse Kohle mit 31 bis 46% Flüchtigen
Bestandteilen, die unserer Gasflammkohle entspricht.

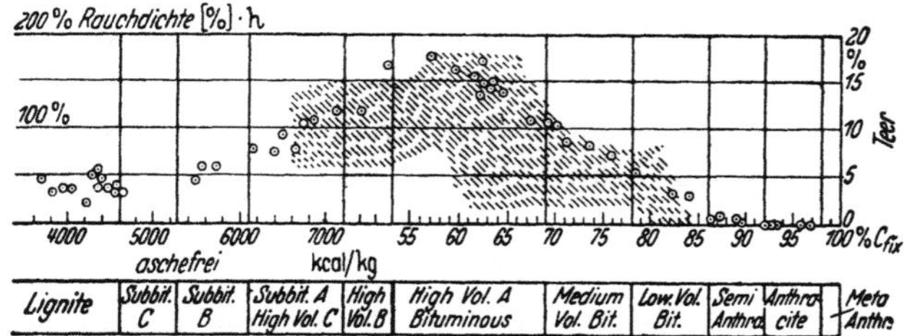

Abb. 23–1. Rauchneigung verschiedener Kohlenarten (nach ROSE und LASSETER)

Nach MAZUMDAR u. a.[2] sind für die Rauch- und Teerbildung die
alizyklischen Bestandteile der Kohle verantwortlich. Eine Abhilfe
bringt die Vorbehandlung mit Schwefelsäure, Phosphorsäure und anderen Dehydrierungsmitteln.

Durch den kälteren Feuerraum sind auch Verluste durch unverbrannte Gase nicht ganz zu vermeiden. Gegen diese Verlustquellen hat
man sich dadurch zu schützen versucht, daß beim Öffnen der Feuertür
der Zug – durch eine entsprechende Kopplung der Feuertür mit dem
Rauchschieber — weitgehend gedrosselt wird und daß nach dem Schließen der Tür zunächst eine größere, allmählich abnehmende Zweitluftmenge eingeführt wird[3].

Um den Gasen einen langen Weg und eine gute Zündmöglichkeit zu
geben, wird der frische Brennstoff mitunter unter Zurückschieben des
glühenden Brennstoffbettes vorn aufgegeben („Kopffeuer"); jedoch bedingt dies, gegenüber dem gleichmäßigen Aufstreuen („Streufeuer"),
eine Verlangsamung der Durchzündung und damit eine Leistungs-

---

[1] ROSE, H. J., u. F. P. LASSETER: Heat. Pip. Air Condit. 11 (1939) H. 2 S. 119
bis 122.

[2] MAZUMDAR, B. K., S. S. CHOUDHURY u. A. LAHIRI: Alicyclity and smoke
emission of coal. Nature 183 (1959) Nr. 4675 S. 1613.

[3] Über Zweitluftführung s. S. 531—541.

begrenzung. Den Ausbrand der Gase sucht man bei Planrosten in Flammrohrkesseln, wo in Gasströmungsrichtung ein langer Rauchgasweg zur Verfügung steht, durch gute Durchwirbelung zu verbessern. Dazu dient die durch die Feuerbrücke, den hinteren Rostabschluß, erzielte Querschnittseinschnürung, auch wird mitunter durch die Feuerbrücke noch vorgewärmte Zweitluft zugegeben. Weitere Schamotteinbauten in Form von Drallsteinen, Spiralsteinen oder schrägen Drallflächen haben den Zweck, das Absetzen von Flugasche, die die Wärmeübertragung im Flammrohr beeinträchtigen würde, zu verhüten.

Als Vorteil ist zu verzeichnen, daß die Planroste sehr einfach sind, und daß sie wegen der Möglichkeit des Handeingriffs an den Brennstoff die geringsten Anforderungen stellen sowohl hinsichtlich der Körnung als auch der sonstigen Eigenschaften, wie Backneigung, Schlackenverhalten usw. Planroste sind daher sehr stark verbreitet, in einigen Fällen werden sie auch mit sehr hohen spezifischen Leistungen betrieben, so z. B. bei den Lokomotivfeuerungen, wo Belastungen bis zu 520 kg/m² h oder $4 \cdot 10^6$ kcal/m² h max. dauernd erzielt werden.

Wurffeuerung

Die Nachteile des handbeschickten Planrostes werden wesentlich gemildert, wenn die Brennstoffaufgabe nicht periodisch, sondern gleichmäßig, also häufig und in entsprechend kleinen Mengen erfolgt, und wenn die Feuertür dabei geschlossen bleiben kann, also bei mechanischer Beschickung. Dies wird erreicht durch den mechanischen Wurfbeschicker mit einstellbarer Wurfweite[1], der ein sehr gleichmäßiges Brennstoffbett gewährleistet. Das Öffnen der Feuertür beschränkt sich dann auf die Zeiten, wo eine Schürung des Brennstoffbettes oder eine Entschlackung notwendig wird.

Neuerdings hat die Wurffeuerung eine Entwicklung zur halb- und vollautomatischen Feuerung gemacht und damit das Anwendungsgebiet der mittleren Kesselgrößen (bereits bis zu über 100 t/h) erobert[2]. Die Entaschung erfolgt bei kleineren Feuerungen durch Kippen der Roste, bei größeren durch Verwendung kontinuierlicher Entaschung durch einen von hinten nach vorne laufenden Wanderrost. Der Vorteil liegt in dem weiten Brennstoffprogramm in bezug auf Arten und Sorten, Vermeidung von Verkokungsschwierigkeiten, besserer Möglichkeit des Heißluftbetriebes und hoher Leistung. Die spez. Rostbelastung beträgt

---

[1] MARCARD, W.: s. Fußn. * S. 498.

[2] BARKLEY, J. F.: The forced-draft spreader stoker. Trans. Amer. Soc. mech. Engrs. 59 (1937) S. 259—265. — FUNK, M. O.: Test of a continuous-discharge spreader-stoker-fired unit. Combustion, N. Y. 19 (1947) Nr. 3 S. 37—39. — BEERS, R. L.: Spreader stokers in the USA. Trans. Fuel Economy Conf. The Hague 1947. III Sect. C Pap. Nr. 8 S. 1084—1094.

170 bis 220 kg/m² h, bei vollmechanischen Rosten auch 50 bis 100% höher, bei gutem CO_2-Gehalt (z. B. 13,9%) die Feuerraumbelastung 250000 bis 300000 kcal/m³ h. Der Nachteil liegt in der starken Flugkoks- und Flugaschebildung, was durch Oberluft und Flugkoksrückführung etwas gemildert werden kann. Enge Rostspalten oder Lochplatten werden empfohlen, um trotz eines sehr dünnen Brennstoffbettes gleichmäßige Luftverteilung zu erreichen.

Auch Kombinationen des normalen Wanderrostes mit mechanischer oder pneumatischer Wurfbeschickung sind, besonders für rostschwierige Brennstoffe, vorgeschlagen worden[1].

Die Wurffeuerung hat sich (von Kleinfeuerungen abgesehen) bisher in Deutschland noch nicht durchgesetzt, im Gegensatz zu anderen Ländern, vor allem den Vereinigten Staaten. Dort hat der Spreader Stoker (mit vorlaufendem Wanderrost) wegen der Universalität seines Brennstoffprogramms die Unterschubfeuerungen verdrängt[2]. Auch in europäischen Ländern — so in Dänemark — ist diese Feuerung bevorzugt in Gebrauch, darunter für Kesselanlagen bis 120 t/h Leistung[3].

Der Verbrennungsvorgang in der Planrostfeuerung gleicht etwa den in den S. 486 beschriebenen Versuchseinrichtungen. Abb. 21-9, S. 486, zeigt den Verlauf der Gaszusammensetzung in der Schicht und im Gasraum. Die Luftzufuhr ist ziemlich gleichmäßig, und die Beanspruchung der Roststäbe[4] ist daher ebenfalls recht gleichmäßig und niedrig, da leicht für eine genügende Schlackenschutzschicht auf dem Rost gesorgt werden kann.

Halbmechanische Kleinfeuerungen

Abgesehen von den erwähnten Planrostfeuerungen mit Wurfbeschickung kann die Brennstoffaufgabe mechanisch auch durch das Einschieben von frischem Brennstoff mit Stößeln oder Schnecken erfolgen. Je nach Art der Kohlenzufuhr und des Abbrandvorganges unterscheidet man

1. Vorschub- und Überschubfeuerungen,
2. Unterschubfeuerungen.

---

[1] SCHWARZ, K.: Die Verbrennung in Wanderrostfeuerungen. Ein Rückblick und Ausblick. BWK 2 (1950) Nr. 5 S. 119—124.

[2] DE LORENZI, O.: Combustion Engineering, New York: Combustion Engineering Co. 1947, S. 5.1/5.28. — PLATT, N.: Spreader Stoker and Combustion. Joint Conference on Combustion ASME/Inst. Mech. Engrs., Boston u. London 1955, Sect. 2, S. 59—70. — Vgl. auch W. GUMZ: Forschungsaufgaben und Entwicklungsansätze im Feuerungsbau. Mitt. VGB H. 54 (1958) S. 180—197.

[3] BAK, A. K., u. E. D. SCHMIDT: Some Experiments on and Operating Data from a Spreader Stoker. 5. Weltkraftkonferenz Wien 1956. Gesamtbericht 10, S. 3143—3156.

[4] Vgl. S. 518.

Bei *Vorschubfeuerungen* gleicht das Verbrennungsverfahren etwa einer Planrostfeuerung mit Kopffeuer. Da sich also der Brennstoff über den Planrost bewegt, sind räumlich hintereinanderliegend zu unterscheiden: die Zündzone, die Hauptverbrennungszone und die Ausbrand- oder Nachverbrennungszone. Die Luftzufuhr muß den Vorgängen in diesen Zonen angepaßt sein; in der Zündzone soll keine oder nur am Ende wenig Luft zugegeben werden, die Hauptverbrennungszone muß sehr reichliche Luftmengen erhalten, und in der Nachverbrennungszone muß die Luftzufuhr wieder abnehmen. Außerdem ist es zweckmäßig, in dieser letzten Zone, in der die Brennstoffschicht nur noch dünn und vielfach unregelmäßig ist, einen hohen Rostwiderstand vorzusehen, um Ungleichmäßigkeiten (Durchbläser) zu vermeiden. Da der Luftbedarf hier nur noch gering ist, sind an Stelle von Roststäben Düsenplatten vorzuziehen. Als Ausführungsbeispiel sei auf den Doby-Planstoker hingewiesen, wo dieses Prinzip der Luftverteilung praktisch durchgeführt ist. Da die Kohle beim Vorschub nicht nur nach hinten geschoben wird, sondern auch nach der Seite ausweicht, ist auch zu beiden Seiten eine Düsenplatte angeordnet.

Bei der *Überschubfeuerung*, die zur Unterstützung der Brennstoffbewegung häufig mit einer gewissen Neigung ausgeführt wird, schiebt sich der frische Brennstoff vor und über das Glutbett. Damit ist eine gute Zündung gewährleistet, aber die Erwärmung des frischen Brennstoffs erfolgt ziemlich rasch mit dem Nachteil, daß gut backende Kohle große Kokskuchen bildet, die die weitere gleichmäßige Luftzuführung stören, den Ausbrand beeinträchtigen und die Kühlung des Rostes verschlechtern. Die Überschub- und Vorschubfeuerung besitzt daher ihr Hauptanwendungsgebiet bei den feuchten und aschereichen Brennstoffen.

Bei der *Unterschubfeuerung* wird der Brennstoff ohne Luftzufuhr von unten in den Feuerraum geschoben, wobei er langsam erwärmt und entgast wird. Der dadurch gebildete bröckelige und sehr reaktionsfähige Koks wird nach Zuführung der Verbrennungsluft von der Seite her verbrannt. Die Flüchtigen Bestandteile müssen bei richtiger Feuerführung und nicht zu großem Retortendurchmesser die Zonen der höchsten Temperatur durchdringen, wobei sie völlig verbrannt werden, so daß auch sehr gasreiche Brennstoffe rauchfrei verbrannt werden können. Um diesen Idealvorgang, wie er schematisch in Abb. 23–2 dargestellt ist, zu erreichen, muß die Zufuhr der Kohle von unten und die Zufuhr von Wärme von oben her möglichst gleichmäßig sein, soll die Vorschub- bzw. Steiggeschwindigkeit der Kohle nur etwa 0,6 bis 0,8 m/h betragen, damit die Abschwelung langsam genug vor sich geht, und das Brennstoffbett oberhalb des Lufteintrittsquerschnittes muß möglichst locker und gasdurchlässig sein[1]. Daß diese idealen Verhältnisse aber auch bei kleinen Unterschubfeuerungen, wo sie eher zu verwirklichen sind als in Großfeuerungen, nicht vorhanden sind, zeigen die Untersuchungen von BARNES[2]. Auch bei gleichmäßiger Belastung der Feuerung erwies sich die Verbrennung keineswegs als stabil, der Abbrand an verschiedenen Stellen der Retorte vielmehr verschieden groß, demgemäß schwankten auch die Temperaturen und die Gaszusammensetzung. Der Abbrand war unsymmetrisch. Die Ursache hierfür liegt vor allem in der ungleichen Luftverteilung, die ihrerseits wieder auf Ungleichmäßigkeiten des Brennstoffbettes, hervorgerufen durch eine Kornzerkleinerung in der Förderschnecke, auf Verschlackungserscheinungen (die gemessenen Höchsttemperaturen lagen bei backender Kohle bei 1320 °C, bei Koks bei 1650 °C) und auf Schwankungen in der Lage der Zündebene zurückzuführen sind. Bei schwer zündenden Brennstoffen (Koks) kam es vor, daß die Zündebene, die normalerweise 25 bis 50 mm unter dem oberen Retortenrand lag, in der Mitte bis zur Oberfläche durchbrach und dort einen „schwarzen Kern" bildete (Abb. 23–2b). Zur Erzielung einer richtigen Brennstoffbewegung hat man die Form der meist konischen, am oberen Rand aufgewölbten Retorte und die Art der Lufteintrittsöffnungen (Löcher, Schlitze, ringförmige Öffnungen, Düsen) und ihre Abmessungen (nach amerikanischen Angaben[3] bei Anthrazit 7,18 cm²/kg Kohle) eingehend untersucht. Bei Schneckenspeisern kommt es auf den Wellen- und Schneckendurchmesser, das Verhältnis von Durchmesser zu Steigung (0,5 bis 1,23) und das Spiel zwischen Schnecke und Gehäuse an. Die stärkste unerwünschte Brennstoffzerkleinerung tritt ein, wenn das Spiel zwischen Null und dem geförderten Korndurchmesser liegt; die geringste Zerkleinerung[3] ergab sich bei Anthrazit bei einer Drehzahl von 4,5 U/min. Die Schlackenabfuhr erfolgt bei den Kleinfeuerungen meist von Hand.

Die Schwierigkeiten durch starkes Verkoken des Brennstoffbettes

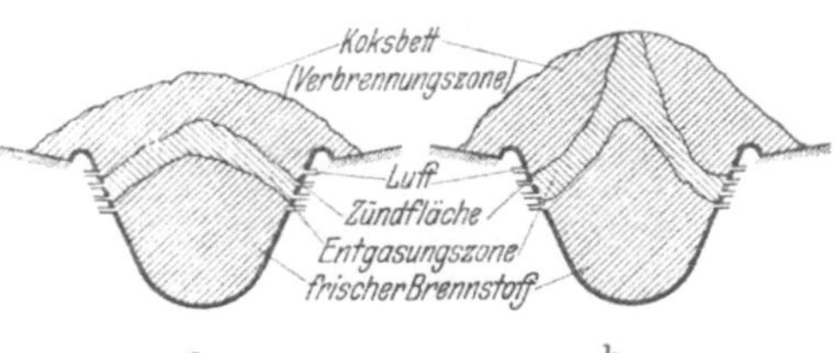

Abb. 23–2. a) Normaler Abbrandvorgang in der Retorte einer Unterschubfeuerung; b) gestörter Abbrandvorgang („Koksbaum")

---

[1] PRANTNER, K.: Verwendungsmöglichkeiten der Unterschubfeuerung und ihre Grenzen. Wärme 60 (1937) H. 43 S. 699—703.

[2] BARNES, C. A.: Fundamentals of combustion in small underfeed stokers. Fuel Sci. 18 (1939) H. 5/11 S. 164—170, 180—184, 204—212, 247—249, 260—265, 302—304, 320—324.

[3] MULCEY, P. A., u. R. A. SHERMAN: Heat. Pip. Air Condit. 11 (1939) H. 5 S. 313—318.

sind in einer neueren Entwicklung durch das Einführen von Luft in die Brennstoff-Speiseschnecke durch die gleichzeitige Wirkung von Voroxydation und Brennstoffbewegung beseitigt worden[1]. Durch eine sehr einfache Maßnahme, eine Zündfläche etwa $^1/_2$ m über dem Brennstoffbett, hat man den Wirkungsgrad solcher Kleinfeuerungen wesentlich verbessern können[2].

Bei den Kleinfeuerungen setzt sich der *rückläufige Kleinwanderrost*, meist mit Wurf- oder Blasaufgabe, mehr und mehr durch[3]. Neuartig für Deutschland — in Frankreich seit längerer Zeit verbreitet — ist der *rotierende Rundrost* mit Wurfaufgabe[3], der auch in Verbindung mit einer steinlosen, luftgekühlten Brennkammer als *Trocknerfeuerung* entwickelt wurde[4].

Der Wanderrost

Unter den vollmechanischen Feuerungen spielt der Wanderrost seiner Verbreitung und seiner universellen Anwendbarkeit nach die größte Rolle. Er wird vom Kleinwanderrost — meist in baulicher Vereinfachung — bis zu Großfeuerungen in Abmessungen von 7,2 m Breite einer Rostbahn und 7,5 m Länge, also mit Rostflächen von 54 m², als doppelläufiger Rost in Breiten von 10 bis 12 m und mit Rostflächen von 75 bis 90 m² ausgeführt. Als untere Grenze wird im allgemeinen 3,5 bis 4 m² angesehen. Die obere Grenze ist dadurch gegeben, daß mehr als doppelläufige Roste wegen der Anordnung der Getriebe nicht anwendbar sind, daß die Möglichkeit einer Beobachtung der ganzen Rostoberfläche und des gelegentlichen Handeingriffs mit der Schürstange dann aufhört. Außerdem verschiebt sich die Wirtschaftlichkeit von Rost- zu Staubfeuerung im Bereich der größten Kesselleistungen mehr und mehr zugunsten der Staubfeuerung, die bei geringstem Bedienungsaufwand für die Feuerung selbst den Vorteil größerer Breitenleistung und eines geringeren Grundflächenbedarfs besitzt und auch eine gleichmäßigere Wärmeentbindung gestattet, was für Hochleistungs-Strahlungskessel besonders kesselseitig als Vorteil zu werten ist. Die Rostfeuerung besitzt dagegen grundsätzlich den Vorteil, daß ihre Rückstände in stückiger Form anfallen, also leicht transportfähig und verwertbar sind, und daß der Flugstaubanfall gering und meist so grob ist, daß

---

[1] WRIGHT, C. C., u. T. S. SPICER: Control of coke-tree formation in domestic underfeed stokers. The Pennsylvania State College. Miner. Ind. Exp. Station. Techn. Paper 79 (1942).

[2] SPICER, T. S., R. J. GRACE u. C. C. WRIGHT: Ignition baffle improves single-retort stoker performance. Power Generation 54 (1950) Nr. 3 S. 74/75.

[3] What is new in fuel research and development? Coke and Gas 18 (1956) H. 211 S. 489—494. — GUMZ, W.: Steinkohlenfeuerungen. BWK 9 (1957) H. 4 S. 169—171.

[4] GUMZ, W.: Eine luftgekühlte Trocknerfeuerung. BWK 8 (1956) H. 11 S. 538.

mechanische Rauchgasentstauber von mäßigem Abscheidungsgrad ausreichen, um Staubbelästigungen zu vermeiden. In bezug auf den Brennstoff ist der Wanderrost neuerer Bauart für ein sehr weites Brennstoffprogramm anwendbar. Bei feinkörnigen, mageren Brennstoffen tritt
zwar unter Umständen schon ein erheblicher Flugstaubanfall auf, so
daß die spez. Rostbelastung (s. Zahlentafel 23-1) niedriger gehalten
und der abgeschiedene Flugstaub durch eine Flugkoksrückführeinrich-
tung wieder aufgegeben werden muß. Bei minderwertigen Brennstoffen
macht die Zündung wachsende Schwierigkeiten, so daß man einen Heizwert von 4200 kcal/kg als Grenzwert ansehen kann[1]. Darunter liegt der
Anwendungsbereich der Schürroste.

Die Entwicklung des Wanderrostes zur modernen Hochleistungsfeuerung ist, abgesehen von den rein mechanischen Verbesserungen
der Rostkonstruktion[1-7], die für die Betriebssicherheit und Lebensdauer allerdings von entscheidender Bedeutung sind, gekennzeichnet
durch

1. den Übergang zur Unterwindfeuerung,

2. die Verbesserung der Luftverteilung durch Zoneneinteilung und
Zonenregelung,

3. durch Verbesserungen der Regelfähigkeit durch Vielstufen-
antriebe bzw. stufenlose Geschwindigkeitsregelung,

4. durch Anpassung des Feuerraums an die Anforderungen, die der
Verbrennungsvorgang stellt,

5. durch Hilfseinrichtungen zur Verbesserung des Ausbrandes im
Feuerraum (Zweitluftzuführung) und im Brennstoff (Schüreinrichtungen).

Zündung und Verbrennung. Beim Wanderrost wird der Brennstoff,
auf dem Rostband ruhend, durch den Feuerraum getragen; kennzeich-
nend für den Verbrennungsvorgang ist daher die zeitliche und räumliche Aufeinanderfolge der Vorgänge der Erwärmung, Trocknung und
Zündung, der Verbrennung, die besonders bei großer Schichtstärke

---

[1] PRESSER, H.: Grundsätzliche Fragen bei der Planung von Dampfkesselfeuerungen. Techn. Mitt. (Essen) 34 (1941) H. 9/10 S. 115—124.

[2] MARCARD, W.: Rostfeuerungen, Berlin 1934.

[3] PRESSER, H.: Die neuere Entwicklung der Wanderrostfeuerung. Arch.
Wärmew. 11 (1930) H. 4 S. 131—136.

[4] SCHULTE, F., u. E. TANNER: Konstruktive Neuerungen im Feuerungsbau.
Z. VDI 77 (1933) H. 30 S. 823—827.

[5] SCHULTE, F.: Stand des deutschen Feuerungsbaues. Z. VDI 80 (1936) H. 41
S. 1237—1242.

[6] PRESSER, H.: Neuere Entwicklung von Wanderrost und Mühlenfeuerung.
Arch. Wärmew. 18 (1937) H. 9 S. 239—242.

[7] BECK, K.: Betriebseignung von Wanderrosten. Arch. Wärmew. 20 (1939)
H. 12 S. 301—306.

teilweise über eine Vergasung läuft, der Ausbrand und schließlich das Abwerfen der Rückstände. Infolge der Art der Zündwärmezufuhr verläuft die Durchzündung jedoch quer durch die Brennstoffschicht (entsprechend der geometrischen Addition des von oben nach unten verlaufenden Zündfortschritts und der waagerechten Rostbewegung), wie die Isothermen des Brennstoffbettes nach Abb. 15–13, S. 386, erkennen lassen, und zwar um so steiler, je größer der Anteil der Unterzündung (Unterstützung durch Luftvorwärmung) und je größer der durch Art und Korngröße des Brennstoffbettes bedingte Zündfortschritt ist. Die Durchzündgeschwindigkeit ist im wesentlichen durch die Stabilität des Brennstoffbettes begrenzt[1]. Ein zu hoher Anteil an Oberzündung oder zu langsame Zündung hat den Nachteil einer verschleppten, sehr flach auslaufenden Durchzündung, so daß die verbleibende Rostlänge nicht ausreicht, das Koksbett genügend auszubrennen. Durch diese Schräglage der Durchzündungsebene ergibt sich eine gewisse Überschiebung der einzelnen Vorgänge, wie sie auch aus Abb. 21–10, S. 486, hervorgeht, also nicht etwa eine scharfe räumliche Trennung. Die Durchzündung soll etwa auf der Hälfte der nutzbaren Rostlänge beendet sein, denn wenn es auch möglich ist, durch Staupendel den Ausbrand am Rostende zu korrigieren, so ist eine allzu große Wärmeentwicklung an dieser Stelle wegen der stärkeren Beanspruchung der Konstruktionsteile doch unerwünscht. Als ein Mittel, zündschwierige Brennstoffe schneller durchzuzünden, ist das Einblasen von Zündluft mit hohem Druck (1100 mm WS) vorgeschlagen worden[2].

Eine eingehende Studie über das Zündverhalten der verschiedenartigsten Brennstoffe (vom Koks bis zur Braunkohle) und den Einfluß der Körnung, des Wassergehaltes, des Aschegehaltes, der Lufttemperatur und der Belastung haben CARMAN und REID unternommen, wobei sie ein ruhendes Brennstoffbett auf ruhendem Rost mit vorgeheiztem, die Strahlungswärme vermittelndem Deckel[3] verwendeten.

Bei der Verfeuerung von Koks und anderen gasarmen Brennstoffen auf Wanderrosten sind sowohl rückläufige Roste[4] als auch folgende Maßnahmen zur Zündbeschleunigung vorgesehen worden: Durchsaugen durch die erste Zone[4] oder Absaugen von Feuerraumgasen über die ganze Breite durch den Schlitz zwischen Kohlenwehr und Brennstoffober-

---

[1] GRAF, E. G., E. P. CARMAN u. R. C. COREY: Pure Crossfeed Ignition in Fuel Beds. Combustion 26 (1954) Nr. 3 S. 59—66.

[2] BLÜMEL, H.: Blaswehr für Feuerungen. BWK 3 (1951) Nr. 12 S. 414 bis 15.

[3] CARMAN, E. P., u. W. T. REID: Ignition through fuel beds on traveling – or chain-grate stokers. Trans. Amer. Soc. mech. Engrs. 67 (1945) Nr. 6 S. 425—436.

[4] SCHULZE, R.: Neuzeitliche Kleinkessel und Feuerungen. Energie 8 (1956) S. 442—449. -- GUMZ, W.: Steinkohlenfeuerungen. BWK 9 (1957) Nr. 4 S. 169 bis 171.

fläche[1]. Für Koks und Kohle wird Zwei- und Dreischichtenverbrennung angewendet[2].

Leistung und Wirkungsgrad werden von der Breite und Länge des Rostes, von der Art und Körnung des Brennstoffs, der Höhe und Formgebung des Feuerraumes und von dem verfügbaren Druck und Zug bestimmt. Durch Anwendung des Unterwindes und seine Regelbarkeit durch Zoneneinteilung ist der größte Fortschritt im Rostfeuerungsbau der letzten 25 Jahre zu erblicken. Die Leistungsangaben in Zahlentafel 23–1 nach BECK[3] stellen gut erreichbare Mittelwerte dar, die gelegentlich auch beträchtlich überschritten werden können[4]. Belastungs-

Zahlentafel 23–1

Rostbelastung in 10^6 kcal/m^2 h und Rostlänge bei Zonenwanderrosten
(Dauerbetriebswerte)

Brennstoff	Rostwärmeleistung 10^6 kcal/m^2 h		Rostlänge[5]
	bei Nußkohle	bei Feinkohle	m
Magerkohle	1,2—1,3	0,7—0,9	5,0—6,0
Eßkohle	1,2—1,3	0,8—1,0	5,2—6,2
Fettkohle	1,3—1,35	1,1—1,2	5,5—6,6
Gaskohle und Gasflammkohle . . .	1,3—1,45	1,1—1,2	5,8—7,0
Braunkohlenschwelkoks	1,0	0,9	5,6—6,8
Mittelprodukt von Magerkohle . . .	0,85—0,9	—	5,0—5,8
Mittelprodukt von Gaskohle	1,0—1,1	—	5,2—6,4

steigerungen unter Wirkungsgradsenkung (hauptsächlich verursacht durch steigende Verluste durch Flugkoks und Unverbranntes in den Rückständen) sind bei jeder Feuerung möglich, ausreichender Druck und Zug vorausgesetzt, so daß sich unter Abwägung der Kapitalkosten, der Betriebskosten (hauptsächlich der Brennstoffkosten) und der Jahresbetriebsstunden ein Bestwert ermitteln läßt, wie man aus Abb. 23–3 erkennen kann[6]. Dieses Bild hat keine Allgemeingültigkeit, es muß vielmehr nach dem Stande des Feuerungsbaues, nach dem zur Verfügung stehenden Brennstoff jeweils durch Vergleichsversuche neu aufgestellt werden, zumal ja auch einige allgemein rechnerisch nicht erfaßbare Einflüsse, wie die Verschlackungsgrenze, die Feuerraumbelastbarkeit vom Standpunkt der Heizflächenverschmutzung usw., zu berücksich-

---

[1] CLARKE, L. J.: Steam and power in the gas and coking industries. J. Inst. Fuel 29 (1956) H. 182 S. 106—128.

[2] FORSTMEIER, G.: Verbrennung gasarmer Brennstoffe in Hochdruckkesseln mit Wanderrost und Zonen-Unterwind. Eisenbahn-Ingenieur 6 (1955) S. 236/37.

[3] Siehe Fußn. 7 S. 505.

[4] Siehe Fußn. 6 S. 505 u. H. PRESSER: Versuche an Hochleistungs-Wanderrosten. Glückauf 65 (1929) H. 29 S. 981—991.

[5] Bei Feinkohle wird die Rostlänge im Mittel etwa 0,2 m kürzer gewählt.

[6] Feuerungstechn. 18 (1930) H. 3/4 S. 21—23.

tigen sind. Es zeigt jedoch schon den außerordentlich hohen Einfluß der jährlichen Benutzungsdauer, die für die Auslegung der Feuerungsanlage eine ebenso hohe Bedeutung besitzt wie für die Kesselheizflächen.

Derartige Überlegungen dürfen allerdings nicht nur von den Verhältnissen im Augenblick der Planung ausgehen, da sie ja für die Gesamtlebensdauer der Anlage Gültigkeit haben sollen. Sie verlangen daher von dem planenden Ingenieur ein Gefühl für die mögliche Entwicklung. Die den Bestwert bestimmenden Kostenfaktoren unterliegen ja auch einer dauernden, zum Teil sogar rasch wechselnden Verschiebung; ZUR NEDDEN[1] spricht daher treffend von einer „Kostendynamik".

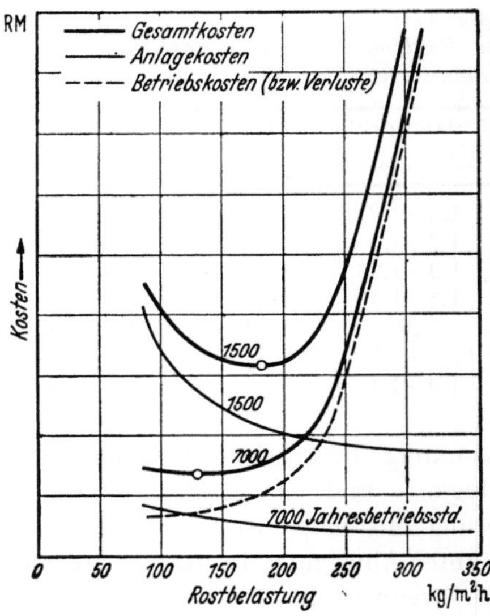

Abb. 23-3. Ermittlung der günstigsten Rostbelastung

Neben den rein wirtschaftlichen Einflüssen spielen schließlich auch noch Arbeitseinsatzfragen und schließlich die „Verfügbarkeit" an Brennstoffen eine Rolle (Größe und Grenzen der Kohlenvorräte, Verschiebungen in der Größe der Versorgungsgebiete und in der Zahl der Bedarfsträger). Der Konstrukteur wird daher in allen Fällen gut daran tun, neben der Berücksichtigung der augenblicklichen und der voraussichtlichen zukünftigen wirtschaftlichen Voraussetzungen auf spätere Änderungs-, Anpassungs- und Erweiterungsmöglichkeiten zu achten. Als selbstverständlich darf es gelten, daß wirtschaftliche Augenblicksvorteile — z. B. Senkung der Anlagekosten durch eine Schwächung der Konstruktion oder auch nur einzelner Anlageelemente, wie Lager, Wellen, Roststäbe usw. — die Betriebssicherheit oder die Lebensdauer nicht nachteilig beeinflussen dürfen, was sich in unangenehmster Weise auf den wirtschaftlichen Gesamterfolg auswirken würde.

Die eingefahrene Kohlenmenge ergibt sich aus der Schichthöhe, der Rostvorschubgeschwindigkeit und dem Schüttgewicht des Brennstoffs. Die Leistung kann also sowohl durch die Schichthöhe als auch durch den Vorschub geregelt werden, abgesehen davon, daß die jeweils auf

---

[1] ZUR NEDDEN, F.: Der Wert der Wärmeersparnis, erläutert an der elektrowirtschaftlichen Gesamtstatistik Deutschlands und der Vereinigten Staaten von Amerika 1912—1934, München u. Berlin 1936.

dem Rost liegende, im Abbrand befindliche Brennstoffmasse einen großen Energiespeicher darstellt, der durch Änderung der Zug- und Druckverhältnisse sehr schnelle Leistungsänderungen durchzuführen gestattet. Darauf ist die Elastizität einer Rostfeuerung in erster Linie zurückzuführen, sie hängt also davon ab, in welcher Zeit die Regelorgane der Feuerung und des Kessels betätigt und zur Auswirkung gebracht werden können[1]. Die Gas- und Luftanlaufzeit ist sehr kurz (höchstens wenige Sekunden), die Kohlenanlaufzeit dagegen bei Rostfeuerungen sehr lang. Hier hilft dann zunächst der Speicher des Brennstoffbettes (abgesehen von der Speicherwirkung der Eisen- und Mauerwerksmassen des Kessels), jedoch muß der Kohlennachschub dann den stärkeren Abbrand decken, falls die höhere Leistung für längere Zeit anhält. Während dieser Zeit kann der rückwärtige Teil des Rostes unter Umständen leer brennen und der CO_2-Gehalt durch stärkere Lufteinströmung verschlechtert werden, was aber durch Verstellung der Zonenregelung unterbunden werden kann. Bei älteren Rosten ohne diese Einrichtung wurde daher ein beträchtlicher Wirkungsgradabfall bei schwankender Belastung festgestellt[2], bei moderneren Wanderrosten dagegen nicht oder nur unwesentlich[3].

Die Schichthöhe muß der Brennstoffkorngröße und seiner Reaktionsfähigkeit angepaßt sein. Die Gasströmung in der Schicht gleicht sich nach neueren Messungen auf einem Weg vom 3- bis 4mal der Korngröße aus, die zulässige Rostgliedbreite wird mit 4mal Spaltweite angegeben[4]. Aus der Höhe der Oxydationszone (s. S. 488) ergibt sich daher eine zweckmäßige Schichthöhe von 100 bis 120 mm bei den üblichen Rostbrennstoffen. Durch Vergleichsversuche hat R. SCHULZE[5] festgestellt, daß die Schichthöhe einen nur sehr geringen Einfluß auf den Wirkungsgrad ausübt. Sie muß der Korngröße angepaßt sein, und zwar gelten für eine nichtbackende Eßkohle folgende Grenzwerte:

Feinkohle 6/0 mm Schichthöhe 7—12 cm
Nuß IV 20/10 mm Schichthöhe 10—15 cm
Nuß II 50/30 mm Schichthöhe 15—22 cm.

---

[1] SCHULTE, F., u. H. PRESSER: Elastizität von Steinkohlenfeuerungen. Arch. Wärmew. 12 (1931) H. 10 S. 281—289. — Gleichartige Untersuchungen an Braunkohlenfeuerungen s. P. ROSIN, E. RAMMLER u. J. H. KAUFFMANN: Versuche an Braunkohlen-Rostfeuerungen. Arch. Wärmew. 11 (1930) H. 4 S. 123—130. — ROSIN, P., E. RAMMLER u. H. STIMMEL: Elastizität von Braunkohlenstaub-Kesseln. Arch. Wärmew. 11 (1930) H. 12 S. 387—392.

[2] JOSSE, E.: Arch. Wärmew. 2 (1921) H. 11 S. 147—150.

[3] KOENIGER: Arch. Wärmew. 9 (1928) H. 9 S. 274—277.

[4] BENNETT, J. G., u. R. L. BROWN: Gas flow in fuel beds. J. Inst. Fuel 13 (1940) H. 73 S. 232—246, — Ref. Feuerungstechn. 29 (1941) H. 9 S. 213/14.

[5] SCHULZE, R.: Versuche über die Wahl der günstigsten Schichthöhe bei der Verfeuerung von Kohlen verschiedener Körnung. Wärme 64 (1941) H. 44/45 S. 405 bis 412.

Eine zu dünne Schicht und eine entsprechend sehr hohe Rostvorschubgeschwindigkeit (z. B. 6 cm bei Eßnuß- und Feinkohle) ergab den Nachteil einer größeren Empfindlichkeit gegenüber den häufiger notwendigen Regeleingriffen — die Feuerung besaß auch keine genügend feinstufige Regelung — und einer Verzögerung des Zündbeginns. Diese Verzögerung der Aufheizung kann jedoch bei Brennstoffen mit stärkerer Backneigung in gewissem Maße erwünscht sein[1].

Als weitere Gesichtspunkte sind zu beachten, daß niedrige Schichthöhe leicht zu einer Bloßlegung des rückwärtigen Wanderrostteiles führen kann, so daß besonders bei niedrigem Aschegehalt die Schlackendecke nicht ausreicht, den Rost vor einer starken Bestrahlung zu schützen und das Eindringen zu großer Falschluftmengen in den Feuerraum zu verhindern. Hohe Schicht dagegen setzt den Schichtwiderstand unnötig herauf, sie kann unter Umständen auch die oberste Schicht des Brennstoffbettes zu lange einer zu intensiven Bestrahlung aussetzen und dadurch zu einer Koksplattenbildung führen (besonders bei zu niedrigem Zündgewölbe), andererseits auch die Durchzündung verlängern, also den Ausbrand verschlechtern. Allgemeingültige Regeln für die Abgleichung von Schichthöhe und Rostvorschub lassen sich daher nicht angeben, vielmehr wird man die *Leistungsregelung* vorzugsweise mit dem *Rostvorschub* besorgen, der zu diesem Zweck möglichst vielstufig sein oder stufenlos geregelt werden soll, während die *Schichthöhe* nach dem *brenntechnischen Verhalten* des zu verfeuernden Brennstoffs eingestellt wird.

Die Gleichmäßigkeit der Schicht über die ganze Rostbreite und ihr gleichmäßiger Abbrand wird dadurch erreicht, daß man Schwankungen der Korngröße und des Schüttgewichts, hervorgerufen durch Entmischungserscheinungen im Bunker und bei der Aufgabe auf den Rost, durch Pendelschurren[2], Kegelrutschen[3] oder durch einen entsprechend geformten Schichtregler ausgleicht. In diesem Zusammenhang sei auch auf die Wichtigkeit des seitlichen Rostabschlusses hingewiesen.

Der Strömungswiderstand einer Feuerung setzt sich zusammen aus dem Rostwiderstand, der vor allem von der Größe der freien Rostfläche und der Roststabgestaltung abhängig ist, und dem Schichtwiderstand (vgl. S. 51). Der Schichtwiderstand ist aber nicht nur durch die Schüttungskenngrößen zu erfassen, er verändert sich vielmehr im Laufe des Verbrennungsvorganges; er steigt z. B. beim Auftreten von Backerscheinungen, und er nimmt ab nach Maßgabe des Abbrandes[4].

<hr>

[1] GUMZ, W.: Einfluß der Rostgeschwindigkeit auf die Vorgänge in der Feuerung. Feuerungstechn. 18 (1930) H. 17/18 S. 171—173.

[2] LENHART, K.: Feuerungstechn. 28 (1940) H. 9 S. 201—203.

[3] PRAETORIUS, E.: Wärme 56 (1933) H. 38 S. 617—620.

[4] WERKMEISTER, H.: Feuergasbeschaffenheit und Windverteilung bei Wanderrostfeuerungen, 72. VDI-Hauptversammlung, Trier 1934, S. 74—79.

Körnung. Der Einfluß der Korngröße ist bei nicht backenden und bei backenden Kohlen verschieden. Bei nicht oder höchstens schwach backenden Eßkohlen mit 14 bis 16% Flüchtigen Bestandteilen haben SCHULZE und JANISSEN[1] auf einem Zonenunterwindwanderrost mit 5 Zonen von 10,71 m² Rostfläche bei 12% freier Rostfläche Versuche mit eng klassierten Kornbereichen durchgeführt, die einen Einblick in den Einfluß von Körnung und Siebsprung vermitteln. Der Versuchskessel, ein 250 m²-Teilkammerkessel mit Seitenwandkühlung, war für eine Normalleistung von 10 t/h ausgelegt. Untersucht wurde Feinkohle von 0/6 mm und die Körnungen 4/8, 8/14, 16/20, 30/38, 65/80, die Mischung 65/80 und 11/23, ferner handelsübliche Nuß IV und die Mischung Nuß I und IV. Die wichtigsten Ergebnisse sind in der Abb. 23–4 wiedergegeben, wobei jeweils die günstigste Schichthöhe und Vorschubgeschwindigkeit des Rostes (5 Geschwindigkeitsstufen waren vorhanden) und nach Bedarf Zweitluftzugabe in wechselnden Mengen eingestellt, das Brennstoffbett im übrigen aber nicht geschürt wurde, mit Ausnahme bei der gröbsten Körnung 65/80. Die Zündung setzte um so später ein, je gröber der Brennstoff war (s. Zahlentafel 23–2). Bei der Körnung 65/80 war sie ganz unregelmäßig, und der Betrieb war ohne Schüren und Planierung des Feuerbettes von Hand unmöglich.

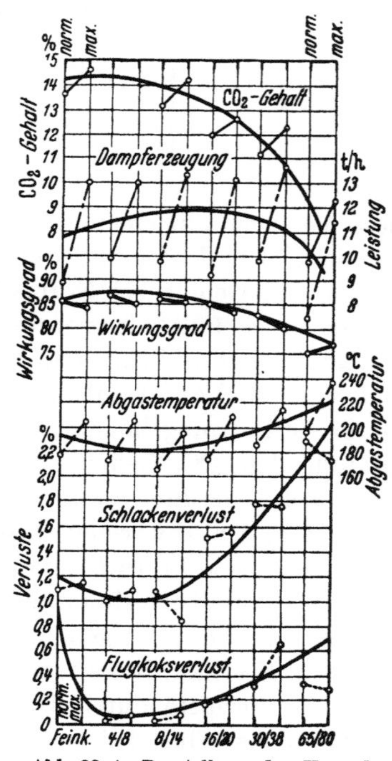

Abb. 23–4. Darstellung der Versuchsergebnisse von SCHULZE und JANISSEN

In Ergänzung sind am Schluß der Zahlentafel 23–2 die Versuche von DRESNER, KAYSER, RAMMLER und WESEMANN[2] angeführt, die die Aufteilung der Feinkohle in einzelne Korngruppen berücksichtigen. Hier zeigt sich ein günstiges Bild für das sogenannte Grobkorn von 3/6 und 6/10 mm, dagegen ein sehr ungünstiges Bild für das übrigbleibende Feinkorn von 0/3 mm, das sich praktisch nicht für die Verfeuerung auf Rosten eignet. Zu den absoluten Werten ist außerdem zu sagen, daß

---

[1] SCHULZE, R., u. H. JANISSEN: Einfluß der Korngröße und des Siebsprunges von Kohlensorten auf Wirkungsgrad und Leistung der Verbrennung. Wärme 63 (1940) H. 7/10 S. 61—64, 73—75, 79—85, 88—92.

[2] DRESNER, KAYSER, RAMMLER u. WESEMANN: Untersuchungen zum Feinkohlenproblem. II. Vergleichende Feuerungsversuche mit verschieden klassierter Feinkohle. Bericht des Reichskohlenrates D 57, Berlin 1934.

Zahlentafel 23–2

Körnung mm	Zündbeginn cm Rostweg	Ende der Durchzündung % der Rostlänge	CO_2-Gehalt %	Bemerkung
0/6	15	40	13,4	
4/8	15	40	14,3	
8/14	20	58	13,2	
16/20	25	42	11,9	
30/38	45	50	11,2	
65/80	—	—	6,8	Zündung reißt ab
65/80 + 11/23	25	40	11,0	
0/3	—	—	5,6	s. Fußn. 2 S. 511
3/6	—	38,2	12,4	
6/10	—	60	10	

diese Versuche auf einem gewöhnlichen Wanderrost ohne Zoneneinteilung und ohne Unterwind durchgeführt wurden.

Der CO_2-Gehalt bei Normallast, der in Zahlentafel 23–2 ebenfalls angegeben ist, fällt mit gröberem Korn, zuletzt ungewöhnlich stark, da das Kohlenbett schließlich zu locker wird, und große Falschluftmengen eindringen. Bei der Feinkohle 0/3 ist der Abfall des CO_2-Gehaltes auf die größere Unregelmäßigkeit des Brennstoffbettes zurückzuführen. Mit fallendem CO_2-Gehalt ist eine Senkung der mittleren Feuerraumtemperatur, eine Steigerung der Abgastemperatur und ein entsprechender Anstieg der Abwärmeverluste verbunden. Die Verluste durch Flugkoks stiegen sowohl bei Feinkohle als auch bei den gröberen Sorten. Die Verluste durch Unverbranntes in den Rückständen steigen ebenfalls an, liegen aber absolut genommen durchweg recht niedrig. Bei den von Dresner, Kayser, Rammler und Wesemann untersuchten Feinkohlen liegen die Verluste durch Unverbranntes einschließlich Rostdurchfall und Flugkoksverlust bei dem Grobstaub mit 4 bis 5% und beim Feinstaub mit 17 bis 18% ganz bedeutend höher, steigen also bei den kleinsten Körnungen erheblich an.

Der Bestwert des Wirkungsgrades liegt bei den Körnungen 4/18. Er verläuft aber in weitem Bereich flach und erweist sich als nicht nennenswert abhängig von dem Siebsprung, wie man es auf Grund der früheren Versuche mit Feinkohle vermutet hatte. Bei gröberen Sorten ist sogar ein weiter Korngrößenbereich wesentlich günstiger als die Kornreinheit in engen Grenzen, wie der Vergleich der Versuche mit der Körnung 65/80 gegenüber der Mischung 65/80 + 11/23 im Verhältnis 1 : 1 zeigt. Ein ähnliches Bild gewinnt man beim Vergleich der Versuche mit Feinkohle 0/3 mit unklassierter Feinkohle 0/10. Obwohl hierbei der Siebsprung ungünstiger wird, ist das Feuerungsergebnis wesentlich besser.

Die Leistung steigt mit wachsender Korngröße zunächst an, doch wurden Versuche über die Höhe der erzielbaren Grenzleistung nicht angestellt, vielmehr nach Möglichkeit die Normalleistung von 10 t/h und die Maximalleistung von 13 t/h erstrebt. Größere Kornreinheit vergrößert die Leistung ebenfalls nicht. Je gröber das Korn ist, um so mehr ist die Mindestleistung der Feuerung begrenzt; z. B. konnte bei der Körnung 30/38 die Leistung nicht unter 90 kg/m² h gefahren werden, ohne daß Zündschwierigkeiten auftraten.

Vom wirtschaftlichen Standpunkt gesehen, bedingen die höheren Preise der gröberen Körnungen neben dem verschlechterten Wirkungsgrad eine beträchtliche Erhöhung des Dampfpreises für die industriellen Dampfkesselfeuerungen. Es kommen daher hauptsächlich die Sorten Nuß IV und V in Frage, dagegen ist auf große Kornreinheit oder enge Klassierung kein Gewicht zu legen. Die Zumischung gröberer Sorten wirkt sich nicht nachteilig aus, während die Verfeuerung grober Sorten allein für den Wanderrost nicht empfehlenswert ist. Diese Ergebnisse decken sich mit englischen Versuchen[1], in denen eine Korngröße von $^1/_2''$ (12,7 mm) mit 7 bis 10% Aschegehalt als günstigster Wanderrostbrennstoff bezeichnet wird[2]. In USA wird bei Anthrazit die Korngröße 9,5/4,8 mm (buckwheat Nr. 2) und 4,8/2,4 mm (buckwheat Nr. 3) bevorzugt, für bituminöse Kohle 19 mm als obere Grenze empfohlen[2].

Bei backenden Brennstoffen spielt die ursprüngliche Korngröße eine wesentlich geringere Rolle, da ja je nach Backfähigkeit und nach der Schnelligkeit der Erhitzung ein Zusammenfließen der Kohlekörner zu Trauben oder größeren Gebilden erfolgt. Leichtes Backen ist sehr erwünscht, da es vor allem das Feinkorn am Wegfliegen verhindert, während die ganze Kohlenmasse noch ausreichend luftdurchlässig bleibt. Backfähige Kohle läßt daher auch eine höhere Rostbelastung zu, ohne daß unwirtschaftlich hohe Flugkoksverluste auftreten. Sehr starkes Backen dagegen ist nachteilig, weil sich durch das Zusammenfließen der Kohle große Platten, Fladen oder Kuchen bilden, das Brennstoffbett also ungleich und schwer belüftbar wird und die zu groben Kokskuchen zu langsam ausbrennen. Schlimmstenfalls, wie dies bei zu schneller Erhitzung eintreten kann, bilden sich so große Kokskuchen, daß im Brennstoffbett nur wenige Strömungskanäle offen bleiben, in denen dann eine besonders lebhafte Verbrennung stattfindet, so daß eine Verschlackung dieser Kokskuchen eintritt. Noch unverbrannter Koks und sogar mangelhaft ausgegaste Kohle kann auf diese Weise eingeschlossen und am weiteren Ausbrand verhindert werden. Nach dem Aussehen dieser Stücke wird diese Erscheinung als „Blumenkohl"- oder als „Koksstengel"-Bildung bezeichnet, es tritt besonders bei hoher Luftvorwärmung, bei zu niedrigen und zu heißen Feuerräumen und vor

---

[1] Iron Coal Trad. Rev. 134 (1937) H. 3603 S. 529, — Ref. Feuerungstechn. 25 (1937) H. 10 S. 301.

[2] Wood, W.: Combustion, N.Y. 12 (1940) H. 3 S. 39—41.

allem leicht bei backender Feinkohle auf[1]. Solche Kokskuchen können den Rost derartig abdecken, daß seine gleichmäßige Kühlung durch die Verbrennungsluft verhindert wird und damit ein erhöhter Rostverschleiß auftritt. Dagegen kann man sich schützen, indem man die Erhitzung der Kohle möglichst verlangsamt, damit der Träger des Backvermögens, das Ölbitumen, abgeschwelt wird (vgl. S. 147ff.), z. B. durch Schließung oder starke Drosselung der Luftzufuhr in den ersten Zonen, oder umgekehrt durch eine Alterungswirkung. Zum Aufbrechen des Kohlenbettes wird gelegentlich die Anfeuchtung des Brennstoffs empfohlen, wobei dem ausgetriebenen Wasserdampf eine gewisse Sprengwirkung zugeschrieben wird; jedoch dürfte die Trocknung ja meist vor dem Erreichen der Erweichungszone beendet sein, die Wirkung also eher auf der Verzögerung der Aufwärmung beruhen, was der Forderung nach langsamer Erwärmung entgegenkommt. Diese Wirkung verlangt dann aber auch eine sehr gleichmäßige und innige Befeuchtung, am besten in einer Mischschnecke oder eine geraume Zeit (1 bis 2 Tage) vor der Verwendung.

In besonders schwierigen Fällen muß man zu einer besonderen Schüreinrichtung greifen — soweit eine Schürung von Hand nicht ausreicht oder wegen der Häufigkeit des Schürens und der Größe der Anlage nicht mehr in Frage kommt — wozu wassergekühlte Stau- und Schürrohre, Schürwalzen oder die wassergekühlte Schürsäge nach PFLEIDERER u. ä. verwendet werden[2]. Andere Schüreinrichtungen sind das Kohledruckrohr[3] und der Rotorstauer[4]. Grundsätzlich wanderrostschwierige Brennstoffe, insbesondere wenn starkes Backen, schlechte Zündung und hoher Asche- und Wassergehalt zusammentreffen, werden zweckmäßig auf Schürrosten (s. S. 526) verfeuert.

Luftbedarf und Zoneneinteilung. Die Verbrennung von Kohle vollzieht sich zeitlich keineswegs gleichmäßig, dementsprechend ist auch der Luftbedarf keineswegs gleichbleibend, und einen großen Fortschritt auf dem Wege zur Leistungssteigerung brachte daher die beherrschbare Luftsteuerung durch die Zoneneinteilung. Ein Blick auf die Versuchsergebnisse von DEINLEIN[5] (Abb. 23-5, untere Kurve) zeigt das überaus ungünstige Verhalten der älteren, zonenlosen Wanderroste; die Luft

---

[1] GUMZ, W.: Die Luftvorwärmung bei Rostfeuerungen. Feuerungstechn. 17 (1929) H. 3 u. 4 S. 25—28, 38—43. — Über die Zulässigkeit höherer Luftvorwärmung bei Rostfeuerungen. Feuerungstechn. 23 (1935) H. 5/6 S. 52—54 u. 58/59.

[2] SCHULTE, F.: s. Fußn. 5 S. 505 und H. PRESSER: s. Fußn. 6 S. 505.

[3] KAMPFMENGER: Verbesserungen an Wanderrostfeuerungen. BWK 3 (1951) Nr. 3 S. 156/57.

[4] SCHULZE, R.: Der Rotorstauer, eine neue Schürvorrichtung für Wanderroste. Glückauf 87 (1951) Nr. 1/2 S. 27/28.

[5] DEINLEIN, W.: Temperatur- und Luftmessungen an einem Wanderrost. Z. bayer. Rev.-Ver. 32 (1928) H. 4 u. 5 S. 37—40, 57/58.

sucht sich den Weg des geringsten Widerstandes, fehlt dadurch im vorderen Teil des Rostes, wo sie vor allem gebraucht wird, und ist im Überschuß dort vorhanden, wo nur noch geringe Mengen notwendig wären. Durch die Zoneneinteilung läßt sich diese Verteilung weitgehend den wirklichen Bedürfnissen anpassen. Bis zum Zündpunkt verbraucht die Kohle keinen Sauerstoff, von den immerhin geringen adsorbierten Mengen abgesehen. Ist der Zündpunkt überschritten, so steigt der Luftbedarf rasch an bis zu einem Maximum, welches um so höher liegt, je gasreicher die Kohle ist, und das schmaler oder breiter ist, je nachdem ob die Kohle schneller (Feinkorn) oder langsamer entgast (Grobkorn). Der Luftbedarf für die Verbrennung der Flüchtigen Bestandteile kann so groß sein, daß es unzweckmäßig ist, ihn unter Überwindung des großen Schichtwiderstandes von unten zuzuführen; er wird dann als Zweitluft oberhalb der Schicht zugegeben, wo seine Druck- bzw. Geschwindigkeitsenergie für eine gute Gas-Luft-Mischung ausgenutzt werden kann (s. S. 531). Der weitere Verlauf des Koksabbrandes wird dann bestimmt durch das physikalische Verhalten des Brennstoffs in der Wärme, er wird also bei allen Brennstoffarten verschieden sein[1]. Nicht backende und nicht zerspringende Kohle (etwa Eßkohle) wird nach Maßgabe des Abbrandes und der Verringerung der wirksamen

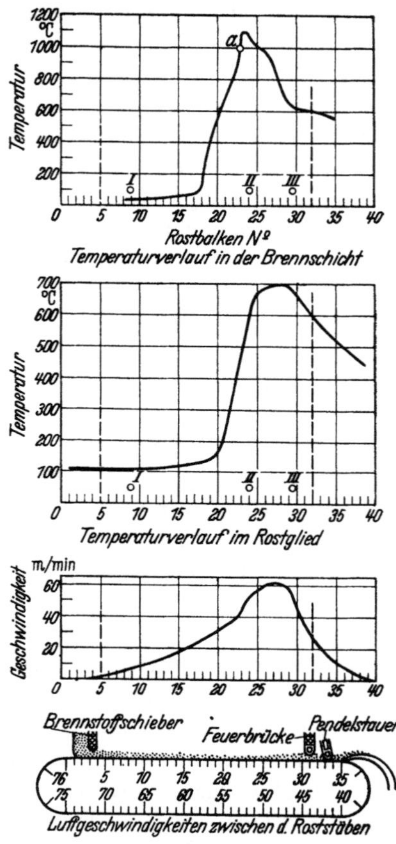

Abb. 23–5. Temperatur- und Luftmengenmessung an einem Wanderrost (ohne Zonen) (nach DEINLEIN)

Oberflächen einen langsam abnehmenden Luftbedarf haben. Neigt das Korn zum Zerfall (Anthrazit), so werden sich größere Oberflächen bilden, der Abbrand wird beschleunigt, der Luftbedarf auf kürzere Zeit

---

[1] WERKMEISTER, H.: Versuche über den Verbrennungsverlauf bei Steinkohlen mittlerer Korngrößen. Veröff. des Ver. zur Überwachung der Kraftwirtschaft der Ruhrzechen, Essen (1933/34) H. 2, Feuerungstechn. Ber. H. 8, Berlin 1932, — Arch. Wärmew. 12 (1931) H. 8 S. 225—232, — Glückauf 67 (1931) H. 37 S. 1171 bis 1175.

zusammengedrängt. Backende Kohle (zunehmende Korngrößen) verbreitert das Maximum des Luftbedarfs, da sich der Abbrand des Kornes mit der Kornagglomerierung überlagert. Durch Schüren wird dieser Einfluß teilweise aufgehoben, werden neue Oberflächen und der Luft neue Möglichkeiten zum Angriff geschaffen. Gasreiche Kohlen, die nicht oder nur schwach backen, haben vorne ein starkes Luftbedarfsmaximum, welches dann ähnlich wie bei anderen nicht backenden Kohlen abklingt. Diese Formen der Luftbedarfskurven können durch die Art der Luftzugabe in weitem Maße verzerrt werden, wenigstens was die Verbrennung des festen Kohlenstoffs betrifft, sie geben jedoch einen Anhalt über die zweckmäßigste Luftsteuerung. Die Wirksamkeit der Zonenregelung hängt aber in hohem Maße davon ab, ob die Zonen untereinander genügend dicht sind und die Einstellung nennenswerter Druckunterschiede zulassen, ferner von der Zahl der Zonen. Gewöhnlich werden 5 bis 7 Zonen vorgesehen, dabei wäre besonders im Vorderteil des Rostes eine größere Zahl kleinerer Zonen erwünscht, besonders wenn wechselnde Brennstoffe verfeuert werden sollen. Die Möglichkeit, Vielzonen-Wanderroste zu bauen, hängt von der Lösung der Zonenabdichtung ab. Am weitesten geht in dieser Beziehung der Wanderzonenrost[1]. Wichtig ist ferner, daß die Zonensättel möglichst schmal sind, damit nur wenig Rostfläche unwirksam gemacht wird.

Rauchgasrückführung. Soll in einer Wanderrostfeuerung zur Zündbeschleunigung und zur wirtschaftlichen Gestaltung einer Kesselanlage mit hoher Luftvorwärmung gearbeitet werden, so muß in der Ausbrennzone des Rostes eine Temperaturbegrenzung durch Rauchgasrückführung (mit oder ohne Wasser- bzw. Wasserdampfzusatz) vorgenommen werden[2]. Die Rauchgasbeimischung zur Verbrennungsluft bewirkt einerseits eine Herabsetzung des Sauerstoffgehaltes des Gemisches, andererseits eine Wärmebindung durch die endothermen Reaktionen des Kohlendioxyds und des Wasserdampfes des Rauchgases mit Kohlenstoff[3]. Das Rauchgas besitzt bei seiner Rücksaugetemperatur nur einen geringen Sättigungsgrad, so daß es noch viel Wasserdampf aufzunehmen vermag. Daher ist das Einspritzen von Wasser[4] in das Rauchgas zur Verstärkung der Wirkung der Rückführung sehr zu empfehlen, zumal dadurch seine Temperatur gesenkt und der Kraftbedarf des Rückführgebläses verringert wird.

---

[1] MARCARD, W., u. H. PRESSER: Der Wanderzonenrost. Z. VDI 78 (1934) H. 26 S. 801—805.

[2] GUMZ, W.: Forschungsaufgaben und Entwicklungssätze im Feuerungsbau. Mitt. VGB H. 54 (1958) S. 180—197.

[3] GUMZ, W., H. KIRSCH u. M.-TH. MACKOWSKY: s. Fußn. 1 S. 165, dort S. 266ff.

[4] FREEDMAN, A. M.: Experience with humidification of combustion air to prevent boiler fouling. J. Inst. Fuel 29 (1956) Nr. 183 S. 165—170.

Durch diese Maßnahme wird die Schlackenbildung und das Entstehen von Heizflächenverschmutzungen stark gehemmt, die Schlackengröße verringert. Versuche an einem 12 t/h-Kessel haben die Durchführbarkeit dieses Verbrennungsverfahrens erwiesen[1]. Ein Wanderrost üblicher Bauart konnte in Dauerversuchen mit Lufttemperaturen bis zu 300 °C gefahren werden, wobei die Temperatur der Rostoberfläche unter 450 °C blieb. Die Schlacke fiel in kleinstückiger, griesiger Form an, der Ausbrand war sehr gut.

Feuerraumgestaltung. Im Feuerraum sollen die gasförmigen Brennstoffanteile, die Entgasungs- und Vergasungsprodukte des Rostes restlos, alle mitgerissenen Schwebeteilchen soweit als möglich verbrannt werden. Zu diesem Zweck ist es notwendig, dem Feuerraum die dazu notwendige Luft zuzuführen und Gas und Luft innig zu mischen. Die Luftzuführung geschieht in der Regel dadurch, daß ein entsprechender Luftüberschuß durch den Rost gedrückt wird; bei gasreichen Brennstoffen kann diese Luft auch oberhalb des Rostes als Zweitluft eingeblasen werden. Der Feuerraum muß solche Abmessungen erhalten, daß er einerseits dieser Aufgabe gerecht wird, andererseits aber auch das Gas und seine Schwebeteilchen so weit auskühlt, daß nur ein völlig ausgebranntes und bis unter den Schlackenerweichungspunkt der Flugasche abgekühltes Gas in die Kesselheizfläche eintritt, um leistungshemmende, betriebstörende Ansätze zu vermeiden. Eine weitere Aufgabe des Feuerraums liegt in der Zuführung der notwendigen Zündwärme (Oberzündung) im ersten Rostabschnitt.

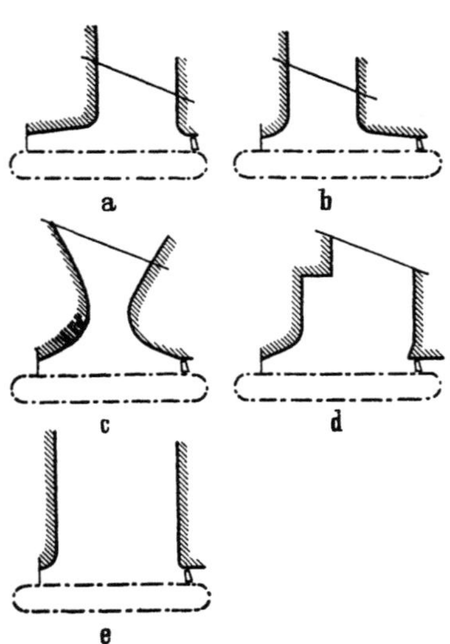

Abb. 23–6 a—e. Feuerraumgestaltung bei Wanderrostfeuerungen

Die Feuerräume der älteren Wanderrostfeuerungen (Abb. 23–6 a) besaßen ein meist ziemlich langes, oft auch sehr niedriges Zündgewölbe, welches ein Drittel bis zur Hälfte der Rostfläche überdeckte. Dadurch wurden die Gase aus der vorderen Rosthälfte nach hinten gedrängt, wo sich ein sehr hoher Luftüberschuß vorfand (s. Abb. 23–5), so daß das Gewölbe hauptsächlich als Gasführungs- und Mischgewölbe wirkte. Das Gewölbe war jedoch — besonders an seiner Stirnfläche — durch Erosionen und durch die starke Bestrahlung durch Brennstoffbett und Flamme stark gefährdet, so daß diese Feuerungen nur mäßige Belastun-

---

[1] Siehe Fußn. 2 u. 3 S. 516.

gen zuließen und hohe Reparaturkosten verursachten. Die gleiche Mischwirkung wird erreicht, wenn ein entsprechendes hinteres Gasführungsgewölbe (Abb. 23–6b) vorgesehen wird; sie wird verstärkt, wenn sowohl ein vorderes als auch ein hinteres Gewölbe vorhanden ist und der Feuerraum in der Mitte stark eingeschnürt wird (Abb. 23–6c); die Einschnürung wirkt als solche ebenfalls schon stark mischend. Als weiterer Vorteil des hinteren Gewölbes wird geltend gemacht, daß das Vorschleudern von glühenden Brennstoffteilchen, die im vorderen Teil des Rostes niederfallen, die Zündung durch Zündnesterbildung begünstigen, weshalb es in Amerika für Feuerungen für schwer zündende Brennstoffe (Anthrazitfeuerungen) gern verwendet wird.

Nachdem man erkannt hatte, daß die Flamme die Zustrahlung der Zündwärme viel besser besorgt als das sog. Zündgewölbe, begann man das Vordergewölbe mehr und mehr gegen den Feuerraum zu öffnen und es zu kürzen (Abb. 23–6d) und gelangte schließlich zu dem zündgewölbelosen Feuerraum (Abb. 23–6e). Sein Vorteil liegt in der baulichen Einfachheit, in der Möglichkeit, die glatten Wände mit Kühlrohren zu belegen, die Unterhaltungskosten dadurch ganz wesentlich zu veringern und bedeutende Leistungssteigerungen zuzulassen. Damit entfiel jedoch die bisherige Mischwirkung, die Gase stiegen in Strähnen unter geringer Mischwirkung nach oben, verbrannten mit langer Flamme und, während man früher mit Feuerraumhöhen von 4 m gut auskam, stiegen die notwendigen Höhen auf 8, 10 und mehr Meter. Bei den hohen Kosten des umbauten Feuerraumes und der Strahlungsheizflächen sind daher Maßnahmen zur Verringerung des Feuerraumbedarfs am Platze, was durch die Mischwirkung der Zweitluftzuführung gelingt (s. S. 531 und Abb. 23–12, S. 535).

Der Rostbelag

Die Roststäbe haben die Aufgabe, den Brennstoff zu tragen und gleichzeitig die Zuführung der Verbrennungsluft zu ermöglichen[1]. Ihre mechanische Beanspruchung ist nicht sonderlich groß, um so größer aber die Wärmebeanspruchung. Von größter Wichtigkeit ist daher die Kenntnis des Temperaturverlaufs in den Roststäben und die Beherrschung der auftretenden Höchsttemperaturen. Beim Planrost mit Hand- oder Wurfbeschickung kann auf dem Rost meist eine entsprechende Schlackenschicht gehalten oder neu gebildet werden, so daß die Wärmebeanspruchung in mäßigen Grenzen bleibt. Beim Wanderrost wird der Rostbelag im rücklaufenden Trum immer wieder abgekühlt, so daß sich die Roststäbe immer nur eine begrenzte Zeit im Bereich

---

[1] Über konstruktive Einzelheiten vgl. W. Marcard: Rostfeuerungen, Berlin 1934. — Loschge, A.: Die Dampfkessel, Berlin 1937, — Ruhrkohlen-Handbuch, 4. Aufl., Essen 1954.

der höchsten Temperaturen aufhalten. Am ungünstigsten liegen die Verhältnisse bei Vorschub- und Schürrosten, wobei Teile des Rostbelages (Schürplatten) in das glühende Brennstoffbett hineinstoßen und sich dauernd im Wirkungsbereich sehr hoher Temperaturen befinden. Kernproblem der Roststabkonstruktion ist daher seine richtige Kühlung. Der Temperaturverlauf im Roststab eines Wanderrostes geht nach Messungen von DEINLEIN[1], PRESSER[2], TANNER[3], LÖWENSTEIN[4] aus Abb. 23-5 (mittlere Kurve, für einen Rost älterer Bauart) und Abb. 23-7

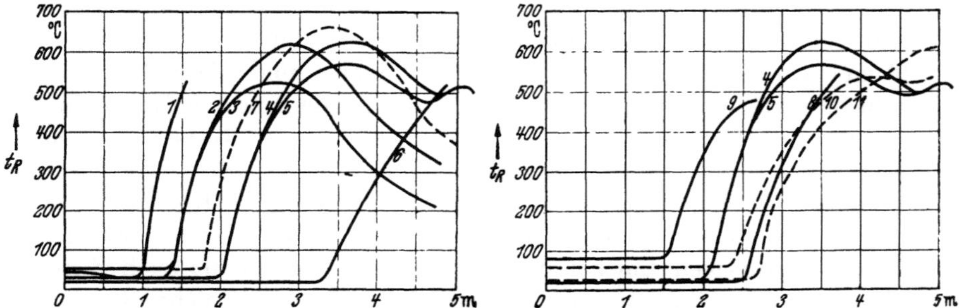

Abb. 23-7. Temperaturverlauf im Roststab eines Wanderrostes (nach E. TANNER)

Versuch	Schichthöhe [mm]	Vorschub [mm/min]	Zug (Kesselende) [mm]	Durchzündgeschwindigkeit [mm/min]
1	100	0,061	8	6,4
2	100	0,093	7	7,2
3	100	0,093	10	7,3
4	100	0,144	7	7,6
5	100	0,144	9	7,6
6	100	0,229	7	7,0
7	120	0,093	7	6,6
8	120	0,144	7	7,2
9	80	0,144	7	7,7
10	80	0,229	15	8,0
11	80	0,229	7	7,1

hervor. Übereinstimmend zeigt sich das Bild, daß der Roststab zunächst keine merkliche Temperaturerhöhung erfährt, bis die Durchzündung das ganze Brennstoffbett erfaßt, also auch die unmittelbar auf dem Rost aufliegenden Schichten erreicht hat. In diesem Augenblick setzt meist schlagartig ein überaus heftiger Wärmestoß ein, und die Temperatur steigt steil an bis zu einem Höchstwert, der 600 bis über 800 °C erreichen kann. Nach Maßgabe der abnehmenden Wärmeentwicklung und der zunehmenden Kühlwirkung der Luft — die Wärmeabfuhr bedarf eines beträchtlichen Zeitaufwandes, da ja der Transport durch Wärmeleitung nur langsam vor sich geht — klingt nun die Temperatur

---

[1] Siehe Fußn. 5 S. 514.
[2] Arch. Wärmew. 11 (1930) H. 4 S. 131—136.
[3] TANNER, E.: Diss. Darmstadt 1933.
[4] Wärme 57 (1934) H. 7/8 S. 97—101, 121—125.

langsam wieder ab. Versprühen von Wasser zur Verstärkung der Rostkühlung kann die Beanspruchung wohl etwas mildern, Abhilfe schafft aber bei unzulässig hohen Temperaturen und daher frühzeitigem Rostverschleiß nur eine Beseitigung der primären Ursachen, z. B. durch Schüren, durch Vermeidung einer Kokskuchenbildung (s. S. 513) u. dgl.

Die Kühlung des Rostbelages durch die Verbrennungsluft setzt voraus, daß die Luft mit möglichst großer Geschwindigkeit in der Zone der Höchsttemperatur durch den Rost streicht. Auch die Kühlwirkung von Warmluft von 150 bis 250 °C ist hier, wo Rosttemperaturen von 500 bis 800 °C auftreten, noch ausgezeichnet, zumal das verringerte Temperaturgefälle durch das größere Volumen und die höhere Geschwindigkeit ausgeglichen wird[1]. Für die Begrenzung der Lufttemperaturen bei Rostfeuerungen ist also nicht so sehr die Roststabkühlung als vielmehr das Verhalten des Brennstoffs in der Wärme (Backeigenschaften, Einfluß der Erhitzungsgeschwindigkeit) maßgebend. Das Arbeiten mit hoher Brennstoffschicht ist wegen der dadurch notwendigen hohen spezifischen Luftbelastung des Rostes vorteilhaft; auch dieser Gesichtspunkt führt zu einem Mindestgrenzwert der Schichthöhe. Der Einfluß der spez. Luftbelastung wirkt sich jedoch verschiedenartig aus bei backenden und bei nichtbackenden Brennstoffen (s. Abb. 23–8). Auf erweichende und flüssige Schlacke wirkt die entgegenströmende Luft durch die plötzliche Abkühlung granulierend, was für die Vermeidung eines Haftens der Schlacke an der Rostoberfläche und eines Verklebens der freien Querschnitte wichtig ist[2]. Zur Erhaltung einer ausreichenden Kühlluftmenge ist daher auch die als Zweitluft in den Feuerraum einzublasende Luftmenge begrenzt, damit die verbleibende Erstluftmenge zur Kühlung ausreicht. Bei Zonenrosten wird man die Einstellung in diesem Falle natürlich möglichst so vornehmen, daß die Zweitluft aus den sonst den vorderen und hinteren Zonen zugeführten Luftmengen gedeckt wird, während die den Hauptwärmestoß aufnehmenden Zonen ihre ungeschmälerte Kühlluftmenge erhalten.

Die Kühlwirkung der Luft auf den Roststab hat BOCK[3] theoretisch untersucht und gefunden, daß möglichst kleine Rostspalten (hoher α-Wert) und ein möglichst hoher Wasserwert anzustreben wären. Das „Kühlverhältnis", das Verhältnis der halben Stabbreite, am Kopf gemessen, zur Höhe soll in der Größenordnung von 12 bis über 30 liegen, d. h. schmale, schlanke Stäbe und geringe Spaltbreiten sind am günstigsten. Gegenüber diesen theoretischen Forderungen, die eine bestimmte

<hr>

[1] GUMZ, W.: Über die Zulässigkeit höherer Luftvorwärmung bei Rostfeuerungen. Feuerungstechn. 23 (1935) H. 5/6 S. 52—54, 58/59.

[2] TANNER, E.: Zweckmäßige Roststabgestaltung. Arch. Wärmew. 15 (1934) H. 11 S. 289—292.

[3] BOCK, J.: Die günstigste Roststabform. Forschung 6 (1935) H. 1 S. 23—32.

Kopftemperatur als gegeben voraussetzen, ist noch hervorzuheben, daß diese Temperatur maßgeblich von der Größe des Wärmestoßes, also der sekundlich dem Roststab aufgedrückten Wärmemenge abhängt. Diese Temperatur wird angesichts der geringen Wärmeleitungsgeschwindigkeit um so ungünstiger sein, je geringer das Speichervermögen, also die Masse des Roststabes, und je kleiner der wärmeableitende Querschnitt ist. Sehr schlanke Roststäbe würden also besonders gefährdet sein, während ein bestimmtes Eigengewicht Voraussetzung für die Haltbarkeit des Rostbelages ist[1]. Die Spaltweite kann nicht unbegrenzt verkleinert werden, dagegen spricht die Tatsache, daß mit einem gewissen Wachsen des Gußeisens gerechnet werden muß, so daß sehr leicht ein Zusetzen oder eine so starke Verengung eintreten würde, daß infolge des erhöhten Widerstandes die strömende Luftmenge erheblich gemindert, die Kühlung also verschlechtert, die Abbrandverhältnisse und schließlich auch die Rostleistung beeinträchtigt würden.

Bei ruhenden Rosten (Planroste) oder solchen Bauarten, bei denen Teile des Rostes in Ruhe sind (Vorschubroste, Graafen-Stoker[2], einige Unterschubroste[3] und einige Schürroste[4]), besteht noch die Möglichkeit der Wasserkühlung. Sie verlangt allerdings, wenn sie betriebssicher arbeiten soll, Verwendung so großer Kühlwassermengen und so geringe Aufwärmung, daß Steinablagerungen unbedingt vermieden werden, oder besser noch eine Kühlung durch aufbereitetes Speisewasser oder überhaupt Anschluß an den Kesselkreislauf (Durchlauf oder Umlauf).

Sind alle Mittel, den Roststab ausreichend zu kühlen, erschöpft, so verbleibt noch als letztes, den Wärmestoß von der Feuerseite her zu mildern. Einen gewissen natürlichen Schutz stellt der Aschegehalt des Brennstoffs bzw. die sich bildende Schlackendecke dar. Brennstoffe mit 8 bis 10% Aschegehalt sind daher begehrte Wanderrostbrennstoffe, solche mit Aschegehalten unter 4% bereiten erhebliche Schwierigkeiten, und nahezu aschefreie, wie z. B. Petrolkoks, lassen sich gar nicht auf Rosten verfeuern. Die Messungen über den Ascheneinfluß auf die Rosttemperatur von TANNER[5] sind in Zahlentafel 23-3 wiedergegeben; sie decken sich grundsätzlich mit den Ergebnissen der Laboratoriums-

---

[1] MOLINDER, E.: Zusammenhang zwischen Gewicht und Temperatur des Wanderrostes. Arch. Wärmew. 11 (1930) H. 9 S. 308. — TANNER, E.: Arch. Wärmew. 15 (1934) H. 11 S. 289—292.

[2] GROEPLER: Der Kühlstoker. Brennstoff- u. Wärmew. 20 (1938) H. 7 S. 128 bis 131.

[3] BENNETT, J. S.: Water-cooled underfeed stokers. Mech. Engng. 60 (1938) H. 1 S. 33—36.

[4] SCHAUMANN: Die Schürroste und die Entwicklung ihrer maßgebenden Konstruktionsgedanken. Feuerungstechn. 24 (1936) H. 5 S. 82.

[5] TANNER, E.: Der Temperaturverlauf im Brennstoffbett und im Rost bei der Verbrennung von Steinkohle, Diss. Darmstadt 1933.

Zahlentafel 23–3

Einfluß des Aschegehaltes auf die Rosthöchsttemperatur (nach TANNER)

Aschegehalt %	Aschen-schmelzpunkt °C	Fl. Best. %	Luftmenge Nl/m^2s	Rosthöchst-temperatur °C
2,28	1285	17,21	238	935
5,95	1340	16,51	233	840
19,91	1270	15,61	322	640

messungen von DUNNINGHAM und GRUMELL[1] (Abb. 23–8). Reicht dieser natürliche Schutz der Schlacke nicht aus, so kann man durch Anwendung eines geteilten Bunkers eine Schlackenschicht, die zur Erzielung einer guten Abdeckung und Luftverteilung kleinkörnig sein soll, unter

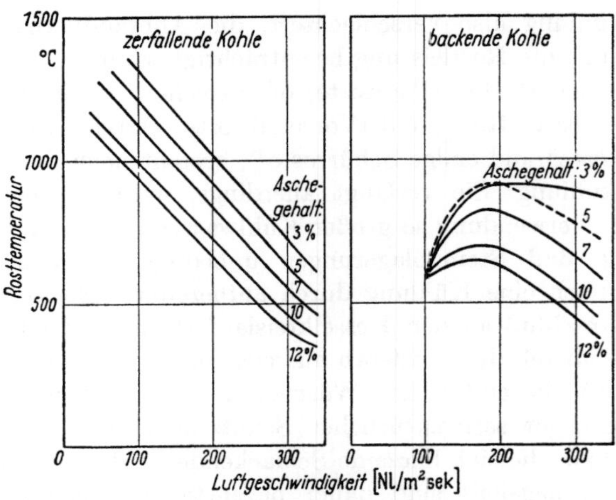

Abb. 23–8. Einfluß des Aschegehaltes und der Luftgeschwindigkeit auf die Roststabtemperatur (nach DUNNINGHAM und GRUMELL)

die Kohlenschicht einfahren, was von MAUGHAN, SPALDING und THORNTON[2] empfohlen wird. Gegenüber 700 °C Höchsttemperatur ohne Schutzschicht ergaben sich Temperaturen von 550 °C bei grober, 410 °C bei mittlerer und etwa 200 °C, also ein vollkommener Schutz, bei feiner Körnung. Das Zweischichtenverfahren (gegebenenfalls auch noch Mehrschichtenverfahren) ist dann am Platze, wenn ein rostschwieriger und ein gutartiger Brennstoff zusammen verfeuert werden sollen, wobei

<hr>

[1] DUNNINGHAM u. E. S. GRUMELL: J. Inst. Fuel 12 (1938) H. 62 S. 87—95, — Fuel Sci. 17 (1938) H. 11 S. 327—334. — MAYER, A. R.: Verbrennungsvorgänge auf dem Wanderrost. Feuerungstechn. 27 (1939) H. 3 S. 73—75.

[2] MAUGHAN, J. D., H. B. SPALDING u. B. M. THORNTON: Engineering 137 (1934) H. 3567, 3569 u. 3570 S. 587—589, 656—658, 669/70, — Auszug: Z. VDI 78 (1934) H. 45 S. 1331/32.

man den gutartigen Brennstoff als untere Schicht einfährt, den schwierigeren darüberlegt — man bezeichnet daher das Verfahren auch als „Sandwich-Verfahren" —, oder — aus anderen Gründen — wenn ein flugfähiger Brennstoff (nichtbackende Feinkohle, Hobelspäne, Lohe) durch Überdecken mit einem gröberen oder leicht backenden Brennstoff auf dem Rost gehalten werden soll.

Ein anderes Mittel liegt in der Anwendung von Rostbahnen aus feuerfestem Material (z. B. Magnesitstampfmasse)[1], was allerdings voraussetzt, daß ein Anbacken erweichender Schlacke an dem feuerfesten Baustoff vermieden werden kann.

Rostverschleiß[2] und Lebensdauer sind abhängig von den Betriebsbedingungen, den auftretenden Höchsttemperaturen — damit also auch von dem Grad der Anpassung der Konstruktion an die Betriebsverhältnisse — und vom Rostbaustoff. Das Gußeisen[3] soll möglichst dicht sein, eine feine Graphitverteilung und eine möglichst harte Oberfläche aufweisen. Zusätze, insbesondere Chrom, erhöhen die Wärmebeständigkeit ganz bedeutend, doch sind hoch legierte Roststäbe recht teuer und darum unwirtschaftlich, außer in solchen Fällen, wo Teile unvermeidlich fortgesetzt hohen Temperaturen ausgesetzt werden müssen. Die Verschleißwirkung ist meist kein chemischer Schlackenangriff, sondern nur die Folge der Wärmeeinwirkung auf das Gefüge, welches sich dadurch ändert. So tritt vor allem eine Eisenkarbidzerlegung in Eisen und graphitischen Kohlenstoff ein nach

$$Fe_3C = 3\,Fe + C, \tag{23–1}$$

Übergang von Zementit zu Ferrit und Graphit unter Volumzunahme. Die dadurch bewirkte feine Rißbildung ermöglicht dem Luftsauerstoff, das Gußeisen mehr und mehr zu entkohlen. Bei Temperaturen von 600 bis 700 °C kann auch eine Schwefelaufnahme unter Bildung von Schwefeleisen erfolgen[4].

Unterschubfeuerungen

Die für Unterschub-Kleinfeuerungen (S. 502) aufgestellten Grundsätze gelten zum Teil auch für die Großfeuerungen, jedoch ist dabei die eindeutige Brennstoffbewegung von unten nach oben und eine Brennstoff-Luft-Gleichstromführung nicht verwirklicht. Bei den Mehr-Retorten-Unterschubfeuerungen wechseln Retorten und Düsenkästen mit-

---

[1] LANGE, J.: Skoda News 1 (1939) H. 1 S. 25—29.

[2] MAYER, A. R., u. R. HARTMANN: Der Rostverschleiß. Wärme 61 (1938) H. 2 S. 46—49.

[3] MEYERSBERG, G.: Gußeisen als Werkstoff und sein Verhalten in der Wärme. Feuerungstechn. 25 (1937) H. 1 S. 17—20.

[4] STUMPER, R.: Arch. Wärmew. 8 (1927) H. 11 S. 335/36. — FUCHS, P.: Arch. Wärmew. 13 (1932) Nr. 1 S. 7—9.

einander ab. Den Retorten fällt, unterstützt durch die Boden- oder Stößelbewegung, die Aufgabe der Brennstoffverteilung über die ganze Retorten-(Rost-)Länge und der Entgasung und Verkokung des frischen Brennstoffs zu, während die eigentliche Verbrennung des so gebildeten Kokses in den Streifen über den Düsen erfolgt. Die Oberfläche der Kohle in den Retorten wird von einer Koksdecke (oder zumindest von zusammengefritteter Kohle) überkrustet (Abb. 23–9), und das Innere wird im oberen Teil von den Brennbahnen her beheizt, ähnlich wie die Kohle im Koksofen. Schließlich stürzt die sich bildende Kokswand seitlich ab und bildet über den Düsen ein Koksbett mit Gegenstrom-

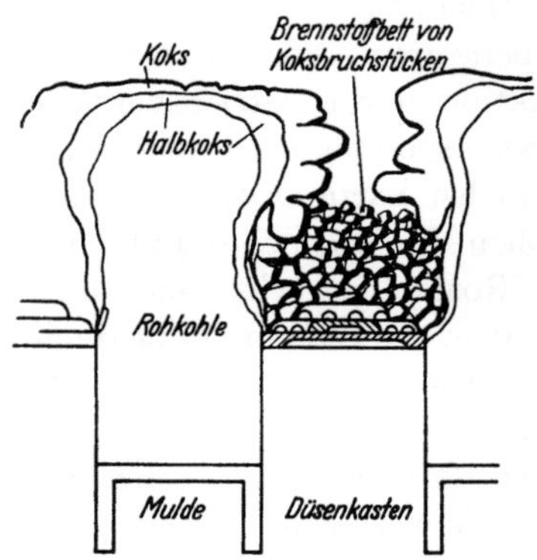

Abb. 23–9. Schematische Darstellung des Brennstoffbettes einer Mehr-Retorten-Unterschubfeuerung (nach M. A. MAYERS)

führung; der so auf die Brennbahn fallende Brennstoff ist bereits über Zündtemperatur vorgewärmt. Dies geht aus einer eingehenden Studie über die Vorgänge in Unterschub-Großfeuerungen im Kraftwerk Hell Gate[1] hervor, die Gasanalysen, Geschwindigkeits- und Temperaturmessungen und kinematographische Aufnahmen der Bettstruktur umfaßten. Diese Versuche im Leistungsbereich von 128 bis 195 kg/ m^2 h, bezogen auf die eigentliche Rostfläche von 28,4 m^2, wurden mit einer Reihe von Brennstoffen und Körnungen, bei Luftüberschüssen von 40 bis 72% durchgeführt. Die maximalen Temperaturen lagen nahezu unbeeinflußt von der Belastung, der Kohlenart und der Brennstoffbettkontur bei 1540 bis 1650 °C.

Die Leistungen dieser Feuerungen liegen jedoch wesentlich höher, als sie bei einem reinen Unterschub-(Gleichstrom-)Prinzip möglich wären. Die Ursache liegt nach MAYERS[2] in der geschilderten Abweichung des wirklichen Vorganges vom reinen Unterschubprinzip. Leistungen bis über 365 kg/m^2h sind daher (als Spitzenwerte) möglich gewesen[3]. Leistungssteigerungen sind nach MAYERS möglich durch engere Retorten — entsprechend dem modernen Schmalkammer-Koksofen —, höhere Luftgeschwindigkeiten bis über die Stabilitätsgrenze hinaus und

---

[1] MAYERS, M. A., W. H. DARGAN, J. GERSHBERG, B. C. DALWAY, M. J. WILLIAMS u. E. R. KAISER: The fuel-bed tests at Hell Gate generating station. Trans. Amer. Soc. mech. Engrs. 63 (1941) S. 191—211.

[2] MAYERS, M. A.: Flow processes in underfeed stokers. Trans. Amer. Soc. mech. Engrs. 63 (1941) S. 479—489.

[3] DRISCOLL, J. M., u. W. H. SPERR: Ten years of stoker development at Hudson Avenue. Trans. Amer. Soc. mech. Engrs. 57 (1935) S. 49—58.

verstärkte Zuführung hoch vorgewärmter Sekundärluft oberhalb des Brennstoffbettes.

Für die Unterschub-Großfeuerung (Stoker) eignen sich besonders solche schwach backenden, gasreichen Kohlen, die keinen festen Koks geben. Unterhalb 14 bis 15% Flüchtigen Bestandteilen bietet sich kein praktischer Vorteil mehr, der die verhältnismäßig hohen Anschaffungskosten einer Mehrretortenfeuerung wirtschaftlich rechtfertigt. Dazu kommt, daß nach MARCARD[1] bei den nichtbackenden, mageren Brennstoffen und den bei Unterschubfeuerungen üblichen großen Schichthöhen von 500 bis 600 mm und darüber und den entsprechend sehr hohen Schichtwiderständen eine verstärkte Gefahr des Löcherbrennens besteht, die nicht durch eine Vergrößerung des Rostwiderstandes in gleicher Größenordnung ausgeglichen werden kann. Der Aschegehalt soll zum Schutz des Rostes keinesfalls unter 4% liegen — das trifft für die meisten Rostfeuerungen zu — und 10 bis 11% nicht überschreiten. Feuchte Brennstoffe scheiden aus, da ja die Aufenthaltsdauer in der Mulde und die Wärmezufuhr von oben nicht einmal zur Entgasung völlig ausreicht, also erst recht nicht zu einer Brennstofftrocknung. Was die Korngröße betrifft, so sind bei nichtbackenden Kohlen Stück- und Nußkohlen vorzuziehen; bei backenden Kohlen dagegen spielt die Korngrößenfrage eine untergeordnete Rolle, was auch bei anderen Rostfeuerungen gilt, da ja das Feinkorn durch Verbacken festgehalten wird, im übrigen die ursprüngliche Korngröße des kalten Brennstoffs schon nach der Zündung ihre Bedeutung verloren hat. Bei kleinen Belastungen, wo es eher möglich ist, die Entgasung, wie es grundsätzlich zu fordern ist, völlig in der Mulde vor sich gehen zu lassen, und bei reaktionsfreudigen, jüngeren Brennstoffen besteht leicht die Gefahr eines zu weiten Herunterbrennens, was zu Rostbeschädigungen führen kann. Auch bei abgestellter Feuerung kann ein Durchglühen bis zu den Mulden eintreten, wogegen man sich bei längeren, planmäßigen Stillständen durch das Unterfahren von Koksgrus und Schlacke schützen kann. Die starke Wärmebeanspruchung der Roste sucht man neuerdings auch durch Wasserkühlung mit oder ohne Anschluß an den Wasserkreislauf des Kessels zu mildern[2]. Diese Einschränkungen und die scharfen Anforderungen an den Brennstoff engen den Anwendungsbereich dieses Feuerungsprinzips stark ein.

---

[1] MARCARD, W.: Rostfeuerungen, Berlin 1934, S. 125.

[2] BENNETT, J. S.: Water-cooled underfeed stokers. Mech. Engng. 60 (1938) Nr. 1 S. 33—36. — CARROL, H. C.: Recent developments in burning Midwestern coals on water-cooled underfeed stokers. Trans. Amer. Soc. mech. Engrs. 63 (1941) S. 183—190. — RATHGE, W.: Größere Brennstoffauswahl durch wassergekühlte Roste. BWK 1 (1949) Nr. 6 S. 149—152.

Schürroste

Die Mehrzahl der Bauarten mechanischer Roste übernimmt nur die Zufuhr des frischen Brennstoffs und die Abfuhr der Verbrennungsrückstände, überläßt aber das Brennstoffbett während der Verbrennung völlig sich selbst, so vor allem der Wanderrost. Durch den Einbau von Stau- und Schürrohren wird versucht, besonders bei stark backenden Brennstoffen eine gewisse Schürwirkung zu erzielen. Eine schon wesentlich stärkere Verlagerung innerhalb des Brennstoffbettes tritt bei den Unterschub- und vor allem bei den Vorschubfeuerungen ein, bei denen der Brennstoff durch Stößel, Schürplatten und dergleichen über den Rost geschoben wird. Der Nachteil des höheren damit verbundenen Rostverschleißes wurde bereits hervorgehoben. Soweit die Schürung zugleich als Brennstofftransport und zu einem gelegentlichen Eingriff beim Auftreten von Ungleichmäßigkeiten im Brennstoffbett dienen soll, muß die Schürbewegung sehr anpassungsfähig und in weiten Grenzen verstellbar sein. Eine gute Lösung dieser Aufgabe liegt im Steinmüller-L-Rost[1] vor, ein Planrost mit darüber bewegtem Räumer, dessen Bewegungsspiel, Hub und Geschwindigkeit, beliebig eingestellt werden kann und dessen Schür- und Vorschubelement, ein quer über dem Rost liegender Dreikantstab, im Ruhezustand keiner Wärmebeanspruchung ausgesetzt ist. Der L-Rost hat sich auch als Schiffskesselfeuerung[2] einführen können.

Für aschereiche minderwertige Abfallbrennstoffe werden Schürroste[3] mit sehr starker Brennstoffbewegung benötigt. Die große Schwierigkeit liegt in der Zündung dieser Brennstoffe einerseits, in dem restlosen Ausbrand der vielfach stark verwachsenen Kornanteile andererseits. Durch das Schüren und Wälzen des Brennstoffs findet eine dauernde Umlagerung statt, werden immer neue Partien dem Zutritt der Wärme und des Luftsauerstoffs freigegeben und wird auf diese Weise eine immerhin befriedigende Verwertung dieser Abfallbrennstoffe ermöglicht. Hohe Brennstoffschicht und hohe spezifische Luftbelastung sind zweckmäßig — auch unter Inkaufnahme eines höheren Unterwindkraftbedarfs —, damit die Roste ausreichende Kühlung erhalten. Die hohe Luftgeschwindigkeit, verbunden mit der dauernden Bewegung des

---

[1] PRESSER, H.: Neuere selbstschürende Planroste. Arch. Wärmew. 18 (1937) H. 10 S. 275—279. — SCHULZE, R.: Versuchsergebnisse an einer neuartigen Planrostfeuerung mit Schürwirkung. Wärme 60 (1937) H. 36 S. 573—577. — WERKMEISTER, H.: Der Steinmüller-Planrost. Feuerungstechn. 26 (1938) H. 6 S. 172 bis 178.

[2] SCHULTE, W., u. O. JEBENS: Werft Reed. Hafen 21 (1940) H. 22 S. 298 bis 302. — SCHULTE, W.: Brennstoff- u. Wärmew. 20 (1938) H. 11 S. 193—198. — SCHNEIDER: Brennstoff- u. Wärmew. 20 (1938) H. 12 S. 215—233.

[3] SCHIMPF, M.: Versuche mit Schürrosten zur Verfeuerung von minderwertigen Brennstoffen. Glückauf 66 (1930) H. 26 S. 857—868.

Brennstoffbettes, hat ein stärkeres Mitreißen von glühenden Festteilchen zur Folge. Dieser Funkenregen, besonders wenn er durch ein
hinteres Gasführungsgewölbe nach vorne geleitet wird, hat den Vorteil
einer guten Unterstützung der Zündung, da die niederfallenden Teilchen
durch das dauernde Überschütten Zündkerne im Innern des Brennstoffbettes bilden. Auch das Zurückschieben glühenden Brennstoffs, wie es
beim Martin-Rückschubrost angestrebt wird, unterstützt Zündung und
Ausbrand, wenn auch die Bewegung hier nicht in einem Wandern der
unteren Schichten gegen die Hauptbewegungsrichtung besteht, wie
vielfach auf Schemabildern dargestellt worden ist, sondern in einer fort-
gesetzten Bildung von Tälern, die durch Überschütten wieder zerfallen,
so daß eine Art Wälzbewegung zustande kommt.

Eine Sichtung des Brennstoffbettes findet bei schnellen Rost-
bewegungen statt, wie bei dem vor einigen Jahren vorgeschlagenen
Schwingrost (Wuchtfeuerung der Vereinigten Kesselwerke A.-G.)[1], der
nach dem Vorbild der Wuchtförderer arbeitet, oder bei dem neuerdings
entwickelten Dürr-Ruprecht-Schwerkraftrost[2]. Bei dieser Rostbauart
wird der schräg liegende Rost durch einen Nocken hochgezogen und
rollt durch sein Gewicht wieder in die Endlage zurück, wobei er gegen
einen Prellbock stößt. Der Brennstoff rutscht dabei ruckweise vor,
etwaige Löcher ebnen sich ein, das Grobkorn wird nach oben gefördert
und die Schlacke hinten abgeworfen. Kurzzeitige periodische Schwin-
gungsbewegung sind das Kennzeichen des wassergekühlten Stein-
müller-Schüttelrostes.

Braunkohlen-Rostfeuerungen

Im Gegensatz zu den bisher behandelten Steinkohlen-Rostfeuerun-
gen ist bei den Braunkohlen-Rostfeuerungen die Trocknerleistung des
Rostes das Wesentlichste, während der Ausbrand des sehr reaktionsfähigen Kokses kein Problem darstellt. Auf einer Braunkohlen-Rost-
feuerung drängt sich daher die eigentliche Verbrennungszone auf einen
sehr kleinen Raum zusammen. Die Unterschiede der einzelnen Bauarten[3] liegen daher besonders in der Art der Durchführung der Trocknung und der anschließenden Entgasung. Die Wärmezufuhr zur Trocknungszone erfolgt durch Strahlung des Mauerwerks, durch Gasrückführung oberhalb des Brennstoffbettes unter gleichzeitiger Schaffung
großer Berührungsflächen nach Art eines Rieseltrockners (Beispiel:

---

[1] SCHULTE, F., u. E. TANNER: Z. VDI 77 (1933) H. 30 S. 823/24.

[2] PRESSER, H.: Feuerungstechn. 29 (1941) H. 11 S. 249—259.

[3] Über Bauarten und Konstruktionseinzelheiten vgl.: LENHART, E.: Dampfkesselfeuerungen für Braunkohle, Berlin 1928. — BERNER: Entwicklungstendenzen
der Braunkohlenrostfeuerungen. Wärme 52 (1929) H. 30 S. 586—593. — ADOMEIT:
Stand der Rostfeuerungen für Rohbraunkohle. Braunkohle 31 (1932) H. 28 S. 521
bis 536.

Keilmann-Völcker-Feuerung u. a.), durch Flammenstrahlung in einem völlig einbaufreien Feuerraum (Beispiel: Mechanischer Treppenrost verschiedener Feuerungsfirmen), durch Bestrahlung ohne Luftzutritt bei gleichzeitiger Umpflügung durch Ketten (Beispiel: Völcker-Kettenrost[1]) und durch Schaffung von Unterfeuer. Eine gewisse Vortrocknung durch ein Nachrutschen des frischen Brennstoffes über dem Gewölbe des eigentlichen Brennraumes erfolgt beim Muldenrost (Beispiel: Fränkel-Viebahn-Muldenrost) Durch Stau- und Mischeinbauten in der Mitte des Muldenrostes hat man auch bei dieser Bauart die Trocknungs- und Verbrennungsleistung zu steigern versucht (Seitschrägrost[2]). Vorteilhaft ist auch die Gasrückfeuerung unter den Rost und die Anwendung hoher Luftvorwärmung.

Die einfache feststehende Treppenrostfeuerung ist in ihrer Anwendungsmöglichkeit sehr beschränkt, wenn sie auch die Grundform der meisten Bauarten darstellt. Wegen ihrer geringen Leistung ist man bei Großfeuerungen zu vollmechanischen Feuerungen übergegangen, bei denen eine Kontrolle und Bedienung mit der Schürstange von unten her, wie bei den alten Schrägrosten üblich, nicht mehr notwendig ist. Damit entfallen auch die Gefahren durch Herausschlagen der Flammen, was bei der im Trockenzustand leicht entzündlichen Braunkohle leicht eintreten kann. Ein weiterer leistungshemmender Nachteil der nichtmechanischen Treppenrostfeuerung ist die Notwendigkeit, die Rostneigung so dem Rutschwinkel der Kohle anzupassen, daß bei gegebenen Zugverhältnissen ein dem Abbrand entsprechendes Nachrutschen des Brennstoffs stattfindet. Änderungen der Brennstoffbeschaffenheit — und die Brennstoffkörnung der Rohbraunkohle schwankt je nach Gewinnungsart mitunter beträchtlich[3] — können daher leicht zu Überschüttungen oder Verwehungen führen, die das Feuer ersticken und die Leistung empfindlich beeinflussen. Die Mechanisierung war daher eine wichtige Voraussetzung für die Leistungssteigerung, die in den letzten Jahrzehnten ganz bedeutend gewesen ist. Es ist gelungen, die Breitenleistungen von 2,5 bis 3,5 t/m h in einzelnen Fällen systematisch bis auf 9 t/m h zu steigern[4]. Ein nicht gerade einfaches Mittel zur Steigerung der Breitenleistung ist die Anordnung von zwei Schrägrostfeuerungen hintereinander, die getrennte Kohlenzufuhr besitzen (Doppelroste).

Für die Verfeuerung von *Braunkohlenbriketts* dienen Wanderroste, wegen des geringen Widerstandes der sehr lockeren Brennstoffschicht bedarf es jedoch der Möglichkeit einer Messung und Kontrolle sehr kleiner Druckunterschiede und einer Feineinstellung der Zonen[5]. *Braun-*

---

[1] STÖBER: Braunkohle 39 (1940) H. 36 S. 387—390.

[2] BERNER, O.: Z. VDI 79 (1935) H. 40 S. 1201/02. — OTTE, W.: Arch. Wärmew. 20 (1939) H. 3 S. 65—67.   [3] LENHART, E.: s. Fußn. 3 S. 527, dort S. 42/43.

[4] ADOMEIT: s. Fußn. 3 S. 527.   [5] WIEMER, P.: Wärme 63 (1940) H. 30 S. 253—255.

kohlenschwelkoks verlangt, besonders wenn er feinkörnig ist, wegen der hohen Durchfallverluste und des sehr flachen Böschungswinkels eine besondere Ausbildung des Rostbelages. Sonderkonstruktionen von durchfallfreien Rostbelägen sind beispielsweise der Pilzrost von Geissen (KVG.-Schirmventilrost)[1], der treppenrostartige Wanderroststab der Vereinigten Kesselwerke A.-G.[2] und andere Konstruktionen[3] (Weck, KSG.). Die Flugkoksverluste sind bei diesem Brennstoff besonders hoch, Flugkoksrückführung und die Unterstützung des Flugkoksausbrandes durch Zweitluftzuführung hat sich als vorteilhaft erwiesen[4,5].

Feuerungen für andere feuchte Brennstoffe

Ähnliche Gesichtspunkte wie bei der Verfeuerung von Rohbraunkohle gelten auch für andere wasserreiche Brennstoffe, wie Torf, Holz und Holzabfälle, Lohe und pflanzliche Abfallbrennstoffe, wie sie hauptsächlich in den Tropen anfallen und wegen des dortigen Kohlenmangels weitgehend zur Verfeuerung herangezogen werden müssen (Bagasse, Sisal, Kokosschalen, Kakaoschalen, Reishülsen, Abfälle der Palmölindustrie u. a. m.). *Torf* wird in stückiger Form auf Planrosten[6], Wanderrosten oder Treppenrosten verfeuert. Wegen seines großen Volumens muß durch Tieferlegen der Roste — gegenüber einem Steinkohlenplanrost — der notwendige Raum zur Unterbringung einer höheren Brennstoffschicht geschaffen werden. Makariev[7] verwendet für größere industrielle Feuerungen einen Schachttrockner, in dem auch eine Vorentgasung stattfindet, dessen Boden durch den anschließenden, oft etwas geneigt angelegten Wanderrost gebildet wird. Höhere Leistungen erzielt man durch Verbrennung in der Schwebe, was sich besonders für Frästorf durchgesetzt hat. Die Feuerungen werden mit einer vorgeschalteten Flugtrocknung[8] oder auch ohne Vortrocknung durch Heißgasumwälzung (Bauart Scherschnev[9]) ausgeführt, neuerdings auch mit flüssigem Schlackenabzug[10]. Eine neuartige Verwendung des Prin-

---

[1] Hoppe, A.: Braunkohle 28 (1929) H. 9 S. 170—173.

[2] Foos, F. W.: Braunkohle 28 (1929) H. 9 S. 161—164.

[3] Rammler, E.: Arch. Wärmew. 18 (1937) H. 12 S. 331—335.

[4] Reichardt, R.: Feuerungstechn. 25 (1937) H. 5 S. 145—149.

[5] Engel, J.: Brennstoff- u. Wärmew. 19 (1937) H. 11 S. 177—181.

[6] Warmte Techniek 11 (1940) H. 7/8 S. 66/67, 71—75. — Hellemans, A. W. H.: Brennstoff- u. Wärmew. 23 (1941) H. 9/10 S. 142—145, 158—161.

[7] Nerger, O.: Torffeuerungen für große Leistungen. Feuerungstechn. 23 (1935) H. 6 S. 65—67, — Arch. Wärmew. 6 (1925) H. 7 S. 185/86. — Rüter, H.: Das Torfkraftwerk Hakengraben. Arch. Wärmew. 11 (1930) H. 3 S. 87—91.

[8] Arbatsky, I. W.: Erfahrungen mit der Gewinnung und Verfeuerung von Frästorf. Z. VDI 81 (1937) H. 42 S. 1223—1227.

[9] Knorre, G. F.: Wirbelfeuerung für Frästorf. Arch. Wärmew. 13 (1932) H. 9 S. 245—247.

[10] Ivanov, A. F., u. N. P. Sirjaev: Teplo Silovoje Chostjastwo Nr. 4/5 (1939) S. 50—62.

zips der Schwebefeuerung für Baumrinde und Holzabfälle ist die Wurffeuerung mit „hochgesetzter" Wurfvorrichtung (5,2 m über Rost in einem 13,4 m hohen Feuerraum) bei tangentialer Einblasung fast aller Luft als Oberluft[1].

Die ältere Form der industriellen *Holzfeuerung* ist die Halbgasfeuerung. Von oben beschickt liegt der Brennstoff auf dem Planrost eines vorgebauten Ofens, in dem die Vorvergasung vor sich gehen soll, das Gas wird in der anschließenden eigentlichen Feuerung verbrannt. Den Nachteil der geringen Leistung und des großen Grundflächenbedarfs suchte man in neuerer Zeit durch Anwendung von ziemlich steil angeordneten Treppenrostfeuerungen mit anschließendem Planrost als Ausbrennrost und durch Heißluftbetrieb auszugleichen[2]. Hierbei hat sich im Laufe der Entwicklung die Ausbildung eines wassergekühlten Rostsystems als notwendig und als erfolgreich erwiesen[3]. Neuzeitliche Ausführungsformen sind für Leistungen von 1,9 bis 2,9 rm³/m² h bei 40 bis 60% Wassergehalt geeignet und auch für den Zusammenbau mit Kohlenstaubfeuerungen verwendet worden[3]. Feinkörniges, flugfähiges Material, wie Holzabfälle (Späne), Lohe u. ä., werden, wo sie als Zusatzbrennstoffe in Frage kommen, zweckmäßig im Zweischichtenverfahren verfeuert. Als reine Lohefeuerungen sind Mulden- und Treppenroste[4] vorgeschlagen worden, die Leistungen von 1 bis 1,3 · 10² kcal/m² h erreichen. POMERANCEV will diese Leistung mit seinem Einspannrost[5] (s. S. 481) auf 4 bis 10 · 10² kcal/m² h steigern.

Bei den pflanzlichen Abfallbrennstoffen liegen die Hauptschwierigkeiten darin, daß es sich um wasserreiche und meist sehr aschearme Brennstoffe handelt, so daß die Frage der Rostkühlung besonders sorgfältig behandelt und die Konstruktion möglichst schwer ausgeführt werden muß[6]. Die Asche ist vielfach reich an Alkalien und greift das feuerfeste Mauerwerk an[7]. Dem hohen Gehalt an Flüchtigen Bestandteilen entsprechend ist für eine gute Durchwirbelung des Feuerraumes,

---

[1] ELLWANGER, R.: Suspension burning of bark refuse. Combustion, N.Y. 23 (1951) Nr. 4 S. 45/46.

[2] LINDHAGEN, M. T.: IVA (Stockholm) Medd. Nr. 25.

[3] MALM, L.: Feuerungen für Holzabfall. Feuerungstechn. 24 (1936) Nr. 7 S. 119—126. — DE LORENZI, O.: Furnaces for special fuels. Trans. Fuel Economy Conf. The Hague 1947, Bd. III Sect. C 2 Pap. Nr. 6 S. 1061—1070.

[4] PAWLOWITSCH, P.: Feuerungstechn. 14 (1926) H. 14/15 S. 165—169 u. 180 bis 182.

[5] POMERANCEV, W. W.: Sow. Kotloturbostroenie Nr. 5/6 (1940) H. 7 S. 223 bis 226. — Vgl. Feuerungstechn. 28 (1940) H. 12 S. 278/79.

[6] ZINZEN, A.: Kesselfeuerungen für pflanzliche Brennstoffe in den Tropen. Z. VDI 84 (1940) H. 12 S. 205—207.

[7] BOKHORST, E. W.: Dampfkesselfeuerungen zum Verheizen von Palmölbetriebsabfällen. Ingenieur (Haag) 44 (1939) H. 33 S. W 105—W 110.

sei es durch Wirbelluftdüsen oder durch Feuerraumeinschnürung (WARD-Feuerung[1]), Sorge zu tragen.

Zweitluftzuführung

Die Verbrennung in einer Rostfeuerung setzt sich, wie wir gesehen haben, aus zwei Vorgängen ganz verschiedener Art zusammen, nämlich der Entgasung, Vergasung und Verbrennung in der Schicht, einer heterogenen Reaktion, die sich verhältnismäßig langsam vollzieht — aber auch langsam vollziehen *kann*, da ja die Aufenthaltszeit des Brennstoffs in der Feuerung fast beliebig verlängert werden kann —, und einer homogenen Reaktion, der Gasverbrennung im Feuerraum. Im Bereich der Zünd- und Entgasungszone[2] werden große Gasmengen frei gemacht, die Verbrennungsluft fehlt zunächst, und zwar in um so stärkerem Maße, je gasreicher der Brennstoff ist. Bei sehr feuchten Brennstoffen kommen die großen Wasserdampfmengen hinzu, die die Zündung des Gases erschweren — wenn sie auch die Verbrennung nach erreichter Zündung fördern. Anschließend in der Hauptverbrennungszone wird die Verbrennungsluft in der Schicht aufgezehrt; der oberste Teil der Schicht wirkt wie die Reduktionszone eines Gaserzeugers bereits gasbildend, so daß auch bei gasarmen Brennstoffen Gas entsteht, dessen Verbrennung sich im Feuerraum vollziehen muß. Erst im letzten Teil der Feuerung ist dann ein Überschuß an Luft vorhanden, der dort aber nicht benötigt wird. Daraus folgt die ungleiche Gasverteilung und das Auftreten beträchtlicher Anteile an brennbaren Gasen, wie sie durch die Messungen von WERKMEISTER[3], LÖWENSTEIN[4], W. MEIER[5], A. R. MAYER[6] u. a. nachgewiesen wurde. Neben den brennbaren Gasen treten auch feste brennbare Schwebeteilchen auf, sei es in der Form des Rußes, wie er bei der Verbrennung der Kohlenwasserstoffe auftritt, sei es in der Form aufgewirbelten Feinkorns, wie dies bei mageren und nichtbackenden Brennstoffen der Fall ist. Neben der ungleichmäßigen Verteilung der Gaszusammensetzung tritt auch eine entsprechende Ver-

---

[1] KERR, E. W.: Bagasse furnaces. Trans. Amer. Soc. mech. Engrs. 61 (1939) Nr. 8 S. 685—691. — DE LORENZI, O.: Furnaces for by-product fuels. Trans. Amer. Soc. mech. Engrs. 70 (1948) S. 351—362. — MEISSNER, H. G.: Burning bagasse at Cuban sugar centrals. Combustion, N. Y. 19 (1948) Nr. 7 S. 26—31. — GILG, F. X.: Utilizing bagasse as fuel. Trans. Amer. Soc. mech. Engrs. 70 (1948) S. 719 bis 727.

[2] Als Beispiel ist in erster Linie an den Wanderrost gedacht, die Überlegungen gelten jedoch im wesentlichen für alle Feuerungsarten.

[3] Vgl. Fußn. 5 S. 486.

[4] Vgl. Fußn. 4 S. 486.

[5] Vgl. Fußn. 7 S. 486.

[6] Vgl. Fußn. 8 S. 486.

teilung der Gastemperaturen auf. Diese Ungleichmäßigkeiten pflanzen sich, vom Feuerraum ausgehend, trotz der Mischwirkung der Heizflächen, die eine Art von Mischgitter bilden, ja selbst trotz einiger Gasumkehrstellen in den Kessel, Überhitzer und Vorwärmer hinein fort und können oft noch am Kesselende nachgewiesen werden. Die ungleiche Leistungsverteilung ist für die örtliche Heizflächenbeanspruchung sehr nachteilig, was besonders für den Überhitzer zutrifft. Verstärkt werden solche Einflüsse noch durch das Auftreten von Nachverbrennungen und durch Verschmutzungserscheinungen an den Heizflächen, die ihrerseits zum Teil ihre Ursache gleichfalls in den Unregelmäßigkeiten der Temperaturverteilung haben.

Aufgabe des Feuerraumes muß es daher sein, Gas und Schwebeteilchen zu verbrennen und ein möglichst gleichmäßiges Gemisch ausgebrannter Gase herzustellen. Die homogene Reaktion der Gasverbrennung geht — wenn sie von allen physikalischen Hemmungen befreit ist — mit einer so großen Geschwindigkeit vor sich, daß man nach RUMMEL[1] sagen kann: gemischt = verbrannt, d. h., auch die Gasverbrennung ist vor allem ein physikalisches, ein strömungstechnisches Problem, der Feuerraum eine Mischvorrichtung[2]. Auf verschiedene Mittel, diese Mischung zu erzwingen, wurde bereits hingewiesen (S. 388), sie sind jedoch bei weitem nicht so wirksam und so verläßlich wie die *Zweitluft-* oder *Oberluftzuführung.*

Der Vorschlag, Oberluft zuzuführen, ist bereits sehr alt[3], der geringe Erfolg dieser Maßnahme war jedoch darin begründet, daß man früher die Technik der Zweitluftzuführung sehr unvollkommen handhabte. So darf festgestellt werden, daß die Mehrzahl der Anlagen — und das mag auch noch auf viele heute noch bestehende Anlagen zutreffen — mit viel zu geringen Einblasedrücken arbeiteten, so daß die erwartete Mischwirkung ausblieb, die Unregelmäßigkeiten der Gasverteilung eher noch erhöht und der Luftüberschuß weiter vergrößert wurde. Die Entwicklung der Wanderrostfeuerung zum einfachen gewölbelosen Feuerraum, der in dieser Form ja zunächst einen sehr schlechten Mischapparat darstellt und der daher große Feuerraumhöhen erfordert, gab Veranlassung, daß man sich in den letzten Jahren diesen Fragen theoretisch, versuchstechnisch und praktisch erneut zuwandte und sie immerhin so weit klären konnte, daß heute alle Voraussetzungen für eine richtige und dann auch erfolgreiche Verwendung von Zweitluft gegeben sind. Der Erfolg ist abhängig

---

[1] Vgl. Fußn. 2 S. 638.

[2] FRITSCH, W. H.: Wärme 60 (1937) H. 46 u. 47 S. 749—757, 768—773.

[3] KOESSLER, P.: Theoretisches über Zweitluftzufuhr bei Rostfeuerungen. Arch. Wärmew. 19 (1938) H. 6 S. 153—156.

1. von dem Druck bzw. der Einblasegeschwindigkeit,

2. von der Anordnung der Zweitluftdüsen, ihrem Durchmesser und ihrer Aufteilung,

3. von der richtigen Bemessung der Zweitluftmenge.

Welche Vorgänge spielen sich beim Einblasen eines Zweitluftstrahles in den Feuerraum ab? Das Verhalten eines Freistrahles ist theoretisch und versuchstechnisch geklärt (s. S. 78). Der eingeblasene Strahl saugt sich aus seiner Umgebung Gas an, erhöht dadurch sein Volumen; er verbreitert sich also und verliert seine Geschwindigkeit sehr schnell, da seine Energie, abgesehen von der Reibung, zur Beschleunigung der eingesaugten Gasmasse aufgebraucht wird. Die Geschwindigkeit in Strahlmitte (Zentralgeschwindigkeit) nimmt dann einen Verlauf, wie ihn etwa Gl. (2–148) S. 79 angibt.

Abb. 23–10 zeigt diese Werte und die für diesen Zweck einigermaßen ausreichende Übereinstimmung der Messungen von ZIMM[1] und RUMMEL[2], während CLEVE[3] kleinere Geschwindigkeiten gemessen hat. Bei der Übertragung solcher Versuchsergebnisse auf die Verhältnisse in der Feuerung ist jedoch zu beachten, daß der kalte Zweitluftstrahl in ein heißes gasförmiges Medium eindringt. Die kinematische Zähigkeit 20grädiger Luft ($v = 15 \cdot 10^{-6}\,\mathrm{m^2/s}$) zu 1000grädigem Rauchgas ($v = 174 \cdot 10^{-6}\,\mathrm{m^2/s}$) verhält sich jedoch wie 1 : 11,6; zudem nimmt der Luftstrahl durch Mischung im Verlauf seines Weges selbst immer höhere Temperaturen an, so daß der Strömungsvorgang davon erheblich beeinflußt werden kann. Versuche mit kalter Luft können daher nur einen Anhalt liefern, der aber immerhin für eine zweckdienliche Ausführung der Zweitluftzuführungseinrichtungen schon ausreicht.

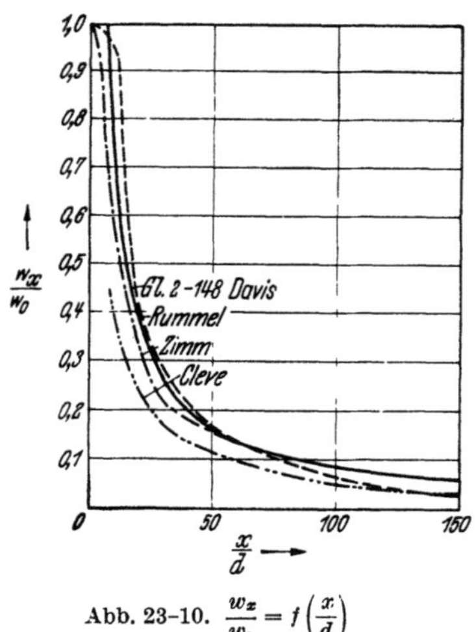

Abb. 23–10. $\dfrac{w_x}{w_0} = f\left(\dfrac{x}{d}\right)$

Der in den Feuerraum eindringende Zweitluftstrahl findet allerdings keinen unendlichen Raum mit einem ruhenden Medium vor, sondern das Gas ist ja durch Auftrieb und Zugwirkung in einer lebhaften Auf-

---

[1] ZIMM, W.: Über die Strömungsvorgänge im freien Luftstrahl. VDI-Forsch.-Heft 234, Berlin 1921.

[2] RUMMEL, K.: Der Einfluß des Mischvorganges auf die Verbrennung von Gas und Luft in Feuerungen, Tl. III. Arch. Eisenhüttenw. 11 (1937/38) H. 4 S. 163—181, bes. Abb. 104.

[3] CLEVE, K.: Die Wirkungsweise von Wirbelluftdüsen. Feuerungstechn. 25 (1937) H. 11 S. 317—322.

wärtsbewegung, die je nach Belastung in der Größenordnung von 4 bis
6 m/s und zum Teil auch weit darüber liegt. Infolge der Ungleichmäßig-
keit der Wärmeentbindung, der Luftzufuhr und der Temperatur treten
auch große Geschwindigkeitsunterschiede auf. Das Verhalten zweier
gegeneinander gerichteter Gasströme ist durch die Versuche und Darstellungen von RUMMEL (s. S. 640—644) besonders anschaulich gemacht
worden; es geht daraus hervor, daß die gewünschte Mischwirkung nur
erzielt werden kann, wenn die Energie beider Strahlen etwa gleich groß
ist. Ein zu schwacher Strahl vermag nicht auflösend in den anderen

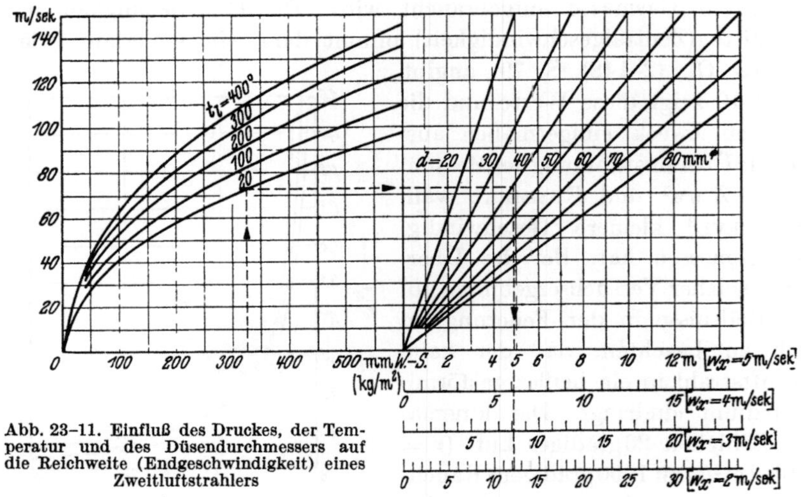

Abb. 23–11. Einfluß des Druckes, der Temperatur und des Düsendurchmessers auf
die Reichweite (Endgeschwindigkeit) eines
Zweitluftstrahlers

einzudringen, er wird ihn bestenfalls etwas abdrängen, die Mischung
aber bleibt unzulänglich. Will man daher über eine gewisse Länge und
Breite einer Feuerung eine ausreichende Mischwirkung erzielen, so muß
die Strahlgeschwindigkeit an dieser Stelle noch in der Größenordnung
der Gasauftriebsgeschwindigkeit liegen. Daraus ergibt sich die notwendige Austrittsgeschwindigkeit des Zweitluftstrahles.

Gl. (2–140) S. 77 gestattet, die Austrittsgeschwindigkeit aus der Düse
bei gegebenen Anfangszuständen der Luft zu berechnen. Das Ergebnis
ist für Luft in Abb. 23–11 (linke Bildhälfte) dargestellt. Es zeigt die
Abhängigkeit der Austrittsgeschwindigkeit vom angewendeten Überdruck und enthüllt auch zugleich die bereits angeführten Gründe für
das Versagen der früher verwendeten Oberluftzuführung ohne oder mit
sehr geringem Überdruck. Diese ganz einfachen Überlegungen[1] sind

---

[1] GUMZ, W.: Zweitluftzuführung bei Rostfeuerungen. Feuerungstechn. 23
(1935) H. 11 S. 123/24.

auch durch praktische Versuche bestätigt worden[1,2]; zur Erzielung der gewünschten Wirkung sind bei kalter Luft Überdrücke von 300 bis

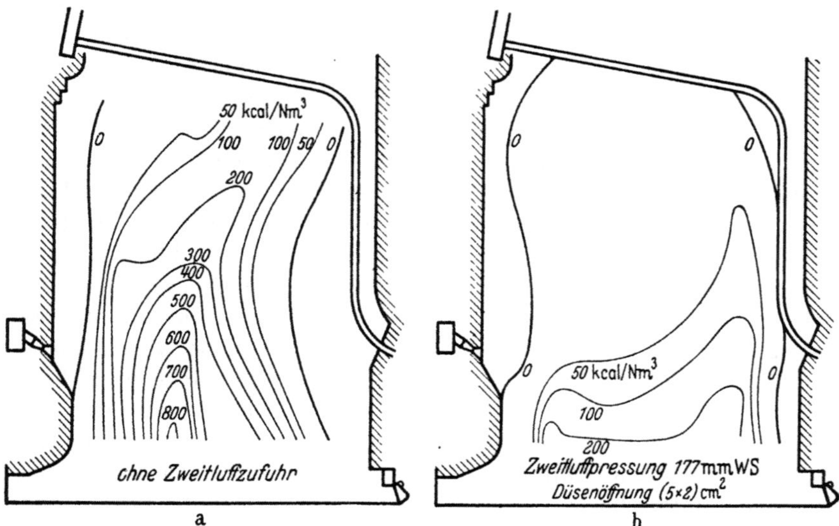

400 mm WS erforderlich. Besonders anschaulich ist das Meßergebnis von A. R. MAYER[2]. Ein Druck von 177 mm WS reichte zur Erzielung einer Tiefenwirkung von rund 4 m noch nicht völlig aus; bei 400 mm WS dagegen ist die Mischung vollkommen, wobei schon die untere Hälfte des vorhandenen Feuerraumes ausreicht (Abb. 23–12).

Abb. 23-12 a–c. Einfluß der Zweitluftzufuhr auf den Ausbrand im Feuerraum einer Wanderrostfeuerung bei Verfeuerung von Eßkohle, dargestellt durch Linien gleicher Heizwerte (nach A. R. MAYER)

---

[1] SCHULTES, W.: Wanderrostfeuerung mit Wirbelluftzuführung. Arch. Wärmew. 16 (1935) H. 5 S. 117/18.

[2] MAYER, A. R.: Die Wirkung der Zweitluft in der Wanderrostfeuerung. Z. bayer. Rev.-Ver. 42 (1938) H. 4, 9—14 S. 31—33, 98—102, 107—110, 120—122, 125—129, 137—140 u. 143—146, Diss. Braunschweig 1938, — Die Vorgänge im Feuerraum eines Kessels mit Wanderrostfeuerung und ihre Änderung durch Zweitluftzufuhr. Feuerungstechn. 26 (1938) H. 5 S. 148—150, — Untersuchungen über Zweitluftzufuhr in Wanderrostfeuerungen. Feuerungstechn. 26 (1938) H. 7 S. 201 bis 210.

Die Vorwärmung der Zweitluft übt, wie Abb. 23–11 erkennen läßt, eine sehr günstige Wirkung auf die Austrittsgeschwindigkeit aus. Ein Druck von 350 mm WS bei 20grädiger Luft ergibt die gleiche Austrittsgeschwindigkeit wie ein Druck von 200 mm WS bei 200grädiger Luft oder ein Druck von nur 140 mm WS bei 400grädiger Luft, so daß der Kraftaufwand im Ventilator (bei Förderung kalter Luft und nachträglicher Vorwärmung) bedeutend verringert wird. Aber selbst beim Hochdrücken von 200grädiger Luft auf 200 mm WS Überdruck ist immer noch ein rund 7% geringerer Arbeitsaufwand (gleicher Ventilatorwirkungsgrad vorausgesetzt) ausreichend, verglichen mit Kaltluft und 350 mm WS. Ein weiterer Vorteil der Anwendung höherer Lufttemperaturen liegt in der schnellen Zündung der Gase bei ihrer Mischung und in der Tatsache, daß für die Verbrennung im Feuerraum die für den Rost geltenden Beschränkungen wegfallen. Trotz dieser augenfälligen Vorteile der Heißluftverwendung ist gelegentlich ausdrücklich die Verwendung *kalter* Zweitluft empfohlen worden[1,2]. Begründet wird dies mit der Tatsache des großen Zähigkeitsunterschiedes zwischen dem kalten und heißen Medium. Dabei wurde ohne Zweifel übersehen, daß solche Temperaturunterschiede auf dem Weg des Zweitluftstrahles schnell ausgeglichen werden, und daß sich daher die Anfangsunterschiede am Ort der eigentlichen Mischung kaum noch auswirken können. Bei Vergleichsversuchen ist ferner auf völlige Gleichheit der Drücke vor den Düsen zu achten; der Vorteil einer sehr mäßigen Vorwärmung (150 °C), wie sie A. R. MAYER anwandte, kann z. B. verlorengehen, wenn infolge des Druckabfalles in der Heißluftleitung mit einem verminderten Anfangsdruck gefahren wird. Es ist dann nur eine Frage der Bemessung der Heißluftleitungen, den Nutzen der höheren Temperatur voll in Erscheinung treten zu lassen. Nach KOESSLER[2] wurde von SMIRNOV und Mitarbeitern[3] ein solcher Einfluß auch versuchsmäßig festgestellt.

Die Reichweite des aus der Düse austretenden Strahles ist nun um so größer, je höher der Anfangsdruck bzw. die Anfangsgeschwindigkeit und je größer der Düsendurchmesser ist. Dieser Einfluß ist auf der rechten Seite der Abb. 23–11 dargestellt. Das Schaubild gestattet also, wenn Druck und Temperatur der Luft und der Düsendurchmesser gegeben sind, auf den rechten Abszissenmaßstäben abzulesen, nach wieviel m Weg (bei nicht abgelenkter Strömung) die Zentralgeschwin-

---

[1] FEHLING, R.: Die Technik der Zuführung von Verbrennungsluft. Arch. Wärmew. 11 (1930) H. 4 S. 119—123. — KOESSLER, P.: Arch. Wärmew. 19 (1938) H. 6 S. 153—156.

[2] KOESSLER, P.: Zweckmäßige Zweitluftzufuhr bei Feuerungen. Arch. Wärmew. 19 (1938) H. 7 S. 169—173.

[3] SMIRNOV, A. P. V., A. USPENSKIJ u. S. W. TATISCEV: Teplo i Sila 13 (1937) H. 9 S. 10—15.

digkeit auf 5, 4, 3 bzw. 2 m/s abgesunken ist. Dies gibt einen Anhalt für die Tiefenwirkung des Strahles und damit für die Bemessung der Düsen und des Druckes. Die Düsenform spielt nach CLEVE und MÜLLER[1] keine Rolle, auch die Frage Flachdüse oder Runddüse ist nicht entscheidend; die Runddüse ist vorzuziehen, wo es auf große Reichweiten ankommt, da der runde Strahl die geringste Oberfläche bietet.

Die Düsendurchmesser wird man etwa zwischen 30 bis 60 mm wählen; dabei kommt es sehr auf die Feuerraumbreite, die gewünschte Reichweite und die Düsenanordnung an. Sofern man mit der Reichweite auskommt, ist die Anordnung einer größeren Anzahl kleinerer Düsen vorteilhaft, besonders wenn man noch die Düsen einzeln (oder in Gruppen) abschaltbar macht, wie dies MORTENSEN[2] vorgeschlagen hat. Um den ganzen Querschnitt des Feuerraumes in gleicher Weise zu erfassen und zu durchwirbeln, empfiehlt CLEVE[3] Düsen von größerer und geringerer Reichweite (also von größerem und kleinerem Durchmesser) abwechselnd anzuordnen.

Für Lokomotivfeuerungen wurde Oberluft erstmalig von dem Österreicher LANGER vorgeschlagen, seine Einrichtung von MARCOTTY verbessert (gesteuerte Oberluftzugabe und Dampfschleier zur Durchwirbelung). FARMAKOWSKY[4] verwendet, nachdem sich die von hinten oberhalb des Feuerschirms eingeführten Dampfstrahl-Luftdüsen von ERDELJI nicht bewährt hatten, weil die Düsen zu schnell abbrannten, besondere Düsenköpfe, die eine Vorwärmung der Luft gestatten (Glühköpfe), und schickt bei geöffneter Feuertür, also abgestellter Luftzufuhr, Kühldampf durch die Düsen. Die Einführung erfolgt durch hohle Stehbolzen; das bedingt eine weitgehende Aufteilung in Strahlen von kleinem Durchmesser, was aber bei der geringen Reichweite, die im Lokomotivkessel notwendig ist (= halbe Feuerbuchsbreite), durchaus angängig und empfehlenswert ist.

Grundsätzlich muß sich die Anordnung der Düsen nach den Erfordernissen der Feuerraumkonstruktion und des Brennstoffes richten. Am bequemsten und wirkungsvollsten und daher auch am meisten verbreitet ist die Zuführung von der Stirnwand, etwa oberhalb des Zündgewölbes (soweit ein solches vorhanden ist). Sie hat den Vorteil, daß, soweit die Verbrennung der Flüchtigen Bestandteile vorne noch nicht beendet wird, eine Abdrängung der heizwertreichen Schichten nach

---

[1] CLEVE, K., u. R. MÜLLER: Über die Wirkungsweise von Rußbläsern. Arch. Wärmew. 21 (1940) H. 1 S. 17—19.

[2] MORTENSEN: Zweitluftzuführung zum Einhalten des wirtschaftlichen CO_2-Gehalts der Rauchgase. Wärme 60 (1937) H. 49 S. 799—801.

[3] CLEVE, K.: Die Wirkungsweise von Wirbelluftdüsen. Feuerungstechn. 25 (1937) H. 11 S. 317—322, bes. Abb. 13.

[4] FARMAKOWSKY, W.: Braunkohlenverfeuerung auf normalem Lokomotivrost in Jugoslawien. Lokomotive 37 (1940) H. 4 S. 47—54.

hinten in den Bereich höherer Luftüberschüsse erfolgt. Die gleichzeitige Einblasung von Luft von hinten würde die Wirkung noch verstärken, setzt aber voraus, daß die Düsen der Rückwand eine gute Reichweite besitzen, da sie ja anderenfalls den Luftüberschuß der hinteren Rostzonen nur noch vergrößern würden. Zusätzliches Einblasen von der Seite wäre bei sehr breiten Feuerungen zu erwägen. Bei Anwendung zahlreicher Düsen ist auch eine Einblasung in zwei oder mehreren Ebenen ganz vorteilhaft. Dagegen konnte RUMMEL[1] nachweisen, daß versetztes Gegeneinanderblasen nicht zu der Bildung eines großen kreisenden Wirbels führt, wie man vielleicht erwarten könnte.

Zur weitgehenden Ausnutzung des Feuerraumes wäre die Einblasung möglichst dicht über dem Feuerbett notwendig. Soweit dies — besonders bei Anordnung der Düsen in der Stirnwand — aus konstruktiven Gründen nicht möglich ist, richtet man den Strahl etwas schräg nach unten. Bei drucklosem Einziehen von Oberluft, wobei ja nach allem Vorstehenden nur eine sehr beschränkte Mischwirkung zu erwarten ist, wendet BADER[2] eine Zuführung durch einen Längsschlitz in dem hohlen Schichtregler an dessen unterem Ende an, womit die Luft sehr dicht über dem Brennstoffbett eintritt und eine Abkühlung des Zündgewölbes vermieden wird.

Die Zweitluftmenge muß so bemessen werden, daß die Erstluftmenge ausreichend groß bleibt und ihre Kühlwirkung auf den Rostbelag nicht einbüßt, daß ferner der Luftüberschuß nicht ansteigt und daß trotzdem der ganze Feuerraumquerschnitt von der Verwirbelung erfaßt wird. Da es ja weniger auf eine Zuführung der Luft zur Verbrennung der Flüchtigen Bestandteile ankommt, als vielmehr auf eine Durchmischung des ganzen Feuerrauminhaltes, der ja im Durchschnitt noch einen ausreichenden Luftüberschuß besitzt, so wird man die Zweitluftmenge hauptsächlich nach den Bedürfnissen dieser Mischwirkung und weniger nach dem Gasgehalt der Kohle bemessen. Schon mit 5% der Gesamtluftmenge[3] wurden bei einer Fettkohle sehr günstige Ergebnisse erzielt; man kann daher im allgemeinen mit etwa 8 bis 12% auskommen und soll diese Werte möglichst nicht allzuweit überschreiten. Zahl und Anordnung der Düsen und Luftdruck müssen dann den räumlichen Gegebenheiten des Feuerraumes angepaßt werden.

Da abnehmender Druck die Reichweite stark beeinträchtigt, erfolgt die Regelung in Abhängigkeit von der Kesselbelastung zweckmäßig durch die Abschaltung einzelner Düsen oder Düsengruppen. Ob sich dabei eine automatische Regelung oder die Einrichtung regelbarer Düsen (z. B. Querschnittsveränderung durch einschiebbare Kegel, Flach-

---

[1] Siehe Fußn. 2 S. 638, vgl. auch Abb. 23–33 S. 644.
[2] DRP. 618172.
[3] SCHULTES: s. Fußn. 1 S. 535.

düsen mit verstellbarer Schlitzbreite oder dergleichen) wirtschaftlich rechtfertigen läßt, wird von der Größe der Anlage abhängen.

Als weitere Vorteile der Oberluft sind die günstige Beeinflussung der Zündung sowohl durch die intensivere Flammenbildung dicht über dem Brennstoffbett (dies bei Anordnung in der Vorderwand) als auch durch Niederschlagen glühender Teilchen und zusätzliche Zündnesterbildung (dies beim Blasen von hinten nach vorne) und eine Leistungssteigerung der Feuerung anzusehen, die in einzelnen Fällen 20 bis 30% betragen kann und die Rauchgrenze wesentlich heraufsetzt[1]. Trotz geringeren Wirkungsgrades sind in Zeiten der Beschaffungsschwierigkeiten von Ventilatoren und Motoren Dampfdüsen für die Luftförderung vorgeschlagen worden, und ihre Leistungen und Bemessung sind von ENGDAHL und HOLTON[2] eingehend untersucht worden. Optimale Abmessungen sind in Abb. 23–13 wiedergegeben. Der Abstand der Dampfdüse vom engsten Querschnitt ist gleich dem Mischrohrdurchmesser, optimale Mischrohrlänge 7,5 d (5 bis 10 d); die spez. Förderleistung L/D

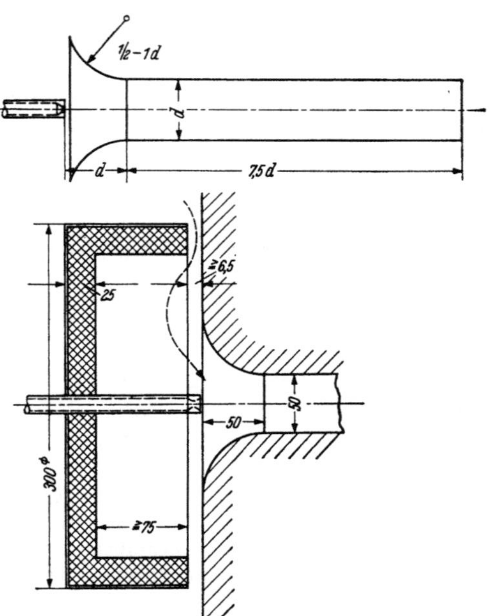

Abb. 23–13. Bemessung von Dampfstrahl-Zweitluftdüsen mit Geräuschdämpfer (nach ENGDAHL und HOLTON)

(Luftgewicht zu Dampfgewicht) kann aus der empirischen Beziehung

$$\frac{L}{D} = 0,89 \left(\frac{f_l}{f_d}\right)^{0,56} \cdot 0,953^{p_d/p_l} \tag{23-2}$$

ermittelt werden. Darin bedeuten f_l, f_d den Luft- (Misch-) Rohrquerschnitt bzw. den Dampfdüsenquerschnitt ($f_l/f_d = 100$ bis 500); p_d/p_l das Verhältnis von Dampfdruck zu Luftdruck in absoluten Drücken. Wich-

---

[1] CARROL, H. C.: Modern application of overfire air. Trans. Amer. Soc. mech. Engrs. 65 (1943) S. 73—86.

[2] ENGDAHL, R. B., u. W. C. HOLTON: Overfire air jets. Trans. Amer. Soc mech. Engrs. 65 (1943) S. 741—754. — ENGDAHL, R. B., u. W. S. MAJOR: Application of overfire jets to prevent smoke from stationary plants. Bitum. Coal Res., Inc. Techn. Pap. Nr. 7 (revised) 1947.

tig ist die genaue Zentrierung der Dampfdüse. Als ein wirkungsvoller Schalldämpfer hat sich die einfache Haube nach Abb. 23–13 erwiesen.

Die Anwendung von Zweitluftdüsen ist, angeregt von diesen Untersuchungen und infolge zunehmender behördlicher Maßnahmen gegen die Rauchplage, auch in USA im Steigen begriffen, wenn auch nicht immer im wünschenswerten Umfang[1].

Neben der Rauchbeseitigung ist die Wirkungsgradverbesserung[2], in einigen Fällen 5,5 bis 8,75%, bei Lokomotiven und Binnenschiffen auch noch weit höher[3] wirtschaftlich von Vorteil. Bei modernen mechanischen Feuerungen treten andere Gesichtspunkte in den Vordergrund, die Möglichkeit der Leistungssteigerung und die Verminderung der Heizflächenverschlackung[4].

Außer bei Rostfeuerungen ist die Zweitluft- oder Drittluftzuführung auch bei Düsenfeuerungen (Kohlenstaub-, Öl- und Gasfeuerungen) von Vorteil, worauf bei den einzelnen Feuerungsarten noch zurückzukommen sein wird. Als Mittel zur Durchwirbelung ist auch Dampf vorgeschlagen und mit Erfolg angewandt worden; im allgemeinen dürfte aber Dampf für diesen Zweck zu teuer und darum unwirtschaftlich sein. Auch Rauchgase ließen sich verwenden, es fällt dabei die Möglichkeit einer CO_2-Verschlechterung weg, auch wenn man größere Mengen einführen würde. Bisher hat man von dieser Möglichkeit nur in Verbindung mit Flugkoksrückführungsanlagen[5,6] Gebrauch gemacht, die man zweck-

---

[1] ENGDAHL, R. B., u. J. H. STANG: Effect of overfire air on the efficiency of a small industrial boiler. Natl. Eng. 51 (1947) S. 322—327. — MAJOR, W. S.: Application of overfire jets to steamboats. Waterways 6 (1947) S. 26—30. — BENTON, E. D., u. R. B. ENGDAHL: Steam-air jets for abatement of locomotive smoke. Trans. Amer. Soc. mech. Engrs. 69 (1947) S. 35—45. — BENTON, E. D.: Overfire air jets and controls for locomotive smoke abatement. Bitum. Coal Res., Inc. Techn. Pap. Nr. 8 (1947).

[2] JANISSEN, H.: Versuche an Flammrohr-Innenfeuerungen mit Zweitluftzuführung. Wärme 62 (1939) S. 205—207. — Fuel Res. Board: The reduction of smoke from merchant ships. Trials carried out in S. S. „Ocean Vista" to determine the effect of smoke elimination upon fuel consumption. Fuel Res. Techn. Paper 54, London 1947. — Fuel Res. Board: The effect of certain factors on the efficiency of a hand-fired, natural draught, Lancashire boiler. Fuel Res. Techn. Pap. Nr. 55, London 1949.

[3] DE GRAHL, G.: Wirtschaftliche Verwertung der Brennstoffe, München u. Berlin 1915, S. 148—150.

[4] ZINZEN, A.: Bekämpfung der Verschlackung von Dampfkesseln. BWK 2 (1950) Nr. 2 S. 63—68. — CLEVE, K.: Abhilfe gegen das Verschlacken von Dampfkesseln. Einfluß der Feuerraumbelastung, Brennstoffasche und Flammenwirbelung. Arch. Wärmew. 22 (1941) Nr. 9 S. 185—189; vgl. auch S. 590ff.

[5] BECKER, B.: Fördermittel für die Flugkoksrückführung. Feuerungstechn. 26 (1938) H. 11 S. 340/41.

[6] Noss, P.: Einfluß der Flugkoksrückführung auf Feuerführung und Staubentwicklung bei Wanderrosten. Arch. Wärmew. 20 (1939) H. 9 S. 233—236.

mäßig so einrichten wird, daß sie nicht nur als pneumatische Förder-einrichtungen, sondern zugleich als Misch- und Wirbeleinrichtungen wirken.

Oberwind-Feuerung

Durch Beaufschlagung eines festen Brennstoffs oder Brennstoff-bettes lassen sich sehr hohe Relativgeschwindigkeiten und folglich hohe Leistungen erzielen. Bei einigen Anordnungen für Oberluft ist die Zweitluft unmittelbar auf das Brennstoffbett gerichtet[1,2]. Eine Neu-entwicklung der BCURA[3] macht von diesem Prinzip vollen Gebrauch, indem alle Luft als Oberluft in einem Aufschlag-Brenner (down-jet burner) durch eine schlitzförmige Düse mit einer Strahlgeschwindigkeit von 25 bis 70 m/s auf das Brennstoffbett aufgeblasen wird[4]. Der Druck-bedarf beträgt 75 bis 350 mm WS, die Verbrennungsleistung etwa 370 kg/m² h (bezogen auf die „aktive" Oberfläche); die erreichten CO_2-Gehalte liegen (bei Koks) mit 18 bis 18,5% außerordentlich hoch. Die Feuerung ist besonders für Industrieöfen geeignet[5], aber auch für kleinere Kessel[6] und andere Zwecke vorgeschlagen worden. Die Schlacke, die ähnlich wie in einem Düsengaserzeuger als großer Kuchen anfällt, wird durch eine besondere Austrags- oder Ausstoßvorrichtung von Zeit zu Zeit entfernt.

Gaserzeuger-Feuerung

Als eine folgerichtige Weiterentwicklung des Feuerungsbaues ist die unmittelbare Verbindung eines hochbelasteten Gaserzeugers mit einer Gasfeuerung anzusehen. Einige Feuerungen nähern sich in ihrer Betriebsweise bereits der Halbgasfeuerung, so eine hochbelastete Rost-feuerung mit Zweitluftzuführung oberhalb des Brennstoffbettes, die Feuerung nach POMERANCEV (s. S. 481) u. a. Es hat auch nicht an Vorschlägen und Ausführungen solcher Kombinationen von Gas-erzeugern und Kesselfeuerungen gefehlt[7], aber sie klammerten sich

---

[1] PIEPER, P.: Die Verfeuerung gasreicher Steinkohlen in Zentralheizungs-kesseln. Diss. Breslau 1934.

[2] LANDRY, B. A., u. R. A. SHERMAN: The development of a design of smokeless stove for bituminous coal. Trans. Amer. Soc. mech. Engrs. 72 (1950) Nr. 1 S. 9—17.

[3] Brit. Coal Util. Res. Ass.

[4] Ross, F. F., u. G. C. H. SHARPE: The burning of coke by the down-jet method. J. Inst. Fuel 23 (1950) Nr. 129 S. 20—24, — Auszug: BWK 2 (1950) Nr. 2 S. 42.

[5] SHARPE, G. C. H.: The coke-fired down-jet furnace in industry. J. Inst. Fuel 23 (1950) Nr. 129 S. 27—31.

[6] KARTHAUSER, F. B., u. G. C. H. SHARPE: Down-jet coke firing for small steam generators. J. Inst. Fuel 23 (1950) S. 24—26, — Diskussion, J. Inst. Fuel 23 (1950) Nr. 131 S. 160—162.

[7] GUMZ, W.: Die Kupplung der Gas- und Dampferzeugung. Feuerungstechn. 16 (1928) Nr. 20 S. 229—235, — Colliery Engng. 1928 Nr. 50 S. 128.

meist allzusehr an herkömmliche — und daher ungeeignete — Bauarten. Es ist für die Zwecke einer Weiterentwicklung der Gaserzeuger-Kesselfeuerung notwendig, neue Wege zu beschreiten[1], um die grundsätzlich möglichen Vorteile einer bedeutenden Steigerung der spezifischen Leistungen unter Ausschaltung aller Schlackenschwierigkeiten zu verwirklichen. Als erstrebenswerte Ziele sind anzusehen:

1. eine völlige Fernhaltung aller mineralischen Bestandteile (Asche, Schlacke, Salze) aus dem Verbrennungsraum;

2. eine wesentliche Steigerung der spezifischen Leistung des Gaserzeugers, was bei Vermeidung einer Staubaustragung am besten durch absteigende Vergasung erreicht wird[2];

3. eine weitgehende Brennstoff-Universalität, sowohl nichtbackende als auch starkbackende Brennstoffe umfassend, unter Vermeidung einer Vermahlung oder anderer verteuernder Vorbehandlung, oder eines Zwanges zu engbegrenzter Sortenwahl;

4. eine Verwendung von feuchter Vergasungsluft zur Beherrschung der Schlackenbildung, zur Vermeidung der Austragung mineralischer Bestandteile in dampfförmigen Zustand (z. B. Siliziumsulfid, Siliziummonoxyd usw.[3]) und zur Erzeugung eines wasserstoffreicheren, gut zündfähigen Gases.

Die Forderung unter 3. ist bestimmend für die notwendige Abkehr von den meisten gebräuchlichen Gaserzeuger-Bauarten. Die Gastechnik ist bei ihrem heutigen Entwicklungsstand indessen in der Lage, diese Bedingungen zu erfüllen. Das FLESCH-WINKLER- und FLESCH-DE-MAG-Verfahren und verwandte Entwicklungen stellen Beispiele hierfür dar[4].

Die Leistungssteigerung von Gaserzeuger und Feuerung bedeuten einen wesentlichen Beitrag zur Verringerung des Raum- und Eisenaufwandes. Die Steigerung der spezifischen Feuerraumbelastung ist nicht nur möglich durch Ausschaltung der störenden Gegenwart der mineralischen Bestandteile (Schlacke, Flugasche), die heute wesentlich die Grenzleistungen der Feuerungen bestimmen, sondern in weit stärkerem Maße durch die einfachere Möglichkeit der Anwendung höherer Überdrücke im Feuerraum[5]. Für den Gaserzeuger selbst bedeutet jede

---

[1] GUMZ, W.: A suggested solution to burning high-ash coal. Combustion, N. Y. 21 (1950) Nr. 8 S. 57—59.

[2] Der Nachteil einer verringerten Gasqualität und höheren Gastemperatur fällt nicht ins Gewicht, da das Gas ohne Fortleitung und ohne Abkühlung unmittelbar verbrannt wird. Prozesse, die das ganze Brennstoffbett oder, bei unterteilter Brennstoffschicht, einen Teil absteigend vergasen, können hierfür ins Auge gefaßt werden.

[3] Vgl. hierzu S. 591.

[4] Siehe S. 666.

[5] Über Druckfeuerungen siehe auch S. 631.

Drucksteigerung eine Verringerung des Druckabfalles in der Brennstoffschicht (geringere lineare Gasgeschwindigkeit bei gleichem Luftgewicht), die Brennkammerbelastung steigt etwa proportional dem absoluten Druck, und der Kessel kann als „Hochgeschwindigkeitskessel"[1] ausgebildet werden, die Saugzuganlage kann entfallen. Die Druckerzeugung wird ganz auf die Luftseite verlegt, wo sie am billigsten ist. Den höheren Druckerzeugungskosten steht eine Verkleinerung des gesamten Kessels ohne Saugzug und ohne Flugascheabscheider gegenüber. Die Gaserzeuger-Feuerung ist einer völligen Automatisierung des Kesselbetriebes besonders zugänglich.

Grundsätzlich führt eine solche Entwicklung — soweit die reine Krafterzeugung betrachtet wird — zu der Frage, ob es unter diesen Umständen nicht vorzuziehen wäre, das Gas unmittelbar einer Verbrennungsturbine zuzuführen. Diese Entscheidung kann beim heutigen Stand des Gasturbinenbaues und der verfügbaren Schaufelmaterialien noch nicht eindeutig beantwortet werden, obwohl die Fortschritte der Metallurgie und Keramik (Sintermetalle, keramische Schaufeln oder keramische Schutzschichten) zu gewissen Hoffnungen berechtigen. Der Kessel mit Dampfturbine kann das hohe, von der Verbrennung gelieferte Temperaturgefälle zur Dampferzeugung ausnutzen, so daß als Zwischenlösung die Kombination von Kessel (gekühlter Brennkammer) und Dampfturbine mit Gasturbine — Velox-Prinzip — ohne Zweifel Vorteile hat. Für die geschlossene Gasturbine nach ACKERET und KELLER[2], bei welcher die Entwicklung eines Hochleistungs-Lufterhitzers das wesentlichste Problem bildet, ist die Gaserzeuger-Feuerung gleichfalls geeigneter als andere bekanntgewordenen Vorschläge, soweit Kohle als Brennstoff in Frage kommt.

Die Kohlenstaubfeuerung

Die Anfänge der Kohlenstaubfeuerung liegen auf Gebieten, die ihre Anwendung besonders begünstigten, wie dem der Zement-Drehöfen; als Kesselfeuerung hat sie — von einigen erfolglosen früheren Versuchen abgesehen — erst unmittelbar nach dem 1. Weltkrieg, etwa ab 1920, eine Rolle gespielt, dann aber eine stürmische Entwicklung

---

[1] MÜNZINGER, F.: Leichte Dampfantriebe an Land, zur See, in der Luft, Berlin 1937, S. 41—44.

[2] KELLER, C.: Closed-cycle gas turbine. Escher-Wyss-AK development, 1945—1950. Trans. Amer. Soc. mech. Engrs. 72 (1950) Nr. 6 S. 835—850. — ACKERET, J., u. C. KELLER: Aerodynamische Wärmekraftmaschine mit geschlossenem Kreislauf. Escher-Wyss Mitt. 1942/43 Nr. 15/16 S. 5—19. — KELLER, C.: Die aerodynamische Turbine im Vergleich zu Dampf- und Gasturbinen. Escher-Wyss Mitt. 1942/43 Nr. 15/16 S. 20—41.

genommen[1]. Teils waren es neue wirtschaftliche und technische Voraussetzungen (Großkesselbau, Zwang zur Mechanisierung, Steigerung der Wirtschaftlichkeit, eine hohe Preisspanne zwischen den Rostbrennstoffen und den rostschwierigen Feinkohlen), teils spielte das ausländische, besonders das amerikanische Vorbild eine Rolle, und endlich war der Rostfeuerungsbau den neuen Aufgaben nicht sofort voll gewachsen. Diese Entwicklung gab jedoch auch den Rostkonstruktionen einen ungeheuren Ansporn, dem wir die Entstehung neuer leistungsfähiger Bauarten und den heute erreichten hohen Stand der Feuerungstechnik verdanken. Die Verbreitung der Kohlenstaubfeuerung verlangsamte sich daher zunehmend, zumal sich, bei allen Vorzügen, mit dem steigenden Energiebedarf der Wirtschaft eine vorher wenig beachtete Frage, die Flugstaubfrage, stark in den Vordergrund schob. Die Entwicklung brach jedoch keineswegs ganz ab, Vereinfachungen der Staubfeuerung und besonders der Staubaufbereitung, wie sie unter anderem das große Verdienst BERNHARD KRÄMERs sind, der durch seine Mühlenfeuerung vor allem das Gebiet der Rohbraunkohlenverfeuerung erschloß, verschafften der Staubfeuerung wieder neuen Auftrieb. Auch heute ist die technische Entwicklung keineswegs abgeschlossen, und der Wettstreit zwischen Staub- und Rostfeuerung wirkt weiter anregend auf beide Bauarten ein. Es ist verständlich, daß um die Kohlenstaubfeuerung ein außerordentlich reiches Schrifttum entstanden ist, dessen Anführung allein einen stattlichen Band füllen würde[2].

Die Krämer-Mühlenfeuerung stellte einen wichtigen Entwicklungsabschnitt dar. Ihr vereinfachtes System einer dicht an den Feuerraum

---

[1] Zum Historischen vgl.: ROSIN, P. O.: Geschichte der Kohlenstaubfeuerung im Spiegel ihrer wirtschaftlichen und technischen Probleme. BWK 2 (1950) Nr. 2/5 S. 33—36, 68—71, 104—106, 128/29. — ORNING, A. A.: The combustion of pulverized coal. In: LOWRY, H. H. (Hrsg.): Chemistry of Coal Utilization, Bd. II, New York u. London: J. Wiley & Sons u. Chapman & Hall 1945, S. 1522—1567. — SHERMAN, R. A., u. W. T. REID: An appraisal of combustion research. Joint Conf. on Combustion (Amer. Soc. mech. Engrs., New York, Instn. of mech. Engrs., London), Boston, Mass., u. London 1955, — Une appréciation sur les recherches relatives à la combustion. Chal. et Ind. 31 (1955) Nr. 362 S. 269—278. — GUMZ, W.: Pulverized firing in Germany: Development and trends. J. Inst. Fuel. Second Pulverized Coal Conf. 1957 Proc. Paper 16, D-11/D-25.

[2] Für das Schrifttum bis Mitte 1930 liegt eine vollständige Sammlung vor, die jedoch leider noch nicht fortgesetzt worden ist: KNABNER, O.: Das Schrifttum über Kohlenstaub, 23. Berichtsfolge des Kohlenstaubausschusses des Reichskohlenrats, Berlin 1930. — Als Überblick über Konstruktionen und Anwendungsmöglichkeiten der Kohlenstaubfeuerungen sei verwiesen auf: BLEIBTREU, H.: Kohlenstaubfeuerungen, 2. Aufl., Berlin 1930. — Schrifttum über Mühlen- und Naßkohlenfeuerungen vgl. Fußn. 1 u. 3, S. 545, über die theoretischen Grundlagen s. W. GUMZ: Theorie und Berechnung der Kohlenstaubfeuerungen, Berlin: Springer 1939. — ROSIN, P. O.: Geschichte der Kohlenstaubfeuerung im Spiegel ihrer wirtschaftlichen und technischen Probleme. BWK 2 (1950) Nr. 2/5 S. 33—36, 68—71, 104—106, 128/29.

herangerückten Mühle, die durch Heißluft oder heiße rückgeführte Gase Mahlung und Trocknung kombinierte und das Gemisch (ohne Sichtung oder durch einfache Sichteinbauten) durch das Mühlenmaul in den Feuerraum einführte unter Einblasung von Erstluft (Kernluft) durch das Mühlenmaul und von Zweitluftstrahlen dahinter, eignete sich besonders für reaktionsfreudige Brennstoffe wie Braunkohle, die mit einer geringen Mahlfeinheit auskamen[1].

Die Austrittsgeschwindigkeit des Staub-Luft-Gemisches ist gering (< 5 m/s), und das Grobkorn soll im Feuerraum ausfallen und auf Nachverbrennungseinrichtungen (Planrost oder mechanischer Rost oder Ausbrennkammer)[2] weitgehend ausgebrannt werden. Durch Verbesserungen der Sichteinrichtungen und den Ersatz des Mühlenmaules durch Brenner mit höheren Austrittsgeschwindigkeiten ist die Entwicklung in die Naßkohlenfeuerungen und die normale Staubfeuerung mit Einblasemühlen eingemündet. Aus einer Untersuchung der KSG-Naßkohlenfeuerung[3] ergibt sich die Wirksamkeit der Kornzerkleinerung auf die Trocknung. In der ersten Hälfte des Fallschachtes, in den die Rohkohle einfällt und wo sie mit 900grädigen Rauchgasen in Berührung kommt, werden 10,5%, im ganzen Fallschacht 15% und in der Mühle 85% der Trocknungsleistung aufgebracht[4]. Bei Steinkohle ist die Mühlenfeuerung auch versucht worden, meist mit etwas verbesserten Sichtern, ist aber heute allgemein durch die Brennerfeuerung wieder verdrängt worden.

Inzwischen ist die Kohlenstaubfeuerung zum vorherrschenden Typ der Großkesselfeuerung geworden, teils durch den weiteren mit Rostfeuerungen nicht mehr zu bewältigenden Anstieg der Kesseleinheitsleistungen, teils wegen der aufs äußerste gestiegenen Anforderungen an den Kesselwirkungsgrad (von möglichst über 90%), und endlich auch wegen der geringeren Heizflächenverschmutzungen und der längeren Reisezeiten, die staubgefeuerte gegenüber den rostgefeuerten Kesselanlagen erreichen (vgl. S. 595).

In der Flugaschefrage ist die möglichst vollkommene Abscheidung durch Elektrofilter, teilweise auch durch Kombinationen von Elektro-

---

[1] Über das ältere Schrifttum vgl. dieses Handbuch, 2. Aufl., S. 476, Fußn. 1; ferner: BWK 3 (1951) Nr. 3/4 S. 112—116. — GEHLSEN, H.-J.: Betriebserfahrungen mit hochbelasteten Schlägermühlenfeuerungen mit Rauchgas-Rückführung. Energietechn. 7 (1957) Nr. 7 S. 303—316. — LOEMKE, H.: s. Fußn. 1 S. 570. — Über die Entwicklung der Schlägermühlen s. Mitt. VGB 59 (1959) S. 73 bis 91.

[2] Über Nachverbrennungseinrichtungen s. Mitt. VGB H. 59 (1959) S. 113—116.

[3] BOIE, W.: Wärme 56 (1936) H. 5/6 S. 90—93. — Feuerungstechn. 25 (1937) H. 2 S. 33—41. — VOIGT, K.: Braunkohle 36 (1937) H. 7/8 S. 97—101, 114—118. — SCHÖNING, W.: Arch. Wärmew. 20 (1939) H. 12 S. 309. — KORDES, G.: Braunkohle 40 (1941) H. 16/17 S. 181—185, 195—199.

[4] KORDES, G.: Braunkohle 40 (1941) H. 16/17 S. 181—185, 195—199.

filtern und mechanischen Filtern heute eine Selbstverständlichkeit geworden, zumal nicht nur die höheren Einheitsleistungen und der zunehmende Absolutbedarf an Energie eine allmählich untragbare Emission von Staub verursachen würde, sondern da auch der Gedanke einer Selbstverantwortung der Industrie und einer Pflicht zur Reinhaltung der Luft im Rahmen der technisch gegebenen Möglichkeiten allgemeine Anerkennung gefunden hat, in einigen Ländern gestützt durch eine entsprechende Gesetzgebung.

Die Schwierigkeiten der Unterbringung oder Verwertung der abgeschiedenen Flugasche hat die Wahl unter den beiden Haupttypen der Kohlenstaubfeuerungen, den Feuerungen mit trockenem Ascheabzug (oft abgekürzt „Trockenfeuerungen" genannt) und den Feuerungen mit flüssigem Schlackenabzug meist in Verbindung mit einer Rückführung und Einschmelzung der abgeschiedenen Flugasche (kurz „Schmelzfeuerungen" genannt) in hohem Maße beeinflußt. Sie hat zu einer unterschiedlichen Bevorzugung der einen oder anderen Bauart in den verschiedenen Ländern geführt. In Deutschland gibt man wegen dieser Schwierigkeiten — und vorzugsweise nur noch aus diesem Grunde — bei Steinkohlenfeuerungen der Schmelzfeuerung den Vorzug, wenn auch vielleicht z. T. in Verkennung der Tatsache, daß in der technischen Entwicklung besonders in der Höhe der Nettowirkungsgrade ein vorübergehend vorhandener Vorsprung der Schmelzfeuerungen nicht mehr existiert. Die Entscheidungen über die Auswahl der Feuerungsbauart werden auch mitbestimmt durch den technisch-wirtschaftlichen Stand der Entwicklung der Flugascheverwertungsmöglichkeiten (vgl. S. 608).

Trockenfeuerungen und Schmelzfeuerungen haben eine Reihe gemeinsamer Züge, die zunächst mit besonderer Berücksichtigung der Trockenfeuerungen besprochen werden sollen[1].

Aufgabe der Kohlenstaubfeuerung ist es, den Brennstoff in Staubform mit geringstem wirtschaftlichen Aufwand möglichst vollständig zu verbrennen unter Ausschluß aller störenden Einflüsse wie Verschlakkung, Heizflächenverschmutzung u. dgl., die die Leistung, Betriebsbereitschaft oder Sicherheit beeinträchtigen könnten. Die physikalischen Bedingungen für den Wärme- und Stoffaustausch, wie sie beispielsweise in Gl. (21–8) S. 471, zum Ausdruck kommen, geben eine gewisse Richtlinie, wie das Ziel einer größtmöglichen Leistung auf kleinstem Raum erreicht werden könnte, wobei aber gleichzeitig die Forderung zu erfüllen ist, ein wirtschaftliches Optimum anzustreben und gewisse Nebenbedingungen einzuhalten, um die Heizflächenreinheit aufrechtzuerhalten. Hierzu soll

---

[1] Über die Sonderprobleme der Schmelzfeuerungen vgl. S. 574; Vergleich beider Bauarten s. S. 582.

1. die Zündung sichergestellt, die Zündzeit möglichst kurz sein, ohne aber eine Rückzündung des Staub-Luft-Gemisches in den Brenner oder die Zuleitung eintreten zu lassen,

2. die Brennzeit möglichst kurz oder die Aufenthaltszeit des Teilchens in der Brennzone möglichst lang sein,

3. der Aufwand für Trocknung und Mahlung und der Verschleiß der Mühlen, Sichter, Staubleitungen und Brenner möglichst gering sein und die Mahlfeinheit dem wirtschaftlichen Optimum entsprechen, also dem Brennstoff und dem Verbrennungsverfahren angepaßt sein,

4. die Temperatur der Gase und der Schwebeteilchen (Flugstaub, Flugschlacke) so weit gesenkt sein, daß beim Auftreffen auf die Heizflächen keine Verschlackung oder Verschmutzung eintritt. Maßgebend ist dabei nicht nur die Feuerraumendtemperatur, sondern auch die auftretende Höchsttemperatur und der gesamte Temperaturverlauf im Feuerraum.

Diese Forderungen widersprechen zum Teil einander, so daß die wirtschaftliche Lösung nur durch ein sorgfältiges Abgleichen der einzelnen Maßnahmen gefunden werden kann, wobei im einzelnen zu prüfen ist, welches Mittel in Fällen, wo mehrere Wege zur Verfügung stehen, den größten Erfolg verspricht und die übrigen Forderungen am wenigsten verletzt. Dies hat zu einer großen Vielfalt der Systeme, Brennerkonstruktionen und konstruktiven Lösungen geführt, um so mehr, als vielfach dabei reine Empirie Pate gestanden hat und die wissenschaftliche Durchdringung nicht immer in wünschenswerter Weise berücksichtigt worden ist, was allerdings auch auf die doch ungeheuer komplexen Vorgänge beim Verbrennungsvorgang zurückzuführen ist. Das ändert indessen nichts an der Tatsache, daß eine solche wissenschaftliche Behandlung dieser schweren Probleme trotzdem immer wieder gefordert worden ist und aus wirtschaftlichen Gründen nicht zu umgehen ist.

Einflüsse des Brennstoffs und der Mahlfeinheit. In Gl. (21–8), S. 471 sind eine Reihe von Faktoren enthalten, in denen die Stoffeigenschaften des Brennstoffs zum Ausdruck kommen, so Dichte bzw. Wichte des Kornes, Gehalt an Flüchtigen Bestandteilen und Verhalten bei hohen Temperaturen (Blähgrad), dazu kommen für die Beurteilung der Staubherstellung Eigenschaften wie Härte, Mahlbarkeit, Gehalt an harten Mineralen (wie Pyrit, Quarz u. dgl.), Feuchtigkeit, Backneigung und Korngröße im Anlieferungszustand. In den meisten Fällen wird die Aufgabestellung jedoch nicht die sein, einen für die Staubfeuerung möglichst günstigen Brennstoff auszuwählen, sondern umgekehrt für einen gegebenen Brennstoff die geeignete Feuerung zu entwerfen und sie den Eigenschaften des Brennstoffs anzupassen. Als Vorteil der Kohlenstaubfeuerung ist es ja gerade anzusehen, daß sie sehr anpassungsfähig ist.

Die Mahlbarkeit[1] ist leider kein eindeutiges Kriterium, und die Mühlenkonstruktion muß weitgehend den Eigenarten des Brennstoffs angepaßt werden, wobei die Kohlenminerale oft einen größeren Einfluß auf Mühlenleistung, Mahlfeinheit, Kraftbedarf und Verschleiß ausüben als die verhältnismäßig weiche Kohlensubstanz selbst[2]. Die Mahlfeinheit muß der Brennstoffart und dem Verbrennungsverfahren angepaßt sein. Energieaufwand für die Aufbereitung der Kohle zu brennfertigem Kohlenstaub und Güte des Ausbrandes (Höhe der Feuerungsverluste) führen bei jeder Feuerungsart zu einer optimalen Mahlfeinheit, wie dies zuerst von STIMMEL[3] an Hand eingehender Untersuchungen an Braun-

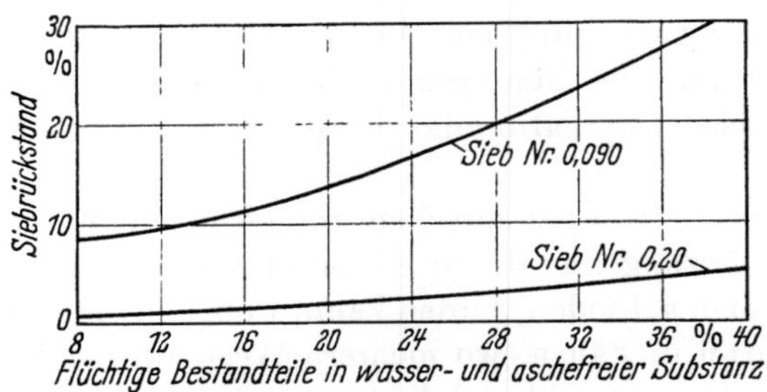

Abb. 23-14. Mahlfeinheit von Steinkohlenstaub

kohlenstaubfeuerungen gezeigt werden konnte. Als ungefähre Richtwerte können gelten (s. auch Abb. 23-14[4])

für Steinkohlen[5]

Magerkohle	8—12% R 0,090
Fettkohle	15—20% R 0,090
Gas- und Gasflammkohle	15—25% R 0,090

für Braunkohlen[6]

Trockenfeuerungen	45—50% R 0,090
Schmelzfeuerungen[7]	30 % R 0,090.

Diese Werte können ohne große Auswirkungen gelegentlich auch erheblich überschritten werden, sofern nur der Anteil an gröbstem Korn (z. B. R 0,20) möglichst klein bleibt. Zu hohe Mahlfeinheiten führen bei

---

[1] Vgl. S. 221.

[2] Erfahrungen mit Braunkohlenfeuerungen. Mitt. VGB H. 59 (1959) S. 67.

[3] STIMMEL, H.: Die Wirtschaftlichkeit der Braunkohlenstaubfeuerungen in Abhängigkeit von der Mahlfeinheit. Diss. Dresden 1932.

[4] Ruhrkohlen-Handbuch, 4. Aufl., Essen: Verlag Glückauf 1954.

[5] SCHULTE, F.: Brennstoffe und Feuerungen. Mitt. VGB H. 63 (1937) S. 242 bis 250.

[6] LENKEWITZ, H.: Probleme der Braunkohlenfeuerungen. Mitt. VGB H. 51 (1957) S. 386—404.

[7] Siehe Fußn. 4 S. 7.

Braunkohlen zu allzu hohen Verbrennungstemperaturen und daher zu Heizflächenverschmutzungen, weshalb der angegebene Wert nicht unterschritten werden soll.

Bei Zyklonfeuerungen wird mit gröberer Körnung gefahren, und zwar meist zwischen 25 bis 75% R 0,090. Von CAUTIUS[1] wird 70% vorgeschlagen, die meisten deutschen Anlagen bleiben jedoch beträchtlich unter dieser Zahl, da größere Mahlfeinheit höhere Temperaturen bedingt. In USA sind z. B. bei Illinois-Kohlen wesentlich gröbere Stäube üblich[2].

Der Verlust durch Unverbranntes sinkt mit zunehmender Mahlfeinheit, doch lassen sich allgemeingültige Angaben nicht machen, da die absolute Höhe sehr stark von der Kohlenart (Gehalt an Flüchtigen Bestandteilen, Reaktionsfähigkeit) und anderen Faktoren bestimmt wird. Geringer Gehalt an Flüchtigen Bestandteilen wird daher gewöhnlich durch größere Mahlfeinheit ausgeglichen. Auch beim Auftreten von Mängeln in der Brennstoff- und Feuerführung, beim Auftreten von Verschlackungen oder Korrosionen wird häufig zu dem Mittel der Anwendung größerer Mahlfeinheit gegriffen.

Mühle, Staubzuleitung und Brenner müssen als ein geschlossenes System betrachtet werden, dessen Funktion als Ganzes für den Erfolg entscheidend ist. Dieser Gesichtspunkt wird leider häufig beim Entwurf übersehen. Die Schwierigkeiten beginnen in der Mühle und in der gleichmäßigen Aufteilung des Staubes auf die mehrere Brenner bedienenden Staubleitungen. Die Strömungsverhältnisse in Mühlen und Sichtern werden einstweilen noch weder theoretisch noch praktisch beherrscht[3] trotz gewisser Konstruktionen, die eine Vergleichmäßigung anstreben[4]. Wenn dann die Staubzuleitungen verschiedene Länge und Formgebung, dazu noch Krümmer besitzen, in denen die Gleichmäßigkeit der Staubverteilung völlig gestört wird, und wenn — was sich besonders stark auswirkt — noch kurz vor dem Brenner ein solcher Krümmer liegt, so ist die anstrebenswerte gleichmäßige Verteilung eines im Körnungsaufbau gleichmäßigen Staub-Luft-Gemisches völlig unmöglich. Besonders bei Kesseln mit Eckenfeuerungen ist die Leitungsführung aus räumlichen Gründen oder infolge von Beengungen durch andere Konstruktionen (etwa Gebäudestützen usw.) oft schwer dem Ideal der Leitung gleicher Widerstände anzupassen, weshalb sie gegenüber Frontfeuerungen mit klarerer und einfacherer Leitungsführung

---

[1] CAUTIUS, W.: Erfahrungen mit Horizontal-Zyklonfeuerungen. Fünfte Weltkraftkonferenz Wien 1956. Bericht 82 G_2/7. Gesamtbericht Bd. 10 (1957) S. 3157 bis 3175.

[2] KESSLER, G. W.: Cyclone furnace boilers. American Power Conference Bd. 16, Illinois Inst. of Technology, Chicago, 1954, S. 78—90.

[3] Erfahrungen mit Braunkohlenfeuerungen. Mitt. VGB H. 59 (1959) S. 76.

[4] Vgl. W. GUMZ: Forschungsaufgaben und Entwicklungsansätze im Feuerungsbau. Mitt. VGB H. 54 (1958) S. 180—197, bes. Abb. 12.

schlechter abschneiden[1], obwohl dies mit dem Prinzip der Eckenfeuerung nichts zu tun hat. Ein typisches, aber nicht nachahmenswertes
Beispiel zeigt eine Untersuchung an einem 160 t/h-Kessel mit Eckenfeuerung[2], deren Ergebnisse in Zahlentafel 23-4 zusammengestellt sind.
In jeder der vier von einer Mühle ausgehenden Leitungen ist die Staub-
und Luftverteilung derartig unterschiedlich, daß die vier Brenner nicht
nur ganz verschiedene Staubmengen, sondern auch verschiedene Staubdichte und Staubfeinheiten erhalten. Man kann ermessen, welche Aufgabe den Brennern und dem Feuerraum zugemutet wird und wie schlecht
es mit der Regelfähigkeit stehen muß. Zwar sind die Verhältnisse bei
Schwachlast (etwa $^1/_3$ Last) besonders schlecht, aber auch bei Vollast
bestehen noch ähnliche, wenn auch weniger krasse Unzulänglichkeiten,
die vor allem von der schlechten Verteilung in der Mühle herrühren und
z. T. auch von dem ungleichen Leitungswiderstand begünstigt werden.

Zahlentafel 23-4. *Meßergebnisse an einem 160-t/h-Steinkohlekessel mit Eckenfeuerung*
(nach A. SCHILLER) *bei schwacher Belastung*

Leitung	Länge (m)	Zahl der Krümmer	Mahlfeinheit % R 0,090	Geförderte Staubmenge %	Geförderte Luftmenge %	Staubdichte (g/Nm³)
1	10	2	35,9	40	28	296
2	22	3	31,1	25	24	216
3	27	3	10,8	20	22	188
4	19,5	2	8,4	15	26	120

Zündung. Der Zündvorgang (s. S. 491—496) wird vom Brennstoff
selbst, der Temperatur der Umgebung, den Möglichkeiten der Wärmeübertragung an den Brennstoff und von dem Brennstoff-Luft-Verhältnis
(der Staubdichte) beeinflußt. Die Temperatur der Brennstoffoberfläche
ist das Ergebnis der Wärmebilanz, die sich aus Wärmezuführung durch
Strahlung und Konvektion und der eigenen Wärmeentwicklung einerseits und aus der Wärmeabgabe durch Strahlung und Konvektion,
Wärmeableitung durch Leitung nach dem Korninneren und Wärmeverbrauch für Resttrocknung, Entgasung und Aufheizung der Teilchen
andererseits ergibt. In einer Umgebung, deren Temperatur höher liegt
als die Zündtemperatur, wird daher die Wärmezufuhr den Wärmeverbrauch um so schneller überholen, je geringer der Korndurchmesser
ist; hohe Lufttemperatur der Trägerluft und Feinmahlung sorgen daher
für eine Verkürzung der Zündzeit. Diese Maßnahme, geringe Staubdichte oder hoher Erstluftanteil bei hoher Luftvorwärmtemperatur und

---

[1] MÜLLER, R., u. H. TRENKLER: Ecken- und Frontfeuerung. Ausführung und
Bewährung an zwei 360 t/h-Braunkohlenkesseln im Kraftwerk Fortuna III. Mitt.
VGB H. 47 (1957) S. 87—94.

[2] SCHILLER, A.: Versuche über Mahlfeinheit, Staubdichte und Staubaustrag
an Kohlenstaub-Eckenfeuerungen. BWK 7 (1955) Nr. 5 S. 223—227.

großer Mahlfeinheit, ist in erster Linie bei niedrigflüchtigen Brennstoffen (Koks, Anthrazit, Magerkohle) angebracht. Der Zündvorgang ist dann im wesentlichen eine Konvektivzündung, wobei eine einfache Betrachtung der Wärmebilanz den Zusammenhang zwischen Trägerlufttemperatur t_l, Zündtemperatur t_z und der Staubdichte a (kg/Nm³) angenähert durch die Beziehung

$$t_l = (l + a)\, t_z \qquad (23\text{-}3)$$

wiedergibt[1]. Der Trägerluftanteil sollte daher — im Gegensatz zu der in der Literatur häufig gemachten Empfehlung von 12 bis 15% — sehr hoch gewählt werden, mindestens $> 50\%$ entsprechend einer Staubdichte von $< 0{,}170$ bis $0{,}190$ kg/Nm³, wobei dann die Erstlufttemperatur (bei $t_z = 350$ bis $400\ °C$) noch mit > 415 bis $475\ °C$ anzusetzen wäre. Noch höhere Erstluftanteile oder geringere Staubdichten sind erstrebenswert.

Dieses Zündverfahren ist nicht anwendbar bei solchen Kohlenarten, die bei Erwärmung ein plastisches Verhalten zeigen oder bei denen durch hohe Reaktionsfähigkeit und hohe Zündgeschwindigkeit eine Rückzündgefahr bestehen könnte. Bei diesen Stäuben muß die Erstlufttemperatur so begrenzt werden, daß die plastische Zone auf keinen Fall erreicht wird und keine zu starke Vorentgasung eintritt. Im allgemeinen wird daher die Temperatur der Erstluft auf 150 bis 200 °C beschränkt und nun eine möglichst hohe Staubdichte (geringer Erstluftanteil von ≤ 20 bis 30%) gewählt, um den hoch vorzuwärmenden Anteil der Verbrennungsluft (Zweitluft) mit Rücksicht auf die Wärmeausnutzung durch den Luftvorwärmer recht groß zu machen. Die frühere Vorstellung, daß dieser Erstluftanteil etwa dem Luftbedarf der Flüchtigen Bestandteile entsprechen müsse — was allenfalls bei stark verspäteter Zweitluftzugabe Berechtigung hätte —, ist abgelöst durch die Forderung, daß die Brennerkonstruktion so auszulegen ist, daß eine rechtzeitige Nachführung von hoch vorgewärmter Zweitluft erfolgt, so daß die Erstluftmenge ausschließlich nach den Bedürfnissen des Zündvorganges ausgelegt werden kann.

Eine andere falsche Vorstellung ist die einer optimalen Zündgeschwindigkeit. Aus Versuchen von Taffanel und Durr[2] über die Flammenfortpflanzung in Staub-Luft-Gemischen hat de Grey[3] eine Kurvenschar abgeleitet, die die Zündgeschwindigkeit als Funktion der Staubdichte und der Flüchtigen Bestandteile

---

[1] Gumz, W.: Forschungsaufgaben und Entwicklungsansätze im Feuerungsbau. Mitt. VGB H. 54 (1958) S. 180—197.

[2] Taffanel, J., u. A. Durr: Cinquième Série d'essais sur les inflammations de poussière, essais d'inflammation, Paris: Comité Central de Houillières de France, 1911. — Vgl. auch: Ann. Mines (Série 11) 1 (1912) S. 259, 379, 469; 2 (1912) S. 5—36, 89—132, 167—207. — Colliery Guard. 103 (1912) Nr. 2666 S. 227/28.

[3] de Grey, A.: Les expériences sur les poussières de houille et la combustion du charbon pulvérisé. Rev. Métall. 19 (1922) Nr. 11 S. 645—655.

der Kohle zeigt, deren Berechtigung aber von ORNING[1] bestritten wird, obwohl diese Kurven zum festen Bestand der Literatur geworden und geblieben[2,3] und auch in jüngster Zeit wieder herangezogen worden sind[4,5].

Diese Fortpflanzungsgeschwindigkeit besagt indessen lediglich, daß die Gemischaustrittsgeschwindigkeit Werte von 1 bis 13 m/s (in ungünstigsten Fällen) nicht unterschreiten sollte, um Rückzündungen in die Staubzuleitung zu vermeiden.

Die *Zündzeit* hängt nach Versuchen von GHOSH und ORNING[6] von der Konzentration des Gemisches, von der Kohlenart (bes. ihrem Gehalt an Flüchtigen Bestandteilen), von der Korngröße und der umgebenden Atmosphäre (Sauerstoffgehalt) und Temperatur ab; doch konnten diese Versuche lediglich dazu dienen, den Einfluß der wichtigsten Faktoren möglichst isoliert darzustellen. Bei einer Feuerung treten diese Faktoren aber nicht isoliert auf, und der Zündvorgang wird entscheidend von den Wärmeaustauschvorgängen beeinflußt.

Bei kalter oder nur mäßig vorgewärmter Trägerluft ist der Zündungsvorgang eine Kombination von Strahlungs- und Konvektionszündung. Je feinkörniger der Staub in diesem Falle ist, um so schneller gibt er die ihm zugestrahlte Wärme durch Konvektion an die Trägerluft ab, um so schwerer ist er zu zünden. Auf dieser Wirkung beruht z. B. die Gesteinsstaubsperre. Der Staub muß daher unter diesen Bedingungen etwas gröber sein, worin ein grundsätzlicher Nachteil kalter Trägerluft besonders bei schwer zündenden Brennstoffen zu sehen ist. Bei reiner Strahlungszündung — wie sie durch die nicht zu verhindernde Mitwirkung der Konvektion in dieser reinen Form praktisch nicht vorkommt — ergibt sich daher ein Verlauf der Zündzeitkenngröße nach TRAUSTEL[7], der bei endlichem Luftüberschuß von Null beim Korndurchmesser Null bis zu einem Höchstwert ansteigt („Schlechtestzündung"), dann auf einen Mindestwert abfällt („Bestzündung") und von dort wieder langsam steigt. Bei unendlichem Luftüberschuß liegt die „Schlechtestzündung" im Unendlichen, d. h. es entsteht hier — wie praktisch auch schon bei sehr großen Luftüberschüssen — eine Zündlücke für Feinststaub.

Ist die Trägerluftmenge groß, so wird es trotz der Mitwirkung der Konvektion lange dauern, bis die ganze Luftmenge auf so hohe Temperatur erwärmt ist, daß die Wärmeabgabe verlangsamt und die Zündtemperatur erreicht wird. Die Trägerluftmenge muß daher, wenn sie kalt oder nur wenig vorgewärmt ist, soweit als möglich beschränkt werden

---

[1] ORNING, A. A.: s. Fußn. 1 S. 544, dort S. 1549.

[2] DE LORENZI, O.: Combustion Engineering, New York 1947, S. 8. 3.

[3] JOHNSON, A. J., u. G. H. AUTH: Fuels and Combustion Handbook, New York/Toronto/London: McGraw-Hill 1951, S. 810.

[4] SCHILLER, A.: s. Fußn. 2 S. 550.

[5] FEHLING, W.: s. Fußn. 2 S. 559.

[6] GHOSH, B., u. A. A. ORNING: Igniting pulverized coal. Industr. Engng. Chem. 47 (1955) Nr. 1 S. 117—122.

[7] TRAUSTEL, S.: Feuerungstechn. 29 (1941) H. 2 S. 25—28.

und soll das zur Staubförderung notwendige Maß möglichst wenig überschreiten. Da der Kohlenstaub ein unhomogenes Korngemisch darstellt, wird die Zündung bei heißer Trägerluft beim Feinstkorn, bei kalter Trägerluft bei einer mittleren Korngröße zuerst einsetzen, danach aber eine beschleunigte Aufheizung eintreten, die dann alle Korngrößen erfaßt. Der Zünd*weg* ergibt sich aus der Zündzeit und der Austrittsgeschwindigkeit des Strahles; er wird bei kalter Trägerluft stets länger sein als bei heißer. Seine Länge stellt einen Verlust an Brennweg dar, was bei schwer zündenden, mageren und aschenreichen Brennstoffen daher stark ins Gewicht fallen kann, vor allem auch dadurch, daß sich die Entwicklung der Verbrennungshöchsttemperaturen unerwünscht weit verlagert und, abgesehen von Ausbrandschwierigkeiten, auch zu Heizflächenverschlackungen führen kann.

In der Praxis werden alle Überlegungen über die zweckmäßige Führung des Grundvorganges und den Trägerluftanteil bei Einblasemühlen dadurch hinfällig, daß sich die Trägerluftmenge nach der Mühle und Mühlenbelastung richten muß, wodurch meistens wesentlich mehr Luft, als für den Zündvorgang erwünscht, verwendet wird. Besonders bei niedriger Belastung sinkt die Staubdichte dadurch sehr weit ab und begrenzt dadurch die erreichbare Kleinstlast, da im Bereich sehr geringer Staubdichten die Teilchen individuell zünden, ohne ihre Nachbarteilchen stark genug zu beeinflussen und eine zusammenhängende Flammenfront zu bilden. Diesem Mangel könnte nur durch eine strömungstechnische Verbesserung der Mühlensysteme oder durch Zwischenbunkerung und richtige Luftdosierung abgeholfen werden; auch könnte man an eine Kombination von Einblasemühlen für Vollast- und Zwischenbunkerung für Teillastbetrieb denken.

Für gewisse Staubteilchen genügt die einmalige Zündung nicht, da sie infolge ungünstiger Staubführung in die Nähe der kalten Grenzschichten der Rohrwandungen kommen oder gar auf die Kühlrohre aufprallen. Dies kann zum Erlöschen führen und erfordert eine Neuzündung, für die dann allerdings die Voraussetzungen (Sauerstoffkonzentration, Temperatur, Relativgeschwindigkeit und Wärmeaustausch) u. U. wesentlich ungünstiger geworden sind, während nur noch ein stark verkürzter Brennweg zur Verfügung steht. Die Folge davon wäre ein schlechter Ausbrand. Diese Schwierigkeiten können behoben werden durch Abkleiden der Heiz- bzw. Kühlflächen im Bereich der Brenner durch sogenannte Zündflächen, Zündgürtel oder Zündkammern. Die Vorstellung, daß diese Einrichtungen als Strahlflächen dienen, die dem Staubstrahl die notwendige Wärme zustrahlen sollen, dürfte wohl nicht ganz zutreffend sein, wovon man sich durch eine Überschlagsrechnung leicht überzeugen kann; dagegen läßt sich das Ansteigen des Unverbrannten im Flugstaub durch Löschung und die Notwendigkeit der

Wiederzündung und die Wirkung der Zündflächen bei zündschwierigen Brennstoffen wohl erklären[1]. An Zündhilfen sind neben der Abkleidung der Seitenwände oder dem Weglassen der Kühlrohre in besonderen Zündkammern auch noch andere Mittel vorgeschlagen worden, so der „Schlackentisch" nach MARGUERRE[2], der sich bewährt hat; doch ist diese Konstruktion dann in andere Entwicklungsformen der Schmelzkammerfeuerungen übergegangen. Als Zündhilfen bei Anzünden des kalten Kessels dienen in erster Linie Ölzündbrenner, die auch als Stützfeuer für Schwachlast oder bei der Verfeuerung sehr minderwertiger Brennstoffe verwendet werden.

Zur Überwachung der Zündung und der Funktion der Brenner überhaupt werden eingebaute Fernsehgeräte[3] benutzt, meist umschaltbar auf die drei wichtigsten Beobachtungspunkte: Flammenbild, Schornsteinauswurf und Wasserstand, bei Schmelzfeuerungen auch noch Schlackenfluß.

Verbrennung. Die Verbrennung in einer Kohlenstaubfeuerung geht in der Schwebe vor sich, also im wesentlichen am Einzelkorn, das sich jedoch in einer Wolke eines Staub-Luft-Gemisches befindet, so daß die Umweltbedingungen in jedem Augenblick den Bedingungen des Kollektivs entsprechen. Unterschiede in den Verbrennungsverfahren ergeben sich aus der Art der Brennstoffeinführung, der Brennerausbildung und -anordnung und der Strömungsführung innerhalb des Feuerraumes. Daneben gibt es, wie eingangs erwähnt, die beiden Typen der Trockenfeuerung und der Schmelzfeuerung.

Die wichtigsten Bauarten sind:

1. Kohlenstaubfeuerungen mit senkrechter, waagerechter oder U-förmiger Flammenführung,

2. Eckenfeuerungen mit ringförmiger Flammenführung und

3. Zyklonfeuerungen mit tangentialer Brennstoffzuführung und verengtem axialen Gasaustritt.

Alle drei Verfahren können sowohl auf Trockenfeuerungen als auch auf Schmelzfeuerungen angewendet werden.

Der Verbrennungsverlauf vollzieht sich in einer Kohlenstaubfeuerung einfachsten Aufbaus so, daß zunächst, richtige Grundbedingungen

---

[1] GUMZ, W.: Die Vorgänge in den Feuerungen bei hohen Temperaturen. Mitt. VGB H. 38 (1955) S. 733—746, bes. S. 740.

[2] MARGUERRE, FR.: Neuerungen bei den Ersatzbauten im Großkraftwerk Mannheim. Mitt. VGB H. 5 (1949) S. 10—20. — MARGUERRE, FR., u. FE. MARGUERRE: BWK 2 (1950) Nr. 6 S. 170—175. — LENZ, W.: BWK 4 (1952) Nr. 9 S. 300—302.

[3] WISSEL, R.: Das Fernsehen bei der wärmetechnischen Überwachung von Kesselanlagen. BWK 5 (1953) Nr. 4 S. 135—137. — BENTERT, H., u. H. E. ROTH: BWK 7 (1955) Nr. 7 S. 312—316. — ROTH, H. E.: Betriebserfahrungen mit Fernsehanlagen zur Kesselüberwachung. Mitt. VGB H. 50 (1957) S. 349—354.

vorausgesetzt, in einer bestimmten Ebene kurz hinter dem Brenneraustritt die Zündung erfolgt und sich (im idealisierten Falle in der ganzen
Ebene, der Flammenfront) ausbreiten soll. Der Verbrennungsvorgang
wird, wie aus Gl. (21–8), S. 471, hervorgeht, im wesentlichen von der
Korngröße (Mahlfeinheit) und der Relativgeschwindigkeit zwischen
Korn und Trägergas (Luft), daneben auch etwas von der Brennstoffart
(Flüchtige Bestandteile, Restwassergehalt, Blähgrad, Reaktionsfähigkeit des entstandenen Kokses) beeinflußt. Die Relativgeschwindigkeit
ihrerseits hängt auch von der Korngröße ab (Schwebegeschwindigkeit),
kann aber durch besondere Mittel beeinflußt werden.

Da der Brennstaub niemals aus Gleichkorn, sondern aus einem Kollektiv von Staubteilchen unterschiedlicher Korngröße mit weiter Korn-
spanne besteht, so wird der Abbrand entsprechend der Kornverteilungskurve ganz unterschiedlich vor sich gehen. Bei Annahme einer Zündung
aller Teilchen im gleichen Zeitpunkt (was nicht streng zutrifft) werden
die feinsten Fraktionen schneller verbrennen, die gröbsten am langsamsten; den feineren steht mehr Sauerstoff zur Verfügung, die gröberen
müssen in einer ständig weiter verarmenden Atmosphäre ausbrennen,
was ihre Brennzeit an sich noch weiter verlängert. Würde alle Luft als
Erstluft zugeführt (genügend hohe Vorwärmung zu schneller Zündung
vorausgesetzt), so steht zu Beginn ein unendlich großer Luftüberschuß
zur Verfügung, der dann schnell absinkt, bis gegen Ende des Brennweges
nur noch die über den Bedarf hinaus zugegebene Luft übrigbleibt. Wird
nur ein Teil der Gesamtluft, z. B. 15%, mit Rücksicht auf das thermische
Verhalten der Kohle und den Zündvorgang als Erst- oder Trägerluft
zugeführt oder, wie bei Braunkohlenfeuerungen üblich, ein Rauchgas-
Luft-Gemisch oder gar nur Rauchgas als Trägergas benutzt, so muß
dafür gesorgt werden, daß dem austretenden Gemisch so rechtzeitig
genügend Sauerstoff zugeführt wird, daß nach der Zündung keine
Verzögerung der Verbrennung eintritt. Da die Aufheizung der Brennstoffteilchen zu einer schnellen Entgasung führt, muß die Zweitluft um
so eher zur Verfügung stehen, je höher der Gehalt an Flüchtigen Bestandteilen ist, wenn die Flamme nicht durch Mischungsverzögerung
ungebührlich verlängert werden soll.

Bei älteren Ausführungsformen der Kohlenstaubfeuerung mit U-Flamme wurde
beispielsweise der Staub mit der Trägerluft und einem Teil der Zweitluft von
oben eingeblasen, ein anderer Teil der Zweitluft (Drittluft) durch die Feuerraum-
stirnwand, manchmal auf ihrer ganzen Höhe, mit geringer Geschwindigkeit zugeführt. Der Erstluftsauerstoff war verbraucht, ehe die Flamme die erste Stirn-
wandöffnung erreicht hatte. Diese Luft konnte dann aber den meist scharf aus-
blasenden Strahl keineswegs durchdringen, sondern ihn allenfalls etwas abdrängen,
was für die Haltbarkeit des feuerfesten Mauerwerks zwar sehr erwünscht war,
während die Mischwirkung aber und damit die Verbrennungsgeschwindigkeit
äußerst gering blieb. Neben anderen grundsätzlichen Nachteilen dieser Bauart —

so ist z. B. die unterschiedliche Länge der inneren und äußeren Strombahnen zu nennen, der zufolge ein Teil der Flamme auf kurzem Wege in die Heizflächen gerissen wurde und zu unsauberem Ausbrand Veranlassung gab — konnte trotz guter Ausmahlung die Feuerraumbelastung nur sehr niedrig gehalten werden (100000 bis 150000 kcal/m³ h), niedriger als man bei der Brennzeit des Staubes hätte erwarten können. Der andere Gedanke, der bei dieser Konstruktion Pate gestanden haben mag, daß durch die Flammenumkehr eine Ausschleuderung von Flugasche und Grobkorn erfolgen oder zumindest begünstigt werden sollte, erwies sich auch als ein Trugschluß. Die aerodynamischen Voraussetzungen sind hierzu viel zu ungünstig: hohe Temperatur, große Staubfeinheit, großer Krümmungsradius, mäßige Geschwindigkeit! Auch bei der Schlackenbodenfeuerung, bei der Kohlenstaubzusatzfeuerung und bei der Mühlenfeuerung wurden anfangs derartige Erwartungen gehegt und zum Teil konstruktiv unterstützt, ohne daß der Erfolg in dem erwarteten Maße eintrat.

Die beiden entscheidenden Faktoren sind mithin die *Mischung* von Trägergas mit dem Kohlenstaub mit der Luft bzw. dem Gas-Luft-Gemisch seiner Umgebung, um den Sauerstoff in makroskopischen Bereichen an den Stellen des Bedarfes zur Verfügung zu stellen, und die *Relativgeschwindigkeit* zwischen Staub und Trägergas, um den Stoffaustausch im mikroskopischen Bereich zu vollziehen.

Die erste Aufgabe muß der Brenner lösen, die zweite das Verbrennungsverfahren. Bei einem reinen Schwebevorgang ist die Relativgeschwindigkeit zunächst gleich der Schwebegeschwindigkeit (s. S. 59) und damit eine gegebene Größe. Tritt jedoch ein Staub-Luft-Gemisch aus einem Rohr (Brenner) mit einer bestimmten Geschwindigkeit in einen großen Raum (den Feuerraum) aus, so expandiert das Trägergas gemäß den Gesetzen des Freistrahles (s. S. 78), während die Staubteilchen kraft ihrer größeren Masse sehr viel langsamer auf die neue Endgeschwindigkeit abgebremst werden, also gewissermaßen aus ihrer Gashülle herausfliegen und dabei für kurze Zeit eine überhöhte Geschwindigkeit annehmen. Es ist für die volle Ausnutzung dieses Effekts notwendig, daß das Kohlenstaubteilchen auf seine Maximalgeschwindigkeit beschleunigt worden ist, d. h. daß ihm vor der Düsenmündung ein genügend langer, gerader Beschleunigungsweg zur Verfügung gestanden hat. Dies wird immer dann nicht der Fall sein, wenn sich noch kurz vor dem Brenner ein Krümmer in der Gemischleitung befindet.

Aus einer überschläglichen Betrachtung ergibt sich — in Übereinstimmung mit Beobachtungen aus der Praxis — beispielsweise bei 30 m/s Austrittsgeschwindigkeit und für ein Teilchen von 0,3 mm Durchmesser eine Brennzeitverkürzung von 38% gegenüber der Verbrennung in der Schwebe[1]. Darauf beruht der Vorteil der Brennerfeuerung gegenüber der reinen Schwebefeuerung, wo von dieser Wirkung kein Gebrauch gemacht werden kann. Den Austrittsgeschwindigkeiten

---

[1] GUMZ, W.: Theorie und Berechnung der Kohlenstaubfeuerungen, Berlin: Springer 1939, S. 47/48 u. 64/65.

sind selbstverständlich Grenzen gesetzt, einmal durch den Energieaufwand und den Verschleiß bei hohen Fördergeschwindigkeiten[1] und weiter durch die Forderungen der Zündung sowie durch die zweckmäßige Relation der Erst- und Zweitluftgeschwindigkeiten (s. unten).

Andere Mittel, die Relativgeschwindigkeiten zu erhöhen[2], sind die Anwendung gekrümmter Bahnen, wovon in den Zyklonfeuerungen Gebrauch gemacht wird, und die pulsierende Verbrennung.

Zum ungestörten Ablauf der Verbrennungsreaktionen muß den Brennstoffteilchen ein ausreichender *Brennweg* zur Verfügung gestellt werden. Er ergibt sich aus der Feuerraumbemessung und der Brenneranordnung. In einem senkrecht aufsteigenden Gasstrom ist nach dem Abklingen der Wirkung der Einblasegeschwindigkeit der Weg des einzelnen Staubteilchens gegeben zu

$$l = [w_g - (w_s)_m]\, z, \qquad (23\text{-}4)$$

darin ist

w_g [m/s] die (mittlere) Gasgeschwindigkeit,
w_s [m/s] die Schwebegeschwindigkeit,
$(w_s)_m$ [m/s] die mittlere Schwebegeschwindigkeit,
z [s] die Brennzeit.

Grobkorn mit hoher Schwebegeschwindigkeit wird sich also länger im Feuerraum aufhalten als Feinkorn, so daß sich die Brennzeitunterschiede etwas ausgleichen. Einen Anhalt für diese Sichterwirkung des Feuerraums gibt Abb. 23–15, in welcher mit etwas vereinfachenden An

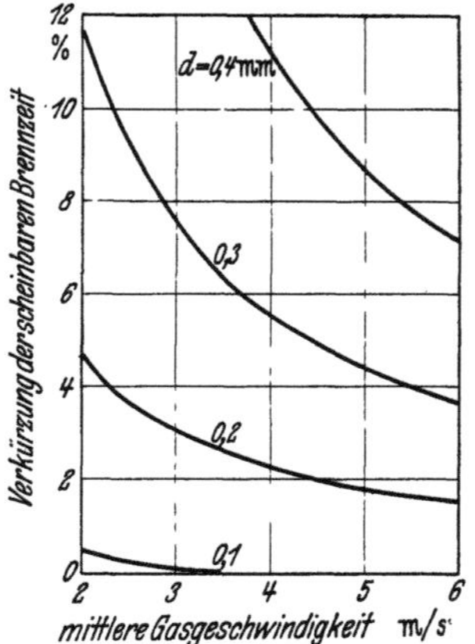

Abb. 23–15. Scheinbare Brennzeitverkürzung durch die Sichterwirkung im aufsteigenden Gasstrom in Abhängigkeit von der mittleren Gasgeschwindigkeit

nahmen gerechnet worden ist, und zwar einer mittleren Gastemperatur von 1250 °C und einer Rohwichte des entgasten Kohlenstaubteilchens von $\gamma = 800$ kg/m³; als Ordinate ist die Verkürzung der Brennzeit in % angegeben. Durch die verlängerte Aufenthaltszeit der gröberen Staubteilchen ergibt sich eine Verlängerung der Aufenthaltszeit oder eine Verkürzung der Brennzeit zu einer „scheinbaren Brennzeit", definiert durch

$$z_{\text{sch}} = \frac{l}{w_g} \ [\text{s}]. \qquad (23\text{-}5)$$

Diese Verlängerung der Aufenthaltszeit um den Betrag

$$\frac{w_g}{w_g - (w_s)_m}$$

---

[1] Lediglich die Düsenöffnung zu verengen, bringt nicht den gleichen Effekt, da dem Staub kein ausreichender Beschleunigungsweg zur Verfügung steht.
[2] Vgl. S. 477.

beträgt z. B. bei $d = 0{,}3$ mm Teilchendurchmesser $t = 1257\ °C$, $\gamma = 800\ \text{kg/m}^3$ das 1,0554fache, entsprechend einer Brennzeitverkürzung von 5,54%. Da der wirkliche Temperaturverlauf eine dauernde Veränderung der Gasgeschwindigkeit hervorruft, so muß der notwendige Brennweg l entweder abschnittsweise ermittelt werden oder näherungsweise ein Mittelwert eingesetzt werden.

Die mittlere Gasgeschwindigkeit ergibt sich aus dem sekundlichen Gasvolumen

$$\frac{B\,(V_n)_{t_m}}{3600}, \tag{23-6}$$

mit B kg/h verfeuerter Brennstoffmenge und $(V_n)_{t_m}$ m³/kg wirklichem Gasvolumen bei der Luftüberschußzahl n und der mittleren Gastemperatur t_m und dem Querschnitt F [m²] des Feuerraums zu

$$w_{g_m} = \frac{B\,(V_n)_{t_m}}{3600\,F}\ \ [\text{m/s}]. \tag{23-7}$$

Die Brennkammerhöhe (= Länge des Brennweges) ist dann

$$l = w_{g_m}\,z\ \ [\text{m}], \tag{23-8}$$

wenn z die notwendige Aufenthaltszeit (= Brennzeit) des gröbsten noch ausbrennenden Teilchens bedeutet. Im aufsteigenden Gasstrom ist dabei mit der oben definierten scheinbaren Brennzeit zu rechnen, es ist also

$$l = w_{g_m}\,z_\text{sch}\ \ [\text{m}]. \tag{23-9}$$

Bei den *Eckenfeuerungen* sollen lange Brennwege dadurch geschaffen werden, daß die Teilchen kreisförmige Bahnen beschreiben, die allerdings durch Aufwärts- (oder Abwärts-) Bewegung der Gasmasse zu einer Spirale auseinandergezogen werden. Die in manchen Darstellungen gezeigten (nicht errechneten oder gemessenen) Bahnen mit einer Unzahl von Kreisbahnen sind allerdings völlig unrealistisch; die Zahl der vollen Umdrehungen dürfte je nach Einblasegeschwindigkeit und Querschnittsbelastung bei einer bis zwei liegen, sich aber bei verengtem Austrittsquerschnitt etwas erhöhen. ROSAHL[1] weist auf die Vorteile einer tangentialen Einführung an einem verhältnismäßig großen Kreis hin, wobei sich eine „Ringflamme" ausbildet.

Um das Kerngebiet besser auszunutzen, ist vorgeschlagen worden, bei mehreren Brennerlagen die Kreise, an die die Brennerachsen tangieren, von unten nach oben im Durchmesser zu steigern („Mehrkreisfeuerung"). Diese Konstruktion hat sich in einem Falle[2] bewährt, in einem anderen nicht[3], wobei Modellversuche die Aufklärung erbrachten,

---

[1] ROSAHL, O.: Strömung, Zündung und Verbrennung in den Feuerräumen neuzeitlicher Großdampferzeuger. Z. VDI 93 (1951) Nr. 2 S. 25/26.

[2] STANGE, E.: s. Fußn. 2 S. 583 [Mitt. VGB H. 51 (1957) S. 405—412].

[3] LENT, H.: Die neuere Entwicklung der Steinkohlenstaubfeuerung. Mitt. VGB H. 20 (1952) S. 173—183.

daß der senkrechte Abstand der Brenner ausreichend groß sein muß, wenn sich die Gasbewegung der austretenden Strahlen nicht gegenseitig stören soll (Schleppwirkung benachbarter Strahlen). Eine ähnliche Erscheinung hat JUNG[1] an nebeneinanderliegenden Brennern festgestellt.

Brenner. Dem Brenner wird die Aufgabe zugeteilt, Brennstoff und Luft in gewünschter Menge und in einem gegebenen Verhältnis in den Feuerraum einzuführen und so innig zu mischen, daß der Brennstoff in möglichst kurzer Zeit restlos verbrannt wird. Diese vielseitige Aufgabe des Förderns, Mischens und Regelns setzt bei aller Einfachheit der Konstruktion eine vielseitige Kenntnis der Strömungsvorgänge von Staub-Luft-Gemischen, der Mischungs- und Verbrennungsvorgänge voraus, die heute zum Teil noch fehlen oder in gefühlsmäßigen Anschauungen bestehen, so daß die Brennerkonstruktionen in erster Linie das Produkt einer rein empirischen Entwicklung sind. Als Nachteil eines solchen Entwicklungsstandes ergeben sich sehr häufig betriebliche Schwierigkeiten und kostspielige Umbauarbeiten, so daß es das Ziel weiterer Entwicklung im Feuerungsbau sein muß, gerade auf diesem Gebiet die Empirie durch eine wissenschaftliche Untermauerung abzulösen. FEHLING[2] hat angeregt, bei Staubbrennern zwischen „Mischbrennern" und „Strahlbrennern" zu unterscheiden. Unter Mischbrennern versteht er solche Brenner, in denen das Trägerluft-Staub-Gemisch und die gesamte Zweitluft vor oder während der Zündung gemischt werden — diese Bauart muß sich demnach auf Braunkohlen und nichtbackende Steinkohlenarten beschränken —, und als Strahlbrenner sind solche Brenner bezeichnet, bei denen das Trägerluft-Staub-Gemisch zuerst gezündet und danach die Zweit- und Drittluft in getrennten Strahlen zugemischt wird — Bauarten, die vor allem bei backenden Steinkohlen in Frage kommen, bei denen nur mit beschränkten Erstluftmengen gearbeitet werden kann. Zu dieser Unterscheidung ist zu bemerken, daß reine Formen dieser beiden Typen wohl selten vorkommen, meist kommen beide Prinzipien zur Anwendung[3].

Die Aufgabe der Mischung kann in dreifacher Weise gelöst werden: 1. durch Aufteilung der Gemischzuführung in eine große Anzahl von Einzeldüsen — Beispiele dafür sind die Vielstrahlbrenner mit schach-

---

[1] JUNG, R.: Probleme der Staub- und Luftverteilung in Kohlenstaubbrennern. Mitt. VGB H. 62 (1959) S. 371—382.

[2] FEHLING, W.: Kohlenstaubbrenner. Zusammenstellung und Beurteilung der verwendeten Konstruktionen. Mitt. VGB H. 50 (1957) S. 337—349.

[3] Insbesondere kommen reine Mischbrenner kaum vor, der Strahlbrenner (Deckenprallbrenner) nach Abb. 15 bei FEHLING und der Mischbrenner (Deckenprallbrenner) nach Abb. 18 stellen das gleiche Prinzip dar. Alle Mischbrenner arbeiten auch mit Strahlen.

brettartiger Auflösung des Brennermundes[1] und die Deckenbrenner, die die Firmen Steinmüller und Walther für Braunkohle-Großkessel entwickelt haben —, oder 2. durch den turbulenten Stoffaustausch von parallelen Strahlen verschiedener Geschwindigkeit oder 3. durch die Vermischung[2] von Strahlen, deren Hauptachsen einen Winkel miteinander einschließen.

Betrachtet man die Flamme eines Kohlenstaub- (oder Öl)- Brenners, so erhält man zunächst ein „integriertes Bild", ebenso wenn man die Flamme mit langer Belichtungszeit photographiert. Wendet man dagegen eine sehr kurze Belichtungszeit an, so erhält man ein ganz anderes Bild, ein Augenblicksbild mit einer völlig anderen, bizarren unregelmäßigen Flammenform[3] (s. Abbildung 23–16). Eine aufmerksamere Beobachtung einer Stelle (möglichst nahe der Brennermündung) zeigt auch dort sehr starke Wechsel der Helligkeit. Diese Unterschiede beruhen auf dem Wesen der turbulenten Strahlen, in dem Austausch von Gasballen durch Querbewegungen; hinzu kommen also wesentliche Faktoren örtlicher und zeitlicher Schwankungen der lokalen Brennstoffzufuhr, örtlicher und zeitlicher Unterschiede in der Gemischdichte und örtlicher und zeitlicher Ungleichmäßigkeiten in der Korngröße, alles strömungsbedingte Einflüsse, die die Vorgeschichte des an der Brennermündung ankommenden Gemisches widerspiegeln.

Abb. 23–16. Aufnahme einer Ölflamme mit kurzer (oben) und langer (unten) Belichtungszeit (nach THRING und HUBBARD)

---

[1] Entwickelt bei der Fuel Research Station, vgl. H. RADEMACHER: Feuerungstechn. 24 (1936) Nr. 11 S. 200.

[2] FEHLING: s. Fußn. 2 S. 559, Abb. 19 u. 20, oder GUMZ: s. Fußn. 1 S. 551, Abb. 14 u. 15.

[3] Eine eindrucksvolle Gegenüberstellung zweier lang- und kurzbelichteter Aufnahmen einer Ölflamme zeigen M. W. THRING u. E. H. HUBBARD: Characteristics of turbulent jet diffusion flames. Symposium on „Flames and Industry", Institute of Fuel, London 1957, Paper 1 S. A-1/A-9; Abb. 23–16 zeigt etwa die Umrisse der Aufnahmen.

Alle diese Schwankungserscheinungen gleichen sich, integral gesehen, weitgehend aus, aber nur, soweit keine systematischen Ungleichmäßigkeiten vorwiegen. Gerade das ist aber häufig der Fall und bisher noch zu wenig beachtet worden, zumal solche Mängel erhebliche Folgeerscheinungen nach sich ziehen. So ergeben sich sehr leicht örtlicher Luftmangel und reduzierende Atmosphäre, was bei Berührung mit den Rohrwandungen Abzehrungserscheinungen hervorruft, ferner mangelhafter Ausbrand, Strähnenbildung mit Strähnen unterschiedlicher Temperatur und Gaszusammensetzung, lokale Verschlackungen durch mangelhaften oder örtlich verschiedenen Temperaturabbau, Schwankungen in der Emission der Wärmestrahlung und dadurch lokale Überbeanspruchungen der Heizflächen und ähnliche ungünstige Auswirkungen. Die wichtigste Forderung muß daher lauten, daß die Staubverteilung in einem Brenner auf seinen gesamten Querschnitt bzw. Umfang gleichmäßig und die Staubdichte örtlich und zeitlich konstant gehalten werden soll. Bestimmend dafür ist nicht der Brenner allein, sondern die ganze „Vorgeschichte" des Staub-Luft-Gemisches von der Mühle bis zum Brenneraustritt.

Eine entscheidende Hilfe in der Beurteilung der Anordnung und Konstruktion können dabei Modellversuche sein, und einige neuere Brennerkonstruktionen verdanken ihre konstruktive Gestaltung solchen Modellversuchen. Als Beispiel wurden bereits die Deckenbrenner für Großkessel genannt. Abb. 23-17 zeigt als Beispiel einen dieser Brenner und darunter ein Polardiagramm der Staubverteilung nach R. Jung[1], wobei es gelungen ist, eine recht befriedigend gleichmäßige Staubverteilung zu erzielen. Ein anderes Beispiel ist in Abb. 23-18 dargestellt[2]. In einem Wirbelbrenner mit tangentialem Eintritt des Staub-Luft-Gemisches entmischte sich der Staub und nahm in dickem Strahl (entsprechend der dicken Linie in Abb. 23-18a) einen Weg nach Art einer Spirale und trat an einer Stelle des Umfangs massiert aus. Die Luftverteilung war entsprechend schlecht. Durch Modellversuche am kalten Modell in voller Größe des Erstluft-Austritts wurde schließlich eine Konstruktion nach Abb. 23-18b entwickelt, die sich in folgenden Punkten von der Ausgangsform unterschied: Die Staubverteilung in der Zuströmung war nicht mehr kritisch, der zylindrische Teil wurde durch schlanken Konus ersetzt, der durchgehend bis kurz vor der Mündung

---

[1] Mitgeteilt von der Firma L. & C. Steinmüller, Gummersbach, vgl. W. Gumz: s. Fußn. 1 S. 551, Abb. 14. Ein ähnlicher Brenner der Fa. Walther & Cie., Köln-Dellbrück, s. Abb. 15 (s. Fußn. 1 S. 551).

[2] Whitney, G. C.: Use of models for studying pulverized-coal burner performance. ASME Paper Nr. 58-A-95 (1958) und Transactions of the ASME, Series A, J. Engng. for Power 81 (1959) Nr. 4 S. 380—382. Die entwickelte Konstruktion nach Abb. 23-18b entspricht der jetzt allgemein verwendeten Konstruktion der Fa. Foster-Wheeler Corporation, New York.

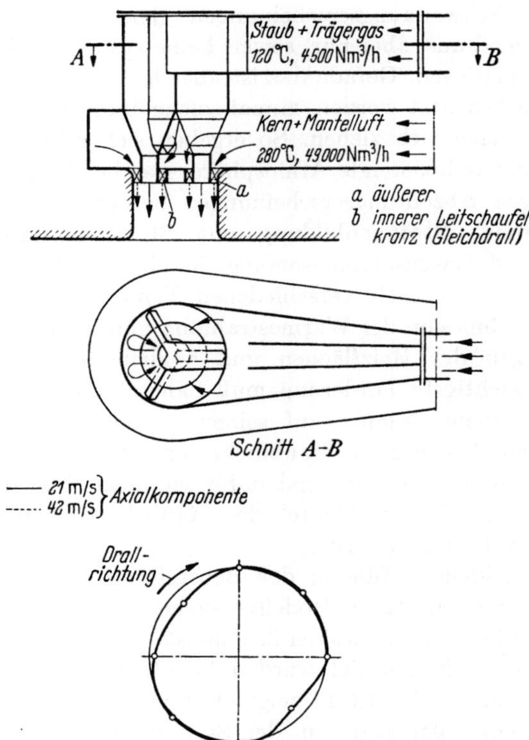

Polardiagramm der Staubverteilung in Umfangsrichtung unterhalb Brennermündung

Abb. 23–17. Modellmessungen am Großbrenner für das Kraftwerk Fortuna (nach L. & C. Steinmüller)
(Versuche von R. Jung)

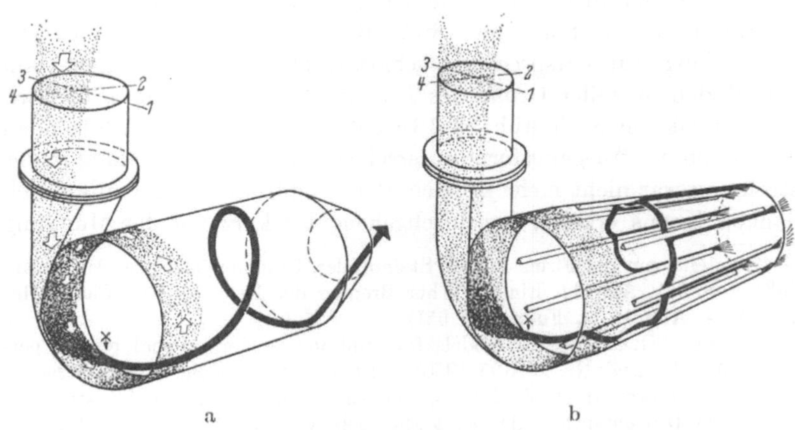

Abb. 23–18a u. b. Entwicklung des Foster-Wheeler-Brenners (nach Whitney)

mit Stolperleisten versehen war. Während die Länge dieses Konus keine erhebliche Rolle spielt, erwies sich aber der Abstand des Endes der Leisten von der Brennermündung als kritisch. Die Leisten müssen kurz vor der Brennermündung enden, womit dann eine gute Verteilung auf den gesamten Umfang und eine gleichmäßig brennende Flamme erzielt würde. „Stolperleisten" werden auch bei den für Großkessel verwendeten Registerbrennern nach Abb. 23–19 angewendet[1,2], durch scharfe Umlenkung und den Aufprall gegen die Stolperleisten wird die in Krümmungen auftretende Entmischung vermieden, das Braunkohle-Rauch-

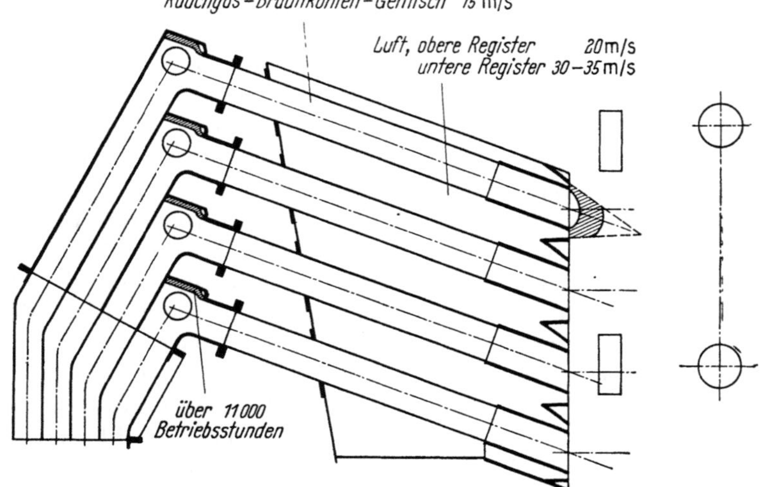

Abb. 23–19. Registerbrenner (L. & C. Steinmüller)

gasgemisch tritt mit 15 m/s aus, die Zweitluft im oberen Register mit 20 m/s, im unteren mit 30 bis 35 m/s und wird durch die Richtung des Luftaustrittsstrahles unmittelbar in das Gemisch gelenkt.

Eingehende Versuche, u. a. über die Verteilung von Staub und Luft an den Brennern großer Braunkohlenkessel, hat TRENKLER beschrieben[3]. Überraschend ist der hohe Falschluftanteil, der teils durch den unteren Abschluß des Feuerraums, teils aber auch durch Undichtigkeiten des gesamten Kesselgehäuses bedingt ist, und der bisher wegen der Schwierigkeit einer meßtechnischen Erfassung meist unterschätzt wurde. Zur

---

[1] Siehe Fußn. 1 S. 561.

[2] MÜLLER, R., u. H. TRENKLER: s. Fußn. 1 S. 550, dort Abb. 2 (s. auch FEHLING: Fußn. 2 S. 559, dort Abb. 21).

[3] TRENKLER, H.: Feuerungs- und rauchgasseitige Messungen an großen Braunkohlenkesseln. Mitt. VGB H. 60 (1959) S. 135—159.

Prüfung der Dichtigkeit der Kessel wurden besondere Verfahren entwickelt[1].

Über aufschlußreiche Modellversuche über die Staub- und Luftverteilung in Kohlenstaubbrennern hat JUNG[2] berichtet. Sie erstrecken sich auf die Verzweigung von Gemischleitungen, auf die Vergleichmäßigung der Staubverteilung durch Turbulenzgitter und auf Rundbrenner, bei denen die Gemischzuführung zweckmäßig so in Sektoren unterteilt ist, daß sich Ungleichmäßigkeiten nur auf einen Sektor beschränken können. Bei Rundbrennern wirkte sich dabei ein erweitertes Gehäuse (Erweiterung auf das Doppelte des Brennerrohrdurchmessers mit 45° Abschrägung) als sehr vorteilhaft auf die Staubverteilung aus. Bei Schlitzbrennern ergab sich eine außerordentlich ungünstige Staubverteilung, die von der Leitungsführung vor dem Brenner (Krümmer) beeinflußt wird, die auch durch Leitbleche nicht beseitigt werden konnte. Durch eine scharfe Umlenkung nach Art eines T-Rohres mit schräg nach unten gerichtetem Abzweig, wobei die Steigleitung zur Senkung des Widerstandes mit vergrößertem Durchmesser ausgeführt wurde, konnte eine gute Vergleichmäßigung erzielt werden. Von besonderem Interesse sind die Untersuchungen der Strömung hinter parallel liegenden Schlitzbrennern. Bei parallelen Luftstrahlen ergeben sich Ungleichmäßigkeiten und Instabilitäten der Strömung um so eher, je enger die Strahlen beieinander liegen[3]. Die Untersuchungen JUNGS haben bestätigt, daß Strahlen geringeren Impulses die Neigung haben, sich an benachbarte Strahlen (oder an die Begrenzungswand) anzulegen und daß eine Luftdüse in der Mitte zwischen zwei Gemischdüsen ihren Strahl nicht auf beide verteilt, sondern sich einseitig an einen der beiden anlegt und sehr instabil ist. Daraus ließen sich wesentliche Erkenntnisse für Brenneranordnung, Sekundärluftdüsenanordnung und Brennerabstand ableiten, um eindeutige Verteilung, kurze Mischwege, kurze Flammen und guten Ausbrand zu erzielen. Der Abstand parallel liegender Brenner darf demnach nicht zu gering sein, schon deshalb nicht, um den heißen Rauchgasen des Feuerraums Gelegenheit zu geben, in die Sekundärluftstrahlen einzudringen und ihre Temperatur entsprechend schnell zu erhöhen.

Die Wahl der Austrittsgeschwindigkeiten richtet sich nach verschiedenen Gesichtspunkten. Das Trägerluft- (oder Gas-) Staub-Gemisch soll nicht rückzünden, und die Flamme soll sich nicht zu dicht auf die Bren-

---

[1] TRENKLER, H.: Nebelerzeugung zur Prüfung der rauchgasseitigen Dichtheit von Kesseln. Mitt. VGB H. 57 (1958) S. 424/25.

[2] JUNG, R.: Probleme der Staub- und Luftverteilung in Kohlenstaubbrennern. Mitt. VGB H. 62 (1959) S. 371—382.

[3] EDLER v. BOHL, J. G.: Das Verhalten paralleler Luftstrahlen. Ing.-Arch. 11 (1940) Nr. 4 S. 295—314.

neraustrittsöffnung aufsetzen, um den Brenner nicht durch zu starke Rückstrahlung zu verschmoren. Auch soll sich Staub nicht in den Zuleitungen absetzen, weshalb man Geschwindigkeiten von 16 bis 25 m/s wählt, in Sonderfällen — bei schweren Mineralbestandteilen — auch 25 bis 30 m/s [z. B. bei obb. Pechkohle (FEHLING[1])]. DOLEŽAL[2] empfiehlt Werte von 30 bis 50 m/s, doch tendieren neuere Konstruktionen zu niedrigeren Werten, meist zwischen 18 bis 20 m/s. Die Zweitluft (als Mantelluft oder in dicht neben den Erstluftdüsen angeordneten Luftzuführungsdüsen zugegeben) wird mit Austrittsgeschwindigkeiten von 70 bis 80 m/s eingeblasen. Die Wahl der Geschwindigkeiten, der Querschnitte und der Luftverteilung ist oft dem Gefühl des Konstrukteurs überlassen; es hat sich jedoch gezeigt, daß auch in diesen Fragen der Modellversuch wertvolle Auskünfte liefert und das Gefühl durch ein gesichertes Wissen um die aerodynamischen Verhältnisse in und hinter der Brennermündung ersetzt wird.

Die einfachen Betrachtungen des Freistrahles liefern dafür wesentliche Fingerzeige. Ein zu dünner Strahl verliert seine Energie zu schnell und kann schon in kurzer Entfernung keine Mischwirkung mehr erzielen, man erstrebt daher mehr und mehr, dicke Strahlen anzuwenden, um auf längerer Strecke eine kontrollierbare Mischung zu erhalten. Maßgebend für den turbulenten Stoffaustausch zweier paralleler Strahlen ist ihre Relativgeschwindigkeit, daher wird Zweit- oder Mantelluft mit höherer (3- bis 4facher) Geschwindigkeit eingeblasen als das Erstluft-Staub-Gemisch. Gibt man dem Staubgemisch einen Drall (durch Dralleinbauten), so wird der Staub in die den Gemischstrahl umgebende Lufthülle geschleudert (Prinzip des Wirbelbrenners). ULLRICH[3] beschreibt eine Konstruktion mit einem durch Abschwächung regelbaren Drall, mit der die Flammenlänge eingestellt und verschiedenartigen Brennstoffen angepaßt werden kann.

Schlackenansätze vor den Brennern oder Bärte und herunterlaufende Schlacke können allerdings die Absichten des Konstrukteurs leicht zunichte machen, weshalb auf die Vermeidung solcher Brennerverlegungen größter Wert gelegt werden muß. Auch empfiehlt es sich, wo immer möglich, Öffnungen vorzusehen, um derartige Ansätze notfalls abstoßen zu können.

Die Verwendung von Prallrohren (oder Prallstücken) kurz hinter der Brennermündung ist bei hohen Austrittsgeschwindigkeiten vorteilhaft, da sie als „Flammenhalter" wirken[4], also die Zündung sichern.

---

[1] FEHLING: s. Fußn. 2 S. 559.

[2] DOLEŽAL, R.: Schmelzfeuerungen. Theorie, Bau und Betrieb, Berlin: VEB Verlag Technik 1954, S. 89.

[3] ULLRICH, H.: Über einen Rundbrenner für unterschiedliche Brennstoffe. BWK 11 (1959) Nr. 10 S. 465—467.   [4] GUMZ, W.: s. Fußn. 1 S. 551.

Über die Staubverteilung (abgesehen von der Ausgangsverteilung) und die Staubbewegung in Freistrahlen ist bisher leider nur wenig bekannt; es ist dies eine noch offene, aber für die Feuerungstechnik äußerst wichtige Frage, die Gegenstand weiterer Forschung sein muß.

Die Brenneraustrittsgeschwindigkeit muß bei extrem hohen Wassergehalten, die die Zündung erschweren und die Verbrennungstemperatur stark herabsetzen, entsprechend verringert werden[1]. Man hat daher beim KSG-Strahlbrenner mit Brüdenabschälung von dem Entmischungsvorgang in Krümmern Gebrauch gemacht und hat durch Abtrennung der brüdenreichen, staubarmen Strömung auf der Innenseite von dem dichteren Gemisch (mit seinem größeren Grobanteil) auf der Außenseite des Krümmers und die Brüdeneinführung oberhalb der Hauptbrenner die Zündung verbessern, den Grenzwassergehalt der Rohkohle erhöhen und die Verschmutzungsneigung des Kessels infolge der verbesserten Verbrennungsbedingungen verringern können[2].

Ein oft nicht glücklich gelöstes Problem der Brennerkonstruktion, auf das FEHLING[3] eindringlich verweist, ist die Regelung der Brenner. Bei jeder Drosselregelung *vor* dem Brenner oder Drehzahlregelung wird mit fallender Belastung auch die Austrittsgeschwindigkeit verringert und dadurch der Mischeffekt verschlechtert. Er empfiehlt daher eine Regelung durch Veränderung des Brenneraustrittsquerschnitts, z. B. mit Hilfe von Zungenklappen, die sich in einigen Fällen gut bewährt haben, obwohl es nicht immer leicht ist, diese Klappen gängig zu halten und vor zu starker Erwärmung zu schützen.

Feuerraum. Im Feuerraum soll die Mischung von Staub und Luft vollendet werden und die Verbrennung vor sich gehen. Dabei sollen bestimmte Mindesttemperaturen nicht unterschritten (so bei Schmelzfeuerungen) oder mit Rücksicht auf Verschmutzungen bestimmte Höchsttemperaturen nicht überschritten werden (so besonders bei Braunkohlenstaubfeuerungen). Die Entwicklung der Temperaturen soll in bestimmten Teilen des Raumes vor sich gehen, und es soll möglichst viel Wärme an die Feuerraumwandungen abgegeben werden, wobei eine direkte Flammenberührung mit der Wand, insbesondere eine Berührung reduzierender Flammen, vermieden werden soll. Außerhalb der Schmelzkammern soll sich möglichst kein Schlacken- oder Staubansatz bilden, um die Wärmeübertragung nicht zu behindern, und die Gase und Schlacketeilchen sollen genügend tief abgekühlt am Ende der Kammer beim Eintritt in die Konvektionsheizflächen ankommen. Obwohl die Brennkammer (im einfachsten Falle) nur aus einem leeren Raum meist

---

[1] Vgl. Mitt. VGB H. 59 (1959) S. 98, Abb. 38 nach F. W. LAUTENSCHLÄGER.
[2] JÄHNE, N.: Maßnahmen zur Verhütung der rauchgasseitigen Verschmutzung der H-D-Kessel auf Wachtberg. Braunkohle, Wärme u. Energie 11 (1959) Nr. 3 S. 93—99.   [3] FEHLING: s. Fußn. 2 S. 559.

in Form eines Parallelepipeds besteht, soll sie diesen vielseitigen Aufgaben angepaßt werden, und zwar durch ihre Größenbemessung, ihre Formgebung, durch die Brenneranordnung und durch die Anordnung der Kühlflächen. Auch hier gilt, wie bei den Brennerkonstruktionen, die Forderung, daß die Kunst und Intuition des Konstrukteurs möglichst durch gesicherte Kenntnisse der Strömungsvorgänge in großen Räumen ersetzt werden muß. Eine storchschnabelmäßige Vergrößerung einer bewährten Kammer für eine kleinere Leistung führt bei einer Verdoppelung oder Vervielfachung der Leistung nur zu einem Mißerfolg; auch lassen sich die Absolutgrößen von Brennkammern nicht beliebig steigern, so daß sehr große Feuerräume in eine Anzahl von Einzelkammern optimaler Größe aufgelöst werden müssen. Dabei ist von der Mischleistung des Brenners, dem Brennweg, der Brennzeit und den Wärmeübertragungsverhältnissen als den wesentlichen Bestimmungsstücken auszugehen.

Bezüglich der Brenneranordnung wurde bereits auf verschiedene Ausführungsformen hingewiesen, so die U-Feuerungen, die Frontbrenner, Deckenbrenner, Eckenbrenner u. a. m.[1].

Der Lage des Brenners kommt jedoch, wenn alle Gesichtspunkte richtiger Konstruktion und Auslegung beachtet worden sind, keine entscheidende Bedeutung zu. Aus dem Gesichtspunkt der guten und gleichmäßigen Raumerfüllung und Raumausnutzung dürfte gerade bei Großkesseln dem Deckenbrenner eine gewisse Überlegenheit zuzusprechen sein.

Eine Sonderkonstruktion stellen die Schwenkbrenner dar, die den Anteil des ausgenutzten Feuerraums zu verändern gestatten, wodurch eine wirksame Regelung der Feuerraumaustritts- und Überhitzungstemperatur möglich wird (vgl. Abb. 15–8, S. 378)[2].

Die allgemeine Formgebung, d. h. vor allem das Verhältnis von Feuerraumquerschnitt zu Feuerraumhöhe- (oder -länge) — oder Geschwindigkeit mal Brennzeit durch Brennweg —, wird durch den Schlankheitsgrad oder Formfaktor (Kühlziffer) gekennzeichnet. JANTSCHA[3] definiert den Formfaktor als das Verhältnis von Oberfläche zu Volumen der Brennkammer[4]. Betrachtet man vereinfacht (s. Abb. 23–20) den

---

[1] Bodenbrenner mit springbrunnenartigen oder pilzartigen Flammen sind in den Entwicklungsjahren der Kohlenstaubfeuerung auch vorgeschlagen und gebaut (Bettington-Feuerung), aber wieder aufgegeben worden.

[2] MUMFORD u. BICE: s. Fußn. 4 S. 375. — SCHÖNE, O.: Stand der Feuerungstechnik im deutschen Dampferzeugerbau. BWK 7 (1955) H. 12 S. 533—543.

[3] JANTSCHA, R.: Probleme im neuzeitlichen Kesselbau. Entwicklungslinien im Kessel- und Feuerungsbau. Mitt. VGB H. 5 (1949) S. 1—10.

[4] Es ist also kein dimensionsloser „Faktor", sondern eine kennzeichnende Länge mit der Dimension [1/m] und würde daher richtiger als Formkennwert bezeichnet werden.

Feuerraum als ein Prisma (rechtwinkliges Parallelepiped) von quadratischem Grundriß mit der Kantenlänge a und der Höhe $h = n \cdot a$, so ist definitionsgemäß der Formkennwert

$$C_F = O/V = (2\,a^2 + 4\,n\,a^2)/n\,a^3 = \frac{2}{n \cdot a} + \frac{4}{a} \qquad (23\text{--}10)$$

oder bei kreisförmiger Grundfläche mit dem Durchmesser d und der Höhe $h = n \cdot d$

$$C_F = \left(2\,\frac{d^2\,\pi}{4} + n\,d^2\right)\frac{n\,d^3\,\pi}{4} = \frac{2}{n \cdot d} + \frac{4}{d}. \qquad (23\text{--}11)$$

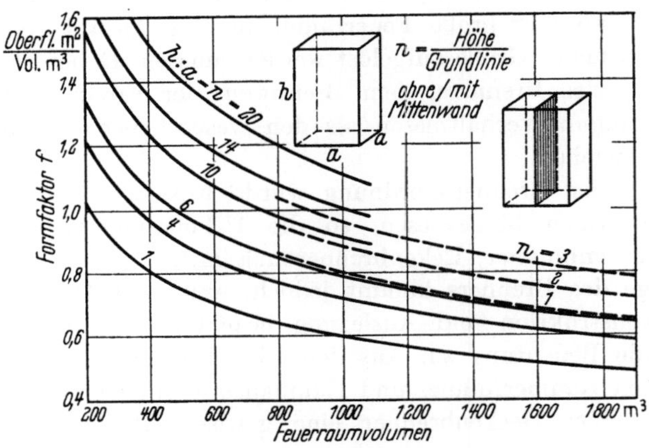

Abb. 23-20. Formfaktor (nach JANTSCHA)

Bei einem Feuerraum von 6 m Kantenlänge und 18 m Höhe ($n = 3$; $V = 648$ m³) ist

$$C_F = \frac{2}{18} + \frac{4}{6} = 0{,}777 \ldots \quad [1/\text{m}]. \qquad (23\text{--}12)$$

Gute Kühlwirkung ist bei gegebener Feuerraumbelastung nur durch einen hohen Formkennwert oder bei gegebenem Formkennwert (also festliegender Konstruktion) durch mäßige Feuerraumbelastung zu erzielen (s. Abb. 23-21). Mit zunehmender Absolutgröße der Brennkammer sinkt der Formkennwert, die Endtemperaturen steigen und man muß zu dem Mittel greifen, den Schlankheitsgrad durch eingezogene Zwischenwände, durch Schottheizflächen oder durch hintereinandergeschaltete Strahlungszüge (Leerzüge) zu erhöhen. Darin kommt bereits zum Ausdruck, daß es optimale Absolutgrößen der Kohlenstaub-Brennkammern gibt und daß es mit den weiter steigenden Einheitsgrößen der Kessel zweckmäßig ist, die Brennkammern in solche Teilbrennkammern optimaler Größe aufzuteilen.

Der Aufbau der Kühlflächen selbst ist in der geschichtlichen Entwicklung der Staubfeuerungen von den ungekühlten (aber nicht haltbaren) über die luftgekühlten zu den durch weitteilige Kühlregister und schließlich bis zu den ganz gekühlten Brennkammern mit enger Rohrteilung bis zu den dichten Kühlwänden (Rohr an Rohr) fortgeschritten. Als wirtschaftlichstes Optimum gibt HEUSLER[1] das Teilungsverhältnis

$$(t - d_a)\,t = 0{,}15 \qquad (23\text{-}13)$$

oder $t = 1{,}1765\,d_a$ an, kleinere Werte führen zu Schwierigkeiten beim Schweißen der Rundnähte.

An Stelle glatter Rohre werden vielfach auch Flossenrohre mit angeschweißten Längsflossen verwendet[2]. Die Gasströmung durch einen

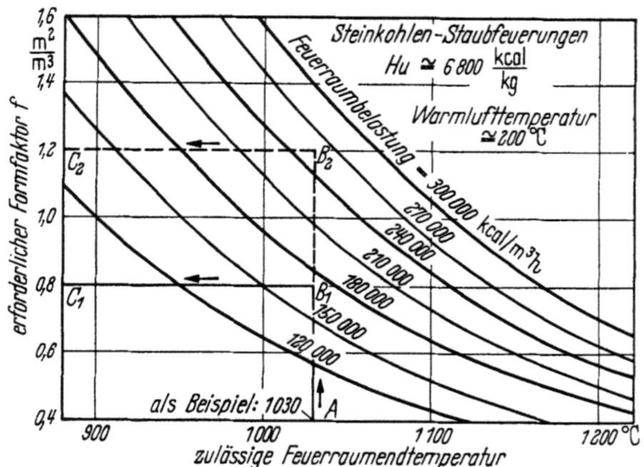

Abb. 23-21. Auslegung stark gekühlter Feuerräume (nach JANTSCHA)

großen Raum wird — nach dem Abklingen der Einflüsse der Brennerstrahlen — hauptsächlich durch die Lage und Größe des Gasaustrittsquerschnitts bestimmt. Um daher die für die Verschmutzung wichtige Nebenbedingung zu erfüllen, die Wandberührung möglichst zu vermeiden, ist es zweckmäßig, den Feuerraum durch vorspringende Nasen, am besten aber durch eine Einziehung aller vier Feuerraumwandungen, etwas einzuschnüren.

Liegt bei einem einfachen, glatten Feuerraum beispielsweise der Gasaustrittsquerschnitt rechts oben, und befinden sich die Brenner in der Front links unten, so haben die Gase das Bestreben, schräg durch den Feuerraum zu ziehen, ihn also schlecht auszufüllen. Soweit die

---

[1] HEUSLER, H.: Die enge Berohrung der Strahlungsheizflächen. Diss. Techn. Hochschule, Stuttgart, München: BTU-Verlag 1958. — Siehe auch H. HEUSLER: Betrieb und Techn. Überwachung 3 (1958) Nr. 5 S. 123—128, Nr. 7 S. 175—181, Nr. 8 S. 201—205, Nr. 10 S. 249—253, Nr. 11 S. 279—282.

[2] BECKER, K.: Temperaturverlauf und Wärmeaufnahme der Flossenrohre bei Flammenstrahlung. Energie 11 (1959) Nr. 2 S. 59—71.

Brenner die Gase bis zur gegenüberliegenden Wand werfen, legt sich die Strömung eng an die Wand an und bietet den Feststoffteilchen günstige Bedingungen zur Bildung von Ansätzen. Man kann daher den ungenutzten Raum (links oben) ohne weiteres weglassen und die starke Bespülung der Hinterwand durch eine vorgezogene Nase mindern, da die Gase nunmehr das Bestreben zeigen, die vorgezogene Kante auf kürzestem Wege zu erreichen. Vielfach verbindet der Konstrukteur die vorgezogene Nase mit dem Gedanken, durch die Querschnittsverengung gleichzeitig eine Verbesserung der Durchmischung zu erzielen und verlegt daher die Verengung etwas tiefer. Da ein Schutz aller Wände vor Verschmutzungen erwünscht ist, empfiehlt es sich, eine allseitige Querschnittsverengung vorzusehen, besonders wenn — wie bei den Eckenfeuerungen — die Bespülung aller vier Wände den gleichen Bedingungen ausgesetzt ist. Die Mischung durch allseitige Einengung wird von LOEMKE[1] besonders empfohlen. Messungen an einem Braunkohlenkessel (Kraftwerk Elbe) mit einer solchen Feuerraumgestaltung[2] zeigen eine konzentrierte Verbrennung und einen sehr raschen Temperaturabbau (Abb. 23–22). Eine Sonderform mit einer Querschnittsverengung, obenliegenden Brennern, darunterliegenden Brüdeneinführungen (bei feuchten Brennstoffen) und einer weiteren Verengung in dem anschließenden zweiten Leerzug ist für tschechische Braunkohlen und Ballast-Steinkohlen ausgeführt worden[3]. Auch mehrfache Einziehungen der Querschnitte in Verbindung mit mehrfacher Unterteilung der Brennstoffzuführung sind vorgeschlagen worden[4], doch ist mit zunehmender Komplikation der Feuerraumformen auch mit zunehmenden Kosten und evtl. auch Schwierigkeiten der wasserseitigen Kühlung der Rohre zu rechnen, so daß nur mit einer gewissen Umsicht und Zurückhaltung von den einfachen Grundformen abgewichen werden sollte.

Durch Schottheizflächen aus eng aneinanderliegenden, fluchtend angeordneten Rohren im oberen Teil des Feuerraums (Strahlungsraum) kann schließlich die Kühlleistung des Feuerraums noch erhöht werden. Um das Verschmutzen der Schottheizflächen nach dem gleichen Prinzip zu vermindern, wie es durch Querschnittseinziehen für die Wände angewendet wird, wäre es zweckmäßig, sie an ihrem oberen Ende durch

---

[1] LOEMKE, H.: Die Feuerraumgestaltung von Dampferzeugern mit Rost- und Kohlenstaubfeuerungen für die Verbrennung von Rohbraunkohle. Freiberger Forschungshefte A 135 (1959) S. 117—158.

[2] HILDEBRANDT, E.: Erfahrungen an den Dampferzeugern, insbesondere Feuerungen im Kraftwerk Elbe. Energietechnik 7 (1957) H. 7 S. 317—327.

[3] KOUBA, V., u. J. MIKL: Ein universeller Granulations-Dampferzeuger mit Doppelzug-Brennkammer für minderwertige Brennstoffe. Strojírenství 8 (1958) Nr. 4 S. 257—262, zitiert nach W. GRÖBNER: Z. VDI 101 (1959) Nr. 20 S. 823/24.

[4] WISNEWSKI, H.: Korngrößen beim Entwurf von Kesseln mit Schmelzfeuerungen. Energie 6 (1954) Nr. 10 S. 324—326.

einen Wulst zu verdicken, um die Strömung abzulenken. Das verdickte Ende erhält zweckmäßig eine Panzerung gegen die Erosionsgefahr.

Brennkammer-Kennwerte. Zur schnellen Charakterisierung und zum Vergleich verschiedener Feuerungen hat man sich einer Reihe von Kennwerten bedient, so vor allem des Begriffes der *Brennkammerbelastung* [kcal/m³ h]*.

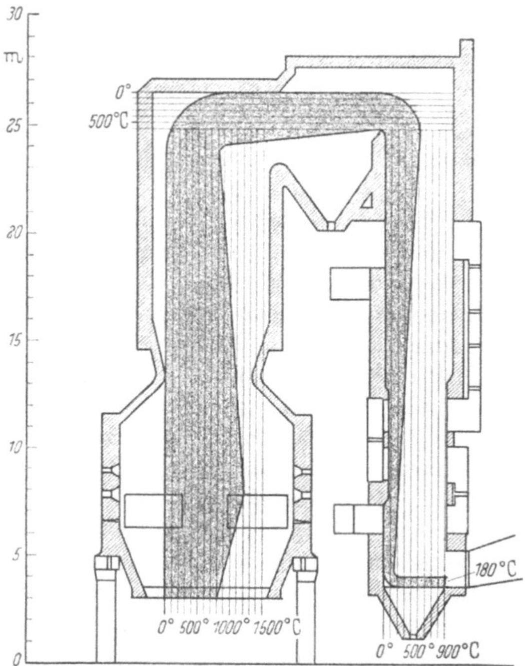

Abb. 23-22. Verlauf der Feuerraumtemperaturen (nach HILDEBRANDT)

Die Brennkammerbelastung ist vielfach diskutiert, und ihre Schwächen sind mit Recht kritisiert worden, da sie zwar einen geläufigen und einfach faßbaren Begriff, aber keinen Bewertungsmaßstab für eine Feuerung darstellt[1-4]. Die Problematik soll kurz erläutert werden. Eine

---

* Im MKSA-System wird die Brennkammerbelastung in kJ/m³ s ausgedrückt. Es ist 1 kcal/m³ h = 0,001163 kJ/m³ s, 1 kJ/m³ s = 859,845 kcal/m³ h. Es ergeben sich folglich recht handliche Zahlenwerte, was den Übergang zum MKSA-System erleichtert.

[1] LENT, H.: Die neuere Entwicklung der Steinkohlenstaubfeuerung. Mitt. VGB H. 20 (1952) S. 173—183.

[2] MÜNZINGER, F.: Diskussionsbeitrag zu LENT (Fußn. 1) Mitt. VGB H. 21 (1952) S. 277/78.

[3] KRUG, J.: Diskussionsbeitrag zu LENT (Fußn. 1,) Mitt. VGB H. 21 (1952) S. 280—282.

[4] SCHWARZ, K.: Überlegungen zu den Begriffen „Oberflächen-, Querschnitts-, Brennkammer- und Feuerraumbelastung". Unveröff. Sitzungsbericht VGB, 1957.

Übliche Brennkammerbelastungen in runden Zahlen sind:

	kcal/m³ h	kJ/m³ s
bei älteren Kohlenstaubfeuerungen*	90—150000	100—175
bei modernen Trockenfeuerungen	180—300000	200—350
bei Großkesseln >400 t/h	140—150000	160—175
bei Schmelzfeuerungen		
Schmelzkammer allein	400—800000	500—900
Brenn- und Strahlungskammer	180—300000	200—350
bei Zyklonfeuerungen		
Senkrecht-Zyklon (allein)	~1000000	~1200
Waagerecht-Zyklon (allein).	~3000000	~3500
Zyklon, Sekundär- und Tertiärkammer . .	300—350000	350—400

erste Schwierigkeit liegt darin, daß die Brennkammer selbst nicht genau definiert ist und daß sie im Grunde genommen zwei Funktionen zu erfüllen hat; sie dient der Verbrennung, d. i. der Entbindung der im Heizwert des Brennstoffs gebundenen Wärme und zugleich der Wärmeübertragung, vorzugsweise durch Strahlung. Man spricht daher auch von dem eigentlichen Brennraum und dem Strahlungsraum. Der Endpunkt der Verbrennung ist jedoch geometrisch sehr schwer festzulegen, allenfalls durch das Ende der sichtbaren Flamme, die aber weder zeitlich noch örtlich (volumetrisch) konstant ist, noch eine scharfe Begrenzung zeigt. Es sind daher die verschiedensten Vorschläge gemacht worden, was unter Brennraum und dessen Belastung verstanden werden soll; meist ist damit der gesamte Feuer- und Strahlungsraum bis zum Eintritt in die Konvektionsheizfläche gemeint, wobei mitunter zweifelhaft ist, ob z. B. der Aschentrichter in die Volumermittlung einbezogen werden soll oder nicht (in der Regel nicht, man rechnet ab Oberkante Aschentrichter). Andere Vorschläge wollen als Brennkammer $^3/_4$ der ganzen Kammer (LENT) oder den Raum bis zum Ende der sichtbaren Flamme oder das Flammenvolumen, also der Brennraum nach Abzug der Toträume, betrachten, um den Grad der Raumerfüllung oder Raumausnutzung zu berücksichtigen.

Als andere Merkmale sind die Querschnittsbelastung in kcal/m² h, die Breitenleistung des Kessels oder die Oberflächenbelastung in kcal/m² h vorgeschlagen worden; zweckmäßiger wäre dann jedoch die Oberflächenleistung, also nicht die entbundene, sondern die übertragene Wärmemenge oder den spezifischen Wärmefluß in kcal/m² h (oder kJ/m² s) zu verwenden. Dies führt zu der Überlegung, daß dem Doppelcharakter

---

    * Einige Konstrukteure halten bewußt an diesen niedrigen Belastungen fest; so betragen die Werte in französischen Anlagen nach FOURNIER bei sehr mageren Brennstoffen $\leq$ 90000 kcal/m³ h und bei fetten 130000 kcal/m³ h (FOURNIER, M.: Les chaudières à foyers à cendres pulvérulentes. Journées de la Combustion etc. Paris, Bericht 4.06).

des Feuerraums als Brennkammer und als Strahlungskammer am besten Rechnung getragen wird, wenn nicht die entbundene, sondern derjenige Anteil der entbundenen Wärme als Kammerleistung angesehen wird, der tatsächlich in der Kammer an die Kammerwände abgegeben wird. Dieser Begriff kann als *spez. Brennkammerleistung* bezeichnet werden.

Eine mit 200000 kcal/m³ h belastete Brennkammer möge eine Endtemperatur von 1100 °C ergeben, wobei 55% der entwickelten Wärme an die Wandungen abgegeben worden sind entsprechend dem neuen Begriff einer Brennkammerleistung von 110000 kcal/m³ h (128 kJ/m³ s). Eine andere Feuerung (Schmelzfeuerung) sei mit 1000000 kcal/m³ h belastet, habe jedoch eine Endtemperatur von 1500 °C, d. h., es werden nur 36,4% der entbundenen Wärme in der Kammer übertragen entsprechend einer Brennkammerleistung von 364000 kcal/m³ h (423 kJ/m³ s). Obwohl sich die Brennkammerbelastungen also wie 1:5 verhalten, ist das Verhältnis der Leistungen nur 1:3,3. Der Vergleich ist mithin schon etwas realistischer und kommt der Forderung von SCHWARZ[1] entgegen, die Feuerungen durch Brennkammerbelastung, Formfaktor und Feuerraumendtemperatur zu charakterisieren.

Ein anderes Beispiel einer hochbelasteten Babcock-Zyklonfeuerung ergab nach mitgeteilten Meßwerten der Babcockwerke, Oberhausen, folgende Werte, wobei die Temperaturen aus dem *It*-Diagramm abgeschätzt sind:

Zahlentafel 23-5. *Meßwerte an einer hochbelasteten Babcock-Zyklonfeuerung*

	Belastung 10⁶kcal/m³h	kJ/m³ s	Leistung 10⁶kcal/m³h	kJ/m³ s	Heizflächen-leistung 10³kcal/m²h	kJ/m²s	Temperatur °C
Zyklon allein . . .	4,08	4745	0,4—0,5	465—580	150—200	175—230	~1900
Zyklon, Sekundärkammer und Fangrost	1,75	2035	0,38	440	127	148	~1800
Zyklon, Sekundär- und Tertiärkammer	0,37	430	0,20	230	135	157	~1150

Der Luftüberschuß betrug dabei nur etwa 7 bis 8%. Die Kohle hatte 24% Flüchtige Bestandteile (i. waf) und ihre Asche eine Fließtemperatur von etwa 1450 °C. Die Belastungen werden heute im allgemeinen niedriger gewählt. Von erheblichem Einfluß erwiesen sich auch Einblasegeschwindigkeit, Fließtemperatur, Mahlfeinheit und ganz besonders die Art des Brennstoffs. So betrugen die Leistungen bei 14% Flüchtigen Bestandteilen nur etwa 50 bis 65%.

Auch die Brennkammerleistung stellt jedoch noch keinen absoluten Bewertungsmaßstab dar, wenn man die gestellten Nebenbedingungen beachtet, daß die Leistung für möglichst lange (oder unbeschränkte) Dauer zur Verfügung stehen soll. Die Faktoren, die mit der Staubführung, der Formgebung der Kammer mit Rücksicht auf geringste

---

[1] SCHWARZ, K.: s. Fußn. 4 S. 571.

Heizflächenverschmutzung, mit dem Temperaturverlauf der Raumausnutzung u. ä. in Verbindung stehen, werden von dieser Kennzahl nicht erfaßt. Maßgebend sind letzten Endes die Kosten je Tonne Dampf bei vergleichbaren Reisezeiten und vergleichbarer Lebensdauer der Anlage und gleichem Brennstoff.

Da der Brennraum zunächst als Mischraum angesprochen werden kann (MARCARD und FRITSCH[1]), hat FRITSCH versucht, die Mischgüte durch eine dimensionslose Mischkennzahl[2] zu erfassen, die sich aus der Fourier-Kennzahl des Mischvorganges und einem dimensionslosen Faktor zur Berechnung der Austauschgröße aus der spezifischen Mischleistung zusammensetzt. Da sich jedoch diese Kennzahl nur aus Überlegungen über die Einflußfaktoren beim turbulenten Stoffaustausch ableitet, also gerade weder die Schwierigkeiten der Staubfeuerung erfaßt, die als Anfangsbedingungen gegeben sind (wie Verteilungsfehler, mangelhafte Beschleunigung), noch die Gegebenheiten der Vormischung (in der Trägerluft), ist es nicht zu verwundern, daß diese Kennzahl bei der Untersuchung von 26 Feuerungsanlagen derartige Streuwerte zeigte, daß keine Aussage oder Bewertung möglich war, von den Unzulänglichkeiten der Auswertungsmethode (Mischzeit als Differenz der mittleren Gesamtaufenthaltszeit abzüglich der theoretischen Brennzeit) einmal ganz abgesehen.

Als Bewertungsmöglichkeit bleibt daher — neben dem technisch-wirtschaftlichen Gesamterfolg — nur der Modellversuch, der Auskunft über die Anfangsbedingungen, also die etwaigen Abweichungen von dem Idealzustand gleichmäßiger Staubverteilung, zu geben vermag, Bedingungen, die dann Mischgüte- und Verbrennungserfolg in höchstem Maße beeinflussen.

Die Schmelzfeuerungen[3]

Die Entwicklung der Kohlenstaubfeuerungen mit flüssigem Schlakkenabzug ist dem Wunsch entsprungen, die Brennkammern möglichst

---

[1] MARCARD u. FRITSCH: s. Fußn. 2 S. 40. FRITSCH, W. H.: Schnelle Verbrennung fester Brennstoffe. Techn. Mitt. des Wasserrohrkesselverbandes, Düsseldorf 1951.

[2] ANSELM, W., u. W. H. FRITSCH: Der Verbrennungsvorgang im Drehofen — Wege zu seiner Intensivierung. Zement-Kalk-Gips (1954), Sonderausgabe Nr. 5. Der Drehofen. Probleme der Kohlenstaubfeuerung, S. 37—100.

[3] DOLEŽAL, R.: Wiedergewinnung der Schlackenwärme bei Schmelzfeuerungen. Mitt. VGB H. 19 (1952) S. 152/53. — LENT, H.: s. Fußn. 1 S. 571. — GRASME, P.: Stand der Entwicklung von Feuerungen mit flüssigem Schlackenabzug in der Bundesrepublik. BWK 8 (1956) H. 6 S. 278—284, — Combustion 28 (1957) H. 8 S. 34—41. — GUMZ, W.: Pulverized Coal Firing in Germany. Development and Trends. Second Pulv. Coal Conference. Proc. at the Conference 27. u. 28. Nov. 1957. The Inst. of Fuel London (1957) Paper 16 S. D-11/D-25. — ROSAHL, O.:

hoch zu belasten und die Kohlenminerale in die Form von Schlacke, und zwar — durch Einlaufen in ein Wasserbad — von granulierter Schlacke, zu erhalten. Die ältesten Ausführungsformen sind die Schlakkenbodenfeuerungen, Brennkammern in waagerechtem oder flach geneigtem Boden mit einer Brenneranordnung in geringer Höhe über diesem Boden, und die Schmelztrichterfeuerungen, die ihre Entstehung der Beobachtung verdanken, daß eine Verschlackung besonders des unteren Teils des Feuerraums, besonders bei teilweiser Abdeckung der Kühlflächen, nicht zu vermeiden ist.

Die Schmelztrichterfeuerungen sind als Übergangsform zu betrachten, die sowohl als Trockenfeuerungen als auch als Schmelzfeuerungen betrieben werden können[1,2]. Auch Kombinationen von Schmelz- und Trockenfeuerungen sind vereinzelt ausgeführt worden, in denen sich an den Feuerraum der Trockenfeuerung unten ein kleinerer Schmelzraum anschließt, wie in der sogenannten Schmelzbrunnenfeuerung. Der Wunsch, die starke Abstrahlung des Schlackenbodens oder -trichters zu verhindern, führt dann zur Einziehung der Feuerraumwände und schließlich zum völligen Abschluß des Schmelzraumes durch Rohrgitter, den sogenannten Schlackenfangrost, und somit zur Entstehung der Schmelzkammerfeuerung. Diese Bauarten unterscheiden sich durch Form und Abmessungen der Schmelzkammern, durch die Anordnung der Brenner und durch Lage und Größe der Schlackenfangroste. In Abb. 23–23 sind einige Bauformen von Schmelzfeuerungen dargestellt (nach GRASME[3]).

Die dritte große Gruppe stellen sodann die Zyklonfeuerungen. Aus den Vorschlägen zu einer vorgeschalteten Schmelzmuffel[4] hat sich

Entwicklungsstand der Dampfkesseltechnik in Deutschland. VIK-Mitt. 4 (1956) S. 53—61. — v. SWIETOCHOWSKI, O.: Der Dampferzeuger im Zechenkraftwerk. Techn. Mitt. H. d. T. Essen 49 (1956) S. 497—503. — MUTKE, R.: Energieversorgung in Zechen. Techn. Mitt. H. d. T. Essen 47 (1954) S. 418—423. — WIESE, FR.-F.: Auslegung von Kraftwerken im Steinkohlenbergbau. BWK 5 (1953) H. 11 S. 377 bis 382. — LENZ, W.: Les foyers à cendres fondres Evolution, types de construction et description d'une chambre de fusion avec brûleurs en voûte. Journées de la Combustion des Combustibles Solides et Pulvérisés. Paris 1957, Bericht 4.08.

[1] SELLIN, W.: Erfahrungen mit der Verbrennung von gasarmen Kohlen in der Schmelztrichterfeuerung. Mitt. VGB H. 95 (1943) S. 205—211.

[2] NOETZLIN, G.: Temperatur- und Verbrennungsverlauf im Feuerraum eines Schmelztrichterkessels. Dissertation München 1952, s. auch Mitt. VGB H. 22 (1953) S. 300—320.

[3] GRASME, P.: Stand der Entwicklung von Feuerungen mit flüssigem Schlackenabzug in der Bundesrepublik Deutschland. BWK 8 (1956) Nr. 6 S. 278—284.

[4] SEYFRITZ, H.: Kohlenfragen im Feuerungsbetrieb. Glückauf 85 (1949) Nr. 27/28 S. 490—494.

schließlich die Senkrecht-Zyklonfeuerung[1-3] entwickelt. Ausgehend von dem Versuch, eine verhältnismäßig grob gemahlene (gebrochene) Kohle

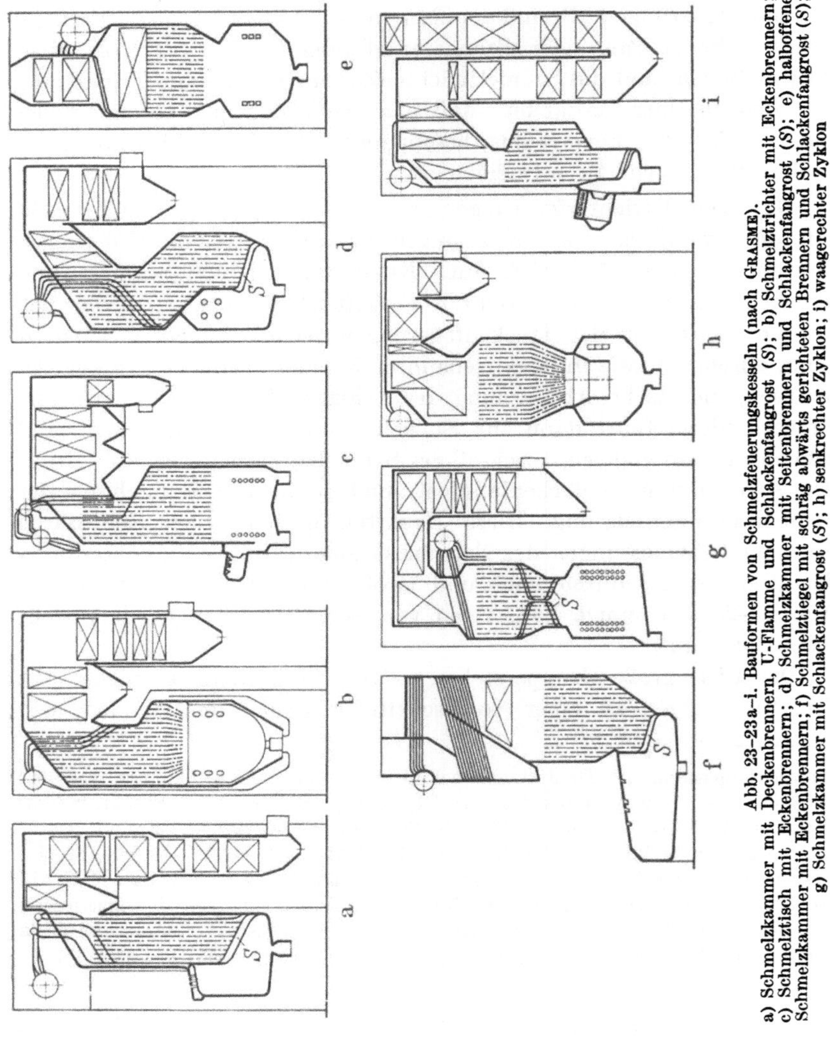

Abb. 23-23a-i. Bauformen von Schmelzfeuerungskesseln (nach GRASME).

a) Schmelzkammer mit Deckenbrennern, U-Flamme und Schlackenfangrost (S); b) Schmelztrichter mit Eckenbrennern; c) Schmelztisch mit Eckenbrennern; d) Schmelzkammer mit Seitenbrennern und Schlackenfangrost (S); e) halboffene Schmelzkammer mit Eckenbrennern; f) Schmelzziegel mit schräg abwärts gerichteten Brennern und Schlackenfangrost (S); g) Schmelzkammer mit Schlackenfangrost (S); h) senkrechter Zyklon; i) waagerechter Zyklon

[1] BLASS, E.: Betriebserfahrungen mit der KSG-Wirbelfeuerung. Mitt. VGB H. 21 (1952) S. 271—276.

[2] BLASS, E.: Versuche am Zyklonkessel Mathias Stinnes I/II/V. Mitt. VGB H. 37 (1955) S. 649—652.

[3] KRUG, J.: Diskussionsbeitrag. Fünfte Weltkraftkonferenz Wien 1956. Gesamtbericht Bd. 10 S. 3458—3563, — Principes de construction et exemple de réalisation de la chaudière cyclone à axe vertical. Journées de la Combustion des Combustibles Solides et Pulvérisés. Bericht 4.09.

in der Schwebe zu verbrennen, ist in den USA die Waagerecht-Zyklon-feuerung[1] entstanden, die in ihrer weiteren Entwicklung durch den Übergang auf tangentiale Brennstoffzufuhr und feinere Ausmahlung (wenn auch etwas gröber als bei anderen Schmelzfeuerungen) auch anderen Brennstoffverhältnissen angepaßt worden ist[2]. In den neuesten Ausführungsformen ist von der Tangenten- zur Sekanteneinblasung übergegangen worden. Mit der Theorie der Zyklonfeuerung haben sich LEDINEGG[3], WULIS und USTIMENKO, CAUTIUS u. a. befaßt. Das Prinzip der Zyklonfeuerung ist auch für Trockenfeuerungen benutzt worden, vorzugsweise für aschearme Brennstoffe wie Holzabfälle u. a. m. (A. OHLSSON)[4]. Als ein Vorläufer kann der Burg-Brenner[5] angegeben werden.

---

[1] GRUNERT, A. E., L. SKOG u. L. S. WILCOXSON: The horizontal cyclone burner. Trans. A.S.M.E. 69 (1947) S. 613—634. — WILCOXSON, L. S.: Burning crushed low-grade coal in the cyclone burner. Trans. Fuel Econ. Conf. The Hague (1947) Bd. 3 Sect. C 2 Pap. Nr. 1 S. 1007—1018. — GILG, F. X.: The cyclone furnace. Latest thing in coal burning. Power Generation 54 (1950) Nr. 4 S. 64—70. — NEWKIRK, M.: A cyclone fired pressurized steam generator. Trans. A.S.M.E. 73 (1952) Nr. 2 S. 215—224. — STONE, V. L., u. I. L. WADE: Operating experiences with cyclone-fired steam generators. Vortrag a. d. A.S.M.E.-Hauptversammlung Nov. 1951, Atlantic City, N. J. — SHARPE, G. C. H.: The Cyclone Furnace. BCURA Monthly Bul., 1954, 18, S. 349—372.

[2] CAUTIUS, W.: Versuche mit einer Zyklonfeuerung. Mitt. VGB 1951 Nr. 17/18 S. 63—70. — SCHÄFF, K.: Mitt. VGB Nr. 17/18 (1951) S. 41—63. — CAUTIUS, W.: Zwei Jahre Entwicklungsarbeit am Zyklon. Mitt. VGB H. 21 (1952) S. 234—237. — CAUTIUS, W., H. PETERS u. A. v. WEIHE: Feuerungsversuche an der Babcock-Versuchs-Zyklonfeuerung des Kraftwerks Flingern der Stadtwerke Düsseldorf. Mitt. VGB H. 27 (1954) S. 25—38. — CAUTIUS, W.: Erfahrungen mit Horizontal-Zyklonfeuerungen. Fünfte Weltkraftkonferenz Wien 1956 Paper 82, Section $G_2/7$, — BWK 8 (1956) H. 6 S. 284—290. — v. WEIHE, A.: Erfahrungen mit neuen Zyklon-Kesseln im Kraftwerk Düsseldorf. Mitt. VGB H. 36 (1956) S. 574—579. — SIFRIN, A., u. H. HENNECKE: Die Entwicklung der Steinkohlenstaubfeuerung für Dampferzeuger bis zur Zyklonfeuerung. Techn. Mitt. H. d. T. Essen, 1956, H. 49 S. 41—49. — SEIDL, H.: Development and Practice of Cyclone Firing in Germany. Inst. Mech. Engrs. and American Soc. Mech. Engrs. Joint Conference on Combustion (Section 2: Boilers), Boston (Mass.), U.S.A., u. London 1955. — SEIDL, H., u. O. ROSAHL: État du développement des foyers-cyclones à axe presque horizontal en Allemagne. Journées de la Combustion du Charbon. Paris 1958, Bericht 4.10.

[3] LEDINEGG, M.: Theorie der Zyklonfeuerungen. Z. VDI 94 (1952) Nr. 28 S. 921—927. — WULIS, L. A., u. B. P. USTIMENKO: Über die Aerodynamik der Zyklonfeuerungskammern. Energietechnik 5 (1955) Nr. 6 S. 265—270. — CAUTIUS, W.: Zwei Jahre Entwicklungsarbeit am Zyklon. Mitt. VGB H. 21 (1952) S. 234—237.

[4] Feuerungstechn. 30 (1942) Nr. 7 S. 164/65.

[5] SCHIMPF, M.: Versuche mit einer Kohlenstaubfeuerung der Bauart Burg auf der Zeche Hugo in Buer. Glückauf 65 (1929) S. 295—298.

Über den Betrieb mit Schmelzfeuerungen liegen inzwischen umfangreiche Erfahrungen vor[1-28].

[1] Andritzky, M.: Der Doppelzyklon der Stadtwerke München. Mitt. VGB H. 36 (1955) S. 607/08.

[2] Andritzky, M.: Abnahmeversuch am Zyklonkessel der Stadtwerke München. Mitt. VGB H. 44 (1956) S. 366—371.

[3] Blass, E.: s. Fußn. 1 S. 576.

[4] Bosser, H.: Betriebserfahrungen an einem Schmelzkammerkessel. Mitt. VGB H. 41 (1956) S. 125—131.

[5] Cautius, W.: Erfahrungen mit Horizontal-Zyklonfeuerungen. Fünfte Weltkraftkonferenz Wien 1959. 82, Sektion $G_2/7$, — BWK 8 (1956) Nr. 6 S. 284—290.

[6] Ellrich, W.: Technische und wirtschaftliche Probleme des Kraftwerkbaues und -betriebes in der öffentlichen Elektrizitätsversorgung einschließlich der Heizkraftwirtschaft. Fünfte Weltkraftkonferenz Wien 1956. 187, Sektion $G_1/15$, — BWK 8 (1956) Nr. 6 S. 270—277.

[7] Engler, O.: Entwicklung der Schmelzfeuerung. BWK 3 (1951) Nr. 1 S. 3—8.

[8] Goecke, R.: Erfahrung mit den Zyklonfeuerungen im Kraftwerk Ibbenbüren der Preussag. Mitt. VGB H. 36 (1955) S. 579—587.

[9] Grasme, P.: Stand der Entwicklung von Feuerungen mit flüssigem Schlackenabzug in der Bundesrepublik Deutschland. BWK 8 (1956) Nr. 6 S. 278—284, — Combustion 28 (1957) Nr. 8 S. 34—41. — Fünfte Weltkraftkonferenz Wien 1956. 205, Sektion $G_2/12$. Diskussion S. 3497—3513.

[10] Hahn, W.: Der Braunkohlen-Zyklonkessel des Kraftwerkes St. Andrä der Österreichischen Draukraftwerke A.-G. Mitt. VGB H. 37 (1955) S. 665—667.

[11] Huber, R.: Betriebsergebnisse eines mit Braunkohle befeuerten Zyklonkessels in einem österreichischen Kraftwerk. Energie 7 (1955) Nr. 5 S. 157—161.

[12] Klöss, B.: Betriebserfahrungen mit einem Braunkohlen-Zyklonkessel. Mitt. VGB H. 37 (1955) S. 660—665.

[13] Lenkewitz, H.: Neuere Erfahrungen mit der Verbrennung rheinischer Rohbraunkohle in staubgefeuerten Kesseln. Mitt. VGB H. 38 (1955) S. 784—796.

[14] Lenkewitz, H.: Die Entwicklung der staubgefeuerten Braunkohlenkessel. Techn. Mitt. H. d. T. (Essen) 49 (1956) Nr. 2 S. 50—56.

[15] Lenkewitz, H.: Probleme bei Braunkohlenfeuerungen. Mitt. VGB H. 51 (1957) S. 386—404.

[16] Roth, H. E.: Betriebserfahrungen an einem Schmelzkammerkessel des Kraftwerks Reuter der BEWAG. Mitt. VGB H. 45 (1956) S. 448—458.

[17] Rüttgers, H.: Die Schmelztiegelfeuerung im E.W. „Mark", Herdecke. Mitt. VGB H. 21 (1952) S. 261—271.

[18] Schäff, K.: Entwicklungen und Erfahrungen beim Bau von Dampfkraftwerken. Z. VDI 98 (1956) Nr. 1 S. 1—8, Nr. 2 S. 47—55.

[19] Schulz, W.: Betriebserfahrungen an den Zyklonkesseln im Kraftwerk Kiel-Wik. Mitt. VGB H. 36 (1955) S. 587—593.

[20] Seiffert, E.: Der Zyklonkessel der Wuppertaler Stadtwerke A.-G. Mitt. VGB H. 37 (1955) S. 653—655.

[21] Sifrin, A., u. Hennecke: Die Entwicklung der Steinkohlenstaubfeuerung für Dampferzeuger bis zur Zyklonfeuerung. Techn. Mitt. H. d. T. (Essen) 49 (1956) Nr. 2 S. 41—49.

[22] Spennemann, L.: Betriebserfahrungen mit Schmelzaschenfeuerungen. Elektrizitätswirtsch. 54 (1955) Nr. 22 S. 761—768.

[23] Stöltzing, H. G.: Betriebserfahrungen mit zwei Doppelzyklon-Kesseln der Kraftwerke Mainz-Wiesbaden A.-G. Mitt. VGB H. 37 (1955) S. 655—659.

Manche der erwarteten Vorteile — wie etwa eine Verbilligung der Anlage oder der mögliche Verzicht auf Entstaubungsanlagen — sind nicht eingetreten, andere haben die Erwartungen erfüllt, wie etwa die Einbindungsgrade, die von 45 bis 50% bei den einfachsten bis 80% und darüber bei den Zyklonfeuerungen ansteigen (s. Abb. 23–24[1]). Bei Waagerecht-Zyklonen wurden Werte von 88 bis 91% gemessen[2]. Einbindungsgrade[3], Ascheumlauf und Auswurf haben SCHÄFF[4] und ROSAHL[5]

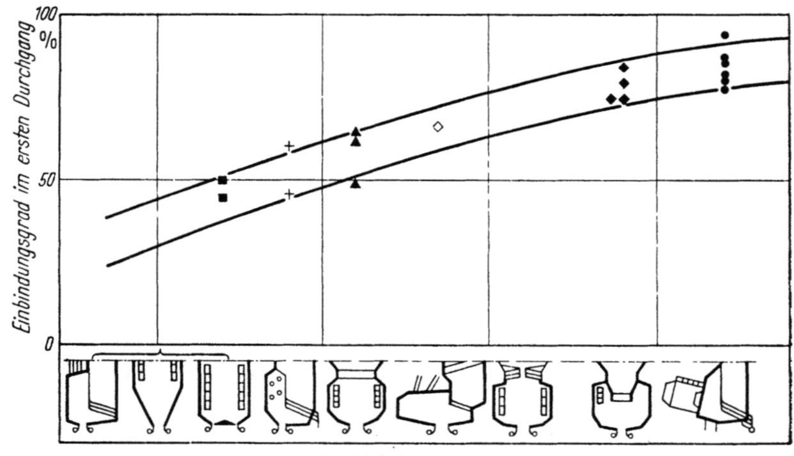

Abb. 23–24. Ascheneinbindung im ersten Durchgang bei Schmelzfeuerungen (nach GRASME)

---

[24] STRÜWEN, O.: Erfahrungen mit zwei Schmelztrichterkesseln der Rheinpreußen A.-G., Homberg. Mitt. VGB H. 42 (1956) S. 159—166.

[25] TRENKLER, H.: Schmelzmuffelfeuerung für rheinische Braunkohle. Mitt. VGB H. 36 (1955) S. 614/15.

[26] v. WEIHE, A.: Erfahrungen mit neuen Zyklonkesseln im Kraftwerk Düsseldorf. Mitt. VGB H. 36 (1955) S. 574—579.

[27] WIEHAGE, W.: Betriebserfahrungen mit einem Schmelzkammerkessel im Kraftwerk der Zeche Franz Haniel. Mitt. VGB H. 40 (1956) S. 43—48.

[28] ZIEMER, G.: Erfahrungen beim Betrieb der Schmelzkammerkessel im RWE-Kraftwerk Essen, Viehoferstraße. Mitt. VGB H. 24 (1953) S. 437—452.

---

[1] GRASME, P.: s. Fußn. 9 S. 578.

[2] BANG, H.: Abnahmeversuche an einem Zyklonkessel für 80 t/h. BWK 7 (1955) Nr. 6 S. 273—278.

[3] Anonym: Benennung und Bedeutung der Größen bei Schmelzfeuerungen. Mitt. VGB H. 23 (1953) S. 349/50.

[4] SCHÄFF, K.: Einfluß der Ascheverwertung auf die Feuerraum- und Kesselgestaltung, technische und wirtschaftliche Lösung der Ascheverwertung. Mitt. VGB H. 17/18 (1951) S. 41—63, — Ascheumlauf und Ascheabscheidung bei Kesselanlagen. Mitt. VGB H. 23 (1953) S. 364—374.

[5] ROSAHL, O.: Einflüsse des Einbindungsgrades, der Staubrückführung und der Entstaubung auf den Staubaustrag. Mitt. VGB H. 23 (1953) S. 350—361.

behandelt. Unerwartet günstig wirkt sich die Feinstaubbildung bei hohen Verbrennungstemperaturen auf den Rauchgastaupunkt aus; ein Säuretaupunkt ist nicht festzustellen, daher eine tiefe Rauchgasabkühlung gefahrlos möglich (s. S. 346).

Die besondere Eignung der Schmelzfeuerungen für sehr aschereiche Brennstoffe ist nur insofern gegeben, als bei diesen das Rückstandsproblem besondere Schärfe annimmt, so daß der Vorteil des kleineren Schlackenvolumens und der besseren Transport- und Lagerfähigkeit noch stärker zur Geltung kommt. Im übrigen stellt hoher Aschegehalt insofern einen Nachteil dar, als nunmehr die Verluste durch den Wärmeinhalt der Schlacke stark ansteigen und die wirtschaftliche Verwendbarkeit aschenreicher Kohlen einengen. Gerade bei Schmelzkesseln der Zechenkesselhäuser sollte es daher vermieden werden, unnötige Bergemengen mit durch den Kessel zu schleusen, besonders wenn durch einfache Aufbereitung das taube Gestein ohne allzu großen Kostenaufwand aus der Kesselkohle ferngehalten werden kann. KRUG[1] hat versucht, rechnerisch die Grenzwerte des noch zulässigen Aschegehaltes festzustellen, die außer von der Kohlenart auch vom Fließpunkt der Kohlenasche abhängig sind, und hat bei 1600, 1400 und 1200 °C Fließtemperatur 55, 65 bis 70 und 75% Aschegehalt (i. waf) als solche Grenze festgestellt.

Für die Wiedergewinnung der Schlackenwärme hat DOLEŽAL[2] eine Reihe von Vorschlägen gemacht.

Als Nachteil stellte sich heraus, daß der mengenmäßige Rückgang des Flugaschegehaltes die Verschmutzung nicht verringerte; vielmehr treten mit höheren Verbrennungstemperaturen andersartige Verschmutzungserscheinungen auf, die durch die Feinheit der Feststoffpartikel (Sublimate) bedingt sind. Die Ansätze z. B. an Überhitzerrohren zeigen eine besonders große Dichte und Haftfähigkeit und sind schwer zu entfernen (vgl. S. 596)[3]. Es kann auch vermutet werden, daß die gelegentlich festgestellten Rückwirkungen auf den Abscheidegrad der Elektrofilter auf solche Feinstanteile des Flugstaubes zurückzuführen sind, die zu festhaftende, durch Abklopfen nicht zu beseitigende Grundschichten auf den Abscheideelektroden bilden und die Funktion des Filters ganz erheblich beeinträchtigen (Abfälle von 10 bis 20 Punkten).

---

[1] KRUG, J.: Die Grenzen des Ballastgehaltes des Brennstoffs beim Betrieb von Schmelzfeuerungen. Wiss. Z. d. Techn. Hochschule Dresden 6 (1956/57) Nr. 7 S. 1159—1162.

[2] DOLEŽAL, R.: s. Fußn. 2 S. 565, — Wiedergewinnung der Schlackenwärme bei Schmelzfeuerungen. Mitt. VGB H. 19 (1952) S. 152/53.

[3] GUMZ, W.: Die Vorgänge in den Feuerungen bei hohen Temperaturen. Mitt. VGB H. 28 (1955) S. 735—746, — Zum Problem der Heizflächenverschmutzung an Kesselanlagen. BWK 8 (1956) Nr. 3 S. 110—115, — Fünfte Weltkraftkonferenz Wien 1956. Gesamtbericht Bd. 10 S. 3465—3467 (Diskussionsbeitrag).

Das Streben nach gutem Schlackenfluß bis herab zu möglichst geringen Teillasten führt neben hohen spezifischen Belastungen zu der Anwendung sehr knapper Luftüberschüsse. Damit ist besonders bei ungeeigneten Brennerkonstruktionen die Gefahr verbunden, daß sich lokal eine reduzierende Atmosphäre ausbildet, die dann zu überraschend schnellen Rohrabzehrungen führt (über die Hochtemperaturkorrosion vgl. S. 600). Solche Schäden haben sich z. T. schon nach 3000 bis 5000 Betriebsstunden herausgestellt und beeinträchtigen durch Betriebsausfälle und Erneuerungsarbeiten die Wirtschaftlichkeit in so hohem Maße, daß die Anwendung der Schmelzfeuerungen nur dort gerechtfertigt erschien, wo die Rückstandsgewinnung in Form von Schlacke entscheidende Vorteile bietet oder dringend notwendig war[1]. Inzwischen sind indessen die Ursachen für die Korrosionserscheinungen soweit aufgeklärt, daß wirksame Maßnahmen gegen vorzeitigen Verschleiß getroffen werden können.

Für alle Typen von Schmelzfeuerungen geltend kann daher gesagt werden, daß alle diejenigen Gesichtspunkte, die in Verbindung mit der Frage der aerodynamischen Beherrschung des Verbrennungsvorganges, mit der Staubverteilung und Gleichmäßigkeit der Staubzuteilung (also den örtlichen und zeitlichen Schwankungen der Staubdichte), der Konstitution, Anordnung und Mischgüte der Brenner und der Gasführung im Feuerraum erörtert worden sind, für die Schmelzfeuerungen in noch höherem Maße Bedeutung besitzen als für die Trockenfeuerungen. Die Entwicklung der Schmelzfeuerungen muß sich daher in erster Linie auf die Verbesserung der Brenner und die exakte Beherrschung des Verbrennungsvorganges erstrecken, wobei extreme Verhältnisse sowohl in der Senkung des Luftüberschusses wie in der Belastung möglichst vermieden werden sollten.

Als ein Konstruktionselement eigener Art ist die Ausbildung der Schmelzkammerwandungen anzusehen. Sie bestehen meist aus ziemlich dicht angeordneten Rohren, die mit aufgeschweißten Stiften von 18 bis 25 mm Länge versehen sind und die mit Chromerz- oder Siliziumkarbidmasse ausgestampft sind. Auf diese Stampfmasse legt sich ein Schlackenüberzug, dessen Stärke von der Temperatur bzw. der Belastung der Schmelzkammer abhängig ist, da sich die Oberflächentemperatur automatisch so einstellt, daß gerade die Fließtemperatur der Schlacke erreicht wird. Laständerungen drücken sich daher nicht so sehr in einer Temperaturänderung als vielmehr in einer Änderung der Schichtstärke aus, sofern die betreffende Belastung lange genug gefahren wird, um das thermische Gleichgewicht völlig einzustellen.

[1] WILWERTZ, M.: Diskussionsbemerkungen. Journées de la Combustion des Combustibles Solides et Pulvérisés. Inst. Français des Combustibles et de l'Énergie. 4.—7. 12. 1957 in Lüttich, S. 290/91.

Noch im Gang befindliche Untersuchungen[1] der Stampfmassen und der Reaktionen zwischen Schlacke und Stampfmasse und Stampfmasse und Rohrwand bzw. den Stiften, und die Erfahrungen mit Stampfmasse lassen erkennen, daß die Stampfmassen infolge ihrer Bindemittelzugaben und ihrer mineralischen Unreinheiten eine Einwanderung von Schlackebestandteilen nicht verhindern und z. T. weitgehend durch Schlacke ausgetauscht werden. Stampfmassen sind auch nicht neutral gegenüber dem Eisen, sondern wirken korrodierend besonders bei hohen Temperaturen. Es ist daher auf dichte, rißfreie Auftragung, auf genügend enge Bestiftung, auf korrosionsfestes Stiftmaterial (Sicromal) und auf eine genügende Erhaltung der Stiftlänge größter Wert zu legen. Zu weit abgearbeitete Stifte müssen erneuert werden, wenn Rohrabzehrungen vermieden werden sollen. Auch die Entwicklung neuer Stampfmassen größerer Haltbarkeit ist noch ein wünschenswertes Betätigungsfeld im Schmelzfeuerungsbau. Durch „Vanalieren"[2] und die Erzeugung schlackeabweisender Oberflächen ist eine, wenn auch kostspielige, so doch erfolgversprechende Verbesserung der Haltbarkeit der Stampfmassen erzielt worden.

Gegenüber den gebräuchlichen bestifteten und ausgestampften Feuerraumwandungen der Schmelzfeuerungen hat DOLEŽAL[3] vorgeschlagen, unverkleidete Kühlschirme zu verwenden.

Gegenüberstellung der Vor- und Nachteile der Trocken- und Schmelzfeuerungen. Entwicklungsaufgaben

Ein grundsätzlicher Vergleich der beiden Haupttypen, der Trockenfeuerungen und der Schmelzfeuerungen, kann selbst aus dem nunmehr reichlich vorliegenden Erfahrungsmaterial nicht ohne weiteres angestellt werden, wenn man berücksichtigt, daß bei konkreten Ausführungsbeispielen der einen oder anderen Type verschiedenartige Voraussetzungen gegeben und Forderungen gestellt wurden, und daß in der einen oder anderen Anlage Konstruktionseinzelheiten oder auch Konstruktionsmängel vorliegen können, die nichts mit dem Grundprinzip der Trockenentaschung oder des Abzugs flüssiger Schlacke zu tun haben, obwohl sie das Gesamtbild erheblich beeinflussen können. Die nachstehenden Gesichtspunkte sollen sich daher auf den jeweiligen Idealtyp beziehen, wobei auf zahlenmäßige Vergleiche (etwa in Anschaffungs- und Betriebskosten, in Raumbedarf, Reisezeiten usw.) verzichtet werden muß. Für beide Haupttypen läßt sich überdies sagen,

---

[1] KIRSCH, H.: s. Fußn. 1 S. 601.

[2] STAERKER, A.: Das Vanalverfahren — ein neuartiger Korrosionsschutz. Werkstoffe u. Korrosion 8 (1957) Nr. 3 S. 125—131.

[3] DOLEŽAL, R.: Aufbau unverkleideter Kühlschirme in Schmelzkammerkesseln. Mitt. VGB H. 33 (1955) S. 400—407.

daß sie noch nicht am Ende ihrer technischen Entwicklung stehen und daß der eine oder andere Mangel durch die Weiterentwicklung ausgeschaltet werden könnte[1, 2].

Da das entscheidende Merkmal beider Bauarten die Art des Rückstandsanfalls ist, muß darin zugleich der wesentlichste Vor- oder Nachteil gesehen werden.

Trockenfeuerungen liefern bei sehr geringer Primäreinbindung das Gros der Rückstände in Form feiner bis mittelfeiner trockener Flugasche (soweit sie nicht aus den Aschetrichtern herausgespült oder aus Gründen besserer Transportfähigkeit befeuchtet wird). Transport und Lagerung sind schwierig; es bestehen jedoch eine Reihe von Möglichkeiten zu direkter Verwertung, so zur Zementherstellung oder als Zementbeimischung, zur Herstellung von Baustoffen, Leichtsteinen, Formsteinen u. a. m., auch kann die Flugasche unter Ausnutzung ihres restlichen Kohlenstoffgehaltes zu einem bimsartigen Zuschlagstoff gesintert werden.

Schmelzfeuerungen liefern dagegen bei einem hohen, von der Bauart im einzelnen abhängigen Primäreinbindungsgrad eine flüssige Schlacke, die meist durch Abschreckung in Wasser als Schlackengranulat anfällt, welches nur etwa $^1/_3$ des Volumens der Flugasche einnimmt, daher leichter transportiert und gelagert werden kann. Schlackengranulat läßt sich teils direkt verwenden, teils zu Baustoffen weiterverarbeiten. Durch die Flugascherückführung, die bei Trockenfeuerungen meist nur eine sehr mäßige Erhöhung des Gesamteinbindungsgrades bewirkt, wird in Schmelzfeuerungen praktisch alle gewinnbare Flugasche in Schlackengranulat überführt. Es ist in einigen Fällen auch möglich gewesen, zusätzlich Flugstaub aus Nachbarkesseln mit einzubinden. In diesem Zusammenhang ist auch die Verwendung von besonderen Einschmelzkammern als Zusatzeinrichtungen für Trockenfeuerungen zu erwähnen[3].

Bezüglich der Brennstoffauswahl eignen sich Trockenfeuerungen für jede Art von hohem Ballastgehalt, insbesondere für Brennstoffe mit hohem Wassergehalt, während Schmelzfeuerungen nur bei mäßigem Wassergehalt, aber hohem Aschegehalt bevorzugt werden, weil dadurch etwa bestehende Lagerungs-, Transport- oder Verwertungsschwierigkeiten durch ihr Ausmaß verstärkt werden. An die Ausmahlung stellen beide Bauarten keine besonderen Anforderungen[4]; bei einigen Schmelz-

---

[1] DOLEŽAL, R.: Vor- und Nachteile der Schmelzfeuerungen und der Trockenfeuerungen. Mitt. VGB H. 49 (1957) S. 223—233.

[2] STANGE, E.: Neue Erfahrungen mit Steinkohlen-Trockenfeuerungen und Gründe für die Anwendung dieser Feuerungsart. Mitt. VGB H. 51 (1957) S. 405—412.

[3] FREY, R.: Aschen-Schmelzvorkammer an einem Kohlenstaub-Strahlungskessel. Mitt. VGB H. 36 (1955) S. 609—613.

[4] So gibt STANGE (s. Fußn. 2) für eine moderne Trockenfeuerung eine Mahlfeinheit von 40 bis 45% D 0,088 an.

feuerungen werden hohe Mahlfeinheiten mit Rücksicht auf kurze Brennzeiten und hohe Kammerbelastungen angestrebt, bei anderen, besonders den Waagerecht-Zyklonfeuerungen amerikanischer Bauart, wird eine besonders grobe Ausmahlung zugelassen. Hohe Aschenschmelzpunkte in Verbindung mit niedrigen Verbrennungstemperaturen führen, wie bei den Rohbraunkohlen mit über 50% Wassergehalt, zu einer Überlegenheit der Trockenfeuerungen. Korrekturen des Schmelzverhaltens durch schmelzpunktbeeinflussende Beimischungen sind möglich, aber entschieden eine unerwünschte Belastung des Betriebes, von den Kosten ganz abgesehen. Die spezifische Kammerbelastung liegt bei modernen Trockenfeuerungen bei 200000 bis 300000 kcal/m³ h. Die Schmelzkammerbelastung liegt mit 800000 bis 3 Mio kcal/m³ h zwar wesentlich höher, aber unter Einbeziehung von Sekundär- und Tertiärkammern (Strahlungs- oder Kühlkammern) ergibt sich im Schnitt keine oder nur eine unwesentlich höhere Gesamtbelastung, sofern sich der Vergleich nicht auf besonders konservativ ausgelegte Trockenfeuerungen mit nur 100000 bis 150000 kcal/m³ h Belastung bezieht. Da die Kammerform der Trockenfeuerung meist einfach, die der Schmelzfeuerung komplizierter und die Kammer darum spezifisch teurer ist, ergeben sich weder im Raumbedarf noch in den Kosten entscheidende Unterschiede. Die Luftüberschüsse liegen bei Trockenfeuerungen bei 15%[1], bei Schmelzfeuerungen wird mitunter versucht, den Luftüberschuß noch weiter zu drücken (6 bis 10%), dann allerdings mit dem Risiko der lokalen Einstellung reduzierender Bedingungen und der Korrosionsgefahr. In den Gesamtwirkungsgraden ergeben sich ebenfalls keine Verschiedenheiten; der Ausbrand ist auch bei Trockenfeuerungen auf 3 bis 5% Unverbranntes oder darunter zu bringen[2], während bei Schmelzfeuerungen mit zunehmendem Aschegehalt ein nicht unbeträchtlicher Schmelzwärmeverlust (und zugehöriger Kühlwasserbedarf) auftritt. Schmelzfeuerungen müssen bei Festlegung der Mindestlast die Bedingung erfüllen, daß auch bei lang anhaltender Niedrigkeit ein einwandfreies Schmelzen stattfindet und daß Handeingriff (Abstoßen von Schlackenbärten, Aufstoßen oder Aufbrennen der Abflußöffnungen) möglichst vermieden wird. Trockenfeuerungen unterliegen solchen Bedingungen nicht und erreichen daher mühelos geringere Mindestlasten.

Trockenfeuerungen zeigen einen entscheidenden Vorteil durch geringe Neigung zu Heizflächenverschmutzungen oder zu Hochtemperatur-

---

[1] STANGE: s. Fußn. 2 S. 583.

[2] Für die Planung eines Großkessels von 900 t/h mit Trockenfeuerung wird das Unverbrannte mit nur 0,3%, der Wirkungsgrad, bezogen auf H_o, mit 90,1 und, bezogen auf H_u, mit 94,8% angegeben. [WINGERT, W. L., u. R. J. STANLEY: Design of a large coal-fired steam generator for 200 °F exit-gas temperature and operating experience with pilot plant. Trans. Amer. Soc. mech. Engrs. 78 (1956) Nr. 6 S. 1393—1402.]

korrosionen. Die Kesselverfügbarkeit ist daher hoch, die Reinigungs- und Reparaturkosten gering und die Lebensdauer angemessen lang. Bei Schmelzfeuerungen dagegen ist der Flugstaub besonders fein, durch Verdampfung und Sublimation von Mineralbestandteilen tritt mit steigenden Temperaturen eine wachsende Neigung zu Heizflächen-, besonders Überhitzerverschmutzungen — besonders ausgeprägt bei extrem hoch belasteten bzw. heißgefahrenen Brennkammern[1] — und eine wachsende Schwierigkeit der Abscheidung im E-Filter und in der Abreinigung der Niederschlagselektroden ein. Reisezeiten und Lebensdauer (der Kammern) sind daher kürzer, Reinigungs- und Reparaturkosten höher —, Beobachtungen, die bei den ersten noch mäßig belasteten Schmelzkammerkesseln mit geringeren Einheitsleistungen nicht gemacht worden sind, aber durch den Übergang zu immer größeren Einheiten neue Probleme aufgeworfen haben. Die Feinheit der auftretenden Flugstäube hat auf der anderen Seite den Vorteil der großen Adsorptionsoberfläche, so daß ein Säuretaupunkt um so weniger in Erscheinung tritt, je höher die Brennkammertemperaturen liegen (vgl. S. 346).

GEISSLER[2] hat versucht, den zweckmäßigen Anwendungsbereich der Trocken- und Schmelzfeuerungen rechnerisch abzugrenzen. Wegen der Unsicherheit der Rechnungsgrundlagen (Verluste durch Unverbranntes, Wirkungsgrade, auch ihrer Beeinflussung durch Brennerkonstruktion und jeweiligen feuerungstechnischen Entwicklungsstand) ist die Grenze jedoch gleitend und ist an ihrer Festlegung Kritik geübt worden[3].

Die Weiterentwicklung der Trockenfeuerungen und der Schmelzfeuerungen liegt im wesentlichen in der besseren Beherrschung der Strömungsverhältnisse in Brennern und Feuerräumen, an die bei so hochgezüchteten Konstruktionen eine bisher unbekannte Präzision, Regelfähigkeit und Ausgleichsfähigkeit für wechselnde Bedingungen gestellt werden muß. Für die Schmelzfeuerungen gilt dies insofern in besonders starkem Maße, als durch vollendete Mischung und zeitliche Konstanz der Verhältnisse die Schmelzbedingungen gewährleistet sein müssen, ohne daß durch Wechsel von oxydierender zu reduzierender Atmosphäre Hochtemperaturkorrosionen zu vorschnellem Verschleiß führen. Ebenso wie die Extrembedingungen im Luftüberschuß (bzw. der Luftknappheit) vermieden werden sollten, muß versucht werden, mit

---

[1] Hierbei lassen sich indessen Kammerbelastungen verschiedenartiger Feuerungen (etwa Schmelzkammerfeuerungen oder Zyklonfeuerungen) nicht miteinander vergleichen, da es nicht auf die Belastung in kcal/m³ h, sondern auf die erreichten Temperaturen — Maximalraum- und Wandtemperaturen — ankommt.

[2] GEISSLER, TH.: Trocken- oder Schmelzfeuerung. Bull. A.I.M. (Assoc. des Ing. El. de l'Inst. Électrotechn. Montefiore, Liège) 71 (1958) Nr. 6 S. 445—478.

[3] WILWERTZ: Diskussionsbeitrag, Bull. A.I.M. (Assoc. des Ing. El. de l'Inst. Électrotechn. Montefiore, Liège) 71 (1958) Nr. 6 S. 480—482, und TH. GEISSLER S. 482—484, 486—488.

Rücksicht auf die Heizflächenverschmutzungen und ihre Folgeerscheinungen mit geringstmöglichen Verbrennungstemperaturen auszukommen. Dies schließt die Notwendigkeit in sich ein, die Absolutgröße der Brennkammern zu beschränken — etwa auf solche zwischen 50 bis 100 t/h Einheitsgröße — und größere Kessel aus einer entsprechenden Vielzahl solcher Brennkammern auszurüsten. Mit Rücksicht auf den wünschenswerten Schlankheitsgrad der Feuer- und Strahlungsräume soll sich diese Unterteilung zweckmäßig bis zur Berührungsheizfläche fortsetzen, wobei durch Schottheizflächen zu noch weiterer Querschnittsaufteilung geschritten werden kann.

Die Ausschaltung einiger der geschilderten Schwierigkeiten wird daher dazu führen, daß beide Haupttypen den gleichen Grad der Perfektion mit etwa gleichem wirtschaftlichem Aufwand erreichen und daß dann die Entscheidung einzig durch den Wunsch bestimmt wird, die Rückstände in der einen oder anderen Form zu erhalten.

Schwebefeuerungen

Angesichts der Kosten und des Verschleißes bei der Erzeugung von Kohlenstaub ist immer wieder der Gedanke erwogen worden, Rohstaub unmittelbar zu verfeuern. Diese Vorschläge sind nicht neu. Schon aus dem Jahre 1895 liegt ein Patent von SEIPP[1] vor, in dem bereits ein konischer Verbrennungsraum vorgesehen ist, in den das Staub-Luft-Gemisch von unten eingeblasen wird, ein Merkmal, das in vielen späteren Vorschlägen wieder auftaucht. Die Feuerungen von STOUFF[2] und STRATTON[3] gehen z. B. von ganz ähnlichen Grundgedanken aus. Noch stärker als bei den Mühlenfeuerungen kommt es bei diesen Feuerungen auf Ausnutzung aller aerodynamisch möglichen Vorteile an. Warum sich diese in ihrer Einfachheit besonders verlockenden Bauarten bisher nicht stärker durchgesetzt haben, dürfte auf folgende Ursachen zurückzuführen sein:

1. Grobstaubverwendung führt entweder zu einer niedrigen Feuerraumbelastung oder zu schlechtem Ausbrand.

2. Wollte man alle Teilchen durch Schwerkraftsichtung zurückhalten, die innerhalb eines wirtschaftlich tragbaren Raumes ausgebrannt werden können, würden sich unwirtschaftlich große Querschnitte, also

---

[1] DRP. 99491 (Klasse 24) M. SEIPP (1895).

[2] STOUFF, L.: Foyers à combustion intensifiée en suspension aerodynamique. Chal. et Ind. 20 (1939) H. 226 S. 229—235, — Les foyers à combustion en suspension Stouff. Journées de la Combustion des Combustibles Solides et Pulvérisés, Paris 1957, Institut Français des Combustibles et de l'Énergie, Bd. 1, S. 341—351.

[3] Power 65 (1927) H. 19 S. 718/19; 72 (1930) H. 21 S. 794—797, — Wärme 50 (1927) H. 35 S. 604, 51 (1928) H. 44 S. 816. — STRATTON, I. F. O.: Power 68 (1928) H. 12 S. 486/87.

wiederum niedrige Gasgeschwindigkeiten und niedrige Kammerbelastungen ergeben.

3. Bei beschränkter Bauhöhe würde der konische Feuerraum zu starke Querschnittserweiterungen zeigen, so daß kein geschlossener Trägerluftstrahl, sondern Strahlablösung von der Wand und eine sehr ungleichmäßige Geschwindigkeitsverteilung auftritt.

4. Die Verschlackungsgefahr ist groß, die Schlackenabfuhrfrage in den meisten Fällen nicht befriedigend gelöst. Russische Versuche dieser Art[1] sind an dieser Frage ebenfalls gescheitert.

Diesen Schwierigkeiten suchten SZIKLA und ROZINEK[2] in ihrer Feuerung durch eine Zweikammeranordnung aus dem Wege zu gehen, indem sie den Brennstoff im Kreislauf führen.

An dieser Stelle wäre noch die HOLDsche Rohstaubfeuerung[3] zu nennen, bei der die Frage einer Nachverbrennung auf einem Rost befriedigend gelöst ist.

In der Feuerung von LEMAIRE[4] ist ein Wanderrost als Nachverbrennungseinrichtung für den Grobstaub vorgesehen.

Durch verfahrensmäßige, besonders aerodynamische Verbesserungen sind noch weitere Entwicklungsmöglichkeiten der Schwebefeuerungen gegeben und für die Zukunft zu erwarten, zumal sich diese Bauarten trotz einer schon langen Entwicklung doch noch in einem Stadium befinden, das seine letzte technische Formung noch nicht erhalten hat.

Als eine neue Entwicklung ist vor allem die Wirbelschichtfeuerung anzusprechen, bei der die Verbrennung nicht nur in der Schwebe, sondern in einer ausgesprochenen Wirbelschicht vor sich geht (vgl. S. 65). Ein erneuter Anreiz zur Entwicklung dieser Feuerungen ist durch die Erkenntnis gegeben, daß bei einer zunehmenden Verschlechterung der Brennstoffe — besonders eine Erhöhung des Aschegehaltes (bei Braunkohle insbesondere auch eine Erhöhung des Sandgehaltes) — die Mahlkosten und der Mühlenverschleiß so erheblich ansteigen, daß es zweckmäßig ist, nach Lösungen zu suchen, die die Feinmahlung umgehen.

---

[1] ROMADIN, W. P.: Teplo silov. Chostjastvo Nr. 8 (1940) S. 13—19, — Ref. Feuerungstechn. 29 (1941) H. 9 S. 216.

[2] SZIKLA, G., u. A. ROZINEK: Feuerungstechn. 26 (1948) H. 4 S. 97—102.

[3] HALLER, O.: Verbrennung von ungemahlenem Kohlenstaub in Kohlenstaubfeuerungen. Glückauf 67 (1931) H. 43 S. 1348—1352. — Der in der untersuchten Anlage verfeuerte Gasflamm-Sichterstaub mit 38,38% R 0,2 ist allerdings sehr fein, während das Streben der Schwebefeuerungen auf eine Verwendung von Feinkohle bis herauf zu Nuß V gerichtet ist.

[4] LEMAIRE, M.: Le foyer à menus fins bruts. Système Lemaire. Journées de la Combustion des Combustibles Solides et Pulvérisés, Paris 1957, Institut Français des Combustibles et de l'Énergie, Bd. 1, S. 353—362. — HENRY, M.: Description et resultats d'exploitation d'une chaudière à foyer Lemaire. Journées de la Combustion des Combustibles Solides et Pulvérisés, Paris 1957, Institut Français des Combustibles et de l'Énergie, Bd. 1, S. 362—367.

Weiterhin haben die Studien der Verschmutzungserscheinungen in den Kesselanlagen zu der Erkenntnis geführt, daß die Ansatzbildung um so geringer ist, je niedriger die Verbrennungstemperatur gehalten werden kann[1].

Ausgehend von den Erfahrungen mit Wirbelschichtöfen zur Pyritröstung hat die Badische Anilin- und Sodafabrik Ludwigshafen eine Feuerung für die Verbrennung auch aschereicher Brennstoffe in der Wirbelschicht vorgeschlagen, deren wesentliches Merkmal die Abfuhr der in der Wirbelschicht entstehenden Wärme durch diese Schicht durchziehende Rohre ist. Eine Versuchsausführung bei den Dinglerwerken A.-G., Zweibrücken, hat die Möglichkeit erwiesen, selbst sehr aschenreiche Steinkohlen bei Temperaturen von nur 860 bis 900 °C, aber mit hohen CO_2-Gehalten von mindestens 16 bis 17%, zu verbrennen, wobei 58% der Wärmeleistung bereits in der Wirbelschicht abgegeben werden konnten[2]. Die Wärmeübergangszahl an die die Wirbelschicht durchziehenden Rohre wurde zu 265 kcal/m² h °C bestimmt. Weitere Versuche haben durch Formgebung des Feuerraumes und durch die Art der Rauchgasrückführung zu einer wesentlichen Verbesserung des ursprünglich unbefriedigenden Flugstaubausbrandes geführt, so daß erwartet werden kann, daß sich die Wirbelschichtfeuerung zu einer für Braun- und Steinkohlen sowie andere (minderwertige) Brennstoffe geeigneten Feuerung entwickeln läßt, die dort eingesetzt werden kann, wo sich die Nachteile der eigentlichen Kohlenstaubfeuerung in immer stärkerem Maße geltend machen müssen.

Eine ähnliche Feuerung, die das Prinzip der Tieftemperaturverbrennung nicht streng durchführt, sondern eine Schlackenbildung in der Wirbelschicht zuläßt bzw. herbeiführt, ist die Ignifluid-Feuerung der S. A. Activit, Paris[3]. Die auf den Boden der Feuerung niederfallende Schlacke wird durch einen schrägliegenden Wanderrost ausgetragen.

Die Kohlenstaubzusatzfeuerung

Die Kohlenstaubzusatzfeuerung wurde ursprünglich entwickelt, um hohe Spitzenbelastungen und schnelle Leistungssteigerungen auch mit den seinerzeit noch etwas unelastischen Rostfeuerungen zu erreichen. Auch glaubte man, auf große Staubfreiheit verzichten zu können, da ja die gröberen Teilchen auf den Rost niederfallen und dort genügend Zeit zum Ausbrand finden könnten. Daß sich die Kohlenstaubzusatzfeuerung trotzdem nicht stärker eingeführt hat, liegt an der mit ein-

---

[1] Vgl. S. 591.   [2] Vgl. Mitt. VGB H. 59 (1959) S. 110—112.
[3] GODEL, A.: Une nouvelle technique de combustion. Mémoires de la Société des Ingénieurs Civils de la France 108 (1955) H. 6 S. 476—492. — BWK 8 (1956) Nr. 6 S. 316/17. — SVOBODA, M.: Les foyers „Ignifluid". Journées de la Combustion des Combustibles Solides et Pulvérisés, Paris 1957, Bd. 1, S. 327—340.

facheren Mitteln erreichten größeren Elastizität der Rostfeuerungen
und an den Unzulänglichkeiten der älteren Konstruktionen. Die Verbrennungsbedingungen einer Kohlenstaubzusatzfeuerung sind meist
ungünstiger als bei der reinen Staubfeuerung, besonders bei nachträg-
lichem Einbau. Die Feuerräume sind zu klein und daher wenig oder
nur mit sehr hohen Flugkoksverlusten überlastbar; zudem wird ja der
Feuerraum zum großen Teil von den Abgasen der Rostfeuerungen in
Anspruch genommen. Die Kohlenstaubzusatzfeuerung[1] kann daher nur
dann erfolgreich eingesetzt werden, wenn die Mahlfeinheit dem gegebenen
Raum angepaßt ist und wenn die Leistungsverteilung auf Staub- und
Rostfeuerung so aufeinander abgestimmt sind, daß der Rost vor zu
hoher Bestrahlung geschützt ist (bei kleiner Rostbelastung gegebenenfalls durch eine Schlackenschicht).

Der Wert der Kohlenstaubzusatzfeuerung liegt in der Verwendungsmöglichkeit von rostschwierigen Brennstoffen, die bei der Aufbereitung
anfallen oder die gegebenenfalls durch Absiebung der Rostbrennstoffe
gewonnen werden. Ihre Vorteile sind die hohe Betriebsbereitschaft und
Betriebselastizität und die gegenseitige Unterstützung der Zündungs-
und Verbrennungsvorgänge auf dem Rost und in der Schwebe, was auch
schon bei der Zweitluftzuführung beobachtet werden konnte. Die starke
Verwirbelung des Feuerrauminhaltes durch die Kohlenstaubflamme
sorgt für einen guten Ausbrand auch der vom Rost aufsteigenden brennbaren Gase. Die Vereinfachung der Staubaufbereitung erleichtert die
bauliche Einordnung der Kohlenstaubzusatzfeuerung; so gestattet die
Verwendung von Prallmühlen, die ohne Fundamente auskommen, eine
recht geschickte Lösung, zumal diese Bauart neben baulicher Einfachheit
auch einen geringen Verschleiß aufweist, während der höhere Kraftbedarf bei dem nur kurzzeitigen Einsatz während der Belastungsspitzen
nicht so sehr ins Gewicht fällt.

Die Verbindung Mühlenfeuerung–Rostfeuerung[2] oder die Einschal-
tung eines Sieb- oder Sichtvorganges vor oder in der Feuerung, wie sie
von RUPRECHT vorgeschlagen wurde[3], sorgt für eine zweckmäßige Verwendung jedes Kornanteils eines Brennstoffs in der ihm gemäßen
Feuerungseinrichtung und verschiebt damit die Leistungsgrenzen nach
unten (Kleinstellbarkeit) und nach oben (Überlastung) unter wirtschaftlichsten Voraussetzungen.

---

[1] GUMZ, W.: Entwicklungsmöglichkeiten der Kohlenstaubzusatzfeuerung.
Feuerungstechn. 16 (1928) H. 4 S. 41—43.

[2] BECKER, E. R.: Erfahrungen mit Krämer-Mühlenfeuerungen. Feuerungstechn. 26 (1938) H. 2 S. 42, bes. Abb. 13.

[3] DRP. 678559, vgl. H. PRESSER: Grundsätzliche Fragen bei der Planung
von Dampfkesselfeuerungen. Techn. Mitt. Essen 34 (1941) H. 9/10 S. 115—124,
bes. Abb. 12.

Heizflächenverschmutzung und -verschlackung

Die Erscheinungen des Ansatzes von Mineralbestandteilen an den Heizflächen, die Verschmutzung, die Versinterung und Verschlackung, die Schlackenbildung und -abscheidung in den Schmelzfeuerungen, und alle damit im Zusammenhang stehenden Probleme — dazu sind auch die Korrosionserscheinungen an feuerfesten Steinen, an Stampfmassen, an Kessel- und Überhitzerrohren zu rechnen — sind von verschiedenen Gesichtspunkten her zu betrachten:

a) von der stofflichen Natur der Minerale in den Brennstoffen und ihrem Verhalten bei der Erhitzung im Verbrennungsvorgang,

b) von den physikalischen Vorgängen des Stofftransportes aus der Feuerung bzw. dem Rauchgas zu den Heizflächen,

c) von den physikalischen und chemischen Vorgängen in den Ansätzen und der Reaktion mit dem Werkstoff und mit Bestandteilen der vorbeistreichenden Rauchgase.

Das Verhalten der Mineralsubstanz spielt für den Kesselwirkungsgrad und die Kesselleistung[1], die Kesselreisezeiten, die Reinigungskosten und die Lebensdauer gewisser, gegebenenfalls korrosionsgefährdeter Anlageteile eine so entscheidende Rolle, daß die Wirtschaftlichkeit des Kesselbetriebes davon weitgehend beeinflußt wird. Auslegung und Konstruktion eines Kessels wird in viel geringerem Maße von der eigentlichen brennbaren Substanz als von der Mineralsubstanz bestimmt. Die „Schlackenkunde" ist somit förmlich ein eigenes, Elemente der Physik, Chemie und Mineralogie umfassendes Sondergebiet[2] geworden, das als „angewandte Hochtemperaturmineralogie" noch eine Fülle von Problemen bietet und weit über die etwas simplifizierten und zu keiner Lösung führenden Anschauungen hinausgeht, die die ältere technische Literatur als Beitrag zur Klärung dieser Probleme beisteuerte[3].

---

[1] Bei Gasturbinen ist die Frage der Ansatzbildung und die Aufrauhung der Schaufeloberflächen durch Korrosion von noch größerer Bedeutung, da eine Querschnittsverlegung die Leistung in erheblichem Maße beeinflußt und da die Anwendung hoher Temperaturen eine wirtschaftliche Lebensfrage darstellt. Die Erfahrungen aus dem Kessel- und dem Turbinenbetrieb sind allerdings nicht aufeinander übertragbar, vor allem deswegen, weil die Temperaturverhältnisse grundlegend verschieden sind. Im Kessel und Überhitzer treten hohe Temperaturdifferenzen zwischen Rauchgas und Wand auf, in Verbrennungsturbinen dagegen hat man es (bei ungekühlten Schaufeln) im wesentlichen mit isothermen Zuständen zu tun.

[2] GUMZ, W., H. KIRSCH u. M.-TH. MACKOWSKY: Schlackenkunde. Untersuchungen über die Minerale im Brennstoff und ihre Auswirkungen im Kesselbetrieb, Berlin/Göttingen/Heidelberg: Springer 1958.

[3] Eine bis 1946 reichende Zusammenstellung der deutschen Literatur dieses Gebietes s. W. GUMZ: Verhalten der mineralischen Bestandteile der Kohle bei der Verbrennung und Vergasung. Bergbau-Arch. 5/6 (1947) S. 118—136. — Die bedeutendsten englischen Arbeiten sind im „Boiler Availability Committee", Lon-

Das Verhalten der Mineralsubstanz[1] wird in hohem Maße beeinflußt von der Höhe der Erhitzungstemperatur, von der Geschwindigkeit der Erhitzung und von der Atmosphäre, wobei im allgemeinen und besonders bei schneller Erhitzung mit einer stark reduzierenden Atmosphäre zu rechnen ist[2-4]. Bei genügend hohen Temperaturen werden nahezu alle Minerale verflüchtigt, in reduzierender Atmosphäre jedoch reagieren Mineralbestandteile mit der Kohlesubstanz und lassen sich über meist instabile Zwischenprodukte schon bei sehr niedrigen Temperaturen verflüchtigen. Ein typisches und eingehend untersuchtes Beispiel ist das SiO_2. Trotz seines sehr hohen Schmelzpunktes reagiert es mit Kohlenstoff unter Bildung von SiO (gasförmig), das bei Temperaturen wenig über 1500 °C gebildet wird und das — zu SiO_2 weiteroxydiert — ein Aerosol von äußerster Feinheit (Teilchengrößen von 0,1 bis 0,2 μ $\varnothing$) darstellt. Dieser SiO_2-Nebel spielt dank seiner Feinheit eine besondere Rolle bei der Ansatzbildung, so daß grundsätzlich mit steigenden Temperaturen auch mit steigender Neigung zur Ansatzbildung zu rechnen ist. Die Temperaturen von 1500 und 1740 °C sind Schwellenwerte, bei denen die SiO_2-Verflüchtigung jeweils verstärkt einsetzt[5,6].

---

don W.C. 2, und werden in dessen Berichten veröffentlicht; vgl. auch: „Fuel and Future" Conf. 1946, London 1948, Bd. I, S. 24—53 mit Beiträgen von W. G. MARSKELL, H. E. CROSSLEY, G. WHITTINGHAM, R. L. REES u. a. — CROSSLEY, H. E.: Deposits on external heating surfaces of boiler systems. Trans. Fuel Economy Conf. The Hague 1947, London 1948, Bd. III, S. 1034—1046. Zu den analytischen Fragen s. bes.: CROSSLEY, H. E., A. H. ADWARDS u. D. FLINT: The analysis of external deposits from boilers. J. Soc. chem. Ind. 65 (1946) Nr. 9 S. 251—257, — Fachheft Rauchgasseitige Kesselfragen. BWK 3 (1951) Nr. 6 S. 177—204 mit Literaturübersicht von H. BÖHME, — BWK 3 (1951) Nr. 6 S. 202—204. — Zur Korrosionsfrage: REID, W. T., R. C. COREY u. B. J. CROSS: External corrosion of furnace-wall tubes. I. History and occurence. Trans. A.S.M.E. 67 (1945) S. 279 bis 288; II. Significance of sulphate deposits and sulphur trioxide in corrosion mechanism. Trans. A.S.M.E. 67 (1945) S. 289—302; COREY, R. C., H. A. GRABOWSKI u. B. J. CROSS; III. Further data on sulphate deposits and the significance of iron sulphide deposits. Trans. A.S.M.E. 71 (1949) Nr. 8 S. 951—979.

---

[1] Vgl. S. 168.

[2] SCHNEIDER, B.: Das Verhalten der mineralischen Anteile der Steinkohle bei der Verbrennung. Glückauf 92 (1956) Nr. 31/32 S. 895—905, — Das Verhalten der in der Steinkohle eingelagerten Minerale bei hohen Verbrennungstemperaturen unter Berücksichtigung von langsamen und schnellen Aufheizungsgeschwindigkeiten. Dissertation Bonn 1956.

[3] MACKOWSKY, M.-TH.: Das Verhalten der Kohlemineralien bei hohen Verbrennungstemperaturen unter Berücksichtigung langsamer und schneller Aufheizung. Mitt. VGB H. 38 (1955) S. 746—752.

[4] KIRSCH, H., M.-TH. MACKOWSKY u. I.-M. OBELODE-DÖNHOFF: Stand der mineralogischen Untersuchungen über die Ursachen der Heizflächenverschmutzungen. Mitt. VGB H. 56 (1958) S. 320—329.

[5] SCHNEIDER, B.: s. Fußn. 2.   [6] GUMZ, W.: Zum Problem der Heizflächenverschmutzung an Kesselanlagen. BWK 8 (1956) Nr. 3 S. 110—115.

Erwähnt sei, daß SiO_2 auch über eine Sulfidbildung flüchtig werden kann[1], so daß man eine Zeitlang dies als die einzige Möglichkeit der SiO_2-Verflüchtigung ansah. Neben der Kieselsäure werden auch Al_2O_3, wahrscheinlich über AlO, und Eisenoxyde verflüchtigt und selbstverständlich die leicht und schon bei niedrigeren Temperaturen abgehenden Alkalien.

Die Alkalien kommen in geringen Mengen als Salze (Chloride, Sulfate) vor, dann — so vor allem das Kalium — als Bestandteil gewisser Tone, so des sehr häufig vorkommenden Illits[2].

Das Natrium spielt bei den deutschen Steinkohlen eine nur sehr untergeordnete Rolle, dagegen gibt es im östlichen Teil der Midlands (England) Kohlen, die infolge Versalzung (mit Chlorgehalten bis über 1%)[3] bei der Verfeuerung erhebliche Schwierigkeiten durch schnelle Heizflächenverschmutzung bereiten. Durch Senken des Alkaligehaltes (Zumischen alkaliarmer Kohlen) oder durch Auslaugen durch Regen (bei einjähriger oder längerer Lagerung gewaschener Kohle)[4] lassen sich diese Schwierigkeiten erheblich mildern.

Neben der Freisetzung dieser Alkalien beim unmittelbaren Verbrennungsvorgang, bei dem ein Teil wiederum in die Schlacke eingeht, ist der Schlackenpelz und das Schlackenbad auf den Wänden und auf dem Boden von Schmelzkammern ein Lieferant für Alkalien, die aus der flüssigen Schlacke in beachtlichen Mengen ausgetrieben werden, wie aus der Untersuchung von Glasschmelzen von DIETZEL und Mitarbeitern[5], DIETRICHS[6] und TURNER und Mitarbeitern[7] hervorgeht.

Die Beförderung von Schlacke- oder sonstigen Stoffteilchen an die Feuerraum- und Rohrwandungen ist ein rein physikalischer Vorgang, der sich jedoch auf die verschiedenartigste Weise abspielen kann, so

---

[1] LANGE, W.: Untersuchungen über die Ursachen der Ansatzbildung bei der Vergasung und Verfeuerung von Steinkohlen. Glückauf 79 (1940) Nr. 30 S. 410 bis 413.

[2] Über die wichtigsten Mineralbestandteile der Kohle vgl. S. 166/67.

[3] CRUMLEY, P. H., u. W. McCAMLEY: Behaviour of chlorine in coal during combustion. Conf. on „Science in the Use of Coal", Sheffield, April 1958, Paper Nr. 32 Proc. S. C-43/D-51.

[4] DAYBELL, G. N., u. E. W. F. GILLHAM: Removal of chlorids from coal by leaching: I. Laboratory Experiments. J. Inst. Fuel 32 (1959) H. 227 S. 589—596. — GILLHAM, E. W. F.: (II) J. Inst. Fuel 33 (1960) Nr. 231 S. 193—198.

[5] DIETZEL, A., u. L. MERKER: Verdampfung aus geschmolzenem Glas. Vortrag geh. auf dem IV^2 Congrès International du Verre. Paris 1956.

[6] DIETRICHS, W.: Verstaubung und Verdampfung im Glasschmelzofen. Deutsche Glastechn. Ges. Frankfurt/M., Fachausschußbericht III 1955.

[7] PREASTON, E., u. W. E. S. TURNER: A study of the volatilisation and vapour tension at high temperatures of an alkali-leadoxide silica glass. J. Soc. Glass. Technol. (Trans.) 16 (1932) S. 219—239, S. 331—349; 17 (1933) S. 122—144; 18 (1934) S. 143—168; 19 (1935) S. 296—311.

als reiner Strömungsvorgang, bedingt durch örtliche Druckverhältnisse (so besonders das Absetzen auf der Luv-Seite umströmter Rohre), als Ausschleuderung bei Wirbelbildung und das Ausschleudern bei direktem Auftreffen von Gasströmungen hoher Geschwindigkeit, durch Thermodiffusion, die gerade feinste Teilchen unter dem Einfluß hoher Temperaturdifferenzen heranbringt, durch elektrostatische Wirkungen der zum Teil durch Strömung und Reibung sehr hoch aufgeladenen Teilchen, u. a. m.

Daß, abgesehen von den noch flüssigen, klebrigen und daher besonders leicht haftenden Schlacken, gerade die feinsten Teilchen eine maßgebende Rolle für das Auftreten und die Natur der Ansätze spielen, ergibt sich aus ihrer Haftfähigkeit, die eine unmittelbare Folge der Kleinheit der Krümmungsradien ihrer Oberflächen sind und die man bei allen durch Thermodiffusion verschmutzten Stellen (z. B. an Zimmerwänden, Decken od. dgl.) feststellen kann. Die Temperaturen der Oberflächen wirken sich natürlich in dem Sinne aus, daß die Haftkräfte um so größer sind, je höher die Temperaturen liegen (insbesondere das Verhältnis der wirklichen zur Schmelztemperatur des gerade betrachteten Stoffes, das die Art der Bindungskräfte bestimmt)[1]. Das Temperaturgefälle in der Umgebung des betrachteten Heizflächenteiles bestimmt dagegen vor allem die Stärke des Materialnachschubes und damit die Schnelligkeit des Aufbaues von Verkrustungen. Die Oberflächenbeschaffenheit — so besonders die Rauheit und die Bildung nadelförmiger Oxyde — fördert das Festhalten besonders der kleinsten Feststoffteilchen[2], ganz abgesehen von der unerwünschten Wirkung einer katalytischen Begünstigung von Nachverbrennungen von CO derartig vergrößerter Oberflächen, was die Verfestigung der Ansätze begünstigt[3]. Mit dem Beginn einer Verschmutzung oder Umkrustung von Heizflächen, die je eine Isolierschicht bildet, steigen dann die Oberflächentemperaturen in einem stetig wachsenden Maße und begünstigen so nicht nur die Versinterung und schließlich die Verschlackung der Ansätze, sondern erhöhen auch die Geschwindigkeit des Ansatzvorganges, was dann zum Zusetzen ganzer Rohrgassen und zu erheblichen Leistungs- und Wirkungsgradminderungen führen kann.

Nachdem sich Ansätze auf den Heizflächen oder Feuerraumwandungen gebildet haben, werden sie unter dem Einfluß der herrschenden Temperaturdifferenzen auch weiterhin einer dauernden physikalischen

---

[1] Vgl. Schlackenkunde S. 236—239 (s. Fußn. 2 S. 590).

[2] GUMZ, W.: Die Vorgänge in den Feuerungen bei hohen Temperaturen. Mitt. VGB H. 38 (1955) S. 733—746.

[3] VÉRON, M., u. J. DUMORTIER: Sur la combustion de traces de CO, susceptibles d'engendrer une convection vive au contact de parois en acier. Bull. Technique Soc. Française des Constr. Babcock & Wilcox, Paris, Okt. 1954, Nr. 27, S. 7—13, — Génie civ. 131 (1954) Nr. 7 S. 136.

Gumz, Handbuch, 3. Aufl. 38

und chemischen Veränderung unterworfen, d. h., sie unterliegen weiteren Reaktionen und Stoffwanderungen. Jede Stoffgruppe sucht unter diesem Temperatureinfluß die thermisch stabilste Lage einzunehmen, wodurch eine den Hochtemperaturansätzen eigentümliche Schichtung hervorgerufen wird. Neben diesen Reaktionen im festen Zustand treten die Oberflächen auch mit den Rauchgasbestandteilen in Wechselwirkung. Der Vorgang einer Aufnahme von Schwefelverbindungen durch die Ansätze ist noch nicht genügend geklärt. Eine Quelle ist natürlich der Pyrit selbst, soweit er noch nicht völlig thermisch zersetzt in die Ansätze gelangt und dort Schwefel abgibt, der zu SO_2 und SO_3 oxydiert. Ob sich Alkalisulfate bilden könnten, ist vor allem eine Frage der Temperaturen; bei sehr hohen Temperaturen ist dies wenig wahrscheinlich. Die Zersetzung von Sulfiden und Sulfaten setzt Schwefeloxyde frei, die teils zum Eisen hin wandern, teils auch in das Rauchgas zurückgelangen. Die Heizflächenverschmutzungen sind daher eine wesentliche Voraussetzung für das Auftreten von Korrosionen (Hochtemperaturkorrosion).

Maßnahmen gegen Heizflächenverschmutzungen

a) Rostfeuerungen. Man kann die Maßnahmen gegen Heizflächenverschmutzungen nicht in allgemeingültiger Form behandeln, obwohl gewisse Prinzipien für alle Feuerungsarten gelten, sondern man muß auf die Eigentümlichkeit der Feuerungsbauarten und der ihnen angemessenen Brennstoffe achten. Bei den Rostfeuerungen ist zu bedenken, daß sie als ausgesprochene Hochtemperaturfeuerungen gelten müssen, da die Temperaturen innerhalb der Brennstoffschicht immerhin so hoch ansteigen, daß es dabei zu einer Schlackenbildung kommt. Infolgedessen ist auch mit der Freisetzung nicht nur der Alkalien aus den Tonmineralen, sondern auch mit der Verflüchtigung von SiO_2 in Form von SiO und SiS sowie AlO zu Eisenoxyden usw. zu rechnen. Eine weitere Beobachtung ist die, daß der SO_3-Gehalt der Rauchgase bei Rostfeuerungen im allgemeinen höher liegt als bei Staubfeuerungen. Die Folge dieser Voraussetzungen ist eine starke Verschmutzungsneigung, besonders natürlich bei hochbelasteten Feuerungen und bei solchen Brennstoffen, die, sei es durch hohen Alkaliengehalt, durch hohen Schwefelgehalt oder durch hohen Phosphorgehalt, die Verschmutzungsneigung fördern.

Als Maßnahmen gegen die Verschmutzungen kommen also in erster Linie solche in Frage, die auf die Temperatur, besonders die auftretenden Höchsttemperaturen, einwirken. Bei den Rostfeuerungen hat man zunächst durch Wasserdampfzusatz (vgl. S. 387 u. 490), dann vor allem durch Rauchgasrückführung (vgl. S. 363, 385 u. 516) versucht, die Temperaturen so zu beeinflussen, daß die Verflüchtigung der verschmutzungsbildenden Mineralbestandteile möglichst verringert wird. Dazu gehört natürlich auch die Wahl einer nicht allzu hohen spezifischen

Belastung, die in allen Fällen anzuraten ist, wo besondere Verschmutzungsgefahr besteht.

Versuche, durch besondere Brennstoffzusätze die Verschmutzung und Verschlackung zu vermeiden, sind bereits alt. Als erstes wurde ein Zusatz von Kochsalz vorgeschlagen, später wurden weitere Zusätze verwendet, u. a. Metalloxyde wie Zinkoxyd, Kupferoxyde usw., meist mit Kochsalz als Füllmittel. Der Versuch einer theoretischen Deutung derartiger Additive ist an anderer Stelle gemacht worden[1]. Die wirtschaftliche Bedeutung derartiger Additive bei Rostfeuerungen ist mit Rücksicht auf die Kosten und ihre nur bedingte Wirksamkeit nicht besonders groß. Um so wichtiger sind dagegen die Fragen der Kesselkonstruktion, die Wahl geeigneter Rohrabstände, der Einbau wirksamer Reinigungsvorrichtungen, die Zugänglichkeit aller Heizflächenteile und die Vermeidung strömungstechnisch ungünstiger Gasführung, die zu einem Ablagern von Flugstaub oder Flugschlacke führen könnte.

b) Kohlenstaubfeuerungen. Bei Kohlenstaubfeuerungen mit trockenem Ascheaustrag und allseitig gekühlten Brennkammern liegen die mittleren und die maximalen Brennkammertemperaturen niedriger als bei den Rostfeuerungen, da infolge der großen räumlichen Entwicklung der Flamme ein großer Teil der entstehenden Wärme schon während des Verbrennungsprozesses durch Strahlung abgegeben wird. Ein weiterer günstiger Umstand ist der, daß die räumliche Trennung der einzelnen Brennstoffteilchen eine Reaktion nur solcher Mineralbestandteile miteinander gestattet, die sich innerhalb eines Brennstoffteilchens befinden, und daß ein Zusammenprallen zweier oder mehrerer Teilchen im allgemeinen nur selten vorkommen kann. Durch diese Temperaturverhältnisse werden besonders bei mäßigen Feuerraumbelastungen die Schwellenwerte, bei denen ein starkes Verflüchtigen der Mineralbestandteile einsetzt, nicht oder nur selten erreicht, und die Verschmutzungsneigung dieser Feuerungen ist daher außerordentlich gering. Vorausgesetzt ist dabei eine so ausreichende Bemessung des Brennweges, daß die flüssigen Bestandteile vor Erreichen der konvektiven Heizflächen so weit abgekühlt sind, daß sie sich nicht mehr in einem klebrigen oder gar flüssigen Zustand befinden. Bei richtiger Brennerbemessung und -anordnung und bei geeigneter Wahl der Feuerraumform ist diese Bedingung im allgemeinen auch leicht zu erfüllen.

Im Bereich der Frage, wo noch mit flüssigen oder teigigen Flugschlacketeilchen zu rechnen ist, besteht zwar immer die Möglichkeit einer gewissen Ansatzbildung an den Feuerraumwandungen bzw. -rohren, die aber bei geeigneter Rauchgasführung und insbesondere durch die Anwendung von Luftschleiern weitgehend vermieden werden kann.

---

[1] Schlackenkunde S. 272—278 (s. Fußn. 2 S. 590).

Dabei wies in einigen Fällen das Eindrücken von geringen Luftmengen durch die Feuerraumwandungen hindurch besondere Vorteile auf, da durch die so geschaffenen Druck- und Bewegungsverhältnisse eine Heranführung der Flugschlacketeilchen an die Wand selbst weitgehend unterbunden ist, ganz abgesehen auch von der kühlenden bzw. abschreckenden Wirkung der kalten Wände.

Die Kohlenstaubfeuerung mit trockenem Ascheaustrag kann daher als diejenige Feuerungsbauart angesehen werden — vielleicht abgesehen von den ausgesprochenen Tieftemperaturfeuerungen, wie etwa die Wirbelschichtfeuerung —, die die geringste Verschmutzungsneigung der Heizflächen zeigt.

c) Schmelzfeuerungen. Anders liegen selbstverständlich die Verhältnisse bei den Schmelzfeuerungen, bei denen die spezifischen Belastungen in der Schmelzkammer mit Absicht so weit gesteigert werden, daß ein möglichst hoher Anteil des Mineralbestandes in den schmelzflüssigen Zustand überführt und an den Wandungen der Kammer abgesetzt wird, von wo er ablaufen und aus dem Feuerraum entfernt werden soll. Unter diesen Voraussetzungen werden selbstverständlich Bedingungen geschaffen, die die Verflüchtigung eines Teiles der Mineralsubstanz in jeder Weise begünstigt und die daher eine größere Verschmutzungsneigung der mit diesen Feuerungen ausgerüsteten Kessel erwarten lassen muß. Die Gründe, die zur Anwendung der Schmelzfeuerungen geführt haben, sind an anderer Stelle (s. S. 575) dargelegt. Die Tatsache der stärkeren Heizflächenverschmutzung wird daher in Kauf genommen, und es sind nunmehr besondere Maßnahmen notwendig, um die nachteiligen Wirkungen möglichst zu mildern.

Dazu gehört zunächst eine wesentlich sorgfältigere Brennerausbildung, als sie bei gewöhnlichen Kohlenstaubfeuerungen für notwendig erachtet wurde, und eine sehr sorgfältige Gas/Luft-Mischung, die nur dann gewährleistet sein kann, wenn die Brennstoffverteilung auf die einzelnen Brennerquerschnitte völlig einwandfrei und gleichmäßig ist. Diese sorgfältigere Behandlung der Brennerkonstruktion und gegebenenfalls auch der Brenneranordnung ist deshalb angezeigt, da die Schmelzfeuerungen im allgemeinen mit knappen Luftüberschüssen arbeiten, um genügend hohe Verbrennungstemperaturen und guten Schlakkenfluß zu erzielen.

Die zahlreichen Versuche, durch Additive das Verhalten der Mineralsubstanz, insbesondere auch das Verhalten der verflüchtigten Minerale beeinflussen zu wollen, haben bisher zu keinem eindeutigen positiven Ergebnis geführt. Um so wichtiger ist auch hier wiederum die Frage der Zugänglichkeit und der Reinigung der Heizflächen, um Ansätze und Verkrustungen möglichst schon im Zustand ihrer Entstehung zu bekämpfen und das Zuwachsen des Rauchgasquerschnittes zu verhüten.

Die ständige Sauberhaltung der Heizflächen während des Betriebes kann durch Rußbläser erfolgen und bei Stillständen durch sorgfältige und gründliche Reinigung bis zur „metallisch blanken" Heizfläche. Mit Glättungsmitteln können die Heizflächen behandelt werden[1].

Für die Rußbläser ist auf richtige Anlage und Bemessung (häufiger Fehler: Unterschätzung des Dampfdruckverlustes bei voll geöffneten Ventilen) und auf regelmäßige und gewissenhafte Anwendung und Bedienung zu achten[2,3]. Für den Feuerraum sind Stoßbläser entwickelt worden, die im Ruhezustand zurückgezogen und vor Wärmezustrahlung geschützt werden und die im Betrieb durch die Anwendung einer einzigen großen Düse eine hohe Durchschlagskraft und eine beträchtliche Reichweite erzielen. Auch Kiesbläser[4] haben sich bewährt, ohne daß zu große Angriffe des Baustoffs zu befürchten wären[5]. Eine andere neuartige Lösung ist das Kugelregenverfahren für Nachschaltheizflächen[6,7]. Die Abschreckwirkung durch Aufspritzen von Druckwasser[8] ist ebenfalls vorgeschlagen worden. Für hängende Heizflächenelemente (Überhitzer, Zwangslaufheizfläche) hat man auch Rüttelvorrichtungen mit Erfolg angewandt[9,10].

Von Zeit zu Zeit müssen jedoch die Heizflächen außer Betrieb genommen und gründlich gereinigt werden. Neben den üblichen Verfahren der Reinigung von Hand mit Bürsten, Schabern und sonstigen Sonderwerkzeugen, Abblasen mit Preßluftlanzen und Abspülen mit Wasser

---

[1] BÖHME, H.: Verhütung von Verschlackungen und Korrosionen durch Schutzüberzüge auf rauchgasseitigen Kesselheizflächen. BWK 3 (1951) Nr. 6 S. 189 bis 192.

[2] GUMZ, W.: Ursache, Verhütung und Bekämpfung rauchgasseitiger Kesselverschmutzung. III. Rußbläser und Reinigungsmaßnahmen. Glückauf 76 (1940) H. 52 S. 721—728.

[3] ENGLER, O.: Neuartige Rußbläser für stark ansinternde Brennstoffe. Feuerungstechn. 27 (1939) H. 3 S. 72/73.

[4] NOELLE, H., u. H. QUEDNAU: Erfahrungen und Neuerungen bei Rußbläsern im Großkraftwerk Stettin. Elektrizitätswirtsch. 30 (1931) S. 682—685. — KAISER, W.: Kiesstrahlbläser, Betriebserfahrungen und Betriebskosten. Wärme 58 (1935) S. 75—78. — QUEDNAU, H.: Der Kiesbläser, ein neues Gerät zum Rußblasen. Z. VDI 76 (1932) H. 35 S. 846.

[5] KÖCHLING, J.: Blasversuche mit einem Kies-Weitstrahlbläser. Wärme 56 (1933) S. 623/24. — QUEDNAU, H.: Rohrangriffe beim Kiesbläser. Wärme 57 (1934) S. 8—11.

[6] BROMAN, B.: Svensk Papperstidn. (1949) Nr. 23.

[7] THEOBALT, H.: Rauchgasseitige Kesselreinigung. BWK 3 (1951) Nr. 6 S. 192 bis 198.

[8] KEPPLER, P. W.: Slag deposits on heat-absorbing surfaces and means for removal. Combustion, N. Y. 11 (1940) S. 35—39.

[9] DRP. 560705.

[10] PETERS, H.: Verwertung staubhaltiger Gase der Zellstoffindustrie im Lamont-Kessel. Feuerungstechn. 29 (1941) H. 7 S. 153—158.

sind auch Dämpfungsverfahren, so nach RASCHEK[1], HUTTER[2] und LINZ[3,4] angewendet worden. Besonders das Auswaschen ist gerade bei korrosionsgefährdeten Heizflächen häufig empfohlen worden, wobei das Wasser zweckmäßig alkalisch gemacht wird. Zu häufiges Auswaschen hat allerdings den Nachteil, daß die Korrosionen durch das Entfernen der Schutzschichten sogar noch beschleunigt werden. Vor längeren Stillständen werden jedoch stark verschmutzte Heizflächen zweckmäßig vollständig gereinigt bzw. gewaschen, um die sonst auftretenden Stillstandskorrosionen zu vermeiden.

Sonderfälle

Die Mehrzahl der im Bergbau (besonders im Steinkohlenbergbau) betriebenen Kesselanlagen könnte man als ungewöhnlich bezeichnen, da sie Abfallbrennstoffe mit überdurchschnittlichen Aschegehalten zu verarbeiten haben. Die Schwierigkeiten des eigentlichen Kesselbetriebes steigen zwar keineswegs proportional mit dem Aschegehalt an, vielmehr kommt es hier auf gewisse schädliche Einzelbestandteile an — von den Problemen des Flugascheanfalls und der Rauchgasreinigung einmal abgesehen. Als Sonderfall soll die Verfeuerung salzhaltiger Braunkohle[5], die besonders schwerwiegende Verschmutzungserscheinungen hervorruft, kurz herausgegriffen werden. Das Problem ist auf die mitteldeutschen Braunkohlen beschränkt und hat wegen des Umfanges der Lagerstätten und der (vom Salzgehalt abgesehen) guten Qualität der Kohle eine bereits umfangreiche Literatur entstehen lassen[6].

Mit den verschiedenen Wegen der Salzkohleverwendung haben sich LISSNER, RAMMLER und BILKENROTH[7] auseinandergesetzt, leider ist

---

[1] PRANTNER, K.: Über die Ansatzbildung an den rauchgasberührten Heizflächen, ihre Verminderung und Beseitigung. Wärme 62 (1939) S. 254—257.

[2] SCHUMANN, E.: Beseitigung von Ansatzbildungen auf der Rauchgasseite von Dampfkesseln. Wärme 62 (1939) S. 747—751, — Reinigung und Behandlung rauchgasseitig verschmutzter Heizflächen nach dem Hutter-Verfahren. Wärme 66 (1945) H. 16 S. 169—172. — SAUERMANN, A.: Die Reinigung der Dampfkessel, ihre Vorteile und Gefahren. Masch.-Schad. 17 (1940) Nr. 9/10 S. 86—90.

[3] Siehe Fußn. 2 S. 597. — GUMZ, W.: Die Dämpfungsverfahren zur rauchgasseitigen Heizflächenreinigung. Feuerungstechn. 29 (1941) H. 1 S. 8—10.

[4] Siehe Fußn. 2 S. 597.

[5] Als „Salzkohle" wird nach H. LEHMANN [Bergbau u. Energietechn. 2 (1949) Nr. 3 S. 55—58] eine Braunkohle definiert, deren Na_2O-Gehalt in der Asche mehr als 2% beträgt.

[6] BOIE, W.: Probleme der Salzkohleverbrennung. Freiberger Forschungshefte A 124 (1959) S. 9—17 (mit 73 Literaturnachweisen). Das Heft enthält weitere Beiträge und Versuchsberichte zum Salzkohleproblem von CH. STAEMMLER (S. 17 bis 32), H.-G. LEWANDOWSKY (S. 33—39), R. WAGNER (S. 40—64), D. HAUSCHILD (S. 65—75), G. SCHÄDLICH (S. 76—89), H. LOEMKE u. H. GERHARD (S. 90—127), H. LOEMKE (S. 128—166).

[7] LISSNER, A., E. RAMMLER u. G. BILKENROTH: Zum Salzkohleproblem. Freiberger Forschungshefte A 87 (1958) S. 28—45.

jedoch eine technisch und wirtschaftlich voll befriedigende Lösung bisher nicht gefunden worden; das Problem, mit den Schwierigkeiten des Salzes fertig zu werden, führt in jedem Fall zu einer mehr oder weniger großen Verteuerung der Energieerzeugung.

Bei der direkten Verfeuerung von Salzkohlen bewegen sich die Vorschläge in zwei extremen Richtungen: Verfeuerung in Schmelzfeuerungen in der Erwartung einer möglichst großen Einbindung der Asche und des Salzes in der flüssigen Schlacke und Verfeuerung bei möglichst niedrigen Verbrennungstemperaturen. Da die Alkalien auch noch aus flüssigen Schlackeschichten ausgedampft werden, sind die Aussichten der Schmelzfeuerung nicht günstig; Versuche in dieser Richtung (WAGNER, SCHÄDLICH[1]) haben auch keine ermutigenden Ergebnisse gebracht. Größere Aussichten bietet daher die Tieftemperaturverbrennung[2,3], sei es in der Staubfeuerung, sei es in Rostfeuerungen. Obwohl eine Verflüchtigung der Alkalien auch bei den tiefstmöglichen Temperaturen nicht ganz vermeidbar ist, der Kessel und seine Reinigungseinrichtungen in jedem Falle der stärkeren Ansatzbildung Rechnung tragen müssen, sind Verbrennungsverfahren bei denkbar tiefsten Temperaturen sicherlich noch am aussichtsreichsten. Dazu gehören die Wirbelschichtfeuerung (s. S. 587) und die Rostfeuerung mit Rauchgasrückführung. Zusätze z. B. von Ton haben sich als vorteilhaft erwiesen; der Frage möglicher Additive zur Bindung der Alkalien oder zur Beeinflussung der Natur und Festigkeit der Ansätze wäre daher weiter Aufmerksamkeit zu widmen.

Ein zweiter, technisch durchaus möglicher, aber die Dampferzeugung allzu stark verteuernder Weg führt über die Vergasung und anschließende Gasverbrennung. Sowohl Brikettvergasung als auch Druckvergasung und Wirbelschichtvergasung (WINKLER-Generator) sind vorgeschlagen worden. Gegebenenfalls könnte die Vergasung mit anschließender Gasturbinenanlage von Vorteil sein, obwohl sich Verkrustungen in den Schaufelsystemen sehr unangenehm auswirken würden, so daß nur Gase frei von Alkalidämpfen in die Turbine eintreten dürften.

Der dritte Weg wäre die Entsalzung. In gewissem Umfang ist sie schon durch eine Dämpfung (nach FLEISSNER, vgl. S. 237) zu erreichen, besser jedoch, wenn die Kohle mit Säure (Salzsäure oder fettsäurehaltigem Schwelwasser) oder Salzlösungen ($MgCl_2$ oder $CaCl_2$) behandelt und anschließend unter hohem Druck gedämpft wird (LISSNER-Verfahren). Entsalzungseffekte von 70 bis 80% sind erzielt worden, genaue Kostenangaben fehlen noch, doch ist dieser mit Trocknung und Senkung des Aschegehaltes verbundene Weg wert, weiterverfolgt zu werden.

---

[1] Siehe Fußn. 6 S. 598.

[2] BOIE, W.: s. Fußn. 6 S. 598.

[3] LEWANDOWSKY, H.-G.: Versuche mit Salzkohle in einer Staubfeuerung. Freiberger Forschungshefte A 93 (1958) S. 33—60.

Als zu teuer erweist sich dagegen der Vorschlag von Knöfler und Kühl[1], die Kohle zu schwelen und den Schwelkoks durch Auswaschen mit hartem oder kieselhaltigem Wasser zu entsalzen.

Hochtemperaturkorrosionen

Eine Erscheinung im Gefolge der Heizflächenverschlackung und der Reaktionen innerhalb der Schlackenschichten ist die Reaktion von Schlackebestandteilen mit dem Rohrwerkstoff, die sich als flächenhafte Materialabtragungen (Korrosionen) auswirkt. Über Rohrschäden an Schmelzfeuerungen liegt ein umfangreiches Beobachtungsmaterial vor[2-7].

Es läßt erkennen, daß der wichtigste Faktor das Auftreten von reduzierender Atmosphäre an den Feuerraumwandungen darstellt. CO-Bildung oder örtlicher Luftmangel ist ja seit langem (auch bei gewöhnlichen Kohlenstaubfeuerungen) als Korrosionsursache bekannt[8].

Wenn man den Verbrennungsbedingungen und den aerodynamischen Vorgängen der Strömung und Mischung (Flammenführung, Vermeidung direkter Wandberührung und von Erosionen) auch den Vorrang einräumt, so dürfen jedoch auch die anderen Faktoren nicht vernachlässigt werden. Dazu gehören

a) die Temperaturverhältnisse, die Höhe der Wandtemperaturen (abhängig von Kesseldruck und Überhitzungstemperatur), die Gastemperaturen und das Temperaturgefälle Gas/Wand sowie innerhalb der Schlackenschichten oder Stampfmassen;

b) die Güte und Haltbarkeit der Stampfmassen, die in starkem Maße beeinflußt wird von der Dichte der Bestiftung der Güte der Stiftschweißung, der richtigen Stiftlänge und die Benetzbarkeit der Oberflächen durch Schlacke;

---

[1] Knöfler, K., u. G. Kühl: Untersuchungen und Versuche über die Verwertung salzhaltiger Braunkohle. Braunkohle 40 (1941) S. 557—563, 569—575, 583—586.

[2] Bachmair, A.: Rohrabzehrungen bei Schmelzfeuerungen. Auswertung von Erfahrungen im Betriebe. Mitt. VGB H. 54 (1958) S. 146—153.

[3] Bachmair, A.: Einfluß der Brennerkonstruktion auf die Feuerführung. Mitt. VGB H. 64 (1960) S. 1—12.

[4] Goecke, E.: Feuerseitige Rohrabzehrungen an Horizontal-Zyklonen. Mitt. VGB H. 51 (1957) S. 417—421.

[5] Hübel, E.: Feuerseitige Rohrabzehrungen an Schmelzkesseln. Mitt. VGB H. 51 (1957) S. 421—430.

[6] Bendfeldt, H.: Erfahrungen über Korrosionen und Erosionen bei Schmelzfeuerungen. Mitt. VGB H. 65 (1960) S. 117—125.

[7] Vgl. auch Literaturauszüge „Rauchgasseitige Korrosion" Tl. II, Kohlegefeuerte Anlagen. BWK 11 (1959) Nr. 7 S. 321—325.

[8] Schulte, F., u. H. H. Müller-Neuglück: Luftmangel als Ursache von Kesselschäden. BWK 2 (1950) Nr. 1 S. 20—22.

c) die Mineralzusammensetzung der Kohle[1], insbesondere auch ihr Alkaligehalt, sowie der Schwefelgehalt und die (davon abweichende) Zusammensetzung der Ansätze, besonders an der Berührungsstelle zwischen Ansatz und Metall, sowie die Zähigkeit der sich bildenden Schlacke;

d) die Materialauswahl für Rohre, besonders auch Überhitzerrohre, und für die Stifte, an besonders gefährdeten Stellen zweckmäßig Sicromalstifte.

Die Temperaturdifferenzen sind besonders für den Nachschub neuer korrodierender Bestandteile und für die Geschwindigkeit ihrer Wanderung innerhalb der Schichten verantwortlich. An der Entwicklung neuer Stampfmassen, deren Bedeutung eine Zeitlang unterschätzt wurde, da ja die Massen ohnehin in kurzer Zeit durch Schlacke ausgetauscht würden, wird z. Z. gearbeitet; das Austauschen der Stampfmasse durch Schlacke muß möglichst unterbunden werden (vgl. S. 581).

Die stofflichen Voraussetzungen für die Korrosion dürfen unter keinen Umständen vernachlässigt werden; das zeigt sich besonders in Extremfällen wie bei der Verfeuerung alkalireicher und schwefelreicher Kohlen (so aus dem Mittelwesten der Vereinigten Staaten mit z. B. 0,63% Alkalien und 4,6% S), wo Korrosionen an Überhitzern auftreten, auch wenn eine reduzierende Atmosphäre mit Sicherheit vermieden und guter Ausbrand erzielt wird[2, 3].

Die Beobachtungen (an Überhitzern und Schottenüberhitzern) zeigen, daß Korrosionen nur bei hohen Überhitzungstemperaturen ($> 510\ °C$) auftraten. SEDOR, DIEHL und BARNHART stellten Wandtemperaturen an den ungünstigsten Stellen von 635 bis zu 663 °C fest, also innerhalb der Schmelzpunkte der komplexen Alkalisulfate, die u. U. bei 650 °C beginnen. Diese Sulfate bilden einen wesentlichen Bestandteil der inneren weißen Schicht und sind für die Korrosion in erster Linie verantwortlich. NELSON und CAIN konnten u. a. folgende komplexe Alkali-Eisen-Sulfate $K_3Fe(SO_4)_3$, $KFe(SO_4)_2$, $Na_3Fe(SO_4)_3$ und Alkali-Aluminium-Sulfat $K_3Al(SO_4)_3$ chemisch und röntgenographisch nachweisen. Die Gefährlichkeit dieser komplexen Sulfate beginnt bei etwa 510 °C (s. Abb. 23—25) und steigt schnell an bis zu einem Maximum, das in diesem Falle (ein sehr wenig korrosionsfestes Material) bei etwa 700 °C liegt; dann fällt die Korrosionsgeschwindigkeit schnell ab, da nunmehr Temperaturgebiete erreicht werden, wo sich die komplexen

---

[1] KIRSCH, H.: Einfluß des Rohstoffes auf die Verschmutzung der Kesselheizflächen. Mitt. VGB H. 60 (1959) S. 166—172.

[2] SEDOR, P., E. K. DIEHL u. D. H. BARNHART: External corrosion of superheaters in boilers firing high-alkali coals. ASME-Paper Nr. 59-A-76 (1959).

[3] NELSON, W., u. C. CAIN jr.: Corrosion of superheaters and reheaters of pulverized-coal-fired boilers. ASME-Paper Nr. 59-A-89 (1959).

Alkalisulfate wieder zersetzen bzw. gar nicht erst bilden können. Bei anderen korrosionsfesteren Rohrwerkstoffen ist die reine Gasphasenkorrosion praktisch Null, die in diesem Beispiel schon eine merkliche Höhe erreicht. Die Verfasser haben im Laboratoriumsversuch auch die Wanderung der Alkalisulfate von der heißen auf die kalte Seite eindeutig nachweisen können. SEDOR und Mitarbeiter beobachteten an zwei Kesseln mit gleich hoher Wandtemperatur und verschieden hoher Gastemperatur, daß im Falle der niedrigen Gastemperaturen (und damit Temperaturdifferenz) keine Korrosion auftrat, während sie bei hoher

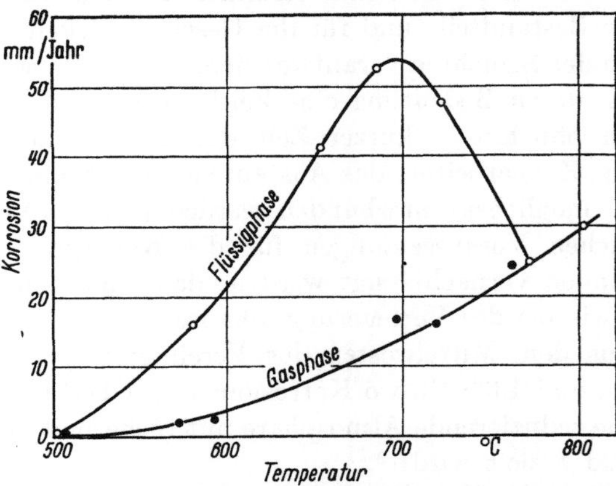

Abb. 23–25. Korrosion von schwachlegiertem ferritischen Stahl (SA 213 T 22 mit 2 ¼% Cr und 1% Mo) in der Gas- und Flüssigphase (nach W. NELSON und C. CAIN)

Temperatur sehr merklich war. Die erodierende Wirkung ungünstig angeordneter Rußbläser konnte im Bereich der korrosionsgefährdeten Heizflächen sehr deutlich festgestellt werden.

Aus all diesen Beobachtungen und Untersuchungen lassen sich eine Reihe von Maßnahmen ableiten, die die Hochtemperaturkorrosionen vermeiden oder erheblich verringern können. An der Spitze steht die Schaffung einwandfreier Verbrennungsverhältnisse, so daß es berechtigt ist zu sagen, daß die Korrosionsbekämpfung bereits bei der Konstruktion beginnt[1], daß die Kohlenstaubherstellung vom Mühlenzuteiler, über die Mühle, die Verteilungsleitungen bis zu den Brennern selbst als einheitliches, in allen Teilen gleich zu wertendes System zu betrachten ist, und daß schließlich an die Betriebsüberwachung um so höhere Anforderungen gestellt werden müssen, je höher die spezifische Brennkammerbelastung, je niedriger der Luftüberschuß ist.

In manchen Fällen hat die Erhöhung der Mahlfeinheit und des Luftüberschusses zur Beseitigung gefährlicher Zustände geführt. Extrem

---

[1] GUMZ, W.: Hoch- und Tieftemperaturkorrosionen in Kesselanlagen. Mitt. VGB H. 56 (1958) S. 305—319.

hohe Brennkammerbelastungen sind möglichst zu vermeiden und ausreichende Kühlflächen zur Herabsetzung der Gastemperaturen am Eintritt in die Konvektionsheizfläche sind empfehlenswert. Rohrteilung, Heizflächenanordnung, Rußbläser und genügende Zugänglichkeit spielen dann für die Konvektionsheizfläche eine große Rolle, besonders wenn mit betriebsschwierigen Brennstoffen gerechnet werden muß. Ein Ausweichen auf andere, weniger gefährliche Brennstoffe ist eine Lösung, die sich nicht immer generell anwenden läßt.

Die Brennerkonstruktion, die Aufteilung und Größenbemessung der Querschnitte, die Abstände von Primär- und Sekundärluftdüsen und alle Maßnahmen zur Vergleichmäßigung des austretenden Staub-Luft-Gemisches sind der Angelpunkt der konstruktiven Verbesserungsmöglichkeiten. BACHMAIR[1] hat an einer Reihe von Beispielen gezeigt, wie unter Ausnutzung der vertieften Kenntnisse über die Strömungsvorgänge in Brennern und Feuerräumen Brennerumbauten, vor allem das Aufgeben einer allzu weitgehenden Unterteilung der Ströme in Strahlen von zu geringer Reichweite, korrosionsanfällige Anlagen verbessert und die Korrosionen beseitigt werden konnten.

Als ein Mittel zur Verlangsamung der Korrosionsvorgänge ist in allen Fällen die richtige Auswahl des Rohrwerkstoffs anzusehen. Dazu gehört auch der Schutz besonders hochbeanspruchter Stähle durch die Verwendung geeigneter Stampfmassen, denn in zwei Schadensfällen, die von BAATZ, SPÄTH und THOENES beschrieben werden[2], sind Korrosionen unter dem Einfluß von reduzierender Atmosphäre, erkenntlich an der Sulfidbildung und in diesem Falle unter Mitwirkung von Chloriden, gerade an ungeschützten Stellen der Rohre von im übrigen mit Stampfmasse ausgekleideten Brennkammern aufgetreten.

Flugasche, Abgas- und Rauchschäden

Der Auswurf von Gasen, Rauch und Staub der Feuerstätten ist ein ebenso altes Problem wie die Brennstoffverwendung selbst. Entsprechend der technischen Entwicklung der zunächst sehr unvollkommenen Verbrennungseinrichtungen und dem Wandel der Brennstoffwahl (von Holz zur Kohle, zum Kohlenstaub und zum Heizöl) verlagerte sich der Schwerpunkt der Betrachtung vom Rauch (Rostfeuerungen) zum Staub (Kohlenstaubfeuerungen) zu den Gasen, Nebeln und Aerosolen oder „Smog"-Bildnern[3]. Die allgemeine Zunahme der Industrialisie-

---

[1] Vgl. Fußn. 2 S. 600.

[2] BAATZ, K., K. SPÄTH u. H. W. THOENES: Untersuchung von Korrosionsschäden an Schmelzfeuerungen. Techn. Überwach. 1 (1960) H. 4 S. 156—158.

[3] Smog ist ein aus smoke (Rauch) und fog (Nebel) gebildetes Wort zur Bezeichnung eines durch Säurenebel, Aerosole und Staub bedingten gesundheitsgefährdenden Nebels.

rung und die Zusammenballung der Menschen in großen Städten verschärft die Probleme von Jahr zu Jahr, die durch einige Nebelkatastrophen[1] ins Rampenlicht der Öffentlichkeit gerückt worden sind.

Das Arbeitsgebiet der Reinhaltung der Luft umfaßt *technische Fragen* (die Art und Vorbehandlung der Brennstoffe, der Feuerungen, des Verbrennungsvorganges, der Staubabscheidung, der Gasreinigung), *meteorologische Fragen* (die Ausbreitung von Gasen, Aerosolen, Stäuben, der Niederschlag, Einwirkungen des Windes, des Regens, der Temperaturverteilung der bodennahen Schichten der Atmosphäre und der topographischen Verhältnisse, die Auswirkungen des Sonnenlichts auf photochemische Reaktionen in der Atmosphäre), *meßtechnische Probleme* (der Probenahme und Analyse der Luftbestandteile und Luftverunreinigungen und des Niederschlags oder der Immissionen), *hygienische und biologische Fragen* (der Einwirkung der festen, flüssigen oder nebelförmigen und der gasförmigen Luftverunreinigungen auf Mensch und Tier, auf Pflanzen, auf den Boden und dazu die zerstörenden Einwirkungen auf Bauten und Baustoffe aller Art) und schließlich *rechtliche Fragen* (der Gesetzgebung und der Verordnungen zum Schutz vor unzulässigen Einwirkungen und zur Gesundheitspflege der Öffentlichkeit). Entsprechend dieser Fülle der Aufgaben und Probleme hat die einschlägige Fachliteratur bereits einen solchen Umfang angenommen, daß MURK bereits eine „Bibliographie der Bibliographien" veröffentlichen zu müssen glaubte[2]; auch sei auf einige Sammelwerke hingewiesen[3-8], die ihrerseits umfangreiche Bibliographien enthalten.

---

[1] So die Nebelkatastrophe im Maastal zwischen Huy und Lüttich (3./4. Nov. 1930) mit 60 Todesopfern, die von Donora, Pa. im Monongahela-Tal (25.—31. Okt. 1948) mit 20 Todesopfern und 6000 Erkrankungen (= 42% der Bevölkerung) und in London (4.—8. Dez. 1952) mit einer um 130% gestiegenen Zahl der Todesfälle.

[2] MURK, J. B.: Sources of air pollution literature. Industr. Engng. Chem. 47 (1955) Nr. 5 S. 976—981. — DAVENPORT, S. J., u. G. G. MORGIS: Air pollution. A Bibliography (3902 Titel mit Auszügen). U. S. Bureau of Mines Bull. 537. Washington 1954.

[3] McCABE, L. C. (Hrsg.): Air Pollution. Proc. U. S. Techn. Conf. on Air Pollution, New York/Toronto/London: McGraw-Hill 1952.

[4] GOSLINE, C. A. (Hrsg.): Air Pollution Abatement Manual, Washington: Manufacturing Chemists' Association, Inc. 1952.

[5] MALLETTE, F. S.: Problems and Control of Air-Pollution (Amer. Soc. mech. Engrs.), New York u. London: Reinhold Publ. Corp. u. Chapman & Hall 1955.

[6] THRING, M. W. (Hrsg.): Air Pollution (Conf. Sheffield Sept. 1956). London: Butterworth Scient. Publ. 1957.

[7] MAGILL, P. L., F. R. HOLDEN, CH. ACKLEY u. F. G. SAWYER: Air Pollution Handbook, New York/Toronto/London: McGraw-Hill 1956.

[8] FAITH, W. L.: Air Pollution Control, New York: J. Wiley & Sons 1959.

Fragen der Luftverunreinigung entstehen in allen Industriezweigen[1], in Kraftwerken[2], im Hausbrand und im Verkehr.

Der Automobilverkehr verursacht besonders schwerwiegende Probleme durch die Menge und Art seiner Emissionen und ihren Ausstoß in niedriger Höhe über dem Erdboden. Neben CO_2 und N_2 werden beträchtliche Mengen an CO, Stickoxyden und Kohlenwasserstoffen (Methan, Äthylen, Azetylen und Olefine, bei Dieselfahrzeugen auch Aldehyde) ausgestoßen, und zwar in wechselnden Mengen je nach dem Betriebszustand des Motors (Leerlauf, Beschleunigung, Vollast, Verzögerung). Am stärksten ist der Kohlenwasserstoffauswurf bei der Leistungsrücknahme[3]. Bei Dieselfahrzeugen kommt ein erheblicher Rußauswurf hinzu[4]. Der Anteil der Automobilabgase spielt bei der Smog-Bildung im Gebiet von Los Angeles (mit seinen 3 Mio Automobilen) eine überragende Rolle, wie aus Zahlentafel 23–6 nach AUSTIN und CHADWICK[5] hervorgeht.

In Zahlentafel 23–7 sind typische Automobil-Abgasmessungen zusammengestellt.

Zahlentafel 23–6. *Auswurf im Bezirk Los Angeles in t (long tons) je Tag*

	CO	Smogbildner		SO_x	Aerosole	Summe	%
		KW-Stoffe	NO_x				
Verkehr	4200	1000	433	49	34	5716	68
Kraftwerke . .	0	0	136	109	11	256	3
Sonstige Industrie	1400	450	131	392	55	2428	29
Zusammen . .	5600	1450	700	550	100	8400	100

---

[1] VDI-Berichte 15 (1956). Fragen der Luftverunreinigung. Mit Beiträgen von O. LAUE, K. GUTHMANN, E. RUHLAND, R. PISTOR, A. BACHMAIR, K. SCHWARZ, H. STRATMANN, H. W. THOENES und R. MELDAU.

[2] „Luftverunreinigung durch Rauchgase aus Dampfkesselanlagen." Bericht über den Stand der Technik. Mitt. VGB H. 34/35 (1955).

[3] FAITH, W. L., J. T. GOODWIN jr., F. V. MORRISS u. C. BOLZE: Automobile exhaust and smog formation. J. of APCA 7 (1957) Nr. 1 S. 9—12. — Siehe ferner: ROSE jr., A. H. u. D. G. STEPHAN: J. of APCA 7 (1957) Nr. 2 S. 81—85. — FAITH, W. L.: J. of APCA 7 (1957) Nr. 3 S. 219—221. — DOYLE, G. J., u. N. A. RENZETTI: J. of APCA 8 (1958) Nr. 1 S. 23—32, Nr. 4 S. 293—296. — NEBEL, G. J., u. M. W. JACKSON: J. of APCA 8 (1958) Nr. 3 S. 213—219. — STEPHENS, E. R., P. L. HANST, R. C. DOERR u. W. E. SCOTT: J. of APCA 8 (1958) Nr. 4 S. 333—335. — MAGILL, P. L., D. H. HUTCHISON u. J. M. STORMES: Proc. Second National Air Pollution Symposium, Pasadena, Cal. 5.—6. Mai 1952, S. 71—83. — THOENES, H. W.: Emission und Immission aus dem Straßenverkehr. Siehe Fußn. 1, dort S. 67—70.

[4] DAVIS, R. F., u. J. C. HOLTZ: Exhaust gases from Diesel engines. (Siehe MALLETTE, Fußn. 5 S. 604, dort S. 74—94.)

[5] AUSTIN, H. C., W. L. CHADWICK: Control of Air Pollution from Oil-Burning Power Plants. Mech. Engng. 82 (1960) Nr. 4 S. 63—66.

Zahlentafel 23–7. *Typische Automobil-Abgasmessungen*[1]

	Leerlauf	Beschleunigung	Fahren	Zurücknahme
Kohlenwasserstoffe (i. M.* als Hexan) ppm.	800	400	375	3500
Azetylen i. M. ppm .	710	170	178	1096
Aldehyde i. M. als Formaldehyd ppm	15	27	34	199
Stickoxyde i. M. Vol.-%	23	1100	900	6
Kohlenmonoxyd i. M. Vol.-%	5,0	4,3	3,5	4,0
Kohlendioxyd i. M. Vol.-%	10,2	12,1	12,4	6,0
Sauerstoff i. M. Vol.-%	1,8	1,5	1,7	8,1
Abgasvolumen i. M. Nm^3	0,21	1,61	0,94	0,21
Abgasvolumen, Bereich(Nm^3) von/bis	0,13—0,67	1,07—5,37	0,67—1,61	0,13—0,67
Abgasvolumen, Temperaturbereich . °C	149—204	538—593	316—371	204—482
Durchschnittliche Fahrzeit . . . %	19	19	37	25

Flugstaub und Ruß. Die Emissionen der Feuerstätten an Feststoffen bestehen hauptsächlich aus Flugstaub, Flugkoks und Ruß. Bei Rostfeuerungen ist das Auftreten von qualmenden Rauchfahnen — besonders bei Verfeuerung gasreicher Kohlenarten — ein Beweis für überlastete Feuerräume (Lokomotiven, Lokomobilen, kleineren Schiffskesseln). Eine richtig ausgelegte und betriebene Zweitluftzuführung (s. S. 531) kann diese Erscheinung weitgehend vermeiden. Die Rauchfrage hat daher nur noch untergeordnete Bedeutung; Rauch läßt auf unzureichende technische Mittel und unachtsame Bedienung schließen.

Rußbildung in geringerem Umfang wird bei Unterkühlung der Flammen und beim Fahren in der Nähe des theoretischen Luftbedarfs bei Verfeuerung von Heizölen — in geringerem Umfang bei kohlenwasserstoffreichen Gasen — auftreten, so besonders beim Anfahren kalter Kessel und bei einfacher Auf/Zu-Regelung. Eine unangenehme Art der Rußemission sind die sauren Rußflocken, mit adsorbierter Schwefelsäure angereicherte Rußagglomerate, die vom Rauchgasstrom von den Schornsteinwandungen · mitgerissen und in Schornsteinnähe (1 bis 1,5 km Umkreis) niederfallen (s. Ölfeuerungen S. 619).

---

[1] Nach R. W. Hurn zitiert nach R. L. Chass, Ph. S. Tow, R. G. Lunche u. N. R. Shaffer: Total Air Pollution Emissions in Los Angeles County. J. Air Poll. Control Assoc. 10 (1960) Nr. 5 S. 351—366.

* i. M. = im Mittel.

Ruß ist auch der Träger der krebsverursachenden aromatischen polyzyklischen Kohlenwasserstoffe[1], deren gefährlichster das 3,4-Benzpyren ist. Bei Ölfeuerungen ist der Gehalt an Benzpyren höher als bei Kohle- und Kohlenstaubfeuerungen und kann bis 0,01% betragen[2].

Flugstaub stellt mengenmäßig den Hauptbestandteil der festen Verunreinigungen bei den Kohlenstaubfeuerungen und in zahlreichen anderen Industriezweigen dar. Einen Anhaltspunkt über die Staubgehalte verschiedener Industrieabgase gibt Zahlentafel (23–8)[3].

Zahlentafel 23–8. *Staubgehalt von Industriegasen* (nach Guthmann[3])

Hüttenindustrie:

Abgase aus Blei- und Zinn-Schmelzöfen	3— 20 g/Nm³
Hochofengichtgas	10—200 g/Nm³

Chemische Industrie:

Abgase aus Kiesröstöfen	2— 5 g/Nm³
Abgase aus Blenderöstöfen	5— 15 g/Nm³

Zementindustrie:

Abgase aus Drehöfen, Naßverfahren	5— 10 g/Nm³
desgl., Trockenverfahren	8— 20 g/Nm³
Rohstofftrockner	20— 80 g/Nm³

Vergasungsindustrie:

Braunkohlengeneratorgas	5— 50 g/Nm³
Steinkohlengeneratorgas	3— 15 g/Nm³

Trocknungsindustrie:

Tonerdetrockner und Kalzinieranlagen	30—100 g/Nm³
Kalk-, Gips- und Sandtrockner	5— 50 g/Nm³

Kohlenindustrie:

Steinkohlentrockner	10— 20 g/Nm³
Braunkohlenröhrentrockner	12— 25 g/Nm³

Kraftwerke und Feuerungsanlagen:

Rauchgase aus Steinkohlenstaubfeuerungen	5— 15 g/Nm³
Rauchgase aus Steinkohlenrostfeuerungen	2— 5 g/Nm³

Die Staubabscheidung durch mechanische Filter, Elektrofilter und Kombinationen beider ist bei Großkesselanlagen heute bereits eine Selbstverständlichkeit geworden. Die Weiterentwicklung der Feuerungen hat neue Probleme im Betrieb der Elektrofilter aufgeworfen, die

[1] Falk, H. L., u. P. Kotin: The chemical and biological consideration of atmospheric carcinogenic agents. J. of APCA 7 (1957) Nr. 1 S. 12—14.

[2] Gurinov, B. P.: Einfluß der Art der Verbrennung und des Brennstoffs auf den 3,4-Benzpyrengehalt in Abgasen. Gigiena i Sanit. 23 (1958) Nr. 12 S. 6—9 (russ.), s. Chem. Zbl. (1959) Nr. 41 S. 13355 u. Chem. Abstr. 23 (1959) Nr. 17 S. 16507.

[3] Guthmann, K.: Entstaubung von Industriegasen. Techn. Mitt. (Essen) 34 (1941) H. 11/12 S. 179—188.

mit der Art, der mineralogischen Zusammensetzung[1] und der Körnung des Flugstaubes zusammenhängen. Der Abscheidegrad des Filters hängt nicht nur von der elektrischen Auslegung, dem Elektrodenabstand, dem elektrischen Staubwiderstand, der Gasart und ihrer Temperatur — besonders ihres Abstandes vom Taupunkt —, der Spannung, der Gasgeschwindigkeit, sondern auch von der Art der Elektrodenabreinigung und der Vermeidung einer Wiederaufwirbelung von Staub beim Abreinigen (Klopfen) ab. Besondere Aufmerksamkeit haben die Konstrukteure daher der Formgebung der Elektroden gewidmet[2, 3].

Die Gasgeschwindigkeiten sollen möglichst niedrig gewählt werden, bei Steinkohlenfeuerungen werden Geschwindigkeiten von 1,5 bis 1,8 m/s, bei Braunkohlenfeuerungen 2,5 bis 3 m/s[2], für Zementöfen 0,8 bis 1,5 m/s empfohlen[4]. Auf eine gute und gleichmäßige Gasverteilung ist größter Wert zu legen[5]. Kombinationen von Elektrofiltern und mechanischen Abscheidern sind in solchen Fällen von Vorteil, wenn neben reinem Flugstaub auch Flugkoks auftritt. Die Schaltung Elektrofilter mit nachgeschaltetem mechanischen Filter scheint dabei die bessere Lösung zu sein.

Die Unterbringung oder Verwertung des abgeschiedenen Flugstaubes stellt in vielen Fällen ein besonderes und oft schwer zu lösendes Problem dar. Das Einspülen in die Flußläufe ist im allgemeinen unzulässig. Das Aufschütten im Gelände erfordert ein Abdecken, um das Aufwirbeln durch den Wind zu verhüten. Als Lösung sind besonders drei Wege beschritten worden:

1. Das Einschmelzen in Schmelzfeuerungen (s. S. 575);

2. das Sintern zu einer Art von Kunstbims in Drehöfen, Schachtöfen oder auf Sinterbändern und die Weiterverarbeitung des Bimses zu Baustoffen[6];

---

[1] VETTER, H.: Leistungsmessungen an neuen Rauchgas-Filtern. Braunkohle, Wärme u. Energie 10 (1958) Nr. 21/22 S. 457—465.

[2] BRANDT, H.: Neuere Entwicklungen bei Elektrofilteranlagen. Mitt. VGB H. 60 (1959) S. 229—235, — Entwicklungsstand der Elektrofilter für Rauchgase. Z. Techn. Überwachung 1 (1960) Nr. 5 S. 171—181.

[3] HEINRICH, D. O.: Die elektrische Gasreinigung. Grundlagen, Arbeitsweise und Erfahrungen. BWK 7 (1955) Nr. 9 S. 389—394, — Energie 8 (1956) Nr. 10 S. 411—417.

[4] FUNKE, G.: Elektrische Entstaubungsanlagen. Zement, Kalk, Gips 12 (1959) Nr. 5 S. 189—196.

[5] REMMERS, K., u. R. BINGEL: Die Bedeutung der Gasverteilung im Elektrofilter. Staub 19 (1959) Nr. 12 S. 422—424.

[6] TANNER, E.: Unterbringung und Verwertung der Asche bei Großkesselanlagen. Mitt. VGB H. 38 (1955) S. 773—784. — GUMZ, W.: Sinterung von Flugasche in neuer Sicht. Mitt. VGB H. 48 (1957) S. 160—165. — HAESE: Die erste Betriebsanlage zur Verarbeitung von Kraftwerksflugasche auf dem Sinterband. Diskussionsbeitrag. Mitt. VGB H. 63 (1959) S. 441/42. — SCHÖNING: Flugaschesinterung. Diskussionsbeitrag. Mitt. VGB H. 63 (1959) S. 442/43.

3. die direkte Verwendung der trockenen Flugasche zur Herstellung von Bausteinen[1] oder von Zement[2], als Zementstreckmittel — besonders im Wasserbau — und im Straßenbau[3].

Einige Sonderprobleme entstehen in der Stahlindustrie durch den „braunen Rauch" der Blasverfahren[4, 5], der hauptsächlich aus Eisen- und Manganoxyden, daneben P_2O_5 und anderen Oxyden und Karbonaten besteht und dessen Teilchengrößen (Größenordnung 10 bis 100 mμ[6]) bei Sauerstoffanwendung besonders klein sind. Elektrofilter, Venturi-Skrubber (Pease-Anthony), Desintegratoren u. a., meist in Verbindung mit Abhitzekesselanlagen, sind erprobt worden[7].

Gase, Dämpfe und Nebel. An gas- und dampfförmigen Emissionen stoßen die Feuerstätten und Verbrennungsmotoren neben den Produkten der vollständigen Verbrennung wie CO_2, H_2O, SO_2 und neben Stickstoff und überschüssigem Sauerstoff noch eine Reihe sonstiger Stoffe aus, die mengenmäßig zwar so gering sind, daß sie meist in ppm[8] angegeben zu werden pflegen, die aber doch wegen ihrer toxischen und sonstigen Wirkungen, ungeachtet dieser Verdünnung, eine erhebliche Rolle in der Lufthygiene spielen. Zu nennen wären hier die Säuren, die Stickoxyde, das Kohlenmonoxyd und die Kohlenwasserstoffe. Neben dem SO_2 entsteht eine kleine Menge SO_3, abhängig vom Sauerstoffüberschuß und von den Verbrennungsbedingungen[9]; es wird bei Staub- und bei Schmelzfeuerungen vom Flugstaub und den Aerosolen weitgehend adsorbiert. Bei Ölfeuerungen ist der SO_3-Gehalt daher besonders hoch, soweit er nicht durch zugelassene Rußbildung (knappste Luftüberschüsse) und Additive (möglichst aerosolartig feine Additive) ebenfalls adsorbiert wird[9]. SO_3 geht sofort in H_2SO_4 über, und zwar meist in Nebelform. In der freien Atmosphäre wird SO_2 unter Einwirkung des

---

[1] Vgl. Schlackenkunde S. 330—349 (s. Fußn. 2 S. 590).

[2] JARRIGE, A.: Die Verwendung von Flugasche in Frankreich. Mitt. VGB H. 62 (1959) S. 345—355.

[3] ROSE, H. J., u. H. H. RUSSELL: Flugasche-Verwendung in den Vereinigten Staaten. H. 62 (1959) S. 335—344.

[4] The Iron and Steel Institute: Air and Water Pollution in the Iron and Steel-Industry, Special Report Nr. 61, London 1958, S. 67—102 (mit Beiträgen von L. G. SEPTIER, A. VACEK u. A. SCHERTLER u. A. BEHRENDT).

[5] Berg- u. hüttenm. Mh. 104 (1959) Nr. 2 S. 17—56, — Auszug Stahl u. Eisen 79 (1959) Nr. 23 S. 1744—1749 (mit Beiträgen von H. SCHADEN, A. VACEK, F. KOLBE, H. RASWORSCHEGG, K. BAUM, R. HARR, K. WAGNER u. TH.-K. WILLMER).

[6] WERNER, F., u. Mitarb.: Untersuchung über den Konverterrauch im Hinblick auf die spektrale Überwachung des Thomasverfahrens. Stahl u. Eisen 77 (1957) Nr. 21 S. 1451—1459.

[7] GUTHMANN, K.: Das Problem „Reinhaltung der Luft" unter besonderer Berücksichtigung der Eisenhütten-, insbesondere Stahlwerksbetriebe. I/III. Radex-Rdsch., 1958, Nr. 1 S. 3—30, Nr. 6 S. 253—276, Nr. 7 S. 323—347.

[8] 1 ppm (part per Million) = 0,0001 (Vol.-%).

[9] Vgl. S. 628.

Sonnenlichtes zu SO_3 oxydiert mit einer Geschwindigkeit von ungefähr 0,1% je Stunde[1]. Über Rauchgasentschwefelung vgl. S. 302.

Weitere in den Rauchgasen vorkommende Säuren sind die Salzsäure (HCl) und die Salpetersäure. Das Stickoxyd wird in der Atmosphäre weiteroxydiert nach

$$2\,NO + O_2 = 2\,NO_2 \qquad\qquad (23\text{--}14)$$

und bildet mit dem Wasserdampf Salpetersäure

$$H_2O + 2\,NO_2 + \tfrac{1}{2}\,O_2 = 2\,HNO_3 . \qquad\qquad (23\text{--}15)$$

Stickoxyde reagieren in der Atmosphäre photochemisch mit Kohlenwasserstoffen und bilden dadurch Smog. Die Bildung von Stickoxyden läßt sich durch Verbrennung bei niedrigeren Temperaturen vermindern. BARNHART und DIEHL[2] haben ein Verfahren zur Verbrennung von Öl und Gas in zwei Stufen ausgearbeitet, um dieses Ziel (Verminderung um etwa die Hälfte) zu erreichen.

Stickoxyde und Kohlenwasserstoffe werden für die Hals-, Rachen- und Augenreizungen bei der Smogbildung verantwortlich gemacht.

Kohlenwasserstoffe entstammen vor allem den Verbrennungsmotoren des Verkehrs, aber auch bei Ölfeuerungen treten sie auf (Aldehyde, besonders Formaldehyd, Acrolein, Ameisensäure, organische Peroxyde u. a. m.). Sie machen sich zusammen mit unverbranntem Brennstoffnebel beim Anfeuern und Auf/Zu-Regelung (wiederholtem Neuzünden) u. U. auch schon geruchsmäßig unangenehm bemerkbar.

Gas- und Staubausbreitung. Theoretische Ansätze zur Berechnung der Ausbreitung von Emissionen sind von BOSANQUET[3,4] und SUTTON[5,6] geliefert und von anderen z. T. etwas abgewandelt worden[7–10]. Die·

[1] GERHARD, E. R., u. H. F. JOHNSTONE: Photochemical oxidation of sulfur dioxide in air. Industr. Engng. Chem. 47 (1955) Nr. 5 S. 972—976.

[2] BARNHART, D. H., u. E. K. DIEHL: Control of Nitrogen Oxides in Boiler Flue Gases by Two-Stage Combustion. J. Air Poll. Control Assoc. 10 (1960) H. 5 S. 397—406. [3] BOSANQUET, C. H., u. F. L. PEARSON: The spread of smoke and gases from Chimneys. Trans. Faraday Soc. 32 (1936) S. 1249—1264.

[4] BOSANQUET, C. H., W. F. CAREY u. E. M. HALTON: Dust deposition from chimney stacks. Proc. Instn. mech. Engrs. 162 (1950) S. 355—367.

[5] SUTTON, O. G.: The theoretical distribution of airborne pollution from factory chimneys. Quart. J. Royal Meteorol. Soc. 73 (1947) S. 426—436.

[6] SUTTON, O. G.: The dispersion of hot gases in the atmosphere. J. Meteorol. 7 (1950) S. 307—312. [7] HELMERS, E. N.: The meteorology of air pollution. Siehe Fußn. 4 S. 604 (Kap. 8).

[8] HEWSON, E. W.: Meteorological aspects of atmospheric pollution. Siehe Fußn. 3 S. 604 (S. 775—786); — ferner Fußn. 5 S. 604 (S. 50—63).

[9] TRAPPENBERG, R.: Theoretische und experimentelle Untersuchungen zur Staubverteilung einer Rauchfahne. Diss. Karlsruhe 1956, — s. auch Forsch.-Ber. des Wirtsch.- u. Verkehrsmin. Nordrhein-Westfalen Nr. 380, Köln u. Opladen: Westdeutscher Verlag 1957.

[10] DIEM, M., u. R. TRAPPENBERG: Berechnung der Ausbreitung von Staub und Gas. Forsch.-Ber. des Wirtsch.- u. Verkehrsmin. Nordrhein-Westfalen Nr. 502 (1957).

Berechnungen sind etwas umständlich und können wegen der meteorologischen Faktoren in ihnen, die den Originalarbeiten oder Handbüchern zu entnehmen sind, nicht ohne weiteres verallgemeinert werden. Man wird stets auf die topographischen und klimatischen Verhältnisse achten

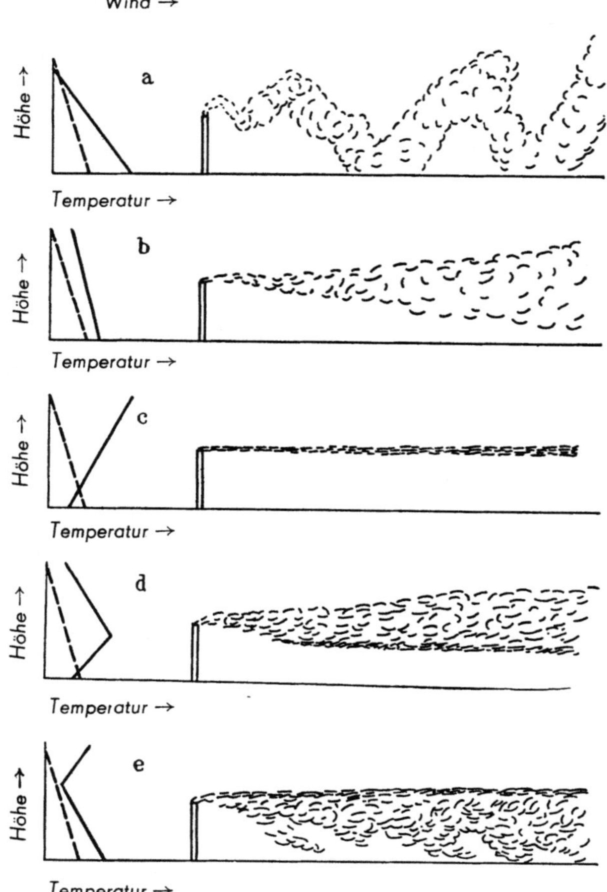

Abb. 23–26 a–e. Verschiedene Typen von Rauchfahnen (nach JENNE).

a) Überhöhter vertikaler Temperaturgradient; b) verringerter vertikaler Temperaturgradient; c) Umkehrung des Temperaturgradienten (Inversion); d) Inversion unten, normaler Gradient oben; e) normaler Gradient unten, Inversion oben

und etwa bei der Bemessung der Schornsteinhöhe auf die ungünstigsten meteorologischen Situationen Rücksicht nehmen müssen.

Eine zusammenfassende Darstellung siehe bei GREEN und LANE[1].

---

[1] GREEN, H. L., u. W. R. LANE: Particulate Clouds, Dusts, Smokes and Mists. Their physics and physical chemistry and industrial and environmental aspects, London: E. & F. N. Spon 1957.

Meteorologische Fragen der bodennahen Schichten behandeln GEIGER[1] und SUTTON[2].

Die verschiedenen Typen von Rauchfahnen, beeinflußt von der Wetterlage, besonders der Temperaturverteilung der bodennahen Luftschichten und von Wind, sind in Abb. 23–26 (nach D. E. JENNE[3]) dargestellt. Der gestrichelte Temperaturverlauf entspricht der trockenen, adiabatischen Temperaturabnahme mit der Höhe (vertikaler Temperaturgradient[4]), die ausgezogenen Kurven dem wirklichen Temperaturverlauf. Der vertikale adiabatische Temperaturgradient beträgt in Europa etwa 10 °C/1000 m bei trockenem Wetter, in feuchter, gesättigter Luft dagegen nur 5,8 °C/1000 m. Die gefährlichste Situation ergibt sich aus dem Verlauf nach Abb. 23–26d mit einem normalen Temperaturgradienten in den untersten Schichten und einer Umkehrung (Inversion) oberhalb der Schornsteinmündung. Alle Abgas- und Rauchgasbestandteile werden in die untersten Luftschichten gedrückt.

Die Strömungsvorgänge der aus Kaminen austretenden Rauchgase unter Berücksichtigung der Geländeverhältnisse können mit Vorteil durch Modellversuche geklärt werden[5].

Emissions- und Immissionsmessungen. Früher begnügte man sich mit recht primitiven Methoden der „Rauchdichte"-Messung durch den individuellen optischen Vergleich mit der Ringelmann-Skala [5 Schwärzegrade zwischen weiß (0) und schwarz (5)], die heute noch in den angelsächsischen Ländern eine gewisse Rolle spielt[6]. Staubgehaltsmessungen durch Filtration einer gemessenen Teilgasmenge[7] und nach dem Aufblaseprinzip (Blasen des staubhaltigen Gases gegen einen präparierten Meß-

---

[1] GEIGER, R.: Das Klima der bodennahen Luftschicht (Die Wissenschaft, hrsg. v. W. WESTPHAL, Bd. 78), Braunschweig: Vieweg 1942.

[2] SUTTON, O. G.: Micrometeorology. A Study of physical processes of the earth's atmosphere, New York/Toronto/London: McGraw-Hill Book 1953.

[3] JENNE, D. E.: Vertical temperature profiles in relation to other meteorological elements and to air pollution. J. of APCA 7 (1957) Nr. 1 S. 31—35.

[4] Englisch: lapse rate.

[5] IBING, R.: Rauchströmung aus Schloten in ebenem Gelände. Z. VDI 96 (1954) Nr. 32 S. 1085—1090. — DAVIDSON, W. F.: Stack meteorology as related to power plants. Siehe McCABE (Fußn. 3 S. 604) S. 802—806. — HELMERS, E. N.: s. GOSLINE (Fußn. 4 S. 604) Kap. 8, S. 9/10. — SHERLOCK, R. H., u. E. J. LESHER: Design of chimneys to control down-wash of gases. Trans. Amer. Soc. mech. Engrs. 77 (1955) Nr. 1 S. 1—9. — BRYANT, L. W., u. C. F. COWDREY: Effects of Velocity and Temperature of Discharge on the Shape of Smoke Plumes from a Funnel or Chimney: Experiments in a Wind Tunnel. Proc. Instn. mech. Engrs. 169 (1955) S. 371—399.

[6] KUDLICH, R.: Ringelmann smoke chart. U. S. Bureau of Mines. Inform. Circ. Nr. 6888, Washington 1936, 1941. — Brit. Standard 2742 (in Vorbereitung).

[7] MARTIUS, L.: Ein neues Verfahren zur quantitativen Bestimmung von Staub in Gasen. Stahl u. Eisen 23 (1903) Nr. 12 S. 735—738.

streifen) mit dem Kapnographen[1] sind in der Hüttenindustrie seit langem eingeführt.

Auf dem Prinzip der Schwärzung eines Papierfilters, durch das eine bestimmte Gasmenge (etwa 1800 cm³) mit Hilfe einer Handkolbenpumpe durchgesaugt wird, beruht die Bacharach-Methode durch Vergleich mit 9 Schwärzestufen (0 = gebrochenes Weiß bis 9 = Tiefschwarz)[2].

Eine Reihe von optischen Methoden sind vorgeschlagen worden, besonders in England, da die Gesetzgebung eine Festlegung auf die Rauchdichte verlangt[3]. Über die Methoden der Staubprobenahme und der Staubmessung vgl. S. 4ff.

Die Probenahme und Meßmethodik ist von seiten zahlreicher Forschungsinstitute und der Technischen Überwachungsvereine systematisch verbessert worden. Es sei auf die umfangreiche Literatur und auf einige neuere Ergebnisse hingewiesen[4-7].

Meßtechnisch besonders schwer zu erfassen ist die sichtbare „Rauchfahne". Ganz abgesehen von ihrer Farbe ist die Sichtbarkeit stark abhängig von der Wetterlage, von der Farbe des Hintergrundes und vom Standpunkt des Beschauers. Wasserdampfhaltige Rauchgase zeigen besonders in kaltem Wetter eine Dampfwolke. Versuche mit praktisch schwefelfreiem Naturgas und Zusätzen von SO_3 haben gezeigt, daß 3 ppm (= 0,0003%) SO_3 genügen, um eine sichtbare Rauchfahne zu erzeugen[8]. 15 ppm SO_3 ergeben bereits eine nach den Bestimmungen für Los Angeles bedenkliche Rauchdichte.

---

[1] BORCHERS, E. K. H.: Die Beobachtung des Staubgehaltes in Gasen. Stahl u. Eisen 34 (1914) Nr. 32 S. 1346—1348. — WENDT, W. (u. Mitarb.): Geräte und Verfahren zur Untersuchung von Gasen (2). Mitt. 62 der Wärmestelle Düsseldorf (1924). — GUTHMANN, K.: s. Fußn. 7 S. 609.

[2] FRITSCH, W. H.: Das Rauchbild, seine Deutung und Bedeutung. Das Ölfeuer-Jahrbuch 1959 (Hrsg. W. TITTOR), Stuttgart: Kopf 1959, S. 33—97. — HANSEN, W.: s. Fußn. 2 S. 620, dort S. 180.

[3] Brit. Standard 2740 (1957). Simple smoke alarms and alarm metering devices; — Nr. 2741 (1957): Construction of simple smoke viewers; — Nr. 2811 (Smoke density indicators and recorders).

[4] OST, K., u. G. MIRISCH: Über Messungen von Staubniederschlägen in der Umgebung eines größeren Kraftwerkes auf Steinkohlenbasis. Mitt. VGB H. 37 (1955) S. 689—700.

[5] SCHWARZ, K., T. GILBERT u. E. RATZKI: Untersuchungen über die Luftverunreinigung im Stadtgebiet Essen. Technischer Überwachungsverein Essen e. V. I. Bericht über Messungen des Staubniederschlages im Stadtgebiet Essen von Nov. 1955 bis Febr. 1957.

[6] Techn. Überwachung 1 (1960) Nr. 1 S. 52.

[7] STRATMANN, H.: Schwefeldioxyd-Immissionen eines Heizkraftwerkes in München. Staub 19 (1959) Nr. 10 S. 352—360.

[8] AUSTIN, H. C., u. W. L. CHADWICK: Control of air pollution from oil-burning power plants. Mech. Engng. 82 (1960) Nr. 4 S. 63—66.

Wirkungen von Staub- und Gasimmissionen. Die Auswürfe von Feuerstätten an Rauch, Staub und Gasen, die Beeinträchtigung des Bodens und des Grundwassers durch versickernde flüssige Brenn- und Treibstoffe (durch Leckverluste) und die Klärung der industriellen Abwässer stellen das weite Arbeitsgebiet der Luft-, Boden- und Wasserhygiene dar[1, 2, 3].

Es geht in der Zusammenarbeit zwischen Ingenieur und Hygieniker darum, einen vernünftigen Ausgleich zwischen der für die Erreichung eines angemessenen Lebensstandards der Menschheit erforderlichen zunehmenden Industrialisierung und dem Aufwand zur Erhaltung der Volksgesundheit zu finden, wobei die Reinerhaltung von Luft und Wasser eine ausschlaggebende Rolle spielt. Hierin sind auch die besonders schwierigen Probleme des Strahlenschutzes[4] eingeschlossen, die die aufkommende Kerntechnik für die Luft-, Boden- und Wasserhygiene mit sich bringen.

Die einwandfreie Erkennung von Rauchgasschäden[5, 6, 7] ist überaus schwierig, zumal andere Schäden mit ähnlichen Merkmalen zu Verwechslungen führen können, so z. B. Schäden durch tierische und pflanzliche Parasiten oder Wurzelschäden, die die verschiedensten Ursachen haben können. Ferner spielen Klima, Boden- und Wasserverhältnisse eine Rolle für die Widerstandsfähigkeit der Pflanze, die je nach deren Art verschieden ist. Eine feste Regel läßt sich nicht aufstellen, Nadelhölzer (besonders die Fichte) scheinen jedoch am stärksten gefährdet zu sein, während Feld- und Gemüsepflanzen am widerstandsfähigsten sind. In gewissem Grade liegt schon in der forstlichen „Monokultur" — im Gegensatz zur natürlichen Pflanzengemeinschaft — eine gewisse Gefahr, weil sie die Anfälligkeit gegen Krankheiten steigert,

---

[1] Vgl. Fußn. 2—8 S. 604.

[2] HASELHOFF, E.: Grundzüge der Rauchschadenskunde, Berlin: Bornträger 1932. — BEYREIS, O., A. HELLER u. E. M. BURSCHE: Beiträge zur Außenlufthygiene (Schriftenreihe d. Ver. f. Wasser-, Boden- u. Lufthygiene, Berlin-Dahlem, hrsg. von E. TIEGS, Nr. 10), Stuttgart: G. Fischer 1955.

[3] Wald- und Industrie-Rauchschäden. Wiss. Z. Techn. Hochschule Dresden, Bd. 4 (1954/55) Nr. 3 mit Beiträgen von H. KÖNIG, H. JAHNEL, H. PRELL, H. WIENHAUS, W. KUMICHEL, M. MÜLLER, H. PLEISS, W. BOIE u. E. ZIEGER.

[4] RAJEWSKY, B.: Strahlendosis und Strahlenwirkung, 2. Aufl., Stuttgart: Thieme 1956. — Wissenschaftliche Grundlagen des Strahlenschutzes, Karlsruhe: G. Braun 1957.

[5] HASELHOFF, E., G. BREDEMANN u. W. HASELHOFF: Entstehung, Erkennung und Beurteilung von Rauchschäden, Berlin 1932 (dort ausführliche Schrifttumsangaben).

[6] WISLICENUS, H.: Grundsätzliches zur technischen Abgas- und Rauchschädenfrage und zu den Aussichten auf ihre Lösung. Beih. 3 zu Angew. Chem. und Chem. Fabrik, Berlin 1933.

[7] BREDEMANN, G., u. H. RADELOFF: Gang und Methoden der Rauchschadenerhebungen. Angew. Chem. 50 (1937) H. 19 S. 331—334.

ebenso auch gegen andere Schäden wie Frost und Windbruch, abgesehen von nachteiligen Rückwirkungen auf den Wasserhaushalt des Bodens. Für die Beurteilung von Rauchschäden sind weiter heranzuziehen: Beobachtungen über die vorherrschende Windrichtung, Zeitpunkt und Dauer der Einwirkung — nur in der Vegetationsperiode und unter Mitwirkung des Sonnenlichts entstehen Rauchschäden, also nicht in der Nacht oder im Winter, da es sich um Assimilationsgifte handelt — und die Bodengestaltung, also die Luftströmung in Bodennähe. Untersuchungen über Rauchgasschäden sind daher außerordentlich schwierig und verlangen das Zusammenwirken des Botanikers und Forstmannes auf der einen, des Chemikers und Ingenieurs auf der anderen Seite; neben den botanischen (morphologisch-anatomischen), chemischen und spektroskopischen Untersuchungen des Pflanzenphysiologen, neben Boden- und Luftuntersuchungen (Schwierigkeit der Probenahme!) und Wetterbeobachtungen gehört dazu die Untersuchung der Abgasquellen nach Art, Menge, Gaszusammensetzung und Temperatur sowie die technische und wirtschaftliche Untersuchung aller Möglichkeiten zu einer Milderung der Schäden. Da sich Industrie, Landwirtschaft und Forstwirtschaft ihre Daseinsberechtigung nicht gegenseitig absprechen können, bleibt nur die Möglichkeit, die Produktionshemmungen auf beiden Seiten auf einen Mindestwert zu bringen. Rauchschadensfragen sollten daher — unter Ausschaltung des Rechtsweges — durch eine Zusammenarbeit der beteiligten Wirtschaftsgruppen unter Mitwirkung der Wissenschaft zu einem größten Gemeinnutzen bzw. einem geringsten Allgemeinschaden abgeglichen werden. Gegenseitige Rücksichtnahme muß dabei auf beiden Seiten walten, so kann auch durch Auswahl geeigneter Kulturen und besonders sorgfältige Bodenbearbeitung in gefährdeten Gebieten manches erreicht werden.

Staub einschließlich der Aerosole und Nebel wirken absorbierend auf das Sonnenlicht, auch kann Staubfall in größeren Mengen das Wachstum durch Verlegung der Blüten hemmen. Im übrigen haben Flugstäube auf den Boden unter Umständen sogar eine düngende Wirkung und erweisen sich z. T. für das Vieh als nützlich[1].

Eine zweite Gruppe von Problemen befaßt sich vor allem mit den Einwirkungen der Spurenbestandteile und der Nebel (Säuren) auf den Menschen. Die physiologische Wirkung einiger besonders gefährlicher Gase und Dämpfe ist in Zahlentafel 23–9[2] wiedergegeben. Ein üblicher Maßstab für zulässige Konzentrationen ist der MAK-Wert (maximale

---

[1] OBERSTE-BRINK, K., Ed. HOFMANN, H.-G. v. BOMHARD, A. AMBERGER, R. GÖTZE u. M. HERMANN: Steinkohlenflugasche, Einfluß auf Boden, Pflanzen und Milchkühe (Schriftenreihe d. Ver. f. Wasser-, Boden- u. Lufthygiene, Berlin-Dahlem, hrsg. von E. TIEGS, Nr. 11), Stuttgart: G. Fischer 1956.

[2] Nach Mitt. VGB H. 34/35 (1955).

Zahlentafel 23–9. *Physiologische Wirkung von Gasen und Dämpfen auf den Menschen*[1,2,3]

| Bestandteil | Formel | Primärwirkung | Reizschwelle | | Toxische Dosis |
			MAK-Werte mg/m³*	Sonstige Werte mg/m³	mg/m³**
Acrolein	$CH_2=CH-CHO$	Augenreizung	1 ([1,2])		350—500 ([2])
Ammoniak	NH_3	Rachenreizung, Ödeme	76 ([1,2])	35 ([3])	1900 ([2])
					200 ([3])
Chlorwasserstoff	HCl	Rachenreizung	8 ([1,2])		1600 ([2])
Fluorwasserstoff	HF	Rachenreizung	3 ([1,2])		45— 90 ([2])
Formaldehyd	HCHO	Augenreizung	7 ([1,2])		25—120 ([2])
Kohlenmonoxyd	CO	Kopfschmerzen, Herzwirkung	120 ([1,2])		2400 ([2])
Kohlenwasserstoffe					25000 ([2])
Benzol	C_6H_6	Brechreiz, Übelkeit	140 ([1,2])	100 ([3])	10000 ([3])
Benzine	C_6H_{14} u. a.	Brechreiz, Schwindelanfall	1800 ([1,2])		80000 ([2])
Stickoxyde	NO, NO_2	Reizung, Ödeme	50 ([1,2])		150—250 ([2])
Schwefeldioxyd	SO_2	Rachen- und Lungenreizung	25 ([1])	4 ([3])	130—650 ([2])
					100 ([3])
Schwefeltrioxyd	SO_3	Rachenreizung	7 ([2])		35 ([2])
Schwefelwasserstoff	H_2S	Paralyse	30 ([1,2])	1 ([3])	750 ([2])
					100 ([3])

* Die Werte sind z. T. aus ppm in mg/m³ umgerechnet worden.

[1] OETTEL, H.: Die maximale Arbeitsplatzkonzentration (= MAK-Werte) schädlicher Gase, Dämpfe und Stäube. Die Berufsgenossenschaft. Betriebssicherheit (Febr. 1954) S. 47—50.

[2] JOHNSTONE, H. F.: Properties and Behavior of Air Contaminants. Ind. Med. and Surg. 19 (1950) S. 102—106.

[3] GROSSKOPF, K.: Objektive Gaserkennung. Draeger-Hefte, Nr. 216 (Mai/Juli 1950) S. 4630—4634.

Arbeitsplatzkonzentration, die ohne Schädigung acht Stunden lang ertragen werden kann).

Auf die Bedeutung des Automobilverkehrs wurde bereits hingewiesen (s. S. 605). Die Zunahme des Verbrauchs an Heizöl wirft überdies eine Reihe lufthygienischer Fragen auf, die angesichts der zu erwartenden Verschiebung des Anteils der flüssigen und festen Brennstoffe künftig noch schärfer in Erscheinung treten werden[1].

Über die Abgase metallurgischer und chemischer Betriebe (,,Hüttenrauch‘‘), die Chlor, Salzsäure, Fluorverbindungen, Stickstoffsäuren, Ammoniak, Schwefelwasserstoff u. a. m. enthalten können, vgl. die Spezialliteratur[2, 3].

Als ein gefährlicher Bestandteil der Luft ist auch das Ozon (O_3) anzusprechen. Seine Herkunft und Bildung ist nicht ganz klar, aber dank seiner Reaktionsfreudigkeit, die durch Lichteinwirkung und Freisetzung atomaren Sauerstoffs

$$O_3 \rightarrow O_2 + O$$

verstärkt wird, reagiert es mit Kohlenwasserstoffen (Olefinen) und besonders lebhaft mit Stickoxyd (NO) und trägt so wesentlich zur Smog-Bildung bei[4, 5].

Sachschäden durch Rauchgase. Der Angriff der Rauchgase oder ihrer Bestandteile auf Bauwerke[6] beruht teils auf der Verstärkung der Verwitterungswirkung des Wassers durch seine Ansäuerung, teils auf der spezifischen Wirkung der Schwefelsäure. Die schweflige Säure (SO_2) wird an der Luft und im Regenwasser, welches SO_2 absorbiert, zu Schwefelsäure oxydiert und bildet als solche Schwefelverbindungen (Sulfate) des Kalziums, des Magnesiums, des Aluminiums, des Eisens usw. Also aus dem $CaCO_3$ (im Baustoff) entsteht $CaSO_4$, welches dann zu $CaSO_4 \cdot 2\,H_2O$ hydratisiert wird, d. h. Kristallwasser anlagert, ein Vorgang, der mit einer starken Volumvermehrung verbunden ist. Durch den Kristallisationsdruck wird eine Sprengwirkung hervorgerufen. Treten aber erst einmal Spuren einer Zersetzung auf, so schreitet die Zerstörung

---

[1] HETTCHE, H. O.: Biologische Auswirkungen der Verbrennung von Öl in Feuerungen. Mitt. VGB H. 46 (1957) S. 6—10, — Hygienische Fragen zum gesteigerten Mineralölverbrauch. Gesundh.-Ing. 81 (1960) Nr. 6 S. 163—169 u. Nr. 7 S. 201—205.

[2] LOESER, C.: Abgase. Technik ihrer Entrußung, Entstäubung und Entgiftung, Berlin: Bornträger 1940.

[3] BREDEMANN, G.: Biochemie und Physiologie des Fluors und der industriellen Fluor-Rauchschäden, 2. Aufl., Berlin: Akademie-Verlag 1956.

[4] CADE, R. D., u. H. S. JOHNSTON: Chemical reaction in Los Angeles smog. Proc. Second Natl. Air Pollution Symposium. Pasadena 1952, S. 28—34.

[5] HAAGEN-SMIT, A. J., C. E. BRADLEY u. M. M. Fox: Formation of ozone in Los Angeles smog. Proc. Second Natl. Air Pollution Symposium. Pasadena 1952, S. 54—56.   [6] GRAF, O., u. H. GOEBEL: Schutz der Bauwerke gegen chemische und physikalische Angriffe, Berlin: Verlag W. Ernst & Sohn 1930.

und Verwitterung schnell fort. Weitere Schäden können durch Flugaschenablagerungen auftreten; sie spalten bei ihrer Durchfeuchtung durch das Regenwasser Schwefelsäure ab und können so zerstörend auf die Unterlage einwirken.

Über die korrodierende Wirkung der Industrieluft auf Stahl und andere Metalle besteht eine umfangreiche Literatur[1]. Andere Stoffe, wie Textilien, Leder u. a., werden von SO_2-haltiger Luft angegriffen. Besonders verheerend kann sich die Immission der sauren Rußflocken von Schwerölfeuerungen darauf auswirken. Gummi wird von Ozon und Ozoniden (höhermolekulare Sauerstoffverbindungen) zerstört; der „Gummitest" dient daher auch zum Nachweis von Ozon.

Gesetzliche Regelungen. Vom rechtlichen Standpunkt sind die verschiedensten Wege eingeschlagen worden, um Belästigungen durch Rauch, Schäden der Volksgesundheit zu vermeiden und die Anlieger industrieller Anlagen zu schützen. Mit so drastischen Maßnahmen wie dem Verbot bestimmter Brennstoffe (etwa der Verwendung der Seekohle in London, um 1300) oder des Verbotes oder der Aussiedlung bestimmter Gewerbe und Industrien ist der notwendige Kompromiß zwischen Bedürfnis und Annehmlichkeit nicht zu erreichen.

In zahlreichen Ländern sind daher Enqueten und Untersuchungen zur Frage der Luftverunreinigung veranstaltet worden, meist mit dem Zweck, die Möglichkeiten einer gesetzlichen Regelung oder Neuregelung dieser brennenden Probleme zu untersuchen[2]. Die Form der gesetzlichen Regelung dieser Fragen ist in allen Ländern verschieden, in den meisten in der Umbildung begriffen. In der Bundesrepublik ist 1959 eine Änderung der Gewerbeordnung beschlossen worden, wobei die technische Vorarbeit von der VDI-Kommission „Reinhaltung der Luft"[3] geleistet worden ist. Ihre Empfehlungen werden in Form von Richtlinien[4] herausgegeben und in dem VDI-Handbuch Reinhaltung der Luft (Lose-Blatt-Sammlung der Richtlinien) zusammengefaßt.

Dem Schutz des Bodens und des Grundwassers hat der Gesetzgeber einzelner Länder — in Anbetracht der sich häufenden Unfälle von Öl- und Treibstoffverlusten durch undicht werdende, häufig auch ungenügend korrosionsgeschützte Tankanlagen und in der Sorge um die künftige

---

[1] Tödt, F. (Hrsg.): Korrosion und Korrosionsschutz, Berlin: de Gruyter 1955. — Klas, H., u. H. Steinrath: Die Korrosion des Eisens und ihre Verhütung. Düsseldorf: Verlag Stahleisen 1956.

[2] Als Beispiel sei der „Beaver-Report" in England genannt: Committee on Air Pollution. London 1954. H. M. Stat. Office. Cmd. 9322.

[3] Über Gliederung und Arbeitsgebiete der VDI-Kommission Reinhaltung der Luft s. VDI-Nachr. 13 (1959) Nr. 3 S. 12—14; — ferner K. Schwarz: Arbeitsschwerpunkte, Forschungsvorhaben und Arbeitsergebnisse der Kommission Reinhaltung der Luft. Staub 19 (1959) Nr. 5 S. 192—197.

[4] Bisher erschienen: VDI 2090 bis 2099.

Trinkwasserversorgung — durch besondere Verordnung Rechnung getragen, so im Lande Nordrhein-Westfalen[1]. Wünschenswert wäre eine Kontrollmöglichkeit aller Tankanlagen und ihre Unterbringung in begehbaren Betonwannen, die Sickerverluste unmöglich machen, Außen- oder Innenkorrosionen vermeiden und Schäden sofort erkennbar werden lassen.

Die Maßnahmen zur Minderung der Schäden, seien sie nun gesetzlich verankert oder aus eigenem Verantwortungsbewußtsein des Verbrauchers ergriffen, können in folgendem bestehen: Einbau möglichst wirksamer Staubabscheider, Entfernung schädlicher Rauchgasbestandteile, insbesondere des SO_2 und SO_3, durch Auswaschen oder durch trockene Adsorptionsmethoden, Bau hoher Schornsteine zur Erzielung einer stärkeren Verdünnung der Rauchgase, Übergang auf andere, insbesondere schwefelärmere Brennstoffe, Entschwefelung der Brennstoffe, insbesondere der schweren Heizöle, und Umstellung in den Verbrauchergewohnheiten. Die radikalste Umstellung in der Heizungstechnik wäre der Übergang auf Fernheizung oder Blockheizung und die Beschränkung der Einzelheizanlagen auf die Edelenergien Gas und Strom. Der elektrische Strom, vorzugsweise in der Form der Speicherheizung, die einen Ausgleich der Belastungstäler und -spitzen der Kraftwerke gestattet, bietet — eine entsprechende Entwicklung und einen Ausbau der Verteilungsnetze vorausgesetzt — ein Höchstmaß an Bequemlichkeit und Sauberkeit, bietet bauliche Vorteile durch Wegfall von Schornsteinen, Vorratsräumen oder Behältern und käme den Forderungen der Hygieniker am weitesten entgegen.

Die Ölfeuerung

Die Verfeuerung von Heizöl[2] erfolgt nach drei Methoden: Durch eine Verdampfung mit nachfolgender Verbrennung der Öldämpfe, durch

---

[1] Stahl u. Eisen 79 (1959) Nr. 20 S. 1452—1456, — Ministerialbl. f. d. Land Nordrhein-Westfalen 12 (1959) Nr. 57 Sp. 1286—1306.

[2] ESSICH, O. A.: Die Ölfeuerungstechnik, 2. Aufl., Berlin 1921. — SCHULZ, B.: Die Ölfeuerung unter besonderer Berücksichtigung der Erfahrungen in den in- und ausländ. Kriegs- und Handelsmarinen. Halle/S. 1925. — ROMP, H. A.: Oil Burning. Den Haag 1937. — LUBBOCK, I., F. J. BATTERSHILL u. R. H. B. FORSTER: The industrial application of fuel oils, incl. burner practice. — BRAME, J. S. S.: Utilisation of fuel oil for steam raising purposes. In: DUNSTAN, A. E., A. W. NASH, B. T. BROOKS u. Sir H. TIZARD: Sci. Petroleum, Bd. 4, London/New York/Toronto 1938, S. 2525—2553. — HASLAM, R. T., u. R. P. RUSSELL: Fuels and their Combustion, New York u. London 1926, S. 468—508. — BRAME, J. S. S., u. J. G. KING: Fuel, 4. Aufl., London 1935, S. 197—207. — HEIPLE, H. R., u. W. A. SULLIVAN: Mechanisms of combustion and their relation to oil-burner design. Trans. A.S.M.E. 70 (1948) Nr. 4 S. 343—350. — Zur Theorie: Sci. Petroleum, Bd. 4, London/New York/Toronto 1938 (NEWITT, D. M., u. D. T. A. TOWNEND: Combustion phenomena of hydrocarbons, S. 2860—2883. Combustion phenomena at high pressures, S. 2884—2893. — BOERLAGE, G. D., u. J. J. BROEZE: Combustion research in compression-ignition engines, S. 2894—2908).

eine Zerstäubung des Öles, Vermischung des so entstandenen Ölnebels mit der Verbrennungsluft, wobei die Verdampfung der Tröpfchen im Brennraum selbst erfolgt, und durch Vergasung des Öles mit nachfolgender Verbrennung des Ölgases. Für das Verhalten im Verdampferbrenner sind besonders die Flüchtigkeit (Flammpunktbestimmung nach PENSKY-MARTENS oder nach MARCUSSON, DIN DVM 3661), die Verdampfungswärme und die Zündgrenzen, im Zerstäuberbrenner die Viskosität, Oberflächenspannung und Dichte und für beide Fälle der Koksrückstand maßgebende Brennstoff-Kenngrößen. Die verwickelten Oxydationsreaktionen, die ihrerseits in ihrem Charakter von der Temperatur abhängen und verschiedenartige Reaktionszwischenprodukte liefern (Radikale OH, CH, C_2) und sich daher auch durch verschiedene Strahlungseigenschaften charakterisieren lassen („blaue Flamme" oder kalte Verbrennung, „grüne Flamme", „leuchtende Flamme" [Rußsuspensionen]), werden begleitet von anderen Umwandlungsreaktionen wie Krackung, Polymerisation, Isomerisation usw. Kohlenstoffablagerungen (Gefahr von Koksansätzen, Düsenverstopfungen) werden einer Polymerisation des C_2-Radikals zugeschrieben[1].

Verdampferbrenner[2] kommen nur für Leichtöle und Kleingeräte in Frage. Bei Industriefeuerungen[3] herrschen die Zerstäuberbrenner vor. Je nach Art der Zerstäubung unterscheidet man:

1. Luftzerstäubung,
2. Dampfzerstäubung,
3. mechanische Zerstäubung (Öldruckzerstäubung),
4. Kombinationen von Öldruck- und Dampfzerstäubung,
5. mechanische Zerstäubung durch Fliehkraft.

Die Luftzerstäubung kommt nur für Kleinanlagen in Frage; das Öl, das hochwertig und dünnflüssig sein muß, fließt dem Brenner aus dem hochliegenden Tank zu und wird von der mit einem Druck von 100 bis 200 mm WS zugeführten Verbrennungsluft zerstäubt. Im Gegensatz dazu ist die Dampfzerstäubung von der zugeführten Luftmenge un-

---

[1] SMITH, E. C. W.: The emission spectrum of hydrocarbon flames. Proc. roy. Soc., Lond. (A) 174 (1940) S. 110—115. — SPALDING, D. B.: The combustion of liquid fuels. IV. Symposium (International) on Combustion (1952) S. 847—864, — s. auch Fuel 29 (1950) Nr. 1 S. 25—32; 30 (1951) Nr. 6 S. 121—130. — SPALDING, D. B., u. A. G. SMITH: Verbrennung flüssiger und fester Brennstoffe als Grenzschichtproblem. BWK 10 (1958) Nr. 6 S. 271—273. — BROWN, A. M.: Pressure jet oil burners for boiler use. Residential Conf. on Major Developments in Liquid Fuel Firing 1948—1959. Torquay 1959, London 1960. The Inst. of Fuel S. A-44 bis A-52, — J. Inst. Fuel 32 (1959) Nr. 224 S. 409—417.

[2] HANSEN, W.: Die Gebäudebeheizung mit Heizöl, Berlin/Göttingen/Heidelberg: Springer 1956.

[3] HANSEN, W.: Heizöl-Handbuch für Industriefeuerungen, Berlin/Göttingen/Heidelberg: Springer 1959.

abhängig, sie arbeitet daher mit geringerem Luftüberschuß und mit gleichbleibender Zerstäubungsgüte in weitem Lastbereich. Nachteilig ist der hohe Dampfverbrauch, der 2 bis 3% der Kesselleistung ausmacht, in ungünstigen Fällen auch noch mehr. Am weitesten verbreitet ist in Industrie- und Kesselanlagen die Druckzerstäubung. Sie arbeitet mit Öldrücken (je nach Brennergröße) von 7 bis 35 atü. Der Vorteil liegt in dem geringeren Energieverbrauch für die Zerstäubung, der Nachteil in der Abhängigkeit der Zerstäubungsgüte von der Belastung und dem dadurch beschränkten Regelbereich. Die Anpassung an die Leistung kann daher in größerem Bereich nur durch Abschalten einzelner Brenner und durch Auswechseln der Düsen durch solche kleinerer Bohrung erfolgen. Bei kleinen Düsenbohrungen besteht die Gefahr einer Verstopfung. Der Brennerverschleiß beeinflußt die Güte der Zerstäubung und den Winkel des Zerstäubungskegels; eine laufende Nachprüfung der Düsenbohrungen (Durchmesser und Rundheit) ist daher notwendig. Demgegenüber bietet die Zerstäubung durch Fliehkräfte die Möglichkeit einer gleichbleibenden, lastunabhängigen Zerstäubung, was durch eine von einem Motor oder einer Preßluftturbine angetriebene rotierende Schale erreicht wird. Bei dieser Bauart sind Einzelleistungen eines Brenners bis 1,5 t/h Öl möglich (Beispiel Saacke-Brenner). Im Schiffsbetrieb, dem wichtigsten Anwendungsgebiet für Ölfeuerungen[1], herrschen mechanische Zerstäuberbrenner vor.

Verdampferbrenner sind noch in der Entwicklung begriffen. Die Verdampfung erfolgt (z. B. beim Intherma-Brenner) nach einer Vorzerstäubung bei niedrigem Druck (1,5 bis 2,5 atü) durch Preßluft oder Dampf von 1,2 bis 2 atü, wobei deren Überhitzung auf 550 bis 600 °C am Brenner selbst erfolgt. Die Einhaltung sehr niedriger Luftüberschüsse wird als besonderer Vorteil angeführt[2].

Das Heizöl muß frei von festen Bestandteilen und genügend dünnflüssig sein, um leicht gefördert und wirksam zerstäubt werden zu können. Zu diesem Zweck wärmt man es bereits im Tank leicht (auf etwa 40 °C), vor dem Brenner je nach seiner Zähigkeit weiter bis auf 70 bis 150 °C vor, so daß seine Zähigkeit im Brenner etwa bei 2 bis 4° Engler liegt. Die sorgfältige Überwachung der Zähigkeit (bzw. der Ölvorwärmtemperatur am Brenner) ist daher unbedingt erforderlich.

Über die Auflösung des Flüssigkeitsstrahles, die Tropfenbildung, die Tropfengröße, die Strahl- bzw. Tropfengeschwindigkeit, die Reichweite und den Strahlwinkel liegen zahlreiche Untersuchungen vor, da dieses Problem ja auch für den Dieselmotor eine entscheidende Rolle

---

[1] WARNEKE, H.: Ölfeuerungen auf Handelsschiffen. Feuerungstechn. 25 (1937) Nr. 6 S. 177—179. — BEHRENS, W.: Betriebserfahrungen mit Ölfeuerungen im Schiffskesselbau. Mitt. VGB H. 46 (1957) S. 40—45.
[2] HANSEN, W.: s. Fußn. 3 S. 620.

spielt[1]. Beim Brenner[2] sind zwar die Einspritzdrücke geringer, die Tropfen daher auch größer, aber es steht ja auch ein größerer Raum und eine längere Zünd- und Brennzeit zur Verfügung. Diese Forschungsarbeit auf dem Gebiete der Dieselmotoreneinspritzung kommt der Ölfeuerung besonders zugute, wenn es sich darum handelt, Schweröle wirtschaftlich zu verfeuern. Dieses Problem ist durch die mechanische Zerstäubung selbst bei Weichpech mit Erfolg gelöst worden, wobei durch Anwendung einer Ölrückführung aus der Düsenkammer sogar ein sehr weiter Regelbereich (1 : 10) erreicht werden konnte[3]. Neben einer kleinen Tröpfchengröße und einer guten Tropfenverteilung wird zur Erzielung einer guten Raumausnutzung ein breiter Strahlwinkel angestrebt. Der Strahlwinkel steigt mit dem Druck und mit zunehmen-

---

[1] KÜHN: Über die Zerstäubung flüssiger Brennstoffe. Diss. Danzig 1927. — HAENLEIN, A.: Über den Zerfall eines Flüssigkeitsstrahles. Forschung 2 (1931) H. 4 S. 139—149. — SASS, F.: Neuere amerikanische und deutsche Untersuchungen über Druckeinspritzung bei Dieselmotoren. Forschung 2 (1931) H. 10 S. 351—358. — HOLFELDER, O.: Zur Strahlzerstäubung bei Dieselmotoren. Forschung 3 (1932) H. 5 S. 229—240, — Der Einspritzvorgang bei Dieselmotoren. Z. VDI 76 (1932) H. 51 S. 1241—1244. — KLÜSENER, O.: Zum Einspritzvorgang in der kompressorlosen Dieselmaschine. Z. VDI 77 (1933) H. 7 S. 171/72. — SCHWEITZER, P. H.: s. unter SASS, ferner Pennsylvania State College Bull. Nr. 12 (1930), Nr. 20 (1934), Eng. Exp. Sta. Bull. Nr. 46 (1937). — ZINNER, K.: Neuere Anschauungen über den Zündvorgang im Dieselmotor. Z. VDI 83 (1939) H. 39 S. 1073—1079. — DE JUHASZ, K. J.: Dispersion of sprays in solid-injection oil engines. Trans. A.S.M.E. 53 (1931) S. 65—77, — Über die Auflösung und Verteilung des Kraftstoffstrahles in Einspritzmotoren. Autom.-techn. Z. 35 (1932) S. 177—179. — DE JUHASZ, K. J., O. F. ZAHN jr. u. P. H. SCHWEITZER: On the formation and dispersion of oil sprays. Pennsylvania State College. Eng. Exp. Sta. Bull. Nr. 40 (1932). — DE JUHASZ, K. J.: Bibliography on Sprays, New York 1948. — DE JUHASZ, K. J., u. W. E. MEYER: Supplement Nr. 1, New York: The Texas Co. May 1949.

[2] GLENDENNING, E. B., A. R. BLACK, L. H. VENTRES u. W. A. SULLIVAN: Atomization of oil by small pressure atomizing nozzles. Trans. A.S.M.E. 61 (1939) Nr. 5 S. 373—381, — Ref. Z. VDI 84 (1940) Nr. 16 S. 274/75. — JOYCE, J. R.: The atomisation of liquid fuels for combustion. J. Inst. Fuel 22 (1949) Nr. 124 S. 150—156. — JOYCE, J. R., u. B. V. POULSTON: Atomization and combustion of liquid Fuel. Residential Conference on Major Developments in Liquid Fuel Firing. 1948—59. Torquay 11.—14. Mai 1959, London: Institute of Fuel 1960. — INGEBO, R. D.: Atomization, acceleration and vaporization of liquid fuels. VI. Symposium (International) on Combustion, New Haven, Conn., New York: Reinhold Publ. Corp. 1956, S. 684—687. — FRASER, R. P.: Liquid fuel atomization. VI. Symposium (International) on Combustion, New Haven, Conn., New York: Reinhold Publ. Corp. 1956, S. 687—701. — KLING, R.: Mikrofotografische Untersuchungen von Brennstoffnebeln in Brennkammern. BWK 10 (1958) Nr. 6 S. 257—263. — KLEIN, E.: Messung und Darstellung der Tropfengrößenverteilung in einem Zerstäuberstrahl. BWK 10 (1958) Nr. 6 S. 263—269. — GEBHARDT, H.: Die Tropfengröße bei Drallzerstäubung. BWK 10 (1958) Nr. 8 S. 361—366.

[3] BARGEBOER, A.: The use of pitch as a fuel. J. Inst. Fuel 13 (1940) H. 73 S. 265—269.

der Dünnflüssigkeit an; auch wird er von der Düsenform, ihrer Länge und der Axial- und Radialkomponente der Strahlgeschwindigkeit mitbestimmt, die durch Düseneinsätze, die Größe der Düsenkammer, durch tangentiale Einströmung in die Düsenkammer und ähnliche bauliche Maßnahmen beeinflußt werden. Der Düsendurchmesser richtet sich hauptsächlich nach der geforderten Durchsatzmenge, die ihrerseits vor allem druckabhängig ist. Je kleiner der Durchmesser ist, um so kürzer ist die Zerfallszeit des Strahles, um so schneller geht die Auflösung in Tropfen vor sich. Die Tropfengröße bewegt sich in der Größenordnung von 0,08 bis 0,20 mm; kleinere Tröpfchen werden beim Eintritt in den Feuerraum schnell verdampfen, größere jedoch, ähnlich wie bei den festen Brennstoffen in der Staubfeuerung, vom Luftsauerstoff von außen her abgebaut werden. Die Verbrennung flüssiger Brennstoffe nimmt etwa eine Mittelstellung ein zwischen der Volumreaktion einer Gasfeuerung und der Oberflächenreaktion einer Staubfeuerung. Die Tropfenverteilung folgt dem ROSIN-RAMMLERschen Gesetz[1]; der Verteilungsfaktor n pflegt bei Ölzerstäubung zwischen 2 und 4 zu liegen[2,3,4]. WENTZEL[4], PROBERT[2] und WOLFHARD und PARKER[5] haben Berechnungen der Verdampfungsgeschwindigkeit der Tröpfchen angestellt.

Die Brennzeit liegt in der Größenordnung von 0,06 bis 0,6 s und steigt etwa mit dem Quadrat des Tröpfchendurchmessers. Durch Versuche an fallenden Tropfen und an hängenden, an dünnen Drähten aufgehängten Tropfen hat man versucht, den Ablauf der Verbrennung zu beobachten[6] und daraus theoretische Vorstellungen über die Brennzeit und ihre wichtigsten Einflußgrößen abzuleiten.

---

[1] Vgl. S. 8 ff.

[2] PROBERT, R. P.: The influence of spray particle size and distribution in the combustion of oil droplets. Phil. Mag. 37 (1946) Nr. 265 S. 94—105.

[3] JOYCE, J. R.: s. Fußn. 2 S. 622.

[4] WENTZEL. W.: Zum Zündvorgang im Dieselmotor. Forschung 6 (1935) Nr. 3 S. 105—115

[5] WOLFHARD, H. G., u. W. G. PARKER: Evaporation processes in a burning kerosine spray. J. Inst. Petroleum 35 (1949) Nr. 302 S. 118—125.

[6] GODSAVE, G. A. E.: Studies on the combustion of drops in a fuel spray, — The burning of single drops of fuel. IV. Symposium (International) on Combustion, Cambridge, Mass. 1952, Baltimore: Williams & Wilkins 1953, S. 818 bis 830. — HALL, A. R., u. J. DIEDERICHSEN: An experimental study of the burning of single drops of fuel in air at pressures up to twenty atmospheres. IV. Symposium (International) on Combustion, Cambridge, Mass. 1952, Baltimore: Williams & Wilkins 1953, S. 837—846. — HOTTEL, H. C., G. C. WILLIAMS u. H. C. SIMPSON: Combustion of droplets of heavy liquid fuels. V. Symposium (International) on Combustion, Pittsburgh, Pa. 1954, New York: Reinhold Publ. Corp. 1955, S. 101—129. — KOBAYSI, K.: An experimental study on the combustion of a fuel droplet. V. Symposium (International) on Combustion, Pittsburgh, Pa. 1954, New York: Reinhold Publ. Corp. 1955, S. 141—148. — NISHIWAKI, N.: Kinetics of liquid

Die Verbrennung erfolgt in drei Phasen: Aufheizung der Tropfen bis zum Verdampfungsbeginn, Verdampfung des Tropfens und Zündung des Öldampfes und Ausbrand des Öldampfes und der durch die Erwärmung gebildeten Rußpartikel. Zerstäubungsgüte und richtige Vorwärmtemperatur des Öles sind daher eine wichtige Voraussetzung. Der absolute Druck in der Brennkammer übt nur einen ganz geringen Einfluß auf die Brennzeit aus.

Die genaue Regelung und Messung der Öl- und Luftzufuhr zu jedem einzelnen Brenner ist wesentlich, wenn mit Rücksicht auf die Wirtschaftlichkeit und die Unterdrückung der SO_3-Bildung (s. S. 346) mit kleinstem Luftüberschuß gefahren werden soll (2 bis 5%).

Die Feuerraumbelastung liegt bei Kesselfeuerungen bei Flammrohrkesseln bei 180000 bis 200000 kcal/m³ h (209 bis 230 kJ/m³ s); bei Wasserrohrkesseln mit gekühlten Feuerräumen bei 500000 bis $1{,}5 \cdot 10^6$ kcal/m³ h (580 bis 1745 kJ/m³ s); bei hochbelasteten Schiffskesseln bis $1{,}8 \cdot 10^6$ kcal/m³ h (2090 kJ/m³ s) mit Spitzenbelastungen bis $2{,}58 \cdot 10^6$ kcal/m³ h (3000 kJ/m³ s). Eine weitere wesentliche Steigerung ist durch Druckfeuerungen möglich.

Sonderprobleme der Heizölverwendung

Während die Verbrennung flüssiger Brennstoffe besonders leicht vor sich geht und keine ungelösten Probleme enthält, kommen bei der Verwendung von Heizölen, besonders von schweren Rückstandsölen, verschiedene Nebenerscheinungen zum Zuge, die Beachtung verdienen. Es sind dies Maßnahmen zum Schutz des Bodens und Grundwassers, Auswurf von Ruß und Rußagglomeraten, Auswurf von SO_2, SO_3 und von sogenannten „Smog"-Bildnern, Heizflächenverschmutzungen und Verschlackungen, Hochtemperatur- und Tieftemperaturkorrosionen.

Die Probleme der Wasser-, Boden- und Lufthygiene werden S. 614 im Zusammenhang behandelt.

Die Heizflächenverschmutzungen können entstehen durch Schlackenansätze im Hochtemperaturgebiet (am häufigsten Schlackenablagerungen am Feuerraumboden, gelegentlich Ansätze an Feuerraumwänden und an Überhitzerrohren) und durch meist lockere Ablagerungen von Ruß- und Aschepartikeln sowie von Niederschlägen von freier Schwefelsäure, die von den feinsten Feststoffen adsorbiert wird. Hinzu kommen,

combustion processes. Evaporation and ignition lag of fuel droplets. V. Symposium (International) on Combustion, Pittsburgh, Pa. 1954, New York: Reinhold Publ. Corp. 1955, S. 148—158. — BOLT, J. A., u. M. A. SAAD: Combustion rates of free falling fuel droplets in a hot atmosphere. VI. Symposium (International) on Combustion, New Haven, Conn. 1956, New York: Reinhold Publ. Corp. 1957, S. 717 bis 725. — KUMAGAI, S., u. H. ISODA: Combustion of fuel droplets in a falling chamber. VI. Symposium (International) on Combustion, New Haven, Conn. 1956, New York: Reinhold Publ. Corp. 1957, S. 726—731.

besonders im Tieftemperaturgebiet, die Korrosionsprodukte (Ferro- und Ferrisulfat).

Die Kenntnis der Ölschlacken, ihres chemischen und mineralogischen Aufbaues[1] und des Mechanismus der Ansatzbildung steckt noch in den Anfängen, und verschiedene Theorien sind aufgestellt worden, die noch einer weiteren Nachprüfung bedürfen. ZOSCHAK und BRYERS[2] vermuten, daß V_2O_5 und SiS (oder SiO) durch Molekulardiffusion die ersten Ansätze bilden und daß die Additive (Mg-Verbindungen) ein hochschmelzendes Magnesiumorthovanadat bilden.

Bei den losen, aber meist stark sauren Ansätzen im Gebiet der tiefen Temperaturen, in den Speisewasser- und Luftvorwärmern ist neben der Korrosionsgefahr auch die Brandgefahr zu beachten. Sie wird verstärkt bei häufig unterbrochenem Betrieb einer Kesselanlage, da durch das häufige An- und Abfahren unverbrannter Brennstoff anreichern und die Zündtemperatur der Ansätze erheblich herabsetzen kann[3].

Ein besonderes Emissionsproblem, das vor allem die unmittelbare Nachbarschaft der Kraftwerke betrifft, ist der Auswurf von Rußflocken. Auch bei gut eingestellter Verbrennung — und besonders bei dem Bestreben, mit kleinsten Luftüberschüssen auszukommen — bildet sich eine gewisse, dem Auge nicht sichtbare Rußmenge, die sich an den Heizflächen und auch an den Schornsteinwandungen absetzt. Große Agglomerationen, solche zudem durch Schwefelsäure angesäuerten Rußes, können dann gelegentlich von der Gasströmung mitgerissen werden. Wegen der Größe dieser Flocken fallen sie meist schon in 1 km Umkreis vom Schornstein wieder aus und erweisen sich als unangenehm wegen der Aggressivität gegenüber Textilien, Autolackierungen, Baustoffen u. a. m. Die Schwierigkeiten werden gemildert durch niedrigen Luftüberschuß (geringere Rauchgasschwierigkeiten im Kamin) und durch die Isolierung der Kamine besonders bei Blechkaminen[4], um die Ansatzbildung zu verringern. Eine Kaminausführung mit Doppelmantel, Innenisolierung des äußeren Mantels und Warmluftbeheizung schlägt SIMMONS[5] für korrosive Rauchgase vor.

---

[1] KIRSCH, H., u. W. PRUSS: Mineralogische und physikalisch-chemische Untersuchungen an Ölschlacken. Mitt. VGB H. 56 (1958) S. 329—338.

[2] ZOSCHAK, R. J., u. R. W. BRYERS: An experimental investigation of fuel additives in a supercharged boiler. ASME Paper 59-A-160.

[3] GUMZ, W.: Betriebserfahrungen mit Luftvorwärmern. Mitt. VGB H. 44 (1956) S. 325—342. — Vgl. auch I. WIVSTAD: Tekn. Tidskr. 84 (1954) Nr. 24 S. 557—560.

[4] BLUM, H. A., B. LEES u. L. K. RENDLE: The prevention of steel stack corrosion and smut emission with oil-fired boilers. J. Inst. Fuel 32 (1959) Nr. 219 S. 165—171.

[5] SIMMONS, T.: Tekn. Tidskr. 87 (1957) Nr. 24 S. 555/56, — Auszug Mitt. VGB H. 49 (1957) S. 291.

Hoch- und Tieftemperaturkorrosionen. Die größten Nachteile, verbunden mit Beschränkungen der Temperaturen nach oben (Überhitzungstemperatur) und nach unten (Abgastemperatur), liegen in den Gefahren der Hoch- und Tieftemperaturkorrosionen, die infolgedessen auch im Schrifttum einen breiten Raum einnehmen[1].

Die Hochtemperaturkorrosionen[2] werden verursacht durch Schlakkenansätze, in denen Natriumvanadate ($Na_2O \cdot V_2O_5$) und Natriumvanadylvanat ($Na_2O \cdot V_2O_4 \cdot 5\,V_2O_5$) vorkommen, deren Schmelzpunkt in der Größenordnung von 620 bis 630 °C liegt. Bei Überhitzungstemperaturen von über 550 °C (Wandtemperaturen über 600 °C) ist daher mit Korrosionen zu rechnen, die bei steigenden Temperaturen schnell ansteigen, um bei Temperaturen in der Größenordnung von über 800 °C das Maß „katastrophischer Korrosion" anzunehmen. Bei gleicher Wandtemperatur, aber steigender Gastemperatur ist ebenfalls ein Anstieg der Korrosion festzustellen[3]. Überhitzeraufhängungen müssen daher gekühlt oder durch Ummantelung geschützt werden, doch werden keramische Stoffe von den Vanadiumverbindungen ebenfalls angegriffen. Praktische Erfahrungen liegen bisher nur wenige vor, da die bisher mit schwerem Heizöl betriebenen Kessel meist unterhalb dieser Gefahrengrenze betrieben werden.

Die Heizflächenverschmutzungen beginnen schon weit unterhalb der Schmelztemperaturen, in starkem Maße bei Temperaturen über 430 °C (= 80% von T_s), so daß für die Sauberhaltung der Überhitzerheizflächen Rußbläser vorzusehen sind. Die freien Rohrabstände sollen 50 mm oder mehr betragen.

Eine wichtige Frage bei der Ausschaltung oder Minderung der Korrosionsgefahren ist die richtige Auswahl des Baustoffes der gefährdeten Konstruktionsteile. Die Materialauswahl muß allerdings, wie englische Untersuchungen[4] gezeigt haben, auf die Zusammensetzung

---

[1] Literaturzusammenstellungen vgl.: Gumz, W.: BWK 11 (1959) Nr. 6 S. 284 bis 292, Nr. 9 S. 425—429. — Moskovits, P. D.: Industr. Engng. Chem. 51 (1959) Nr. 10 S. 1305—1312. — Schlackenkunde, s. Fußn. 2 S. 590, dort S. 306—321. — Gumz, W.: Hoch- und Tieftemperaturkorrosionen in Kesselanlagen. Mitt. VGB H. 56 (1958) S. 305—319.

[2] Schab, H. W.: Bibliography of a decade of research on oil-ash corrosion by heavy fuels (1948—1958). J. Amer. Soc. Naval Engrs. 70 (1958) S. 761—771. — Slunder, C. J.: The residual oil-ash corrosion problem. Corrosion 15 (1959) Nr. 11 S. 601t—606t.

[3] Phillips, N. D., u. C. L. Wagoner: Oil-ash corrosions of superheater alloys in a pilot-scale furnace. Reduction by use of additives. ASME Paper 59-A-281.

[4] Corrosion I Committee, Council of British Manufacturers of Petroleum Equipment: Corrosion of heat-resisting alloys in the presence of fuel-oil ash and corrosion by vanadium pentoxide-sodium sulphate mixtures in laboratory tests: Correlation with corrosion by oil-ash in field tests. London, SW. 1. Brit. Petroleum Equipm. News 7 (1959) S. 54—69, s. auch Nickel-Berichte 8 (1960) H. 3 S. 71, H. 5 S. 147.

der in den Kesselanlagen entstehenden Ansätze Rücksicht nehmen. Diese Zusammensetzung, insbesondere der Vanadium- und Alkaligehalt, ist bei verschiedenen Ansätzen sehr verschieden, z. B. überwiegen in den Ansätzen die Alkalien in den Schiffskesseln, während sich bei Landanlagen das Vanadium stärker anreichert. Die Gründe liegen möglicherweise in dem großen Salzgehalt der Seeluft, die zusätzlich beträchtliche Alkalimengen in den Verbrennungsprozeß einbringt. Das Natrium/Vanadium-Verhältnis ist aber für die Korrosionsfragen sehr ausschlaggebend. Legierungen mit hohem Nickelgehalt ($> 60\%$) sind bei hohem Vanadiumgehalt der Beläge vorzuziehen, Legierungen mit niedrigem Nickelgehalt ($< 30\%$) bei hohem Alkaligehalt. Mittlere Nickelgehalte sind bei jedem Na/V-Verhältnis stark korrosionsanfällig. Eine relativ gute Beständigkeit zeigt ein ferritischer Stahl mit $0,35\%$ C und $25,8\%$ Cr; jedoch besitzt dieser Werkstoff eine niedrige Zeitstandfestigkeit bei hohen Temperaturen und ist gerade daher als Überhitzermaterial nicht sonderlich geeignet.

Tieftemperaturkorrosionen können verschiedene Ursachen haben; sie treten einmal auf, wenn der Säuretaupunkt unterschritten wird, und zwar am stärksten bei etwa 30 bis 40 °C unter dem Säuretaupunkt. Da der Säuretaupunkt bei Schwerölen in der Größenordnung von 150 bis 160 °C liegt, ist der Temperaturbereich (der Heizfläche) von 110 bis 130 °C stark gefährdet. Noch stärker wird die Korrosionsgefahr bei Unterschreitung des Wasserdampftaupunktes, der bei Ölen in der Größenordnung von 50 °C liegt. Die dann auftretende niedrigere Säurekonzentration wirkt besonders stark korrosiv; sie wird verstärkt durch die weitere Ansäuerung des Kondensates durch HCl, SO_2, CO_2 usw.

Eine zweite Ursache für Tieftemperaturkorrosionen sind Heizflächenbeläge insbesondere durch Sulfate (Alkalisulfate, Eisensulfate). Natriumsulfat ist in reinem Zustand zwar ungefährlich, aber schon bei 1% Chloridzusatz korrosiv. Bei den Eisensulfaten wird das Ferrosulfat (z. B. bei Stillstand) zu Ferrisulfat oxydiert und ist dann ebenfalls sehr aggressiv. Rußansätze sind häufig stark mit freier Schwefelsäure beladen und dadurch gefährlich. Verschmutzte Heizflächen sollten daher bei (längerem) Kesselstillstand möglichst unverzüglich gereinigt werden. Allzu häufiges Auswaschen allerdings fördert die Korrosion ebenfalls, da die sich bildenden Schutzschichten weggewaschen werden und das Waschwasser stark angesäuert wird. Nach Möglichkeit ist daher ein entsprechend alkalisiertes Wasser zu verwenden. Im Betrieb sind trockene Reinigungsmethoden wie Kugelregenreinigung zu empfehlen, wo sie anwendbar sind.

Bei der Eigenart des Verlaufs der Korrosions- und Niederschlagskurven ist die Frage häufig erörtert worden, ob es möglich und wirt-

schaftlich ist, die Rauchgasabkühlung so zu legen, daß die kältesten
Heizflächen in den Bereich von etwa 70 bis 90 °C kommen. Auch
dort ist allerdings die Korrosion nicht Null geworden, jedoch verringert, und man nimmt ohnehin kürzere Lebensdauer des kalten Luft-
vorwärmerendes in Kauf (auswechselbare Teile). Nachteilig bleibt
jedoch die Tatsache, daß in solchem Falle der „Korrosionspunkt" doch
durchschritten werden muß und daß jeder Betrieb unterhalb des Rauch-
gastaupunktes die Verschmutzung außerordentlich fördert. Es ist daher
sicherer, entweder den Taubereich ganz zu vermeiden, andernfalls
müssen Maßnahmen ergriffen werden, den Taupunkt herabzusetzen
oder Niederschläge zu neutralisieren.

Maßnahmen gegen die Korrosionsgefahren. Die notwendigen und
möglichen Maßnahmen zur Verhütung der Korrosion liegen teils auf
konstruktivem, teils auf betrieblichem Gebiet. Zur Vermeidung von
Hochtemperaturkorrosionen sollen Schlackenansätze vermieden und die
Rohrtemperaturen (auch die der Aufhängevorrichtungen) unter der
Gefahrengrenze (etwa 600 °C) gehalten werden. Auch die Materialauswahl hat einen gewissen Einfluß. Einen absolut korrosionsfesten
Brennstoff gibt es nicht, doch zeigen Stähle mit hohem Chromgehalt
meist ein etwas günstigeres Verhalten.

Eine weitere Möglichkeit besteht in der Anwendung von Additiven,
wozu insbesondere Dolomit, Magnesit, Magnesiumoxyd, Magnesium-
und Aluminiumhydroxyd u. a. m. in feinster Vermahlung vorgeschlagen
worden sind. Sie sollen die Schlacke so weit modifizieren, daß die Schmelzpunkte heraufgesetzt und ungefährliche Kalzium- und Magnesium-
vanadate entstehen. Da die Vanadiumentfernung aus dem Öl bisher
nicht geglückt ist, kommt der Entfernung der Alkalien, besonders
des Natriums, eine um so größere Bedeutung zu. Man hat von der
Möglichkeit des Auswaschens mit anschließender Auszentrifugie-
rung oder elektrostatischer Ausscheidung des Wassers, die technisch
durchaus möglich und wirtschaftlich tragbar ist, bisher nur im
Gasturbinen- und Schiffskesselbetrieb Gebrauch gemacht[1,2]; sie wäre
aber ebenso in stationären Anlagen (besonders bei Großkesselanlagen)
zu empfehlen[3].

Schutzmaßnahmen gegen Tieftemperaturkorrosionen liegen in einer
so zweckentsprechenden Wahl der tiefsten Gasaustritts- und Speise-
wasser- und Lufteintrittstemperaturen und in solchen Heizflächen-

---

[1] McMullen, J.J.: Washing bunker C fuel oil — an answer to slag and corrosion.
Boiler problems associated with use of bunker C fuel. Combustion 31 (1960) Nr. 10
S. 42 u. 46/47.

[2] Walls, W. A., u. W. S. Proctor: Water wash of bunker C retards boiler
slag of atlantic tanker. Combustion 31 (1960) Nr. 10 S. 43—45.

[3] Gumz, W.: Mitt. VGB H. 46 (1957) S. 66 (Diskussionsbemerkung).

anordnungen, daß die Wandtemperaturen außerhalb der gefährdeten Temperaturbereiche liegen. Die konstruktiven Möglichkeiten sind häufig erörtert worden[1]; sie liegen teils in der Vorerwärmung der eintretenden kalten Medien, teils in besonderer Schaltung, Teileinführung, Maßnahmen zur Beeinflussung der Wärmeübertragung u. a. m.

Betrieblich hat man versucht, den Schwierigkeiten von zwei Seiten her beizukommen: durch die Verbrennung mit möglichst geringen Luftüberschüssen (0,5 bis 0,8% O_2) und durch Zusätze zur Neutralisierung und adsorptiven Bindung der freien Schwefelsäure. Mit sinkendem Luftüberschuß steigt der SO_2-Teildruck, aber sinkt der SO_3-Anteil infolge des verringerten Sauerstoffangebotes. In Abb. 12–11 ist angenommen, daß das SO_3/SO_2-Gleichgewicht bei 1000 °C eingefroren sei. Es ergibt sich dann der gezeigte Verlauf der theoretischen Taulinie. Gleichzeitig steigt aber nach ROSBOROUGH[2] der Feststoffgehalt im Rauchgas (Rußsuspensionen), was dazu beiträgt, die freie Schwefelsäure adsorptiv zu binden. Selbstverständlich setzt eine solche Fahrweise hart an der Rußgrenze eine hervorragende Ölzerstäubung, sorgfältige Luftzuteilung und Regelung des Brennstoff-Luft-Verhältnisses bei allen Belastungen voraus. Ein anderes Dilemma entsteht aus der Tatsache, daß niedrige Luftüberschüsse und entsprechend hohe Verbrennungstemperaturen zu einer verstärkten NO-Bildung führen. Die Stickoxyde reagieren in der Luft mit Kohlenwasserstoffen und gelten als „Smog" (Rauchnebel)-Bildner, weshalb man in den USA bemüht ist, die NO-Bildung durch Herabsetzung der Flammenhöchsttemperaturen, z. B. durch eine zweistufige Verbrennung, zu vermindern[3]. Man wird daher dem Wunsch nach geringer NO- und geringer SO_3-Bildung am besten gerecht, wenn man durch Formgebung und Aufteilung der Brennkammern niedrige Flammentemperaturen bei niedrigen Luftüberschüssen anstrebt.

Als Additive sind vorgeschlagen worden: Dolomit, Magnesit, Magnesiumhydroxyd, Zinkstaub oder Zinkoxyd, Steinkohlenflugasche, Gichtstaub u. a. m. Flugasche glaubte man deshalb verwenden zu können, weil bei der gleichzeitigen Verfeuerung von Kohlenstaub und Öl die Aerosole (besonders SiO_2 und andere aus der Gasphase entstehende Feinstäube) eine gute Adsorptionswirkung zeigen. Die Erfahrungen mit solchen Additiven sind jedoch völlig uneinheitlich und an eine Reihe von Voraussetzungen geknüpft. Das Additiv muß dauernd und in richtiger Menge zugegeben werden, es muß auf den gesamten Strömungs-

---

[1] GUMZ, W.: Betriebserfahrungen mit Luftvorwärmern. Mitt. VGB H. 44 (1956) S. 325—342.

[2] Conference der ESSO Research „Fuel Oil Combustion Symposium", Abingdon 9.—11. Nov. 1959.

[3] AUSTIN, H. C., u. W. L. CHADWICK: s. Fußn. 8 S. 613.

querschnitt verteilt werden, es soll möglichst feinkörnig sein (die Empfehlungen reichen bis herab zu $2,6\,\mu$ Kornfeinheit[1], obwohl meist $16\,\mu$ oder mehr verwendet werden). Es soll, um wirksam zu sein, die Heizflächen bedecken, ohne sich zu größeren Ansätzen aufzubauen. Bei Dolomit betragen die Mengen meist 0,05 bis 0,2% der verfeuerten Ölmenge.

Die Nachteile liegen in der Lästigkeit der kontinuierlichen Staubzuteilung, in der Erhöhung des Staubauswurfs, der Verschmutzung der Heizflächen (besonders bei Überdosierung), in der manchmal unverläßlichen Wirksamkeit und der Schwierigkeit der gleichmäßigen Verteilung (wohl eine Hauptursache der Unverläßlichkeit). Manche Additive bereiten bei der Aufgabe Schwierigkeiten durch Klumpenbildung (MgO); öllösliche und dem Brennstoff zugemischte Additive (Magnesiumseifen, Magnesium- und Zinknaphthenat) ergeben zwar eine gute Verteilung, sind aber teuer. Die ursprünglich versuchte Zuführung von Stäuben (Dolomit) zum Öl mußte wegen des untragbar hohen Brennerverschleißes aufgegeben werden.

Ammoniak[2] in Dampfform in Mengen von nur 0,06% des Ölgewichts im Temperaturbereich von 300 bis 350 °C in das Rauchgas eingeblasen, wobei sich Ammonsulfat bildet, das dann von Zeit zu Zeit von den Heizflächen entfernt werden muß, erwies sich zunächst bei den ersten Versuchen als vielversprechend, dann aber — bei reiner Ölfeuerung — als ein Mißerfolg. Eine Schwierigkeit ist dabei, daß das Zwischenprodukt Ammonbisulfat (NH_4HSO_4) einen sehr niedrigen Schmelzpunkt besitzt (147 °C), daher zu Ansätzen neigt und selbst sehr korrosiv ist. Gelegentlich ist Ammoniak gleichzeitig mit Dolomit angewendet worden; dem Staub (in grober Form) kommt gegebenenfalls eine gewisse Reinigungswirkung zu, obwohl in solchen Fällen anderen Reinigungsmethoden (etwa Kugelregen) der Vorzug zu geben wäre.

Die neuere Entwicklung geht dahin, zunächst alle anderen Mittel der Korrosionsverhütung auszuschöpfen und nur notfalls noch als letztes Korrektiv zu der Anwendung von Additiven zu greifen. Nur dort, wo es um die Gefahren der Hochtemperaturkorrosionen geht, wird man einstweilen auf Additive angewiesen sein. Inwieweit ein besonderer Oberflächenschutz oder die Baustoffauswahl die Schwierigkeiten zu mindern vermögen, bleibt bei den wechselnden Erfolgen der bisherigen Bemühungen abzuwarten.

Als Oberflächenschutz ist ferner die Einsprühung von Pyridinen (heterozyklische tertiäre Amine, Produkte des Steinkohlenteeres) mit

---

[1] BERGAN, P.: Tekn. Tidskr. 87 (1957) Nr. 41 S. 981—984. — Auszug Mitt. VGB H. 51 (1957) S. 437.

[2] RENDLE, L. K., u. R. D. WILSDON: The prevention of acid condensation in oil-fired boilers. J. Inst. Fuel 29 (1956) Nr. 188 S. 372—380.

dem Siedebereich von 250 bis 350 °C vorgeschlagen[1], aber noch kein voll befriedigendes Ergebnis erzielt worden[2].

Der Schutz von Rauchgaskanälen, Ventilatoren, Filtern, Schornsteinen u. dgl. gegen Korrosionen durch Schutzüberzüge (bituminöse Stoffe, Lacke, Kunststoffe usw.) ist noch Gegenstand einer in Gang befindlichen Entwicklung, bei der ein endgültiges Urteil über die Schutzwirkung bei ausreichender Temperaturbeständigkeit für die einzelnen Produkte noch nicht gefällt werden kann[3].

Die Druckfeuerung

Bei Verbrennung unter einem höheren Druck als dem atmosphärischen kommt noch der Einfluß des Feuerraumüberdruckes und die höhere Gasdichte im Verbrennungsraum zur Auswirkung, die beide zu einer Erhöhung der Feuerraumbelastbarkeit führen. Herrscht der absolute Druck p_1 gegenüber einem Atmosphärendruck p_0, so lautet die Gleichung der Feuerraumbelastung

$$q = \frac{(H_u + I_l)\,3600}{(V_n)_{tm}\,z_{sch}} \frac{p_1}{p_0} \quad [\text{kcal/m}^3\,\text{h}]. \qquad (23\text{--}16)$$

(Bezeichnungen s. S. 558.)

Die Belastbarkeit steigt also direkt proportional mit dem Druck an. Dies gilt für alle Feuerungsarten, also für Staub-, Öl- und Gasfeuerungen.

Bei Ölfeuerungen mit mechanischer Zerstäubung kommt dazu noch der Einfluß der höheren Luftdichte, der sehr erheblich ist. Abb. 23-27 zeigt die Reichweite bzw. die Abnahme der Strahl-, d. h. der Tropfengeschwindigkeit in Abhängigkeit von der Luftdichte nach Messungen von P. H. SCHWEITZER[4]. Im dichteren Medium wird der Strahl wesentlich schneller abgebremst. Die Vernichtung der Energie auf kürzerem Wege führt

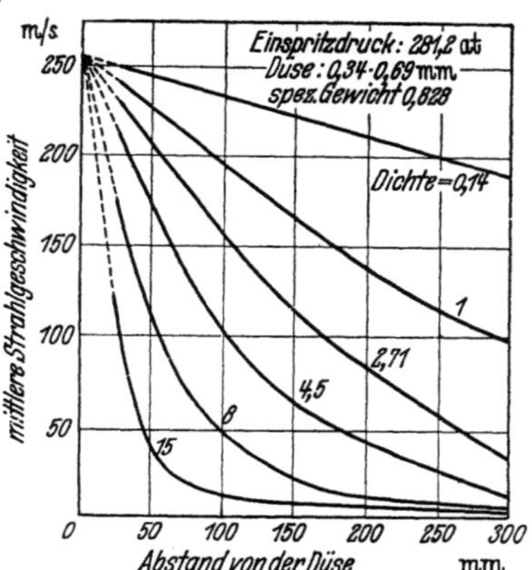

Abb. 23-27. Tropfengeschwindigkeit in Abhängigkeit vom Abstand von der Einspritzdüse und von der Luftdichte (nach SCHWEITZER). Einspritzdruck 281 at, Düsenabmessungen 0,34 × 0,69 mm, Zähigkeit des Öles 6,2 cSt, Wichte 0,828

---

[1] The Midland Tar Destillers, Ltd., Birmingham. Brit. Pat. 734190 1952. — BRETT-DAVIES, E., u. B. J. ALEXANDER: The use of heterocyclic tertiary amines for the control of corrosion caused by flue gases. J. Inst. Fuel 33 (1960) Nr. 231 S. 163—173. [2] JARVIS, W. D.: The selection and use of additives in oil-fired boilers. J. Inst. Fuel 31 (1958) Nr. 214 S. 480—491.

[3] Vereinigung der Großkesselbes.: Merkblatt Nr. 8 „Korrosionsschutz rauchgasberührter Anlageteile in Dampferzeugeranlagen". Essen, April 1959.

[4] SCHWEITZER, P. H.: Penetration of oil sprays. The Pennsylvania State College. Engng. Exp. Sta. Bull. Nr. 46 (1937).

daher am einzelnen Tropfen zu einer stärkeren Turbulenz. Der Strahlwinkel wird größer, die Zerstäubung feiner. Die Halbmesser der Öltröpfchen sind nach TRIEBNIGG[1] etwa

$$r = \frac{31{,}1}{p_{\ddot{u}}\,\gamma_l} \quad [\text{mm}], \qquad (23\text{-}17)$$

also umgekehrt proportional dem spezifischen Gewicht der Luft (d. h. des Gases im Verbrennungsraum, da hier die Verhältnisse im Dieselmaschinenzylinder der Betrachtung zugrunde liegen) und ebenfalls umgekehrt proportional dem Einspritzdruck des Öles $p_{\ddot{u}}$ atü. Da nach Gl. (2–1)

$$\gamma_l = \frac{p_1}{p_0}\gamma_0 \qquad (23\text{-}18)$$

ist, wird also auch der Tropfenhalbmesser umgekehrt proportional dem absoluten Druck bzw. der Dichte im Verbrennungsraum sein. Setzt man eine Oberflächenreaktion als bestimmenden Vorgang voraus und sieht man in erster Annäherung dabei die für Kohlenstaub gefundene Abhängigkeit der Brennzeit vom Teilchendurchmesser als gültig an, so würde nach Gl. (21–8) S. 471 die Brennzeit mit der 1,85ten Potenz des Tröpfchenhalbmessers steigen. Gegenüber einem unter atmosphärischem Druck stehenden Feuerraum würde die Belastbarkeit der Öldruckfeuerung nicht nur nach Gl. (23–16), sondern sogar mit der 2,85ten Potenz des Feuerraumdruckes steigen. Gegenüber der Normalfeuerung würde also eine Aufladung auf 2 ata eine 7,2fache, auf 3 ata eine 22,9fache und auf 4 ata bereits eine 52fache Brennkammerbelastung möglich machen. In Abb. 23–28 gibt die Strecke a

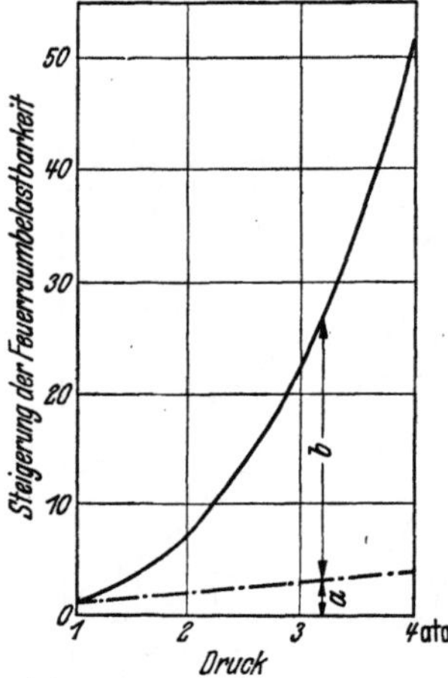

Abb. 23-28. Zunahme der Feuerraumbelastbarkeit einer Ölfeuerung mit dem Druck

die Steigerung der Belastbarkeit an, wie sie sich allein aus den Gasgesetzen ergibt, die Strecke b den zusätzlichen Einfluß der Verbesserung der Ölzerstäubung. Hierzu kommt, daß man höhere Öldrücke anwenden kann, ohne befürchten zu müssen, daß der Strahl zu dünn bleibt, also den Raum schlecht ausfüllt oder bis an die Rückwand gelangen könnte, da ja seine Reichweite (s. Abb. 23–27) so viel geringer ist. Daraus ist der Schluß zu ziehen, daß bei Staub- und Gasfeuerungen die Steigerungsmöglichkeit durch den Druck in mäßigen Grenzen bleibt, daß dagegen für die Heizölverfeuerung mit mechanischer Zerstäubung erhebliche Vorteile

---

[1] TRIEBNIGG, H.: Der Einblase- und Einspritzvorgang bei Dieselmaschinen, Wien 1925.

durch die Druckfeuerung erzielbar sind. Dies wird bestätigt durch Versuche mit Druckfeuerungen[1] besonders an Veloxkesseln[2].

Bei Aufladedrücken von $p = 2$ bis 3 ata wurden Feuerraumbelastungen von 6 bis $7,5 \cdot 10^6$ kcal/m³ h erreicht — nach KLINGELFUSS als Höchstwert $10 \cdot 10^6$ kcal/m³ h, d. i. im Mittel rund das Zehnfache gegenüber einer Normaldruckfeuerung, während bei Gichtgas nach NOACK nur 5 bis $5,5 \cdot 10^6$ möglich sind, also das Zwei- bis Dreifache einer Normaldruck-Gasfeuerung. Die Zerstäubung ist also ohne Zweifel durch die höhere Luftdichte wesentlich verbessert und die Brennzeit — übrigens auch bei minderwertigen Ölen — entsprechend gekürzt worden. Ob indessen diese Steigerungsmöglichkeit diese stets wachsende Tendenz unbegrenzt beibehält, wie es Abb. 23–28 vermuten ließe, kann nicht mit Sicherheit vorausgesagt werden, da bei höheren Drücken die Zerstäubung schließlich so vollkommen wird, daß der Verbrennungsvorgang mehr und mehr in den einer Gasfeuerung übergeht, mit anderen Worten, daß die Steigerungsfähigkeit doch einen Grenzwert erreicht, der gegeben ist durch den physikalischen Gas-Luft-Mischvorgang, der ja bei weitem nicht so stark vom Druck beeinflußbar ist. Mit Recht kann zwar noch geltend gemacht werden, daß bei der Druckfeuerung für die Gas- und Luftzuführung und -mischung erheblich höhere Überdrücke zur Verfügung gestellt werden können, worin ja auch ein Vorteil liegt, wenn er auch gegenüber den Möglichkeiten bei der Flüssigkeitszerstäubung kleiner sein wird.

Auf das Sondergebiet der Verbrennungskraftmaschinen soll hier nicht eingegangen werden. Hier liegt ja bekanntlich der Fall einer Druckverbrennung unter ganz erheblichen Überdrücken vor, die Brennraumbelastungen müssen aber auch um ein großes Vielfaches größer sein als in einer Feuerung, wenn man berücksichtigt, daß für die Verbrennung ja nicht das gesamte Hubvolumen zur Verfügung steht, sondern nur ein Bruchteil. Da man die Beendigung der Verbrennung schwerlich feststellen kann, läßt sich eine Vergleichszahl nur schwer angeben.

Turbinen-Brennkammern

a) Flüssige Brennstoffe. Der unter Druck betriebene Feuerraum des Veloxkessels stellt bereits eine wassergekühlte Turbinenbrennkammer dar. Will man jedoch von der Speisewasserwirtschaft und der Kombination mit dem Dampfturbinenbetrieb loskommen — eine für

---

[1] Wärme 59 (1936) H. 45 S. 762.

[2] NOACK, W. G.: Druckfeuerung von Dampfkesseln in Verbindung mit Gasturbinen. Z. VDI 76 (1932) H. 42 S. 1033—1039, — Stahl u. Eisen 54 (1934) H. 49 S. 1263—1265; 55 (1935) H. 41 S. 1086—1091. — STODOLA, A.: Z. VDI 79 (1935) H. 14 S. 429—436. — KLINGELFUSS, E.: Wärme 60 (1937) H. 51 S. 831 bis 841. — NOACK, W. G.: Z. VDI 85 (1941) H. 51/52 S. 967—975, — Z. VDI 87 (1943) Nr. 35/36 S. 547—555.

wasserarme Gebiete und für Fahrzeuge wie Lokomotiven und Flugzeuge wichtige Forderung —, so ergeben sich eine Reihe neuer Probleme. Die Verbrennung muß mit mäßigem Luftüberschuß vorgenommen, aber die Verbrennungstemperatur durch Zumischung großer Mengen Überschußluft auf die zulässige Turbineneintrittstemperatur gesenkt werden. Diese Mischung muß schnell, d. h. auf kurzem Wege, erfolgen und so vollständig sein, daß der austretende Gasstrahl eine gleichmäßige Temperaturverteilung aufweist. Die Mischluft soll den Mantel des Verbrennungsraumes genügend kühlen und der Druckverlust (= Leistungsverlust!) möglichst gering sein[1]. Dabei muß eine stabile Verbrennung für einen sehr weiten Leistungsbereich und selbst für ein extrem verschiedenes Brennstoff/Luft-Verhältnis gewährleistet sein. Meist wird der Brennstoff mit etwa der theoretischen Luftmenge in einen offenen Becher eingespritzt, während die Mischluft ringförmig, parallel zur Strömungsrichtung oder durch einen gelochten Mantel stufenweise zugesetzt wird. Wegen des bei verschiedenen Belastungen verschiedenen Strahlwinkels des Brennstoffstrahles ist eine wohlbedachte Anordnung des Zündfunkens wichtig; am besten verwendet man eine Zündfackel mit einem unabhängigen Brennstoffzuführungssystem.

In der Formgebung wählt man entweder einen ringförmigen Verbrennungsraum, der das Turbinenlaufrad voll beaufschlagt, oder man löst ihn in eine Anzahl (10 oder mehr) kleine zylindrische Brennkammern auf, die kranzartig mit glattem Durchgang oder mit 180°-Umkehr angeordnet werden. Das Verhältnis von Länge zu Durchmesser liegt bei 2,25 bis 5.

Zahlentafel 23–10
Wärmebelastung verschiedener Feuerungen (nach WATSON und CLARKE[2])

	10^6 kcal/m³ h	10^6 kcal/m³ h atm
Gasbrenner		
mit natürlichem Zug	0,445—0,667	0,445—0,667
Druckbrenner	2,67 —6,23	2,31 —5,52
Niederdruckluft-Brenner	2,00	2,00
Hochleistungsbrenner	13,35	13,35
Feuerung für feste Brennstoffe		
Lokomotivfeuerung (Vollast)	5,07	5,07
Schiffsölfeuerung		
gegenwärtiger Höchstwert	2,58	2,58
Verbrennungsturbine (flüssiger Brennstoff)		
1	208,2	46,3
2	197,6	43,6
3	161,1	40,0

[1] ZUCROW, M. J.: Principles of jet propulsion and gas turbines, New York 1948, S. 451—463. — MOCK, F. C.: Engineering development of the jet engine and gas turbine burner. Trans. S.A.E. 54 (1946) Nr. 5 S. 218—227.

[2] WATSON, E. A., u. J. S. CLARKE: Combustion and combustion equipment for aero gas turbines. J. Inst. Fuel 21 (1947) Nr. 116 S. 1—34, 67—70, 79.

Die Brennkammerbelastungen sind, verglichen mit den sonst bei Feuerungen üblichen Werten (s. Zahlentafel 23–10), sehr hoch und betragen (bei Benzin) nach HAWTHORNE[1] 13,35 bis 35,6 · 10^6 kcal/m^3 h atm, nach WATSON und CLARKE[2] 40 bis 46,3 · 10^6 kcal/m^3 h atm oder bis über 200 · 10^6 kcal/m^3 h. SHEPHERD[3] gibt Höchstbelastungen von 35 bis 140 · 10^6 kcal/m^3 h atm an.

Bei flüssigen Brennstoffen bietet der Wirbelkammer-Zerstäuber mit verstellbaren Luftzuführungsöffnungen („Duplex-"System[4]) den Vorteil eines großen Leistungsbereiches.

Auf die Gasturbinen selbst kann hier nicht eingegangen werden[5,6]. Vom Standpunkt der Verbrennungsprobleme muß nur auf die besonderen Schwierigkeiten der Schaufelbeläge durch Ölasche bzw. Schlacke hingewiesen werden[7], die bei Turbinenschaufeln noch schwerer wiegende Auswirkungen hat als bei Kessel- und Überhitzerheizflächen, weil sich jede Querschnittsverengung auf die Turbinenleistung und die Anrauhung auf den Turbinenwirkungsgrad auswirkt.

Ein neuartiges Verbrennungsverfahren ist das Filmverdampfungsverfahren, dessen Eignung für Gasturbinen von MAYBACH[8] untersucht wurde.

---

[1] HAWTHORNE, W. R.: Factors effecting the design of jet turbines. Trans. S.A.E. 54 (1946) Nr. 7 S. 347—357.

[2] WATSON, E. A., u. J. S. CLARKE: s. Fußn. 2 S. 634.

[3] SHEPHERD, D. G.: An introduction to the gas turbine, London 1949.

[4] JUDGE, A. W.: Modern gas turbines, London 1947. — WATSON, E. A.: Fuel systems for aero gas turbines. Proc. Instn. mech. Engrs., Lond. 158 (1948) Nr. 2 S. 187—208.

[5] Zusammenfassende Darstellungen: FRIEDRICH, R.: Gasturbinen und Gleichdruckverbrennung, Karlsruhe: G. Braun 1949. — KRUSCHIK, J.: Die Gasturbine, Wien: Springer-Verlag 1952. — COX, Sir H. R. (Hrsg.): Gas Turbine Principles and Practice, London: George Newness 1955. — HODGE, J.: Cycles and Performance Estimation, u. SPALDING, D. B.: Some Fundamentals of Combustion (Gas Turbine Series Bd. 1 u. 2), London: Butterworth Scient. Publ. 1955.

[6] Auf Probleme der Verbrennung in Düsenflugzeugen und Flugkörpern gehen die Arbeiten des „Combustion Institute" (Standing Committee on Combustion Symposia) ein, das in zweijährigem Turnus internationale Veranstaltungen abhält. Vgl. Seventh Symposium (International) on Combustion, London u. Oxford 1958, London: Butterworth Scient. Publ. 1959. [Die Vorgänger erschienen teils im Verlag Reinhold Publ. Corp., New York, und Chapman & Hall, London (V. und VI. Symposium), teils im Verlag The Williams & Wilkins Co. (I.—IV. Symposium).] Siehe ferner: LEWIS, B., R. N. PEASE u. H. S. TAYLOR (Hrsg.): Combustion Processes (Vol. II High Speed Aerodynamics and Jet Propulsion), Princeton: Princeton University Press 1956. — Advisory Group for Aeronautical Research and Development (AGARD) der NATO: Selected Combustion Problems, London: Butterworth Scient. Publ. 1954; desgl. Bd. II, London: Butterworth Scient. Publ. 1956.

[7] Vgl. die Literaturzusammenfassung Fußn. 1 S. 626.

[8] MAYBACH, G. W.: Filmverdampfungs-Brennkammer für Gasturbinen. MTZ 20 (1959) Nr. 7 S. 283—286, — The film vaporization chamber for gas turbine engines. Theoretical and experimental investigations. Diss. Pennsylvania State University. Jan. 1959.

Der Brennstoff wird durch 32 radiale Bohrungen von je 0,4 mm $\varnothing$ zugeführt, und die in spiraliger Bahn vorbeistreichende Erstluft verteilt ihn als Film über das sogenannte Verdampferrohr. Durch rückströmende Verbrennungsprodukte erwärmte Luft verdampft den Film und bringt das Dampf-Luft-Gemisch zur Entzündung. Die Verbrennung geht vollständig und ohne Rußbildung vor sich. Die Brennkammerbelastung in der Versuchsbrennkammer betrug bei einem Luft-Brennstoffverhältnis von 50 und 0,16 kg/s Luftdurchsatz $1,33 \cdot 10^8$ kcal/m³ h atm bei 10 000 m simulierter Flughöhe (Druckverhältnis 6,5), also erheblich mehr als in Gasturbinenbrennkammern und durch Brennstoffzerstäubung. Der Grund ist darin zu suchen, daß die Ausbildung eines Brennstoff-Filmes wesentlich höhere Relativgeschwindigkeiten zwischen Brennstoff und Luft zu erreichen gestattet, als dies bei Tröpfchenbildung der Fall ist.

b) Feste Brennstoffe. Bei festen Brennstoffen tritt zu den Schwierigkeiten der flüssigen Brennstoffe noch das Flugasche- und Erosionsproblem. Bei Kohlenstaub ist die Frage einer schnellen und sicheren Zündung von Bedeutung, weshalb hier auch die schwingende Verbrennung in Betracht gezogen[1], wenn auch noch nicht ausgeführt worden ist.

Bei feinst vermahlenem Kohlenstaub (95% — 0,074 mm) sind in der Vortex-Brennkammer bei 0,68 atü Wärmebelastungen von $27 \cdot 10^6$ kcal/m³ h (und gelegentlich höhere) bei etwa 91% Ausbrand erzielt worden[2]. Die Entwicklungstendenz zielt jedoch — z. B. für die Kohlenstaub-Turbinenlokomotive — auf geringere Belastungen bei besserem Ausbrand und verringerten Schlackenschwierigkeiten. Die Versuchsanlage des Lokomotiv-Entwicklungs-Komitees (Bituminous Coal Research, Inc.) arbeitet neuerdings mit einer Belastung von $6,67 \cdot 10^6$ kcal/m³ h.

Die Versuche haben trotz gewisser Fortschritte[3] besonders auch in der Entwicklung hochwertiger Staubabscheider für Heißgase wegen der Erosionsfrage und der begrenzten Lebensdauer der Schaufelkränze wenig Aussicht auf Dauererfolg.

Andere Wege der Verwendung fester Brennstoffe sind die halboffene Gasturbine, bei welcher die Turbine mit Heißluft arbeitet und ihr Auspuff in die Brennkammer geleitet wird[4]. Diese Luft dient als Ver-

---

[1] Vgl. S. 478.

[2] Conference on pulverised fuel. Harrogate (England), 1947: KARTHAUSER, F. B.: Pulverised fuel firing for stationary gas turbines S. 724—746. — YELLOT, J. I., u. C. F. KOTTKAMP: The pulverised coal gas turbine locomotive, (Erg.-Bd.) S. 830—863.

[3] YELLOT, J. I., P. R. BROADLEY, W. M. MEYER u. P. M. ROTZLER: Development of pressurizing, combustion, and ash separation equipment for a direct-fired, coal-burning gas turbine locomotive. ASME-Paper 54-A-201, Mech. Engng. 77 (1955) Nr. 5 S. 440/41 (Auszug).

[4] MORDELL, D. L.: An experimental coal-burning gas turbine. Proc. Instn. mech. Engrs. 169 (1955) S. 163—180, — Engineer 203 (1957) Nr. 5272 S. 210—213.

brennungs- und Kühlluft, und das erzeugte Verbrennungsgas beheizt den zwischen Kompressor und Turbine liegenden Wärmeaustauscher. Bei der geschlossenen Gasturbine (System ACKERET-KELLER) entfallen alle Erosions- und Verschlackungsprobleme. Die Erhitzung erfolgt in einem direkt gefeuerten Lufterhitzer (Luftkessel) durch jeden beliebigen Brennstoff, vorzugsweise Kohlenstaub[1]. Die besonderen Probleme liegen angesichts der hohen Rohrwandtemperaturen in der Erzielung einer milden und gleichmäßigen Beheizung. Die Anwendung der Wirbelschichtfeuerung (s. S. 587) dürfte für diesen Zweck einige Vorteile bieten[2].

Der dritte Weg — neben der geschlossenen und halbgeschlossenen Gasturbine — für die Verwendung fester Brennstoffe liegt in der Vergasung mit anschließender Gasreinigung und Verbrennung des Gases in einer Gasturbinenbrennkammer. Er kommt nur für große, ortsfeste Anlagen in Frage, wobei dann zweckmäßig die Druckvergasung (s. S. 659) mit Luft (gegebenenfalls mit Wasserdampf- oder Rauchgasrückführung) verwendet wird.

Die Gasfeuerung

Strömt brennbares Gas aus einem offenen Rohr aus und wird ihm genügend Wärme zugeführt, so daß die Zündtemperatur erreicht wird, so verbrennt es, indem es sich durch seine Strömungsenergie Luft aus der Umgebung heranholt. Es verbrennt dabei langsam mit langer, unsteter und leuchtender Flamme, und die kleinsten Strömungsstörungen des Gases und der Luft machen sich im Flammenbild bemerkbar. Die Voraussetzungen für die Gasverbrennung sind demnach: Ein Gas/ Luft-Verhältnis innerhalb der Zünd- bzw. Explosionsgrenzen, eine ausreichende hohe Temperatur und eine Mischung von Gas und Luft, wobei die Geschwindigkeit dieser Mischung Leistung, Flammenlänge und Strahleigenschaften der Flamme bestimmt.

Die Mischung kann teilweise vor der Brennermündung, teilweise völlig im Brenner selbst und schließlich außerhalb des Brenners im Brennraum selbst erfolgen. Demnach unterscheidet man nach der Art des Mischungsvorganges:

1. Brenner mit teilweiser Vormischung (Prinzip des Bunsenbrenners),
2. Brenner mit (vollständiger) Vormischung,
3. Brenner ohne Vormischung (Strahlbrenner).

---

[1] KELLER, C.: Operating experience and design features of closed-cycle gasturbine power plants. Trans. Amer. Soc. mech. Engrs. 79 (1957) S. 627—643. — BAMMERT, K., C. KELLER u. H. KRESS: Geschlossene Heißlufturbinenanlage mit Kohlenstaubfeuerung für elektrische Stromerzeugung und Heizwärmebelieferung. BWK 8 (1956) Nr. 10 S. 471—478. — BAMMERT, K.: Zur Entwicklung des kohlenstaubgefeuerten Lufterhitzers. Z. VDI 100 (1958) Nr. 20 S. 841—850.

[2] GUMZ, W.: Fünfte Weltkraftkonferenz Wien 1956. Gesamtbericht 10 S. 3465—3467 (Diskussionsbemerkung).

Führt man einen Teil der Luft (etwa ein Drittel) mit dem Gas zu und läßt das Gemisch durch ein längeres Rohr (Mischrohr) strömen, so wird die Flamme kurz, stet und entleuchtet (Prinzip des Bunsenbrenners). Im Kegel des Bunsenbrenners läßt sich — z. B. nach Trennung des Innenkegels von der Außenflamme durch Aufsetzen eines Spaltungsrohres, welches die Zweitluftzufuhr unterbindet — ein Gemisch von CO, CO_2, H_2 und H_2O feststellen, welches dem Wassergasgleichgewicht bei der dort herrschenden Temperatur entspricht. Die Höhe des Innenkegels ergibt sich aus der Austrittsgeschwindigkeit des Gas-Luft-Gemisches und aus der Fortpflanzungsgeschwindigkeit der Verbrennungsreaktion senkrecht zu dieser Brennfläche, die daher aus der Kegelhöhe bestimmt werden kann (Verfahren nach GOUY-MICHELSON). Die wirkliche Form des Innenkegels weicht von dem mathematischen Kegel vor allem am Brennerrand und an der Spitze infolge der Geschwindigkeitsverteilung des ausströmenden Gases und einiger anderer sekundärer Einflüsse ab[1]. Die Auswirkungen dieser Vormischung sind, abgesehen von der Entleuchtung, ein geringerer als Zweitluft zuzuführender Luftanteil, die schnelle Ausbildung hoher Temperaturen, wodurch die Strömungsgeschwindigkeiten gesteigert und die Ansaugung der restlichen Luftmenge beschleunigt wird. Darauf ist die kurze Flamme des Brenners mit Vormischung zurückzuführen. Schon dieses Beispiel zeigt, daß strömungstechnische Vorgänge bei der Gasverbrennung eine ganz überragende Rolle spielen. Die Reaktion der Gasverbrennung oder Gasumsetzung geht, wenn Gas- und Luftmoleküle unmittelbar zusammengebracht werden, mit außerordentlich großer Geschwindigkeit — nämlich explosionsartig — vor sich. Die stationäre Brennfläche befindet sich lediglich in einem Gleichgewicht zwischen der Fortpflanzungsgeschwindigkeit der Explosion, der sog. Verbrennungsgeschwindigkeit, und der Strömungsgeschwindigkeit. Die Geschwindigkeit der Verbrennungsreaktion, die sich nur in einer dünnen Schicht (mit Recht kann man daher von einer „Brennfläche" sprechen) abspielt, fällt gar nicht ins Gewicht gegenüber den langsamen Vorgängen der Heranführung der Luft an das Gas durch Mischung, Turbulenz und Diffusion. Nach RUMMEL[2] ist die Feuerung ein Mischgerät, die eigentliche chemische Reaktion kann völlig vernachlässigt werden, der Brennraum ist gleich dem Mischraum, die Brennzeit gleich der Mischzeit oder, auf kürzeste Formel gebracht: „Gemischt = verbrannt!"

---

[1] MACHE, H.: Physik der Verbrennungserscheinungen, Leipzig 1918. — JOST, W.: Explosions- und Verbrennungsvorgänge in Gasen, S. 68—89, Berlin 1939.

[2] RUMMEL, K.: Der Einfluß des Mischvorganges auf die Verbrennung von Gas und Luft in Feuerungen, Düsseldorf 1937, — Arch. Eisenhüttenw. 10 (1936/37) H. 11 S. 505—510; 11 (1937/38) H. 1—5 S. 19—30, 67—80, 113—123, 163—181 u. 215—224.

Die Berechnung eines Bunsenbrenners und seiner Querschnitte erfolgt nach den Strömungsgesetzen unter Berücksichtigung des CARNOTschen Stoßverlustes[1]. Zu den Einzelheiten der Brennerberechnung wird auf die Spezialliteratur verwiesen[2].

Von dem Bunsenbrennerprinzip macht man, außer bei Laboratoriumsbrennern, nur bei kleineren Brennern für Gasgeräte, besonders für Gasherde, Gebrauch. Bei vielen Geräten (so bei Warmwasserbereitern) begnügt man sich mit einfachen Brennern in Form gelochter Rohre, die eine lange leuchtende Flamme ergeben[3]. Die Brennerleistung ist nach oben und unten begrenzt durch die Abhebegeschwindigkeit und die Rückzündgeschwindigkeit. Sinkt die Gasaustrittsgeschwindigkeit unter die Verbrennungsgeschwindigkeit, so tritt die Brennfläche in das Brennerrohr zurück und kommt durch die starke Abkühlung an den Wandungen des Rohres zum Erlöschen (Zurückschlagen des Brenners). Diese mangelnde Rückschlagsicherheit erfordert bei größeren Brennern für gewisse Betriebszufälle (wie etwa Wegbleiben des Stromes, Stehenbleiben des Ventilators) besondere Sicherheitseinrichtungen und explosionssichere Ausführung.

Saugt das Gas die Luft an, so spricht man je nach dem Gasdruck von Niederdruck- oder Hochdruck-Treibgasbrennern; strömt die Luft dagegen mit hoher Geschwindigkeit aus einer Treibdüse aus und saugt sich das von einem Druckregler auf konstantem Druck (meist Null) gehaltene Gas an, so handelt es sich um einen Treibluftbrenner.

Industriegasbrenner[4] sind entweder Mischbrenner oder Strahlbrenner, wobei die Strahlbrenner als Parallelstrombrenner, Kreuzstrombrenner oder Drallbrenner ausgebildet sein können.

---

[1] HEILIGENSTAEDT, W.: Berechnungsverfahren und Entwurf von Treibdüsenbrennern. Arch. Eisenhüttenw. 15 (1941/42) Nr. 12 S. 529—538 (Mitt. 304 der Wärmestelle Düsseldorf). — RHEINLÄNDER, P.: Untersuchung und Berechnung von Düsenbrennern. Arch. Eisenhüttenw. 5 (1931/32) Nr. 8 S. 407—411. — GUMAN, E.: Dimensionamento dei bruciatori atmosferici tipo Bunsen. Rivista dei Combustibili 12 (1958) Nr. 2 S. 79—98.

[2] HEILIGENSTAEDT, W.: Wärmetechnische Rechnungen für Industrieöfen, 3. Aufl., Düsseldorf: Verlag Stahleisen 1951, S. 102—117. — BECHER, U.: Handbuch der Gasanwendung, Berlin: VEB Verlag Technik 1953, S. 223—265, — Der Gasbrenner, Berlin: VEB Verlag Technik 1957.

[3] HUPPERT, O.: Gasverbrauchsgeräte (Kohle, Koks, Teer Bd. 33), Halle/S. 1934.

[4] NEUMANN, G.: Gasbrenner. Stahl u. Eisen 56 (1936) Nr. 34 S. 941—945. — SACHS, E.: Industriegasbrenner (Kohle, Koks, Teer Bd. 35), Halle/S.: Knapp 1937. — SCHWIEDESSEN, H.: Die Mischvorgänge in Gasbrennern verschiedener Bauart. Arch. Eisenhüttenw. 13 (1939/40) Nr. 7 S. 283—292. — NEUMANN, G.: Treibdüsenbrenner für Hochofengas, Generatorgas und Koksofengas. Arch. Eisenhüttenw. 17 (1944) Nr. 11/12 S. 237—246. — PISTOR, R.: Industriegasbrenner. Chemie-Ing.-Techn. 26 (1954) Nr. 4 S. 206—220.

Nach der Art der Zuführung des Gases und der Luft kann man nach NEUMANN unterscheiden zwischen:

a) Hochdruckgasbrenner (bis 3000 mm WS Gasdruck) mit Luftansaugung durch Injektorwirkung (Vorteil: einfach, Absperrung durch einen einzigen Gashahn, kein Luftventilator und keine Luftleitungen, Nachteil: keine Gemischregelung und keine Luftvorwärmung möglich);

b) Niederdruckbrenner mit Luftzuführung durch Ventilatoren (Regelfall für große Industriegasbrenner), wobei die Luftzuführung gegebenenfalls unterteilt sein kann und die oben angeführten Brennerprinzipien anwendbar sind.

In allen Fällen ist für die *Brennerleistung* der Strömungswiderstand des Brenners für Gas und Luft (das Schluckvermögen), für das *Flammenbild*, d. i. die Form, Länge, Gaszusammensetzung und Vollständigkeit des Ausbrandes, die Gas-Luft-Mischung entscheidend. Zur Erzielung hoher Durchsatzleistungen und einer wirtschaftlichen Gasverbrennung sind daher „unproduktive Widerstände", d. h. Widerstände und Reibungsverluste, die nicht unmittelbar zur Gas-Luft-Mischung beitragen, unbedingt zu vermeiden bzw. auf das geringstmögliche Maß zu bringen. Dazu gehört die Vermeidung von Querschnittsbeschränkungen, von plötzlichen Veränderungen des Querschnitts und der Strömungsrichtung, übermäßiger Wandrauhigkeit und überflüssigen Einbauten; sog. Wirbeleinlagen tragen oft mehr zur Erhöhung der Reibungsverluste bei als zur Verbesserung der Gas-Luft-Mischung, besonders gilt dies bei Brennern mit konzentrischen Gas- und Luftkanälen für die außenliegenden Ströme, meist Luft, die durch eine spiralige Führung nach außen gedrängt wird, so daß die Mischung mit dem Kernstrom also verschlechtert wird.

Um die Erforschung der Gesetze der Gas-Luft-Mischung und ihre Anwendung auf die Gasfeuerungen hat sich besonders RUMMEL[1] verdient gemacht; seine Versuche wurden bei der Wärmestelle Düsseldorf des Vereins Deutscher Eisenhüttenleute durchgeführt, und zwar teils an einer Brennerstrecke, teils an einer auf ein Drittel verkleinerten Modellstrecke mit Luft und mit wasserstoffgeimpfter Luft (etwa 0,5% H_2) und zur Kontrolle weiter an einem besonderen Ofen. Besonders das Modellverfahren, bei dem der Mischungszustand in einfacher Weise durch Messung des Wasserstoffgehaltes der Probe (Wärmeleitfähigkeitsmessung) bestimmt wurde, gestattete die Untersuchung einer solchen Vielzahl von Veränderlichen, daß alle praktisch wichtigen Fragen besonders für die Gruppe der Parallelstrombrenner, deren Mischung im Feuerraum erfolgt, beantwortet werden können.

---

[1] Siehe Fußn. 2 S. 638.

Zur Darstellung der Verbrennungsvorgänge wählte Rummel die sehr anschaulichen „Hüllflächen gleichen Abbrandes" (Isokaloren des Gas-Luft-Rauchgas-Gemisches)[1]. Die Hüllfläche $\lambda = 0,9$ stellt z. B. den geometrischen Ort innerhalb des Feuerraums dar, an dem 90% des zugeführten Frischgases verbrannt bzw. 90% der theoretischen Luftmenge verbraucht sind, und der von dieser Hüllfläche umschlossene Raum ist der Brennraumbedarf für die Verbrennung von 90% der zugeführten Gasmenge. Die Hüllfläche $\lambda = 1$ umschließt also den für die vollständige Verbrennung notwendigen Raum.

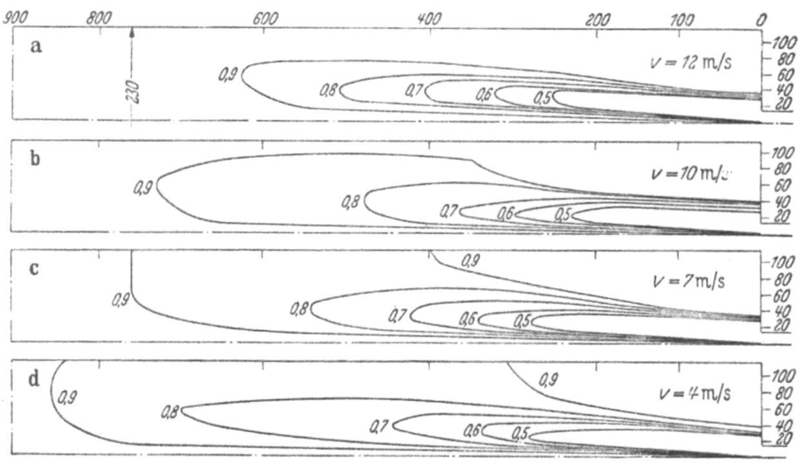

Abb. 23-29a—d. Darstellung des Mischungs- bzw. Verbrennungsverlaufs durch Hüllkurven gleichen Abbrandes (nach Rummel). Einfluß der Austrittsgeschwindigkeit auf den Mischvorgang

Abb. 23-29 zeigt zunächst den Einfluß der Austrittsgeschwindigkeit, wobei Gas und Luft aus zwei unmittelbar untereinander liegenden Schlitzen (50 mm breit, 14 mm hoch) mit gleicher Geschwindigkeit austreten. In den Abb. 23-29 und 30 ist nur die obere Hälfte des Bildes dargestellt, die untere Hälfte sieht etwa spiegelbildlich aus. Die Berührungsebene zwischen den oberen und unteren Hüllkurven, also die strichpunktierte Trennfläche, stellt die sog. „Brennfläche" dar, die infolge des lebhaften Stoffaustausches, der Wirbelbildung zwischen der strömenden Luft und dem strömenden Gas nicht eben ist, sondern etwas flattert und sich zu einer keilförmigen „Brennschicht" aufweitet. Steigende Geschwindigkeit fördert also den Stoffaustausch und verringert

---

[1] Über die Darstellungsweise vgl. auch K. Rummel u. H. Schwiedessen: Die räumliche und zeitliche Entwicklung der Verbrennung in technischen Feuerungen. Arch. Eisenhüttenw. 6 (1932/33) H. 12 S. 543—549. — Vgl. auch A. R. Mayer, S. 535/36.

den Bedarf an Mischraum; allerdings kommt der Austrittsgeschwindigkeit bei weitem nicht die gleiche Bedeutung zu wie bei der Verfeuerung
fester Brennstoffe. Wählt man (durch Veränderung der Brennerschlitze)
verschieden hohe Geschwindigkeiten für Gas und Luft, so ergibt diese
Veränderung ihrer Relativgeschwindigkeit ebenfalls eine Verbesserung

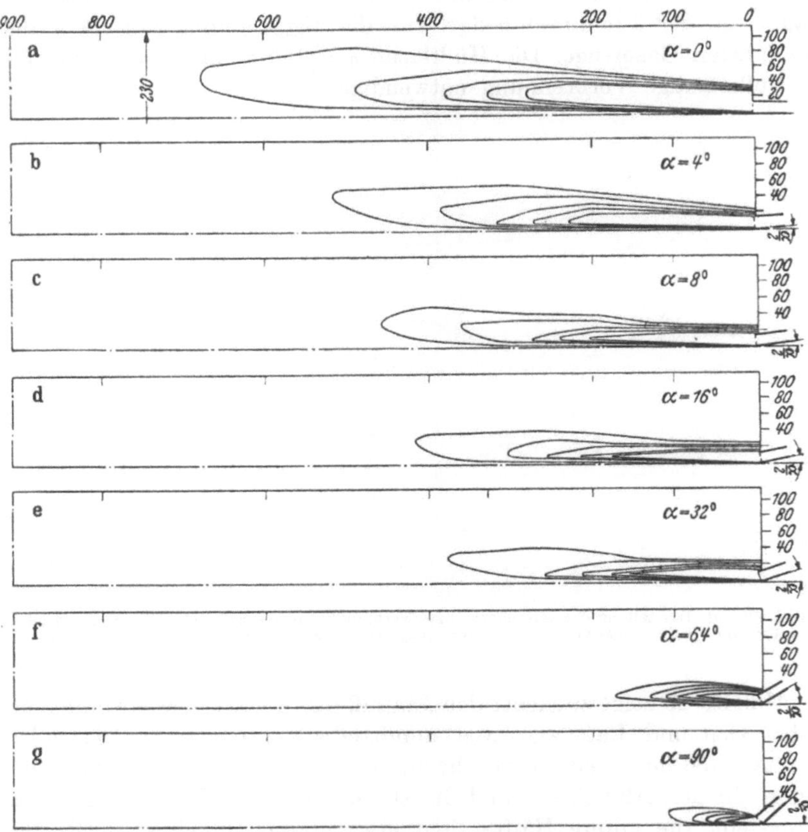

Abb. 23–30 a–g. Einfluß des Auftreffwinkels des Gas- und Luftstrahles auf den Mischvorgang
(nach RUMMEL) (Austrittsgeschwindigkeit unverändert 10 m/s)

der Mischwirkung; jedoch sind die Maßnahmen für die Brennerkonstruktion doch noch nicht so entscheidend, daß man die Nachteile des hohen
Reibungswiderstandes und der begrenzten Schluckfähigkeit (bei gegebenem Anfangsdruck) in Kauf nehmen würde.

Als viel wirkungsvoller erweist sich, wie Abb. 23–30 zeigt, der Einfluß des Auftreffwinkels der beiden Strahlen. Schon eine geringe Neigung gegeneinander bringt eine ganz bedeutende Verringerung des
Brennraumbedarfs (s. Abb. 23–31), wobei jedoch die kinetische Energie

der beiden Strahlen $V \dfrac{w^2}{2g}\gamma$ möglichst gleich sein soll, damit der eine Strahl vom anderen nicht abgedrängt wird oder ihn einfach durchschlagen kann. Die Vernichtung der kinetischen Energie kommt in diesem Falle also vollkommen dem Mischvorgang zugute, der Verlust ist produktiv. Auch der Aufprall gegen feste Wandungen (z. B. Mischgitter) oder eine Verengung an der Feuerraumaustrittsöffnung wirkt fördernd auf die Mischung ein, und zwar um so mehr, je größer die Energie (also die Gasgeschwindigkeit) beim Aufprall ist. Dralleinbauten erwiesen sich als nicht besonders wirksam (s. oben). Die sich um den Brenner herum ausbildenden „toten Ecken", in denen eine gewisse Rückdrift stattfindet, die für die Zündung von Bedeutung sein dürfte, könnten ja durch Anpassung des Feuerraumes an die Strahlform weggeschnitten werden; irgendein Vorteil ergibt sich daraus nicht, im Gegenteil ist zu erwarten, daß praktisch damit der Nachteil verbunden ist, daß die Feuerraumwandungen durch den Wegfall der Schutzzone stärker angegriffen werden.

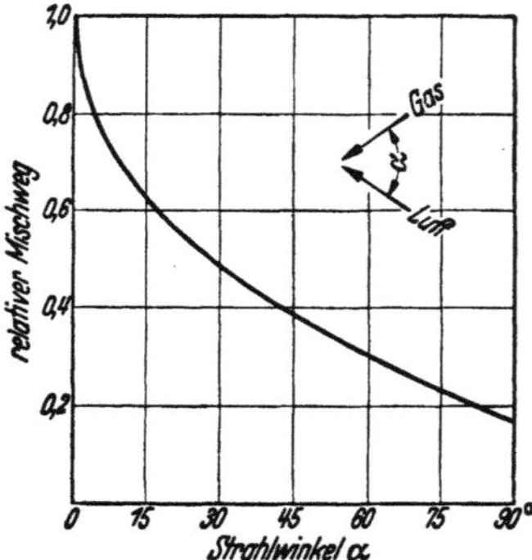

Abb. 23–31. Abhängigkeit der Flammenlänge vom Auftreffwinkel von Gas und Luft

Den Einfluß der Zweitluft zeigt Abbildung 23–32. Hier ist die Aufgabe gelöst, die Verbrennung durch Zweitluftzuführung auf möglichst kleinem Raum zu beenden, wozu die Durchschlagskraft des Zweitluftstrahles entsprechend groß sein muß. Man wird in diesem Falle die Zweitluft zweckmäßig an einer Stelle einführen, wo die Energie des Hauptbrennerstromes nur noch gering ist. Ein anderer wichtiger Versuch ist in Abb. 23–33 wiedergegeben, der geeignet ist, falsche Vorstellungen über die Wirbeleinflüsse richtigzustellen. Ordnet man die Zweitluftdüsen gegeneinander seitlich versetzt an, so wird keineswegs in diesem Querschnitt ein Wirbel erzeugt, der eine wirksame Gas-Luft-Mischung herbeizuführen in der Lage wäre, sondern die Zweitluftstrahlen werden abgedrängt, der Hauptstrom schießt in der Mitte durch. Bessere Ergebnisse werden durch Versetzung der Düsen in Strömungsrichtung des Hauptstrahles erreicht.

Die Folgerungen für den Brennerbau, die aus diesen Untersuchungsergebnissen gezogen werden können, sind nach SCHWIEDESSEN[1] folgende:

1. Die Geschwindigkeitskomponente, mit der das Gas senkrecht zur Brennfläche strömt, soll möglichst groß sein (Neigung der Strahlen gegeneinander, Auftreffen mit hoher Geschwindigkeit).

---

[1] Siehe Fußn. 4 S. 639.

2. Die Brennfläche soll möglichst groß sein, was durch weitgehende Auflösung in Einzelstrahlen oder durch Aufwellen der Brennfläche bis

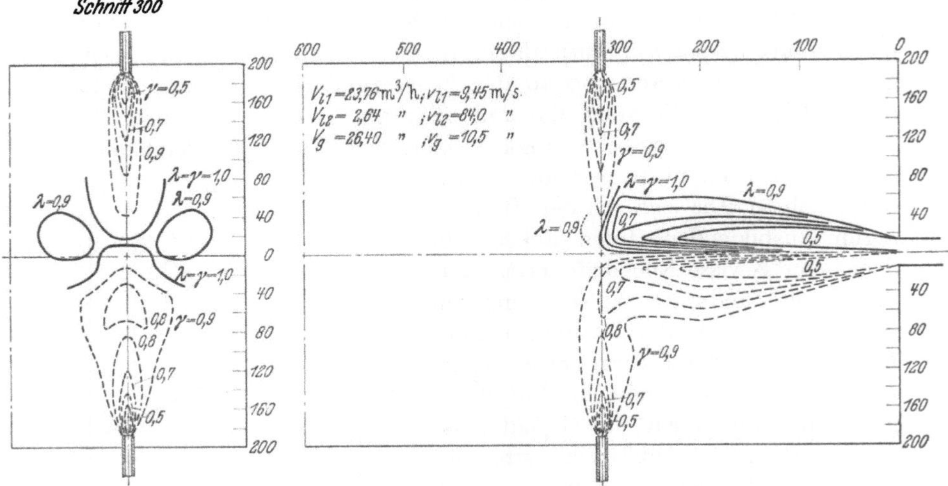

Abb. 23-32. Einfluß von Zweitluft bei zwei gegeneinander gerichteten Zweitluftdüsen (die Achsen der Zweitluftdüsen und der Hauptdüsen schneiden sich)

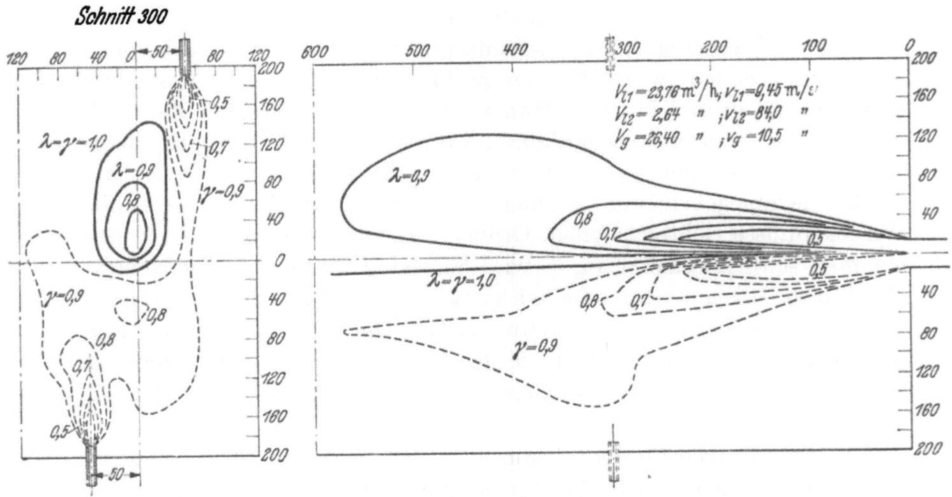

Abb. 23-33. Einfluß der Versetzung der Zweitluftdüsen in einer Ebene senkrecht zur Hauptbrennerachse

zu ihrer Zerreißung z. B. durch große Geschwindigkeitsunterschiede bei parallelen Strömen erreicht wird.

Gasfeuerung für Industrieöfen. Während es bei der Kesselfeuerung lediglich darauf ankommt, eine bestimmte oder möglichst große Wärmemenge im Feuerraum zu entbinden und das Gas vollständig zu verbrennen, kommen bei der Anwendung auf Industrieöfen eine Reihe weiterer Gesichtspunkte in Frage. Die Aufgabe besteht hier darin, eine Flamme bestimmter Länge (auch wechselnder Länge), eine gleichmäßige Bestrahlung des Bodens (Bad eines Herdofens) oder eine gleichmäßige Beheizung großer Flächen zu erzielen. Durch die Beherrschung der Strömungs- und Mischungsgesetze ist man in der Lage, durch konstruktive Maßnahmen praktisch jede gewünschte Flammenlänge einzustellen, während man dort, wo die durch den Einzelbrenner mögliche Länge nicht mehr ausreicht, durch Drosselung der Erstluft und Zugabe von Zweitluft an verschiedenen hintereinander gelegenen Stellen schließlich jede Beheizungslänge erreichen kann, solange nur die Temperatursenkung in den einzelnen Abschnitten des Brennweges in zulässigen Grenzen bleibt[1]. Auch hier läßt sich wieder durch die Art der Zweitlufteinführung — parallel zum Heizgasstrom, mit verschieden hoher Geschwindigkeit bzw. Relativgeschwindigkeit, unter bestimmten Einblasewinkeln — jede gewünschte Form der Verbrennung erzielen von der weiter verzögerten Verbrennung bis zum schnellen restlosen Ausbrand auf kleinstem Raum. Bei strömungstechnisch besonders schwierigen Fällen können Modellversuche die notwendige Aufklärung bringen. Die zweite Möglichkeit, die eine noch größere Unabhängigkeit mit sich bringt und die noch größere Flächen und längere Brennwege zu beherrschen gestattet, ist die Verteilung (Staffelung) der Gasbrenner über die ganze zu beheizende Fläche oder Länge. Bei der Betrachtung der Strömungs- und Mischvorgänge ist hierbei darauf zu achten, daß bei den in Zugrichtung hinten liegenden Brennern auch mit den ausgebrannten Rauchgasen aus den vorderen Brennern gerechnet werden muß, soweit nicht, was auch möglich ist, das Rauchgas der vorderen Brenner getrennt abgezogen wird.

Die Einstellung der Flamme beschränkt sich jedoch nicht auf ihre Länge, Form und Temperatur, auch ihre Zusammensetzung und ihr Charakter (oxydierend oder reduzierend) und ihre Strahlungsintensität können nach Wunsch beeinflußt werden. So kann durch die Einführung des Gases *unter* der Luft und durch verschieden hohe Energie des Gas- und Luftstromes die Atmosphäre in den das Bad eines Herdofens berührenden Schichten reduzierend gehalten werden[2]. Die Ver-

---

[1] TETTWEILER, R.: Der Verlauf der Heizzugtemperatur gasgefeuerter Öfen bei Zuführung der gesamten Heizgasmenge am Anfang der Züge. Feuerungstechn. 29 (1941) H. 2 S. 31—38.

[2] Bez. der Versuche über die Flammeneinstellung für Siemens-Martin-Öfen sei auf die RUMMELsche Originalarbeit (Fußn. 2 S. 638) verwiesen.

änderung der Strahlungseigenschaften kann durch Gasvorwärmung
(Selbstkarburierung)[1] oder durch Zugabe von Karburierungsmitteln[2]
erfolgen, die feste Brennstoffe (Steinkohlen-, Braunkohlen- oder sonstiger Brennstaub), flüssige Brennstoffe (Pech, Teer, Teeröl, kalt, vorgewärmt oder vergast) oder Reichgase sein können. Soweit arme Gase,
z. B. Gichtgas, in Mischung mit Reichgasen, z. B. Koksofengas, verfeuert werden und betriebsmäßig mit erheblichen Schwankungen in
der Zulieferung des einen oder anderen Bestandteiles dieses „Misch-
gases" gerechnet werden muß, kann der Zusatz von flüssigen Karburierungsmitteln als Ausgleich der sonst auftretenden Schwankungen
in der Heizleistung des Gases verwendet werden. Auch Entleuchtung
der Flamme durch zu geringe Vorwärmung (Änderung der Selbstkarburierung) kann durch feste oder flüssige Karburierungsmittel ausgeglichen werden, soweit die Wirtschaftlichkeit des Verfahrens gewährleistet ist.

In vielen Fällen — so besonders beim Blankglühen — genügt jedoch
die Einhaltung einer reduzierenden Flamme nicht, es muß vielmehr für
eine ganz bestimmte Ofenatmosphäre[3] gesorgt werden, um das Auf-
kohlen oder Entkohlen des Stahles zu vermeiden. Dies wird am sichersten
durch ein sog. *Schutzgas*[4] erreicht, wobei dann die Beheizung vorwiegend

---

[1] Vgl. S. 106.

[2] STEIN, F.: Untersuchungen über den Zusatz von Karburierungsmitteln bei
mit Mischgas beheizten Siemens-Martin-Öfen. Arch. Eisenhüttenw. 1 (1927/28)
H. 10 S. 629—638. — WULFFERT, E.: Das Karburieren mit Braunkohlenstaub im
koksofengasbeheizten basischen Siemens-Martin-Ofen. Stahl u. Eisen 57 (1937)
Nr. 41 S. 1165—1171, Nr. 42 S. 1195—1201, — Diss. Clausthal 1937. — KREUTZER,
C.: Betrieb koksofengasgefeuerter Siemens-Martin-Öfen mit erhöhtem Braun-
kohlenstaubzusatz. Stahl u. Eisen 57 (1937) Nr. 50 S. 1397—1404. — LANGE, E.:
Steinkohlenteerpech als Karburierungs- und Heizmittel. Stahl u. Eisen 58 (1938)
Nr. 48 S. 1361—1365. — BREMER, P.: Die Karburierung des Ferngases zum
Schmelzen im Siemens-Martin-Ofen unter besonderer Berücksichtigung von Steinkohlenteerpech. Stahl u. Eisen 58 (1938) S. 1365—1369. — MEYER, H. J., A. HE-
GER, J. F. P. BREMER, P.-A. BAARE u. E. LANGE: Karburierung mit Steinkohlen-
pech und Teeröl bei mit kaltem Koksofengas beheizten Siemens-Martin-Öfen. Stahl
u. Eisen 57 (1937) Nr. 52 S. 1449—1452. — SCHUSTER, F.: Über die Heißkarbu-
rierung von Brenngasen mit Ölen und Teeren. Forsch.-Ber. d. Wirtsch.- u. Verkehrsmin. Nordrhein-Westfalen Nr. 167, Köln u. Opladen: Westdeutscher Verlag
1955, S. 3—13.

[3] Über die Reaktionen zwischen dem Eisen und den Gasbestandteilen vgl.:
HEILIGENSTAEDT, W.: Wärmetechnische Rechnungen für Industrieöfen, 2. Aufl.,
Düsseldorf 1941, S. 206—211. — NEUMANN, G.: Anwendung der Ergebnisse der
Gleichgewichtsforschung auf Ofenatmosphären und Fragen der entkohlungsfreien
und Blankglühung. Arch. Eisenhüttenw. 14 (1940/41) H. 9 S. 429—438 u. H. 10
S. 479—488.

[4] SCHWEDLER, H.: Blankglühen mit Schutzgas. Metallwirtsch. 17 (1938) H. 38
S. 1006—1008, H. 39 S. 1029—1032. — BAUKLOH, W.: Glühen unter Schutzgas.
Korrosion u. Metallsch. 15 (1939) H. 11/12 S. 357—367. — SIMON, G.: Schutz-

durch Strahlung (Elektroofen, Strahlrohrheizung mit Gasbefeuerung) oder durch Umwälzung der Ofengase erfolgt. Als gefährlichster Rauchgasbestandteil ist der Wasserdampf anzusehen[1], ferner H_2S, SO_2 und CO_2. Diese Gasbestandteile werden bei der Schutzgasherstellung durch Kühlung, Trocknung, Absorption und ähnliche bekannte Mittel völlig oder teilweise entfernt. Das wertvolle Schutzgas wird nach Möglichkeit nach seiner Verwendung wiedergewonnen und weiterverwendet. Die Abwesenheit von freiem Sauerstoff in der Schutzgasatmosphäre ist selbstverständlich. Als sicherste Schutzatmosphäre wäre eine reine Stickstoffatmosphäre oder, was in USA vorgeschlagen wurde und auch nur dort möglich ist, Helium[2] anzusehen. Andere kohlenstofffreie Schutzgase sind gekracktes, verbranntes oder teilverbranntes Ammoniak, und als kohlenstoffhaltige Schutzgase sind zu nennen: Generatorgas (besonders Holzkohlengas), Koksofengas, Leuchtgas, Naturgas, Butan und Propan (als Abfallprodukte der Erdölraffinerie und der Hydrierung), wobei diese Gase einer gewissen Vorbehandlung, wie Krackung, Teilverbrennung, Trocknung usw., bedürfen.

24. Der Vergasungsvorgang im Gaserzeuger

Ortsfeste Schwachgaserzeuger

Drehrostgaserzeuger. Die Gaserzeuger[3] bestehen im einfachsten Fall aus einem ausgemauerten oder von einem Dampf- oder Wassermantel umgebenen Schacht, der nach unten durch einen Rost abgeschlossen ist, während oben das erzeugte Gas abgezogen und der Brennstoff nachgefüllt wird. Durch den von ANTON RITTER VON KERPELY eingeführten Drehrost[4] ist die Leistung und der Wirkungsgrad der Gaserzeuger

gaserzeuger für Leuchtgas und Ammoniak. Korrosion u. Metallsch. 15 (1939) H. 11/12 S. 368—371. — PAWLEK, F.: Schutzgase im Elektroofenbetrieb. ETZ 60 (1939) H. 51 S. 1445—1448, H. 52 S. 1475—1478. — USSAR, M.: Theoretische Betrachtungen zur Erzeugung von Schutzgasen und zu deren Anwendung in der Industrie. Gaswärme 6 (1957) Nr. 7 S. 239—246.

[1] RICHARDS, E. T.: Feuerungstechn. 26 (1938) H. 11 S. 342—344.

[2] GONSER, B. W.: The status of prepared atmospheres in the heat treatment of steel. Heat Treat. Forg. 25 (1939) H. 5 S. 247—251, H. 6 S. 306—308.

[3] Über bauliche Einzelheiten vgl.: TRENKLER, H. R.: Die Gaserzeuger, Berlin 1923. — MUHLERT, F., u. K. DREWS: Technische Gase, ihre Herstellung und Verwendung (Chemie u. Techn. d. Gegenwart Bd. IX), Leipzig 1928. — SCHMIDT, K.: Die Gaserzeuger (Die Verbrennungskraftmaschine, hrsg. von H. LIST, Heft 1, Wien 1939, S. 73—106). — BRÜCKNER, H.: Handbuch der Gasindustrie, Bd. 2, Generatoren (bearbeitet von F. WEHRMANN u. H. BRÜCKNER), München u. Berlin 1940. — HOFF, H., u. H. NETZ: Die Hüttenwerksanlagen, I. Bd., Berlin 1938, S. 135—148. — RAMBUSH, N. E.: Modern Gas Producers, London 1923.

[4] Über die geschichtliche Entwicklung vgl. G. REITBÖCK: Der mechanisch betriebene Gaserzeuger, seine Entstehung und Entwicklung. Feuerungstechn. 21 (1933) H. 11 S. 148—152.

wesentlich gesteigert und damit eine Entwicklung eingeleitet worden, die heute als im wesentlichen abgeschlossen gelten kann. Eine künftige Weiterentwicklung wird daher wesentlich andere und neue Wege gehen müssen. Die Leistungen von Drehrostgaserzeugern sind aus Zahlentafel 24—1 ersichtlich; grundlegende Unterschiede der einzelnen Bauarten bestehen nicht. Die konstruktiven Fortschritte der letzten Jahrzehnte[1] beschränkten sich auf die Art der Brennstoffzufuhr und -verteilung (Verhütung von Entmischungserscheinungen), die Rostform und Rostbewegung — der Sonderfall des stillstehenden Rostes und des drehenden Gaserzeugermantels hat keine praktischen Vorzüge —, auf Rühr- und Stochvorrichtungen, den Schlackenaustrag, die Vergasungsmittelzufuhr und -verteilung und auf Verbesserung der Sicherheitseinrichtungen (Stochlochverschlüsse, Explosionssicherungen usw.). Über die schon von v. KERPELY erreichte mechanische Einwirkung des Drehrostes auf die Schüttung hinaus haben die späteren Verbesserungs- oder Änderungsvorschläge nach TRENKLER[2] keine wesentliche Weiterentwicklung gebracht; ein gewisser Vorteil sei in dem Vorschlag zu erblicken, die Rostbewegung und den Aschenaustrag voneinander unabhängig zu machen (z. B. durch getrennten Antrieb).

Die Brennstoffeigenschaften und die Betriebsverhältnisse spielen für Leistung und Gasqualität eine weit größere Rolle als die baulichen Merkmale. Da die Gaserzeuger mit hoher Schicht arbeiten, ist vor allem die *Körnung* und die *Kornverteilungskennlinie* und der zur Überwindung des Schichtwiderstandes zur Verfügung stehende *Druck* (bzw. Unterdruck) sehr wichtig. Leistungssteigerungen sind in dem Maße möglich, wie durch Senkung des Schichtwiderstandes oder durch Steigerung des Winddruckes der Luft- bzw. Gasdurchsatz gesteigert werden kann, doch darf weder eine gewisse Mindestschichthöhe (etwa 600 mm) unterschritten noch eine Höchstkorngröße, die dem Generatordurchmesser angepaßt sein muß, überschritten werden, weil sonst die Leistungssteigerung auf Kosten der Gasqualität und des Wirkungsgrades geht. Zu kleine Korndurchmesser setzen die Leistungsfähigkeit stark herab, unterhalb etwa 2 mm wird daher die Schichtvergasung zweckmäßig durch die Staubvergasung in der Schwebe abgelöst. Der Unterkorngehalt soll möglichst gering sein, zweckmäßig wird daher der Brennstoff vor oder bei der Aufgabe nochmals abgesiebt, um auch den auf dem Wege von der Aufbereitungsanlage bis zum Bunker des Gaserzeugers gebildeten Abrieb zu entfernen. Der Steigerung des Druckes sind, abgesehen von den wirtschaftlichen Gesichtspunkten der Kosten der Druckerzeu-

---

[1] THAU, A.: Die neuzeitliche Entwicklung der Vergasung fester Brennstoffe. Brennstoff- u. Wärmew. 23 (1941) H. 6 S. 89—96 u. H. 7 S. 108—116.

[2] TRENKLER, H. R.: Die mechanische Beeinflussung des Brennstoffs im Gaserzeuger. Z. VDI 69 (1926) Sonderheft „Entgasen und Vergasen" S. 59—68.

gung, auch bauliche Schranken gesetzt, so vor allem durch die Tauchtiefe der Wasserverschlüsse (besonders bei vorhandenen Anlagen).

Sehr wichtig für die Erhaltung eines gleichmäßig gasdurchlässigen Brennstoffbettes ist das Fehlen jeglicher *Backfähigkeit*. Aus diesem Gesichtspunkt heraus spielen wärmebehandelte Brennstoffe wie voroxydierte (gealterte) Kohle, Schwelkoks, Hochtemperaturkoks, wie auch von Natur aus nicht backende Brennstoffe wie Anthrazit, Gasflammkohle, Braunkohle (Stückkohle) und Braunkohlenbriketts die Hauptrolle als Vergasungsrohstoffe. Die Erweiterung des Brennstoffprogramms in Richtung auf schwach und mittelmäßig backende Kohlen ist durch Verbesserungen der Stoch- und Schüreinrichtungen erreicht worden (Beispiel des „PH-Generators")[1].

Zur Vernichtung oder Abschwächung der Backfähigkeit ist die oxydative Vorbehandlung vorgeschlagen worden (s, S. 200), besonders auch für die Verfahrenskombination Alterung–Schwelung–Vergasung, also oxydativer Vorbehandlung vor der Vergasung in Schwelgeneratoren[2].

Die Vernichtung der Backfähigkeit durch Entgasung in der Schwebe wendet das FLESCH-WINKLER-Verfahren erstmalig an. Hierbei wird der eingespeiste Brennstoff nicht nur entgast, sondern er wird gleichzeitig mit einer drei- bis vierfachen nichtbackenden Brennstoffmasse innig gemischt, wodurch eine etwa bestehende Restbackfähigkeit unschädlich gemacht wird.

Der *Heizwert* des Brennstoffes spielt für die Vergasung keine Rolle, für die Wirtschaftlichkeit und den Gaspreis ist vor allem der Brennstoffpreis und die Gasausbeute ausschlaggebend, ferner die Möglichkeit der Teergewinnung bei der Vergasung teerreicher Brennstoffe in aufsteigender Vergasung mit Schwelschacht oder Schwelaufbau[3]. Der Gehalt an *Flüchtigen Bestandteilen* ist für die Gasqualität wesentlich, da die Entgasungsprodukte einen nicht unbeträchtlichen Beitrag zum Heizwert liefern (vgl. Abb. 24–1). Der *Aschegehalt* soll, wie bei der Feuerung, nicht zu gering sein, damit der Rost einen genügenden Schutz durch die Aschen- und Schlackenschicht erhält, aber auch nicht zu hoch, um den vollständigen Umsatz des Kohlenstoffs nicht zu behindern und den Antriebs- und Austragsmechanismus nicht zu sehr zu belasten; wünschenswert ist, daß der Aschegehalt nicht zu sehr schwankt, damit sich

---

[1] v. NEUDECK, O.: Vollmechanische Steinkohlengeneratoren. Intern. Tagung über Vergasung. Lüttich 1954, Bericht A 3, S. 85—90. — SCHÖBERL, H.: Ein moderner Gaserzeuger zur Vergasung von Kohle. Gaswärme 6 (1957) Nr. 10 S. 326 bis 328.

[2] Über neuere Versuche mit groben Nüssen. Siehe ULRICH u. WITTIG: Fußn. 4 S. 202.

[3] SKROCH, K.: Die Schwelvergasung oberschlesischer Steinkohle. Stahl u. Eisen 60 (1940) H. 26 S. 557—563.

die Höhe der Aschenschicht und der darüberliegenden Oxydations- und
Reduktionszone nicht dauernd verlagert oder der Gaserzeuger gar nach
oben durchbrennt. Die Verhütung der Verschlackung kann, wie bereits
S. 490/91 ausgeführt wurde, durch den Wasserdampfzusatz sicher-
gestellt werden; durch den Wassermantel wird auch das Anbacken von
Schlacke an den Schachtwandungen wirksam vermieden.

Die *Reaktionsfähigkeit* spielt eine viel geringere Rolle, als vielfach
angenommen wird; sie tritt nur da in Erscheinung, wo sich der Gaserzeuger schnellen Belastungswechseln und sonstigen Betriebsverände-

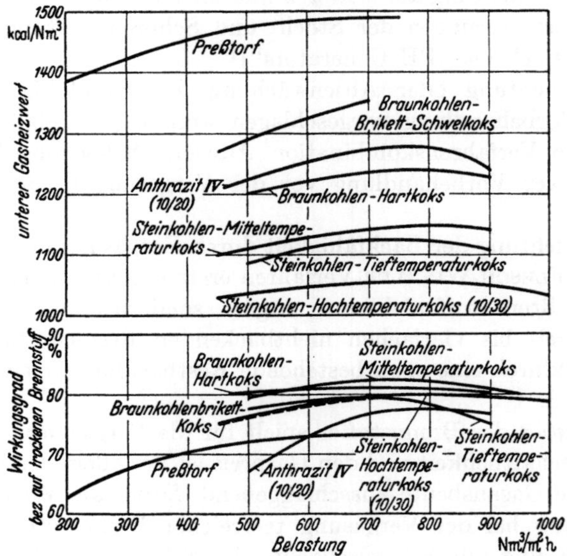

Abb. 24–1. Einfluß der Brennstoffart und der Belastung auf den Heizwert und den Wirkungsgrad
von Gaserzeugern (nach WOHLSCHLÄGER [1])

rungen anpassen muß und wo es auf schnelles Anheizen ankommt, wie
z. B. im Fahrzeuggaserzeuger. Im ortsfesten Gaserzeuger dagegen und
besonders bei durchlaufendem Betrieb erweisen sich Brennstoffe wie
der ausgesprochen reaktionsträge Hüttenkoks und der Anthrazit als
ebenso brauchbare Vergasungsrohstoffe wie der reaktionsfreudige
Schwelkoks oder die Braunkohle. Die Heizwertunterschiede, die dabei
auftreten und gelegentlich auf die unterschiedliche Reaktionsfähigkeit
zurückgeführt worden sind, sind lediglich eine Auswirkung des verschiedenen Gehaltes an Flüchtigen Bestandteilen. Etwaige Leistungsunter-
schiede sind hauptsächlich durch die Schluckfähigkeit des Generators
bedingt, also weit mehr durch die Korngröße und Körnungskennlinie

---

[1] Vgl. Fußn. 2 S. 653.

Zahlentafel 24–1. *Spez. Leistungen von Drehrost-Gaserzeugern*[1]

Brennstoff	Körnung	Gas-erzeuger-Bauart[2]	Spez. Leistung		10^6 kcal/m²h
			kg/m³ h	Nm³tr/m² h	
Gasflammkohle . . .	Nuß IV	Wm.	120	490	0,700
,, . . .	,, IV	Wm.-Rv.	200	780	1,110
,, . . .	Nuß I/III	Wm.	140	575	1,330
,, . . .	,, I/III	Wm.-Rv.	249	935	1,330
Anthrazit u. Magerkohle	,, IV	Wm.-Vt.	150	675	0,930
,, ,, ,,	,, V	Wm.Vt.	120	540	0,750
Brechkoks	III	Wm.	220	1030	1,200
,, ...	IV	Wm.	200	940	1,100
,, ...	IV	Wm.-Vt.	250	1125	1,320
,, ...	III+IV+Grus	Wm.-Vt.	270	1215	1,430
Rohbraunkohle . . .	—	Wm.	von 150	185	0,202
			bis 180	221	0,242
Braunkohlenbrikett .		Wm.	von 80	192	0,288
			bis 120	288	0,432
,, .	—	Wm.	160	350	0,585
,, .		HLG.	250	530	0,875
Braunkohlenschwelkoks	—	Wm.-Vt.	250	750	1,030

als durch chemische Eigenschaften der Brennstoffe. Grund hierfür ist die Tatsache, daß die physikalischen Vorgänge des Stoffaustausches für die Vergasungsleistung weit mehr ins Gewicht fallen als die chemische Reaktionsgeschwindigkeit. Eine Stufung der Vergasungsleistung[3], ausgedrückt in kcal/m² h, nach der Reaktionsfähigkeit läßt sich daher nicht feststellen.

Der *Wassergehalt* hat nur geringe Bedeutung. Um die Gasfeuchtigkeit bei Verwendung des Rohgases nicht unnötig zu steigern, wird man trockene Brennstoffe vorziehen; wird aber das Gas ohnehin im Reiniger gewaschen, so fällt dieser Gesichtspunkt weg. Bei von Natur aus sehr feuchten Brennstoffen wie Rohbraunkohle, Torf und Holz ist eine Vortrocknung notwendig, um die Leistung nicht zu schwächen und den

---

[1] Als Quellen wurden benutzt: Ruhrkohlen-Handbuch, 4. Aufl., Essen: Verlag Glückauf 1954. — Russ, E.: Die Vergasung westdeutscher Steinkohlen. Stahl u. Eisen 61 (1941) H. 29/30 S. 694—698, 713—717, — Braunkohlen-Anhaltszahlen, 4. Ausg. Köln 1934. — Becker, H., u. F. Buntenbach: s. Fußn. 2 S. 652. — Möller, R.: Hochleistungs-Gaserzeugungsanlage für eine Glashütte. Z. VDI 81 (1937) H. 40 S. 1167—1171. — Wohlschläger, H.: Generatorgas aus Braunkohlenschwelkoks. Z. VDI 81 (1937) H. 45 S. 1299—1304.

[2] Es bedeuten: Wm. = Wassermantel, Rv. = Rührvorrichtung, Vt. = Brennstoff-Verteiler, HLG. = Hochleistungsgaserzeuger Bauart Demag-Möller.

[3] Die Querschnittsbelastung in kg/m² h ergibt natürlich kein richtiges Bild, auch die spez. Gasleistung in Nm³/m²h ist zum Vergleich weniger geeignet als der je m² Schachtquerschnitt erzielte Gasheizwert in kcal/m²h.

Schwelwasseranfall gering zu halten. Bei absteigender Vergasung tritt die Brennstoffeuchtigkeit in die Reaktionszone ein und spielt dort die gleiche Rolle wie ein Wasserdampfzusatz zum Vergasungsmittel, muß also auch dem Bestwert angepaßt werden, was ebenfalls Vortrocknung voraussetzt.

Der *Staubgehalt* trägt, soweit es sich um so kleine Fraktionen handelt, daß sie nicht in der Schüttung verbleiben, sondern vom Gasstrom mitgeführt werden (besonders aus der obersten Schicht und bei der Neubegichtung), zur Erhöhung der Kohlenstoffverluste, zur Verschmutzung des Gases und des Teeres bei und ist daher in jeder Beziehung unerwünscht[1]. Die Begichtung ist daher so einzurichten, daß die freie Fallhöhe des Brennstoffs möglichst beschränkt und eine Staubaufwirbelung tunlichst vermieden wird. Der Staubmantel (Brennstoffaufnehmer), ein einfacher Rohreinsatz, der von der Generatordecke bis zur Brennstoffoberfläche reicht, hat sich dafür sehr gut bewährt[2]. Mit Rücksicht auf die Staubbildung wird auch vom Generatorbrennstoff eine möglichst hohe Abriebfestigkeit verlangt. Hierin ist z. B. der Hochtemperaturkoks dem Schwelkoks überlegen.

Der *Teergehalt* spielt bei teerreichen Brennstoffen insofern eine Rolle, als er unter Umständen das wirtschaftliche Ergebnis günstig beeinflußt; aus rohstofflichen Gründen wird seine Gewinnung angestrebt[3]. Verbleibt der Teer im Gas (bei Verwendung des Rohgases als Heißgas), so trägt er zur Heizwertsteigerung, auch etwas zur Temperatursteigerung bei der Verbrennung des Gases bei, außerdem spielt er eine Rolle als Karburierungsmittel. Bei teerarmen Brennstoffen wird er, da eine wirtschaftliche Teergewinnung kaum möglich ist, nur störend empfunden und muß durch Teerabscheider entfernt werden. Auf die etwaigen Verschmutzungen der rohgasführenden Leitungen durch Teer und Staub muß geachtet werden (Druckabfallskontrolle); bequeme Reinigungsmöglichkeiten sind dazu notwendig[2]. Über Schwefel und Schwefelreinigung von Gasen vgl. S. 158 und 297.

Neben dem Brennstoff werden Leistung und Gasqualität noch vom *Vergasungsmittel* beeinflußt. Auf den Zusammenhang zwischen Windmenge (Druck) und Leistung wurde bereits mehrfach hingewiesen. Wichtig ist ferner die gleichmäßige Verteilung des Vergasungsmittels über den ganzen Schachtquerschnitt; auch die Art des Gasabzuges spielt für die Gasverteilung im Querschnitt eine entscheidende Rolle,

---

[1] Über Gasreinigung vgl. S. 294.

[2] BECKER, H., u. F. BUNTENBACH: Leistungssteigerung und Brennstoffersparnis bei Erzeugung von Generatorheißgas aus Braunkohlenbriketts. Stahl u. Eisen 61 (1941) H. 18 S. 441—451.

[3] LÖFFLER, H.: Kohlenvergasungsanlagen der Ostmark mit Teergewinnung. Gas- u. Wasserfach 84 (1941) H. 36 S. 498—501.

und dies um so mehr, je kürzer der Gasweg[1] ist. Der Einfluß der Luftsättigung geht aus Abb. 24-2 und 3 nach Messungen von WOHLSCHLÄGER[2] hervor. Aus dem Tatbestand, daß zunehmender Wasserdampfgehalt der Luft eine zunehmende Wasserstoffmenge liefern kann, daß

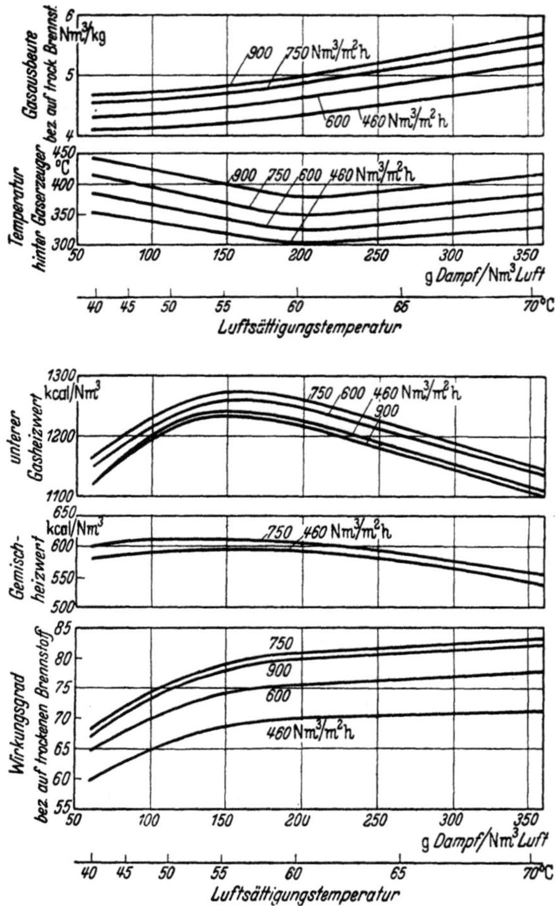

Abb. 24-2 u. 3. Einfluß des Sättigungsgrades (des Wassergehaltes) der Luft und der Belastung auf die Gasausbeute, die Gastemperatur, den Gas- und Gemischheizwert und auf den Gaserzeuger-Wirkungsgrad (nach WOHLSCHLÄGER)

aber gleichzeitig dadurch die Reaktionstemperatur sinkt und damit der Zersetzungsgrad sowohl des Wasserdampfes als auch der Kohlensäure abnimmt, ergibt sich ein Bestwert für den Sättigungsgrad, der

---

[1] Vgl. dazu BENNETT u. BROWN: Fußn. 5 S. 205.
[2] WOHLSCHLÄGER, H.: Untersuchungen an Schwachgaserzeugern, Feuerungstechn. 26 (1938) H. 4 S. 102—106, H. 8 S. 270.

zumeist zwischen 50 und 60 °C Sättigungstemperatur (bei Vergasung mit Luft) liegt. Bei Vorwärmung des Vergasungsmittels rückt er nach oben, und bei Sauerstoffvergasung liegt er ganz wesentlich höher, muß es aber auch mit Rücksicht auf die auftretenden Höchsttemperaturen in der Oxydationszone und die Verschlackungsgefahr.

Die *Belastung* wirkt sowohl auf den Heizwert (Einfluß der Strahlungs- und Leitungsverluste[1]) als auch auf den Wirkungsgrad und auf den wirtschaftlichen Erfolg, d. h. auf den Gaspreis, ein.

Abstichgaserzeuger. Nach Art der Austragung der Rückstände kann man unterscheiden zwischen Gaserzeugern mit trockener Abfuhr der Rückstände und mit flüssigem Schlackenabstich. In der Entwicklung der Gaserzeuger ist der Abstichgaserzeuger[2] die älteste, dem Hochofen nachgebildete Bauart. Sein Vorteil liegt in dem geschlossenen Herd (ohne druckbegrenzende Wasserverschlüsse od. dgl.), daher der Möglichkeit höherer spezifischer Belastungen und absoluter Leistungen. Gaserzeuger bis 300 t/Tag Vergasungsleistung sind gebaut worden[3], und dies stellt durchaus keine Grenzleistung dar, falls Bedarf für größere Einheiten vorliegt. Die Verluste durch Kohlenstoffgehalt der Rückstände (Schlacke) sind minimal. Der Abstichgaserzeuger kann mit hochvorgewärmter Luft und mit Sauerstoff-Dampf-Gemischen betrieben werden, und er läßt sich zur Herstellung von Generatorgas, Wassergas und Synthesegas verwenden.

Gegen den Abstichgaserzeuger, der sich, von einzelnen Industriezweigen abgesehen, wenig eingeführt hat, sprechen die hohen Gasaustrittstemperaturen (wenn mit hoher Leistung betrieben) und der geringere Wirkungsgrad. Beiden Nachteilen kann durch den Zwei-Zonen-Abstichgaserzeuger[4] abgeholfen werden, bei dem der Schlackenzone trockene Heißluft, der darüber liegenden Oxydationszone ein reiches Dampf-Luft-Gemisch zugeführt wird. Die Einführung von Dampf (ohne Luft oder Sauerstoff) führt nicht zum gewünschten Ziel. Betriebsergebnisse von Abstichgaserzeugern sind in Zahlentafel 24–2 und 24–3 zusammengestellt.

Ein Abstichgaserzeuger mit vollautomatischer Beschickung wurde von der Badischen Anilin- und Sodafabrik A.-G., Ludwigshafen, entwickelt[5].

---

[1] Lüth, F.: Der heutige Stand des Gaserzeugerbaues und -betriebes auf Hüttenwerken. Stahl u. Eisen 52 (1932) H. 49 S. 1213—1221.

[2] Gumz, W.: Der Abstichgaserzeuger. Gas- u. Wasserfach 91 (1950) Nr. 9 S. 97—104 (dort ausführliche Bibliographie). — Sabel, F.: Der Sauerstoff-Abstichgenerator. Gas- u. Wasserfach 92 (1951) Nr. 19 S. 273—277.

[3] DEMAG-Nachr. 10 (1936) Nr. 2 S. A 26/A 28.

[4] DRP. Siehe auch Fußn. 2.

[5] Duftschmidt, F., u. F. Markert: Entwicklung von großtechnischen Abstichgeneratoren zur Synthesegas-Erzeugung. Chemie-Ing.-Techn. 32 (1960) H. 12 S. 806—811.

Zahlentafel 24–2. *Gasanalysen und Heizwerte von in Abstichgaserzeugern hergestellten Gasen*

Bauart . . .	GM[1]	Th.-G.[2]	L[3]	L[3]	L[3]	L[3]
Brennstoff. .	Koks	Koks	Koks	Schwel- koks	Roh- schlacke	Koks
Vergasungs- mittel . .	Luft	35,9% O_2 34,0% H_2O 30,1% Umlaufgas	37,1% O_2 0,7% N_2 62,2% H_2O	46,6% O_2 0,9% N_2 52,0% H_2O	56,3% O_2 1,2% N_2 42,5% H_2O	53,5% O_2 41,5% CO_2
Gaszusam- mensetzung (trocken)						
CO_2 . . . %	0,9	2,6	6,8	2,9	9,7	3,0
CO . . . %	31,6	70,6	61,4	66,3	66,5	92,5
CH_2 . . . %	1,1	0,2	—	—	—	—
H_2 . . . %	1,3	23,2	31,0	30,1	22,9	3,0
N_2 . . . %	65,1	3,4	0,8	0,7	0,9	1,5
	100,0	100,0	100,0	100,0	100,0	100,0
H_o kcal/Nm^3	1099	2859	2800	2920	2707	2885
H_u kcal/Nm^3	1082	2745	2651	2776	2597	2871

Zahlentafel 24–3
Betriebsergebnisse von Abstichgaserzeugern mit Sauerstoffbetrieb
(nach SABEL). Vgl. Zahlentafel 24–2, Spalte 3—6

Spalte (s. Zahlentafel 24–2)	3	4	5	6
O_2-Verbrauch (98—99%) Nm^3/Nm^3 (CO + H_2)	0,262	0,262	0,347	0,310
Dampfverbrauch . . kg/Nm^3 (CO + H_2)	0,346	0,232	0,207	0,258 ($Nm^3 CO_2$)
C-Verbrauch (einschl. Verlust) kg/Nm^3 (CO + H_2)	0,424	0,539	—	0,460
Brennstoffverbrauch kg/Nm^3 (CO + H_2)	0,490	0,670	—	0,530
Gasleistung . . . . Nm^3/m^2 h	920	890	1100	930
Gasaustrittstemperatur . . . . . . °C	400	345	200	400

Die Düsen sind so ausgebildet, daß man gleichzeitig leichte Kohlenwasserstoffe (Benzin) in den Düsenstock einführen kann, wobei bis zu 46% CO +H_2 aus den Kohlenwasserstoffen gewonnen werden können.

Wassergas- und Synthesegaserzeuger

Die Erzeugung von Wassergas[4] erfolgt üblicherweise im Wechselbetrieb, d. h. durch abwechselndes Heißblasen der Brennstoffschicht

---

[1] Bauart Georgs-Marienhütte.   [2] Thyssen-GÁLOCSY-Generator.

[3] Leuna-Abstichgaserzeuger nach SABEL ("Ten years of oxygen-gasification at Leuna" BIOS Final report Nr. 199, 1945).

[4] DOLCH, P.: Wassergas. Chemie und Technik der Wassergasverfahren. Leipzig 1936. — WEHRMANN, F.: Generatoren für Luft- und Wassergas (BRÜCKNER, H.: Handbuch der Gasindustrie Bd. 2 I. Teil).

mit Luft und durch Gasen mit Wasserdampf. Das aus Koks erzeugte Wassergas wird Blauwassergas genannt (da es infolge seines hohen Gehaltes an CO und H_2 mit nichtleuchtender, blauer Flamme verbrennt), im Gegensatz zum karburierten Wassergas, das mit Gas- oder Karburierölen, die bei etwa 700 bis 750°C zersetzt werden, im Heizwert und in seiner Leuchtkraft verbessert wird. Kohlenwassergas oder Doppelgas[1] wird durch einen gleichzeitigen Entgasungs- und Vergasungsvorgang aus Kohle, vorzugsweise aus gasreichen, nichtbackenden Kohlenarten hergestellt. Für Synthesezwecke wird das Blauwassergas konvertiert (s. S. 304), um das gewünschte CO : H_2-Verhältnis herzustellen[2]. Soll reiner Wasserstoff erzeugt werden, so muß der Stickstoffgehalt des Gases, der durch Vermischung mit den Spülgasen immerhin noch 2 bis 6% und darüber betragen kann, möglichst gering gehalten werden. Man schneidet dann nur einen Teil der Wassergasproduktion (etwa 75%) heraus, der den Stickstoffgehalt Null (oder nahezu Null) besitzt, der dann als „Nullgas" bezeichnet wird.

Der Wassergasprozeß ist also dadurch gekennzeichnet, daß der zu vergasende Koks eine doppelte Aufgabe zu erfüllen hat, nämlich einmal mit der Blaseluft und beim Gasen mit dem Wasserdampf in Reaktion zu treten und zweitens als regenerativ arbeitender Wärmespeicher zu dienen. Da nur die Leistung während des Gasens als Nutzleistung anzusehen ist, muß man bemüht sein, die Blaszeiten, Spülzeiten und Umstellzeiten möglichst kurz zu halten, die Temperaturen möglichst schnell zu steigern und eine möglichst große Wärmemenge zu speichern. Als wesentliche Fortschritte in der Entwicklung zum Hochleistungs-Wassergaserzeuger sind daher — unter Berücksichtigung der für Gaserzeuger und ihre Brennstoffe allgemein geltenden Grundsätze — folgende Maßnahmen anzusehen:

Mechanisierung der Brennstoffaufgabe unter Aussieben des Abriebs, Verwendung hoher Wind- und Dampfdrücke und -geschwindigkeiten, Mechanisierung aller Umstellvorgänge, Mechanisierung des Aschen- und

---

[1] WEHRMANN, F.: Doppelgaserzeuger. In: BRÜCKNER: Handbuch der Gasindustrie Bd. 2 III. Teil. — GWOSDZ, J.: Kohlenwassergas (Kohle, Koks, Teer Bd. 19), Halle/S. 1930. — SCHROTH, W., u. W. KONRAD: Fortschritte in der Entwicklung großer Doppelgasgeneratoren. Gas- u. Wasserfach 77 (1934) H. 35 S. 608 bis 610.

[2] Über die chemischen Grundlagen der Syntheseerzeugung vgl. P. DOLCH: Feuerungstechn. 27 (1939) H. 1 S. 1—5, H. 2 S. 44—51 u. H. 4 S. 103—108, — Synthesegas wird in Wassergasgeneratoren im Wechselbetrieb oder durch kontinuierliche Wassergasverfahren erzeugt (s. auch S. 256). Über Verfahren und Apparaturen vgl. P. DOLCH: Fußn. 4 S. 655, K. BAUM: s. Zahlentafel 24–5, W. GUMZ u. R. LESSNIG: Fußn. 7 S. 306 und H. BRÜCKNER: Synthese-, Braunkohlen- und Torfgase. In: BRÜCKNER: Handbuch der Gasindustrie Bd. 2 II. Teil, München u. Berlin 1940. — RAMMLER, R.: Untersuchungen zur Leistungssteigerung von Koppers-Synthesegaserzeugern. Freiberger Forschungshefte A 99 (1958) S. 5—79.

Schlackenaustrages und Auswahl geeigneter Brennstoffe (Wahl der Körnung, hoher Aschenschmelzpunkt).

Neuzeitliche Hochleistungswassergasanlagen arbeiten mit einer Blaseperiode von 1 Min.; das erzeugte Blasegas wird in einer Zündkammer, in die die nötige Verbrennungsluft hineingegeben wird, verbrannt, um daraus in einem Abhitzekessel Dampf von 18 bis 20 atü zu erzeugen. Dieser Dampf wird in einer Gegendruckturbine zunächst zum Antrieb der Gebläse und Pumpen verwendet und dient dann, zusammen mit dem im Dampfmantel erzeugten Dampf (von meist 3 bis 3,5 atü), als Einblasedampf beim Gasen. Die Gaseperiode dauert 2 Min., davon wird 1 Min. von unten und 1 Min. von oben gegast (backrun). Die Gesamtperiode dauert also 3 Min. entsprechend 20 Zügen in der Stunde. Die Dampferzeugung im Mantel und im Abhitzekessel beträgt etwa 1 kg/Nm³ Wassergas, womit der Bedarf von rd. 0,9 kg/Nm³ Wassergas des Gaserzeugers reichlich gedeckt werden kann. Die Brennstoffaufgabe erfolgt während des Abwärtsgasens, so daß dadurch die Verstaubung und ein Staubverlust vermieden und eine schnelle Vergasung des Staubes gewährleistet wird. Die Leistungen mittlerer Wassergasanlagen sowie einiger Hochleistungs-Wassergaserzeuger gehen aus Zahlentafel 24-4 hervor. Vergleicht man diese Werte mit denen von Generatorgasanlagen (Zahlentafel 24-1, S. 651), so kann man feststellen, daß die Wärmeleistung der mittleren Anlagen tatsächlich etwa ²/₃ derjenigen bei Schwachgasanlagen entspricht, wie nach der Dauer der

Zahlentafel 24-4. *Leistung von Koks-Wassergas-Anlagen*

Generator- durchm. (m)	Belastung kg/m² h	Gasausbringen Nm³/kg	Gasleistung Nm³/m² h	Heizwert kcal/Nm³	Wärmeleistung 10⁶ kcal/m² h
Wassergaserzeuger mittlerer Größe[1]					
2,1	192	1,538	295	2745	0,811
2,2	237	1,597	379	2730	1,034
2,6	251	1,536	386	2830	1,091
Hochleistungsgaserzeuger					
3,5	468	1,592	745	2475	1,844
3,5	493	1,440	710	2435	1,729
3,5	502	1,653	830	2560	2,125

Gaseperiode zu erwarten ist, daß aber sowohl durch die höhere Konzentration des Vergasungsmittels als auch durch andere Maßnahmen (Anwendung höherer Drücke und Geschwindigkeiten) die Leistung der Wassergasanlagen auf und über diejenige der Schwachgasanlagen gesteigert werden kann. Einige Angaben über die Wärmewirtschaft des Wassergasprozesses gibt Zahlentafel 24-5.

---

[1] WEHRMANN, F.: vgl. Fußn. 3 S. 647.

Zahlentafel 24-5
Wirkungsgrad des Wassergasprozesses im Wechselbetrieb

Brennstoff	Vergasungs-wirkungsgrad	Gesamt-wirkungsgrad (einschl. Abhitze-verwertung)	Quelle
Hochtemperaturkoks .	66—70%	70—75%	BAUM, K.: Ber.-Heft der 74. Hauptvers. des VDI, Darmstadt 1936, S. 59—69.
	58,1	77,5	MÜLLER-GRAF: Technologie der Brennstoffe, Wien 1939.
	65,5	75,6	DOLCH, P.: Wassergas, Leipzig 1936.
Gasflammkohle . . .	59,4	65,0	SCHROTH, W.: Gas- u. Wasserfach 73 (1930) Sonderheft.

Infolge der Wärmelieferung durch einen Speichervorgang ist die Wassergasbildung weder räumlich noch zeitlich konstant. Aus den Versuchen von KING, WILLIAMS und THOMAS[1], die den Verlauf der Isothermen in einem Versuchsgaserzeuger von 1,47 m Durchmesser ermittelt haben, geht hervor, daß nur die untersten Schichten die Temperaturschwankungen von 150 bis 200 °C durchlaufen; der übrige Teil der Schüttung spielt ausschließlich die Rolle eines Wärmeaus-tauschers, zumal sich bei der Vergasung in einer Richtung die Tempera-turen etwas verlagern, also beim Gasen von unten z. B. nach oben rücken, während der so erhitzte Koks beim Gasen von oben als Vor-wärmer für das Vergasungsmittel dient. Abb. 24-4 zeigt den Verlauf einer Gaseperiode und zugleich den Verlauf des Dampfzersetzungs-grades. Die Gesamtdauer dieses Zeitabschnittes beträgt etwa 2 Min., die Leistung steigt zunächst schnell auf einen Höchstwert und sinkt in der ersten Minute während des Gasens von unten infolge der schnell fortschreitenden Auskühlung stark ab. Der Einschnitt in der Mitte kommt durch das Umstellen auf Gasen von oben zustande, welches von der 60. bis zur 110. Sekunde dauert. Denkt man sich den Verlauf des ersten Abschnitts, des Gasens von unten, verlängert, so sieht man, daß die Leistung nach der Umkehr der Strömungsrichtung höher ge-worden ist, als sie bei Fortsetzung des Gasens von unten zu erwarten gewesen wäre. Dies ist auf die obenerwähnte Wirkung der Vorwärmung des Vergasungsmittels durch die Koksschicht zurückzuführen. Am Schluß wird abermals kurz von unten gegast und dabei durch stärkere Dampfzugabe gespült, um das Wassergas aus dem Generator und den Leitungen zu verdrängen. Auch hier entsteht aus den gleichen Ursachen

---

[1] KING, J. G., B. H. WILLIAMS u. R. V. THOMAS: Further experiments upon the water-gas process. Fuel Research Techn. Paper Nr. 43, London 1935.

wieder eine Leistungsspitze, bis dann durch Schließen des Schiebers die Leistung auf Null zurückgeht. Das Diagramm zeigt in eindringlichster Weise den Einfluß der Temperatur auf den Dampfzersetzungsgrad und damit auf die Leistung, die am Ende der Periode nur $^1/_5$ der Leistung am Anfang ausmacht. Der Dampfzersetzungsgrad, der im Mittel 32,4% beträgt, fällt von anfangs 60% auf 12% am Ende. Eine Verlängerung der Gaseperiode wäre also ganz zwecklos.

Bei Wassergaserzeugern sind es also vor allem 2 Mittel, die eine Leistungssteigerung hervorbringen können: Eine hohe Querschnittsbelastung (hohe Geschwindigkeiten, hohe Drücke und entsprechende

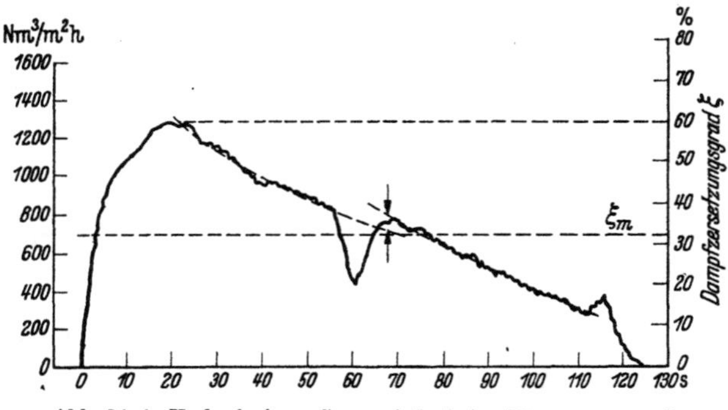

Abb. 24–4. Verlauf einer Gaseperiode beim Wassergasprozeß

apparative Vorbedingungen, die sie zulassen) und hohe Temperaturen. Die in Zahlentafel 24–4 an letzter Stelle genannte Anlage z. B. wurde besonders heiß gefahren (was teils von der Rostbauart, teils vom Brennstoff abhängig ist). Um dieses Ergebnis noch zu verbessern, wäre zu empfehlen, das Vergasungsmittel, besonders den Wasserdampf, höher zu überhitzen, als dies nach bisheriger Übung der Fall ist. Man arbeitet meist mit Dampf von 3,5 atü und 150 °C, könnte aber unbedenklich auf eine Überhitzung auf 500 °C übergehen. Bei 2400 kcal/kg C Wärmebedarf der Wassergasreaktion und 1,965 kg Dampf/kg C würde dieser Temperaturunterschied 172,5 kcal/kg Wasserdampf oder 339 kcal/kg C ausmachen, was eine Leistungssteigerung von 12,3% bedeutet.

Druckvergasung

Wird die Vergasung unter hohem Druck vorgenommen, so verschiebt sich das Generatorgasgleichgewicht zur CO_2-Seite, das heterogene Wassergasgleichgewicht zur H_2O-Seite und das Gleichgewicht der exothermen Reaktion der Methanbildung zur CH_4-Seite (vgl. S. 431 ff.)[1]. Chemisch-

---

[1] DANULAT, F.: Die restlose Vergasung fester Brennstoffe mit Sauerstoff unter hohem Druck. Diss. Berlin-Charlottenburg 1935.

thermisch gesehen macht sich dieser Druckeinfluß nicht nur in der Gaszusammensetzung, sondern auch in einer Verminderung des Sauerstoffbedarfs und der Zulässigkeit eines entsprechend höheren Wasserdampfgehaltes im Vergasungsmittel bemerkbar. Durch Auswaschen des CO_2- und H_2S-Gehaltes — und der Druck erleichtert den Vorgang des Auswaschens — und andere Verfahren der Gasreinigung (vgl. das „Rectisol-Verfahren" S. 302) — erhält man bei einem O_2/H_2O-Gemisch als Vergasungsmittel ein als Ferngas geeignetes heizwertreiches Gas[1]. Physikalisch gesehen ermöglicht der hohe Druck außerdem hohe Durchsätze (hohe spezifische Leistungen), die Verwendung kleiner Korngrößen (s. Zahlentafel 24-6), er verringert die Staubverluste und bedingt kleinere Abmessungen für Apparaturen und Rohrleitungen. Die spezifischen Leistungen können um einen Faktor gesteigert werden, der je nach Körnung und Körnungsaufbau zwischen p und $\sqrt{p}$ (p = Vergasungsdruck in ata) liegt[2]. Diese Vorteile, die sich wirtschaftlich in geringem Raumbedarf, geringem Bedienungsaufwand, mäßigem Sauerstoffverbrauch, verglichen mit einer Sauerstoffvergasung bei atmosphärischem Druck, und in geringen Anforderungen an die Qualität und damit die Kosten des Brennstoffs bemerkbar machen, haben daher die Sauerstoff-Druckvergasung bei Drücken von 20 bis 30 atü nach dem Verfahren der Lurgi-Gesellschaft für Wärmetechnik, Frankfurt a. M., zum geeigneten Verfahren zur Erzeugung von Gas von Stadtgasqualität durch restlose Vergasung gemacht. Die ersten in Sachsen und Böhmen erstellten Anlagen, sowie eine neuere Anlage in Morwell, Australien, arbeiteten mit vorgetrockneter Braunkohle als Brennstoff. Inzwischen ist das Verfahren weiterentwickelt worden[3] und nun auch für nicht- und schwachbackende Steinkohlen geeignet, wie die 1955 errichteten Großanlagen des Werkes Dorsten der Steinkohlengas A.-G. (6 Generatoren mit je

---

[1] DRAWE, R.: Erfolge der Druckvergasung mit Sauerstoff. Arch. Wärmew. 19 (1938) Nr. 8 S. 201—203. — DANULAT, F.: Die Sauerstoff-Druckvergasung fester Brennstoffe. Gas- u. Wasserfach 84 (1941) Nr. 40 S. 549—552, — Wechselwirkungen zwischen Gas und Brennstoff bei der Druckvergasung. Gas- u. Wasserfach 85 (1942) Nr. 49/50 S. 557—562, — Die Druckvergasung fester Brennstoffe BWK 4 (1952) Nr. 1 S. 2—6. — THOMAS, H.: Starkgas-Erzeugung und Stadtgas-Versorgung auf einheimischer Braunkohlenbasis. Bergbau u. Energiewirtsch. 4 (1951) Nr. 5/6 S. 218—226, 237/38. — HUBMANN, O.: Die Vergasung von festen Brennstoffen unter Druck. Brennst.-Chemie 40 (1959) Nr. 3 S. 65—71. — PICHLER, H.: Zur Druckvergasung von Brennstoffen. Brennst.-Chemie 40 (1959) Nr. 3 S. 71—73. — WEITTENHILLER, H.: Neue Ergebnisse bei der Druckvergasung von Steinkohlen in der Gaserzeugeranlage der Steinkohlengas A.-G., Dorsten. Brennst.-Chemie 40 (1959) Nr. 3 S. 73—75.

[2] GUMZ, W.: Gasification of solid fuels at elevated pressures. Industr. Engng. Chem. 44 (1952) Nr. 5 S. 1071—1074.

[3] TRAENCKNER, K.: Gas aus nicht verkokungswürdigen Kohlen. Gas- u. Wasserfach 93 (1952) Nr. 19 S. 537—547.

2,6 m Durchmesser[1,2]) und der SASOL in Südafrika (10 Generatoren mit 3,7 m Durchmesser[2]) zeigen.

Da bei Steinkohle der Heizwert von 4300 kcal/Nm³ nicht ganz erreicht wird, muß eine Gasaufwertung vorgenommen werden, wozu vier Wege zur Verfügung stehen: 1. die Zumischung eines heizwertreicheren Gases, z. B. von Erdgas, 2. die Methanisierung oder eine Teilstrommethanisierung, 3. die Synthese nach FISCHER-PICHLER (Mitteldrucksynthese) mit einer Spaltung des Syntheserestgases[3] und 4. eine Gaszerlegung nach LINDE unter Abtrennung von Wasserstoff.

Das Ferngaswerk Dorsten geht den ersten Weg. Dort gelang es nach WEITTENHILLER[4], durch konstruktive Verbesserungen und durch planmäßige Änderung der Fahrweise (d. h. Übergang von „nassem" auf „trockenen" Betrieb, d. i. Senkung des O_2-Gehaltes von 17,4 auf 12,0 Vol.-% im Vergasungsmittel) den Dampfbedarf von 1,51 auf 0,88 kg/Nm³ Reingas, den Sauerstoffbedarf von 0,255 auf 0,230 Nm³/Nm³ Reingas zu verringern, das Gasausbringen von 1,58 auf 1,64 Nm³ Reingas/kg Kohle (waf) und die Leistung je Generator um 70% zu steigern (vgl. Zahlentafel 24–6). Das Ausbringen an wertvollen Nebenprodukten beträgt dabei in Prozent der brennbaren Kohlensubstanz 6,5% Teer und Öl, 3,0% Reinbenzin, 1,0% Rohphenol, 5,9% Schwefelsäure (60 °Bé) und 4,0% Ammonsulfat.

Als ein Mittel zur Steigerung der Gasabgabeleistung und zur Erhöhung der Flexibilität (1 : 8) schlägt WEITTENHILLER eine Rohgaskonvertierung (ohne Dampfzusatz, da der Wasserdampfgehalt des Rohgases genügt) vor[5]. Das Absinken der Dichte wird durch weiteren Ferngas- und durch Stickstoffzusatz ausgeglichen.

In Zukunft kann es vielleicht notwendig werden, ein dem Naturgas möglichst gleichwertiges Gas aus Kohle herzustellen. Dazu bietet sich in erster Linie die Druckvergasung an, wobei an Drücke bis zu 85 atü gedacht ist. Für die Lösung der schwierigen konstruktiven Probleme, besonders der Beschickung, kann man dabei an druckabgestufte Doppelschleusen denken[6].

---

[1] JUST, H.: Ferngaserzeugung durch Vergasung von Steinkohle nach dem Lurgi-Druckverfahren. Erdöl u. Kohle 7 (1954) Nr. 1 S. 14—20.

[2] BIEGER, F.: Zwei Jahre Betriebserfahrungen im Ferngaswerk Dorsten der Steinkohlengas A.-G. Ges.-Ber. aus Betrieb und Forschung der Ruhrgas A.-G. H. 7 (1958) S. 21—29.

[3] DORSCHNER, O.: Methanferngas durch Druckvergasung und Synthese. Erdöl u. Kohle 2 (1949) Nr. 2 S. 59—65.

[4] Vgl. Fußn. 1 S. 660.

[5] WEITTENHILLER, H.: Das Spitzenproblem in der Gaserzeugung. Gas- u. Wasserfach 100 (1959) Nr. 33 S. 839—846.

[6] GUMZ, W., u. J. F. FOSTER: A critical survey of methods of making a high Btu gas from coal. Research Bull. No. 6, The Gas Production Research Committee. Amer. Gas Association, New York 1953.

Zahlentafel 24-6
Ergebnisse der Druckvergasung mit Braunkohle (Böhlen) und Steinkohle (Dorsten)

Brennstoff	Braunkohle		Steinkohle	
Körnung mm	2—10		6—30	
Wasserballast kg/kg (waf)	0,2609		0,0715	
Ascheballast	0,1495		0,3123	
Flüchtige Bestandteile % (i. waf)			38,4	
Teergehalt (nach FISCHER)	15,4		10,5	
Druck atü	20		23	
Vergasungsmittel				
Wasserdampf kg/Nm³ Reingas	1,35		0,88	
Sauerstoff (100%) Nm³/Nm³ Reingas	0,15		0,23	
t_{VM} °C	500			
Gasausbringen Nm³ Reingas/kg (waf)	0,901			
Gaszusammensetzung	*Rohgas*	*Reingas*	*Rohgas*	*Reingas*
CO_2 %	31,5	3,6	25,2	2,0
H_2S %	1,4	0,0	0,7	0,0
O_2 %	0,3	0,3	—	—
C_nH_m %	0,8	0,8	0,6	0,8
CO %	14,1	20,2	24,0	31,9
H_2 %	35,4	51,7	38,5	50,8
CH_4 %	15,5	22,0	9,8	12,9
N_2 %	1,0	1,4	1,2	1,6
	100,0	100,0	100,0	100,0
H_o kcal/Nm³	—	4400	—	3900
Teer- und Benzinausbeute kg/t (waf)	169		95	

Für die Verwendung in Gasturbinen bietet die Vergasung mit Luft-Wasserdampf-Gemisch (oder auch Luft-Kohlensäure-Wasserdampf-Gemisch) bei einem etwas über dem Turbineneintrittsdruck liegenden Generator-Betriebsdruck gute Aussichten[1].

Feinkorn- und Staubgaserzeuger

Der wesentliche Nachteil normaler Gaserzeuger, der sich verteuernd auf die Gaserzeugung auswirkt, ist die schmale, auf verhältnismäßig hochwertige Brennstoffarten und -sorten beschränkte Brennstoffgrundlage (Hochtemperaturkoks, Schwelkoks, Anthrazit, Braunkohlenbriketts). Hohe Anforderungen werden an Kornreinheit und Aschegehalt gestellt, die Backfähigkeit soll möglichst gering sein. Der Abstichgas-

---

[1] MUSIL, L.: Gasturbinenkraftwerke. Ihre Aussichten für die Elektrizitätsversorgung, Wien: Springer-Verlag 1947. — IPFELKOFER, J.: Die Gasturbine und ihr Einfluß auf die öffentliche Energiewirtschaft. Gas- u. Wasserfach 92 (1951) Nr. 19 S. 249—258. — NELSON, H. W., H. H. KOUNS u. B. O. BUCKLAND: Gasturbine fuel from a pressurized gas producer. Gasification and Liquidation of Coal. Amer. Inst. Min. Met. Engrs., New York 1953, S. 109—121.

erzeuger erweitert das Brennstoffprogramm bezüglich Aschegehalt und Ascheschmelzverhalten erheblich, ist aber für feinkörnigen Brennstoff nicht geeignet. Um diese Basis vor allem auch sortenmäßig zu verbreitern, liegt es nahe, auf billige Brennstoffe, wie Rohbraunkohle, Feinkohle, Staubkohle, Koksgrus usw., zurückzugreifen und sie in der Schwebe zu vergasen.

Kann Kohlenstaub dadurch vergast werden, daß man eine Kohlenstaubfeuerung mit entsprechendem Luftmangel betreibt? Wie die technische und Patentliteratur zeigt, sind Vorschläge dieser Art schon alt, und theoretische Erörterungen sind seit langem angestellt worden[1,2]; aber eine Nachrechnung[3] läßt erkennen, daß das Problem nicht ganz so einfach liegt. In der Schwebe haben wir es mit einer Gleichstromvergasung zu tun, und die Wärme zur Trocknung, Aufheizung und Entgasung des Teilchens wird dem Heizwert der Kohle entnommen, während, im Gegensatz zur Gegenstromvergasung im festen Brennstoffbett, die fühlbare Wärme nicht für diese Zwecke ausgenützt werden kann (wenn nicht über den Umweg über einen Wärmeaustauscher). Die Folge ist eine geringere Reaktionstemperatur, ein schlechteres Gas und eine sehr hohe Gastemperatur. Hinzu kommt der Wegfall des hohen Kohlenstoffüberschusses, den man im festen Brennstoffbett hat, und folglich ein Mangel an Reduzierkohlenstoff, der eine volle Gleichgewichtseinstellung verhindert. Diese Schwierigkeiten haben dazu geführt, daß die Erwartungen, besonders von der wirtschaftlichen Seite gesehen[4], nicht immer erfüllt worden sind, und daß Versuche mit mäßiger Vorwärmung, selbst solche mit Sauerstoff-Wasserdampf als Vergasungsmittel zu keinem wirtschaftlich befriedigenden Ergebnis geführt haben[5].

Bereits HASLAM und HARRIS haben erkannt und ausgesprochen[2], daß eine sehr hohe Vorwärmung (1000 °C) notwendig ist, um eine be-

---

[1] BOURCOUD, A. E.: Gasification of powdered Coal. Chem. metall. Engng. 24 (1921) Nr. 14 S. 600—604.

[2] HASLAM, R. T., u. L. HARRIS: Producer gas from powdered coal. Industr. Engng. Chem. 15 (1923) Nr. 4 S. 355—357, — Ref. Stahl u. Eisen 44 (1924) Nr. 2 S. 48/49.

[3] GUMZ, W.: Gas Producers and Blast Furnaces. Theory and Methods of Calculation, New York 1950, S. 123—129.

[4] GUMZ, W.: Rohkohlenvergasung in der Schwebe. Technisch-wirtschaftliche Möglichkeiten und Vorteile der Staubvergasung. Feuerungstechn. 27 (1939) Nr. 9 S. 257—259.

[5] v. FREDERSDORFF, C.: The continuous gasification of powdered coal suspensions by air-oxygen and air-oxygen-steam mixture. Proc. Amer. Gas Assoc., 1949, S. 705—724. — COREY, PERRY u. ELLIOTT s. Fußn. 3 S. 478. — ATWELL, H.V.: GUMZ powdered coal gasification process. FIAT Final Report 1304. Washington, Sept. 15, 1947.

Zahlentafel 24–7. *Betriebsergebnisse des Koppers-Gaserzeugers*
(Bur. Mines, Anlage in Louisiana, Missouri)[1]

Betriebsdauer 6 h, Versuchsdauer 3 h	Brennstoff
Brennstoffverbrauch . . . . kg/h	896,3
Dampfverbrauch . . . . kg/h	816,5
Sauerstoffverbrauch. . . . . Nm³/h	529,2
Dampfeintrittstemperatur . . . . °C	807,2
Gaserzeugungstemperatur . . . . °C	1438
Gasaustrittstemperatur . . . . °C	1257
Erzeugte Gasmenge. . . . . Nm³/h	1714
Erzeugte CO + H₂-Menge . . . . Nm³/h	1383
Umgesetzter Kohlenstoff . . . . %	84,2
Gasanalyse	
CO₂ . . . . %	15,6
CO . . . . %	42,9
H₂ . . . . %	37,8
Sonstige . . . . %	3,7

friedigende Wärmebilanz zu erhalten. Ein anderer Weg ist die Vergasung unter hohem Druck, was die Reaktionen nach der CO_2-Seite hin verschiebt, dann allerdings auch ein CO_2-reicheres Endprodukt erzeugt. Der Koppers-Totzek-Prozeß[2] verwendet Cowper-ähnliche Vorwärmer mit Gasbeheizung zur Vorwärmung des Vergasungsmittels auf 1000 bis 1100 °C, das Bureau of Mines hat gasbeheizte Regeneratoren mit Steinkugeln (sog. „pebble stoves") vorgeschlagen[3]. Ein typisches Beispiel für die Synthesegaserzeugung durch Sauerstoff-Wasserdampf-Vergasung im Koppers-Totzek-Gaserzeuger ist in Zahlentafel 24–7 wiedergegeben.

Zur Erhöhung des Massenaustausches ist die Verwendung zyklonartiger Reaktionskammern vorgeschlagen worden, eine Maßnahme, die nicht zum Erfolg führen kann, wenn das Temperaturniveau nicht hoch genug gehalten werden kann (vgl. S. 477). Je nach Aschegehalt und Ascheschmelzverhalten wird man bei der Herstellung von Generatorgas

---

[1] Bur. Mines R. I. 4651 (Febr. 1950). Synthetic Liquid Fuels. A. R. Secr. Inter. for 1949, Tl. I, S. 13.

[2] Die Kohlenstaubvergasung nach Koppers-Totzek: Stahl u. Eisen 66/67 (1947) Nr. 21/22 S. 363. — Newman, L. L.: The use of oxygen in the production of hydrogen and synthesis gas. Industr. Engng. Chem. 40 (1948) Nr. 4 S. 559—582. — Atwell, H. V.: Koppers powdered coal gasification process. FIAT Final Report 1303. Washington, Sept. 1947. — Osthaus, K. H.: Wassergas aus Kohlenstaub: BWK 4 (1952) Nr. 1 S. 6—10.

[3] Strimbeck, G. R., J. H. Holden, L. P. Rockenback, J. B. Cordiner jr. u. L. D. Schmidt: Pilot-plant gasification of pulverized coal with oxygen and highly superheated steam. U.S. Bureau of Mines R. I. 4733 (Nov. 1950). — Über „pebble heater" s. a. Bureau of Mines R. I. 4781 (März 1951) und Gas- u. Wasserfach 92 (1951) Nr. 23 S. 331/32.

damit in den Bereich gelangen, wo die mineralischen Bestandteile flüssige Tröpfchen bilden und in geeigneter Weise abgeführt werden müssen[1], wenn Verschlackungen der Reaktoren und erhebliche Betriebsstörungen im Dauerbetrieb vermieden werden sollen. Als eine aussichtsreiche Teillösung dieser Aufgabe kann das SZIKLA-ROZINEK-Verfahren[2] angesehen werden. Zur Vermeidung einer Berührung der flüssigen oder halbflüssigen Schlacke mit der feuerfesten Ausmauerung haben SZIKLA und ROZINEK die „Kokswand" vorgeschlagen, Ansammlungen einer Feinkoksschicht auf geeigneten Rohren, Vorsprüngen oder Rippen, die nicht nur eine isolierende Wirkung ausübt, die auch von auftropfender Schlacke nicht nachteilig beeinflußt werden kann und sich selbsttätig erneuert. Die abtropfende Schlacke fällt auf eine mit Schlitzen versehene, gegebenenfalls wassergekühlte Austragswalze. An Stelle der Walze können auch einfache seitlich verschiebbare Schieber treten, wie sie bei den ersten Ausführungen der SZIKLA-ROZINEK-Feuerung verwendet wurden.

Ein anderer Weg ist die Vergasung im Schwebebett, der zuerst von F. WINKLER in seinem WINKLER-Generator[3] beschritten wurde, wobei Brennstoffe von 0,2 bis 5 mm in wallender Schicht vergast werden. Der WINKLER-Generator vermag sehr hohe Einheitsleistungen und hohe spezifische Gasleistungen bis $1000 \cdots 2300 \ Nm^3/m^2 \ h$ zu erzielen, jedoch unter Verzicht auf hohe Wirkungsgrade und unter Inkaufnahme hoher Kohlenstoffverluste. Bei gasreichen Brennstoffen, bei denen die Entgasungsprodukte einen nicht unwesentlichen Teil des erzeugten Gases darstellen (Braunkohle, Braunkohlenschwelkoks, gasreiche jüngere Steinkohle), sind befriedigende Ergebnisse erzielt worden; allerdings verlangt dies einen Abhitzekessel zur Ausnutzung der Gaswärme

---

[1] Manche Versuchsberichte leugnen das Vorhandensein dieses Problems, wobei aber übersehen wird, daß mit ausgesuchten Brennstoffen, in verhältnismäßig kleinen Reaktionsräumen mit entsprechend hohen Wärmeverlusten und bei sehr kurzen Versuchszeiten von manchmal nur wenigen Stunden ein völliges Temperaturgleichgewicht nicht erreicht wird und nur mangelnde Modellgleichheit mit der Großanlage im Dauerbetrieb besteht.

[2] SZIKLA, G., u. A. ROZINEK: Die Entwicklung des Schwebevergasers Bauart SZIKLA-ROZINEK. Feuerungstechn. 26 (1938) Nr. 4 S. 97—102. — ROZINEK, A.: Weiterentwicklung des Schwebevergasers Bauart SZIKLA-ROZINEK. Feuerungstechn. 30 (1942) Nr. 7 S. 153—161. — GUMZ, W.: Der Schwebevergaser Bauart SZIKLA-ROZINEK als Feuerung und als Gaserzeuger. Arch. bergbaul. Forsch. 3 (1942) Nr. 2 S. 122—129.

[3] BOSCH, C.: Chem. Fabrik 7 (1934) H. 1 S. 1—10. — DOLCH, P.: Wassergas. Chemie und Technik der Wassergasverfahren, Leipzig 1936 S. 238—255, — Feuerungstechn. 27 (1939) H. 4 S. 106. — BRÜCKNER, H.: Handbuch der Gasindustrie, Bd. 2, Generatoren, München u. Berlin 1940, S. 2/25—2/30. — GRIMM, H. G.: The gasification of fine-grained coal in the WINKLER gas producer. Proc. III. Intern. Conf. Bit. Coal. Pittsburgh 1931, Bd. I S. 874—892. — NEWMAN, L. L.: s. Fußn. 2 S. 664.

(900 bis 1000 °C) und eine Wiederverwendung des hohen, noch sehr heizkräftigen Staubanfalles, z. B. in einer Kohlenstaubfeuerung.

In USA bestehen Absichten, nach den Erfolgen der katalytischen Krackung im fluidisierten Katalysatorbett, die Vergasung wesentlich feinerer Stäube im Schwebebett und unter Druck zu vergasen. Bisher haben diese Versuche noch zu keinem greifbaren Erfolg geführt. Die Begrenzung der linearen Gasgeschwindigkeit bei feinkörnigem Brennstoff und die temperaturausgleichende Wirkung des fluidisierten Bettes sind dem Ziel hoher Leistungen und Wirkungsgrade abträglich.

Die Anwendung des Wälzgasprinzips auf die Staubgaserzeugung ist im SCHMALFELDT-WINTERSHALL-Verfahren durchgeführt. Bei Anwendung auf Rohbraunkohle wird dabei die Gaswärme zur Vortrocknung (bei gleichzeitiger Zerkleinerung) im Schwebetrockner ausgenützt. Zur Erhöhung der Leistungen hat man zusätzlich Sauerstoff in den Gaserzeuger eingeführt und damit das reine Wälzgasprinzip durchbrochen.

Die Entwicklungsarbeiten des In- und Auslandes haben sich im letzten Jahrzehnt in verstärktem Maß der Staubvergasung zugewandt, und zwar sowohl der Schwachgaserzeugung mit Luft (Beispiel: Das Wirbelkammer-Verfahren der Ruhrgas A.-G.[1] als auch der Wasser- und Synthesegaserzeugung mit Sauerstoff-Wasserdampf-Gemisch als Vergasungsmittel bei atmosphärischem Druck (Beispiel: Koppers-TOTZEK-Verfahren[2]) und bei höheren Drücken[3] (Beispiele: Bureau of Mines, Morgantown, W. Va., und The Texas Company[4]). Obwohl bereits die ersten Großanlagen im Bau sind, kann das ganze Gebiet noch als in den Anfängen seiner Entwicklung stehend angesehen werden und dürfte noch einer großzügigen Weiterentwicklung fähig sein.

Als aussichtsreichste Entwicklung der Feinkornvergasung muß heute das FLESCH-WINKLER-Verfahren und seine zur Zeit in Gang befindliche Weiterentwicklung angesehen werden. Das Verfahren besteht in einer absteigenden Vergasung in ruhender Schicht und einer Entschlackung und Entgasung des diskontinuierlich eingespeisten Brennstoffs durch Aufwirbelung des Brennstoffbettes. Obwohl auf eine maximale Korngröße von etwa 5 mm beschränkt (die durch einfache Brecher oder Hammermühlen aus jeder Förderkohle gewonnen werden kann), ist das Brennstoffprogramm dieses Vergasungsverfahrens nahezu universell und ist weder durch Aschegehalt, Ascheschmelzverhalten, Wassergehalt noch durch die Backneigung begrenzt. Die absteigende

---

[1] NISTLER, F: Neue Wege zur Schwachgasherstellung aus Steinkohle. Glückauf 88 (1952) Nr. 15/16 S. 346—349.   [2] Siehe Fußn. 2 S. 664.

[3] McGEE, J. P., L. D. SCHMIDT, C. D. PEARS u. J. A. DANKO: Pressure gasification pilot plant designed for pulverized coal and oxygen at 30 atmospheres. Vortrag, New York, Febr. 1952, A.I.M.E.

[4] EASTMAN, DU BOIS: Preliminary report on coal gasification. Vortrag, New York, Febr. 1952, A.I.M.E.

Vergasung gewährleistet weit höhere spezifische Leistungen als die aufsteigende bei gleichen Korngrößen; versuchsweise sind vom Verfasser Leistungen bis 2000 kg/m²h erzielt worden ohne nennenswerte Staubaustragung. Die wirtschaftlichsten Belastungen sind indessen von Fall zu Fall je nach Anlage und Kraftkosten auszubalancieren und werden sehr stark vom Druck beeinflußt. Das Verfahren kann indessen leicht unter Druck durchgeführt und voll automatisiert werden. Seine Anwendung beschränkt sich nicht auf Generatorgas, sondern durch Sauerstoff-Wasserdampf-Verwendung und unter Druck kann praktisch jede Gasart erzeugt werden. Seine Anwendung unter Tage[1] (Einschränkung der Förderkosten, Anwendung mechanischer Kohlengewinnungsverfahren, die eine feinkörnige Kohle liefern) und seine Verbindung mit Gasfeuerungen für Kesselanlagen[2] oder Gasturbinen bietet gute Erfolgsaussichten.

Ölvergasung

Als Ölvergasung[3,4] bezeichnet man häufig ganz allgemein die Umwandlung flüssiger Kohlenwasserstoffe in gasförmige Produkte. Dabei muß jedoch beachtet werden, daß die eigentlichen Vergasungsreaktionen nur einen Teil der Gesamtreaktion darstellen. An dieser sind im wesentlichen beteiligt: *Abbau-* und *Dehydrierungsreaktionen* (Spaltung, Krakkung), die mit einem Bruch der Bindung zwischen zwei Kohlenstoffatomen oder zwischen einem Kohlenstoff- und einem Wasserstoffatom verbunden sind, wobei schwere Kohlenwasserstoffe in leichte übergehen; *Aufbaureaktionen* (z. B. Polymerisation) und *Vergasungs-* und *Umsetzungsreaktionen* mit Wasserdampf oder (und) Luft (Sauerstoff). Primär ist immer die Spaltung, die ein vorwiegend olefinhaltiges Gas mit hohem Heizwert ergibt.

Je nach dem Verwendungszweck des gasförmigen Endproduktes unterscheidet man vor allem Spalt- und Vergasungsverfahren zur Her-

---

[1] Vgl. Fußn. 1 S. 262.   [2] Über die Generator-Feuerung s. S. 541.

[3] Einen Überblick über das ganze Gebiet geben: MORGAN, J. J.: Gasification of Hydrocarbons, New York: Moore Publ. Co. 1953. — Gaserzeugung aus Mineralölen, Vortragsveranstaltung VGW und DVGW, Frankfurt a. M. 1955. — v. GRATKOWSKI, H. W.: Autotherme Ölvergasung; Crackung von Ölen zu Reichgasen, ULLMANNS Encyklopädie der technischen Chemie, 3. Aufl., Bd. 10, München u. Berlin: Urban & Schwarzenberg 1958, S. 455—458 u. S. 476—483. — WEHRMANN, F.: Stadtgaserzeugung, ULLMANNS Encyklopädie der technischen Chemie, 3. Aufl., Bd. 10, München u. Berlin: Urban & Schwarzenberg 1958, S. 468—472.

[4] Ausführliche Arbeiten über Theorie und Grundlagen: GERHOLD, M.: Beiträge zur Aufklärung des Reaktionsmechanismus der Spaltung von gasförmigen und flüssigen Kohlenwasserstoffen zur Herstellung von Industriegasen. Erdöl u. Kohle 9 (1956) Nr. 1 S. 24—29; Nr. 2 S. 93—98; Nr. 3 S. 157—162; Nr. 4 S. 228 bis 233. — GERHOLD, M.: Die verfahrenstechnische Entwicklung der Ölspaltverfahren zur Erzeugung von Stadtgas und Industriegasen, Erdöl u. Kohle 9 (1956) Nr. 11 S. 765—770; Nr. 12 S. 844—851.

stellung von olefinreichen Gasen, von Stadtgas und von Synthesegas, wobei die beteiligten Reaktionen z. T. hervorgehoben oder unterdrückt werden[1]. Bei der Herstellung von *Olefinen* (für die chemische Industrie, z. B. Äthylen) werden die Spaltreaktionen hervorgehoben, wobei als Nebenprodukte u. a. Wasserstoff, Heizgas und Petrolkoks anfallen. Bei der Herstellung eines Gases, das ähnliche Eigenschaften wie *Stadtgas* (besonders zur Spitzendeckung) besitzen soll (Zusammensetzung, Heizwert, Dichte), müssen die primären Spaltprodukte *teilweise* mit einem Vergasungsmittel umgesetzt werden. Bei der *Synthesegas*-Herstellung sollen die primären Spaltprodukte möglichst *vollständig* mit Wasserdampf und Sauerstoff vergast werden, um ein methanarmes Gemisch mit hohem Gehalt an Kohlenoxyd und Wasserstoff zu erhalten.

Die Kenntnis der Zusammensetzung und der physikalisch-chemischen Eigenschaften des Einsatzöls ist für die Wahl der geeigneten Verfahrenstechnik von großer Bedeutung[2]. Ein hoher Gehalt an Paraffinen ist günstig, da diese leicht zerfallen. Olefine beteiligen sich an der Bildung unerwünschter Nebenprodukte, ebenso die aromatischen Kohlenwasserstoffe, die bei niedrigen Temperaturen zu Naphthalin und Anthrazen, bei höheren Temperaturen vor allem zu teerartigen Verbindungen führen. Wichtig sind Eigenschaften der verwendeten Öle wie Zähigkeit, Siedepunkt, Verunreinigungen (Schwefel), Verkokungsneigung (Conradson-Test) und das Gewichtsverhältnis von Kohlenstoff zu Wasserstoff (C/H-Verhältnis; bei gebräuchlichen Ölen zwischen 6,5 und etwa 9). Die Betriebsschwierigkeiten durch unerwünschte Nebenprodukte sind um so größer, der Vergasungswirkungsgrad um so kleiner, je größer die Zähigkeit und der Kohlenstoffgehalt und je geringer der Wasserstoffgehalt des benutzten Öles ist[3]. Als ungefähre Richtwerte können für wohldefinierte einheitliche Kohlenwasserstoffe nach GERHOLD[4] folgende Angaben angesehen werden: sinkt das C/H-Verhältnis von 8,6 auf 4,0, so steigt der Vergasungswirkungsgrad bei den Verfahren zur Herstellung von Stadtgas von etwa 71 auf 88%, von Synthesegas von etwa 78 auf 90,5% und schließlich bei den Verfahren zur Herstellung olefinreicher

---

[1] ORLICEK, A. F.: Vergasung von Brennstoffen, Aufbereitung gasförmiger Brennstoffe. Fünfte Weltkraftkonferenz. Wien 1956, Generalbericht Gruppe II, Abt. E. — SCHNEIDER, K. W.: Vergasung von Mineralölprodukten. Fünfte Weltkraftkonferenz Wien 1956, Ber. 185 E/17.

[2] BERNDT, R.: Ölvergasung, ein Mittel zur Verbesserung unserer Gasversorgung. Technik 13 (1958) Nr. 4 S. 286—296; Nr. 5 S. 371—374. — MYHILL, A. R.: Processes for the manufacture of gas from oil. Coke and Gas 19 (1957) S. 408—411, 448—451, 493—499; Übersetzung in Arch. Energiew. 1958, H. 12 S. 481—488, H. 13 S. 498—501, H. 15 S. 598—604, H. 16 S. 624—630, H. 17 S. 687—694.

[3] SCHENK, P.: Thermische Spaltung von Kohlenwasserstoffen nach dem Koppers-Verfahren. Erdöl u. Kohle 12 (1959) Nr. 9 S. 717—723.

[4] Siehe Fußn. 4 S. 667.

Gase von etwa 60 auf 83,5%. Mit steigendem Heizwert des erzeugten Gases und – bei konstantem Gasheizwert – mit wachsendem C/H-Verhältnis und abnehmendem Heizwert des Spalt- und Vergasungsgases nimmt die Kohlenstoffbildung (Koks, Ruß, in g C/kg Einsatzöl) zu[1].

Man unterscheidet *thermische* und *thermisch-katalytische* Spaltverfahren. Bei den einzelnen Verfahren dieser Hauptgruppen gibt es solche, die im diskontinuierlichen (zyklischen oder periodischen) Betrieb arbeiten, und solche, die kontinuierlich durchgeführt werden können. Da die Spalt- und Vergasungsreaktionen endotherm verlaufen, muß zur Einleitung der Vorgänge Wärme zugeführt werden. Das geschieht bei den *diskontinuierlichen* Verfahren durch Aufheizen eines Wärmeträgers und anschließendes Gasen im Wechselbetrieb. Der Wärmeträger ist in den meisten Fällen ein ruhendes Gitterwerk aus feuerfestem Material mit (z. B. Verfahren von Onia-Gegi, Segas-Didier) oder ohne Katalysatorschüttung (z. B. Verfahren von Ibeg, Ibing); es kann sich aber auch um ein regenerativ erhitztes Trägergas handeln (Koppers-TOTZEK). Bei den *kontinuierlichen* Verfahren wird die benötigte Wärme meistens geliefert durch einen kontinuierlichen Strom heißer, grobkörniger, keramischer Formkörperchen oder Pebbles (beim Dr. C. Otto-Verfahren zur Herstellung olefinreicher Gase aus niederen Kohlenwasserstoffen Sinterkorundkugeln) oder durch ein Wirbelbett aus feinkörnigem Material (Sand beim Lurgi-Ruhrgas-Verfahren zur Herstellung olefinreicher Gase aus Mineralöl). Diese Wärmeträger können auch katalytisch wirksam sein (Ni-Katalysator beim Dr. C. Otto-Verfahren zur Stadtgaserzeugung; Spezialkatalysator beim Lurgi-Ruhrgas-Wirbelbettverfahren zur Stadtgaserzeugung). Der während des Spaltvorganges vor allem bei rein thermischen Verfahren entstehende Kohlenstoff (Ruß) wird zum Teil mit Wasserdampf (und CO_2 aus den primären Vergasungsprodukten) zu Kohlenoxyd und Wasserstoff umgesetzt. Derjenige Teil der Kohlenstoffausscheidungen (Ruß, Koks, Teer), der sich auf den Wärmeüberträgern abgelagert hat, wird dort bei kontinuierlichen als auch bei diskontinuierlichen Verfahren abgebrannt. Dadurch wird ein erheblicher Anteil der zum Aufheizen der Wärmeträger erforderlichen Wärme geliefert. Bei einigen Verfahren wird ein weiterer Teil der für das Aufheizen benötigten Wärme durch die exotherm verlaufende Vergasung mit Luft gewonnen. Man darf jedoch nur so viel Luft zuführen, daß der Stickstoffgehalt des gewünschten Endgases noch in tragbaren Grenzen bleibt. Bei der Stadtgaserzeugung wird also in Kombination mit Vergasung mit Wasserdampf gearbeitet werden, so bei dem Verfahren von Dr. C. Otto, bei dem die dann noch fehlende Wärme durch Außenbeheizung der Reaktionsrohre geliefert wird.

---

[1] SCHUSTER, F.: Moderne Stadtgaserzeugung. Chemie-Ing.-Techn. 30 (1958) Nr. 2 S. 61—67.

Zur Erzeugung eines *generatorgas*ähnlichen Endgases kann der Luftanteil so groß werden, daß die gesamte Wärme durch die exotherme Reaktion gedeckt wird, der Vorgang also autotherm verläuft[1] (z. B. Verfahren der Compagnie de Fours). Reine Luftspaltung zur Erzeugung von Generatorgas benutzt ein Verfahren des Office Central de Chauffe Rationelle (O.C.C.R.)[2]. Das generatorgasähnliche Gas kann zur Beheizung von Industrieöfen verwendet werden. Zur Erzeugung olefinreicher Gase sind vor allem kontinuierliche thermische, für die Stadtgasgewinnung aber diskontinuierliche Verfahren geeignet. Von großem Einfluß auf die Zusammensetzung des Endproduktes ist die Höhe der Reaktionstemperatur. Bei tieferen Temperaturen erhält man Gase mit hohem Anteil an Olefinen, bei höheren Temperaturen ein stadtgasähnliches Erzeugnis. Katalysatoren setzen die erforderliche Reaktionstemperatur herab. Sie dienen außer zur Beschleunigung der Spaltvorgänge nach Untersuchungen von PICHLER vor allem der Herbeiführung einer genügend schnellen Umsetzung von Kohlenwasserstoffbruchstücken zu Kohlenoxyd und Wasserstoff[3]. Über die Wirkung und Zusammensetzung der verschiedenen Katalysatoren (oxydische, z. B. Mischung aus Al_2O_3–SiO_2, MgO–SiO_2 oder bifunktionelle, z. B. Ni auf oxydischer Trägerschicht wie Al_2O_3) berichtet sehr ausführlich GERHOLD[4].

Nach SCHENK[5] sollen bei diskontinuierlichen Verfahren (Anlagen mit großen Massen feuerfesten Steinmaterials) die verwendeten Heizöle einen Aschegehalt nicht über 0,05 Gew.-% besitzen, da sonst Ansatzbildungen innerhalb der Anlagen zu starken Betriebsstörungen führen können.

In den Zahlentafeln 24–8 und 24–9 sind einige wichtige und bekannte thermische und thermisch-katalytische Verfahren zur Herstellung von olefinreichen Gasen (O), Synthesegas (S), Reichgas (R) und Stadtgas (St) mit Beispielen für fertige Anlagen zusammengestellt worden. Verfahren, die verschiedenartige Gase erzeugen können, arbeiten — je nach Art des Gases — in entsprechend abgewandelter Form (z. B. die Verfahren von Koppers-TOTZEK). Einige Verfahren zur Erzeugung eines stadtgasähnlichen Gases liefern dieses nicht direkt, sondern erst nach Zumischung heizwertreicherer oder heizwertärmerer Gase (z. B. Verfahren Ibeg). Zahlentafel 24–10 zeigt — nach einer Zusammenstellung des Karlsruher Kolloquiums vom 19. Juni 1958 — die Betriebsdaten

[1] BLOURI, B., u. H. GAULT: Contribution à l'étude du craquage autothermique des huiles lourdes de pétrole dans un four à parois internes interchangeables. Chim. et Ind. 74 (1955) Nr. 3 S. 435—440. — GERHOLD, M.: s. Fußn. 4 S. 667.

[2] GUTHMANN, K.: Neue Ölvergasungsverfahren. Stahl u. Eisen 75 (1955) Nr. 15 S. 985—989.

[3] PICHLER, H.: Moderne Verfahren zur Herstellung einiger technisch wichtiger Gase aus Produkten der Erdölindustrie. Erdöl u. Kohle 11 (1958) Nr. 8 S. 515—521.

[4] GERHOLD, M.: s. Fußn. 4 S. 667.   [5] SCHENK, P.: s. Fußn. 3 S. 668

Zahlentafel 24–8. *Verfahren mit rein thermischer Spaltung*

Verfahren	Endprodukt	Beispiele für fertige Anlagen (Ort)	Bemerkungen
a) Diskontinuierliche Verfahren			
Ibeg[1,2]	R (bzw. St)	Stuttgart	„Industriebedarf G.m.b.H., Innsbruck"; erzeugtes Gas mit hohem Heizwert wird mit Wassergas zu Stadtgas gemischt
Ibing[1,3,4]	St	Heidenheim, Heilbronn	für schwere Öle
Koppers-Totzek[1,5]	St	Düsseldorf	zwei getrennte Reaktionsstufen für Spaltung und Umsetzung; Wälzgas als Wärmeträger; „Allesfresser"
	O	Großversuchsanlage	Wälzgas als Wärmeträger
Koppers-Hasche[6,8]	St	Rochester/New York Gloucester (England)	Teilverbrennung; für leichte Kohlenwasserstoffe
Semet-Solvay[7]	O, R(St)	Buffalo (Australien)	zwei Kammern; ein Zyklus umfaßt vier Perioden
Hall[7,8,18] bzw.	R (St)	Baltimore, Cambridge (USA)	Gasheizwert etwa 9000 kcal/Nm^3
Gasmaco[7]	R		Woodall-Duckham Construction Co. Ltd.
Jones[7,17]	St	Gloucester (England)	Gasheizwert etwa 3200 kcal/Nm^3; in Kombination z.B. mit Hall-Verfahren zur Stadtgasherstellung
b) Kontinuierliche Verfahren			
Shell[9]	St, S	Ijmuiden	Druckvergasung (5–40 at) mit Sauerstoff bzw. mit Sauerstoff anger. Luft und Wasserdampf; für beliebige Kohlenwasserstoffe; autotherm
Texaco-HRI[10,15]	St, S	etwa 20 Anlagen zur Ölspaltung	„Texas Co.-Hydrocarbon Research Inc."; Druckvergasung (10–30 at); Erdgas mit Sauerstoff, Mineralöl mit Sauerstoff und Wasserdampf
Farbwerke Hoechst[3,10,12]	O	Hoechst	Koks als Wärmeträger; für Rohöl, gekrackte Öle, Destillationsrückstände, Schwelteere u. a.
Lurgi-Ruhrgas[11]	O	Anlagen der Bayer-Werke	Sand als Wärmeträger (Wirbelbett); Rohöl
Dr. C. Otto[13]	O (St)	Versuchsanlagen	Sinterkorundkugeln (6–12 mm) als Wärmeträger; Methan-Rückstandsöl, Schwelteer
HRI–DPC[10]	O		„Diluted Phase Cracker der Hydrocarbon Res. Inc."; Sand als Wärmeträger
HRI–HCR[10]	O	Großversuchsanlage Trenton	„Hydrocracking — Reactor der Hydrocarbon Res. Inc."; Sand als Wärmeträger (Wirbelbett); Druck im Reaktor 20–30 at; autotherm; Schwerölrückstände
TPC[10,16]	O, R	Versuchsanlage	„Thermophor Pyrolytic Cracking der Socony Mobil Oil Co.-Surface Combustion Corp."; grobkörniger Wärmeträger (z. B. Petrolkoks)
Koppers-Totzek[5]	S	Typpi Oy (Finnland)	vollst. Vergasung mit Sauerstoff und Wasserdampf
Österr.Stickstoffw.[14]	S	Linz (Österreich)	vollst. Vergasung mit Sauerstoff bzw. Luft und Wasserdampf; Rückstandsöle
Dayton-Faber[7,8]	St	Sarnia b. Ontario	Teilverbrennung von Ölen mit Luft oder Sauerstoff
GEIM[7,19]	St	Den Haag	„Société de Construction d'Appareils pour Gaz à l'Eau et Gaz Industriels, Montrouge"; Teilverbrennung von Ölen, mit Luft oder Sauerstoff

Fußnoten zu Zahlentafel 24-8:

[1] Moderne Verfahren zur Erzeugung von Stadtgas aus Produkten der Erdölindustrie. Kolloquium in Karlsruhe am 19. Juni 1958. GWF 99 (1958) H. 37 S. 921—934.

[2] SPAETH, W.: Die Ölgasanlage der Technischen Werke Stuttgart. GWF 99 (1958) H. 33 S. 806—809.

[3] SCHNEIDER, K. W.: Vergasung von Mineralölprodukten. Fünfte Weltkraftkonferenz Wien 1956, Ber. 185 E/17.

[4] HEDERER, TH.: Thermische Ölvergasung in Heidenheim. Beitrag in ,,Gaserzeugung aus Mineralölen'', S. 183—186, Vortragsveranstaltung VGW und DVGW, Frankfurt a. M. 1955.

[5] FITZ, W.: Die Vergasung von Öl nach Koppers-Totzek. Fünfte Weltkraftkonferenz Wien 1956, Ber. 76 E/7. — SCHENK, P., u. V. JUNGEBLUT: Entwicklung und gegenwärtiger Stand der Gasversorgung in Düsseldorf. GWF 99 (1958) H. 19 S. 437—446. — SCHENK, P.: Thermische Spaltung von Kohlenwasserstoffen nach dem Koppers-Verfahren. Erdöl u. Kohle 12 (1959) Nr. 9 S. 717—723.

[6] Rochester plant uses natural gas in new versatile process. Gas Age 108 (1951) Nr. 7 S. 29/30 u. 72. — FARNSWORTH, J. F., G. M. BRETZ u. G. V. McGURL: Koppers-Hasche Pilot Plant. Producing natural gas substitute and low heating value gas. Industr. Engng. Chem. 49 (1957) Nr. 3 S. 405—409. — RUSCHIN, K.: Die Verwendung von Erdöl-Produkten in der britischen Gasindustrie. GWF 100 (1959) H. 9 S. 209—217; H. 11 S. 267—272.

[7] MYHILL, A. R.: Processes for the manufacture of gas from oil. Coke and Gas 19 (1957) S. 408—411, 448—451, 493—499. Übersetzung in Arch. Energiew. 1958, H. 12 S. 481—488, H. 13 S. 498—501, H. 15 S. 598—604, H. 16 S. 624 bis 630, H. 17 S. 687—694.

[8] MORGAN, J. J.: Gasification of hydrocarbons, New York: Moore Publ. Co. 1953.

[9] GATTIKER, M.: Der Shell-Ölvergasungsprozeß und seine Anwendung in der Industrie. Erdöl u. Kohle 10 (1957) Nr. 9 S. 581—584.

[10] PICHLER, H.: Moderne Verfahren zur Herstellung einiger technisch wichtiger Gase aus Produkten der Erdölindustrie. Erdöl u. Kohle 11 (1958) Nr. 8 S. 515 bis 521.

[11] WUSTROW, W., u. H. KRATZ: Ölvergasung mit Hilfe fester Wärmeträger. Erdöl u. Kohle 8 (1955) Nr. 2 S. 82—86. — WUSTROW, W., u. O. MÄDRICH: Stadtgaserzeugung durch katalytische Vergasung von Mineralölprodukten mit Hilfe feinkörniger Wärmeträger nach dem kontinuierlichen Lurgi-Ruhrgas-Verfahren. Erdöl u. Kohle 12 (1959) Nr. 1 S. 9—13.

[12] KREKELER, H.: The Hoechst continuous coking process. Petroleum Refiner 34 (1955) Nr. 10 S. 139/40. — KREKELER, H., R. WIRTZ u. N. PECHTOLD: Gesetzmäßigkeiten bei der thermischen Spaltung von Kohlenwasserstoffen zu Acetylen und Äthylen. Erdöl u. Kohle 12 (1959) Nr. 5 S. 353—358 [dort auch genaue Angaben über das Hoch-Temperatur-Pyrolyseverfahren (HTP) der Farbwerke Hoechst].

[13] LEITHE, F.: Erzeugung von Industriegasen durch Spaltung von Kohlenwasserstoffen. Erdöl u. Kohle 8 (1955) Nr. 8 S. 546—549, Nr. 9 S. 625—629.

[14] WEINROTTER, F.: Vergasung von Schwerölen zu Synthesegas. Fünfte Weltkraftkonferenz Wien 1956, Ber. 2 E/1.

[15] DU BOIS EASTMAN: Synthesis gas by partial oxidation. Industr. Engng. Chem. 48 (1956) Nr. 7 S. 1118—1122.

[16] TPC-Latest road to high-Btu fuel gas. Chem. Engng. 60 (1953) Nr. 11 S. 122—126.

Fortsetzung der Fußnoten auf S. 673.

Zahlentafel 24–9. *Verfahren mit thermisch-katalytischer Spaltung*

Verfahren	Endprodukt	Beispiele für fertige Anlagen (Ort)	Bemerkungen
a) Diskontinuierliche Verfahren			
Onia-Gegi-Demag[1,2]	St	Cahors (Frankreich) Berlin-Mariendorf	„Officin Nationale de l'Azota-Gaz à l'Eau et Gaz Industriel"; Nickel als Katalysator und Wärmeträger; z. B. für Rück-standsöl und BK-Schwelteer
Pintsch-Bamag[3]	St		u. a. für Heizöl
Segas-Didier[1,4]	St	Hameln, Mönchen-Gladbach	„South Eastern Gas Board"; Kalk-Magnesia-Katalysator; Flüssiggas-Rückstandsöl
Didier-Gerhold[5]	St, S		„gelenkte" Spaltung mit ge-trennten Katalysatorzonen für Spaltung und Umsetzung
CCR (UGI)[6]	St, S	Philadelphia, Wien	„Cyclic Catalytic Reforming Pro-cess der United Gas Improve-ment Co."; Methan-Rückstandsöl
b) Kontinuierliche Verfahren			
Lurgi[1,12]	St	Hamburg-Tiefstack	Nickel-Katalysator; autotherm; für leichte Kohlenwasserstoffe
Lurgi-Ruhrgas[7]	St	Versuchsanlagen	katalytischer feinkörniger Wärme-träger (0,2–1,0 mm; Wirbel-bett); leichtflüchtige Kohlen-wasserstoffe-Rückstandsöl („Allesfresser")
Dr. C. Otto[1,8]	St (S, O)	Heide, Düsseldorf, Coesfeld	Nickel-Katalysator; kombinierte Dampf-Luftspaltung; für gas-förmige Rohstoffe (Naturgas, Flüssiggas u. a.); reine Luftspal-tung in Stadtwerken Wien[9]
Hercules-Powder[3]	S, St	Anlage für Erdgas in Pau (Frankreich)[11]	Nickel-Katalysator; Methan-Rückstandsöl
Carbofax[11]	St	USA	mit Katalysator gefüllte Rohre; Außenbeheizung
Standard Oil[10]	S		feinkörniger Katalysator (Si-Al-Mg-Verbindung) als Wärmeträger (Wirbelbett); für schwere Rück-standsöle, Teere, Peche
Fauser-Montecatini[10]	S	S. Giuseppe di Cairo	flüssiger Katalysator (Lösung von Kalziumnitrat); vollst. Vergasung mit Sauerstoff und Dampf; für Heizöl

[17] TAYLOR, C. L.: The Jones gas-making process. Gas J. 265 (1951) Nr. 4572 S. 165—168.

[18] UTERMOHLE, C. E.: How Baltimore helped develop the high-Btu oil gas process. Gas 29 (1953) Nr. 8 S. 30—33.

[19] KRIJGSMAN, M.: Het "GEIM"-toestel als piekgasinstallatie op het gemeen-telijk gasbedrijf te 's-Gravenhage. Het Gas 72 (1952) Nr. 6 S. 158—165.

---

[1] Moderne Verfahren zur Erzeugung von Stadtgas aus Produkten der Erdöl-industrie. Kolloquium in Karlsruhe am 19. Juni 1958. GWF 99 (1958) H. 37 S. 921—934.

[2] BAUSCH, H.: Ölspaltung zur Spitzengaserzeugung in der Gaskokerei Berlin-Mariendorf. Erdöl u. Kohle 9 (1956) Nr. 2 S. 90—93. — BAUSCH, H.: Ölspaltung zur Spitzengaserzeugung am Beispiel der Gaskokerei Berlin-Mariendorf. Gaswärme 5 (1956) Nr. 5 S. 174—178. — v. NEUDECK, O.: Eine Ölspaltanlage für die kommu-nale Gasversorgung. Gaswärme 8 (1959) Nr. 5 S. 154—157.

[3] SCHNEIDER, K. W.: Vergasung von Mineralölprodukten. Fünfte Weltkraft-konferenz Wien 1956, Ber. 185 E/17.

Fortsetzung der Fußnoten auf S. 676

Zahlentafel 24–10. *Spaltanlagen für flüssige und gasförmige Kohlenwasserstoffe (Stadtgaserzeugung)*[1]

Anlage in		Düsseldorf		Heidenheim	Stuttgart	Berlin	Hameln		Hamburg-Tiefstack	Heide
Verfahren		Koppers-Totzek		Ibing	Ibeg	Onia-Gegi-Demag	Segas-Didier		Lurgi	Dr. C. Otto
Nennleistung der Anlage Nm³/24 h		50000–70000		2×5000	54000	2×50000	27000		400000	9000
Verfahrensablauf		diskontinuierlich		diskontinuierlich	diskontinuierlich	diskontinuierlich	diskontinuierlich		kontinuierlich	kontinuierlich
Verfahrensart		thermisch		thermisch	thermisch	katalytisch	katalytisch		katalytisch	katalytisch
Katalysator		—		—	—	Ni	CaO : MgO		Ni	Ni
Reaktionstemp.	°C	1250/800		1100	800—900	850	1000		850	800—900
Einsatzprodukt für Vergasung:		Benzin		Heizöl S	Rohöl	BK-Schwelteer	Heizöl S	Rohöl/ Heizöl	Raff. Gas	Fl.-Gas
C/H-Verhältnis		5,9		7,7	7,3	8,3	8,1	$<$7,7	2,7	4,8
S-Gehalt	%	0,04		2,6	2,8	1,6	2,5	3,0		
Conradsontest	%	—		7,5	7,6	2,6	12,0	9,0		
Heizwert H_o	kcal/kg	11250		10380	10275	9780	10165	10200	6500	32000
Heizwert H_u	kcal/kg	10450		9795	9665	—	9610	9650		
Beschaffenheit des (benzolhaltigen) Endgases:										
Heizwert H_o	kcal/Nm³	6000	4600	4200	10800	4300	4200	4500	4200	4200
Dichteverhältnis (Luft = 1)		0,6	0,5	0,49	0,81	0,51	0,53	0,53	0,50	0,53
Gasanalyse = CO_2	%	11,8	3,3	6,0	2,8	6,0	10,4	10,9	3,1	3,2
C_mH_n	%	15,0	7,4	4,0	28,0	3,6	3,2	4,7	0,8	0,6
O_2	%	0,3	0,1	0,8	0,4	0,4	0,3	0,2	0,3	—
CO	%	9,8	22,5	10,2	1,6	25,3	18,7	16,5	6,6	20,8
H_2	%	46,8	55,4	52,4	19,0	52,0	49,7	51,8	51,1	59,6
CH_4 +	%	11,0	7,2	11,0	36,0	11,3	14,9	14,1	18,1	6,8
N_2	%	5,3	4,1	15,6	12,2	1,4	3,0	1,8	20,3	9,0

Inhaltsstoffe:								Einsatzprodukt für Vergasung:	
Benzol g/Nm³	35	20	21	120	44	32			
Naphthalin g/100 Nm³	4	50	10	4	15	40			
Schwefelwasserstoff g/100 Nm³	130	120	550	1400	300	425			
Ammoniak g/100 Nm³			12			4			
Verbrauch/100 Nm³ Endgas:									
Brennstoffverbrauch für Vergasung und Beheizung } kg	69,2	65,2	82,2	178,0	64,7	59,5	55,9	66,6 Nm³	15,5 Nm³
Fremddampfbedarf kg	92,0	72,0	—	128,0	60,0	78,0	99	40	—
Kühlwasserbedarf m³	4,5	5,0	3,0	3,0	2,5	3,0	2,0	5	1
Kraftbedarf kWh	18,5	19,3	15,0	12,1	2,7	4,0	3,5	4	2
Teeranfall (Überschuß) kg	—	—	—	37,5	—	4,0	3,5		
Überschußdampf kg	—	—	15,0	—	—	—	—		

[1] Moderne Verfahren zur Erzeugung von Stadtgas aus Produkten der Erdölindustrie. Kolloquium in Karlsruhe am 19. Juni 1958. GWF 99 (1958) H. 37 S. 921—934.

einiger Spaltanlagen für flüssige und gasförmige Kohlenwasserstoffe zur Stadtgaserzeugung. Über Wirtschaftlichkeitsfragen vgl. BRODNICKE[1].

Fußnoten von Zahlentafel 24-9:

[4] GERHOLD, M.: Stadtgaserzeugung durch katalytische Ölspaltung im Gaswerk Hameln. Energie 8 (1956) Nr. 8 S. 314—317. — DENEKE, H.: Ein Jahr Ölspaltanlage in Hameln. Erdöl u. Kohle 10 (1957) Nr. 5 S. 286—292. — DENEKE, H.: Über die Erzeugung von Stadtgas aus Erdöl-Derivaten. GWF 98 (1957) H. 9 S. 201—206. — PICHLER, H., u. TH. HEIKE: Untersuchung von Spaltanlagen für flüssige und gasförmige Kohlenwasserstoffe. GWF 98 (1957) H. 21 S. 508—511. — ZANKL, W.: Ölspaltanlage im Gaswerk Winterthur. GWF 101 (1960) H. 47 S. 1220/21. — BRODNICKE, U. A.: Stadtgas aus Öl. Das Didier-Segas-Verfahren. Erdöl u. Kohle 13 (1960) Nr. 5 S. 340—343.

[5] GERHOLD, M.: Die Lenkung der katalytischen Spaltung von Kohlenwasserstoffen zur Stadtgaserzeugung. Diskussionsbeitrag auf der Fünften Weltkraftkonferenz in Wien 1956. Energie 8 (1956) Nr. 8 S. 317/18. — GERHOLD, M.: s. Fußn. 4 S. 667. — SCHUSTER, F.: Moderne Stadtgaserzeugung. Chemie-Ing.-Techn. 30 (1958) Nr. 2 S. 61—67.

[6] DÜWEL, G.: Anwendung des Öles und seiner Derivate zur Erzeugung von Grundlast- und Spitzengas in den Vereinigten Staaten. Monatsbull. schweiz. Ver. Gas- u. Wasserfachm. 36 (1956) Nr. 8 S. 201—209. — MILBOURNE, C. G., u. C. B. GLOVER: Cyclic catalytic reforming process. Industr. Engng. Chem. 49 (1957) Nr. 3 S. 387—391. — MORGAN, J. J.: Gasification of hydrocarbons. New York: Moore Publ. Co. 1953. — SCHLEGEL, C. A.: The U. G. J. cyclic catalytic process for reforming natural gas. Gas Age 105 (1950) Nr. 4 S. 34—36, 75/76. — SCHÜSSL, F.: Verschiedene Wege zur Gasspitzendeckung unter besonderer Berücksichtigung der Verwendung von Erdgas, Öl und Flüssiggas. Gas, Wasser, Wärme 13 (1959) H. 5 S. 111—119, H. 6 S. 123—129.

[7] WUSTROW, W., u. H. KRATZ: Ölvergasung mit Hilfe fester Wärmeträger. Erdöl u. Kohle 8 (1955) Nr. 2 S. 82—86. — WUSTROW, W., u. O. MÄDRICH: Stadtgaserzeugung durch katalytische Vergasung von Mineralölprodukten mit Hilfe feinkörniger Wärmeträger nach dem kontinuierlichen Lurgi-Ruhrgas-Verfahren. Erdöl u. Kohle 12 (1959) Nr. 1 S. 9—13.

[8] LEITHE, F.: Erzeugung von Industriegasen durch Spaltung von Kohlenwasserstoffen. Erdöl u. Kohle 8 (1955) Nr. 8 S. 546—549, Nr. 9 S. 625—629. — LORENZEN, G.: Stadtgas aus hochmethanhaltigen Gasen und Flüssiggasen. GWF 96 (1955) H. 23 S. 767—770. — SCHENK, P., u. K. OSTERLOH: Versuche zur katalytisch-thermischen Spaltung von gasförmigen und flüssigen Kohlenwasserstoffen. GWF 96 (1955) H. 1 S. 1—8. — EIFERT, G.: Regeln und Steuern in einer Gasspalt-Anlage. Gaswärme 9 (1960) Nr. 6 S. 206—209.

[9] JOKLIK, A.: Neue Rohstoffe und neue Verfahren zur Stadtgaserzeugung. Gas, Wasser, Wärme 8 (1954) H. 9 S. 195—230.

[10] WEINROTTER, F.: Vergasung von Schwerölen zu Synthesegas. Fünfte Weltkraftkonferenz Wien 1956, Ber. 2 E/1.

[11] HECKER, E., u. E. MICHEL: Erzeugung von normgerechtem Stadtgas durch katalytisches Kracken von Propan, Erdgas und Heizölen. GWF 95 (1954) H. 1 S. 6—10.

[12] DÜWEL, G.: Raffineriegas-Spaltung und Untergrund-Gasspeicherung bei den Hamburger Gaswerken. Erdöl u. Kohle 10 (1957) Nr. 9 S. 640/41.

---

[1] BRODNICKE, U. A.: Über die Wirtschaftlichkeit der Erzeugung von Stadtgas durch Vergasung von Öl. Erdöl u. Kohle 13 (1960) Nr. 8 S. 569—572.

Außer den Spezialverfahren zur Ölvergasung gibt es noch einige Möglichkeiten zur zusätzlichen Gaserzeugung oder Gasverbesserung auf Mineralölbasis in bestehenden Anlagen, die an sich für Kohle- oder Koksbetrieb eingerichtet sind[1,2]; z. B. durch Ölzusatz (etwa 1 bis 3%; optimal bei 2,5%) zur Kokskohle, durch Karburierung und durch Ölspaltung in Koks- und Kohlegeneratoren. Beim WURZ-Verfahren[3] wird Koks (als Trägersubstanz) mit Öl getränkt und in die Kammern von Vertikalkammer-, Schrägkammer- oder Retortenöfen eingeführt und dort gespalten. Der Koks kann je nach Wassergehalt und Körnung bis zu 25% seines Eigengewichtes an Öl aufnehmen. Am besten eignen sich Brechkoks III und ein mittleres Heizöl (C/H-Verhältnis nicht unter 7,5 Conradsontest nicht über 8%).

---

[1] Moderne Verfahren zur Erzeugung von Stadtgas aus Produkten der Erdölindustrie. Kolloquium in Karlsruhe am 19. Juni 1958. GWF 99 (1958) H. 37 S. 921—934.

[2] ZANKL, W.: Entgasungsversuche mit Kohle-Öl-Mischungen im Laboratorium. GWF 92 (1951) H. 11 S. 138—142. — ZANKL, W.: Entgasungsversuche von mit Öl gemischten Kohlen in der Vertikalkammeranlage des Gaswerks Baden-Baden. GWF 92 (1951) H. 17 S. 229—232. — SCHENK, P.: Versuche zur Steigerung der Gaserzeugung durch Ölzusatz zur Entgasungskohle in den Horizontalkammeröfen der Gaskokerei Stuttgart. GWF 92 (1951) H. 17 S. 233—237. — RUSCHMANN, W.: Krackung von Kohlenwasserstoffen im Koksofen. Glückauf 88 (1952) H. 15/16 S. 358—363. — RUSCHMANN, W.: Spitzengasdeckung durch Ölzusatz. Techn. Mitt. 48 (1955) H. 5 S. 176—183. — OHME, W.: Die Einwirkung von Heizölzusatz bei der Verkokung. Brennst.-Chemie 34 (1953) H. 21/22 S. 338 bis 340. — EWERS, J.: Olefin- und Benzolbildung im Koksofen. Brennst.-Chemie 36 (1955) H. 3/4 S. 33—37. — DEVECCHI, W.: Ölvergasung in horizontalen Kammeröfen. Monatsbull. schweiz. Ver. Gas- u. Wasserfachm. 32 (1952) Nr. 5 S. 185—189. — WEYH, W.: Spitzengasdeckung durch Flüssiggaskracken im DOG-Generator im Gaswerk Leer. GWF 98 (1957) H. 33 S. 825—832. — RISTOW, K.: Spaltung von Kohlenwasserstoffen in Ofenanlagen der klassischen Gaserzeugung und ihre Bedeutung für die Gasdarbietung. GWF 100 (1959) H. 15 S. 354—362.

[3] WURZ, F.: Ölvergasung — ganz einfach. GWF 96 (1955) H. 9 S. 271/72. — ZANKL, W.: Bericht über einen Großversuch zur Erprobung des in Baden-Baden entwickelten Verfahrens der Ölgaserzeugung. GWF 96 (1955) H. 9 S. 273—275. — ZANKL, W.: Weiterer Bericht über Versuche zur Ölspaltung im Gaswerksofen nach dem in Baden-Baden entwickelten Verfahren. GWF 96 (1955) H. 19 S. 632/33.

VI. Energiewirtschaft

25. Die Entwicklung in der Energiewirtschaft[1]

In der energiewirtschaftlichen Entwicklung der BR Deutschland, aber auch anderer Länder, setzen sich in der Nachkriegszeit, stärker als es vorher zu beobachten war, zwei aufs engste miteinander verflochtene Grundtendenzen durch, die durch die allgemeinen Begriffe „Wachstum" und „Fortschritt" am besten zu kennzeichnen sind. Die Vermehrung der volkswirtschaftlichen Produktion, die das Ziel einer auf Wohlstandssteigerung ausgerichteten Wirtschaftspolitik ist, bedingt eine Vergrößerung des Energieverbrauchs. Die Rationalisierung aller Produktionsprozesse, die durch die Vollbeschäftigung bei gleichzeitiger Verkürzung der Arbeitszeit besonders vorangetrieben wird, erfaßt auch die Energiewirtschaft und bewirkt, daß eine steigende volkswirtschaftliche Leistung durch einen verhältnismäßig schwächer zunehmenden Aufwand an Energie erbracht werden kann.

Wachstum und Fortschritt in der Energiewirtschaft lassen sich in großen Zügen aufzeigen,

wenn die Entwicklung des Energieverbrauchs mit dem allgemeinen Anstieg der Volkswirtschaft verglichen wird,

wenn der Einsatz von Arbeitskraft und der von Energieträgern in der Volkswirtschaft zueinander in Beziehung gesetzt werden,

oder bei der Betrachtung spezifischer energiewirtschaftlicher Vorgänge, wie z. B. der mit der Bevorzugung von Edelenergieträgern durch die Verbraucher zunehmenden Bedeutung der Umwandlung primärer in sekundäre Energieträger.

Die Entwicklung des Energieverbrauchs der BR Deutschland prägt sich in nebenstehender Zahlentafel 25–1 aus.

Der Energieverbrauch war in der BR Deutschland im Jahre 1960 um etwa 60% größer als 1950 und übertraf seinen Umfang vom Jahre 1955 um 16%[2]. Das Bruttosozialprodukt, real auf der Preisbasis 1954 = 100 berechnet, stieg von 113 Md. DM im Jahre 1950 auf 174 Md. DM

---

[1] Bearbeitet von K. EBERT, Essen.

[2] Um die Veränderung der Vergleichsbasis durch die Rückführung des Saarlandes in das Bundesgebiet auszuschalten, ist in diesen Steigerungssätzen die Entwicklung ohne Saarland berücksichtigt.

Zahlentafel 25–1
Primärenergieverbrauch der Bundesrepublik Deutschland in Mill. t SKE

	1950	1955	1957	1960	1957	1958	1959	1960
	ohne Saarland				einschl. Saarland			
Steinkohle	91,7	121,0	125,3	116,5	134,7	123,2	119,5	126,0
Braun- und Pechkohle	22,1	28,9	30,7	30,9	30,7	30,6	30,2	31,0
Mineralöl	6,5	17,4	23,6	46,1	23,8	29,6	36,5	46,3
Wasserkraftstrom. .	3,6	5,0	5,0	6,4	4,9	5,8	5,2	6,3
Erdölgas, Erdgas und Grubengas	0,2	0,7	0,9	1,2	0,7	0,7	0,8	0,9
Brennholz, Brenntorf	2,8	2,0	2,0	1,8	2,1	1,9	2,1	1,8
Insgesamt	126,9	175,0	187,5	202,9	196,9	191,8	194,3	212,3

im Jahre 1955 und 234,9 Md. DM im Jahre 1960. Es war also im Jahre 1960 um 107% größer als 1950 und um 34% größer als 1955. Der Zuwachs des Energieverbrauchs folgt demnach, welche Vergleichsperiode man auch wählt, der Zunahme des Bruttosozialproduktes in erheblichem Abstand. In den letzten fünf Jahren ist der Energieverbrauch nicht einmal mehr halb so stark gestiegen wie das Bruttosozialprodukt.

Der Energieaufwand je 1 Mill. DM Bruttosozialprodukt ist von etwa 1,12 t im Jahre 1950 auf rd. 1 t Steinkohleneinheiten (SKE) im Jahre 1955 und weiter auf 0,86 t SKE im Jahre 1960 zurückgegangen. In dieser globalen Beziehung ergibt sich ein Rückgang des spezifischen Verbrauchs um 11% von 1950 bis 1955 bzw. um 22% von 1950 bis 1960. Unter Zugrundelegung der Relation, die diese überschlägige Gesamtrechnung für das Jahr 1955 ausweist, hat die Rationalisierung in der Energiewirtschaft der BR Deutschland im Jahre 1960 eine theoretische Einsparung von rd. 30 Mill. t SKE erzielt. Wählt man für beide Rechnungen das Jahr 1950 als Ausgangsbasis, so ist der Energieaufwand in zehn Jahren um insgesamt etwa 60 Mill. t SKE vermindert worden.

Bezieht man den Rohenergieverbrauch auf das in der BR Deutschland geleistete Arbeitsvolumen, ausgedrückt durch die in der Volkswirtschaft gearbeiteten Stunden, so stellt man einen Anstieg des Energieverbrauchs je gearbeitete Stunde von 2,8 kg SKE im Jahre 1960 fest. Im Produktionsprozeß der Gesamtwirtschaft wurde die menschliche Arbeit somit im Jahre 1960 durch einen um 43% größeren Energieaufwand als im Jahre 1950 oder um 21% größeren Energieeinsatz als im Jahre 1955 unterstützt.

Die Verminderung des Energieaufwandes je Einheit Bruttosozialprodukt und ebenso die Vergrößerung des Energieeinsatzes je gearbeitete Stunde sind sehr allgemeine Kennzeichen tiefgreifender Entwicklungsprozesse. Auf der einen Seite wandelt sich die volkswirtschaftliche Produktion selbst in ihrer Zusammensetzung nach energieintensiven und energieextensiven Erzeugungen, auf der anderen Seite setzt sich ein in zahlreiche Einzelvorgänge aufgespaltener technischer Fortschritt in der Gewinnung, Umwandlung und Verwendung von Energieträgern durch.

Die technischen Verbesserungen auf verschiedenen Ebenen der Energiewirtschaft hängen aufs engste mit dem Geschehen auf den einzelnen Energiemärkten zusammen. Gerade in der Nachkriegszeit hat das Verhältnis zwischen Angebot und Nachfrage bei den verschiedenen Arten von Energieträgern häufig gewechselt und wurden die Preisrelationen zwischen ihnen wiederholt und, oft sehr unvermittelt, durch äußere Einwirkungen verändert. Die Wirtschaftlichkeit mancher technischer Prozesse in der Energieverwendung ist dadurch in einem oder dem anderen Sinne beeinflußt worden. Obwohl sich somit der Fortschritt nach Gesetzen vollzieht, die die Garanten einer freiheitlichen Entwicklung sind, bleibt es eine offene, heute angesichts des scharfen Preiskampfes zwischen Erdöl und Kohle häufig gestellte Frage, ob Technik und Wirtschaft die Verwendung der natürlichen Energiequellen zum Wohle einer auf lange Sicht auf sie angewiesenen Menschheit betreiben. Wenn die verschiedenen technischen Vorgänge, die in der Entwicklung des Energieverbrauchs zusammenwirken, nachstehend in ihrem Zusammenhang betrachtet werden sollen, ist selbstverständlich davon auszugehen, daß sich im einzelnen Fall die Effekte mehrerer Faktoren mischen und daß es nicht gelingt, aus den energiewirtschaftlichen Bilanzzahlen Nachweisungen über die nachhaltige Bedeutung des besonderen Vorganges zu gewinnen. Immerhin könnte man die folgenden Gruppen von technischen Prozessen unterscheiden, die für den Fortschritt in der Energiewirtschaft maßgebend sind:

a) Verminderung des Selbstverbrauchs in der Gewinnung der Energieträger,

b) Steigerung des Ausbringens an sekundären Energieträgern bei der Umwandlung von primären Energieträgern (Beispiel: Elektrizitätswirtschaft),

c) bessere Ausnutzung der Energieträger in den Verbrauchsgeräten durch Verbesserung ihrer Wirkungsgrade,

d) Umstellungen im Energieverbrauch durch Übergang vom Verbrauch eines primären Energieträgers auf Verwendung eines sekundären Energieträgers (Beispiel: Elektrifizierung oder Verdieselung des Eisenbahnbetriebes),

e) Änderungen in Produktionsprozessen, die energiewirtschaftliche Folgen haben (Beispiel: Eisenwirtschaft).

Die Entwicklungszahlen aus der Energiewirtschaft, die in diesem großen, auf Einzelheiten notgedrungen verzichtenden Überblick erläutert werden, sind im Hinblick auf die technischen Vorgänge und

Zahlentafel 25–2. *Primärenergieverbrauch und Endenergieverbrauch in der Bundesrepublik Deutschland (ohne Saar) in Mill. t SKE*

	1950	1955	1959
1. Steinkohle			
a) Primärenergieverbrauch	91,7	121,0	110,6
davon: Einsatz von Rohenergieträgern zur			
Umwandlung	59,5	87,4	87,1
b) Endenergieverbrauch	74,6	100,0	88,3
davon:			
Selbstverbrauch	13,0	13,2	11,6
Abgaben an Letztverbraucher	61,6	86,8	76,7
in Form von:			
Steinkohle (roh)	32,4	38,3	30,3
Steinkohlenkoks[1]	15,1	25,1	23,1
Steinkohlenbriketts	4,1	6,8	5,1
flüssigen Brenn- und Kraftstoffen	0,3	0,8	0,8
Gasen	7,4	11,9	11,8
elektrischem Strom	2,3	3,9	5,6
2. Braunkohle (einschl. Pech- und Hartbraun- kohle)			
a) Primärenergieverbrauch	22,1	28,9	30,1
davon: Einsatz von Rohenergieträgern zur			
Umwandlung	20,1	24,3	25,6
b) Endenergieverbrauch	13,4	18,3	18,6
davon:			
Selbstverbrauch	0,9	0,9	0,9
Abgaben an Letztverbraucher	12,5	17,4	17,7
in Form von:			
Rohkohle	2,5	2,9	2,5
Braunkohlentrockenkohle	—	0,6	0,6
Braunkohlenbriketts	8,5	11,2	10,9
Braunkohlenschwelkoks	0,4	0,4	0,5
flüssigen Brenn- und Kraftstoffen	0,2	0,2	0,2
elektrischem Strom	0,9	2,1	3,0
3. Mineralöl			
a) Primärenergieverbrauch	6,5	17,4	36,3
davon: Einsatz von Rohenergieträgern zur			
Umwandlung	4,7	14,6	31,0
b) Endenergieverbrauch	5,0	15,0	32,9
davon:			
Selbstverbrauch	0,3	1,2	2,1
Abgaben an Letztverbraucher	4,7	13,8	30,8
in Form von:			
Kraftstoffen (VK und DK)	3,8	8,8	13,9
Heizöl	0,8	4,0	14,5

---

[1] Um Doppelzählungen auszuschalten, ist hier eine dem Wärmewert der Gichtgaserzeugung entsprechende Menge (1950 = 4,7 Mill. t, 1955 = 8,1 Mill. t, 1959 = 7,8 Mill. t) abgeschrieben worden.

Zahlentafel 25–2 (Fortsetzung)

	1950	1955	1959
sonst. flüssigen Brennstoffen	0,1	0,9	1,8
Gas[1]	—	—	0,4
elektrischem Strom	—	0,1	0,2
4. Energieträger insgesamt			
a) Primärenergieverbrauch	126,9	175,0	185,3
davon: Einsatz von Rohenergieträgern zur			
Umwandlung	87,6	131,0	148,2
b) Endenergieverbrauch	96,6	136,9	143,7
davon:			
Selbstverbrauch	14,3	15,5	14,9
Abgaben an Letztverbraucher	82,3	121,4	128,8
in Form von:			
Steinkohle (roh).	32,4	38,3	30,3
Steinkohlenkoks[2]	15,1	25,1	23,1
Steinkohlenbriketts	4,1	6,8	5,1
Braunkohlen (roh)	2,5	2,9	2,5
Braunkohlenbriketts, -trockenkohle			
und -schwelkoks	8,9	12,2	12,0
Heizöl.	1,0	4,5	15,0
sonst. flüssigen Kraft- und Brennstoffen	4,2	10,2	16,2
Gasen[3]	7,4	12,3	12,7
elektrischem Strom	4,0	7,2	9,9
Brennholz und -torf	2,7	1,9	2,0

Verbesserungen ausgewählt worden, die in diesem Handbuch behandelt
werden. Im Rahmen der energiewirtschaftlichen Statistik wird in Zahlentafel 25–2 dem Primärenergieverbrauch (Zahlentafel 25–1) der Endenergieverbrauch in der BR Deutschland gegenübergestellt. Während
der Primärenergieverbrauch im wesentlichen zeigt, welche Mengen an
Energierohstoffen zur Deckung des Energiebedarfs herangezogen werden,
läßt der Endenergieverbrauch erkennen, in welchen Verbrauchsformen
die Energieträger verwendet wurden. Die Fortführung der Energie-
bilanzrechnung bis zur Endverbrauchsstufe erfaßt somit die Bedeutung
der Umwandlungsvorgänge und ermöglicht, den Energieverbrauch der
Wirtschaft in seiner Zusammensetzung nach Endverbrauchsformen
nachzuweisen.

Der Unterschied zwischen Primärenergieverbrauch und Endenergieverbrauch besteht im wesentlichen aus den Verlusten, die bei der Umwandlung von primären Energieträgern in sekundäre Energieträger entstehen. Auf ihn wirken außerdem aber noch die Vorgänge im Außen-

[1] Aus Öl oder Ölerzeugnissen erzeugtes Gas in Gaswerken oder Kokereien.
[2] Vgl. Fußn. 1 S. 681.
[3] Erd-, Gruben-, Stark- und Gichtgas.

handel und in den Bestandsbewegungen ein: z. B. bei der Steinkohle die große Ausfuhr des sekundären Energieträgers Koks und beim Mineralöl eine große Einfuhr von zur Gruppe der Sekundärenergieträger gehörenden Fertigprodukten, insbesondere von leichtem Heizöl.

Die großen Entwicklungslinien, die den in sehr geraffter Form dargestellten Zahlen entnommen werden können, sind die folgenden:

(aus statistisch-technischen Gründen kann noch nicht über das Jahr 1959 hinausgegangen werden und müssen auch noch Angaben für die BR Deutschland ohne Saarland herangezogen werden).

Zunehmende Bedeutung der Umwandlung von Edelenergie

Im Jahre 1950 gelangten 69% der verbrauchten Primärenergiemengen zur Umwandlung, im Jahre 1959 waren es 80%. Da Erdöl unverarbeitet in der deutschen Energiewirtschaft praktisch nicht verbraucht, sondern das gesamte Rohölaufkommen umgewandelt wird, liegt die trotz steigenden Mineralölverbrauchs zu beobachtende Vergrößerung des Umwandlungs*anteils* im wesentlichen bei der Kohle.

Von den beiden großen Veredlungsprozessen der Stein- und Braunkohle, nämlich der Entgasung zur Gewinnung von metallurgischem Koks und Gas sowie der Erzeugung von elektrischem Strom, erweist sich der letztere als der auf lange Sicht tragfähigere. Von 1950 bis 1960 ist der Einsatz von Steinkohle in Kokereien und Gaswerken von 40,3 Mill. t auf 58,3 Mill. t, d. h. um 45%, gestiegen; der Verbrauch von Steinkohle zur Stromerzeugung in öffentlichen Kraftwerken und in Eigenanlagen der Industrie und Bundesbahn hat dagegen gleichzeitig von 13,9 Mill. t auf 22,4 Mill. t zugenommen, hat sich also um 61% vergrößert. Dank der im Kraftwerksbau erzielten technischen Fortschritte und dank den im Kraftwerksbetrieb gelungenen Verbesserungen ist die Stromerzeugung gleichzeitig noch viel schneller gestiegen: die Zunahme beträgt von 1950 bis 1960 für die Stromerzeugung insgesamt 132%, für die Stromerzeugung in Wärmekraftwerken 157% und für die Stromerzeugung allein in Steinkohlenkraftwerken 149%. Sie wird in den Steinkohlenkraftwerken durch die Verminderung des durchschnittlichen spezifischen Steinkohlenverbrauchs in den öffentlichen Kraftwerken von 586 g je kWh im Jahre 1950 auf 406 g je kWh im Jahre 1960, d. h. um rd. 30%, gekennzeichnet.

Eine noch stürmischere Ausweitung ist in der Verwendung der Braunkohle zur Stromerzeugung eingetreten. Der Einsatz zur Stromerzeugung übertrifft hier bereits die Umwandlung der Braunkohle zur Brikettherstellung, d. h. zu dem festen Brennstoff, der den Siegeszug der Braunkohle in den Haushaltungen und in der Industrie einst eröffnet hatte. Die Braunkohlenverwendung zur Stromerzeugung stieg von 22,2 Mill. t im Jahre 1950 auf 45,7 Mill. t im Jahre 1960, d. h. um 106%. Auch hier war der Anstieg der Stromerzeugung von 9,2 auf 30,7 Md. kWh oder um 230% weit größer, weil der spezifische Verbrauch von 2974 g Braunkohle je kWh zu Beginn der betrachteten Zeitspanne auf 1590 g je kWh, d. h. um 47%, gesunken ist.

Der Koks und Gas gewinnende Umwandlungsprozeß der Steinkohle (für die Braunkohle spielt diese Veredlung in der BR Deutschland nur eine bescheidene Rolle — anders in den großen Braunkohlenrevieren Mitteldeutschlands —) hat durch seine starke Abhängigkeit von der Eisenwirtschaft keine gleich geradlinige Entwicklung genommen und ist überdies mit seinen Produkten in starkem Maße dem Wettbewerb des Heizöls ausgesetzt. Rückschauend ist auch für die Erzeugung von Steinkohlenkoks eine Steigerung um 52% von 1950 bis 1960 und für die Erzeugung von Steinkohlengas um 60% festzustellen. Die neuen Prozesse in der Eisenerzeugung wirken sich seit einigen Jahren bereits im Koksverbrauch des Hochofens stark aus. Von etwa 950 kg je Tonne Roheisen im Durchschnitt der Jahre 1954/1957 ist er auf 815 kg im Jahre 1960 vermindert worden. Diese Entwicklung setzt sich noch weiter fort. Ihre Wirkung besteht darin, daß die Ausweitung der Eisen- und Stahlproduktion sich je nach der Höhe der Zuwachsraten nur noch schwach oder überhaupt nicht im Koksverbrauch bemerkbar macht, und die Expansion des Kokereisektors seit einigen Jahren zum Stillstand gekommen ist.

Als Reflexe dieses Zuges zur Veredlung der Kohle ist der Verbrauch von nicht umgewandelter Steinkohle und Braunkohle beständig zurückgegangen. Während Primärenergieverbrauch und Endenergieverbrauch insgesamt von 1950 bis 1960 um je etwa 50% zugenommen haben, ist der Endverbrauch von nicht umgewandelter Steinkohle mit etwa 30 Mill. t heute etwa ebenso groß, wie er vor zehn Jahren war. In den zum Endverbrauch abgegebenen Mengen von Steinkohlenenergie entfielen im Jahre 1950 auf nicht umgewandelte Steinkohle noch 53%, zur Zeit sind es gerade noch 40%. Andererseits macht der Verbrauch von Steinkohlenenergie in Form von Strom und Gas gegenwärtig fast ein Viertel des gesamten Endverbrauchs von Steinkohlenenergie aus, während der gleiche Anteil im Jahre 1950 nur etwa 16% und vor dem letzten Kriege schätzungsweise erst 13% betragen hat.

Grundlegende Umschichtung im Verbrauch von Mineralölprodukten

Während sich in der Steinkohlen- und Braunkohlenverwendung der Zug zur Veredlung mit Macht durchgesetzt hat, ist in der jüngsten Entwicklung der Mineralölverwendung eine Tendenz zum Durchbruch gelangt, die von der Nutzung dieses flüssigen Energieträgers entsprechend seiner spezifischen energiewirtschaftlichen Eignung weitgehend wegführt. Aus einer Mineralölverarbeitung in deutschen Raffinerien von 3,3 Mill. t im Jahre 1950 wurden 0,8 Mill. t Vergaserkraftstoff, 0,6 Mill. t Dieselkraftstoff und 0,5 Mill. t Heizöl — wenn von den sonstigen, überwiegend nicht energiewirtschaftlich genutzten Raffinerieerzeugnissen abgesehen wird — hergestellt. Im Jahre 1960 sind dagegen aus einer Erdölverarbeitung von 28,7 Mill. t etwa 5,4 Mill. t Vergaserkraftstoff, 4,8 Mill. t Dieselkraftstoff und 13,3 Mill. t schweres, mittelschweres und leichtes Heizöl ausgebracht worden. Im Laufe von 10 Jahren ist Heizöl das bedeutendste Produkt im Mengenausstoß der deutschen Raffinerien geworden, und die Heizölproduktion übertrifft nunmehr die Erzeugung an beiden Arten von Treibstoffen, VK und DK zusammen, bereits beträchtlich. Dieser Prozeß ist durch die außergewöhnlich starke Senkung des Heizölpreises seit der Suezkrise angetrieben worden. Das anomal niedrige Niveau der Heizölpreise in der BR Deutschland ist eine Folge des Kampfes der Mineralölgesellschaften um den Absatz auf dem allen Anbietern von Mineralölprodukten offenstehenden deutschen Markt. Während im Weltmarkt und in den Nachbarländern die Ölpreise unter dem Druck eines den Bedarf übersteigenden Ölangebotes nachgeben, ist im Bundesgebiet ein Preisverfall im Heizölmarkt eingetreten, der alle Zeichen einer vorübergehenden Marktstrategie der Ölgesellschaften trägt und mit Wettbewerbsverhältnissen einer Sozialen Marktwirtschaft, die eine langfristig gleichmäßige Versorgung gewährleisten, nicht im Einklang steht. Auf diese Entwicklung haben weder das Kohle-/Öl-Kartell noch die nach seiner Auflösung im Mai 1959 eingeführte Verbrauchssteuer für schweres und leichtes Heizöl in Höhe von 25 DM/t bzw. 10 DM/t fühlbar einwirken können.

Im Mineralölverbrauch der BR Deutschland ist die Verwendung des als Brennstoff eingesetzten Heizöls im Jahre 1960 mit fast 15 Mill. t (einschl. Eigenverbrauch und Bunkerungen) bereits um 50% größer gewesen als der Verbrauch von Vergaser- und Dieselkraftstoff, die überwiegend als Treibstoffe Verwendung finden.

Die energiewirtschaftliche Entwicklung ist in hohem Maße durch den technischen Fortschritt auf den verschiedenen Gebieten der Nutzung der ursprünglichen primären und umgewandelten sekundären Energieträger bedingt. Die Wandlungen auf der wirtschaftlichen Ebene, z. B. in den Bedingungen des Angebotes und der Nachfrage der verschiedenen Energieträger, oder in den Eingriffen der Wirtschaftspolitik im Energiemarkt im ganzen und seinen Teilmärkten, oder politische Vorgänge, die die Ölwirtschaft der Welt im ganzen beherrschen, bewirken freilich, daß der energiewirtschaftliche Fortschritt sich nicht allein nach rationalen Gesetzen der bestmöglichen Nutzung der Energie abspielt. Es ist eines der großen Probleme der Energiepolitik, die technischen und wirtschaftlichen Entwicklungen der Energiewirtschaft so zu beeinflussen, daß die Energieversorgung für eine rasch zunehmende Menschheit mit wachsenden Bedürfnissen auf lange Sicht wirtschaftlich und sicher gestaltet wird. Mit dem Blick auf dieses Ziel haben nicht alle in der jüngsten Strukturwandlung zutage tretenden Tendenzen — mögen sie auf technischem, wirtschaftlichem oder politischem Gebiet liegen — dauernden Bestand. Aus dieser Sicht ergibt sich die Notwendigkeit, aber auch der Nutzen eines beständigen Austausches von Technik und Wirtschaft im energiewirtschaftlichen Bereich und das Bedürfnis nach einer Einordnung auch aller technischen Fortschritte in Feuerungstechnik und Wärmewirtschaft in den großen energiewirtschaftlichen und energiepolitischen Zusammenhang.

Anhang

Zahlentafel A–1. *Gastabelle*[1]

Bezeichnung	Chem. Symbol	Molekulargewicht	Normkubikmetergewicht kg/Nm³	Spez. Volumen Nm³/kg	Molvolumen Nm³/kmol	Heizwerte kcal/Nm³ H_o	Heizwerte kcal/Nm³ H_u	$\varkappa_0 \cdot 10^6$ *
Sauerstoff .	O_2	32,000	1,428 95	0,699 815	22,39	—	—	— 1,3
Stickstoff .	N_2	28,016	1,250 5	0,799 68	22,40	—	—	— 0,6
Argon . . .	Ar	39,944	1,783 9	0,560 57	22,39	—	—	— 1,3
Luft . . .	—	28,960	1,292 8	0,773 51	22,40	—	—	— 0,8
Kohlensäure	CO_2	44,011	1,976 8	0,505 87	22,26	—	—	— 9,2
Kohlenoxyd	CO	28,011	1,250 0	0,800 00	22,40	3 020	3 020	— 0,6
Schweflige Säure. . .	SO_2	64,066	2,926 3	0,341 73	21,89	—	—	— 31,2
Schwefelwasserstoff	H_2S	34,082	1,539 2	0,649 69	22,14	6 140[2] 7 200[3]	5 660[2] 6 720[3]	— 13,7
Wasserstoff.	H_2	2,016	0,089 87	11,127 18	22,43	3 050	2 580	+ 0,8
Wasserdampf	H_2O	18,016	(0,804)	(1,243 78)	(22,4)	—	—	—
Ammoniak .	NH_3	17,032	0,771	1,297	22,08	4 140	3 430	—
Gesättigte Kohlenwasserstoffe:								
Methan . .	CH_4	16,043	0,716 8	1,395 09	22,36	9 517	8 576	— 2,9
Äthan . . .	C_2H_6	30,070	1,356	0,737 46	22,16	16 824	15 400	— 15,5
Propan . .	C_3H_8	44,097	2,003 7	0,499 08	22,00	24 320	22 350	— 34,6
n-Butan . .	C_4H_{10}	58,124	2,703	0,369 96	21,50	32 010	29 510	— 54,0
Benzol. . .	C_6H_6	78,114	(3,48)	(0,287 4)	(22,4)	34 960	33 520	—
Ungesättigte Kohlenwasserstoffe:								
Azetylen . .	C_2H_2	26,038	1,170 9	0,854 04	22,24	14 090	13 600	— 11,8
Äthylen . .	C_2H_4	28,054	1,260 5	0,793 34	22,25	15 290	14 320	— 10,5
Propylen. .	C_3H_6	42,081	1,915	0,522 19	21,97	22 540	21 070	— 26,4
Butylen . .	C_4H_8	56,108	(2,50)	(0,400)	(22,4)	29 110	27 190	—

[1] Molekulargewichte (Molekülkonstanten, vgl. S. 23) auf Grund der internationalen Atomgewichtstabelle 1953, Normkubikmetergewichte und Molvolumina nach DIN 1871, Heizwerte nach DIN 1872 (Ausg. 1936). Klammerwerte im Idealzustand bei Normalbedingungen.

* Die $\varkappa$-Werte sind temperaturabhängig, zwischen 0 °C und Raumtemperatur kann jedoch mit dem angegebenen $\varkappa_0$-Wert gerechnet werden. Vgl. J. Otto: Die physikalischen Eigenschaften technischer Gase. Feuerungstechn. 24 (1936) H. 11 S. 187—189.

[2] Bei Verbrennung zu SO_2.

[3] Bei Verbrennung zu SO_3.

Zahlentafel A–2

Daten zur Berechnung der Zähigkeit von Gasen und Gasgemischen (vgl. S. 35)
(nach L. ANDRUSSOW)

Gasart j	M_j	$V_j^{2/3}$	ξ	η_0	Mittlerer Temperaturexponent n
H_2	2,016	4,00	0,583	84,1	$0,674 - 0,034 \cdot 10^{-4}\, t$
He	4,003	2,97	0,750	185,5	$0,66 \;- 0,05 \cdot 10^{-4}\, t$
CH_4	16,043	9,49	0,757	102,0	$0,88 \;- 2,1 \cdot 10^{-4}\, t$
NH_3	17,032	8,94	0,636	93,3	$1,06 \;- 1,04 \cdot 10^{-4}\, t + 0,85 \cdot 10^{-7}\, t^2$
H_2O	18,016	6,05	0,390	86,6	$1,082 - 0,25 \cdot 10^{-4}\, t$
Ne	20,183	3,57	0,750	296,2	$0,69 \;- 1,3 \cdot 10^{-4}\, t + 0,7 \cdot 10^{-7}\, t^2$
C_2H_2	26,038	10,69	0,644	95,0	$0,96 \;- 1,8 \cdot 10^{-4}\, t$
CO	28,011	7,90	0,806	166,0	$0,762 - 1,35 \cdot 10^{-4}\, t + 0,5 \cdot 10^{-7}\, t^2$
N_2	28,016	8,41	0,859	166,3	$0,753 - 1,3 \cdot 10^{-4}\, t + 0,4 \cdot 10^{-7}\, t^2$
C_2H_4	28,054	11,97	0,691	94,0	$0,95 \;- 2,0 \cdot 10^{-4}\, t$
NO	30,008	8,09	0,863	179,0	$0,79 \;- 2,5 \cdot 10^{-4}\, t$
C_2H_6	30,070	13,91	0,712	86,0	$0,94 \;- 1,3 \cdot 10^{-4}\, t$
O_2	32,000	6,30	0,700	191,9	$0,76 \;- 1,4 \cdot 10^{-4}\, t + 0,64 \cdot 10^{-7}\, t^2$
CH_3OH	32,043	11,09	0,559	87,0	$1,18 \;- 0,6 \cdot 10^{-4}\, t$
H_2S	34,082	10,29	0,678	117,0	$1,02 \;- 2,4 \cdot 10^{-4}\, t$
HCl	36,465	9,30	0,680	133,8	$1,05 \;- 2,1 \cdot 10^{-4}\, t$
Ar	39,944	6,83	0,750	209,3	$0,84 \;- 2,5 \cdot 10^{-4}\, t + 1,04 \cdot 10^{-7}\, t^2$
CO_2	44,011	9,55	0,662	138,0	$0,942 - 2,1 \cdot 10^{-4}\, t + 0,56 \cdot 10^{-7}\, t^2$
N_2O	44,016	11,42	0,786	137,0	$0,96 \;- 2,6 \cdot 10^{-4}\, t + 0,8 \cdot 10^{-7}\, t^2$
C_3H_8	44,097	17,62	0,663	75,0	$0,99 \;- 3,2 \cdot 10^{-4}\, t$
CH_3Cl	50,492	13,66	0,637	98,8	$1,06 \;- 1,7 \cdot 10^{-4}\, t$
COS	60,077	13,32	0,604	104,0	$0,99 \;- 1,8 \cdot 10^{-4}\, t$
SO_2	64,066	11,76	0,579	116,3	$1,06 \;- 2,6 \cdot 10^{-4}\, t + 0,9 \cdot 10^{-7}\, t^2$
Cl_2	70,914	13,47	0,656	120,6	$1,07 \;- 2,8 \cdot 10^{-4}\, t$
CS_2	76,143	16,32	0,570	89,4	$1,33 \;- 2,1 \cdot 10^{-4}\, t$
Kr	83,800	9,42	0,750	213,0	$0,93 \;- 2,0 \cdot 10^{-4}\, t$
Xe	131,300	11,73	0,750	211,0	$0,97 \;- 2,1 \cdot 10^{-4}\, t$

Zahlentafel A–3. *Dynamische Zähigkeit von Gasen (η) und ihre Abhängigkeit von*
(vgl. Zahlen

t °C	Luft		O_2		N_2		Ar*		H_2	
	μP	10^{-6} kp $\times$s/m²	μP	10^{-6} kp $\times$s/m²	μP	10^{-6} kp $\times$s/m²	μP	10^{-6} kp $\times$s/m²	μP	10^{-6} kp $\times$s/m²
0	171,6	1,750	191,9	1,957	166,3	1,696	209,3	2,134	84,1	0,858
100	216,5	2,208	242,2	2,470	209,5	2,136	270,0	2,753	103,8	1,058
200	256,5	2,616	287,3	2,930	248,2	2,531	323,8	3,302	121,7	1,241
300	292,6	2,984	328,1	3,346	283,0	2,886	371,5	3,788	138,5	1,412
400	325,3	3,317	365,5	3,727	314,8	3,210	414,1	4,223	154,3	1,573
500	355,2	3,622	400,0	4,079	343,8	3,506	452,4	4,613	169,3	1,726
600	382,7	3,902	432,4	4,409	370,5	3,778	487,4	4,970	183,6	1,872
700	408,2	4,162	463,1	4,722	395,3	4,031	519,8	5,300	197,4	2,013
800	432,0	4,405	492,6	5,023	418,6	4,269	550,3	5,611	210,8	2,150
900	454,6	4,636	521,4	5,317	440,5	4,492	579,9	5,913	223,6	2,280
1000	476,1	4,855	549,9	5,607	461,4	4,705	609,1	6,211	236,1	2,408
1100	496,9	5,067	—	—	481,5	4,910	637,8	6,504	248,2	2,531
1200	517,3	5,275	—	—	501,1	5,110	665,9	6,790	260,1	2,652
1300	537,4	5,480	—	—	520,4	5,307	693,7	7,074	271,6	2,770
1400	557,6	5,686	—	—	539,6	5,502	721,3	7,355	282,9	2,885
1500	578,0	5,894	—	—	558,9	5,699	749,2	7,640	293,9	2,997
1600	598,9	6,107	—	—	578,4	5,898	777,4	7,927	304,7	3,107

* $0-1000$ °C: $n = 0{,}84 - 2{,}5 \cdot 10^{-4}\,t + 1{,}04 \cdot 10^{-7}\,t^2$
$\quad 1000-1600$ °C: $n = 0{,}694 - 0{,}43 \cdot 10^{-4}\,(t-1000) + 0{,}37 \cdot 10^{-7}\,(t-1000)^2$

Zahlentafel A–4. *Kinematische Zähigkeit v der Gase in 10^{-6} m²/s*

t °C	Luft	O_2	N_2	Ar	H_2	H_2O	CO_2	CO	CH_4	SO_2
0	13,27	13,44	13,30	11,73	93,58	10,77	6,98	13,28	14,23	3,97
100	22,87	23,15	22,89	20,68	157,8	20,61	12,72	22,92	25,40	7,50
200	34,37	34,83	34,38	31,44	234,6	33,72	19,85	34,49	39,05	12,00
300	47,49	48,18	47,49	43,70	323,4	50,11	28,20	47,72	54,71	17,37
400	62,01	63,03	62,04	57,20	423,1	69,79	37,60	62,42	71,89	23,50
500	77,77	79,23	77,82	71,78	533,2	92,77	47,90	78,44	90,23	30,30
600	94,63	96,73	94,71	87,34	653,1	119,0	58,97	95,64	110,5	37,72
700	112,5	115,5	112,6	103,8	782,6	148,4	70,72	113,9	128,7	45,69
800	131,3	135,4	131,5	121,2	921,5	181,0	83,08	133,4	148,1	54,21
900	151,0	156,7	151,3	139,6	1069	216,7	95,99	153,9	—	63,27
1000	171,7	179,4	172,0	159,2	1225	255,5	109,4	175,5	—	72,90
1100	193,2	—	193,0	179,7	1388	297,3	123,3	—	—	—
1200	215,8	—	216,1	201,4	1561	342,1	137,8	—	—	—
1300	239,4	—	239,7	224,0	1741	389,5	153,1	—	—	—
1400	264,2	—	264,3	247,7	1928	440,2	168,9	—	—	—
1500	290,2	—	290,1	272,6	2123	493,3	185,3	—	—	—
1600	317,7	—	317,2	298,8	2325	549,2	202,6	—	—	—

der Temperatur in Mikropoise (μP) und $10^{-6}\,kp \cdot s/m^2$ (nach L. ANDRUSSOW)
tafel 2–1, S. 36)

| H$_2$O | | CO$_2$ | | CO | | CH$_4$ | | SO$_2$ | | |
μP	10^{-6} kp $\times$ s/m^2	μP	10^{-6} kp $\times$ s/m^2	μP	10^{-6} kp $\times$ s/m^2	μP	10^{-6} kp $\times$ s/m^2	μP	10^{-6} kp $\times$ s/m^2	t °C
86,6	0,883	138,0	1,407	166,0	1,693	102,0	1,040	116,3	1,186	0
121,3	1,237	184,0	1,876	209,7	2,138	133,3	1,359	160,6	1,638	100
156,5	1,596	226,5	2,310	248,9	2,538	161,6	1,648	202,7	2,067	200
192,0	1,958	265,7	2,709	284,3	2,899	186,9	1,906	242,2	2,470	300
227,7	2,322	301,6	3,075	316,6	3,228	209,1	2,132	279,1	2,846	400
263,5	2,687	334,5	3,411	346,4	3,532	228,5	2,330	313,3	3,195	500
299,2	3,051	364,7	3,719	374,0	3,814	247,7	2,525	345,3	3,521	600
334,9	3,415	392,4	4,001	399,7	4,076	258,9	2,640	375,3	3,827	700
370,4	3,777	418,0	4,262	424,4	4,328	270,2	2,755	403,8	4,118	800
405,6	4,136	441,8	4,505	447,9	4,567	—	—	431,1	4,396	900
440,7	4,494	464,1	4,733	470,6	4,799	—	—	457,7	4,667	1000
475,4	4,848	485,3	4,949	—	—	—	—	—	—	1100
510,0	5,201	505,7	5,157	—	—	—	—	—	—	1200
543,7	5,544	525,4	5,358	—	—	—	—	—	—	1300
577,8	5,892	544,9	5,556	—	—	—	—	—	—	1400
611,0	6,230	564,4	5,755	—	—	—	—	—	—	1500
643,9	6,566	584,1	5,956	—	—	—	—	—	—	1600

Zahlentafel A–5

Wasserdampftabelle, spez. Gewicht und Wasserdampfgehalt feuchter Luft

t °C	p_s Atm	$p_s/1 - p_s$	$\gamma_{tr.\,Luft}$	$\gamma_{f.\,Luft}$	Wasserdampfgehalt idealer Gase g/Nm$^3_{tr.}$	g/Nm$^3_{f.}$
− 20	0,001 016 2	0,001 017 2	1,3950	1,3945	0,8181	0,8165
− 15	0,001 627 9	0,001 630 6	1,3680	1,3671	1,311	1,308
− 10	0,002 560 9	0,002 567 5	1,3420	1,3407	2,065	2,059
− 5	0,003 958 5	0,003 974 2	1,3169	1,3149	3,196	3,182
0	0,006 028	0,006 065	1,2928	1,2899	4,877	4,846
+ 5	0,008 604	0,008 679	1,2695	1,2654	6,980	6,919
10	0,012 111	0,012 259	1,2471	1,2414	9,859	9,740
15	0,016 817	0,017 105	1,2255	1,2177	13,76	13,52
20	0,023 06	0,023 604	1,2046	1,1941	18,98	18,56
25	0,031 25	0,032 258	1,1844	1,1704	25,94	25,15
30	0,041 86	0,043 689	1,1648	1,1465	35,13	33,70
35	0,055 49	0,058 750	1,1466	1,1225	47,25	44,68
40	0,072 78	0,078 49	1,1277	1,0967	63,12	58,63
45	0,094 57	0,104 45	1,1099	1,0704	84,00	76,23
50	0,121 74	0,138 61	1,0927	1,0426	111,46	98,18
55	0,155 35	0,183 92	1,0760	1,0133	147,9	125,3
60	0,196 57	0,244 7	1,0599	0,9818	196,8	158,8
65	0,246 8	0,327 7	1,0442	0,9477	263,5	199,5
70	0,307 5	0,444 0	1,0290	0,9108	357,9	248,9
75	0,380 5	0,614 2	1,0142	0,8702	493,9	308,2
80	0,467 4	0,877 6	0,9998	0,8259	705,8	368,5
85	0,570 4	1,327 7	0,9859	0,7769	1067,7	463,4
90	0,691 9	2,245 7	0,9723	0,7231	1806,0	563,1
95	0,834 2	5,031 4	0,9591	0,6635	4046,3	680,1
100	1,000 0	∞	0,9462	0,5977	∞	816,6

Zahlentafel A–6. *Enthalpie der Gase* (bezogen auf $p = 1$ Atm)

t °C	O$_2$		N$_2$		Luft (trocken)		Ar	
	kg	Nm³	kg	Nm³	kg	Nm³	kg	Nm³
0	0,00	0,00	0,00	0,00	0,00	0,00	0,00	0,00
25	5,48	7,83	6,21	7,77	6,02	7,78	3,12	5,57
100	22,04	31,49	24,93	31,17	24,03	31,07	12,46	22,23
200	44,75	63,94	50,00	62,53	48,45	62,64	24,90	44,42
300	68,10	97,31	75,46	94,36	73,16	94,58	37,33	66,59
400	92,31	131,9	101,1	126,7	98,36	127,2	49,77	88,78
500	117,2	167,5	127,7	159,6	124,1	160,4	62,20	111,0
600	142,4	203,5	154,4	193,1	150,7	194,8	74,63	133,1
700	168,2	240,3	181,8	227,4	177,3	229,2	87,06	155,3
800	194,4	277,8	209,9	262,4	204,9	264,9	99,49	177,5
900	220,9	315,7	238,4	298,1	232,7	300,8	111,9	199,6
1000	247,6	353,8	267,4	334,4	260,9	337,3	124,3	221,7
1500	384,2	549,0	416,1	520,3	407,3	526,6	186,5	332,7
2000	526,7	752,6	569,5	712,2	557,6	720,9	248,6	443,5
2500	671,2	959,1	726,1	908,0	710,8	918,9	310,8	554,4
3000	820,4	1172	884,1	1106	866,0	1120	372,9	665,2

Zahlentafel A–6. *Enthalpie der Gase* (bezogen auf $p = 1$ Atm)
(Fortsetzung)

t °C	CO$_2$		SO$_2$		CO		H$_2$	
	kg	Nm³	kg	Nm³	kg	Nm³	kg	Nm³
0	0,00	0,00	0,00	0,00	0,00	0,00	0,00	0,00
25	5,03	9,94	3,82	11,18	6,21	7,76	85,30	7,67
100	20,99	41,49	15,61	45,68	24,93	31,16	343,3	30,85
200	44,08	87,14	32,17	94,14	50,04	62,55	689,6	61,97
300	68,84	136,1	49,81	145,8	75,70	94,63	1039	93,37
400	94,82	187,4	68,27	199,8	101,8	127,3	1385	124,5
500	122,5	242,2	87,32	255,5	128,5	160,3	1735,5	156,0
600	150,7	297,9	106,9	312,8	155,9	194,9	2087	187,6
700	179,8	355,4	126,8	371,1	183,7	229,6	2443	219,6
800	209,3	413,7	147,0	430,2	212,2	265,3	2801	251,7
900	239,7	473,8	167,5	490,2	241,1	301,4	3163	284,3
1000	270,1	533,9	188,1	550,4	270,5	337,8	3530,5	317,3
1500	428,4	846,9	292,8	856,8	420,8	526,0	5405	485,7
2000	590,9	1168	399,1	1168	575,5	719,4	7474	671,7
2500	755,8	1494	506,3	1482	733,3	916,6	9598	862,0
3000	921,9	1822	613,9	1796	891,5	1114	11791	1060

Zahlentafel A–6. *Enthalpie der Gase* (bezogen auf $p = 1$ Atm)
(Fortsetzung)

t °C	CH$_4$		C$_2$H$_2$		C$_2$H$_4$		C$_6$H$_6$	
	kg	Nm³	kg	Nm³	kg	Nm³	kg	Nm³
0	0,00	0,00	0,00	0,00	0,00	0,00	0,00	0,00
25	13,65	9,78	8,42	9,86	9,08	11,45	5,14	17,90
100	54,15	38,81	42,63	49,92	40,44	50,97	24,97	87,00
200	117,5	84,22	90,13	105,5	89,24	112,5	56,29	196,2
300	189,2	135,6	141,7	165,9	145,4	183,3	94,42	329,0
400	269,0	192,8	195,7	229,2	208,3	262,6	138,9	484,1
500	356,1	255,3	252,2'	295,3	276,8	348,9	188,8	657,9
600	450,5	322,9	311,2	364,3	350,0	441,1	243,3	847,6
700	551,3	395,2	371,9	435,4	427,0	538,2	301,8	1052
800	657,4	471,2	434,7	509,0	511,3	644,5	363,5	1267
900	768,2	550,6	498,7	583,9	593,0	747,5	428,1	1492
1000	884,1	633,7	564,4	660,9	681,1	858,5	501,7	1748
1500	—	—	—	—	—	—	—	—
2000	—	—	—	—	—	—	—	—
2500	—	—	—	—	—	—	—	—
3000	—	—	—	—	—	—	—	—

Zahlentafel A–6. *Enthalpie der Gase* (bezogen auf $p = 1$ Atm)
(Fortsetzung)

t °C	H$_2$O		OH		NO		N$_2$O	
	kg	Nm³	kg	Nm³	kg	Nm³	kg	Nm³
0	0,00	0,00	0,00	0,00	0,00	0,00	0,00	0,00
25	11,62	9,34	10,51	7,97	5,98	8,01	5,24	10,36
100	46,13	37,08	41,86	31,76	23,83	31,94	22,41	44,33
200	92,37	74,24	82,07	62,27	47,84	64,12	46,21	91,40
300	139,5	112,1	123,3	93,55	72,26	96,84	71,48	141,1
400	187,9	151,0	166,3	126,2	97,38	117,1	97,88	193,6
500	237,9	191,2	208,1	157,9	123,1	165,0	125,5	248,2
600	289,3	232,5	250,1	189,8	149,3	200,1	153,5	303,6
700	342,5	275,3	292,6	222,0	176,1	236,0	183,2	362,4
800	397,7	319,6	336,3	255,2	203,3	272,5	213,1	421,5
900	454,5	365,3	379,9	288,2	230,9	309,5	243,8	482,2
1000	512,4	411,8	424,5	322,1	258,7	346,7	274,5	543,0
1500	822,1	660,7	656,1	497,8	401,6	538,2	432,8	856,1
2000	1158	930,4	901,8	684,2	547,8	734,2	595,1	1177
2500	1510,5	1214	1155	876,3	696,5	933,4	760,3	1504
3000	1872,3	1505	1414	1073	844,5	1132	926,6	1833

Zahlentafel A–7

$t\,^{\circ}C$	$T\,^{\circ}K$	$\dfrac{T}{273}$	$\dfrac{273}{T}$	$\left(\dfrac{T}{100}\right)^4$	$t\,^{\circ}C$	$T\,^{\circ}K$	$\dfrac{T}{273}$	$\dfrac{273}{T}$	$\left(\dfrac{T}{100}\right)^4$
0	273	1,0000	1,0000	55,5	1200	1473	5,3956	0,1853	47076
50	323	1,1832	0,8452	108	1250	1523	5,5787	0,1793	53803
100	373	1,3660	0,7319	194	1300	1573	5,7619	0,1736	61224
150	423	1,5495	0,6454	320	1350	1623	5,9450	0,1682	69387
200	473	1,7326	0,5772	498	1400	1673	6,1282	0,1632	78343
250	523	1,9158	0,5220	748	1450	1723	6,3113	0,1584	88138
300	573	2,0989	0,4764	1078	1500	1773	6,4945	0,1540	98820
350	623	2,2821	0,4382	1506	1550	1823	6,6776	0,1498	110449
400	673	2,4652	0,4056	2051	1600	1873	6,8608	0,1458	123071
450	723	2,6484	0,3776	2720	1650	1923	7,0439	0,1420	136747
500	773	2,8315	0,3532	3571	1700	1973	7,2271	0,1384	151538
550	823	3,0147	0,3317	4588	1750	2023	7,4102	0,1349	167496
600	873	3,1978	0,3127	5808	1800	2073	7,5934	0,1317	184671
650	923	3,3810	0,2958	7258	1850	2123	7,7765	0,1286	203143
700	973	3,5641	0,2806	8963	1900	2173	7,9597	0,1256	222968
750	1023	3,7472	0,2669	10953	1950	2223	8,1428	0,1228	244206
800	1073	3,9304	0,2544	13256	2000	2273	8,3260	0,1201	266931
850	1123	4,1135	0,2431	15904					
900	1173	4,2967	0,2327	18932	2100	2373	8,6923	0,1150	317100
950	1223	4,4798	0,2232	22373	2200	2473	9,0586	0,1104	374008
1000	1273	4,6630	0,2145	26262	2400	2673	9,7912	0,1021	510500
1050	1323	4,8461	0,2063	30636	2600	2873	10,5238	0,09502	681333
1100	1373	5,0293	0,1988	35537	2800	3073	11,2564	0,08884	891740
1150	1423	5,2124	0,1918	41002	3000	3273	11,9890	0,08341	1147632

Zahlentafel A–8
Gleichgewichtskonstanten der Dissoziationsreaktionen

	$CO_2 = CO + \tfrac{1}{2}O_2$		$H_2O = H_2 + \tfrac{1}{2}O_2$	
	$K_p = \dfrac{p_{CO}\sqrt{p_{O_2}}}{p_{CO_2}}$		$K_p = \dfrac{p_{H_2}\sqrt{p_{O_2}}}{p_{H_2O}}$	
$t\,^{\circ}C$	$\log K_p$	K_p	$\log K_p$	K_p
1000	−7,04215	$0,90750 \cdot 10^{-7}$	−7,26876	$0,53856 \cdot 10^{-7}$
1250	−5,14974	$0,70837 \cdot 10^{-5}$	−5,58292	$0,26126 \cdot 10^{-5}$
1500	−3,79484	$0,16039 \cdot 10^{-3}$	−4,36929	$0,42728 \cdot 10^{-4}$
1750	−2,78089	$0,16562 \cdot 10^{-2}$	−3,45319	$0,35222 \cdot 10^{-3}$
2000	−1,99606	$0,10091 \cdot 10^{-1}$	−2,73673	$0,18335 \cdot 10^{-2}$
2250	−1,37148	$0,42513 \cdot 10^{-1}$	−2,16075	$0,69063 \cdot 10^{-2}$
2500	−0,86168	0,13751	−1,68739	$0,20540 \cdot 10^{-1}$
2750	−0,43918	0,36377	−1,29128	$0,51135 \cdot 10^{-1}$
3000	−0,08375	0,82417	−0,95481	0,11094
3500	+0,48119	3,0282	−0,41359	0,38585
4000	0,92311	8,3774	+0,00313	1,0072
4500	1,28487	19,270	0,33423	2,1589
5000	1,59612	39,456	0,60392	4,0172

Zahlentafel A–8 (1. Fortsetzung)

| | $H_2O = \frac{1}{2}H_2 + OH$ | | | $H_2 = 2\,H$ | |
| | $K_p = \dfrac{p_{OH}\sqrt{p_{H_2}}}{p_{H_2O}}$ | | | $K_p = \dfrac{(p_H)^2}{p_{H_2}}$ | |
$t\,°C$	$\log K_p$	K_p	$\log K_p$	K_p
1000	$-8,16335$	$0,68652 \cdot 10^{-8}$	$-12,17909$	$0,66208 \cdot 10^{-12}$
1250	$-6,21492$	$0,60965 \cdot 10^{-6}$	$-\ 9,17547$	$0,66762 \cdot 10^{-9}$
1500	$-4,81441$	$0,15532 \cdot 10^{-4}$	$-\ 7,01092$	$0,97518 \cdot 10^{-7}$
1750	$-3,75888$	$0,17423 \cdot 10^{-3}$	$-\ 5,37537$	$0,42134 \cdot 10^{-5}$
2000	$-2,93462$	$0,11625 \cdot 10^{-2}$	$-\ 4,09494$	$0,80364 \cdot 10^{-4}$
2250	$-2,27299$	$0,53335 \cdot 10^{-2}$	$-\ 3,06451$	$0,86196 \cdot 10^{-3}$
2500	$-1,73005$	$0,18619 \cdot 10^{-1}$	$-\ 2,21682$	$0,60699 \cdot 10^{-2}$
2750	$-1,27641$	$0,52916 \cdot 10^{-1}$	$-\ 1,50677$	$0,31134 \cdot 10^{-1}$
3000	$-0,89165$	$0,12834$	$-\ 0,90303$	$0,12502$
3500	$-0,32449$	$0,47371$	$+\ 0,06951$	$1,1736$
4000	$+0,19521$	$1,56750$	$0,81976$	$6,6033$
4500	$0,57552$	$3,7630$	$1,41704$	$26,124$
5000	$0,88052$	$7,5950$	$1,90447$	$80,254$

Zahlentafel A–8 (2. Fortsetzung)

| | $O_2 = 2\,O$ | | | $\frac{1}{2}N_2 + \frac{1}{2}O_2 = NO$ | |
| | $K_p = \dfrac{(p_O)^2}{p_{O_2}}$ | | | $K_p = \dfrac{p_{NO}}{\sqrt{p_{N_2}}\sqrt{p_{O_2}}}$ | |
$t\,°C$	$\log K_p$	K_p	$\log K_p$	K_p
1000	$-13,83241$	$0,14709 \cdot 10^{-13}$	$-3,16769$	$0,67969 \cdot 10^{-3}$
1250	$-10,43018$	$0,37138 \cdot 10^{-10}$	$-2,53861$	$0,28933 \cdot 10^{-2}$
1500	$-\ 7,98342$	$0,10389 \cdot 10^{-7}$	$-2,08697$	$0,81852 \cdot 10^{-2}$
1750	$-\ 6,13839$	$0,72713 \cdot 10^{-6}$	$-1,74697$	$0,17907 \cdot 10^{-1}$
2000	$-\ 4,69688$	$0,20096 \cdot 10^{-4}$	$-1,48176$	$0,32979 \cdot 10^{-1}$
2250	$-\ 3,53918$	$0,28895 \cdot 10^{-3}$	$-1,26913$	$0,53811 \cdot 10^{-1}$
2500	$-\ 2,58869$	$0,25782 \cdot 10^{-2}$	$-1,09939$	$0,80382 \cdot 10^{-1}$
2750	$-\ 1,79512$	$0,16028 \cdot 10^{-1}$	$-0,94939$	$0,11236$
3000	$-\ 1,11985$	$0,75886 \cdot 10^{-1}$	$-0,82616$	$0,14922$
3500	$-\ 0,03684$	$0,91868$	$-0,62871$	$0,23512$
4000	$+\ 0,79538$	$6,2429$	$-0,47749$	$0,33305$
4500	$1,45535$	$28,533$	$-0,35795$	$0,43868$
5000	$1,99187$	$98,145$	$-0,26110$	$0,54815$

Zahlentafel A–9. *Gleichgewichtskonstanten (Heterogene Reaktionen)*

| $t\,°C$ | Boudouardsche Reaktion | | Heterogene Wassergasreaktion | | Methanbildung |
| | Gl. (18–11) | | Gl. (18–12) | | Gl. (18–14) |
	$K_{p_B}=\dfrac{p^2_{CO}}{p_{CO_2}}$	$K'_{p_B}=\dfrac{p_{CO_2}}{p^2_{CO}}$	$K_{p_W}=\dfrac{p_{CO}\,p_{H_2}}{p_{H_2O}}$	$K'_{p_W}=\dfrac{p_{H_2O}}{p_{CO}\,p_{H_2}}$	$K_{p_M}=\dfrac{p_{CH_4}}{p^2_{H_2}}$
350	$6{,}7644 \cdot 10^{-6}$	$1{,}47833 \cdot 10^{5}$	$1{,}4038 \cdot 10^{-4}$	$7{,}1235 \cdot 10^{3}$	$55{,}511$
400	$8{,}1025 \cdot 10^{-5}$	$1{,}2342 \ \cdot 10^{4}$	$9{,}5380 \cdot 10^{-4}$	$1{,}0484 \cdot 10^{3}$	$16{,}393$
450	$6{,}8667 \cdot 10^{-4}$	$1{,}4563 \ \cdot 10^{3}$	$5{,}0255 \cdot 10^{-3}$	$1{,}9899 \cdot 10^{2}$	$5{,}5944$
500	$4{,}4016 \cdot 10^{-3}$	$2{,}2719 \ \cdot 10^{2}$	$2{,}1512 \cdot 10^{-2}$	$4{,}6487 \cdot 10^{1}$	$2{,}2019$
550	$2{,}2448 \cdot 10^{-2}$	$4{,}4547 \ \cdot 10^{1}$	$7{,}7520 \cdot 10^{-2}$	$1{,}2900 \cdot 10^{1}$	$0{,}96592$
600	$9{,}4715 \cdot 10^{-2}$	$1{,}0558 \ \cdot 10^{1}$	$0{,}24179$	$4{,}1358$	$0{,}46357$
650	$0{,}340925$	$2{,}9332$	$0{,}66776$	$1{,}4976$	$0{,}23992$
700	$1{,}07266$	$0{,}93226$	$1{,}6618$	$0{,}60176$	$0{,}13237$
750	$3{,}00907$	$0{,}33233$	$3{,}7830$	$0{,}26434$	$0{,}077154$
800	$7{,}64633$	$0{,}13078$	$7{,}9688$	$0{,}12549$	$4{,}7156 \cdot 10^{-2}$
850	$1{,}78366 \cdot 10^{1}$	$5{,}6064 \cdot 10^{-2}$	$1{,}5698 \cdot 10^{1}$	$6{,}3702 \cdot 10^{-2}$	$3{,}0336 \cdot 10^{-2}$
900	$3{,}86164 \cdot 10^{1}$	$2{,}5896 \cdot 10^{-2}$	$2{,}9166 \cdot 10^{1}$	$3{,}4286 \cdot 10^{-2}$	$1{,}9845 \cdot 10^{-2}$
950	$7{,}83033 \cdot 10^{1}$	$1{,}2771 \cdot 10^{-2}$	$5{,}1477 \cdot 10^{1}$	$1{,}9426 \cdot 10^{-2}$	$1{,}3540 \cdot 10^{-2}$
1000	$1{,}49886 \cdot 10^{2}$	$6{,}6717 \cdot 10^{-3}$	$8{,}6826 \cdot 10^{1}$	$1{,}1517 \cdot 10^{-2}$	$9{,}5072 \cdot 10^{-3}$
1050	$2{,}7262 \ \cdot 10^{2}$	$3{,}6681 \cdot 10^{-3}$	$1{,}4073 \cdot 10^{2}$	$7{,}1060 \cdot 10^{-3}$	$6{,}8505 \cdot 10^{-3}$
1100	$4{,}7383 \ \cdot 10^{2}$	$2{,}1105 \cdot 10^{-3}$	$2{,}2018 \cdot 10^{2}$	$4{,}5412 \cdot 10^{-3}$	$5{,}0527 \cdot 10^{-3}$
1150	$7{,}9078 \ \cdot 10^{2}$	$1{,}2646 \cdot 10^{-3}$	$3{,}3386 \cdot 10^{2}$	$2{,}9953 \cdot 10^{-3}$	$3{,}8065 \cdot 10^{-3}$
1200	$1{,}2727 \ \cdot 10^{3}$	$7{,}8573 \cdot 10^{-4}$	$4{,}9250 \cdot 10^{2}$	$2{,}0305 \cdot 10^{-3}$	$2{,}9237 \cdot 10^{-3}$
1300	$2{,}9987 \ \cdot 10^{3}$	$3{,}3348 \cdot 10^{-4}$	$9{,}9814 \cdot 10^{2}$	$1{,}0019 \cdot 10^{-3}$	$1{,}8168 \cdot 10^{-3}$
1400	$6{,}3463 \ \cdot 10^{3}$	$1{,}5757 \cdot 10^{-4}$	$1{,}8707 \cdot 10^{3}$	$5{,}3456 \cdot 10^{-4}$	$1{,}1998 \cdot 10^{-3}$
1500	$1{,}2299 \ \cdot 10^{4}$	$8{,}1307 \cdot 10^{-5}$	$3{,}2962 \cdot 10^{3}$	$3{,}0338 \cdot 10^{-4}$	$8{,}3542 \cdot 10^{-4}$

Zahlentafel A–10. *Gleichgewichtskonstanten (Homogene Reaktionen)*

| $t\,°C$ | Homogene Wassergasreaktion | | Homogene Methanbildungsreaktion | | |
	$K_W=\dfrac{p_{CO}\,p_{H_2O}}{p_{CO_2}\,p_{H_2}}$	$K'_W=\dfrac{p_{CO_2}\,p_{H_2}}{p_{CO}\,p_{H_2O}}$	$K_p=\dfrac{p_{CH_4}\,p_{H_2O}}{p_{CO}\,p^3_{H_2}}$	$K_p=\dfrac{p_{CH_4}\,p^2_{H_2O}}{p_{CO_2}\,p^4_{H_2}}$	$K_p=\dfrac{p_{CH_4}\,p_{CO_2}}{p^2_{H_2}\,p^2_{CO}}$
350	$0{,}048\,186$	$20{,}753$	$3{,}95430 \cdot 10^{5}$	$1{,}9054 \ \cdot 10^{4}$	$8{,}2064 \cdot 10^{6}$
400	$0{,}084\,947$	$11{,}772$	$1{,}7188 \ \cdot 10^{4}$	$1{,}4601 \ \cdot 10^{3}$	$2{,}0232 \cdot 10^{4}$
450	$0{,}136\,64$	$7{,}3185$	$1{,}113 \ \cdot 10^{3}$	$1{,}5208 \ \cdot 10^{2}$	$8{,}1471 \cdot 10^{3}$
500	$0{,}204\,62$	$4{,}887\,1$	$1{,}0236 \ \cdot 10^{2}$	$2{,}0945 \ \cdot 10^{1}$	$5{,}0025 \cdot 10^{2}$
550	$0{,}289\,58$	$3{,}453\,81$	$1{,}2460 \ \cdot 10^{1}$	$3{,}6082$	$4{,}3029 \cdot 10^{1}$
600	$0{,}391\,72$	$2{,}552\,84$	$1{,}9172$	$7{,}5101 \ \cdot 10^{-1}$	$4{,}8944$
650	$0{,}510\,57$	$1{,}958\,59$	$3{,}5930 \ \cdot 10^{-1}$	$1{,}8345 \ \cdot 10^{-1}$	$7{,}0373 \cdot 10$
700	$0{,}645\,48$	$1{,}549\,23$	$7{,}9655 \ \cdot 10^{-2}$	$5{,}142 \ \cdot 10^{-2}$	$1{,}2340 \cdot 10^{-1}$
750	$0{,}795\,42$	$1{,}257\,19$	$2{,}0395 \ \cdot 10^{-2}$	$1{,}6222 \ \cdot 10^{-2}$	$2{,}5641 \cdot 10^{-1}$
800	$0{,}959\,54$	$1{,}042\,17$	$5{,}9176 \ \cdot 10^{-3}$	$5{,}6782 \ \cdot 10^{-3}$	$6{,}1671 \cdot 10^{-2}$
850	$1{,}136\,23$	$0{,}880\,10$	$1{,}9325 \ \cdot 10^{-3}$	$2{,}1958 \ \cdot 10^{-3}$	$1{,}7008 \cdot 10^{-3}$
900	$1{,}324\,00$	$0{,}755\,29$	$6{,}8041 \ \cdot 10^{-4}$	$9{,}0086 \ \cdot 10^{-4}$	$5{,}1391 \cdot 10^{-3}$
950	$1{,}521\,12$	$0{,}657\,41$	$2{,}6303 \ \cdot 10^{-4}$	$4{,}0010 \ \cdot 10^{-4}$	$1{,}7292 \cdot 10^{-4}$
1000	$1{,}726\,24$	$0{,}579\,29$	$1{,}0949 \ \cdot 10^{-5}$	$1{,}890 \ \cdot 10^{-5}$	$6{,}3429 \cdot 10^{-4}$
1050	$1{,}937\,24$	$0{,}516\,20$	$4{,}8680 \ \cdot 10^{-6}$	$9{,}4305 \ \cdot 10^{-6}$	$2{,}5128 \cdot 10^{-5}$
1100	$2{,}151\,99$	$0{,}464\,69$	$2{,}2948 \ \cdot 10^{-6}$	$4{,}9384 \ \cdot 10^{-6}$	$1{,}0664 \cdot 10^{-5}$
1150	$2{,}368\,62$	$0{,}422\,19$	$1{,}1402 \ \cdot 10^{-6}$	$2{,}7007 \ \cdot 10^{-6}$	$4{,}8137 \cdot 10^{-5}$
1200	$2{,}584\,22$	$0{,}386\,96$	$5{,}9366 \ \cdot 10^{-7}$	$1{,}53415 \cdot 10^{-6}$	$2{,}2972 \cdot 10^{-6}$
1250	$2{,}796\,57$	$0{,}357\,58$	$3{,}2247 \ \cdot 10^{-7}$	$9{,}0181 \ \cdot 10^{-7}$	$1{,}1531 \cdot 10^{-6}$
1300	$3{,}004\,40$	$0{,}332\,85$	$1{,}8203 \ \cdot 10^{-7}$	$5{,}4689 \ \cdot 10^{-7}$	$6{,}0587 \cdot 10^{-6}$
1350	$3{,}203\,51$	$0{,}312\,16$	$1{,}0637 \ \cdot 10^{-7}$	$3{,}4076 \ \cdot 10^{-7}$	$3{,}3205 \cdot 10^{-7}$
1400	$3{,}392\,48$	$0{,}294\,77$	$6{,}4137 \ \cdot 10^{-8}$	$2{,}1758 \ \cdot 10^{-7}$	$1{,}8905 \cdot 10^{-7}$
1450	$3{,}568\,98$	$0{,}280\,19$	$3{,}9796 \ \cdot 10^{-8}$	$1{,}4203 \ \cdot 10^{-7}$	$1{,}1150 \cdot 10^{-7}$
1500	$3{,}731\,27$	$0{,}268\,01$	$2{,}5345 \ \cdot 10^{-8}$	$9{,}457 \ \cdot 10^{-8}$	$6{,}7925 \cdot 10^{-7}$

Zahlentafel A-11. *Enthalpie fester Stoffe in kcal/kg*

	1 Kohlen-stoff (Koks)	2 Hochofen-schlacke	3 Roheisen	4 Zement-klinker	5 $CaCO_3$	6 CaO	7 $MgCO_3$	8 MgO
Bezugs-tempe-ratur °C	0°	0°	0°	20°	20°	20°	20°	20°
$(I)_0^{20}$ *	4,25	3,39	—	3,50	3,91	3,57	4,65	4,59
Temp. °C								
25	5,34	4,27	—	0,89	0,99	0,90	1,20	1,15
50	10,95	8,77	—	5,44	6,05	5,50	7,38	6,94
75	16,8	13,5	—	10,13	11,31	10,21	13,89	12,79
100	22,9	18,4	—	14,97	16,70	15,06	20,59	18,72
150	35,8	28,7	—	25,00	28,10	25,04	34,59	30,86
200	49,6	39,6	—	35,40	39,99	35,28	49,70	43,25
250	64,2	50,8	—	46,38	52,60	45,78	65,40	56,10
300	79,6	62,3	—	57,66	65,58	56,29	81,56	69,03
350	95,9	74,0	—	69,30	78,91	66,89	98,28	82,41
400	112,9	85,7	—	81,05	92,69	77,55	115,5	95,96
450	132,1	98,2	—	92,81	106,6	88,21	133,1	109,8
500	148,9	109,3	—	105,2	120,8	98,92	150,7	123,8
550	167,9	121,0	—	117,7	135,2	109,8	168,9	138,3
600	187,5	132,8	—	130,0	149,7	120,9	186,8	152,8
650	207,6	144,5	—	142,2	164,0	132,0	204,7	167,5
700	228,2	156,3	—	155,1	178,2	143,0	239,8	182,5
750	249,4	168,2	—	167,9	192,3	154,2	257,1	197,7
800	270,9	180,3	—	180,6	206,5	165,4	—	212,9
850	292,9	192,7	—	193,2	220,5	176,5	—	228,1
900	315,2	205,5	—	206,0	234,5	187,5	—	243,6
950	337,9	218,9	—	218,9	—	198,5	—	259,1
1000	360,8	233,0	168,6	232,3	—	209,6	—	274,4
1050	384,0	248,1	—	246,3	—	—	—	—
1100	407,4	264,3	183,8	260,6	—	—	—	—
1150	430,9	281,8	—	275,2	—	—	—	—
1200	454,7	301,0	264,0 [2]	291,1	—	—	—	—
1250	478,4	322,0	—	307,5	—	—	—	—
1300	502,3	371,8 [1]	279,2 [2]	324,3	—	—	—	—
1350	526,2	388,1 [1]	—	340,8	—	—	—	—
1400	550,0	400,4 [1]	294,5 [2]	368,5	—	—	—	—
1450	573,8	414,7 [1]	—	378,3	—	—	—	—
1500	597,5	429,0 [1]	313,9 [2]	396,3	—	—	—	—
1550	621,1	443,3 [1]	—	—	—	—	—	—
1600	644,5	457,6 [1]	—	—	—	—	—	—
1650	667,6	471,9 [1]	—	—	—	—	—	—
1700	690,6	486,2 [1]	—	—	—	—	—	—
1750	713,2	500,5 [1]	—	—	—	—	—	—
1800	735,5	514,8 [1]	—	—	—	—	—	—

* Um die Enthalpie, bezogen auf 0 °C, zu erhalten, ist bei Spalte 4—8 der Betrag $(I)_0^{20}$ hinzuzuaddieren. Beispiel: I_{CaCO_3} bei 500 °C ist 120,8 kcal/kg, bezogen auf 20 °C und 120,8 + 3,91 = 124,7 kcal/kg, bezogen auf 0 °C. Um in Spalte 1—3 die Enthalpie, bezogen auf 20 °C (I_{20} = 0), zu erhalten, ist der Betrag $(I)_0^{20}$ abzuziehen.   [1] Einschließlich Schmelzwärme (40 kcal/kg).
[2] Einschließlich Schmelzwärme (65 kcal/kg). Kohlenstoff nach Gl. (5—55), Hochofenschlacke und Roheisen nach C. Schwarz: Arch. Eisenhüttenw. 7 (1933) Nr. 5 S. 281—292.

Zahlentafel A–12
Umrechnungstafel für Analysendaten bei verschiedenen Bezugszuständen

von \ auf	Gehalt				Ballast kg/kg (waf)
	i. roh (w_2)	i. wf (a'_2)	i. waf	i. af (mit w_h)	
i. roh (w_1)	$\left(\dfrac{100-w_2}{100-w_1}\right)^*$	$\dfrac{100}{100-w}$	$\dfrac{100}{100-w-a}$	$\dfrac{100-w_h}{100-w-a}$	$\dfrac{1}{100-w-a}$
i. wf (a'_1)	$\dfrac{100-w}{100}$	$\left(\dfrac{100-a'_2}{100-a'_1}\right)^{**}$	$\dfrac{100}{100-a'}$	$\dfrac{100-w_h}{100-a'}$	$\dfrac{1}{100-a'}$
i. waf	$\dfrac{100-w-a}{100}$	$\dfrac{100-a'}{100}$	1	$\dfrac{100-w_h}{100}$	—
i. af (mit w_h)	$\dfrac{100-w-a}{100-w_h}$	$\dfrac{100-a'}{100-w_h}$	$\dfrac{100}{100-w_h}$	1	$\dfrac{1}{100-w_h}$
Ballast kg/kg (waf)	$\dfrac{100}{1+W+A}$	$\dfrac{100}{1+A'}$	—	$\dfrac{100}{1+W_h}$	1

(Die linke Randbeschriftung der Zeilen lautet: **Gehalt**.)

i. roh = im Rohzustand (Verwendungszustand)
i. wf = im wasserfreien Zustand
i. waf = im wasser- und aschefreien Zustand
i. af (mit w_h) = im aschefreien Zustand mit dem hygroskopischen Wassergehalt
Ballast = Wasser- oder Ascheanteil in kg/kg wasser- und aschefreie Substanz
w = Wassergehalt i. roh
a = Aschegehalt i. roh
a' = Aschegehalt i. wf
m/m' = Mineralstoffgehalt i. roh (i. wf)
      In obigen Formeln kann a durch m ersetzt werden.
w_h = hygroskopischer Wassergehalt (im Gleichgewichtszustand 96% rel. Luft-
      feuchtigkeit bei 30 °C)
W = Wasserballast durch den Gesamtwassergehalt (i. roh)
W_h = Wasserballast durch den hygroskopischen Wassergehalt
A = Ascheballast der Rohsubstanz kg/kg waf
A' = Ascheballast der wasserfreien Substanz kg/kg waf

Beispiel: Ein C-Gehalt von 80% i. waf entspricht bei 50% Wasser- und 10% Aschegehalt welchem C-Gehalt i. roh?

$$\text{Antwort: } 80 \cdot \frac{100-50-10}{100} = 32\%$$

1,25% Wasserballast und 0,25% Ascheballast entspricht welchem Wasser- und Aschegehalt?

$$\text{Antwort: } w = 1{,}25 \cdot \frac{100}{2{,}50} = 50\% \text{ i. roh}$$

$$a = 0{,}25 \cdot \frac{100}{2{,}50} = 10\% \text{ i. roh}$$

---

* Der Klammerwert ist der Umrechnungsfaktor von einem Brennstoff mit dem Wassergehalt w_1 auf einen mit dem Wassergehalt w_2.

** Der Klammerwert ist der Umrechnungsfaktor von einem Brennstoff mit dem Aschegehalt a'_1 (i. wf) auf einen mit dem Aschegehalt a'_2.

Zahlentafel A–13. *Umrechnung des unteren Heizwertes auf andere Bezugszustände*[1]

von \\ auf	i. roh (w_2)	i. wf	i. waf	i. af (mit w_h)	Ballast kg/kg (waf)
i. roh (w_1)	$\left[\dfrac{100-w_2}{100-w_1}(H_u+6w_1)-6w_2\right]$*	$\dfrac{H_u+6w}{100-w}\cdot 100$	$\dfrac{H_u+6w}{100-w-a}\cdot 100$	$\dfrac{100-w_h}{100-w-a}(H_u+6w)-6w_h$	$\dfrac{H_u+6w}{100-w-a}\cdot 100$
i. wf	$\dfrac{100-w}{100}H_u-6w$	$\left[\dfrac{100-a_2'}{100-a_1'}H_u\right]$**	$\dfrac{100}{100-a'}H_u$	$\dfrac{100-w_h}{100-a'}H_u$	$\dfrac{100}{100-a'}H_u$
i. waf	$\dfrac{100-w-a}{100}H_u-6w$	$\dfrac{100-a'}{100}H_u$	1	$\dfrac{100-w_h}{100}H_u-6w_h$	1
i. af (mit w_h)	$\dfrac{100-w-a}{100-w_h}(H_u+6w_h)-6w$	$\dfrac{100-a'}{100-w_h}(H_u+6w_h)$	$\dfrac{100}{100-w_h}(H_u+6w_h)$	1	$\dfrac{100}{100-w_h}(H_u+6w_h)$
Ballast kg/kg (waf)	$\dfrac{H_u}{1+W+A}-6\dfrac{100W}{1+W+A}$	$\dfrac{H_u}{1+A'}$	1	$\dfrac{H_u}{1+W_h}-6\dfrac{100W_h}{1+W_h}$	1

[1] Die Verbrennungswärme (der obere Heizwert) wird mit den Faktoren nach Zahlentafel A–12 umgerechnet.

Bemerkung. Der Faktor 6 (= Verdampfungswärme des Wassers/100, abgerundet) wird bei Bezugstemperatur 0 °C genauer durch 5,97, bei Bezugstemperatur 20 °C durch 5,85 ersetzt. Das H_u in obigen Umrechnungsformeln ist stets dasjenige, *von* dem aus umgerechnet wird. (Also in der 1. Zeile H_u (i. roh), in der zweiten H_u (i. wf) usf.

* Der Klammerwert ist der Umrechnungsfaktor von einem Brennstoff mit dem Wassergehalt w_1 auf einen mit dem Wassergehalt w_2.

** Der Klammerwert ist der Umrechnungsfaktor von einem Brennstoff mit dem Aschegehalt a_1' (i. wf) auf einen mit dem Aschegehalt a_2'.

Zahlentafel A–14
Bezeichnung von dezimalen Vielfachen und Teilen der Grundeinheiten

Tera	[T]	10^{12}	Pico	[p]	10^{-12}
Giga	[G]	10^{9}	Nano	[n]	10^{-9}
Mega	[M]	10^{6}	Mikro	$[\mu]$	10^{-6}
Kilo	[k]	10^{3}	Milli	[m]	10^{-3}
Hekto	[h]	10^{2}	Zenti	[c]	10^{-2}
Deka	[da]	10^{1}	Dezi	[d]	10^{-1}

MKSA- oder internationales Maßsystem (Giorgi-System)

Die Grundeinheiten des MKSA-Systems sind für die Länge das Meter [m], für die Masse das Kilogramm [kg], für die Zeit die Sekunde [s] und für den elektrischen Strom das Ampere [A]. Für die Kraft, definiert durch den Newtonschen Satz

$$\text{Kraft} = \text{Masse} \times \text{Beschleunigung}$$

$[\text{kg m s}^{-2}]$, ist die Bezeichnung Newton [N], für die Energie (Kraft × Weg) $[\text{kg m}^2 \text{s}^{-2}]$ die Bezeichnung Joule [J] oder der tausendfache Wert, das Kilojoule [kJ], für die Leistung das Watt $[\text{W} = \text{J s}^{-1}]$ und für den Druck das Bar (1 bar = 10^5 N/m²) eingeführt worden. Einen Vergleich mit dem bisher gebräuchlichen technischen Maßsystem und mit dem physikalischen absoluten oder CGS-System zeigt die Zahlentafel A–15; auch wird auf Zahlentafel A–17–11 S. 710 für die Energie-Maßumrechnung verwiesen. Die Kraft soll im technischen Maßsystem, um die Namensgleichheit und Verwechslungsmöglichkeit mit der Masseneinheit (im MKSA-System) zu vermeiden, mit Kilopond [kp] bezeichnet werden. Das Kilopond ist definiert durch die Gleichung

$$1 \text{ kp} = 9{,}80665 \text{ N.}$$

Nach den Empfehlungen des Wissenschaftlichen Beirates des Vereins Deutscher Ingenieure[1] können folgende Einheiten weiter verwendet werden: Für die Energie die Kilowattstunde (1 kWh = $3{,}6 \cdot 10^6$ J), das Elektronenvolt (1 eV = $1{,}602 \cdot 10^{-19}$ J), die Kilokalorie (Internationale Dampftafel-Kalorie, 1956) 1 kcal_{IT} = 4186,8 J = 4,1868 kJ) und für den Druck die technische Atmosphäre (1 at = 1 kp/cm² = 98066,5 N/m²), die physikalische Atmosphäre (1 atm = 101325 N/m²)* und das Torr (1 Torr = 1/760 atm = 101325/760 $\approx$ 133,32 N/m²).

---

[1] FLEGLER, E.: Einheiten und Einheitensysteme. Bericht über Empfehlungen des Wissenschaftlichen Beirates des VDI. VDI-Z 100 (1958) Nr. 23 S. 1100—1102.

* Zur deutlicheren Unterscheidung in diesem Buch noch als Atm bezeichnet. Im allgemeinen werden große Anfangsbuchstaben sonst nur noch bei Bezeichnungen angewendet, die von Eigennamen abgeleitet sind [wie z. B. N (Newton), A (Ampere), P (Poise) usw.].

Zahlentafel A–15. *MKSA-, technisches und CGS-System*

	MKSA-System		Bisheriges technisches System	CGS-System	
Kraft	1 N	$\left[\dfrac{\text{m kg}}{\text{s}^2}\right]$	0,1019716 kp	10^5 dyn	$\left[\dfrac{\text{cm g}}{\text{s}^2}\right]$
	9,80665 N		1 kp	980665 dyn	
	10^{-5} N		$1,019716 \cdot 10^{-6}$ kp	1 dyn	
Energie (Arbeit)	1 J	$\left[\dfrac{\text{m}^2\,\text{kg}}{\text{s}^2}\right]$	0,1019716 kp m	10^7 erg	$\left[\dfrac{\text{cm}^2\,\text{g}}{\text{s}^2}\right]$
	9,80665 J		1 kp m	$9,80665 \cdot 10^7$ erg	
(Wärmemenge)	1 J		$2,38846 \cdot 10^{-4}$ kcal_{IT}	10^7 erg	
	1 kJ $(= 1000$ J$)$		$0,238846$ kcal_{IT}	10^{10} erg	
	4,1868 kJ		1 kcal_{IT}	$4,1868 \cdot 10^{10}$ erg	
Leistung	1 W	$\left[\dfrac{\text{m}^2\,\text{kg}}{\text{s}^3}\right]$	0,1019716 kp m/s	10^7 erg/s	$\left[\dfrac{\text{cm}^2\,\text{g}}{\text{s}^3}\right]$
	$(= 1$ J/s$)$				
	9,80665 W		1 kp m/s	$9,80665 \cdot 10^7$ erg/s	
	10^{-7} W		$0,1019716 \cdot 10^{-7}$ kp m/s	1 erg/s	
Druck	1 N/m²	$\left[\dfrac{\text{kg}}{\text{m s}^2}\right]$	0,1019716 kp/m²	10 dyn/cm²	$\left[\dfrac{\text{g}}{\text{cm s}^2}\right]$
	9,80665 N/m²		1 kp/m²	98,0665 dyn/cm²	
	0,1 N/m²		0,01019716 kp/m²	1 dyn/cm²	
	1 bar $(= 10^5$ N/m²$)$		10197,16 kp/m²	10^6 dyn/cm²	
	1 Millibar $(= 10^2$ N/m²$)$		10,19716 kp/m²	10^3 dyn/cm²	
	0,0980665 Millibar		1 kp/m²	98,0665 dyn/cm²	
	1 bar		1,019716 at (techn.) $= 0,986923$ Atm (phys.)	10^6 dyn/cm²	
	0,980665 bar		1 at $= 1$ kp/cm² $= 10000$ kp/m² $(= 735,559$ Torr$)$	980665 dyn/cm²	
	1,013250 bar		1 Atm (phys.) $= 10332,27$ kp/m² $(= 760$ Torr$)$	1013250 dyn/cm²	

Zahlentafel A-16. *Elektrische und magnetische Einheiten*[1]

Spannung (Volt)	$1\,\mathrm{V} = 1\dfrac{\mathrm{W}}{\mathrm{A}}$	$\left[\dfrac{\mathrm{m^2\,kg}}{\mathrm{s^3\,A}}\right]$
Widerstand (Ohm)	$1\,\Omega = 1\dfrac{\mathrm{V}}{\mathrm{A}}$	$\left[\dfrac{\mathrm{m^2\,kg}}{\mathrm{s^3\,A^2}}\right]$
Kraft (Newton)	$1\,\mathrm{N} = 1\dfrac{\mathrm{VA\,s}}{\mathrm{m}}$	$\left[\dfrac{\mathrm{m\,kg}}{\mathrm{s^2}}\right]$
Energie (Joule)	$1\,\mathrm{J} = 1\,\mathrm{VA\,s}$	$\left[\dfrac{\mathrm{m^2\,kg}}{\mathrm{s^2}}\right]$
Leistung (Watt)	$1\,\mathrm{W} = 1\,\mathrm{VA}$	$\left[\dfrac{\mathrm{m^2\,kg}}{\mathrm{s^3}}\right]$
Ladung (Coulomb)	$1\,\mathrm{C} = 1\,\mathrm{A\,s}$	$[\mathrm{A\,s}]$
Kapazität (Farad)	$1\,\mathrm{F} = 1\dfrac{\mathrm{C}}{\mathrm{V}}$	$\left[\dfrac{\mathrm{A^2\,s^4}}{\mathrm{m^2\,kg}}\right]$
Induktivität (Henry)	$1\,\mathrm{H} = 1\dfrac{\mathrm{J}}{\mathrm{A^2}}$	$\left[\dfrac{\mathrm{m^2\,kg}}{\mathrm{s^2\,A^2}}\right]$
Magnetischer Fluß (Weber)	$1\,\mathrm{Wb} = 1\dfrac{\mathrm{J}}{\mathrm{A}} = \mathrm{V\,s}$	$\left[\dfrac{\mathrm{m^2\,kg}}{\mathrm{s^2\,A}}\right]$
Magnetische Induktion (Gauß)	$10^4\,\mathrm{Gs} = 1\dfrac{\mathrm{V\,s}}{\mathrm{m^2}}$	$\left[\dfrac{\mathrm{kg}}{\mathrm{s^2\,A}}\right]$
Magnetische Feldstärke (Oersted)	$4\,\pi \cdot 10^{-3}\,\mathrm{Oe} = 1\dfrac{\mathrm{A}}{\mathrm{m}}$	$\left[\dfrac{\mathrm{A}}{\mathrm{m}}\right]$

---

[1] Vgl. P. GRASSMANN u. A. OSTERTAG: Zum Übergang auf das MKSA-System. Schweiz. Bauztg. 77 (1959) Nr. 17 S. 249—255.

Zahlentafel A–17. *Umrechnung metrischer und englischer Maße*[1]

1. Längenmaße

1 mm = 0,039370 inch	1″ (inch, Zoll) = 25,400 mm *
1 cm = 0,39370 inch	1″ (inch) = 2,540 cm
1 m = 3,28084 ft	1′ (foot) (= 12″) = 0,30480 m
= 1,09361 yard	1 yard (= 3 ft) = 0,91440 m
1 km = 0,6213712 statute miles	1 statute mile = 1,609344 km
	(= 1760 yard)
1 (dt.) Landmeile (= 7,5 km)	1 (engl.) st. mile
= 4,660284 stat. miles	= 0,2145792 (dt.) Landmeilen
1 km = 0,539612 (engl.) Seemeilen	1 (engl.) nautical mile (= 6080 ft)
	= 1,85318 km
= 0,539588 (USA) Seemeilen	1 (USA) nautical mile (= 6080,2 ft)
	= 1,85324 km
1 Internationale Seemeile	1 (engl.) nautical mile (n mile)
= 1852 m = $^{1}/_{60}$ Meridiangrad	= 1853,181 m
= 0,9993627 (engl.) Seemeilen	1 (USA) nautical mile
= 0,999317 (USA) Seemeilen	= 1,000683 Seemeilen

1 μ (Mikron) = 0,001 mm = 10^{-4} cm = 10^{-6} m
1 mμ (auch $\mu\mu$) (Millimikron) = 10^{-6} mm = 10^{-7} cm   auch im
1 Å-E = 0,1 mμ = 0,0001 μ = 10^{-7} mm = 10^{-8} cm   engl. Schrifttum
   (Ångström-Einheit)   gebräuchlich
1 X-Einheit = 0,001 Å-E = 10^{-11} cm

2. Flächenmaße

1 cm² = 0,15500031 sq.inch	1 sq.inch = 6,4516 cm²
1 m² = 1550,00 sq.inch	1 sq.inch = 0,00064516 m²
= 10,76391 sq.ft	1 sq.foot = 0,092903 m²
= 1,19599 sq.yard	1 sq.yard = 0,83613 m²
1 ha (Hektar = 100 Ar = 10000 m²)	1 acre = 0,40469 ha
= 2,47104 acres	(= 4840 yd)
1 km² = 0,386102 (stat.) sq.miles	1 (stat.) sq.mile = 2,589988 km²

3. Raummaße

1 cm³ = 0,06102374 cu.inch	1 cu.inch = 16,387064 cm³ **
(= 0,999972 · 10^{-3} ltr)	
1 ltr = 61,02545 cu.inch	1 cu.inch = 0,0163866 ltr
(= 1,000028 dm)	= 0,0163871 dm³
	1 cu.ft = 0,028317 m³

---

[1] Vgl. auch U. STILLE: Messen und Rechnen in der Physik. Grundlagen der Größeneinführung und der Einheitenfestlegung, Braunschweig: Vieweg 1955. — Wegen weiterer ungewöhnlicher, einschl. veralteter Maße aller Länder s. auch H.-J. v. ALBERTI: Maß und Gewicht. Geschichtliche und tabellarische Darstellungen von den Anfängen bis zur Gegenwart, Berlin: Akademie-Verlag 1957.

* Gesetzliche Festlegung in Großbritannien 1 inch = 25,399978 mm (1898), Umrechnung für wissenschaftliche Zwecke 1 inch = 25,399956 mm (1922), in USA 1 inch = 25,40005080 mm. Obiger abgerundeter Wert ist für alle industriellen Zwecke in Großbritannien und USA durch Normung festgelegt.

** Gerechnet mit (25,4)³ cm³. Davon abweichend Großbritannien 16,387021 cm³ (1898), 16,386979 cm³ (1922), USA 16,387162 cm³. Für technische Zwecke genügt der Wert 16,387 cm³.

Zahlentafel A–17 (Fortsetzung)

1 Ster (Holz) = 0,275 89 cd (= 1 m³)

1 cord (USA für Holz) = 3,6246 m³
(Ster) (= 128 cu.ft)

1 m³ = 0,353 14 Register ton

1 Register ton (= 100 cu.ft)
= 2,8317 m³

= 0,840 821 (Brit.) shipping ton[1]

1 (Brit.) shipping ton[1] (= 42 cu.ft)
= 1,189 314 m³

= 0,882 861 (USA) shipping

1 (USA) shipping ton[1] (= 40 cu.ft)
= 1,132 68 m³

Großbritannien — Trockenmaße

1 ltr = 0,219 9755 (Imp.) gal.
1 dm³ = 0,219 9692 (Imp.) gal.
= 0,109 985 peck
= 0,027 4962 bu.
1 dm³ = 3,4370 quarter

= 0,763 78 chaldron

1 Imperial gallon = 4,545 96 ltr
= 4,546 09 dm³
1 peck (= 2 gallons) = 9,092 18 dm³
1 bushel (= 8 gall.) = 36,368 72 dm³
1 quarter (= 64 gallons)
= 0,290 950 m³
1 chaldron (= 288 gallons)
= 1,309 27 m³

Großbritannien — Flüssigkeitsmaße

1 ltr = 0,219 9755 (Imp.) gal

1 ltr = 0,879 902 qt.
1 ltr = 1,759 804 pt.
1 ltr = 7,039 216 gill
1 cm³ = 0,035 1951 fl. ozs.

1 (Imp.) gallon = 4,545 96 ltr
(= 1,200 94 USA-gal.)
1 quart (= $^1/_4$ gal.) = 1,136 49 ltr
1 pint (= $^1/_8$ gal.) = 0,568 245 ltr
1 gill (= $^1/_{32}$ gal.) = 0,142 061 ltr
1 fluid ounce = 0,028 412 25 ltr
(= $^1/_{160}$ gal.) = 28,413 05 cm³

USA — Trockenmaße

1 dm³ = 0,028 377 42 bu.

1 dm³ = 0,908 0776 dry peck
1 dm³ = 0,008 648 438 bbl.
1 hl = 0,864 868 bbl.
(Hektoliter = 100 ltr)

1 (Winchester bushel) = 35,239 28 dm³
(= 2150,42 cu.inch)
1 dry peck ($^1/_{32}$ bu.) = 1,101 2275 dm³
1 dry barrel = 115,627 82 dm³
(= 7056 cu.inches) = 1,156 246 hl
($\sim$ 105/32 bu.)

USA Flüssigkeitsmaße

1 ltr = 0,264 1779 (USA)-gal.

1 ltr = 1,056 7115 qt.
1 ltr = 2,113 423 pt.
1 ltr = 8,453 692 gill
1 ltr = 33,814 767 fl. ozs.
1 cm³ = 0,033 813 83 fl. ozs.

1 (USA)-gallon = 3,785 3284 ltr
(231 cu.inches)
(= 0,832 68 Imp.gall.) = 3,785 4344 dm³
1 quart (= $^1/_4$ gal.) = 0,946 332 ltr
1 pint (= $^1/_8$ gal.) = 0,473 166 ltr
1 gill (= $^1/_{32}$ gal.) = 0,118 292 ltr
1 fluid ounce = 0,029 5729 ltr
(= $^1/_{128}$ gal.) = 29,573 70 cm³
= 1,040 85 Imp. fl. ozs.

---

[1] Für Schiffsladung und Laderaumbedarf.

Zahlentafel A–17 (Fortsetzung)

4. Gewichte und Masse

1 kg = 2,204 622 3 lbs*   1 pound (lb) = 0,453 592 43 kg
       (= 1000 g)   (= 16 ozs. = 7000 grains)

1 g = 15,432 36 grains   1 grain (gr.) =   0,064 798 9 g

1 mg = 0,015 432 36 grains   1 grain   = 64,7989 mg

1 g = 0,564 383 5 dr.   1 dram (dr.) =   1,771 845 g
     = 0,035 273 97 ozs.   1 ounce (oz.) = 28,349 52 g

1 kg = 0,019 684 13 cwt   1 hundredweight (cwt)
                                        (= 112 lbs) = 50,802 352 kg**
1 Zentner = 0,984 206 cwt   =   1,016 047 Ztr.
   (= 50 kg)

1 kg =   0,022 046 223 sh.cwt   1 short hundredweight = 45,359 243 kg
                                        (USA = 100 lbs)
1 Ztr. =   1,102 311 2 sh.cwt   = 0,907 184 86 Ztr.

1 t   =   0,984 206 l.tn   1 long ton (l.tn) = 1,016 047 t
                                        (= 2240 lbs = 20 cwt)

1 t   =   1,102 311 2 sh.tn (net tn)   1 short ton (sh.tn) = 0,907 184 86 t
                                        (= 2000 lbs = 20 sh.cwt)
                                        (= net ton, USA)***

1 kg (Masse)† = 0,671 968 9 slug   1 slug†† = 1,488 164 kg (Masse)
   (= 1 kp s²/m)   (= 1 lb s²/ft)
   (= 9,806 65 kg)   (= 32,174 05 lbs)
   (= 21,619 96 lbs)   (= 14,593 90 kg)

---

* 1898 festgelegt. Für wissenschaftliche Präzisionsmessungen wurde die Relation 1 Imperial pound = 0,453 592 338 kg; 1 kg = 2,204 622 777 (Imp.) lbs festgelegt (1933). In USA gilt 1 USA-lb = 0,453 592 427 7 kg; 1 kg = 2,204 622 341 USA-lbs. Drei Systeme sind nebeneinander in Gebrauch: Avoirdupois (allgemein) — s. obige Zahlentafel —, Troy (das älteste, auf das Troy-pound von 1758 zurückgehend und noch für Edelmetalle in Gebrauch) und Apothecary (für Drogen). Troy: 1 troy-lb = 5760 grains; 1 oz. = 480 grains, 1 dw. pennyweight = 24 grains. Apothecary: 1 lb ap. = 5760 grains, 1 oz. ap. = 480 grains, 1 dr. (drachm oder dram) = 60 grains, 1 s (scruple) = 20 grains, 1 lb avoirdupois = 7000 grains = 7000/5760 Troy-lbs.

** Weitere Vielfache des Pound (lb) in Großbritannien: 1 stone = 14 lbs; 1 quarter = 28 lbs; 1 cental = 100 lbs.

*** Im anglo-amerikanischen Schrifttum wird oft nur die Bezeichnung „ton" gebraucht, darunter ist in Großbritannien (U.K.) immer die long ton, in USA immer die short ton zu verstehen, die metrische Tonne wird meist ausdrücklich als „metric ton" bezeichnet.

† Die Masseneinheit kp s²/m im technischen Maßsystem ist definiert als diejenige Masse, die unter der Wirkung der Kraft von 1 kp die Beschleunigung von 1 m/s² erfährt (englisch auch als „metric slug" bezeichnet).

†† Die Masseneinheit „slug" im englisch-technischen Maßsystem lb s²/ft ist definiert als diejenige Masse, die unter der Wirkung der Kraft von 1 lb (force) die Beschleunigung von 1 ft/s² erfährt. Im allgemeinen werden kg-Masse und slug nur selten verwendet.

Zahlentafel A–17 (Fortsetzung)

5. *Kräfte und Drücke*

1 kp (Kilopond) = 70,931 64 pdl
(= 9,806 65 N)
(= 980 665 dyn)

1 pdl (poundal) = 0,014 098 08 kp

(= 0,138 255 N)
(= 13 825,5 dyn)
(= 0,031 080 95 lbs ***

1 kp (Kilopond) = 2,204 622 3 lbs
1 kp/cm² (at) = 14,223 34 lbs/sq.in.
(= 10 000 kp/m² = 10 000,28 mm WS)*
1 Atm (auch atm) = 14,695 94 lbs/sq.in.
(physikalische Atmosphäre)
= 10 332,27 kp/m²
= 760 Torr
= 1,013 250 bar = 1 013 250 dyn/cm²
1 bar = 14,503 77 lbs/sq.in.
(= 1000 mbar = 10 197,16 kp/m²
= 1,019 716 at = 0,986 923 Atm)
1 mm QS (Torr) = 0,019 336 76 lbs/sq.in.
(= 0,001 359 510 kp/cm²
= 0,001 315 789 Atm
= 0,001 332 24 bar)
1 N/m = 1,450 376 7 · 10⁻⁴ lbs/sq.in.
(= 0,101 971 6 · 10⁻⁴ kp/cm²)
1 kp/mm² = 1422,334 lbs/sq.in.
1 kp/m² = 0,001 422 334 lbs/sq.in.
1 t/cm² = 6,349 70 l.tn/sq.in.
(Mp/cm²) **

1 lb (pound force) = 0,453 592 43 kp
1 lb/sq.inch = 0,070 306 97 kp/cm²

1 lb/sq.inch = 0,068 046 0 Atm

1 lb/sq.inch = 0,068 947 6 bar

1 lb/sq.inch¹ = 51,714 97 Torr

1 lb/sq.inch = 6894,76 N/m²

1 lb/sq.inch = 0,000 703 069 7 kp mm²
1 lb/sq.inch = 703,0697 kp/m²
1 long ton/sq.inch = 0,157 488 t/cm²

6. *Zusammengesetzte Maßeinheiten*[2]

Einheitsmengen und -gewichte, Konzentrationen, spez. Volumen u. a.

1 kg/m = 0,671 969 lbs/ft
       = 2,015 907 lbs/yd
1 kg/m² = 0,204 816 lbs/sq.ft
1 kg/cm³ = 36,127 3 lbs/cu.in.
1 kg/m³ = 0,062 428 3 lbs/cu.ft
1 g/ml = 62,4266 lbs/cu.ft
(= kg/ltr)
1 g/cm³ = 62,4283 lbs/cu.ft
1 g/m³ = 0,436 998 gr./cu.ft

1 lb/ft   = 1,488 16 kg/m
1 lb/yard = 0,496 055 kg/m
1 lb/sq.ft = 4,882 43 kg/m²
1 lb/cu.in. = 0,027 679 9 kg/cm³
1 lb/cu.ft = 16,018 38 kg/m³
          = 0,016 018 83 g/ml

          = 0,016 018 38 g/cm³
1 grain/cu.ft = 2,288 34 g/m³

---

* Zur weiteren Unterscheidung verwendet man die Bezeichnungen ata (technische Atmosphäre absolut), atü (technische Atmosphäre Überdruck), psi (pound per square inch, absolute), psig (pound per square inch gauge = Überdruck).

[1] 1 lb/sq.inch = 2,036 01 inch Hg (0 °C = 32 °F)
     1 lb/sq.inch = 2,042 20 inch Hg (16²/₃ °C = 62 °F).

** Für die Tonne ist die Bezeichnung Megapond (Mp) vorgeschlagen worden.

*** pound force (lb force) oder pound weight (lb wt).

[2] Zur Umrechnung zusammengesetzter Maße bringt man die Dimension, falls notwendig durch Kürzung, auf die einfachste Form und setzt die entsprechenden Umrechnungsfaktoren ein. Beispiel: kg/m = ? lb/ft ? Umrechnungsfaktor 2,204 622 3/3,280 84 = 0,671 969 lb/ft.

Zahlentafel A–17 (Fortsetzung)

1 m/kg	$= 1{,}48816 \text{ ft/lb}$	1 ft/lb	$= 0{,}671969 \text{ m/kg}$
$1 \text{ m}^2\text{/kg}$	$= 4{,}88243 \text{ sq.ft/lb}$	1 sq.ft/lb	$= 0{,}204816 \text{ m}^2\text{/kg}$
$1 \text{ m}^3\text{/kg}$	$= 16{,}01838 \text{ cu.ft/lb}$	1 cu.ft/lb	$= 0{,}0624283 \text{ m}^3\text{/kg}$

7. Geschwindigkeiten

1 m/s	$= 3{,}28084 \text{ ft/s}$	1 ft/s	$= 0{,}304800 \text{ m/s}$
	$= 196{,}8504 \text{ ft/min}$	1 ft/min	$= 0{,}005080 \text{ m/s}$
	$= 2362{,}2 \text{ ipm}^*$	1 ipm^*	$= 0{,}0004233 \text{ m/s}$
1 cm/s	$= 23{,}622 \text{ ipm}^*$	1 ipm^*	$= 0{,}042333 \text{ cm/s}$
1 km/h	$= 0{,}62137 \text{ miles/hr}$	1 mile/hr	$= 1{,}60934 \text{ km/h}$
	$(= 0{,}2777 \ldots \text{ m/s})$		
	$= 54{,}6806 \text{ ft/min}$	1 ft/min	$= 0{,}018288 \text{ km/h}$
	$= 18{,}2269 \text{ yd/min}$	1 yd/min	$= 0{,}054864 \text{ km/h}$

1 Knoten International $(= 1 \text{ Seemeile/h})$

	$= 0{,}9993627 \text{ (engl.) kn}$	1 knot (engl.)	$= 1{,}000638 \text{ Knoten (International)}$
	$= 0{,}999317 \text{ (USA) kn}$	1 knot (USA)	$= 1{,}000683 \text{ Knoten}$

8. Raummaße, bezogen auf Normzustand[1], und damit zusammengesetzte Maße

1 Nm^3_{tr}	$= 37{,}228 \text{ SCF}_{dry}$	1 SCF_{dry}	$= 0{,}026862 \text{ Nm}^3_{tr}$
1 Nm^3_{tr}	$= 37{,}889 \text{ SCF}_{moist}$	1 SCF_{moist}	$= 0{,}026393 \text{ Nm}^3_{tr}$
1 Nm^3_{f}	$= 37{,}660 \text{ SCF}_{moist}$	1 SCF_{moist}	$= 0{,}026552 \text{ Nm}^3_{f}$
1 Nm^3_{f}	$= 37{,}004 \text{ SCF}_{dry}$	1 SCF_{dry}	$= 0{,}027024 \text{ Nm}^3_{f}$
$1 \text{ Nm}^3_{tr}\text{/kg}$	$= 16{,}886 \text{ SCF}_{dry}\text{/lb}$	$1 \text{ SCF}_{dry}\text{/lb}$	$= 0{,}059220 \text{ Nm}^3_{tr}\text{/kg}$
$1 \text{ Nm}^3_{f}\text{/kg}$	$= 17{,}082 \text{ SCF}_{moist}\text{/lb}$	$1 \text{ SCF}_{moist}\text{/lb}$	$= 0{,}058537 \text{ Nm}^3_{f}\text{/kg}$
$1 \text{ Nm}^3_{tr}\text{/m}^2$	$= 3{,}4586 \text{ SCF}_{dry}\text{/sq.ft}$	$1 \text{ SCF}_{dry}\text{/sq.ft}$	$= 0{,}28913 \text{ Nm}^3_{tr}\text{/m}^2$
$1 \text{ Nm}^3_{f}\text{/m}^2$	$= 3{,}4989 \text{ SCF}_{moist}$	$1 \text{ SCF}_{moist}\text{/sq.ft}$	$= 0{,}28580 \text{ Nm}^3_{f}\text{/m}^2$
1 kg/Nm^3_{tr}	$= 0{,}059220 \text{ lb/SCF}_{dry}$	1 lb/SCF_{dry}	$= 16{,}886 \text{ kg/Nm}^3_{tr}$
1 kg/Nm^3_{f}	$= 0{,}058537 \text{ lb/SCF}_{moist}$	1 lb/SCF_{moist}	$= 17{,}082 \text{ kg/Nm}^3_{f}$
1 g/Nm^3_{tr}	$= 0{,}41455 \text{ grain/SCF}_{dry}$	$1 \text{ grain/SCF}_{dry}$	$= 2{,}4123 \text{ g/Nm}^3_{tr}$
1 g/Nm^3_{f}	$= 0{,}40976 \text{ grain/SCF}_{moist}$	$1 \text{ grain/SCF}_{moist}$	$= 2{,}4403 \text{ g/Nm}^3_{f}$
1 kcal/Nm^3_{tr}	$= 0{,}10660 \text{ B.t.u/SCF}_{dry}$	$1 \text{ B.t.u./SCF}_{dry}$	$= 9{,}2813 \text{ kcal/Nm}^3_{tr}$
1 kcal/Nm^3_{f}	$= 0{,}10537 \text{ B.t.u./SCF}_{moist}$	$1 \text{ B.t.u./SCF}_{moist}$	$= 9{,}4902 \text{ kcal/Nm}^3_{f}$
1 kJ/Nm^3_{tr}	$= 0{,}44631 \text{ B.t.u./SCF}_{dry}$	$1 \text{ B.t.u./SCF}_{dry}$	$= 2{,}2406 \text{ kJ/Nm}^3_{tr}$
1 kJ/Nm^3_{f}	$= 0{,}44116 \text{ B.t.u./SCF}_{moist}$	$1 \text{ B.t.u./SCF}_{moist}$	$= 2{,}26675 \text{ kJ/Nm}^3_{f}$

9. Wärmemengen[2]

$1 \text{ kcal} = 3{,}96832 \text{ B.t.u.}$	$1 \text{ B.t.u.} = 0{,}251996 \text{ kcal}$
$(= 4{,}1868 \text{ kJ})$	
$1 \text{ Kilojoule (kJ)} = 0{,}947817 \text{ B.t.u.}$	$1 \text{ B.t.u.} = 1{,}055057 \text{ kJ}$
$(= 0{,}238846 \text{ kcal}).$	

---

* Inch per minute, in der Staubtechnik gebräuchlich.

[1] Normzustand für die metrischen Einheiten 0 °C, 760 mm Hg

Normzustand für die englischen Einheiten 60 °F, 30 inch Hg.

1 Vol.-Einheit$_{trocken}$ (bei 0 °C) $= 1{,}00606456$ Vol.-Einheiten$_{feucht}$

1 Vol.-Einheit$_{trocken}$ (bei 60 °F) $= 1{,}017745$ Vol.-Einheiten$_{feucht}$

[2] Es gibt eine große Anzahl von Definitionen der Kilokalorie (früher auch Wärmeeinheit genannt) und der British thermal unit. Am gebräuchlichsten war bisher die kcal$_{15°}$, definiert als diejenige Wärmemenge, die nötig ist, um 1 kg

Zahlentafel A-17 (Fortsetzung)

1 kcal = 2,204 6223 C.h.u.	1 C.h.u.* = 0,453 592 43 kcal
1 kJ = 0,052 656 52 C.h.u.	= 1,899 101 kJ
10^6 kcal = 39,683 2 therms	1 therm (engl.) = 0,251 996 · 10^5 kcal
	(= 100 000 B.t.u.)
1 thermie (franz.) = 3967,05 B.t.u.	1 B.t.u. = 0,252 076 · 10^{-3} thermies
(= 1000 kcal$_{15°}$)	
1 kcal/kg = 1,800 B.t.u./lb	1 B.t.u./lb = 0,5555... kcal/kg
1 kJ/kg = 0,429 92 B.t.u./lb	= 2,326 00 kJ/kg
1 kcal/kg = 1 C.h.u./lb	1 C.h.u./lb = 1 kcal/kg
1 kcal/m² = 0,368 669 B.t.u./sq.ft	1 B.t.u./sq.ft = 2,712 46 kcal/m²
= 0,204 816 C.h.u./sq.ft	1 C.h.u./sq.ft = 4,882 43 kcal/m²
1 kJ/m² = 0,088 055 1 B.t.u./sq.ft	1 B.t.u./sq.ft = 11,356 5 kJ/m²
= 0,048 919 5 C.h.u./sq.ft	1 C.h.u./sq.ft = 20,441 75 kJ/m²
1 kcal/m³ = 0,112 372 B.t.u./cu.ft	1 B.t.u./cu.ft = 8,898 98 kcal/m³
= 0,062 429 C.h.u./cu.ft	1 C.h.u./cu.ft = 16,018 2 kcal/m³
1 kJ/m³ = 0,026 839 6 B.t.u./cu.ft	1 B.t.u./cu.ft = 37,258 4 kJ/m³
= 0,014 909 C.h.u./cu.ft	1 C.h.u./cu.ft = 67,072 8 kJ/m³

Wärmeübergang

1 kcal/m² h °C = 0,204 816 B.t.u./sq.ft-hr °F　　1 B.t.u./sq.ft-hr °F
　　　　　　　　　　　　　　　　　　　　　　　　= 4,882 43 kcal/m² h °C

(= 1,1630 J/m² s °C oder W/m² °C)
1 J/m² s °C (oder W/m² °C) = 0,176 110 B.t.u./sq.ft-hr °F
(= 0,859 845 kcal/m² h °C)　　　　1 B.t.u./sq.ft-hr °F = 5,678 27 J/m² s °C

Wärmeleitung

1 kcal/m h °C = 0,671 97 B.t.u./ft hr °F　　1 B.t.u./ft hr °F = 1,488 16 kcal/m h °C
(= 1,1630 J/m s °C = W/m °C)
= 8,063 64 B.t.u.inch/sq.ft hr °F　　　1 B.t.u.inch/sq.ft hr °F
　　　　　　　　　　　　　　　　　　　　= 0,124 013 kcal/m h °C

1 J/m s °C = 0,577 79 B.t.u./ft hr °F　　1 B.t.u./ft hr °F = 1,730 73 J/m s °C
(= 1 W/m °C)
(= 0,859 845 kcal/m² h °C)
= 6,933 48 B.t.u.inch/sq.ft hr °F　　　1 B.t.u.inch/sq.ft hr °F
　　　　　　　　　　　　　　　　　　　　= 0,144 228 J/m s °C

Wasser um 1 °C (von 14,5 auf 15,5 °C) zu erwärmen. Daneben wurde die kcal$_{IT}$, die internationale Tafelkalorie (Dampftafelkonferenz 1929) verwendet, definiert durch 1 kWh$_{internat.}$ = 860 kcal$_{IT}$ = 8,6 · 10^5 cal$_{IT}$. Künftig soll ausschließlich mit der kcal$_{IT}$ gerechnet werden, soweit nicht überhaupt zum Joule und Kilojoule übergegangen wird (vgl. Fußn. 1 S. 698, FLEGLER). In obiger Tabelle sind unter kcal stets kcal$_{IT}$ verstanden.

1 kcal$_{15°}$ = 1000 cal$_{15°}$ = 0,999 68 kcal$_{IT}$

1 kcal$_{IT}$ = 1000 cal$_{IT}$ = 1,000 32 kcal$_{15°}$

Weitere Definitionen und ihre Umrechnung vgl. F. D. ROSSINI: Chemical Thermodynamics, New York: J. Wiley & Sons 1950, S. 27—32.

---

* Centigrade heat unit (C.h.u.) oder Centigrade thermal unit (C.t.u.).

1 cal/cm s °C $= 0,00559975$ B.t.u./inch s °F
  ($= 360$ kcal/m h °C)
  ($= 418,68$ J/m s °C)   1 B.t.u./inch s °F $= 178,579$ cal/cm s °C
  ($= 418,68$ W/m °C)
1 J/m s °C $= 1,33748 \cdot 10^{-5}$ B.t.u.inch s °F
  ($= 0,00238846$ cal/cm s °C)   1 B.t.u./inch s °F $= 74767,5$ J/m s °C

Spezifische Wärme

1 kcal/kg °C $= 1$ B.t.u./lb °F

                          1 B.t.u./lb °F $= 1$ kcal/kg °C
                          1 B.t.u./cu.ft °F

1 kcal/m³°C $= 0,0624283$ B.t.u./cu.ft °F $= 16,01838$ kcal/m³ °C

10. Temperaturen[1]

$t_C^\circ = {}^5/_9 \, (t_F^\circ - 32)$ $t_F^\circ = {}^9/_5 \, t_C^\circ + 32$

1 °C abs. $= 1,8$ °F abs. (°R)   1 °F abs. $= 0,55555\ldots$ °C abs. (°K)

  (°K Kelvin $= 273,16 + t$ °C)[1]   (°R Rankine $= 459,69 + t$ °F)[3]

1 °C $=$ °K $- 273,16$[2]   1 °F $=$ °R $- 459,69$[3]

Temperaturdifferenz

Δt °C $= 1,8 \, \Delta t$ °F   1 Δt °F $= 0,55555\ldots \Delta t$ °C

Wärmeausdehnungskoeffizient

α °/₀₀/°C $= 0,55555\ldots$ °/₀₀/°F α °/₀₀/°F $= 1,8$°/₀₀/°C

Benutzungsanweisung zur nachstehenden Zahlentafel

Zur Ausschaltung der durch die verschieden liegenden Nullpunkte der Thermometerskalen bedingten Umständlichkeit sind die Umrechnungsergebnisse in der Zahlentafel unmittelbar ablesbar für ganze Zehner und Hunderter bis 2990 °C und 1890 °F. Die Einer und deren Bruchteile können in gleicher Weise wie bei den Logarithmentafeln in den Proportionalteil-Tafeln abgelesen und zugeschlagen werden. Bei den Temperaturen von 1800 bis 7290 °F wird die Ergänzungstafel benutzt, indem man zu den auf gleicher Höhe stehenden Zahlen der Haupttabelle die Werte 1000, 2000 oder 3000 zuschlägt.

Zahlenbeispiele:

450 °C $=$? °F   842 °F (direkt abzulesen).

452 °C $=$? °F   450 °C $= 842$ °F
                          2 °C $=$ 3,6 °F
                  452 °C $= \overline{845,6}$ °F (unter Zuhilfenahme der PP-Tafel).

627,8 °F $=$? °C   620   °F $= 326,7$ °C
                        7   °F $=$ 3,89   °C
                     0,8 °F $=$ 0,444 °C
              627,8 °F $= \overline{331,034}$ °C (wie vorher).

2217 °F $=$? °C   2210 °F $= 1000 + 210 = 1210$ °C
                       7 °F $=$ 3,89 °C
              2217 °F $=$ $\overline{1213,89}$ °C (unter Zuhilfenahme der Ergänzungs- und der PP-Tafel).

---

[1] Siehe auch die Temperaturumwandlungstafel S. 708/09.

[2] Für technische Rechnungen übliche Abrundung:
     1 °K $= 273 + t$ °C   1 °R (Rankine) $= 459,7 + t$ °F
     1 °C $=$ °K $- 273$ 1 °F $=$ °R $- 459,7$.

[3] Nicht zu verwechseln mit dem (mit Ausnahme von Frankreich und UdSSR) technisch nicht mehr gebräuchlichen Temperaturmaßstab Grad Réaumur.
1 °Réaumur $= {}^4/_5$ °C. 1 °C $= {}^5/_4$ °Réaumur.

Umrechnung von Temperaturen im metrischen und englischen Maßsystem

Umwandlung von °Celsius in °Fahrenheit

°C	00	10	20	30	40	50	60	70	80	90
−2	−328	−346	−364	−382	−400	−418	−436	−454	—	—
−1	−148	−166	−184	−202	−220	−238	−256	−274	−292	−310
−0	—	+14	−4	−22	−40	−58	−76	−94	−112	−130
0	32	50	68	86	104	122	140	158	176	194
1	212	230	248	266	284	302	320	338	356	374
2	392	410	428	446	464	482	500	518	536	554
3	572	590	608	626	644	662	680	698	716	734
4	752	770	788	806	824	842	860	878	896	914
5	932	950	968	986	1004	1022	1040	1058	1076	1094
6	1112	1130	1148	1166	1184	1202	1220	1238	1256	1274
7	1292	1310	1328	1346	1364	1382	1400	1418	1436	1454
8	1472	1490	1508	1526	1544	1562	1580	1598	1616	1634
9	1652	1670	1688	1706	1724	1742	1760	1778	1796	1814
10	1832	1850	1868	1886	1904	1922	1940	1958	1976	1994
11	2012	2030	2048	2066	2084	2102	2120	2138	2156	2174
12	2192	2210	2228	2246	2264	2282	2300	2318	2336	2354
13	2372	2390	2408	2426	2444	2462	2480	2498	2516	2534
14	2552	2570	2588	2606	2624	2642	2660	2678	2696	2714
15	2732	2750	2768	2786	2804	2822	2840	2858	2876	2894
16	2912	2930	2948	2966	2984	3002	3020	3038	3056	3074
17	3092	3110	3128	3146	3164	3182	3200	3218	3236	3254
18	3272	3290	3308	3326	3344	3362	3380	3398	3416	3434
19	3452	3470	3488	3506	3524	3542	3560	3578	3596	3614
20	3632	3650	3668	3686	3704	3722	3740	3758	3776	3794
21	3812	3830	3848	3866	3884	3902	3920	3938	3956	3974
22	3992	4010	4028	4046	4064	4082	4100	4118	4136	4154
23	4172	4190	4208	4226	4244	4262	4280	4298	4316	4334
24	4352	4370	4388	4406	4424	4442	4460	4478	4496	4514
25	4532	4550	4568	4586	4604	4622	4640	4658	4676	4694
26	4712	4730	4748	4766	4784	4802	4820	4838	4856	4874
27	4892	4910	4928	4946	4964	4982	5000	5018	5036	5054
28	5072	5090	5108	5126	5144	5162	5180	5198	5216	5234
29	5252	5270	5288	5306	5324	5342	5360	5378	5396	5414

P. P.

I.

°C	°F
1	1,8
2	3,6
3	5,4
4	7,2
5	9,0
6	10,8
7	12,6
8	14,4
9	16,2

II.

°F	°C
1	0,56
2	1,11
3	1,67
4	2,22
5	2,78
6	3,33
7	3,89
8	4,44
9	5,00

Umwandlung von °Fahrenheit in °Celsius

°F	00	10	20	30	40	50	60	70	80	90
−4	− 240,0	− 245,6	− 251,1	− 256,7	− 262,2	− 267,7	—	—	—	—
−3	− 184,4	− 190,0	− 195,6	− 201,7	− 206,7	− 212,2	− 217,8	− 223,3	− 228,9	− 234,4
−2	− 128,9	− 134,4	− 140,0	− 145,6	− 151,1	− 156,7	− 162,2	− 167,8	− 173,3	− 178,9
−1	− 73,3	− 78,9	− 84,4	− 90,0	− 95,6	− 101,1	− 106,7	− 112,2	− 117,8	− 123,3
−0	− 17,8	− 23,3	− 28,9	− 34,4	− 40,0	− 45,6	− 51,1	− 56,7	− 62,2	− 67,8
0	− 17,8	− 12,2	− 6,7	− 1,1	+ 4,4	+ 10,0	15,6	21,1	26,7	32,2
1	37,8	43,3	48,9	54,4	60,0	65,6	71,1	76,7	82,2	87,8
2	93,3	98,9	104,4	110,0	115,6	121,1	126,7	132,2	137,8	143,3
3	148,9	154,4	160,0	165,6	171,1	176,7	182,2	187,8	193,3	198,9
4	204,4	210,0	215,6	221,1	226,7	232,2	237,8	243,3	248,9	254,4
5	260,0	265,6	271,1	276,7	282,2	287,7	293,3	298,9	304,4	310.0
6	315,6	321,1	326,7	332,2	337,8	343,3	348,9	354,4	360,0	365,6
7	371,1	376,7	382,2	387,8	393,3	398,9	404,4	410,0	415,6	421,1
8	426,7	432,2	437,8	443,3	448,9	454,4	460,0	465,6	471,0	476,7
9	482,2	487,8	493,3	498,9	504,4	510,0	515,6	521,1	526,7	532,2
10	537,8	543,3	548,9	554,4	560,0	565,6	571,1	576,7	582,2	587,8
11	593,3	598,9	604,4	610,0	615,6	621,1	626,7	632,2	637,8	643,3
12	648,9	654,4	660,0	665,6	671,1	676,7	682,2	687,8	693,3	698,9
13	704,4	710,0	715,6	721,1	726,7	732,2	737,8	743,3	748,9	754,4
14	760,0	765,6	771,1	776,7	782,2	787,8	793,3	798,9	804,4	810,0
15	815,6	821,1	826,7	832,2	837,8	843,3	848,9	854,4	860,0	865,6
16	871,1	876,7	882,2	887,8	893,3	898,9	904,4	910.0	915,6	921,1
17	926,7	932,2	937,8	943,3	948,9	954,4	960,0	965,6	971,1	976,7
18	982,2	987,8	993,3	998,9	1004,4	1010,0	1015,6	1021,1	1026,7	1032,2

Ergänzungstafel
1800 bis 7290 °F

+1000	+2000	+3000
18	36	54
19	37	55
20	38	56
21	39	57
22	40	58
23	41	59
24	42	60
25	43	61
26	44	62
27	45	63
28	46	64
29	47	65
30	48	66
31	49	67
32	50	68
33	51	69
34	52	70
35	53	71
36	54	72

Zahlentafel A–17 (Fortsetzung)

11. Energie (Arbeit, Wärmemenge)

	(abs.) Joule (Watt-sekunde)	kcal$_{IT}$	B.t.u.	kpm	lb-ft	kWh	PSh	HP-hr
(abs.) Joule (Watt-sekunde)	1	$0,238846 \cdot 10^{-3}$	$0,947817 \cdot 10^{-3}$	$101,9716 \cdot 10^{-3}$	$737,5619 \cdot 10^{-3}$	$2,777\ldots \cdot 10^{-7}$	$3,776726 \cdot 10^{-7}$	$3,72506 \cdot 10^{-7}$
kcal$_{IT}$	4186,8	1	3,96832	426,935	3088,02	$1,16300 \cdot 10^{-3}$	$1,581240 \cdot 10^{-3}$	$1,559608 \cdot 10^{-3}$
B.t.u.	1055,057	0,251996	1	107,5858	778,1697	$0,293071 \cdot 10^{-3}$	$0,398466 \cdot 10^{-3}$	$0,393015 \cdot 10^{-3}$
kpm	9,80665	$2,34228 \cdot 10^{-3}$	$9,29491 \cdot 10^{-3}$	1	7,23301	$2,724069 \cdot 10^{-6}$	$3,703703 \cdot 10^{-6}$	$3,653036 \cdot 10^{-6}$
ft-lb	1,355818	$0,323832 \cdot 10^{-3}$	$1,285068 \cdot 10^{-3}$	0,138255	1	$3,766162 \cdot 10^{-7}$	$5,120555 \cdot 10^{-7}$	$5,050505 \cdot 10^{-7}$
kWh (abs.)	3600000	859,8456	3412,141	367097,76	2655223	1	1,359621	1,341022
PSh	2647796	632,4155	2509,626	270000 (75 × 3600)	1952913	0,735499	1	0,986320
HP-hr	2684521	641,187	2544,435	273745	1980000 (550 × 3600)	0,7457003	1,013870	1

Zahlentafel A–17 (Fortsetzung)

12. Spez. Verbrauchszahlen

1 kg/PSh $= 2,23520$ lb/HP-hr   1 lb/HP-hr $= 0,447387$ kg/PSh $= 1,689659 \cdot 10^{-4}$ kg/kJ
  ($= 1,359621$ kg/kWh)
   $= 3,776726 \cdot 10^{-4}$ kg/kJ
   $= 3,776726 \cdot 10^{-7}$ kg/J oder s²/m²

1 kg/kWh $= 2,2046223$ lb/kWh   1 lb/kWh $= 0,45359243$ kg/kWh $= 1,259979 \cdot 10^{-4}$ kg/kJ
  ($= 0,735499$ kg/PSh)
   $= 2,7777 \ldots \cdot 10^{-4}$ kg/kJ $= 1,64399$ lb/HP-hr   1 lb/HP-hr $= 0,608277$ kg/kWh

1 kcal/PSh $= 4,023356$ B.t.u./HP-hr   1 B.t.u./HP-hr $= 0,2485486$ kcal/PSh $= 0,393015 \cdot 10^{-3}$ kJ/kJ*
  ($= 1,58124 \cdot 10^{-3}$ kJ/kJ*)

1 kcal/kWh $= 3,96832$ B.t.u./kWh   1 B.t.u./kWh $= 0,251996$ kcal/kWh $= 0,2930713 \cdot 10^{-3}$ kJ/kJ*
  ($= 1,16300 \cdot 10^{-3}$ kJ/kJ*)

            $= 2,95917$ B.t.u./HP-hr   1 B.t.u./HP-hr $= 0,337932$ kcal/kWh

Kesselgröße (veraltet)
1 m² $= 1,0764$ BHP   1 BHP (Boiler horsepower) $= 0,9290$ m²

Spez. Kesselleistung (veraltet)   ($= 10$ sq.ft)
1 kg Normaldampf/m² h $= 7,04\%$ 1 BHP $= 100\%$ rating $= 14,20$ kg/m² h
  rating (BHP) (638,3 kcal/kg)   ($= 3,45$ lb/sq.ft h   Normaldampf
                                 from and at 212 °F)

---

* Dimensionslos. Der reziproke Wert gibt unmittelbar den thermischen Wirkungsgrad an. Beispiel: Der Wärmeverbrauch einer Maschine betrage 2236 kcal/kWh $= 0,001163 \times 2236 = 2,60$ kJ/kJ, $\eta_{\text{therm}} = 1/2,60 = 38,46\%$.

Zahlentafel A–17 (Fortsetzung)

13. Härtegrade des Wassers

1 deutscher Härtegrad	$= 10$ mg CaO/l
1 französischer Härtegrad	$= 10$ mg $CaCO_3$/l
1 englischer Härtegrad	$= 1$ grain $CaCO_3$/Imperial gallon
amerikanischer Härtegrad:	wird ausgedrückt in grain $CaCO_3$/USA-gallon oder in parts per million (ppm)

Umrechnungstabelle

°dt.	°franz.	°engl.	gr./USA-gal.
1,0000	1,7848	1,2521	1,0426
0,5603	1,0000	0,7016	0,5842
0,7986	1,4254	1,0000	0,8327
0,9591	1,7118	1,2010	1,0000

Zahlentafel A–17 (Fortsetzung)

14. Dynamische Zähigkeit von Gasen

in / von	MKSA-System kg/m s (Dekapoise)	CGS-System g/cm s (Poise)	metrisch-technisch		anglo-amerikanisch-technisches System			
			kp s/m²	kp h/m²	lb (mass)/ft s = pdl s/sq.ft	lb (mass)/ft h	lb (force) s/sq.ft	lb (force) h/sq.ft
MKSA-System kg/m s (daP)	1	10	$0,1019716$	$2,83254\cdot10^{-5}$	$0,67197$	$2419,093$	$2,08854\cdot10^{-2}$	$5,801504\cdot10^{-6}$
CGS-System g/cm s (Poise)	$0,1$	1	$1,019716\cdot10^{-2}$	$2,83254\cdot10^{-6}$	$6,7197\cdot10^{-2}$	$241,9093$	$2,08854\cdot10^{-3}$	$5,801504\cdot10^{-7}$
kp s/m²	$9,80665$	$98,0665$	1	$2,777\ldots\cdot10^{-4}$	$6,58977$	$23723,2$	$0,204816$	$5,689333\cdot10^{-5}$
kp h/m²	$35303,94$	$353039,4$	3600	1	$23723,2$	$8,54035\cdot10^{7}$	$737,338$	$0,204816$
1 lb (mass)/ft s = pdl s/sq.ft	$1,48816$	$14,8816$	$0,151750$	$4,21528\cdot10^{-5}$	1	3600	$3,10810\cdot10^{-2}$	$8,633611\cdot10^{-6}$
lb (mass)/ft h	$4,13378\cdot10^{-4}$	$4,13378\cdot10^{-3}$	$4,21528\cdot10^{-5}$	$1,17091\cdot10^{-8}$	$2,777\ldots\cdot10^{-4}$	1	$8,633611\cdot10^{-6}$	$2,398225\cdot10^{-9}$
lb (force) s/sq.ft	$47,8803$	$478,803$	$4,88243$	$1,35623\cdot10^{-3}$	$32,17405$	$1,15826\cdot10^{5}$	1	$2,777\ldots\cdot10^{-4}$
lb (force) h/sq.ft	$1,72369\cdot10^{5}$	$1,72369\cdot10^{6}$	$17576,75$	$4,88243$	115826	$4,16975\cdot10^{8}$	3600	1

Zahlentafel A–17 (Fortsetzung)

15. *Kinematische Zähigkeit von Gasen*

	MKSA-System m^2/s	CGS-System cm^2/s Stokes	m^2/h	sq. ft/s	sq. ft/h
MKSA-System m^2/s	1	10^4	3600	10,76391	$3,8750 \cdot 10^4$
CGS-System cm^2/s	10^{-4}	1	0,3600	$1,076391 \cdot 10^{-3}$	3,8750
m^2/h	$2,777\ldots 10^{-4}$	$2,777\ldots$	1	$2,989975 \cdot 10^{-3}$	10,76391
sq.ft/s	$9,29030 \cdot 10^{-2}$	929,030	334,45	1	3600
sq.ft/h	$2,58064 \cdot 10^{-5}$	0,258064	$9,29030 \cdot 10^{-2}$	$2,777\ldots 10^{-4}$	1

16. *Zähigkeit von Flüssigkeiten* (insbesondere Öle)

Gebräuchliche Meßmethoden[1] und Maßeinheiten:

1. Absolute (kinematische) Zähigkeit: Centistokes.

2. Engler-Grad $= \dfrac{\text{Ausflußzeit 200 cm}^3 \text{ Öl (Versuchstemperatur)}}{\text{Ausflußzeit 200 cm}^3 \text{ Wasser (20 °C)}}$.

3. a) Saybolt-Universal-Sekunde = Zeit in Sekunden für den Ausfluß von 60 cm³ Öl aus einer 1,765 mm ∅ Ausflußöffnung (USA).

3. b) Saybolt-Furol-Sekunde[2] = Zeit in Sekunden für den Ausfluß von 60 cm³ Öl aus einer 3,15 mm ∅ Ausflußöffnung (USA).

4. a) Redwood Nr. 1-Sekunde = Zeit in Sekunden für den Ausfluß von 50 cm³ Öl aus einer 1,620 mm ∅ Ausflußöffnung (England).

4. b) Redwood Nr. 2-Sekunde[3] (Admiralty-Viscosimeter) = Ausflußzeit von 50 cm³ Öl aus einer 3,80 mm Ausflußöffnung (England).

Vergleich von Viskositätsmaßen

Centistokes	° Engler	Saybolt-Universal-Sek. (100°F = 37,8 °C)	Saybolt-Furol-Sek.	Redwood Nr. 1-Sek. (140 °F = 60 °C)	Redwood Nr. 2-Sek.
5	1,40	42,2	—	38,4	—
10	1,84	58,8	—	52,0	—
20	2,88	97,6	—	85,7	—
30	4,08	141,0	—	124,4	—
40	5,36	185,9	—	164,3	—
50	6,58	231,2	—	204,7	—
75	9,88	345,6	35,8	306	31,8
100	13,2	460,4	46,9	408	41,7
200	26,3	920,8	92,9	816	81,9
400	52,6	—	185,4	—	163,5
600	78,9	—	277,9	—	245,1
800	105,3	—	370,0	—	327,0
1000	131,6	—	463,0	—	408,5

[1] Vgl. auch: HOLDE, D., u. W. BLEYBERG: Kohlenwasserstofföle und Fette, 7. Aufl., Berlin: Springer 1933. — BARNARD, D. P.: The viscosity characteristics of petroleum products and their determination. Sci. Petroleum Bd. II S. 1071—1079.

[2] Für schwere Öle (Furol = Fuel and road oil) entspricht etwa $^1/_{10}$ Saybolt Universal.   [3] Für Schweröle, entspricht etwa $^1/_{10}$ Redwood Nr. 1.

Umrechnungsformeln nach H. VOGEL[1]:

1. Grad Engler (E)

$$100 \text{ Centistokes} = 1 \text{ Stokes} = (E) \cdot 7{,}6^{\left(1 - \frac{1}{(E)^3}\right)},$$

2. Saybolt-Universal-Sek. (S)[2]

$$100 \text{ Centistokes} = 1 \text{ Stokes} = \frac{(S)}{28{,}1} \cdot 5{,}58^{\left(1 - \left[\frac{28{,}1}{S}\right]^3\right)},$$

3. Redwood Nr. 1-Sek. (R)

$$100 \text{ Centistokes} = 1 \text{ Stokes} = \frac{(R)}{26{,}7} \cdot 6{,}54^{\left(1 - \left[\frac{26{,}7}{R}\right]^3\right)}.$$

17. Dichte von Flüssigkeiten

(Spez. Gewicht)

Übliche Bezugstemperaturen: 4 °C (maximale Dichte), 15 °C, 20 °C und 60 °F (= 15,55... °C)[3].

Umrechnung relativer in absolute Dichte (spez. Gewicht).

$$d_{4\,°C} = 0{,}999\,973\ d_{4\,°C}\ \text{g/cm}^3 = 1{,}000\,000\ d_{4\,°C}\ \text{g/ml}$$

$$d_{15\,°C} = 0{,}999\,099\ d_{15\,°C}\ \text{g/cm}^3 = 0{,}999\,126\ d_{15\,°C}\ \text{g/ml}$$

$$d_{20\,°C} = 0{,}998\,203\ d_{20\,°C}\ \text{g/cm}^3 = 0{,}998\,230\ d_{20\,°C}\ \text{g/ml}$$

$$d_{60\,°F} = 0{,}999\,014\ d_{60\,°F}\ \text{g/cm}^3 = 0{,}999\,041\ d_{60\,°F}\ \text{g/ml}$$

Baumé-Grad (Aräometer- oder Tauchspindelmessung).

$$°\text{Bé} = \frac{\text{Modul}}{\text{Dichte}} - °\text{Bé (Wasser)}[4],$$

$$\text{Dichte} = \frac{\text{Modul}}{°\text{Bé (Wasser)} + °\text{Bé}},$$

$$1 \text{ API-Grad} = \frac{141{,}5}{d_{60/60\,°F}} - 131{,}5,$$

$$d_{60/60\,°F} = \frac{141{,}5}{131{,}5 + \text{API-Grad}}.$$

---

[1] VOGEL, H.: Die Bedeutung der Temperaturabhängigkeit der Viskosität für die Beurteilung von Ölen. Z. angew. Chem. 35 (1922) Nr. 82 S. 561—563.

[2] Zur Umrechnung der abs. Zähigkeit in Saybolt-Universal-Sek. vgl. auch A.S.T.M. D 446-39.

[3] Die Schreibweise d_4^{20} oder $d_{20/4\,°C}$ bedeutet relative Dichte der Flüssigkeit bei 20 °C bezogen auf (luftfreies) Wasser von 4 °C.

[4] Mehr als 20 verschiedene Moduln sind in Gebrauch. Die ursprüngliche Baumé-Skala bezog sich auf 10 °Réaumur = 12,5 °C, die Umrechnungsformel lautet dann

$$d_{12{,}5\,°C} = \frac{145{,}88}{135{,}88 \pm \text{Bé-Grad}}$$

+ für Flüssigkeiten leichter, — für Flüssigkeiten schwerer als Wasser. Der Modul 141,5 ist vom American Petroleum Institute festgelegt (A.S.T.M. D 287-39) und wird als API-Grad bezeichnet. Umrechnungstabellen siehe Nat. Bur. of Standards Circular 410, 1936.

Zahlentafel A–18

*Vergleich der deutschen, amerikanischen und englischen Normprüfsiebe für Kohlenstaub
nach lichter Maschenweite geordnet*

(Siebbezeichnung in Fettdruck)

| DIN 1171 | | | US-Series ASTM. E 11/39 | | B. S. S. † Nr. 410/1931 | | Tyler | | I. M. M. †† | |
1. Maschenweite [mm]	Maschen cm*	Maschen cm²**	Maschen Zoll	1. Maschenweite [mm]	Maschen Zoll	1. Maschenweite [mm]	Maschen Zoll	1. Maschenweite [mm]	Maschen Zoll	1. Maschenweite [mm]
			400	0,037						
			325	0,044						
			270	0,053	**300**	0,053				
0,060	100	10000	**230**	0,062						
					240	0,066			**200**	0,064
			200	0,074			**200**	0,074		
0,075	80	6400			**200**	0,076				
			170	0,088					**150**	0,084
					170	0,089				
0,090	70	4900								
0,100	60	3600								
					150	0,104	**150**	0,104		
			140	0,105						
0,120	50	2500			**120**	0,124				
			120	0,125						
			100	0,149			**100**	0,147	**100**	0,147
0,150	40	1600			**100**	0,152				
			80	0,177					**80**	0,157
					85	0,178			**70**	0,180
0,20	30	900					**65**	0,208		
			70	0,210	**72**	0,211			**60**	0,211

* Alte Siebbezeichnung (Maschen/cm).
** Ältere Siebbezeichnung (Maschen/cm²).
† British Standard Specification.
†† Institution of Mining and Metallurgy.

Zahlentafel A–18 (Fortsetzung)

DIN 1171			US-Series ASTM. E 11/39		B. S. S. † Nr. 410/1931		Tyler		I. M. M. ††	
1. Maschenweite [mm]	Maschen/cm*	Maschen/cm²**	Maschen/Zoll	1. Maschenweite [mm]	Maschen/Zoll	1. Maschenweite [mm]	Maschen/Zoll	1. Maschenweite [mm]	Maschen/Zoll	1. Maschenweite [mm]
0,25	24	576	**60**	0,25						
					60	0,252				
									50	0,254
							48	0,294		
					52	0,295				
			50	0,297						
0,30	20	400								
									40	0,318
			45	0,35						
					44	0,353				
0,40	16	256					**35**	0,416		
			40	0,42						
					36	0,422			**30**	0,422
(0,43)	14	196								
0,50	12	144	**35**	0,50	**30**	0,500				
			30	0,59						
							28	0,589		
					25	0,599				
0,60	10	100								
									20	0,635
					22	0,699				
			25	0,71						
0,75	8	64								
									16	0,792
							20	0,833		
			20	0,84						
					18	0,853				
1,00	6	36	**18**	1,00						
					16	1,003				
									12	1,057
							14	1,168		
			16	1,19						
1,2	5	25								

* Alte Siebbezeichnung (Maschen/cm).
** Ältere Siebbezeichnung (Maschen/cm²).
† British Standard Specification.
†† Institution of Mining and Metallurgy.

Zahlentafel A–18 (Fortsetzung)

DIN 1171			US-Series ASTM. E 11/39		B. S. S. † Nr. 410/1931		Tyler		I. M. M. ††	
1. Maschenweite [mm]	Maschen cm *	Maschen cm² **	Maschen Zoll	1. Maschenweite [mm]	Maschen Zoll	1. Maschenweite [mm]	Maschen Zoll	1. Maschenweite [mm]	Maschen Zoll	1. Maschenweite [mm]
					14	1,204				
									10	1,270
					12	1,405				
			14	1,141						
1,5	4	16								
									8	1,575
							10	1,651		
					10	1,676				
			12	1,68						
			10	2,00						
			8	2,38						
			7	2,83						

* Alte Siebbezeichnung (Maschen/cm).   † British Standard Specification.
** Ältere Siebbezeichnung (Maschen/cm²). †† Institution of Mining and Metallurgy.

Namenverzeichnis

Sachverzeichnis